中国生物经济发展报告

2024

国家发展和改革委员会创新驱动发展中心（数字经济研究发展中心）
中国生物工程学会

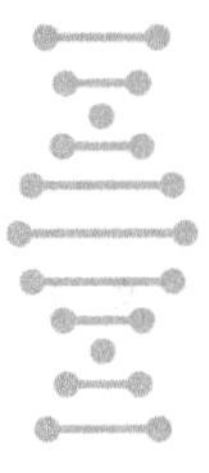

科 学 出 版 社
北 京

内 容 简 介

本书由国家发展和改革委员会创新驱动发展中心（数字经济研究发展中心）、中国生物工程学会共同组织编写，同时也得到了国家发展和改革委员会创新和高技术发展司的悉心指导以及地方发展和改革委员会的大力支持。

全书包括8篇，共31章。全书从生物经济核心产业发展现状与趋势、生物经济未来技术、重点行业协（学）会发展报告、生物资源保护与利用、生物安全发展态势分析、生物领域投融资分析、生物技术新领域专利分析，以及生物经济发展新模式、新业态、新场景案例等多角度展开，从中可以深入了解中国生物经济蓬勃发展的情况。

本书可供生命科学、生物技术、生物产业、生物经济相关的研究、开发、生产、销售、管理人员，以及知识产权、投融资机构和政府有关职能部门工作人员阅读参考。

图书在版编目（CIP）数据

中国生物经济发展报告. 2024 / 国家发展和改革委员会创新驱动发展中心（数字经济研究发展中心），中国生物工程学会著. -- 北京 : 科学出版社，2024. 8. -- ISBN 978-7-03-079211-2

Ⅰ. Q81-05

中国国家版本馆CIP数据核字第2024G1D659号

责任编辑：陈会迎 / 责任校对：王晓茜
责任印制：张 伟 / 封面设计：有道设计

科学出版社 出版
北京东黄城根北街16号
邮政编码:100717
http://www.sciencep.com

北京建宏印刷有限公司印刷
科学出版社发行 各地新华书店经销
*
2024年8月第 一 版 开本：787×1092 1/16
2024年8月第一次印刷 印张：51 3/4
字数：1 100 000

定价：498.00元

（如有印装质量问题，我社负责调换）

《中国生物经济发展报告2024》编委会

目　录

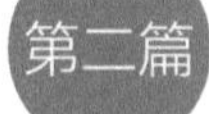

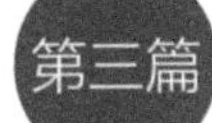

533 重点行业协（学）会发展报告

第四篇

577 生物资源保护与利用

第五篇

613 生物安全发展态势分析

第六篇

619 生物领域投融资分析

653 生物技术新领域专利分析

715 生物经济发展新模式、新业态、新场景案例

第一篇

生物经济核心产业发展现状与趋势

第一章　医疗健康产业发展现状与趋势

第一节　2023年生物医药科技前沿与发展态势

一、概　　述

近年来，生命组学、单细胞技术、人工智能以及超分辨率成像等技术的大发展推动了分子、细胞、器官、个体等多层次研究更深入、更系统、更全面。生物学、医学、信息学等学科会聚融合，全健康（one-health）、精准医学（precision medicine）、群医学（population medicine）等新理念、新路径相继提出，增进了人类对复杂生命网络体系的系统性认识。这些研究发现和进展为生物医药的发展奠定了重要理论基础。与此同时，基因编辑、合成生物学、再生医学、类脑与脑机接口的发展，也进一步提高了生命体的工程化改造、仿生、再造、创制能力，为先进疗法和药物的创新提供了强大动能。另外，生物医药研究视角从重视疾病治疗技术向更加有效地早发现、早干预转变，综合考虑个体生物特征、环境、生活方式引起的个体差异而制定有效的健康干预方案和策略的精准医学研究路径逐渐成熟，其研究理念和研究范式进一步推广。

纵观2023年，生物医药创新持续发力，加速实现精准防诊治。RNA疫苗快速从临床研究走向应用，疫苗研究领域进入成果收获期，其中，针对传染性疾病的预防性mRNA疫苗迅速推进，应用范围快速拓展，癌症治疗性疫苗则将是mRNA疫苗的下一个前沿领域，进展较快的mRNA个体化癌症疫苗已进入Ⅲ期临床试验阶段。高通量测序［high-throughput sequencing，又名下一代测序（next generation sequencing，NGS）］技术的进步推动疾病研究与临床实践范式的转变，基于NGS的基因检测、液体活检等精准诊断技术的灵敏度、特异性逐步提高，推动“早发现+早诊断+早治疗”目标的实现。基因编辑疗法临床试验加速推进，截至2023年底，全球已开展80余项基因编辑疗法临床试验，2023年也迎来全球首款获批上市CRISPR（clustered regulatory interspaced short palindromic repeat，成簇规律间隔短回文重复序列）基因编辑疗法exa-cel。免疫细胞治疗逐步发展成熟，治疗可靠性获得验证，2023年至2024年初又有4款CAR-T

[嵌合抗原受体(chimeric antigen receptor)T细胞免疫治疗]产品获批，TIL(肿瘤浸润淋巴细胞)细胞治疗也迎来了全球首款上市产品，即美国生物技术公司Iovance Biotherapeutics开发的用于晚期黑色素瘤治疗的Amtagvi。干细胞治疗疾病的潜力也不断展现，尤其是近年来干细胞与基因编辑技术的结合，进一步加快了干细胞疗法的应用步伐。异种器官移植的可行性进一步获得临床证据支持，有望成为解决移植器官短缺的有效手段。与此同时，大数据、人工智能与医疗健康深度融合，在多个应用场景加速智能诊疗的落地应用，人工智能的发展也大幅缩短了新药研发的周期与成本，提升了新药研发效率，迄今全球已有100余条人工智能参与的药物研发管线进入临床试验。

展望未来，技术革新将进一步加速生命解析、疾病研究和药物研发进程，并孕育生物医药领域新变革，以精准化、智能化为发展理念，疾病防诊治手段将更为多样化。

二、生物医药科技前沿态势分析

(一)生物医药科技前沿

1. GLP-1R激动剂

胰高血糖素样肽-1受体(GLP-1R)激动剂最初是针对糖尿病研制的降糖药物，近年来，其治疗肥胖症的应用潜力初显，打破了之前肥胖症没有安全有效的治疗药物的困境，为降低肥胖症和相关的慢性病的发病率提供了重要抓手。与此同时，研究人员正进一步探索其在治疗一系列其他疾病中的潜在应用，并获得实质性证据，相关研究进展使得GLP-1R激动剂被《科学》(*Science*)评选为2023年十大科学突破之首。

回顾GLP-1R激动剂研发历程，首款产品艾塞那肽于2005年获批上市用于治疗糖尿病，为人工合成的毒蜥外泌肽，到2009年，丹麦诺和诺德公司开发出首款基于人胰高血糖素样肽-1结构设计的利拉鲁肽，用于糖尿病治疗，并于2015年首次将GLP-1R激动剂适应证拓展至肥胖症。截至2023年底，已有9款GLP-1R激动剂获批上市(不包括不同制剂、复方制剂)，适应证为糖尿病和肥胖症(表1-1)。近年来，随着氨基酸序列修饰替换、脂肪酸链、融合蛋白、微球制剂和水凝胶等缓释系统引入、抗体偶联策略应用等长效技术的迭代优化，长效化成为GLP-1R药物研发重点，结合渗透促进剂、微针等策略的应用，实现GLP-1R激动剂口服给药，则可进一步提升患者的依从性和降低用药成本。与此同时，将GLP-1R与其他靶点如葡萄糖依赖性促胰岛素多肽受体

（GIPR）和胰高血糖素受体（GCGR）等相结合的双靶点/三靶点药物开发已成为该领域的研发重点，其中进展最快的双靶点药物和三靶点药物都来自于美国礼来，该公司的替尔泊肽（GLP-1R/GIPR）已分别于2022年和2023年在美国获批用于治疗糖尿病和肥胖症，在研的三靶点激动剂retatrutide（GLP-1R/GIPR/GCGR），则于2023年进入Ⅲ期临床阶段。而针对GLP-1R/GCGR靶点，德国勃林格殷格翰公司在研的survodutide已于2023年推进至Ⅲ期临床试验阶段，适应证为糖尿病和肥胖症，在同类型药物研发中进展最快。另外，GLP-1R激动剂与其他药物联合用药策略也成为该领域研发热点，目前已有两款GLP-1R激动剂/基础胰岛素复方制剂获批上市，用于糖尿病治疗，分别为丹麦诺和诺德的德谷胰岛素+利拉鲁肽（2015年上市），以及法国赛诺菲的甘精胰岛素+利司那肽（2017年上市），而关于GLP-1R激动剂与胰岛素联用方案，进展最快的为诺和诺德的卡格列肽+司美格鲁肽，已进入Ⅲ期临床阶段，临床试验结果显示其减重效果优于司美格鲁肽单药。

表1-1 全球获批上市的GLP-1R激动剂

中文名称	英文名称	研发机构	适应证	上市时间
艾塞那肽	exenatide	美国 Amylin/ 美国礼来	糖尿病	2005 年上市
利拉鲁肽	liraglutide	丹麦诺和诺德	糖尿病	2009 年上市
			肥胖症	2015 年上市
度拉糖肽	dulaglutide	美国礼来	糖尿病	2014 年上市
利司那肽	lixisenatide	法国赛诺菲	糖尿病	2013 年上市
阿必鲁肽	albiglutide	美国 Human Genome Sciences	糖尿病	2014 年上市 2017 年撤回
司美格鲁肽	semaglutide	丹麦诺和诺德	糖尿病	2018 年上市
			肥胖症	2021 年上市
替尔泊肽	tirzepatide	美国礼来	糖尿病	2022 年上市
			肥胖症	2023 年上市
贝那鲁肽	beinaglutide	上海仁会生物制药股份有限公司	糖尿病	2017 年上市
			肥胖症	2023 年上市
聚乙二醇洛塞那肽	PEG-loxenatide	江苏豪森药业集团有限公司	糖尿病	2019 年上市

除了糖尿病和肥胖症，GLP-1R激动剂的应用范围正在向多种代谢相关疾病、神经退行性疾病、心脑血管疾病、药物成瘾等治疗方向拓展。2023年相关临床试验取得重要进展，临床研究显示对于既往患有心血管疾病但无糖尿病的超重/肥胖患者来说，

GLP-1R激动剂司美格鲁肽能够缓解心力衰竭症状，降低心脏病发作和卒中风险。司美格鲁肽也在另一项临床研究中展现了慢性肾病治疗潜力。此外，利司那肽对减缓帕金森病进程的作用也获得了Ⅱ期临床试验数据的支持。针对非酒精性脂肪性肝病，2023年，多款双靶点和三靶点激动剂临床试验取得积极结果，包括美国礼来和韩国韩美制药的三靶点激动剂retatrutide和efocipegtrutide，以及德国勃林格殷格翰公司和美国默克公司的GLP-1R/GCGR双靶点激动剂survodutide和efinopegdutide等。另外，还有临床研究显示GLP-1R激动剂治疗能够改善肥胖症患者的自然杀伤细胞（NK细胞）功能，或可降低癌症风险。

我国GLP-1R激动剂研发起步晚，但发展迅速，同样聚焦于糖尿病和肥胖症，在短效和长效GLP-1R激动剂开发中均有布局，已各有1款产品获批上市。另外，银诺医药的苏帕格鲁肽α新药上市申请已于2023年获国家药品监督管理局药品审评中心（Center for Drug Evaluation，CDE）受理，该药物是一种由GLP-1与免疫球蛋白的Fc片段融合形成的融合蛋白，有望成为我国首个获批上市的具有自主知识产权的人源、长效GLP-1R激动剂。与此同时，我国也在积极推进多靶点药物开发，虽然尚未有产品获批上市，但已有多款候选药物获批进入临床研究阶段，用于糖尿病和肥胖症治疗，其中信达生物制药和美国礼来公司合作，正在共同推进GLP-1R/GCGR激动剂IBI362的Ⅲ期临床试验；包括豪森药业HS-20094、博瑞生物BGM0504、盛迪医药HRS9531等多款候选GLP-1R/GIPR双激动剂已进入临床Ⅱ期；在三靶点激动剂开发中，民为生物自主研发的MWN101也已进入临床Ⅱ期，在国内同类产品研发中进展最快。我国也在积极探索GLP-1R激动剂在糖尿病和肥胖症以外的疾病中的应用，例如石药集团GLP-1R激动剂TG103已获得CDE临床试验默示许可，用于阿尔茨海默病和非酒精性脂肪性肝病的临床研究；多款双靶点、三靶点激动剂，如信达生物IBI362、派格生物PB-718、道尔生物DR-10627、东阳光药业HEC88473、安源医药AP026以及联邦生物科技UBT251等也已获批开展非酒精性脂肪性肝病治疗临床试验。

2. 小核酸药物

小核酸疗法主要是指利用具有疾病治疗功能的核酸药物分子，调控致病基因表达的治疗方法。小核酸药物主要包括小干扰核酸（siRNA）、反义寡核苷酸（ASO）、小激活RNA（saRNA）、微RNA（miRNA）、适配体等，与小分子和抗体药物相比，具有候选靶点丰富、特异性强、药效持续时间长及研发周期短等优势。随着核酸药物递送技术和提升小核苷酸药物稳定性的化学修饰等技术水平的提升，近年来小核酸疗法产业化进程加速，当前全球已有19款产品获批上市，其中ASO药物有11款、siRNA药物有6款，适配体药物有2款（表1-2）。小核酸药物在遗传性疾病领域已取得多项成功应用，在心血管疾病、感染性疾病等慢性病方向的应用前景也逐渐明朗。

表1-2　全球获批上市的小核酸药物

名称	研发机构	适应证	批准时间 / 机构	给药方式	类型
福米韦生（fomivirsen）	美国 Ionis 公司 / 瑞士诺华公司	巨细胞病毒（CMV）视网膜炎	1998 年美国 FDA	玻璃体	ASO
Macugen	美国辉瑞公司 / Eyetech	新生血管性年龄相关性黄斑变性	2004 年美国	玻璃体	适配体
米泊美生（mipomersen）	美国 Ionis 公司 / 法国赛诺菲	纯合子型家族性高胆固醇血症	2013 年美国 FDA	皮下	ASO
Eteplirsen	美国 Sarepta 公司	51 外显子跳跃杜氏肌营养不良	2016 年美国 FDA	静脉	ASO
诺西那生（nusinersen）	美国 Ionis 公司 / 美国渤健制药公司	脊髓性肌萎缩	2016 年美国 FDA	鞘内	ASO
Inotersen	美国 Ionis 公司	遗传性转甲状腺素蛋白介导的淀粉样多发性神经病	2018 年美国 FDA	静脉	ASO
Volanesorsen	美国 Ionis 公司	家族性乳糜微粒血症综合征	2019 年欧洲药品管理局（EMA）	皮下	ASO
Golodirsen	美国 Sarepta 公司	53 外显子跳跃杜氏肌营养不良	2019 年美国 FDA	静脉	ASO
Viltolarsen	日本新药株式会社（Nippon Shinyaku）	53 外显子跳跃杜氏肌营养不良	2020 年美国 FDA	静脉	ASO
Casimersen	美国 Sarepta 公司	45 外显子跳跃杜氏肌营养不良	2021 年美国 FDA	静脉	ASO
Patisiran	美国 Alnylam 公司	遗传性转甲状腺素蛋白介导的淀粉样多发性神经病	2018 年美国 FDA	静脉	siRNA
Givosiran	美国 Alnylam 公司	成人急性肝卟啉症	2019 年美国 FDA	皮下	siRNA
Lumasiran	美国 Alnylam 公司	I 型原发性高草酸尿症	2020 年 EMA	皮下	siRNA
Inclinsiran	美国 Alnylam 公司 / 诺华	纯合子家族性高胆固醇血症	2020 年 EMA 2021 年美国 FDA	皮下	siRNA
Vutrisiran	美国 Alnylam 公司	遗传性转甲状腺素蛋白介导的淀粉样变性（hATTR）	2022 年 FDA、EMA	皮下	siRNA

续表

名称	研发机构	适应证	批准时间 / 机构	给药方式	类型
托夫生（tofersen）	美国 Biogen 公司 / 美国 Ionis 公司	超氧化物歧化酶 1 基因（*SOD1*）突变所致的肌萎缩侧索硬化	2023 年 FDA	鞘内	ASO
Nedosiran	美国 Dicerna Pharmaceuticals（诺和诺德收购）	Ⅰ型原发性高草酸尿症	2023 年 FDA	皮下	siRNA
Izervay	美国 Iveric Bio（安斯泰来收购）	干性黄斑变性继发的地理萎缩（GA）	2023 年 FDA	玻璃体	适配体
Eplontersen	美国 Ionis 公司	遗传性转甲状腺素蛋白介导的淀粉样多发性神经病（ATTRv-PN）	2023 年 FDA	皮下	ASO

在遗传性疾病方面，2023年全球获批上市的4款小核酸药物中有3款用于治疗遗传性疾病或与基因缺陷有关的疾病。其中，丹麦诺和诺德的siRNA药物Nedosiran，通过抑制肝乳酸脱氢酶的表达来治疗Ⅰ型原发性高草酸尿症。美国Ionis公司的ASO药物Eplontersen通过抑制TTR蛋白的产生，被批准用于治疗遗传性转甲状腺素蛋白介导的淀粉样多发性神经病。值得一提的是，美国Ionis公司的ASO药物托夫生（tofersen）通过抑制SOD1蛋白的产生，可用于治疗具有超氧化物歧化酶1基因突变的肌萎缩侧索硬化（ALS），这是唯一一款基于生物标志物获得美国食品药品监督管理局（Food and Drug Administration，FDA）加速批准、治疗基因突变相关ALS的疗法。此外，还有多款小核酸药物已成功完成Ⅲ期临床试验，这将进一步推动更多产品成功上市。比如，在Ⅲ期临床研究中显示，法国赛诺菲/美国Alnylam公司的siRNA药物Fitusiran通过靶向抗凝血酶Ⅲ促进凝血酶的生成，可有效治疗伴或不伴抑制物A型或B型血友病患者。美国Ionis公司用于治疗家族性乳糜微粒血症综合征患者的ASO药物Olezarsen已在Ⅲ期临床试验中达到主要和次要疗效终点，还获得了FDA授予的孤儿药资格认定。

2023年，小核酸药物在非遗传性疾病领域也取得重要突破，美国Iveric Bio的核酸适配体药物Izervay成功上市，其通过靶向补体C5蛋白来治疗干性黄斑变性继发的地理萎缩。而针对感染性疾病、心血管疾病、神经退行性疾病、非酒精性脂肪性肝炎及糖尿病等更多其他慢性疾病的小核酸药物也已有多款顺利进入临床开发阶段，并已取得积极进展。其中，美国Ionis等公司的bepirovirsen是研发进度最快的慢性乙型肝炎ASO药物，已处于Ⅲ期临床。在降血脂和降血压方面，多款针对不同靶点的小核酸药物在最近一年中已取得初步的积极的Ⅰ期临床结果，美国Arrowhead公司以血管生成素样蛋白3（ANGPTL3）为靶点的siRNA药物Zodasiran可有效降低患者的甘油三酯、低密度脂蛋白胆固醇和高密度脂蛋白胆固醇长达16个月，美国礼来的siRNA药物Lepodisiran可使患者血浆脂蛋白（a）浓度安全有效地持续降低48周，同时，siRNA药物Zilebesiran通过抑制肝脏血管紧张素原在Ⅰ期临床研究中表现出长达半年的安全有效的降血压效果。在神经退行性疾病方面，美国Ionis公司的ASO药物$MAPT_{Rx}$以编码tau蛋白的mRNA为靶点，在Ⅰ期临床研究中首次证明了小核酸药物治疗阿尔茨海默病的潜在可行性。此外，美国Alnylam公司的siRNA药物ALN-APP在临床中也显示可显著降低与阿尔茨海默病和脑淀粉样血管病相关的淀粉样蛋白水平。

在小核酸药物的研发上，国内布局较晚，且此前研发进展较慢，近两年来，随着更多企业的成立、布局以及资本的投入，小核酸药物在国内逐渐兴起。通过自主研发与积极引进，目前已有多款产品在国内步入注册性临床开发阶段，最快的已推进至临床Ⅲ期，但尚无产品上市（表1-3）。从技术类型上看，与全球以ASO和siRNA药物研发为主的布局不同，国内更多企业致力于siRNA药物的开发，仅有少数企业从事ASO药物的研发。从应用范围来看，虽然全球目前已获批的小核酸药物主要用于遗传性疾病，但国内用于遗传性疾病的产品研发相对较少，目前有针对遗传性血管性水肿、肌萎缩侧索硬化、家族性乳糜微粒血症综合征的产品处于开发阶段。相较之下，我国的研发更多聚焦于癌症、乙型肝炎（乙肝）及心血管疾病等极具前景的慢性病领域。其中，用于治疗癌症的小核酸药物进展相对较快，圣诺医药的siRNA药物STP705已进入确证性临床试验阶段，通过抑制TGF-β1和COX-2基因表达有效清除肿瘤细胞。海昶生物针对晚期肝癌的HC0301已获FDA批准进入Ⅱ期临床阶段，并获得孤儿药资格认证。针对乙型肝炎，我国紧跟全球领先水平，瑞博生物开发的RBD1016已进入Ⅱ期临床阶段，Ⅰ期数据显示单次给药后可以长效降低血清乙型肝炎病毒表面抗原（HBsAg）水平并具有剂量依赖性，总体安全性和耐受性良好。在较为热门的心血管疾病方面，瑞博生物、石药集团、圣因生物、维亚臻和靖因药业等机构开发的多款降血脂小核酸药物均已获批开展Ⅰ期临床研究，靶点涉及PCSK9、APOC3和ANGPTL3，用于治疗高胆固醇血症或血脂异常。此外，瑞博生物和靖因药业还开发了抑制凝血因子Ⅺ（FⅪ）的抗凝siRNA药物，以预防和治疗血栓。针对非酒精性脂肪性肝炎及补体相关疾病等尚有巨大需求的领域，我国也在积极开展相关小核酸药物的研发。

表1-3 国内获批进入临床的小核酸药物

研发机构	产品名称	适应证	阶段	靶点	类型
舶望制药	BW-20805	遗传性血管性水肿	Ⅰ期	PKK	siRNA
中美瑞康	RAG-17	肌萎缩侧索硬化	Ⅰ期	SOD1	siRNA
维亚臻	VSA001	家族性乳糜微粒血症综合征	Ⅲ期	APOC3	siRNA
维亚臻	VSA003	纯合子型家族性高胆固醇血症	Ⅰ期	ANGPTL3	siRNA

续表

研发机构	产品名称	适应证	阶段	靶点	类型
瑞博生物	RBD5044	高甘油三酯血症（HTG）和家族性乳糜微粒血症	Ⅰ期	APOC3	siRNA
瑞博生物	RBD7022	高脂血症	Ⅰ期	PCSK9	siRNA
石药集团	SYH2053	成人原发性高胆固醇血症或混合型血脂异常	Ⅰ期	PCSK9	siRNA
圣因生物	SGB-3403	高胆固醇血症	Ⅰ期	PCSK9	siRNA
靖因药业	SRSD101	血脂异常	Ⅰ期	PCSK9	siRNA
舶望制药	BW-00163	高血压	Ⅰ期	AGT	siRNA
靖因药业	SRSD107	抗凝血 / 抗血栓	Ⅰ期	FⅪ	siRNA
瑞博生物	RBD4059	抗凝血 / 抗血栓	Ⅰ期	FⅪ	siRNA
圣诺医药	STP122G	抗凝血	Ⅰ期	FⅪ	siRNA
浩博医药	AHB-137	乙型肝炎	Ⅰ期	HBV	ASO
正大天晴	TQA3038	慢性乙型肝炎	Ⅰ期	HBV	siRNA
瑞博生物	RBD1016	慢性乙型肝炎	Ⅱ期	HBV	siRNA
维亚臻	VSA006	非酒精性脂肪性肝炎	Ⅱ期	HSD17β13	siRNA
圣因生物	SGB-9768	补体相关疾病	Ⅰ期	补体 C3	siRNA
圣诺医药	STP707	实体瘤	Ⅰ期	TGF-β1/COX-2	siRNA
圣诺医药	STP705	原位鳞状细胞癌	Ⅱ期	TGF-β1/COX-2	siRNA
海昶生物	HC0301	肝癌	Ⅱ期	AKT-1	siRNA
海昶生物	WGI-0301	肝癌	Ⅱ期	AKT-1	siRNA
海昶生物	HC0201	肾癌	Ⅱ期	AKT-1	siRNA
中美瑞康	RAG-01	膀胱癌	Ⅰ期	肿瘤抑制基因 *p21*	saRNA
瑞博生物	RBD4988	2 型糖尿病	Ⅱ期	GCGR	ASO

（二）生物医药科技热点

1. 基于NGS的分子诊断

分子诊断是继影像学诊断、生化诊断后的新一波诊断“浪潮”，在DNA分子杂交技术、聚合酶链式反应（polymerase chain reaction，PCR）技术、生物芯片技术基础上，NGS技术以其高通量、多靶点、高准确度、操作简单等独特的优势逐步发展成为现阶段分子诊断领域的主流分析技术。近年来，基于NGS的分子诊断技术在癌症早筛、患者伴随诊断（CDx）、癌症术后辅助监测等癌症诊疗领域发挥关键作用。首先，基于NGS的癌症伴随诊断应用成熟度最高，广泛应用于鉴定多种致病基因突变、耐药位点等，NGS技术的革新和引入推动伴随诊断的检测范围由单一靶点向复合靶点、单一癌种向多癌种发展。2016年至今FDA批准了一系列伴随诊断试剂盒产品上市（表1-4），涉及肺癌、结直肠癌和乳腺癌等癌种。其中，2023年新批准的由精准医学与人工智能领军企业Temous开发的xTCDx产品能够检测648个基因的多核苷酸变异（MNV）、插入缺失（InDel）、微卫星不稳定性（MSI）等多种基因组变异。多款已上市产品可检测范围也获得进一步拓展，例如此前于2017年获批的首款基于NGS的多基因、泛癌种伴随诊断产品FoundationOne CDx，可用于检测324个癌症相关基因，成为24款已上市抗肿瘤新药的伴随诊断试剂，涉及15个靶点，8个癌种。

表1-4 FDA批准上市的基于NGS技术的伴随诊断产品

产品名称	研发机构	上市日期	样本类型	适应证
FoundationFocus CDx BRCA Assay	Foundation Medicine，Inc.	2016年	肿瘤组织样本	卵巢癌
Oncomine™ Dx TargetTest	Thermo Fisher	2017年、2020年、2021年、2022年、2023年	肿瘤组织样本	非小细胞肺癌、胆管癌、甲状腺髓样癌、甲状腺癌、未分化甲状腺癌
Praxis Extended RAS Panel	Illumina	2017年	肿瘤组织样本	结直肠癌
FoundationOne CDx	Foundation Medicine，Inc.	2017年、2019年、2020年、2022年、2023年	肿瘤组织样本	非小细胞肺癌、乳腺癌、结直肠癌、黑色素瘤、卵巢癌、胆管瘤、前列腺癌、实体瘤多种突变
Guardant360 CDx	Guardant Health，Inc.	2020年、2021年、2022年、2023年	血浆	非小细胞肺癌、乳腺癌
FoundationOne Liquid CDx	Foundation Medicine，Inc.	2021年、2022年、2023年	血浆	非小细胞肺癌、实体瘤突变、转移性去势抵抗性前列腺癌、乳腺癌、转移性结直肠癌
ONCO/Reveal Dx Lung & Colon Cancer Assay	Pillar Biosciences，Inc.	2021年	肿瘤组织样本	结直肠癌、非小细胞肺癌
xTCDx	Tempus Labs，Inc.	2023年	肿瘤组织（匹配血液/唾液）	结直肠癌

其次，基于NGS的细胞游离DNA（cfDNA）分析技术在癌症早筛领域的应用也备受关注，并持续取得进展，已有相关产品获批上市，产品特异性和筛查能力不断提升，由单癌种向泛癌种方向发展。其中，由于甲基化发生在癌症早期阶段且检测位点更加丰富，cfDNA甲基化检测在癌症早筛中应用的先进性获得更多证据支持，例如2023年最新的大规模人群前瞻性评估试验证实基于甲基化分析的泛癌种早筛产品Galleri总体灵敏度为66.3%，特异性可达98.4%。

另外，作为cfDNA的一部分，循环肿瘤DNA（ctDNA）分析在微小残留病灶（MRD）检测和癌症复发监测中的应用潜力初步显现。从肿瘤类型来看，ctDNA在血液肿瘤复发监测中的作用基本明确，同时，近年来研究人员针对实体瘤开展了一系列前瞻性试验，进一步确证该技术在实体瘤复发转移的发现中的临床价值。例如，美国斯坦福大学的研究发现经典型霍奇金淋巴瘤患者的ctDNA能够作为一种灵敏靶标，用于追踪MRD等疾病复发相关特征。多中心前瞻性试验PEGASUS发现术后MRD窗口期的ctDNA状态评估可以有效协助临床指导Ⅱ/Ⅲ期肠癌患者的降级治疗策略的制定。TRACERx系列研究显示了术前ctDNA检测对肺腺癌患者预后预测的重要价值。

我国基于NGS的分子诊断行业实现初步收获，从上市产品数量来看，已有19款NGS伴随诊断试剂盒和14款产前诊断与生殖健康类检测试剂盒获批上市（表1-5）。其中，NGS技术在我国的大规模临床诊断应用始于无创产前基因检测（NIPT），2015年至今共有8款产品获批。NGS技术在胚胎植入前遗传学检测（PGT）中的应用在快速推进，已有3款相关产品获批上市。另外，2023年，我国在胎儿基因组拷贝数变异测序（CNV-seq）方面取得突破性进展，国内首款CNV-seq测试剂盒成功获批上市，可同时检测羊水样本中染色体非整倍体变异及基因拷贝数变异（CNV），大大缩短了产前诊断周期，为监管机构审评同类产品树立了标准，也标志着NGS技术在我国出生缺陷防控体系建设中又迈出了关键一步。

表1-5 中国国家药品监督管理局（NMPA）批准上市的基于NGS技术的上市产品

注册证号	研发机构	产品名称
基于NGS技术的伴随诊断试剂盒		
国械注准20243400353	北京求臻医疗器械有限公司	EGFR/KRAS/BRAF/HER2/ALK/ROS1基因突变检测试剂盒（可逆末端终止测序法）
国械注准20233401452	南京世和医疗器械有限公司	非小细胞肺癌组织TMB检测试剂盒（可逆末端终止测序法）
国械注准20223401107	上海真固生物科技有限公司	人KRAS/BRAF/PIK3CA基因突变检测试剂盒（可逆末端终止测序法）

续表

注册证号	研发机构	产品名称
国械注准 20223400977	杭州联川基因诊断技术有限公司	人 EGFR、BRAF、KRAS、ALK、ROS1 基因突变联合检测试剂盒（可逆末端终止测序法）
国械注准 20223400638	上海思路迪生物医学科技有限公司	人 KRAS/BRAF/PIK3CA 基因突变检测试剂盒（可逆末端终止测序法）
国械注准 20223400599	广州市金折睿生物科技有限责任公司	人 EGFR/KRAS/BRAF/ALK/ROS1 基因突变检测试剂盒
国械注准 20223400343	广州燃石医学检验所有限公司	人类 9 基因突变联合检测试剂盒（可逆末端终止测序法）
国械注准 20213400832	深圳市海普洛斯生物科技有限公司	人 EGFR/ALK 基因突变联合检测试剂盒（可逆末端终止测序法）
国械注准 20213400525	元码基因科技（苏州）有限公司	人 EGFR/KRAS/BRAF/PIK3CA/ALK/ROS1 基因突变检测试剂盒（可逆末端终止测序法）
国械注准 20213400151	臻悦生物科技江苏有限公司	人 KRAS/NRAS/BRAF/PIK3CA 基因突变联合检测试剂盒（可逆末端终止测序法）
国械注准 20203400094	厦门飞朔生物技术有限公司	人 EGFR/KRAS/BRAF/HER2/ALK/ROS1 基因突变检测试剂盒（半导体测序法）
国械注准 20203400072	北京泛生子基因科技有限公司	人类 8 基因突变联合检测试剂盒（半导体测序法）
国械注准 20193401032	苏州吉因加生物医学工程有限公司	人 EGFR/KRAS/ALK 基因突变检测试剂盒（联合探针锚定聚合测序法）
国械注准 20193400621	华大生物科技（武汉）有限公司	EGFR/KRAS/ALK 基因突变联合检测试剂盒（联合探针锚定聚合测序法）
国械注准 20193400099	厦门艾德生物医药科技股份有限公司	人类 BRCA1 基因和 BRCA2 基因突变检测试剂盒（可逆末端终止测序法）
国械注准 20183400507	厦门艾德生物医药科技股份有限公司	人类 10 基因突变联合检测试剂盒（可逆末端终止测序法）
国械注准 20183400408	南京世和医疗器械有限公司	EGFR/ALK/ROS1/BRAF/KRAS/HER2 基因突变检测试剂盒（可逆末端终止测序法）
国械注准 20183400294	天津诺禾致源生物信息科技有限公司检测试剂盒	人 EGFR、KRAS、BRAF、PIK3CA、ALK、ROS1 基因突变检测试剂盒（半导体测序法）
国械注准 20183400286	广州燃石医学检验所有限公司	人 EGFR/ALK/BRAF/KRAS 基因突变联合检测试剂盒（可逆末端终止测序法）

续表

注册证号	研发机构	产品名称
基于 NGS 技术的产前诊断与生殖健康类检测试剂盒		
国械注准 20233401744	成都纳海高科生物科技有限公司	胎儿染色体非整倍体（T21、T18、T13）检测试剂盒（半导体测序法）
国械注准 20203400708	东莞博奥木华基因科技有限公司	胎儿染色体非整倍体（T21、T18、T13）检测试剂盒（半导体测序法）
国械注准 20203400070	杭州杰毅麦特医疗器械有限公司	胎儿染色体非整倍体（T13、T18、T21）检测试剂盒（可逆末端终止测序法）
国械注准 20193400773	广州市达瑞生物技术股份有限公司	胎儿染色体非整倍体 21 三体、18 三体和 13 三体检测试剂盒（半导体测序法）
国械注准 20193400772	成都凡迪医疗器械有限公司	胎儿染色体非整倍体（T21、T18、T13）检测试剂盒（可逆末端终止测序法）
国械注准 20173400331	安诺优达基因科技（北京）有限公司	胎儿染色体非整倍体（T21、T18、T13）检测试剂盒（可逆末端终止测序法）
国械注准 20173400331	华大生物科技（武汉）有限公司	胎儿染色体非整倍体（T21、T18、T13）检测试剂盒（联合探针锚定聚合测序法）
国械注准 20153400461	杭州贝瑞和康基因诊断技术有限公司	胎儿染色体非整倍体（T13/T18/T21）检测试剂盒（可逆末端终止测序法）
国械注准 20223400635	序康医疗科技（苏州）有限公司	胚胎植入前染色体非整倍体检测试剂盒（半导体测序法）
国械注准 20213400868	北京中仪康卫医疗器械有限公司	胚胎植入前染色体非整倍体检测试剂盒（可逆末端终止测序法）
国械注准 20203400181	苏州贝康医疗器械有限公司	胚胎植入前染色体非整倍体检测试剂盒（半导体测序法）
国械注准 20243400384	华大生物科技（武汉）有限公司	染色体非整倍体和片段缺失检测试剂盒（联合探针锚定聚合测序法）
国械注准 20243400077	安诺优达基因科技（北京）有限公司	染色体非整倍体及基因缺失检测试剂盒（可逆末端终止测序法）
国械注准 20223401323	华大生物科技（武汉）有限公司	染色体非整倍体检测试剂盒（联合探针锚定聚合测序法）

我国NGS技术在肿瘤诊断领域的潜力也同步释放。基于多基因检测的伴随诊断成为研发热点和主要方向，其检测灵敏性、特异性不断提升。2023年，国内同类首创产品世和医疗器械自主研发的“非小细胞肺癌组织肿瘤突变负荷（TMB）检测试剂盒”的推出推进了我国肿瘤精准检测能力与国际接轨，该产品实现了我国NGS大

Panel试剂盒零的突破，弥补了我国NGS试剂盒之前均为小Panel产品，存在检测基因数少、位点有限的缺陷，目前该产品已经实现通过单份样本、单次检测覆盖425个基因。在肿瘤早筛领域，我国紧跟国外发展进程，基于NGS技术的肿瘤早筛早检技术研发已经从仿制逐步迈向本土化创新和原研创新，部分基于NGS技术的泛癌种早筛产品取得阶段性成果。例如，世和基因自主研发的多癌种早筛产品鹰眼CanScan™采用MERCURY多组学液体活检技术，通过对外周血cfDNA进行低深度全基因组测序，能够一次性识别肺癌、肝癌、肠癌、胃癌、乳腺癌等九大癌症早期信号，与传统癌症筛查技术相比性能上显著提升，同时具有成本优势，该产品已获得FDA突破性医疗器械认定和欧盟CE认证。

2. 靶向蛋白质降解药物

靶向蛋白质降解（targeted protein degradation，TPD）药物是一类利用机体内天然存在的蛋白清理系统来降低靶蛋白水平的药物。从技术发展来看，最初主要聚焦于利用泛素-蛋白酶体清理系统进行胞内蛋白靶向降解，其中蛋白水解靶向嵌合体（proteolysis targeting chimera，PROTAC）、分子胶技术发展最为成熟。2023年，研究人员进一步通过发现新的可降解靶蛋白和可招募E3泛素连接酶，优化靶向蛋白质降解剂分子元件（配体、连接子），实现目标蛋白高效、可控、高组织选择性的降解。与此同时，随着研究的推进，研究人员发现除了泛素-蛋白酶体清理系统，通过招募内体/自噬-溶酶体清理系统、蛋白修饰酶和核糖核酸酶等，可进一步实现胞外蛋白、非蛋白类生物大分子降解、靶蛋白修饰或RNA降解。目前，通过对靶向蛋白质降解技术原型进行不断创新和升级，已经形成十多种不同技术路线，招募其他分子调控系统，拓展技术潜在应用。例如，2023年研究人员提出了KineTACs技术，利用细胞因子受体介导的内吞，实现对细胞膜表面和细胞外可溶性的靶蛋白的降解，发现了新的不依赖于泛素化的midnolin-蛋白酶体途径，还利用核糖核酸酶靶向嵌合体策略成功将无活性RNA靶向结合小分子转化为特异性RNA降解剂。研究人员还进一步对已有技术进行机制探索和性能升级，阐明了促进与限制溶酶体靶向嵌合体LYTAC介导的靶向蛋白质降解的关键因素，通过结构优化，开发出二代自噬靶向嵌合体AUTAC技术，大幅提升了降解活性。

从产品开发来看，靶向蛋白质降解药物在全球暂无相关产品获批，发展进程较快的PROTAC和分子胶药物已有多款进入临床研究阶段，其中美国Arvinas公司和美国Pfizer公司研发的用于治疗乳腺癌的候选药物ARV-471已于2023年进入临床Ⅲ期研究阶段，进展最快。2023年，还有一批新候选药物获批开展Ⅰ/Ⅱ期临床试验（表1-6），主要还是聚焦于癌症治疗，且进一步丰富了可降解靶蛋白，如TRK、SMARCA2等靶蛋白之前未有相关候选药物进入临床。

表1-6　2023年获批开展临床试验的靶向蛋白质降解药物例举

药物名称	研发机构	靶点	适应证	研发阶段
CG-001054	美国 Cullgen 公司	TRK	晚期实体瘤	临床Ⅱ期
			疼痛	临床Ⅰ期
PRT3789	美国 Prelude Therapeutics 公司	SMARCA2	晚期实体瘤、转移性非小细胞肺癌	临床Ⅰ期
AC-0676	美国 Accutar Biotechnology 公司	BTK	复发 / 难治性 B 细胞恶性肿瘤	临床Ⅰ期
KT-253	美国 Kymera Therapeutics 公司	MDM2	髓性恶性肿瘤、急性淋巴细胞白血病、淋巴瘤、晚期实体瘤	临床Ⅰ期
ARV-102	美国 Arvinas 公司	LRRK2	帕金森病、进行性核上性麻痹	临床Ⅰ期
HSK40118	海思科医药集团股份有限公司	EGFR	不可手术的、*EGFR* 突变的晚期非小细胞肺癌	临床Ⅰ期
HSK38008	海思科医药集团股份有限公司	雄激素受体	用于治疗转移性去势抵抗性前列腺癌	临床Ⅰ期
QLH12016	齐鲁制药有限公司	雄激素受体	前列腺癌	临床Ⅰ期
HZ-Q1070	杭州和正医药有限公司；中科环渤海（烟台）药物高等研究院；中国科学院上海药物研究所	BTK	复发 / 难治性 B 细胞淋巴瘤	临床Ⅰ期
GLB-001	杭州格博生物医药有限公司	CK1α	髓系恶性肿瘤	临床Ⅰ期
GT-919	标新生物医药科技（上海）有限公司	Ikaros/Aiolos（IKZF1/3）	恶性血液肿瘤	临床Ⅰ期
GT-929	标新生物医药科技（上海）有限公司	Ikaros/Aiolos（IKZF1/3）	恶性血液肿瘤	临床Ⅰ期
BPHY-08	百极弘烨（南通）医药科技有限公司	Ikaros/Aiolos（IKZF1/3）	复发 / 难治性多发性骨髓瘤和非霍奇金淋巴瘤	临床Ⅰ期

从应用发展来看，除了前期聚焦的癌症治疗，靶向蛋白质降解药物也逐渐在病毒感染、炎症性疾病、神经退行性疾病等治疗中展现出一定应用潜力。美国Kymera Therapeutics公司于2023年发布了IRAK4降解剂治疗化脓性汗腺炎和特应性皮炎的Ⅰ期临床试验结果，证明其疗效和安全性，并推出了靶向STAT6和TYK2的候选新药KT-621和KT-294，用于治疗皮肤炎症、哮喘、慢性阻塞性肺疾病、炎症性肠病等疾病，目前这两款药物正处于临床前研究阶段。2024年2月，美国Arvinas公司完成了候选药

物ARV-102首次人体给药，用于帕金森病、进行性核上性麻痹等神经退行性疾病治疗，之前的临床前研究已经证实其可以穿过血脑屏障，使得LRRK2降解率达近90%。

我国科研团队同样关注靶向蛋白质降解药物研究，在技术创新和产品开发方面都取得了重要进展。例如，中国药科大学通过简单的生物正交反应和自组装技术开发了一种基于共价DNA框架的嵌合体平台DbTAC，实现了配体间距的精确操纵，并揭示了靶向蛋白质降解的最优配体间距。复旦大学和上海交通大学合作探索将基因沉默基序整合到LYTAC结构中，可以同时靶向降解异常蛋白质并沉默相关基因，成功地实现了多个致病蛋白的下调。还有研究开发了便捷、通用的IGF2融合蛋白型LYTAC，基于非小分子的自噬靶向纳米抗体嵌合体ATNC、线粒体蛋白酶靶向嵌合体MtPTAC等新技术，进一步优化了靶向蛋白质降解技术的性能，并尝试将靶向蛋白质降解技术应用到更多疾病的治疗中，例如合成了靶向三阴性乳腺癌的新型分子胶，可用于动脉粥样硬化治疗的靶向降解PCSK9蛋白的化合物，以及靶向降解SARS-CoV-2病毒主要蛋白酶的PROTAC分子等。另外，2023年，我国也有多家企业的多款候选药物获批进入临床研究阶段（表1-6），如海思科PROTAC平台相继推出了两款新候选药物HSK40118和HSK38008，获得CDE临床试验默示许可，分别用于治疗非小细胞肺癌和前列腺癌；标新生物靶向IKZF1/3的分子胶产品GT919和GT929相继获得美国FDA和中国CDE批准进入临床试验阶段；杭州格博生物的分子胶产品GLB-001创新性地选择CK1α作为靶蛋白，有望为髓系恶性肿瘤治疗提供新的替代方案。

3. 抗体药物：抗体偶联药物和双特异性抗体

抗体药物在疾病治疗领域取得了快速发展，产品年度获批数量整体呈增长态势（图1-1），全球已批准170余种抗体药物，用于靶向治疗癌症和免疫相关疾病等。药物研发同样日趋火热，有2000余种抗体药物处于临床阶段，其中有200余种处于临床Ⅲ期及关键临床Ⅱ期，有40余种正在上市审评中，预计未来几年，抗体药物将迎来新一轮的上市爆发期。抗体药物的结构模式逐渐多样化，单克隆抗体药物仍是发展主流，而在此基础上又衍生出抗体偶联药物（antibody-drug conjugate，ADC）、双/多特异性抗体、抗体片段、抗体片段融合蛋白等一系列创新型抗体药物。ADC药物和双特异性抗体（以下简称双抗）药物研发势头最为强劲，是其中的研发热点方向，在研和上市药物数量不断增加，颇显后发优势，掀起了抗体药物研发的新热潮。

（1）ADC药物。ADC药物兼具单克隆抗体高靶向性以及毒性药物小分子强杀伤力的双重优势，是近年来靶向治疗领域发展最快的药物类别之一，在疾病治疗尤其是肿瘤治疗领域展现出突出的疗效和潜力。目前，全球已批准上市15种ADC创新药物和1款生物类似药，2023年虽未有ADC新药获批，但已有5款产品进入上市审评阶段，同时，还有10余款ADC药物正处于临床试验关键阶段或已获得药品监管机构的快速通道资格认定（表1-7）。

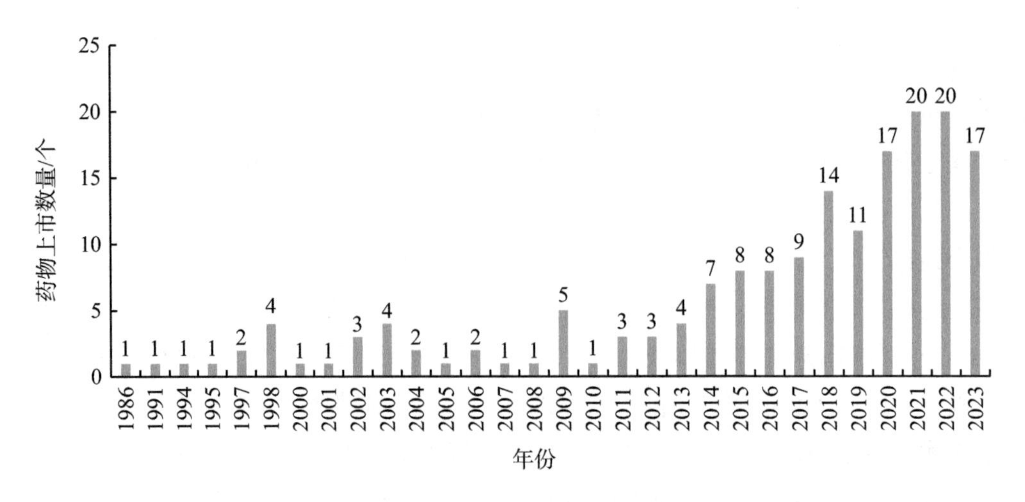

图1-1 全球抗体药物年度获批数量趋势

表1-7 全球处于临床Ⅲ期及上市审评阶段的ADC药物例举

药物名称	研发机构	靶点	适应证	研发阶段	监管机构认证
SKB264	中国科伦药业/美国默沙东	Trop-2	三阴性乳腺癌	上市审评	NMPA 突破性疗法认定
Datopotamab deruxtecan	日本第一三共/英国阿斯利康	Trop-2	三阴性乳腺癌、非小细胞肺癌	上市审评	/
Patritumab deruxtecan	日本第一三共/美国默沙东	HER3	非小细胞肺癌	上市审评	FDA 突破性疗法认定
ARX788	中国浙江医药/美国 Ambrx	HER2	HER2 阳性乳腺癌；胃癌、胃食管交界处癌	上市审评；Ⅲ期	NMPA 突破性疗法认定；FDA 快速通道资格
Trastuzumab botidotin	中国科伦药业	HER2	HER2 阳性乳腺癌	上市审评	/
SHR-A1811	中国恒瑞	HER2	HER2 阳性乳腺癌、胃癌、胃食管交界处癌、结直肠癌	Ⅲ期	/
Tusamitamab ravtansine	法国赛诺菲/中国信达制药	CEACAM5	非小细胞肺癌	Ⅲ期	/
Telisotuzumab vedotin	美国艾伯维	cMet	非小细胞肺癌	Ⅲ期	FDA 突破性疗法认定

续表

药物名称	研发机构	靶点	适应证	研发阶段	监管机构认证
Upifitamab rilsodotin	美国 Mersana Therapeutics/ 巴西 Recepta biopharma	NaPi2b	卵巢癌、输卵管癌、原发性腹膜癌	Ⅲ期	FDA 快速通道资格
Zilovertamab vedotin	美国默沙东	ROR1	弥漫大 B 细胞淋巴瘤	Ⅱ/Ⅲ期	/
Vobramitamab duocarmazine	美国 Macrogenics	B7-H3	前列腺癌	Ⅱ/Ⅲ期	/

近年来，ADC药物研发在抗原靶点、抗体结构、载药、连接子以及偶联方式等方面均有突破，分子结构设计更加合理，疗效和活性不断提高。其中，聚焦HER2、EGFR、Trop-2等热门靶点的ADC药物在肿瘤治疗中已初显成效，以HER2在乳腺癌中的治疗应用进展最快，不仅有2款乳腺癌HER2-ADC药物上市（Kadcyla和Enhertu），且有多款药物处于临床关键阶段。新靶点的探索也愈发多样化，目前获批的ADC药物的抗原靶点通常是癌细胞过表达的特异性蛋白，如针对实体瘤的靶点HER2、Trop-2、Nectin4和EGFR，针对血液系统肿瘤的靶点CD19、CD22、CD33、CD30、BCMA（B cell maturation antigen，B细胞成熟抗原）和CD79b，而随着肿瘤学和免疫学基础研究的不断深入，ADC药物抗原靶点的选择已逐渐从传统的肿瘤细胞抗原扩展到肿瘤微环境中的靶标（如基质因子和血管生成因子）。

从适应证来看，随着研发管线不断扩容，全球在研ADC药物的治疗领域布局愈加广泛，肿瘤是目前聚焦的核心方向，但重心已从血液系统肿瘤转向实体瘤。近两年获批上市以及处于临床关键阶段的ADC药物主要以实体瘤疗法为主，适应证也拓展到更广泛的实体瘤瘤种，并逐步从晚期后线治疗扩展到前线治疗，治疗窗口和受益患者群体也在不断扩大。处于上市审评及临床试验关键阶段的ADC药物集中于乳腺癌及非小细胞肺癌。例如，日本第一三共/英国阿斯利康用于治疗三阴性乳腺癌及非小细胞肺癌的Trop-2 ADC药物Datopotamab deruxtecan、日本第一三共/美国默沙东用于治疗非小细胞肺癌的HER3 ADC药物Patritumab deruxtecan，其上市申请已获受理，法国赛诺菲/中国信达制药研发的CEACAM5 ADC药物Tusamitamab ravtansine以及美国艾伯维研发的cMet ADC药物Telisotuzumab vedotin的非小细胞肺癌临床试验也进入Ⅲ期阶段。

我国ADC药物研发进入快速发展阶段，国内药企竞相布局ADC药物技术平台，自主研发能力不断增强。继2021年我国首款自主研发产品爱地希获批上市后，2023年多款ADC候选药物进入Ⅲ期阶段，浙江医药、科伦药业等企业的3款产品上市申请已获受理，预计将在2—3年内迎来密集收获期。与全球的研发布局相比，我国在研ADC

药物的靶点和适应证集中度较高，主要围绕相对成熟的靶点，其中HER2仍然是最热门、竞争最为激烈的靶点，Trop-2紧随其后，适应证以乳腺癌、肺癌等常见实体瘤为主。HER2 ADC药物研发进展最快的为浙江医药与美国Ambrx合作研发的ARX788，于2023年率先进入上市审评阶段，用于治疗HER2阳性乳腺癌，且其针对胃癌、胃食管交界处癌的研发也处于临床Ⅲ期阶段；科伦药业自主研发的全球首个通过赖氨酸定点定量偶联的HER2 ADC药物Trastuzumab botidotin紧随其后进入上市审评阶段，用于治疗HER2阳性乳腺癌；此外，2023年，恒瑞医药自主研发的Trastuzumab rezetecan启动了多项Ⅲ期临床试验，分别针对HER2阳性乳腺癌、胃癌、胃食管交界处癌、结直肠癌，并在4次被纳入突破性治疗品种的基础上，于2024年第5次被国家药品监督管理局药品审评中心拟纳入突破性治疗品种，针对适应证为既往至少一线抗HER2治疗失败的HER2阳性晚期胃癌或胃食管结合部腺癌。同时，Trop-2 ADC药物也在临床研究中显示出良好的效果，科伦药业自主研发的SKB264的Ⅲ期临床试验已达到主要研究终点，用于治疗既往经二线及以上标准治疗的不可手术切除的局部晚期、复发/转移性三阴性乳腺癌，新药上市申请已获受理。

（2）双特异性抗体药物。双特异性抗体（以下简称双抗）药物在2023年又迎来一波上市潮，4款药物相继获批，上市产品累计达到12款（表1-8）。新增的4款上市双抗产品均为血液系统肿瘤药物，包括2款多发性骨髓瘤药物Talquetamab、Elranatamab，以及2款弥漫大B细胞淋巴瘤药物Epcoritamab、Glofitamab。另有5款双抗药物已进入上市审评中，有望近期获批上市，还有10余款候选药物处于临床试验关键阶段或获得药品监管机构的快速通道资格认定（表1-9），双抗药物研发进入收获期。与此同时，双抗药物市场规模也上升到了新的高度，12款药物的全年销售额达到了83亿美元，其中罗氏独占超过70亿美元，是双抗赛道的“领头羊”，两款重磅药物Hemlibra（46.35亿美元）、Vabysmo（26.34亿美元）均由其研发。

表1-8　全球获批上市的双抗药物

药物商品名	研发机构	靶点	适应证	首批年份	首批国家/地区	国内研发进度
Blincyto	美国安进	CD3×CD19	前B细胞急性淋巴细胞白血病	2014	美国	批准上市
Hemlibra	瑞士罗氏	FIX×FX	A型血友病	2017	美国	批准上市
Rybrevant	美国强生	EGFR×cMET	非小细胞肺癌	2021	美国	上市审评
Vabysmo	瑞士罗氏	VEGF-A×Ang-2	新生血管性或湿性年龄相关性黄斑变性、糖尿病性黄斑水肿	2022	美国	批准上市

续表

药物商品名	研发机构	靶点	适应证	首批年份	首批国家/地区	国内研发进度
Lunsumio	瑞士罗氏	CD20×CD3	滤泡性淋巴瘤	2022	欧盟	上市审评
开坦尼	中国康方生物	PD-1×CTLA4	宫颈癌	2022	中国	批准上市
Tecvayli	美国强生	BCMA×CD3	多发性骨髓瘤	2022	欧盟	上市审评
Nanozora	日本大正制药/法国赛诺菲	TNF×ALB	类风湿性关节炎	2022	日本	/
Talquetamab	美国强生	CD3×GPRC5D	多发性骨髓瘤	2023	美国	上市审评
Epcoritamab	美国艾博维	CD20×CD3	弥漫大B细胞淋巴瘤	2023	美国	Ⅲ期临床
Glofitamab	瑞士罗氏	CD20×CD3	弥漫大B细胞淋巴瘤	2023	加拿大	批准上市
Elranatamab	美国辉瑞	BCMA×CD3	复发/难治性多发性骨髓瘤	2023	美国	上市审评

表1-9　全球处于临床Ⅲ期及上市审评阶段的双抗药物例举

药物名称	研发机构	靶点	适应证	研发阶段	监管机构认证
Odronextamab	美国再生元制药	CD20×CD3	复发/难治性滤泡性淋巴瘤、复发/难治性弥漫大B细胞淋巴瘤	上市审评	/
Linvoseltamab	美国再生元制药	CD3×BCMA	复发/难治性多发性骨髓瘤	上市审评	/
Tarlatamab	美国安进/中国百济神州	CD3×DLL3	晚期非小细胞肺癌；小细胞肺癌	上市审评；Ⅲ期	/
Zanidatamab	加拿大Zymeworks/中国百济神州	HER2双表位	胆道癌；食管癌、胃癌、胃食管交界处癌、HER2+转移性胃癌	上市审评；Ⅲ期	FDA快速通道、孤儿药资格；EMA孤儿药资格
Ivonescimab	中国康方生物	PD-1×VEGF	局部晚期/转移性非鳞状非小细胞肺癌；局部晚期/转移性鳞状非小细胞肺癌	上市审评；Ⅲ期	NMPA突破性疗法认定
Gefurulimab	英国阿斯利康	C5×ALB	重症肌无力	Ⅲ期	/

续表

药物名称	研发机构	靶点	适应证	研发阶段	监管机构认证
Obexelimab	美国 Xencor/ 美国安进	CD19×FcγRIIb	IgG4 相关性疾病	Ⅲ期	/
Alnuctamab	美国百时美施贵宝	CD3×BCMA	多发性骨髓瘤	Ⅲ期	/
ABBV-383	美国艾伯维	CD3×BCMA	复发 / 难治性多发性骨髓瘤	Ⅲ期	/
M-701	中国友芝友生物	CD3×EPCAM	结直肠癌伴恶性腹水、胃癌伴恶性腹水、上皮性恶性实体瘤伴恶性腹水、卵巢癌引起的恶性腹水	Ⅲ期	/
IMC-F106C	英国 Immunocore	CD3×PRAME	晚期黑色素瘤	Ⅲ期	/
Volrustomig	英国阿斯利康	CTLA-4×PD-1	胃癌、肝细胞癌、肾细胞癌、宫颈癌、胆道癌、胃食管交界处癌、局部晚期宫颈癌、非小细胞肺癌、局部晚期头颈部鳞状细胞癌	Ⅲ期	/
Navicixizumab	美国鼎航医药	DLL4×VEGF	卵巢癌、原发性腹膜癌、输卵管癌	Ⅲ期	FDA 快速通道资格
CTX-009	美国罗盘制药 / 中国科望医药 / 韩国 ABL Bio/ 韩国 National OncoVenture	DLL4×VEGF-A	胆道癌	Ⅲ期	/
Izalontamab	中国百利天恒	EGFR×HER3	肺鳞癌、非小细胞肺癌	Ⅲ期	/
BL-B01D1	中国百利天恒 / 美国百时美施贵宝	EGFR×HER3	复发 / 转移性鼻咽癌、食管鳞状细胞癌、复发 / 转移性食管鳞状细胞癌	Ⅲ期	/
Mim-8	丹麦诺和诺德	F Ⅸ a×F Ⅹ	B 型血友病、A 型血友病、凝血因子Ⅷ缺乏	Ⅲ期	FDA 孤儿药资格

续表

药物名称	研发机构	靶点	适应证	研发阶段	监管机构认证
Anbenitamab	中国康宁杰瑞 / 中国石药集团	HER2 双表位	胃癌	Ⅲ期	FDA 孤儿药资格；NMPA 突破性疗法认定
Rilvegostomig	英国阿斯利康	PD-1×TIGIT	胆道癌	Ⅲ期	/
Erfonrilimab	中国康宁杰瑞	PD-L1×CTLA-4	胰腺癌、胰腺导管腺癌、鳞状非小细胞肺癌、非小细胞肺癌	Ⅲ期	/
Bintrafusp alfa	德国默克	PD-L1×TGF-β	非小细胞肺癌	Ⅲ期	EMA 儿科研究计划认定
Retlirafusp alfa	中国恒瑞医药 / 韩国东亚制药	PD-L1×TGF-β	胃癌、胃食管交界处癌	Ⅲ期	/
GR1801	中国智翔金泰	RABV 双表位	狂犬病被动免疫	Ⅲ期	/

随着不同结构模式和靶点组合的双抗药物走向临床，全球已上市和在研双抗药物的适应证范围逐渐扩大，涉及肿瘤、自身免疫病、感染性疾病及慢性病等疾病领域。其中，已上市双抗药物的应用方向以血液系统肿瘤为主，相关产品占比高达58%（7/12），且其中2023年新增的4款上市双抗产品均为血液系统肿瘤药物，5款处于上市审评阶段的双抗药物中也有2款为血液系统肿瘤药物（Odronextamab、Linvoseltamab），血液系统肿瘤即将迎来更加多元化的治疗选择。而从处于上市审评阶段以及处于临床关键阶段的在研双抗药物数量上可窥见的是，针对非小细胞肺癌、胃癌及其他类型实体瘤的双抗产品即将成为上市主流，相关产品在上市审评阶段以及临床Ⅲ期阶段中占比高达65.2%（15/23）。如美国安进与百济神州靶向CD3×DLL3治疗晚期非小细胞肺癌的Tarlatamab，加拿大Zymeworks与百济神州靶向HER2双表位治疗食管癌、胆道癌、胃食管交界处癌等实体瘤的Zanidatamab，康方生物靶向PD-1×VEGF治疗PD-L1阳性非小细胞肺癌、EGFR突变非小细胞肺癌的Ivonescimab，其上市申请已获得受理。与此同时，双抗药物在自身免疫病等其他疾病治疗方面也取得了积极成果，如英国阿斯利康用于治疗全身型重症肌无力的Gefurulimab已进入临床Ⅲ期阶段；丹麦诺和诺德研发的血友病治疗药物Mim-8有望于2024年完成Ⅲ期研究并申请上市；美国默沙东针对心血管疾病及血栓形成的双抗产品MK-2060、瑞士罗氏针对非酒精性脂肪性肝炎的双抗产品RG-7992也进入了临床Ⅱ期阶段。

国内药企正加速进入双抗赛道，已建立相对成熟的双抗技术平台，在实体瘤双抗药物研发中表现突出。据不完全统计，全球23款处于上市审评及Ⅲ期临床阶段的双抗药物中，有9款为我国企业主导研发，3款是由国外引进国内开展联合研发，继国内首款双抗药物开坦尼获批之后，我国双抗药物研发即将迎来初步收获期。其中，百济神州引进的2款产品以及康方生物研发的产品已进入上市审评阶段，百利天恒、友芝友生物等企业研发的多款实体瘤双抗候选药物进入了临床Ⅲ期，并显示出较好的治疗潜力。同时，在双抗ADC研发领域，我国也取得了突破性进展，如百利天恒自主开发的BL-B01D1，作为全球首个靶向EGFR×HER3的双抗ADC，其双靶点更强的特异性增加了药物的安全性，针对复发/转移性鼻咽癌、食管鳞状细胞癌、复发/转移性食管鳞状细胞癌治疗的临床试验相继进入Ⅲ期，此前Ⅰ期临床研究也取得了积极结果，尤其是针对非小细胞肺癌的治疗有明显的缓解效果。

4. 基因治疗

基因治疗是指通过在基因水平上操纵或修饰细胞内基因表达来治疗疾病的一种生物医学手段，具有一次性治愈遗传性疾病的潜力。根据其作用机制，目前主要可分为基因替代治疗和基因编辑治疗。基因替代治疗发展较早，近年来产品加速获批上市。而得益于CRISPR基因编辑技术的出现，基因编辑治疗发展迅猛，2023年已成功迎来首款产品商业化。当前基因治疗的上市产品和研发仍以遗传性疾病为主，但拓展至各种常见病正逐渐成为一条新赛道。

（1）基因替代治疗。基因替代治疗主要通过向患者体内递送相应功能基因来实现功能性治愈。从产品获批情况来看，目前全球已有16款产品上市，遗传性疾病是基因治疗的重要研发方向。近年来基因治疗开启上市加速模式，仅2023年便迎来3款，分别为美国Krystal Biotech公司的Vyjuvek、美国蓝鸟生物的Lyfgenia和美国Sarepta Therapeutics/瑞士罗氏的Elevidys。其中，用于治疗营养不良性大疱性表皮松解症的Vyjuvek与一次性基因治疗不同，是美国FDA批准的首款局部外用可重复给药的基因治疗药物，其利用单纯疱疹病毒递送*COL7A1*基因来恢复Ⅶ型胶原蛋白（C7）蛋白的功能，促进伤口愈合。Elevidys和Lyfgenia分别在全球首次为杜氏肌营养不良和镰状细胞贫血（镰刀型细胞贫血病）患者带来一次性基因替代治疗手段。这些新产品的不断获批进一步扩大了可受益的遗传病患者人群。同时，更多临床在研产品也不断取得重要结果。美国Sarepta Therapeutics公司针对2E/R4型肢带型肌营养不良开发的一款基因治疗产品bidridistrogene xeboparvovec的Ⅰ/Ⅱ期临床研究结果表明，患者在接受治疗后两年内仍具有显著获益，该产品目前已成功进入Ⅲ期开发阶段。基因替代治疗在肝脏代谢疾病中的疗效也首次在临床上得到有力证明，法国Généthon实验室开发的GNT0003通过腺相关病毒（AAV）8载体表达代谢酶UGT1A1，在Ⅰ/Ⅱ期临床研究中显示，可安全有效地降低Crigler-Najjar综合征患者的胆红素水平。除遗传性疾病外，基因替代治疗在非遗传性疾病中也展示了治疗潜力，已有相关产品进入临床开发阶段，比如用于治疗心绞痛的XC001、治疗湿性年龄相关性黄斑变性的4D-150等。同时，更多疾病生物学的发现也为其他复杂疾病带来基因替代治疗的可能性。瑞士联邦理工学院等机构基于其发现的参与脊髓自然修复的关键神经元，开发了基因替代疗法，经证实可大幅度恢复完全性脊髓损伤小鼠瘫痪后肢的行走能力。

近年来，国内基因替代治疗领域正进入快速发展阶段，目前30余个产品已进入注册性临床试验阶段（表1-10）。其中，进展最快的产品目前已进入临床Ⅲ期，多数仍处于临床Ⅰ期阶段。在遗传性疾病领域，眼部和血液类疾病是国内当前较为热门且进展最快的研发领域，如纽福斯生物用于治疗ND4突变引起的莱伯（Leber）遗传性视神经病变（LHON）的NR082和信念医药公司用于治疗血友病B的BBM-H901均已处于Ⅲ期临床研究阶段。另有几款用于法布里病、戈谢病、戊二酸血症的产品正进行Ⅰ期临床试验，其中一些在IIT（investigator initiated trial，研究者发起的临床研究）中初步显示了其安全性和有效性。值得关注的是，在基因治疗遗传性耳聋方面，我国复旦大学研究人员率先获得了全球首个成功的临床试验数据，基于双AAV载体开发的基因治疗药物RRG-003通过向体内递送*OTOF*基因实现了常染色体隐性遗传性耳聋9型患者听力的恢复，该产品目前尚未进入注册性临床研究阶段。除了向遗传病患者体内递送其缺乏的功能基因外，我国研究人员也开始探索向患者体内额外补充其他基因以治疗疾病。进入临床阶段的产品中，有较多是用于治疗年龄相关性黄斑变性，基因治疗通过使患者眼内保持长期表达相应蛋白来抑制新生血管的生成，从而可稳定地改善视力，与已有治疗手段相比，有望解决该病需长期重复侵入性给药的难题。上海朗昇生物的LX102进展较快，目前处于Ⅱ期临床，近期公布的IIT和Ⅰ期临床试验数据已初步显示安全持久的疗效。此外，我国多个研究团队发现基因替代治疗还有望治疗帕金森病、肌萎缩性脊髓侧索硬化及骨关节炎等疾病。中国科学院深圳先进技术研究院等机构开发了一种基于逆向腺相关病毒（retrograde AAV）的神经调控策略，可实现更加精准的帕金森病靶向干预。上海科技大学通过AAV向肌萎缩性脊髓侧索硬化小鼠鞘内递送神经细胞源性神经营养因子（NDNF），显著改善了疾病小鼠的生存。中国科学院动物研究所等机构发现通过基因治疗使体内表达促更生因子SOX5可有效促进关节软骨再生并改善骨关节炎症状。

表1-10　我国获批进入临床的基因替代治疗产品

研发机构	产品名称	适应证	阶段	批准机构	批准时间
纽福斯生物	NR082	Leber 遗传性视神经病变	临床Ⅲ期	NMPA	2021
信念医药科技	BBM-H901	血友病 B	临床Ⅲ期	NMPA	2021
瑞士诺华	Zolgensma	脊髓性肌萎缩（SMA）	临床Ⅲ期	NMPA	2022
天泽云泰	VGB-R04	血友病 B	临床Ⅰ/Ⅱ期	NMPA	2022

续表

研发机构	产品名称	适应证	阶段	批准机构	批准时间
至善唯新	ZS801	血友病 B	临床Ⅰ/Ⅱ期	NMPA	2022
杭州嘉因	EXG001-307	SMA	临床Ⅰ/Ⅱ期	NMPA	2022
锦篮基因	GC101	SMA	临床Ⅰ期	NMPA	2022
舒泰神（北京）	STSG-0002	乙型肝炎	临床Ⅰ期（已终止）	NMPA	
锦篮基因	GC304	遗传性高甘油三酯血症	临床Ⅰ期	NMPA	2022
锦篮基因	GC301	糖原贮积症Ⅱ型（蓬佩病）	临床Ⅰ期	NMPA	2022
上海朗昇生物	LX101	*RPE65* 双等位基因突变相关的遗传性视网膜变性	临床Ⅰ期	NMPA	2022
成都弘基生物	KH631	年龄相关性黄斑变性	临床Ⅰ期	NMPA	2022
方拓生物	FT-001	遗传性视网膜病	临床Ⅱ期	美国 FDA、NMPA	2022
上海天泽云泰	VGR-R01	结晶样视网膜变性	临床Ⅰ/Ⅱ期	NMPA	2022
中因科技	ZSV101e	结晶样视网膜变性		NMPA	2022
上海朗昇生物	LX102	新生血管性年龄相关性黄斑变性（nAMD）	临床Ⅱ期	NMPA、美国 FDA	2022
华毅乐健	GS1191-0445	A 型血友病	临床Ⅰ期	NMPA	2023
纽斯福	NSF-02	Leber 遗传性视神经病变	临床Ⅰ期	美国 FDA	2023
辉大基因	HG004	Leber 先天性黑矇	临床Ⅰ期	NMPA	2023
方拓生物	FT-003	新生血管性年龄相关性黄斑变性/糖尿病黄斑水肿	临床Ⅰ期	NMPA	2023
安龙生物	AL-001	湿性年龄相关性黄斑变性（wAMD）	临床Ⅰ期	NMPA	2023
嘉因生物	EXG102-031	新生血管性年龄相关性黄斑变性	临床Ⅰ期	美国 FDA	2023
至善唯新	ZS802	A 型血友病	临床Ⅰ期	NMPA	2023
方拓生物	FT-004	B 型血友病	临床Ⅰ期	NMPA	2023
天泽云泰	VGM-R02b	戊二酸血症Ⅰ型	临床Ⅰ期	NMPA	2023
信致医药	BBM-H803	A 型血友病	临床Ⅰ期	NMPA	2023
杨森	JNJ-81201887	继发于年龄相关性黄斑变性的地图样萎缩	临床Ⅰ期	NMPA	2023
诺洁贝生物	NGGT001	结晶样视网膜变性（BCD）	临床Ⅰ期	NMPA	2023

续表

研发机构	产品名称	适应证	阶段	批准机构	批准时间
九天生物	SKG0106	新生血管性年龄相关性黄斑变性	临床Ⅰ期	NMPA	2023
鼎新基因	RRG001	新生血管性年龄相关性黄斑变性	临床Ⅰ期	NMPA	2023
方拓生物	FT-002	X连锁视网膜色素变性（XLRP）	临床Ⅰ期	NMPA	2023
九天生物	SKG0201	Ⅰ型脊髓性肌萎缩症（SMA）	临床Ⅰ期	NMPA	2023
纽福斯	NFS-05	显性遗传性视神经萎缩（ADOA）	临床Ⅰ期	澳大利亚TGA	2023
本导基因	BD211	地中海贫血	临床Ⅰ期	NMPA	2024
凌意生物	LY-M001	Ⅰ型或Ⅲ型戈谢病	临床Ⅰ期	NMPA、美国FDA	2024
至善唯新	ZS805	法布里病	临床Ⅰ/Ⅱ期	NMPA	2024
中因科技	ZSV203e	遗传视网膜色素变性	临床Ⅰ期	NMPA	2024
金唯科	JWK001	新生血管性年龄相关性黄斑变性	临床Ⅰ期	NMPA	2024
合肥星眸生物	XMVA09	湿性年龄相关性黄斑变性	临床Ⅰ期	NMPA	2024
上海天泽云泰生物	VGN-R09b	原发性帕金森病（PD）和芳香族L-氨基酸脱羧酶缺乏症（AADCD）	受理	NMPA	2024

（2）基因编辑治疗。2023年全球首个基因编辑治疗产品Casgevy先后在英国和美国获批上市，标志着基因编辑治疗取得里程碑式进展。从技术角度来看，一方面，随着碱基编辑和先导编辑等技术的不断涌现和升级，基因编辑治疗的安全性、精准性和功能性得到了进一步提升，这为研究人员开发疗法提供了更优选择。美国博德研究所利用碱基编辑技术将*SMN2*基因转化为有效的*SMN1*基因，成功恢复了脊髓性肌萎缩模型小鼠的运动能力，与其他已有疗法相比，更加安全有效且实现了一次性治疗。美国加州大学等机构利用碱基编辑技术成功使CD3δ重症联合免疫缺陷患者的血液干细胞恢复了产生T细胞的能力。碱基编辑治疗也已步入临床开发阶段，全球首个获批开展临床试验的为美国Verve Therapeutics公司的VERVE-101，目前已初步显示疗效。另一方面，基于脂质纳米粒（lipid nanoparticle，LNP）、AAV等递送技术的体内基因编辑治疗，与需要复杂流程的体外治疗相比，更加方便且可避免因清淋等操作带来的安全风险，因而也是一个重要的研发方向。全球进展最快的为美国Intellia

Therapeutics公司开发的用于治疗转甲状腺素蛋白淀粉样变性心肌病的NTLA-2001，已进入Ⅲ期临床试验阶段。该公司的另一款体内编辑治疗药物NTLA-2002也显示出其Ⅰ/Ⅱ期临床试验积极结果，单次注射可有效减少遗传性血管性水肿患者的血管性水肿发作。由于当前的LNP更多靶向于肝脏，为了实现更多器官组织的靶向治疗以扩大疾病应用范围，研究人员不断对LNP进行改进。美国宾夕法尼亚大学等利用造血干细胞表面受体CD117的识别抗体修饰LNP表面，其递送的mRNA在体内直接实现了对造血干细胞的靶向基因编辑。

从治疗领域来看，遗传性疾病是当前的主要和热门研究方向。尤其是针对血红蛋白病，各研究团队正积极研究采取不同策略修复致病突变，目前已成功上市的Casgevy通过抑制造血干细胞的基因*BCL11A*来使镰刀型细胞贫血病患者产生高水平胎儿血红蛋白，瑞士诺华等开发的OTQ923则通过干扰*HBG1*和*HBG2*（γ-珠蛋白）基因启动子，诱导胎儿血红蛋白产生，在Ⅰ/Ⅱ期临床试验中表现出了安全性和有效性，美国博德研究所等机构在镰刀型细胞贫血病小鼠中直接高效率安全地恢复了造血干细胞的*HBB*基因点突变。与此同时，基因编辑治疗在感染性疾病、心血管疾病、神经系统疾病等领域也展现出极大的潜在应用前景。美国得克萨斯大学等发现通过碱基编辑技术阻止钙/钙调蛋白依赖性蛋白激酶Ⅱδ（CaMKⅡδ）的过度激活可促进小鼠心脏功能的恢复。美国加州大学发现同源R136S突变可挽救APOE4驱动的tau病理学、神经变性和神经炎症，能够作为阿尔茨海默病的潜在基因编辑治疗靶点。美国Excision BioTherapeutics公司的EBT-101在治疗人类免疫缺陷病毒（HIV）感染的Ⅰ/Ⅱ期临床试验中展现良好的安全性，并被FDA授予EBT-101快速通道资格。

我国在基因编辑治疗领域紧跟国际先进水平，在基于碱基技术的基因编辑治疗、体内基因编辑治疗及拓展适应证等细分方向不断探索并取得了一定成果。在碱基编辑技术方面，正序生物（上海）与广西医科大学利用碱基编辑药物CS-101，成功治愈首位重型β-地中海贫血患者，并达到持续摆脱输血依赖超过2个月，这是全球首次通过碱基编辑疗法治愈血红蛋白病，与基因编辑治疗药物相比，安全性和有效性更优。在体内基因编辑治疗方面，我国目前有多款获批开启注册性临床试验的产品，如尧唐生物用于治疗转甲状腺素蛋白淀粉样变的YOLT-201，北京中因科技用于视网膜色素变性的ZVS203e，本导基因用于单纯疱疹病毒性角膜炎的BD111，采用的递送技术除AAV和LNP外，还有类病毒体（VLP）。在基因编辑治疗研究最多的遗传性疾病领域，我国也在持续开展研究，以期为更多不同类型的遗传性疾病患者提供治疗手段。四川大学等机构实现了先天性黑矇小鼠视网膜细胞*RPE65*基因突变的精确高效修复。上海交通大学等机构通过修复自闭症小鼠神经元中的*L35P*基因突变，成功改善小鼠的行为表现。暨南大学和中国科学院广州生物医药与健康研究院首次在国际上证明修复及敲除亨廷顿猪模型的突变基因，能有效地改善神经退行性疾病大动物模型的病理变化以及行为症状。除遗传性疾病外，我国在基因编辑治疗感染性疾病领域取得全球领先进展。本导基因开发的BD111药物是全球首个CRISPR抗病毒基因编辑药物，通过直接靶向切割1型单纯疱疹病毒的基因组以清除病毒，在探索性和注册性临床研究中已初步证实了其安全性和有效性。

5. 免疫细胞治疗

免疫细胞治疗是指在体外对某些类型的免疫细胞进行处理后再回输人体内的一种新型治疗方法，可治疗包括肿瘤、自身免疫性疾病和感染性疾病等多种疾病。免疫细胞治疗方法繁多，其中CAR-T和TIL细胞治疗已有产品成功上市，T细胞受体嵌合型T细胞（TCR-T）细胞治疗已有产品处于上市审评阶段。此外，CAR-NK细胞基于其异体治疗潜力也是当前的热门研发方向。

（1）CAR-T细胞治疗。CAR-T细胞是当前免疫细胞治疗研究的热门焦点，自2017年8月首款CAR-T细胞产品正式获批以来，全球已有12款产品获批上市，其中FDA批准6款，国内批准5款，印度1款，均用于血液肿瘤（表1-11）。虽然CAR-T细胞治疗在血液肿瘤方面已取得显著的疗效，但在癌症治疗领域仍面临一些有效性和安全性问题。为此，在国际上研究人员开展了大量探索，并在2023年取得了一系列实质性的进展。例如，针对由肿瘤抗原异质性、抗原逃逸等导致的CAR-T应用于血液肿瘤时复发比例较高、在实体瘤中疗效不足等问题。美国麻省理工学院等研究发现一种携带与CAR-T靶标相同抗原的疫苗不仅可以增强CAR-T的代谢和活性，还可诱导抗原扩散现象激活内源性免疫细胞，提升对异质性肿瘤的杀伤作用。针对T细胞在肿瘤微环境中会发生耗竭进而导致疗效不足的问题，利用代谢模式对于T细胞命运决定的调控功能开发相关调控策略已经得到广泛认可。瑞士洛桑大学研究发现阻断线粒体异柠檬酸脱氢酶2（IDH2）代谢途径可在表观遗传水平上驱动记忆T细胞的分化，优化CAR-T细胞的治疗效果。美国斯坦福大学发现利用其开发的RNA基因编辑系统MEGA编辑CAR-T细胞与代谢相关的基因表达后，显著改善了T细胞耗竭。另外，在安全性方面，为降低非肿瘤靶向毒性风险，研究人员开发了多种逻辑门控策略以提升CAR-T细胞的靶点特异性，美国斯坦福大学设计了一种快速且可逆的细胞内网络（LINK）CAR，使得CAR-T细胞仅在存在两种靶抗原的情况下被激活。当前，随着临床应用经验的丰富，细胞因子风暴和免疫效应细胞相关神经毒性综合征这两种CAR-T临床上的主要不良反应已基本可控，但新的潜在安全风险也不断凸显，仍待进一步深入研究。例如，美国斯坦福大学的研究人员发现在标准的$CD4^+$ T细胞培养中人类疱疹病毒6型（HHV-6）被重新激活，这为接受CAR-T细胞治疗的患者带来了新的治疗风险。

表 1-11 全球获批上市的CAR-T细胞治疗产品

名称	研发机构	适应证	靶点	首次批准年份 / 机构
Kymriah（tisagenlecleucel）	瑞士诺华公司	急性淋巴细胞白血病/B 细胞淋巴瘤	CD19	2017 年美国 FDA
Yescarta（axicabtagene ciloleucel）	美国吉利德科学公司	B 细胞淋巴瘤 / 滤泡性淋巴瘤	CD19	2017 年美国 FDA
Tecartus（brexucabtagene autoleucel）	美国吉利德科学公司	套细胞淋巴瘤	CD19	2020 年美国 FDA
Breyanzi（lisocabtagene maraleucel）	美国 BMS 公司	B 细胞淋巴瘤	CD19	2021 年美国 FDA
Abecma（idecabtagene vicleucel）	美国 BMS 公司	多发性骨髓瘤	BCMA	2021 年美国 FDA
奕凯达（阿基仑赛注射液）（引进自 Yescarta）	复星凯特公司	大 B 细胞淋巴瘤	CD19	2021 年中国 NMPA
倍诺达（瑞基奥仑赛注射液）	药明巨诺公司	大 B 细胞淋巴瘤	CD19	2021 年中国 NMPA
Carvykti（ciltacabtagene autoleucel）	南京传奇公司	多发性骨髓瘤	BCMA	2022 年美国 FDA
福可苏（伊基奥仑赛注射液）	驯鹿生物公司	多发性骨髓瘤	BCMA	2023 年中国 NMPA
源瑞达（纳基奥仑赛注射液）	合源生物公司	B 细胞急性淋巴细胞白血病	CD19	2023 年中国 NMPA
NexCar19（Actalycabtagene autoleucel）	印度 ImmunoACT 公司	B 细胞淋巴瘤 /B 细胞急性淋巴细胞白血病	CD19	2023 年印度 CDSCO
赛恺泽（泽沃基奥仑赛注射液）	科济药业公司	多发性骨髓瘤	BCMA	2024 年中国 NMPA

在临床研究方面，科研人员近一年来也在积极拓展CAR-T细胞治疗应用范围，并取得了重要进展。针对当前获批的CAR-T细胞治疗产品主要用于B系血液肿瘤，用于T系血液肿瘤会面临T细胞自相残杀等问题，英国伦敦大学学院和大奥蒙德街儿童医院研究人员利用碱基编辑开发了一种通用现货型CAR-T细胞CAR7，在Ⅰ期临床研究中成功治疗了2名T细胞急性淋巴细胞白血病儿童患者。在实体瘤方面，多个研究团队针对脑瘤先后取得多项积极临床进展。意大利的一项Ⅰ/Ⅱ期研究显示，GD2靶向的CAR-T细胞治疗产品GD2-CART01可使63%的高风险神经母细胞瘤年轻患者接受治

疗后产生积极应答。美国哈佛大学开发了一款CAR-T细胞CARv3-TEAM-E，它能够同时靶向突变型和野生型*EGFR*，Ⅰ期临床试验结果显示，3名复发性胶质母细胞瘤患者接受治疗后，其中1名患者的肿瘤几乎完全消失。美国希望之城的一项Ⅰ期临床研究发现，局部注射靶向白细胞介素13受体α2（IL-13Rα2）的CAR-T细胞MB-101，可使一半的脑胶质母细胞瘤患者（29/58）病情稳定，2名患者实现了完全缓解。另外，近年来不断有研究显示CAR-T在多种自身免疫性疾病方面的治疗潜力。继2021年和2022年德国埃尔朗根-纽伦堡大学利用CD19 CAR-T细胞成功治疗了多名系统性红斑狼疮患者后，2023年，该机构又成功治疗了1名抗合成酶抗体综合征患者。最新的一项临床研究结果也证明CD19 CAR-T 细胞可安全和有效地用于系统性红斑狼疮、系统性硬化、特发性炎性肌病这3种疾病的治疗。美国Cartesian Therapeutics的Descartes-08采用的是一种利用LNP递送mRNA制备CAR-T细胞的策略，其在Ⅰb/Ⅱa期临床研究中显示出安全有效地治疗重症肌无力患者的潜力，且该策略可避免传统CAR-T细胞在体内长期存在而造成的副作用。

我国在CAR-T细胞治疗产品的开发上紧跟国际先进水平，目前国内已有5款产品获批上市，其中3款于2023年之后获批，均为自主开发，分别为合源生物的纳基奥仑赛注射液、驯鹿生物的伊基奥仑赛注射液和科济药业的泽沃基奥仑赛（表1-11）。其中，纳基奥仑赛是首个获批上市的具有中国全自主知识产权的CD19 CAR-T细胞治疗产品，伊基奥仑赛是全球首个获批上市的全人源BCMA CAR-T细胞治疗药物。从适应证来看，这些产品与国际一致，均用于血液肿瘤，实体瘤仍待继续攻克。

在技术创新方面，2023年我国研究人员围绕肿瘤微环境中的T细胞耗竭等问题积极开展攻关，在CAR结构设计、克服肿瘤微环境的物理条件及T细胞代谢调控等方面取得了重要进展。例如：上海科技大学等发现CAR受体产生的持续基底信号可导致CAR-T细胞功能耗竭，并基于此原理开发了CAR结构理性设计平台；厦门大学等构建了一种膜融合脂质体T-Fulips，通过避免T细胞表面氧化来提升T细胞在活性氧环境中的免疫活性；中国科学院分子细胞科学卓越创新中心研究发现使肿瘤微环境中富集的氧化型胆固醇正常化可以避免关键代谢和信号通路的异常，进而改善细胞的抗实体瘤效果；浙江大学和瑞士洛桑联邦理工学院联合开发了一种可分泌IL-10的代谢增强型CAR-T细胞，它能有效抵抗在肿瘤微环境发生耗竭，在小鼠模型中表现出持久有效的抗肿瘤效果，基于该技术开发的Meta10-19正进行临床转化研究。

在临床应用方面，我国也在积极布局推进。在CAR-T治疗实体瘤方面，科济药业的Claudin18.2 CAR-T细胞CT041在胃癌中取得显著疗效，2023年一项新研究显示CT041还成功缓解了2例转移性胰腺癌患者的症状。除肿瘤领域外，我国在应用CAR-T细胞治疗自身免疫性疾病方面也积极布局。驯鹿生物利用CT103A（伊基仑赛注射液）相继开展了全球首个BCMA靶向CAR-T细胞用于视神经脊髓炎谱系疾病（NMOSD）

和免疫介导坏死性肌病（IMNM）的CAR-T细胞治疗临床试验，近期还有研究显示利用CT103A成功治疗了2例难治性重症肌无力患者。此外，越来越多的临床前证据表明CAR-T细胞在有效治疗衰老和心力衰竭等相关疾病方面也具有广阔的前景，但目前相关疗法尚停留在临床前研究阶段。

（2）TIL细胞治疗。肿瘤浸润淋巴细胞（TIL）治疗是指对来源于肿瘤组织的TIL细胞，在体外经筛选扩增后再回输患者体内的一种特异性杀伤肿瘤的疗法。该疗法对靶点无要求，具有低脱靶毒性，在治疗实体瘤方面具有独特的优势。2024年，全球迎来首款TIL细胞治疗产品的上市，为美国Iovance Biotherapeutics公司获FDA加速批准的Amtagvi（lifileucel），用于治疗晚期黑色素瘤，同时也是首款和唯一一款获批用于实体瘤的T细胞治疗产品。除黑色素瘤外，Lifileucel针对宫颈癌的关键临床试验也正积极展开中。另外，为进一步提升TIL细胞的抗原特异性、持久性和抗肿瘤效果，研究人员正在尝试改进筛选扩增过程、对TIL细胞进行基因修饰等策略，也已有多款相关产品进入临床阶段，但多数仍处于临床Ⅰ期和Ⅱ期。

与国际相比，国内的TIL细胞治疗产业尚处于起步阶段，进展最快的仍处于早期临床阶段。目前仅有不足10款产品获批新药临床试验（investigational new drug，IND）（表1-12）。从产品类型上看，已进入注册性临床的TIL细胞治疗产品主要为无基因修饰的TIL细胞。经基因工程改造的下一代TIL细胞治疗产品中，目前沙砾生物的GT201进展较快，2023年美国ASCO年会上公布的IIT数据显示，GT201在多项晚期实体瘤患者治疗中初步验证了疗效，其他产品多数仍处于临床前开发阶段。

表1-12　国内企业开展临床试验的TIL细胞治疗产品

名称	研发机构	适应证	研究阶段
GT101	沙砾生物	黑色素瘤、宫颈癌、肺癌	临床Ⅰ期
GT201	沙砾生物	实体瘤	临床Ⅰ期
GC101	君赛生物	晚期实体瘤	临床Ⅰ期
ZLT-001	智瓴生物	宫颈癌	临床Ⅰ期
HV-101	天科雅生物/杭州厚无生物	实体瘤	临床Ⅰ期
—	劲风生物	—	临床Ⅰ期
C-TIL051	西比曼生物	非小细胞肺癌	临床Ⅰ期
LM-103	苏州蓝马	晚期实体瘤	临床Ⅰ期

（3）TCR-T细胞治疗。TCR-T细胞治疗是指对自身T细胞进行肿瘤抗原特异性TCR基因工程改造，使之能够特异性识别肿瘤细胞并发挥抗肿瘤免疫反应的一种疗法。与CAR-T相比，TCR-T细胞治疗在实体瘤治疗中展现出更大的潜力。经过多年的发展，

首款TCR-T产品有望上市，为英国Adaptimmune Therapeutics公司用于治疗晚期滑膜肉瘤的Afami-cel，其上市申请已于2024年1月31日获得美国FDA受理，并被授予优先审评资格，Afami-cel在治疗滑膜肉瘤和脂肪肉瘤的Ⅱ期临床试验中展现了良好的安全性和持久显著的疗效。另外，在TCR-T产品的早期开发中，由于肿瘤异质性等因素，特异性抗原和TCR的筛选鉴定仍是TCR-T细胞开发的一大瓶颈，获得研究人员的重点关注。荷兰癌症研究所建立的遗传学新生抗原筛选系统HANSolo（HLA-Agnostic Neoantigen Screening），可灵敏地鉴定患者完整HLA基因型中$CD4^+$ T细胞和$CD8^+$ T细胞识别的新生抗原，克服了此前特定HLA基因型的限制。

国内也围绕TCR-T细胞治疗积极开展了相关的基础和临床研究。在TCR和抗原的筛选鉴定方面，国内清华大学开发的能预测T细胞受体和抗原表位相互作用的深度学习模型TEIM、同济大学开发的可进行抗原-TCR亲和力预测的人工智能（artificial intelligence，AI）模型PanPep，均为抗原的预测识别提供了新手段。在临床开发方面，进展较快的TCR-T产品正处于Ⅱ期临床阶段，为我国香雪精准医疗技术有限公司研发的NY-ESO-1靶向的TAEST16001，2023年发布的Ⅰ期临床研究结果显示，在治疗基因型为HLA-A*02：01的软组织肉瘤等实体瘤患者过程中具有良好的安全性和耐受性。此外，2023年我国还有多款针对HBsAg和人乳头状瘤病毒（HPV）等病毒相关抗原的TCR-T产品相继获批临床试验，包括北京可瑞生物的CRTE7A2-01、恒瑞源正的HRYZ-T101。

（4）CAR-NK细胞治疗。CAR-NK细胞治疗是指将CAR表达于NK细胞表面以提高NK细胞特异性抗肿瘤效果的一种细胞疗法。与CAR-T相比，CAR-NK治疗细胞因子释放综合征等不良反应少，无移植物抗宿主反应，更安全且具有大规模生产制造现货型的潜力。但CAR-NK细胞持续时间较短，故疗效不足，目前研究人员通过表达白细胞介素-15（IL-15）增加CAR-NK细胞的持久性，如美国Nkarta Therapeutics公司开发的以NKG2D为靶点的NKX101和CD19靶向的NKX019。从适应证来看，CAR-NK细胞治疗目前主要用于血液肿瘤和实体瘤，其中最快的已开展Ⅱ期临床，大多数正处于临床Ⅰ期。近期多项临床试验结果进一步证明了异体CAR-NK细胞治疗在血液肿瘤中的安全性和有效性，得克萨斯大学MD安德森癌症中心开发了一种脐带血来源的CAR-NK细胞CAR19/IL-15 NK，可同时表达IL-15和诱导性caspase-9（iC9）自杀基因，Ⅰ/Ⅱ期临床试验结果显示，与自体CD19 CAR-T细胞疗法相比，疗效相近，安全性却更好。随着研究的进一步深入，研究人员逐渐探索将CAR-NK细胞用于治疗自身免疫性疾病。2023年10月，美国Nkarta Therapeutics公司的NKX019治疗狼疮性肾炎的IND申请获FDA批准。

国内在CAR-NK细胞治疗研发方面尚处于早期临床研究阶段。在肿瘤领域，国内近一年来有多款产品IND获批（表1-13），包括先博生物的SNC103、启函生物的QN-019a、英百瑞的IBR733和IBR854，其中疗效和安全性得到了验证的CD19仍是主要研发靶点。另外值得一提的是，英百瑞的IBR733是一款CD33/CLL1双靶向的CAR-NK产品，其采用将特异性抗体与NK细胞偶联的方式实现肿瘤细胞靶向，已在IIT试验中显示出安全有效的疗效，Ⅰ期临床试验也已顺利启动。整体来看，这些产品亟待更多临床疗效验证。此外，我国还开展了全球首例靶向CD19的CAR-NK细胞治疗系统性红斑狼疮的临床研究，已取得了积极持久的临床效果。

表1-13 获批进入临床的CAR-NK细胞治疗产品

名称	研发机构	靶点	适应证	阶段
SNC103	先博生物	CD19	B细胞肿瘤	临床Ⅰ期
QN-019a	启函生物	CD19	B细胞非霍奇金淋巴瘤	临床Ⅰ期
IBR733	英百瑞	CD33/CLL1	急性髓系白血病	临床Ⅰ期
ALF101	国健呈诺	MSLN	上皮性卵巢癌	临床Ⅰ期
IBR854	英百瑞	5T4	实体瘤	临床Ⅰ期

6. 异种器官移植

器官移植为挽救各种器官衰竭患者生命提供了一种新的医疗模式，但器官短缺是器官移植治疗的世界性难题，根据世界卫生组织统计，全球每年约有200万人需要器官移植，仅约10%的患者能够等到合适的移植器官。异种器官移植是解决问题的希望之一，包括异种器官移植的按需器官制造也被《麻省理工科技评论》选为2023年“全球十大突破性技术”之一。目前相关研究聚焦解决器官尺寸不匹配、分子不相容、存在猪内源性病毒感染风险等问题，普遍采用的办法是通过基因编辑等技术获得理想猪供体，研究进程较快的包括美国eGenesis公司和Revivicor公司，前者率先通过基因编辑技术敲除猪基因组内的内源性逆转录病毒基因，后者创造了全球首个α-1, 3-半乳糖基转移酶基因敲除（GTKO）猪，两者也在后续研究中进一步运用转入人补体调节蛋白、凝血调节蛋白及其他免疫调节基因等策略，开发理想猪供体，延长受体存活时间。2023年，相关研究取得重大进展，美国eGenesis公司通过对猪供体进行多达69处基因编辑，消除聚糖抗原，过表达人类基因并灭活猪内源性逆转录病毒，显著延长了猪肾脏在食蟹猴体内的存活时间（突破了2年）。与此同时，基于该技术获得的猪肝脏也被尝试用于脑死亡患者的肝脏体外灌注治疗。

从异种器官移植应用发展来看，在前期开展的猪心脏瓣膜、角膜、胰岛和皮肤异种移植临床研究基础上，复杂器官异种移植进入到猪-人移植研究阶段，研究人员相继开展多例猪肾脏、心脏移植到脑死亡和危重病患体内的研究（表1-14）。其中，美国马里兰大学分别于2022年1月和2023年9月完成2例猪心脏异种移植试验，受试者为晚期心脏病患者，移植后分别存活了2个月和6周，研究还进一步详细分析了移植失败原因，揭示出免疫排斥反应、免疫激活、猪体内病毒引发的破坏性炎症反应等影响因素，为未来改善器官异种移植效果提供了重要借鉴。美国纽约大学朗格尼移植研究所和美国阿拉巴马大学等机构则于近3年开展了多项针对脑死亡患者的猪肾脏和心脏异种移植研究，验证异种器官移植的可行性。与此同时，有研究进一步对其中2例异种肾脏移植试验中发生的免疫应答开展了系统表型分析，发现异种移植物中与单核细胞和巨噬细胞活化、自然杀伤细胞聚集、内皮活化、补体活化和T细胞发育的相关基因表达均显示增加，为优化相关技术奠定了基础。从这些研究用的猪供体来看，主要集中于GTKO和10基因编辑猪（10GE）(包括4种基因敲除和6种人源保护性基因的插入)。另外，2024年3月，美国麻省总医院进一步成功将eGenesis公司开发的经69处基因编辑的猪的肾脏移植到一名终末期肾功能衰竭患者体内，目前正在进一步观察其作用效果。

表1-14 猪-人异种移植案例

日期	机构	供体	受体	工作时间
2022年1月	美国马里兰大学	10GE心脏	晚期心脏病患者	60天
2023年9月		10GE心脏	晚期心脏病患者	40天
2021年9月	美国纽约大学朗格尼移植研究所	GTKO肾脏	脑死亡	54小时
2021年11月		GTKO肾脏	脑死亡	54小时
2022年6月		10GE心脏	脑死亡	66小时
2022年7月		10GE心脏	脑死亡	66小时
2023年7月		GTKO肾脏	脑死亡	61小时
2021年9月	美国阿拉巴马大学	10GE肾脏	脑死亡	74小时
2023年2月		10GE肾脏	脑死亡	7天
2024年3月	美国麻省总医院	69处基因编辑猪肾脏	终末期肾功能衰竭患者	—

我国异种器官移植领域科研实力强，供体猪基因编辑水平和繁育能力已达到国际先进水平。2023年，科研人员在器官异种再生方向取得重大突破，中国科学院广州生物医药与健康研究院报道了利用胚胎补偿技术在猪体内成功再造人源中肾的策略，为利用器官缺陷大动物模型进行器官异种体内再生迈出了关键的一步。我国也在积极推进基因编辑猪-猴的异种移植实验。2022年，空军军医大学西京医院开展国际首例基因编辑猪-猴多器官、多组织同期联合移植手术，实现了异种器官移植领域多器官多组织移植零的突破，并于2023年进一步成功将1只基因编辑猪的肝脏、肾脏、心脏、腹壁、角膜、骨、正中神经等多个器官和组织，移植给7只受体猴，再次证实了异种移植的

应用潜力。同年，南京医科大学联合中科奥格生物科技有限公司开展基因编辑猪-猴异种心脏移植手术，采用异位心脏移植手段，以进一步评估猪心脏质量和免疫排斥反应。我国也成功突破复杂器官猪-猴异种移植阶段，于2024年3月开展首例基因编辑猪肝植入人体内临床研究，以脑死亡患者作为受体，成功实施了保留移植患者自身肝脏的辅助性猪肝移植，是异种肝移植向临床迈进的关键一步。

三、总 结

纵观2023年，多个生物医药前沿和热点领域研发持续发力，取得重要进展。GLP-1R激动剂在糖尿病和肥胖症治疗基础上，在多种代谢相关疾病、神经退行性疾病、心脑血管疾病、药物成瘾治疗展现出广阔应用前景，被*Science*评选为2023年十大科学突破之首。靶向蛋白降解药物靶点和适应证不断拓展，为突破“不可成药”靶点提供了新路径。复杂器官异种移植进入到猪-人移植研究阶段，屡获进展，有望打破器官短缺困境。与此同时，多个新型疗法迎来首个获批上市的产品，例如全球首款CRISPR基因编辑疗法exa-cel、TIL细胞治疗产品Amtagvi等，为疾病治疗带来新的希望。

撰 稿 人：杨若南　中国科学院上海营养与健康研究所
施慧琳　中国科学院上海营养与健康研究所
李　伟　中国科学院上海营养与健康研究所
靳晨琦　中国科学院上海营养与健康研究所
王　玥　中国科学院上海营养与健康研究所
许　丽　中国科学院上海营养与健康研究所
李祯祺　中国科学院上海营养与健康研究所
徐　萍　中国科学院上海营养与健康研究所
通讯作者：徐　萍　xuping@sinh.ac.cn

第二节　2023年度生物医药产业发展态势分析

一、全球生物医药产业发展态势

（一）全球生物医药市场分析

1. 全球药品市场：平稳增长

新冠疫情以来全球医药市场每年都有所波动，预计2024年全球医药市场将恢复到疫情前的预期增长率。2020—2027年，包括新冠病毒疫苗和治疗方法在内的全球支出将增长6470亿美元。2022年全球药品销售额为14 820亿美元。2023—2027年，全球药品市场规模（药品总支出）将以3%—6%的复合年增长率（compound annual growth rate，CAGR）增长，到2027年全球药品总支出预计将达到19 590亿美元（图1-2，包括新冠病毒疫苗销售额）。不同的地区间表现各异，未来5年的总增幅从不足10%到超过50%不等，高收入国家的增长主要由新上市的产品和其他处于专利保护期的产品所驱动，尤其是特效药，这也抵消了生物类似药和小分子仿制药缩减药物支出的作用。

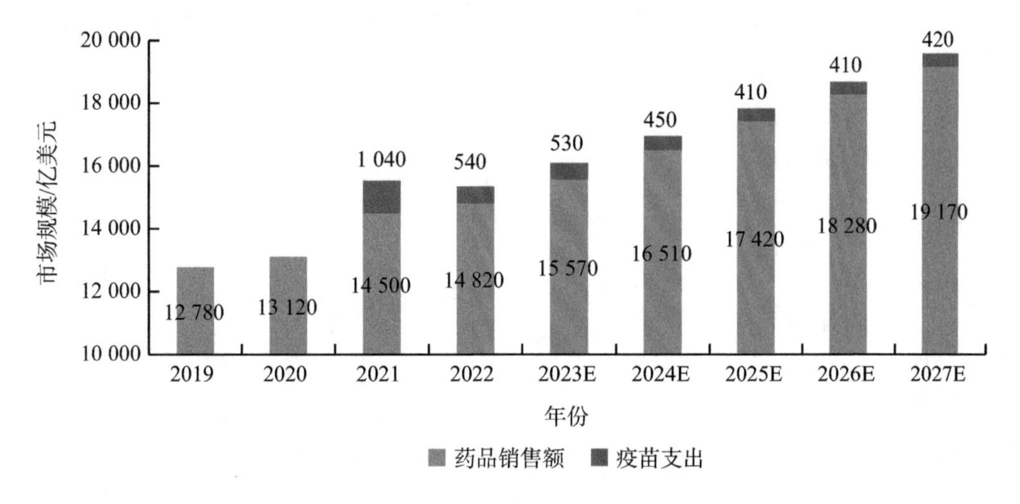

图1-2　2019—2027年全球药品市场规模（以药品总支出计）统计及预测

资料来源：IQVIA Institute

1）处方药市场

2022年全球处方药销售额为11 170亿美元（图1-3），相较2021年10 740亿美元的销售额增长4.0%。2022—2028年全球处方药销售额继续保持上升趋势，预计2028年全球处方药销售额将达到15 800亿美元，CAGR预计为5.9%。其中，2022年处方药中仿制药的全球销售额为730亿美元，相较2021年760亿美元的销售额减少3.9%。2022—2028年的CAGR预计为4.3%，2028年销售额预计将达到940亿美元。

罕见病药物又称孤儿药，在近年来制药环境越发“内卷”的形势下，成为最受关注的品类之一，并且深受美国食品药品监督管理局（FDA）等药物监管部门的重视。2022年全球罕见病用药销售额为1560亿美元（图1-4），预计2028年将达到3000亿美元，2022—2028年CAGR为11.5%。

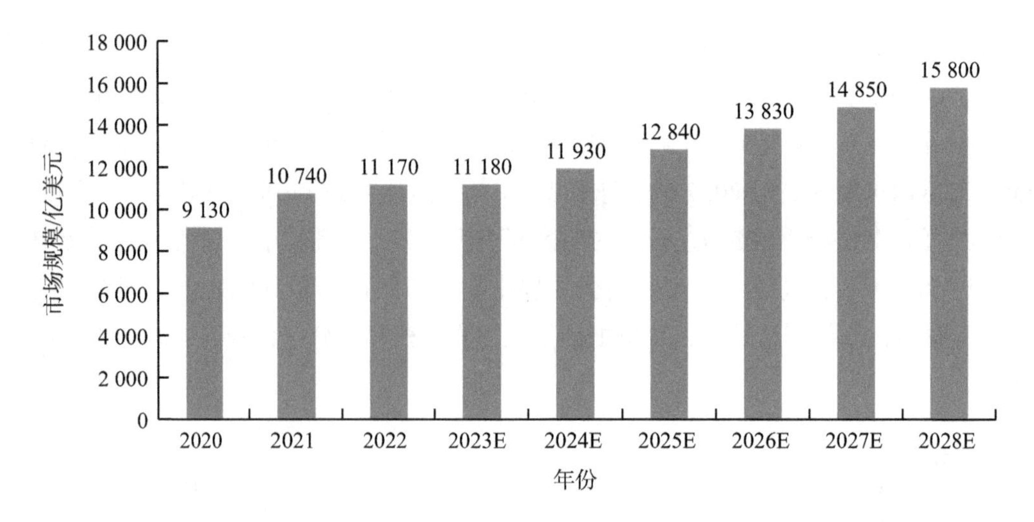

图1-3 2020—2028年全球处方药市场规模统计及预测

资料来源：Evaluate Pharma

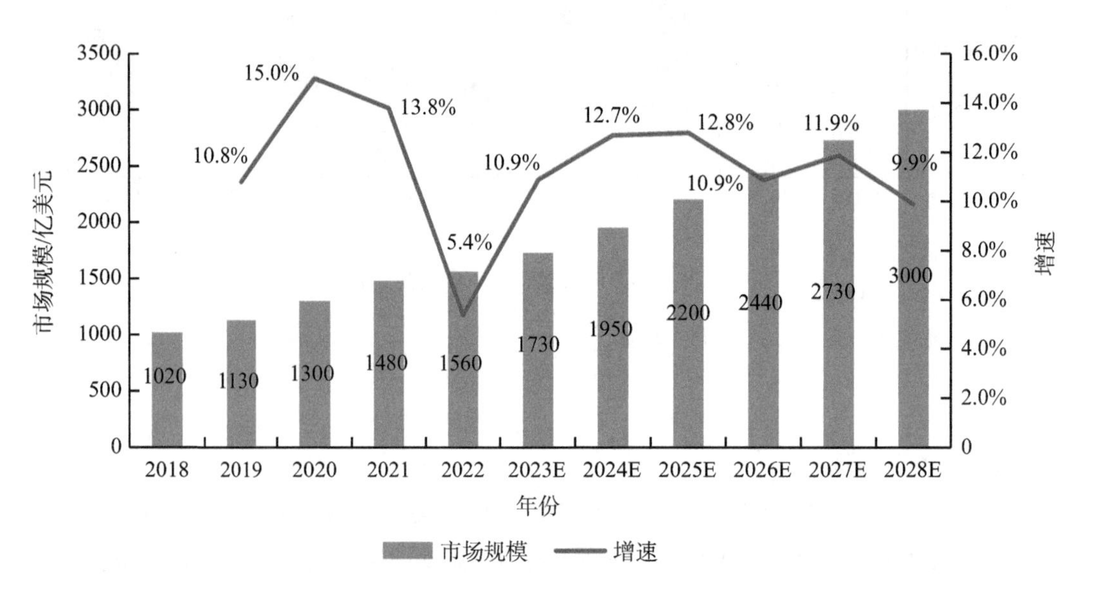

图1-4 2018—2028年全球罕见病用药市场规模及增速

资料来源：Evaluate Pharma

2022年全球处方药销售前10强名单未发生变化，但排位有些许变化。基于新冠病毒疫苗和小分子抗新冠病毒特效药的“双重加持”，辉瑞公司以913.03亿美元的销售额再次登临全球处方药销售前20强的榜首（表1-15）。艾伯维公司则凭借561.79亿美元的销售额继续稳居第2位。强生公司凭借其在自免和肿瘤领域的稳固基础，由2021年的第4位上升至2022年的第3位。诺华、罗氏、百时美施贵宝和赛诺菲公司的排名均下降1位，分别位居第4位、第6位、第7位和第9位。默沙东公司因其销售强劲的“K药”（Keytruda），排名从第7位跃升至第5位。阿斯利康公司2022年销售额增长了19.0%，排名从第9位上升至第8位。葛兰素史克公司排名未发生变化。

表1-15　2022年全球处方药销售前20强

全球排名	公司名	处方药销售额 / 亿美元
1	辉瑞	913.03
2	艾伯维	561.79
3	强生	501.79
4	诺华	500.79
5	默沙东	496.27
6	罗氏	479.09
7	百时美施贵宝	454.17
8	阿斯利康	429.98
9	赛诺菲	403.53
10	葛兰素史克	382.54
11	武田	296.90
12	吉利德	266.15
13	礼来	254.63
14	诺和诺德	253.84
15	安进	225.36
16	勃林格殷格翰	194.73
17	拜耳	188.98
18	莫德纳	184.35
19	晖致	159.99
20	CSL	131.23

资料来源：Pharm Exec

2022年，全球处方药销售前50强企业的门槛为15.55亿美元，与2021年的29.59亿美元和2020年的28.23亿美元相比有所下滑。2022年共有4家中国制药企业进入全球处方药销售前50强行列。中国生物制药凭借44.63亿美元的销售额连续第五年上榜，为中国制药企业首位，全球排名第39位（表1-16），较2021年上升1位。上海医药排名稳定在第41位，总销售额、研发投入和三大畅销药物的销售额都有所增长。恒瑞医药由2021年的第32位跌至2022年的第43位，下滑了11位。石药集团也由第43位跌至第48位。

表1-16　2022年全球处方药销售前50强中国上榜企业

全球排名	企业名	销售额 / 亿美元	排名变化
39	中国生物制药	44.63	+1
41	上海医药	40.43	—
43	恒瑞医药	40.10	–11
48	石药集团	33.34	–5

资料来源：Pharm Exec

2）生物药市场

生物药是指综合利用微生物学、化学、生物化学、生物技术、药学等科学的原理和方法制造的一类用于预防、治疗和诊断的制品，具有药理活性强、毒副作用低的特点。受到技术创新、居民保健意识增强、生物药疗效卓越等因素驱动，近年来生物药市场规模快速增长。2018年全球生物药市场规模为2611亿美元（图1-5），2022年增至3807亿美元，2023年全球生物药市场规模预计将达到4294亿美元，2018—2023年的CAGR为10.5%。

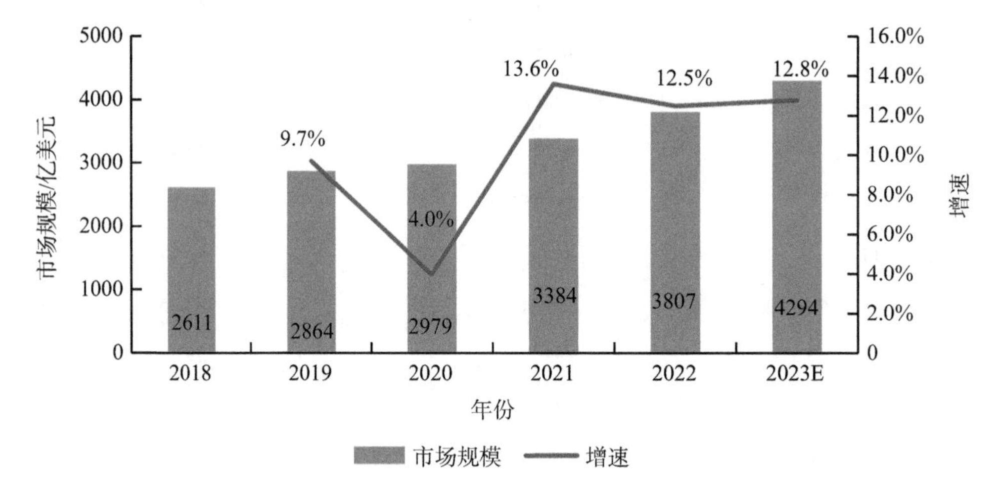

图1-5　2018—2023年全球生物药市场规模及增速
资料来源：Frost & Sullivan

近年来，中国生物药在研发投入逐渐增大的情况下，新药临床研究和上市数量逐年攀升，一系列支持政策的推出助力生物药市场的进一步发展。此外，我国生物药的创新能力已经提升至国际前列，生物药在研品种数量已跃居全球第二，这使得我国生物药在医药产业中的市场份额逐年提升。2022年我国生物药市场规模为5162亿元（图1-6），预计2023年市场规模将达到6137亿元。

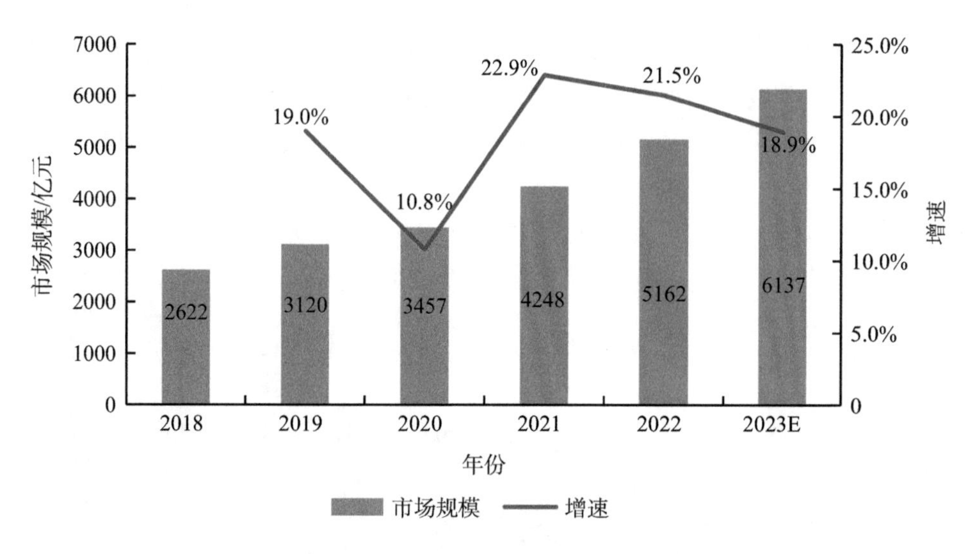

图1-6 2018—2023年中国生物药市场规模统计及预测
资料来源：Frost & Sullivan

抗体药物是最大的治疗性生物制剂类别，通常在癌症治疗中显示出较化疗及放疗等传统疗法更明显的疗效和更低的毒性。抗体直击肿瘤特异性抗原，靶标专一性高，降低了脱靶毒性和副作用。2022年全球治疗性抗体药物市场规模为2300亿美元（图1-7），2018—2022年的CAGR为11.8%，基于医疗需求和创新抗体管线越来越多，预计2023年将突破2500亿美元。

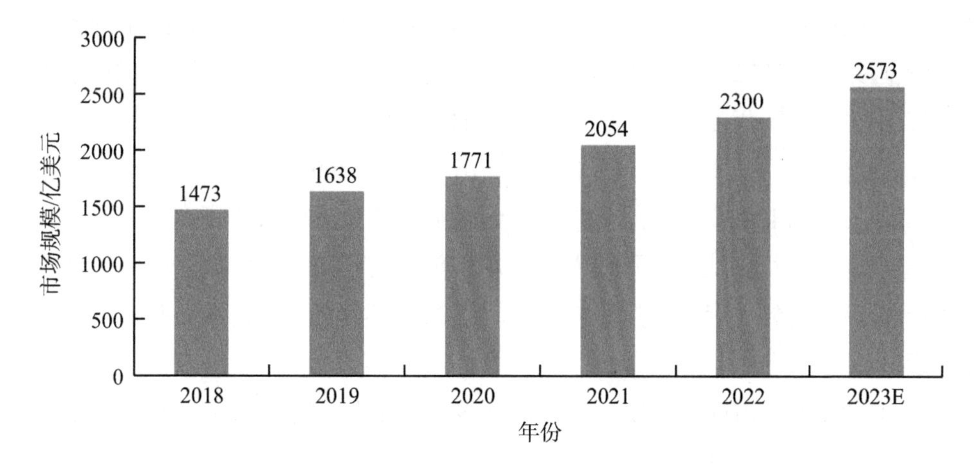

图1-7 2018—2023年全球治疗性抗体药物市场规模
资料来源：Frost & Sullivan

按收入类别计，单抗为全球抗体药物市场的最大类别，占2022年市场份额的94%以上。随着技术的不断迭代更新和临床研究的突破，双抗、抗体偶联药物（ADC）和其他抗体类型等新生物药预期极具市场增长潜力。近年来，ADC药物持续取得突破，优异的临床表现也引起了人们对该领域的广泛关注，ADC药物已进入快速发展期。2022年全球ADC药物市场规模增长至79亿美元（图1-8），2018—2022年的CAGR为41.0%，预计2026年将进一步增长至238亿美元，2022—2026年的CAGR为31.7%。

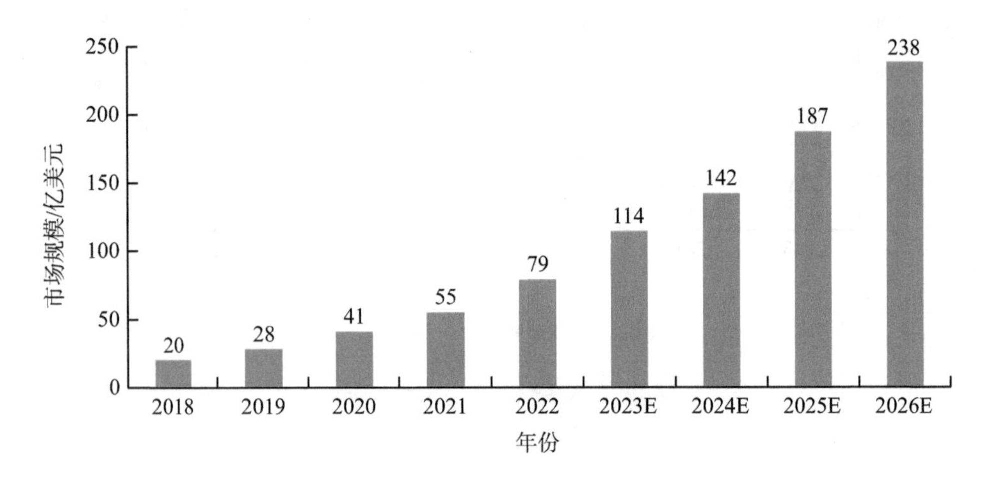

图1-8　2018—2026年全球ADC药物市场规模

资料来源：Frost & Sullivan，观知海内信息网

3）几大重点关注的药物市场

（1）新冠病毒疫苗及治疗药物市场。随着新冠疫情大流行进入第四个年头，全球大部分国家和地区均已实施了疫苗接种，覆盖范围之广前所未有。第一波疫苗接种之快超出了之前的预期，但随后加强针的使用率下降，低收入国家接种疫苗的人数通常比高收入国家少。2022年疫情的特点是新病毒变种的反复暴发，这种模式在很大程度上将持续下去，严重程度和对卫生系统能力的影响似乎比疫情早期更为温和。预计到2027年，全球在新冠病毒疫苗方面的累计支出将达到3800亿美元，新冠病毒感染治疗药物的累计支出为1200亿美元（图1-9）。新冠病毒感染致使几乎所有器官系统的持续并发症已经在临床得到认识，随着老药新用和新的抗新冠病毒特效药的临床使用，感染者的持续症状得到一定的治疗和控制，使得2022年新冠病毒感染治疗药物的支出剧增，达到370亿美元。

（2）抗肿瘤药物市场。2022年全球抗肿瘤药物支出达到1960亿美元，预计2027年将达到3750亿美元（图1-10），支出增长由持续的创新所驱动，同时又因主要市场对生物仿制药的使用而部分抵消。2022—2027年抗肿瘤药物支出将大幅增长，CAGR为13.9%。抗肿瘤药物支出的增加将受到患者的早期诊断、新药的陆续上市，以及在发达国家以外的更多国家使用带来生存获益的新型抗肿瘤药物等因素的推动。从肿瘤产品管线来看，预计2027年将增加100多种新药，其中包括细胞疗法、RNA疗法和免疫疗法等创新治疗途径。抗肿瘤精准疗法成为药物研发的重要方向，包括一系列通过生物标志物测试或下一代测序确定的疗法，以及个体化治疗的CAR-T细胞疗法。

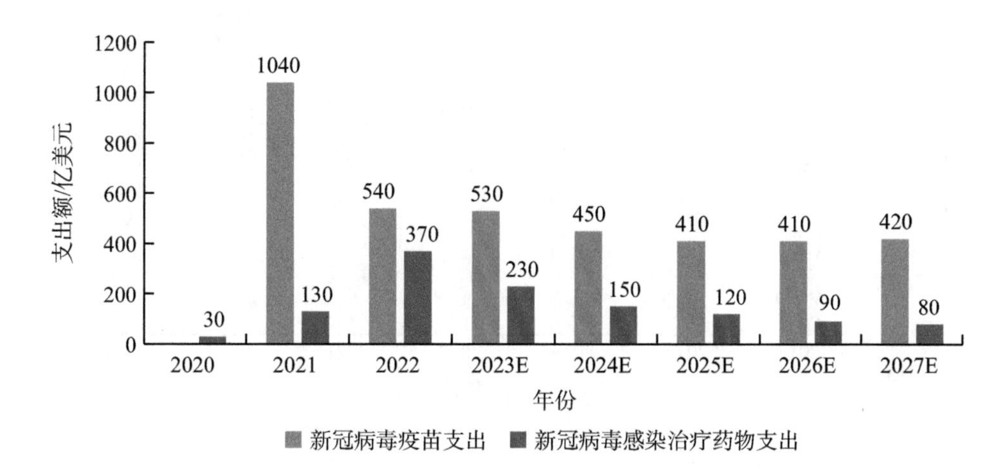

图1-9 2020—2027年全球新冠病毒疫苗及新冠病毒感染治疗药物支出统计及预测
资料来源：IQVIA Institute

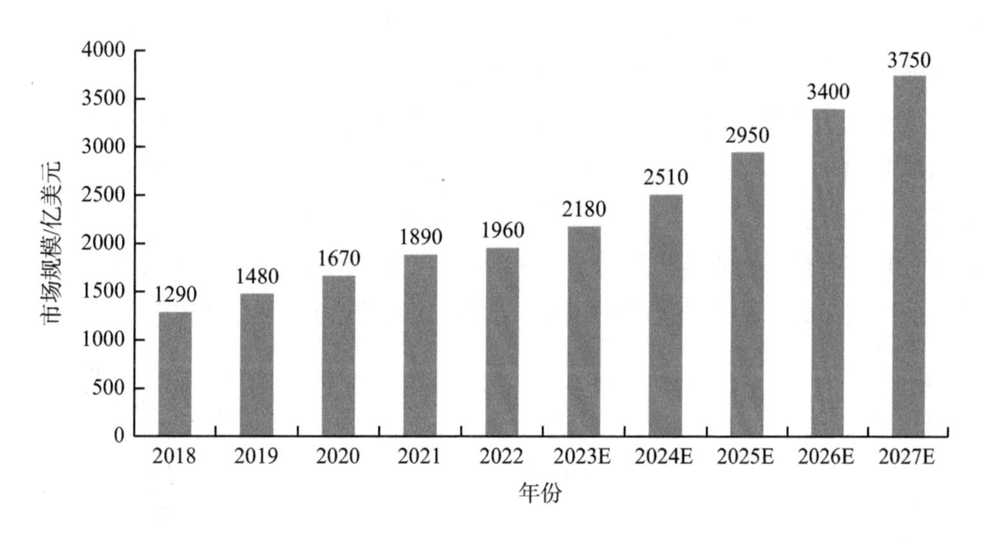

图1-10 2018—2027年全球抗肿瘤药物市场规模统计及预测
资料来源：IQVIA Institute

近年来随着我国对抗肿瘤药物的政策鼓励和倾斜、药品知识产权保护制度的建立，越来越多的资本涌入创新药行业，催生了一大批创新药研发企业。随着国内创新药公司技术水平不断提高，国产的抗肿瘤药物在产品性价比、效果稳定性、地缘等方面的优势逐渐显现，在国内医院的临床使用率也随之逐渐增高。2022年中国抗肿瘤药物市场规模达到了2845亿元（图1-11），较2021年增加405亿元，同比增长16.6%。预计2023年我国抗肿瘤药物市场规模将达到3260亿元，2017—2023年CAGR达15.2%。

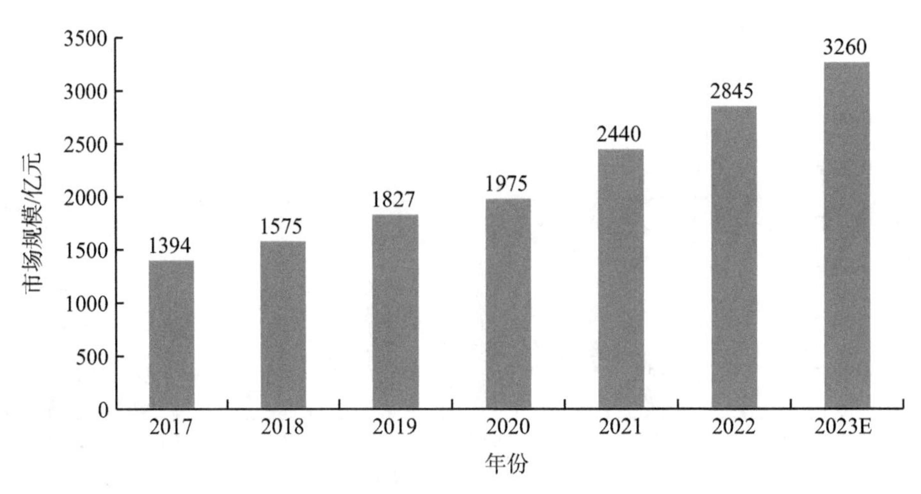

图1-11 2017—2023年我国抗肿瘤药物市场规模及预测

资料来源：Frost & Sullivan

（3）自身免疫性疾病药物市场。自身免疫性疾病是指机体免疫系统对自身成分的免疫耐受被打破，从而攻击自身的器官、组织或细胞，引起损伤所诱发的疾病。根据损伤的情况可分为累及全身的系统性自身免疫疾病，如系统性红斑狼疮；以及影响个别器官或组织的自身免疫疾病，如银屑病、特异性皮炎、各类关节炎等。自身免疫性疾病具有患者人群庞大、需长期服药的特点。2022年，全球自身免疫性疾病药物市场规模为1430亿美元（图1-12），预计2027年将达到1770亿美元，2022—2027年的CAGR为4.4%。这是由不断增加的治疗患者和新产品所驱动的，其中，2023年后全球自身免疫性疾病药物市场规模将在生物类似药物使用的影响下增长减缓。

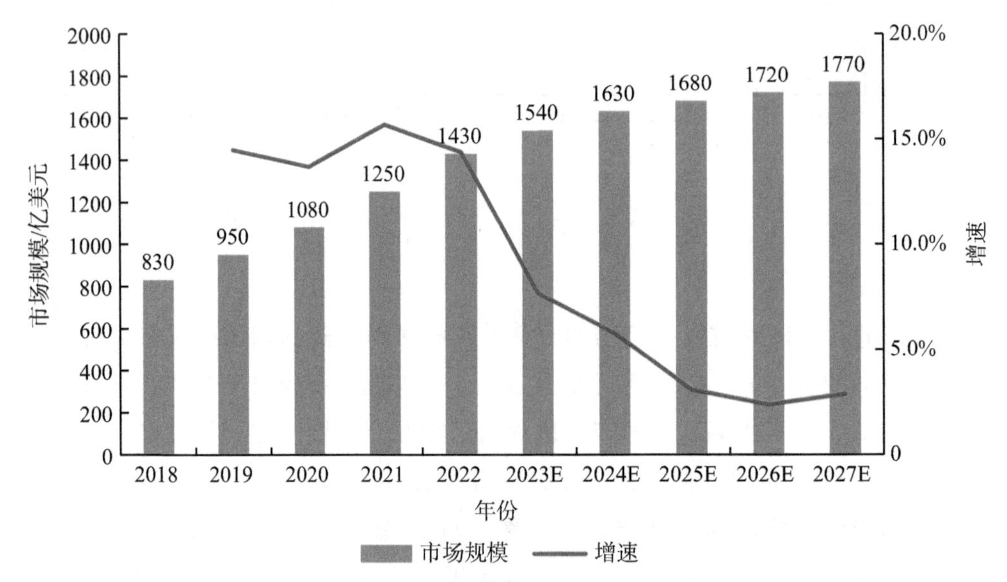

图1-12 2018—2027年全球自身免疫性疾病药物市场规模及增速

资料来源：IQVIA Institute

（4）糖尿病药物市场。糖尿病是一种由多种病因引起的以慢性高血糖为特点的代谢性疾病，伴随由胰岛素分泌或者胰岛素作用缺陷引起的糖、蛋白质、脂肪、水和机体内电解质等一系列代谢紊乱。2016年以来，随着口服降糖药的仿制药和胰岛素的生物类似药的广泛使用，全球糖尿病市场规模增速逐步放缓。2022年，源于胰高血糖素样肽-1（glucagon-like peptide-1，GLP-1）类降糖药的快速放量，全球糖尿病药物市场规模进入加速扩张时代，达607.68亿美元（图1-13），预计2023年市场规模将突破700亿美元（注：统计数字包括降糖药扩展适应证的销售额）。

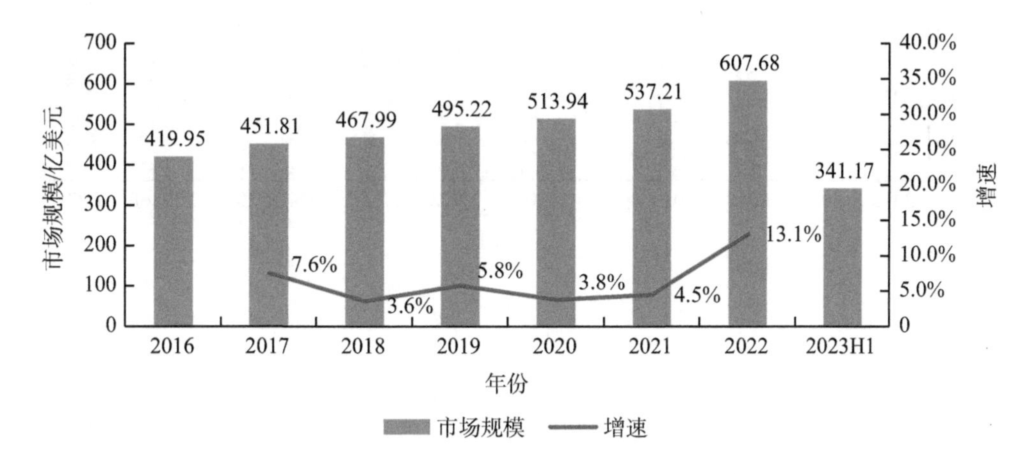

图1-13 2016—2023年全球糖尿病药物市场规模及增速

资料来源：药智数据库

（5）减肥药物市场。全球肥胖问题日益严重，给社会健康带来了巨大挑战。随着人们对健康生活方式的关注增加，减肥药市场需求也呈现出快速增长的趋势。最新的肥胖治疗方法源自GLP-1类药物，这一机制最初在糖尿病领域开发，通常会使患者体重减轻，几家医药公司已将其开发为新型减肥治疗方法，其疗效和安全性可与传统减肥手术相媲美。全球减肥药物市场规模从2016年的18亿美元增长到2022年的36亿美元（图1-14），2016—2022年的CAGR为12.2%。随着2021年6月GLP-1R激动剂司美格鲁肽在美国上市，预期未来会有更多新的减肥药上市，到2027年市场规模将达到86亿美元，2021—2027年的CAGR为19.2%。

2. 全球原料药市场

全球原料药市场受到诸如慢性病患病率的日益上升、全球人口的增长、对具有成本效益的医疗保健解决方案的需求、先进工艺技术的应用（如生物合成技术）、仿制药重要性的日益增加、制药公司向新兴市场的扩张、国际战略合作的拓展等因素的推动，同时也受到严格的监管、绿色生产、安全环保、政策环境等的压力的负面影响。

从2013—2022年的市场变化情况看，全球原料药市场规模在2020年受新冠疫情影响与2019年相比有所下滑，从1822亿美元下降至1750亿美元，下降3.95%；但2021年开始有所恢复，2022年全球原料药市场规模达到2040亿美元（图1-15）。

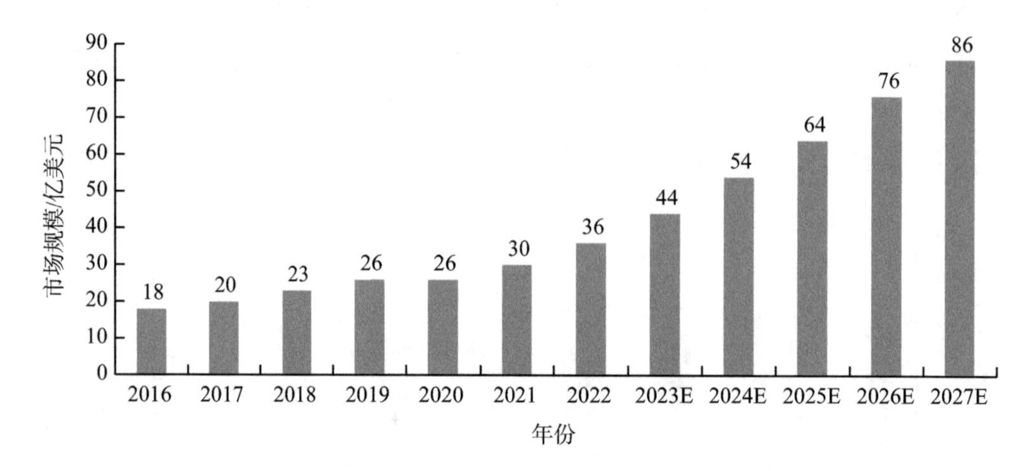

图1-14 2016—2027年全球减肥药物市场规模及预测

资料来源：Frost & Sullivan，中航证券研究所

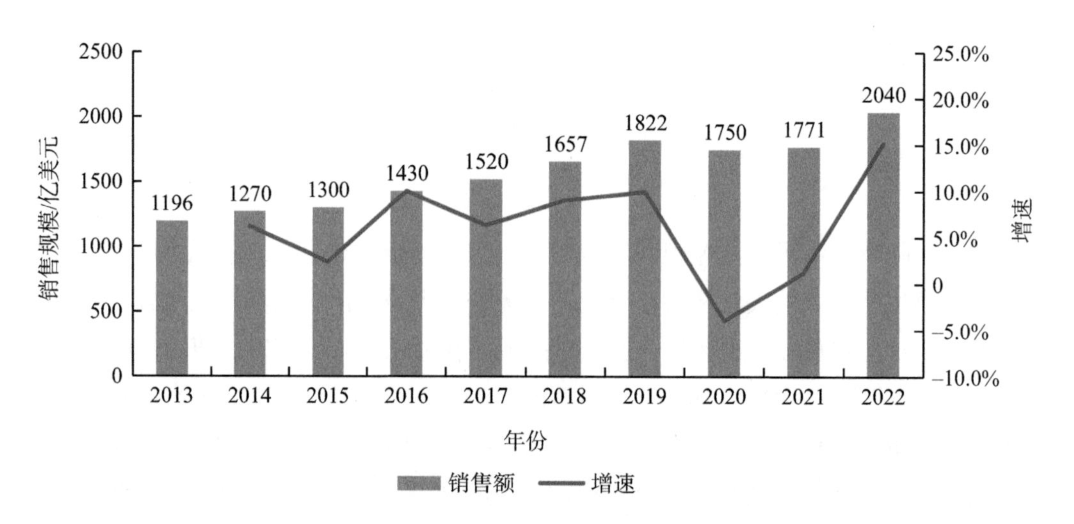

图1-15 2013—2022年全球原料药市场规模及增速

资料来源：药融云

中国在全球原料药供应链中占据领先位置，很大程度上得益于中间体的供应，中国不仅是美国和欧洲等发达市场中间体的主要供应商，也是印度中间体的主要供应商。2013—2017年中国原料药的产能整体呈增长趋势，但在2018—2019年受环保安全监管趋严以及供给侧结构性调整不断深化的影响，一些高能耗、高污染、工艺技术落后、过剩的原料药产能被淘汰，中国原料药产能下降明显；2020年中国原料药市场开始恢

复增长，但受新冠疫情影响而增长缓慢，增速仅约为4.2%；2021年和2022年化学原料药产能均有快速增长，分别增长13.2%和17.5%。但随着美国原料药制造回归本土的政策实施，全球原料药产能的布局或有进一步变化。

2013—2022年中国原料药出口基本保持增长趋势，尤其是新冠疫情暴发后，中国原料药出口额增长明显。2019—2022年出口额分别增长8.7%，9.5%，17.1%和23.9%（图1-16），出口量也持续增长，但增速远低于出口额，说明近些年原料药出口单位均价增加明显，中国原料药产业结构持续优化，逐步由低附加值的大宗原料药向特色原料药或专利原料药转型。

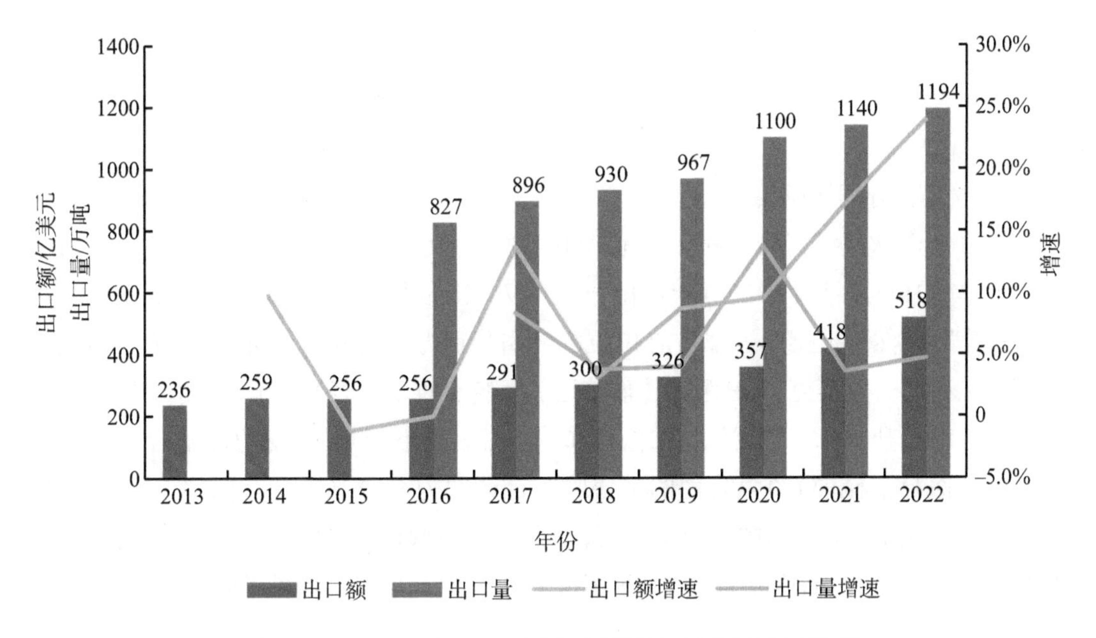

图1-16 2013—2020年中国原料药出口额和出口量情况

资料来源：药融云

3. 全球医疗器械市场

1）全球医疗器械市场概况

医疗器械企业开发的产品和提供的服务可以用于诊断、监测、治疗以及预防疾病。对世界卫生保健系统来说，医疗器械企业在患者旅程中的每个环节均展现出越来越重要的作用，能够有效维护人类的健康与福祉。2022年，虽然众多医疗器械公司面临较高的原材料成本、日益加剧的通货膨胀和供应链等相关问题，以及一些结构性变化带来的难题，但事实证明，即便是在新冠疫情期间，尤其是医疗系统陷入混乱的情况下，医疗器械企业依旧展现出稳定的收入增长和利润水平。2022年，全球医疗器械市场规模达到了5752亿美元（图1-17），预计2023年增长至6160亿美元。

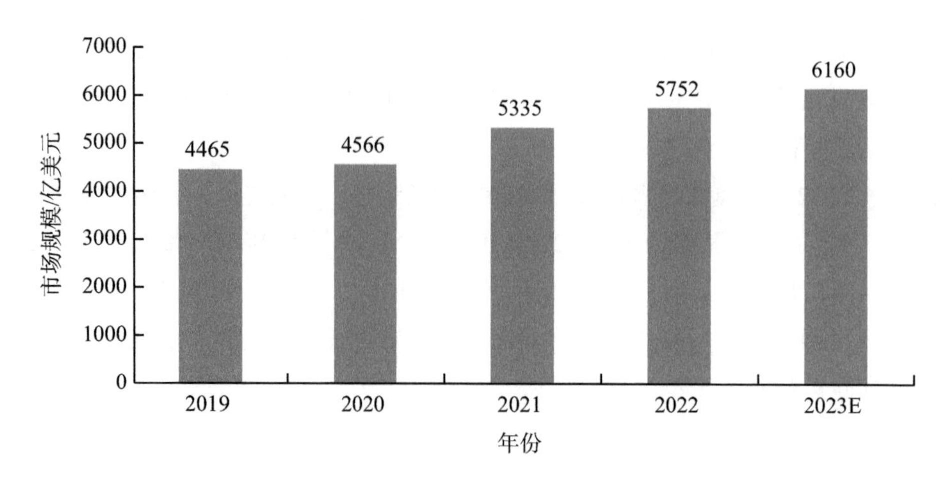

图1-17 2019—2023年全球医疗器械市场规模

资料来源：Frost & Sullivan

2）全球医疗器械巨头

2022年全球医疗器械公司销售前100强中，销售收入门槛为3.14亿美元。其中，进入榜单前10强的企业与2021年保持一致，仅在排名方面出现了轻微变动，但前3位的“宝座”依然未被撼动。排名前10位的公司分别为：美敦力、强生、西门子医疗、麦朗、飞利浦、史赛克、GE医疗、嘉德诺、百特、雅培（表1-17）。麦朗、史赛克和百特排名均上升1位，飞利浦、GE医疗和雅培排名均下降1位，嘉德诺排名未发生变化。全球医疗器械前100强公司的销售收入合计约为4532亿美元，总收入较2021年增长2.8%；前100强公司中超过3/4的公司报告销售额均实现增长，平均增长率达到4.4%；前100强公司的总员工人数减少了近7%，此外研发支出增长了近13%。

表1-17 2022年全球医疗器械公司销售前10强

排名	公司	总部所在地	收入 / 亿美元	雇员数 / 人	排名变化
1	美敦力	爱尔兰	312.27	95 000	—
2	强生	美国	274.00	—	—
3	西门子医疗	德国	228.00	69 500	—
4	麦朗	美国	212.00	35 000	+1
5	飞利浦	荷兰	187.18	77 233	–1
6	史赛克	美国	184.49	51 000	+1
7	GE 医疗	美国	183.41	50 000	–1
8	嘉德诺	美国	158.87	—	—
9	百特	美国	151.13	60 000	+1
10	雅培	美国	146.87	—	–1

资料来源：Medical Design & Outsourcing

从全球医疗器械前100强公司的榜单中能看到全球医疗器械行业发展的新趋势。目前有越来越多的全球医疗器械巨头不仅持续“买买买”的战略，还开始“拆拆拆”。GE医疗、3M、奥林巴斯等国际巨头均将优质的医疗业务从大集团中单独分拆出来，以助力其加速发展。此外，随着新冠疫情对医疗器械公司影响的逐渐平息，一些医疗器械公司在前100强中的排名有所下降。德尔格（医疗部门）排名下降了9位。同样开发呼吸护理设备的费雪派克医疗保健公司（Fisher & Paykel Healthcare）排名下降了10位。2022年全球医疗器械公司前100强中，迈瑞医疗和微创医疗以45.13亿美元和8.41亿美元的销售收入分别位列第27位和第77位，两家公司连续两年跻身全球医疗器械企业前100强。回望中国医疗器械的发展历程，从代理、仿制到微创新、全面创新，国产医疗器械产业的步伐不断向前，市场占有率不断提升。随着国产扩容、行业产能出清、市场渗透率提升，以及海外市场拓展，国产医疗器械企业正在进一步迈向全球顶级巨头的行列。

3）IVD行业市场

全球体外诊断（*in vitro* diagnosis，IVD）行业市场的体量在2019年为650亿美元，在经历了新冠疫情以来的强劲增长后，IVD行业市场增长放缓，2022年全球IVD行业市场规模为1180亿美元（图1-18），相比2021年的1290亿美元下降了8.5%。新冠疫情导致市场放缓，2022年全球新冠相关IVD产品营收为410亿美元，较2021年减少了21%；而非新冠相关产品的营收则保持平稳。

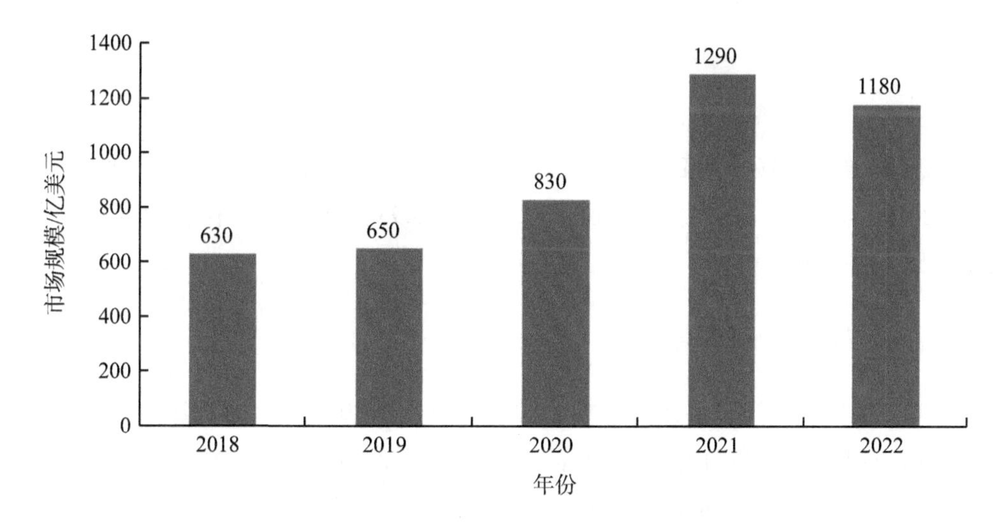

图1-18 2018—2022年全球IVD行业市场规模

资料来源：IQVIA Institute

由于新冠疫情带来的波动，全球IVD行业预计在2023年触底，未来IVD行业一定会迎来新的发展。从技术角度看，颠覆性技术、新的场景开拓以及标准化自动化趋势是未来主要的增长点。从商业角度看，新冠疫情后行业收购和并购浪潮中也会出现更有竞争力的参与者，引领行业发展并使其加入全球竞争中。

4）AI+医疗器械市场

AI+医疗有利于缓解医疗资源供需不平衡等问题，给医疗器械行业发展带来重大机遇，且AI技术嵌入到高端医疗器械中，提升了控制、成像等系统的智能化程度，加快了医疗器械产品的升级换代和性能提升。全球AI+医疗器械市场规模从2016年的0.87亿美元增长至2022年的7.21亿美元（图1-19），2016—2022年的CAGR为42.3%。预计2024年增长至34.96亿美元，2022—2024年的CAGR为120.2%。

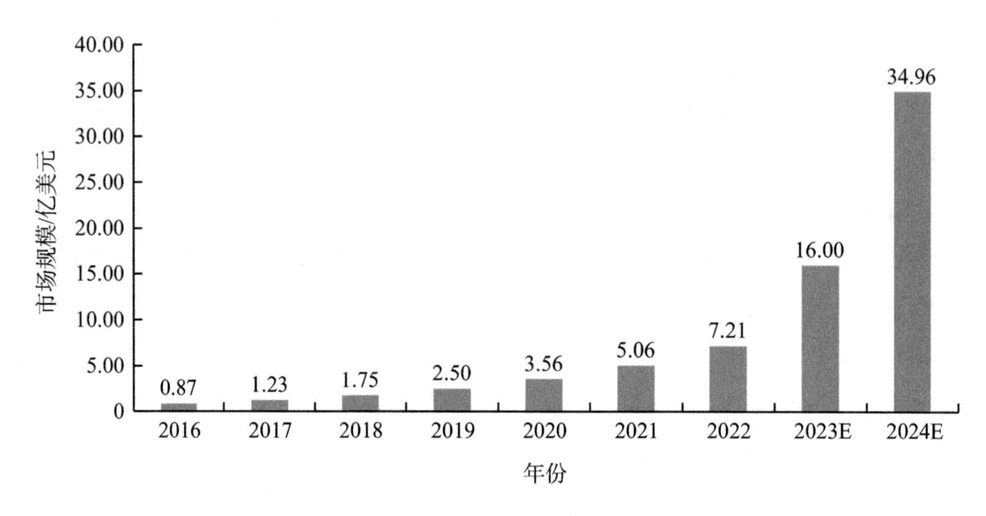

图1-19 全球AI+医疗器械市场规模

资料来源：火石创造产业数据中心

中国AI+医疗器械市场起步较晚，目前市场仍处于早期阶段，但市场规模增长较快，从2019年的1.25亿元大幅增长至2022年的15.93亿元，预计在2024年可增长至87.16亿元（图1-20）。

4. 全球制药巨头与重磅药物

与2021年相比，2022年全球制药公司销售收入前20强中，前10家跨国公司总体变化不大，在排名上仅有轻微变动（表1-18）。辉瑞公司凭借新冠病毒疫苗Comirnaty和新冠病毒治疗药物Paxlovid，成为第一家年销售收入突破1000亿美元的公司，创造了生物制药行业的历史。在辉瑞公司之后，强生、罗氏、默沙东和艾伯维分别位居第2位、第3位、第4位和第5位。而真正激烈的竞速场，似乎来到了全球销售收入排名11—20位的药企。2017—2022年，销售收入前20强排名发生了较大的变化，艾尔建和新基公司已经消失，分别被艾伯维和百时美施贵宝公司收购；仿制药企业晖致和梯瓦公司闪现；新冠疫情之下销售收入均有2000%以上增长的莫德纳和BioNTech强势挤入后，下滑趋势明显；德国默克于2022年首次冲进阵营。也有特色较鲜明的优等生发挥突出，例如，代谢病领域龙头诺和诺德收入逐年增长，近两年销售收入增幅均大于10%，另外礼来、武田和吉利德排名较为稳定。

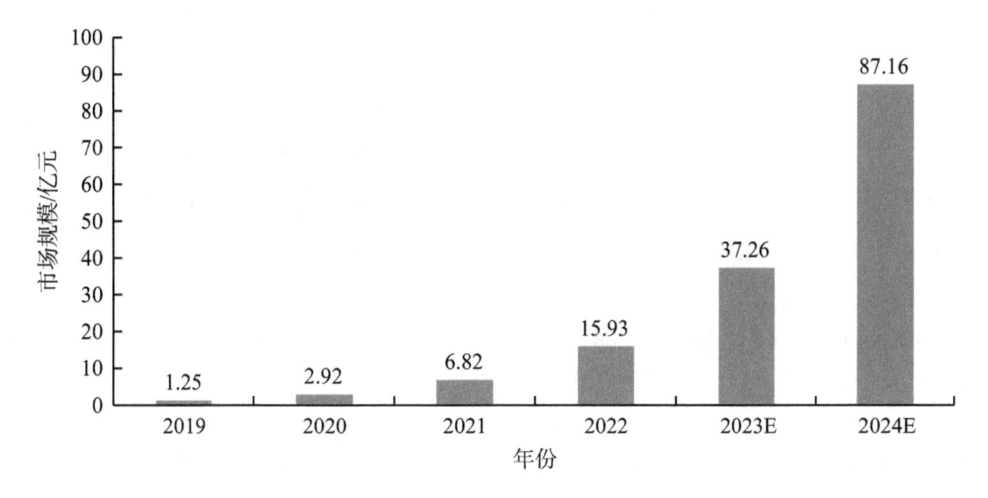

图1-20　我国AI+医疗器械市场规模

资料来源：火石创造产业数据中心

表1-18　2022年全球制药公司销售收入前20强

2022年排名	公司	2022年收入/亿美元	2021年收入/亿美元	2021年排名	排名变化
1	辉瑞	1003.3	812.9	2	+1
2	强生	949.4	937.7	1	–1
3	罗氏	662.6	687.1	3	—
4	默沙东	592.8	487.0	6	+2
5	艾伯维	580.5	562.0	4	–1
6	诺华	505.4	516.3	5	–1
7	百时美施贵宝	461.6	463.8	7	—
8	赛诺菲	452.2	446.3	9	+1
9	阿斯利康	443.5	374.2	10	+1
10	葛兰素史克	361.5	469.2	8	–2
11	武田	300.0	315.7	11	—
12	礼来	285.5	283.2	12	—
13	吉利德	272.8	273.0	14	+1

续表

2022 年排名	公司	2022 年收入 / 亿美元	2021 年收入 / 亿美元	2021 年排名	排名变化
14	拜耳	266.4	279.4	13	–1
15	安进	263.2	259.8	15	—
16	勃林格殷格翰	252.8	242.4	16	—
17	诺和诺德	250.0	223.8	17	—
18	莫德纳	192.6	184.7	19	+1
19	默克	191.6	191.1	/	—
20	BioNTech	182.0	224.3	18	–2

资料来源：Fierce Pharma

注：销售收入不包括公司健康科学领域以外的收入，如拜耳的农业业务销售收入、默克的电子科技业务等；若公司财报为非美元货币，按照年度平均汇率换算成美元

2022年对新冠病毒疫苗的持续需求，使得辉瑞与BioNTech合作开发和销售的mRNA新冠病毒疫苗Comirnaty连续两年位居畅销药物排行榜“药王”（表1-19），与新冠疫情相关的药物还包括排在第4位的Paxlovid（新冠口服特效药）和第5位的Spikevax（mRNA新冠病毒疫苗）。Humira退居第2位，更重要的是艾伯维对其专利保护期已到期，将面临仿制药竞争。PD-1抑制剂Keytruda和Opdivo分别位居第3位和第15位。抗凝血药物Eliquis销售额降幅接近30%，锐减至2022年的117.89亿美元，位居第6位。抗HIV（human immunodeficiency virus，人类免疫缺陷病毒）药物Biktarvy 2022年销售额为103.90亿美元，同比上升20.5%，排名由第10位提升至第7位。抗肿瘤小分子药物Revlimid销售额同比下降22.6%，排在第8位。排在第9位和第10位的分别是Stelara和Eylea，销售额均略有增长，这两个药品已连续3年进入销售额前10强榜单。2022年销售额榜单前10强累计销售额为1688.67亿美元，较2021年1503.15亿美元销售额同比增长12.3%。

表1-19　2022年全球药物销售额榜单前20强

排名	药物名称	靶点	适应证	公司	销售额 / 亿美元
1	Comirnaty	Spike glycoprotein	新冠病毒疫苗	辉瑞 /BioNTech	378.06
2	Humira	TNF-α	类风湿关节炎（rheumatoid arthritis，RA）等	艾伯维	212.37

续表

排名	药物名称	靶点	适应证	公司	销售额/亿美元
3	Keytruda	PD-1	癌症	默沙东	209.37
4	Paxlovid	3CLpro	抗病毒药物	辉瑞	189.33
5	Spikevax	Spike glycoprotein	抗病毒疫苗	莫德纳	184.35
6	Eliquis	FXa	抗凝药	百时美施贵宝 / 辉瑞	117.89
7	Biktarvy	—	HIV 感染	吉利德	103.90
8	Revlimid	—	多发性骨髓瘤	百时美施贵宝	99.78
9	Stelara	IL-12、IL-23	银屑病	强生 / 三菱田边	97.23
10	Eylea	VEGFR	年龄相关性黄斑变性（age-related macular degeneration，AMD）、糖尿病黄斑水肿（diabetic macular edema，DME）	再生元 / 拜耳	96.39
11	Dupixent	IL-4、IL-13	自身免疫	赛诺菲 / 再生元	90.95
12	Ozempic	GLP-1	糖尿病	诺和诺德	87.13
13	Jardiance	SGLT-2	糖尿病	礼来	83.88
14	Imbruvica	BTK	癌症	强生 / 艾伯维	83.52
15	Opdivo	PD-1	癌症	百时美施贵宝 / 大野	82.49
16	Darzalex	CD38	抗肿瘤	强生	79.77
17	Trikafta	—	纤维化	福泰制药	76.87
18	Trulicity	GLP-1	糖尿病	礼来	74.39
19	Gardasil 9	—	宫颈癌疫苗	默沙东	68.97
20	Ocrevus	CD20	多发性硬化症	罗氏	65.98

资料来源：Njardarson Group

5. 全球医药并购缩减

2022年，生命科学领域的交易活动面临诸多挑战。在全球宏观经济动荡、资本市场不确定性高和融资环境日益严峻等因素的影响下，2022年收并购、授权许可以及合作研发交易都受到了阻碍。据统计，2022年全球生命科学领域签署的交易数量（不包括独立的研究拨款）同比下降25%，且只有不到10%涉及新冠领域，这表明市场进入调整阶段。2022年发生的生命科学领域收并购交易数量（此处定义为已签署但不一定完成的合并、商业收购和撤资）较2021年下降了31%，超过了整体交易活动的放缓速度，降至2018年以来的最低点。2022年签署的所有并购交易总额为1431亿美元（图1-21），较2021年的2574亿美元下降44%，较2020年的1771亿美元下降19%。

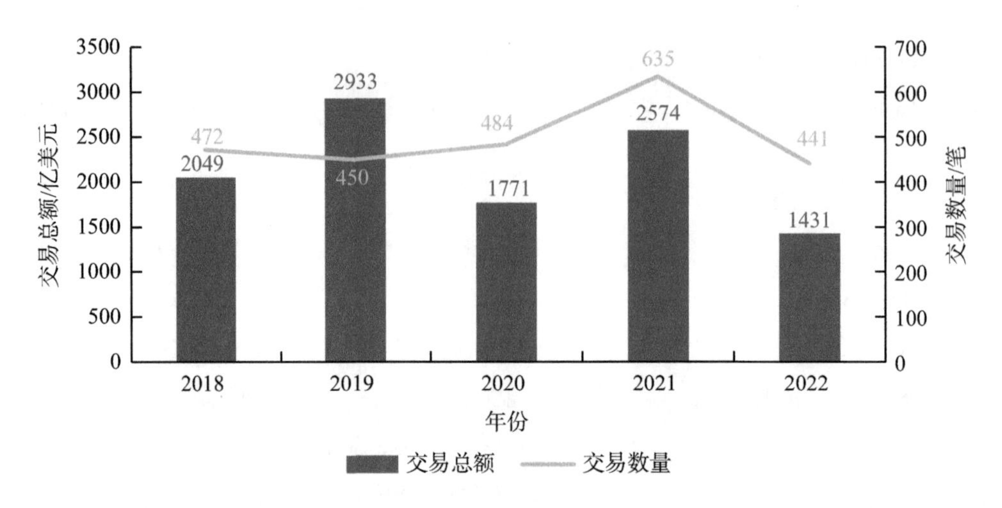

图1-21 2018—2022年全球并购交易量和交易总额

资料来源：IQVIA Pharma Deals

并购交易的交易额均值从2021年的9.43亿美元下降到2022年的7.57亿美元（表1-20），不到2019年创纪录的16.12亿美元的一半。重质量、轻数量和价格合理，成为生命科学领域收并购交易的关键主题。

表1-20 2021年与2022年并购交易总额、平均值和中值比较

所有交易	2021年	2022年	变化
所有并购交易总额	2574亿美元	1431亿美元	–44%
交易额均值	9.43亿美元	7.57亿美元	–20%
交易额中值	1.60亿美元	1.35亿美元	–16%

资料来源：IQVIA Pharma Deals

2022年生命科学领域排名前10的并购交易额合计为849亿美元（不计强生公司交易的CVR），相当于2022年所有并购交易总额的59%（表1-21）。2022年最大的并购交易是安进以278亿美元收购Horizon Therapeutics，该交易将加强安进的产品组合，补强其罕见病特许经营权。强生公司以166亿美元加上或有价值权（contingent value right，CVR）收购了快速增长的心脏康复专业公司Abiomed，成为2022年生命科学领域的第二大并购交易。此次并购是强生公司自2017年支付300亿美元收购罕见病药物开发公司Actelion以来最大的一笔交易，并将补充强生公司的Biosense Webster电生理业

务。位列第三的是辉瑞公司以116亿美元收购偏头痛药品公司Biohaven Pharmaceutical，辉瑞公司有信心将Biohaven Pharmaceutical的口服降钙素基因相关肽（calcitonin gene related peptide，CGRP）偏头痛产品系列的年销售额扩大至60亿美元，从而通过并购和其他业务的发展为实现其2030年营收预期至少增加250亿美元。

表1-21 2022年全球生物医药并购交易前10强（按交易额排名）

排名	收购方	标的公司	金额/亿美元
1	安进	Horizon Therapeutics	278
2	强生	Abiomed	166+CVR
3	辉瑞	Biohaven Pharmaceutical	116
4	武田	Nimbus Lakshmi	60
5	辉瑞	Global Blood Therapeutics	54
6	百时美施贵宝	Turning Point Therapeutics	41
7	安进	ChemoCentryx	37
8	Biocon Biologics	Viatris	33
9	葛兰素史克	Affinivax	33
10	Bain Capital Private Equity	Olympus	31

资料来源：IQVIA Pharma Deals

生命科学领域的授权许可活动在2021年达到5年来的高点后，2022年有所减少，主要是由于精简后的公司将其合作兴趣集中在高增长机会上，而与新冠有关的许可活动也有所减少。2022年，生命科学领域的授权许可交易量同比下降25%，交易方持更为谨慎的态度，对虚高估值的项目接受度降低。尽管授权许可仍然是许多知名公司用来获得外部创新成果的首选风险缓解机制，但数据表明，被许可方在他们希望获得许可的资产类型方面更具选择权，并在付款条件方面也具有更大话语权。

6. 全球医药CDMO快速增长

医药CDMO（contract development and manufacturing organization，合同开发和生产组织）是一种新兴的研发生产外包组织，是指以合同定制形式为制药企业提供制药工艺的开发、设计及优化服务，并在此基础上提供从公斤级到吨级的定制生产服务。CDMO的重要性在于为企业提供的服务可以帮助企业降低成本，提高效率，进一步推动生物制药行业的发展。近年来全球医药CDMO市场稳步增长。2018—2022年，全球医药CDMO市场规模从446亿美元增长至735亿美元（图1-22），CAGR为13.3%。

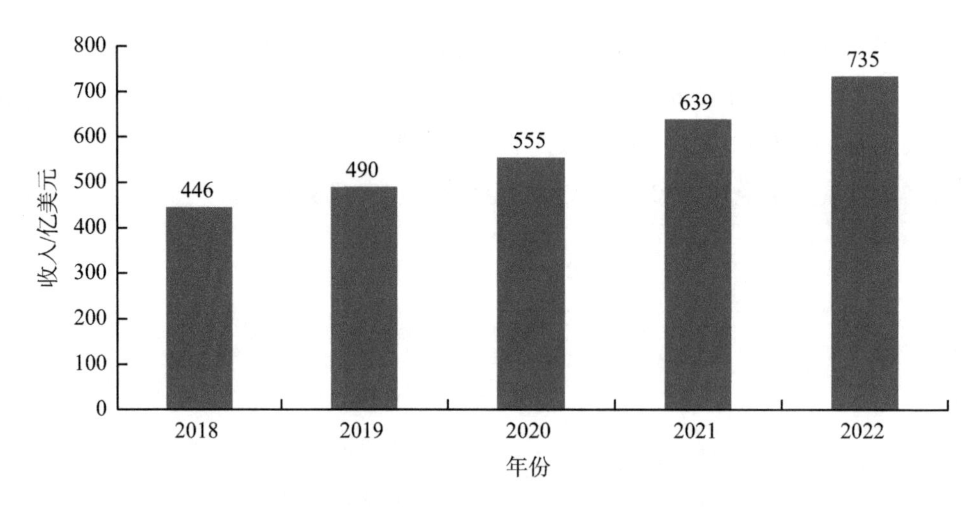

图1-22 2018—2022年全球医药CDMO市场收入统计

资料来源：Frost & Sullivan

随着全球制药市场的继续增长与越来越多的生物技术和制药公司对外包合同制造及开发服务的需求，CDMO行业将会持续保持稳定增长。同时，CDMO行业还将继续创新，并向更加定制化和个性化的服务方向发展。其中一个重要的趋势是数字化转型，CDMO行业将会利用大数据、云计算和人工智能等新兴技术来提高生产效率和加强质量控制，从而提供更高水平的服务。另一个趋势是个性化医疗，CDMO行业将根据客户的具体需求以及药物的特性，提供更加定制化的服务。此外，CDMO行业还将继续面临着严格的监管要求以及竞争压力。虽然CDMO行业面临着一些挑战，但其未来发展潜力仍然巨大。随着新技术的不断涌现和医疗需求的不断增长，CDMO行业有望在未来几年中取得更为显著的发展成果。

（二）全球生物医药研发分析

1. 全球医药研发投入稳定增长

受新冠疫情等因素影响，全球生物医药企业研发投入呈现快速增长态势。全球生物医药研发支出在2020年首次超过2000亿美元，2022年达到2421亿美元（图1-23）。预计到2025年将增长至2954亿美元，2022—2025年的CAGR为6.9%。受益于研发投入的稳健增长，2022年也是全球创新药丰收的一年。美国FDA共批准了37款新药，欧洲药品管理局（European Medicines Agency，EMA）人用药品委员会（Committee for Medicinal Products for Human Use，CHMP）完成92款新药上市申请的审评，日本药品和医疗器械管理局（Pharmaceuticals and Medical Devices Agency，PMDA）批准了一百多个新药的上市许可，我国国家药品监督管理局（National Medical Products

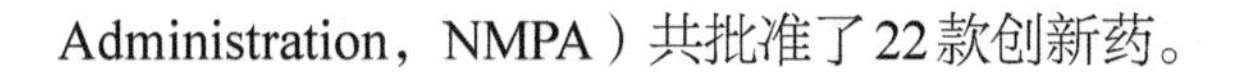

Administration，NMPA）共批准了22款创新药。

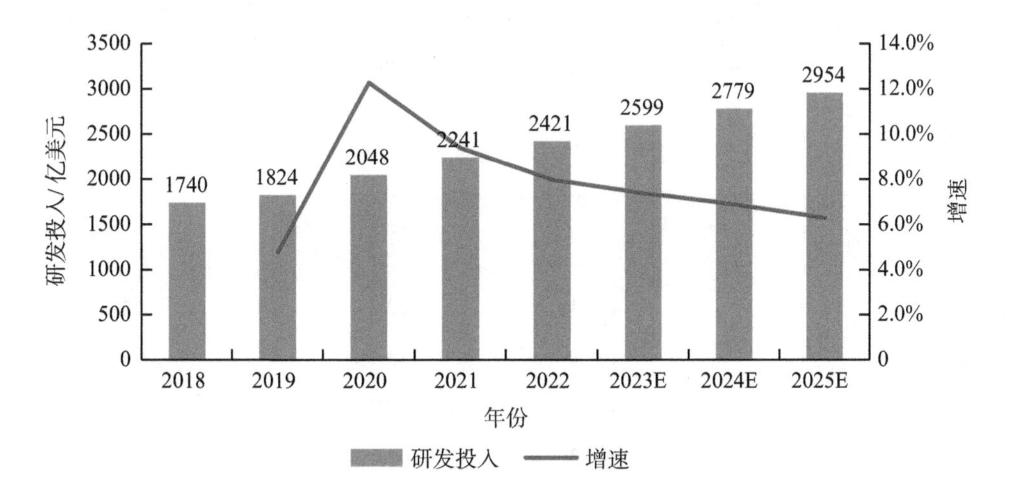

图1-23　2018—2025年全球药物研发支出统计及预测

资料来源：Evaluate Pharma

2022年，全球销售收入前15强制药公司总销售额为7401亿美元，较2021年的7168亿美元增长3.3%；在研发上的投入总计1380亿美元（图1-24），较2021年增长1.5%。在全球销售收入前15强制药公司中，2018—2021年研发投入占销售总额的比例均超过19%，2022年降至18.8%，但仍处于历史高位。2017—2022年，全球销售收入前15强制药公司的研发投入增长了42%，CAGR为7.3%。

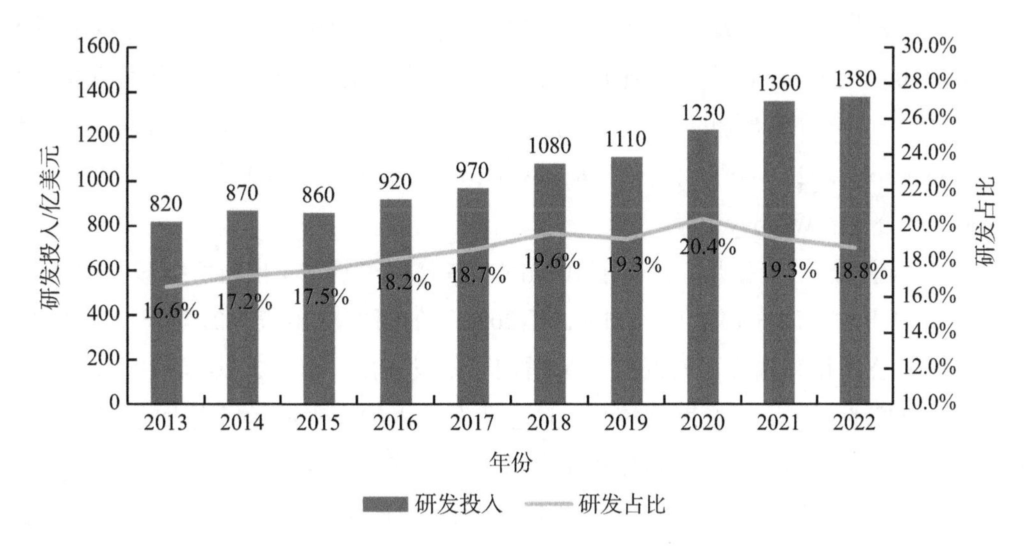

图1-24　2013—2022年全球销售收入前15强制药公司研发投入及在销售总额中的占比

资料来源：IQVIA Institute

2022年罗氏公司以147.1亿美元的研发投入连续三年蝉联全球研发投入排行榜首

位，较排名第2位的强生公司高出约1.1亿美元（表1-22）。总体来看，除了赛诺菲公司取代葛兰素史克公司重返前10强，该榜单与2021年统计的榜单基本相同，仅名次有轻微变化。辉瑞公司排名退至第4位，默沙东公司跻身前3强。

表1-22　2022年全球医药研发投入费用前10强

排名	公司	研发投入/亿美元	2022年占总销售收入比例	与2021年相比的研发支出增长率
1	罗氏	147.1	22.2%	2.7%
2	强生	146.0	15.4%	−0.8%
3	默沙东	135.5	22.9%	10.6%
4	辉瑞	114.3	11.4%	10.0%
5	诺华	100.0	19.8%	5.0%
6	阿斯利康	97.6	22.0%	0.3%
7	百时美施贵宝	95.1	20.6%	−6.7%
8	礼来	71.9	25.2%	4.0%
9	赛诺菲	70.6	15.6%	18.0%
10	艾伯维	65.1	11.2%	−6.0%

资料来源：Fierce Biotech

从研发支出增长率来看，赛诺菲公司最高，达到了18.0%；默沙东公司的研发投入增长率超10%。值得注意的是，强生公司、百时美施贵宝公司和艾伯维公司研发投入出现了负增长。排在第8位的礼来公司可能是最夺目的公司之一，其GLP-1受体激动剂新药Mounjaro于2022年获批用于2型糖尿病的治疗，并计划于2023年进入肥胖市场，与诺和诺德公司的Wegovy竞争。

一个值得注意的变化是，排名前10强的一些公司对研发支出有所缩减。2021年，强生公司的研发支出大幅增加了21%，但2022年的研发支出较2021年下降了0.8%。2022年罗氏公司和辉瑞公司较2021年都增加了研发支出，但与2020年和2021年的差异相比，它们的同比增长幅度都较小。这些研发投入的变化揭示了更大的行业趋势，表明新冠疫情相关的收入和投资热潮正在减少，但这并不意味着研发创新停滞不前。辉瑞公司和葛兰素史克公司的呼吸道合胞病毒疫苗的Ⅲ期临床研究数据积极，于2023年5月获得FDA批准上市。百时美施贵宝公司和默沙东公司在新的癌症靶点和模式上投入了大量资金，如靶向蛋白质降解物和抗体偶联药物。对阿尔茨海默病和其他神经退行性疾病的研究仍在继续，罗氏公司在这一领域付出了长期的努力。

2. 全球药物研发管线数量再创新高

2023年全球药物研发管线数量再创新高，有21 292个药物正在开发中（图1-25），较2022年同期增加了1183个，同比增长5.9%；低于2022年8.2%的增长率，但相比2021年的4.8%的增长率有所上升。2023年的增长率虽低于2018—2023年6.9%的CAGR，但凸显出2023年增长的稳定性与可持续性，表明制药行业在经历了过去三年的动荡之后已稳定下来，而全球医药研发开始步入稳定增长的阶段。2023年全球药物研发管线构成较往年变化不大，抗肿瘤药物仍是全球药物研发的重中之重，超越了生物技术治疗、神经病学、消化/代谢与抗感染等领域。

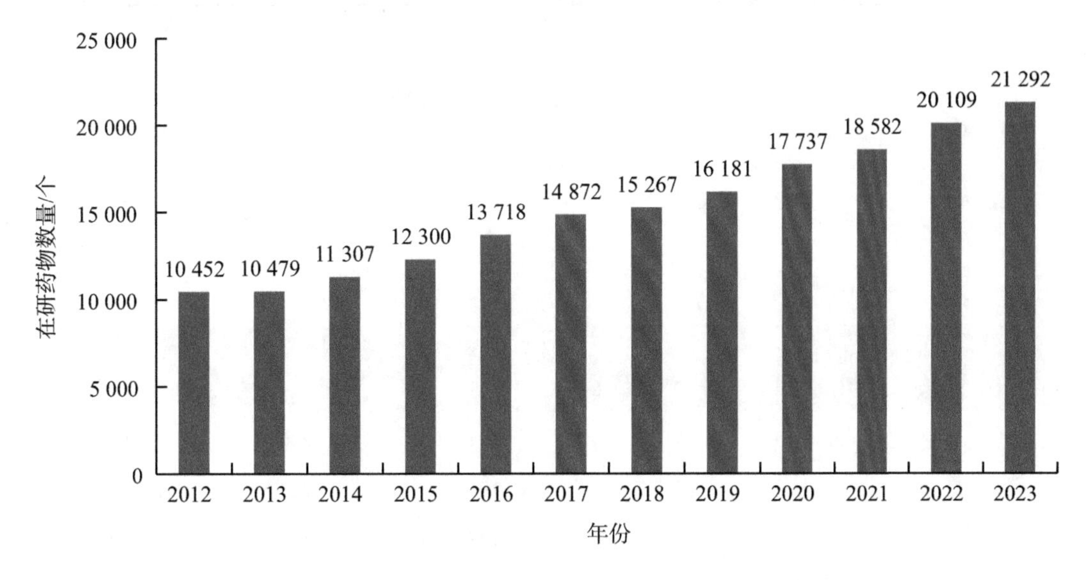

图1-25　2012—2023年全球在研药物数量统计

资料来源：Pharmaprojects，截至2023年1月4日

与全球药物研发管线总数量稳步增长的趋势一致，各研发阶段的管线数量也呈均匀增长态势。2023年全球Ⅰ期和Ⅱ期临床研究管线数量继续保持大幅增长，分别增长了10.7%和7.2%；Ⅲ期临床研究阶段的管线数量增速回稳，增长9.8%；处于临床前药物研发阶段的管线数量则较2022年增加了484个，增速放缓至4.3%（图1-26）。

2023年全球制药公司研发管线规模排名前25强中，罗氏公司以194个在研药物数量取代了诺华公司蝉联6年的榜首地位（表1-23），武田公司依旧排在第3位。诺和诺德公司和石药集团作为两家新上榜的公司，分别排在第19位和第23位。此外，来自日本的两家公司排名呈现了下降趋势，安斯泰来公司从第19位降至第26位，住友制药从第25位降至第28位。药物研发管线数量前25强中有17家公司的研发管线数量有所减少，诺华公司从2021年数量最多的232个降至2023年的191个。相对而言，小型制药企业表现更为强劲，推动着全球研发市场更上一层楼。

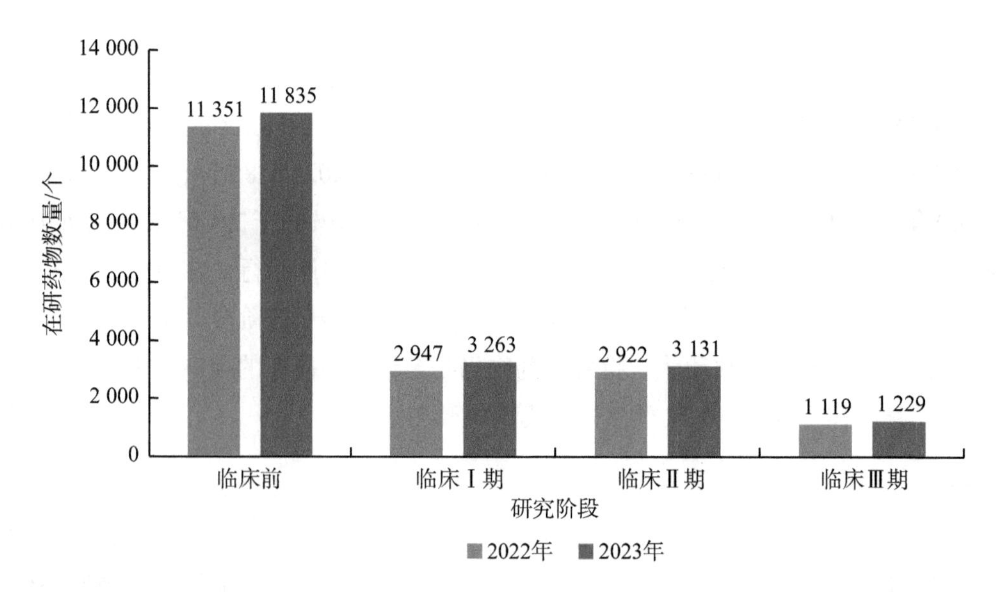

图1-26 2022年和2023年处于不同研究阶段的全球在研药物数量统计
资料来源：Pharmaprojects，截至2023年1月4日

表1-23 2023年全球制药公司在研药物数量排名前25强

2023 年排名	2022 年排名	公司名称	2023 年数量 / 个	2022 年数量 / 个	2023 年自研药物数量 / 个
1	2	罗氏	194	200	110
2	1	诺华	191	213	112
3	3	武田	178	184	61
4	4	百时美施贵宝	175	168	96
5	5	辉瑞	171	168	105
6	8	强生	156	157	84
7	6	阿斯利康	155	161	85
8	7	默沙东	151	158	72
9	9	赛诺菲	145	151	82
10	10	礼来	135	142	64
11	11	葛兰素史克	125	131	64
12	12	艾伯维	122	121	45
13	16	恒瑞医药	106	89	96
14	13	勃林格殷格翰	99	108	75
15	14	拜耳	93	105	63
16	21	吉利德	86	72	59

续表

2023年排名	2022年排名	公司名称	2023年数量/个	2022年数量/个	2023年自研药物数量/个
17	15	大冢制药	85	93	42
18	17	安进	79	83	58
19	36	诺和诺德	77	51	52
20	18	卫材	74	80	39
21	22	再生元	73	68	41
22	20	第一三共	70	75	37
23	27	石药集团	68	62	53
24	23	复星医药	64	68	43
25	24	渤健	63	66	18

资料来源：Pharmaprojects，截至2023年1月4日

在全球医药创新研发领域，中国企业正在占据越来越重要的地位，中国头部创新企业的研发能力及管线数量也在不断提升。中国在研药物数量位居全球第2位，由2022年的4189个增加至2023年的5033个，在全球研发管线的占比由20.8%上升至23.6%。与此同时，中国在创新候选药研发层面也迎头赶上，2022年共有1457种候选药物，排名第2位。除了总体实力稳步提升，中国头部创新企业在全球医药创新研发的竞争较量中仍在继续进步。继2022年恒瑞医药和复星医药携手跻身全球药物研发管线前25强，石药集团也于2023年首次入榜（表1-24），这使得跻身全球药物研发头部行列的中国企业数量达到3家。恒瑞医药的在研药物数量由89个增加至106个，研发管线扩张数在前25强企业中位列第2名，这也助推其排名上升至第13位。

表1-24 2023年全球制药公司在研药物数量排名前25强中国上榜企业

2023年排名	2022年排名	公司名称	2023年数量/个	2022年数量/个	2023年自研药物数量/个
13	16	恒瑞医药	106	89	96
23	27	石药集团	68	62	53
24	23	复星医药	64	68	43

资料来源：Pharmaprojects，截至2023年1月4日

2023年全球参与医药研发的制药公司总数为5529家（图1-27），相比2022年的5416家，增长率为2.1%，较2022年的6.2%有大幅减缓，但仍然创下总数新高。2013—2023年医药研发公司数量翻了一番。2023年有825家制药公司拥有2种在研药物，2083家公司只有1种候选药物。新兴生物技术公司占全球医药研发公司的比例进一步提高，由2022年的48.8%提高到2023年的52.6%，其在医药创新研发中的贡献越发巨大。

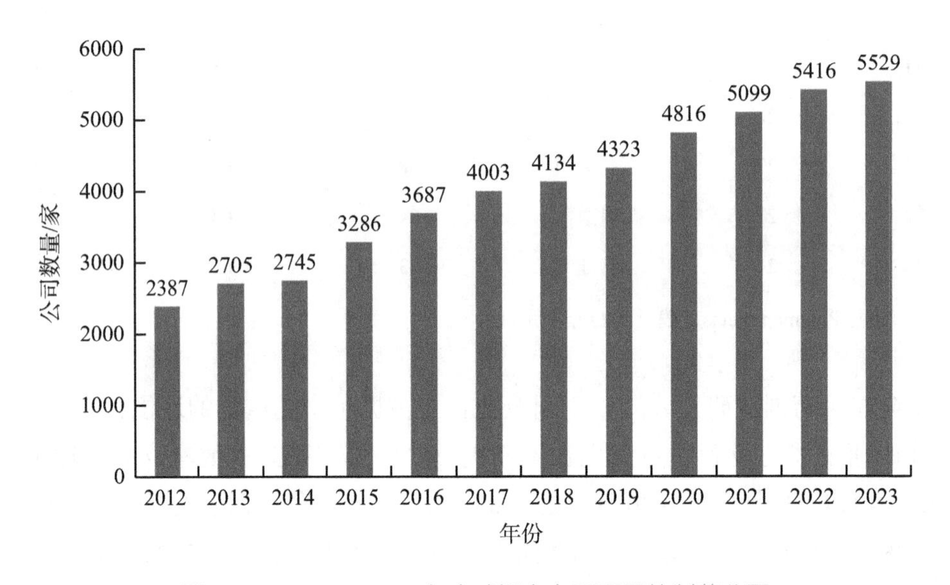

图1-27 2012—2023年全球拥有在研项目的制药公司

资料来源：Pharmaprojects，截至2023年1月4日

2023年，PD-L1以210个在研药物数量成为最具有开发性的蛋白质靶点，荣获全球研发管线药物靶点前25强榜首（表1-25）。这进一步提示了肿瘤免疫的迅速崛起及其主导地位，也使得双特异性抗体CD3e分子的巅峰地位只维持了1年。人表皮生长因子受体2（HER2）靶点进一步滑落到第4位；CAR-T细胞疗法相关的靶点CD19进入前3位。在排名前10强的靶点中，有8种都是治疗癌症的靶点。其中引人瞩目的是，*KRAS*以24.1%的增幅位列第9位。此外，新型癌症靶点Claudin18也取得重大的进展，针对该靶点的药物剧增53.1%，使其排名冲进更高的梯队。Claudin 18的异构体2（Claudin18.2）常见于胃癌（如胃肠道间质瘤），因此成为针对此类抗肿瘤药物的新热门靶点。另一种肿瘤免疫靶点CD137的排名也有所攀升，而更常见的转化生长因子β1也重回前25强位置。而在前25强主要靶点中，糖皮质激素和新冠病毒表面糖蛋白两个靶点有明显的下降趋势，提示针对新冠病毒感染的药物研发已进入下降期。

表1-25　2023年全球研发管线药物靶点前25强

2023年排名	2022年排名	药物靶点	2023年的药物数量/个	2022年的药物数量/个
1	2	PD-L1	210	194
2	1	CD3e分子	207	199
3	4	CD19	194	174
4	3	人表皮生长因子受体2（HER2）	187	177
5	5	表皮因子生长受体（EGFR）	178	161
6	6	程序性死亡受体1（PD-1）	165	159
7	7	血管内皮生长因子A（VEGF-A）	160	158
8	8	胰高血糖素肽1受体（GLP-1R）	126	116
9	17	*KRAS*原癌基因，GTP酶	118	87
10	10	5-羟色胺受体2A（5-HT2A）	117	103
11	9	μ1阿片受体	107	104
12	14	胰岛素受体	87	90
13	13	TNF受体超家族成员17	87	91
14	16	大麻素受体1	86	87
15	15	肿瘤坏死因子	86	90
16	22	TNF受体超家族成员9（CD137）	84	70
17	11	糖皮质激素受体	83	96
18	18	CD20	82	83
19	19	κ阿片受体	80	79
20	12	SARS-Cov2 spike	78	91
21	38	连接蛋白18	75	49
22	25	雄激素受体	74	64
23	29	转化生长因子β1	74	62
24	21	CD47分子	73	70
25	20	前列腺素内过氧化物合酶2（PTGS2）	73	75

资料来源：Pharmaprojects，截至2023年1月4日

然而，就新发现的药物靶点数量而言，2022年的情况并不理想。只有94个靶点首次出现在研发管线中，创下2018年来的新低（图1-28）。这也使得2022年的药物创新水平略低于2005—2022年平均水平的101个，但这一数字似乎并不具有特定的趋势，

可能只是2020年和2021年数量大幅增加后的回落。与2021年同期相比，目前正处于活跃开发阶段的靶点总数由1952个增加到了1974个，净增22个。

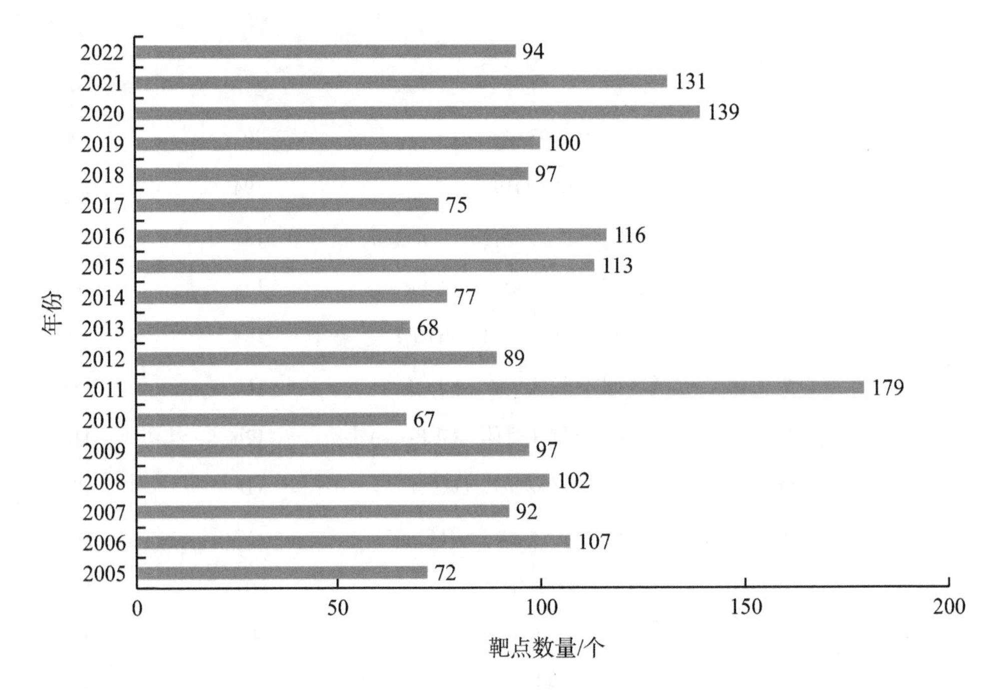

图1-28　2005—2022年发现的全新药物靶点数量

资料来源：Pharmaprojects，截至2023年1月4日

3. 全球批准上市新药数量保持稳定

2022年，全球共有64种新活性物质（new active substance，NAS）上市（图1-29），与2020年和2021年相比有所下降，但恢复到了新冠疫情前的水平。2018—2022年，肿瘤领域、神经系统疾病领域和免疫系统领域新药上市的产品比例不断上升，合计占353个总上市产品的49%，达到了173个，而对比2013—2017年，仅占232个总上市产品的41%。2013—2022年，感染性疾病领域（包括新冠病毒以及抗细菌、抗病毒、抗真菌和抗寄生虫）上市新药数量占上市产品总数量的16%。

2013—2022年，全球共有184种肿瘤新药上市，其中包括免疫肿瘤方面一些具有突破性的新疗法和新一代生物疗法，以及许多治疗罕见癌症的疗法。而神经系统疾病领域有58种药物，其中许多最近上市的药物是用于治疗罕见的神经肌肉疾病和治疗偏头痛的CGRP受体拮抗剂，后者也是数十年来新开发的治疗偏头痛的新机制。

美国FDA的药品评审和研究中心（Center for Drug Evaluation and Research，CDER）在2022年批准了37个新药（图1-30），较2013—2022年获批的平均数43个有所下降。2022年获批新药中包含15个生物药，涉及单克隆抗体、双特异性抗体、ADC、T细胞受体嵌合型T细胞（TCR-T）疗法和酶替代疗法等，创2020—2022年新高。

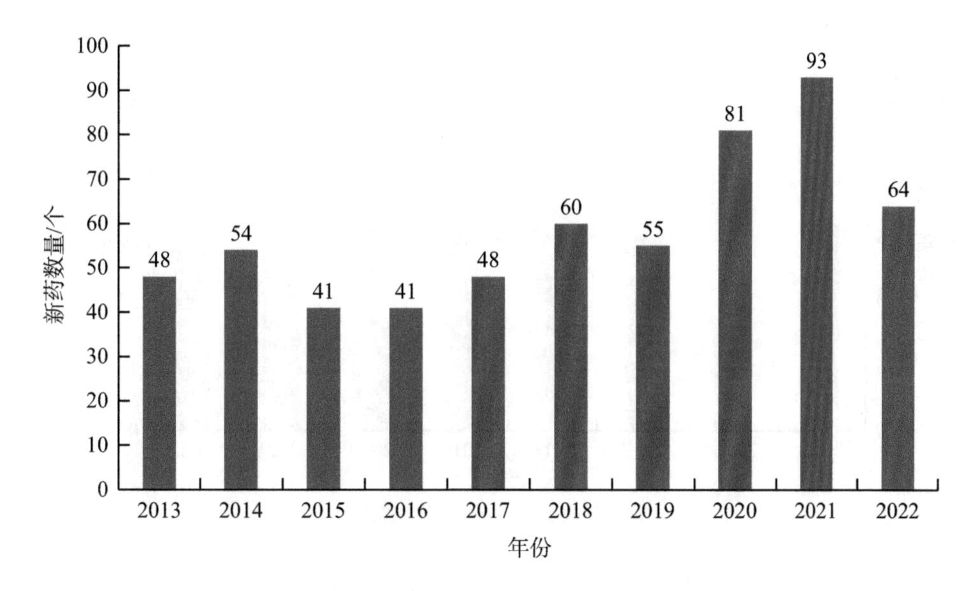

图1-29　2013—2022年全球批准上市的新药数量

资料来源：IQVIA Institute

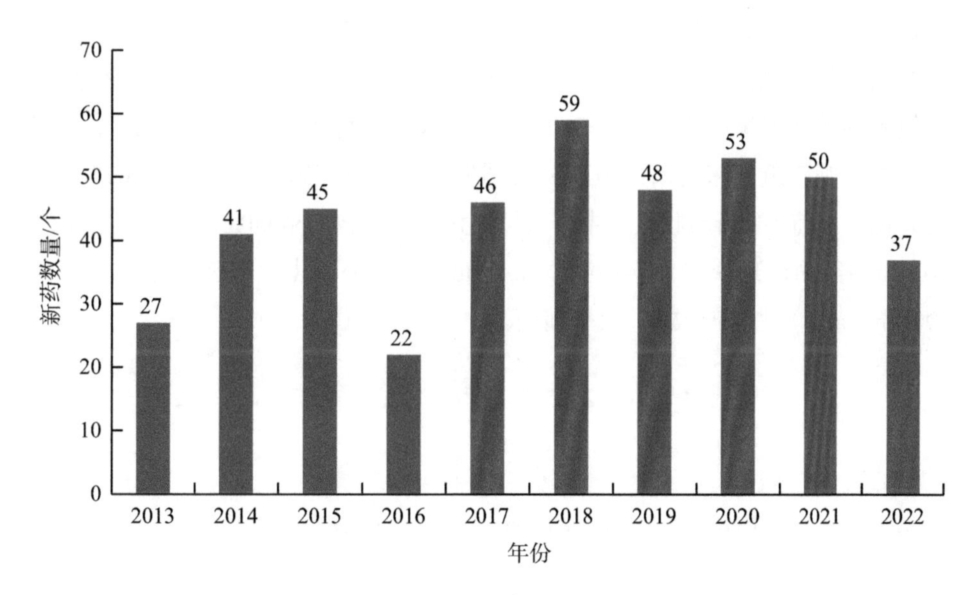

图1-30　2013—2022年CDER批准的新药数量

资料来源：CDER

从创新性来看，2022年FDA批准的新药中，共有20个为首创新药（图1-31），占全年获批新药总数的54.1%，占比为2015—2022年的最高值，创新的脚步并未停滞。2022年获批的37个新药中，有13个曾获FDA授予的突破性疗法认定。从审评方式来看，21个新药以“优先审评”方式获得美国FDA批准上市，12个新药被授予“快速通道”资格，20个新药被授予罕见病药物资格。

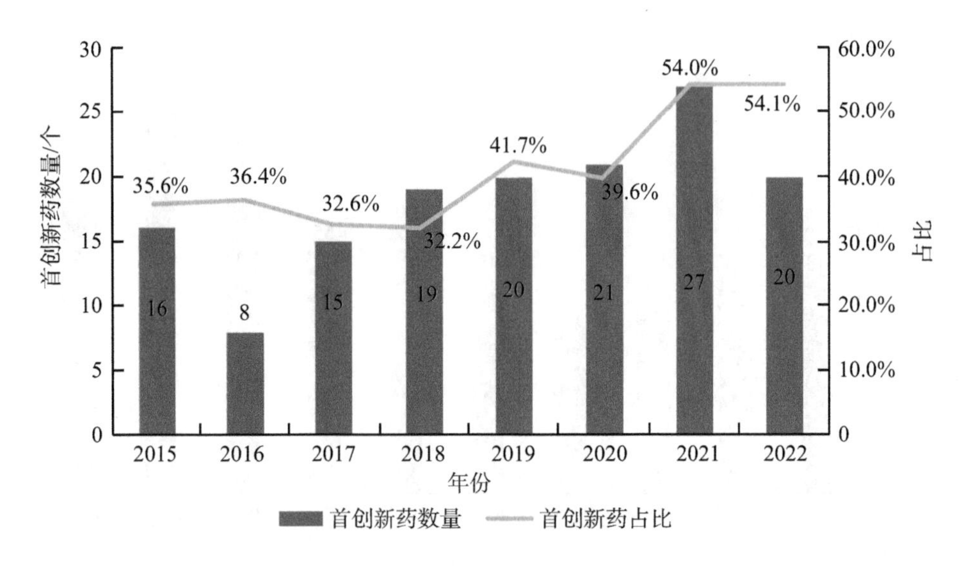

图1-31　2015—2022年批准的首创新药数量及在当年获批新药中的占比

资料来源：CDER

从疾病领域来看，2022年FDA批准的新药（不包括疫苗、基因疗法和细胞疗法）中抗肿瘤药依然占据主导地位，占获批新药总数的27%（表1-26）。皮肤病和非恶性血液疾病领域的批准数量高于2018—2022年平均水平，而感染性疾病和神经系统疾病领域的批准数量则较近年来有所下滑。从公司来看，百时美施贵宝公司是2022年新药获批的最大赢家，将3个新药收入囊中，包括黑色素瘤药物Opdualag、肥厚型心肌病药物Camzyos和中至重度斑块状银屑病药物Sotyktu。罗氏公司（含基因泰克）和赛诺菲公司（含Bioverativ）也各自收获了2个新药。

表1-26　2022年美国FDA批准的新药

时间	商品名	药物名称	适应证	研发公司
2022年1月7日	Quviviq	daridorexant	失眠症	Idorsia
2022年1月14日	Cibinqo	abrocitinib	复发性中至重度特应性皮炎	辉瑞
2022年1月25日	Kimmtrak	tebentafusp	葡萄膜黑色素瘤	Immunocore
2022年1月28日	Vabysmo	Faricimab-svoa	新生血管性年龄相关性黄斑病变和糖尿病性黄斑病变	基因泰克
2022年2月4日	Enjaymo	sutimlimab	自身免疫性溶血性贫血	Bioverativ
2022年2月17日	Pyrukynd	mitapivat	丙酮酸激酶缺乏的溶血性贫血	Agios

续表

时间	商品名	药物名称	适应证	研发公司
2022年2月28日	Vonjo	pacritinib	骨髓纤维化	Cti Biopharma
2022年3月18日	Ztalmy	ganaxolone	癫痫发作	Marinus
2022年3月18日	Opdualag	nivolumab and relatlimab-rmbw	黑色素瘤	百时美施贵宝
2022年3月23日	Pluvicto	lutetium 177Lu vipivotide tetraxetan	去势抵抗性前列腺癌	诺华
2022年4月26日	Vivjoa	oteseconazole	外阴阴道念珠菌病	Mycovia
2022年4月28日	Camzyos	mavacamten	肥厚型心肌病	百时美施贵宝
2022年5月3日	Voquezna	Vonoprazan	幽门螺杆菌感染	Phathom
2022年5月13日	Mounjaro	tirzepatide	2型糖尿病	礼来
2022年5月23日	Vtama	tapinarof	斑块状银屑病	Demavant
2022年6月13日	Amvuttra	Vutrisiran	家族性淀粉样多发性神经病	Alnylam
2022年8月31日	Xenpozyme	olipudase alfa-rpcp	酸性鞘磷脂酶缺乏症	赛诺菲
2022年9月1日	Spevigo	Spesolimab-sbzo	泛发性脓疱性银屑病发作	勃林格殷格翰
2022年9月7日	Daxxify	daxibotulinumtoxin A -lanm	中至重度眉间纹	Revance
2022年9月9日	Rolvedon	eflapegrastim-xnst	降低中性粒细胞减少患者的感染风险	Spectrum
2022年9月9日	Sotyktu	deucravacitinib	中至重度斑块状银屑病	百时美施贵宝
2022年9月14日	Terlivaz	terlipressin	肝肾综合征	Mallinckrodt
2022年9月21日	Elucirem	gadopiclenol	磁共振成像造影剂	Guerbet
2022年9月22日	Omlonti	omidenepag isopropyl	降低青光眼或高眼压患者的眼内压	Santen
2022年9月29日	Relyvrio	sodium phenylbutyrate and taurursodiol	肌萎缩性侧索硬化症	Amylyx
2022年9月30日	Lytgobi	futibatinib	肝内胆管癌	Taiho
2022年10月21日	Imjudo	tremelimumab-actl	肝细胞癌	阿斯利康
2022年10月25日	Tecvayli	teclistamab-cqyv	多发性骨髓瘤	杨森公司
2022年11月14日	Elahere	mirvetuximab soravtansine-gynx	复发性卵巢癌	ImmunoGen
2022年11月17日	Tzield	teplizumab-mzwv	1型糖尿病	MarcroGenics

续表

时间	商品名	药物名称	适应证	研发公司
2022年12月1日	Rezlidhia	olutasidenib	急性髓系白血病	Rigel Pharmaceuticals
2022年12月12日	Krazati	adagrasib	非小细胞肺癌	Mirati
2022年12月22日	Lunsumio	mosunetuzumab-axgb	复发/难治性滤泡性淋巴瘤	罗氏
2022年12月22日	Sunlenca	lenacapavir	HIV感染	吉利德
2022年12月23日	Xenoview	hyperpolarized Xe-129	成像评估肺功能	Polarean Imaging
2022年12月28日	Nexobrid	anacaulase-bcdb	移除烧伤的焦痂	Medieound Ltd
2022年12月28日	Briumvi	ublituximab-xiiy	复发性多发性硬化症	Tg Therapeutics Inc

资料来源：CDER

美国FDA批准的首创新药和创新疗法涉及多个领域。例如，治疗不可切除或转移性葡萄膜黑色素瘤的Kimmtrak是全球首个获批的T-细胞受体疗法（TCR疗法），实现了TCR疗法“从0到1”的突破。针对肌萎缩性侧索硬化症的疗法Relyvrio，或将成为“渐冻症”患者新的希望。百时美施贵宝公司的Sotyktu是美国FDA批准的首个酪氨酸激酶2抑制剂，将为中至重度斑块型银屑病患者带来一种更为安全有效的一线口服治疗方案。此外，还有全球首个能够干预1型糖尿病进程的单克隆抗体药物Tzield，首个针对淋巴细胞活化基因3的复方制剂Opdualag，以及4个针对罕见病的药物，如小分子丙酮酸激酶激活剂Pyrukynd、用于治疗细胞周期依赖激酶样蛋白5缺乏症相关的癫痫发作的Ztalmy、治疗成人遗传性转甲状腺素蛋白介导的淀粉样多发性神经病的Amvuttra和用于酸性鞘磷脂酶缺乏症的Xenpozyme。

2022年，美国FDA共批准了4款基因疗法，数量空前（表1-27）。此外，还批准了1款细胞疗法Carvykti和1款微生物疗法Rebyota。其中细胞疗法产品来自中国的传奇生物公司及其合作开发的强生公司，用于治疗成人复发/难治性多发性骨髓瘤。这是第一款获美国FDA批准上市的国产CAR-T细胞疗法，Carvykti的成功“出海”是我国创新药研发史上一件里程碑式的大事件。获美国FDA批准后不久，Carvykti分别于2022年5月和9月在欧洲和日本上市。Rebyota是美国FDA首次批准的粪便微生物组疗法，代表了微生物疗法的一大步，并为艰难梭菌感染复发的治疗提供了新选择。

4. 罕见病领域研发热度居高不下

2023年全球罕见病药物研发数量前20强制药公司中（表1-28），诺华公司以127个罕见病药物数量位列前20强榜首的位置，罕见病药物管线占比接近2/3；礼来公司的管

表1-27　2022年美国FDA批准的生物制品

时间	商品名	药物名称	适应证	研发公司
2022年1月31日	Spikevax	elasomeran	新型冠状病毒感染	Moderna
2022年2月28日	Carvykti	西达基奥仑赛	复发 / 难治性多发性骨髓瘤	传奇生物 / 强生
2022年6月3日	Priorix	麻疹、腮腺炎、风疹减毒活疫苗	麻疹、腮腺炎、风疹	葛兰素史克
2022年8月17日	Zynteglo	betibeglogene darolentivec	β地中海贫血	蓝鸟生物
2022年9月16日	Skysona	elivaldogene autotemcel	肾上腺脑白质营养不良	蓝鸟生物
2022年11月22日	Hemgenix	etranacogene dezaparvovec	B型血友病	CSL Behring
2022年12月1日	Rebyota	RBX2660	艰难梭菌感染	Ferring
2022年12月16日	Adstiladrin	nadofaragene firadenovec-vncg	非肌层浸润性膀胱癌	Ferring

资料来源：CBER

表1-28　2023年全球罕见病药物研发数量前20强

排名	公司名称	罕见病药物数量 / 个	管线占比
1	诺华	127	66.5%
2	百时美施贵宝	115	65.7%
3	辉瑞	109	63.7%
4	罗氏	97	50.0%
5	赛诺菲	91	62.3%
6	武田	90	50.6%
7	阿斯利康	82	52.9%
8	强生	70	44.9%
9	葛兰素史克	69	56.1%
10	艾伯维	65	53.3%
11	默沙东	56	37.1%
12	安进	54	68.4%
13	拜耳	44	47.3%
14	礼来	42	31.1%
15	疟疾药品事业会	39	100.0%
16	大冢制药	37	43.5%

续表

排名	公司名称	罕见病药物数量 / 个	管线占比
17	渤健	36	57.1%
18	卫材	36	48.6%
19	百济神州	34	60.7%
20	默克	33	84.6%

资料来源：Pharmaprojects，截至2023年1月4日

线占比不到1/3。除赛诺菲公司外，前10强公司针对罕见病药物的研发管线比例均高于2022年。在第二梯队的公司中，默克公司以84.6%的罕见病药物管线占比脱颖而出；榜单上的小众组织疟疾药品事业会占比为100%，这是由于疟疾在美国和欧盟国家的发病率/流行率较低，因而被归类为罕见病。

2023年全球有718种罕见病仅有1个在研药物（图1-32），共有6682个在研药物至少针对1种罕见病，占所有在研药物的31.4%，较2022年6080个药物和30.2%的占比均有所提高。

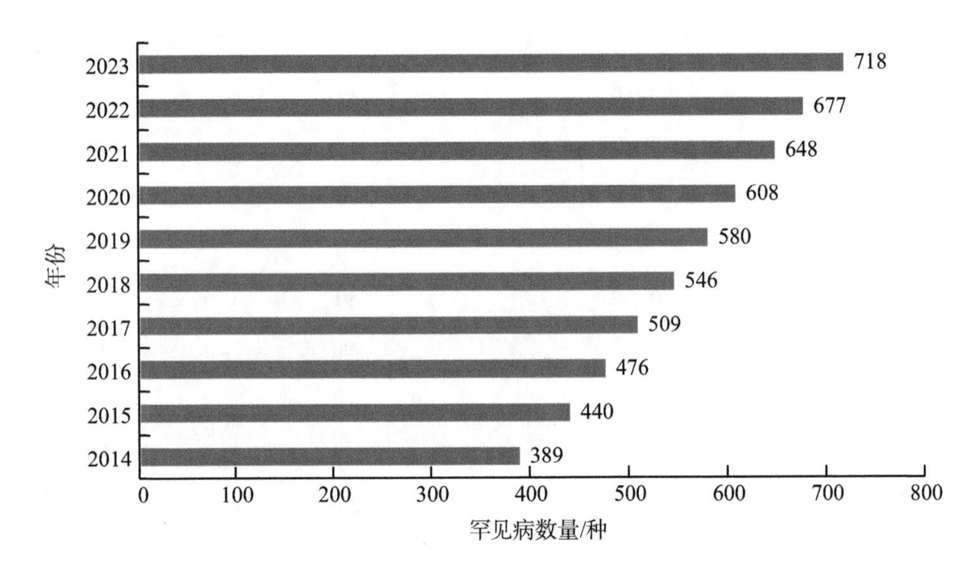

图1-32 2014—2023年全球仅有1个在研药物的罕见病数量
资料来源：Pharmaprojects，截至2023年1月4日

2022年全球获得罕见病药物资格认定的药物数量为425个，较2021年增加了44个；加速审评资格认定的药物数量为316个，较2021年减少25个（图1-33）。另有22个药物获得了紧急授权。

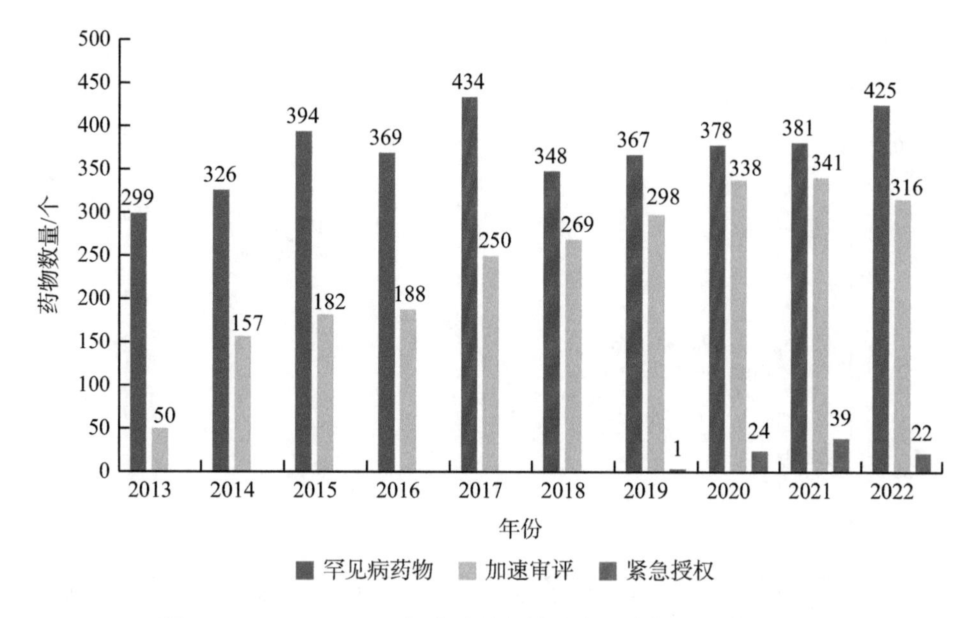

图1-33　2013—2022年全球获得特殊审评资格认证药物数量

资料来源：Pharmaprojects

5. 抗肿瘤药物研发数量再创新高

全球抗肿瘤药物研发和创新持续发展，为晚期癌症患者带来了新的治疗方法，并在制药领域引入了最先进的科学。2023年全球药物研发管线中，在研抗肿瘤药物数量继续呈上升态势，共计8480个，占全球研发药物数量的39.8%（图1-34），较2022年增长9.1%，远超神经系统疾病、消化/代谢系统与抗感染等领域的增长率。进一步细分来看，免疫类抗肿瘤疗法连续5年占据最大份额，增长率为5.1%，排名第2位的其他抗肿瘤药的增长率达到了14.8%，排名第3位的基因治疗增长率放缓至6.3%。其中，在新发现的候选药物中，有40%以上至少针对1种癌症，这一数字高于2022年的38.8%，并遥遥领先于第2名神经系统疾病领域药物的13.5%。

2022年，全球共有21个肿瘤领域NAS上市，低于2021年上市的35个（图1-35），2013—2022年，共有176个肿瘤领域NAS上市。虽然并不是所有国家都能买到这些药物，但大多数国家都取得了一些重要的免疫肿瘤学突破，且使用精准生物标志物已经成为多种肿瘤的标准疗法。2018—2022年中国上市了75个肿瘤领域NAS，这得益于国家药品监督管理局的监管审批加速机制，使中国患者能更快用上国内外研发的创新药物。

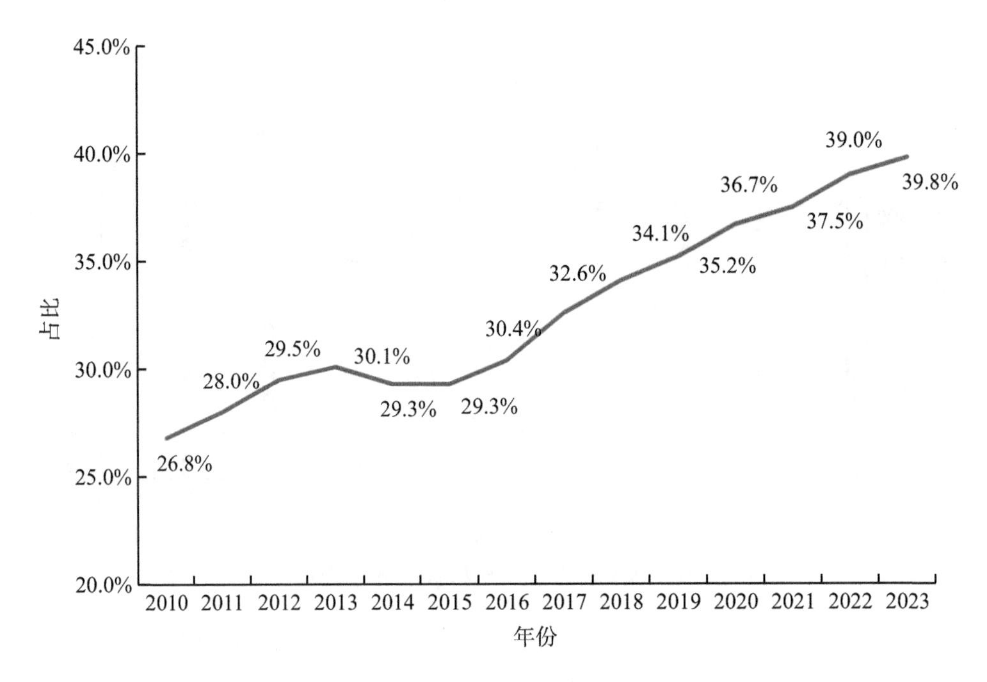

图1-34 2010—2023年全球抗肿瘤药物管线占比

资料来源：Pharmaprojects，截至2023年1月4日

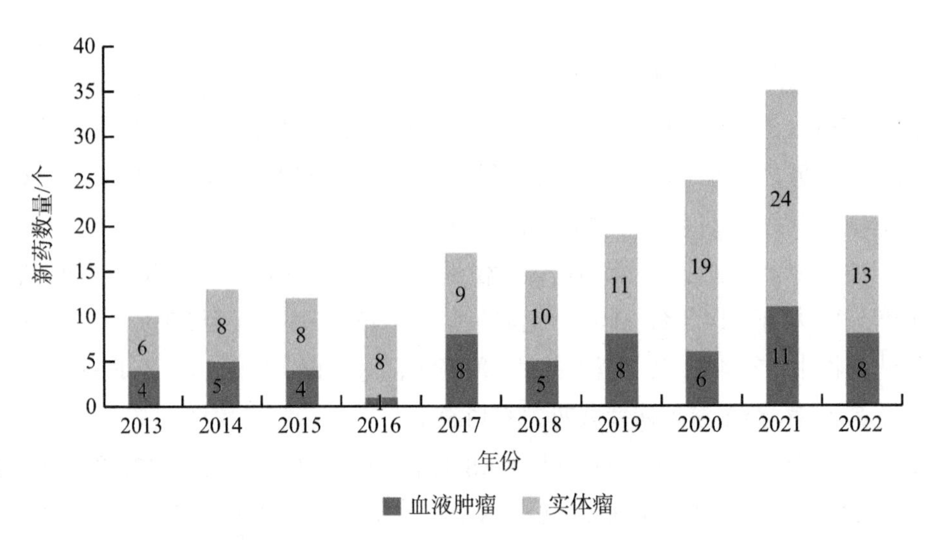

图1-35 2013—2022年全球获得批准的肿瘤新药数量

资料来源：IQVIA Institute

2022年启动的肿瘤相关临床研究总数仍然保持在历史高位，较2018年增长了22%。2022年有56%的临床研究都集中于评估罕见肿瘤，较2021年启动的罕见肿瘤临床研究总数降低了6%。2022年启动的肿瘤相关临床研究中有75%是针对实体瘤的药物；血液肿瘤临床研究总数约为550项，占比相对较小，2017—2022年，血液肿瘤临床研究总数增加了30%。2022年，全球新兴生物制药公司占据了71%的抗肿瘤研发管

线，远高于2013年的45%，同时其与大型制药公司的合作越来越少，仅在研发后期甚至在药物上市后才与大型制药公司合作。在参与开发抗肿瘤药物的新兴生物制药公司中，77%专注于抗肿瘤药物的开发，而72%只专注于抗肿瘤的公司仅开发1个药物。

2022年，总部在中国的公司开发的在研产品占肿瘤研发管线的23%（图1-36），高于2017年的10%和2007年的3%，首次超过欧洲。这些公司活跃的肿瘤管线较2017年翻番，预示其未来有望在全球新产品的开发中发挥重要作用。

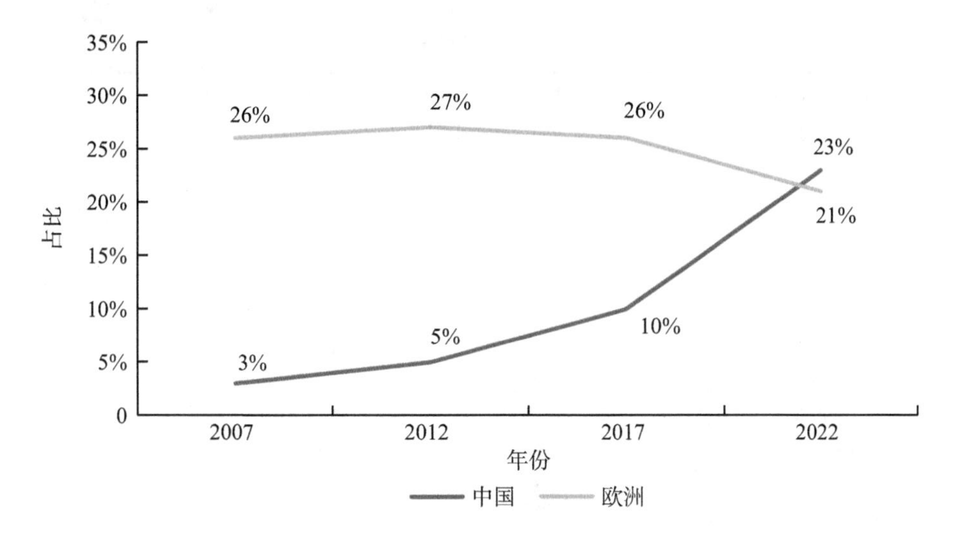

图1-36 2007—2022年总部在中国和欧洲的公司临床阶段抗肿瘤药物数量全球占比

资料来源：IQVIA Institute

6. 新一代生物疗法稳定增长

2022年累计有960款新一代生物疗法处于临床开发或监管审评阶段。2017—2022年，这一类型的研发管线CAGR达到了20%。细胞疗法在新一代生物疗法中占比最高，主要用于癌症的治疗研究；CAR-T和NK细胞疗法占比位于第2位，目前共有217款该种疗法正在开发中。基因疗法主要集中在胃肠道疾病、眼部和耳部疾病。基于RNA的治疗方法仍然是新一代生物治疗管线中的一小部分。自新冠疫情以来，全球对mRNA疫苗进行了越来越多的研究。2022年mRNA疫苗在研数量达到了65款（图1-37），较2016年增长了30多倍。新冠病毒mRNA疫苗从2020年的5款增加到了2022年的26款。

2022年，新一代生物疗法管线中超过85%处于Ⅰ期或Ⅱ期临床研究阶段（图1-38），仅有较小的一部分处于Ⅲ期临床研究和上市注册阶段，突显了将这些新产品推向市场的挑战。抗肿瘤药物管线占据新一代生物管线的42%，胃肠道疾病和神经系统疾病管线份额也在不断增加。

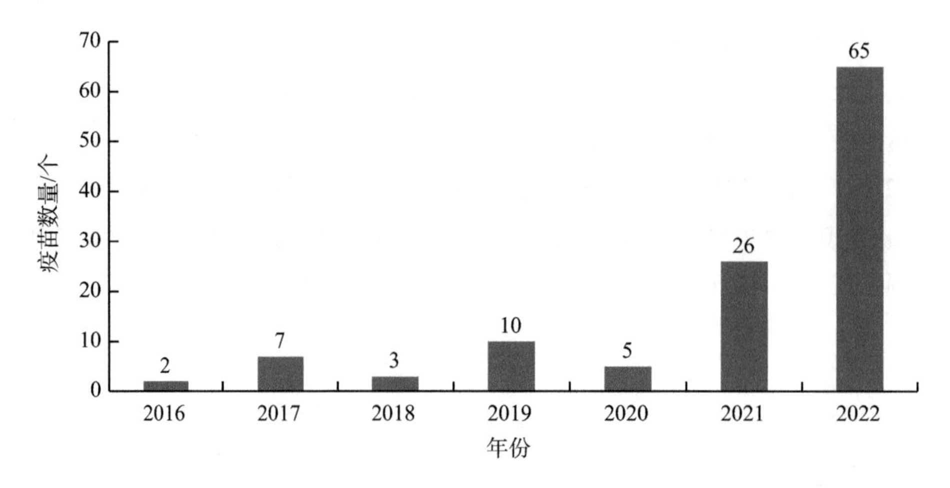

图1-37 2016—2022年全球mRNA疫苗在研数量

资料来源：IQVIA Institute

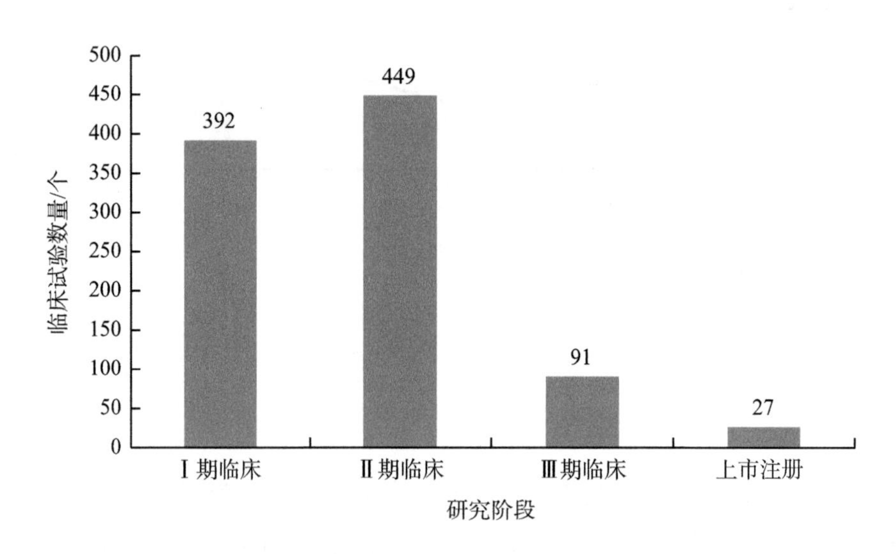

图1-38 2022年全球新一代生物疗法处于不同研究阶段的研发项目数量

资料来源：IQVIA Institute

7. 临床开发生产力大幅提升

2022年临床开发生产力指标（成功率、临床研究复杂性和研究持续时间的综合指标）首次回升，打破了2015年以来的长期下降趋势。虽然2022年整体产品开发的成功率较2021年有所下降（图1-39），但Ⅱ期和Ⅲ期临床研究的成功率分别提高了6个百分点和2个百分点。就不同疾病领域而言，传染病和皮肤病的新药开发成功率最高，分别为14%和13%。随着候选化合物进入临床开发阶段，AI和机器学习（machine learning，ML）等应用对临床开发生产力的潜在影响越来越大。2018—2022年AI技术参与的在研药物中，利用AI/ML优化药物设计的应用比例高达55%，有21%是利用AI分析疾病机理，发现创新可成药靶点的应用。AI在药物开发中的其他应用还包括通过精准筛选患者群体来优化药物发现，以及利用AI/ML技术优化临床研究设计。2022年，共有11款AI/ML参与开发的药物进入临床研究阶段，创下2013年以来的新高。

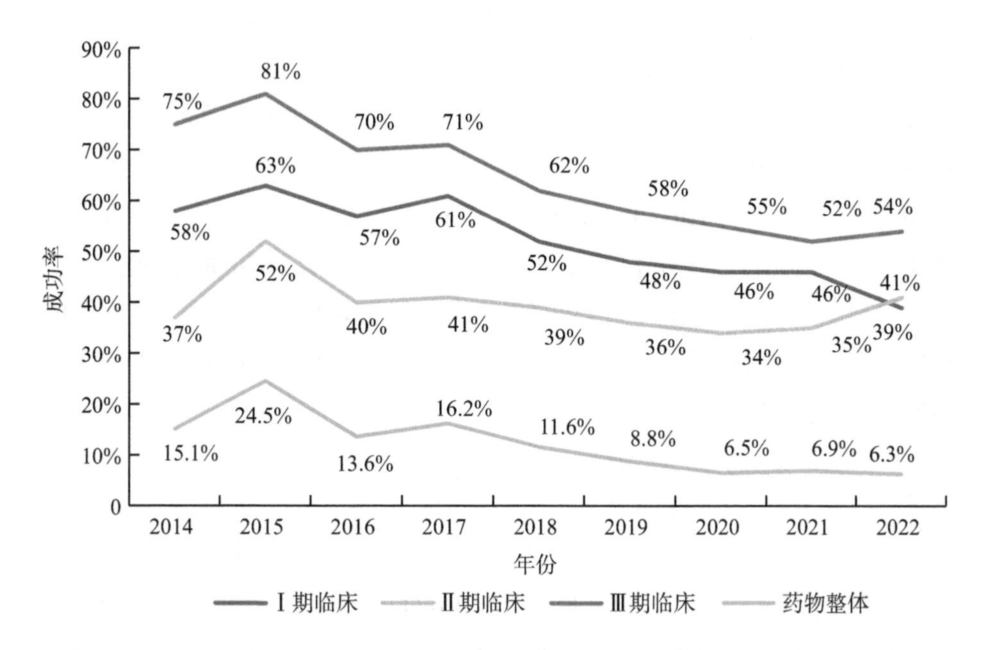

图1-39 2014—2022年全球处于不同研究阶段的临床开发成功率

资料来源：IQVIA Institute

8. 全球药物研发前景预测

2023年，生物医药研发新技术将重塑药物研发的新格局，它们可能会对未来生物医药产业的研究方向产生重大影响。未来，生物医药技术的革新将推动创新药物从基础研究走向临床研究，并最终实现产业化，推动创新药物研究和生物医药产业发展进入革命性变化的时代，最终为人类的生命健康保驾护航。未来药物研发将有以下几个关键趋势。

1）酶促DNA合成技术推动DNA合成技术再次升级

酶促DNA合成是指在不依赖DNA模板的情况下，通过酶促反应实现DNA分子的从头合成。酶促DNA合成技术只需要2—3个反应步骤，可以提高DNA合成的准确率，缩短DNA合成时间。酶的高特异性支持长片段DNA的合成，或能够合成长达8000nt的DNA序列，酶促合成技术有望将长片段DNA合成的成本降低2—3个数量级。DNA尤其是长片段DNA的生物合成如果能够实现，将极大地拓展DNA分子的应用范围，推动合成生物学的进步。

2）药物递送系统撑起核酸药物研发半边天

药物递送系统（drug delivery system，DDS）是将药物递送到药理作用靶点的系统，涵盖了药物制备、给药途径、位点靶向、代谢和毒理等方面的技术。GalNac（*N*-acetylgalactosamine，*N*-乙酰半乳糖胺）偶联修饰和脂质纳米粒（lipid nanoparticle，LNP）等新型递送技术的突破和成熟，解决了核酸药物不稳定性、免疫原性、细胞摄取效率低和内吞体逃逸难等多方向的缺点，推动了核酸药物的临床转化成功率。

3）CAR-NK细胞疗法成为冉冉升起的新星

随着基因编辑技术的进步，慢病毒或逆转录病毒转导、裸质粒DNA转染、转座子介导的DNA整合、mRNA电穿孔以及CRISPR-Cas9基因敲入策略等基因编辑技术被用于CAR结构的导入和CAR-NK细胞的生产。CAR-NK已经被用于治疗血液恶性肿瘤和多种实体瘤，研究目前还处于临床前和临床阶段，根据已公布的临床数据看，CAR-NK细胞治疗显现出较好的临床疗效和安全性，没有出现细胞因子释放综合征和神经毒性。相信未来随着研究的不断深入，基于NK细胞良好的抗肿瘤效果，CAR-NK细胞疗法也会展现出显著的临床效果。

4）魔法子弹——抗体偶联药物

目前，随着生物技术和偶联技术的进步，ADC已经突破了传统的“抗体+连接子+毒性小分子”的模式，进入了万物皆可偶联时代，一些新概念偶联药物进入人们的视野，如多抗偶联药物、放射性核素偶联药物（radionuclide drug conjugate，RDC）、小分子偶联药物（small molecule-drug conjugate，SMDC）和多肽偶联药物（peptide-drug conjugate，PDC）等新型偶联药物。这些新型偶联药物进一步扩大了ADC药物的治疗领域，除了在肿瘤靶向疗法上发挥着重大作用，也拓展到了自身免疫疾病等其他适应证上。相信在不远的将来，新型偶联药物通过发挥各个偶联组分的优势，提高疾病的治疗效果，为人类解决更多未被满足的临床需求。

5）双特异性抗体进入爆发期

经过多年的发展，双抗药物进入了收获期，多个技术平台的开发助力了双抗药物的获批上市。这些双抗技术平台各具优势和特色，但仍需要不断研究和优化，从而开发具有高成药性、生产工艺可行性和可扩展性的平台，助力双抗药物的发展，进一步提高对疾病的治疗效果。此外，抗体类型也不限于双抗药物，已有三特异性抗体（tri-specific antibody）、四特异性抗体（tetra-specific antibody）等同时靶向多种抗原表位的多特异性抗体（multi-specific antibody）药物进入临床研究阶段。双特异性抗体仍有很大的发展空间。

二、我国生物医药产业发展态势

2022年面对复杂多变的国际环境和新冠疫情等因素冲击，医药工业在国家有关部门指导下，持续彰显发展韧性，为疫情防控和经济社会大局稳定提供了有力保障。相关经济指标相较2021年的高速增长有所回落，总体呈现下降趋势，“十四五”医药工业发展面临严峻挑战。

（一）医药产业和市场现状

1. 医药行业经济运行良好

1）医药工业增加值增速回落

2022年规模以上医药工业增加值同比下降1.5%（图1-40），较规模以上工业增加值增速的3.6%低5.1个百分点，创下2018年以来的新低。

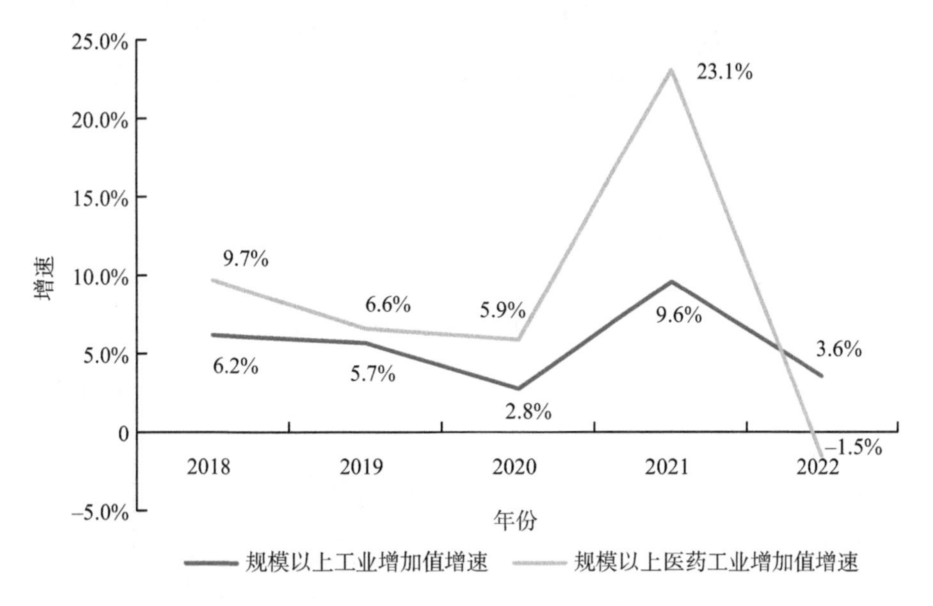

图1-40 2018—2022年规模以上工业和医药工业增加值增速

资料来源：国家统计局，工业和信息化部

2）经济效益回落

据国家统计局快报统计，2022年医药工业主营业务收入达33 633.7亿元，同比增长0.5%（图1-41），增速较2021年同期下降18.6个百分点。2022年实现利润5153.6亿元，同比下降26.3%（图1-42），增速较2021年同期下降95.0个百分点；销售利润率为15.3%，较2021年同期下降5.6个百分点。

从行业整体情况来看，2022年医药工业主营业务收入增速延续小幅放缓，除生物药品制造业外，其他子行业的增幅均呈正增长且高于医药工业平均水平。其中，增幅最大的是制药专用设备制造业（增长19.6%），较医药工业整体水平高19.1个百分点

（表1-29）。增幅最小的是化学药品制剂制造业（增长1.9%）。唯一呈负增长的生物药品制造业（下降32.8%）较医药工业整体水平低33.3个百分点。

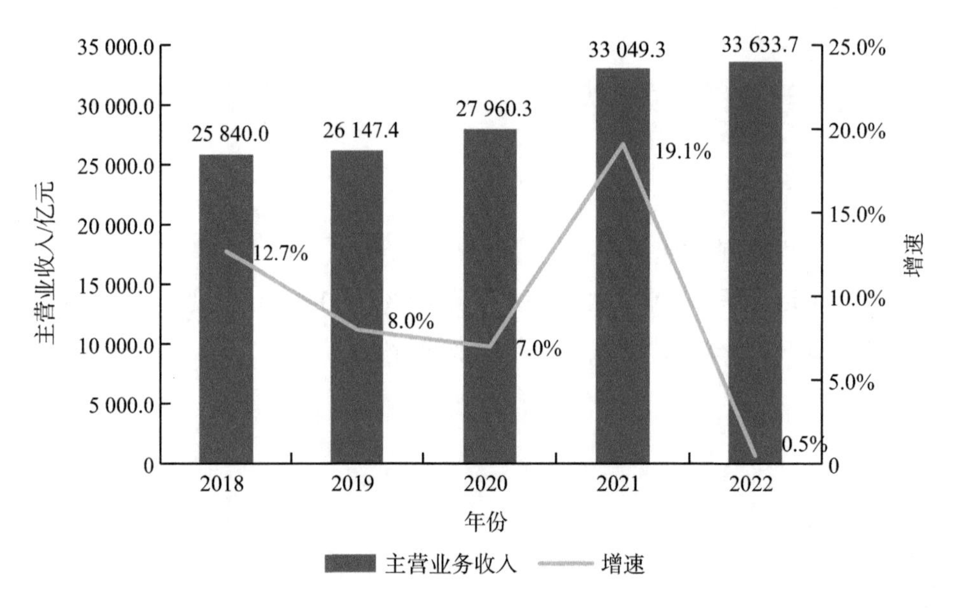

图1-41　2018—2022年医药工业主营业务收入及增速

资料来源：国家统计局，工业和信息化部

本图增速为未扣除不可比因素的增速

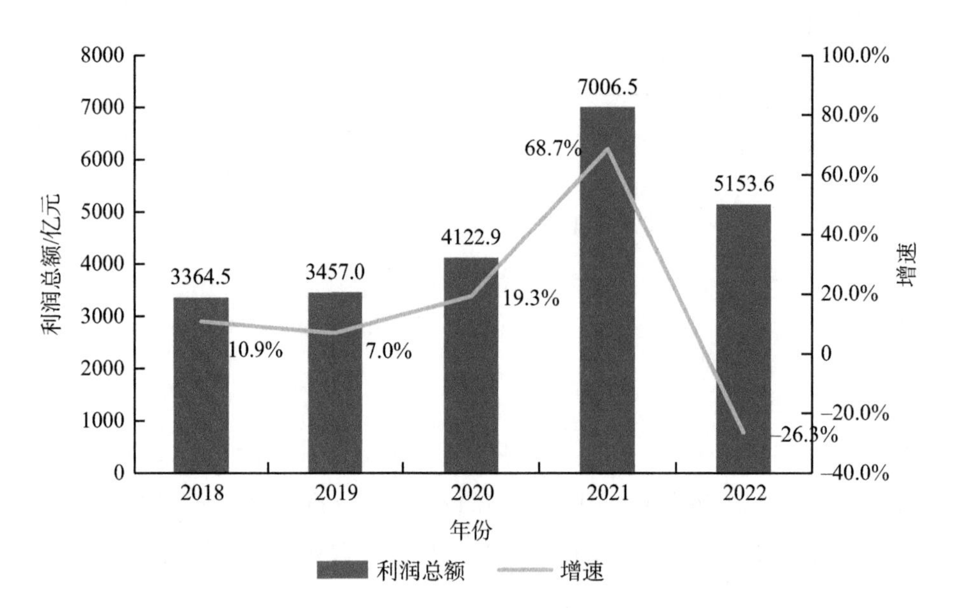

图1-42　2018—2022年医药工业利润总额及增速

资料来源：国家统计局，工业和信息化部

本图增速为未扣除不可比因素的增速

表1-29　2022年医药工业各子行业主营业务收入

行业	主营业务收入/亿元	同比增长
化学药品原料药制造业	5 019.7	15.0%
化学药品制剂制造业	8 283.5	1.9%
中药饮片加工业	2 229.2	5.5%
中成药生产业	5 313.6	5.6%
生物药品制造业	4 055.8	–32.8%
卫生材料及医药用品制造业	3 314.2	11.6%
医疗仪器设备及器械制造业	5 079.4	11.9%
制药专用设备制造业	338.3	19.6%
合计	33 633.7	0.5%

资料来源：国家统计局，工业和信息化部

与2021年同期增速比较来看，2022年医药工业八大子行业的主营业务收入增速呈现增减各半态势。呈正增长的子行业按增幅由大到小排序分别为卫生材料及医药用品制造业、医疗仪器设备及器械制造业和化学药品原料药制造业，分别增长了19.4个百分点、2.2个百分点和1.4个百分点；其他各子行业增速均有不同程度的下降，降幅最大也是唯一降幅达三位数的是生物药品制造业（下降了146.6个百分点），其次是双位数降幅的制药专用设备制造业（下降了16.2个百分点），而化学药品制剂制造业下降6.1个百分点，这与2021年同期新冠疫情相关的疫苗销售旺盛所致的大幅增长以及2022年第六批集采落地执行相关。

在利润方面，除生物药品制造业和中药饮片加工业的利润总额呈负增长且增幅均低于医药工业整体水平（分别降低69.4%和31.9%，低于医药工业平均水平43.1个百分点和5.6个百分点），其他各子行业增幅均高于医药工业整体水平（表1-30）。其中，同比增长最大的是化学药品原料药制造业（增长18.4%，高于整体水平44.7个百分点），其次是制药专用设备制造业和卫生材料及医药用品制造业（分别增长17.9%和17.5%，高于整体水平44.2个百分点和43.8个百分点）。

表1-30　2022年医药工业各子行业利润总额

行业	利润总额/亿元	同比增长
化学药品原料药制造业	667.4	18.4%
化学药品制剂制造业	1253.3	0.9%
中药饮片加工业	171.1	–31.9%

续表

行业	利润总额 / 亿元	同比增长
中成药生产业	778.2	–1.1%
生物药品制造业	909.0	–69.4%
卫生材料及医药用品制造业	415.8	17.5%
医疗仪器设备及器械制造业	920.0	17.2%
制药专用设备制造业	38.8	17.9%
合计	5153.6	–26.3%

资料来源：国家统计局，工业和信息化部

与2021年同期增速比较来看，2022年医药工业八大子行业利润总额的增速方面，除医疗仪器设备及器械制造业和化学药品原料药制造业有个位数小幅增长（分别增长2.4个百分点和8.4个百分点），卫生材料及医药用品制造业呈双位数增幅（增长51.5个百分点）外，其他子行业均较2021年同期有不同程度的下降。其中生物药品制造业和中药饮片加工业降幅达三位数（分别下降了435.0个百分点和134.2个百分点），降幅位居前两位，这与新冠病毒疫苗市场需求趋于饱和有极大关系。

2022年造成主要经济指标增速下滑的主要原因有：第一，新冠病毒疫苗销售大幅下降。2021年新冠病毒疫苗形成很大的行业增量，2022年由于疫情防控形势变化，新冠病毒疫苗销售大幅下降，生物药品制造业主营业务收入同比下降32.8%，利润同比下降69.4%，成为医药工业经济指标下滑的主要原因。如果把疫苗制造业剔除，其余子行业的营业收入、利润合计同比增长分别为7.1%和1.3%。第二，疫情对药品消费和供给都产生不利影响。2022年全国医疗卫生机构全年总诊疗人次同比下降1.5%，根据中国药学会统计，样本医院用药金额同比下降3.4%，明显低于2021年水平。尽管部分疫情防控相关药品销量增长，如2022年12月部分企业解热镇痛、呼吸类药品销售额大幅增加，但难以抵消疫情造成的全年医院用药金额减少和部分企业停工停产的影响。第三，化学药品制剂制造业增长放缓。化学药品制剂制造业是营业收入和利润占比最大的子行业。随着国家和地方药品集中带量采购深入实施，纳入集采范围的产品覆盖面不断扩大，整体价格进一步下降。2022年化学药品制剂制造业主营业务收入同比增长仅为1.9%，利润同比增长0.9%，拖累医药工业整体增速。第四，中药行业利润下降。中成药生产业、中药饮片加工业两个子行业主营业务收入同比增长分别为5.6%和5.5%，但利润却分别同比下降1.1%和31.9%。下降的重要原因是中药材涨价，如荆芥、连翘等防疫相关品种价格大幅上涨，导致企业成本上升。

3）区域发展各具特色，产业集群优势明显

全国各省区市高度重视医药产业发展，都将生物医药列为本地区的发展重点，出台政策措施支持产业做优做强。2022年全国约有2/3的省区市医药工业规模以上企业营业收入同比增长超过全国平均水平，13个省区市医药工业规模以上企业营业收入超过1000亿元，其中排名前五的省份分别是江苏、山东、广东、浙江和河南。东部省市利用资金、技术、人才和信息优势，继续发挥引领作用，营业收入合计占全国的比重接近60%。一些中西部省区市医药工业发展迅速，中部的河南、湖北、湖南、江西、安徽和西部的四川、重庆等7省市主营业务收入合计占比接近30%。目前我国医药工业已基本形成以京津冀、长三角、粤港澳大湾区、成渝经济圈等为核心的产业集群，集群资源互补，产业链深度融合，区域协同发展不断向纵深推进。以医药工业重点省份江苏为例，2022年江苏医药工业规模以上企业数量超过全国的10%，新获批药品和医疗器械数量均位居全国第一，主营业务收入和利润总额同比增长情况不但在省内位列所有工业行业前列，也显著好于全国医药工业平均水平。

2. 医药工业百强企业彰显韧性

“十四五”期间，医药工业发展环境和发展条件面临深刻变化，发展轨迹也引发多方关注。尤其在2022年，医药工业经历了多重挑战，如疫情扰动、增长回落、行业分化、增长动能发生转化、产业生态加速重构等。与此同时，国家对医药行业的发展也给予更多支持，相继颁布多项政策举措，推进医药行业高质量发展。中国医药工业百强榜反映了中国医药工业经济运行情况，是中国医药行业重要的信息风向标。进入百强榜的企业都是医药行业的领军力量，代表着我国医药工业的最高水平。

1）营业收入规模有所回落

2022年，百强企业营收规模为10 332.1亿元，同比下降4.0%（图1-43）。这主要是因为2022年疫情虽在持续，但大规模疫苗接种已于2021年基本完成，剔除与新冠病毒疫苗相关的营收数据后，2022年百强企业主营业务收入规模增长6.2%，高于我国工业增加值增速和GDP增速。由此可见，新冠病毒疫苗供需的变化对百强企业近两年收入和利润的影响较大，而在国际形势风起云涌、产业进入转型阵痛的当下，百强企业的总体发展依然颇具韧性。与此同时，从时间维度看，2012—2022年百强企业主营业务收入实现翻倍，CAGR达7.0%，这也充分诠释了百强企业的坚韧特性。

2）行业集中度稳步提升

2022年，百强企业主营业务收入在医药工业中的占比为30.7%（图1-44），相对2021年呈现小幅下降，但较“十三五”之初的23%增长明显，行业集中度稳步提升的趋势不变。2022年，中国医药工业百强的上榜门槛提高至33.9亿元，同比增幅为8.0%，头部企业规模持续增大。

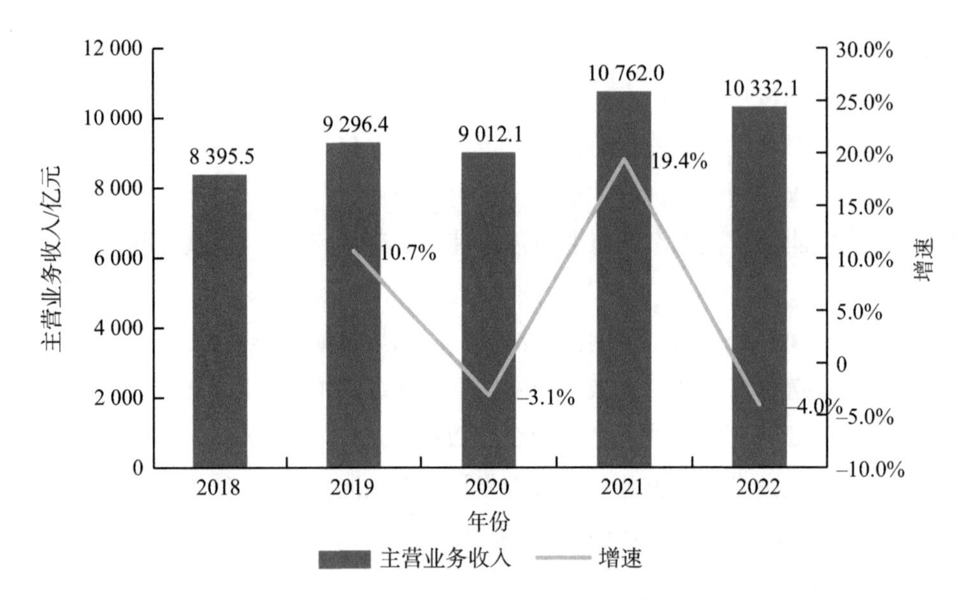

图1-43 2018—2022年百强企业总体主营业务收入及增速
资料来源：工业和信息化部，中国医药统计网，中国医药工业信息中心
本图增速为未扣除不可比因素的增速

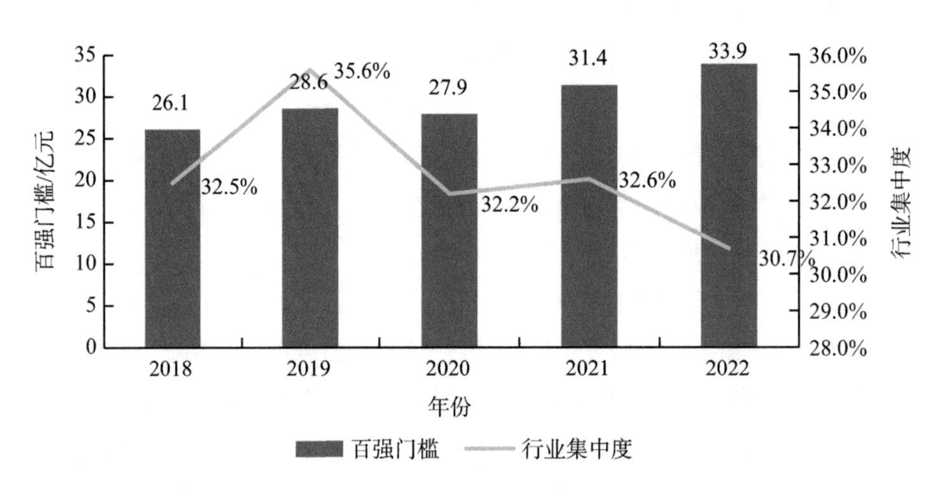

图1-44 2018—2022年百强门槛和行业集中度变化情况
资料来源：工业和信息化部，中国医药统计网，中国医药工业信息中心

纵观2022年百强榜企业，各有发展路径却殊途同归。默克制药（江苏）有限公司是默克集团践行根植和服务中国市场的战略，在欧洲以外建设的最大生产基地，自2016年底工厂正式落成后已实现甲巯咪唑片等多个产品本地化生产，2022年收入突破性增长，在本届榜单中位列第63位（表1-31）。健康元药业集团股份有限公司通过资源整合、调整产品结构和加大国际认证等措施，实现高端特色原料药业务稳步提升，排名由2021年的第103位跃升至2022年的第65位。哈药集团有限公司不断加强市场和消费洞察研究，通过开发电商渠道、改革营销体系等措施，再塑保健品业务，强劲的业

绩增长使其飙升了37个位次，在2022年榜单中位列第67位。武汉明德生物科技股份有限公司、杭州安旭生物科技股份有限公司、江苏硕世生物科技股份有限公司和振德医疗用品股份有限公司等企业则凭借深耕行业多年的技术积累、质量优势及制造能力，在新冠疫情期间为国内外市场提供疫情防控相关产品，带动业绩大幅提升，成功跻身百强。

表1-31　2022年百强榜单新上榜企业

企业	2022年排名
武汉明德生物科技股份有限公司	32
杭州安旭生物科技股份有限公司	53
默克制药（江苏）有限公司	63
健康元药业集团股份有限公司	65
哈药集团有限公司	67
江苏硕世生物科技股份有限公司	74
东富龙科技集团股份有限公司	75
振德医疗用品股份有限公司	76
奥美医疗用品股份有限公司	79
山东金城医药集团股份有限公司	97
深圳信立泰药业股份有限公司	99

资料来源：工业和信息化部，中国医药统计网，中国医药工业信息中心

3）十强地位稳固

十强企业是我国医药工业的领头羊，历来备受关注。虽然近年来十强名单已趋于稳定，但十强位次出现更迭。其中，中国医药集团有限公司作为医药行业的国家队，在药械供应保障、科技自立自强、推进高质量发展方面起到骨干带头作用，因此连续三年稳居榜首（表1-32）；上海复星医药（集团）股份有限公司、上海医药（集团）有限公司和石药控股集团有限公司是十强中相较2021年排名上升的企业；中国远大集团有限责任公司持续坚持全球化发展，通过收购、合作等方式深度布局核药领域，并已初见成效，在2020年退出十强后，时隔2年再次晋级十强；江苏恒瑞医药股份有限公司跌出前十强，由2021年的第10位下降至2022年的第14位。以这些优秀企业为代表的医药百强，虽有不同的发展战略和模式，但都是以满足人民健康所需为责任使命，通过持续的业务优化与调整，锻造自己的核心竞争力，持续推进内生性增长或外延式扩张，因此尽管历经市场洗礼却依然雄踞在医药金字塔尖，从而也成就了杰出的榜样力量。

表1-32 2022年医药工业十强企业排名变化

企业	2022年排名	2021年排名
中国医药集团有限公司	1	1
上海复星医药（集团）股份有限公司	2	4
广州医药集团有限公司	3	3
华润医药控股有限公司	4	2
齐鲁制药集团有限公司	5	5
上海医药（集团）有限公司	6	7
石药控股集团有限公司	7	9
修正药业集团股份有限公司	8	8
中国远大集团有限责任公司	9	12
扬子江药业集团有限公司	10	6

资料来源：工业和信息化部，中国医药统计网，中国医药工业信息中心

4）研发投入创新高

百强企业在研发投入、管线布局、技术平台建设、研发模式优化等方面均体现了行业发展的最新趋势。从研发费用看，2018—2022年百强企业研发投入逐年增加，2022年平均研发费用为7.8亿元（图1-45），同比增长4.9%。除了加大研发费用投入外，企业越发重视管线管理和研发风险的控制。近几年，在创新药去同质化氛围影响下，

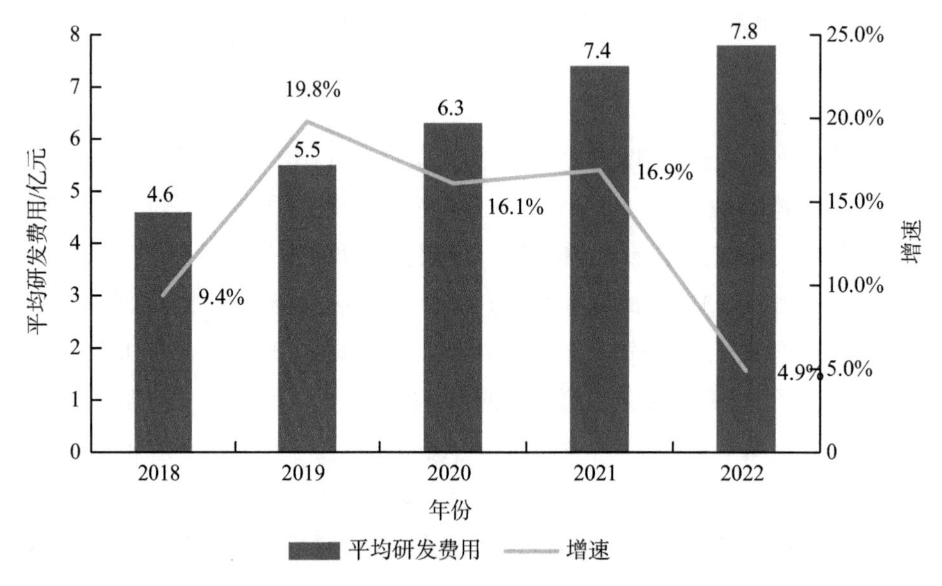

图1-45 2018—2022年百强企业平均研发费用和增速

资料来源：工业和信息化部，中国医药统计网，中国医药工业信息中心

本图增速为未扣除不可比因素的增速

部分缺乏核心创新能力的企业逐渐回归理性，头部企业也积极调整研发策略，更加重视产品的差异化开发。因此，2022年百强企业平均研发费用增速放缓。这是医药产业创新的内在需求，也是我国创新药研发走向良性循环的必经阶段，既有利于优化国内创新药竞争格局，提升国产创新药的国际地位，更能真正实现创新驱动下的医药工业高质量发展。

从研发强度梯度分布看，研发强度在15%以上的企业在百强榜中占比不断提升。2022年百强企业平均研发强度为6.8%，其中研发费用投入前十强企业平均研发强度13.8%（表1-33），高于医药制造业研发强度的3.6%。研发费用大于10亿元的企业有20家，占百强企业研发费用的67.1%，其中研发费用前十强企业占47.4%，充分体现了头部企业对产业创新的拉动作用，也进一步印证了创新要素向头部企业集聚，从而带动行业集中度提升的产业逻辑。从创新成果看，2022年共有22个国产创新药获批上市，其中有奥木替韦单抗注射液、斯鲁利单抗注射液等7个产品出自百强企业。

表1-33　2022年百强企业研发投入前十强及研发强度

企业	研发强度
江苏恒瑞医药股份有限公司	23.0%
中国医药集团有限公司	7.6%
上海复星医药（集团）股份有限公司	12.0%
正大天晴药业集团股份有限公司	18.8%
石药控股集团有限公司	13.6%
齐鲁制药集团有限公司	11.2%
上海医药（集团）有限公司	7.0%
深圳市东阳光实业发展有限公司	29.8%
四川科伦药业股份有限公司	9.8%
华润医药控股有限公司	5.3%

资料来源：工业和信息化部，中国医药统计网，中国医药工业信息中心

3. 药品流通行业规模稳中有升

药品流通行业进一步优化网络布局，创新经营模式，加快数字化转型，提高供应链韧性，药品流通效率和综合服务能力显著提升。统计显示，2022年全国七大类医药商品销售总额27 516亿元，同比增长6.0%（未扣除不可比因素），增速同比放缓2.5个百分点（图1-46）。

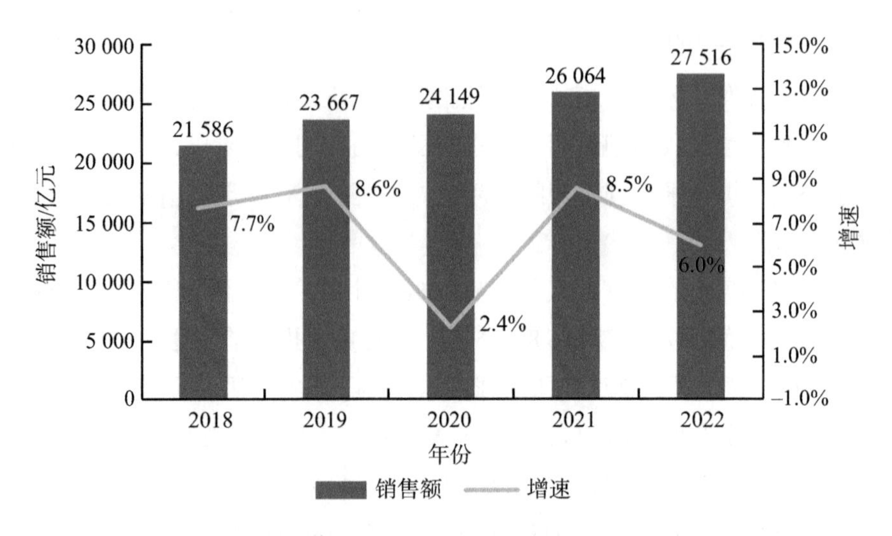

图1-46　2018—2022年药品流通行业销售趋势

资料来源：商务部

本图增速为未扣除不可比因素的增速

截至2022年底，全国共有药品批发企业1.39万家（图1-47）。从市场占有率看，药品批发企业集中度有所提高。2022年，药品批发企业主营业务收入前百家占同期全国医药市场总规模的75.2%，同比提高0.7个百分点；占同期全国药品批发市场总规模的96.1%。从销售情况看，大型药品批发企业销售持续增长，增速有所放缓。2022年，前百家药品批发企业主营业务收入同比增长6.7%，增速下降2.4个百分点。

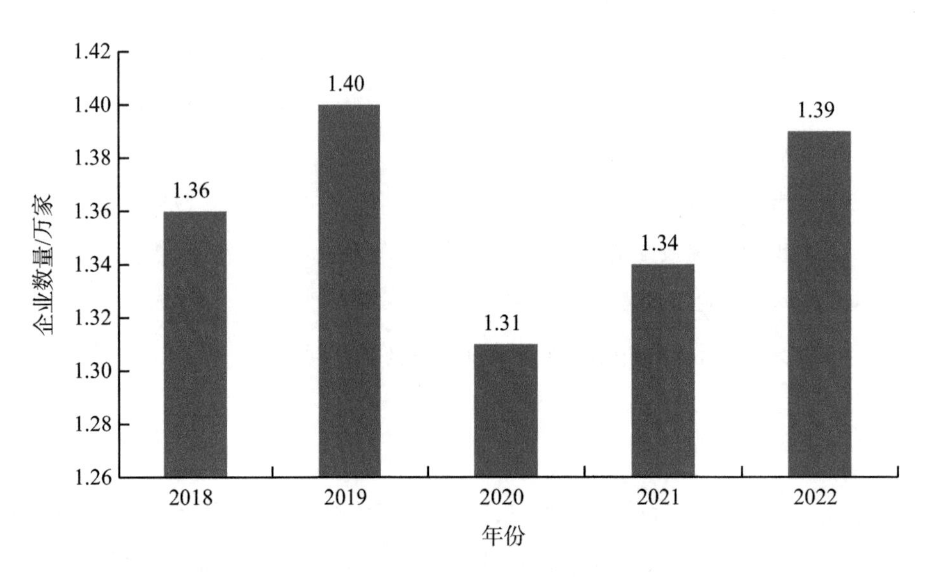

图1-47　2018—2022年中国药品批发企业数量

资料来源：商务部

中国医药集团有限公司、上海医药集团股份有限公司、华润医药商业集团有限公司和九州通医药集团股份有限公司等4家行业龙头企业2022年主营业务收入占同期全国医药市场总规模的45.5%，较2021年提高1.3个百分点。其中，中国医药集团有限公司主营业务收入为5529亿元（表1-34），成为连续两年主营收入超过5000亿元的大型药品流通企业。上海医药集团股份有限公司和华润医药商业集团有限公司主营业务收入分别为2319亿元和1822亿元；而民营药品批发企业九州通医药集团股份有限公司的主营业务收入为1403亿元。前10强药品批发企业主营业务收入同比增长8.0%，增速下降3.2个百分点；占同期全国医药市场总规模的57.0%，同比提高0.2个百分点。

表1-34　2022年中国药品流通行业批发前10强企业

排名	企业	2022年销售总额/亿元
1	中国医药集团有限公司	5529
2	上海医药集团股份有限公司	2319
3	华润医药商业集团有限公司	1822
4	九州通医药集团股份有限公司	1403
5	重庆控股股份有限公司	677
6	南京医药股份有限公司	501
7	广州医药有限公司	492
8	深圳市海王生物工程股份有限公司	378
9	华东医药股份有限公司	377
10	中国医药健康产业股份有限公司	376

资料来源：商务部

2022年，医药流通行业不断提升专业化服务水平，积极拓展医疗器械、第三方医药物流等业务，推动多业态协同联动，强化业务一体化管理。药品批发企业积极开展医院院内物流管理、智慧后勤、创新支付、云仓后台服务支持等供应链服务，开设新特药输注中心、建设“医+药”健康服务平台，为医疗机构提供多场景、多模式的专业化服务，为患者提供治疗和用药便利。

药品批发企业持续完善县乡村三级药品供应与配送网络，加快“渠道下沉、城乡联动”一体化发展，提升药品供应“最后一公里”服务能力。同时，利用数字技术持续赋能，发挥渠道优势，助力工业企业药品上市推广、仓储和运输管理、品牌营销等；通过提供信息系统、组织药师培训，助力零售药店优化品类结构，提升药事服务能力；开展院内物流管理，助力医院提高药品耗材等精细化管理水平，药品供应保障能力和药品流通效率持续提升。

4. 药品终端市场平缓增长

随着医改的深化，医保控费药品零加成、药品集中采购、两票制等政策措施的加快推进，以及医药行业转型升级结构调整的不断深入，我国医药行业进入整体增速放缓的新常态。2020年，受新冠疫情影响，行业年初营收及利润出现负增长，之后逐步回升。2022年我国多地疫情反复，医药行业发展有所下滑，药品市场销售额为17 936亿元（图1-48），同比仅增长1.1%。从实现药品销售的三大终端的销售额分布来看，2022年公立医院终端市场份额占比为61.8%；零售终端市场份额为33.4%；公立基层医疗终端市场份额为4.8%。

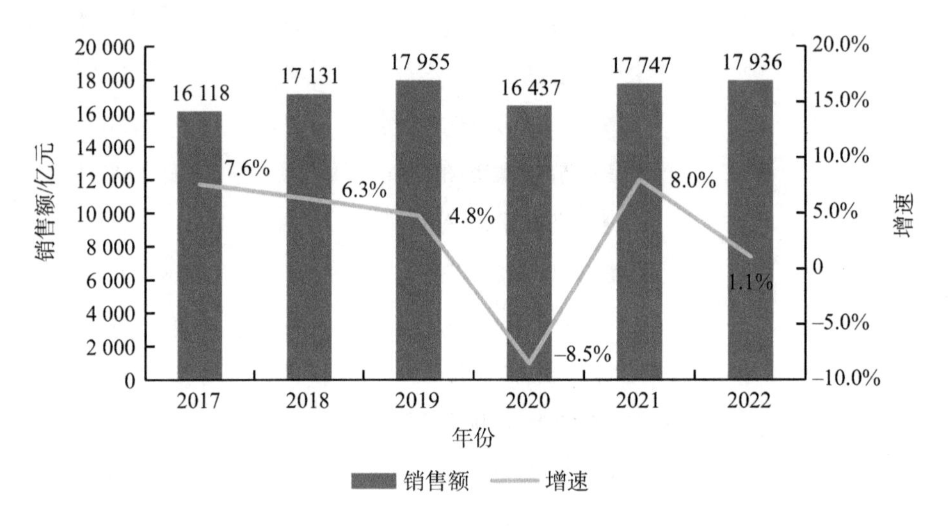

图1-48　2017—2022年中国药品终端市场销售额及增速

资料来源：米内网

1）医院用药市场整体增长趋缓

2015—2019年，作为第一终端的公立医院市场增长速度趋于稳定。2020年，受国家集采、医保谈判、重点监控品种等影响，再加上新冠疫情的冲击，公立医院销售额首次出现负增长，同比下降12%。2021年随着国内疫情逐步缓和，药品销售实现恢复性增长，与2020年相比增长7.3%。2022年，因新冠疫情反复，再次出现负增长，销售额为11 083亿元（图1-49），同比2021年下降1.7%。

根据地域分布，公立医院终端包含城市公立医院和县级公立医院两大市场，城市公立医院长期以来占据主体市场，这和我国医疗资源分布不均有较大关系。2015—2019年，县级公立医院市场逐步开始抬头，这主要来自国家对县级公立医院扶持力度加大。2020—2022年新冠疫情期间，县级公立医院遭受影响尤为明显。随着疫情应对政策落实，城市公立医院市场恢复速度较快，而县级公立医院明显疲乏。2022年，城市公立医院销售额为8262亿元（图1-50），同比下降1.5%；县级公立医院销售额为2821亿元，同比下降2.3%。

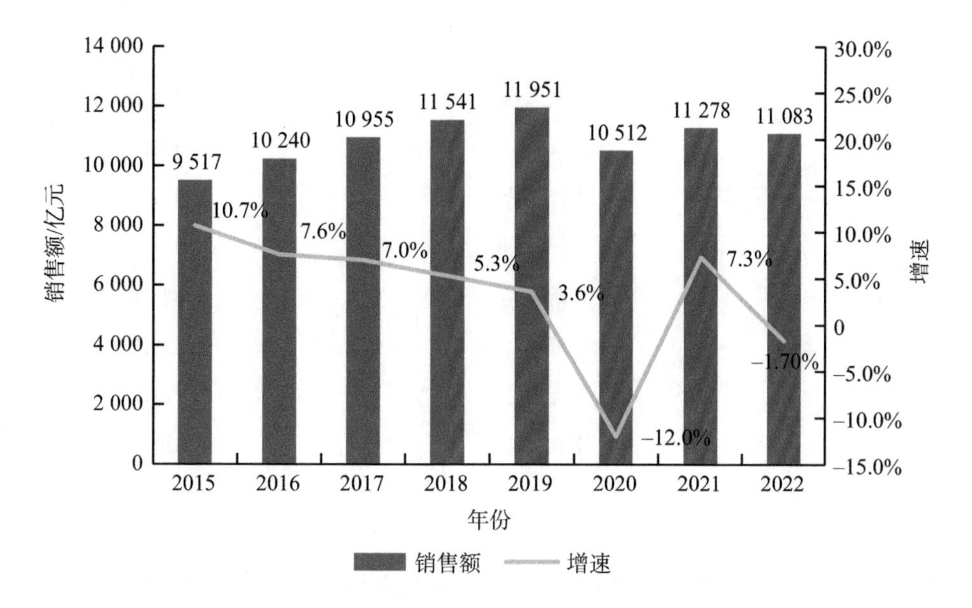

图1-49　2015—2022年中国公立医院终端药品销售额及增速

资料来源：米内网

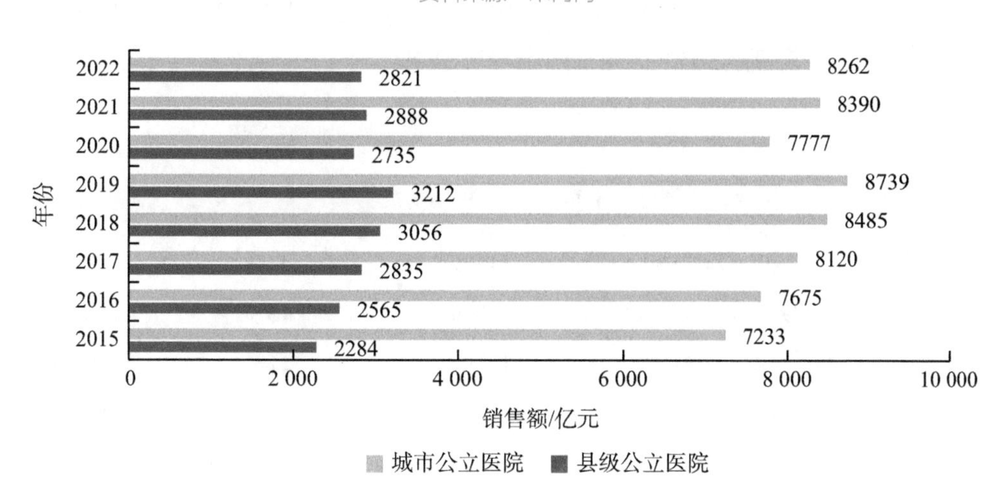

图1-50　2015—2022年中国城市公立医院和县级公立医院终端药品销售额

资料来源：米内网

根据2022年度销售额进行排名，阿斯利康高居院内销售额榜首（表1-35），其次为辉瑞和恒瑞医药。在销售额前10强企业中，本土企业仅占据4席，分别为恒瑞医药、齐鲁制药、扬子江药业和正大天晴；其余6家企业均为外企，分别为阿斯利康、辉瑞、罗氏、诺华、拜耳和诺和诺德。

表1-35　2022年医院药品销售额前10强

排名	公司	销售额 / 亿元
1	阿斯利康	264.56
2	辉瑞	211.71
3	恒瑞医药	165.28
4	罗氏	154.36
5	齐鲁制药	142.45
6	扬子江药业	137.56
7	诺华	131.53
8	拜耳	129.55
9	正大天晴	108.82
10	诺和诺德	108.19

资料来源：药融云数据库

从治疗领域来看，肿瘤和免疫调节药占据的市场份额最高，2022年销售额约为1451.9亿元，同比下降0.5%（表1-36）；其次为消化系统及代谢药物、血液和造血系统药物、全身用抗感染药物，市场份额均超10%。值得注意的是，2022年呼吸系统药物销量大幅增长，销售额达361.8亿元，同比增长21.7%。

表1-36　2022年医院用药市场排名前10的治疗领域

排名	治疗领域	销售额 / 亿元	同比增长率	市场份额
1	肿瘤和免疫调节药	1451.9	–0.5%	13.1%
2	消化系统及代谢药物	1319.0	–4.9%	11.9%
3	血液和造血系统药物	1235.2	–2.8%	11.1%
4	全身用抗感染药物	1199.1	–1.7%	10.8%
5	心血管系统药物	927.4	2.7%	8.4%
6	神经系统药物	867.0	–3.6%	7.8%
7	心脑血管与血液系统药物	515.7	–0.3%	4.7%
8	肌肉骨骼系统药物	399.8	–4.6%	3.6%
9	杂类	392.9	–9.0%	3.5%
10	呼吸系统药物	361.8	21.7%	3.3%

资料来源：米内网

从产品维度来看，2022年人血白蛋白和氯化钠注射液两个品种的销售额超百亿元，分别为149.2亿元和135.0亿元（表1-37），这两个产品的生产企业包括阿斯利康、石药恩必普和正大天晴等。销售额排名前10的产品共计占总市场份额的6.8%，包括4款全身用抗感染药［注射用头孢哌酮钠舒巴坦钠、注射用哌拉西林钠舒巴坦钠、注射用美罗培南和静注人免疫球蛋白（pH4）］、2款抗肿瘤药和免疫调节药（贝伐珠单抗注射液、注射用曲妥珠单抗）、2款血液和造血系统药物（人血白蛋白、氯化钠注射液），还有1款神经系统药物地佐辛注射液和1款心血管系统药物丁苯酞氯化钠注射液。

表1-37　2022年医院用药销售额前10强

排名	产品名称	销售额/亿元	治疗领域
1	人血白蛋白	149.2	血液和造血系统药物
2	氯化钠注射液	135.0	血液和造血系统药物
3	注射用头孢哌酮钠舒巴坦钠	76.9	全身用抗感染药物
4	贝伐珠单抗注射液	65.0	肿瘤和免疫调节药
5	地佐辛注射液	60.7	神经系统药物
6	注射用哌拉西林钠舒巴坦钠	58.0	全身用抗感染药物
7	注射用美罗培南	55.5	全身用抗感染药物
8	注射用曲妥珠单抗	53.3	肿瘤和免疫调节药
9	丁苯酞氯化钠注射液	48.7	心血管系统药物
10	静注人免疫球蛋白（pH4）	47.6	全身用抗感染药物

资料来源：药融云数据库

2）药品零售市场规模持续增长

2022年，药品零售市场销售额为5990亿元，扣除不可比因素同比增长10.7%，增速同比上升3.3个百分点。销售额前100强的药品零售企业销售总额为2184亿元，占全国零售市场总额的36.5%，同比提高0.9个百分点。药品零售销售额前10强销售总额为1337.2亿元，占同期全国药品零售市场销售总额的22.3%，同比提高1.2个百分点。国药控股国大药房有限公司、大参林医药集团股份有限公司、老百姓大药房连锁股份有限公司分别以257.8亿元、221.3亿元和205.1亿元位列2022药品零售企业销售总额前三名（表1-38）。截至2022年末，药品零售企业连锁率为57.8%，比2021年提高0.6个百分点。

表1-38 2022年药品零售企业销售额前10强

排名	公司	销售额/亿元
1	国药控股国大药房有限公司	257.8
2	大参林医药集团股份有限公司	221.3
3	老百姓大药房连锁股份有限公司	205.1
4	益丰大药房连锁股份有限公司	193.8
5	一心堂药业集团股份有限公司	147.5
6	健之佳医药连锁集团股份有限公司	72.9
7	漱玉平民大药房连锁股份有限公司	71.8
8	中国北京同仁堂（集团）有限责任公司	71.8
9	上海华氏大药房有限公司	51.1
10	河南张仲景大药房股份有限公司	44.1

资料来源：商务部

随着国家医保谈判药品“双通道”管理机制的完善和定点零售药店纳入门诊统筹等政策的实施，零售药店将不断提升对接医保信息平台、电子处方流转平台等信息化建设水平，健全药品储存和配送体系，配备专业人才对患者开展合理用药指导。同时，零售药店持续探索专业化、数字化、智能化转型路径，积极拓展服务范围，开展健康体检、慢病自测、药事服务与慢病管理，对特药疾病患者提供咨询服务和跟踪回访，逐步从以商品销售为中心向以服务消费者为中心转型，更好地满足人民群众日益增长的健康需求。

2022年，《药品网络销售监督管理办法》等一系列医药监管政策与举措相继实施，促进了药品网络销售和医药电商的规范发展。药品流通行业线上线下融合发展，B2B（business to business，企业对企业）、B2C（business to customer，企业对顾客）和O2O（online to offline，线上线下商务）市场模式加速创新，医药电商交易规模持续增长，进入发展“快车道”。据统计，2022年医药电商直报企业销售总额为2358亿元（含三方交易服务平台交易额），占同期全国七大类医药商品销售总额的8.6%，同比上升0.3个百分点（图1-51）。其中，第三方交易服务平台交易额为709亿元，占医药电商销售总额的30.1%；B2B业务销售额为1531亿元，占医药电商销售总额的64.9%；B2C业务销售额为118亿元，占医药电商销售总额的5.0%。

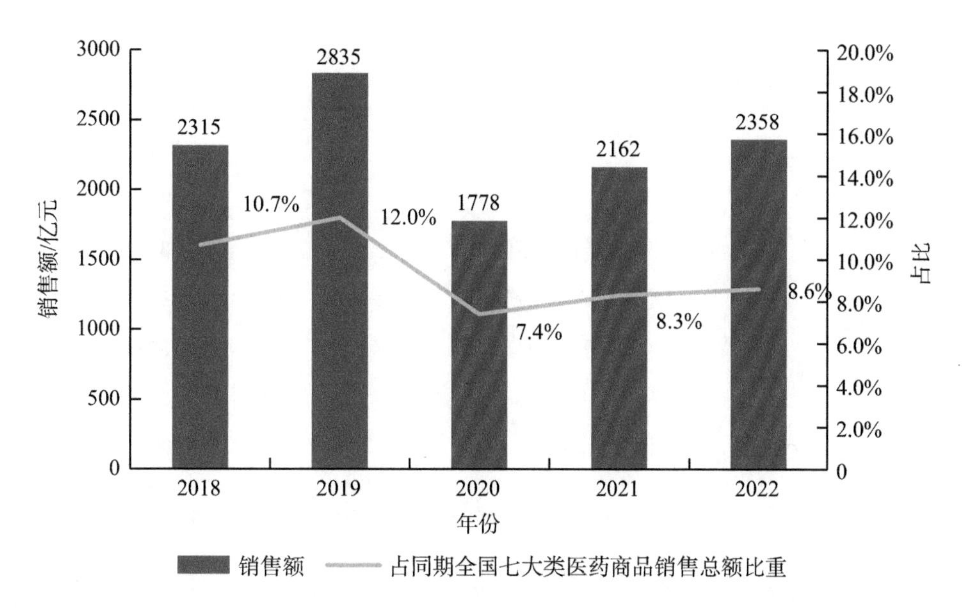

图1-51　2018—2022年中国医药电商销售额及占同期全国七大类医药商品销售总额比重

资料来源：商务部

随着药品网络销售持续规范，线上药品销售市场规模将不断增长。零售连锁企业将加强医药电商业务拓展，利用互联网平台扩大药店服务内容和辐射半径，线上线下服务进一步融合；医药B2B企业将凭借服务及仓储运输优势，充分释放“互联网+”潜力，实现资源整合、渠道优化及供需匹配，赋能上下游企业；互联网平台企业将强化自营、在线销售和全渠道布局优势，整合医疗和家庭健康需求，不断推进医药健康服务能力建设。

从产品维度来看，2022年中国药品零售销售额TOP100药品销售总额达1761亿元，占药品零售市场的近1/3。从中西药属性来看，化学药和中成药两者占比合计超过2/3。居前两位的是阿胶和枸橼酸西地那非片，分别达57.90亿元和50.18亿元（表1-39）。从2020—2022年CAGR来看，TOP10药品均在36%及以上（表1-40）。从品类来看，由于疫情解封原因，感冒药销售额迎来爆发性增长。此外，抗肿瘤药如帕妥珠单抗、帕博丽珠单抗也迎来快速增长。

表1-39　2022年中国药品零售销售额TOP10药品

序号	品名	销售额/亿元
1	阿胶	57.90
2	枸橼酸西地那非片	50.18
3	阿托伐他汀钙片	44.28
4	安宫牛黄丸	42.55

续表

序号	品名	销售额 / 亿元
5	西洋参	41.44
6	苯磺酸氨氯地平片	41.34
7	连花清瘟胶囊	39.44
8	人血白蛋白	38.06
9	医用外科口罩	37.06
10	阿莫西林胶囊	36.60

资料来源：中康CMH、中康产业研究院整理

表1-40　2022年中国药品零售销售额TOP10药品增长情况

序号	品名	2020—2022 年 CAGR
1	达格列净片	101%
2	甲磺酸阿美替尼片	74%
3	益生菌粉	58%
4	碳酸钙 D3 咀嚼片	44%
5	帕妥珠单抗注射液	44%
6	强力枇杷露	42%
7	玻璃酸钠滴眼液	41%
8	燕窝	37%
9	黄芪精	36%
10	甲磺酸奥希替尼片	36%

资料来源：中康CMH、中康产业研究院

5. 产业投融资更加多元化

1）中国医药及生命科学行业并购和交易市场交易节奏放缓

受宏观环境影响，2022年中国医药及生命科学行业整体交易金额较2021年下降约40%至266亿美元（图1-52）；就交易数量而言，较2021年略有下降，披露交易数量共计1225笔。医药、医疗器械板块呈现分化趋势，医疗器械板块的交易数量创历史新高。

医药板块并购交易市场过去多年处于火热增长，导致部分创新药企业出现一级市场估值过高的情况，随着医改步入深水区，医疗二级市场估值整体回调，医药板块IPO（initial public offering，首次公开发行）频频破发，对生物医药行业并购交易造成冲击，部分明星创新药企业出现融资困难、管线关停、管线转让等情况，估值泡沫逐步消退，市场回归理性；创新仍然是医药板块并购交易的主旋律，投资人更关注管线产品的独

特性、临床价值以及商业化能力。ADC、细胞免疫疗法、基因治疗及其他早期创新技术成为医药板块并购交易热点，预计未来会出现创新药企业并购整合的趋势。同时，药品带量采购规则日趋成熟，对医药板块影响逐渐稳定，传统医药并购整合趋势明显；头部医药集团及国有资本持续整合优质资源。2022年披露交易金额同比下跌43%至195亿美元，交易数量683笔（图1-53）。主导头部交易的财务投资者参与基石投资、Pre-IPO等大型交易的数量减少，导致平均交易规模下降。

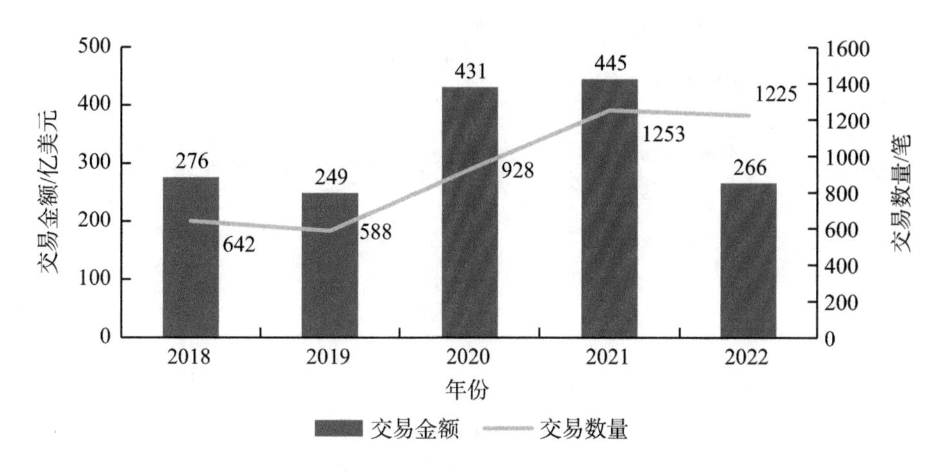

图1-52　2018—2022年中国医药及生命科学行业总体并购交易金额和交易数量

资料来源：汤森路透、投中数据及普华永道分析

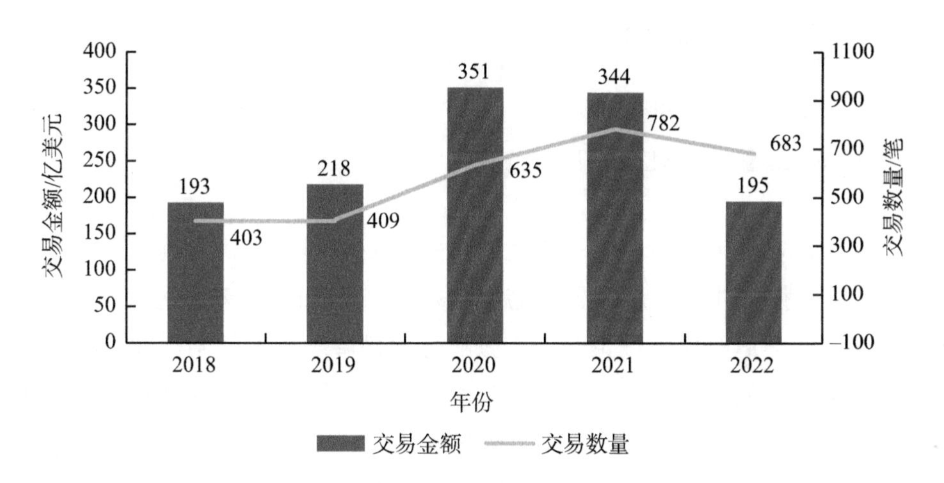

图1-53　2018—2022年中国医药行业并购交易金额和交易数量

资料来源：汤森路透、投中数据及普华永道分析

2022年前十大交易金额合计53.05亿美元（表1-41），占总体交易金额的27%，头部交易体量及金额均较之前年度下降。资源整合成为头部交易主题，大型企业通过股权转让、定向增发、控股权收购等形式优化整合资源，头部企业或借市场估值回调时机加强控制权、扩张业务边界，或通过增发补充弹药为后续发展奠定基础。同时，

2022年外资对中国本土生物技术公司大额交易凸显创新价值。

表1-41 2022年国内医药交易前10强

排名	标的公司	投资机构	交易类型	细分领域	交易金额/亿美元
1	上药集团	上海上实长三角	股权转让	综合性医药集团	8.77
2	依生生物	Summit Healthcare Acquisition Corp.	SPAC（special purpose acquisition company，特殊目的收购公司）	疫苗	8.34
3	复星医药	高毅资产、UBS、财通基金等	定向增发	综合性医药集团	6.64
4	康蒂尼	Catalyst Bioscience Inc	控制权收购	抗脏器纤维化药物	5.55
5	科伦博泰	IDG资本、国投招商、默沙东、信达资本等	Pre-IPO	创新药	5.51
6	昆药集团	华润三九	控制权收购	中药	4.37
7	未名生物	强新资本	上市公司子公司股权转让	神经生长因子药品	4.30
8	信达生物	Sanofi	定向增发	创新药	3.57
9	Tessera Therapeutics	鼎晖投资等	C轮投资	基因技术	3.00
10	泰邦生物	GIC等	财务投资	血液制品	3.00

资料来源：汤森路透、投中数据及普华永道分析

医疗器械板块受到健康中国战略及制造强国战略利好因素影响，产业基础能力日益增强，国产替代进口趋势明显。医疗器械集采持续推进、未来医保支付方式深化改革等因素，均倒逼医疗器械企业在扩张业务规模降本增效的同时加速创新。虽受宏观环境影响，大型交易减少，2022年医疗器械板块披露交易金额下降至72亿美元（图1-54），但交易数量持续增长，首次突破542笔，受国产替代、鼓励“专精特新”、科创板第五套标准扩展至医疗器械等政策性利好影响，资本持续关注医疗器械板块。

短期而言，在经历了充满挑战的2022年之后，医药政策不确定性出清，预计医药与生命科学领域的交易量将在2023年逐步回暖。资金准备充裕的企业或将得益于板块估值回落契机持续寻求并购交易机会。大型制药公司或将通过并购交易实现产品管线优化调整，并购整合机会将持续显现。虽然短期内，上市公司的低估值可能限制部分企业进行大型交易的能力，但较低的估值或许预示着以更具吸引力的价格收购具备创新能力的资产。宏观经济环境的不确定性或将推动医药与生命科学行业横向整合以降

本增效，实现规模经济。长期而言，随着中国人口老龄化，医药及生命科学行业市场需求不断增加，行业长期向好的趋势不变，国家对医药创新的支持与鼓励，以及器械国产替代进口的进程推进，将进一步推动行业企业的整合及投融资进程，预计行业并购投资将长期保持活跃。

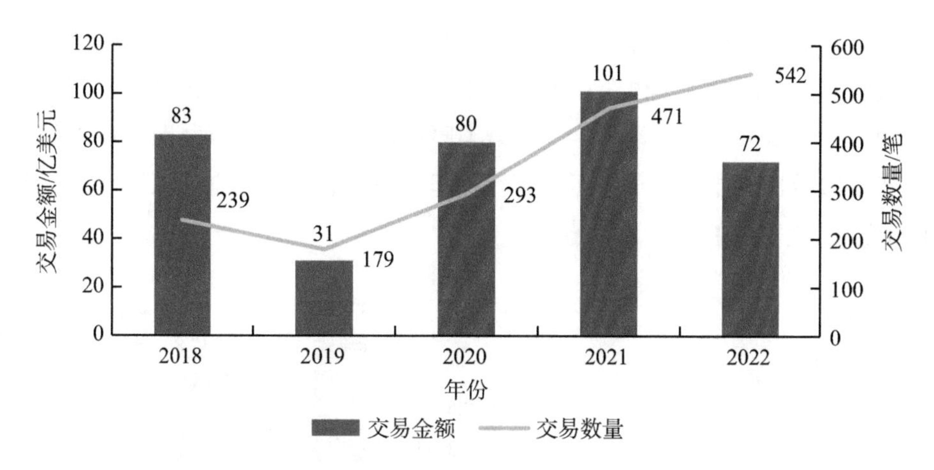

图1-54　2018—2022年中国医疗器械行业并购交易金额和交易数量

资料来源：汤森路透、投中数据及普华永道分析

2）产业链短板布局和投资增多

我国医药工业产品门类齐全，种类多、产量大、产业配套能力强，但在原始创新能力、产业化关键技术、高端医疗器械医用装备核心部件及材料等方面仍存在短板。《“十四五”医药工业发展规划》明确提升产业链稳定性和竞争力，补齐产业链关键短板。在此背景下，越来越多的企业围绕产业链短板进行布局或加大投入，如生物药产业链上游的生物反应器、培养基、层析系统及填料、过滤耗材等。医药装备领军企业楚天科技不仅在制药装备领域颇具竞争优势，还积极布局一次性生物反应器及相关耗材、填料介质等产业链关键技术，通过技术突破补齐产业链短板，助推我国生物技术发展。锻长补短，不仅是基于市场供需和产业发展需要，也体现了企业开拓进取的蓬勃活力和责任担当。

3）投融资市场趋冷

受资本市场环境变化、医药行业政策调整、创新药赛道竞争白热化等因素影响，A股和港股医药板块出现估值下调，生物医药企业IPO也频频破发，医药企业IPO节奏放缓。2022年医药工业领域（含医疗器械）共有55家企业在A股、港股上市，总计募集资金超700亿元。科创板成为企业上市主阵地，共22家企业上市，6家企业通过“18A”规则在香港上市。很多研发型生物技术公司面临融资难的问题，转而通过控制研发投入和压缩在研项目维持运营，对医药创新产生不利影响。

6. 国际化稳步推进

1）医药出口规模下降

2022年医药工业规模以上企业实现出口交货值4037.8亿元（不含制药装备），同比下降15%（图1-55），增速较2021年同期降低60.5个百分点。其主要原因在于2021年全球防疫物资的供应带动了当年出口交货值的大幅提升，而2022年正在逐步回归常态。整体数值虽有回落，但从具体企业来看仍不乏亮点。一方面，受部分原料药产品价格上涨带动，解热镇痛类、激素类、抗感染类原料药出口旺盛，以九洲药业为代表的企业原料药出口增长明显。另一方面，随着我国制药企业国际化走向深层次，制剂类产品国际市场拓展稳中向好。

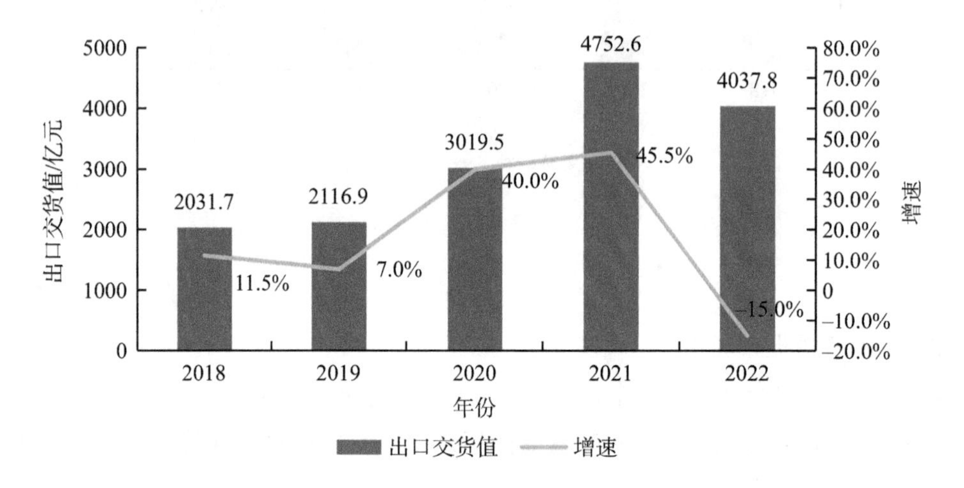

图1-55　2018—2022年医药工业规模以上企业出口交货值和增速

资料来源：国家统计局，工业和信息化部

本图增速为未扣除不可比因素的增速

从海关情况来看，2022年医药健康产品出口额1295亿美元（图1-56），同比下降24.8%，主要原因是随着全球疫情防控形势变化，新冠病毒疫苗、诊断试剂、口罩、防护服等防疫类产品国际市场需求大幅下滑，例如，新冠病毒疫苗出口额同比下降93.7%，口罩出口额同比下降72.9%。

在产品结构方面，西药、医疗器械出口额占比较高，分别为49.6%和45.6%，西药原料药、制剂出口额创历史新高，其中西药原料药出口额为517.9亿美元，同比增长24%，制剂出口额为66.1亿美元，同比增长10%。在市场结构方面，欧盟、美国、东盟是我国医药健康产品前三大出口市场，出口金额分别为289.5亿美元、213.3亿美元和136.8亿美元，合计占比49.4%。

2）医药跨境交易活跃

2022年我国医药企业跨境交易项目以创新药、技术平台为主，license in（许可引进）

项目约80个，交易总金额约57亿美元（其中前十大交易见表1-42）。license out（对外许可）项目数量约47个，交易总金额约270亿美元。多个国内企业自境外引进的创新药获批上市，包括基石药业引进的艾伏尼布片、豪森药业引进的伊奈利珠单抗注射液、石药集团引进的度维利塞胶囊等，丰富了企业的产品组合。创新药授权出海成果显著，创新能力逐步得到海外认可。科伦药业与默沙东的94.75亿美元交易高居2022年全球医药行业合作授权交易总额榜首，康方生物与Summit Therapeutics的交易创出首付款历史新高。

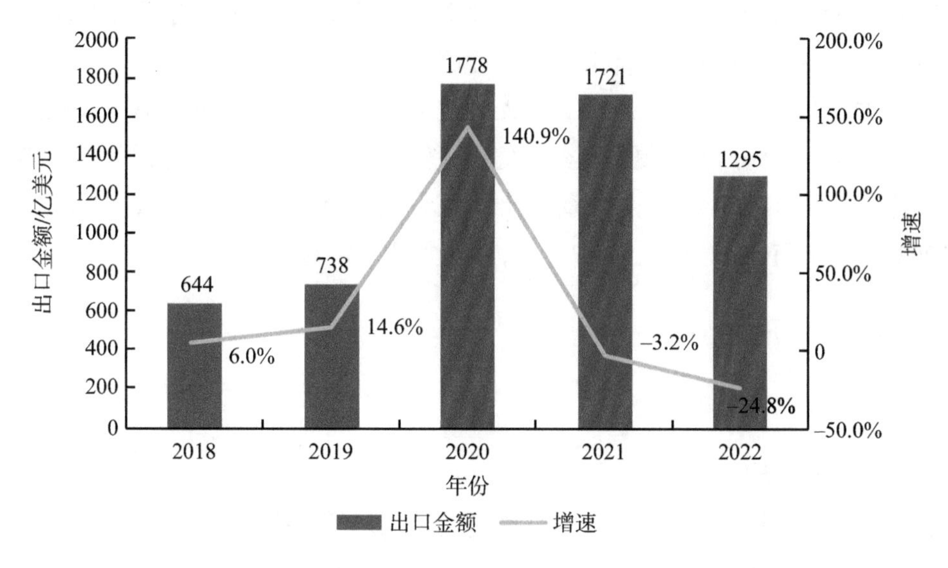

图1-56　2018—2022年中国医药健康产品出口金额和增速

资料来源：中国海关，中国医药保健品进出口商会

表1-42　2022年中国药企前十大跨境对外许可交易

排名	授权方	受让方	产品	靶点	交易总额 / 亿美元
1	科伦药业	默沙东	7个ADC	—	94.75
2	康方生物	Summit Therapeutics	依沃西单抗	PD-1、VEGF	50
3	天演药业	赛诺菲	抗体平台	—	25.175
4	科伦药业	默沙东	SKB264	Trop-2	14.1
5	英矽智能	赛诺菲	6个产品	—	12
6	石药集团	Elevation Oncology	SYSA1801	Claudin 18.2	11.95
7	礼新医药	Turning Point	LM-302	Claudin 18.2	10.25
8	科伦药业	默沙东	SKB315	Claudin 18.2	9.36
9	济明可信	罗氏	JMKX002992	AR	6.5
10	复宏汉霖	Organon LLC	HLX11+HLX14	—	5.41

资料来源：GBI SOURCE数据库全球交易板块

3）国产药品出海成绩突出

2022年，传奇生物和杨森公司合作开发的靶向BCMA（B cell maturation antigen，B细胞成熟抗原）的CAR-T疗法西达基奥仑赛在美国获批上市，成为国内企业主导开发的第二个在美国上市的新药品种，并在欧盟批准附条件上市。2023年1月绿叶制药自主研发的利培酮缓释微球注射剂获得美国FDA批准上市，是首个根据美国《药品价格竞争和专利期修正案》（Hatch-Waxman 修正案）第505（b）（2）条款在美国获批上市的中枢神经系统新药。在仿制药方面，2022年共有18家企业获得美国FDA的73件ANDA（abbreviated new drug application，简略新药申请）批文（62个品种），其中注射剂及高技术壁垒制剂产品明显增多，占比超过总量的一半。获得ANDA批文数量前三位的企业分别是华海药业、复星医药和健友股份，三家合计占比超过总量的一半。华海药业作为拓展国际市场的先导制药企业，累计获得FDA批准的ANDA文号已达90余个，2022年制剂海外销售收入为9.7亿元，同比增长23.7%。

（二）医药研发创新

1. 创新转型稳步推进

1）研发创新投入持续增加

国家统计局数据显示，2022年我国医药制造业研发经费投入持续加大，首次突破1000亿元，达到1048.9亿元（图1-57），比2016年提高1.15倍；在全国规模以上工业企业研发投入中占比达到5.42%。从投入强度（研发经费与营业收入之比）看，医药制造业的平均研发投入强度持续提升，从2016年的1.73%提高到2022年的3.57%，翻了一倍多，反映了我国医药制造业的经济增长方式已发生转变，医药制造业的经济创新力和竞争力不断增强，为行业的高质量发展提供了重要支撑。

图1-57 2016—2022年医药制造业企业研发投入及强度

资料来源：国家统计局

2022年，百济神州以111.52亿元的研发投入一马当先，是我国首个研发投入超百亿元的药企，同比增长16.92%（表1-43）；其次为恒瑞医药和复星医药，研发投入在60亿元左右；中国生物制药和石药集团研发投入在40亿元左右；研发投入排名位居第6位至第10位的公司投入费用在20亿—30亿元。从研发投入强度来看，研发投入金额前10强的投入强度均在10%以上。

表1-43　2022年中国药企研发投入前10强

排名	公司名称	2022年研发投入/亿元	研发投入增速	研发投入强度
1	百济神州	111.52	16.92%	116.58%
2	恒瑞医药	63.46	2.29%	29.83%
3	复星医药	58.85	18.22%	13.39%
4	中国生物制药	44.54	16.70%	15.50%
5	石药集团	39.87	16.10%	16.30%
6	上海医药	28.00	11.87%	10.47%
7	信达生物	26.65	25.77%	58.48%
8	金斯瑞生物	26.21	8.82%	62.33%
9	和黄医药	26.00	29.36%	90.73%
10	君实生物	23.84	15.26%	164.04%

资料来源：根据各企业年报及业绩报告整理，其中美元汇率以2022年平均汇率6.72计

2）创新药获批上市数量减少

2022年，国家药品监督管理局共批准了22个创新药，包括9个化学药、6个生物药和7个中药（表1-44）。从治疗领域看，产品适应证覆盖肿瘤、免疫疾病、病毒感染等诸多领域。2022年国内创新药获批上市数量较2021年有所下降，但其中不乏多个亮点药物值得关注。其中，华领医药降糖药多格列艾汀片是全球首个获批上市的葡萄糖激酶激活剂（glucokinase activator，GKA）药物；康方生物的卡度尼利单抗注射液（PD-1/CTLA-4双抗）是首款获批用于晚期宫颈癌的免疫治疗药物；绿叶制药的盐酸托鲁地文拉法辛缓释片是我国首个自主研发并拥有自主知识产权用于治疗抑郁症的化学创新药；华北制药的奥木替韦单抗注射液是首个国内获批上市的用于成人狂犬病毒暴露者的被动免疫单抗药物；恒瑞医药的瑞维鲁胺片是我国首个获批的国产新型雄激素受体（androgen receptor，AR）抑制剂；璎黎药业的林普利塞片是我国首个获批的高选择性磷脂酰肌醇3-激酶（PI3K）δ抑制剂；中药新药淫羊藿素软胶囊是中药现代化的重磅创新成果。

表1-44 2022年国家药品监督管理局批准的创新药

序号	通用名	适应证	企业	药品类型	适应证领域
1	淫羊藿素软胶囊	肝细胞癌	珅诺基医药	中药	抗肿瘤
2	参葛补肾胶囊	适用于轻中度抑郁症中医辨证属气阴两虚、肾气不足证	新疆华春生物药业	中药	精神神经
3	广金钱草总黄酮胶囊	用于输尿管结石中医辨证属湿热蕴结证者	武汉人福	中药	泌尿系统
4	黄蜀葵花总黄酮口腔贴片	用于心脾积热所致轻型复发性口腔溃疡	康恩贝	中药	五官
5	芪胶调经颗粒	用于上环所致经期延长中医辨证属气血两虚证	安邦制药	中药	妇科
6	苓桂术甘颗粒	温阳化饮，健脾利湿	康缘药业	中药	呼吸系统
7	散寒化湿颗粒	化湿解毒	康缘药业	中药	呼吸系统
8	阿布昔替尼片	中至重度特应性皮炎	辉瑞	化学药	皮肤
9	甲苯磺酰胺注射液	中央型非小细胞肺癌成人患者减轻气道阻塞症状	红日药业	化学药	抗肿瘤
10	多格列艾汀片	成人 2 型糖尿病	华领医药	化学药	内分泌系统
11	非奈利酮片	2 型糖尿病相关的慢性肾脏病成人患者	拜耳	化学药	泌尿系统
12	林普利塞片	复发 / 难治性滤泡性淋巴瘤	璎黎药业	化学药	抗肿瘤
13	瑞维鲁胺片	转移性激素敏感性前列腺癌	恒瑞医药	化学药	抗肿瘤
14	替戈拉生片	反流性食管炎	罗欣药业	化学药	消化系统
15	维利西胍片	慢性心力衰竭	拜耳	化学药	循环系统
16	盐酸托鲁地文拉法辛缓释片	抑郁症	绿叶制药	化学药	精神神经
17	奥木替韦单抗注射液	用于成人狂犬病毒暴露者的被动免疫	华北制药	生物药	抗病毒
18	卡度尼利单抗注射液	复发 / 转移性宫颈癌患者	康方生物	生物药	抗病毒
19	佩索利单抗注射液	成人泛发性脓疱型银屑病	勃林格殷格翰	生物药	皮肤
20	普特利单抗注射液	不可切除或转移性黑色素瘤	乐普生物	生物药	抗肿瘤
21	斯鲁利单抗注射液	不可切除或转移性高度微卫星不稳定型实体瘤	复宏汉霖	生物药	抗肿瘤
22	瑞帕妥单抗注射液	弥漫性大 B 细胞淋巴瘤	神州细胞	生物药	抗肿瘤

资料来源：根据国家药品监督管理局、各制药企业公开信息整理

因疫情和政策的双重影响，2022年中药产业风头正劲。在2021年底，国家医疗保障局、国家中医药管理局联合印发《关于医保支持中医药传承创新发展的指导意见》，充分发挥医疗保障制度优势，支持中医药传承创新发展，更好满足人民群众对中医药服务的需求。其中，在新版药品注册分类上，中药创新药成为单独的一项，可见政策方面对中药创新药的支持。2022年国家药品监督管理局累计批准了7款中药新药上市（图1-58），较2021年的12款有所下降，但仍处于历史高位。在一系列利好政策的支持下，中医药战略地位将不断提升。

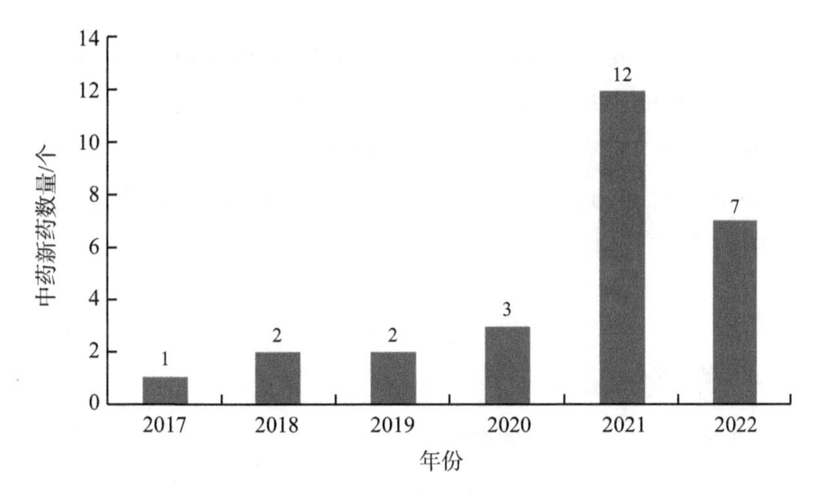

图1-58　2017—2022年中国获批上市的中药新药

资料来源：国家药品监督管理局

新冠病毒疫苗和药物开发加快推进。共有6款疫苗被纳入新冠防疫序贯加强免疫接种紧急使用（表1-45），包括：康希诺的全球首款吸入用新冠病毒疫苗，万泰生物的国内首款鼻喷式新冠病毒疫苗，丽珠单抗、三叶草、威斯克、神州细胞的重组蛋白新冠病毒疫苗等。2022年7月国家药品监督管理局附条件批准真实生物的阿兹夫定片增加新冠病毒肺炎适应证，成为国内首款具有自主知识产权的口服小分子新冠治疗药物。此外，君实生物的氢溴酸氘瑞米德韦片、先声药业的先诺特韦片两款新冠口服药物也在2023年1月底附条件批准上市。另有多个mRNA疫苗、化学新药进入了不同的临床研究阶段。

表1-45　2022年获批新冠相关适应证的国产疫苗和药物

序号	药品名称	企业	上市程序
1	阿兹夫定片	真实生物	特别审批 附条件批准
2	重组新型冠状病毒疫苗（5型腺病毒载体）吸入剂型	康希诺	紧急使用
3	重组新冠病毒融合蛋白疫苗	丽珠单抗	紧急使用

续表

序号	药品名称	企业	上市程序
4	重组新冠病毒融合蛋白疫苗	三叶草	紧急使用
5	重组新型冠状病毒疫苗（Sf9 细胞）	威斯克	紧急使用
6	重组新型冠状病毒疫苗（二价 S 三聚体）	神州细胞	紧急使用
7	重组新型冠状病毒疫苗（流感病毒载体）鼻喷剂型	万泰生物	紧急使用

资料来源：国家药品监督管理局

2022年蔻德罕见病中心（Chinese Organization for Rare Disorders，CORD）和艾昆纬（IQVIA）联合发布的《共同富裕下的中国罕见病药物支付》报告显示，全球共有7000多种罕见病，然而“有药可治”的罕见病病种仅有85种，中国“境内有药”的罕见病病种仅有68种。自2020年起，我国每年获批上市的罕见病药物数量均超过15种，2022年共有17种罕见病药物获批上市（表1-46）。

表1-46 2022年国家药品监督管理局批准上市的罕见病药物

序号	通用名	企业	适应证
1	注射用罗普司亭	协和发酵麒麟	原发免疫性血小板减少症
2	注射用罗特西普	百时美施贵宝	β- 地中海贫血
3	吸入用一氧化氮	兆科药业	肺动脉高压
4	依马利尤单抗注射液	苏庇医药	原发性噬血细胞性淋巴组织细胞增多症
5	伊奈利珠单抗注射液	泰格医药	视神经脊髓炎谱系障碍
6	利鲁唑口服混悬液	兆科药业	肌萎缩性侧索硬化
7	注射用人干扰素 γ	凯茂生物	慢性肉芽肿
8	氯巴占片	宜昌人福	罕见难治性癫痫
9	依达拉奉舌下片	南京百鑫愉医药	肌萎缩性侧索硬化
10	莫格利珠单抗注射液	协和发酵麒麟	蕈样真菌病（MF）和 Sézary 综合征（SS）
11	酒石酸艾格司他胶囊	凯莱天成医药	戈谢病（I 型）
12	那西妥单抗注射液	赛生医药	神经母细胞瘤
13	醋酸艾替班特注射液	豪森药业	遗传性血管性水肿
14	佩索利单抗注射液	勃林格殷格翰	泛发性脓疱型银屑病
15	阿加糖酶 β	赛诺菲	法布雷病
16	注射用盐酸美法仑	西安力邦制药	多发性骨髓瘤
17	氨己烯酸口服溶液用散	成都苑东	婴儿痉挛症

资料来源：国家药品监督管理局

2019—2022年，我国共有158个儿童药品获批上市，儿童药品的申报量、获批量均呈现明显上升趋势。其中，2022年共批准66个药物上市（图1-59），创历史新高，让更多儿童患者和千万家庭从中受益。这些获批的儿童药品中，有不少填补了国内空白，或提供了更优剂型。其中，单克隆抗体、13价肺炎球菌多糖结合疫苗、中药颗粒制剂等获批的重要品种和剂型，涵盖了儿童罕见病、儿童多发病常见病、儿童急危重症等领域。儿童药品已不再“不受待见”，在多部门政策的鼓励支持下，越来越受到关注。

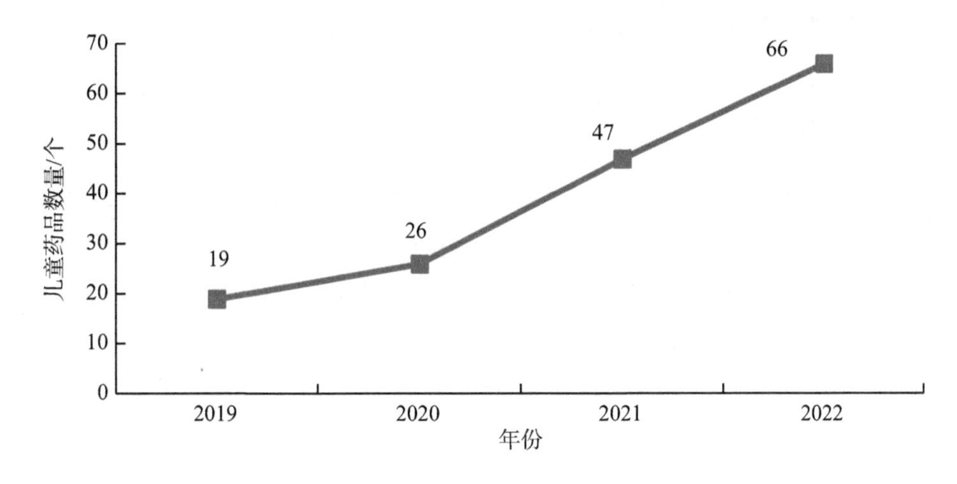

图1-59　2019—2022年我国批准上市的儿童药品数量
资料来源：《2022年度药品审评报告》

2. 药品注册审批情况

近几年新冠疫情对于研发创新的影响愈加明显，国际多中心临床研究受阻，医药研发整体环境不利，申请人无法按时限返回药品注册申请的补充资料，药品审评审批进度也受到影响。为服务申请人，支持药物研发，国家药品监督管理局药品审评中心积极推动《关于暂行延长药品注册申请补充资料时限的公告》的发布工作并严格落实公告要求，全力确保审评质量效率，但2022年药品注册申请审结总量同比仍有所减少。

1）全年审评审批工作情况

2022年审结的注册申请共11 365件（图1-60），同比减少5.94%。其中需技术审评的注册申请共8463件（包括技术审评的注册申请1730件，审评审批的注册申请6726件，药械组合注册申请7件），同比减少12.56%。

2022年审结的需技术审评的8463件药品注册申请中，中药注册申请380件，同比减少16.67%；化学药品注册申请6186件，同比减少15.20%，占全部需技术审评审结量的73.09%；生物制品注册申请1890件，同比减少1.56%（图1-61）。

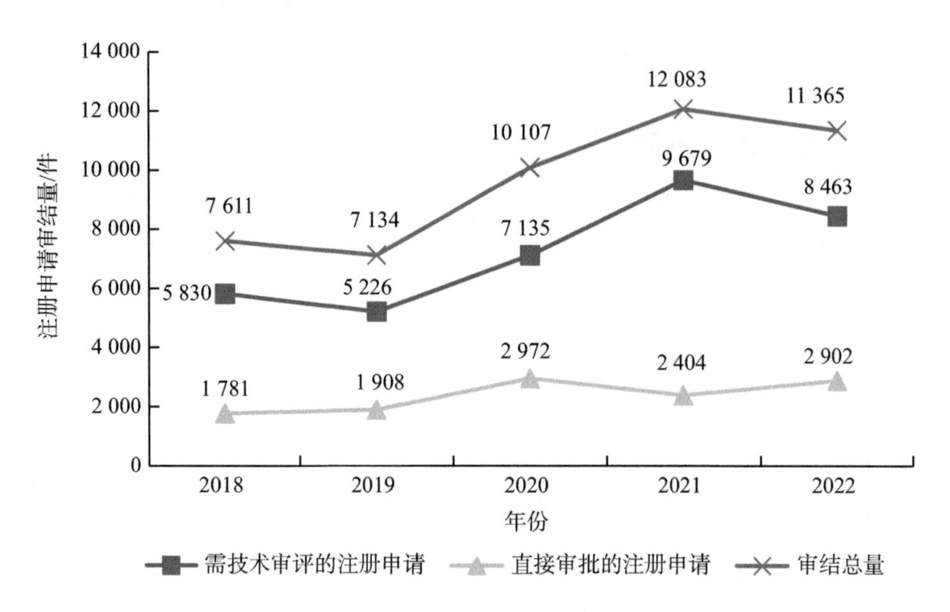

图1-60　2018—2022年注册申请审结量
资料来源：《2022年度药品审评报告》

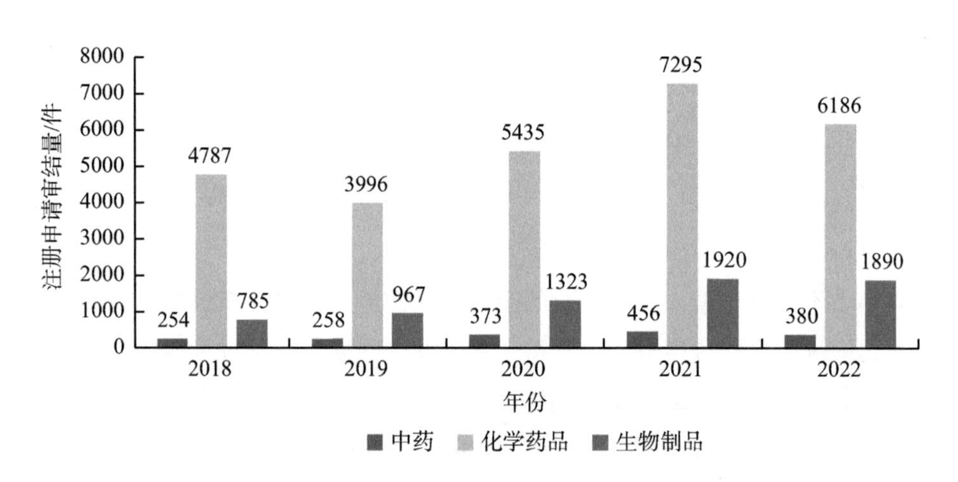

图1-61　2018—2022年需技术审评的各药品类型注册申请审结量
资料来源：《2022年度药品审评报告》

2022年批准IND 2064件（表1-47），同比减少2.09%；建议批准NDA（new drug application，新药申请）269件，同比减少16.72%；建议批准ANDA 1069件，同比增长6.58%；批准一致性评价申请802件，同比减少25.74%。

表1-47　2022年各类别注册申请批准/建议批准量

注册申请类别	批准或建议批准/件
IND	2 064
验证性临床试验申请	126
NDA	269
ANDA	1 069
一致性评价申请	802
补充申请	2 554
境外生产药品再注册申请	406
直接审批的注册申请	2 826
复审注册申请	0
总计	10 116

资料来源：《2022年度药品审评报告》

2）创新药注册申请审结情况

2022年审结创新药注册申请1831件（1036个品种），同比增长4.99%。批准/建议批准创新药注册申请1649件（表1-48，947个品种），同比增长1.29%。以药品类型统计，创新中药36件（34个品种），同比减少7.69%；创新化学药品1031件（481个品种），同比增长0.19%；创新生物制品582件（432个品种），同比增长3.93%。

表1-48　2022年各药品类型创新药批准/建议批准量

注册申请类别	创新中药		创新化学药品		创新生物制品		总计	
	注册申请/件	品种/个	注册申请/件	品种/个	注册申请/件	品种/个	注册申请/件	品种/个
IND	30	30	1014	470	571	424	1615	924
NDA	6	4	17	11	11	8	34	23
总计	36	34	1031	481	582	432	1649	947

资料来源：《2022年度药品审评报告》

以注册申请类别统计，创新药IND 1615件（图1-62，924个品种），同比增长3.59%；创新药NDA 34件（图1-63，23个品种），同比减少50.72%。

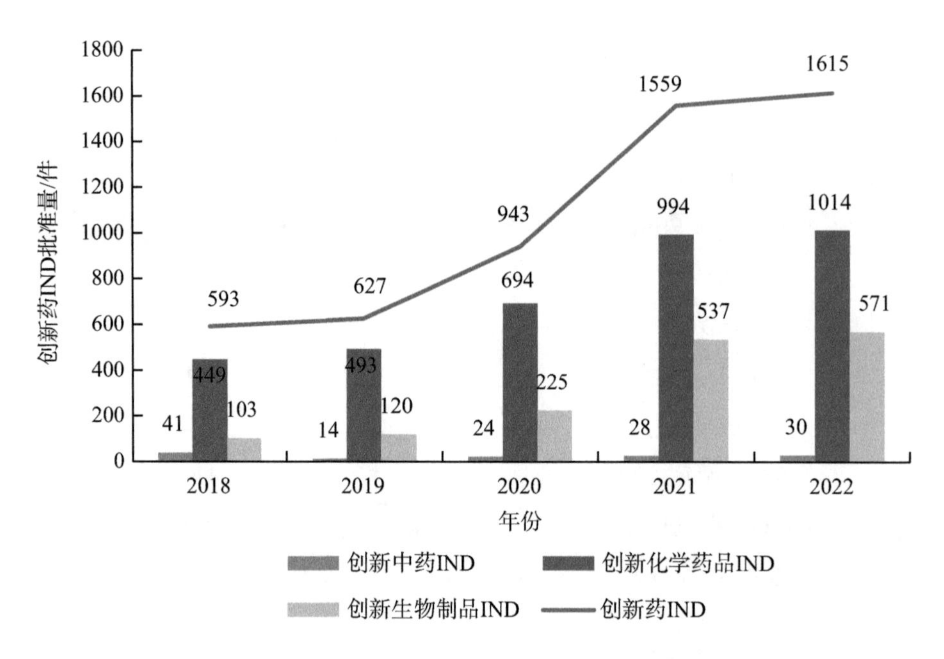

图1-62 2018—2022年创新药IND批准量
资料来源:《2022年度药品审评报告》

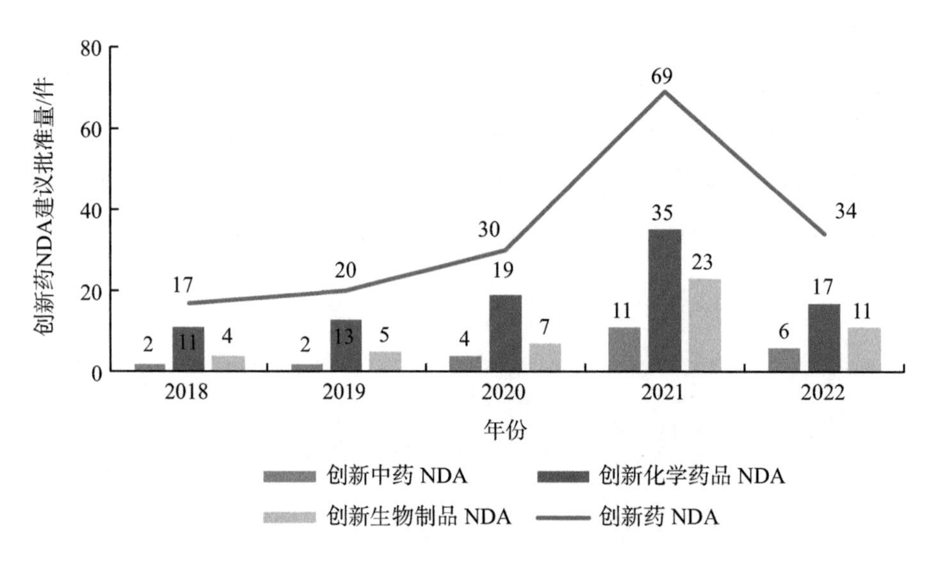

图1-63 2018—2022年创新药NDA建议批准量
资料来源:《2022年度药品审评报告》

以生产场地类别统计，境内生产创新药1298件（表1-49，759个品种），同比增长3.59%；境外生产创新药351件（188个品种），同比减少4.36%。

表1-49　2022年境内、境外生产创新药批准/建议批准量

注册申请类别	境内生产		境外生产		总计	
	注册申请/件	品种/个	注册申请/件	品种/个	注册申请/件	品种/个
IND	1274	741	341	183	1615	924
NDA	24	18	10	5	34	23
总计	1298	759	351	188	1649	947

资料来源：《2022年度药品审评报告》

3. 新药注册临床试验进展

1）药物临床试验登记总数创新高

2022年中国药物临床试验登记数量达3410项（图1-64），为历年登记总量最高，较2021年度的3358项增长了1.5%。

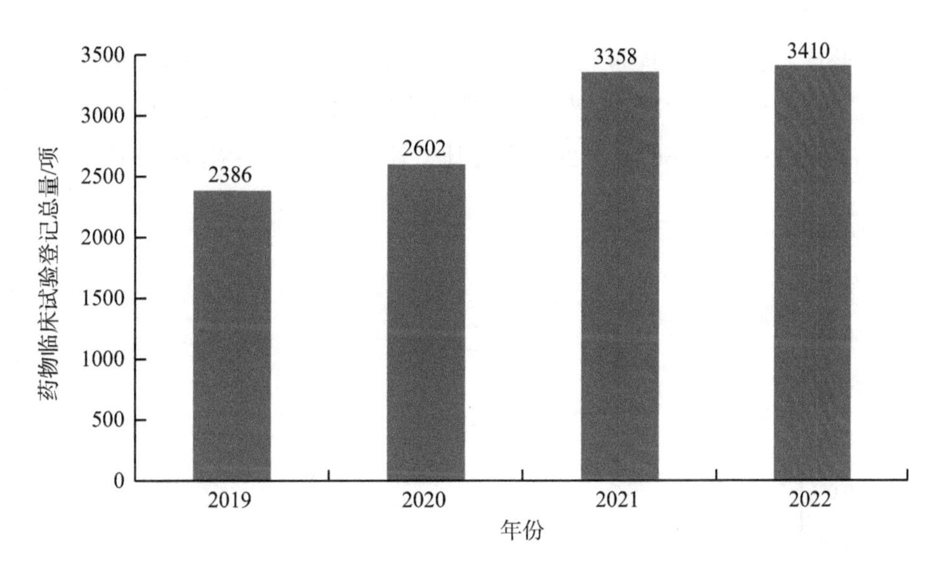

图1-64　2019—2022年度中国药物临床试验登记总量变化

资料来源：《中国新药注册临床试验进展年度报告（2022年）》

按药物类型（中药、化学药品和生物制品）统计，2022年中国药物临床试验仍以化学药品为主，占比为73.8%（图1-65）；其次为生物制品，为24.4%；中药仍最少，仅为1.8%。对比分析近年来数据，各类药物临床试验数量占比类似，化学药品和生物制品占比略有浮动，中药仍呈下降趋势。

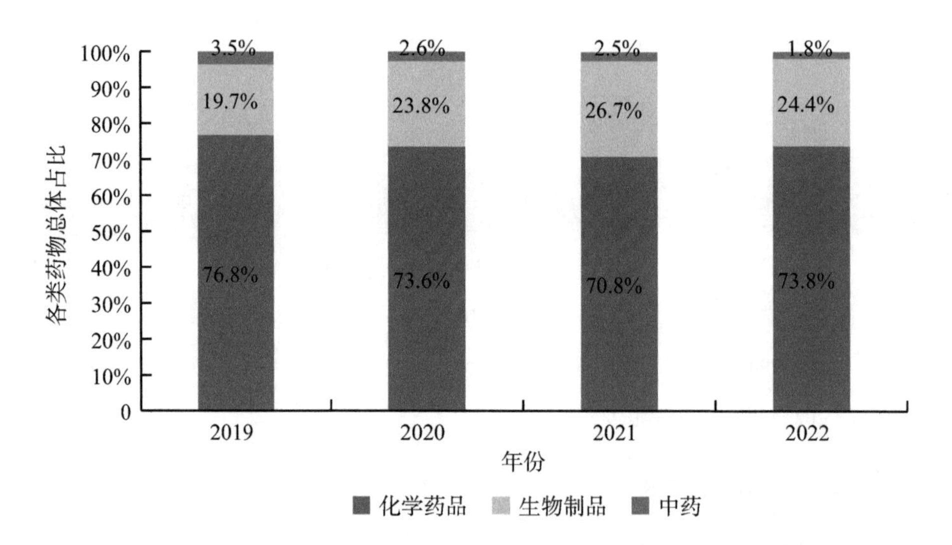

图1-65　2019—2022年各药物类型总体占比

资料来源:《中国新药注册临床试验进展年度报告(2022年)》

2)临床试验类型分析

按新药临床试验(以受理号登记)和生物等效性(bioequivalency，BE)试验(以备案号登记)来统计，2022年新药临床试验登记1974项，占比57.9%，BE试验登记1436项，占比42.1%(图1-66)。与2021年相比，新药临床试验占比小幅下降。

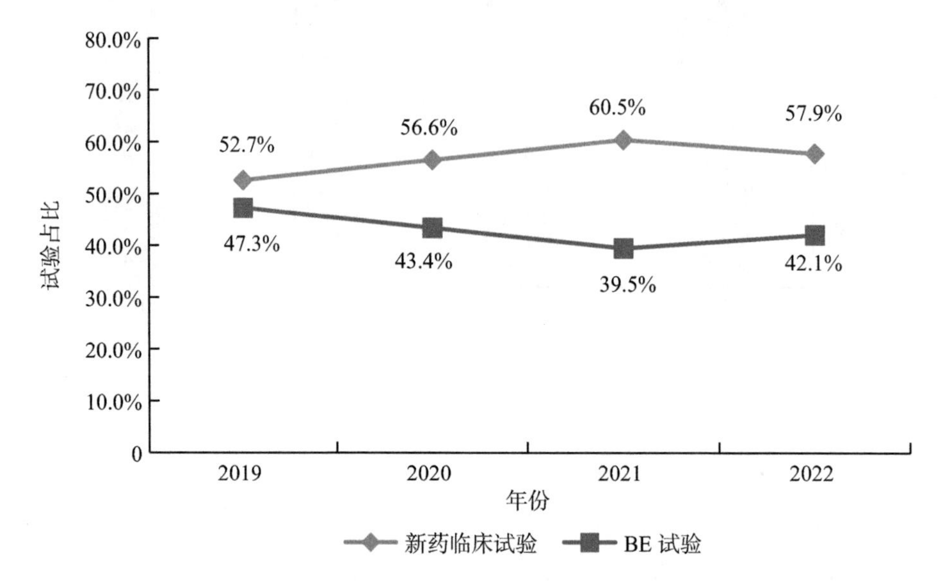

图1-66　2019—2022年新药临床试验占比

资料来源:《中国新药注册临床试验进展年度报告(2022年)》

2022年以受理号登记的新药临床试验中，化学药品、生物制品和中药分别登记1083项（54.9%）、829项（42.0%）和62项（3.1%）。对比近年来新药临床试验登记数据，各类药物历年占比情况保持一致，均为化学药品最多（超过50%），其次为生物制品（40%左右），中药占比逐年下降（图1-67）。

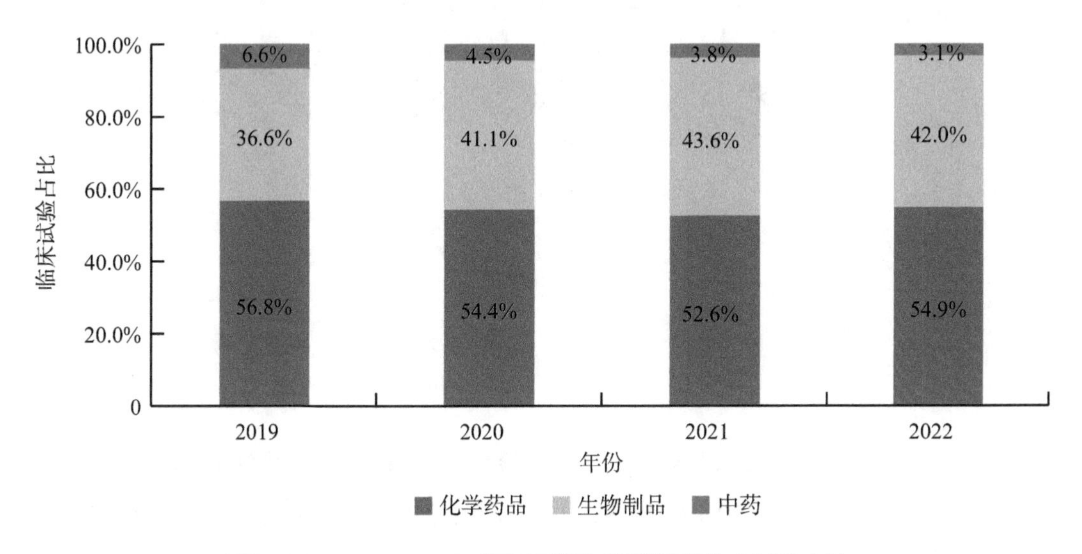

图1-67 2019—2022年不同药物类型新药临床试验占比
资料来源：《中国新药注册临床试验进展年度报告（2022年）》

3）新药临床试验品种分析

按照不同药物类型分别对2022年度1974项新药临床试验所涉及的品种（按临床试验许可文件药品名称）数量进行统计。

中药：2022年约85%的中药品种仅开展1项临床试验，开展2项以上临床试验的品种包括清肺消炎丸（3项）、行气坦尼卡尔胶囊（2项）、复方藏茴香肠溶液体胶囊（2项）和红七麝巴布贴（2项）。小儿咳喘颗粒和檵木颗粒各主动暂停试验1项，蛇黄乳膏主动终止试验1项，暂停和终止原因均不涉及安全性。近年来总体趋势基本一致，多数中药品种同年仅开展了1项试验。

化学药品：2022年化学药品临床试验数量前10位品种共登记77项试验，占化学药品总体的7.1%（77/1083），以SHR8554注射液、硫酸阿托品滴眼液和S086片开展试验数量最多，均为6项（图1-68）。从适应证领域分析，前10位品种中抗肿瘤药物试验共21项，涉及6个品种。值得注意的是，开展试验数量最多的3个品种均非抗肿瘤药物。对比2021年数据，前10位品种中均包含盐酸米托蒽醌脂质体注射液、盐酸优克那非片和SHR0302片。

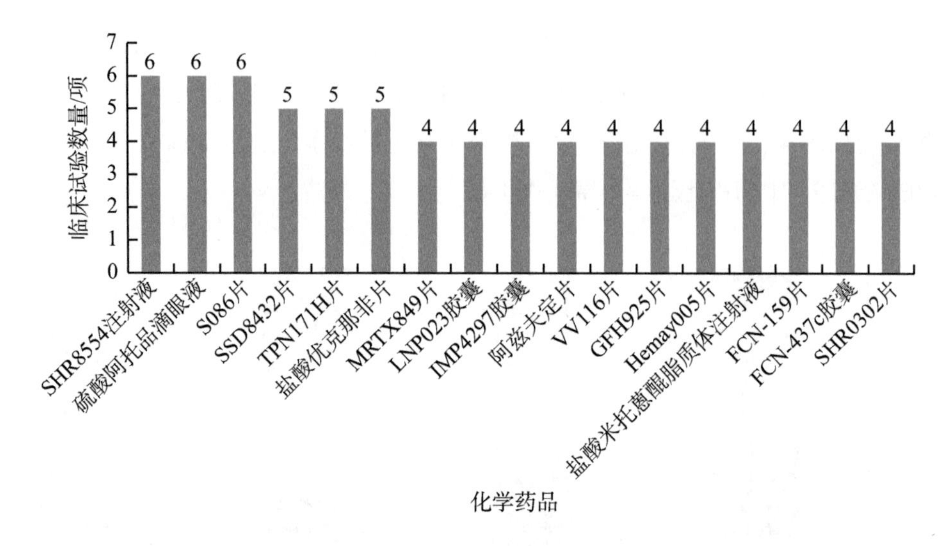

图1-68 2022年化学药品临床试验数量前10位品种

资料来源：《中国新药注册临床试验进展年度报告（2022年）》

生物制品：2022年生物制品开展临床试验数量前10位品种共登记86项试验（图1-69），占生物制品总体的10.4%（86/829），仍以治疗用生物制品为主，共涉及10个品种62项试验（72.1%）；预防用生物制品涉及3个品种24项试验（27.9%）。抗肿瘤药物试验有47项（54.7%，47/86），涉及7个品种。从单一品种临床试验数量分析，QL1706注射液开展临床试验数量最多，为9项。

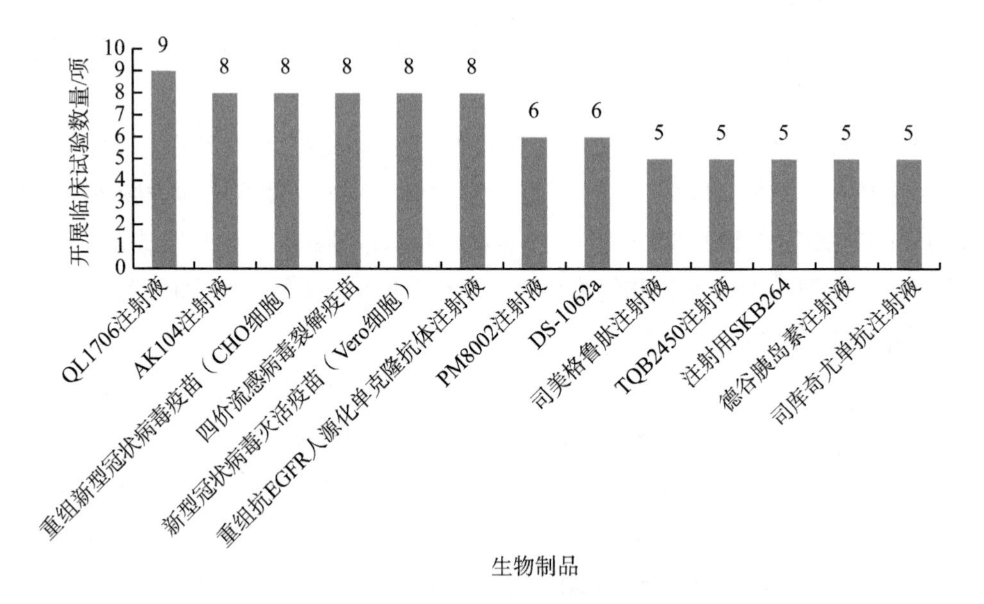

图1-69 2022年生物制品开展临床试验数量前10位品种

资料来源：《中国新药注册临床试验进展年度报告（2022年）》

4）新药临床试验目标适应证分布

中药：2022年中药新药临床试验主要集中在呼吸、消化、皮肤及五官科、精神神经、妇科、骨科和抗肿瘤7个适应证（图1-70），约占中药临床试验总体的85.5%，其中呼吸适应证占比最大，为21.0%。

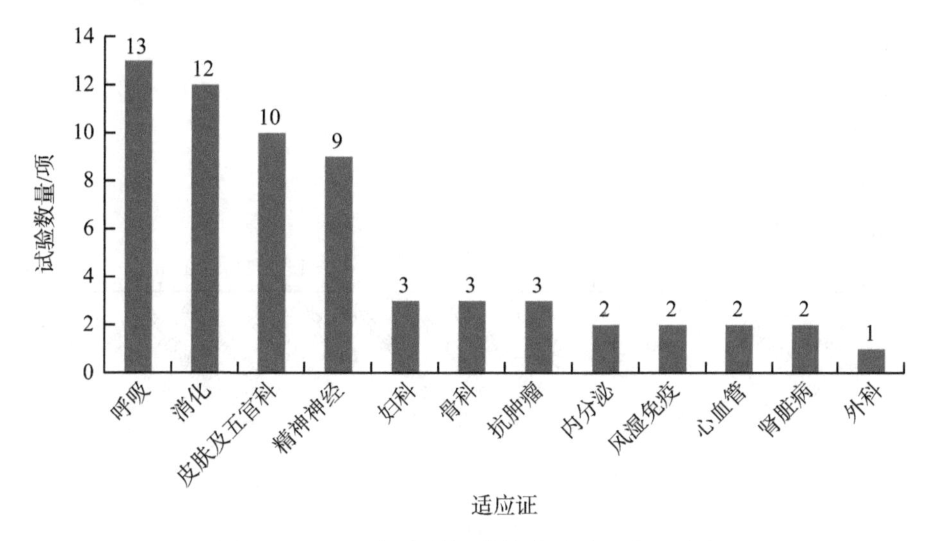

图1-70 2022年中药新药临床试验适应证分布

资料来源：《中国新药注册临床试验进展年度报告（2022年）》

化学药品：2022年化学药品适应证仍以抗肿瘤药物为主（图1-71），占化学药品临床试验总体的36.7%，其次分别为抗感染药物（8.9%）、皮肤及五官科药物（7.4%）、循环系统疾病药物（5.9%）和呼吸系统疾病及抗过敏药物（5.8%）。

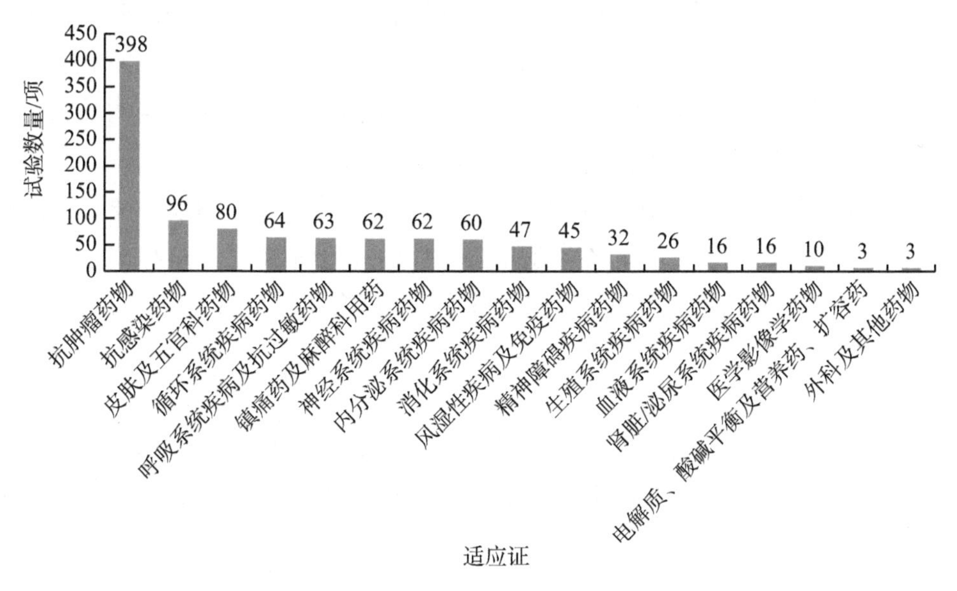

图1-71 2022年化学药品临床试验适应证分布

资料来源：《中国新药注册临床试验进展年度报告（2022年）》

生物制品：2022年生物制品适应证同样以抗肿瘤药物为主，占生物制品临床试验总体的48.1%（图1-72），其次分别为预防性疫苗（11.5%）、皮肤及五官科药物（7.4%）、内分泌系统药物（6.5%）和血液系统疾病药物、风湿性疾病及免疫药物（均为5.1%）。新冠病毒疫苗临床试验共39项，占预防性疫苗临床试验的41.1%（39/95）。

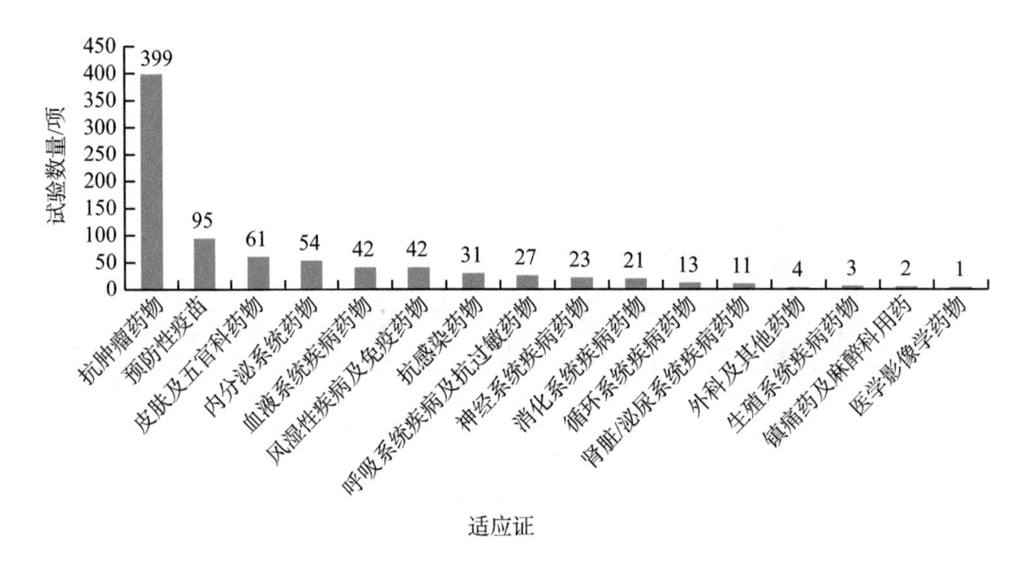

图1-72　2022年生物制品临床试验适应证分布

资料来源：《中国新药注册临床试验进展年度报告（2022年）》

5）特殊人群药物临床试验

2022年药物临床试验中，含儿童受试者的临床试验为164项，在以受理号登记的新药临床试验中的占比为8.3%。仅在儿童人群中开展的临床试验共登记64项，在以受理号登记的新药临床试验中的占比为3.2%。从试验分期分析，在64项儿童试验中，Ⅲ期临床试验占比最高，达40.6%；在26项Ⅲ期临床试验中，位于前三位的适应证分别为神经系统疾病药物、预防性疫苗和皮肤及五官科药物（图1-73）。

从临床试验数量上看，2022年罕见病药物临床试验共登记68项。按药物类型分析，治疗罕见疾病的药物主要为化学药品和生物制品，分别登记了33和35项。按适应证分析，主要以血液系统疾病药物、神经系统疾病药物和呼吸系统疾病及抗过敏药物为主（图1-74）。

6）临床试验分期

在2022年以受理号登记的新药临床试验中，Ⅰ期临床试验占比为43.0%（图1-75，848项），Ⅲ期和Ⅱ期临床试验占比分别20.4%（402项）和18.6%（368项），Ⅳ期临床试验有59项（主要为上市批件中明确要求开展的临床试验）。对于不能完全以Ⅰ—Ⅳ期划分的，按“其他”进行统计，如Ⅰ/Ⅱ期等。与2021年进行对比，各期临床试验占比基本一致，均为Ⅰ期临床试验占比最高，其次为Ⅲ期和Ⅱ期，Ⅳ期占比最低。

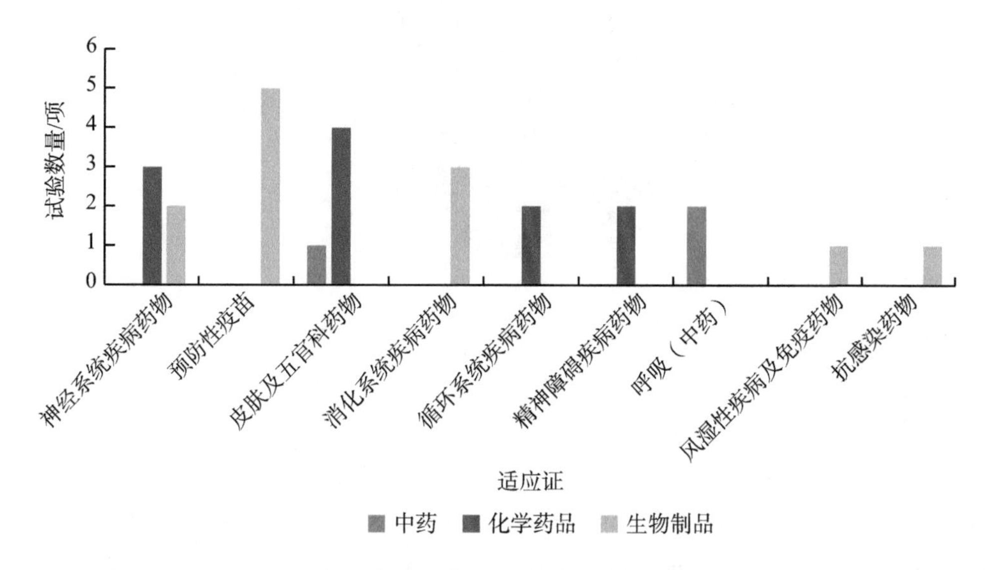

图1-73　2022年仅在儿童人群中开展的Ⅲ期临床试验数量及适应证分布

资料来源：《中国新药注册临床试验进展年度报告（2022年）》

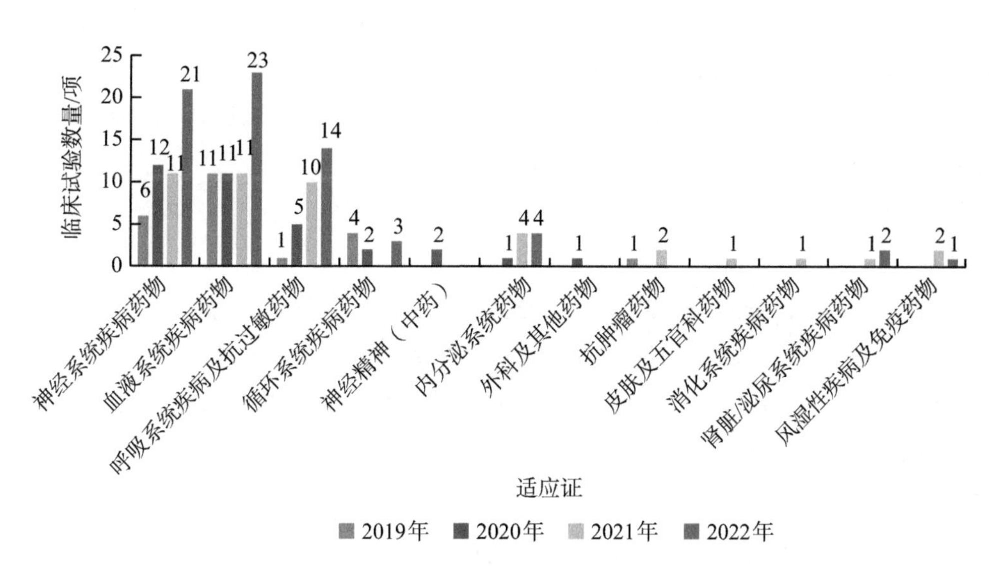

图1-74　2019—2022年罕见病药物临床试验适应证分布变化

资料来源：《中国新药注册临床试验进展年度报告（2022年）》

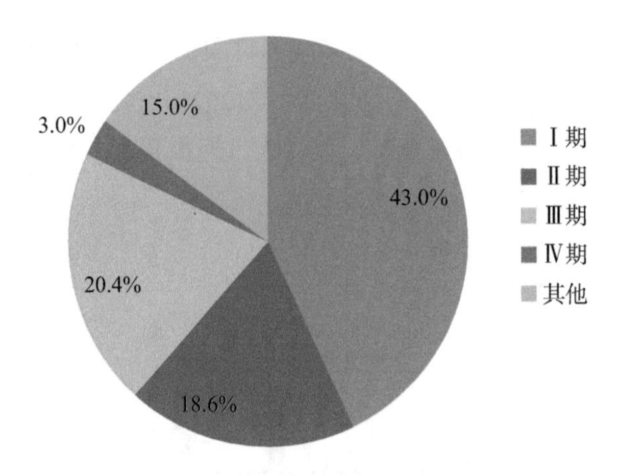

图1-75　2022年新药临床试验分期占比

资料来源:《中国新药注册临床试验进展年度报告(2022年)》

7)新药临床试验趋势特点

近几年来，我国新药临床试验项目受制于资本领域疲软等环境和背景的影响，发展速度有所放缓。我国新药临床试验中有多项问题仍未得到解决，开展临床试验药品的同质化现象仍然显著，开展临床试验项目的机构的地域分布仍然较为集中，也制约着临床试验的启动效率，而中药发展在近年受到重点扶持的前提下，临床试验的数量和实施效率仍有待进一步提升。但随着我国药品创新发展的增速不断加快，截至2023年上半年新药临床试验项目已经显现出快速增长的趋势，临床试验的启动和推进效率也得到了一定程度的改善，新的临床试验形式也在被积极地探索和受到支持。

4. 中国药物研发管线动态

根据Pharmaprojects数据库，截至2022年8月8日，研发企业总部位于中国、正处于活跃的研发过程的药物(包括lisence in)有3716个(图1-76)，其中包括临床前研究药物1929个(占51.9%)，Ⅰ期临床药物896个(占24.1%)，Ⅱ和Ⅲ期临床药物812个(占21.9%)。与美国相比，临床前研究的占比相对美国(占59.1%)较低，提示中国药物研发在较早期的原始创新上投入较弱，更关注相对成熟的药物。

从研发管线适应证分布来看，抗肿瘤药在中国企业药物研发管理中占据最大的比重(图1-77，占47.6%)，其次是抗感染、营养与代谢、神经系统和免疫系统，分别占9.1%，8.1%，5.6%和4.6%。

在肿瘤适应证中，非小细胞肺癌、乳腺癌、胃癌、非霍奇金淋巴瘤和结直肠癌是中国企业研发药物最多的5个适应证，另外，2型糖尿病、非酒精性脂肪肝、类风湿性关节炎、自身免疫病受到中国企业关注相对较多。

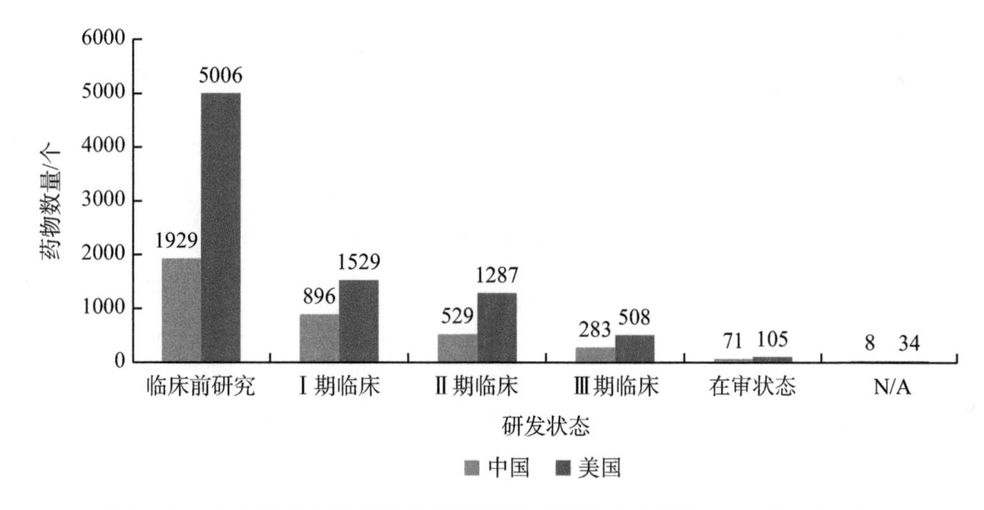

图1-76　中国和美国企业药物研发管线规模比较（截至2022年8月8日）

资料来源：Pharmaprojects，中航证券研究所整理

N/A表示不明确

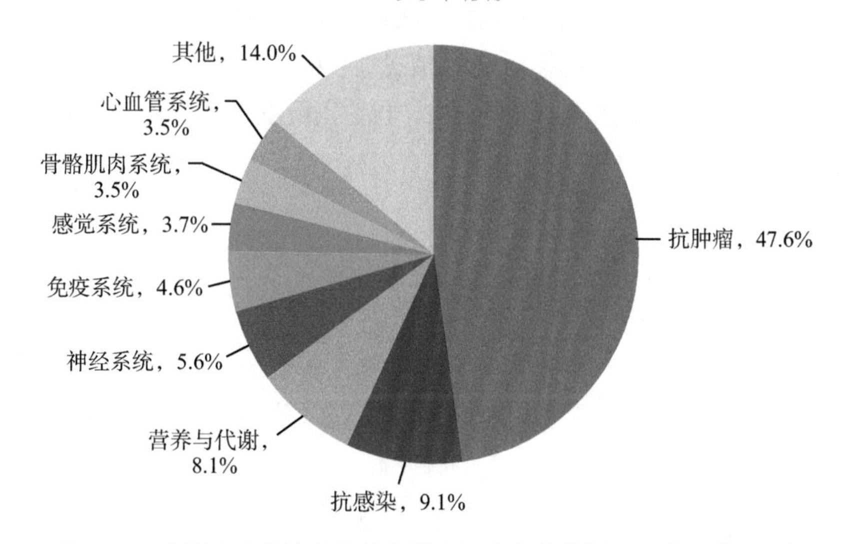

图1-77　中国企业药物研发管线适应证分布（截至2022年8月8日）

资料来源：Pharmaprojects，中航证券研究所整理

从药物研发管线公司分布来看，中国企业活跃研发的3716个药物对应的公司数量是761家。其中，规模最大的是恒瑞医药，活跃的研发管线包括105个药物，而其他中国企业研发管线均未超过100个药物（表1-50）。

表1-50　中国药物研发管线规模最大的10家公司（截至2022年8月8日）

序号	公司名称	管线规模/个
1	恒瑞医药	105
2	石药集团	64

续表

序号	公司名称	管线规模 / 个
3	中国生物制药	60
4	复星医药	55
5	君实生物	47
6	百济神州	42
7	三生制药	40
8	先声药业	37
9	东阳光药业	36
10	信达生物	35

资料来源：Pharmaprojects，中航证券研究所整理

从作用机制分布来看，中国药物研发管线共涉及714种作用机制，占全球的近1/3。其中，最热门的前30个作用机制和全球的情况吻合程度较高。肿瘤免疫疗法作为目前全球最受关注的研究领域，在中国药物研发中也占据最重要的位置，共涵盖926个药物（表1-51）。

表1-51　中国药物研发管理热门作用机制TOP10（截至2022年8月8日）

排名	作用机制	药物数量 / 个
1	肿瘤免疫疗法	926
2	T 细胞刺激剂	307
3	免疫刺激剂	244
4	免疫检查点抑制剂	243
5	PD-L1 拮抗剂	86
6	CD3 激动剂	65
7	PD-1 拮抗剂	61
8	免疫检查点刺激剂	49
9	VEGFR 拮抗剂	46
10	血管生成抑制剂	45

资料来源：Pharmaprojects，中航证券研究所整理

从研发靶点分布来看，中国药物研发管线共涵盖607个靶点，其中最热门的30个靶点涵盖药物数量占比达24.7%。排名前6的靶点与全球热门靶点几乎完全吻合。中国

研发管线热门靶点中大多数与抗肿瘤相关，显示中国药物研发向抗肿瘤领域集中的特点（表1-52）。

表1-52　中国药物研发管线热门靶点TOP10（截至2022年8月8日）

排名	靶点	药物数量/个
1	CD274分子（PD-L1）	96
2	CD19分子	74
3	CD3e分子	71
4	EGFR	69
5	PD-1	69
6	HER2	66
7	Claudin 18	55
8	VEGF-A	52
9	TNF	46
10	GLP-1受体	41

资料来源：Pharmaprojects，中航证券研究所整理

（三）全年重点政策

2022年以来，医疗卫生体制改革持续深化，医药行业政策部署加速推进，产业变革继续加剧，国家和地方带量采购继续扩围深入，三医联动效果逐步显现，带量采购、医保谈判、药品供应保障、综合监管制度等政策频出，审评审批、医保准入、采购、支付、监管等多项政策已逐渐呈现出常态化、规范化、系统化的特点。作为行业顶层设计，生物经济、医药工业、中医药等行业“十四五”规划陆续出台，为未来医药行业高质量发展指明方向。

1. 医改政策

党的二十大报告在健全社会保障体系、推进健康中国建设等方面为新时期医药行业发展指明了方向。《深化医药卫生体制改革2022年重点工作任务》提出“促进优质医疗资源扩容和均衡布局，深化医疗、医保、医药联动改革”“持续推进解决看病难、看病贵问题”。《关于进一步加强用药安全管理提升合理用药水平的通知》提出“降低用药错误风险，提高用药安全水平”“加强监测报告和分析，积极应对药品不良反应”。此外，国务院在加快公立医院高质量发展、推进分级诊疗等方面也出台了相应的文件。

2. 医保政策

国家药品集中带量采购扩大实施范围，并对采购的数量、品类等提出明确要求。国家医疗保障局于2022年7月组织完成第七批集采，60个品种平均价格降幅48%。至此，国家药品集采累计成功采购药品294种。高值耗材方面，完成骨科脊柱类耗材集采，中选产品平均价格降幅84%；组织冠脉支架接续采购，中选产品平均价格、中选产品数量、参加的医疗机构数量以及采购总量均有所增加。地方层面集采的品种覆盖面更宽，中成药、生物制品和一些独家产品分别纳入了集采范围。2022年国家医保药品目录调整，共有111个药品新增进入目录，3个药品被调出，目录内药品总数达到2967种。121个药品谈判或竞价成功，总体成功率82.3%，创历年新高。其中20个国产新药、7个罕见病用药、22个儿童用药、2个基本药物被成功纳入目录。医保“双通道”政策持续细化，全国所有省区市均制定了“双通道”管理的政策措施，有利于患者在零售药店方便快捷购买“双通道”药品。

3. 药品监管政策

国家药品监督管理局发布《中华人民共和国药品管理法实施条例（修订草案征求意见稿）》并公开征求意见，文件提出了一些创新规定，如药品注册异议解决机制，对符合条件的罕见病药、儿童用药和仿制药给予市场独占期、临床试验数据保护等。《疫苗生产流通管理规定》进一步明确了疫苗MAH（marketing authorization holder，药品上市许可持有人）的总体责任要求，对规范疫苗委托生产、储存、配送和进出口有着重大意义。《药品网络销售监督管理办法》对药品网络销售管理、平台责任履行、监督检查措施及法律责任作出了规定，网络售药进入规范化、严监管的新时期。国家药品监督管理局印发的《药品年度报告管理规定》，是加强药品全生命周期管理的重要手段，其督促持有人落实全过程质量管理主体责任，药品年度报告采集模块分为企业端和监管端。企业端采集信息包括公共部分和产品部分两方面内容，药品上市许可持有人需在每年4月30日前填报上一年度报告信息。此外，国家药品监督管理局还发布了一系列药品临床研究指导原则，进一步明确了临床试验技术标准，科学引导企业合理开展药物研发。

4.“十四五”医药相关规划

多项和医药工业相关的“十四五”规划发布，《“十四五”生物经济发展规划》首次以“生物经济”为主题制定规划，也是生物经济领域的首个顶层设计，对生物经济发展的重点发展领域、重点任务、发展目标等做了明确要求。《“十四五”中医药发展规划》统筹医疗、科研、产业、教育、文化、国际合作等重点领域，全面发挥中医药多元价值，规划了中医药高质量发展的新思路和主要任务，推动中医药传承创新进入新阶段。此外，《"十四五"国民健康规划》《"十四五"危险化学品安全生产规划方案》《"十四五"数字经济发展规划》等，也包含医药工业发展相关任务。

5. 其他相关政策

国家实施了一系列稳定经济增长的政策。2022年5月国务院印发《扎实稳住经济的一揽子政策措施》，包括财政政策、货币金融政策、稳投资促消费等政策等六个方面33项措施。2022年8月国务院再实施19项接续政策，包括增加政策性开发性金融工具额度、缓缴行政事业性收费、支持民营企业发展、保市场主体保就业等方面。2022年9月国务院常务会议决定，实施支持企业创新的阶段性减税政策，支持创新企业改造和更新设备。

撰 稿 人：夏小二　浙江华海药业股份有限公司
余　倩　浙江华海药业股份有限公司
钟　倩　浙江华海药业股份有限公司
通讯作者：钟　倩　zhongqian@huahaipharma.com

第三节　中国生物医药产业发展指数评估报告

生物医药产业是我国重要的战略性新兴产业。为科学反映我国生物医药产业的发展情况，在中国宏观经济研究院有关专家的学术指导下，火石创造科技有限公司（以下简称火石创造）充分利用人工智能和大数据等现代信息技术，构建了一套动态、可量化的指标体系，编制中国生物医药产业发展指数（China biomedical industry barometer，CBIB）。

2023年11月4—5日中国生物工程学会第十五届学术年会暨2023年全国生物技术大会在北京举办，火石创造联合中国生物工程学会发布2023版中国生物医药产业发展指数（以下简称CBIB 2023）。CBIB 2023的指标体系建设突出全面、精细、动态三大特点，以期实时监测我国生物医药产业发展动态，为区域生物医药产业的发展提供参考。

CBIB 2023显示，2022年中国生物医药产业总体呈现资源投入持续汇聚、产业投资活跃、创新产出微增、产业主体活跃、项目出海踊跃等特点。

一、2022年中国生物医药产业发展指数

CBIB 2023以2018年为基期进行测算合成。结果显示，2022年中国生物医药产业发展指数（以2018年为100）为169.3。2019—2021年，总指数呈稳定增长态势，2021年指数由于受疫情影响增速最快，2022年指数较2019年增长近55%（图1-78）。

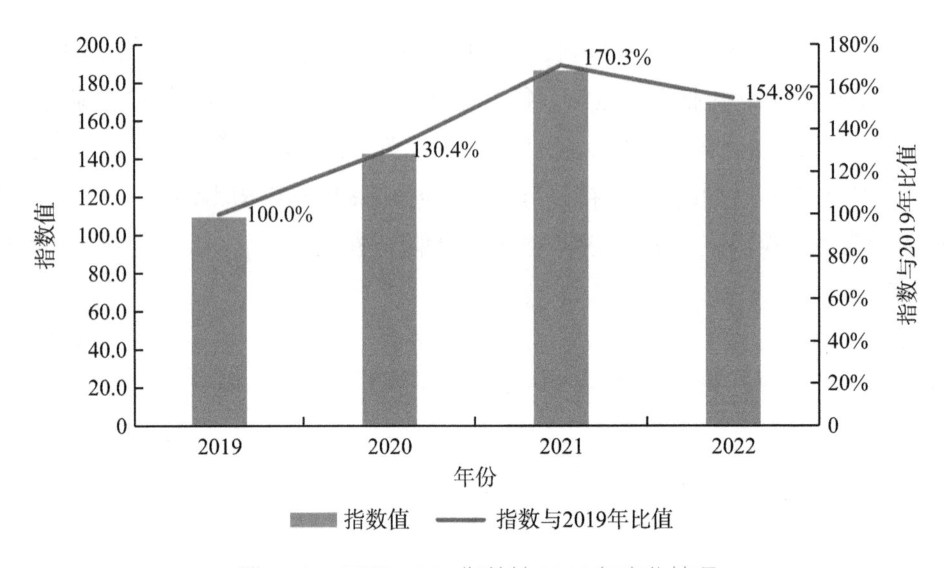

图1-78 CBIB 2023指数较2019年变化情况

其中，2022年资源投入、企业创新两项分类指数逆势上升，为2023年产业运行整体好转、效益企稳回升奠定了坚实基础。企业创新指数在2021年高增长的基础上，再度上涨21.9%，达241.4。资源投入指数涨幅为10.9%，增长至159.1（图1-79）。

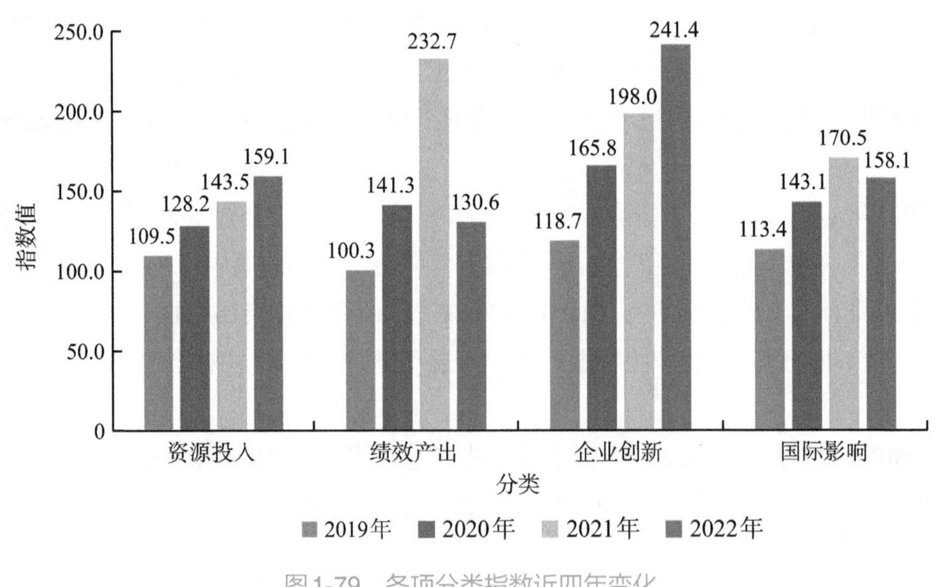

图1-79 各项分类指数近四年变化

（一）资源持续汇聚，产业投资活跃

2022年国内生物医药产业资源投入继续增强，为产业发展提供了基础保障，为产业兴旺注入了强大信心。

医药制造业固定资产投资总额2020—2022年均保持增长态势，2022年达到10 149.3亿元，显示出市场主体对医药产业发展持乐观态度（图1-80）。近年来，我国生物医药产业受外资青睐，吸引和利用外资逐渐形成新优势，2022年外商投资额较2021年增长54%，达5.7亿美元，规模稳定上升（图1-81）。2022年医药制造业平均用工人数较上年小幅上升，将有力促进工业企业生产加快，效益恢复（图1-82）。

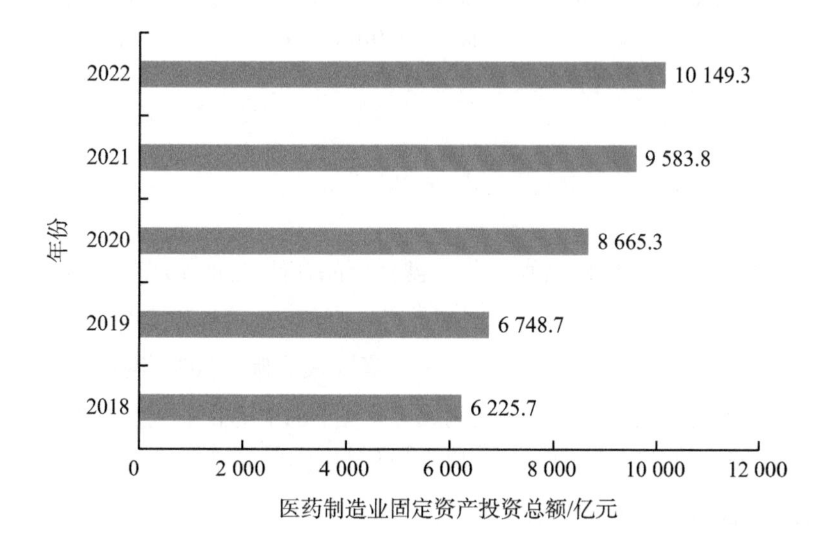

图1-80　医药制造业固定资产投资总额变化情况

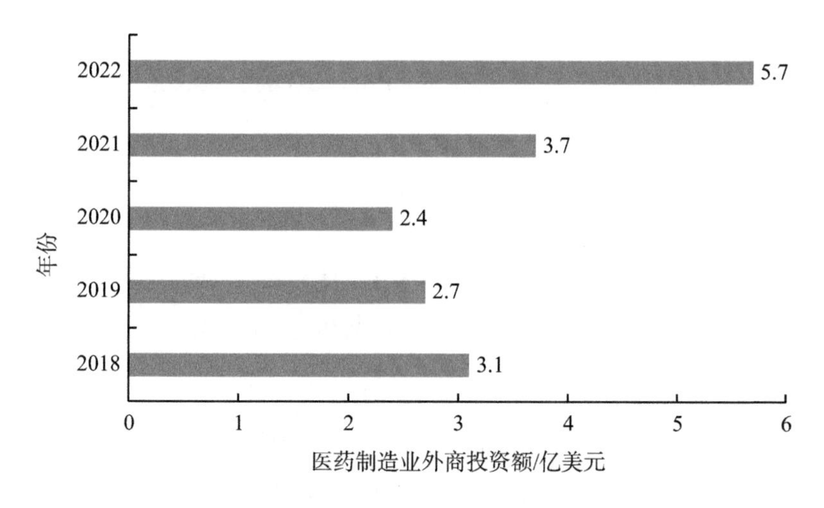

图1-81　医药制造业外商投资额变化情况

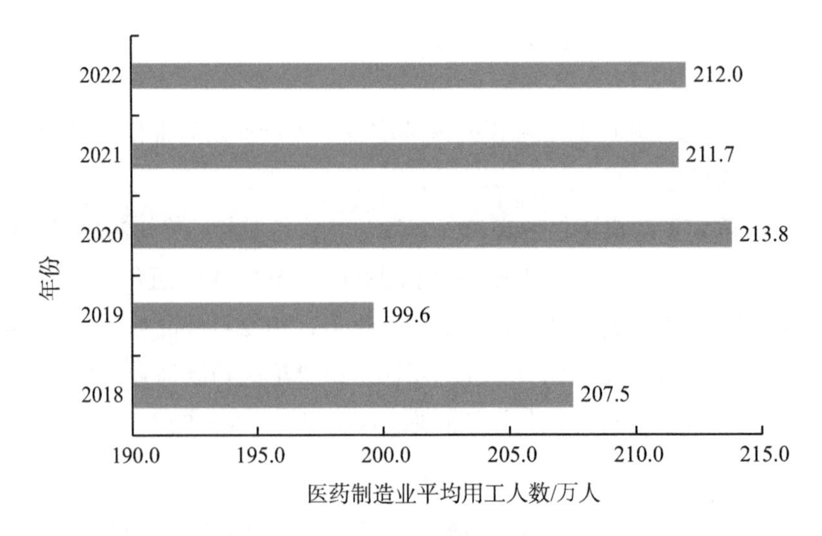

图1-82　医药制造业平均用工人数变化情况

（二）企业利润回落，创新产出微增

2022年医药工业经济指标略有下降，创新产品在研及上市数量逐年稳定提升，创新潜力巨大。

受上年同期高基数、防疫物资需求减少等因素影响，2022年医药制造业增加值（图1-83）、医药制造业规上工业企业利润总额（图1-84）等企业效益产出类指标有所下降，但受益于行业研发投入和固定资产投资的长期积累，研发产出表现突出（图1-85），其中累计上市产品较上年增加了955个。

（三）新设企业增加，研发投入走高

2022年，医药企业虽面临多重不利影响冲击，但优质企业仍然坚持创新驱动转型，加大研发布局和投入。

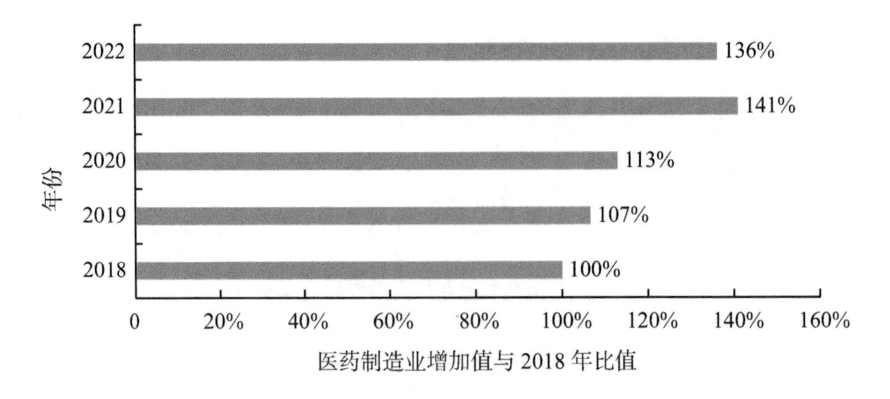

图1-83　医药制造业增加值与2018年比值

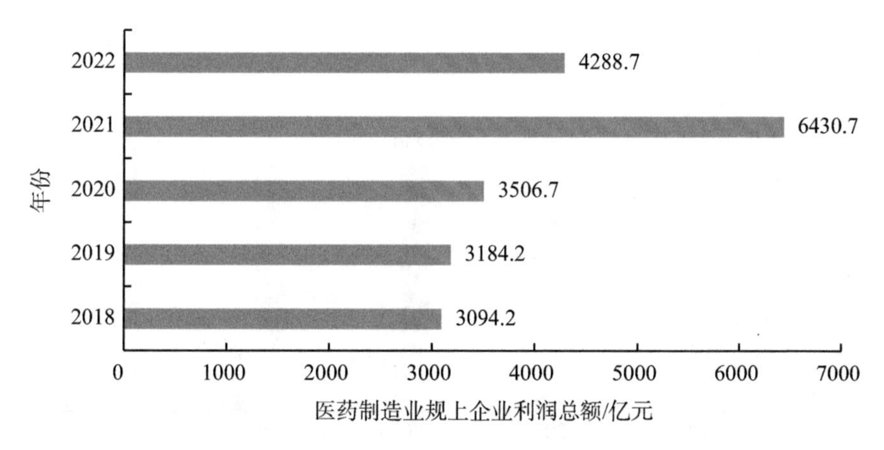

图1-84　医药制造业规上企业利润总额变化情况

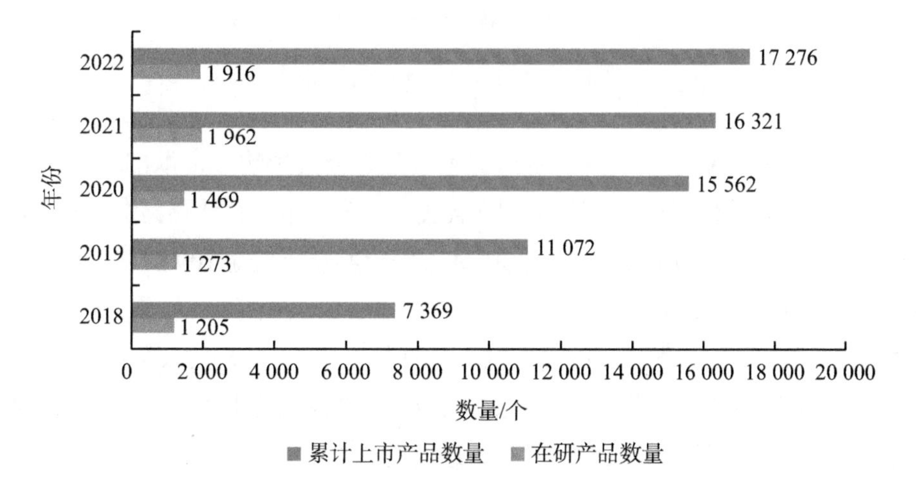

图1-85　创新产品在研、上市数量变化情况

新成立企业数量快速增长（图1-86），高新技术企业、上市企业等优质企业规模也在不断扩大（图1-87）。新增企业及优质企业数量的增长，为推动产业发展提供了坚实

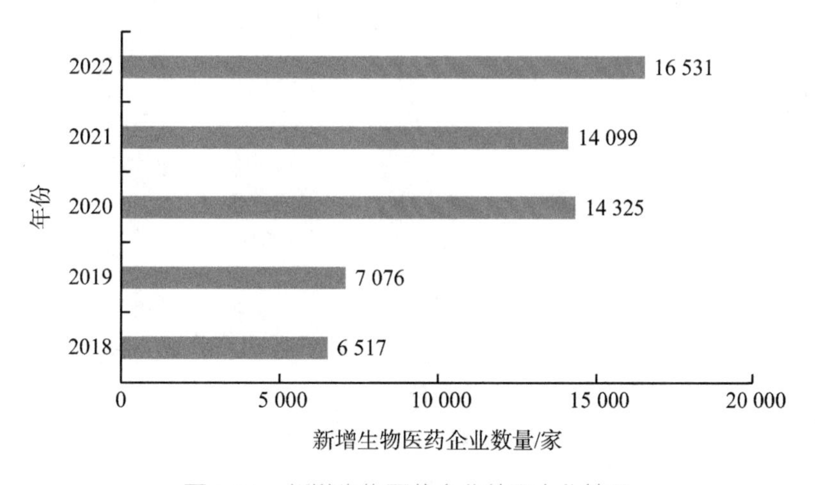

图1-86　新增生物医药企业数量变化情况

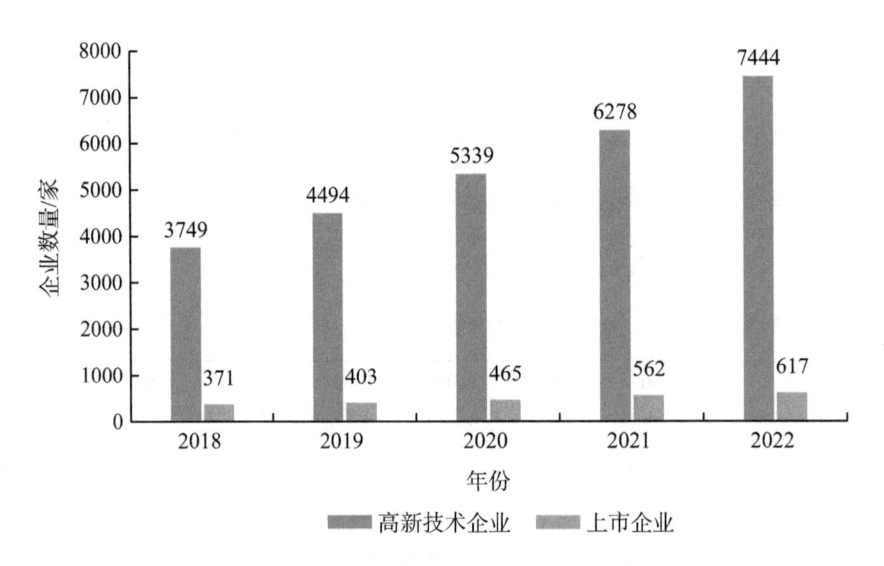

图1-87　高新技术企业、上市企业数量变化情况

基础。虽然受医药行业政策调整、赛道竞争激烈等因素影响，资本市场呈趋冷态势，2022年生物医药领域仍有55家国内公司在A股、港股上市，共计募集资金超700亿元。科创板成为医药企业IPO的集中地，其中联影医疗共募集资金109.88亿元，成为2022年科创板募资规模最大的IPO。

同时，上市企业对研发创新的投入也不断加大，上市企业研发人员数量、研发投入金额逐年递增。研发投入是药企持续创新的动力，只有在研发阶段保持充足且持续的资金投入，才有可能保证创新产出的连续性，进而提升企业的核心竞争力（图1-88）。

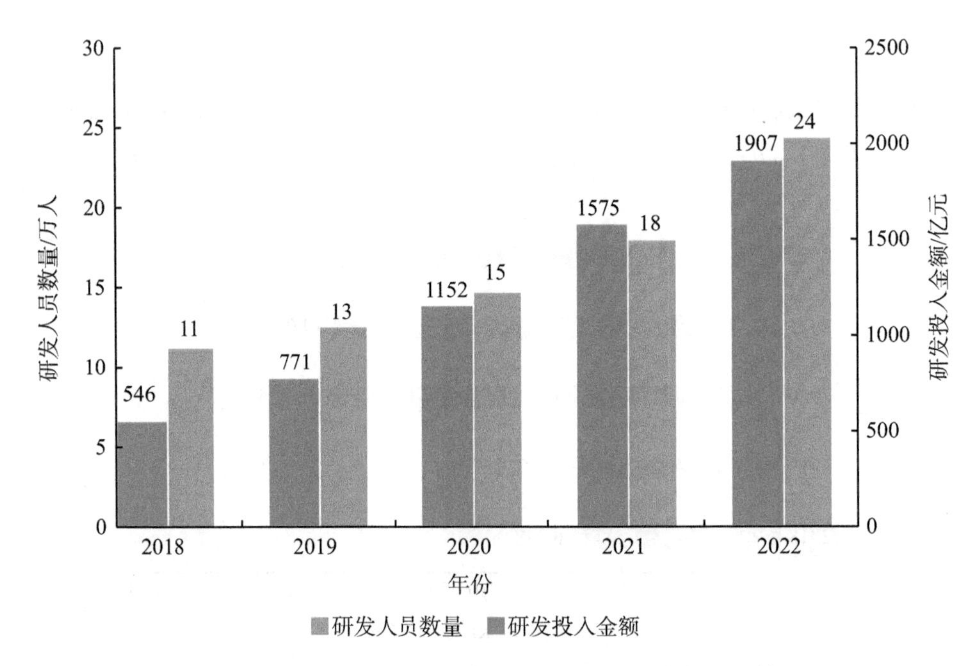

图1-88　上市企业研发人员数量和研发投入金额变化情况

（四）出口规模收缩，项目出海踊跃

我国生物医药产业积极对外开放，布局海外市场，创新能力进一步得到认可。

随着全球疫情防控形势变化，新冠病毒疫苗、诊断试剂等防疫类产品国际市场需求大幅下降，2022年医药品整体出口规模呈现下降趋势（图1-89），但西药原料、制剂出口的规模和质量同步得到提升，体现了我国医药产业韧性强、潜力大的特征。药企出海项目增长迅速，布局更加多元化，国产创新药逐渐获得认可，成绩突出（图1-90）。

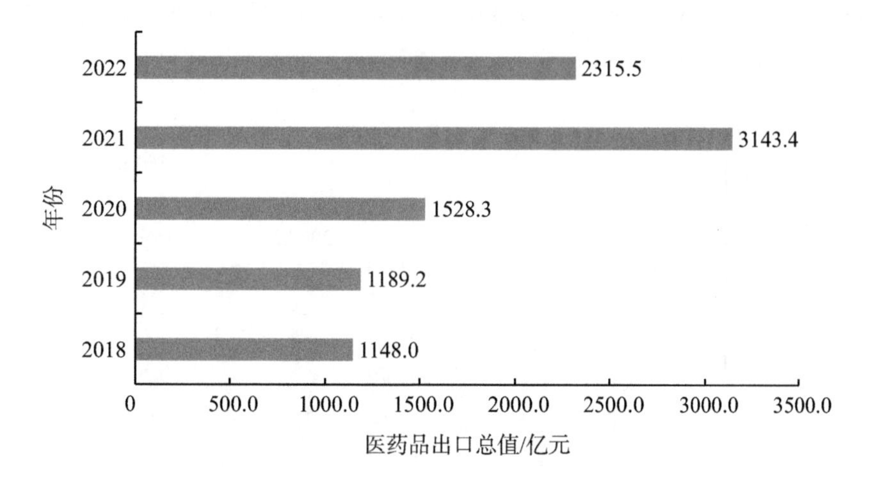

图1-89　医药品出口总值变化情况

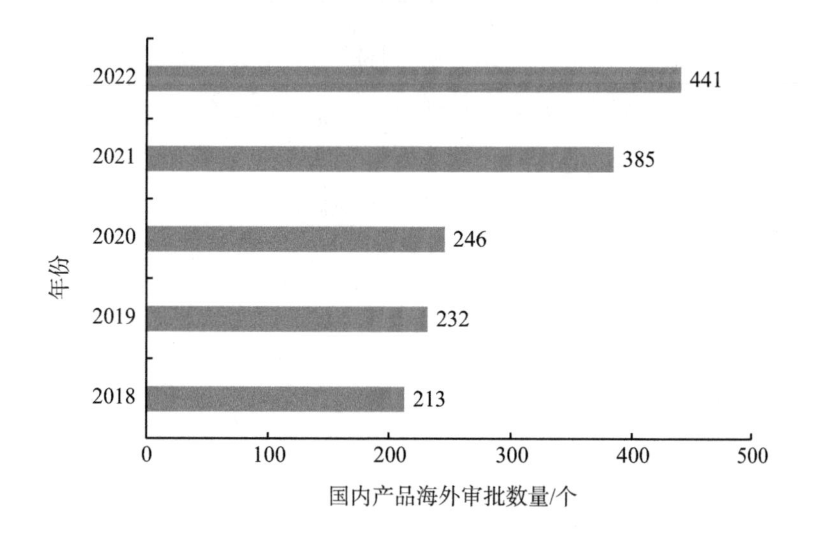

图1-90　国内产品海外审批数量变化情况

二、2023 年中国生物医药产业发展态势

（一）复苏迹象显现，积极因素增多

2023年，随着疫情管控措施放开，诊疗和服务渐进式复苏，刚性需求逐渐恢复，叠加生物医药产业鼓励创新和国产自主可控的强政策指引，行业信心稳步提升，复苏迹象初现端倪，产业结构进一步得到优化调整。2023年前三季度医药制造业增加值增速较上年同比下降5.2%，但企业效益状况不断改善，利润总额逐月增加，9月实现企业利润总额2560.1亿元（图1-91）。2023年前三季度医药工业产能平均利用率达74.7%，基本恢复上年同期水平（图1-92）。

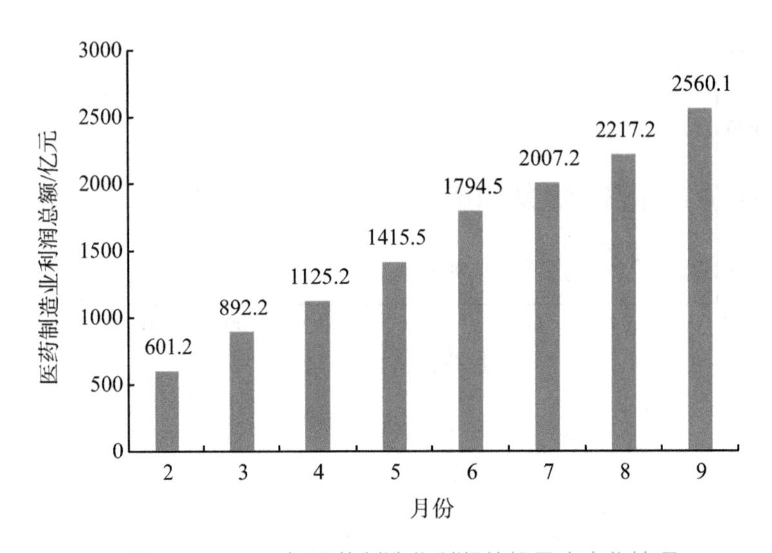

图1-91　2023年医药制造业利润总额月度变化情况

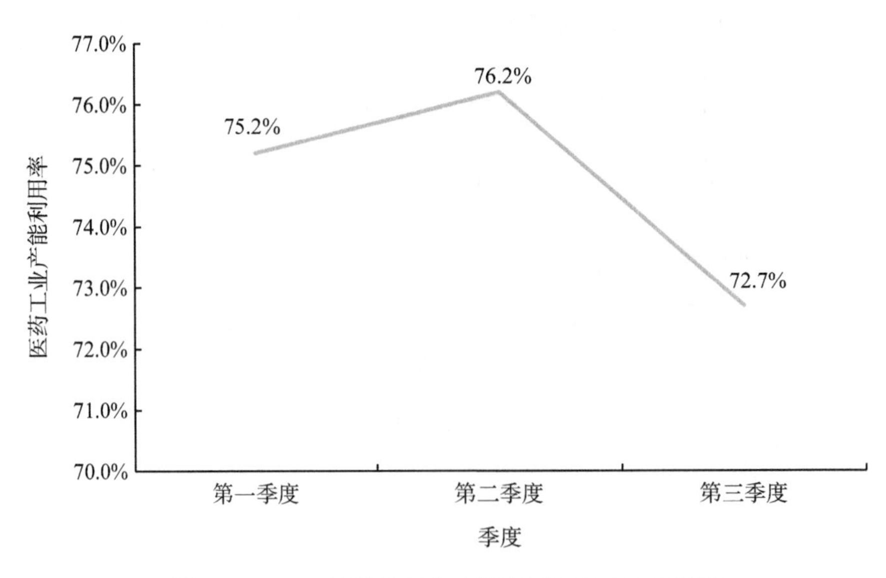

图1-92　2023年医药工业产能利用率季度变化情况

（二）资源供给趋稳，产业信心坚定

2022年资源投入维度多项指标保持较高增长态势，资源投入分类指数较2021年上升10.9%，体现了业内加大投入的决心和对产业发展的信心。2023年，各资源投入指标与上年同期相比基本保持稳定（图1-93、图1-94、图1-95）。

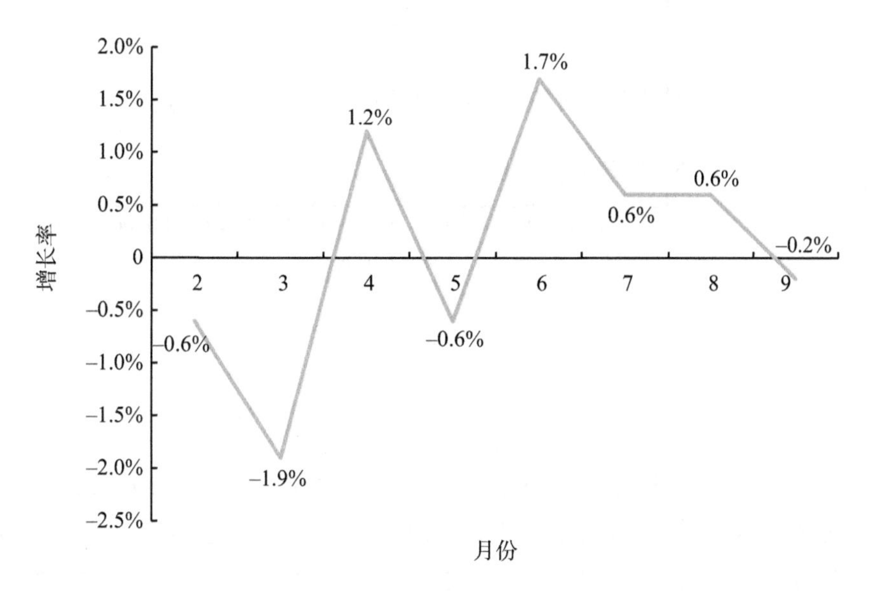

图1-93　2023年医药制造业月度固定资产投资较上年同期增长情况

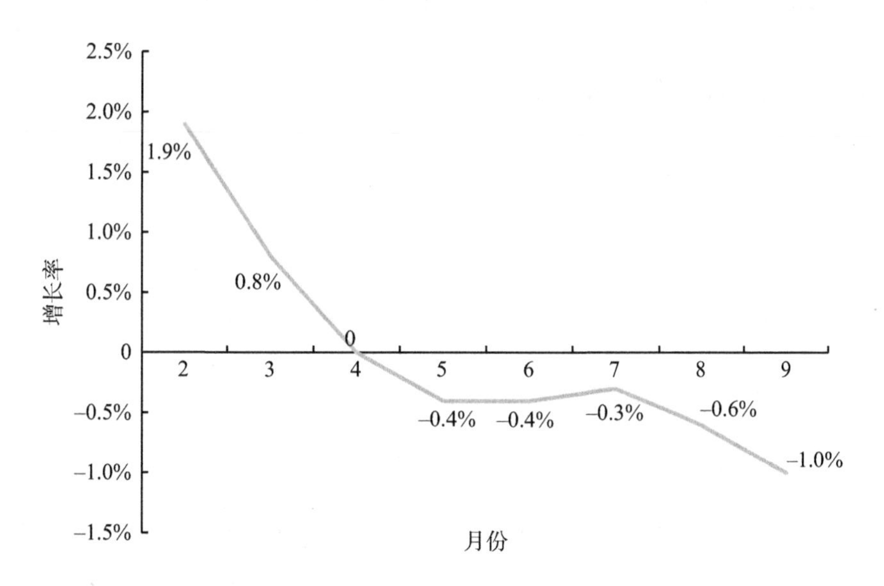

图1-94　2023年医药制造业月度平均用工人数较上年同期增长情况

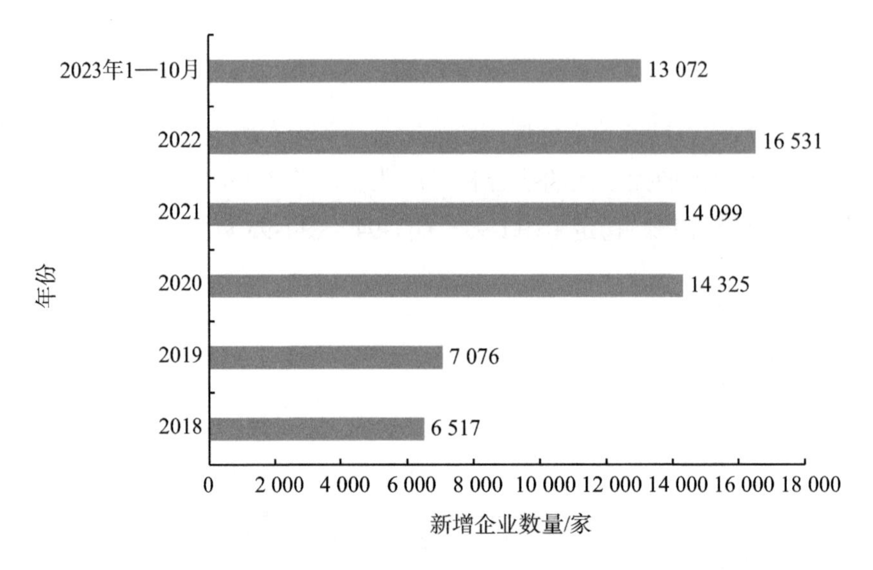

图1-95　生物医药产业历年新增企业数量

（三）创新产出喜人，正向循环显著

受益于企业在创新研发上的长期投入，2023年企业在创新产出方面表现较好，创新产品在研数量保持稳定，陆续上市放量（图1-96）。尤其是创新药，迎来产出大爆发，前三季度共有28款创新药获批，其中26款为国产创新药，数量已超2022年全年获批数量。研发产出形成正循环，将有力推动医药产业链协同创新发展。

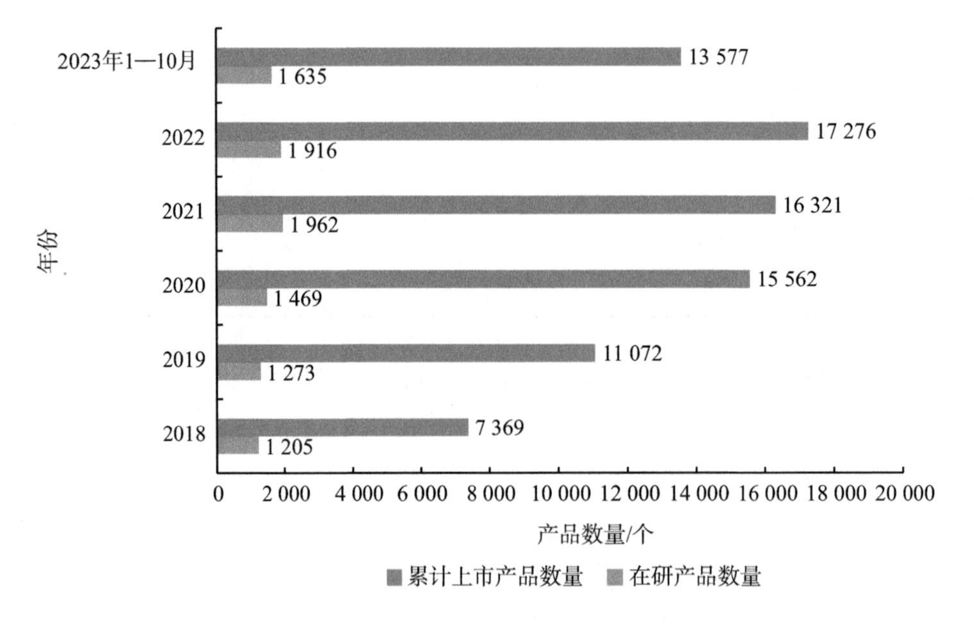

图1-96　2018—2023年创新产品在研、累计上市数量

三、区域生物医药产业发展评价

基于CBIB 2023全国指数，结合区域产业经济特点，在现有区域产业评价体系的基础上，构建一套覆盖区域生物医药产业发展核心维度的指标体系，跨区域、多角度揭示地区生物医药产业发展现状，助力地区政府找准产业发展差距，明确产业发展方向，促进区域产业结构优化升级。

区域生物医药产业发展评价对象为国家31个省级行政单位（因数据可及性，不包括港澳台地区）、333个地市级行政单位、407个国家级高新区和经开区（高新区177个，经开区230个）、425个生物医药产业园区，最终形成包括十大重点省（直辖市）、二十大重点地级市、二十大重点高新区及经开区、二十大重点产业园区的四级重点区域名单。

（一）生物医药产业发展十大重点省（直辖市）

十大重点省（直辖市）名单如表1-53所示，集中分布于长三角、环渤海、珠三角、长江经济带、川渝地区。多项指标占全国比重超过七成，其中产业融资总额占全国比重达90%，已形成较强的产业集聚效应（表1-54）。

表1-53　重点省（直辖市）名单（按拼音首字母排序）

序号	省（直辖市）
1	北京市
2	广东省
3	河北省
4	湖北省
5	湖南省
6	江苏省
7	山东省
8	上海市
9	四川省
10	浙江省

表1-54 重点省（直辖市）产业集中度

指标	合计占比	指标	合计占比
政府产业引导基金数量	73%	生物医药企业资产总额	71%
科技领军人才数量	73%	上市企业数量	77%
专业研发生产服务企业数量	88%	上市企业市值	79%
产业融资总额	90%	创新产品在研数量	81%
创新产品上市数量	72%	产品海外上市数量	84%

（二）生物医药产业发展二十大重点地级市

二十大重点地级市（表1-55）中有10个分布于华东地区，其中长三角地区共集聚8个重点地级市，是名副其实的生物医药产业发展高地。

表1-55 重点地级市名单（按拼音首字母排序）

序号	城市	序号	城市
1	长春市	11	深圳市
2	长沙市	12	沈阳市
3	成都市	13	石家庄市
4	广州市	14	苏州市
5	杭州市	15	台州市
6	合肥市	16	泰州市
7	济南市	17	无锡市
8	连云港市	18	武汉市
9	南京市	19	西安市
10	青岛市	20	珠海市

重点地级市中，苏州市、广州市、杭州市、深圳市、成都市不仅综合竞争力强，在资源要素、产业能力、经济效益、创新能力等方面均表现突出。南京市、武汉市、长沙市、合肥市、无锡市各维度得分均衡，产业发展势头强劲，产业生态完备，产业链完善。石家庄市、沈阳市、济南市、西安市、长春市、青岛市、连云港市、珠海市等地在不同的细分领域形成了发展特色。

（三）生物医药产业发展二十大重点高新区及经开区

从二十大重点高新区及经开区（表1-56）的地域分布数量看，总体呈现东部引领、西部追赶的态势，区域发展逐渐平衡。数量分布前三名的省市依次为江苏4个，广东3个，浙江、北京各2个。

表1-56　重点高新区及经开区名单（按拼音首字母排序）

序号	高新区及经开区	序号	高新区及经开区
1	北京经济技术开发区	11	南京高新技术产业开发区
2	长春高新技术产业开发区	12	上海张江高新技术产业开发区
3	长沙高新技术产业开发区	13	深圳市高新技术产业园区
4	成都高新技术产业开发区	14	石家庄高新技术产业开发区
5	广州高新技术产业开发区	15	苏州工业园区
6	广州经济技术开发区	16	泰州医药高新技术产业开发区
7	杭州国家高新技术产业开发区	17	天津经济技术开发区
8	杭州钱塘区（杭州经济技术开发区）	18	武汉东湖新技术开发区
9	合肥高新技术产业开发区	19	西安高新技术产业开发区
10	连云港经济技术开发区	20	中关村科技园区

（四）生物医药产业发展二十大重点产业园区

从二十大重点产业园区（表1-57）分布区域看，地域集中度更为明显，40%的重点园区位于华东地区，江苏、广东拥有重点园区数量最多，均为4个；北京、上海次之，分别拥有3个和2个重点园区；浙江、四川、河北、重庆等地均有1个园区入选。

表1-57　重点产业园区名单（按拼音首字母排序）

序号	产业园区	序号	产业园区
1	北京亦庄生物医药园	7	江苏医疗器械科技产业园
2	成都医学城	8	重庆两江新区水土高新技术产业园
3	广州国际生物岛	9	南京生命科技小镇
4	广州科学城	10	南京生物医药谷
5	海口国家高新区药谷工业园	11	上海国际医学园区
6	杭州医药港	12	深圳国家生物产业基地

续表

序号	产业园区	序号	产业园区
13	石家庄市国际生物医药园	17	张江生物医药基地
14	苏州生物医药产业园	18	中关村科技园区大兴生物医药产业基地
15	武汉国家生物产业基地（光谷生物城）	19	中关村生命科学园
16	厦门生物医药港	20	中山国家健康科技产业基地

四、总结和展望

生物医药产业是关系国计民生和国家安全的战略性新兴产业，是大国科技和产业竞争的重要领域。近年来，在良好的政策环境下，经过产业主体的不懈努力，我国生物医药产业发展已取得显著进展，产业规模加快增长，传统药企积极创新转型，全行业研发投入大幅增长，布局创新药开发，获批新药日渐增多。国内已形成较强的产业集聚效应，区域发展各具特色。但同时我国生物医药产业仍存在一些短板，如基础研究相对薄弱，药企创新力尚显不足，创新仍聚焦于“改良创新”，缺乏“原始创新力”，产业链关键环节脆弱，缺乏世界一流企业和产业集群等。

中国生物医药产业发展指数旨在建立一套综合指标体系，通过客观数据呈现中国生物医药产业在资源投入、绩效产出、企业创新、国际影响各方面的表现及排名情况，帮助探索中国生物医药产业的时代变革和发展趋势，识别产业发展高地，为研判产业发展方向和对策提供参考。CBIB 2023指标体系仍存在一定不足之处，未来将基于以下方向进行完善：一是在指标体系设计中拓展新的维度，如引入国际化对标分析指标、可持续发展指标等；二是引入时间序列分析，通过对历史数据的深入研究，有助于理解生物医药产业的发展轨迹；三是衍生生物医药产业集群指数，增加产业集群的演化、竞争力等分析维度。

撰 稿 人：金　霞　火石创造科技有限公司
姚姗姗　火石创造科技有限公司
冯　雷　火石创造科技有限公司
杨园园　火石创造科技有限公司
苗先锋　火石创造科技有限公司
何　伟　火石创造科技有限公司
殷　莉　火石创造科技有限公司
杨红飞　火石创造科技有限公司
通讯作者：姚姗姗　yaoss@hsmap.com

第四节　基 因 检 测

一、行业发展概览

（一）基因检测定义

基因是承载遗传信息的DNA序列。基因检测是指利用多种技术手段，从血液、细胞、组织等生物样本中检测基因序列，通过分析基因序列的多态性、位点变异、表达丰度等信息，来判断和预测受试者遗传性疾病、健康状况和疾病风险等情况，为科学研究、临床治疗和疾病预防等提供重要的参考和指导。

（二）基因检测技术发展概述

自1953年沃森（Watson）和克里克（Crick）确定DNA双螺旋结构，并提出"碱基的精确序列是携带遗传信息的密码"之后，基于破解此序列所承载的遗传信息的基因检测技术便开始快速发展（表1-58）。自1977年基于双脱氧链终止法的桑格-库森法（Sanger-Coulson method）测序技术开始，基因测序经历了快速的发展，测序技术几经迭代，从双脱氧链终止法测序、边合成边测序（sequencing by synthesis，SBS）、边连接边测序、焦磷酸测序、半导体测序、DNA纳米球测序发展到纳米孔单分子测序（图1-97）等。通常基因检测是针对少数特定基因或变异位点的鉴定，而基因测序则更多的是指大规模基因序列信息的测定，但严格来讲，二者并无清晰的界定。基因测序技术经过近半个世纪的发展，在测序通量不断提高的同时，测序价格以"超摩尔定律"的速度下降，实现了个人基因组测序成本从人类基因组计划时期的30亿美元全面降低至100美元以下（图1-98），极大加速了高通量基因测序技术和相关产品的商业化进程，带动了下游基于高通量基因测序的基因组学的基础研究和临床应用，催生了一批以提供基因测序等相关服务为核心交付的中游企业。

表1-58　不同基因检测技术比较

技术分类	检测原理	代表方法	优点	缺点
杂交技术	《中华人民共和国国民经济和社会发展第十四个五年规划和2035年远景目标纲要》特定标记的已知序列核酸为探针，与细胞或组织切片中的核酸进行杂交，从而实现精确定量定位的过程	荧光原位杂交（fluorescence in situ hybridization，FISH）	灵敏度高，可以精确定量定位	通量低，对操作人员要求高

续表

技术分类	检测原理	代表方法	优点	缺点
聚合酶扩增技术	DNA 经物理或生物方法处理后变成单链，结合互补配对引物，由聚合酶介导新链合成	实时荧光 PCR、液滴数字 PCR、环介导等温扩增（loop-mediated isothermal amplification，LAMP）、多重连接探针扩增（multiplex ligation-dependent probe amplification，MLPA）	灵敏度高，可定性定量	通量低，容易产生气溶胶污染，对实验室要求高
基因芯片	在一块基片表面固定已知序列的靶核苷酸探针，通过碱基互补配对原则检测目的序列	微阵列芯片	检测基因数通量较大，检测结果准确度高	检测流程相对复杂，且一般只能检测已知突变位点
基因测序	通过物理、化学或生物的方式将待检测核酸随机打断成小片段，之后通过一系列酶反应将上述片段转化成测序文库，之后通过光学和电学方法检测不同碱基的信号差别，实现相关核酸序列的鉴定	双脱氧链终止法测序	准确率高，读长较长	通量较低，测序成本较高
		边合成边测序、边连接边测序、焦磷酸测序、半导体测序、DNA 纳米球测序	通量高，单位测序成本低	读长相对短，样本制备较烦琐
		纳米孔单分子测序、基于光信号的单分子测序	读长较长，可实现实时读取，样本制备较简单	准确率低

（三）我国基因检测发展现状

当前我国基因检测行业正处于高速发展期，全产业链各类技术创新持续取得新的突破，应用范围领域不断拓展，行业竞争力显著增强，实现了上游核心设备的从无到有，从跟跑到并跑；中游的基因检测服务能力已经跃居世界前列；下游消费市场也迸发出了蓬勃的活力和广阔的空间。

近年来，国家战略方针和政策对基因检测行业持续重视。《“健康中国2030”规划纲要》提出，强化慢性病筛查和早期发现，针对高发地区重点癌症开展早诊早治工作，推动癌症、脑卒中、冠心病等慢性病的机会性筛查。到2030年，实现全人群、全生命周期的慢性病健康管理，总体癌症 5年生存率提高 15%。而针对特定靶点序列的基因检测是早诊早治的重要手段之一。《中华人民共和国国民经济和社会发展第十四个五年规划和2035年远景目标纲要》将“基因与生物技术”确定为强化国家战略科技力量、加强原创性引领性科技攻关的七大科技前沿领域攻关领域之一；“基因技术”也被列为国家战略性新兴产业的未来产业。2023年5月《人类遗传资源管理条例实施细则》的出台进一步细化了监管要求，为科研和企业根据自身情况和业务场景开展人类遗传资源活动提供了

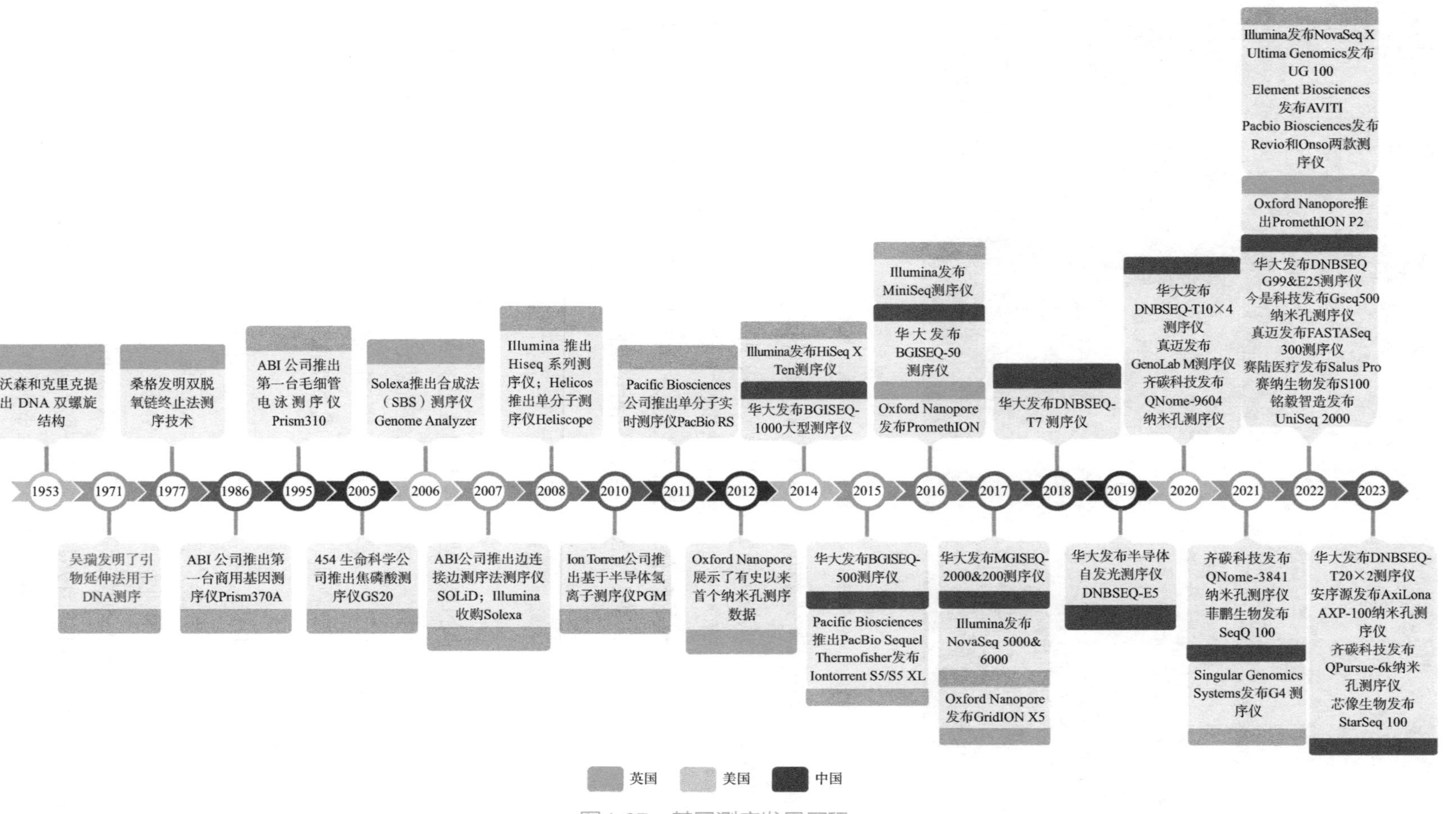

图1-97　基因测序发展历程

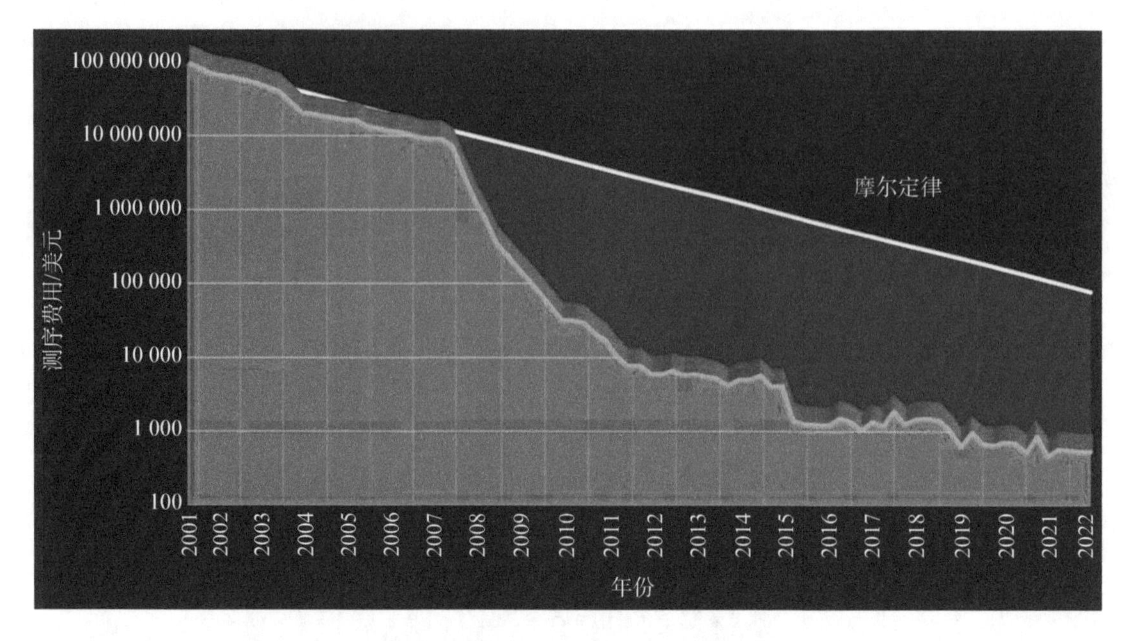

图1-98　个人基因组测序费用

资料来源：https://www.genome.gov/about-genomics/fact-sheets/Sequencing-Human-Genome-cost

更为明晰的合规指引，标志着我国人类遗传资源管理体系日趋完善。与此同时，新发突发传感染疾病和生物安全风险防控也是《中华人民共和国国民经济和社会发展第十四个五年规划和2035年远景目标纲要》提出集中优势资源攻关的方向。2024年3月，第十四届全国人民代表大会第二次会议的政府工作报告将生命科学产业列为2024年重点工作的未来产业之一。在政策法规方面，基因检测相关法律完善化进程稳步推进，监管体系逐步成熟。

二、基因检测上下游产业链分析

根据基因检测行业的核心业务内容和常见的业务逻辑模式，基因检测产业链可大致分为处在产业链的开始端，为整个产业链提供核心设备工具、试剂耗材等原材料的上游产业；处在中游环节，以提供基因检测和相关数据分析等服务为核心交付的中游产业；以及最终面向基础科研、临床医疗或直接面向消费者个人的消费级产品的下游应用端（图1-99）。

基因检测行业产业链具有“产业链上游主导定价权”的特点。产业链上游的基因测序核心工具的研发和生产有较高的准入门槛，外加头部公司的早期积累，形成了由掌握核心技术的头部企业拥有较大市场份额的行业格局。美国在高通量基因测序核心技术上长期处于垄断地位，美国因美纳（Illumina）公司生产的高通量基因测序仪全球占比超过80%。目前国外基因测序行业产业链上，占据上游设备端的公司有因美纳、赛默飞世尔（Thermo Fisher）、太平洋生物科学（Pacific Biosciences）、牛津纳米孔

（Oxford Nanopore）等。随着技术的发展，国际上涌现了一批新兴企业，它们通过在某一核心技术上的突破创新，不断推动测序仪的迭代更新，如Ultima Genomics、Element Biosciences、Singular Genomics Systems等，对寡头垄断的市场格局形成挑战。

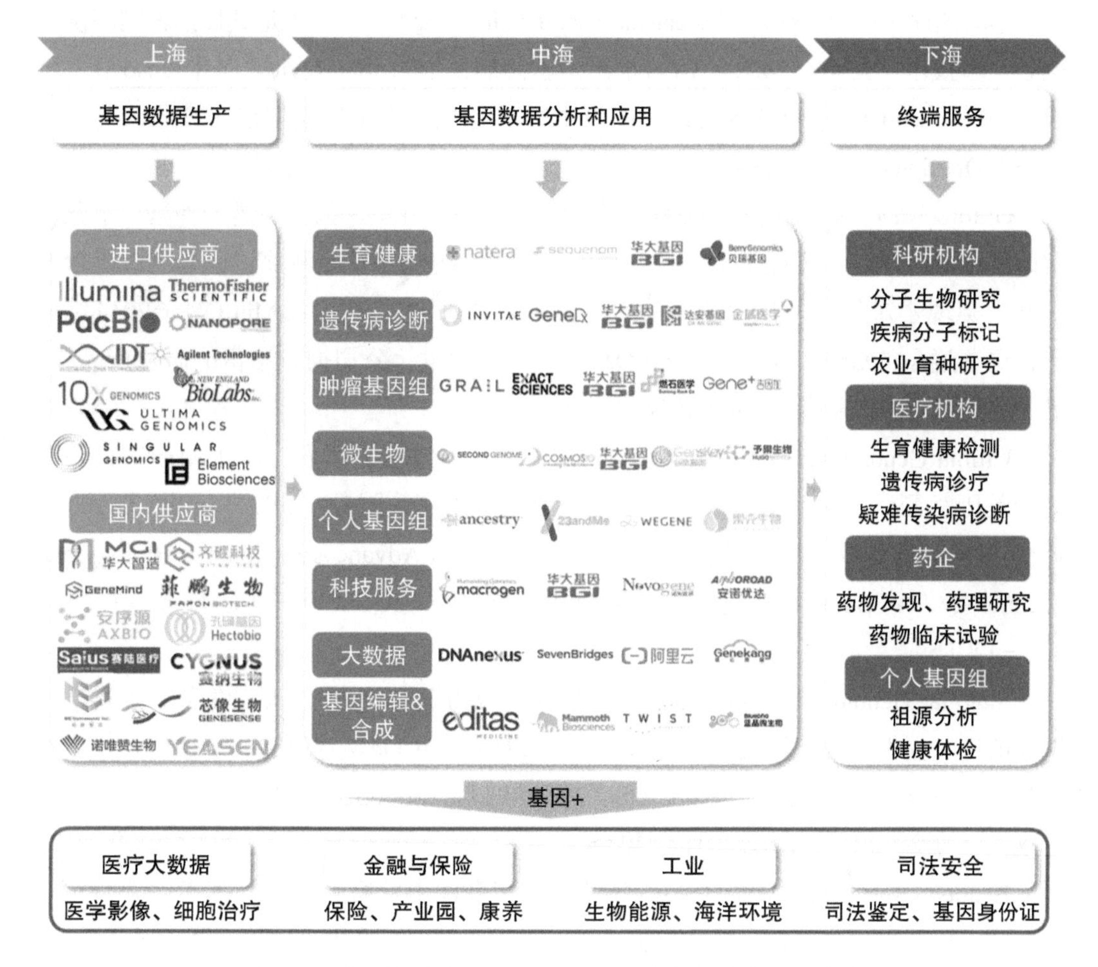

图1-99　基因检测行业上、中、下游代表企业（2024年）

Illumina成立于1998年，该公司致力于利用基因技术改善人类健康，在全球基因测序市场占有显著的份额。Illumina提供了一系列创新的基因分析解决方案，包括基因测序、基因分型、拷贝数变异分析、DNA甲基化研究、转录组分析和基因表达谱分析等。旗下拥有低、中、高不同通量测序仪型号iSeq 100、MiniSeq、MiSeq、NextSeq 550、NextSeq 1000&2000、NovaSeq 6000、NovaSeq X系列。

Thermo Fisher成立于1956年，公司借助于Thermo Scientific、Life Technologies、Fisher Scientific和Unity™ Lab Services四个首要品牌，为客户提供了一整套包括高端分析仪器、实验室装备、软件、服务、耗材和试剂在内的实验室综合解决方案。Thermo Fisher目前提供2种测序仪——Sanger测序法和Ion Torrent半导体测序，其中可大规模平行测序的Ion PGM、Ion Proton和Ion GeneStudio S5 Plus利用半导体测序原理，将氢离子变化的化学信息转化为数字信息。

Pacific Biosciences成立于2004年，专注于设计、开发和制造测序解决方案。其单分子实时测序（single molecule real-time sequencing，SMRT）技术是其长读长测序仪的核心化学技术。公司于2022年10月推出两款测序仪：Onso和Revio。其中Onso沿用合成法测序（sequencing by binding，SBB）技术，这项技术是通过其在2021年收购的一家公司Omniome转化而来的。

Oxford Nanopore成立于2005年，致力于开发纳米孔测序技术，是一种基于单分子实时测序的技术。与高通量测序技术相比，其最大的特点就是测序过程无需进行PCR扩增，实现了对每一条DNA分子的单独测序。公司的首例产品MinION于2014年推出，更高通量的GridION和PromethION于2017年面世。公司拥有丰富的研发产品线，其中包括可与手机兼容的SmidgION测序仪。

Ultima Genomics成立于2016年，主要从事基因技术的研发、应用和推广，并提供全基因组测序、单细胞测序和癌症表观遗传学测序等服务。2022年推出UG 100早期试用，于2024年2月基因组生物学技术进展大会（Advances in Genome Biology and Technology，AGBT）上正式发布其商业化版本，目前UG 100单次运行数据产出为3.6—4.8 Tb。

Singular Genomics Systems成立于2016年，致力于推动基因组学的发展，为科学和医学的进步提供快速、强大和灵活的工具。2021年发布G4测序平台，采用边合成边测序技术，单次运行数据产出为480 Gb。2024年2月，在AGBT上发布了原位测序平台G4X，可检测蛋白质、RNA和H&E染色。

Element Biosciences成立于2017年，该公司专注于发展和商业化基因组分析与合成平台，以支持医学研究、临床诊断、治疗和生物学研究领域的创新。2022年发布了AVITI台面式测序仪，单次运行数据产出为600 Gb。2024年2月，在AGBT上发布了多组学一体机AVITI24，该产品可以助力精准医学，包括药物发现、信号通路和药物反应等。

国内机构通过自主研发或合作开发的方式，试图打破基因测序仪的技术壁垒。目前我国依赖自主研发的上游代表企业有华大智造、齐碳科技、真迈生物、赛纳生物、芯像生物、普译生物、安序源等；而在合作开发的方式中，由于关键核心技术仍由国外合作企业所掌控，因此通常没有自主核心知识产权。以下针对代表性国产基因测序设备公司进行介绍。

华大智造成立于2016年，是华大集团旗下专注于基因测序上游核心设备和试剂的产业化公司。华大数年来一直加大研发投入，开发了拥有自主知识产权的DNBSEQ™测序技术，累计推出7款低、中、高不同通量测序仪型号：DNBSEQ-E25、DNBSEQ-G99、MGISEQ-200、MGISEQ-2000、DNBSEQ-T7、DNBSEQ-T10×4和DNBSEQ-T20×2。

近两年在国内新增基因测序设备销售市场份额超越美国Illumina公司，排名第一，其中DNBSEQ-G99是目前全球中小通量测序仪中速度最快的机型之一，同时内置计算模块，使得测序生信一体化。2023年2月发布的DNBSEQ-T20×2超高通量测序仪，每天可产生20 Tb数据，在每年可完成5万例人全基因组测序的基础上，将单人全基因组测序成本降低至100美元以下，创造了全球基因测序仪通量和单人测序成本的新纪录，为基因科技的未来提供更多可能。

齐碳科技于2016年创立，致力于纳米孔基因测序仪及配套试剂耗材的自主研发、制造与应用开发。齐碳科技于2017年实现了纳米孔基因测序仪原理样机，2020—2023年先后发布纳米孔测序平台QNome-9604、QNome-3841和QPursue-6k等不同通量的平台，可以实现对兆碱基对级长读长片段的直接检测，将在多元的应用场景中发挥效用，为生命科学及相关领域的研究及应用提供更加便捷、有效的解决方案。

真迈生物成立于2012年，目前推出了4款测序仪：GenoCare 1600、GenoLab M、FASTASeq 300和SURFSeq 5000。其中2023年底发布的SURFSeq 5000，单次测序的最大数据通量可达到1.2 Tb，具有准确、易用、快速、灵活、经济等特点，为基因测序技术的应用及基因组学的发展赋能。

赛纳生物成立于2015年，公司致力于基因测序平台的研发和产业化。2022年发布了一款桌面型测序仪S100，单次运行数据产出为30 Gb，具有通量灵活、准确度高、多场景适用的特点。

赛陆医疗成立于2020年，公司致力于开发具有自主知识产权的高通量测序上游设备。2022年发布了Salus Pro中高通量桌面型测序仪，单次运行数据产出为600 Gb，2024年初发布了Salus EVO高通量测序仪，单次运行数据产出量为2 Tb。

菲鹏生物成立于2001年，是体外诊断平台型企业，为全球体外诊断企业提供具备出色性能表现的IVD试剂核心原料、试剂解决方案和开放式仪器平台。菲鹏生物于2021年通过收购美国公司Sequlite Genomics进行基因测序行业产品的布局，随后推出的桌面型高通量测序平台SeqQ 100，单次运行数据产出为120 Gb。

铭毅智造成立于2018年，是一家专业从事基因测序分析平台及相关技术研发、转化、制造及应用的科技公司。2022年推出自主研发的国产首台单色荧光高通量基因测序仪UniSeq 2000™，平台通量设计灵活、操作简便，可为客户提供准确、简便、快速的测序整体解决方案。

芯像生物成立于2017年，致力于用创新的基因测序技术，为探索基因信息贡献新生力量。2023年发布国产小型台式高通量基因测序仪StarSeq 100，配置高灵敏度光学显微扫描成像系统，拥有灵活开机双载片四通道，可实现一体化文库加载、循环测序及数据生成。

普译生物成立于2021年，基于生物纳米孔DNA测序原理，以自主研发的纳米孔测序化学和解析的多种新型膜蛋白纳米孔原子水平的结构为基础，结合核酸化学、蛋白质工程、人工膜构建与表征、半导体集成电路芯片设计、深度学习及基因组学等技术，开发以生物纳米孔为基础的新一代核酸及其他生物聚合物测序仪与配套试剂耗材，目前暂无产品。

安序源成立于2017年，致力于以最先进的半导体技术，为生命科学和临床医学提供更可及的多组学研究解决方案。核心技术为Bio-CMOS芯片，其中纳米孔测序仪采用顶尖的电化学传感技术、生物化学技术、化学合成技术等。2023年发布AxiLona AXP-100，单次运行数据产出为100 Gb。

梅丽科技成立于2017年，是依托纳米孔基因测序技术，开发超长读长、快速、低成本的商用基因测序仪器及配套试剂的高科技公司。其中，MePore是一款手持式纳米孔检测平台，平台包含设备、软件和配套使用的微流槽芯片，应用于核酸测序、miRNA检测、蛋白质、多肽、甲基化检测等领域。

今是科技成立于2017年，是一家致力于开发并商用纳米孔基因测序仪和试剂的高科技公司。其技术核心是基于蛋白纳米孔和核酸碱基相互作用所产生的特征电流信号，通过高度集成的芯片系统在单分子水平实现对核酸的高通量测序。2022年推出512k通路的中通量样品测试机。随后推出中通量基因测序仪Gseq500，最大通量为20 Gb。

基因检测行业中游为面向下游终端用户需求提供各种基因检测的服务商，中游企业的基本业务模式为购买上游公司生产的测序仪器、配套试剂等，为用户提供基因检测或者相关的数据分析等服务，从中收取服务费用。与行业上游存在较高的技术壁垒、由头部企业主导的局面不同，中游服务环节应用市场广泛，准入门槛相对较低，不同应用市场发展成熟度差异化大，商业可变现价值高，因此市场参与者众多，竞争更为激烈。国内基因测序行业的公司基本集中在中游，代表性的中游企业包括华大基因、贝瑞基因、诺禾致源、百迈客、安诺优达、诺辉健康、迪安诊断、金域医学、达安基因等。

基因检测产业链下游用户主要包括科研机构、医疗机构、药企和个人基因组需求等。下游用户端的规模和潜在市场容量，决定了中游基因检测服务细分领域的市场规模和增长速度。基因检测可广泛应用于包含面向基础科研的科技服务、面向临床的基因诊断、传感染疾病防控、产前筛查、肿瘤筛查和伴随诊断、面向大人群主动健康管理的基因筛查，以及直接面向消费者的个人应用等场景。基因检测的不同应用场景所依赖的技术原理、标准、消费者认知、市场成熟度、潜在市场需求和规模等存在较大差异，因而所处的行业发展阶段有所不同。基因慧在《2023基因行业蓝皮书》中对基因产业细分领域的发展成熟度做了判断，见图1-100。

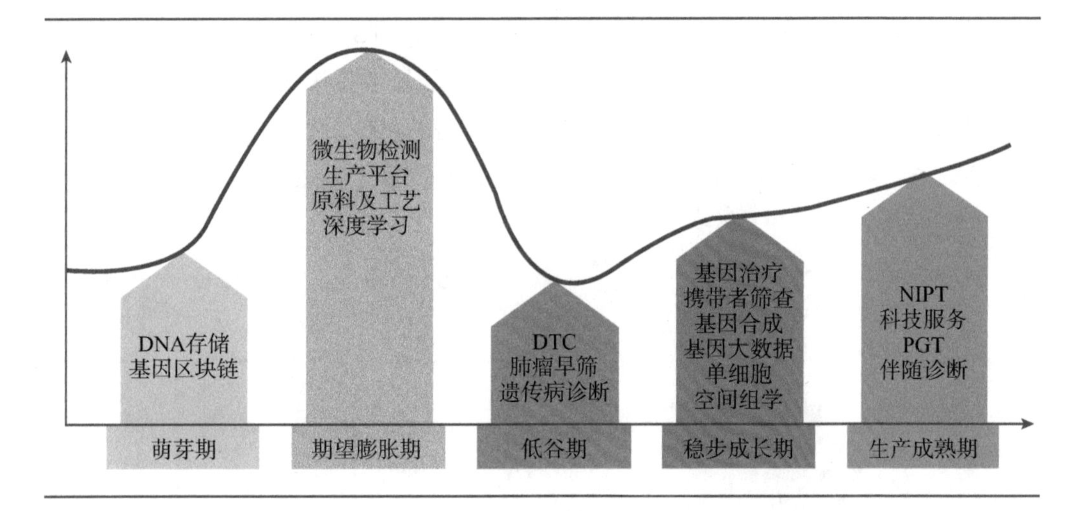

图1-100　基因产业细分领域的成熟度

资料来源：基因慧《2023基因行业蓝皮书》

NIPT：non-invasive prenatal testing，无创产前检测。DTC：direct to consumer，直接面向消费者。PGT：preimplantation genetic testing，胚胎植入前遗传学检测

可以看到，在整个基因检测下游产业中，与科技服务、生育健康和肿瘤检测等伴随诊断相关的产业已进入相对的生产成熟期；应用于主动健康管理的肿瘤早筛、遗传病诊断等细分领域在外部宏观环境和行业周期等因素下，已经从被资本追捧的狂热期进入行业低谷；而DNA存储、基因区块链等刚刚完成了技术验证，相关产业处于萌芽状态。

三、基因测序在临床方面的应用

（一）在公共卫生和临床感染疾病领域

新发突发传感染疾病的暴发给人们的生命健康带来了极大威胁，而对致病病原的快速识别是应对和防控传感染疾病的首要条件。2024年2月6日，国家卫生健康委、科技部、国家医保局、国家药监局、国家中医药局和国家疾控局共同印发了《全国传染病应急临床试验工作方案》，围绕建设统筹应急临床试验的公共平台、加强医疗卫生机构临床试验能力建设、提升应急状态下临床试验整体效能3个方面明确了8项具体措施，为我国传染病防控工作提出了明确的指导和要求。

在临床治疗中，针对疑难危重及未知感染综合征的患者，快速确定疑似致病微生物的种属信息，可为疑难危重感染患者提供快速精准诊断的依据，促进抗生素的合理使用和临床治疗。基于高通量基因测序的宏基因组学测序（metagenomic next-generation sequencing，mNGS）技术，可以直接对感染标本中的核酸进行测序，将获得的核酸序列与高质量的病原数据库进行序列比对，通过生物信息学算法获得疑似致病微生物的种属信息，实现病原的监测、检测和溯源。在临床治疗中，该技术可显著提高病原诊断阳性率，指导临床靶向使用抗生素，协助感染的精准诊疗（图1-101）。

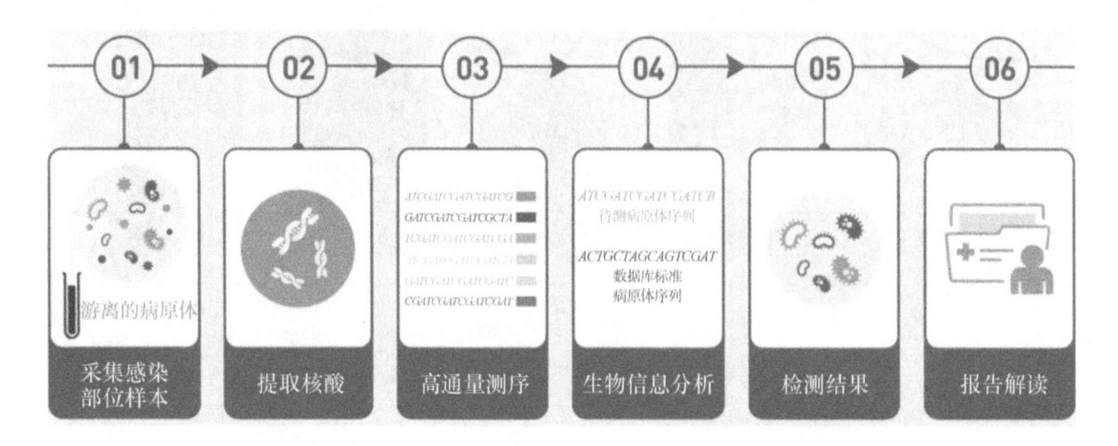

图1-101　未知病原体检测流程示意图

（二）在生殖健康领域

出生缺陷是指婴儿出生前发生的身体结构、功能或代谢异常，是导致早期流产、死胎、围产儿死亡、婴幼儿死亡和先天残疾的主要原因，也是影响人口素质和群体健康水平的公共卫生问题。世界卫生组织提出了出生缺陷三级预防体系，来预防和减少出生缺陷的发生（表1-59）。2023年8月17日，国家卫生健康委办公厅印发《出生缺陷防治能力提升计划（2023—2027年）》，旨在健全服务网络、深化防治服务、聚焦重点疾病等六方面，建立覆盖城乡居民，涵盖婚前、孕前、孕期、新生儿和儿童各阶段，更加完善的出生缺陷防治网络。计划的主要目标是到2027年实现筛查高风险孕妇产前诊断服务，产前筛查率达到90%；婚前医学检查率、孕前优生健康检查目标人群覆盖率分别保持在70%和80%以上；新生儿遗传代谢病筛查率达到98%，听力障碍筛查率达到90%；全国出生缺陷导致的婴儿死亡率、5岁以下儿童死亡率分别降至1.0‰、1.1‰以下，显著提升出生缺陷综合防治能力。随着基因组学研究和基因检测技术的不断发展，已经有适用于各级预防阶段的临床基因检测产品。

表1-59　出生缺陷三级预防体系

预防体系	主要内容	基因检测内容
一级	减少出生缺陷的发生。在婚前和孕前通过婚前医学检查和孕前保健来预防一些出生缺陷的发生，是预防出生缺陷的第一道防线	携带者筛查、胚胎植入前遗传学检测

续表

预防体系	主要内容	基因检测内容
二级	减少严重出生缺陷儿的出生。采取医学手段对怀孕妇女进行产前筛查和产前诊断，对严重出生缺陷病例及时给予医学指导和建议	无创产前检测、染色体拷贝数变异检测
三级	减少先天残疾的发生。通过对出生后的新生儿进行相关疾病的筛查，及早发现和治疗出生缺陷儿，最大限度地减轻出生缺陷的危害，提高患儿生活质量	新生儿遗传代谢病检测、新生儿遗传病基因检测

（三）肿瘤全周期

根据2023年发表在*JAMA Oncology*杂志的调查和统计文章，从2020年到2050年，癌症的全球经济成本估计为25.2万亿美元（按2017年价格计算），在所有国家中，中国面临着最大的癌症经济成本6.1万亿美元，占全球总负担的24.2%。有效的公共卫生干预措施可以减轻癌症负担，对于保护全球健康和提高经济福祉至关重要。对于几乎所有癌症，如果在早期发现、诊断和治疗，就能有效延长患者生存期、降低治疗成本、提高生活质量。

基因组学的不断突破和高通量测序技术的发展，使得基于细胞游离DNA（cell-free DNA，cfDNA）、循环肿瘤DNA（circulating tumor DNA，ctDNA）、外泌体和miRNA等的肿瘤液体活检技术成功应用于早期肿瘤的筛查和肿瘤预后效果的监测。基于PCR、高通量基因测序等分子诊断技术的肿瘤液体活检能提前发现尚处于早期的肿瘤，因其方便、快捷、非入侵性等优势，该技术正在成为一种极具潜力的肿瘤早筛早诊途径，将有效提高筛查覆盖率和受检者依从性，降低癌症的发病率和死亡率，同时降低社会医疗负担。

通常肿瘤生物标志物在DNA层面的变异特征主要包括甲基化、点突变、拷贝数变异、片段组学等。ctDNA的甲基化是重要的表观学修饰之一，与正常细胞相比，癌细胞内的抑癌基因启动子区域通常处于高度甲基化状态，抑癌因子转录被抑制，其功能失活，癌细胞不受抑制地生长。DNA甲基化几乎出现在所有癌症的癌前病变及癌症早期阶段，是癌症早筛的理想标志物。国家药品监督管理局官网显示，目前共有23款甲基化试剂盒获批（表1-60），涉及的癌种主要包括结直肠癌、宫颈癌、胃癌、肝癌、膀胱癌、肺癌等。

表1-60 肿瘤早筛早检试剂盒获批汇总

序号	注册证号	公司	试剂盒名称	针对癌种
1	国械注准20243400221	广州市基准医疗有限责任公司	人类*ONECUT2/VIM*基因甲基化检测试剂盒（荧光PCR法）	尿路上皮癌

续表

序号	注册证号	公司	试剂盒名称	针对癌种
2	国械注准 20233401946	华大数极生物科技（深圳）有限公司	人 *SDC2*、*ADHFE1*、*PPP2R5C* 基因甲基化联合检测试剂盒（荧光 PCR 法）	结直肠癌
3	国械注准 20233401165	上海睿璟生物科技有限公司	人 *BRAF/TERT/CCDC6-RET* 基因突变检测试剂盒（荧光 PCR 法）	甲状腺癌
4	国械注准 20233400970	安徽达健医学科技有限公司	人 *SDC2*、*NPY*、*FGF5*、*PDX1* 基因甲基化检测试剂盒（荧光 PCR 法）	结直肠癌
5	国械注准 20233400944	湖南宏雅基因技术有限公司	*PAX1* 基因甲基化检测试剂盒（PCR- 荧光探针法）	宫颈癌
6	国械注准 20233400836	广州优泽生物技术有限公司	*BMPR1A/PLAC8* 基因甲基化检测试剂盒(数字 PCR 法)	肝癌
7	国械注准 20233400253	北京起源聚禾生物科技有限公司	人 *PAX1* 和 *JAM3* 基因甲基化检测试剂盒（PCR 荧光探针法）	宫颈癌
8	国械注准 20233400151	深圳市优圣康生物科技有限公司	*Septin9* 基因甲基化检测试剂盒（PCR 荧光探针法）	结直肠癌
9	国械注准 20223401371	北京艾克伦医疗科技有限公司	*Septin9/SDC2/BCAT1* 基因甲基化检测试剂盒（PCR- 荧光探针法）	结直肠癌
10	国械注准 20223401301	安徽达健医学科技有限公司	人 *Twist1* 基因甲基化检测试剂盒（荧光 PCR 法）	膀胱癌
11	国械注准 20223401036	上海捷诺生物科技有限公司	人 *ASTN1*、*DLX1*、*ITGA4*、*RXFP3*、*SOX17*、*ZNF671* 基因甲基化检测试剂盒(荧光 PCR 法)	宫颈癌
12	国械注准 20223400637	上海锐翌生物科技有限公司	人类 *SFRP2* 和 *SDC2* 基因甲基化联合检测试剂盒（荧光 PCR 法）	结直肠癌
13	国械注准 20223400373	武汉艾米森生命科技有限公司	*SDC2* 和 *TFPI2* 基因甲基化联合检测试剂盒（荧光 PCR 法）	结直肠癌
14	国械注准 20223400203	北京艾克伦医疗科技有限公司	*SHOX2/RASSF1A/PTGER4* 基因甲基化检测试剂盒（PCR- 荧光探针法）	肺癌
15	国械注准 20213400007	厦门艾德生物医药科技股份有限公司	人类 *SDC2* 基因甲基化检测试剂盒（荧光 PCR 法）	结直肠癌
16	国械注准 20203400845	杭州诺辉健康科技有限公司	*KRAS* 基因突变及 *BMP3/NDRG4* 基因甲基化和便隐血联合检测试剂盒（PCR 荧光探针法 - 胶体金法）	结直肠癌
17	国械注准 20203400447	博尔诚（北京）科技有限公司	*RNF180/Septin9* 基因甲基化检测试剂盒（PCR 荧光探针法）	胃癌

续表

序号	注册证号	公司	试剂盒名称	针对癌种
18	国械注准20193400316	上海透景生命科技股份有限公司	人 *Septin9* 基因甲基化 DNA 检测试剂盒（PCR 荧光法）	结直肠癌
19	国械注准20193400101	基因科技（上海）股份有限公司	人类 *MGMT* 基因甲基化检测试剂盒（荧光PCR 法）	胶质瘤
20	国械注准20183400506	广州康立明生物科技股份有限公司	人类 *SDC2* 基因甲基化检测试剂盒（荧光PCR 法）	结直肠癌
21	国械注准20183400103	苏州为真生物医药技术股份有限公司	人 *septin9* 基因甲基化检测试剂盒（荧光PCR 法）	结直肠癌
22	国械注准20173403354	上海透景生命科技股份有限公司	人 *SHOX2*、*RASSF1A* 基因甲基化 DNA 检测试剂盒（PCR 荧光法）	肺癌
23	国械注准20153401481	博尔诚（北京）科技有限公司	*Septin9* 基因甲基化检测试剂盒（PCR 荧光探针法）	结直肠癌

在靶向治疗或免疫治疗中，相同的治疗方案对于不同肿瘤患者的疗效可能存在差异。伴随诊断，是指在癌症临床治疗过程中，通过检测与药物临床反应相关的基因突变的情况，精确诊断肿瘤亚型并指导对其的精准治疗，是肿瘤靶向药物或免疫治疗的前提和基础。通过对相关基因状态的监测，及时地对靶向药物/免疫治疗方案进行设计和调整，避免药物的误用和滥用，实现精准医疗。PCR技术曾是伴随诊断使用的主要技术，但PCR技术因单次检测的基因有限，而存在较大的局限性。高通量基因测序技术可以在一次测试中同时检测几乎所有与患者癌症相关的基因组改变和生物标志物，同时保证高准确性，较PCR检测有巨大优势。近年来随着高通量基因测序技术的成熟和普及，以及基于高通量测序技术伴随诊断产品的陆续获批，高通量测序技术逐渐成为伴随诊断的主流技术。

根据《新型抗肿瘤药物临床应用指导原则（2023年版）》，目前有62种肿瘤治疗常用的小分子靶向药物和大分子单抗药物需要做基因检测，包含肺癌、胃癌、乳腺癌等32种癌种，以及EGFR、ALK、ROS1、RAS、HER2、BRCA1/2等药物靶点检测（表1-61）。根据国家药品监督管理局官网披露，目前已批准的基于高通量基因测序的伴随诊断试剂盒共有19个，其中18个为小检测组套（panel）的测序试剂盒，1个为大检测组套（panel）的试剂盒，主要适用于非小细胞肺癌和结直肠癌等的治疗。

通常在接受治疗后癌症患者体内都会残留十分少量的肿瘤细胞，这些肿瘤细胞数量微乎其微，但仍可能使癌症复发，它们被称为微小或分子残留病灶（molecular residue disease，MRD）。由于MRD通常很小，传统方法通常难以检测，目前基于高通量测序技术的ctDNA液体活检是评估MRD最成熟的媒介。根据申万宏源研究报告，目前MRD产品仅有单癌种的血液肿瘤被监管部门批准上市。在实体瘤领域，MRD检测头

表 1-61 目前需要做基因检测的肿瘤治疗常用的小分子靶向药物和大分子单抗药物

药物名称	可用于治疗的癌种																		
吉非替尼	肺癌	—	—	—	—	—	—	—	—	—	—	—	—	—	—	—	—	—	—
达可替尼	肺癌	—	—	—	—	—	—	—	—	—	—	—	—	—	—	—	—	—	—
贝福替尼	肺癌	—	—	—	—	—	—	—	—	—	—	—	—	—	—	—	—	—	—
恩沙替尼	肺癌	—	—	—	—	—	—	—	—	—	—	—	—	—	—	—	—	—	—
普拉替尼	肺癌	—	—	—	—	—	—	—	—	—	—	—	—	—	—	甲状腺癌	—	—	—
达拉非尼	肺癌	—	—	—	—	—	—	—	—	—	—	—	黑色素瘤	基底细胞瘤及其他皮肤肿瘤病种	—	—	—	—	—
厄洛替尼	肺癌	—	—	—	—	—	—	—	—	—	—	—	—	—	—	—	—	—	—
奥希替尼	肺癌	—	—	—	—	—	—	—	—	—	—	—	—	—	—	—	—	—	—
克唑替尼	肺癌	—	—	—	—	—	—	—	—	—	—	—	—	—	—	—	—	—	—
布格替尼	肺癌	—	—	—	—	—	—	—	—	—	—	—	—	—	—	—	—	—	—
塞普替尼	肺癌	—	—	—	—	—	—	—	—	—	—	—	—	—	—	—	—	—	—
曲美替尼	肺癌	—	—	—	—	—	—	—	—	—	—	—	黑色素瘤	基底细胞瘤及其他皮肤肿瘤病种	—	—	—	—	—
埃克替尼	肺癌	—	—	—	—	—	—	—	—	—	—	—	—	—	—	—	—	—	—
阿美替尼	肺癌	—	—	—	—	—	—	—	—	—	—	—	—	—	—	—	—	—	—
阿来替尼	肺癌	—	—	—	—	—	—	—	—	—	—	—	—	—	—	—	—	—	—

续表

药物名称	可用于治疗的癌种																		
洛拉替尼	肺癌	—	—	—	—	—	—	—	—	—	—	—	—	—	—	—	—	—	—
赛沃替尼	肺癌	—	—	—	—	—	—	—	—	—	—	—	—	—	—	—	—	—	—
恩曲替尼	肺癌	—	—	—	—	—	—	—	—	—	—	—	—	—	—	—	—	—	泛实体瘤
阿法替尼	肺癌	—	—	—	—	—	—	—	—	—	—	—	—	—	—	—	—	—	—
伏美替尼	肺癌	—	—	—	—	—	—	—	—	—	—	—	—	—	—	—	—	—	—
塞瑞替尼	肺癌	—	—	—	—	—	—	—	—	—	—	—	—	—	—	—	—	—	—
伊鲁阿克	肺癌	—	—	—	—	—	—	—	—	—	—	—	—	—	—	—	—	—	—
谷美替尼	肺癌	—	—	—	—	—	—	—	—	—	—	—	—	—	—	—	—	—	—
莫博赛替尼	肺癌	—	—	—	—	—	—	—	—	—	—	—	—	—	—	—	—	—	—
帕博利珠单抗	—	食管癌	—	—	结直肠癌	—	—	—	—	—	—	乳腺癌	—	—	—	—	头颈部鳞癌	—	—
曲妥珠单抗	—	—	胃癌	—	—	—	—	—	—	—	—	乳腺癌	—	—	—	—	—	—	—
维迪西妥单抗	—	—	胃癌	—	—	—	—	—	—	尿路上皮癌	—	—	—	—	—	—	—	—	—
替雷利珠单抗	—	—	胃癌	—	结直肠癌	—	—	—	—	尿路上皮癌	—	—	—	—	—	—	—	—	泛实体瘤
斯鲁利单抗	—	—	胃癌	—	结直肠癌	—	—	—	—	—	—	—	—	—	—	—	—	—	泛实体瘤

续表

药物名称	可用于治疗的癌种																		
伊马替尼	—	—	—	胃肠道间质瘤	—	—	—	白血病	—	—	—	—	黑色素瘤	基底细胞瘤及其他皮肤肿瘤病种	—	—	—	—	—
阿伐替尼	—	—	—	胃肠道间质瘤	—	—	—	—	—	—	—	—	—	—	—	—	—	—	—
西妥昔单抗	—	—	—	—	结直肠癌	—	—	—	—	—	—	—	—	—	—	—	—	—	—
恩沃利单抗	—	—	—	—	结直肠癌	—	—	—	—	—	—	—	—	—	—	—	—	—	泛实体瘤
普特利单抗	—	—	—	—	结直肠癌	—	—	—	—	—	—	—	—	—	—	—	—	—	泛实体瘤
佩米替尼	—	—	—	—	—	胆管癌	—	—	—	—	—	—	—	—	—	—	—	—	—
尼妥珠单抗	—	—	—	—	—	—	胰腺癌	—	—	—	—	—	—	—	鼻咽癌	—	—	—	—
达沙替尼	—	—	—	—	—	—	—	白血病	—	—	—	—	—	—	—	—	—	—	—
尼洛替尼	—	—	—	—	—	—	—	白血病	—	—	—	—	—	—	—	—	—	—	—
奥雷巴替尼	—	—	—	—	—	—	—	白血病	—	—	—	—	—	—	—	—	—	—	—
氟马替尼	—	—	—	—	—	—	—	白血病	—	—	—	—	—	—	—	—	—	—	—
吉瑞替尼	—	—	—	—	—	—	—	白血病	—	—	—	—	—	—	—	—	—	—	—
艾伏尼布	—	—	—	—	—	—	—	白血病	—	—	—	—	—	—	—	—	—	—	—
利妥昔单抗	—	—	—	—	—	—	—	白血病	淋巴瘤	—	—	—	—	—	—	—	—	—	—

续表

药物名称	可用于治疗的癌种																		
贝林妥欧单抗	—	—	—	—	—	—	—	白血病	—	—	—	—	—	—	—	—	—	—	—
奥加伊妥珠单抗	—	—	—	—	—	—	—	白血病	—	—	—	—	—	—	—	—	—	—	—
瑞帕妥单抗	—	—	—	—	—	—	—	—	淋巴瘤	—	—	—	—	—	—	—	—	—	—
泽贝妥单抗	—	—	—	—	—	—	—	—	淋巴瘤	—	—	—	—	—	—	—	—	—	—
维布妥昔单抗	—	—	—	—	—	—	—	—	淋巴瘤	—	—	—	—	—	—	—	—	—	—
奥妥珠单抗	—	—	—	—	—	—	—	—	淋巴瘤	—	—	—	—	—	—	—	—	—	—
奥拉帕利	—	—	—	—	—	—	—	—	—	—	前列腺癌	—	—	—	—	—	—	卵巢癌	—
恩美曲妥珠单抗	—	—	—	—	—	—	—	—	—	—	—	乳腺癌	—	—	—	—	—	—	—
帕妥珠单抗	—	—	—	—	—	—	—	—	—	—	—	乳腺癌	—	—	—	—	—	—	—
伊尼妥单抗	—	—	—	—	—	—	—	—	—	—	—	乳腺癌	—	—	—	—	—	—	—
拉帕替尼	—	—	—	—	—	—	—	—	—	—	—	乳腺癌	—	—	—	—	—	—	—
吡咯替尼	—	—	—	—	—	—	—	—	—	—	—	乳腺癌	—	—	—	—	—	—	—
奈拉替尼	—	—	—	—	—	—	—	—	—	—	—	乳腺癌	—	—	—	—	—	—	—
德曲妥珠单抗	—	—	—	—	—	—	—	—	—	—	—	乳腺癌	—	—	—	—	—	—	—

续表

药物名称	可用于治疗的癌种																		
维莫非尼	—	—	—	—	—	—	—	—	—	—	—	—	黑色素瘤	基底细胞瘤及其他皮肤肿瘤病种	—	—	—	—	—
纳武利尤单抗	—	—	—	—	—	—	—	—	—	—	—	—	—	—	—	—	头颈部鳞癌	—	—
氟唑帕利	—	—	—	—	—	—	—	—	—	—	—	—	—	—	—	—	—	卵巢癌	—
帕米帕利	—	—	—	—	—	—	—	—	—	—	—	—	—	—	—	—	—	卵巢癌	—
拉罗替尼	—	—	—	—	—	—	—	—	—	—	—	—	—	—	—	—	—	—	泛实体瘤

部机构Natera的Signatera产品采用“全外显子组测序（whole exome sequencing，WES）+定制panel”的肿瘤知情分析（tumor-informed assays）策略，在2021年获得FDA的突破性设备认定，并在2023年于4个应用方向获得美国医保覆盖。Guardant Health的MRD产品Guardant Reveal采用“甲基化+基因突变的固定panel”的肿瘤不知情分析（tumor-agnostic assays）策略，于2021年4月获得纽约州卫生部临床实验室评估项目（CLEP）的许可，用于检测和监测早期结直肠癌患者的MRD。

国内目前尚无基于高通量测序的MRD产品获批上市。在行业指南方面，2021年，吴一龙教授等专家达成了我国首个《肺癌MRD的检测和临床应用共识》；《中国临床肿瘤学会（CSCO）常见恶性肿瘤诊疗指南2023》肯定了MRD在Ⅱ期结直肠癌化疗决策中的参考价值。同年，中国抗癌协会组织编写的《液体活检：中国肿瘤整合诊治技术指南（CACA）》，对主流MRD整体检测策略、临床应用场景做出明确说明。在政策方面，医学检验实验室自建检测方法（laboratory developed tests，LDT）试点正式实施，也将有助于未来MRD顺利、合规地走向临床。就发病机制复杂的肿瘤疾病而言，病理学是指导其治疗和预后的“金标准”，但目前的临床评估手段无法完整地揭示患者临床表现、病程及预后。新兴的单细胞测序、时空组学等前沿技术能够很好地弥补并突破该局限，在识别特定细胞的同时，显示与病理诊疗相关的重要分子标志物信息，揭示肿瘤异质性、发病机制，从而进一步推动精准医学的发展。

（四）国别基因组

基因是生命的密码，基因科技关系着改善人民健康、保障国家安全的方方面面，从20世纪末开始各发达国家相继发布了基于高通量测序的大人群基因组计划和精准医学研究。

1999年，英国政府提议建设UK Biobank（UKB），计划收集50万英国志愿者的DNA样本、健康数据等；2018年将该计划扩大到500万英国人的全基因组测序；2023年11月，UKB已完成并公开近50万人的全基因组数据，成为目前最大的生物样本数据库。2015年，美国启动精准医疗项目（All of Us，AoU），招募100万代表美国多样性的志愿者，建立包含各方面健康信息的生物数据库；2023年11月，该计划招募超过72万人，向外界释放25万人基因组数据。2017年新加坡政府启动全国精准医学计划（National Precision Medicine，NPM），计划产生100万人的基因组及精准医学相关数据；该计划已完成第一阶段1万个多族裔亚洲人群的基因数据库，并向社会公开申请。2019年，欧盟发布多国合作的欧洲百万基因组计划，阿联酋宣布启动全民基因组计划。此外，多个国家也先后启动大规模人群的基因组学研究。例如，5万人的“泰国基因组学综合行动计划”；1万人的“印度尼西亚国家基因组计划”等。

大人群基因组计划进一步推动了基因测序在精准医学研究中的应用。UKB、AoU

等大型生物数据库的开放使用，为全球的生物医学研究提供了丰富的研究资源。根据2022年UKB年会公布的信息，使用UKB数据的中国研究者数量已位居全球第三，仅次于英国和美国的研究人员数量。然而，有报道称由于担心数据安全问题，或出于政治或法律考虑，UKB或将关闭中国的访问。2024年初，拜登总统签发行政命令，声称为保护美国人的敏感个人数据不被受关切国家滥用，将限制向中国、俄罗斯等国家传输美国公民的敏感个人数据，其中包括基因组数据。2024年3月6日，美国参议院国土安全与政府事务委员会以11票对1票通过一项立法草案——《生物安全法案》(S.3558)，该法案以所谓"国家安全"为由，限制美国联邦机构与药明康德、华大基因等中国生物科技公司的业务往来，目的是防止外国对手企业"窃取"数百万美国民众的个人健康和基因信息。此类政治原因的数据限制将给我国基因组研究带来极大的挑战；因此，建立中国大人群基因组数据库，保障和推动我国基因组精准医学研究变得更加迫切。

四、基因检测行业市场规模

从全球基因测序市场规模来看，市场容量迅速扩增，其中，依据目前数据来看，中游服务具备更大空间。根据中商产业研究院发布的《2024—2029年中国基因检测行业市场发展监测及投资战略咨询报告》、前瞻产业研究院分析报告及中企顾问网发布的《2024—2030年中国基因检测行业发展态势与投资前景分析报告》，我国基因检测市场规模在2019年大约为149亿元，2021年约为192亿元，2022年约为231亿元，该阶段年均复合增长率约为15.7%。目前初步统计，2023年市场规模约为297亿元，同比增长28.6%。中商产业研究院预测分析，2024年基因检测市场规模将增至335亿元(图1-102)，并且未来我国基因检测市场仍将持续增长。

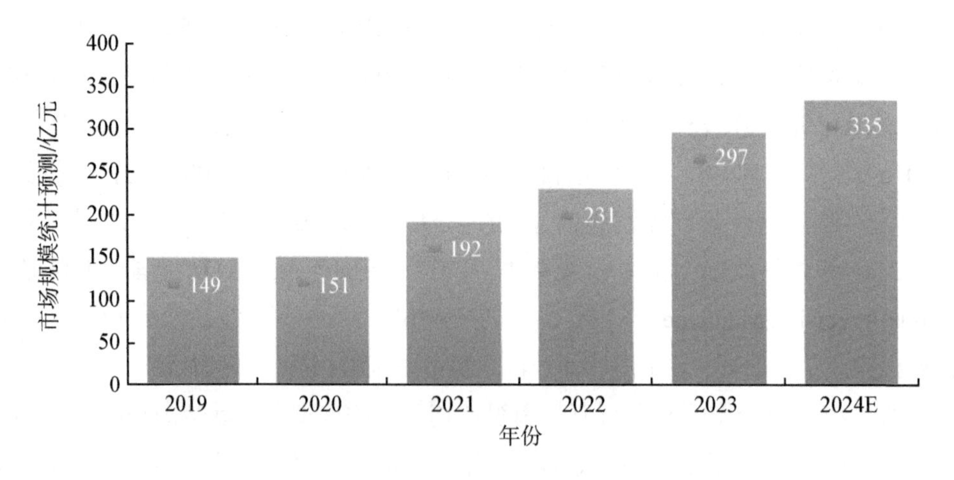

图1-102　基因检测行业市场规模预测

2024E表示2024为预测值

五、基因测序产业新技术

（一）单分子测序技术

单分子测序是在单分子水平上对核酸分子进行连续碱基序列测定，通常基于光学或电学等信号。相较于大规模短读长测序，单分子测序具有长读长、碱基修饰直接检测、快速、实时、便携的特点，在科学和临床应用领域已广泛应用，并被《自然·方法学》（*Nature Methods*）杂志评选为"2022年度技术"。当前，已商业化的单分子测序技术主要有三类：基于零模波导的单分子荧光实时测序，以美国太平洋生物科学（Pacific Biosciences）为代表；基于解旋的单分子纳米孔链测序，以英国牛津纳米孔（Oxford Nanopore）及中国的齐碳科技为代表；基于聚合的单分子纳米孔标签测序，以中国的安序源、今是科技为代表，三类技术中又以前两类技术更为成熟。目前单分子测序市场国外的两家企业Pacific Biosciences与Oxford Nanopore占据绝对主导地位，国内企业正在加速推进产品化和商业化进程，商业竞争日趋激烈（见基因测序产业链上游企业分析）。

上游核心工具的诞生，带来新的科学突破。单分子测序利用其长读长的优势，可支持复杂基因组组装与全长转录组测序，同时利用其直接检测碱基修饰的特点，可实现各类修饰图谱的刻画，这是短读长大规模平行技术无法实现的。

在复杂基因组组装方面，单分子测序通过其长达兆碱基对级的读长及无序列偏好特点，可跨越大规模平行测序技术通常难以获取的基因组区域，包括高度重复区域、高/低GC区域、回文区域等，有利于组装出高度连续、精准的高质量基因组，继而可对大型结构性变异进行准确解析。通过加入单分子测序长片段与超长片段数据，科学家实现了包括人所有染色体及多种动植物的端粒到端粒组装，标志着完整基因组时代的到来，单分子测序也是各国家各项人群基因组计划开展的必需工具。

在全长转录组测序方面，转录本的平均长度约1.5 kb，总体分布集中在0.5—3 kb，单分子测序可实现直接从5′端到3′端的完整转录本测序，从而避免短读长测序在拼接过程中引入的错误，同时单分子测序可获得可变剪接、基因融合与突变、RNA编辑与修饰、poly（A）尾长度等RNA多维度信息，在RNA加工与命运调控、多维信息相关性、RNA病毒基因组结构与变异等研究方面都具有显著优势。在与单细胞及时空组学技术相结合后，全长转录本信息将被赋予细胞归属和组织空间定位信息，对于深入研究生物机体生长发育的调控规律与肿瘤等疾病的发生发展机制至关重要，也是未来研究布局方向之一。

在修饰图谱的刻画方面，由于单分子测序是一种直接测序技术，所有的碱基修饰信息已包含在原始测序信号中，通过针对性的模型构建，便能将修饰信息提取出来。目前Oxford Nanopore与Pacific Biosciences已实现包括m^5C、hm^5C、m^6A、m^4C等甲基化碱基的准确率检测。通过对整套生化和算法体系的重构，Oxford Nanopore实现了直接RNA测序及其上的m^6A和$m^1\Psi$等修饰检测，此为纳米孔链测序独有的技术。此外，科学界也在基于单分子测序平台积极探索针对各类天然修饰和损伤碱基及人工合成碱基的检测方法开发，有望在多种修饰检测的方向上实现统一技术平台。

新的技术优势，让测序有了更为广阔的应用前景。由于在读长、时效性、便携性、甲基化检测方面的优势，单分子测序在复杂遗传病诊断、病原快检、肿瘤筛查等方面将测序技术的应用往前推进了一大步。

在复杂遗传疾病诊断方面，基于数十千碱基对至兆碱基对级的读长，单分子测序能突破当前手段无法准确检测复杂结构变异相关疾病的桎梏，如脆性X综合征、染色体微缺失/微重复综合征等，同时显著降低现有实验体系的复杂度和漏检、错检风险，可用于规模化民生筛查，减少卫生经济负担。目前，已有面向地中海贫血、脆性X综合征、脊髓性肌萎缩、先天性肾上腺皮质增生症等疾病的一系列基于单分子测序平台的检测试剂盒问世。

在病原快检和监测方面，纳米孔链测序最快可在分钟级测序时间内实时输出完整的测序片段并用于病原检测，高度匹配暴发性疫情监测溯源、大规模感染性疾病诊断、危急重症监护等场景高时效性需求，可有效缓解新冠病毒、支原体、流感病毒等各类病原微生物的集中暴发造成的医疗资源紧张的局面。此外，基于纳米孔链测序设备小型化的特点，疾控人员及医生可在任意地点、任意时间进行疾病监测和诊断。

在通过碱基修饰检测进行肿瘤等疾病的诊断方面，单分子测序可同时准确测定常规碱基与甲基化碱基，通过对游离DNA的甲基化特征进行分析，可实现肿瘤的精准鉴别及溯源，为肿瘤液体活检早筛提供了强大工具。

（二）时空组学技术

近年来基于高通量基因测序技术延伸出的空间组学技术正蓬勃发展，高速拓展着测序技术的创新应用范畴。空间组学技术是近年来生命科学领域重大的技术突破，被《自然·方法学》（*Nature Methods*）评为“2020年度技术”，入选《自然》（*Nature*）杂志2022年七大前沿技术，以及世界经济论坛评选的2023年十大新兴技术，有望引领新一轮的生命科学产业革命，具有重大战略意义。我国在空间组学技术领域相较美国起步较晚，产业化程度及规模也不如美国，市场被以10x Genomics公司为代表的美国企业垄断。而基于芯片原位捕获测序的空间组学前沿领域，华大自主研发的时空组学技术（Stereo-seq）处于国际领先地位，通过在空间组学的基础上，增加时间维度样本，就可从时间和空间两个维度上研究细胞及分子在组织中的定位和功能，以高通量、高分辨率、大视场的原位全景方式深入解析生命科学问题。

时空组学技术的发展也推动着其在生物医学和临床研究中的应用。以精准医学为例，目前主要依靠形态学和分子信息开展临床诊断及评估的手段，无法完整地揭示患者的临床表现、病程及预后的复杂成因及其背后机制。时空组学技术能够很好地弥补并突破这些限制。其在识别组织原位特定细胞的同时，还能显示出与病理诊疗相关的不同时间节点的重要分子标志物信息，可揭示肿瘤异质性、发病等机制，帮助绘制疾病时空图谱（肿瘤微环境等）及疾病的时空分化蓝图，从而进一步推动精准医学诊疗。除此之外，基于测序的时空组学技术在生物标志物的发现、药物研发与治疗策略的优化，以及组织重建与再生的研究等中均有非常大的应用潜力。目前全球各大医学科学研究机构等正积极联合推动时空组学的相关应用。

2022年，华大时空组学科研团队与全球多家机构共同成立国际性科学组织——"时空组学联盟（STOC）"，旨在推动时空组学技术在生命科学各个领域的广泛应用，在器官、疾病、发育、演化四个方向充分发挥时空组学的技术优势，促进物种演化、胚胎发育、疾病病理等领域的创新研究。目前，时空组学联盟已有来自30个国家/地区的近300位顶尖科学家加入，启动了上百项合作项目，覆盖了发育、衰老、脑科学等重大基础科学问题及病理重大临床问题，研究成果陆续发表于《细胞》（*Cell*）、《自然》（*Nature*）、《科学》（*Science*）等顶级期刊，为基础科研和临床应用研究领域带来了重要的认知突破和产业价值。

根据Grand View Research发布的研究报告，2023年全球空间组学市场规模约为36.3亿美元，未来五年的年均复合增长率预计为10.21%。时空组学是我国重要的战略机遇，扩大技术优势，加速上下游产业链条布局，推进空间多组学技术研发，占据空间组学发展的制高点，其也将成为下一个有无限潜力的基因检测技术外延领域。

撰 稿 人：章文蔚　深圳华大生命科学研究院
贾洋洋　深圳华大生命科学研究院
曾　涛　深圳华大生命科学研究院
陈　奥　深圳华大生命科学研究院
王　欧　深圳华大生命科学研究院
刘一帆　深圳华大生命科学研究院
蒋　慧　深圳华大智造科技股份有限公司
张陆琪　深圳华大智造科技股份有限公司
朱师达　深圳华大基因股份有限公司
欧阳颖瑶　深圳华大基因股份有限公司
通讯作者：章文蔚　zhangww@genomics.cn

第五节 先进诊断技术和产品

一、概 况

诊断是医学中最重要的环节之一，快速准确地做出诊断是开展治疗、预后、康复等其他医学手段的前提条件。随着我国人口老龄化趋势日益加剧，人民群众对医疗健康的需求日益提升，从需求侧对医学诊断能力提出了更高的要求，然而从供给侧看，我国医学诊断资源仍然存在着资源相对短缺且分布不均等问题。国家卫生健康委数据显示，2023年1—7月，我国医疗卫生机构总诊疗人次已高达39.2亿人次，同比增长5.2%，其中基层医疗卫生机构总诊疗人次高达13.6亿人次，同比增长21.1%，远高于世界平均水平。面对新发展阶段对医疗健康产业提出的新任务新要求，亟须认真贯彻落实党中央、国务院决策部署，创新现有的医学诊断模式，解决医疗资源的供需缺口，全力维护人民生命安全和身体健康。随着生命科学、生物技术、人工智能、大数据、新型材料、精密机械等前沿科学技术的融合发展以及广泛应用，创新的诊断技术与产品不断涌现，为医疗保健提供了更准确、高效的诊断手段。典型的先进诊断技术与产品包括远程医疗诊断技术、肿瘤基因诊断技术、核医学诊断技术等。

二、主 要 产 品

1. 远程医疗诊断技术

远程医疗诊断技术是指基于现代通信技术和医疗设备以及数据分析技术，通过远程传输患者的各种医疗数据（如心电图、医学影像等）和音视频信息，打破地域限制，为患者提供及时、准确的医疗诊断服务，优化医疗资源配置，提高医疗服务效率，实现医生与患者远程交互和医疗诊断。这种新型医疗服务模式在远程问诊、远程监护和远程医学影像诊断等方面的应用具有用户友好性、灵活性、实时性，使得医生与患者之间的距离不再是制约医疗服务的障碍，大大提高了医疗服务的质量和效率。

2. 肿瘤基因诊断技术

肿瘤基因诊断技术是指通过分析个体体内肿瘤细胞的基因组来帮助诊断肿瘤类型、预测疾病进展、指导治疗和评估患者风险，便于医生更深入地了解患者肿瘤的遗传特征，帮助制定更个体化、精准的治疗方案，提高肿瘤治疗的效果和患者的生存率。

3. 核医学诊断技术

核医学诊断技术是一种利用非天然同位素标记生物活性物质，结合成像技术来诊断分析疾病和人体内部的生理过程的方法。该诊断方法具有高灵敏性、简便性等优点，且用途非常广泛，几乎可应用于所有组织器官或系统的功能检查。核医学诊断技术可以高效地评估疾病进展及治疗效果，为医生在疾病诊断和患者治疗方面提供更多的信息和依据。

三、技术现状与应用模式

1. 远程医疗诊断技术

远程医疗诊断技术主要以数字X射线摄影（digital radiography，DR）、磁共振成像（magnetic resonance imaging，MRI）、计算机断层扫描（computed tomography，CT）、超声等诊断类医疗器械为载体，借助新一代通信技术，能够在远程操作过程中实现高清影像数据秒级传输、远程操控毫秒级时延等能力，使得医疗专家在本地即可为偏远地区的患者进行实时影像阅片和诊断，并且能够帮助患者节约看病成本，有效解决偏远地区医疗资源匮乏、诊断水平不足等问题。目前远程诊断类医疗器械典型应用场景和技术实现模式如表1-62所示。

表1-62　远程医疗诊断技术应用场景和技术实现模式

应用场景	技术实现模式
移动 DR/CT 诊疗车	移动诊疗车相当于一个可移动的医院，在车上搭载有远程 DR/CT 设备。移动诊疗车舱体主要由发电机区、扫描室和控制室 3 个独立空间构成，其中扫描室用于配备 DR/CT 设备，控制室配备了主控台、显示器和建模工作站等设备。车内配置了无线通信模块，移动诊疗车在进行现场筛查后，将影像数据回传至医院影像归档和通信系统（PACS），由专业医生进行远程诊断并实时反馈诊断结果
远程超声机器人	通过远程超声机器人系统，结合 AI 视觉辅助和触觉反馈，医院专家可以远程操作千里之外的机械臂，控制机械臂上探头的移动和旋转，进行会诊、示教、指导、急救，为基层患者进行检查和诊疗。远程超声实时会诊过程中，基于远程网络实时传输动态变化的超声影像，双方医生可进行协同标记，实现语音、视频、超声影像三者的实时、同步传输，有效打破空间限制，实现跨区域、跨医院之间的业务指导、质量管控，保障下级医院进行超声工作时手法的规范性和合理性
远程磁共振设备	磁共振设备具有复杂度高、操作烦琐等特点，目前远程磁共振设备的应用仍在研究探索阶段。远程磁共振设备通过接入通信网络，能够实现在联网设备之间实时共享扫描序列管理、图像质量反馈以及针对性的参数调整等操作，可用于大型医联体对磁共振设备的远程、高效和统一管理；还可实现及时高效的远程培训和远程会诊，从而让各层级医疗机构的磁共振检查和临床应用水平在远程环境下得到飞跃式的提升

2. 肿瘤基因诊断技术

从技术原理来看，肿瘤基因诊断的主流技术有四大类，分别是荧光原位杂交（FISH）、免疫组织化学（IHC）、聚合酶链式反应（PCR）和高通量测序（NGS），每种技术的原理、优劣势以及主要应用领域如表1-63所示。

表1-63 肿瘤基因诊断的主要技术类型

技术分类	技术原理	优势	劣势	主要应用领域
FISH	利用荧光标记的特异核酸探针与细胞内相应的靶核酸分子杂交，通过荧光显微镜进行检测，并对染色体基因状态进行分析	结果判读在细胞形态的基础上进行，可有效降低假阴性或假阳性的风险，实验周期短、特异性好、定位准确	无法检测未知的染色体缺失、扩增及易位	多发性骨髓瘤、慢性淋巴细胞性白血病、脑肿瘤、软组织肉瘤、宫颈癌、泌尿系统肿瘤、皮肤癌等少见癌种的治疗指导、预后判断、辅助诊断等
IHC	利用抗原与抗体特异性结合的原理，通过化学反应使标记抗体的显色剂显色来确定组织细胞内抗原	高特异性、高敏感度、定位准确、形态与功能相结合	检测位点单一，受抗体限制	肿瘤病理诊断
PCR	在PCR反应体系中加入荧光基团，利用荧光信号积累实时监测整个PCR进程	精准度量化、高特异性、高敏感度	检测位点有限，只能检测已知突变	肿瘤分子诊断、传染性疾病诊断
NGS	通过模板DNA分子的化学修饰，利用碱基互补配对的原理，通过采集荧光标记信号或化学反应信号，实现碱基序列的解读	高通量，灵敏度高，检测突变形式多样	成本高，对数据库要求高	基因图谱、产前筛查等

从应用场景来看，肿瘤基因诊断技术的主要应用场景有三大方向，包括伴随诊断、早期筛查诊断和预后监测评估，主要用途如表1-64所示。

表1-64 肿瘤基因诊断的主要应用场景

应用分类	主要用途
伴随诊断	对于已经确诊的患者，通过基因检测对患者进行基因分型，从而判断应用何种靶向药物治疗
早期筛查诊断	通过基因检测识别特定的肿瘤标志物，在高危人群中早日发现疾病
预后监测评估	通过分析特定的游离肿瘤标志物的水平，对肿瘤治疗效果进行监测评估

3. 核医学诊断技术

核医学是核技术、电子技术、计算机技术、化学、物理和生物学等现代科学技术与医学相结合的产物，借助核药物在人体组织和分泌物中会有选择地聚集的特性，从而实现对疾病的诊断。典型的核医学诊断场景可以分为三大类，包括脏器形态显像、脏器功能测定和体外放射分析等，具体技术原理、作用及主要应用领域如表1-65所示。

表1-65　核医学诊断应用场景和技术原理

核医学诊断场景	技术原理	作用	主要应用领域
脏器形态显像	利用某些试剂会有选择性地聚集到人体的某种组织或器官的特性，利用探测仪器从体外显示标记试剂在体内分布的情况，了解组织器官的形态和功能	反映脏器形态、生化或生理功能，使医生能够对器官功能和病理变化进行动态观察，还可以从许多断层影像重现三维形象诊断某些疾病的早期迹象	肝癌诊断，以及肝、脑、心、肾、肺等主要组织、器官的形态和功能检查
脏器功能测定	让标记了放射性核素的示踪药物参加被测脏器的代谢，用放射性探测仪器在体表测得放射性在脏器中随时间的变化，通过计算机对此时间-放射性曲线进行分析	对示踪药物的运行过程进行监测，获得反映脏器功能的信息，通过分析和计算得到功能曲线和功能参数评估脏器功能和诊断疾病	常用于肾、心等脏器或人体的某部位的功能测定
体外放射分析	利用某种特异性结合剂与被测物质和放射性标记物进行结合反应，从而对超微量物质进行定量分析	这些微量分析技术都具有灵敏度高、特异性强和测量精确的特点，通过分析曲线观测诊断微量元素异常所引起的一些疾病	检测血、尿等样品中的激素、药物、毒物等成分

四、市场分析

1. 远程医疗诊断技术

在新冠疫情的催化下，远程医疗诊断应用发展迅速，国家互联网信息办公室发布的《数字中国发展报告（2022年）》中指出，2022年数字健康服务资源加速扩容下沉，地市级、县级远程医疗服务实现全覆盖，全年共开展远程医疗服务超过2670万人次，互联网医疗用户规模达3.6亿人，增长率为21.7%。同时，随着5G、人工智能、大数据、云计算等新一代信息技术的快速发展，远程医疗诊断技术仍有很大的发展潜力。

远程医疗诊断技术领域的典型企业可以分为两大类，分别为远程医疗诊断服务平台提供商和远程医疗诊断设备提供商，详情如表1-66所示。

表1-66 我国远程医疗诊断技术典型企业

类别	企业名称	产品介绍
远程医疗诊断服务平台提供商	平安健康	平安好医生APP：用户通过"平安好医生"APP，足不出户就可以享受专业的线上咨询、健康评测，浏览健康资讯，并通过获得推荐和奖励，养成良好的健康习惯，建立健康社交网络；有诊疗需求的用户可到线下的平安诊所或专科医疗网络得到有效的治疗，享受到与平安合作的国内外知名医疗机构的专业医疗服务
	微医	微医数字医院：①极速问诊：3分钟内为用户匹配医生进行问诊，进而解决医疗资源优化的问题。根据医生经验和职称等多种因素进行定价。②远程会诊：通过将当地医生连接到微医的互联网医院，为用户提供远程会诊，为用户制订医疗计划。③线上预约：通过线上预约平台，预约指定医院进行线下医疗服务
远程医疗诊断设备提供商	华大智造	远程超声机器人：华大智造自主研发的远程超声机器人MGIUS-R3是全球首款实现专业医生直接远程操控超声探头，即可对患者实施远程诊断的超声设备。通过集成机器人、实时远程控制及超声影像等技术，突破传统超声诊疗方式的局限，克服时空障碍，改善医疗资源分布不平衡的现状，让优质医疗近在咫尺。目前该产品已获得国家药监局三类医疗器械注册及欧盟CE认证
	上海微创	远程腹腔镜手术机器人：上海微创研发的图迈®腔镜手术机器人是一个融合多学科高科技含量技术于一体的高端医疗设备，由医生控制台、患者手术平台和图像平台组成，其采用遥操作技术，实现医生可远离手术台并坐姿操作的手术方式，减轻医生负担；结合机器人技术优势，实现更微创、精准、稳定、安全的手术操作；可应用于广泛的外科手术，包括泌尿外科、妇科、胸外科及普外科等，同时机器人应用了最新的5G技术，已实施多例横跨超过5000公里的超远程机器人手术，推动优质医疗资源下沉，提升医疗均质化水平，给患者带来福音

2. 肿瘤基因诊断技术

中国肿瘤基因诊断市场目前正处于高速发展阶段。从细分领域来看，目前中国肿瘤基因诊断行业中伴随诊断领域的占比最高，其次为肿瘤早期筛查领域，预后及监测领域目前仍处于发展初期，规模较小，如图1-103所示。

预计未来我国肿瘤基因诊断行业将保持高速增长。驱动因素包括以下几点：一是中国是全球癌症发病人数及患病人数最高的国家，国家癌症中心发布的数据显示，2022年中国的癌症新诊断病例为482.47万例，肿瘤基因诊断市场潜在需求极大。二是自2018年以来全国多地区逐步将部分肿瘤基因诊断纳入医保，肿瘤基因诊断纳入医保将在一定程度上减轻患者负担，进一步带动肿瘤基因诊断的需求。三是随着企业研发投入不断增加，肿瘤基因诊断获批产品的适应证将愈发广泛，为检测市场带来新的扩容。

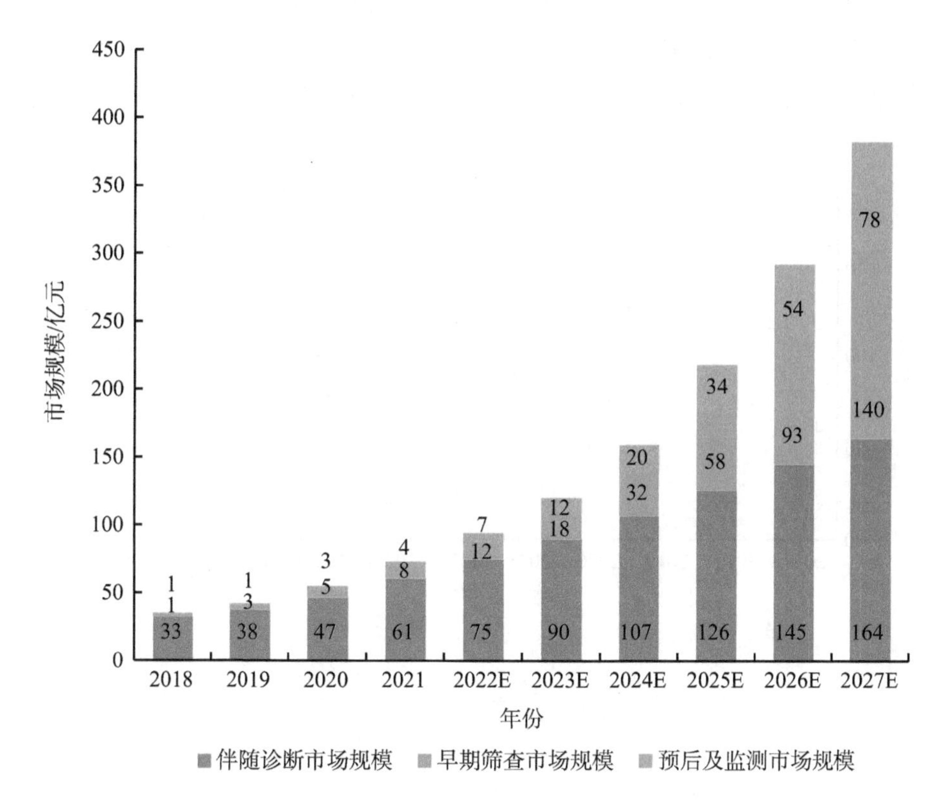

图1-103　中国肿瘤基因诊断市场规模

资料来源：头豹网

我国肿瘤基因诊断行业主营企业包括华大基因、圣湘生物、诺禾致源等，其成立时间、公司总部所在地、主营业务等如表1-67所示。

表1-67　我国肿瘤基因诊断行业主营企业

公司名称	成立时间	公司总部所在地	主营业务
华大基因	1999	深圳	研究服务和精准医学检测综合解决方案
圣湘生物	2008	长沙	提供体外诊断整体解决方案
诺禾致源	2011	北京	基因测序
达安基因	1988	广州	临床检验试剂和仪器、临床检验服务
艾德生物	2008	厦门	肿瘤精准医疗分子诊断
中源协和	1995	天津	细胞存储、基因检测、新药研发等

3. 核医学诊断技术

近年来全球核医学诊断行业飞速发展，相比之下中国仍处于起步阶段，但增长势头良好。2017—2022年，中国核医学诊断行业市场规模由45.8亿元增加至77.3亿元，年复合增速为11%，预计到2027年市场规模将达到189.6亿元（图1-104）。

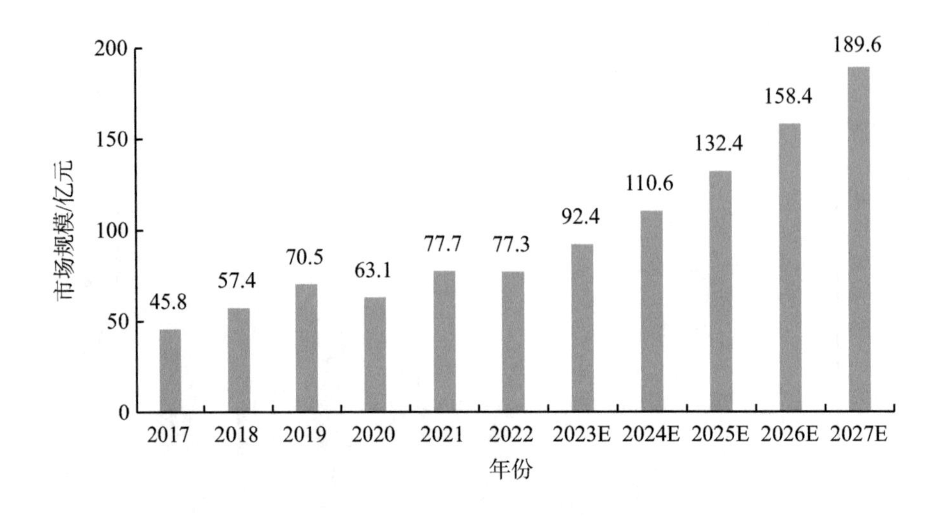

图1-104　中国核医学诊断行业市场规模

资料来源：头豹网

我国核医学诊断行业的典型企业包括中国同福、东诚药业、上海欣科医药、智博高科等，企业亮点及主要竞争优势如表1-68所示。

表1-68　我国核医学诊断行业典型企业

企业名称	成立时间	企业亮点	主要竞争优势
中国同福	1983	中国最大、品种最全的放射性药物供应商	1. 我国最大、品种最全的放射性药物供应商，是世界第三大钴源供应商，是中国最大的辐照装置设计、制造、安装EPC服务提供商 2. 中国同福是中国核工业集团有限公司控股子公司，拥有核工业领域先发优势
东诚药业	1998	打造从诊断用核药到治疗用核药的全产业链体系	1. 原料药国际认证和销售网络优势：公司在原料药方面拥有广泛的国际市场认证、许可优势，客户资源和销售网络优势，产品结构和质量控制优势，技术开发和储备优势 2. 丰富的制剂产品线和专业化制剂营销团队：在传统制剂业务方面，公司产品储备优势，目前拥有7种剂型共49种药品品种规格；公司自2014年起开始组建专业化制剂营销团队，经过4年的发展，已形成成熟的制剂营销体系

续表

企业名称	成立时间	企业亮点	主要竞争优势
上海欣科医药	1993	粒子治疗一站式解决方案提供商	引进了美国欣科国际的先进技术和管理模式，填补了国内无正规放射性药品集中生产、供应的空白，突破了国内放射性药品供应的传统模式。在公司资质方面，已取得放射性药品生产许可证、放射性药品经营许可证、GMP（good manufacturing practice，良好生产规范）认证等多种认可
智博高科	2002	自研碘密封籽源生产线	公司成立于2002年，于2003年1月2日获得北京市科学技术委员会颁发的“高新技术企业证书”。现有员工121人，其中工程技术人员18人，技术和管理人员80%拥有大专以上文化程度，拥有完善高效的设计、生产、销售和服务体系

撰 稿 人：闵　栋　中国信息通信研究院云计算与大数据研究所
滕依杉　中国信息通信研究院云计算与大数据研究所
通讯作者：闵　栋　mindong@caict.ac.cn

第六节　抗体和蛋白质药物

2023年，全球抗体和蛋白质药物继续保持良好的发展态势。在新药方面，共有55款新药获准上市，其中美国FDA共批准了27款抗体及重组蛋白类新药，抗体新药批准数量与历史最高水平齐平；NMPA累计批准了22款抗体及重组蛋白类新药，抗体偶联药物（ADC）、多肽类药物等均实现了里程碑式的创新突破。在市场方面，根据弗若斯特沙利文分析报告，2023年全球抗体药物市场规模达到2573亿美元，预计2023—2030年的复合增长率为8.1%；2023年中国抗体药物市场规模约1028亿元，预计2023—2030年的复合增长率为24.8%，增速显著高于全球抗体药物市场增长速度。

一、全球抗体和蛋白质药物研发及市场情况

（一）新药研发情况

2023年美国FDA共批准了55款新药，相较于2022年的新药批准数量增长了近50%，其中小分子药物有28款，约占获批药物总数的51%；抗体药有12款，占获批药物总数的22%，与历史最高水平齐平（FDA历年批准上市抗体药物数量参见图1-105）；其余的15款新药包括核酸和多肽类药物、酶替代疗法药物和基因疗法药物，约占总批

准药物的27%。

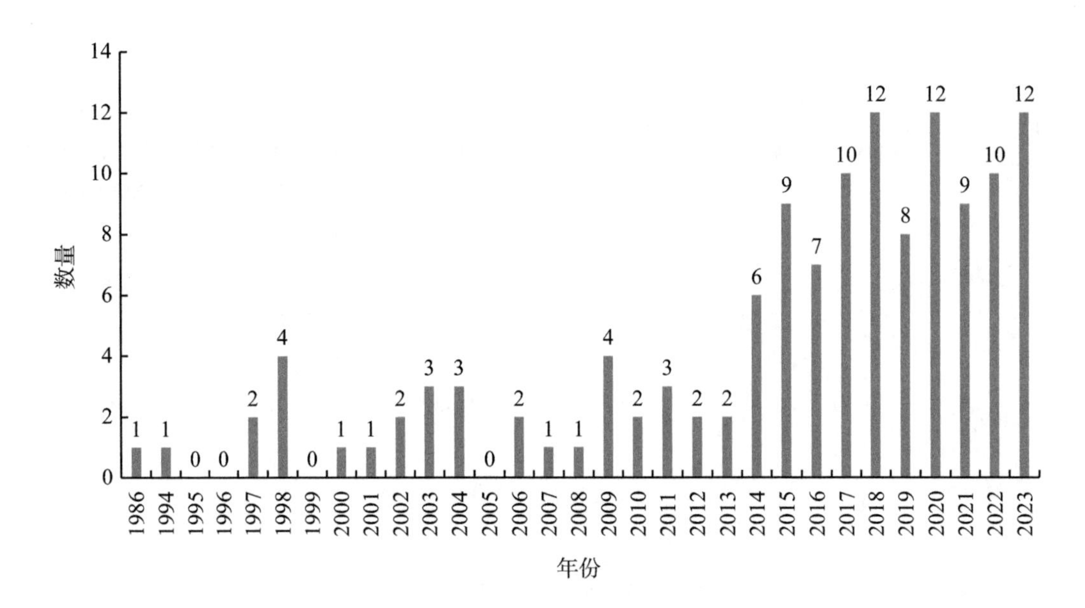

图1-105 FDA历年批准上市抗体药物数量

在FDA批准的新药中，按治疗领域分类：肿瘤学领域共批准了13款新药，占比24%。其次是神经学领域，批准了9款新药，占比16%。传染病学领域和血液学领域并列第三，分别有5款新药获得批准，占比均为9%。值得注意的是，在2023年获批的55款新药中，有28种（占51%）是用于罕见病治疗，这些药物获得了孤儿药资格认定。有20种（占36%）被认定为“全球首创”（first-in-class）新药，这些药物采用了与现有药物不同的作用机制。

在抗体治疗方面，诞生了4种新型双特异性抗体，这些抗体可同时与两个不同的表位或抗原结合，这种双重作用原理为免疫疗法带来了新的进展。2023年在研发或销售方面具有代表性的产品简要介绍如下。

1. Elrexfio

埃纳妥单抗（商品名：Elrexfio），又称为elranatamab-bcmm，是由辉瑞开发的一款同时靶向结合BCMA和CD3的双特异性抗体，于2023年8月14日获FDA批准上市。Elrexfio可通过结合骨髓瘤细胞上的BCMA和T细胞上的CD3，将两种细胞聚集在一起并激活T细胞杀死骨髓瘤细胞。该药可用于治疗复发/难治性多发性骨髓瘤成人患者，这些患者至少接受过四种包括蛋白酶体抑制剂、免疫调节剂和抗CD38单克隆抗体的治疗。此前，FDA授予Elrexfio孤儿药资格与突破性疗法认定，同时也赋予了其优先审评资格。

2. Leqembi

仑卡奈单抗（商品名：Leqembi），又称为lecanemab-irmb，是由渤健（Biogen）和卫材（Eisai）联合开发的一种针对Aβ靶点的人源化IgG1单克隆抗体，于2023年1月6日获FDA加速批准上市。Leqembi能够高亲和力地结合可溶性淀粉样β原纤维（aβ），可用于治疗早期阿尔茨海默病。

3. Keytruda

默沙东公司的程序性死亡受体1（PD-1）抑制剂帕博利珠单抗（商品名：Keytruda，俗称K药）是第一个在美国上市销售的PD-1抗体。2014年9月，Keytruda被FDA批准用于晚期恶性黑色素瘤患者，在接下来的几年中，Keytruda的获批范围不断扩大，被批准用于治疗黑色素瘤、头颈癌、非小细胞肺癌、经典型霍奇金淋巴瘤、膀胱癌及胃癌。2017年5月，Keytruda创造了同类药物的历史，FDA加速批准Keytruda用于微卫星高度不稳定（MSI-H）或者错配基因修复缺陷（dMMR）类型的多种实体瘤，这也是FDA批准的首款不按照肿瘤的来源，而是按照生物标志物就可以使用的抗癌药。Keytruda上市第三年销售额就超过了10亿美元，在2019年突破100亿美元大关。随着适应证不断拓展，销售额也水涨船高，2021年、2022年销售额分别高达171.86亿美元、209.37亿美元。2023年，Keytruda销售额更是高达250.11亿美元。

4. Semaglutide

司美格鲁肽（商品名：Semaglutide）由诺和诺德研发，是一种多肽分子，是一款同时获批肥胖和2型糖尿病双适应证的胰高血糖素样肽-1（GLP-1）激动剂。该药自2017年在全球首次上市后，仅用6年时间便跻身2023年全球畅销药TOP2行列，可谓是榜单中最大的“黑马”。目前司美格鲁肽共有3款产品获批在售，分别为Ozempic（注射用降糖药）、Rybelsus（口服降糖药）、Wegovy（注射用减肥药），得益于Wegovy销售额的突飞猛进，其在2023年同比增长407%，司美格鲁肽的市场体量也得到质的飞跃，2023年共斩获212亿美元，这一数据也展现出其冲击“新科药王”的强大竞争力。

5. Enhertu

德曲妥珠单抗（商品名：Enhertu®，优赫得），也称为DS-8201或T-DXd，是一款人表皮生长因子受体-2（HER2，是肿瘤靶向治疗药物选择的一个重要靶点）靶向ADC。自DS-8201获批上市后，一路披荆斩棘，不仅在传统适应证（HER2 阳性乳腺癌）上对恩美曲妥珠单抗（T-DM1）形成碾压优势，还开辟了乳腺癌HER2低表达这一亚型的适应证。2023年2月24日，该药首次获NMPA批准，针对的适应证为：单药适用于治疗既往接受过一种或一种以上抗HER2药物治疗的不可切除或转移性HER2阳性成人乳腺癌患者。

此外，DS-8201在肺癌、胃癌、结直肠癌、膀胱癌、胆道癌、宫颈癌、子宫内膜癌、卵巢癌、胰腺癌等多种实体瘤领域均有所涉及和探索。

6. Casgevy

Casgevy，也称为Exa-cel，是一种自体、体外CRISPR-Cas9基因编辑的细胞疗法，是全球首款获批上市的CRISPR基因编辑疗法。2023年11月16日，获得英国药品和健康产品管理局（Medicines and Healthcare Products Regulatory Agency，MHRA）有条件批准上市，用于治疗镰状细胞贫血（SCD）和输血依赖性β-地中海贫血（TDT）。基于CRISPR的基因编辑疗法Casgevy的获批上市，医学界迎来了一个具有历史意义的时刻。这一创新疗法由CRISPR Therapeutics和Vertex Pharmaceuticals联合开发，标志着基于CRISPR基因编辑疗法首次获得监管机构的认可。这不仅为个体化医疗开辟了新篇章，也预示着它有望为全球数百万患者带来生活的转变。CRISPR是细菌防御系统的关键成分，同时也是CRISPR-Cas9基因组编辑技术的基础。

（二）全球市场情况

根据弗若斯特沙利文分析报告，2023年全球抗体药物市场规模达到2573亿美元，预计2023—2030年的复合增长率为8.1%（具体市场规模参见图1-106）。帕博利珠单抗（商品名：Keytruda）以250.11亿美元销售额成为新的全球“药王”；此外，阿达木单抗

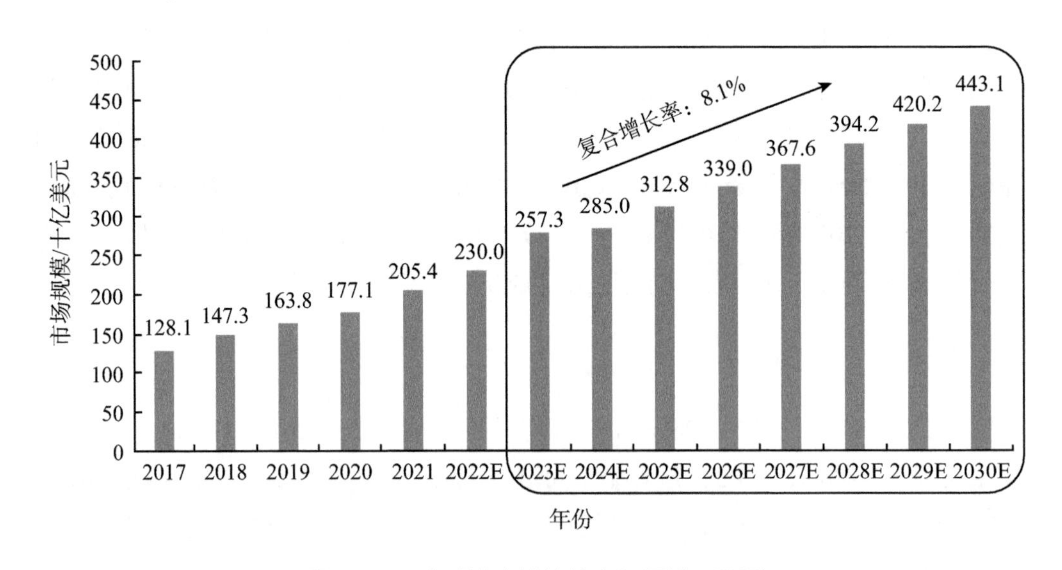

图1-106　全球治疗性抗体市场规模及预测

（商品名：Humira）、度普利尤单抗（商品名：Dupixent）、乌司奴单抗（商品名：Stelara）、纳武利尤单抗（商品名：Opdivo）4款抗体药物销售额突破百亿美元；还有11款抗体药物销售额超过50亿美元，35款抗体药物销售额超过20亿美元，54款抗体药物销售额超过10亿美元。

从靶点角度看，针对程序性死亡受体1（PD-1）、程序性死亡受体配体1（PD-L1）的药物一骑绝尘，合计销售额达463亿美元；针对肿瘤坏死因子-α（TNF-α）的药物位居第二，合计销售额261亿美元；针对VEGF（含VEGF/Ang2双抗）的药物位居第三，合计销售额162亿美元；针对HER2的药物位居第四，合计销售额124亿美元，最大增长来自DS-8201；针对CD20的药物位居第五，销售额120亿美元，最大增长动力来自治疗多发性硬化症的Ocrevus，后续有多款CD3/CD20双抗获批，带来新的增长点。针对自身免疫领域，TNF-α，IL-4R、IL-23p19、IL-12/IL-23的药物位列第六至第八位，合计销售额均突破百亿美元；针对CD38靶点的药物位居第九，销售额102亿美元；针对IL-17的药物位居第十，销售额79亿美元；针对骨科RANKL、补体C5、炎症性肠病整合素α4β7、血友病FⅨ/FⅩ、自身免疫IL-6R的药物分列第十一至第十五位。这前十五大靶点相关药物合计销售额1918亿美元，占全部销售额的82%。

二、我国抗体和蛋白质药物情况研发及市场情况

（一）新药研发情况

2023年，NMPA累计批准了82款新药，包括48款化学药（小分子、小核酸）、22款生物药（单抗、双抗、ADC、细胞疗法、酶替代疗法、融合蛋白、血液制品）、4款疫苗及8款中药。与往年相比，2023年NMPA批准新药数量显著上涨，几乎与近五年的历史峰值持平（国内历年批准上市抗体药物数量参见图1-107）。

从疾病领域来看，肿瘤领域仍是创新药物聚集地，在除中药外的74款新药中，2023年肿瘤领域新药占比达到32%（24款），无论是肺癌、乳腺癌等较为常见的实体瘤，还是血液肿瘤、肾癌、骨肿瘤、神经纤维瘤、宫颈癌等患者群体相对较少但恶性程度不低的瘤种，都有创新产品获准上市。其中2023年，NMPA批准的新药中有近48%出自国产药（39款），涵盖小分子、抗体类、细胞疗法、融合蛋白、血液制品及疫苗、中药等多种药物类型，遍布肿瘤、自身免疫、消化、心血管、感染等疾病领域。另外43款为进口药物，包括化学药（30款小分子、1款小核酸）、生物药（8款抗体、2款ADC、1款酶替代疗法）及中药（1款），涉及的治疗领域广泛且创新药物类型丰富。

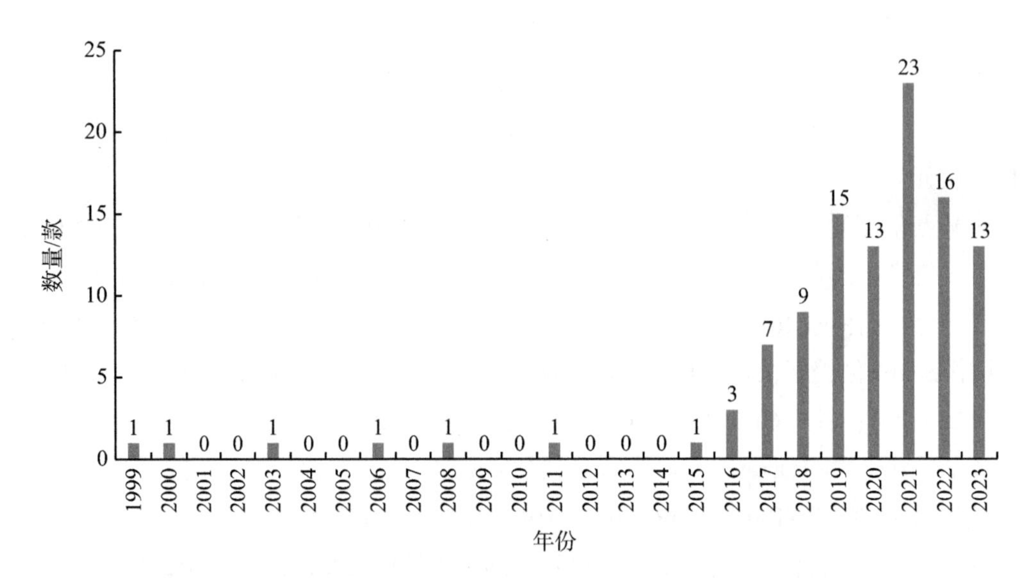

图1-107 国内历年批准上市抗体药物数量

1. 维泊妥珠单抗

维泊妥珠单抗（polatuzumab vedotin，商品名：Polivy）是一款靶向CD79b的ADC，它通过与肿瘤细胞上的CD79b特异性结合，递送抗癌药物杀死弥漫性大B细胞淋巴瘤（DLBCL），并能够减少对正常细胞的伤害。2023年1月14日，维泊妥珠单抗获NMPA批准两项适应证，分别为：联合利妥昔单抗、环磷酰胺、多柔比星和泼尼松，适用于治疗既往未经治疗的DLBCL成人患者；联合苯达莫司汀和利妥昔单抗，用于不适合接受造血干细胞移植的复发/难治性DLBCL成人患者。

2. 阿得贝利单抗

阿得贝利单抗（SHR-1316）是恒瑞医药研发的人源化抗PD-L1单克隆抗体，是我国首个获批小细胞肺癌适应证的自主研发PD-L1抑制剂。2023年3月3日，获NMPA批准上市，用于联合化疗一线治疗广泛期小细胞肺癌（ES-SCLC）。

3. 伊基奥仑赛注射液

伊基奥仑赛注射液（驯鹿生物研发代号：CT103A。信达生物研发代号：IBI326）是一种靶向B细胞成熟抗原（BCMA）的CAR-T创新候选产品。该候选产品以慢病毒为基因载体转染自体T细胞，嵌合抗原受体（CAR）包含全人源scFv、CD8a铰链和跨膜、4-1BB共刺激和CD3 ζ 激活结构域。2023年6月30日，该药获NMPA批准上市，用于治疗复发/难治性多发性骨髓瘤成人患者，既往经过至少三线治疗后进展（至少使用过一种蛋白酶体抑制剂及免疫调节剂），这是首款在中国获批的BCMA靶向CAR-T疗法。

4. 法瑞西单抗

法瑞西单抗（faricimab，商品名：Vabysmo、罗视佳）是罗氏开发的一款靶向血管生成素2（Ang2）和血管内皮生长因子-A（VEGF-A）的双特异性单克隆抗体，是全球首个专为眼内注射研发的创新双特异性抗体。与传统单通路药物相比，该药能够在抑制新生血管生成的同时，增强血管稳定性，提升长期视力获益，并改善患者生活质量。2023年12月18日，该药获NMPA批准上市，用于治疗糖尿病黄斑水肿（DME）。

2023年，还有多款中国企业研发或合作研发的新药获得FDA批准，惠及全球患者。3月，传奇生物与强生（Johnson & Johnson）合作开发的BCMA靶向CAR-T产品西达基奥仑赛获FDA批准，用于治疗复发/难治性多发性骨髓瘤成人患者，这是FDA批准的第二款靶向BCMA的CAR-T疗法。10月底，君实生物的PD-1抑制剂获FDA批准，用于治疗鼻咽癌，这也是首个被FDA批准用以治疗鼻咽癌的PD-1肿瘤免疫药物。紧接着，和黄医药与武田（Takeda）合作开发的小分子抗癌药呋喹替尼获得FDA的批准，成为美国首个且唯一获批用于治疗经治转移性结直肠癌的针对全部三种VEGF受体的高选择性抑制剂。此外，亿帆医药研发的艾贝格司亭α注射液也获得了FDA批准，用于癌症患者抗感染治疗。此外，还有超40款中国新药获美国FDA资格认定（统计包括快速通道资格、突破性疗法认定及孤儿药资格），总数量也创近4年来新高。这些中国在研新药主要包括小分子药物、抗体药物，以及细胞和基因疗法等。

（二）市场情况

据统计，2023年中国生物制品营业收入增速同比下降15.6%，利润增速同比下降43.3%。虽然2023年中国整体生物制品的营业收入和利润均有所下滑，但中国作为主要的医药市场之一，抗体药物进入放量期。根据弗若斯特沙利文分析报告，预计2023年中国的治疗性抗体药物市场规模将达到1028亿元，预计2023—2030年的复合增长率为24.8%（市场规模及预测参见图1-108），显著高于全球抗体药物的增速。单抗目前是中国最大的抗体药物类别，2021年其市场规模达人民币580亿元。新一代的抗体药物，如ADC和双抗，具有极大的治疗潜力。随着更多候选药物获批，ADC和双抗市场预期在不远的将来会大幅增长。

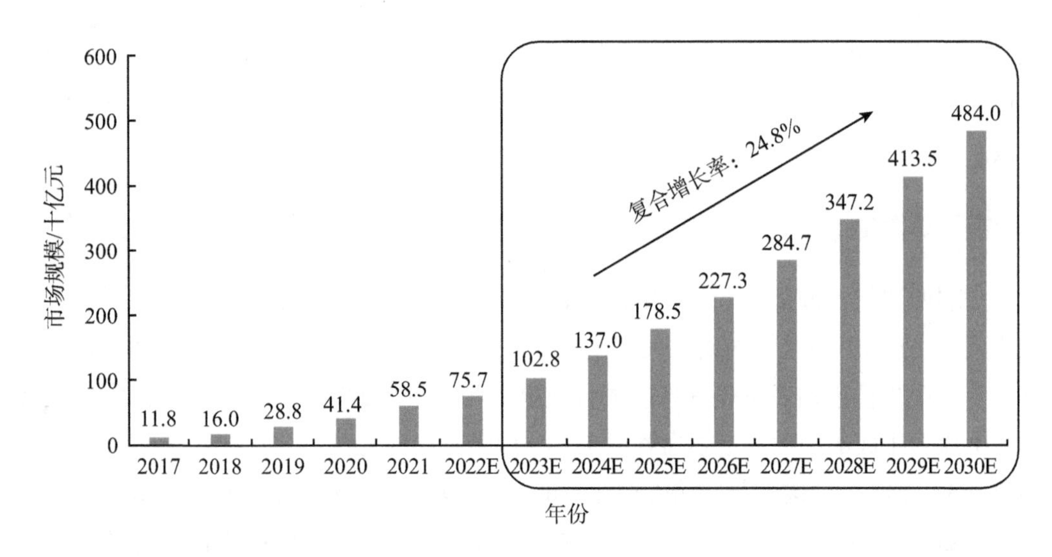

图1-108 中国治疗性抗体药物市场规模及预测

三、投融资情况

1. 全球生物医药投融资情况

受疫情影响，2020年全球生物医药行业包括IPO、后续跟投（follow-on funding）和风险投资等总额达到1340亿美元，较疫情前增长超过100%；2021年达到1180亿美元。但疫情形势趋稳后，红利消退，2022年降至610亿美元，2023年回暖至720亿美元，其中又以后续跟投占整体研发资金最大比例，达38%。

2023年的并购交易价值与数量也呈现上升趋势。在2023年共有31项总额超过20亿美元的大型交易，其中癌症领域占了55%（为最大宗），而神经学与心血管代谢领域则分别占了17%与8%。许多大型交易与ADC相关，在总共12项癌症领域交易当中，ADC便占了6项。著名例子有辉瑞（Pfizer）于2023年3月斥资约430亿美元收购ADC先驱公司西雅图遗传学公司（Seagen），以及艾伯维（AbbVie）于11月以总额约达101亿美元收购免疫基因公司（ImmunoGen），并获得其“first-in-class”ADC疗法。

2. 我国生物医药投融资情况

2023年国内生物医药领域融资总金额为61.59亿美元，约为2022年融资总额（110.56亿美元）的一半，2021年融资总额（235.95亿美元）的四分之一。从平均融资金额和融资事件数来看，2023年国内生物医药领域融资事件数量（514起）跌落至2020年水平（534起），平均融资金额（0.12亿美元）跌落至2019年水平（0.11亿美元）。

2023年，国资背景投资机构大举进入生物医药领域，成为医药创投的重要力量，如深圳市创新投资集团、生物城集团国生资本、苏州金合盛控股有限公司、厦门建发新兴投资等。据不完全统计，2023年国资基金直接参与的医药健康投融资事件近400笔，比2022年的193笔多出一倍，除北上广深外，大量二、三线城市和区县相继在2023年设立政府引导基金，重点投注医疗领域。

2023年，国内细胞与基因治疗（cell and gene therapy，CGT）赛道融资总额超过100亿元人民币，其中劲帆生物、沙砾生物、艾凯利元生物等多家CGT研发公司单轮融资金额过亿。目前，在CGT领域，全球有超过3000多条在研管线，赛道热度不减，这也是市场对未来医药产业发展趋势判定的体现。ADC药物的国内投融资事件为23起，相较于2022年的41起，国内融资热度有所下降。虽然ADC的融资笔数不容乐观，但是中国公司在全球ADC热潮中的商务拓展（business development，BD）表现尤为亮眼。

限制于IPO政策收紧，审核趋严，2023年生物医药领域IPO数量降至2019年水平（27起），为2021年生物医药企业IPO高峰（54起）时的一半。27家医药企业成功挂牌上市，最高募资34.7亿元，均属于小分子化学药与生物大分子药物领域，医药IPO前两位——药明合联和智翔金泰均为抗体药赛道。

3. 我国创新产品对外授权情况

2023年，国内共发生了78笔创新药对外授权（license-out）交易，较2022年全年的44笔增长了77%。交易金额方面，已披露的2023年对外授权交易总金额超过465亿美元，较2022年的276亿美元增长69%。从分子类型来看，2023年达成对外授权合作的中国新药覆盖了新型小分子药物、单抗、双抗、ADC、CAR-T细胞治疗产品等各种类别。其中，小分子药物和ADC产品数量占比总和接近60%。

ADC领域备受瞩目。2023年这一领域共达成20件BD交易，金额高达246.7亿美元，其中有7项合作的总金额超过了10亿美元。这些ADC产品的靶点涵盖了Nectin-4、Claudin 18.2、HER2、HER3、Trop-2、GPRC5D、B7-H4、EGFR/HER3等。

达成合作的其他新药类型还包括单抗/双抗、CAR-T细胞疗法等。其中，CAR-T细胞疗法的靶点包括BCMA、CD20、CD19/CD20、DLL3等。同时这些向国际公司授权的项目越来越向研发更早期的阶段演进。

4. 并购重组情况

随着IPO收紧，2023年中国药企并购整合事件较2022年也有所增加。共发生并购事件83起，并购交易总金额达366.1亿元人民币，较2022年的249.7亿元人民币提升超45%，平均交易金额也从3.4亿元人民币上升至4.4亿元人民币。2023年底，阿斯利康以12亿美元收购亘喜生物，是跨国药企首次收购中国创新中小型生物科技企业，为2024年的并购市场开辟了新的交易模式。紧接着2024年初，强生以20亿美元收购Ambrx，Ambrx是首家由中国资本全资收购的美国药企。以上这些成功案例给中国一级市场投资人带来巨大信心，打开创新药企投资人的退出新路径。并购退出在欧美为主流方式，中国还尚在早期，随着中国创新药公司IPO受阻，并购退出将成为主流方式之一，长春高新控股的百克生物收购传信生物也印证了创新药公司的并购不失为一种更快的退出路径。

四、全球生物药产能

随着生物药市场的高速发展，生物药产能的需求也持续增长。据预测，全球生物药蛋白的产量将从2023年37 t跃升至2025年的64 t，至2027年将达到约87 t。相应地，全球对生物药生产能力的需求也呈快速发展的态势。2021年全球的生物药产能约为1750万L，预计到2030年全球对生物药产能的需求将达到4000万L。因此，大型制药企业专业的CDMO公司纷纷斥巨资提升生物药产能。

据统计，2023年全球CDMO龙头企业接连宣布了产能规划，其中三星生物斥资14.5亿美元建设18万L产能的5号工厂；乐天生物以30亿美元的投资启动36万L产能的建设计划；富士生物、药明生物、Biovian、Northway、AGC Biologics、Celltrion、碧博生物等企业也在2023年相继投资数十亿美元用于提升产能。在2024年1月的JP Morgan会议上，三星生物进一步明确，将持续推进新增产能建设，到2030年总产能将达到130万L。

此外，全球大型制药企业在产能建设方面也表现积极。如艾伯维投资2.23亿美元，扩增其新加坡生产基地产能至2.4万L；阿斯利康投资3亿美元在美国建立细胞疗法工厂；百时美施贵宝（BMS）投资4亿美元，在爱尔兰扩增产能；安进投资4.74亿美元，在美国俄亥俄州扩增产能；第一三共投资10亿欧元，扩建德国慕尼黑工厂；诺和诺德更是累计投入107亿美元用于扩大司美格鲁肽的生产能力，满足全球需求。

在市场需求的持续拉动下，全球对超大规模不锈钢生物反应器的需求持续增大，在技术的驱动和需求的拉动下，生物制药正在迎来由新一代3万L超大规模生物反应器技术为核心、以百万升总产能为基础、以CDMO集约化生产为特征的第四次浪潮。我国的CDMO企业碧博生物，在国际上首先突破了3万L超大规模不锈钢哺乳动物细胞生产线技术，该技术具有自主知识产权，核心生物反应器单罐体积达到世界第一，有望推进我国逐步成为全球生物药制造领域的技术引领者。

五、重点政策

2023年是全面贯彻落实党的二十大精神的开局之年，国家发布多项重磅政策，加大对医药行业的支持力度，持续促进产业向“高端化、智能化、绿色化”方向转型升级。全年国家层面发布医药行业相关政策250余条，重磅政策百余条，对未来几年医药领域发展影响重大，其中医保类最多，其次为医药类。从发文部门来看，国家卫生健康委员会、NMPA［包括国家药品监督管理局药品审评中心（CDE，简称药审中心）］和国家医疗保障局发布政策最多。

2023年医药行业重点关注严格监管、研发创新、注重质量等。产业政策方面：提高医药工业和医疗装备产业韧性和现代化水平，提高产业集中度和市场竞争力，提升产业链供应链韧性和安全水平、产业创新能力。医药政策方面：发布多份药品清单，为临床试验、关键共性技术研究、优先审评审批等给予支持，加强对基础研究和医学创新的支持，鼓励企业加大研发投入，加快新药和医疗器械的研发步伐。医保政策方面：医保目录调整工作常态化推进，国家医保基金监管呈高压态势，从飞行检查、专项整治、日常监管、智能监控、社会监督五个维度出发，以点、线、面相结合的方式推进基金监管常态化。医疗政策方面：合理用药、公立医药改革、分级诊疗等方面均有重要政策发布。

此外，为指导创新药各领域产品临床设计，规范相关领域快速发展，以及提高申请人和监管机构沟通交流的质量和效率，2023年国家也出台了多项针对包括新型抗肿瘤药物、多肽药物、抗体偶联药物、脂质体药物、细胞药物、基因治疗药物等多种药物类型的临床研究指导原则。

以下为几个代表性政策的简单解读。

1.《药审中心加快创新药上市许可申请审评工作规范（试行）》

为进一步鼓励创新，药审中心组织制定了《药审中心加快创新药上市许可申请审评工作规范（试行）》，经国家药品监督管理局审核同意，自2023年3月31日起实施。

本工作规范明确了适用范围及审评时限，适用范围包括儿童专用创新药、用于治疗罕见病的创新药以及纳入突破性治疗药物程序的创新药，特别审评审批品种除外。申请人需按照Ⅰ类会议提交沟通交流申请，经药审中心审核同意后，可按照本工作规范开展后续沟通交流及审评审批工作。申请人在探索性临床试验完成后，已具备开展确证性临床试验条件至批准上市前，按照本工作规范开展后续沟通交流及审评审批工作。申请人应当在提出药品上市许可申请的同时，按要求提出优先审评审批申请。审评时限方面，沟通交流时限为30日，品种审评时限同优先审评品种时限为130日，按照单独序列管理。

2.《关于加强医疗保障基金使用常态化监管的实施意见》

为进一步守好群众“看病钱”“救命钱”，2023年5月30日，国务院办公厅印发《关于加强医疗保障基金使用常态化监管的实施意见》，明确将加快构建权责明晰、严密有力、安全规范、法治高效的医保基金使用常态化监管体系。本实施意见提出三方面政策措施，一是明确各方职责，二是做实常态化监管，三是健全完善制度机制。

3.《关于加强药品上市许可持有人委托生产监督管理工作的公告》

为进一步落实药品上市许可持有人委托生产药品质量安全主体责任，保障药品全生命周期质量安全，2023年10月23日，NMPA发布《关于加强药品上市许可持有人委托生产监督管理工作的公告》，就药品上市许可持有人委托生产的许可管理、质量管理和监督检查等提出明确要求。

本公告涉及新规26条，自发布之日起执行。本公告明确，血液制品、麻醉药品、精神药品、医疗用毒性药品、药品类易制毒化学品依法不得委托生产；含麻醉药品复方制剂、含精神药品复方制剂以及含药品类易制毒化学品复方制剂依照有关规定不得委托生产；疫苗等有专门规定的，从其规定。

此外，本公告的“五个鼓励”规定备受行业关注：鼓励生物制品持有人具备自行生产能力；生物制品持有人委托生产的，鼓励优先选择应用信息化手段记录生产、检验过程所有数据的药品生产企业；鼓励多组分生化药的持有人自建生产用原料基地，加强对动物来源原材料的生产过程控制；鼓励中药注射剂生产企业使用符合中药材生产质量管理规范（good agriculture practice，GAP）要求的中药材，进一步保证生产用原料的质量安全和稳定供应；鼓励持有人通过信息化手段加强委托生产过程的质量管理，切实落实持有人全过程质量管理主体责任。

撰 稿 人：华玉涛　上海碧博生物医药工程有限公司
杨思涵　上海碧博生物医药工程有限公司
李菁菁　上海碧博生物医药工程有限公司
王　峰　深圳市普天硕实业有限公司
黄隆锦　深圳市普天硕实业有限公司
通讯作者：华玉涛　yutao.hua@bibo-pharma.com

第七节　细胞与免疫治疗

一、国内、国际市场细胞与免疫治疗“零”的突破

2023年，中国在细胞与免疫治疗方面实现了“零”的突破，先后批准上市了3款国产的CAR-T细胞治疗产品，同属于基因修饰的免疫细胞治疗产品。虽然之前已有

2款CAR-T产品在中国获批上市，但这2款CAR-T药物为“License-in”的进口产品。2023年后批复上市的产品为真正意义上的国产细胞与免疫治疗“零”的突破。

2024年新年伊始，美国食品药品监督管理局（FDA）批复了首个治疗实体瘤的个体化细胞治疗产品上市——TIL（肿瘤浸润淋巴细胞）疗法，用于*BRAF* V600突变的晚期黑色素瘤患者的治疗。其获批上市的依据主要是基于Ⅱ期临床试验良好的研究结果，153名晚期黑色素瘤患者在接受了三线常规治疗无效后转为接受TIL疗法，31%的患者治疗应答良好，其中应答良好的患者中，42%的患者其治疗应答持续时间超过18个月，这是一个令医学界都备受鼓舞的治疗效果。基于此项临床试验数据，FDA采用加速审批（accelerated approval）批准该项细胞治疗产品上市，这也是细胞治疗产品用于治疗实体瘤的“零”的突破。

二、CAR-T疗法的临床新应用——用于治疗自身免疫性疾病

美国血液学会（ASH）2023年会上，德国研究小组发布了一项应用CAR-T疗法治疗红斑狼疮的临床试验结果。研究中的一名患者对CAR-T疗法的治疗反应非常好，疾病缓解非常显著，2.5年后，该名患者在没有使用任何免疫抑制剂的情况，疾病完全缓解并且持续良好。与该名患者一同接受治疗的其他14名患者也持续缓解良好。该项临床试验入组的患者包括8名红斑狼疮患者，4名系统性硬化病患者，3名特发性炎性肌病患者。

尽管是早期结果，但良好的临床试验结果为自身免疫性疾病的治疗提供了新思路，也解锁了CAR-T疗法的“新技能”——不仅仅能用于血液肿瘤的治疗，基于CAR-T对B细胞靶向作用这一共性机制，该疗法还能用于治疗自身免疫性疾病，同时，也为新药开发提供了新路径，从疾病发生发展的演绎机制入手，而不仅仅局限于临床症状的缓解。

三、细胞与免疫治疗的安全新标签

2023年11月刊的《血液》(*Blood*）杂志刊发了一篇研究，提示与CAR-T疗法相关的继发性肿瘤事件。该研究展示了一个有CAR标记的T细胞淋巴瘤的罕见病例，而CAR是CAR-T疗法的关键合成标记：一名51岁的澳大利亚多发性骨髓瘤患者接受了CAR-T疗法，起初，这名患者对CAR-T疗法反应良好，治疗后随访期没有检测到的骨髓瘤。但在治疗5个月后，患者脸上开始出现红疹，病理检测显示为T细胞淋巴瘤，并且出现CAR标记，提示可能是CAR-T治疗后继发的T细胞淋巴瘤。

随后，2023年12月初，美国FDA宣布着手调查20例与Cat-T疗法相关的继发肿瘤。2023年末，美国FDA发布通知，要求已经获批上市的CAR-T产品变更安全性标

签，在黑框警告中加入“可能会诱发T细胞恶性肿瘤”的内容。

2024年1月，美国FDA发布了CAR-T疗法开发指南[Considerations for the Development for Chimeric Antigen Receptor（CAR）T Cell Products—Guidance for Industry]，提供了关于CMC（chemistry，manufacturing，and control，化学、制造和控制）、药理学和毒理学以及临床试验设计的具体建议，此版指南更新了对肿瘤适应证的关注，以及针对表达多个转基因元件的CAR-T细胞的效力学研究、稳定性研究，以及临床观察等的细节建议。

四、革命性的临床疗效与昂贵价格之间的两难境地，亟须科技创新带动产业创新

无论是CAR-T疗法还是TIL疗法，能够快速获批上市都是基于其革命性的临床疗效，能给患者带来改变生命轨迹的治疗效果，但由于都是个体化的产品，单人即产的形成无法通过传统药品量产的规模优势来实现成本优化，导致这些上市的细胞免疫治疗产品的价格居高不下。目前上市的几款细胞产品以及刚获批上市的TIL产品的价格，基本都在百万元人民币，或数十万美元。并且，这个价格还不包括患者的住院费用、其他治疗或预处理的费用等，高昂的价格让临床医生和患者都陷入极大的选择困境。同时，CAR-T烦琐的单份生产流程，即便是具有支付力的患者也面临极大的生产不确定性。

因此，具有革命性治疗效果的个体化细胞治疗迫切需要创新的生产交付方式，畅通目前CAR-T或TIL疗法临床应用最后一公里的梗阻，以人工智能+个体化细胞治疗搭建围绕着临床医疗机构的分布式生产培养设施，以数智技术突破当前细胞和免疫治疗人工生产的高投入、供应链冗长、过程烦琐的产能与效率的技术瓶颈，以全密闭、全自动、灵活组合的数智化产线，多样本并行处理，分布式部署，以实现个体化细胞免疫治疗产品的大规模、高质量、低成本与可重复的生产交付。

传统生物药物生产的成本锐减都来源于规模效应，因此，目前上市的几款CAR-T产品，以及刚获批上市的TIL疗法均采取的是集中生产模式，希望重复经典的“以规模降成本”的经济学理论，但遗憾的是，这条在其他行业备受推崇的经典理论在个体化细胞治疗产业领域却无法重现，并且集中式生产个体化细胞治疗的工艺效率、成本效应也受到了挑战，并没有出现大规模的成本下降，也没有发生传导至患者的价格锐减。

因此，为了更好地应对行业挑战，疏通具有革命性疗效的个体化细胞免疫治疗临床应用最后一公里的“梗阻”（这种梗阻有存在于供应链上的，也有存在于烦琐的人工操作带来的产能限制的），以缓解临床医生、患者家庭的两难的选择压力，我国制定了生物技术与信息技术融合应用工程专项，攻关研发细胞制剂数智化产线，利用数智技

术、生产自动化技术围绕着临床需求部署“床边”生产线，以实现个体化细胞治疗技术的大规模、高质量、低成本、可重复的生产交付，提升创新产品的临床可及性。

五、通过数智技术就近部署生产设施，缩短供应链，降低生产成本，提升细胞与免疫治疗的临床可及性

首先是供应链缩短带来的时间与成本的压缩。细胞药物公司北科生物采用细胞产业关键共性技术国家工程研究中心（以下简称“细胞产业国家工程中心”）先进智造平台的数智化产线方案并在哈尔滨落地部署，用于生产个体化治疗产品rFib，满足在当地开展的临床研究需求。就近部署生产，用于生产的原材料（患者皮肤组织）不需要长距离运输到位于深圳的制备中心，节省了原材料和终产品双向运输所需的时间周期与经济成本，也避免了长距离运输过程中质量控制的不确定性。同时，许多劳动密集的操作步骤经由机械自动化的替代，更节省了劳动力成本，并大大减少了人工参与生产过程对高洁净级别空间的需求。

模块操作数智化产线具有更优的成本效率优势。在个体化产品的生产过程中，设备发挥着重要的作用。生产自动化可以采取基于模块操作的数智化产线，将生产过程分解为多个不同的步骤以控制系统实现自动化；也可采用集成式自动化方案，将生产过程中的许多不同的步骤简化为一个单一的自动化平台。但对于个体化细胞免疫治疗产品来讲，其生产工艺的周期较长，平均需要20多天的生产周期，集成式自动化意味着对设备的占用时间较长，无法实现多样本并行处理的规模化优势，反而是模块操作的数智化方案更具有成本效率优势，且能实现不同样本连续生产和多样本并行处理的“流水线”优势。

细胞制剂数字化智能化生产线开发和推广应用项目采用的是细胞产业国家工程中心研究成果模块操作的数智化产线。通过“BT（生物技术）+IT（信息技术）+AT（自动化技术”）的融合，采用自主研发的自动化控制系统和全密闭、一次性技术，建设了符合GMP（良好生产规范）要求的全流程自动化、封闭式、连续性、标准化细胞制剂产线，实现模块操作的自动化生产，解决了人工产线建设周期长和洁净空间需求大、质量不均一、制备工程师供给不足以及生产过程不透明的产业发展难题。

产线包括5个可支撑性的功能模块（图1-109）——全自动细胞处理系统、智能配液系统、矩阵式培养系统、智能分装系统、细胞全生命周期管理系统，通过细胞产业国家工程研究中心的通讯协议控制连接不同的功能模块的搭建。采用数智技术突破智能排产、多批次并行、多工艺兼容等技术瓶颈，完成细胞洗涤、分选浓缩、溶液置换、培养、收获、制剂配方等细胞制剂全流程的无人化生产，实现过程可视，工艺自主执行，并满足监管要求的数据实时收集和全生命周期追溯。

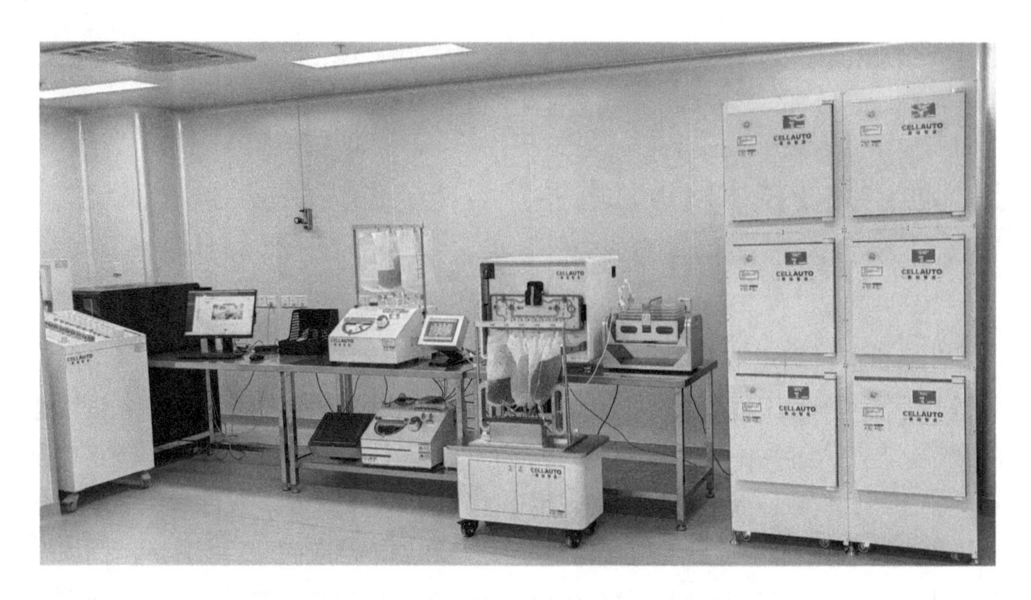

图1-109　先进智造平台的数智化产线

集中式生产和区域分布式产线的成本效率比较分析。部署完成后，我们利用真实世界的生产数据的成本推导，分析比较了分布式的“床边”数智化生产模式与人工集中生产模式的成本效率，确定哪种模式更具成本效率优势，以加快创新疗法的临床转化，促进新产品、新服务与新业态的发展。

rFib的生产过程。包括：皮肤组织采集，分离处理，诱导转染，培养扩增，洗涤收获，冻存。部署的数智化产线可在一次性的密闭管路系统中完成从诱导到收获、配方化的操作步骤，节省生产人力、空间和时间。

操作人员的配置。“床边”数智化产线需配置2名操作人员，操作产线和辅助生产。而深圳人工产线需配置23名工程师作业生产。

成本确认和核算。第一，确认自动化产线包括的步骤，如细胞转染、培养扩增、洗涤收获、配方化分装，以及对应人工操作的步骤和所需的工时。第二，确定总体生产过程的固定成本和变动成本。固定成本包括设施建设，厂房装修，设备/产线购置，人员支出（薪酬和培训费用）；变动成本主要包括生产过程中耗材的消耗支出。

通过分析比较rFib数智化产线与深圳人工产线的建设周期、试运行测试，得出分布式数智化产线的优势在于，供应链环节减少，省去了生产原材料采集后以及终产品的长距离运输，节省了临床中心到集中生产设施双向运输的时间、成本，以及避免了质控的不确定性。

生产过程中的劳动力的精简，数量上从23名到2名，专业技能上从细胞制备工程师到产线操作人员；洁净厂房的面积由1800平方米B级洁净空间到142平方米的D级洁净空间；同时，数智化产线具备多患者样本并行生产处理的“流水线”优势，能在最大产能运行的状态下进一步获得成本优势，而人工产线则不具备相应多样本并行处理的可扩展性，更多的样本生产意味着固定成本成比例地攀升。

虽然此分布式数智化产线适用于生产rFib，但rFib疗法与CAR-T和TIL疗法具有类似性：同样是单人单份生产，需要即时采集患者的组织样本作为生产原材料，经由长距离运输到生产中心或就地开始生产，经过质检，合格放行，然后经由长距离运输配送或就近为患者回输治疗。因此，细胞产业国家工程中心部署的“床边”基于模块操作的数智化产线对个体化CAR-T和TIL疗法的产线部署选择具有较强的可参照性。

六、完善的产业设施提升前沿技术的可及性

从前述的CAR-T疗法和TIL疗法研发路径可以看出，成功开发并上市先进的疗法只是成功了一半，成功的另一半是要确保临床上每一个有需要的患者都能用得起、用得上这些具有“治愈”效果的先进疗法。从目前临床上市的细胞免疫治疗的临床可及性来看，这些创新疗法的定价基本都处于数十万美元或上百万元人民币的价格，高昂的价格让这些先进疗法“可望不可及”，无法进入临床治病救人，显然我们只成功了一半。

但是，目前具有革命性疗效的细胞免疫治疗之所以昂贵显然有着结构性的原因，比如单人单批，现需现产，病毒、培养基以及递送体系等复杂、冗长的生产、运输过程，还有高昂的固定支出，比如高洁净级别设施投资和参与生产制备的制备工程师和质量管理工程师团队等。因此，简单的限价令并不能从根本上缓解临床患者支付能力不足的现状，而是需要有重大科技创新带动产业创新，带动形成细胞免疫治疗的新服务、新业态，否则这些创新疗法仍然是价格高昂令人望而却步，让患者及其家庭陷入选择困境。因此，如何提升创新疗法可及性应是科技创新与产业设施建设的重要组成部分。

个体化产品的工艺放大与原辅料的共用性，在实现不牺牲产品质量和过程稳健性的同时，还可保障产品成本的可控，不至于让人对高昂的价格望而生畏从而阻碍科技创新带动的产业创新。由于单人单批的生产模式，不同患者样本生产过程的可重复性与可比性就变得至关重要，而生产自动化能保持个体化产品生产过程的可重复性以及不同生产过程具有可比性。

投资建设区域通用生产平台以分摊单个公司的固投成本。可以想象，如果每个汽车公司都自建国家高速公路网，那如今汽车就不会如此普及。因此，在提升创新疗法可及性方面，除了要求公司降价外，还可以参照汽车行业，为了提升汽车在普通家庭的普及率，由专门的公司修建完善的高速公路网，分摊汽车公司没有必要的固定支出。在细胞免疫治疗领域，也可以经由专业的公司建设产业共享设施比如分布式通用生产平台，分摊生物公司的固定支出并能专注于创新疗法的研究开发。

目前，国际上已有国家开始推进建设分布式通用生产平台，供创新疗法的生物技术公司共享使用，以期在不影响产品质量的前提下，有效降低创新疗法的固定成本，

提升创新疗法的可及性。比如，2015年，英国政府投资8500万美元在伦敦以北的斯提夫尼奇生物园区（Stevenage Bioscience Campus）建设了一个通用细胞疗法生产设施，提供符合法规标准的通用生产平台，支持生物技术公司个体化产品临床试验后期生产，以及上市后的商业化生产，以减轻个体化细胞治疗药物公司自建生产设施的固定投资和支出，实现个体化疗法生产成本的可控性。建成3年后，该单一通用生产平台总计生产了价值18亿美元的个体化疗法。2023年3月，基于临床对个体化疗法的需求以及对生物产业发展的促进，英国政府又在布里斯托尔（Bristol）新建了个体化疗法的通用生产平台，以提升个体化疗法在英国的可及性与成本可负担性。

目前，我国细胞与基因治疗行业尚未有共享的区域通用生产设施，这就意味着个体化疗法公司必须自建各自的供应体系和生产设施，这不仅会导致重复建设、产能闲置与更高的固定成本，更会导致创新疗法的生产成本居高不下，患者用不起也用不上。

2024年的两会上，中央政府提出要发展新质生产力，为此，习近平总书记在参加江苏代表团审议时专门对什么是新质生产力以及如何发展新质生产力做了说明。发展新质生产力要防止低水平的重复建设，用新技术改造提升传统产业，促进产业高端化、智能化、绿色化。

鉴此，可以统筹区域对个体化疗法的治疗需求，建设符合GMP的通用生产平台，分布在不同的城市，就近及时满足临床的治疗需求，确保高效而有弹性的国内供应链，避免重复建设、降低成本，并统一采购或平台自主生产个体化疗法需要的复杂材料，比如载体、病毒等。

这种区域通用的生产平台建成后，显著可见的优势在于，个体化疗法的生产成本将大幅度降低，通过集中统筹区域个体化疗法的生产需求，应用模块操作自动化产线实现连续大规模生产，不仅分摊了生产设施的固定支出，还能实现关键共性原辅料的规模合成和批量使用。并且，一个更稳健的供应链体系还能建立起一个快速验证、快速上市的发展路径，有效对冲个体化疗法的投资风险，为细胞免疫治疗的创新创业带来丰裕的资金支持，形成良好的风险投资，快速验证、快速上市以及加速创新成果商业化的“研发-产业”良性循环。

数十年的研发投入有望带来革命性的创新疗法，但如果没有及时配套的通用的生产设施来疏通临床应用的最后一公里，很多患者将无法从这些科技创新中受益，也意味着这些创新成果无法形成新服务、新业态和新产业。因此，要有效弥合创新疗法与患者需求之间的价格鸿沟，类似高速公路网的通用生产平台国家网络建设将是一个高效的解决方案。

撰 稿 人：刘沐芸 细胞产业关键共性技术国家工程研究中心
通讯作者：刘沐芸 muyun@ncgt.org.cn

第八节　小分子药物

一、小分子药物行业概况

小分子药物兴起于19世纪末，是21世纪前人类对抗疾病的最主要手段之一。在这一个多世纪中，小分子药物在病原微生物感染、心血管疾病、精神疾病、疼痛、肿瘤等领域贡献卓著，大幅延长了人类的平均寿命。21世纪以来，随着免疫疗法等相关大小分子药物的快速兴起，药物品类越发多元化。虽然大、小分子药物涉及的领域与应用场景存在部分交叉，但两者的特点存在诸多差异。同时，一些疾病的发生与发展涉及复杂的生理学与病理学机制，单一药物往往难以完成治疗，因此丰富而综合的药物选择有利于人类对抗疾病，大、小分子药物的发展并行不悖，两者均不可或缺。大分子药物领域近年诞生了多种重磅药物，而已上市的小分子药物数量多、普及程度高，在2019—2022年全球销售额前100位的药物中，小分子药物的总销售额与品种数量占比均处于比较领先的位置（图1-110），这体现出了在大分子药物崛起的时代背景下，小分子药物仍在持续发展，仍在持续发挥不可忽视的价值。

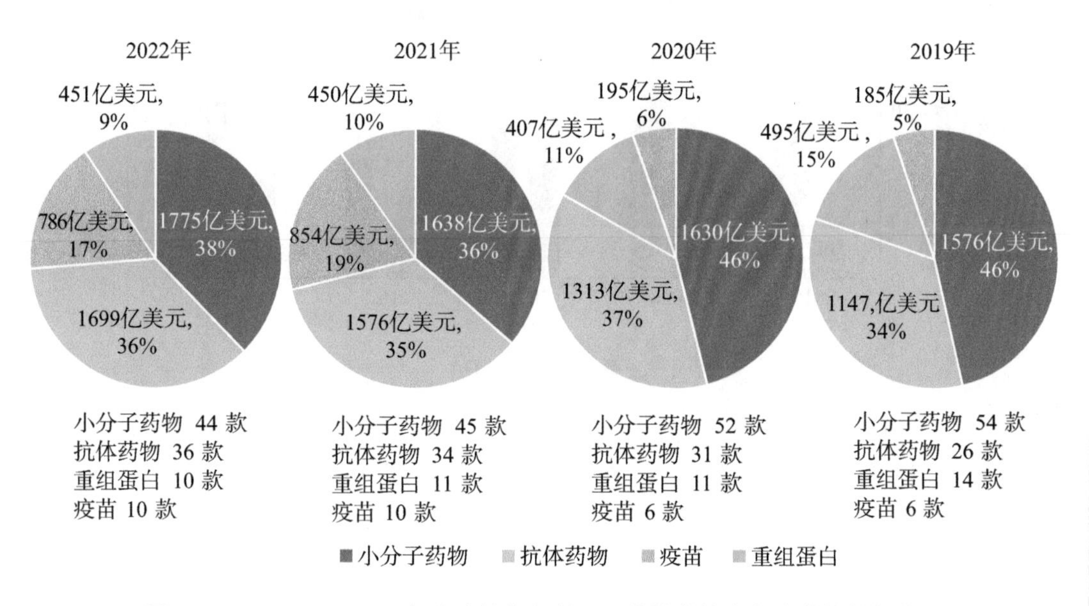

图1-110　2019—2022年全球销售额前100位的药物中各类药物的销售额

资料来源：医药魔方

抗体药物含单抗、双抗和ADC药物

近年小分子药物领域出现了快速发展的新趋势。随着结构生物学、计算机辅助药物设计（computer aided drug design，CADD）等科学技术的发展与普及，小分子药物研发水平迅速进步，小分子药物的主要发现方式已经从筛选为主演进到了以蛋白-蛋白相互作用理论为指导、针对具体药物口袋的精细设计，构效关系研究越发细致。近年研发的小分子药物的性能得到了全面提高，新药研发的成功率也明显提升。同时，靶向蛋白降解剂、放射性核素偶联药物、多肽药物等多种具有技术平台性质的新形式的小分子药物技术正在走向成熟，可以预期未来创新小分子药物将与大分子药物并驾齐驱，在人类对抗疾病的斗争中扮演中流砥柱的角色。

在创新药物研发方面，小分子药物是研究方法相对成熟、批准上市药物比例最高的药物品类之一，也是我国创新药物研发的"主力军"之一。2023年FDA共批准55款创新药上市，其中小分子药物32款（图1-111，表1-69），占比58%，该比例与2022年的57%（21/37）基本持平。2023年NMPA共批准40款创新药上市，其中小分子药物19款（表1-70），占比48%，该比例与2022年的52%（11/21）基本持平。2023年中美批准上市的小分子药物中抗肿瘤药物占比最高：美国上市8款（占比25%），中国上市6款（占比32%）。由于新型冠状病毒感染（COVID-19）疫情，2023年中美一共上市了5款抗新型冠状病毒（SARS-CoV-2）药物，其中美国上市1款，中国上市4款。此外，2023年数款针对自身免疫性疾病和代谢调节的药物在国内外获批上市，这两个方向是小分子药物研发的热门领域，如Janus激酶（JAK）抑制剂、钠-葡萄糖协同转运蛋白（SGLT）激动剂等。

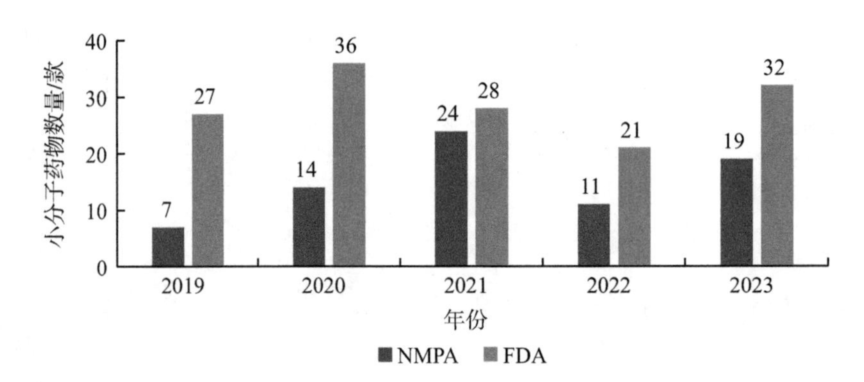

图1-111 2019—2023年NMPA与FDA批准的小分子药物数量

资料来源：FDA官方网站，NMPA年度药品审评报告2019—2023年历年版本

表1-69 2023年FDA批准上市的小分子新药（含复方制剂）

获批日期	公司	药物中文通用名（药物英文通用名）	作用机制	获批适应证
1.20	TheracosBio	贝沙格列净（bexagliflozin）	SGLT2 抑制剂	作为饮食和运动的辅助手段，改善2型糖尿病成人患者的血糖控制

续表

获批日期	公司	药物中文通用名（药物英文通用名）	作用机制	获批适应证
1.27	礼来	匹妥布替尼（pirtobrutinib）	BTK 抑制剂	治疗接受过至少二线全身治疗的成人的 R/R MCL
1.27	Stemline，Radius	艾拉司群（Elacestrant）	ERα 拮抗剂	治疗至少一种内分泌疗法后疾病进展的，ER 阳性、HER2 阴性、*ESR1* 突变的晚期或转移性乳腺癌
2.1	葛兰素史克	达普司他（daprodustat）	HIF-PHs 抑制剂	治疗透析至少四个月的成人慢性肾病引起的贫血
2.17	Travere	司帕生坦（sparsentan）	AT1R/ETAR 拮抗剂	用于降低有疾病快速进展风险的成人原发性免疫球蛋白 A 肾病患者的蛋白尿水平
2.28	Reata	奥马索龙（omaveloxolone）	NRF2 激动剂	治疗弗里德赖希型共济失调
3.9	辉瑞	扎维吉泮（zavegepant）	CGRPR 拮抗剂	治疗偏头痛
3.10	Acadia	曲非奈肽（trofinetide）	IGF-1R 激动剂	治疗雷特综合征
3.22	Cidara，Melinta	瑞扎芬净（rezafungin）	β-1, 3- 葡聚糖合酶抑制剂	治疗念珠菌血症与侵袭性念珠菌病
3.24	Pharming	莱尼利塞（leniolisib）	PI3Kδ 抑制剂	治疗成人和 12 岁以上儿童的 PI3Kδ 过度活化综合征
5.12	安斯泰来	非唑奈坦（fezolinetant）	NK3R 拮抗剂	治疗由更年期引起的中度至重度血管舒缩症或潮热
5.18	博士伦	perfluorohexyloctane	脂质调节剂	治疗干眼症的体征和症状
5.23	Innoviva	舒巴坦（sulbactam），度洛巴坦（durlobactam）商品名：Xacduro	β- 内酰胺酶抑制剂，TEM 抑制剂	治疗由鲍曼不动杆菌 - 钙乙酸杆菌复合物敏感分离株引起的医院获得性细菌性肺炎和呼吸机相关性细菌性肺炎
5.25	辉瑞	奈玛特韦（nirmatrelvir），利托那韦（ritonavir）商品名：Paxlovid	3CLpro 抑制剂，HIV 蛋白酶抑制剂	治疗成人轻中度 COVID-19
5.26	Lexicon	索格列净（sotagliflozin）	SGLT1/2 抑制剂	治疗心力衰竭
6.23	辉瑞	利特昔替尼（ritlecitinib）	JAK3 抑制剂	治疗 12 岁及以上青少年和成人重度斑秃

续表

获批日期	公司	药物中文通用名（药物英文通用名）	作用机制	获批适应证
7.20	第一三共	奎扎替尼（quizartinib）	FLT3 抑制剂	治疗 FLT3-ITD 阳性 AML
7.25	Tarsus	洛替拉纳（lotilaner）	螨类 GABA 门控氯离子通道抑制剂	治疗蠕形螨睑缘炎
8.4	Sage，渤健	珠兰诺隆（zuranolone）	$GABA_A$ 受体正向变构调节剂	治疗产后抑郁症
8.9	BioLineRx	莫替福肽（motixafortide）	CXCR4 拮抗剂	与非格司亭联合用于多发性骨髓瘤患者自体移植后的干细胞动员
8.16	益普生	帕拉罗汀（palovarotene）	RAR-γ 激动剂	用于减少在进行性肌肉骨化症患者中新骨化组织的产生
9.15	葛兰素史克	莫美替尼（momelotinib）	JAK1/2，ACVR1 抑制剂	治疗中度或高风险的、伴有贫血的、原发性或继发性骨髓纤维化
9.22	Fabre-Kramer	吉哌隆（gepirone）	$5\text{-}HT_{1A}$ 激动剂	治疗重度抑郁症
10.12	辉瑞	艾曲莫德（etrasimod）	$S1P_{1,4,5}$ 受体拮抗剂	治疗成人中度至重度活动性溃疡性结肠炎
10.17	Ra（优时比）	齐芦克布仑（zilucoplan）	补体 C5 抑制剂	治疗抗乙酰胆碱受体抗体阳性的成人全身性重症肌无力
10.26	Santhera	伐莫洛龙（vamorolone）	糖皮质激素受体调节剂	治疗杜氏肌营养不良症
11.8	和黄医药，武田制药	呋喹替尼（fruquintinib）	VEGFR-1/2/3 抑制剂	治疗既往曾接受过氟尿嘧啶类、奥沙利铂和伊立替康为基础的化疗、VEGF 治疗，以及 EGFR 治疗的成人转移性 CRC 患者
11.15	CorMedix	牛磺罗定，肝素 商品名：DefenCath	脂多糖抑制剂，抗凝酶Ⅲ抑制剂	用于预防透析期间导管相关血液感染
11.15	百时美施贵宝	瑞普替尼（repotrectinib）	ROS1/TRK 抑制剂	治疗 ROS1 阳性的局部晚期或转移性的 NSCLC
11.16	阿斯利康	卡匹色替（capivasertib）	AKT 抑制剂	联合使用氟维司群治疗 HR 阳性、HER2 阴性的晚期或转移性乳腺癌
11.27	SpringWorks	尼罗司他（nirogacestat）	γ- 分泌酶复合体抑制剂	治疗需全身治疗的进展性的成人硬纤维瘤

续表

获批日期	公司	药物中文通用名（药物英文通用名）	作用机制	获批适应证
12.5	诺华	伊普可泮（iptacopan）	补体 B 因子抑制剂	治疗成人阵发性睡眠性血红蛋白尿

资料来源：FDA官方网站，药渡，药智，DrugBank

注：SGLT1/2即钠-葡萄糖协同转运蛋白1/2；BTK即布鲁顿氏酪氨酸激酶；R/R MCL即复发/难治性套细胞淋巴瘤；ER/ERα即雌激素受体/雌激素受体α；HER2即人表皮生长因子受体2；*ESR1*即雌激素受体1（基因）；HIF-PHs即缺氧诱导因子-脯氨酰羟化酶；AT1R即血管紧张素Ⅱ 1型受体；ETAR即内皮素Ⅱ A型受体；NRF2即核转录因子红系2相关因子2；CGRPR即降钙素基因相关肽受体；IGF-1R即胰岛素样生长因子1受体；PI3Kδ即磷脂酰肌醇3-激酶δ；NK3R即神经激肽3受体；3CLpro即3C样蛋白酶；HIV即人类免疫缺陷病毒；FLT3即FMS样酪氨酸激酶3；FLT3-ITD即FMS样酪氨酸激酶3内部串联重复突变；AML即急性髓系白血病；GABA/$GABA_A$即γ-氨基丁酸/γ-氨基丁酸A型受体；CXCR4即4型C-X-C趋化因子受体；RAR-γ即视黄酸受体-γ；ACVR1即激活素A受体1；5-HT_{1A}即5-羟色胺受体1A亚型；$S1P_{1,4,5}$即1-磷酸鞘氨醇受体1，4，5亚型；VEGFR-1/2/3即血管内皮生长因子受体1/2/3；VEGF即血管内皮生长因子；CRC即结直肠癌；EGFR即表皮生长因子受体；ROS1即c-ros肉瘤致癌因子-受体酪氨酸激酶；TRK即原肌球蛋白受体激酶；NSCLC即非小细胞肺癌；AKT即丝氨酸/苏氨酸激酶；HR即激素受体

表1-70　2023年NMPA批准上市的小分子创新药（含复方制剂）

获批日期	公司	药物中文通用名	作用机制	获批适应证
1.28	旺实生物	氘瑞米德韦	RdRp 抑制剂	治疗成人轻中度 COVID-19
1.29	先声药业	先诺特韦，利托那韦 商品名：先诺欣	3CLpro 抑制剂， HIV 蛋白酶抑制剂	治疗成人轻中度 COVID-19
2.15	柯菲平医药	凯普拉生	钾离子竞争性酸阻滞剂	治疗十二指肠溃疡和反流性食管炎
3.8	海和药物	谷美替尼	c-MET/HGFR 抑制剂	治疗 *MET* 基因外显子 14 跳跃突变的局部晚期或转移性 NSCLC
3.23	众生睿创	来瑞特韦	3CLpro 抑制剂	治疗成人轻中度 COVID-19
5.17	圣和药业	奥磷布韦	NS5B 抑制剂	联用盐酸达拉他韦治疗初治或干扰素经治的基因 1、2、3、6 型成人慢性丙型肝炎病毒感染
5.21	贝达药业	贝福替尼	EGFR 抑制剂	治疗既往经 EGFR 酪氨酸激酶抑制剂治疗出现疾病进展，并且伴随 $EGFR^{T790M}$ 突变阳性的局部晚期或转移性 NSCLC
6.8	贝达药业	伏罗尼布	VEGFR/PDGFR/c-Kit/FLT-3/CSF-1R 抑制剂	联用依维莫司治疗既往接受过酪氨酸激酶抑制剂治疗失败的晚期肾细胞癌

续表

获批日期	公司	药物中文通用名	作用机制	获批适应证
6.25	轩竹药业	安奈拉唑钠	质子泵抑制剂	治疗胃酸相关性疾病，如成人十二指肠溃疡及其相关症状的控制
6.28	齐鲁制药	伊鲁阿克	ROS1/ALK 抑制剂	治疗既往接受过克唑替尼治疗后疾病进展或对克唑替尼不耐受的 ALK 阳性的局部晚期或转移性 NSCLC
6.28	恒瑞医药	瑞格列汀	DPP-4 抑制剂	改善成人 2 型糖尿病患者的血糖控制
6.28	eVENUS	奥特康唑	CYP51 抑制剂	治疗重度外阴阴道假丝酵母菌病
6.30	翰森制药	培莫沙肽	EPOR 激动剂	治疗因慢性肾脏病引起的贫血
8.23	迪哲医药	舒沃替尼	EGFR 抑制剂	既往经含铂化疗治疗时或治疗后出现疾病进展，或不耐受含铂化疗，并且经检测确认存在 EGFR 20 号外显子插入突变的局部晚期或转移性 NSCLC
10.19	辉瑞	利特昔替尼	JAK3 抑制剂	治疗 12 岁及以上青少年和成人重度斑秃
10.19	百时美施贵宝	氘可来昔替尼	TYK2 抑制剂	治疗适合系统治疗或光疗的成人中重度斑块状银屑病
11.16	浦润奥生物	伯瑞替尼	c-MET/HGFR 抑制剂	治疗具有 *MET* 基因外显子 14 跳跃突变的局部晚期或转移性 NSCLC
11.24	广生中霖	阿泰特韦，利托那韦 商品名：泰中定	3CLpro 抑制剂，HIV 蛋白酶抑制剂	治疗成人轻中度 COVID-19
11.29	京新药业	地达西尼	$GABA_A$ 受体正向变构调节剂	适用于失眠患者的短期治疗

资料来源：NMPA《2023 年度药品审评报告》，药渡

注：RdRp 即病毒 RNA 复制酶；c-MET 即细胞间质上皮转换因子；HGFR 即肝细胞生长因子受体；*MET* 即间质表皮转化因子（基因）；NS5B 即丙型肝炎病毒 NS5B RNA 依赖的 RNA 聚合酶；VEGFR 即血管内皮生长因子受体；PDGFR 即血小板衍生生长因子受体；c-Kit 即 CD117；CSF-1R 即集落刺激因子 -1 受体；ALK 即间变性淋巴瘤激酶；DPP-4 即二肽基肽酶 -4；CYP51 即真菌甾醇 14α 去甲基化酶；EPOR 即促红细胞生成素受体；TYK2 即酪氨酸激酶 2

二、我国小分子药物行业的进展与趋势

我国具备较好的小分子药物研发基础。其一，我国各级政策支持创新小分子药物的研发，如《“十四五”医药工业发展规划》指出，重点发展针对肿瘤、自身免疫性疾病、神经退行性疾病、心血管疾病、糖尿病、肝炎、呼吸系统疾病、耐药微生物感染等重大临床需求，以及罕见病治疗需求，具有新靶点、新机制的化学新药。发展基于反义寡核苷酸、小干扰RNA、蛋白降解技术（PROTAC）等新型技术平台的药物。其二，我国化学相关学科建设整体处于国际比较领先的位置，在小分子药物的分子发现环节具有较好的技术与人才储备。其三，我国小分子药物产业上下游建设相对完备，如我国已有数家本土的、成规模的小分子药物相关的合同研究组织（contract research organization，CRO）/合同开发和生产组织（contract development and manufacturing organization，CDMO）。

2023年我国创新小分子药物的研发工作整体稳中有进，发展形势良好，行业进展主要体现在新药创收、新药研发进度的领先程度和新药对外授权三个方面。

其一，部分由我国药企研发的已上市的小分子药物的销售额增长迅猛，获得市场认可。百济神州研发的二代BTK抑制剂泽布替尼于2019年上市，2023年的销售额达到了91.38亿元（约合13亿美元），同比增长139%（2022年的销售额为38.29亿元）。泽布替尼成为我国首个自主研发的、年销售额突破10亿美元的小分子药物。艾力斯医药研发的三代EGFR抑制剂伏美替尼于2021年上市，2023年的销售额达到了19.72亿元，同比增长150%（2022年的销售额为7.90亿元）。

其二，部分由我国药企研发的小分子药物的研发进度处于国际第一梯队，具备了在国际市场中的竞争力。NMPA分别在2023年10月和12月受理了劲方医药/信达生物研发的福泽雷塞、益方生物/正大天晴研发的格舒瑞昔的上市申请，这两款药物成功上市后将成为全球第三、第四款靶向携带G12C突变的Kirsten大鼠肉瘤病毒癌基因同源物蛋白（$KRAS^{G12C}$）的抑制剂。领泰生物研发的靶向白细胞介素-1受体相关激酶4（IRAK4）的PROTAC分子LT-002分别于2023年5月、8月分别获得FDA、NMPA批准临床试验申请，该分子将成为全球第二款进入临床研究阶段的靶向IRAK4的PROTAC。

其三，部分由我国药企研发的小分子药物实现了对国外药企的授权，药物研发水平获得了国际同行认可（表1-71）。2023年1月，和黄医药将其研发的VEGFR-1/2/3抑制剂呋喹替尼的海外权益授予武田制药，交易总价为11.3亿美元。2023年3月，高光制药将其研发的具有穿透血脑屏障性质的JAK1/TYK2双靶点抑制剂TLL-041的海外权益授予Biohaven，交易总价为9.7亿美元。2023年11月，诚益生物将其研发的靶向胰高血糖素样肽-1受体（GLP-1R）的小分子激动剂ECC5004的海外权益授予阿斯利康，交易总价为20.1亿美元，该交易额为2023年我国药企自主研发的小分子药物对国外药企

授权交易的最高交易额。恒瑞医药在2023年实现了3次关于小分子药物的对国外药企的授权交易，交易次数为国内同行业最多。

表1-71 2023年中国药企自主研发的小分子药物对国外药企的授权交易

时间	授权方	受让方	药物（机制）	交易总价
1月	和黄医药	武田制药	呋喹替尼（VEGFR-1/2/3 抑制剂）	11.3 亿美元
2月	恒瑞医药	Treeline	SHR2554（EZH2 抑制剂）	7.1 亿美元
3月	高光制药	Biohaven	TLL-041（JAK1/TYK2 抑制剂）	9.7 亿美元
5月	赞荣医药	罗氏	ZN-A-1041（HER2 抑制剂）	6.8 亿美元
6月	英派药业	Eikon	IMP1734（PARP1 抑制剂）及其他 PARP1 选择性抑制剂	未公开
9月	英矽智能	Exelixis	ISM3091（USP1 抑制剂）	首付款 8000 万美元
10月	恒瑞医药	瑞迪博士实验室	吡咯替尼（HER1/2/4 抑制剂）	1.6 亿美元
10月	恒瑞医药	德国默克	HRS-1167（PARP1 抑制剂）与 SHR-A1904（claudin 18.2 ADC）	两药合计 15.6 亿欧元
11月	诚益生物	阿斯利康	ECC5004（GLP-1R 激动剂）	20.1 亿美元
11月	祐森健恒	阿斯利康	UA022（KRASG12D 抑制剂）	4.2 亿美元
12月	海思科医药	凯西制药	HSK31858（DPP-1 抑制剂）	4.6 亿美元

资料来源：医药魔方，药渡

注：EZH2即Zeste增强子同源物2；HER1/2/4即人表皮生长因子受体1/2/4；PARP1即聚腺苷二磷酸核糖聚合酶1；claudin 18.2即密封蛋白18亚型2；DPP-1即二肽基肽酶-1；USP1即泛素特异性肽酶1

我国小分子药物研发已经逐渐走出了侧重仿制药、派生药（me-too药物）的阶段，重心逐渐转向了临床疗效或安全性优于首创药物的新药（me-better药物）的研发，小部分药物具有同类最优药物（best-in-class药物）的潜力，小分子药物的创新程度已有明显提高。同时，我国药企对于新靶点、新机制以及具有新型技术平台性质的小分子药物跟进呈现出了越发迅速的趋势，这些新型平台技术包括靶向蛋白降解剂、放射性核素偶联药物等。

我国小分子药物行业除了在创新药物研发方面取得较好进展，在投融资方面也保持了较高水平。小分子药物行业是我国生物医药领域中投融资额最高的细分领域，虽然受到市场环境影响，2023年的总投融资额相比2022年略有减少，但2022年和2023年总投融资金额均保持在约120亿元水平。另外应该指出，虽然我国的小分子药物产业上下游建设相对健全，但在小分子药物行业上游的化学原材料、科研耗材、仪器设备等方面，我国尚未达到国际一流水平，这些药学相关上游产业尚有发展空间。

三、2023年小分子药物行业特色市场

（一）热门靶点的小分子药物

1. BTK抑制剂

截至2024年3月，全球共有6款BTK抑制剂获批上市（表1-72），主要用于治疗慢性淋巴细胞白血病（CLL）、套细胞淋巴瘤（MCL）等多种血液瘤。这些上市的BTK抑制剂可以分为三个代次，一代BTK抑制剂为伊布替尼，二代BTK抑制剂为阿可替尼、泽布替尼、奥布替尼及泰卢替尼（tirabrutinib），其中泽布替尼、奥布替尼分别由我国药企百济神州、诺诚健华自主研发。二代BTK抑制剂主要的研发思路是在伊布替尼的基础上进一步提高分子的选择性、降低毒副作用；小野制药研发的泰卢替尼具有穿透血脑屏障的性质，因此获批用于治疗中枢神经系统淋巴瘤。伊布替尼的销售额在2021年后迅速下滑，以阿可替尼、泽布替尼为代表的二代BTK抑制剂的销售额逐渐增加，泽布替尼在2023年成为第一款我国自主研发的、年销售额超过10亿美元的小分子药物。

表1-72　全球上市的BTK抑制剂

药物（代次）	公司	获批时间	销售额		
			2021年	2022年	2023年
伊布替尼（一代）	艾伯维和强生	2013	97.8亿美元	83.5亿美元	68.6亿美元
阿可替尼（二代）	阿斯利康	2017	12.4亿美元	20.6亿美元	25.1亿美元
泽布替尼（二代）	百济神州	2019	14.8亿元	38.3亿元	91.4亿元
泰卢替尼（二代）	小野制药	2020	3.7亿元	4.3亿元	—
奥布替尼（二代）	诺诚健华	2020	2.4亿元	5.7亿元	—
匹妥布替尼（三代）	礼来	2023	—	—	—

资料来源：药智，艾伯维2023年报，数据截至2024年3月21日；“—”表示未见公开数据

近年BTK抑制剂有两个主要开发方向。第一个方向是解决BTK抑制剂的耐药问题，一、二代BTK抑制剂通过共价结合的方式结合BTK的481位半胱氨酸残基（C481），该位点突变后有机会产生耐药。解决BTK耐药问题的主要技术思路是研发非

共价结合的三代BTK抑制剂，如礼来研发的非共价结合的三代BTK抑制剂匹妥布替尼于2023年1月获批上市。具有非共价结合BTK能力的分子还可以用来制备具有抗耐药功能的靶向BTK的PROTAC，Nurix、海思科医药、百济神州等研发了靶向BTK的PROTAC，这些分子目前均处于Ⅰ期临床研究阶段。第二个方向是拓展BTK抑制剂的临床应用范围。B细胞受体通路过度活跃可以诱导B细胞转化为自身反应性B细胞，诱发自身免疫性疾病，而BTK是B细胞受体通路的“枢纽”，因此BTK抑制剂可以用于治疗部分自身免疫性疾病，如诺华研发的瑞米布替尼（remibrutinib）在两项关于慢性自发性荨麻疹的Ⅲ期临床研究中达到了临床终点。

2. KRAS^{G12C}抑制剂

Kirsten大鼠肉瘤病毒癌基因同源物基因（*KRAS*）是已知突变频率最高的致癌基因之一。KRAS是一类小鸟苷三磷酸（GTP）酶，激活态的KRAS-GTP可以激活丝裂原活化蛋白激酶（MAPK）、磷脂酰肌醇3-激酶（PI3K）等信号通路，进而促进细胞的存活与增殖。*KRAS*的12、13位点突变是功能获得性突变，这些突变使KRAS-GTP保持激活态。由于KRAS与GTP的亲和力非常高（$K_d \approx 10^{-11}$ mol/L），且KRAS表面缺乏特征明确的疏水性药物口袋，KRAS曾被认为是不可成药靶点。近年KARS抑制剂的研发实现了重大突破，研究发现KRAS^{G12C}的12位半胱氨酸残基的邻近空间存在一个可以干扰KRAS与GTP结合的变构调节位点，据此可以设计靶向KRAS^{G12C}的共价抑制剂。

2021年安进研发的索托雷塞获得FDA批准上市用于治疗非小细胞肺癌（NSCLC），此为全球首款获批上市的KRAS^{G12C}抑制剂之一（表1-73）；次年，Mirati研发的KRAS^{G12C}抑制剂阿达雷塞获得FDA批准上市。劲方医药/信达生物、益方生物/正大天晴研发的KRAS^{G12C}抑制剂福泽雷塞、格舒瑞昔在2023年向NMPA提交上市申请并获得受理，这两款药物成功上市将成为全球第三、第四款KRAS^{G12C}抑制剂，临床研究推进速度领先于同期开始开展临床研究的诺华JDQ-443和罗氏GDC-6036。

表1-73 已上市的与部分处于临床研究中后期阶段的KRAS^{G12C}抑制剂

药物	公司	最高研发阶段	
		海外	中国
索托雷塞（sotorasib）	安进	获批上市 2021.5.28	Ⅲ期临床研究 2024.3.5 公示（CTR20240724）
阿达雷塞（adagrasib）	Mirati，再鼎医药	获批上市 2022.12.12	Ⅲ期临床研究 2023.12.16 申请被受理（JXHL2300315）

续表

药物	公司	最高研发阶段	
		海外	中国
福泽雷塞（GFH925/IBI351）	劲方医药，信达生物	Ⅰ/Ⅱ期临床研究 2021.9.10开始 （NCT05005234）	上市申请被受理 2023.11.24 （CXHS2300105）
格舒瑞昔（D-1553）	益方生物，正大天晴	Ⅲ期临床研究 2024.3.8公示 （NCT06300177）	上市申请被受理 2023.12.29 （CXHS2300122）
JDQ-443	诺华	Ⅲ期临床研究 2022.6.15开始 （NCT05132075）	Ⅱ期临床研究 2023.6.6开始 （CTR20223456）
GDC-6036（divarasib）	基因泰克（罗氏）	Ⅰa/Ⅰb期临床研究 2020.7.19开始 （NCT04449874）	Ⅱ/Ⅲ期临床研究 2022.11.23开始 （CTR20222238）
戈来雷塞（JAB-21822）	加科斯药业	Ⅰ/Ⅱ期临床研究 2021.9.3开始 （NCT05002270）	Ⅰb/Ⅱ期临床研究 2022.8.31开始 （CTR20220492）

资料来源：药智，数据截至2024年3月21日

近年KRAS抑制剂开发的思路主要体现在两个方面。第一方面，$KRAS^{G12C}$抑制剂的临床应用范围尚有拓展空间。$KRAS^{G12C}$除了常见于NSCLC，也常见于结直肠癌（CRC）等其他肿瘤，因此多家药企开展了$KRAS^{G12C}$抑制剂针对CRC的临床研究。KRAS的促瘤作用与MAPK信号通路相关，因此多家药企开展了$KRAS^{G12C}$抑制剂联用MAPK信号通路相关抑制剂的临床研究。第二方面，除G12C突变外，*KRAS*的G12D、G12V突变同样与多种肿瘤的发生及发展密切相关，因此多家药企正在研发靶向$KRAS^{G12D}$或者pan-KRAS抑制剂或降解剂。

3. JAK抑制剂

Janus激酶-信号传导及转录激活蛋白（JAK-STAT）信号通路参与调控约60种细胞因子的表达，在人体的细胞增殖分化、免疫调节等众多生理与病理过程中起重要作用。JAK-STAT信号通路的失调与人体的多种超敏反应、多种自身免疫性疾病以及部分肿瘤的发生及发展密切相关。截至2024年3月，全球共有13款JAK抑制剂获批上市，主要用于治疗骨髓增生性肿瘤（MPN）和多种自身免疫性疾病（表1-74）。

表 1-74 上市和处于申请上市阶段的 JAK 抑制剂

药物	公司	作用机制与生化水平抑制活性（IC_{50}，JAK1/JAK2/JAK3/TYK2，nmol/L）	获批时间	适应证
芦可替尼（ruxolitinib）	因赛特，诺华	JAK1/JAK2 抑制剂（一代）3.3，2.8，428，19	2011	AD、MF、白癜风等；口服和外用两种剂型
托法替尼（tofacitinib）	辉瑞	pan-JAK 抑制剂（一代）3.2，4.1，1.6，34	2012	RA、UC、强直性脊柱炎、银屑病关节炎等
巴瑞替尼（baricitinib）	因赛特，礼来	JAK1/JAK2 抑制剂（一代）5.9，5.7，＞400，53	2017	AD、RA、斑秃、COVID-19 等
吡西替尼（peficitinib）	安斯泰来	pan-JAK 抑制剂（一代）3.9，5.0，0.71，4.8	2019	RA 等
乌帕替尼（upadacitinib）	艾伯维	JAK1 抑制剂（二代）43，200，2300，4700	2019	AD、RA、UC 等
非屈替尼（fedratinib）	新基药业（百时美施贵宝）	JAK2 抑制剂（二代）≈105，3，≈1002，≈405 抑制 FLT3（IC_{50} = 15 nmol/L）	2019	MF 等
德戈替尼（delgocitinib）	日本烟草，利奥制药	pan-JAK 抑制剂（一代）2.8，2.6，13，58	2020	AD、手部湿疹等；外用剂型
非戈替尼（filgotinib）	吉利德	JAK1 抑制剂（二代）10，28，810，116	2020	RA、UC 等
阿布昔替尼（abrocitinib）	辉瑞	JAK1 抑制剂（二代）29，803，＞105，1253	2021	AD 等
氘可来昔替尼（deucravacitinib）	百时美施贵宝	TYK2 抑制剂（三代）＞105，＞105，＞105，0.2	2021	红皮病性银屑病、斑块状银屑病等
帕瑞替尼（pacritinib）	CTI BioPharma	JAK2/FLT3 抑制剂（二代）1280，23，520，50 IC_{50}（FLT3）= 22 nmol/L	2022	MF 等
利特昔替尼（ritlecitinib）	辉瑞	JAK3 抑制剂（二代）1638，1507，0.346，3779	2023	重度斑秃等
莫美替尼（momelotinib）	葛兰素史克	JAK1/JAK2，ACVR1 抑制剂（二代）11，18，155，17 IC_{50}（AVCR1）= 8.4 nmol/L	2023	MF 等

续表

药物	公司	作用机制与生化水平抑制活性（IC_{50}，JAK1/JAK2/JAK3/TYK2，nmol/L）	获批时间	适应证
艾玛昔替尼（ivarmacitinib）	恒瑞医药	JAK1/JAK2 抑制剂（二代） 0.1，0.9，7.7，42	上市申请被受理 2023.6.9	AD、RA 等；口服和外用两种剂型
戈利昔替尼（golidocitinib）	阿斯利康，迪哲医药	JAK1 选择性抑制剂 4，200，—，—	上市申请被受理 2023.9.14	复发 / 难治性外周 T 细胞淋巴瘤等
杰克替尼（jaktinib）	泽璟生物	JAK1/JAK2，ACVR1 抑制剂（二代，氘代莫美替尼） 未见公开生化水平抑制活性数据	上市申请被受理 2023.9.28	MF 等；口服和外用两种剂型
氘代芦可替尼（CTP-543）	Concert（太阳制药）	JAK1/JAK2 抑制剂 * 未见公开生化水平抑制活性数据	上市申请被受理 2023.10.17	重度斑秃等

资料来源：药智各公司官方网站，药智，数据截至2024年3月21日；“—”表示未见公开数据；“*”表示未见代次划分信息

注：AD 即特应性皮炎；MF 即骨髓纤维化；RA 即类风湿关节炎；UC 即溃疡性肠炎

2023年，JAK抑制剂领域在商业和研发进展两个方面呈现出越发繁荣的趋势。商业方面，乌帕替尼2023年的销售额达到了39.7亿美元，同比增长58%，增长迅速；芦可替尼2023年销售额为43.1亿美元，同比增长8.6%，增长稳定。武田制药收购了Nimbus研发的处于Ⅱ/Ⅲ期临床研究阶段的TYK2选择性抑制剂NDI-034858/TAK-279，首付款为40亿美元，交易总价为60亿美元。研发进展方面，利特昔替尼和莫美替尼获批上市，另外还有4款JAK抑制剂提交上市申请并获得受理，其中包括恒瑞医药研发的艾玛昔替尼和泽璟生物研发的杰克替尼。此外，高光制药研发的JAK1/TYK2双靶点抑制剂TLL-018、凌科药业研发的JAK1选择性抑制剂LNK01001等多款JAK抑制剂在2023年进入了Ⅲ期临床研究阶段。

JAK家族共发现了4个亚型（JAK1、JAK2、JAK3和TYK2），不同JAK亚型可以调控的细胞因子种类存在区别（图1-112）。根据对于JAK亚型的选择性，已经上市的和处于上市申请阶段的JAK抑制剂可以分为三个代次。一代JAK抑制剂的代表是芦可替尼和托法替尼，这一代JAK抑制剂对JAK的亚型没有明确选择性，常见对JAK1/JAK2甚至更多亚型同时抑制。由于90%的真性红细胞增多症（PV）、50%—60%的原发性骨髓纤维化（MF）患者携带$JAK2^{V617F}$突变，因此具有JAK2抑制作用的部分JAK抑制剂可以用于治疗MPN相关疾病。虽然JAK2与MPN相关，但JAK2可以调控促红

细胞生成素（EPO）、血小板生成素（TPO）等多种与血细胞增殖、成熟、分化密切相关的细胞因子，因此对JAK2存在抑制作用的多款JAK抑制剂在临床研究中观察到了比较严重的贫血、血小板减少等毒副作用。JAK抑制剂在治疗自身免疫性疾病领域取得了巨大成功，多款一代JAK抑制剂相继获批用于治疗特应性皮炎（AD）、类风湿关节炎（RA）等自身免疫性疾病。二代JAK抑制剂对JAK亚型具有选择性，代表药物是JAK1选择性抑制剂乌帕替尼。这一代JAK1抑制剂选择性地规避了对于JAK2的抑制作用，降低了药物的血液毒副作用，目前已经广泛用于多种自身免疫性疾病的治疗。目前唯一一款上市的三代JAK抑制剂是TYK2选择性变构抑制剂氘可来昔替尼。不同于一、二代JAK抑制剂主要结合在JAK位于JH1结构域的腺嘌呤核苷三磷酸（ATP）结合位点，氘可来昔替尼结合在与JH1结构域邻近的、具有干扰JH1发挥磷酸化功能的JH2结构域。氘可来昔替尼通过分子结构中的氘代甲酰胺官能团深入TYK2 JH2结构域中的“丙氨酸口袋”，实现了对JAK1/JAK2/JAK3的选择性的区分，并展现出对TYK2的高效抑制作用（IC_{50} = 0.2 nmol/L）。JAK1选择性抑制剂对于白细胞介素12（IL-12）、白细胞介素23（IL-23）等与银屑病相关的细胞因子的抑制作用弱，而IL-12、IL-23受

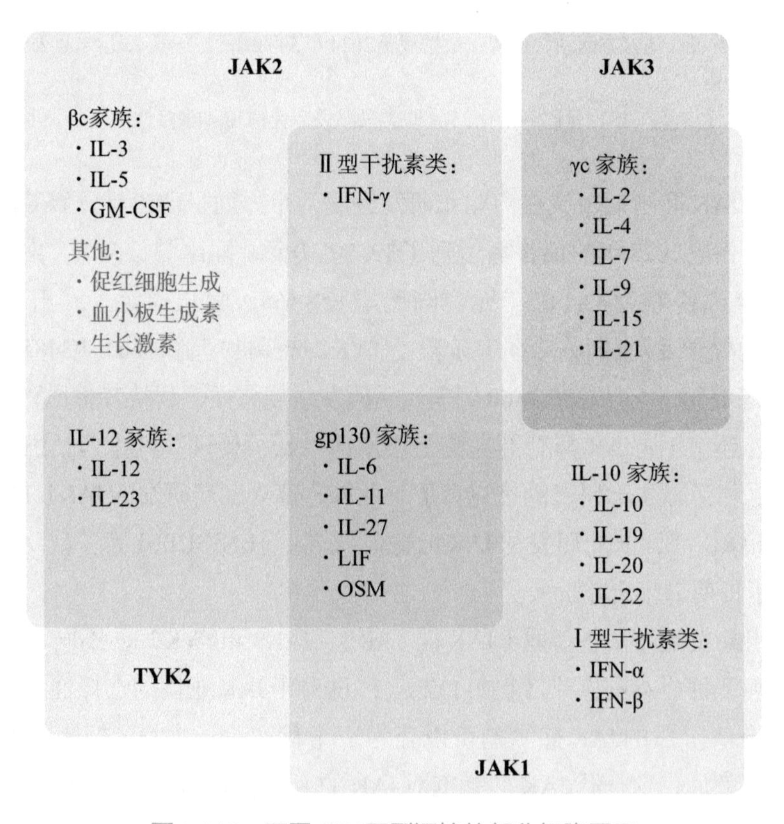

图1-112　不同JAK亚型调控的部分细胞因子

资料来源：Tanaka Y，Luo Y，O'Shea J J，et al. 2022. Janus kinase-targeting therapies in rheumatology：a mechanisms-based approach. Nat Rev Rheumatol，18（3）：133-145

GM-CSF即粒细胞-巨噬细胞集落刺激因子；LIF即白血病抑制因子；OSM即抑瘤素M

到TYK2调控，因此氘可来昔替尼成为目前唯一一款获批用于治疗银屑病的JAK抑制剂，成功拓宽了JAK抑制剂的应用范围。

外用型JAK抑制剂是目前JAK抑制剂的热门发展方向之一，其在治疗AD等皮肤自身免疫性疾病方面存在优势：外用可以减少药物的系统性暴露，降低因抑制JAK2带来的毒副作用。芦可替尼乳膏已经获批用于治疗AD和白癜风。我国药企在外用型JAK抑制剂领域积极跟进，如明慧医药研发的靶向JAK的MH004软膏在2023年进入了Ⅲ期临床研究阶段，恒瑞医药研发的艾玛昔替尼、泽璟生物研发的杰克替尼均有外用制剂。除了制剂开发，设计具有低系统性暴露特征的JAK抑制剂同样是近年研发的热点。我国药企开展了皮肤限制性JAK抑制剂方面的研发，如迈英诺医药研发的MDI-1228凝胶在2023年进入了Ⅱ期临床研究，凌科药业研发的LNK01004软膏在2023年进入了Ⅰb期临床研究。

（二）新型小分子药物技术平台

1. 靶向蛋白降解剂

靶向蛋白降解剂是小分子药物的新兴方向，受到全球制药行业广泛关注。近年比较成熟的靶向蛋白降解剂的主要形式是PROTAC和分子胶。PROTAC和分子胶均可以与靶蛋白、E3泛素连接酶形成比较稳定的三元复合物，使靶蛋白被E3泛素连接酶介导招募的泛素标记，最终通过细胞内的泛素-蛋白酶体系统对靶蛋白进行降解（图1-113）。PROTAC是由靶蛋白配体、连接子和E3泛素连接酶配体组成的异双功能分子，PROTAC的靶蛋白配体和E3泛素连接酶配体分别与靶蛋白和E3泛素连接酶结合，“拉近”靶蛋白和E3泛素连接酶的空间距离。不同于PROTAC，分子胶通常只与E3泛素连接酶具有较高的亲和力，而与靶蛋白的亲和力较低（表1-75），因此分子胶所作用的靶蛋白和E3泛素连接酶之间需要存在一定程度的蛋白-蛋白相互作用（构象适配），分子胶在两者相互作用的界面位置对靶蛋白-E3泛素连接酶的相互作用进行稳定、增强，进而诱导靶蛋白的泛素化。

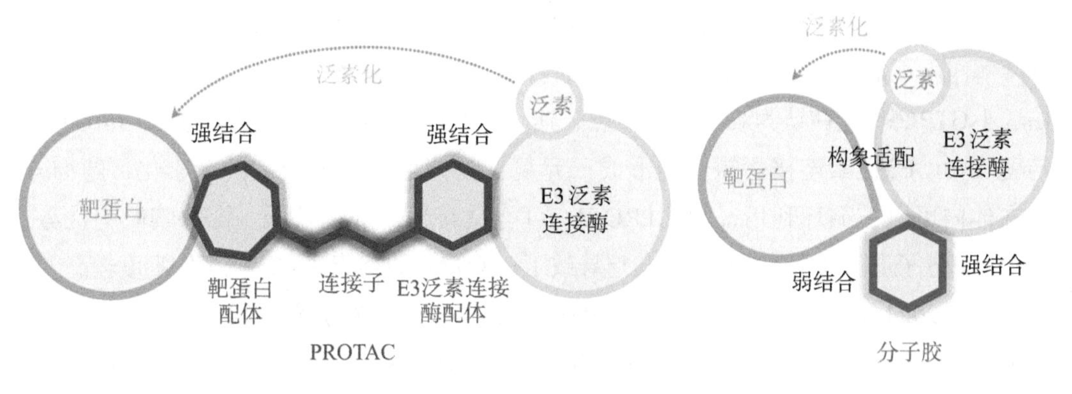

图1-113　PROTAC与分子胶的作用方式

表1-75 PROTAC与分子胶的比较

项目	PROTAC	分子胶
作用机制	·异双功能/二价分子：需要对靶蛋白亲和力高（约纳摩尔级），需要对E3泛素连接酶亲和力高（约纳摩尔级）。 ·不需要靶蛋白与E3泛素连接酶构象适配/存在蛋白-蛋白相互作用。 ·不需要结合靶蛋白特殊位点。 ·高浓度存在Hook效应，存在剂量限制	·单功能/单价分子：不需要对靶蛋白亲和力高（约微摩尔级），需要对E3泛素连接酶亲和力高（约纳摩尔级）。 ·需要靶蛋白与E3泛素连接酶构象适配/存在蛋白-蛋白相互作用。 ·需要结合在靶蛋白与E3泛素连接酶相互作用的界面。 通常无Hook效应，剂量依赖性良好。
分子发现	可以理性设计但分子结构比较复杂	分子结构简单但尚无明确的理性设计理论
分子结构	·存在连接子，连接子的性能需要优化。 ·分子质量大（通常大于500 Da）：不符合RO5，类药性质优化较难，分子合成/CMC或有难度	·无连接子。 ·分子质量小（通常小于500 Da）：符合RO5，类药性质优化、分子合成/CMC的难度与常规小分子药物相仿
商业化	尚无上市药物	已有3款上市药物

资料来源：（1）Sievers Q L，Petzold G，Bunker R D，et al. 2018. Defining the human C_2H_2 zinc finger degrome targeted by thalidomide analogs through CRBN. Science，362（6414）：eaat0572

（2）Dong G Q，Ding Y，He S P，et al. 2021. Molecular glues for targeted protein degradation：From serendipity to rational discovery. J Med Chem，64（15）：10606-10620

（3）Guenette R G，Yang S W，Min J，et al. 2022. Target and tissue selectivity of PROTAC degraders. Chem Soc Rev，51（14）：5740-5756

注：Hook效应即hook effect，指PROTAC在高浓度下倾向于与靶蛋白或E3泛素连接酶形成二元复合物，造成靶蛋白-PROTAC-E3泛素连接酶的三元复合物的形成减少的现象（Khan S，He Y H，Zhang X，et al. 2020. PROteolysis TArgeting Chimeras（PROTACs）as emerging anticancer therapeutics. Oncogene，39（26）：4909-4924）；RO5即Lipinski五规则

1）PROTAC

与常见的小分子激酶抑制剂相比，PROTAC在两方面具有优势：其一，PROTAC发挥降解作用不依赖与靶蛋白功能性位点结合，因此PROTAC可以针对转录因子、支架蛋白、小GTP酶等过往认为难成药的靶点。其二，PROTAC具有催化降解性质，PROTAC与靶蛋白、E3泛素连接酶短暂地形成三元复合物即可实现靶蛋白的泛素化，药物分子在体内可以被循环利用，因此PROTAC可能具有起效剂量较低、毒性较低的优势。PROTAC分子质量通常大于500 Da，这导致了PROTAC的类药性质优化工作难度较高。

截至2024年3月，全球共有30款PROTAC进入了临床研究阶段，我国药企研发了其中的13款，占比43%（表1-76、表1-77）。Arvinas、Kymera和Nurix在2023年公布了积极的早期临床研究数据，PROTAC在人体的安全性和有效性得到了初步验证。

Arvinas研发的韦德格司群（ARV-471）于2023年3月进入Ⅲ期临床研究阶段，该分子是全球研发进度最领先的PROTAC。我国药企研发的处于临床研究阶段的PROTAC在2023年实现了比较稳定的进展，如开拓药业研发的靶向雄激素受体（AR）的外用型PROTAC GT-20029完成了Ⅱ期临床研究的患者招募，海思科医药研发的靶向BTK的PROTAC HSK29116进入Ⅰ期剂量拓展阶段。另外，国内外共有3款处于Ⅰ期临床研究的PROTAC在2023年终止了临床研究，包括C4 Therapeutics研发的CFT8634和冰洲石生物研发的AC0176、AC0682。

表1-76 海外药企研发的处于临床研究阶段的PROTAC

公司	药物	靶点	最高研发阶段	适应证
Arvinas	韦德格司群（vepdegestrant，ARV-471/PF-7850327）与辉瑞共同开发	ER	Ⅲ期临床研究	ER阳性、HER2阴性的乳腺癌
	巴德鲁胺（bavdegalutamide，ARV-110）	AR	Ⅱ期临床研究	mCRPC
	ARV-766	AR	Ⅱ期临床研究	mCRPC
	ARV-102	LRRK2	Ⅰ期临床研究	帕金森病、进行性核上性麻痹
Kymera	KT-474 与赛诺菲共同开发	IRAK4	Ⅱ期临床研究	特应性皮炎、化脓性汗腺炎
	KT-333	STAT3	Ⅰ期临床研究	复发/难治性淋巴瘤、大颗粒淋巴细胞白血病等血液瘤与不同实体瘤
	KT-253	MDM2	Ⅰ期临床研究	AML、淋巴瘤与不同实体瘤
Nurix	NX-2127	BTK，IKZF1/3	Ⅰb期临床研究	CLL、MCL等
	NX-5948	BTK	Ⅰa期临床研究	CLL、MCL等
C4 Therapeutics	CFT1946	BRAFV600	Ⅰ/Ⅱ期临床研究	NSCLC、CRC等实体瘤
	CFT8919 授予贝达药业中国权益	EGFRL858R	IND获批（FDA，NMPA）	NSCLC
	CFT8634	BRD9	Ⅰ期临床研究终止（NCT05355753）	滑膜肉瘤等

续表

公司	药物	靶点	最高研发阶段	适应证
Prelude	PRT3789	SMARCA2	Ⅰ期临床研究	SMARCA4 突变的晚期或转移性 NSCLC 等实体瘤
新基药业（百时美施贵宝）	CC-94676	AR	Ⅰ期临床研究	mCRPC
安斯泰来	ASP-3082	KRASG12D	Ⅰ期临床研究	不同实体瘤
Foghorn	FHD-609	BRD9	Ⅰ期临床研究	晚期滑膜肉瘤
Dialectic	DT-2216	BCL-XL	Ⅰ期临床研究	恶性血液瘤和实体瘤

资料来源：各公司官方网站，药智，药渡，数据截至2024年3月21日

注：mCRPC即转移性去势抵抗性前列腺癌；LRRK2即富亮氨酸重复激酶2；STAT3即信号传导及转录激活蛋白3；MDM2即双微体同源基因2；IKZF1/3即IKAROS家族锌指蛋白1/3；BRAF即鼠类肉瘤病毒癌基因同源物B1；BRD9即含溴域蛋白9；SMARCA2/4即SWI/SNF相关基质相关肌动蛋白依赖的染色质亚家族A成员调节子2/4；BCL-XL即B细胞淋巴瘤超大蛋白

表1-77　我国药企研发的处于临床研究阶段的PROTAC

公司	药物	靶点	最高研发阶段	适应证
开拓药业	GT-20029	AR	Ⅱ期临床研究	外用治疗成年男性雄激素性秃发
海思科医药	HSK29116	BTK	Ⅰ期临床研究（剂量拓展阶段）	恶性 B 细胞肿瘤
	HSK40118	EGFR	Ⅰ期临床研究	晚期 NSCLC
	HSK38008	AR	Ⅰ期临床研究	mCRPC
睿跃生物	CG001419	TRK	Ⅰ/Ⅱ期临床研究	*NTRK* 基因融合、突变、扩增或过表达晚期 / 转移性实体瘤
海创药业	HP518	AR	Ⅰ/Ⅱ期临床研究	mCRPC
珃诺生物	RNK-05047	BRD4	Ⅰ/Ⅱ期临床研究	弥漫性大 B 细胞淋巴瘤、晚期实体瘤等
百济神州	BGB-16673	BTK	Ⅰ期临床研究	B 细胞恶性肿瘤

续表

公司	药物	靶点	最高研发阶段	适应证
冰洲石生物	AC0699	ER	Ⅰ期临床研究	ER阳性、HER2阴性的乳腺癌
	AC0676	BTK	Ⅰ期临床研究	恶性B细胞肿瘤
	AC0682	ER	Ⅰ期临床研究终止（NCT05489679）	ER阳性、HER2阴性的乳腺癌
	AC0176	AR	Ⅰ期临床研究终止（NCT05673109、NCT05241613、CTR20223355）	mCRPC
领泰生物	LT-002	IRAK4	IND获批（FDA、NMPA）	AD、化脓性汗腺炎

资料来源：各公司官方网站，药智，药渡，数据截至2024年3月21日

注：*NTRK*即神经营养型原肌球蛋白受体激酶（基因）；BRD4即含溴域蛋白4

PROTAC领域目前主要发展方向是继续发现适用PROTAC技术的药物靶点、扩大PROTAC的应用范围。当前进入临床研究阶段的PROTAC利用的E3泛素连接酶主要是cereblon（CRBN），探索适合靶向蛋白降解剂的泛素连接酶，并设计相应的分子工具用于制备PROTAC，这样的探索有机会形成药物发现平台；这一思路对于分子胶的研发同样适用。

2）分子胶

目前被广泛研发的分子胶是通过结合CRBN介导靶蛋白降解的一类药物，这类药物也称为免疫调节药物（IMiD）。该领域共有3款药物获批上市（表1-78），主要用于治疗多发性骨髓瘤及多种血液瘤，代表药物是来那度胺。

表1-78 已上市的和处于临床研究阶段的CRBN分子胶

公司	药物	靶点	最高研发阶段	适应证
新基药业（百时美施贵宝）	沙利度胺	IKZF1/3，SALL4等	获批上市（1998年）	麻风结节性红斑、多发性骨髓瘤
	来那度胺	IKZF1/3，CK1α等	获批上市（2005年）	多发性骨髓瘤、MCL、多发性硬化等
	泊马度胺	IKZF1/3	获批上市（2013年）	多发性骨髓瘤、复发/难治性多发性骨髓瘤、卡波西肉瘤
	伊柏米特（iberdomide，CC-220）	IKZF1/3	Ⅲ期临床研究	多发性骨髓瘤、复发/难治性多发性骨髓瘤、系统性红斑狼疮等

续表

公司	药物	靶点	最高研发阶段	适应证
新基药业（百时美施贵宝）	美泽度胺（mezigdomide，CC-92480）	IKZF1/3	Ⅲ期临床研究	复发/难治性多发性骨髓瘤
	CC-99282	IKZF1/3	Ⅱ期临床研究	NHL、FL
	阿伐度胺（avadomide，CC-122）	IKZF1/3，ZMYM2（ZNF198）	Ⅰ/Ⅱ期临床研究	多发性骨髓瘤、NHL、肾功能不全等
	依瑞度胺（eragidomide，CC-90009）	GSPT1	Ⅰb期临床研究	AML、骨髓增生异常综合征
	CC-91633	CK1α	Ⅰ期临床研究	R/R AML 等
C4 Therapeutics	cemsidomide（CFT7455）	IKZF1/3	Ⅰ/Ⅱ期临床研究	复发/难治性多发性骨髓瘤、NHL
康朴生物	KPG-818	IKZF1/3	Ⅰb/Ⅱa期临床研究	系统性红斑狼疮、多发性骨髓瘤、NHL 等
	KPG-121	IKZF1/3，CK1α	Ⅰ期临床研究	联用恩杂鲁胺、阿比特龙或阿帕鲁胺治疗去势抵抗性前列腺癌（CRPC）
诺诚健华	ICP-490	IKZF1/3	Ⅰ/Ⅱa期临床研究	复发/难治性多发性骨髓瘤等
Monte Rosa	MRT-2359	GSPT1	Ⅰ/Ⅱ期临床研究	NSCLC、小细胞肺癌等
BioTheryX	BTX-1188	IKZF1/3，GSPT1	Ⅰ期临床研究	AML、NHL 等
诺华	DKY709	IKZF2	Ⅰ期临床研究	NSCLC、黑色素瘤等
正大天晴	TQB-3820	IKZF1/3	Ⅰ期临床研究	复发/难治性多发性骨髓瘤等
标新生物	GT919	IKZF1/3	Ⅰ期临床研究	复发/难治性多发性骨髓瘤等
Nurix	NX-1607	CBL-B	Ⅰ期临床研究	实体瘤与血液瘤等
格博生物	GLB-001	CK1α	IND 获批（FDA，NMPA）	R/R AML 等

资料来源：各公司官方网站，药智，数据截至2024年3月21日

注：R/R即复发/难治性；NHL即非霍奇金淋巴瘤；FL即滤泡性淋巴瘤；GSPT1即G（1）/S相变蛋白；IKZF2即IKAROS家族锌指蛋白2；SALL4即分裂样蛋白4；CBL-B即Casitas B淋巴瘤原癌基因-B

截至2024年3月，全球共有17款IMiD处于临床研究阶段，其中7款由我国药企研发，占比41%。我国研发IMiD的药企在2023年取得的进展值得肯定：康朴生物研发的KPG-818在美国开展的关于治疗系统性红斑狼疮的Ⅱa期临床研究完成了患者招募，标新生物研发的GT919正式开始了临床研究，格博生物研发的GLB-001获得FDA临床默示许可——该分子将成为全球第二款进入临床研究阶段的选择性降解酪蛋白激酶1α（CK1α）的IMiD。

IMiD领域虽然已经诞生了来那度胺这样的重磅药物，但是该领域系统性的发展尚处于早期阶段。目前临床研究阶段的IMiD的靶点集中程度高，主要是IKZF1/3。IMiD与靶蛋白的结合位点较难表征，缺乏广泛开展理性设计的基础，临床研究阶段的IMiD的分子骨架常见来那度胺的类似物或衍生物。IMiD的新分子、新靶点的发现通常相辅相成，通常需要合理应用蛋白质组学、结构生物学和CADD等多个领域的相关技术，比较考验研发工作者的综合能力。

2. 放射性核素偶联药物

2023年放射性药物的全球市场规模约为70亿美元，预计2026年将达到120亿美元，这一快速增长的主要驱动力来自放射性核素偶联药物（RDC）。RDC通常由靶蛋白配体、连接子、螯合剂和放射性核素四部分组成［图1-114（a）］。根据靶蛋白配体的分子类型，RDC可以分为抗体RDC、多肽RDC或小分子RDC。根据医学用途，RDC可以分为诊断型RDC和治疗型RDC。小分子药物通常指由分子质量在1000 Da以下的有机化合物制备的药物，当前主流的多肽RDC的分子质量通常在1000—2000 Da，但多肽RDC的药物设计的思路与常规小分子药物具有较高的相似性。

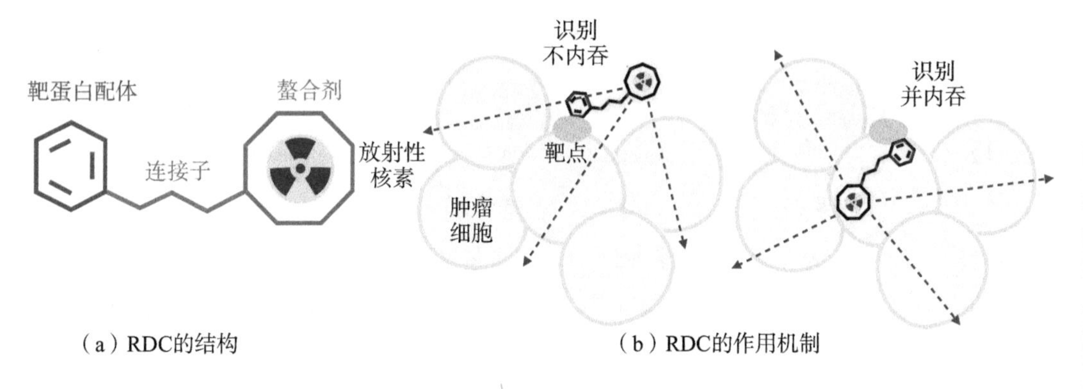

图1-114　放射性核素偶联药物

RDC的作用原理与抗体偶联药物（ADC）、多肽偶联药物（peptide-drug conjugate，PDC）及小分子偶联药物（small molecule-drug conjugate，SMDC）存在相似性，均是通过靶蛋白配体将具有细胞毒活性的物质递送到靶细胞部位发挥药效。相比于ADC

等，RDC在两个方面存在优势。第一，RDC可以实现诊疗一体化。$^{68}Ga/^{177}Lu$等诊断型/治疗型核素的化学性质相似，因此可以先使用螯合了诊断型核素的RDC开展诊断，后使用同种分子螯合治疗型核素进行治疗。第二，RDC分子释放的射线可以同时对多个靶细胞造成杀伤，杀细胞效率高。另外，ADC等展现药效通常需要靶细胞对其进行内吞，而RDC展现药效不完全依赖靶蛋白介导的内吞作用，放射性核素在靶细胞外一定距离释放射线即可对靶细胞造成杀伤，而内吞作用对于RDC发挥药效具有加成效果［图1-114（b）］。

截至2024年3月，仅有Lutathera（^{177}Lu-DOTATATE）和Pluvicto（^{177}Lu-PSMA-617）2款治疗型RDC获批上市。^{177}Lu-DOTATATE通过奥曲肽靶向生长抑素受体2（SSTR2），2017年9月获得欧洲药品管理局（EMA）批准上市，用于治疗神经内分泌瘤，这是第一款获批上市的RDC。^{177}Lu-PSMA-617通过一种结构简单的拟肽（Lys-urea-Glu）实现对前列腺特异性膜抗原（PSMA）的高亲和力靶向作用［K_i =（2.34±2.94）nmol/L］，2022年3月获得FDA批准上市，用于治疗转移性去势抵抗性前列腺癌（mCRPC）。

^{177}Lu-PSMA-617上市首年销售额为2.7亿美元，2023年销售额达到了9.8亿美元，同比增长261%。^{177}Lu-DOTATATE的2022年销售额为4.71亿美元，2023年增至6.05亿美元，同比增长28%。

这两款RDC的成功验证了RDC成药的可能性，展现了RDC在医学和商业两方面的重要价值。全球制药行业对RDC广泛关注，数家研发RDC的创新药企在近期被收购（表1-79）。在投融资方面，放射性药物是我国生物医药领域中投融资额增长最为迅猛的细分领域之一。据不完全统计，2022年我国放射性药物领域的总投融资额为8.8亿元，2023年总投融资额增长至15.8亿元，同比增长80%。

表1-79 部分关于研发放射性药物药企的收购情况

时间	收购方	被收购方	交易总价	主要涉及产品
2014.2	拜尔	Algeta	26亿美元	Xofigo（氯化镭 [^{223}Ra]）
2016.3	东诚药业	GMS	5.5亿元	核药房建设等
2017.6	东诚药业	安迪科	16亿元	氟 [^{18}F] 代脱氧葡萄糖
2017.10	诺华	AAA	39亿美元	Lutathera（^{177}Lu-DOTATATE）
2018.10	诺华	Endocyte	21亿美元	Pluvicto（^{177}Lu-PSMA-617）
2018.11	波士顿科学	BTG	42亿美元	TheraSphere（^{90}Y 微球）、GALIL（冷冻消融系统）
2019.1	中国同辐	宇波君安	8000万元	碘 [^{125}I] 密封籽源、氯化锶 [^{89}Sr]
2018.7	远大医药，鼎晖投资	Sirtex	14亿美元	SIR-Sphaeres（^{90}Y 微球）

续表

时间	收购方	被收购方	交易总价	主要涉及产品
2019.10	Lantheus	Progenics	未公开	Azedra（^{131}I-苄胍）
2021.4	诺华	iTheranostics	未公开	FAPI-46、FAPI-74
2021.6	拜尔	Noria	未公开	^{225}Ac-PSMA-小分子偶联物
2023.10	礼来	Point	14亿美元	PTN002（^{177}Lu-PSMA-I&T）
2023.12	百时美施贵宝	Rayzbio	41亿美元	RYZ101（^{225}Ac-DOTATATE）
2024.3	阿斯利康	Fusion	20亿美元	FPI-2265（^{225}Ac-PSMA-I&T）

资料来源：各公司官方网站，数据截至2024年3月21日

全球多家药企研发的靶向PSMA的治疗型多肽RDC处于临床研究阶段，适应证主要是前列腺癌（表1-80），其中标记^{177}Lu的靶向PSMA的治疗型多肽RDC最为热门，原因体现在四个方面。其一，用于治疗前列腺癌的药物存在巨大的未被满足的临床需求。其二，PSMA在前列腺癌组织中的表达量是正常前列腺组织和非前列腺组织的100—1000倍，具有前列腺肿瘤组织特异性。其三，^{177}Lu作为RDC核素的安全性、有效性经过了验证，并且具有较好的商业可获得性。^{177}Lu半衰期较长、能量较温和、辐射范围较小，被认为是最适合用于开发RDC的放射性核素之一（表1-81）。其四，就用于治疗前列腺癌而言，相比抗体RDC，多肽RDC分子质量较小，组织渗透性相对好，可以渗透前列腺的深层组织。小分子作为靶蛋白配体的RDC目前尚处于早期探索阶段，报道较少。目前研发靶向PSMA的治疗型多肽RDC主要考虑提高药物的类药性质，技术路径主要分为两类，第一类是对RDC的多肽-连接子进行化学修饰，第二类是将RDC与伊文思蓝（EB）的类似物偶联，通过结合白蛋白来改善药物的类药性质。

表1-80　部分处于临床研究阶段的靶向PSMA的治疗型多肽RDC

公司	药物	最高研发阶段	
		海外	中国
诺华	Pluvicto（^{177}Lu-PSMA-617）	获批上市	Ⅲ期临床研究
Point（礼来）	PNT-2002（^{177}Lu-PSMA-I&T）	Ⅲ期临床研究	未申报
Blue Earth	^{177}Lu-rhPSMA-10.1	Ⅱ期临床研究	未申报
CellBion	Lu-177-DGUL	Ⅱ期临床研究	未申报
FutureChem	^{177}Lu-FC-705（[^{177}Lu]Ludotadipep）	Ⅱ期临床研究	未申报
British Columbia Cancer Agency	^{177}Lu-HTK03170	Ⅱ期临床研究	未申报

续表

公司	药物	最高研发阶段	
		海外	中国
Centre Léon Bérard	^{177}Lu-PSMA-1	Ⅱ期临床研究	未申报
诺华	^{177}Lu-PSMA-R2	Ⅱ期临床研究	未申报
Fusion（阿斯利康）	FPI-2265（^{225}Ac-PSMA-I&T）	Ⅱ期临床研究	未申报
Clarity	^{67}Cu SAR-bisPSMA	Ⅰ/Ⅱa期临床研究	未申报
诺华	^{225}Ac-PSMA-R2	Ⅱ期临床研究	未申报
ART BioScience	AB001（^{212}Pb-NG001）	Ⅰ期临床研究	未申报
先通医药	[^{177}Lu]Lu-XT033	Ⅰ/Ⅱ期临床研究	Ⅰ/Ⅱ期临床研究
恒瑞医药	HRS-4357	Ⅰ/Ⅱ期临床研究	Ⅰ/Ⅱ期临床研究
晶核生物	JH020002/JH-02	Ⅰ/Ⅱ期临床研究	Ⅰ/Ⅱ期临床研究
蓝纳成生物（东诚药业）	^{177}Lu-LNC1003	Ⅰ期临床研究	Ⅰ期临床研究

资料来源：各公司官方网站，药渡，药智，数据截至2024年3月21日

表1-81 部分医用放射性核素的比较

医用核素分类			
衰变方式	特点	医学用途特点	代表核素
γ/β^+ 衰变	·产生高能电磁辐射（光子）/正电子。 ·射线穿透力强、杀伤力低	配合SPECT/PET-CT用于诊断	^{18}F、^{68}Ga、^{99m}Tc
β^- 衰变	·产生负电子（β粒子）。 ·射线穿透力适中，杀伤力适中，可以破坏DNA单链	杀伤正在快速增殖的肿瘤细胞	^{67}Cu、^{90}Y、^{177}Lu
α 衰变	·产生氦核（α粒子）。 ·射线穿透力弱，杀伤力强，可以破坏DNA双链	杀伤已经完成生长的、比较顽固的肿瘤细胞	^{211}At、^{225}Ac

部分医用 β^- 衰变的放射性核素比较			
核素	半衰期/天	射线类型/MeV	辐射范围/mm
^{67}Cu	2.6	β（0.54），γ（0.185）	1.8
^{90}Y	2.7	β（2.28）	12
^{131}I	8.0	β（0.6），γ（0.364）	2
^{177}Lu	6.7	β（0.497），γ（0.208）	1.5
^{186}Re	3.8	β（1.08），γ（0.131）	5

注：SPECT/PET-CT即单光子发射计算机断层成像/正电子发射断层成像-电子计算机断层扫描

除了投融资方面，近年我国RDC的研发与产业链建设同样进展积极。研发方面，5款由我国药企研发的标记^{177}Lu的治疗型多肽RDC在2023年进入了临床研究阶段，其中4款为靶向PSMA的RDC（表1-80），创新RDC在我国实现起步。产业链建设方面，2021—2022年，中国工程物理研究院核物理与化学研究所、中核高通在^{177}Lu原料药生产方面取得了实质性进展。

在治疗型RDC领域，标记^{177}Lu的靶向成纤维细胞活化蛋白（FAP）、胃泌素释放肽受体（GRPR）等新靶点的多肽RDC、标记^{177}Lu之外的放射性核素的多肽RDC及抗体RDC的发展均值得关注。标记^{67}Cu、^{225}Ac等放射性核素的治疗型RDC已有数款处于临床研究阶段，其中标记^{225}Ac的治疗型多肽RDC尤其值得关注。在近期报道的一项临床研究中，标记^{225}Ac的靶向PSMA的RDC展现了与^{177}Lu-PSMA-617相似的安全性与有效性[中位生存期（mOS）=15.5个月，^{177}Lu-PSMA-617 mOS = 15.3个月]。多款治疗型抗体RDC也处于临床研究阶段，其中研发阶段最高的是Telix研发的标记^{177}Lu的靶向PSMA的TLX591（^{177}Lu-J591，Ⅲ期临床研究）。

3. 多肽药物

多肽药物发展由来已久，早在20世纪20年代，动物来源的胰岛素已经开始用于糖尿病的治疗。然而在20世纪50年代前，多肽药物来自天然提取，药物的可获得性不理想，直至20世纪60—70年代固相合成等技术得到普及，多肽药物才得以实现规模商业化。胰岛素、促肾上腺皮质激素等多肽药物在药学领域具有重要意义，多肽药物在糖尿病、病原微生物感染、激素调节等诸多领域已经诞生了多款成功药物。

相比一般小分子药物，多肽药物通常可以占据多个药物口袋，因此具有较高的特异性和较高的亲和力；但多肽药物的分子质量常见于500—5000 Da，因此类药性质常常不够理想，常存在清除率高、半衰期短、口服给药生物利用度低等问题。近年多肽药物的研发技术取得了综合性提升，当前研发的多肽药物通常会结合结构生物学的相关方法进行分子设计，并通过骨架修饰或环化、非天然氨基酸插入、引入脂肪酸等手段进行分子优化，这些方法大幅提高了多肽药物的活性与类药性质。同时，环肽mRNA展示等多肽药物分子发现技术正在快速发展，多肽药物的多样性与涉及领域正在不断增加。

近年获批上市的多肽药物的数量快速增加，创新多肽药物的销售额快速上升。1960—2019年FDA共批准了86款多肽药物上市；2019—2023年，FDA批准了19款治疗型多肽药物上市。多肽药物中，GLP-1R激动剂近年来发展最为迅猛。20世纪70—80年代，科学家发现GLP-1具有促胰岛素分泌的重要调控作用。诺和诺德研发的司美格鲁肽在2017年获批上市用于治疗2型糖尿病，2021年获批用于治疗肥胖及其肥胖合并症。司美格鲁肽2021年销售额为61亿美元，2022年增长到109亿美元，2023年继续增长达到211亿美元，同比增长94%。礼来研发的葡萄糖依赖性促胰岛素多肽受体（GIPR）/GLP-1R双靶点激动剂替尔泊肽在2022年获批上市，2023年的销售额达到了52亿美元，同比增长970%。[①]礼来在替尔泊肽的基础上研发了GIPR/GLP-1R/胰高血糖素受体（GCGR）三靶点激动剂LY3437943，该药物在2023年进入了Ⅲ期临床研究阶段。我国已经有多家药企参与到GLP-1R激动剂的研发工作中。此外，环肽药物的研发在2023年也取得了明显进展，3款环肽药物在2023年获得FDA批准上市，分别为Cidara/Melinta研发的瑞扎芬净、BioLineRx研发的莫替福肽和Ra Pharmaceuticals研发的齐芦克布仑。

在研发技术提高的基础上，随着GLP-1R激动剂、多肽RDC、环肽药物、拟肽药物等多种多肽相关领域的持续发展与推动，可以预期多肽药物领域将诞生更多药效与安全性更好的产品，多肽药物的品类将更加丰富，多肽药物领域将更加繁荣。

四、总结与展望

2023年，我国小分子药物领域发展整体稳中向好，部分已上市的创新小分子药物已经成为一些药企的稳定业绩支撑，部分药企研发的小分子药物的临床研究进度处于全球比较领先的位置，部分药企研发的小分子药物实现了对国外药企的授权。我国小分子药物行业的技术创新水平较过往提高显著，对新靶点、新机制和具有新型平台技术性质的小分子药物的跟进越发迅速。小分子药物的科研人员应综合利用如人工智能药物发现与设计（AI drug discovery & design，AIDD）、DNA编码文库等新兴技术，继续加强分子发现能力。小分子药物研发涉及学科广泛，小分子药物行业也应该重视在基础生命科学、转化医学等领域的沉淀，继续完善我国小分子药物行业的创新体系建设。随着JAK抑制剂等重磅小分子药物逐步释放价值，新机制小分子药物研发逐渐成熟，小分子药物将继续在生物医药领域中扮演重要角色。

撰 稿 人：曾子余 珠海华发科技产业集团有限公司
牛新乐 珠海华发科技产业集团有限公司
通讯作者：牛新乐 niuxinle@huajinct.com

① 资料来源：医药魔方。

第二章 生物农业产业发展现状与趋势

第一节 生 物 育 种

一、概　　况

2023年，随着国家生物育种产业化政策的落地，37个转基因玉米品种和14个转基因大豆新品种通过国家审定，标志着我国生物育种产业进入了一个快速发展的新时代。此外，我国生物育种重要基因挖掘和功能验证等基础研究方面也取得了一系列突破性进展，在国际顶级期刊《细胞》（*Cell*）、《自然》（*Nature*）和《科学》（*Science*）及其子刊发表了一系列重要论文。

二、主 要 产 品

1. 生物育种及其产品

2023年，我国生物育种相关应用研究和新产品开发取得了一系列重要进展。转基因棉花、转基因玉米和转基因大豆等转基因作物共获批161个生物安全证书（生产应用），基因编辑作物（大豆）首次获批3个生物安全证书（生产应用）（图2-1和表2-1）。其中，转基因棉花获批143个生物安全证书（生产应用）（包括1个首次发放的转基因耐除草剂棉花GGK2），转基因玉米获批13个生物安全证书（生产应用）（包括4个首次发放的抗虫耐除草剂玉米浙大瑞丰8×nCX-1、瑞丰125×nCX-1、LP026-2和WYN041，以及2个耐除草剂玉米LW2-1和WYN17132），转基因大豆获批5个生物安全证书（生产应用）（包括2个耐除草剂大豆WYN341GmC和WYN029GmA）。涉及的目标性状主要包括抗虫145个（占比89%）、耐除草剂9个（占比6%）、抗虫耐除草剂复合性状8个（占比5%）。从此可以看出，我国农作物生物育种在巩固转基因抗虫棉的优势基础上，在耐除草剂棉花、抗虫耐除草剂玉米和耐除草剂大豆等新产品研发方面都取得了新的突破性进展，为加速生物育种的产业化应用提供了技术和材料支撑。

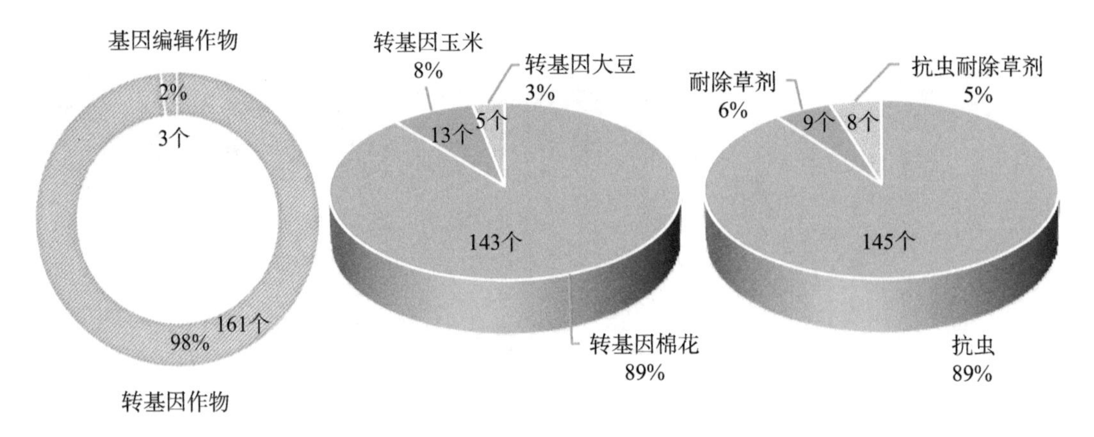

图2-1 我国生物育种（转基因作物和基因编辑作物）获批生物安全证书（生产应用）情况

表2-1 2023年我国转基因作物和基因编辑作物生物安全证书（生产应用）发放情况

序号	作物	性状	转化体	研发机构	目的基因
I. 转基因作物					
1	玉米	抗虫耐除草剂	DBN9936	北京大北农生物技术有限公司（简称大北农生物）	*cry1Ab*、*epsps*
2	玉米	抗虫	瑞丰 125	杭州瑞丰生物科技有限公司（简称杭州瑞丰）、浙江大学	*cry1Ab/cry2Aj*、*g20evo-epsps*
3	玉米	抗虫耐除草剂	DBN3601T	大北农生物	*cry1Ab*、*epsps*、*vip3Aa19*、*pat*
4	玉米	耐除草剂	nCX-1	杭州瑞丰	*CdP450*、*cp4epsps*
5	玉米	抗虫耐除草剂	Bt11×GA21	中国种子集团有限公司（简称中种集团）	*cry1Ab*、*pat*、*mepsps*
6	玉米	抗虫耐除草剂	Bt11×MIR162×GA21	中种集团	*cry1Ab*、*pat*、*vip3Aa20*、*mepsps*
7	玉米	耐除草剂	GA21	中种集团	*mepsps*
8	大豆	耐除草剂	DBN9004	大北农生物	*epsps*、*pat*
9	大豆	抗虫	CAL16	杭州瑞丰	*cry1Ab/vip3Da*
10	大豆	耐除草剂	中黄 6106	中国农业科学院作物科学研究所、中种集团	*vip3Aa19*、*pat*
11	玉米	抗虫耐除草剂	浙大瑞丰 8×nCX-1	杭州瑞丰	*cry1Ab*、*cry2Ab*、*CdP450*、*cp4epsps*

续表

序号	作物	性状	转化体	研发机构	目的基因
12	玉米	抗虫耐除草剂	瑞丰 125×nCX-1	杭州瑞丰	*cry1Ab/cry2Aj*、*g20evo-epsps*、*CdP450*、*cp4epsps*
13	玉米	抗虫耐除草剂	LP026-2	隆平生物技术（海南）有限公司（简称隆平生物）	*cry2Ab*、*cry1Fa*、*cry1Ab*、*epsps*
14	玉米	耐除草剂	LW2-1	隆平生物	*epsps*、*pat*
15	玉米	耐除草剂	WYN17132	浙江新安化工集团	*am79epsps*
16	玉米	抗虫耐除草剂	WYN041	浙江新安化工集团	*cry1Ab*、*am79epsps*
17	大豆	耐除草剂	WYN341GmC	浙江新安化工集团	*cp4epsps*
18	大豆	耐除草剂	WYN029GmA	浙江新安化工集团	*mam79epsps*
19	棉花	耐除草剂	GGK2	新疆国欣种业有限公司、中国农业科学院生物技术研究所	*gr79epsps*、*gat*
			II. 基因编辑作物		
20	大豆	品质改良	AE15-18-1	山东舜丰生物科技有限公司	*gmfad2-1a*、*gmfad2-1b*
21	大豆	生理性状改良	25T93-1	山东舜丰生物科技有限公司	*GmELF3a*
22	大豆	品质改良	P16	苏州齐禾生科生物科技有限公司	*GmFAD2-1A*、*GmFAD2-1B*

资料来源：农业农村部“2023年农业转基因生物安全证书（生产应用）批准清单”

2. 2023年新增生物育种产品

2023年，中国生物育种取得了突破性进展。除了上述新获批生物安全证书（生产应用）的9个玉米、大豆和棉花转化体（表2-1中的11—19号）和3个基因编辑大豆转化体（表2-1中的20—22号）之外，2023年共有37个转基因玉米品种和14个转基因大豆品种获得国家新品种审定（表2-2和表2-3），标志着中国生物育种产业化和规模化推广应用时代的正式开启。在转基因玉米品种方面，从表2-2可以看出，头部公司竞争优势显著，行业集中度有望进一步提升。首先从品种数量来看，北京联创种业有限公司6个、中国种子集团有限公司4个、北京丰度高科种业有限公司2个、北京市农林科学院玉米研究所2个、山东登海种业股份有限公司2个、辽宁东亚种业有限公司2个、吉林省鸿翔农业集团鸿翔种业有限公司2个，其余17家单位各1个。从性状/转化体获批数量来看，北京大北农生物技术有限公司22个、杭州瑞丰生物科技有限公司/浙江大学9个、北京粮元生物科技有限公司4个、中国种子集团有限公司2个。在转基因大豆品种方面，育种者和转化体所有者主要集中于北京大北农生物技术有限公司、中国农业科学院作物科学研究所及其相关合作单位。此次51个转基因新品种正式通过国家审定，是我国生物育种产业化的里程碑事件，将加快转基因生物育种商业化进程，龙头企业竞争优势明显，预计将进一步提升市场占有率，推动种业行业高度集中。

表2-2 2023年通过国家审定的转基因玉米品种

序号	审定编号	品种名称	育种者	品种来源	转基因目标性状	转化体所有者
1	国审玉（转）20231001	裕丰303D	北京联创种业有限公司	CT1669×CT3354（DBN9936）	抗亚洲玉米螟，耐草甘膦除草剂	北京大北农生物技术有限公司
2	国审玉（转）20231002	中科玉505D	北京联创种业有限公司	CT1668×CT3354（DBN9936）	抗亚洲玉米螟、粘虫[1]，耐草甘膦除草剂	北京大北农生物技术有限公司
3	国审玉（转）20231003	嘉禧100D	北京联创种业有限公司	CT61253×CT3351（DBN9936）	抗亚洲玉米螟，耐草甘膦除草剂	北京大北农生物技术有限公司
4	国审玉（转）20231004	中科玉505R	北京联创种业有限公司	CT1668×CT3354（瑞丰125）	抗亚洲玉米螟	杭州瑞丰生物科技有限公司、浙江大学
5	国审玉（转）20231005	裕丰303R	北京联创种业有限公司	CT1669×CT3354（瑞丰125）	抗亚洲玉米螟	杭州瑞丰生物科技有限公司、浙江大学
6	国审玉（转）20231006	裕丰303H	北京联创种业有限公司	CT1669×CT3354（DBN9858）	耐草甘膦、草铵膦除草剂	北京大北农生物技术有限公司
7	国审玉（转）20231007	京科968TK	北京市农林科学院玉米研究所	京724×京92（瑞丰125）	抗亚洲玉米螟	杭州瑞丰生物科技有限公司、浙江大学
8	国审玉（转）20231008	京科968D	北京市农林科学院玉米研究所	京724（DBN9936）×京92	抗亚洲玉米螟、粘虫，耐草甘膦除草剂	北京大北农生物技术有限公司

续表

序号	审定编号	品种名称	育种者	品种来源	转基因目标性状	转化体所有者
9	国审玉（转）20231009	郑单958D	北京丰度高科种业有限公司	郑58（DBN9936）× 昌7-2	抗亚洲玉米螟，耐草甘膦除草剂	北京大北农生物技术有限公司
10	国审玉（转）20231010	农华803D	北京丰度高科种业有限公司	K4104-16×B8328（DBN9936）	抗粘虫	北京大北农生物技术有限公司
11	国审玉（转）20231011	农大372R	河北巡天农业科技有限公司	X24621（瑞丰125）×BA702	抗亚洲玉米螟、粘虫、棉铃虫	杭州瑞丰生物科技有限公司
12	国审玉（转）20231012	郑单958K	山西中农赛博种业股份有限公司	郑58（ND207）× 昌7-2	抗亚洲玉米螟	北京粮元生物科技有限公司
13	国审玉（转）20231013	瑞普909D	山西农业大学玉米研究所、山西三联现代种业科技有限公司	RP86（DBN9936）×RP06	抗亚洲玉米螟、粘虫，耐草甘膦除草剂	北京大北农生物技术有限公司
14	国审玉（转）20231014	大丰30F	山西大丰种业有限公司	A311(DBN9936）×PH4CV	抗亚洲玉米螟、粘虫，耐草甘膦除草剂	北京大北农生物技术有限公司
15	国审玉（转）20231015	利禾1D	内蒙古自治区利禾农业科技发展有限公司	M1001（DBN9936）×F2001	抗亚洲玉米螟、粘虫，耐草甘膦除草剂	北京大北农生物技术有限公司
16	国审玉（转）20231016	科河699D	内蒙古自治区巴彦淖尔市科河种业有限公司	KH636×KH766（DBN9936）	抗亚洲玉米螟、粘虫，耐草甘膦除草剂	北京大北农生物技术有限公司
17	国审玉（转）20231017	东单1331D	辽宁东亚种业有限公司	XC2327×XB1621（DBN9936）	抗亚洲玉米螟，抗粘虫，耐草甘膦除草剂	北京大北农生物技术有限公司
18	国审玉（转）20231018	东单1331K	辽宁东亚种业有限公司	XC2327×XB1621（ND207）	抗亚洲玉米螟	北京粮元生物科技有限公司

续表

序号	审定编号	品种名称	育种者	品种来源	转基因目标性状	转化体所有者
19	国审玉（转）20231019	宏硕 899SK	辽宁宏硕种业科技有限公司	D5433（DBN9936）×T36	抗亚洲玉米螟，耐草甘膦除草剂	北京大北农生物技术有限公司
20	国审玉（转）20231020	翔玉 998HZ	吉林省鸿翔农业集团鸿翔种业有限公司	Y822（瑞丰125）×X9231	抗亚洲玉米螟	杭州瑞丰生物科技有限公司、浙江大学
21	国审玉（转）20231021	优迪 919HZ	吉林省鸿翔农业集团鸿翔种业有限公司	JL712（瑞丰125）×JL715	抗亚洲玉米螟	杭州瑞丰生物科技有限公司、浙江大学
22	国审玉（转）20231022	天育 108Z	吉林云天化种业科技有限公司	YTH001（ND207）×TCB01	抗亚洲玉米螟	北京粮元生物科技有限公司
23	国审玉（转）20231023	增玉 1572KK	铁岭增玉种子技术研究有限公司	11A341×Y1217（DBN9936）	抗亚洲玉米螟，耐草甘膦除草剂	北京大北农生物技术有限公司
24	国审玉（转）20231024	登海 605D	山东登海种业股份有限公司	DH351×DH382（DBN9936）	抗亚洲玉米螟，耐草甘膦除草剂	北京大北农生物技术有限公司
25	国审玉（转）20231025	登海 533D	山东登海种业股份有限公司	登海 22×DH382（DBN9936）	抗亚洲玉米螟，耐草甘膦除草剂	北京大北农生物技术有限公司
26	国审玉（转）20231026	郑单 958GK	河南富吉泰种业有限公司	郑 58（瑞丰125）× 昌 7-2	抗亚洲玉米螟、粘虫	杭州瑞丰生物科技有限公司、浙江大学
27	国审玉（转）20231027	金苑玉 177K	河南金苑种业股份有限公司	JCY16667×JCY16557（ND207）	抗亚洲玉米螟	北京粮元生物科技有限公司
28	国审玉（转）20231028	京科 986GE	河南省现代种业有限公司	京 724A× 京 92（瑞丰 125）	抗亚洲玉米螟、粘虫	杭州瑞丰生物科技有限公司、浙江大学
29	国审玉（转）20231029	康农 20065KK	湖北康农种业股份有限公司	FL335(DBN9936）×FL11646	抗亚洲玉米螟、粘虫、棉铃虫，耐草甘膦除草剂	北京大北农生物技术有限公司

续表

序号	审定编号	品种名称	育种者	品种来源	转基因目标性状	转化体所有者
30	国审玉（转）20231030	惠民207R	湖北惠民农业科技有限公司	H1（瑞丰125）×M1	抗亚洲玉米螟、粘虫	杭州瑞丰生物科技有限公司
31	国审玉（转）20231031	远科105WG	中国种子集团有限公司	H7-5（Bt11×GA21）×Y2A	抗亚洲玉米螟、粘虫，耐草甘膦除草剂	中国种子集团有限公司
32	国审玉（转）20231032	远科105D	中国种子集团有限公司	H7-5（DBN9936）×Y2A	抗亚洲玉米螟、粘虫，耐草甘膦除草剂	北京大北农生物技术有限公司
33	国审玉（转）20231033	和育187D	中国种子集团有限公司	V76-1（DBN9936）×WC009	抗亚洲玉米螟、粘虫，耐草甘膦除草剂	北京大北农生物技术有限公司
34	国审玉（转）20231034	先达901ZL	中国种子集团有限公司	NP5024（Bt11×MIR162×GA21）×NP5063	抗亚洲玉米螟、粘虫、棉铃虫、草地贪夜蛾，耐草甘膦、草铵膦除草剂	中国种子集团有限公司
35	国审玉（转）20231035	铁391K	四川同路农业科技有限责任公司	T1004（DBN9936）×T12067	抗亚洲玉米螟、粘虫，耐草甘膦除草剂	北京大北农生物技术有限公司
36	国审玉（转）20231036	罗单566DT	云南大天种业有限公司	703（DBN3601T）×3731	抗亚洲玉米螟，耐草甘膦除草剂	北京大北农生物技术有限公司
37	国审玉（转）20231037	五谷3861KK	甘肃五谷种业股份有限公司	WG6320（DBN3601T）×WG646	抗亚洲玉米螟、粘虫、棉铃虫，耐草甘膦、草铵膦除草剂	北京大北农生物技术有限公司

资料来源：中华人民共和国农业农村部公告 第732号

1）粘虫应为黏虫

表2-3　2023年通过国家审定的转基因大豆品种

序号	审定编号	品种名称	育种者	品种来源	转基因目标性状	转化体所有者
1	国审豆（转）20231001	脉育526	北京大北农生物技术有限公司	合丰50/DBN9004	耐草甘膦、草铵膦除草剂	北京大北农生物技术有限公司

续表

序号	审定编号	品种名称	育种者	品种来源	转基因目标性状	转化体所有者
2	国审豆（转）20231002	脉育 503	北京大北农生物技术有限公司	合丰 50/DBN9004	耐草甘膦、草铵膦除草剂	北京大北农生物技术有限公司
3	国审豆（转）20231003	脉育 511	北京大北农生物技术有限公司	合丰 50/DBN9004	耐草甘膦、草铵膦除草剂	北京大北农生物技术有限公司
4	国审豆（转）20231004	脉育 579	北京大北农生物技术有限公司	合丰 50/DBN9004	耐草甘膦、草铵膦除草剂	北京大北农生物技术有限公司
5	国审豆（转）20231005	脉育 565	北京大北农生物技术有限公司	合丰 50/DBN9004	耐草甘膦、草铵膦除草剂	北京大北农生物技术有限公司
6	国审豆（转）20231006	中联豆 1505	中国农业科学院作物科学研究所、黑龙江省农业科学院大豆研究所	黑农 69//哈北 46-1/中黄 6106	耐草甘膦除草剂	中国农业科学院作物科学研究所
7	国审豆（转）20231007	中联豆 1307	中国农业科学院作物科学研究所、黑龙江省农业科学院绥化分院	北豆 40///北豆 40//黑河 38/中黄 6106	耐草甘膦除草剂	中国农业科学院作物科学研究所
8	国审豆（转）20231008	中联豆 2825	中国农业科学院作物科学研究所、呼伦贝尔市农牧科学研究所	黑河 43//黑河 43/中黄 6106	耐草甘膦除草剂	中国农业科学院作物科学研究所
9	国审豆（转）20231009	中联豆 2109	呼伦贝尔市农牧科学研究所、中国农业科学院作物科学研究所	华疆 2 号 // 克山 1 号 / 中黄 6106	耐草甘膦除草剂	中国农业科学院作物科学研究所
10	国审豆（转）20231010	中联豆 2041	呼伦贝尔市农牧科学研究所、中国农业科学院作物科学研究所	华疆 2 号 // 垦丰 20/中黄 6106	耐草甘膦除草剂	中国农业科学院作物科学研究所
11	国审豆（转）20231011	中联豆 1309	黑龙江省农业科学院绥化分院、中国农业科学院作物科学研究所	北豆 40///北豆 40//黑河 38/中黄 6106	耐草甘膦除草剂	中国农业科学院作物科学研究所

续表

序号	审定编号	品种名称	育种者	品种来源	转基因目标性状	转化体所有者
12	国审豆（转）20231012	中联豆1311	黑龙江省农业科学院绥化分院、中国农业科学院作物科学研究所、黑龙江省农业科学院大豆研究所	黑农69//哈北46-1/中黄6106	耐草甘膦除草剂	中国农业科学院作物科学研究所
13	国审豆（转）20231013	中联豆1510	黑龙江省农业科学院大豆研究所、中国农业科学院作物科学研究所、吉林省农业科学院	黑农69//哈北46-1/中黄6106	耐草甘膦除草剂	中国农业科学院作物科学研究所
14	国审豆（转）20231014	中联豆1512	黑龙江省农业科学院大豆研究所、中国农业科学院作物科学研究所	黑农69//哈北46-1/中黄6106	耐草甘膦除草剂	中国农业科学院作物科学研究所

资料来源：中华人民共和国农业农村部公告 第732号

3. 上述产品的应用情况

在中央提出“要尊重科学、严格监管，有序推进生物育种产业化应用”的背景下，2021—2023年，农业农村部对转基因大豆、转基因玉米开展了“三年三步走”产业化试点计划，并取得了显著成效，标志着中国的转基因大豆、转基因玉米产业化应用迈出了历史性的一步。2021年，在严格控制的隔离环境中，试种了大约1150亩[①]；2022年在选择的种植大户中，试种了大约8万亩；2023年，考虑到农户的种植意愿和品种的适应生态区，试种范围扩展至5个省的20个县，大约400万亩。试点结果表明，转基因大豆、转基因玉米抗虫耐除草剂特性优良，增产增效和生态效果显著，配套的高产高效、绿色轻简化生产模式也逐步形成。转基因大豆除草效果在95%以上，可降低除草成本50%，增产12%；转基因玉米对草地贪夜蛾的防治效果可达95%以上，增产10.7%，并且可以大幅降低防虫成本。

试点跟踪监测发现种植转基因大豆和玉米对昆虫及土壤动物群落均无不良影响，种植转基因玉米减少了杀虫剂的使用，促进了生态环境安全。同时，转基因玉米由于害虫为害小而较少发霉，霉菌毒素含量低，与常规玉米相比品质好。转基因耐除草剂玉米和大豆使用同一种低残留除草剂，能够解决种植大豆、玉米的大田因使用不同除

① 1亩≈666.7 m^2。

草剂而互相影响的问题，有利于进行大豆、玉米的间作和轮作，实现高效生产。

试点成果显示，转基因玉米对草地贪夜蛾等鳞翅目害虫的防效均在90%以上，优于常规玉米喷施2次杀虫剂的效果。转基因大豆喷施草甘膦的除草效果一般在95%以上，明显优于常规大豆喷施除草剂的效果。种植转基因玉米、转基因大豆，减少了虫害、草害防治次数和农事耕作次数，促进了少免耕、平作等轻简化种植方式推广应用；由于使用降解速度较快的草甘膦除草剂，间接减少了前茬除草剂药害残留，为推动玉米、大豆等作物轮作奠定了基础。从产量上看，转基因玉米、转基因大豆平均增产可分别达到8.9%和8.8%。

三、政策与市场环境

1. 国家主要产业政策

在生物育种产业化的进程中，国家及农业农村部等相关部委出台了一系列产业政策。2020年10月，党的十九届五中全会通过的《中共中央关于制定国民经济和社会发展第十四个五年规划和二〇三五年远景目标的建议》提出，瞄准人工智能、量子信息、集成电路、生命健康、脑科学、生物育种、空天科技、深地深海等前沿领域，实施一批具有前瞻性、战略性的国家重大科技项目。2020年12月，中央经济工作会议提出“要尊重科学、严格监管，有序推进生物育种产业化应用”。

2021年7月，中央全面深化改革委员会第二十次会议审议通过《种业振兴行动方案》，习近平总书记在主持会议时强调，农业现代化，种子是基础，必须把民族种业搞上去，把种源安全提升到关系国家安全的战略高度，集中力量破难题、补短板、强优势、控风险，实现种业科技自立自强、种源自主可控。2021年12月，中央经济工作会议重申“深入实施种业振兴行动”。随后召开的中央农村工作会议，再次强调“大力推进种源等农业关键核心技术攻关”。

2022年出台了《转基因耐除草剂作物用目标除草剂登记资料要求》、《国家级转基因大豆品种审定标准（试行）》和《国家级转基因玉米品种审定标准（试行）》等三项法规。作为试点种植计划的一部分，初步建立了转基因作物产业化应用体系。2023年12月6日，农业农村部正式批准了37个转基因玉米品种和14个转基因大豆品种。应用的转化体中，27例来自北京大北农生物技术有限公司，9例来自杭州瑞丰生物科技有限公司/浙江大学，占总数的70.6%。《农业转基因生物标识管理办法》正在同步修订中，这表明这些转基因玉米品种和转基因大豆品种在中国的商业化生产将不再存在法律和监管障碍。然而，下一阶段的特定种植区域也必须达到农业农村部的相关标准。

2. 市场供需、贸易等情况

虽然中国已经成功地解决了主食粮食安全问题，但是随着生活水平的提高，人们对肉、蛋、奶、油的需求增加迅猛，导致对饲料粮食的需求越来越大。因此，一个新的挑战出现了："谁能喂饱中国？"为了解决这一问题，同时在有限耕地条件下实施中国的粮食安全政策，中国必须从国际市场进口足够的饲料粮食。中华人民共和国海关总署（GACC）报告称，在过去三年（2021—2023年），中国每年进口超过1亿t粮食。2023年进口大豆9941万t、玉米2713万t，进口金额分别超过583亿美元和90亿美元（表2-4）。相比较而言，中国玉米和大豆的出口量仅为1万t和6.7万t。这些数据反映出中国严重依赖全球饲料粮食市场。因此，加快推进转基因作物的产业化可能是解决这一外国依赖问题的有效途径。

表2-4　中国玉米和大豆近三年（2021—2023年）进口情况

年份	种类	进口量/t	进口金额/美元
2023	玉米	27 130 000	9 011 270 432
	大豆	99 410 000	58 376 177 600
2022	玉米	20 620 000	7 099 950 209
	大豆	91 080 000	56 791 304 000
2021	玉米	28 350 000	8 026 777 375
	大豆	96 520 000	48 088 401 600

资料来源：中华人民共和国海关总署-海关统计数据在线查询平台http：//stats.customs.gov.cn/

四、研究动向

从目前中国已经获批生物安全证书（生产应用）的转化体来看，目标性状主要集中在抗虫、耐除草剂以及抗虫耐除草剂复合性状，应用的基因也主要集中在*cry1Ab*、*cry2Ab*、*epsps*、*pat*等少数几个（表2-1）。未来，为了创制更多高产、抗病、耐逆、养分高效等新品种，需要克隆鉴定更多具有育种价值的基因。2023年，中国科学家在生物育种的上游基因挖掘和机制解析等方面取得了一系列重要进展。部分代表性成果如下。

2023年2月，中国农业大学秦峰教授团队解析了玉米抗旱种质资源CIMBL55优良抗旱性的遗传基础，完成了CIMBL55的基因组重测序，为解析玉米抗旱性的遗传变异、鉴定优异抗旱基因资源、克隆关键抗旱基因提供了高质量的基因组信息，也将为玉米抗旱性的遗传改良和分子设计育种提供重要的靶点。

2023年4月，中国农业大学倪中福教授团队通过多年大规模田间表型调查和遗传学研究，鉴定到一个显著提升小麦群体产量的关键位点，为高产高效半矮秆小麦新品种培育提供了重要基因资源和新的育种策略。与此同时，其还鉴定到一个油菜素甾醇（brassinosteroid，BR）信号转导的关键正调控因子ZnF，在理论上加深了对BR信号途径的认识。

2023年6月，华中农业大学李国田教授团队克隆到一个广谱抗病类病斑突变体基因*RBL1*，并通过基因编辑创制了增强作物广谱抗病性且稳产的新基因*RBL1Δ12*，该基因在作物中高度保守，与传统抗病基因相比，可打破物种界限、普适性更强，具有巨大的抗病育种应用潜力。武汉大学何光存院士团队鉴定了一种由植物免疫受体感知的昆虫唾液蛋白，并发现了一个三方相互作用系统，这为开发高产、抗虫作物提供了靶标和理论支撑。

2023年7月，北京科技大学生物农业研究院万向元团队克隆了玉米中第一个发现的雄性不育突变体的*ZmMs1*基因，首次发现了植物花药花粉发育的"刹车分子"，其主导的反馈抑制调控网络揭示了花粉外壁精准形成的奥秘，同时为构建植物雄性发育全时期的分子调控网络全局图迈出了里程碑的一步，为作物雄性不育杂交育种和制种提供了新的基因资源。同月，山东农业大学付道林教授领衔的小麦生物育种团队建立了快速基因克隆技术体系——性状关联突变体测序技术，在小麦中克隆到一个新型抗条锈病基因*YrNAM*，为小麦抗病机制研究、生物育种和种质创新提供了重要的基因资源及技术支撑。

2023年12月，中国农业科学院作物科学研究所李文学研究员团队与河南农业大学汤继华教授团队鉴定了调控铁元素进入玉米籽粒的关键基因*ZmNAC78*，首次解析了该基因和金属转运蛋白共同组成一个分子开关控制铁元素进入玉米籽粒的分子机制，同时通过标记辅助选择培育出了籽粒富铁的玉米新品系。该研究为解决铁等微量元素缺乏问题、提高玉米的营养品质提供了新基因。

五、发展趋势

1. 未来研究热点判断

在全球气候变化、人口高增长率、政治动荡、自然资源退化、耕地和水资源有限等各种挑战的相互作用下，保障国家粮食安全的根本出路在于提高农业科技发展水平，尤其是以转基因技术为代表的生物育种技术。近年来，世界农业科技竞争日益激烈，以转基因为代表的生物技术和以大数据云计算为代表的信息技术加速融合，正在孕育新一轮的农业科技革命，生物育种前沿技术已成为各国抢占制高点和全球赛道的必争之地。在技术创新上，转基因、基因编辑、双单倍体、全基因组选择、合成生物学等依然是未来生物育种的关键技术，也是未来研究的热点领域。在目标性状上，高产、优质、抗病、耐逆、养分高效等依然是作物生物育种的主流方向，具有重要育种价值基因的发掘和产业化应用，是作物生物育种取得突破的前提之一。

2. 未来产品开发方向判断

目前，全球作物生物育种产品开发的主流方向已经从耐除草剂、抗虫等单一性状的第一代产品发展到抗虫耐除草剂复合性状，甚至是多价抗虫和多价耐除草剂复合性状的第三代产品，同时也有少量的品质改良、雄性不育和抗生素抗性等性状改良产品。中国目前获批生物安全证书（生产应用）的转基因玉米、转基因大豆也涵盖了上述性状，但是审定转基因品种的目标改良性状主要是耐除草剂、抗虫和抗虫耐除草剂复合性状。未来的产品研发，需要聚合更多优良性状，如多价抗虫（如聚合不同抗虫基因*cry1Ac*、*cry1A.105*、*cry2Ab2*、*cry1F*和*cry14Ab-1.b*等）、耐除草剂（如草甘膦、草铵膦、麦草畏、磺酰脲类、2, 4-D、异噁唑草酮、硝磺草酮和咪唑啉酮）与品质改良（如*fad2-1*、*fad2-1A*、*fatb1-A*、*Pj.D6D*和*NcFad3*）等，创制综合性状优良的转基因作物新品种。

3. 未来市场容量等预测

参考巴西的转基因作物产业化速度，自2006年开始将转基因玉米和转基因大豆商业化生产以来，仅用5年时间，采用率就达到了90%。如果未来5年转基因作物采用率达到90%，预计中国将种植转基因玉米5.81亿亩，转基因大豆1.39亿亩。这将对中国乃至世界的食品生产和销售产生深远的影响。在此背景下，中国转基因玉米种子终端市场有望达600亿元，出厂口径空间360亿元，利润空间有望达100亿元以上。由于玉米在中国具有种植效益优势，预计转基因玉米的推广应用速度要更快，这将对国内外产生重大影响。首先，这将使中国成为仅次于美国和巴西的全球第三大转基因作物生产国。其次，这将大幅扩大全球转基因作物的种植面积，从而积极影响全球转基因作物的商业种植。再次，在南部地区种植抗虫玉米，可有效防治迁飞性害虫草地贪夜蛾，进而减少草地贪夜蛾向北迁飞，对内陆种植区起到一定的保护作用。最后，按照目前的增产率9%测算，中国将几乎不用进口玉米，并且可减少大豆对进口的依赖性，有助于全球粮食安全战略的实施。

4. 未来政策走向判断

发展生物育种是党中央国务院的重大决策部署，是实现种业科技自立自强的必由之路。当今世界种业竞争实质是科技竞争，核心是生物育种技术的竞争。近年来，全球范围内生物技术产业呈现加快发展的态势，生物技术的应用正在深刻改变全球农产品生产和贸易格局，“一个基因一个产业”已经成为现实。发展生物育种事关种业翻身仗能不能打好，事关中国人饭碗能不能牢牢端在自己手中，受到党和国家的高度重视。推进生物育种产业化是保障国家粮食安全和重要农产品有效供给的战略选择，也是促进现代农业高质量发展的现实需要。因此，生物育种新技术、新产品的研发和产业化推广，将是我国全面推进乡村振兴、保障国家粮食和食品安全的重要支撑。

撰 稿 人：吴锁伟　北京科技大学
魏　珣　北京科技大学
通讯作者：吴锁伟　suoweiwu@ustb.edu.cn

第二节　生 物 肥 料

一、概　　况

绿色可持续发展是我国农业的基本战略，微生物肥料是支撑农业绿色发展的重要投入品，也是我国肥料产业的重要组成部分。微生物肥料又称生物肥料、接种剂或菌肥等，是指以微生物的生命活动为核心，使农作物获得特定的肥料效应的一类肥料制品。自“十二五”以来，微生物肥料便以生物农业战略性新兴产业的角色成为未来农业的重要组成部分。在国家绿色农业发展和乡村振兴等战略中，微生物肥料均被列为绿色新型投入品和优先支持发展的生物制品。在新阶段全球气候变化背景下，过量施用化肥造成碳排放增加以及对生态环境的破坏与污染，严重威胁到农业的可持续发展。随着我国农业发展形势的变化，过量施用化肥导致的土壤质量下降和环境污染问题日益凸显。同时随着人们生活品质的不断提高，人们对绿色、有机、优质食品的需求日益增加，亟须改变提高作物产量的方式。截至2023年5月，我国已有12 000多个微生物肥料产品登记证，生产企业近4000家，年产量超过3500万t，年产值达400亿元以上。微生物肥料产业呈持续增长态势，已经成为肥料家族的重要成员，在部分替代化肥、推动农业绿色发展方面发挥了重要作用。目前，我国微生物肥料应用主要集中在三大区域：一是南方水稻种植区域，二是大中城市周边区域，三是珠三角、长三角的污染耕地区域。

自1887年豆科植物根瘤的固氮功能被发现，并成功从中获得根瘤菌之后，有关微生物肥料的研究与应用迅速增多。国外对微生物肥料的研究和应用历史较我国长，美国、日本及欧洲部分发达国家在微生物肥料研究方面处于领先地位，在微生物种类筛选、发酵技术、功能评价等方面积累了丰富的经验和技术成果。目前，有关微生物肥料对作物的促生作用报道不少。田间小区试验发现，施用微生物有机肥不仅加快了甜瓜植株的早期生长，而且可在一定程度上提高土壤速效磷、速效氮等速效养分的含量。含有番茄根附生或内生微生物的新型生物肥料可以通过水培方式促进番茄根上生物膜的形成，并为番茄的根际和内生环境提供有益的微生物。此外，化肥的大量使用造成耕地大面积酸化板结和化肥利用率降低，为了解决这类问题，目前研究逐渐转移至能提高土壤养分含量和肥料利用率以及修复土壤的复合型微生物肥料。目前，我国大量使用的微生物肥料基本都属于这一类。通过文献计量可见，近20年来，国内外在微生物菌种、微生物与植物生长等方面的研究相对比较集中，国外更关注微生物肥料的作用机制以及农业可持续发展的相关研究，而国内近些年来更关注农作物产量和微生物肥料应用方面的研究。从基础研究来看，微生物资源鉴定精准化、功能评价系统化成为发展潮流，发掘满足现代农业发展需求的新型资源和基因，已经成为微生物利用领域的重要内容。在持续开展微生物资源的收集、保藏、应用开发等工作的同时，世界主要微生物菌种保藏中心正在由单一资源保藏机构向包含评价、专业应用开发在内的综合性资源中心转型，注重将资源保藏与研发相结合，使高附加值化微生物资源得以充分利用。此外，随着微生物组研究的深入，针对微生物遗传资源、代谢物的合成生物学研究以及生物制造先进技术和颠覆性技术开发也是未来农业微生物领域的研究热点。

二、主要产品

近年来，微生物及其相关技术开始向农业生产的诸多方面渗透，产生了以微生物农药、微生物肥料、堆肥、微生物饲料等为代表的产品，其技术研究和生产应用取得了一定进展。

1. 微生物肥料

目前农业农村部批准登记的微生物肥料产品种类包含微生物菌剂（根瘤菌菌剂、固氮菌菌剂、解磷类微生物菌剂、硅酸盐微生物菌剂、光合细菌菌剂、有机物料腐熟剂、促生菌剂、菌根菌剂和生物修复菌剂）、复合微生物肥料以及生物有机肥共三大类11个品种。截至2023年8月，我国共登记了10 175个微生物肥料产品，其中微生物菌剂占比达到22%，其次为生物有机肥，占比约30%，其余种类的微生物肥料产品约占48%（图2-2）。产品涵盖了细菌、放线菌和真菌各大类别。微生物肥料从功能单一的菌肥逐渐发展为复合型菌肥，陆续出现了基肥、有机复合菌肥、基因工程菌肥、生物有机肥等。

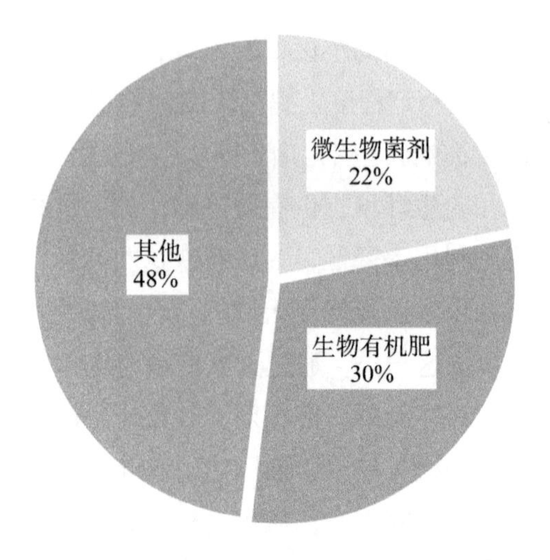

图2-2 截至2023年8月我国微生物肥料产品登记情况

2. 微生物种质资源

微生物种质资源开始在农业微生物产业中发挥“芯片”作用。以原位培养、微流控培养、细胞分选、单细胞测序等为代表的新型培养技术逐步成熟，发展了多种“非定向”“定向”相结合的“未/难培养微生物”分离技术与方法，为发掘新的农业微生物资源创造了技术条件，也为获取优良菌种奠定了基础。目前我国微生物肥料按剂型可分为粉剂、颗粒和液体等3类，其中粉剂型保质期较长，但受潮易结块；颗粒状菌肥保质期也较长，但加工方式会大大降低微生物活性甚至杀死微生物；液体菌肥有效活菌最多，但不宜运输保存。我国常用的微生物肥料剂型多为粉剂。

三、政策与市场环境

1. 国家主要产业政策

近年来，国家通过各种措施推动了微生物肥料的应用与发展，在颁布实施的《“十三五”生物产业发展规划》中，将微生物肥料纳入到“农用生物制品发展行动计划”；2015年农业部（现农业农村部）制定了《到2020年化肥使用量零增长行动方案》，明确“有机肥替代化肥”的技术路径；近年又提出“一控两减三基本”的目标，力争实现农药、化肥的零增长。管理部门以更为细化的形式明确了农业微生物产业的发展重点和方向，如《2020年种植业工作要点》提出“深入开展有机肥替代化肥”“果菜茶有机肥替代化肥试点实施范围向长江经济带、黄河流域等区域倾斜”；科技部《对十三届全国人大一次会议第7313号建议的答复》明确了有关微生物科技创新的支持举措，将在加强微生物资源保护、开发、利用，加快微生物研究在农业、食品、药物领域应用与产业化等方面进行部署。《“十四五”全国农业绿色发展规划》中提出，要以化肥减量增效为重点，集成推广科学施肥技术。引导地方加大投入，在更大范围推进有机肥替代化肥。新型经营主体带动，培育扶持一批专业化服务组织，开展肥料统配统施社会化服务，鼓励农企合作推进测土配方施肥。《中共中央国务院关于做好2023年全面推进乡村振兴重点工作的意见》提出推进农业绿色发展。加快农业投入品减量增效技术推广应用，推进水肥一体化，建立健全秸秆、农膜、农药包装废弃物、畜禽粪污等农业废弃物收集利用处理体系。推进农业绿色发展先行区和观测试验基地建设。

2. 市场供需、贸易等情况

到2027年，我国国内农业微生物肥料的市场份额预计达到617.96亿元（图2-3）。目前，微生物肥料市场竞争较为激烈，市场参与者众多，主要的竞争者包括国内外的大型农化企业和专业的微生物肥料生产企业。大型跨国公司在微生物肥料市场上占据主导地位，如巴斯夫、拜耳、杜邦、先正达和雅苒等。这些公司拥有强大的研发能力和广泛的销售网络，通过不断推出新产品、提升研发能力、积极拓展销售渠道等手段来争夺市场份额。微生物肥料属于生物农业行业中的细分领域，随着农业供给侧结构性改革，叠加环保政策趋严、原材料价格上涨等因素，行业发展举步维艰。目前国内微生物肥料参与者较多，市场竞争激烈，行业集中度较低。我国微生物肥料产业在20世纪80年代后期发展迅速，微生物肥料生产从小作坊、土办法逐步向正规企业、先进设备转化，产业化水平不断提高。虽然近年来我国微生物肥料企业数量增长迅速，但多数企业生产规模偏小、产品种类单一，大型企业数量较少。众多的微生物肥料生产企业呈现梯队式发展格局，其中研发技术领先、具有自主生产菌剂原料能力、产品质量有保障、市场品牌形象好的企业盈利能力强，处于行业竞争中的第一梯队；而大部分企业处于行业第二梯队，主要表现出规模较小、实力偏弱、缺乏核心技术的特点，在研发、工艺、产品、服务等方面与第一梯队存在较大差距，处于竞争的弱势。从长期来看，行业内具有核心菌株资源、技术能力可靠和具有规模化生产能力的企业将赢得更大的竞争优势。随着科技的进步和市场需求的变化，我国微生物肥料行业进入了创新与升级的阶段。企业开始加大研发投入，开发新的产品和技术。同时，行业内也出现了一些国际化的企业，产品开始走向国际市场。目前，中国微生物肥料行业内企业主要包括雷邦斯生物技术（北京）有限公司、北京航天恒丰科技股份有限公司、江苏辉丰生物农业股份有限公司、山东农大肥业科技股份有限公司、领先生物农业股份有限公司、南京轩凯生物科技股份有限公司、迪斯科科技集团（宜昌）有限公司、北京世纪阿姆斯生物技术有限公司、北京中农富源集团有限公司、咸阳润源生物科技有限公司等。

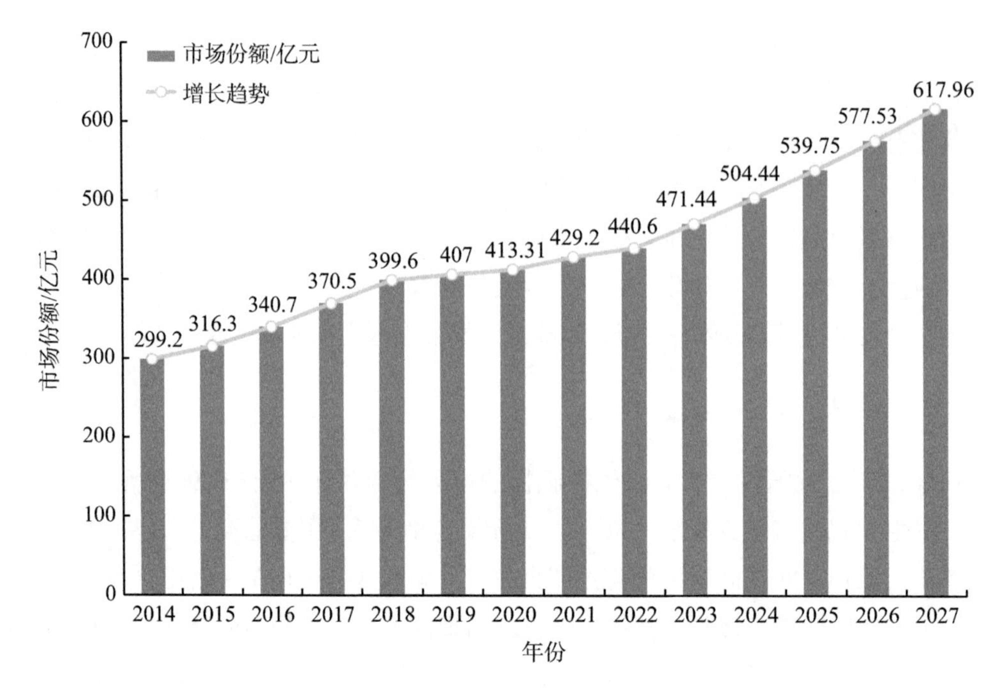

图2-3 我国国内农业微生物肥料市场份额预测

四、研究动向

数据显示，国外研究热点领域为微生物肥料的生态服务方面，体现在微生物固定化与生物防治相关方面，如生物环境修复及有效性研究、微生物与农业耕作管理研究以及分子机制与可持续发展研究等。与国外相比，根瘤菌、土壤、作物产量、固氮菌、解磷菌等是国内重点研究领域。有调查显示，国内文献出现频率较高的关键词有“农业”“水稻”“增产”等，“内生菌”“共生固氮”“铁载体”等词出现时间皆延续至今，且与近两年出现的“酶活性”“盐胁迫”等词共同反映出国内微生物肥料领域研究人员的关注重点，这些结果表明国内微生物肥料领域近年来的关注重点为分子机制与农业增产。

国内在微生物肥料作用机制解析以及肥效制约因子等方面的研究已经取得了一定的突破。例如，中国科学院分子植物科学卓越创新中心研究团队发现了SHORTROOT–SCARECROW（SHR-SCR）分子调控模块通过决定皮层细胞的命运调控豆科植物根瘤起始的分子机制；南京农业大学等单位的研究人员对铁载体介导的根际细菌与青枯菌之间的铁竞争进行了研究，在微生物组水平的铁和植物保护竞争之间建立了因果机制联系；研究人员进一步揭示了微生物肥料菌种芽孢杆菌应对植物免疫防卫实现根际定殖的新策略。未来针对不同类型土壤、不同作物还需进一步探索最佳工艺条件，增强微生物肥料的肥效稳定性、提高微生物的定殖存活率及肥效，同时应当将基于生态原理的合成有益菌群组合策略应用于农业，并将相关研究成果转化应用于微生物肥料或菌剂产品，促进合成生物学技术在农业上的应用。

五、发展趋势

我国的微生物肥料研究起步相对较晚，目前处于快速发展阶段，微生物肥料作为高效能、低成本、生态环保的新型产品，正逐渐进入大众视野。在当前国家要求发展绿色农业、生态农业和可持续农业的背景下，微生物肥料具有广阔的应用前景。目前关于微生物肥料中多种微生物的作用机制尚未清楚，相关基础性研究严重欠缺。然而随着分子生物学的不断发展，通过现代分子生物学技术手段，深入探究微生物肥料的作用机制成为可能。目前，我国微生物肥料的生产环节中存在企业管理不规范、产品质量参差不齐、生产设备和技术落后等问题，需要通过采用现代化企业管理、创制研发先进技术设备、提高产品质量、优化产品工艺条件及相关流程等手段，研发出更多高品质的微生物肥料。未来，随着我国微生物肥料的大力推广使用和微生物肥料企业的不断壮大与发展，微生物肥料在农业生产中必将发挥越来越重要的作用。

2020年中国微生物肥料产量和需求量分别达1535万t和1500万t，市场规模达413.3亿元，在政策支持下，中国微生物肥料产业迎来了迅猛发展的黄金时期，预计2024年中国微生物肥料市场规模有望突破500亿元。现代农业发展带来的主要问题是化肥和农药滥用导致农业生态环境变差，越来越多的人追求无公害农产品，绿色、安全、无污染是对农业生态新的定义，也成为现代农业发展的内在要求。新型微生物肥料日益受到关注，发展前景广阔，未来微生物肥料技术会不断得到创新和完善，使其产业化程度逐步提高。今后微生物肥料的发展方向主要是：①由单一菌种向复合菌种发展；②由单纯生物菌剂向复合生物肥料转化；③在应用上，由豆科作物向普通农作物发展；④由单一剂型向多元剂型转化；⑤由单功能向多功能发展。

从未来产品生产的角度来讲，发展趋势有以下几个方面。①加强菌株的筛选和联合菌群的应用。在深入了解相关微生物特性的基础上，采用新的技术手段，根据菌种的用途，适当地、巧妙地组合，使其表现在原有水平的基础上进一步提高，复合或组合菌群相互作用、协同作用、共生作用，消除了相互对抗的发生。②改善生产条件，改进生产工艺。加大对生产设备和技术开发的投入，采用定向发酵调控、现代发酵工程和自动控制技术，应用保护剂和新型包装材料进行生产，保证足够的有效活菌，延长菌剂特别是液体菌剂的寿命。③加大热点产品的研发力度，热点产品主要包括有机物分解剂（或发酵剂）、根瘤菌剂、生物修复剂、生长促进剂和生物有机肥等。例如，根瘤菌剂作为微生物肥料的一个重要类别，未来需要提高产品质量稳定性、菌种有效性、菌种存活时间、结瘤效果和产品保质期等。

从推广微生物肥料的角度来讲，应从以下方面切入。①注重对农户进行专业培训，使农民认识和掌握基本的操作方法。推广新产品时，科技人员要亲自到农民中去示范、传授有关知识。②宣传微生物肥料原理，纠正对微生物肥料的误解和偏见，维护微生物肥料的声誉。③从微生物肥料社会效益角度出发，从绿色、降碳、环境治理、人类健康等入手。任何一个做微生物肥料的企业都需要考虑，如何使微生物肥料产品具有社会效益和经济效益。从传统产品推广、目标市场定位到关注应用效果，再到配套农业政策，这是未来微生物肥料发展的新模式。

从政策角度来讲，国家微生物肥料技术研究推广中心从2023年起专注于平台联盟建设，搭建起多个资源共享平台与创新体系，协助各平台的科研成果完成实际的落地转化。未来，通过国际平台合作与融合以及国内农业政策的大力支持，不断探索市场经济体制下农业技术推广、发展的运行模式，一定会逐步建立研究、开发、转化、推广的良性循环机制，推动我国微生物肥料产业的健康、快速发展。

撰 稿 人：刘晓璐　北京科技大学
通讯作者：刘晓璐　xiaoluliu@ustb.edu.cn

第三节　生物农药

一、概　　况

生物农药是指利用生物活体（真菌、细菌、昆虫病毒、转基因生物、天敌等）或其代谢产物（信息素、生长素等）针对农业有害生物进行杀灭或抑制的农药。生物农药也称天然农药，通常是非化学合成的。

1. 全球产业科研总体情况

国际上对生物农药的定义和登记范围虽然没有统一的标准，但其毒性作用小、安全、环境兼容性好等特点得到了公认，已成为全球农药产业最热门的发展重点和领域。从管理的角度来看，国际上各组织、国家或地区对生物农药定义的范畴不同，总体而言，微生物农药都被认定为生物农药；生物化学农药、植物源农药、天敌生物、转基因生物和农用抗生素被部分国家认定为生物农药。根据2019年8月农业农村部发布的《对十三届全国人大二次会议第6733号建议的答复》的阐释，我国的生物农药主要包括生物化学农药、微生物农药和植物源农药。此外，天敌生物和农用抗生素在我国也曾被划分为生物农药的范畴。其中，2017年新版《农药管理条例》实施之后，天敌生物已不再需要进行农药登记，农用抗生素从性质上符合生物农药的特征，但从法规上更加符合化学农药的登记程序。

在有机农药登上历史舞台之前，包含无机物和有机生命体在内的天然物质是人们防治病虫害的主要手段。据《周礼》记载，我国古代人民已使用渭莽草、牡菊、嘉草等植物杀灭害虫。国外则主要使用烟草、鱼藤根、除虫菊等植物控制害虫。尽管有机化学的发展使得有机合成农药迅速成为主流的农药品种，但从整个农药的发展历程来看，生物农药的历史最为悠久。

迄今为止，美国仍然是生物农药市场最为成熟的地区，美国国家环境保护局（U.S. Environmental Protection Agency，EPA）已登记注册的生物农药种类超过390种。AgFunder统计数据显示，2021年全球在食品和农业科技领域发生的投资总额为517亿美元，包括植物生物技术、生物农药、生物刺激素和生物营养素在内的农业生物技术投资占全部投资额的6%。其中，美国在食品和农业科技领域的投资总额为210亿美元，这进一步巩固了美国作为最大的农业和食品科技投资国家的地位。全球生物农药领域排名前五的企业分别是美国科迪华农业科技（Corteva Agriscience）、印度古吉拉特邦化肥和化学品有限公司（Gujarat State Fertilizers & Chemicals Limited）、荷兰科伯特生物系统有限公司（Koppert Biological Systems Inc.）、美国马罗尼生物创新公司（Marrone Bio Innovations Inc.）和美国华仑生物科学公司（Valent Biosciences LLC），美国占据了3席。

欧盟并未将生物农药作为一个单独的品类管理。根据有效成分划分，欧盟批准的生物农药有120余种。欧盟生物农药市场约占全球市场的19%。有机农业的需求推动着生物农药的高速增长，预计2026年欧盟的生物农药市场将到达37.1亿美元。

发展中地区的生物农药市场不如欧美地区。尽管非洲是很多杀虫植物如除虫菊、印楝、小叶红檀、小万寿菊、灰毛豆、大戟等植物的主要种植区，但非洲的生物农药仍处于初级发展阶段。非洲生物农药大多数来自联合国、欧盟、美国等发达国家和国际组织提供的支持。此外，南美洲是全球重要的农作物产区，是跨国企业高度关注的地区。但南美洲各个国家对生物农药的登记程序不尽相同，各有差异。不过，由于天敌生物可能对当地生态造成恶劣的影响，往往都会受到严格的管控。总体而言，南美洲各国公认的生物农药约为45种，包括14种细菌、21种真菌和10种病毒。

2. 我国产业科研总体情况

我国是世界上最大的农药生产国和出口国，出口量约占总生产量的70%。生物农药正在成为中国农药产业的快速增长点。例如，枯草芽孢杆菌年产值2.5亿元，出口1亿元；苏云金芽孢杆菌年产值3.5亿元，出口1.5亿元；阿维菌素年产值15亿元，出口7亿元；井冈霉素和春雷霉素出口约1亿元。我国的天敌生物防治居世界领先水平，如赤眼蜂繁殖量每年已超过100亿只，应用面积超过133.3万hm^2。

二、主 要 产 品

截至2023年12月31日，我国有效登记农药证件总数达46 182个，有效成分接近770个。其中主要生物农药品种116个（微生物农药57个、生物化学农药33个、植物源农药26个），约占总有效成分的15%。苏云金芽孢杆菌、赤霉酸、苦参碱、氨基寡糖素、24-表芸苔素内酯等成分登记数量均超过100个。

2019—2023年5年内共批准了4971个农药产品登记，登记的新农药有效成分51个、产品91个、制剂54个、原药（母药）37个。其中，隶属于生物农药的有效成分为36种，占新农药有效成分的71%（图2-4）。自2017年实施新的《农药管理条例》之后，生物农药产品数量在政策引导下已有了显著的增长。

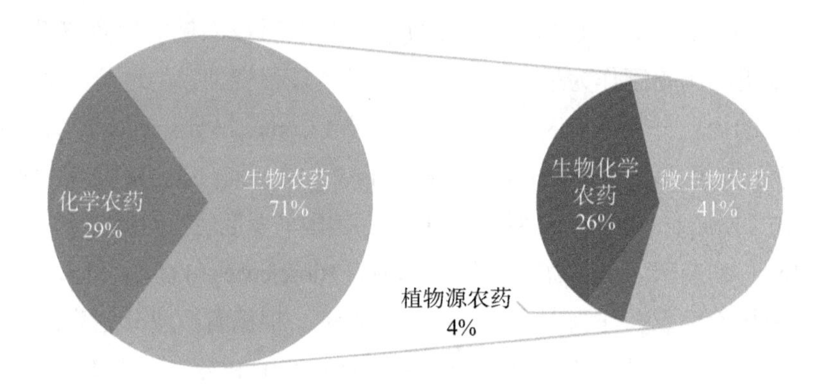

图2-4　2019—2023年新农药品种中各农药类别占比

1. 我国主要生物农药品种及登记情况

1）生物化学农药产品及登记情况

目前，我国登记的生物化学农药主要包括化学信息物质（4个）、植物生长调节剂（16个）、昆虫生长调节剂（2个）、植物诱抗剂（10个）和其他生物化学农药（1个）等5个类别。植物生长调节剂登记数量遥遥领先。在登记最多的5个品种中，植物生长调节剂占据了4席：赤霉酸（252个）、24-表芸苔素内酯（119个）、苄氨基嘌呤（102个）和*S*-诱抗素（75个）。此外，氨基寡糖素（121个）、香菇多糖（42个）和几丁聚糖（27个）等植物诱抗剂品种也登记较多（图2-5）。这类物质进入植物体内后，可以刺激植物激素响应或次生代谢途径，促使植物表现出特定的表型，如促进生长、调整株型、根茎膨大、植物性别分化诱控、抗逆性提升、产量增加和品质提高等。

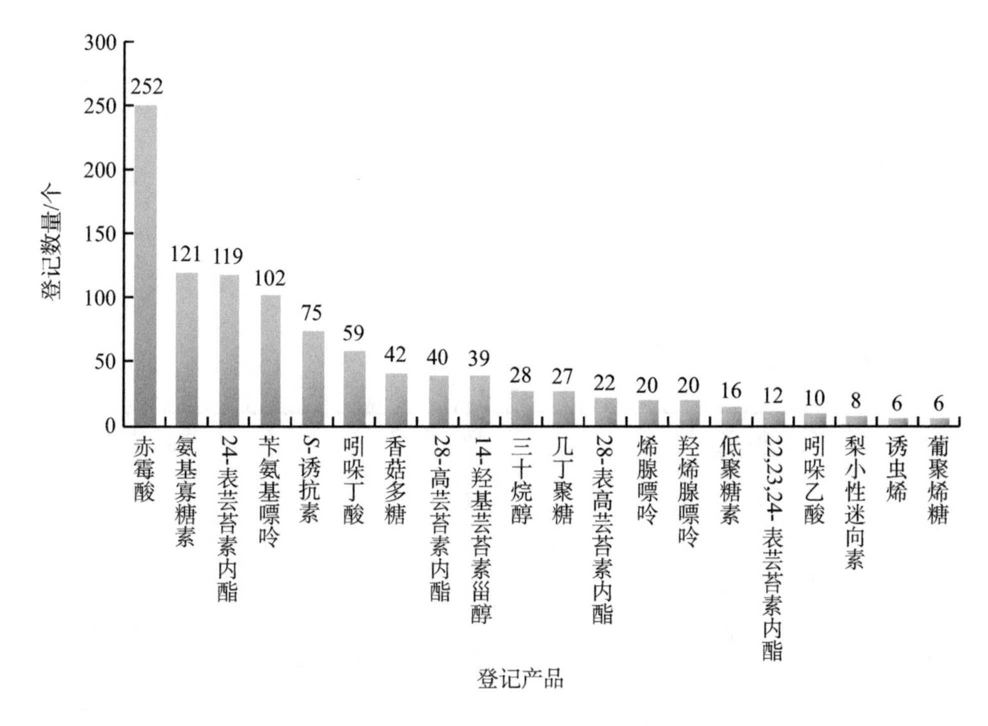

图2-5　我国生物化学农药登记数量前20的品种

2）微生物农药产品及登记情况

构成微生物农药的微生物活体主要来自细菌、真菌、病毒和原生动物。经过基因修饰的微生物也被纳入该项分类中。苏云金芽孢杆菌（登记数量246个）和枯草芽孢杆菌（登记数量95个）是两个代表性的微生物农药品种，其登记数量远高于其他微生物农药（图2-6）。此外，一些新的菌株也在不断出现，丰富了微生物农药产品库。2019—2023年，解淀粉芽孢杆菌家族有7个新的菌株获得了登记。

3）植物源农药产品及登记情况

植物源农药具有悠久的使用历史，其种类繁多，包括植物源杀虫剂、植物源杀菌剂、植物源杀螨剂、植物源激素等。我国目前登记的植物源农药有26种，登记总数331个。苦参碱（128个）、除虫菊素（35个）、印楝素（33个）、鱼藤酮（23个）、蛇床子素（20个）等传统组分登记数量居于前列（图2-7）。

2. 2023年生物农药新品种登记/公布情况

2023年我国登记/公布的农药新品种为13个（不含出口登记），除先正达登记的三氟吡啶胺为化学农药外，其他均为生物农药（表2-5）。

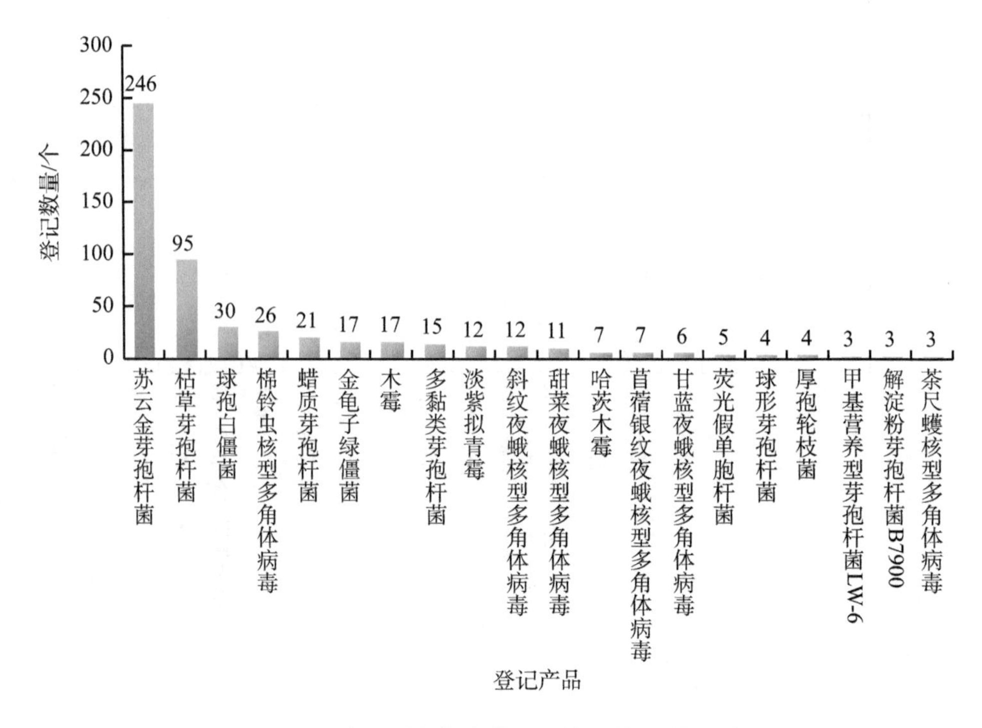

图2-6　我国微生物农药登记数量前20的品种

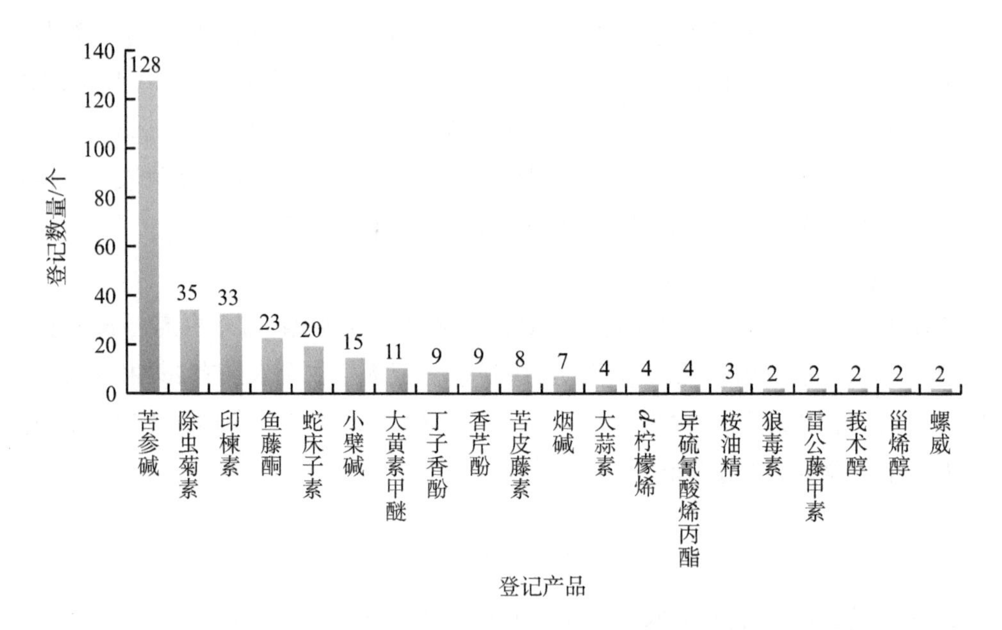

图2-7　我国植物源农药登记数量前20的品种

表2-5 2023年我国登记/公布的12个生物农药新品种

生物农药种类	微生物农药				生物化学农药
	细菌	真菌	病毒	原生动物	化学信息物质
产品名	解淀粉芽孢杆菌 SN16-1	撕裂蜡孔菌 GXMS1	草地贪夜蛾核型多角体病毒 KYc01	蝗虫微孢子虫 PL-GM1	反-7, 顺-9-十二碳二烯乙酸酯（葡萄花翅小卷蛾性信息素）
	解淀粉芽孢杆菌 HT2003	哈茨木霉 DS-10	芹菜夜蛾核型多角体病毒 Kew1	蝗虫微孢子虫 AL200801	
	解淀粉芽孢杆菌 X1 96-3		草地贪夜蛾核型多角体病毒 Hub1		
	解淀粉芽孢杆菌 KN-527				

3. 上述生物农药新品种应用情况

1）杀菌剂

撕裂蜡孔菌GXMS1（*Ceriporia lacerata* GXMS1）是具有多种用途的白腐真菌杀菌剂，首次鉴定于2003年，并于2022年完成基因组测序和注释。该成分由四川金珠生态农业科技有限公司进行了首次登记，登记类型为1500万CFU/g的母药和500CFU/ml的悬浮剂。悬浮剂登记靶标为烟草黑胫病，亩用量150—200 ml/用水量40—60 kg，在发病前/初期可连续施药2次，间隔7—10天。撕裂蜡孔菌GXMS1可以产生几丁质酶、纤维素酶、蛋白酶等代谢物质，从而抑制病原微生物的生长。其菌丝可以入侵病原菌，破坏病原菌结构。

哈茨木霉DS-10（*Trichoderma harzianum* DS-10）属于半知菌亚门丛梗孢科，由西安鼎盛生物化工有限公司与西北农林科技大学合作从香菇中分离后经过基因改良得到。该成分可以通过营养竞争、重寄生、细胞壁分解酵素以及诱导植物抗性等多重机制抵抗病原菌。哈茨木霉DS-10可以对病原菌分泌的凝集素产生感应，并进行趋向生长。该成分由西安鼎盛生物化工有限公司进行首次登记，登记类型为200亿孢子/g的母药和6亿/g的可湿性粉剂。可湿性粉剂登记靶标为番茄灰霉病，亩用量为65—80 g/用水量50—60 kg，在发病前/初期施药，可连续施药2—3次。

解淀粉芽孢杆菌SN16-1（*Bacillus amyloliquefaciens* SN16-1）属于厚壁菌门芽孢杆菌属，革兰氏阳性菌，可以通过分泌代谢物质来抑制病原菌生长，诱导植物抗性基因表达，提高植物抗逆性。解淀粉芽孢杆菌SN16-1可用于防治由立枯丝核菌、稻瘟菌和尖孢镰刀菌等引起的番茄青枯病、番茄立枯病、烟草青枯病、水稻稻瘟病和枯萎病等真菌病害。该成分由华东理工大学开发登记，登记类型为100亿CFU/g的母药和1亿CFU/g的水分散粒剂，水分散粒剂登记靶标为番茄立枯病，亩用量为670—2000 g/用水量60—100 kg灌根或30—60 kg喷淋，一般出苗后灌根1次，间隔7—10天进行基部喷淋。

解淀粉芽孢杆菌HT2003（*Bacillus amyloliquefaciens* HT2003）是由西北农林科技大学和陕西恒田生物农业有限公司合作开发，并由陕西恒田生物农业有限公司开发登记的，登记类型为1000亿CFU/g的母药和300亿CFU/g的可湿性粉剂，登记靶标为烟草青枯病和番茄青枯病。防治烟草青枯病亩用量为80—100 g灌根，防治番茄青枯病为1200—1600倍液灌根。之后按推荐剂量在发病前期/初期灌根2次，间隔7天。

解淀粉芽孢杆菌X1 96-3（*Bacillus amyloliquefaciens* X1 96-3）由四川利尔作物科学有限公司进行首次登记，登记类型为100亿CFU/g的母药和5亿CFU/g的可湿性粉剂，可湿性粉剂登记靶标为梨树火疫病，2500—7500倍液进行全株喷雾，分别于库尔勒香梨初花期和盛花期施药。

解淀粉芽孢杆菌KN-527（*Bacillus amyloliquefaciens* KN-527）是从湖北土壤中筛选后经常压室温等离子体诱变得到的，可用于防治灰霉病和瓜类白粉病等真菌病害。该成分由武汉科诺生物科技股份有限公司进行首次登记，登记类型为5000亿CFU/g的母药和100亿CFU/ml的悬浮剂。悬浮剂登记靶标为葡萄灰霉病，使用200—600倍液进行喷雾，于葡萄灰霉病发病前或初期进行常规喷雾，可连续施药2次，间隔5—7天施药1次。

2）杀虫剂

蝗虫微孢子虫PL-GM1（*Paranosema locustae* PL-GM1）是从海南车蝗体内分离得到的真菌类微孢子杀虫剂，细胞内专性寄生真菌，通过附着于杂草等植物上被蝗虫取食，在蝗虫体内萌发，通过破坏蝗虫的能量供应器官，最终导致蝗虫死亡。该成分由海南中维生物科技有限公司进行首次登记，登记类型为0.5亿孢子/ml的悬浮剂，登记靶标为草地蝗虫，亩用量10—12 ml/用水量20—60 kg，于低龄幼虫（2—4龄蝗蝻）发生始盛期施药1次。

蝗虫微孢子虫AL200801（*Antonospore locustae* AL200801）由北京嘉景生物科技有限责任公司进行登记，登记类型为0.4亿孢子/ml的悬浮剂，登记靶标为草地蝗虫，亩用量为35—40 ml/用水量20—60 kg，于蝗虫低龄若虫期（蝗蝻）喷雾施药1次。

草地贪夜蛾核型多角体病毒Hub1（*Spodoptera frugiperda* multiple nucleopolyhedrovirus Hub1，简称Sf MNPV Hub1）属于核型多角体病毒杀虫剂，也称杆状病毒。2020年，中国科学院武汉病毒研究所从湖北省草地贪夜蛾幼虫体内采集得到了该成分。它可以在虫体内大量繁殖，使害虫感病致死。该成分由安徽科武生物科技有限公司进行登记，登记类型为100亿PIB/ml的母药和20亿PIB/ml的悬浮剂，登记靶标为玉米草地贪夜蛾，亩用量75—125ml/用水量30—50kg，于低龄幼虫发生始盛期施药。

草地贪夜蛾核型多角体病毒KYc01（*Spodoptera frugiperda* multiple nucleopolyhedrovirus KYc01，简称Sf MNPV KYc01）由中国科学院动物研究所研发、河南省济源白云实业有限公司进行登记。登记类型为15亿PIB/ml的悬浮剂，登记靶标为玉米草地贪夜蛾，亩用量40—50 ml/用水量30—60 kg，于卵孵盛期至低龄幼虫期施药1次。

芹菜夜蛾核型多角体病毒Kew1（*Anagrapha falcifera* nucleopolyhedrovirus Kew1，简称Afa NPV Kew1）属于杆状病毒科核型多角体病毒属，其附着于植物叶片等部位被昆虫取食后，在消化液的作用下游离出杆状病毒粒子，特征性地侵入昆虫组织的细胞核，致使细胞破裂，这将扩大侵染，最终致死。该成分由中国科学院武汉病毒研究所研发、安徽科武生物科技有限公司进行登记。登记类型为100亿PIB/ml的母药和20亿PIB/ml的悬浮剂，登记靶标为玉米螟，亩用量100—125 ml/用水量30—50 kg，于卵孵盛期至低龄幼虫（3龄前）用药1次。

反-7, 顺-9-十二碳二烯乙酸酯（7*E*, 9*Z*-dodecadienyl acetate），是葡萄花翅小卷蛾性信息素（*Lobesia botrana* sex pheromone）的主要成分，于1974年首次报道。葡萄花翅小卷蛾（欧洲葡萄蛾）是检疫性害虫，该成分仅对雄虫有迷惑作用，可以干扰交配。杨凌翔林农业生物科技有限公司对该成分进行了首次登记，登记类型为80%含量的母药、184 mg/个的挥散芯和1.2 g/个的挥散芯，登记靶标为葡萄花翅小卷蛾，每亩葡萄园悬挂30—40个或4—8个挥散芯，于成虫羽化前（即在成虫扬飞前，宁早勿晚）将挥散芯悬挂于葡萄藤中上部（高度约1.7 m）较粗且通风较好的枝条上（或背阴面葡萄藤）。

三、政策与市场环境

1. 政策环境

2017年新版《农药管理条例》实施后，配合国家供给侧结构性改革，农药行业进入快速整合期，高毒高风险品种和落后产能加速淘汰，有效农药登记持有企业从2017年的2213家降低至2022年底的1901家（含境外138家）。同时，配合农业农村部在“十三五”期间开展化肥农药使用量零增长行动，经过5年的实施，截至2020年底，我国化肥农药减量增效已顺利实现预期目标，化肥农药使用量显著减少，化肥农药利用率明显提升。在2021年发布的《“十四五”全国农药产业发展规划》中，强调优先发展生物农药产业和化学农药制剂加工，适度发展化学农药原药企业；加大微生物农药、植物源农药的研发力度；完善农药登记审批制度，加快生物农药、高毒农药替代产品、特色小宗作物用药、林草专用药登记。

2023年，《农药登记试验管理办法（修订草案征求意见稿）》《农药生产许可管理办法（修订草案征求意见稿）》《农药标签和说明书管理办法（修订草案征求意见稿）》《农药经营许可管理办法（修订草案征求意见稿）》《农药登记中介代理服务管理规范（征求意见稿）》相继发布，为进一步完善农药登记管理配套规章、规范农药生产、规范农药使用、强化农药经营管理、确保农药登记相关工作有序开展提供了有力支持。为保障农产品质量安全、人畜安全和生态环境安全，农业农村部根据《中共中央、国务院关于深化改革加强食品安全工作的意见》发布第736号公告，决定对氧乐果、克百威、灭多威、涕灭威等4种高毒农药采取禁用措施，保留原药生产企业的原药生产出口，将现有登记变更为仅限出口登记，实行封闭运行监管。这一举措加速了高毒农药的淘汰。值得注意的是，2023年12月21日，相关部委修订发布了《中国禁止出口限制出口技术目录》，其中涉及14项限制类生物农药生产技术，分别是灭蝗微孢子虫制剂生产工艺，多角体病毒毒种及制剂生产工艺，井冈霉素菌种及生产技术，华光霉素菌种及生产技术，浏阳霉素菌种及生产技术，金核霉素菌种及生产技术，宁南霉素菌种及生产技术，阿维菌素菌种及生产技术，Bt菌株及生产技术，枯草芽孢杆菌菌株及生产技术，春雷霉素菌株及生产技术，嘧啶核苷类抗生素（农抗120）菌株及生产技术，白僵菌、绿僵菌菌种及生产技术，多杀霉素菌种及生产技术。这也预示着，经过多年来的政策引导和资金投入，我国部分生物农药技术已经处于世界领先地位。

2. 市场环境

从全球范围来看，生物农药已成为农药行业的快速增长点。相关研究报道显示，2024年全球生物农药市场规模将达到60.6亿美元，预计到2029年将形成百亿级别的市场，复合年增长率为11.11%，按种类分别为生物杀虫剂12.23%、生物除草剂10.99%、生物杀菌剂10.76%、其他生物农药9.53%。

在我国，政策引导下的生物农药产业已取得了快速的发展。根据国家统计局数据，截至2021年底，全国生物农药生产企业有260多家，生物农药制剂年产14万t左右，占整个农药总产值的10%左右。同时，全国农业技术推广服务中心监测数据显示，我国生物农药使用量从2015年的7.08万t增加到2020年的8.35万t，增长了18%，同期化学农药使用量减少了16.7%，生物农药占比逐年提高。

3. 生物农药产业发展

当前，我国农药产业格局依旧以化学农药为主导，涉及化工产业的诸多环节，受上游化工原料影响较大。与此不同的是，生物农药企业通常集研发、生产、销售于一体，生产环节主要涉及微生物培养、发酵、提取等环节，除植物源农药外，企业生产主要依赖于自身技术水平而不是原材料限制。例如，四川龙蟒福生科技有限责任公司建设了全球最大的*S*-诱抗素发酵生产线，占据了全球90%以上的市场份额，我国登记最多的生物农药品种赤霉酸，四川龙蟒福生科技有限责任公司具有年产200t的能力，占据了全球50%以上的市场份额。

四、研究动向

从全球范围来看，生物农药技术发展路线以取代落后的传统农药为主。从作物保护的角度来看，当前面临的问题并非某种病虫草害无药可用，而是由于存在高毒、高残留等环境风险问题，许多传统农药成分需要退出，同时新的药物结构发现越来越难，叠加长期施药使得抗性问题愈演愈烈，生物农药被认为是未来农药产业发展的重要方向。对化学农药而言，天然产物是发现先导化合物。来源于植物和微生物的相关物质已经得到了广泛的研究。得益于此，生物化学农药和微生物农药发展迅速，已成为当前生物农药中的主要品种。当前，生物农药技术研究主要集中在三个方面。

（一）有效成分筛选

从自然界中筛选潜在的活性成分是科研人员持续进行的一个工作，包括从植物、微生物等自然资源中分离有生物活性的物质，以及筛选具有农药潜力的活体。草地贪夜蛾核型多角体病毒、撕裂蜡孔菌GXMS1、蝗虫微孢子虫等成分均属于这种类型。

（二）生物技术改良

对一些活性微生物体，利用基因工程进行改良也是一种有效的策略。哈茨木霉DS-10、解淀粉芽孢杆菌KN-527等成分均属于这种类型。

（三）剂型技术开发

尽管从可持续发展的角度来说生物农药具有诸多优点，但其起效时间长、在环境中不稳定等缺点是制约其发展的重要因素。从剂型上改善这些缺陷是一种可行的策略。通过纳米载体提高生物农药的递送效率已经取得了显著的成效。纳米乳液、纳米悬浮液、纳米微胶囊等新型生物农药配方均已出现。此外，将生物农药与其他类型的农药复配也是一种方法。在我国，仅苏云金芽孢杆菌和其他杀虫剂复配的农药证件就有65个。

除上述三个技术特点外，生命科学的发展也在为生物农药创新注入新的活力。

RNAi技术和DNA重组技术已经被用于生物农药的开发中。RNAi技术即RNA干扰技术，指设计的基因片段可以和目标基因结合并抑制目标基因的表达，导致生物体相关功能受损。美国绿光生科已经获得了两个RNAi农药的商品名：Vadescana和Ledprona。Vadescana用于防治蜂巢瓦螨，Ledprona用于防治科罗拉多马铃薯甲虫。我国目前尚未有RNAi农药获得批准，但有相关单位正在筹备RNAi农药登记工作。DNA重组技术也被用于生物农药的制造。大批量的融合蛋白可以像微生物系统内的重组蛋白一样进行工业化和商业化生产。

五、发展趋势

由于人口增长、粮食安全以及对农药残留的担忧，农药行业向可持续方向发展是一种必然的趋势。一方面，化学农药需要朝着绿色方向发展，更加低毒、高效、低残留、对环境友好；另一方面，随着有机农业的深入，生物农药已经成为有害生物综合治理（IPM）的重要组成部分。尽管和化学农药相比，生物农药的市场仍然很小，但从农业生产对农药的需求来看，化学农药与生物农药将是此消彼长的关系。据相关报告预测，到2050年，生物农药将和化学农药的市场份额相当。

推动生物农药发展的关键因素包括登记程序的简便、市场需求的增加以及未来的竞争格局。在中国，生物农药的登记成本远低于化学农药，这无疑是吸引众多企业选择开发生物农药的重要因素。许多发展中国家对生物农药的登记程序要比化学农药简单，这使得生物农药可以更快上市。随着人们对有机农业、健康农业的需求扩增，化学农药被迫退出这一部分市场，这种需求需要生物农药补充。各国对农药残留标准的进一步提高也在使生物农药的竞争能力不断加强。这些因素使生物农药具有更大的市场潜力。

然而，对于生物农药和化学农药相比的劣势也不容忽视。生物农药取代化学农药就需要在劣势上追平化学农药。笔者认为生物农药的技术发展也将围绕这些劣势展开。

（1）降低生产成本。相比于化学农药，生物农药的生产成本依旧较高。植物源农药的植物来源受植物栽培的限制，依靠提取效率的提升来提高产量相对有限。微生物农药和生物化学农药是具有规模化生产潜力的，关键在于如何在发酵技术上不断突破，以提高微生物和次生代谢产物的量级。

（2）提高产品效果，包括提高产品的稳定性和作用效率。可利用生物技术产生效果更佳的改良品种，通过复配改善生物农药的田间使用效果，改善剂型配方以提高生物农药的稳定性。这些措施属于常规的农药开发手段，这种“二次创新”是中小企业参与生物农药开发的主要手段之一，具有投入少、见效快的特点。

（3）关注生命科学前沿技术对生物农药的影响。RNAi技术、合成生物学等对生命科学的发展具有重要意义，同时也将对生物农药发展产生巨大的影响，人们对未来农药的要求是更高的靶标特异性、更高效的使用效率、更安全的使用环境等，这些技术将使实现这些要求成为可能。

撰 稿 人：赵志超　贵州大学绿色农药国家重点实验室
吴　剑　贵州大学绿色农药国家重点实验室
通讯作者：吴　剑　jwu6@gzu.edu.cn

第三章　生物制造产业发展现状与趋势

第一节　2023年度生物制造发展态势

在化石能源日渐枯竭和温室气体过度排放等引发的全球气候与环境危机背景下，推动经济增长方式从不可持续的线性模式向低碳循环经济的模式转变已成为全球共识，而生物产业是其中的重要一环。生物制造是一种以工业生物技术研发为核心，利用生物体的机能来生产燃料、材料、化学品或进行物质加工的先进工业模式，具有碳减排、可再生、促发展等优势，受到世界各国的高度重视。近年来，主要国家和地区纷纷加强生物经济战略顶层设计，推出多个项目计划以及人才、财税及管理措施，大力发展现代生物科技和生物制造产业。当前，全球已临近新技术产业和新经济形态更新迭代浪潮的拐点，根据经济合作与发展组织预测，到2030年至少有总值约8000亿美元的占比约20%的石化产品可由生物制造产品替代，而目前替代率尚不到5%，缺口近6000亿美元。

2023年，全球主要经济体高度重视生物制造产业发展，更新并细化生物经济战略规划，大力资助基因工程和细胞工程研究、生物质利用和生物基产品开发，生物技术研究不断取得突破，生物制造产品的种类和应用范围逐渐扩展，越来越多的新材料、新能源、药物中间体、精细化学品和营养品等实现了生物路线生产，推动生物制造成为重新定义绿色产品和生产方式、开启下一代生物经济的重要产业突破口。

在“双碳”目标与《“十四五”生物经济发展规划》等政策的推动下，我国经济已由高速增长阶段转向高质量发展阶段，生物制造产业的发展将成为我国转变发展方式、优化经济结构、转换增长动力的重要一环，有助于推进建立健全绿色低碳循环发展经济体系，促进我国经济社会绿色可持续发展。

一、国际生物制造发展态势

（一）生物制造成为生物经济增长关键驱动力

低碳绿色循环经济发展成为全球共识，生物制造产业成为世界主要发达经济体科技产业布局的重点领域之一。目前全球已有五十多个国家发布了发展生物经济的相关政策。2022年2月，世界经济论坛（World Economic Forum，WEF）召开了一个由政府、企业、学术界、民间组织等组成的领导小组会议，讨论建设可持续和创新性的生物制造方案。该小组最终确定了推动生物经济发展的关键战略，发布了《加速生物制造革命》（Accelerating the Biomanufacturing Revolution）白皮书，重点聚焦于加强生物制造领域的商业化投资和建立战略伙伴关系以及促进劳动力转型等方面。

美国一直寻求在生物科技领域的全球竞争中保持领导地位，将发展生物技术和生物制造视为未来生物经济增长的关键驱动力。2022年9月，美国总统拜登正式签署了第14081号行政命令，宣布启动“国家生物技术和生物制造计划”，宣布将协调多部门参与，投入20亿美元资金，探索建立可持续的生物经济发展模式。2023年3月，白宫科技政策办公室发布名为《美国生物技术和生物制造宏大目标》的报告，阐述了拜登政府推动美国生物技术和生物制造研发的最新愿景，具体包括气候变化解决方案、食品和农业创新、供应链复原力、人类健康和交叉前沿促进五个方面。同期，美国国防部也发布了《生物制造战略》，提出建立早期创新合作伙伴关系、加快发展行业合作伙伴关系和技术领域盟友关系等，以提升美国国家安全和经济竞争力。2023年6月，白宫发布了“构建未来生物人才队伍”计划，强调加强岗前培训、注册培训和生物制造职业教育，为美国生物经济发展培育高素质劳动力。

欧盟致力于实现2050年的“气候中和”目标，发展以自然环境、人类健康、居民福祉为先的经济模式，从化石能源驱动的经济向循环生物经济转型。2022年6月，欧洲的循环生物基产业联盟（Circular Bio-based Europe Joint Undertaking，CBE JU）发布了最新版的战略文件《战略研究和创新议程》，明确了欧盟发展循环生物经济要解决的主要技术和创新挑战，并为资助项目和研究计划提供了框架。2023年9月，德国弗劳恩霍夫研究所发布了《德国循环生物经济路线图》，探讨了利用生物质及其他碳源促进食品和材料可持续发展的解决方案。

其他主要经济体也在近年的创新和经济发展战略中强调生物技术与生物制造发展。2023年8月，英国能源安全和净零排放部（Department for Energy Security and Net Zero，DESNZ）发布《生物质战略2023》，系统阐述了可持续生物质在实现净零排放方面的潜在作用及未来政策方向。2023年12月，英国科学、创新和技术部公布了一项总投入20亿英镑的10年战略计划《工程生物学国家愿景》（National Vision for Engineering Biology），旨在促进工程生物学发展，提供新的医疗疗法、作物品种、环保燃料和化学品等。日本文部科学省于2023年3月更新了日本科学技术振兴机构（Japan Science and Technology Agency）战略性创造研究推进事业的5项战略目标，其一为“革新性细胞操作技术的开发和细胞控制机制的阐明”，以发展有关细胞控制机制的新理论和开发创新性细胞操作技术。韩国科学技术信息通信部于2023年6月确定《第四个生命科学发展基本计划》，提出通过数字融合加速生物创新、加强任务导向型研发、支持生物经济成果规模化、构建生物融合生态系统四大举措，为韩国未来十年生命科学的发展指明了方向；随后在2023年10月公布了《合成生物学核心技术开发及扩散战略》，提出以合成生物学为基础，研发100种以上的生物新材料，其中至少5种在全球首次实现商用化，目标是到2030年将30%的石油制造业转换为生物制造业。

（二）生物技术研发资助力度持续增加

随着气候、环境、能源和生态等方面的问题日益凸显，世界主要经济体在生物质利用和生物基产品多元化发展方面提出了更加细致的实施方案，并提供了充足的资金资助。

2023年3月，美国白宫发布2024财年预算方案，宣布划拨近250亿美元用于科学研究，其中包括人工智能、生物技术和先进通信领域等课题。2023年6月，美国能源部劳伦斯伯克利国家实验室宣布与加利福尼亚大学默塞德分校和BEAM Circlular公司合作，建立一个名为循环生物经济创新合作组织（Circular Bioeconomy Innovation Collaborative，CBIO Collaborative）的新生物工业制造中心。2023年9月，由美国国防部推动的制造业创新研究所BioMADE宣布为9个前沿项目投入1870万美元，推进国防部供应链的弹性和可持续发展目标，加强国内生物工业制造生态系统。同期，美国能源部生物能源技术办公室向8个项目提供了1860万美元的资金，用于开发利用生物质原料制生物燃料和生物产品，减少温室气体排放。这些资助项目的成果突破将支持拜登总统和美国能源部的目标，即到2050年推进生物能源的使用、实现具有成本竞争力的生物燃料以及实现净零碳经济。

2023年12月，循环生物基产业联盟发布了2024年的年度工作计划，宣布投入2.13亿欧元用于资助新一批18个主题的研发项目，推动具有竞争力的欧洲循环生物基产业发展。同时，欧洲创新理事会（European Innovation Council）在2024年工作计划中明确提出，将为精密发酵和藻类食品领域的初创企业和小型企业提供5000万欧元的资助，以扩大替代蛋白质的生产规模。2023年4月，英国国家研究与创新署（UK Research and Innovation，UKRI）及其合作伙伴公布了获得200万英镑资助的34个可持续生物制造项目名单，旨在开发和改善英国的可持续生物制造。2023年11月，英国的生物技术与生物科学研究理事会（Biotechnology and Biological Sciences Research Council，BBSRC）宣布将对开创性前沿生物科学研究投入1200万英镑资助62个生物科学研究项目，主题涵盖生命健康前沿发现、食品安全、清洁能源、基础生物科学、前沿药物发现和诊断、工程生物学进展、生物燃料和增值化学品研究等。2023年7月，荷兰政府宣布将为生物基循环（BioBased Circular，BBC）项目提供3.38亿欧元的国家增长基金支持。

2023年3月，日本新能源产业技术综合开发机构（New Energy and Industrial Technology Development Organization，NEDO）宣布在“绿色创新基金项目”（Green Innovation Fund Project）框架下，投入1767亿日元（约13.37亿美元）启动“利用生物制造技术促进以二氧化碳为直接原料的碳循环”项目，以推动碳回收生物制造产业发展，助力实现“碳中和”目标。2023年1月，韩国宣布投入5594亿韩元（约4.39亿美元）用于核心生物技术的研究和开发，以支持该国在未来引领最新数字生物技术领域的长期战略。

（三）技术进步推动生物产品迭代创新

近年来，生物技术迅猛发展，合成基因组学研究上升到新的高度，多种新型基因编辑器相继问世，蛋白质结构预测工具迭代更新，利用机器学习算法等开展生物预测的范围不断拓宽，组学技术、生物成像技术、单细胞分析技术、人工智能等前沿技术的交叉融合使更系统地认识生命成为可能，宏基因组技术、第三代测序技术、合成生物学技术、基因编辑技术、深度学习等前沿生物技术的进步大大促进了生物资源保藏、分析、评价与利用，关键核心技术的不断革新全面赋能食品、农业、医药、能源、化工等产业转型升级，合成生物制造的技术难关不断突破，加速推进应用进程。

合成基因组学研究和合成生物技术应用创新上升到新的高度。美国哈佛医学院George Church团队设计了一种不会被任何已知病毒感染的大肠杆菌菌株，并首次开发了一种内置的安全措施，防止修改后的遗传物质逃逸到自然生态系统中，能有效降低利用细菌进行生物制造时受病毒污染的风险，同时确保这些过程的安全、可控。美国加利福尼亚大学圣地亚哥分校研究者破译了衰老过程背后的基本机制，利用合成生物学开发了一种基因振荡器（gene oscillator），显著延缓了细胞衰老进程，有望为重新配置延迟衰老的科学方法提供新途径。美国特拉华州立大学研究团队通过工程改造大肠杆菌，成功地合成了一种先前被证实具有调控机体免疫功能的非天然氨基酸，为将来开发独特的疫苗及免疫治疗方法提供了研究基础。西湖大学曾安平教授团队创制了一条化学催化和生物催化有机整合的全新固碳路线，成功实现了高能C_1化合物（甲醇或甲醛）与低能C_1化合物（二氧化碳）的协同利用，达到了迄今为止最高的二氧化碳固碳效率，为一碳化合物的利用提供了一条全新的途径。中国科学院深圳先进技术研究院于涛课题组与杰伊·D. 基斯林（Jay D. Keasling）课题组合作，利用合成生物学和代谢工程手段开发的酵母细胞平台，能将低碳化合物，如甲醇、乙醇、异丙醇等，转化为糖及糖衍生物，包括葡萄糖、肌醇、氨基葡萄糖、蔗糖和淀粉等。中国科学院天津工业生物技术研究所的科研人员阐明了巴斯德毕赤酵母高效利用甲醇、耐高温和高蛋白质合成的独特机制，并利用工程酵母成功以工业中试规模实现了甲醇制造菌体蛋白。

人工智能已能完成对多种类型蛋白结构的预测，正在不断突破以往蛋白质设计的诸多限制。美国华盛顿大学的戴维·贝克（David Baker）教授团队利用强化学习“自上而下”设计出蛋白质复合物结构，颠覆了以往从复合体亚基入手的设计策略。谷歌DeepMind团队在之前蛋白质预测模型AlphaFold的基础上构建了基因突变预测模型AlphaMissense，成功预测了7100万个错义突变（missense variant），该模型有助于攻克人类遗传学难题，发现基因突变与疾病之间的关系，并研发针对性药物。蛋白设计公司Generate Biomedicines的研究者提出了一种生成式人工智能模型Chroma，可以创造出自然界中以前未发现的具有可编程特性的新型蛋白质，具有治疗潜力，并在实验室中取得了成功。英国布里斯托大学研究者创造了一个能够从头设计合成人工酶的人工智能系统ProGen，有望加快新蛋白质的开发进程。美国伊利诺伊大学厄巴纳–香槟分校的赵惠民课题组推出了名为启用对比学习的酶注释（contrastive learning-enabled enzyme annotation，CLEAN）的机器学习模型，实现了高准确性、高可靠性、高灵敏度的酶功能预测，在功能基因组学、酶学、酶工程、合成生物学、代谢工程等方面有着广泛的应用前景。这些研究结果展示了深度学习在生成具有丰富多样性的新蛋白质结构方面的潜力，并为设计应用于纳米机器和生物材料的复杂组件，以及开发新的治疗方法和碳捕获工具等铺平了道路。

（四）生物产业发展不断注入资本活力

当前，生物制造已成为世界主要发达经济体科技产业布局的重点领域之一，吸引了大量公共投资和社会资本，形成了价值数百亿美元级别的投资风口。众多科技创新企业致力于疫苗、抗体、药物、营养品、材料和食品等领域的生物技术研发，并获得了投资者的关注和市场青睐。

近年来，生物基产业崛起，新材料应用加速。美国合成生物学初创企业Conarium Bioworks联合加利福尼亚大学圣地亚哥分校，宣布首次完成了褪黑素的工业规模生物制造。北京微构工场宣布完成3.59亿元人民币A+轮融资，进一步提升合成生物创新中心研发能力，推进万吨级聚羟基脂肪酸酯（polyhydroxyalkanoates，PHA）产线建设，加快“PHA Life”绿色低碳生活制品开发和全球化业务布局。合成生物学公司微元合成宣布完成近亿元人民币的Pre-A轮融资，用于扩建研发实验室和多个产品管线试生产，产品包括甘露醇、阿洛酮糖和类胡萝卜素等。

未来食品是这两年最火的生物领域投资方向之一，包括非动物来源的肉、蛋、奶等高蛋白食品，以及细胞工厂食品添加剂等。2023年2月，美国精密发酵初创公司Wild Microbes宣布完成了330万美元的种子前融资，用于发展精密发酵蛋白和探索新型可持续化学品。2023年3月，杭州极麋生物科技有限公司宣布完成千万元级天使+轮融资，并成功研发了中国首块100%细胞肉，这也是国内首块完全不含植物支架的

100%动物细胞产品。

此外，生物技术平台公司也在资本的加持下蓬勃发展。2023年4月，合成生物学领先公司Ginkgo Bioworks宣布与人工智能蛋白设计公司Cambrium达成合作，致力于在细胞工厂工程领域进行创新。2023年9月，美国人工智能初创公司Evozyne宣布完成了8100万美元的B轮投资，用于人工智能驱动的生成药物发现平台和碳捕获的生成人工智能平台产品开发。蛋白改造公司深圳粒影生物科技有限公司于2023年11月宣布完成了数千万元Pre-A+轮融资，将继续增加在生产、新管线研发以及产品推广等方面的投入，实现对蛋白质功能的优化迭代，从而获得性能优异的蛋白质。

生物制造在应对气候变化和低碳工业转型方面的投资呈现快速增长。总部位于美国伊利诺伊州的LanzaTech公司推动了气体发酵技术的产业化，促进了基于新型生物学的工业范式转变，于2023年2月在纳斯达克交易所上市，成为全球首家专注于碳捕捉与转化的上市企业。2023年6月，全球第二大钢铁制造商ArcelorMittal与LanzaTech在比利时根特合作建设的商业旗舰碳捕获和利用设施，利用LanzaTech气体发酵技术获得了首批乙醇样品。2023年10月，安琪酵母股份有限公司（简称安琪酵母）与上海肆芃科技有限公司宣布成立合资公司，旨在巩固双方在大宗产品低碳制造领域的领先地位，并携手构建具有国际影响力的负碳生物制造平台。2023年3月，藻类生物燃料生产商Viridos获得了2500万美元股权投资，以进行藻类生物航空燃料的商业化规模开发，并在其后获得美国联合航空公司风险投资部门（United Airlines Ventures，UAV）的500万美元投资，用于可持续航空燃料研发，后者也是UAV可持续飞行基金（UAV Sustainable Flight Fund）发放的首笔资金。

二、我国生物制造发展态势

我国生物制造产业基础雄厚，近年来发展势头良好。当前我国生物制造产业规模全球第一，并且仍在继续扩大，近年来保持年均12%以上的增速。生物发酵制品、生物基精细化学品以及生物基材料等主要生物制造产品产量超过7000万t，产值超过8000亿元（不含传统酿造业），影响下游产业规模超过10万亿元。

党的二十大报告对加快实施创新驱动发展战略作出了部署，提出“坚持面向世界科技前沿、面向经济主战场、面向国家重大需求、面向人民生命健康，加快实现高水平科技自立自强”[①]。2021年3月发布的《中华人民共和国国民经济和社会发展第十四个五年规划和2035年远景目标纲要》指出，“推动生物技术和信息技术融合创新，加快

① 《习近平：高举中国特色社会主义伟大旗帜 为全面建设社会主义现代化国家而团结奋斗——在中国共产党第二十次全国代表大会上的报告》，https://www.gov.cn/xinwen/2022-10/25/content_5721685.htm，2022年10月25日。

发展生物医药、生物育种、生物材料、生物能源等产业，做大做强生物经济”。2022年5月印发的《“十四五”生物经济发展规划》提出，大力夯实生物经济创新基础，包括加快提升生物技术创新能力、培育壮大竞争力强的创新主体、优化生物经济创新发展的区域布局、深化生物经济创新合作，并将新型生物药、新型生物材料、生物制造菌种、生物基环保材料、生物质能等重点领域列入生物经济创新能力提升工程建设内容。2022年12月中央经济工作会议提出要“提升传统产业在全球产业分工中的地位和竞争力，加快新能源、人工智能、生物制造、绿色低碳、量子计算等前沿技术研发和应用推广”。2023年1月，工业和信息化部、国家发展和改革委员会等六部门联合印发了《加快非粮生物基材料创新发展三年行动方案》，提出“围绕聚乳酸、聚酰胺、聚羟基脂肪酸酯等重点生物基材料，加快构建产品物理化学性能、不同工艺加工性能、不同条件下降解性能等标准”。2023年11月发布的《轻工业共性关键技术目录》提出了55项急需攻克的共性关键技术和18项急需推广的共性关键技术，其中涉及食品行业19项，生物发酵行业要加大研发经费投入，培育科技创新平台，集聚产学研用资源，围绕基因改造、菌种构建、高效酶制剂、非粮生物质利用、智能化生物反应器、分离纯化装备等短板，开展联合攻关，突破技术瓶颈，加强成果转化，不断推动行业创新发展。2023年12月，工业和信息化部等八部门印发了《关于加快传统制造业转型升级的指导意见》，提到“大力发展生物制造，增强核心菌种、高性能酶制剂等底层技术创新能力，提升分离纯化等先进技术装备水平，推动生物技术在食品、医药、化工等领域加快融合应用”。2023年12月，中央经济工作会议再次提出，打造生物制造、商业航天、低空经济等若干战略性新兴产业，开辟量子、生命科学等未来产业新赛道。2024年1月，工业和信息化部等七部门联合印发《关于推动未来产业创新发展的实施意见》，助力合成生物、生物制造、生物育种、生物质能等前瞻新赛道快速发展。这些政策举措共同构成了我国生物制造产业快速发展的坚实基础，为实现经济高质量发展和绿色转型提供了良好的政策环境。

（一）生物医药

生物医药产业已成为全球高技术产业中活跃度最高、竞争最激烈的领域之一，得到了各国政府的高度重视，呈现出规模扩大、不断创新的总体格局。根据弗若斯特沙利文（Frost & Sullivan）公司的数据，以市场收入计算的全球生物医药产业市场规模2016—2021年复合年均增长率为3.86%，预计2025年全球生物医药产业市场收入将达到1.71万亿美元。

近年来，我国生物医药创新能力已从全球第三梯队跃迁至第二梯队。产业总体规模持续扩大，创新企业数量持续增长，截至2023年，我国生物医药生产与研发企业共计61 711家。其中，高新技术企业11 452家，专精特新企业4946家，瞪羚企业1133家，专精特新“小巨人”企业1167家，隐形冠军企业73家，独角兽企业71家，等等。2022年，我国生物医药产业规模恢复稳定增长状态，产业规模达3734.2亿元，同比增长11.6%。疫苗和抗体药物产业依然是我国的支柱产业，同时，在细胞和基因疗法领域，我国取得了显著的进展。

我国是世界上疫苗产业规模最大的国家，能生产64种疫苗，预防35种传染病。除一些新型疫苗、多联多价疫苗外，大部分疫苗品种已经实现自产自足。2021年我国人用疫苗市场规模约2339亿元，2022年降至1253亿元，主要下降原因包括我国新冠病毒疫苗接种率放缓、疫苗需求减少以及产品价格调整等。国药中生、科兴中维、康希诺、智飞生物、康泰生物、沃森生物、艾博生物等企业在疫苗生产方面作出了重要贡献。随着全球疫苗市场的持续增长，国内疫苗企业正逐步与国际接轨，快速研发、加强创新、储备新技术、布局新平台是发展的重要方向。

2017年至2022年，我国抗体药物市场规模从118亿元增长至757亿元，复合年均增长率达到45.02%。截至2023年3月1日，国家药品监督管理局已经批准了74种抗体药物在国内上市（包括国产和进口，生物类似药不重复统计，批文处于未激活状态的不纳入统计）。预计到2025年，我国批准的抗体药物数量将超过100款。此外，截至2023年，我国已上市及在研抗体药物（含生物类似药）共计2269种。在市场竞争方面，虽然我国抗体药物开发相比于欧洲、美国、日本较晚，但近些年，一些知名企业凭借抗体药物的开发也实现了后来居上。我国的全球抗体药物新药临床试验（investigational new drug，IND）申请及以上管线数量TOP10企业为信达生物、复宏汉霖、百济神州、百奥泰、君实生物、恒瑞医药、康方生物、迈威生物、齐鲁制药、天广实生物。我国抗体总产能为31万L/a，单家企业最高产能3.8万L/a，而国际大型制药企业的产能远高于此，如罗氏（Roche）2016年的哺乳细胞培养产能为67万L/a，这表明我国抗体药产业尚有巨大的增长空间，但同时也指出了产能不足可能限制产业的供应能力。

目前，全球细胞治疗产业发展正在迅速发展。据统计，到2022年初，全球获批的细胞治疗产品共33款，包括12种免疫细胞产品和21种干细胞产品。2021年我国细胞治疗市场规模约为13亿元人民币，预计到2030年将增长至584亿元人民币。预计未来10年为国内细胞治疗产业的快速增长期。随着技术的发展和市场的成熟，国内细胞疗法企业不断增加研发投入，推动新产品的上市。尤其是在嵌合抗原受体T细胞免疫治疗（chimeric antigen receptor T cell immuno-therapy，CAR-T）领域，我国已成为世界上开展CAR-T细胞治疗临床研究数量最多的国家。此外，国内已有多款细胞疗法产品获批上市，如复星凯特的阿基仑赛注射液和药明巨诺的瑞基奥仑赛注射液等。传奇生物自主研发的CAR-T产品西达基奥仑赛成为第一个成功出口美国的国产CAR-T产品。

2023年，亘喜生物针对系统性红斑狼疮的治疗开发了FasT CAR-T技术，2023年底亘喜生物被阿斯利康斥资12亿美元收购。

（二）大宗发酵产品

我国是世界上大宗发酵产品规模最大的国家之一，生产产品种类已从原来的三大类50多种发展到现在的八大类（氨基酸、有机酸、淀粉糖、酶制剂、酵母、多元醇、功能性发酵制品、酵素等）300多种。大宗发酵产品年产量超3000万t，年产值超2400亿元，如果将发酵食品涵盖在内，年产值将达到1.2万亿元左右。氨基酸、有机酸、淀粉糖、酵母等20多种产品产量位居世界第一。根据中国生物发酵产业协会数据，2023年生物发酵行业主要产品总产量3200万t，同比增长2.3%；总产值约2780亿元，同比增长3.1%；产品出口超过730万t，同比增长12.7%。我国生物发酵产业全球规模第一、影响广泛，但是我国工业菌种和工业酶的知识产权受制于人，这对生物产业安全发展也构成了极大威胁，近年来我国发酵行业积极谋求菌种创制和发酵技术升级，整个行业的平均研发投入约占销售收入的3.9%，当前已经创建了59个国家级技术中心和重点实验室、18个中国轻工业重点实验室、5个中国轻工业工程技术研究中心及25个行业专项技术中心。

氨基酸是构成蛋白质大分子的基础结构，与动物生命活动密切相关，在饲料、食品、医药、培养基、保健品等营养健康领域发挥着至关重要的作用。2022年全球饲用氨基酸（赖氨酸、蛋氨酸、苏氨酸、色氨酸）总供应量达603.2万t，同比增长5.6%，2015年以来饲用氨基酸产业规模复合年均增长率6.4%。随着氨基酸产业的稳步增长，我国已经发展成为世界上最大的氨基酸出口国，生产的氨基酸品种众多，主要种类包含谷氨酸、赖氨酸、苏氨酸、蛋氨酸，其中谷氨酸、赖氨酸和苏氨酸产量占氨基酸总产值的近90%。2022年我国饲用氨基酸总产量约390万t，净出口约197万t，饲用总量约170万t。其中，赖氨酸总产量约255万t，净出口约144万t，饲用总量约100万t；蛋氨酸总产量约44.3万t，净进口6.9万吨，饲用总量约40万t；苏氨酸总产量约84万t，净出口约54.5万t，饲用总量约25万t；色氨酸总产量约2万t，净进口1.15万t，饲用总量约3万t。对于小品种氨基酸，如缬氨酸、异亮氨酸、亮氨酸、精氨酸、组氨酸、苯丙氨酸等的生产，迫切需要扩大产能、降低成本。

全球酵母总产能约190万t/a，2022年产量162.9万t，需求量约160.3万t。我国产能近50万t/a，2022年产量约46.2万t，同比增长需求量为32.93万t。酵母市场属于典型的寡头垄断行业，竞争格局较稳定，主要由乐斯福、英联马利、安琪酵母三家主导。2023年，安琪酵母全年发酵总产量达到37.69万t，同比增长15.09%，其中抽提物产量13.86万t，增长19.15%，在全球13个城市（11个国内城市和2个海外城市）设有酵母及深加工产品生产基地，国内市场占比55%，全球市场占比超过18%，酵母系列产品规模已居全球第二。

在基础化学品方面，我国率先在世界上实现了羟基乙酸的生物工业化生产，完成了乙烯、化工醇等传统石油化工产品的生物质合成路线的开发，基本实现了生物法乙烯、丁二酸、1,3-丙二醇、L-丙氨酸、戊二胺、法尼烯等产品的商业化，完成异戊二烯、丁二烯、1,4-丁二醇（BDO）、丙酸、苹果酸等产品的中试或示范阶段，实现烷烃、丙酮、丙二酸、乙二酸、己二酸、丙二醇、对二甲苯、环氧氯丙烷、己内酰胺的小试过程；许多产品技术水平与产品产量呈快速增长趋势；1,6-二磷酸果糖、黄原胶、L-苹果酸、长链二元酸等产品的技术水平已达国际先进或领先水平。

我国发酵有机酸产业在世界上占据着举足轻重的地位，目前国内发酵有机酸产能约180万t/a，产能约占全球的70%，年产量占全球65%左右，产值超过100亿元。柠檬酸是世界上用生物化学方法生产的有机酸中产量最大的，在食品工业和精细化工等领域有着广泛应用。我国柠檬酸产量由2012年的107万t增长至2022年的172万t，复合年均增长率为4.86%。2022年柠檬酸出口总量达122.8万t，同比增长15.09%；进口总量仅0.2万t。2021年至2022年国内柠檬酸出口增幅加大，主要是国外柠檬酸产能释放受损，刚性需求增加，需要增加中国柠檬酸进口量来补充缺口。2022年中国L-乳酸需求量达7.95万t，同比增长9.66%；同年，产量达到15.14万t，同比增长8.55%，在满足内需的同时，部分产品主要用于出口。2022年我国L-苹果酸产量增长至21 854 t，2023年3月，华恒生物在秦皇岛山海关临港动工建设了5万t生物基L-苹果酸生产项目，投产后将打破由日本企业长期主导的垄断局面。2022年我国醋酸产能约1051万t/a，产量超过800万t，较上年有小幅增长，主要集中分布于江苏、山东和广西等地，其中江苏产能占比达28%，居首位。2023年5月，华中科技大学庞元杰教授团队实现了“限制二碳吸附基团构象完成一氧化碳向乙酸盐电还原”，以二氧化碳和水为原料，生成乙酸作为主要产物，能够连续820 h保持生成率在80%以上，在选择性、能量转化效率、稳定性方面打破了现有世界纪录。

多元醇是分子中含有两个或两个以上羟基的一大类醇类。生物基多元醇主要是由可再生的生物油（蓖麻油、大豆油、菜籽油等）为主要原材料生产的，多用于制造绿色氨纶、聚氨酯和聚氨酯弹性体等产品，下游涉及建材装修、汽车、包装、服装等领域，应用广泛。近年来全球生物基多元醇生产企业以国外龙头企业为主，如巴斯夫、陶氏、杜邦、SK化学、Cargill、三井化学、Emery Oleochemicals、Huntsman等。全球前十企业市场占比达到近60%，集中度较高。由于近年来下游聚氨酯等材料的需求增长迅速，该领域也受到国内的万华化学、海珥玛、旭川化学、领世新材料等企业的关注。2024年3月，华恒生物宣布旗下赤峰基地年产5万t生物基1,3-丙二醇项目、5万t生物基丁二酸项目生产线顺利实现高品质连续生产，成功打破了国内丙二醇-聚对苯二甲酸丙二酯产业链核心技术长期被国外垄断的局面。

（三）精细化学品

我国生物基精细化工迅速发展，细分品种与日俱增，其生产能力、产量、品种和生产厂家仍在不断增长，L-苯丙氨酸、D-对羟基苯甘氨酸、烟酰胺、丙烯酰胺、D-泛酸和（*S*）-2,2-二甲基环丙甲酰胺等产品的生产技术已达到国际先进水平，并且一跃成为L-酒石酸、丙烯酰胺、D-泛酸的第一大生产国。

我国大品种氨基酸产能产量居世界前列，但小品种氨基酸如缬氨酸、异亮氨酸、亮氨酸、精氨酸、组氨酸、苯丙氨酸等亟须扩大产能、降低成本。华恒生物L-丙氨酸产能3.2万t/a、缬氨酸产能2.5万t/a，2023年10月华恒生物宣布拓展高丝族氨基酸相关产品。2024年3月，华恒生物宣布将以全资子公司巴彦淖尔华恒为实施主体，建设“交替年产6万t三支链氨基酸、色氨酸和1万t精制氨基酸项目”。安徽丰原生物在2023年完成产线改造，现有年产2万t L-丙氨酸、1万t葡萄糖酸钠生产能力。

5-羟甲基糠醛（HMF）是一种重要的生物基平台化合物，下游衍生物包括醇、酸、醚、醛等上千种衍生物，并通过这些新的衍生物进一步合成上万种新的终端产品，可广泛应用于塑料、化工、油品添加剂等多个行业。浙江糖能科技有限公司是全球最早实现将HMF规模化放大的公司，其依托中国科学院宁波材料技术与工程研究所的技术，实现了生物基HMF高选择性合成，并将产量实现了从千克级提升至吨级；2023年6月浙江糖能科技有限公司建成了设计产能为2000 t/a的HMF中试生产线，2023年下半年与国内优势产业机构合作开发万吨级生产工艺包，预计在未来两年内实现万吨级HMF连续生产，为呋喃二甲酸（FDCA）的规模化生产及应用奠定坚实基础。2024年3月，中科国生完成近亿元融资，用于核心管线产品HMF、2,5-FDCA、2, 5-四氢呋喃二甲醇（THFDM）产能放大及下游衍生高分子聚合物的持续开发，2023年中科国生实现了FDCA的2.7 t、10 t订单的一次性交付，且签订了百吨级销售订单，在生物基纤维、生物基包装等多个应用方向取得了中试验证。2023年6月，利夫生物完成近两亿元B轮融资，用于FDCA的产业化生产及万吨级生产线的建设，该公司采用自主创新秸秆水解技术，成功实现秸秆百分百利用，生产多种高附加值产品，基本实现无三废排放。利夫生物以秸秆为原料，从中提炼出新型生物可降解塑料呋喃聚酯的前端单体，该项技术目前已达到国际领先水平。

天然产物作为药物、营养品、化妆品、香精香料、农药等的重要来源，在国民经济中发挥了重要作用。通过解析生物合成途径，创建合成天然产物的细胞工厂，实现利用可再生原料发酵生产，是一种新型的天然产物生产方式，对提升我国天然产物制造的产业竞争力，摆脱以资源依赖和环境破坏为代价的发展模式具有重要意义。近年来，随着合成生物学的飞速发展，国内外同行在细胞工厂合成植物天然产物方面取得了重要进展，构建了包括青蒿素、长春质碱、紫杉醇、大麻素、莨菪碱、人参皂苷等多种重要植物天然产物的细胞工厂，部分产品进入了产业化实施阶段。我国学者在人参皂苷、三七皂苷、雷公藤甲素、灯盏乙素、甜菊糖、莨菪碱等一批重要植物天然产物生物合成途径解析方面取得突破。中国农业科学院深圳农业基因组研究所闫建斌团队联合北京大学、清华大学等国内外六家研究团队基于前期绘制的高质量红豆杉基因组的基础，成功发现了紫杉醇生物合成途径中最具挑战的未知酶，阐明植物含氧四元环结构的形成机制，并在烟草底盘细胞中建立了紫杉醇生产前体巴卡亭Ⅲ的异源生物合成路线，解决了紫杉醇生物合成的世纪难题。浙江大学连佳长团队首次报道了利用毕赤酵母细胞工厂高效合成长春质碱，该途径是迄今为止在非模式菌株中构建的最为复杂的生物合成途径之一，证明了毕赤酵母作为合成植物天然产物细胞工厂的独特优势和巨大潜力。

（四）生物基材料

在全球“禁塑”大环境下，以“绿色、环保、可再生、易降解”著称的生物基材料显得尤为重要，迎来了发展的黄金期。德国Nova研究所报告提出，2023年，生物基聚合物的总产量为440万t，占化石基聚合物总产量的1%。生物基聚合物市场的复合年均增长率为17%，显著高于聚合物市场的整体增长（复合年均增长率为2%—3%），且这一趋势预计将持续到2028年。2014—2021年我国生物基材料产量保持逐年稳定增长的走势，2021年全国生物基材料产量达到179.4万t，相较2014年生物基材料产量增长了94.8万t，随着国家产业支持力度加大，生物基材料企业生产技术水平提升，2019—2021年全国生物基材料产量增速加快，由9.9%提速至16.8%。

聚乳酸（PLA）又称聚丙交酯，是以乳酸为单体聚合成的一类脂肪族聚酯，被认为是现今应用潜力最大的一种可降解生物基材料。截至2023年，我国处于已投产、建设施工阶段、开展前期工作或计划中的聚乳酸项目超过65个，合计产能接近600万t/a，预计2025年底形成180万t/a的聚乳酸产能。2023年底，中国聚乳酸产能在800万t/a左右，其中已投产并正常运行的万吨级以上聚乳酸生产企业共13个（表3-1），分别为丰原生物40万t/a、金丹科技10万t/a、浙江海正6万t/a、河北华丹5万t/a、普立思生物5万t/a、金发科技3万t/a、中粮生物3万t/a、宁夏启玉2.5万t/a、永乐生物2万t/a，恒天集团、万华化学、上海同杰良和光华伟业各1万t。丰原生物掌握着完整的“两步法”工艺并实现了稳定量产，2023年已经拥有40万t/a聚乳酸产能，还在内蒙古和山东分别规划了30万t/a和10万t/a产能，目标实现百万吨级聚乳酸年产能。2023年9月丰原生物子公司蚌埠金谷生物科技有限公司建设的全国首条生物基碳酸酯生产线生产设备完成调试，可年产10 000 t生物基碳酸，副产6500 t甲醇，通过生物基碳酸酯对聚乳酸进行改性可以在很大程度上降低改性成本，促进丰原集团的聚乳酸产品向产业链下游延伸，拓展聚乳酸材料的应用领域。金丹科技年产1万t丙交酯项目已稳定运行，6万t生物降解聚酯及其制品项目建设基本完成，其年产15万t聚乳酸生物降解新材料项目中的一期年产7.5万t聚乳酸生物降解新材料项目正在按计划实施。浙江海正拥有6万t/a聚乳酸产能，其成功掌握了聚乳酸关键工艺——丙交酯合成技术，2021年全资成立浙江海创达生物材料有限公司，其年产15万t聚乳酸项目预计2024年6月建成投产。中粮生物科技股份有限公司的3万t/a的聚乳酸生产线于2021年6月恢复投产运营，为了确保聚乳酸原料的自主供应，中粮生物与榆树市人民政府签约了3万t/a的丙交酯加工项目，2023年5月开工建设，预计2024年9月投料试车。2023年11月，普立思生物年产7.5万t乳酸、5万t聚乳酸项目顺利投产，项目采用的聚乳酸聚合技术来自中国科学院长春应用化学研究所。

表3-1 2023年我国聚乳酸重要生产企业及其产能

企业	产能	在建产能
丰原生物	18万/a乳酸，40万t/a聚乳酸	内蒙古30万t/a和山东10万t/a（预计2024年建成）
金丹科技	5万t/a高光纯乳酸，20万t/a乳酸，10万t/a聚乳酸	在建15万t/a聚乳酸（一期7.5万t/a预计2024年投产）
浙江海正	6万t/a聚乳酸	子公司海创达生物15万t/a聚乳酸（预计2024年6月投产）
河北华丹	5万t/a聚乳酸	
普立思生物	7.5万t/a乳酸，5万t/a聚乳酸	30万t/a聚乳酸
金发科技	3万t/a聚乳酸	子公司珠海金发生物材料有限公司年产10万t/a聚乳酸、10万t/a改性聚乳酸
中粮生物	3万t/a聚乳酸	规划3万t/a丙交酯（预计2024年9月建成）
宁夏启玉	5万t/a高纯L-乳酸，2.5万t/a聚乳酸试产	在建2.5万t/a聚乳酸
永乐生物	2万t/a聚乳酸	在建8万t/a聚乳酸
恒天集团	1万t/a聚乳酸	
万华化学	1万t/a聚乳酸	拟建7.5万t/a聚乳酸
上海同杰良	1万t/a聚乳酸	
光华伟业	1万t/a聚乳酸	
百盛科技	4万t/a L-乳酸	

续表

企业	产能	在建产能
会通新材料		35 万 t/a 聚乳酸
国安新材料		拟建 30 万 t/a 聚乳酸、20 万 t/a 丁二酸
友诚控股		拟建 30 万 t/a 乳酸、20 万 t/a 聚乳酸、10 万 t/a 聚乳酸纤维
同邦新材料		拟建 30 万 t/a 乳酸、20 万 t/a 聚乳酸、10 万 t/a 聚乳酸纤维
山东泓达生物		拟建 16 万 t/a 聚乳酸
科院生物新材料		13 万 t/a 聚乳酸（预计 2025 年完工）
联泓新科		拟建 20 万 t/a 乳酸、13 万 t/a 聚乳酸（一期 2024 年试车，二期 2025 年试车）
大禾科技		拟建 12 万 t/a 新型聚乳酸
易生新材料		拟建 11 万 t/a 聚乳酸 / 聚己内酯和 3 万 t/a 丙交酯
寿光巨能金玉米	万吨规模无钙盐法高光纯 D- 乳酸	20 万 t/a 乳酸、10 万 t/a 丙交酯或 10 万 t/a 聚乳酸
扬州惠通科技		拟建 10.5 万 t/a 聚乳酸
寿光金远东变性淀粉		拟建 20 万 t/a 乳酸、10 万 t/a 丙交酯或 10 万 t/a 聚乳酸（预计 2024 年投产）
河南能源化工		拟建 10 万 t/a L- 乳酸、6 万 t/a 聚乳酸
新疆东誉绿塑		拟建 10 万 t/a 高纯 L- 乳酸、5 万 t/a 聚乳酸
内蒙古禾光生物		拟建 6 万 t/a 聚乳酸（预计 2027 年投产）
江苏瑞祥化工		拟建 5 万 t/a 聚乳酸
莫高股份		拟建 5 万 t/a 聚乳酸、2.5 万 t/a 丙交酯、3 万 t/a 生物降解聚酯新材料、10 万 t/a 丁二醇生产线

作为生物基材料中的一个重要品类，淀粉基塑料（PSM）由于制作相对简单、成本较低而成为技术最成熟、产业化规模最大且市场占有率最高的一种生物基材料。PSM主要包括热塑性淀粉、淀粉/生物降解塑料共混物、淀粉/纳米复合材料等，其总产能达80万—100万t/a，产量约40万t/a。我国近年来在PSM方面的研发工作相对活跃，研究机构有天津大学、四川大学、中国科学院理化技术研究所、中国科学院长春应用化学研究所等，同时这些研究单位也在进行聚乳酸与淀粉共混的研究。在PSM生产方面，武汉华丽环保科技有限公司是全球领先的PSM研发生产企业，现已形成6万t/a的产能规模；苏州汉丰新材料股份有限公司是3万t/a生物基PSM与生物降解PSM颗粒生产企业；江苏锦禾高新科技股份有限公司的PSM产业的产能为1.4万t/a；深圳市虹

彩新材料科技有限公司、烟台阳光新材料技术有限公司、比澳格（南京）环保材料有限公司、广东益德环保科技有限公司、浙江华发生态科技有限公司、常州龙骏天纯环保科技有限公司等也是在PSM领域相对具有优势的生产企业。

聚羟基脂肪酸酯（PHA）是微生物体内合成的100%生物基的生物可降解材料，能在1年内自然降解，PHA是世界塑料环保组织最关注的可降解材料之一。2022年PHA的全球产能是4.8万t/a，预计到2027年将达到57万t，复合年均增长率超过50%。PHA的产业化品种已有四代：第一代产品的典型代表为聚-3-羟基丁酸酯（PHB），该材料脆性大，很难大规模应用；为改善加工性能而研发了第二代产品，即PHB和聚羟基戊酸酯（PHV）的共聚物——聚（3-羟基丁酸酯-co-3-羟基戊酸酯）（PHBV）；第三代产品为聚（3-羟基丁酸酯-co-3-羟基己酸酯）（PHBHHX）；第四代产品为聚（3-羟基丁酸酯-co-4-羟基丁酸酯）（P34HB）。2023年我国PHA产能在1万t/a左右（表3-2），生产企业包括宁波天安生物、北京蓝晶微生物、珠海麦得发生物、北京微构工场等。"十四五"期间，国内规划的PHA产能多达40万t/a。2022年9月，北京微构工场与安琪酵母合资成立湖北微琪生物科技有限公司，开始建设年产3万t合成生物PHA绿色智能制造项目，一期建设年产1万t产品生产线预计2025年投产。2023年1月，位于江苏省盐城市、设计年产能5000 t的蓝晶™ PHA一期工厂试车生产成功，PHA管线正式进入商业化阶段。

表3-2 2023年我国PHA主要生产企业产能

企业	产能	规划产能
山东省意可曼	0.5 万 t/a（P34HB）	—
深圳市意可曼	—	20.5 万 t/a
宁波天安生物	0.2 万 t/a PHBV	2.2 万 t/a
北京蓝晶微生物	0.1 万 t/a PHBHHX	2.5 万 t/a
中粮生物科技	0.1 万 t/a PHA	—
上海本农天合	0.05 万 t/a PHA	2.38 万 t/a
珠海麦得发生物	0.01 万 t/a PHB 和 P34HB	1.1 万 t/a（广东荷风生物 0.1 万 t/a）
北京微构工场	0.01 万 t/a PHA	3 万 t/a
天津国韵生物	1 万 t/a P34HB（已停产）	—

生物基尼龙（PA）也是重要的生物材料，其应用场景广泛。根据Rennovia公司的预测，到2022年，全球生物基尼龙66（PA66）的产量将达到100万t。国内的金发科技、凯赛生物等企业也已开发了小批量实现量产的生物基尼龙，还有部分企业在进行项目扩建。凯赛生物拥有11.5万t/a生物法长链二元酸（DC10—DC18）产能，其中4

万t/a DC10项目于2022年第三季度建成并开始试生产；此前其乌苏基地延期的3万t/a长链二元酸项目已于2023年底投产；生物基尼龙产能为10.3万t/a，2023年乌苏基地2万t/a产能部分建成并进入调试；生物基戊二胺产能为5万t/a，主要以内部使用，太原年产50万t生物基戊二胺 90 万t生物基尼龙项目预计2024年12月启用。2023年12月，江苏太极实业新材料有限公司“子午线轮胎冠带用生物基聚酰胺56工业丝和浸胶帘线的开发与应用”项目顺利投产，该项目在全球首次实现PA56工业丝和浸胶帘线的量产，整体技术达到国际领先水平。

（五）生物能源

由于石油的不可再生性和石油产区的不稳定性，传统化石能源安全问题在全球范围内引起了越来越多的关注，燃料乙醇、生物柴油及生物航空煤油等生物质能源产业，已成为国际可再生能源产业的重要组成部分。

1. 燃料乙醇

根据国际可再生能源署发布的数据，2022年世界燃料乙醇产量已达8410万t，比2021年增长3.2%，混配出约6亿t乙醇汽油，超过同期全球车用汽油消费总量的60%。2022年，中国燃料乙醇产量9.2亿gal（1 gal=3.785 L），排在美国（153.61亿gal）、巴西（74亿gal）、欧盟（14.60亿gal）、印度（12.30亿gal）之后，居第五位。2023年我国汽油产量达新高（16 138.4万t），按照乙醇汽油10%的乙醇添加标准计算，燃料乙醇市场缺口达1614万t，发展潜力巨大。当前我国燃料乙醇已建成产能500万t/a，在建产能超过300万t/a，已投产产能集中于中粮生物、河南天冠企业集团、吉林燃料乙醇有限责任公司，三家公司所占产能约达50%。

生物基燃料乙醇一共有三代制备方法，第一代是粮食作物（玉米、小麦、稻米等）提取法，第二代是纤维素法（玉米秸秆、干草、树叶和其他类型的植物纤维），第三代是微藻法，还有被业界称为1.5代的非粮食作物（如木薯、甜高粱等）提取法。无论是从原材料成本来看，还是国家层面来看，纤维素乙醇才是未来燃料乙醇的战略方向。根据北京中创碳投科技有限公司的测算，与普通汽油相比，1 t纤维素乙醇可减排3.47 t二氧化碳当量，碳减排率达到151%，具有显著的负碳效果。

纤维素燃料乙醇作为“十三五”期间中国燃料乙醇产业研发的重点，按照国家部署，预计近年来将实现纤维素燃料乙醇装置示范运行，到2025年，力争纤维素燃料乙醇实现规模化生产。截至2023年，我国第二代乙醇生产技术的年生产能力处于1万—10万t的中试规模区间，主要产能来自安徽国祯集团（表3-3），国内在建或筹建的生物燃料乙醇项目仍以第一代和第1.5代技术为主。从世界范围来看，纤维素乙醇产业即将进入商业化运行阶段，尚无哪国形成难以逾越的竞争优势，而我国在原料保障、产业基础、经济性、市场空间等方面已具备纤维素乙醇规模化发展条件，战略性反超机会较大。2022年国家纤维素乙醇产业化示范项目——国投先进生物质燃料（海伦）有限公司年产3万t纤维素乙醇产业化示范项目顺利建成，该设施于2023年实现稳定运行，2024年将达到预期生产负荷目标。该项目获得国家发展和改革委员会的攻关工程支持、国家重点研发计划支持，获批国家能源局“能源领域首台（套）重大技术装备”示范应用项目。该项目的建成意味着我国先进生物液体燃料产业化实现新突破。

表3-3　2023年我国纤维素乙醇项目

公司	产能/（万t/a）	原料	开始时间
中丹建业生物能源和瑞士科莱恩公司	2.5	玉米秸秆	2021年
安徽国祯集团和瑞士科莱恩公司	10	玉米秸秆	2020年
安徽国祯集团和意大利M&G公司	18.5	农作物秸秆	2019年
大唐新能源和杜邦公司	8	玉米秸秆	2014年
山东龙力生物科技	5	玉米芯	2012年
河南天冠企业集团	3	麦秸、玉米秸秆	2013年
松原光禾能源	2	玉米芯、秸秆	2014年
济南圣泉集团和丹麦诺维信公司	2	玉米秸秆	2012年
中粮生物	0.05	玉米秸秆	2009年

当前制约我国纤维素乙醇工业化的主要因素包括：纤维素乙醇生产用酶自主专利少、原料储运体系不健全、预处理效率低、能耗大、投资门槛高。近几年，随着政府扶持和科研攻关，我国在纤维素乙醇工艺和商业化方面已经取得巨大进步。国内多家企业在积极推进纤维素乙醇的产业化，但是由于纤维素乙醇生产成本过高，与石油和粮食乙醇相比，其市场竞争优势尚未凸显，目前许多纤维素乙醇项目实际上已暂停运营。

2. 生物柴油

生物柴油是一种由植物油、动物油、废弃油脂或微生物油脂与甲醇或乙醇经酯化反应形成的脂肪酸甲酯或乙酯。生物柴油具有十六烷值高、燃烧稳定充分、环保、可再生等优点，性能通常优于石化柴油，使用时通常不需要对原有柴油引擎、加油设备、存储设备和保养设备进行改动。生物柴油是一种被广泛认可的先进可再生清洁能源，据测试，1 t生物柴油可实现2.83 t的碳减排。2022年全球生物柴油消费量约为4175万t，2023年消费量增长至4631万t。从消费量来看，欧盟是全球最大的生物柴油消费地区，占全球生物柴油总消费的34.65%，其次是美国、印度尼西亚、巴西、泰国、阿根廷、中国，占比分别是20.72%、17.32%、12.31%、3.61%、1.13%、1.06%。

我国主要以废弃的地沟油为原料生产生物柴油，成本上更具优势，在欧洲使用地沟油为原料生产的生物柴油时，其二氧化碳减排量可以双倍计算，因此，此类生物柴油在市场竞争中具有价格优势。随着我国相应法规的日益完善，我国生物柴油行业优势更加明显。我国生物柴油市场规模呈现出较大的波动性，根据生物柴油市场规模分析数据，2021年我国生物柴油市场规模约为43.24亿元，2022年我国生物柴油市场规模增长至66.23亿元。从产能方面看，2022年我国生物柴油行业产能达到408.9万t/a，创下近年峰值，同比上涨67.86%，产能利用率整体呈现增长态势，从2013年的26.97%增长至2022年的51.7%。2022年我国进口生物柴油量仅为30.76万t，但出口量达到179.48万t，同比上升38.73%。随着有关部门继续加强地沟油收储运体系建设和监管，防止地沟油回流餐桌污染环境，废弃油脂回收市场有望进一步规范，从而使得生物柴油企业原料供应更加稳定。目前，中国生物柴油产业主要上市公司有卓越新能、嘉澳环保、隆海生物、恒润高科、三聚环保、荆州大地生物等。卓越新能是我国生物柴油行业的龙头企业，当前产能规模50万t/a，生物基材料产能规模9万t/a，未来规划生物柴油产能达到85万t/a、生物基材料产能达到42.5万t/a，自2023年8月起，其开始筹备建设20万t/a烃基生物柴油、5万t/a天然脂肪醇生产线。

3. 可持续航空燃料

与传统航空煤油相比，可持续航空煤油是指利用清洁原料制造、实现减排且能够直接应用于传统航空发动机的清洁燃料。原料来源包括废弃油脂、城市废弃物、农林废弃物、能源作物等，再加上利用电力等清洁能源等，平均可减少约80%的碳排放，此外，使用可持续航煤无须对现有基础设施、飞机发动机和运行管理体系进行大规模改造，从而显著降低了减排成本。可持续航空煤油有四种主流生产技术路线，分别是油脂加氢（hydroprocessed esters and fatty acids，HEFA）、气化–费托合成、醇制油（alcohol-to-jet）和合成燃料（power-to-liquid）技术。当前大多数可持续航空煤油生产企业采用HEFA路线，而其他三种新技术由于技术或产业链尚不成熟，目前仅有小规模或实验性的生产项目。截至2023年11月，全球可持续航空燃料产能达212.36万t/a，较2022年激增446.25%。其中，亚太地区产能超过北美地区，达到113万t/a，占全球可持续航空燃料产能的53.21%。

我国的可持续航空煤油产业起步较晚，目前仍然处于早期探索阶段，以小规模实验性应用项目为主。2011年，镇海炼化首次利用HEFA技术生产出可持续航空煤油，开始小规模示范，然而，由于经济可行性和市场关注度的考量，2018年后试点项目曾暂停。在政策和市场的双重推动下，镇海炼化在2022年重启可持续航空煤油项目并实现了规模化生产，随后嘉澳环保、东华能源等传统生物质燃料龙头企业也相继宣布开始进行可持续航空煤油的生产和研发布局。目前，镇海炼化已经实现了可持续航空煤油量产，产能为10万t/a，主要使用HEFA技术处理餐余油脂。易高–怡斯莱在张家港建设的10万t/a产能的HEFA装置也已经建成，主要面向国际市场，并于2022年第四季度通过中国石油国际事业（伦敦）公司将2000 t可持续航空煤油出口至欧洲。四川天舟的产能为20万t/a的HEFA项目于2023年8月开工建设。表3-4列出的其余可持续航空煤油项目将在未来1—5年逐步建成投产。我国已宣布的可持续航空煤油项目总规划产能约为390万t/a。在目前已经建成或已宣布的项目中，HEFA技术路线的总产能为350万t/a，仍然是行业最主流的技术路线选择。其中，跨国企业霍尼韦尔将与三家本土企业合作，作为技术提供商授权HEFA技术工艺，总规划产能达230万t/a。除此以外，目前已有的生物柴油企业也可以通过工艺改造转而生产可持续航空煤油。除了生产企业，可持续航空煤油产业的下游环节也在逐步走向成熟。目前空客公司与中航油集团签订了为期三年的共3000 t的国产可持续航空煤油采购协议，所购航空煤油将用于空客天津基地的飞机交付和测试飞行。中航油（北京）机场航空油料有限责任公司近期启动了可持续航空煤油配套工艺流程改造项目，也为国内机场实现常态化供应可持续航空煤油作出了重要铺垫。

表3-4　2023年我国可持续航空煤油规划产能

企业	规划产能 /（万 t/a）	技术路线
镇海炼化	10	HEFA
易高 – 怡斯莱	10	HEFA
金尚环保 + 霍尼韦尔	30（在建）	HEFA
东华能源 + 霍尼韦尔	100（在建）	HEFA
嘉澳环保 + 霍尼韦尔	100（在建）	HEFA
国家电投 + 国泰航空	20—40	合成燃料
山东海科化工	50	HEFA
四川天舟	50	HEFA

（六）生物环保

据统计，生物技术的应用可以降低工业过程能耗15%—80%，减少原料消耗35%—75%，减少空气污染50%—90%，降低水污染33%—80%。另外，世界自然基金会（World Wide Fund For Nature，WWF）预估，到2030年工业生物技术每年可降低10亿—25亿t二氧化碳排放。

酶制剂广泛应用于食品、洗涤、生物能源、饲料、医药、纺织及造纸等行业，可以有效提高下游行业的生产效率，降低能源消耗，减少环境污染，是促进传统产业动能升级、实现“绿色发展”的主要推动力，具有显著的经济和环境效益。据预测，到2030年，全球工业酶制剂市场需求将从2022年的76.1亿美元增至近139.8亿美元，2023—2030年的复合年均增长率为7.9%。目前工业酶市场主要集中在诺维信、杜邦和帝斯曼等大型酶制剂公司，这些公司占据了74%的市场份额。从应用领域来看，食品酶、饲料酶、医药酶的总和占比超过75%；预计2023年至2027年仍将保持最大市场份额，增长潜力巨大。2022年我国酶制剂进口量为1.31万t，同比下降8.99%；进口金额为4.08亿美元，同比下降7.56%；出口量为10.85万t，同比增长23.35%；出口金额为5.54亿美元，同比增长8.16%。我国酶制剂主要进口来源地为丹麦、美国、芬兰等欧美地区。据统计，2022年我国从丹麦进口酶制剂5065.93 t，占进口总量的38.54%；从美国进口酶制剂3051.08 t，占比进口总量的23.21%。我国酶制剂行业起步较晚，高端市场长期被海外企业所占据。随着行业的不断发展，国内酶制剂涌现出如溢多利、新华扬、蔚蓝生物等实力强劲的企业，在饲用酶等细分领域达到国际领先水平。

近年来，我国在利用生物制剂促进能源、纺织、医药、冶金、包装等重污染行业绿色转型方面不断取得技术突破。中国科学院理化技术研究所研发的酶法骨明胶生产技术，使得骨明胶生产周期由60 d缩短至3 d，吨胶耗水减少50%，消除了固废排放，减少了吨胶用工量，提高了优质胶得率，同时降低了成本，目前采用酶法骨明胶生产技术的商业化生产线包括宁夏鑫浩源生物3000 t/a、包头东宝生物3000 t/a、丰原生物3000 t/a等，2023年总产能超10 000 t/a。中国科学院天津工业生物技术研究所朱蕾蕾研究员带领的蛋白质定向进化研究团队与南京中医药大学刘海峰教授合作发展了一种新型的基于荧光检测的高通量筛选方法对聚对苯二甲酸乙二醇酯水解酶[poly（ethylene terephthalate）hydrolase，IsPETase]进行定向进化，获得的突变体DepoPETase在中温度下展示出优异的废弃聚对苯二甲酸乙二醇酯（polyethylene terephthalate，PET）解聚性能，并成功实现了多种废弃PET包装材料的完全解聚。江苏智道工程技术有限公司与上海梅山钢铁股份有限公司及北京大学魏雄辉教授深度合作，国内首套焦炉煤气“生物+”脱硫技术成功运行，帮助梅钢从源头上解决了焦炉煤气脱硫问题，加快推进梅钢环保绩效达A工作该技术成功入选中国钢铁工业协会2023年钢铁行业优秀环保技术案例。自2019年启动微生物采油技术研究以来，青海油田建成了集菌株筛选、菌种培育和小中试发酵等功能于一体的微生物实验室，截至2023年已完成了花土沟、英东和跃进二号油田本源微生物采油菌种的筛选与评价工作，筛选出能适应高矿化度且耐盐、抗低温等不同油藏环境下的10余株采油菌，研发出QZ-10、YD-H3等11种具有不同功能的混合菌液，形成了HTG-1、B6等6种具有解堵、驱油、防蜡等功效的菌液产品，显著提升了微生物采油技术的针对性和适应性，拓展了现场应用范围。

在全球“碳中和”技术快速发展背景下，二氧化碳生物转化利用技术为实现“双碳”目标提供了创新的科技途径。未来结合合成生物学技术，通过精简基因组技术，设计合成不同化学品的人工细胞，并耦合光驱动的二氧化碳固定路径，实现以二氧化碳为原料，合成人类所需要的各种功能化学品、营养品、药物等。2023年中国科学院天津工业生物技术研究所江会锋研究员带领的新酶设计与酵母基因组工程研究团队和中海石油化学股份有限公司合作，通过杂合固碳策略实现了以二氧化碳为原料合成PHB，产量达5.96 g/L，生产效率达1.19 g/（L·h），与已报道的二氧化碳合成PHB系统相比，在生物过程合成效率方面提升了上百倍。整体过程二氧化碳碳摩尔利用效率为71.8%，其中生物催化过程碳摩尔得率达到93.8%，超越了天然代谢途径的理论得率。北京首钢朗泽科技股份有限公司利用经选育后的乙醇梭菌，可将含一氧化碳、二氧化碳的炼钢尾气转化为生物乙醇及新型饲料蛋白等高附加值产品，2018年，北京首钢朗泽科技股份有限公司在钢铁行业首次实现工业化应用；2019年，在铁合金等领域获得成功应用；2023年，实现从“1到*N*”的规模化复制，产能达到年产21万t/a乙醇、2.5万t/a蛋白质；年减少二氧化碳排放50万t、年节约粮食60万t（相当于节约耕地约170万亩）。2024年2月，河南赛龙图生物科技有限公司宣布启动合成气生物发酵一步法制5万t/a无水乙醇项目，采用美国Synata Bio公司的生物法制乙醇技术，以河南龙宇煤化工有限公司厂区合成气为原料，投产后可年产5万t无水乙醇、4300 t生物蛋白质、40 t二级乙醇、0.24亿m^3发酵尾气。

（七）生物农业

生物农业是利用现代生物技术提高传统农业生产效率和可持续性的新模式和新业态，既是国际农业竞争的制高点，也是我国生物经济发展的重要板块。近年来，基因工程、蛋白质工程、酶工程、发酵工程等现代生物技术在开发安全和低残留生物农药、健康绿色饲料、高效环保肥料等方面取得重要进展。

我国掌握了生物农药的许多关键技术和产品开发路线，研发水平与世界同步，生物农药生产已经形成了一定规模。截止到2023年我国已有生物农药研究机构30多家，生产企业260余家，约占全国农药生产企业的10%，生物农药制剂年产量近13万t；年产值约30亿元人民币，分别约占整个农药总产量和总产值的9%左右。我国已登记的生物农药产品有4300多个，主要包括苏云金芽孢杆菌（*Bacillus thuringiensis*，Bt）杀虫剂、农用抗生素、植物源农药以及病毒、真菌类农药。其中，年产值超过亿元的品种已经有4个，分别为井冈霉素、赤霉素、阿维菌素和Bt杀虫剂。此外，我国人工赤眼蜂技术、虫媒真菌工业化生产技术和应用技术、捕食螨商品化、植物寄生线虫生防制剂等部分领域处于国际领先水平。

我国生物饲料产业发展迅速，年产量已超过400万t。我国拥有超过1000家的生物饲料生产企业，年总产值近500亿元，并以年均20%的速度递增。其中，发酵豆粕、酵母培养物、发酵糟渣和发酵构树叶等发酵产品产量呈稳定增长趋势，在饲料和养殖行业得到广泛应用。我国已有北京大北农科技集团股份有限公司、浙江医药股份有限公司新昌制药厂、长春大成实业集团有限公司等一批达到国际化水平的氨基酸、维生素生产企业。生产的产品主要包括氨基酸、维生素、饲用酶制剂和发酵饲料等，其中植酸酶、木聚糖酶等产品质量达到国际领先水平。

2014年到2022年，国内微生物肥料市场增长141.4亿元，复合年均增长率达5.25%。预计到2027年，国内微生物肥料的市场份额将达到617.9亿元。根据农业农村部统计数据，我国微生物肥料产品累计登记数量从2007年的149个增长至2022年的9990余个，相关产品的有效菌种由单一型向复合多效型过渡。此外，我国微生物肥料产量已达到3000万t/a，年总产值约400亿元。微生物肥料已被应用到30多种主要农作物的生产环节中，累计应用面积超过3300万公顷。这些作物中，禾谷类农作物使用的微生物肥料最多，其次是纤维类和油料类作物。

（八）未来食品

未来食品制造通过食品和生物技术的结合，改变传统种植养殖方式，以车间生产模式制造肉、糖、油、营养品等关键原材料，解决当前以及未来食物供给和质量、食品安全与营养、饮食方式和精神享受等方面的问题。近年来，越来越多的国家提出未来食品的概念发展方向和主要内容，以“未来食品”为主题的研究机构、平台和组织持续增加，关于未来食品生物制造的研究和应用也越来越深入。我国是全球食品生产和消费第一大国，2023年食品工业营业收入约7.4万亿元，通过工业生物技术生产食品产品具有良好的传统和基础，目前，食品工业生物制造技术渗透率已经超过10%，在各细分行业应用较为广泛，大宗生物发酵产品产量占全球70%以上，以基因编辑、细胞工厂、酶工程等为代表的新技术快速发展，带动微生物蛋白、细胞培育肉、合成淀粉等新兴产业发展，并受到资本市场青睐。

近年来，替代蛋白产业持续呈现利好趋势，相关技术发展迅速，消费市场不断扩大，预计未来15年内，微生物合成的替代蛋白产品将占据约22%的全球食用蛋白市场份额，产业规模达到2900亿美元左右。2023年，我国替代蛋白行业市场规模达到约118亿元人民币。国外微生物蛋白已在18个国家获得上市许可，有超过80家公司从事微生物蛋白开发生产，国内目前仅开发了初级细胞工厂，创新产品尚未获得产品许可，当前面临的瓶颈包括生产成本较高和产品拟真度不足等。

新型合成食品还包括但不限于利用微生物细胞工厂生产的油脂、碳水化合物、淀粉和食品添加剂等。我国在功能蛋白高效重组表达以及人造奶、人造蛋关键组分生物合成等技术领域已开始进行研发布局，相关专利数量排名在美国和欧盟之后，位居全球第三；虽然在微生物油脂的研究与应用方面与发达国家相比起步较晚，但发展势头强劲，已有十多家微生物油脂生产企业相继建成投产，前景广阔；在功能糖合成领域的研究持续活跃，同时实现了二氧化碳到淀粉、糖的从头合成的重大突破。2023年9月初，南京周子未来食品科技有限公司联合南京农业大学完成了细胞培养猪脂肪在500 L生物反应器中的放大生产，是世界上首家完成细胞培养猪脂肪中试放大生产的公司，本次中试量产的成功集成了南京周子未来食品科技有限公司多项自主研发的技术成果，为猪细胞培养肉的规模化生产铺平了道路。

三、结　　语

近年来，我国在生物制造领域不断取得研究和应用突破，技术产业创新和投融资环境都有了很大改善与提升。同时，我国生物制造业具有较好的产业发展基础，在部分大宗产品产量、规模上具备市场优势，取得了资源综合利用水平的逐步提升和节能减排的初步成效。当前，我国社会主义现代化建设不断推进，国家创新驱动发展战略深入实施，在《“十四五”生物经济发展规划》总体规划部署下，随着“双碳”目标的推进，我国生物制造产业将进一步加快发展，预期到2030年发展到十万亿元级规模，成为现代生物产业和下一代生物经济的重要支柱。

现阶段，我国生物制造业在技术含量、利润率和精细化管理方面与世界领先水平还有一定差距。随着全球经济进入新一轮调整，中美围绕生物技术与生物制造的科技产业竞争也将进一步加剧，我国生物制造领域还需强化制度资源保障，加强人才队伍建设，加大知识产权保护力度，围绕关键基础前沿技术源头创新、颠覆性技术转化与产业化等集中发力，推进供给侧结构性改革深化、细化发展，促进生物制造相关产业专业化、精品化水平提升，提振资本市场活力，繁荣创新创业生态，加深国际技术与产业创新融合，不断推进制造产业绿色转型升级，逐步构建工业经济发展的生态路线，形成新质生产力，增强发展新动能，加快我国生物经济产业发展，为我国社会经济可持续发展做出巨大贡献。

撰 稿 人：陈　方　中国科学院成都文献情报中心
吴晓燕　中国科学院成都文献情报中心
通讯作者：陈　方　chenf@clas.ac.cn

第二节　重要化学品的生物制造

我国作为世界上最大的化学品生产和消费国之一，其化学品制造在全球经济中占据着举足轻重的地位。传统的化学品制造严重依赖石油、煤炭和天然气等化石能源，导致环境问题和资源供给受限，随着环境保护、社会责任和治理透明度日益受到重视，化学品制造正在经历深刻的变革。近年来，以合成生物学为代表的生物技术快速发展，化学品生物制造的产业新格局逐渐形成，化学品行业业态正在重塑。

一、化学品生物制造的重要性

随着生物学工业化时代的到来，以可再生生物质、二氧化碳为原料，利用生物体机能进行各类化学品生物制造已经成为培育未来新兴生物经济的战略方向。世界各主要经济强国都把发展化学品生物制造作为保障能源安全、环境质量和经济发展的国家战略，促进形成与环境协调的战略产业体系，抢占未来生物经济的竞争制高点。我国正在推进发展新质生产力，迫切需要生物技术颠覆性创新，建立绿色、循环、可持续的物质加工模式，开辟资源消耗低、环境污染少的新型工业化道路，保护生态环境，打造战略性产业集群，支撑经济社会转型发展。

（一）发展化学品生物制造是减少化石能源依赖、实现可持续发展的迫切需求

当前，资源能源短缺、气候变化挑战等问题正在引发新的产业变革。化学品生物制造具有绿色、可持续等特征，已经成为全球性的战略性新兴产业。经济合作与发展组织（Organization for Economic Co-operation and Development，OECD）报告预测，到2030年，大约35%的化学品将来自生物制造。加快发展生物制造，是突破经济发展的资源环境制约、构建可持续的现代化发展之路的迫切需求。我国是一个资源和能源需求大国，也是世界化石能源消耗大国。2023年，我国进口石油5.6亿t、天然气1.2亿t，对外依存度分别超过70%、42%，其中石油的对外依存度早已超过50%的警戒线。依赖于化石能源的石油化学品已经成为我国工业经济发展的制约性因素。更为严峻的是，由于化石能源的集中、过度使用，我国二氧化碳年排放量居高不下，2023年碳排放量增长了约5.65亿t，是迄今为止全球最大的增幅，造成我国在国际上的巨大压力。随着我国经济的进一步发展和工业化进程的加快，发展化学品生物制造，以油脂、非粮生物质、有机废弃物，甚至工业废气、二氧化碳等可再生碳资源替代化石能源，生产与

石化制造类似的基本化工原料、溶剂、表面活性剂、化学中间体以及塑料、纤维、橡胶等高分子材料已经成为我国经济发展的迫切需求。发展化学品生物制造，加大绿色、低碳、可再生的生物基化工比重，重建我国石油化工原料结构，对于拉动我国工业经济、降低石油资源依赖、减少二氧化碳排放具有重大战略意义。

（二）发展化学品生物制造，是改变传统工业模式、引领清洁高效的新型产业发展的必由之路

传统化学品生产、制造和使用过程中排放的大量挥发性有机物，成为大气的主要污染源。许多工业制造企业排出的未经处理的高毒污水对水质、土壤均有严重污染，这种先污染后治理的发展模式已经走到了尽头。发展清洁高效、绿色安全的化学品生产与加工路线、转变经济增长方式，是我国社会经济发展中的重大战略任务。目前，基础与大宗化学品以及材料化学品、精细化学品、特种化学品等各类化学工业产品，不断被生物法生产工艺革新，为环境质量提高作出了巨大贡献。OECD对6个发达国家进行分析的结果表明：化学品生物制造可以降低工业过程能耗15%—80%，原料消耗35%—75%，空气污染50%—90%，水污染33%—80%，生产成本9%—90%。世界自然基金会指出，化学品生物制造可有效减少能源消耗，原材料消耗，减少废水与二氧化碳排放，到2030年，每年可减少10亿—25亿t二氧化碳排放。例如，头孢类抗生素原料头孢氨苄的生物制造路线，每吨产品减少使用乙酰酸、乙酯四甲基胍、特戊酰氯等特殊化学试剂约1.4 t，减少使用二氯甲烷、甲基异丁基酮及异丙醇等有机溶剂约8 t，减少化学需氧量（chemical oxygen demand，COD）排放约80%，减少能源消耗约30%。另外一个案例是基础化学品丁二酸的工业生物技术路线，相比石化路线生产成本降低20%，能耗降低30%，二氧化碳排放减少94%。发展化学品生物制造，革新传统化学工业过程，使之转变成为安全、可持续的全新制造产业，对于实现工业节能减排、促进经济与环境协调绿色发展，具有重大战略意义。

（三）发展化学品生物制造，是我国抢占生物经济发展制高点的重大历史机遇

随着生物科技的进步及其向工业领域的快速渗透，化学品生物制造正在引发一场新的工业革命，生命科学工业化正在从理论走向现实。世界各主要经济强国都把化学品生物制造作为保障能源安全、环境质量和经济发展的国家战略，促进形成与环境协调的战略产业体系，抢占未来生物经济的竞争制高点。在2022年9月美国总统签署启动“国家生物技术和生物制造计划”的行政命令的基础上，2023年3月，美国联邦政府各部门发布了一系列“大胆目标”和“优先事项”，包括按照时间节点有目标、有计

划地推进塑料和其他高分子聚合物等化学品的生物制造进程，减少温室气体排放。欧盟近期也提出了促进生物技术和生物制造新举措，加快推进化学品生物制造等相关技术创新，促进欧盟生物经济高水平发展。化学品生物制造带来的生物经济在各国GDP中的比重逐渐加大，成为各国新一代产业技术战略必争之地。加强生物技术自主创新，提升化学品生物制造核心技术能力，是保障我国化工产业安全，掌握发展战略制高点的紧迫任务和必由之路。

二、化学品生物制造国际发展状况

近年来，欧美发达经济体纷纷聚焦化学品生物制造，在促进可持续发展的同时，进一步巩固其领先地位。美国2014年发布的《生物学产业化：加速先进化工产品制造路线图》（Industrialization of Biology：A Roadmap to Accelerate the Advanced Manufacturing of Chemicals）提出，到2025年通过生物学方法合成化工产品的能力大幅度改善，并达到与传统化工方法相媲美的程度。2023年3月，《美国生物技术和生物制造的明确目标》（Bold Goals for U.S. Biotechnology and Biomanufacturing）明确了涉及应对气候变化、提高产业链供应链韧性、创新粮食和农业生产方式、提高人民生命健康水平及推进交叉领域发展等生物制造不同领域的里程碑目标，在化学品生物制造方面计划20年内用生物基化学品替代90%以上的塑料和高分子聚合物，利用生物制造方式满足至少30%的化学品需求；在9年内，以低于100美元/t的价格实现10亿t级的二氧化碳固定去除，减少对化石能源的依赖，以及温室气体的排放，助力美国实现气候治理和排放目标。2024年3月，美国能源部发布了《2023年十亿吨报告：美国可再生碳资源评估》（2023 Billion-Ton Report：An Assessment of U.S. Renewable Carbon Resources），该报告显示，美国可以可持续地将生物质产量提高两倍，达到每年10亿t以上，用于实现生物基化学品、液体燃料和其他产品的生物制造。美国众议院在2021年法案的基础上，更新的《可再生化学品法案2023》（Renewable Chemicals Act of 2023）提出，持续推进生物基化学品的发展，为生产生物基含量至少达到95%的生物基化学品的制造商提供每磅①15%的联邦税收抵免。此外，美国农业部农村商业与合作服务局继续推进“生物精炼、可再生化学品和生物基产品生产援助计划”（第9003款计划），该计划旨在提供贷款担保，帮助可再生化学品、生物基化学品和生物燃料生产商开发生产设施。

《工业生物技术–在欧洲实现循环生物经济》（Industrial Biotechnology – Enabling a Circular Bioeconomy in Europe）提出，欧洲向生物技术型社会华丽转身，力争于2025

① 1 lb=0.453 592 kg。

年实现生物基化学品替代10%—20%的传统化学品，其中化工原料被替代6%—12%，精细化学品被替代30%—60%。2023年8月，英国能源安全和净零排放部发布《生物质战略2023》（Biomass Strategy 2023），系统阐述了可持续生物质及生物基化学品在实现净零排放方面可以发挥的作用及未来政策措施。2023年12月，英国科学、创新和技术部公布了一项20亿英镑的10年战略计划《工程生物学国家愿景》，旨在促进工程生物学发展，提供包括化学品生物制造等在内的新技术发展。2023年9月，德国弗劳恩霍夫研究所发布了《德国循环生物经济路线图》，探讨了利用生物质及其他碳源促进材料化学品等可持续发展的解决方案。

在相关战略规划的指引下，欧美发达国家持续投入巨资加快推进化学品生物制造技术创新与产业应用。2023年9月，美国能源部宣布投入1600万美元共资助无细胞合成异丁醇、生物催化木质素转化为己二酸并用于生产尼龙、利用木质纤维素原料生产生物聚合物的集成工艺等项目，以推进低成本生物燃料和生化产品生产，减少温室气体排放。2023年12月，欧洲的循环生物基产业联盟发布了新一批研发项目征集，投入2.13亿欧元用于推动具有竞争力的欧洲循环生物基产业发展，其中涉及多种化学品的生物制造，包括生物基专用平台化学品、生物基黏合剂和黏结剂、生物气态碳转化为生物基化学品、替代动物来源的生物基化学品与材料、作物保护可持续生物基替代品、选择性可持续木质素衍生芳烃、生物基涂层材料等技术创新与产业示范等，累计资助额超过1亿欧元。2023年3月，日本新能源产业技术综合开发机构在“绿色创新基金”框架下，投入1767亿日元（合13.37亿美元）启动“通过生物制造技术促进以二氧化碳为直接原料的碳循环”（Carbon Recycling Using CO_2 as Direct Raw Material through Biomanufacturing Technology）项目，以推进发展碳回收生物制造产业发展，助力实现“碳中和”目标，具体涉及以二氧化碳为原料生产高价值化学品的生物制造技术开发；利用氢细菌开发以一氧化碳和氢气为原料的创新制造技术；利用二氧化碳直接合成聚合物的微生物技术开发；等等。

据GlobalData（数据分析和咨询公司），包括生物制造产品在内的全球可再生化学品的2023年市场规模超过了3000亿美元，到2028年预计超过5000亿美元，年复合增长率达10.8%。这一增长源于日益严重的环境问题以及向石油基化学品的可持续替代品的转变，其中包括药品、农用化学品和化妆品在内的精细化学品2023年的市场份额超过34%。这种主导地位归因于这些最终用途行业不断增长的需求。从地域上看，截至2023年，亚太地区占据了全球最大的市场份额，超过34%。这主要得益于政府促进生物基产业发展的各项有力举措。2023年，中东和非洲占市场份额的0.8%。由农业原料、有机废物和生物质等来源生产的可再生化学品由于其较低的碳足迹而被作为石油化学品的直接替代品且越来越受欢迎。市场的不断扩张表明了可持续发展的积极趋势以及化学工业对化石燃料的依赖程度在减小。欧盟委员会联合研究中心最近的一项研究预测，2018年至2025年，生物基化学品市场的年增长率将达到3.6%。研究人员对生物基化学品市场的10个产品类别（平台化学分子、溶剂、塑料聚合物、涂料、化妆品、表面活性剂、黏合剂、润滑剂、增塑剂、合成纤维）进行了研究，其中化妆品、表面活性剂和黏合剂行业预计将在该地区有较高的增长。在化学品生物制造领域，世界范围内的技术突破不断，早期存在的生产成本较高、产品性能欠佳等问题已有明显改善，化学品生物制造产业巨大的发展前景自然吸引了国际巨头，拜耳、巴斯夫、陶氏、杜邦、埃克森美孚、帝斯曼等国际巨头纷纷进入这一领域，领头羊们你追我赶，加快了相关项目和重要产品的商业化步伐。据OECD预计，全球有超过4万亿美元的产品由化工过程而来，到2030年至少有20%的价值约8000亿美元的石化产品可由生物基产品替代，目前替代率不到5%，缺口近6000亿美元。

三、我国重要化学品生物制造产业发展状况

近年来，我国化学品生物制造领域出现了底层技术不断突破、关键产业技术加速布局的良好局面。化学品生物制造正在培育生物经济新动能，引发包括医药、食品、能源、材料、农业等产业的新一轮变革。当前，我国化学品生物制造产业持续发展，近年来保持着年均12%以上的增速，生物基精细化学品以及生物基材料等生物制造产品产值超过3000亿元。同时，国家和地方政府也在不断出台生物制造、生物经济相关发展政策，这进一步促进了化学品生物制造产业发展，正在有效助力我国加快构建绿色低碳循环经济体系，推动生物经济实现高质量发展。

（一）精细和特种化学品生物制造产业发展状况

精细和特种化学品是当今世界化学工业发展的战略重点，也是“十四五”我国石化产业高质量发展的重点领域和重要方向，具有技术密集程度高、产品附加值高、利润率水平较高等特点。我国精细和特种化学品每年的产值规模在4万—5万亿元，形成了产品门类较为齐全的产业体系，包含了农药、染料、高纯物、催化剂和功能高分子材料、原料药等11个类别。其中，农药及其中间体、原料药及其中间体比重达到32%以上。在当前实施“双碳”目标下，精细和特种化学品制造产业的绿色转型已成为全球共识，也是我国重要战略发展方向。精细和特种化学品生物制造产业在化学工业中的作用更为突出，展现出对更高生产效率和更大生产力的需求，适应资源、生态和社会发展以及高端精细和特种化学品的生产技术创新的发展趋势。

我国生物制造领域的科研工作者创制和构建了一批甾体药物、手性化合物、抗生素前体等生物合成的新酶、新菌种、新工艺，大幅度提升了精细和特种化学品合成能

力与效率。重大精细和特种化学品包括维生素、特种氨基酸、甾体激素、他汀类化合物、芳香族化学品等不断实现了绿色生物合成与清洁生产，显著促进了节能减排，为引领精细和特种化学品产业转型升级与绿色发展形成重要示范。例如，广泛应用于饲料、医药、食品等行业的水溶性维生素肌醇是人、动物、微生物生长的必需物质。随着我国下游市场的快速发展，肌醇需求不断增长，2023年我国肌醇产量超过了1万t。目前，我国肌醇市场集中度较高，头部企业已经显现。我国规模较大的肌醇企业主要有宇威生物、富利生物、浩天药业、陈氏生物、信和生物、鸿韬生物、天成亿利等。其中，浩天药业市场占比最大，为32.47%；其次为宇威生物，市场占比为20.31%；排名第三的是陈氏生物，市场占比为13.59%。围绕醇生物制造，同时形成了基于多酶分子机器的生物催化转化路线和基于高效细胞工厂的生物发酵路线。肌醇的生物制造路线，与传统的玉米浸泡液提取路线相比，磷污染减少99%，能耗降低98%，成本降低75%以上。

我国在全球率先实现了L-丙氨酸绿色生物制造产业化后，产业规模不断扩大，华恒生物、丰原生化、烟台恒源等企业的生产能力超过了10万t/a规模，全球丙氨酸产能95%以上集中在国内市场。近年来，精草铵膦正处于快速发展期，市场前景广阔。通过酶理性发掘及人工定制创新，实现了低成本、无抗生素添加的生物催化剂大规模精草铵膦生产，永农生物、利尔生物、新安化工建设了多条千吨级到万吨级的生产线，取得了较好的收益；同时研究表明，生物法精草铵膦施用后，植物体吸收的药剂全部为高效体，相比普通草铵膦表现出更优异的速效性、彻底性以及耐雨水冲刷的效果。除此之外，我国在β-丙氨酸、5-羟色氨酸、D-对羟基苯甘氨酸、烟酰胺、β-烟酰胺单核苷酸（NMN）、丙烯酰胺、谷胱甘肽、甘油葡萄糖苷、D-泛酸和（S）-2,2-二甲基环丙甲酰胺等产品的生产技术已达到国际先进水平，产业化不断扩展中。

（二）大宗与材料化学品生物制造产业发展状况

大宗与材料化学品指应用广泛、生产中化工技术要求高、产量大的产品，一般由煤、石油、天然气、农副产品等简单加工而来。常见的有三烯、三苯、一炔、一萘、三酸、两碱以及塑料、橡胶、纤维等，在国民经济中占据重要地位。当前，我国大宗与材料化学品依赖化石能源，资源限制导致其发展前景具有不可持续性，同时存在污染严重并伴随大量二氧化碳排放的问题。未来我国大宗与材料化学品将主要朝着原料多元化、生产过程绿色化的方向发展，以可再生的生物质为原料，通过生物制造获取是重要方向。从技术角度来看，几乎所有由化石能源制成的大宗和材料化学品都可以被生物基替代，包括含有2—6个碳原子的化工醇、有机酸、二酸、二胺和二醇等。在这些化学品中，最有发展潜力的有长链二元酸、1,6-己二醇、丁二酸、1,4-丁二醇、1,3-丙二醇和丙交酯等，可以用于大宗生物基尼龙和聚酯的生产。生物基大宗与材料化学品能够替代以化石能源为基础的化合物，具有减碳、可持续等多种优点，可以给新质生产力的发展带来新的机遇。

围绕化学品可再生路线合成的重大需求，我国在发展纤维素酶降解新酶重组、基于还原力平衡的生长合成偶联进化等关键技术方面均取得了突破，解决了木质纤维素糖苷键重排及高效降解与物质定向合成协同等关键问题，建立了从生物质到有机酸、化工醇、高分子材料等化学品的整合生物炼制工艺，减少了化工制造对化石能源的依赖。生物法长链二元酸可以作为单体用于合成高性能聚酰胺，也是麝香香料、油漆、涂料、润滑油、增塑剂、医药和农药等行业的重要原材料，目前我国生物法长链二元酸的产能超过了10万t，凭借经济性和环保性，我国生物法长链二元酸产品使以英威达为代表的传统化学法长链二元酸逐步退出市场，目前DC11—DC18产品占据全球80%的份额。生物基聚酰胺即生物基尼龙，是以生物基戊二胺和各种二元酸为原料聚合开发的生物基聚酰胺系列产品，目前我国的生物基聚酰胺产能已超过10万t，同时年产50万t生物基戊二胺及90万t生物基聚酰胺的项目也正在快速推进中。

丁二酸，也称为琥珀酸，是重要的碳四平台化合物，也是美国能源部2004年公布的12种重要的生物基产品之一。山东兰典的生物基丁二酸已成功实现产业化，包括赤峰华恒合成生物科技有限公司年产5万t生物基丁二酸项目、辽宁金发生物材料有限公司年产10万t丁二酸项目等在内的多个新的生物基丁二酸产业化项目也正在推进中。BDO是聚酯类可降解材料的单体，生物基BDO为可降解材料提供了生物基来源。生物基BDO目前全球只有6万t/a的产能，大部分在国外，意大利的Novamont、德国的巴斯夫各3万t/a。Novamont和巴斯夫的生物基BDO采用的都是直接发酵法，一步生成，技术来源是美国Genomatica，其生物基BDO自用于生产生物基聚对苯二甲酸-己二酸丁二醇酯（PBAT），不对外出售，因此，生物基BDO处于供不应求的状态。我国在第一代顺酐法BDO技术的基础上，开发了生物基BDO成套技术，以生物基丁二酸为原料，通过酯化、加氢路线得到生物基BDO，且目前已经建成产能3万t/a的生产装置。

我国是全球第二大乳酸消费国，也是最大的乳酸出口国，产能占全球的50%左右。全球乳酸现有产能超过10万t规模的企业有荷兰的Corbion公司、美国的NatureWorks公司，以及我国的金丹科技、安徽丰原等。前四家企业的总产能达到75.5万t，占总产能的75.88%，我国领先的两家企业产能占总产能的比重达到30.65%，相关产业化项目为发展聚乳酸产业奠定了基础。丙交酯作为聚乳酸合成的关键单体，其制备技术壁垒相对较高，是制约国内聚乳酸行业发展的“卡脖子”技术。针对丙交酯合成过程中的“卡点”问题，我国已经开发了专有反应器和设备，有效提升了产品收率、降低了生产能耗和成本，打通了连续制备丙交酯全流程。

大宗与材料化学品的低成本生物制造离不开廉价原料，并且需要避免以粮食为生物制造原料造成的“与人争粮”等问题。2023年1月，工业和信息化部、国家发展和改革委员会等六部门联合印发了《加快非粮生物基材料创新发展三年行动方案》，提出围绕聚乳酸、聚酰胺、聚羟基脂肪酸酯等重点生物基材料，加快构建产品物理化学性能、不同工艺加工性能、不同条件下降解性能等标准。我国以低劣生物质为原料开发了生物基材料单体戊二胺与丁二酸的人工合成细胞工厂、生物基多元醇微化工生产、生物基聚氨酯及聚酰胺可控聚合等规模化高效绿色工程技术，开发了20余种高性能新产品及装备，为化工行业绿色转型升级提供重要支撑。高原子经济性微流场反应技术和基于一碳原料的合成生物技术为“双碳”战略发展提供了重要技术方案，是目前国际上唯一能实现微化工技术万吨级工业应用的重要案例。以纤维素降解高温真菌嗜热毁丝霉为体系，通过强化中心代谢途径及L-苹果酸转运模块，同时构建二氧化碳浓缩转运模块，获得了发酵法生产苹果酸的嗜热真菌细胞工厂，可以在45—50℃进行发酵生产，显著节省了冷却用能，降低了能耗成本，而且能够直接以纤维素为原料进行发酵，达到以木质纤维素为原料直接发酵生产大宗有机酸的最高水平，3万t/a生产线已经建成运行。自主研发的生物法1,3-丙二醇生物制造技术，初步打破了杜邦公司的多项专利技术垄断，2万t/a生产线已经完成试车生产。开发的HMF及其衍生物的产品纯度将达到99.9%，未来五年将建立HMF万吨级生产线。此外，生物基尼龙、生物基对二甲苯（PX）等也即将打通生物路径，一个建立在可再生资源基础上的绿色制造工业原材料产业链正在形成。

四、我国化学品生物制造面临的挑战与机遇

化学品生物制造是绿色低碳、可持续的发展模式，是我国经济发展转型升级的重大需求。在国家和各地方部门等科技计划的持续支持下，我国化学品的生物制造已经具备了一定的技术与产业基础，一批重要化学品走出了化工路线，实现了绿色生物制造，部分产品技术水平进入国际领先行列。但总体上我国在化学品生物制造领域与国际先进水平仍有较大的差距，我国化学品生物制造产业的发展仍存在一些亟待突破的瓶颈。首先需直面原料潜力问题。随着1,3-丙二醇、丁二酸、BDO等重要化学品通过生物制造成功实现产业化，许多材料已开始尝试用生物技术生产。但原料，特别是非粮原料的供应问题，是一项不可回避的挑战。相比于当前化石基化学品及基础材料的庞大体量，根据OECD的预测，若2030年35%左右的碳基化学品来自生物制造，即使不考虑生物质利用的技术难度和成本竞争力，单是原料的可持续供应就是一大难题。其次是技术瓶颈问题。目前我国生物制造产业关键核心技术和前瞻技术储备不足。核心菌种严重受制于人，酶制剂80%以上依赖进口。核心菌种和酶制剂是生物制造技术的价值核心，其技术水平直接关系到我国生物基产品的生产能力与竞争力。

另外，生物技术和生物制造广泛影响着经济与社会发展，需要从原料、产品、技术、保障体系等多维度统筹谋划，系统推进化学品生物制造产业发展。首先，既要重视原料多元化，又要注重产品高值化。二氧化碳作为第三代生物制造路线的重要原料，拓展了传统非粮生物质的原料范畴。但几乎各代生物质原料的规模化利用均存在成本高的问题。因此，选择适合的产品方向十分重要。可考虑与化学路线产品相比更具成本或技术优势的生物制造路线产品，或附加值较高、减排意义较大的产品。其次，技术攻关要立足当前，更要着眼长远，重视前端及前沿技术储备。工业酶、菌种是生物制造技术体系的关键，是生物制造产业的前端技术。我国生物制造需要在底盘菌株构建、改造以及与其相关的生产装备研发、技术体系建设等方面加快步伐。其中以二氧化碳为原料的工业生物转化技术，基于人工智能、大数据的工业酶、工业菌种的工程生物学创制技术，与塑料、纤维、橡胶等现有化工材料主流产业相衔接的关键产品技术，以及生物合成快速工程化、系统集成等技术值得重点关注。最后，产业发展提速需要有力的保障体系。目前，我国在生物技术领域特别是合成生物学领域加大了支持力度，合成生物技术已被多地列入“十四五”规划中，一批瞄准化石基产品替代的生物制造项目已落地。此时亟须加快建立并完善生物基产品评价方法、标准及管理体系、产品溯源服务或认证制度，以及“原料—制备—制品—流通—用户—处置”全链条精细化管理机制等，为生物基含量测定、产品降解性能、重点产品碳排放核算、低碳产品评价、产品溯源等提供基础保障。

撰 稿 人：王钦宏　中国科学院天津工业生物技术研究所
通讯作者：王钦宏　wang_qh@tib.cas.cn

第三节　医药化学品的生物制造

一、概　　况

医药化学品包括化学合成药物及活性天然产物，对保障人民健康发挥着重要作用。化学合成和植物提取是目前生产医药化学品的主要方法。但前者经常涉及高温高压反应及有毒试剂，环保压力大；后者天然含量低，规模制备难。生物制造医药化学品既能有效控制原料供给，又能保护自然资源和环境，作为一种绿色高效的生产模式已成为制药行业可持续发展的、具有吸引力的替代方案。生物制造医药化学品包括酶催化合成医药化学品及生物合成医药化学品。

二、酶催化合成医药化学品

酶作为一种天然的催化剂，具有催化专一性高、立体选择性好、反应条件温和、环境友好等独特优势，已被广泛应用于手性药物中间体、药物分子的合成中，其在现代医药化学品合成中的重要性日益凸显。

手性胺在药物、农用化学品和材料中有着广泛的应用，近40%的药物含有一个或多个手性胺结构。转氨酶是一种催化转氨基反应的转移酶，广泛应用在不对称合成手性胺类化合物以及胺类化合物的外消旋体拆分中。西他列汀、瑞美吉泮、乌布吉泮等原料药或其中间体的工业化生产都依赖特定的转氨酶。其中，西他列汀磷酸盐是FDA批准为治疗2型糖尿病的药物，年销售额超过30亿美元。Codexis公司通过对节杆菌来源的转氨酶进行改造，将酶活提高了25 000倍，一步反应即可获得ee（enantiomeric excess，对映体过量）值＞99.95%的手性产物，过程总产率提高了13%，生产总量提高了53%，避免了高压加氧及金属铑的使用，整体副产物量减少了19%。该工作曾获得2010年美国总统绿色化学挑战奖。还原胺化也是合成胺的一类重要反应，它是在还原剂存在下利用前手性酮或醛与胺直接合成烷基化手性胺的一种方法。传统的不对称还原胺化反应不仅需要使用昂贵的过渡金属和手性配体，还存在着其他竞争性的副反应，这限制了其在工业化生产过程中的应用。亚胺还原酶可催化还原胺化反应，但天然酶存在催化效率低、稳定性差的问题。北京大学雷晓光等利用催化机制导向的蛋白改造策略快速找到了影响酶学性质的位点，较传统随机突变策略大大降低了人力和时间成本。该团队解析了IR-G36的蛋白质结构，利用辅因子氢键网络重构、活性口袋氨基酸的单点饱和突变及三轮迭代组合突变策略，最优突变体催化效率相对于野生型提高了3349倍，并进一步通过理性设计显著提高了酶的热稳定性，完成了不同氮杂环酮与多个胺供体的制备级反应，并且展现出优异的催化效率和立体选择性。

手性α-（杂）芳基伯胺是许多药物和天然产物的核心骨架和常用的合成砌块，在药物研发领域具有重要的应用价值。α-（杂）芳基酮的直接不对称还原胺化是合成该类化合物最直接的方法。然而，杂原子的配位效应和杂芳环的不稳定性使该方法极具挑战性。河北工业大学姜艳军等通过酶分子挖掘与改造，获得了活性高且底物谱广的胺脱氢酶突变体，实现了酶催化α-（杂）芳基烷基酮的直接不对称还原胺化。利用该胺脱氢酶通过一步反应实现了多个药物分子和手性配体关键中间体的规模化制备，在底物浓度为1 mol/L时，该酶仍具有较好的催化活性，转化数高达15 000，在合成化学和药物研发领域具有良好的应用潜力。

湖北大学李爱涛团队构建了化学酶法新途径高效合成甾体药物关键中间体脱氢诺龙醋酸酯。化学合成脱氢诺龙醋酸酯以甾体底物19-去甲雄烯二酮为原料，通过酯化、异位、羰基还原、卤代以及脱卤等步骤实现，操作复杂、效率低、能耗高、环境污染重。针对上述问题，该团队对P450单加氧酶突变体库进行筛选，发现P450-BM3突变体LG-23对底物19-去甲雄烯二酮具有约95%的选择性，产物经鉴定为C7β羟基化产物。随后以LG-23与17-β-羟基脱氢酶构建生物催化体系，成功实现了19-去甲雄烯二酮到7β-羟基诺龙的完全转化。再经过两步化学催化实现了脱氢诺龙醋酸酯的克级制备，总产率高达93%。

近年来，多酶催化在医药化学品的合成中受到关注。多酶催化过程通过精确地整合多步酶催化反应，能够更加高效地生产目标分子，具有不依赖细胞生长代谢、可编程性强、中间产物分离步骤少、原子经济性好等优点，是现代绿色生物制造领域的重要新兴技术。早期的多酶催化常用于辅酶的循环、手性化合物的拆分。2010年前后无细胞合成生物学的提出将多酶催化推向了新的高度。2019年，美国默克公司和Codexis公司报道了利用九种酶、三步级联反应高效率地制备了抗人类免疫缺陷病毒（human immunodeficiency virus，HIV）的三期临床药物Islatravir，全程收率达到51%。这一工作展示了多酶催化在医药化学品合成中的巨大潜力。国内的多酶催化研究也有较多突破。例如，中国科学院天津工业生物技术研究所游淳团队开发了一锅法六酶级联合成肌醇、氨基葡萄糖工艺。浙江工业大学郑裕国团队开发了化学–酶法合成他汀类药物中间体（3*R*,5*R*）-6-氰基-3,5-二羟基己酸叔丁酯的新路线，路线中利用了羰基还原酶、卤醇脱氢酶等多种酶。近年来，先进计算工具的开发也为多酶催化过程的构建提供了便利。曼彻斯特大学的Turner等开发了RetroBioCat计算平台用于目标分子的生物逆合成分析，并为合成路线中关键酶的选择提供建议，加速了多酶催化路线的构建。此外，多酶催化相比于单酶催化还涉及更复杂的传质问题、反应兼容性问题等。北京化工大学张一飞团队对多酶催化中的反应和传递问题做了系统的研究，阐述了邻近通道效应、共固定化尺寸效应、微环境效应等，为高效多酶催化剂的构建提供了建议。

三、生物合成医药化学品

（一）生物碱类医药化学品

生物碱是存在于自然界（主要是植物）中的一类含氮的碱性有机化合物，其中大多数有复杂的环状结构以及显著的生物活性。目前已分离的生物碱有1万多种。根据结构不同，生物碱可分为吡啶衍生物类、吡咯衍生物类、莨菪烷衍生物类、异喹啉衍生物类、吲哚衍生物类、嘌呤衍生物类、萜类生物碱等多种类型，且不同类型的生物碱都有其特定的合成途径。例如，异喹啉衍生物类以莽草酸途径的酪氨酸或苯丙氨酸为前体。那可丁是天然苯酞异喹啉类生物碱药物，作为一种安全的非麻醉性镇咳药已被使用了50多年。近年来，由于那可丁及其衍生物具有明显的抗癌活性，其市场需求量逐渐增大。目前从罂粟中提取是那可丁唯一的获取方式。然而，严格管控、生长周期长、受环境影响大等因素限制了罂粟种植的大规模生产。为此，美国斯坦福大学的克里斯蒂娜·斯莫尔克（Christina Smolke）课题组在酿酒酵母中引入25个外源基因并过表达了6个内源基因成功合成了那可丁，通过精细调节途径酶的表达水平、平衡宿主内源代谢途径和优化发酵条件等策略将那可丁产量提高了18 000倍，达到2.2 mg/L。

单萜吲哚生物碱是一类结构多样的天然活性产物，具有结构复杂、成药率高的特点，一直是天然药物化学研究的热点。但目前仅有伊立替康、长春碱和长春新碱等成药，其原因是天然提取方法的产量低，无法实现批量生产，且其结构中存在多个立体活性中心，使得化学合成路线复杂。例如，500 kg干燥的长春花叶仅可提取出1 g长春碱。目前主要的生产路线是从长春花中提取其前体文多灵和长春质碱，再通过化学法合成长春碱，其供应受植物产量影响。2018年前，长春碱生物合成途径尚未完全解析，但多个研究团队利用酵母实现了其前体的生物合成。例如，2015年，英国约翰英纳斯中心O'Connor（奥康纳）团队从头合成了异胡豆苷，加拿大布鲁克大学团队以他波宁为前体合成了文多灵；2021年法国图尔大学继续提升了文多灵的产量；2022年，杰·D. 基斯林（Jay D. Keasling）课题组以酵母为底盘菌株，通过对酵母菌进行多次基因编辑，包括异源表达植物基因，敲除、敲低和过表达酵母基因，将31步生物合成途径整合到酵母菌中，成功实现了长春花碱和文多灵的从头生物合成与长春碱的半合成。2023年，浙江大学连佳长课题组以毕赤酵母为底盘细胞重构长春质碱合成途径，通过构建稳定的基因组整合位点库、筛选活性和特异性更高的生物合成途径酶、重构细胞代谢网络和优化发酵工艺，从头生物合成生产了2.57 mg/L长春质碱。阿义马林是一种从蛇根萝芙木中提取的单萜吲哚生物碱，临床上用于诊断罕见类型心律失常Brugada综合征。该团队及合作者针对阿义马林生物合成途径中两种此前未知的还原酶进行了挖掘和表征。在此基础之上，在酿酒酵母中设计并实现了阿义马林的从头生物合成，其产量约为57 ng/L。部分生物碱类化合物的生产现状如表3-5所示。

表3-5 利用微生物合成生物碱类化合物

生物碱类	调控优化策略及产量	宿主菌
那可丁	表达6个内源基因和25个外源基因，通过酶工程、代谢途径和发酵条件的优化等手段。那可丁产量2.2 mg/L	酿酒酵母
长春碱	采用并行路径构建长春花碱和文多灵从头生物合成途径，总共进行了56次基因编辑。半合成长春碱产量29.4 nmol/L	酿酒酵母
长春质碱	稳定整合位点的选择、活性和（或）特异性更高的生物合成途径酶的筛选、限流酶编码基因的扩增、细胞代谢的重新布线和工艺优化。长春质碱产量2.57 mg/L	毕赤酵母

续表

生物碱类	调控优化策略及产量	宿主菌
文多灵	增加和调整通路基因的拷贝数、将细胞色素P450酶（CYP）与适当的细胞色素P450还原酶（CPR）配对、改造P450酶功能性表达的微环境、增强辅因子供应和优化发酵条件。文多灵产量16.5 mg/L	酿酒酵母
阿马碱	提升还原型烟酰胺腺嘌呤二核苷酸磷酸（NADPH）辅因子供应，增强牻牛儿基焦磷酸（GPP）供应，以及关键酶表达将产量提升到毫克级别；提升*S*-腺苷甲硫氨酸供应，结合类萜支路酶敲除，P450酶多拷贝化和启动子激活系统再提升产量数倍；最后优化氮源中的蛋白胨和培养温度。阿马碱产量61.4 mg/L	酿酒酵母
胡豆苷	增加前体的供应、去除竞争途径和增加限速酶编码基因的拷贝数。胡豆苷产量0.5 mg/L	酿酒酵母
托品烷生物碱	结合功能基因组学识别缺失的途径酶、蛋白质工程以通过运输到液泡实现酰基转移酶的功能表达、异源转运蛋白以促进细胞内运输以及菌株优化以提高滴度。托品烷生物碱产量3 mg/L	酿酒酵母
氢可酮（阿片碱）	通过构建途径、选择合适的P450还原酶、解决关键酶在大肠杆菌体内表达问题以及使用四步培养系统合成2.1 mg/L的氢可酮合成前体蒂巴因。最后通过两步酶催化，氢可酮产量0.36 mg/L	大肠杆菌
莨菪碱和东莨菪碱	整合了34个途径基因，在不同亚细胞位置上定位了20多种酶，构建了一个完整的全细胞体系。通过代谢工程及发酵条件优化，莨菪碱和东莨菪碱的产量达到30 μg/L	酿酒酵母
阿义马林	鉴定了两种新的还原酶——Vomilenine还原酶（VR）和Dihydrovomilenine还原酶（DHVR），通过设计两个不同的功能模块，分步构建了携带不同酶类的菌株，同时加强下游代谢通路以减少副产物的产生。最终，酵母菌株AJ6利用简单碳源产生了阿义马林57 ng/L	酿酒酵母

（二）黄酮类医药化学品

黄酮类化合物具有相同的（C_6—C_3—C_6）结构，即两个苯环通过三个碳原子连接，根据分子结构不同可进一步分为黄酮醇、黄烷酮、黄酮、异黄酮、花青素等。作为多酚类化合物的典型代表，黄酮类化合物是植物中最常见的次生代谢产物。现代药理学研究表明，黄酮类化合物具有抗氧化、抗炎、抗病毒等作用，对心血管疾病、神经退行性疾病及癌症等具有良好的预防和治疗效果。

随着代谢工程的发展，利用微生物异源生产黄酮类化合物成为研究热点。柚皮素是黄酮类化合物重要的骨架分子。2023年，江南大学周景文团队利用酿酒酵母，通过使用内源途径增强、多途径协同工程、酶工程等策略解决前体供应问题，实现了高水平柚皮素的生产。灯盏乙素是药用植物灯盏花核心药效成分，在治疗缺血性脑血管疾病脑栓塞和脑溢血等方面疗效显著，是治疗心脑血管类疾病的良好天然药物。云南农业大学和中国科学院天津工业生物技术研究所合作，在灯盏花基因组测序的基础上，成功地筛选到了灯盏乙素合成途径中的关键酶基因，并在酿酒酵母底盘细胞中成功构建了灯盏乙素全合成的细胞工厂，首次实现了重要药用单体灯盏乙素的全合成。通过代谢工程改造与发酵工艺优化，灯盏乙素含量达108 mg/L，初步具备了工业化生产的潜在能力。淫羊藿素是中药淫羊藿的主要活性成分，也是晚期肝癌候选药物阿可拉定的单一成分。2021年，中国科学院分子植物科学卓越创新中心与中国科学院华南植物园研究团队合作，通过挖掘与鉴定异戊烯基转移酶和甲基转移酶等关键酶，搭建了淫羊藿素的人工生物合成途径，在酿酒酵母中引入11个外源基因以及改造12个内源基因，构建了高产前体8-异戊烯基山柰酚的酵母底盘，将甲基转移酶定位于线粒体中进行表达，实现了淫羊藿素的合成。2023年，清华大学李春团队阐明了淫羊藿苷的生物合成途径，并在酿酒酵母中进行异源重构，包括13步外源反应并敲除/过表达10个酵母内源基因。进一步将8-*C*-异戊烯基转移酶定位至线粒体以及三阶段顺序控制甲基转移酶、鼠李糖基转移酶和葡萄糖基转移酶的表达，成功实现了淫羊藿苷的从头合成，也是迄今为止在微生物中构建的最长的类黄酮合成途径。北京化工大学袁其朋团队针对共培养体系存在稳定性差、缺乏自主调控能力等问题而难以工业应用的问题，研究了细胞群体间物质交流的规律，通过多代谢物互利共生构建了稳定的共培养体系；进一步通过响应途径中间体的生物传感器控制生长必需基因表达，自主调节菌群比例，实现上下游菌株代谢流的平衡，大幅提高了水飞蓟宾等长途径化学品的高合成效率。其他黄酮类化合物的生产现状如表3-6所示。

表3-6　利用微生物合成黄酮类化合物

黄酮类		调控优化策略及产量	宿主菌
黄烷酮	柚皮素	优化莽草酸和芳香族氨基酸的合成路线；引入异源磷酸酮症酶途径；用植物同源酶取代内源性烯酰基辅酶a还原酶；过表达内源性丙二酰辅酶A合成基因；引入乙醛脱氢酶（酰化）途径；调控亚细胞器碳通量；柚皮素产量达到3.42 g/L	酿酒酵母
	圣草酚	平衡*F3'H/CPR*的表达；解除莽草酸途径的反馈抑制；促进脂肪酸β-氧化；增加合成途径基因的拷贝数来增强前体的供应；实现辅因子NADPH再生；圣草酚产量达到68 g/L	解酯耶氏酵母
	生松素	高效酶筛选；下游途径优化；提升丙二酰辅酶A浓度；生松素产量达到80 mg/L	酿酒酵母

续表

黄酮类		调控优化策略及产量	宿主菌
黄酮	芹菜素	异源途径过表达；丙二酸同化途径引入，脂肪酸合成酶抑制提升丙二酰辅酶A浓度；芹菜素产量达到110 mg/L	大肠杆菌
	芫花素	优化芹菜素合成途径；引入*O*-甲基转移酶；过表达*aroG*和*tyrA*加强酪氨酸供应；芫花素产量达到41 mg/L	大肠杆菌
	黄芩素	转录组学分析；酶组装；模块化调控；黄芩素产量达到367.8 mg/L	大肠杆菌
	野黄芩素	应用自组装酶反应器，减少中间产物积累；野黄芩素产量达到143.5 mg/L	大肠杆菌
	芹菜素-7-*O*-葡糖苷	共培养芹菜素-7-*O*-葡糖苷产量达到16.6 mg/L	大肠杆菌
	野黄芩苷	关键酶筛选；野黄芩素合成途径模块调控；关键酶拷贝数调整；发酵罐条件优化；野黄芩苷产量达到346 mg/L	解脂耶氏酵母
	异牡荆苷/异荭草苷	糖基转移酶筛选；酶偶联催化反应；异牡荆苷和异荭草苷产量分别达到3820 mg/L和3772 mg/L	大肠杆菌
异黄酮	染料木苷	合成途径重建；确定限速步骤；应用人工蛋白质支架系统；引入特异性染料木苷外排泵；微调中央代谢途径；染料木苷产量达到202.7 mg/L	大肠杆菌
	大豆苷元	重建大豆苷元合成途径；筛选生物合成酶；动态调控；工程底物运输；微调竞争途径；大豆苷元产量达到85.4 mg/L	酿酒酵母
	雌马酚	多酶级联系统；NADPH供应重设计；基因表达强度调控；利用酶催化转化大豆苷元；雌马酚产量达到3418.5 mg/L	大肠杆菌
黄酮醇	山柰酚	途径酶筛选；山柰酚合成途径重建；扩增限速酶；提高前体丙二酰辅酶A的可用性；山柰酚产量达到956 mg/L	酿酒酵母
	槲皮素	提高前体丙二酰辅酶A的可用性；关键酶筛选；槲皮素产量达到930 mg/L	酿酒酵母
	漆黄素	单加氧酶筛选；单加氧酶与细胞色素P450还原酶融合表达；漆黄素产量达到2.29 mg/L	酿酒酵母
二氢黄酮醇	花旗松素	优化查尔酮合酶与CPR基因拷贝数；过表达莽草酸途径与丙二酰辅酶A途径基因；培养基与培养条件优化；花旗松素最高产量为110.5 mg/L	解脂耶氏酵母
	水飞蓟宾/异水飞蓟宾	关键酶筛选；酪氨酸合成加强，*α*-酮戊二酸合成加强，NADPH供应加强；补料分批发酵；体外酶催化，水飞蓟宾和异水飞蓟宾产量分别达到104.85 mg/L和196.26 mg/L	酿酒酵母

续表

黄酮类		调控优化策略及产量	宿主菌
黄烷醇	阿夫儿茶精	途径酶筛选；关键酶融合表达；启动子优化；NADPH 供应增强；培养条件优化；阿夫儿茶精产量达到 500.5 mg/L	酿酒酵母
	儿茶素	途径酶筛选；关键酶融合表达；启动子优化；NADPH 供应增强；培养条件优化；儿茶素产量达到 321.3 mg/L	酿酒酵母

（三）香豆素类医药化学品

香豆素（1,2-苯并吡喃酮）是一种结构多样的天然产物，可细分为简单香豆素、呋喃香豆素、吡喃香豆素和其他香豆素。香豆素具有独特的生物和化学性质，在制药、食品、化妆品和农用化学品领域中得到广泛的应用。目前，简单香豆素，如伞形酮、秦皮乙素、东莨菪素和4-羟基香豆素的生物合成途径已在大肠杆菌中成功构建。陈士林院士团队采用本草基因组学研究策略鉴定了秦皮甲素生物合成的关键酶，首次在大肠杆菌中实现秦皮甲素的从头合成。此外，香豆素合酶（COSY）可催化香豆素生物合成中的反式/顺式异构化和内酯化，能提高其合成效率。

除了简单香豆素外，一些复杂香豆素衍生物的生物合成途径也在微生物中成功构建。上海交通大学徐岷娟团队在大肠杆菌和沙门氏菌中利用异戊烯基转移酶、单加氧酶和环合酶催化合成了吡喃与呋喃香豆素及其衍生物。中国科学院分子植物科学卓越创新中心周志华团队，在酿酒酵母中引入了6种不同来源的10个外源基因，首次构建了完整的蛇床子素生物合成途径，并通过补料分批发酵，将蛇床子素的产量提高了520倍，达到了255.1 mg/L。天津中医药大学颜晓晖团队通过优化酪氨酸合成途径、采用底物通道策略增强底物运输和筛选关键酶PcU6DT与FcMS的策略在酿酒酵母中首次合成了27.7 mg/L的异紫花前胡内酯。具体信息如表3-7所示。

表3-7 利用微生物合成香豆素类化合物

香豆素类	调控优化策略及产量	宿主菌
7-羟基香豆素、东莨菪素	加强莽草酸途径，共表达 *4CL* 和 *C2'H/F6'H*；从头合成 7-羟基香豆素产量为 2.5 mg/L，东莨菪素产量为 3.1 mg/L	大肠杆菌
7-羟基香豆素、秦皮乙素、东莨菪素	将谷胱甘肽 *S*-转移酶和 *F6'H* 融合表达；敲除基因 *gc*；7-羟基香豆素产量为 82.9 mg/L，秦皮乙素产量为 52.3 mg/L，东莨菪素产量为 79.5 mg/L	大肠杆菌
7-羟基香豆素	异源表达来自当归的 *AdPAL*、*Ad4CL* 和 *AdC2'H*；工程改造 *Ad4CL*；7-羟基香豆素产量为 356.6 mg/L	大肠杆菌
东莨菪素	关键基因整合到基因组；Linker 融合表达；甲基转移酶的筛选；东莨菪素产量为 4.79 mg/L	酿酒酵母

续表

香豆素类	调控优化策略及产量	宿主菌
呋喃香豆素、吡喃香豆素	启动子的筛选；酶的解析和改造；呋喃香豆素产量为 3.6 mg/L，吡喃香豆素产量为 3.7 mg/L	大肠杆菌
秦皮甲素	异源表达来自七叶树的 *AcF6'H*、*Ac*4CL、*UGT92G7*；秦皮甲素产量为 16.3 mg/L	大肠杆菌
蛇床子素	关键基因整合到基因组；优化 DMAPP 的供应；蛇床子素产量为 255.0 mg/L	酿酒酵母
异紫花前胡内酯	模块化工程；优化酪氨酸的生产；筛选途径的必需酶；异紫花前胡内酯产量为 27.7 mg/L	酿酒酵母

（四）核苷类医药化学品

核苷是指由*N*-杂环与*β*-D-脱氧呋喃核糖或*β*-D-呋喃核糖发生糖苷化反应形成的一类糖苷，是DNA及RNA的重要组成部分。核苷类化合物能参与细胞的代谢调控，用作制造抗癌、抗病毒等药物的医药原料而引起人们的关注，广泛应用于食品、农业、生物制药等行业。根据*N*-杂环的类型可以将核苷分为嘌呤类核苷和嘧啶类核苷。嘌呤核苷以磷酸戊糖途径代谢产生的5-磷酸核糖基-1-焦磷酸（PRPP）为直接前体合成，通过嘌呤操纵子催化PRPP生产次黄嘌呤核苷（肌苷）。肌苷参与代谢调节，具有改善肝功能、营养心肌等功能，另外还应用于抗癌、抗病毒的药物制造。肌苷目前主要通过微生物来合成，但细胞内肌苷的积累受到严格调控，且需要大量能量。为解决上述问题，中国科学院微生物研究所的温廷益课题组使用基因组规模代谢网络模型，分析了枯草芽孢杆菌中的代谢通路和关键回流节点，通过计算机引导的代谢工程探索有效靶点，成功优化了嘌呤合成途径，加强了前体物质供应和平衡生长与生产之间的竞争，最终肌苷的产量达到了25.81 g/L。

嘧啶核苷常用于食品、化妆品、医药等领域，是抗病毒和抗肿瘤药物的重要前体。尿嘧啶核苷（尿苷）是生物体内的关键代谢物，具有促进肌肉组织再生、降低细胞发炎的可能性、修复心脏肌肉损伤、减少纤维化的作用。乳清酸（维生素B_{13}）是生物嘧啶合成的重要前体，在医药、保健品等领域应用广泛。北京化工大学袁其朋课题组通过阻断乳清酸代谢，优化平衡基因表达水平，平衡还原力NADPH供应，降低了副产物乙酸积累，发酵罐中的乳清酸产量达到了80.3 g/L，碳收率为0.56 g/g。

胞嘧啶核苷（胞苷）也是体外抗病毒药物的前体。胞苷的衍生物可以通过抑制脱氧核糖核酸（deoxyribonucleic acid，DNA）和核糖核酸（ribonucleic acid，RNA）的合成来减缓病毒和肿瘤细胞的增殖。此外，如阿糖胞苷、扎西他滨、环胞苷等含胞苷的药物是治疗HIV、急性白血病的有效药物。化学法合成嘧啶核苷反应条件极端，环境污染严重，微生物生产具有经济性和可持续性，但微生物体内存在大量的反馈抑制，调控机制复杂，限制了嘧啶核苷的生产。2015年天津大学班睿课题组在枯草芽孢杆菌中解除了途径基因的抑制，同时过表达了胞苷合成途径基因，产生了1.42 g/L的胞苷。2023年华东理工大学李志敏课题组通过基因表达水平和酶约束代谢模型指导发酵培养基的优化，胞苷产量达到8.1 g/L。2018年，天津科技大学陈宁课题组开发了CRISPR-Cas9介导的大肠杆菌大片段多步整合技术，修饰了多个代谢相关基因，协同改善了前体的供应，结合嘧啶核苷的转运系统，将尿苷的产量提升至70.3 g/L。部分核苷化合物的生产现状如表3-8所示。

表3-8 利用微生物合成核苷类化合物

核苷类	调控优化策略及产量	宿主菌
肌苷	通过基因组规模代谢模拟确定了关键回流节点，平衡菌株生长与生产之间的竞争，在基于 *pgi* 的代谢开关的两阶段发酵下，肌苷产量达到了 25.81 g/L	枯草芽孢杆菌
	通过过表达嘌呤操纵子以激活嘌呤代谢，提高前体 PRPP、甘氨酸、天冬氨酸的供应，删除中间产物降解途径，使肌苷产量达到了 27.41 g/L	地衣芽孢杆菌
腺苷	通过对转录和代谢物池进行分析，解除反馈抑制的 *prs* 和 *purF* 的过表达，有效增加了前体 PRPP 供应，并增强了从 PRPP 到次黄嘌呤核苷酸（IMP）的代谢通量。增强 *purA* 表达导致了 IMP 更多地转化为腺苷，腺苷产量提升至 7.04 g/L	枯草芽孢杆菌
	通过插入失活 5′- 单磷酸鸟苷合成酶基因 *guaA* 阻止腺苷单磷酸的损耗，驱动更多的碳通量转向腺苷生产，产生 14.39 g/L 的腺苷	枯草芽孢杆菌
鸟苷	删除了含有鸟嘌呤感应核糖开关的嘌呤操纵子的 5′ 非翻译区（5′-UTR），用强启动子替换天然嘌呤操纵子的启动子，调节产物合成代谢和能量代谢，鸟苷产量提升至 19 g/L	解淀粉芽孢杆菌
胞苷	整合胞苷合成相关代谢途径上的关键酶基因以构建底盘菌株，通过缺失 *cdd* 基因和核苷渗透酶基因 *nupC* 将碳通量定向到胞苷生产，胞苷浓度达到 8.1 g/L	大肠杆菌
尿苷	将来源于枯草芽孢杆菌的 *pyr* 操纵子中的 8 个基因整合到大肠杆菌中，增强了嘧啶核苷合成途径，敲除 5 个与嘧啶核苷分解代谢相关的基因，协同提高前体氨甲酰磷酸、天冬氨酸及 PRPP 的供应，结合嘧啶核苷转运系统，尿苷产量达到 70.3 g/L	大肠杆菌
假尿苷	删除了与前体竞争途径和负调节因子相关的基因，筛选并过表达高效的 *psuG* 和磷酸酶基因，删除了假尿苷分解代谢相关基因。优化的大肠杆菌工程菌株通过补料分批发酵产生了 7.9 g/L 的假尿苷	大肠杆菌

（五）酚酸类医药化学品

酚酸类化合物是一类含有酚环的有机酸类药物，具有杀菌作用，在植物中主要由莽草酸通过苯丙烷途径产生。根据酚环所带的羟基个数不同，酚酸可分为多种类型，包括单羟基类（对羟基苯甲酸）、双羟基类（龙胆酸、原儿茶酸）和三羟基类（没食子酸、间苯三酚酸）。近年来，部分酚酸类医药化学品如水杨酸、没食子酸、阿魏酸、对香豆酸等生物合成途径已见诸多报道。生物制造生产酚酸类化合物的进展如表3-9所示。袁其朋课题组对4-羟基苯甲酸羟化酶（PobA）进行理性分析，成功筛选出新的突变体PobA$^{Y385F/T294A}$，该突变体将两种底物4-羟基苯甲酸和原儿茶酸的催化效率分别提高了4.5倍和4.3倍，从头合成没食子酸的产量达1.3 g/L。阿魏酸是一种甲基化的天然酚酸，主要存在于谷物麸皮和川芎、当归等中药材中。由于其对自由基的显著抗氧化活性，阿魏酸常在医药化妆品中被用作紫外线皮肤损伤的预防剂。针对阿魏酸生物合成过程中辅因子SAM和黄素腺嘌呤二核苷酸（$FADH_2$）供应不足的问题，袁其朋课题组通过增强*mtn*和*luxS*基因的表达实现SAM的循环再生，将甲基化效率提高了90%；通过将黄素还原酶Fre和4-羟基苯乙酸-3-羟化酶HpaB融合表达，使羟化效率提高了8.1倍，补料分批发酵产量5.09 g/L，为目前报道的最高产量。熊果苷是一种对二苯酚糖苷化合物，能通过抑制酪氨酸酶活性减少黑色素的产生来起到亮肤、褪色的作用，同时它也具有抗氧化、抗菌、抗炎等活性，因此被广泛应用在制药和化妆品行业。袁其朋课题组设计了β-熊果苷的人工合成途径，开发了基于生长耦联的前体4-磷酸赤藓糖高效供应策略，鉴定并消除发酵副产物，实现了β-熊果苷的高效合成，与企业合作建立了百吨级生产线。

表3-9 利用微生物合成酚酸类化合物

酚酸类		调控优化策略及产量	宿主菌
单羟基类	对香豆酸	将糖酵解通量转向4-磷酸赤藓糖的形成，替换重要基因的启动子优化糖酵解和目标产物合成途径之间的碳分布，最终生产对香豆酸12.5 g/L	酿酒酵母
	阿魏酸	内源基因提供足够的甲基供体促进SAM循环，辅助因子的再生，发酵条件优化，最终滴度提高到5.09 g/L	大肠杆菌
	香草酸	培养基优化，香草酸产量提升到104.4 mg/L	无枝酸菌
	4-羟基苯乙酸	采用温室等离子诱变、适应性进化及基因组改组技术，对菌株进行改造，将4-羟基苯乙酸的产量提升到25.42 g/L	大肠杆菌
	水杨酸	采用群体感应系统动态调控多种代谢通量增加水杨酸的生产，从头合成生产水杨酸3.01 g/L	大肠杆菌

续表

酚酸类		调控优化策略及产量	宿主菌
双羟基类	丹酚酸 B	重组菌株异源表达 7 个基因，模块优化，发酵条件优化，重组菌种合成丹酚酸 B 最高滴度 34 μg/L	酿酒酵母
	迷迭香酸	共培养发酵筛选限速酶和优化模块，敲除竞争通路，酶条件优化，最终菌株在补料分批发酵中，最高产生迷迭香酸 5.78 g/L	大肠杆菌
	咖啡酸	增强黄素腺嘌呤二核苷酸 $FADH_2$ 供应，过表达关键基因，调控代谢网络，咖啡酸从头生物合成产量可达 7.92 g/L	大肠杆菌
	绿原酸	以操纵子形式表达 *4CL2* 和 *HQT* 基因，底物添加量优化，敲除旁路，启动子质粒拷贝数优化，提高酶催化活性，多模块培养，最高产量 250 μmol/L	大肠杆菌
	龙胆酸	密码子优化、启动子优化、敲除竞争途径旁路，提高前体 4- 羟基苯甲酸的供应，整体代谢调节，最高产量 105 mg/L	大肠杆菌
	原儿茶酸	过表达速率限制酶，去除负调控因子，减弱通路竞争，增强前体供应，分批补料发酵，最高滴度 21.7 g/L	大肠杆菌
三羟基类	没食子酸	通过表达分支酸裂解酶（UbiC）和突变体 $PobA^{Y385F/T294A}$ 成功构建了没食子酸异源合成途径，从头合成没食子酸 1.3 g/L	大肠杆菌

四、未来展望

利用生物工程及合成生物学方法，使用酶或微生物细胞工厂进行医药化学品的合成，相比于传统的化学合成展现出一定的优势。以发酵过程为例，医药化学品的生物制造通常以廉价易得的生物质、葡萄糖等为原料，减少了对化石资源和农业生产的依赖，具有生产周期短、过程温和可控、工艺绿色高效的特点。然而，多数医药化学品尤其是人工设计药物分子、黄酮类及生物碱类天然产物的产量较低，生产成本依然很高。以对乙酰氨基酚为例，每年对乙酰氨基酚的市场需求量超过15万t，市场价格平均为40元/kg，而在生产过程中目前摇瓶产量仅达到120 mg/L，距离工业化还有非常长的路要走。因此，进一步降低生物制造医药化学品的成本、提高产物的产量是实现其大规模生物制造的关键，应该从以下几个方面进行深入研究和技术创新。

优化基因表达和调控策略：通过进一步深入研究目标产物的生物合成途径，优化关键酶的基因表达和调控，提高酶的活性和稳定性，从而增强微生物细胞工厂的生产能力。

构建高性能工业酶催化剂：针对具体反应，综合采用生物信息学原理、大数据分析、人工智能等技术，更高效地实现酶的挖掘、设计与改造；优化酶的序列与表达系统，以更低的成本来生产酶；发展新的酶稳定化策略，获得高稳定性、高活性的工业酶催化剂。

构建高效代谢途径：利用合成生物学方法，设计和构建更为高效的代谢途径，减少不必要的能量和物质消耗，提高目标产物的合成效率。

开发新型生物反应器：针对医药化学品的生产特点，设计和开发新型的生物反应器，优化反应条件，提高发酵过程的稳定性和效率。

利用机器学习等先进技术：利用机器学习、人工智能等先进技术，对生物制造过程进行精准控制和优化，实现生产过程的智能化和自动化。

发掘新型微生物资源：寻找和发掘具有优良性能的微生物资源，如能够高效合成目标产物的天然菌株或基因库中的优秀基因资源，为细胞工厂的构建提供更为丰富的材料。

开展产学研合作：加强产学研之间的合作与交流，推动科研成果的转化和应用，形成产学研一体化的创新体系，共同解决医药化学品生物制造中的瓶颈问题。

综上所述，降低医药化学品生物制造的生产成本和提高产物的产量是一个需要综合考虑多个方面的复杂问题。通过不断优化和创新，相信我们可以逐步克服这些挑战，实现医药化学品的高效、低成本生物制造。

撰 稿 人：袁其朋　北京化工大学
孙新晓　北京化工大学
申晓林　北京化工大学
王　佳　北京化工大学
张一飞　北京化工大学
通讯作者：袁其朋　yuanqp@mail.buct.edu.cn

第四节　食品生物制造产业发展现状与趋势

一、食品生物制造产业发展现状

食品工业是我国经济的支柱性产业，2023年，我国规模以上食品工业企业实现营业收入9.0万亿元，同比增长2.5%，营业收入、利润占轻工业的比重均超过40%，是我国经济增长的主要驱动力。因此，食品工业是提升我国国际竞争力的重要支撑。随着人口的不断增长和生活质量的逐步提高，消费者对食品数量和质量的要求逐渐提升。对于食品的需求已经从基本的“保障供给”向“营养健康”转变。此外，水土资源短缺、气候变化等问题的日益突出也促使着传统的食品制造方式进行转型升级。基于此，2023年12月，国家发展改革委、财政部、教育部等八部委联合发布了《工业和信息化部等八部门关于加快传统制造业转型升级的指导意见》，文件中指出，要大力发展生物制造，增强核心菌种、高性能酶制剂等底层技术创新能力，提升分离纯化等先进技术装备水平，推动生物技术在食品、医药、化工等领域加快融合应用。

食品生物制造能够利用微生物作为底盘细胞，以生物质、二氧化碳等可再生资源为原料，高效合成食品配料与组分，是一种绿色、低碳的现代化制造模式。目前，食品生物制造产业已成为我国食品工业的重要组成部分，28家中国500强食品企业中，12家与食品生物制造有关。此外，食品生物制造还是改善食品风味和营养成分的重要路径，发酵食品可有效改善风味和膳食结构，实现减糖不减甜、减盐不减咸、减脂不减味，多样化发酵食品可有效改善人体肠道健康和提高免疫水平。同时，食品生物制造过程具有绿色、低碳、可持续、效率高的特点，其不仅使用可再生资源作为原料，加工过程温和，更可提高资源的转化效率。然而，我国食品生物制造存在菌种创制能力不足、工业菌种自主率低、原料转化率低等问题。

目前，国内外开发了一系列颠覆性的生物信息技术用于解决这些难题。其中，最具代表性的前沿技术为合成生物学技术。合成生物学以工程化设计理念，对生物体进行有目标的设计、改造乃至重新合成，被认为是第三次生命技术革命和改变世界的颠覆性技术。食品合成生物学能够变革食品的传统生产方式、助力食品的低碳制造和强化食品的生产过程，从而实现更安全、更营养、更健康和可持续的食品生物制造。目前，基于合成生物学的食品生物制造主要包括母乳组分的生物制造、替代蛋白的生物制造、食品配料的生物制造和生物固碳等（图3-1）。

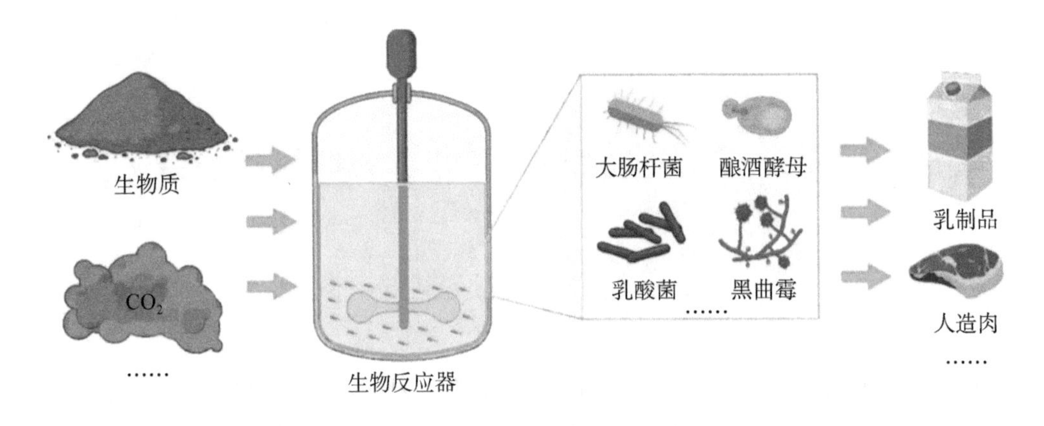

图3-1　基于合成生物学的食品生物制造

（一）母乳组分的生物制造

我国是乳制品的消费大国和进口大国，据海关数据统计，2023年，我国的婴幼儿配方奶粉进口量达22.3万t，共计42.14亿美元，出口量为6120.01 t，共计1.55亿美元；包装牛奶进口量为54.94万t，共计5.58亿美元，出口量为2.55万t，共计2292万美元。此外，我国的进口婴幼儿配方奶粉和包装牛奶绝大多数来自欧美国家，而出口地几乎都为我国香港特别行政区。以上数据表明我国的婴幼儿配方奶粉和包装牛奶进出口存在严重的贸易逆差。造成此种现象的关键原因之一是乳品加工核心技术滞后，国际竞争力弱，人乳寡糖等关键乳基料严重依赖进口。

人乳寡糖（HMO）是母乳中仅次于乳糖和脂肪的第三大固体成分，具有支持免疫系统、消化健康及大脑发育等功能，包括2′-岩藻糖基乳糖（2′-fucosyllactose，2′-FL）和乳糖-*N*-新四糖（lacto-*N*-neotetraose，LNnT）等。传统的HMO合成方法包括化学合成法和酶法。然而，化学合成法需要添加保护基团，步骤烦琐且反应条件严苛；酶法需要使用昂贵的底物，成本较高。微生物发酵法由于具有成本低、效率高、绿色可持续等优点，已成为工业化生产HMO的理想方式。2023年10月，国家卫生健康委发布了《关于桃胶等15种“三新食品”的公告》，批准了发酵法生产的2′-FL及LNnT可在我国合法使用。目前，HMO生物合成所用到的底盘菌株主要有大肠杆菌、枯草芽孢杆菌、酵母菌、谷氨酸棒状杆菌等。江南大学沐万孟研究团队在大肠杆菌中表达了一种来源于螺杆菌（*Helicobacter* sp. 11S02629-2）的α-1, 2-岩藻糖基转移酶，使2′-FL在5 L发酵罐中的产量和得率分别达到94.7 g/L和0.98 mol/mol乳糖，接近理论最大值。中国科学院合肥物质科学研究院姚建铭团队通过在大肠杆菌中引入LNnT的合成途径，并对其代谢网络和转运途径进行系统性优化，最终使LNnT在1000 L发酵罐中的产量达到107.4 g/L，为国际最高水平。目前，国内多家企业已经开始了HMO的产业化布局，包括苏州一兮生物技术有限公司、上海惠诚生物科技有限公司、山东恒鲁生物科技有限公司和睿智医药科技股份有限公司等。

（二）替代蛋白的生物制造

2050年，世界人口预计将达到90亿，食品蛋白需求增量为30%—50%，达到2.65亿t。然而，传统蛋白质生产方式主要依赖于养殖业，存在环境污染较为严重和土地资源占用多等问题，且产量难以满足消费者日益增长的需求。因此，急需对传统的蛋白质制造生产方式进行转型升级。联合国粮食及农业组织将“替代蛋白”定义为微生物蛋白（微藻蛋白和真菌蛋白）、昆虫基蛋白质、细胞培养肉、植物蛋白肉和乳制品替代品等。其中，微生物蛋白是以可再生生物质原料等为底物，通过在发酵罐中培养微生物的方式制造蛋白，能够利用更少的资源产出更多的蛋白质，具有制造效率高、二氧化碳排放少的优势。据测算，微生物蛋白合成效率是养殖方式获取蛋白效率的上千倍，如果用真菌蛋白替代全球20%的牛肉消费，能够减少每年56%的森林砍伐和相关二氧化碳排放。植物蛋白肉是一类以大豆、芝麻和玉米等植物蛋白为原料，经低湿减压合成的仿真肉。2023年，山东嘉华生物科技股份有限公司、优脍国际控股有限公司、正大食品、海欣食品股份有限公司和浙江远江生物科技有限公司等公司都在加快植物蛋白肉产业链的布局。然而，其质构和风味仍与真实肉存在较大的差距。细胞培养肉是指从动物体内分离种子干细胞，在生物反应器中分化增殖获得肌肉纤维或组织，再经食品加工而获得的肉类替代品。细胞培养肉的风味更加接近真实肉，但其生产成本仍然较高。2023年，东富龙集团和上海食未生物科技有限公司达成战略合作，在国内建成了第一条细胞培养肉的中试平台。超技良食（深圳）生物科技有限公司研制出了全球第一块“细胞培养黄羽鸡肉排”。

（三）甜味剂的生物制造

甜味剂分为天然甜味剂和人工合成甜味剂，前者包括甜叶菊提取物、赤藓糖醇等，后者包括阿斯巴甜、安赛蜜、甜蜜素等。甜味剂在整体甜味配料市场中占比10%，其中天然甜味剂占比为1%，而人工合成甜味剂占比为9%。作为糖的替代品，甜味剂受到颇多关注。根据公开资料，全球甜味剂市场产量约16.24万t，其中中国甜味剂产量约12.14万t。中国甜味剂产量占全球甜味剂产量的75%，是最大的甜味剂生产国。

甜菊糖苷是从甜叶菊中提取的一类天然甜味剂，根据其侧链上葡萄糖基位置和个数的不同，可分为甜茶苷、甜菊苷、莱鲍迪苷A（Reb A）、莱鲍迪苷B（Reb B）、莱鲍迪苷D（Reb D）和莱鲍迪苷M（Reb M）等60余种类型。甜菊糖苷的甜度约为蔗糖的60倍，其中Reb A和Reb B会有较少的苦涩余味，风味较差，而Reb D和Reb M的风味与蔗糖几乎一致，无苦味和异味，因此备受关注。目前市场上的甜菊糖苷主要来源于植物提取，但植物中甜菊糖苷的丰度低，植物生长具有季节依赖性，且提取过程复杂，这限制了甜菊糖苷的大规模生产。因此，利用合成生物学技术，构建能够高效合成甜菊糖苷的细胞工厂成为国际研究热点之一。2019年，美国食品药品监督管理局正式批准微生物合成的Reb D和Reb M可以作为食品甜味剂。基于该技术的甜味剂产品已经在食品、饮料等领域中获得了广泛使用，获得了很好的经济和社会效益。中国科学院分子植物科学卓越创新中心王勇团队挖掘和鉴定了Reb M和Reb D合成途径中的关键糖基转移酶，为Reb M和Reb D的微生物合成奠定了基础。江南大学刘龙团队基于模块化工程和空间酶组装等策略，并结合基因组规模代谢网络模型的构建和应用等，成功构筑了甜茶苷和莱鲍迪苷的从头合成细胞工厂，使得改造菌株在15L发酵罐上甜茶苷和莱鲍迪苷的产量分别达到1368.6 mg/L和132.7 mg/L。该成果入选《2023中国农业科学重大进展》。该技术提升了甜菊糖苷制造工业的技术水平，对整个行业起到了示范和推动作用。目前，桂林莱茵生物科技股份有限公司、四川盈嘉合生科技有限公司、安徽金禾实业股份有限公司、商丘康美达生物科技有限公司和山东奥晶生物科技有限公司等国内企业正在进行甜菊糖苷生物合成的产业布局。

（四）生物固碳

目前全球气候变暖已成为人类面临的最严重的挑战。我国为实现碳达峰、碳中和，不仅需要对传统的制造工业进行转型升级，还需要大力发展生物固碳技术。生物固碳以二氧化碳为原料，利用微生物等生物体作为底盘细胞，将其转化为食品等其他碳储存形式，是减少碳排放、促进资源可持续利用的重要策略。天然的固碳生物主要有植物和一些自养型的微生物。其中，自养型微生物是最具发展潜力的固碳生物体。蓝细菌由于具有结构简单、遗传操作方式成熟等优点，目前已被广泛用于生产乙醇、脂肪酸、脂肪醇等食品配料。然而，较低的光合能效限制了蓝细菌的二氧化碳固定效率。研究人员正在尝试通过优化能量捕集系统和关键酶的催化活性来提高其碳固定效率，但效果并不显著。山西安泰恩懿生物技术开发有限公司建成了占地12亩的微藻固碳工厂，能够以工业废气作为原料，年产80 t藻粉、32.5万盒藻片，减排1000余吨二氧化碳。目前该公司正在启动占地300亩的微藻固碳工厂二期项目，建成后可每年生产2000 t藻粉，减排30万t二氧化碳。除光合微生物外，还有一些自养型的微生物能够利用最古老的Wood-Ljungdahl途径来固定二氧化碳，最典型的代表为食气梭菌。它们能够以二氧化碳或一氧化碳作为底物，合成乙醇、乙酸和乳酸等食品配料。目前，北京首钢朗泽科技股份有限公司分别在河北和宁夏建成了4.5万t/a钢铁尾气生物发酵工业化装置，每年可生产4.5万t乙醇、5000 t蛋白粉。然而，食气梭菌等微生物的遗传操作较为困难，难以对它们的代谢网络进行改造，导致其生产的化合物种类有限，降低了其工业化价值。因此，国际科研人员尝试将遗传操作简便的异养型模式微生物转变为自养型微生物，并分别于2019年和2020年成功构建了能够将二氧化碳作为唯一碳源的自养型大肠杆菌和毕赤酵母。然而，它们的固碳效率极低，无法满足工业化的需求，还需进一步的改造。中国学者首先利用电催化将二氧化碳转化为甲酸、甲醇等一碳化合物，再利用微生物将甲酸、甲醇等转化为淀粉和有机酸等食品组分，极大地提高了固碳效率。

二、食品生物制造产业发展趋势

食品生物制造产业向更加高效、智能和可持续的生产方式转变，其中技术的创新是推动这一变革的关键因素。合成生物学、机器学习、组学技术以及智能制造被认为是重塑食品生物制造产业的重要驱动力（图3-2）。

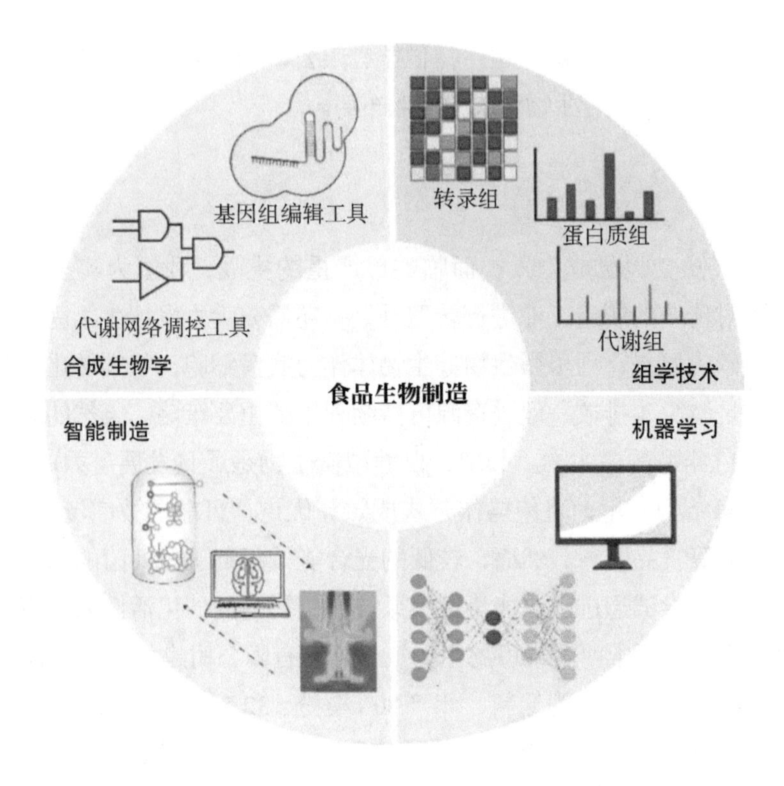

图3-2　食品生物制造的发展趋势

首先，合成生物学技术变革了传统食品生物制造的生产模式，极大地提高了食品的生产效率，降低了食品生物制造对土地等环境资源的依赖。目前，合成生物学技术已经被应用于生产人乳寡糖和替代蛋白等食品组分和配料。然而，其合成效率仍然较低。因此，需要开发更加高效的合成生物学工具与细胞工厂构建技术，从而实现基于合成生物学的食品生物制造。

其次，机器学习在食品生物制造中的应用正日益广泛。通过机器学习算法，企业可以对生产过程进行更精细化的控制和优化。例如，利用机器学习算法对生产线上的数据进行分析，可以实时监测生产过程中的变化，并及时调整参数以提高生产效率和产品质量。此外，机器学习还可以用于预测市场需求和趋势，帮助企业更好地调整生产计划，减少库存和浪费，提高市场竞争力。

再次，组学技术在食品生物制造中的应用也是不可忽视的。组学技术包括基因组学、蛋白质组学和代谢组学等，可以帮助企业更好地理解食品生产过程中的微生物群落、营养成分和风味物质等关键因素。通过深入研究食品的组成和特性，企业可以优化生产工艺，开发出营养更加丰富、口感更佳的食品产品，满足消费者日益增长的需求。

最后，智能制造技术的发展也将深刻改变食品生物制造产业的面貌。智能制造通过物联网、大数据和人工智能等技术，实现了生产过程的自动化、智能化和柔性化。

例如，智能传感器可以实时监测生产设备的运行状态和产品质量，及时发现并解决问题，提高生产效率和产品一致性。智能制造还可以实现生产过程的可追溯性和可控性，确保产品的安全和质量，增强消费者的信任度。

综上所述，合成生物学、机器学习、组学技术和智能制造是推动食品生物制造产业发展的重要技术方向。随着这些技术的不断创新和应用，食品生物制造产业将迎来更加繁荣和可持续的发展。

撰 稿 人：刘 龙 江南大学
通讯作者：刘 龙 longliu@jiangnan.edu.cn

第五节 氨基酸的生物制造

一、我国氨基酸生物制造产业现状及未来发展趋势

中国是氨基酸生产和出口大国。近年来，随着现代生物制造技术的发展，中国拥有自主知识产权的氨基酸产品种类愈发丰富，氨基酸产品的附加值不断升高，各类氨基酸产品被广泛应用于日化、医药及保健品、食品添加剂、饲料等众多领域，市场需求旺盛，行业呈现出蓬勃发展的态势。2023年，全球氨基酸市场规模为272亿美元，亚太地区占据最大市场份额，达到46.4%。2024年，全球氨基酸市场规模将达到294亿美元，预计2024年至2030年将以8.5%的复合年均增长率（CAGR）增长。

氨基酸行业产业链上游主要为玉米、大豆、小麦等，其上游产业的发展直接决定了原材料的质量及采购成本。近年来，中国基础农业、基础化工行业发展良好，目前葡萄糖及基础化工原料能够满足行业的生产需求，这为中国氨基酸行业的健康发展提供了基本保障。氨基酸行业产业链的下游行业包括医药及保健品、饲料、食品及食品添加剂等，下游行业对氨基酸行业的发展具有较大的牵引和驱动作用，其需求变化直接决定了氨基酸行业未来的发展状况。

2023年，全球苏氨酸产能123.5万t，同比增加17.3%；中国苏氨酸产能114.5万t，同比增加20.5%。全球苏氨酸产量 95.0万t，同比增加3.3%；中国苏氨酸产量90.0万t，同比增加7.1%，占全球苏氨酸产量的95%。预计2023年中国出口54.0万t，同比略降0.9%，国内供应36.0万t，同比增加约22%，国内需求约35万t，全球需求约增至88万t。2023年苏氨酸均价10.74元/kg，同比表现小幅下跌1.5%。①

① 资料来源：博亚和讯。

2023年，全球赖氨酸（折算98.5%赖氨酸）产能459.3万t，同比增加14.5%；中国赖氨酸产能350.2万t，同比增加16.9%。预计2023年全球赖氨酸产量346.1万t，同比增加2.7%；中国赖氨酸产量282.5万t，同比增加10.7%，中国赖氨酸产量占全球产量的81.6%，较2022年提高5.9个百分点。2023年全球赖氨酸行业开工率约75.4%，同比下降8.7个百分点，国内赖氨酸行业开工率80.7%，同比下降4.6个百分点。2023年全球供应链恢复，运输成本和供应商的交货时间恢复到新冠疫情前水平，上半年国外市场以消化前期超买库存为主，国内出口表现低迷，下半年随着库存消耗，出口需求逐步恢复至常态化。预计2023年出口赖氨酸盐酸盐94.5万t，出口赖氨酸硫酸盐83.0万t，折合赖氨酸盐酸盐共计152.6万t，同比增加5.8%，国内供应129.9万t。预计2023年国内赖氨酸需求120万t，全球赖氨酸需求318万t。[①]

2023年，全球甲硫氨酸产能235.7万t，同比增加 6.8%；中国甲硫氨酸产能78.4万t，同比增加23.7%，产能增长主要来自浙江新和成股份有限公司（新和成）15万t/a新产能投产。预计2023年全球产量167.9万t，同比增加1.3%；中国产量58.1万t，同比增加31.2%，占全球产量的34.6%，较2022年提高7.9个百分点，全球甲硫氨酸产能增量主要来自中国。国内新和成与紫光集团产量同比增加，出口增量，下半年多数国际企业甲硫氨酸生产调整而供应减量，中国进口减少。预计2023年中国出口26.2万t，同比增加34.4%；进口16.8万t，同比减少13.8%；国内总供应量48.7万t，同比增加9.9%。全球需求约160万t，同比增加3.2%；国内蛋禽养殖处于盈利，饲料中甲硫氨酸需求略增，国内需求约43.0万t，同比增加7.5%。

二、大宗氨基酸的生物制造

（一）谷氨酸的生物制造

L-谷氨酸作为最大宗的氨基酸品种，具有成熟的发酵生产工艺。目前，L-谷氨酸的工业生产主要采用谷氨酸棒状杆菌（*Corynebacterium glutamicum*），应用的菌株大多通过诱变筛选获得，发酵产量最高可达220 g/L以上。L-谷氨酸的高效生产与细胞内代谢状态变化、细胞的高效分泌过程密切相关，多种处理方式都可以促进*C. glutamicum*高效分泌L-谷氨酸，如生物素亚适量控制、表面活性剂添加、青霉素添加、温度提升等。但对于*C. glutamicum*中L-谷氨酸快速分泌的机制仍然未有清晰阐释，这也限制了L-谷氨酸代谢工程育种的应用。目前人们多利用组学分析手段比较诱变菌株与出发菌株的基因组、转录组、蛋白质组等的差异，探索影响L-谷氨酸快速合成与分泌的关键所在。

① 资料来源：博亚和讯。

（二）赖氨酸的生物制造

L-赖氨酸是饲料中最常用的氨基酸添加剂，具有促进动物生长发育、提高肉制品品质等重要功能，市场需求非常大。近年来，L-赖氨酸的发酵生产水平不断提升，实现了在*C. glutamicum*、大肠杆菌（*Escherichia coli*）中的高效生产，最高发酵产量可达240 g/L，转化率在68%以上。

L-赖氨酸合成的分支途径首先由*dapA*基因编码的二氢吡啶二羧酸合成酶（dihydrodipicolinate synthase，DHDPS）催化。具体来说，它通过天冬氨酸半醛与丙酮酸缩合催化脱氢二吡啶羧酸酯的生成。在大肠杆菌中，DHDPS受到最终产物L-赖氨酸的反馈抑制，在此步骤之后，*dapB*编码的二氢二吡啶羧酸还原酶催化脱氢二吡啶羧酸酯还原为四氢二吡啶羧酸酯，大肠杆菌在连续4次反应中直接转化为内切-2, 6-二氨基庚二酸酯，最后，*lysA*基因编码的二氨基庚二酸脱羧酶（DAPDC）将二氨基庚二酸（DAP）转化为L-Lys。二氨基庚二酸酯也是肽聚糖合成的前体，其修饰会影响细胞壁组成。在大肠杆菌中，*lysP*基因参与赖氨酸输入的调节。L-赖氨酸由两种细胞内途径组成：降解途径和输出途径。由*yahN*基因编码的二氨基戊烷-赖氨酸反转运蛋白CadB充当L-赖氨酸输出载体。由*cadA*编码的赖氨酸脱羧酶Ⅰ和*ldcC*编码的赖氨酸脱羧酶Ⅱ催化赖氨酸脱羧产生二氨基戊烷作为L-赖氨酸降解途径的靶标。在谷氨酸棒状杆菌中，*lysI*基因参与赖氨酸输入调控，但尚未确定降解途径的靶标。L-赖氨酸的消耗主要由*lysE*基因编码的L-赖氨酸输出器的输出调控，而*lysE*基因的表达则由转录调节因子lysG激活。例如，Xu等在谷氨酸棒状杆菌中通过用来源于丙酮丁醇梭菌（*Clostridium acetobutylicum*）的gapC表达盒替换gapA片段，删除ilvNC；在*hom*中引入T176C突变，在*murE*中引入G242A突变，用lysC C932T表达盒替换pck片段；用ASD表达盒替换MDH片段；用dapA表达盒替换alaT片段；用dapB表达盒替换ldhA片段；用ddh表达盒替换avtA片段；用lysA表达盒替换aceE片段。最终在补料分批发酵指数后生长期产生L-赖氨酸，在36h内持续增加至最终滴度146 g/L，L-赖氨酸生产率为2.73 g/（L・h）。

（三）苏氨酸的生物制造

苏氨酸是最后一种被鉴定的必需氨基酸，由William Cumming Rose于1935年发现，国内苏氨酸生产厂家主要有梅花生物科技集团股份有限公司、阜丰集团、宁夏伊品生物科技股份有限公司和黑龙江金象生化有限责任公司等，其中梅花生物科技集团股份有限公司苏氨酸产能达到了30万t规模，2023年增加了25万t新产能，巩固了其苏氨酸的龙头地位。

在大肠杆菌生物合成苏氨酸的途径中，L-天冬氨酸经过5步酶促步骤生成L-苏氨酸。第一步是L-天冬氨酸在天冬氨酸激酶（Aspartate kinase，AK）的催化作用下生成L-天冬氨酸磷酸。大肠杆菌具有三种AK同工酶，即AKⅠ、AKⅡ和AKⅢ，分别由*thrA*、*metL*和*lysC*基因编码，而谷氨酸棒状杆菌中只有*lysC*编码的一种AK。*thrA*和*lysC*基因的表达分别受到L-苏氨酸和L-赖氨酸的反馈抑制。第二步是L-天冬氨酸磷酸在天冬氨酸半醛脱氢酶（ASD，由基因*asd*编码）的催化作用下还原生成L-天冬氨酸-β-半醛。第三步是L-天冬氨酸-β-半醛在高丝氨酸脱氢酶（HD）的催化作用下生成L-高丝氨酸。其中，基因*thrA*和*metL*共同编码HDⅠ和HDⅡ。第四步是L-高丝氨酸在高丝氨酸激酶（HK，由基因*thrB*编码）的催化作用下生成高丝氨酰磷酸。第五步是苏氨酸合成酶（TS，由基因*thrC*编码）催化高丝氨酸磷酸生成L-苏氨酸。L-苏氨酸在细胞内的积累通过AK、HD和HK的反馈抑制影响L-苏氨酸的产生，因此L-苏氨酸从细胞内到细胞外的易位是一个重要的限速步骤。大肠杆菌中存在三种L-苏氨酸输出蛋白：RhtA、RhtB和RhtC，分别由*rhtA*、*rhtB*和*rhtC*基因编码。Zhao等利用L-苏氨酸生物合成途径的关键酶——thr操纵子thrL的先导序列，调控大肠杆菌中脂质生物合成途径、乙醛酸分流及乙酸支链途径关键基因*iclR*、*arcA*、*cpxR*、*gadE*、*fadR*和*pykF*的表达水平，大肠杆菌菌株在48h的批量补充发酵中产生了116.62 g/L的L-苏氨酸。Su等用含2 g/L甜菜碱盐酸盐的葡萄糖溶液喂养大肠杆菌JLTHR，其L-苏氨酸产量最高达127.3 g/L，底物转化率达到58.1%，其生产率达4243 g/（L·h）。

（四）甲硫氨酸的生物制造

L-甲硫氨酸合成途径与L-苏氨酸和L-赖氨酸共享从L-天冬氨酸到天冬氨酸半醛的途径。在谷氨酸棒状杆菌中，L-高丝氨酸被高丝氨酸乙酰转移酶（HAT）酰化，生成中间代谢产物*O*-乙酰基-L-高丝氨酸。大肠杆菌中的高丝氨酸转琥珀酰化酶（HTS）通过琥珀酰辅酶A和高丝氨酸的缩合催化*O*-琥珀酰高丝氨酸的合成。在谷氨酸棒状杆菌中，乙酰高丝氨酸有两条反式硫途径：①半胱氨酸作为硫供体；②硫化氢作为硫供体。前者由胱硫醚γ合成酶和胱硫醚β裂解酶催化生成胱硫醚和高半胱氨酸，后者则通过*O*-乙酰-L-高丝氨酸硫酸酯酶的直接作用合成高半胱氨酸。大肠杆菌中只有一条以半胱氨酸为硫源的硫化途径；琥珀酰高丝氨酸和半胱氨酸在琥珀酰高丝氨酸裂解酶（SHL）的催化下生成胱硫醚，胱硫醚又在胱硫醚裂解酶的催化下生成高半胱氨酸。L-甲硫氨酸生物合成途径的最后一步涉及依赖维生素B_{12}的甲硫氨酸合成酶（MS）和不依赖维生素B_{12}的MS催化。在大肠杆菌中，有两种分别由*metD*和*metP*基因编码的L-甲硫氨酸输入蛋白。*metD*操纵子包含*metN*、*metI*和*metQ*，它们编码ABC转运蛋白。大肠杆菌的甲硫氨酸输出系统有两个转运蛋白——YeaS和YjeH。YeaS属于转运蛋白RhtB家族，其表达受氨基酸调节蛋白Lrp的调控。相比之下，YjeH属于APC转运蛋白家族。在谷氨酸棒状杆菌中，L-甲硫氨酸从细胞内到细胞外的转运受MetD和MetP的调控。

MetD属于ABC转运蛋白超家族的MUT亚家族，其表达受转录因子mcbR的调控；MetP属于钠能偶联转运体家族，BrnFE转运蛋白负责谷氨酸棒状杆菌的L-甲硫氨酸输出系统。经研究发现，过表达谷氨酸棒状杆菌的原生*metX*和*metY*基因及反馈抑制突变体lysCT311I可以上调L-甲硫氨酸前体的供应量并增加L-甲硫氨酸的产量。上调菌株运输L-甲硫氨酸的能力可减缓细胞内与途径相关的酶的反馈阻滞，并增加其产量。过表达大肠杆菌中编码YeaS运输系统的基因*YeaS*可增强L-甲硫氨酸的胞外运输。

三、小品种氨基酸的生物制造

（一）异亮氨酸的生物制造

L-异亮氨酸的生产方法有提取法、化学合成法和发酵法三种，而目前在工业生产上实施的只有发酵法。发酵法是利用微生物的代谢作用，生物合成并过量积累L-异亮氨酸的方法，包括添加前体发酵法和直接发酵法两类。其中添加前体发酵法又称微生物转化法，这种方法使用葡萄糖作为发酵碳源、能源，再添加特异的前体物质以避免氨基酸生物合成途径中的反馈调节作用，经微生物作用将其有效地转化为目的氨基酸。对于L-异亮氨酸，其前体物质主要有α-氨基丁酸、α-羟基丁酸、α-酮基丁酸和D-苏氨酸等，采用的微生物主要有芽孢杆菌、假单胞菌或粘质赛氏杆菌等。直接发酵法借助于微生物具有合成自身所需氨基酸的能力，通过对特定微生物的诱变处理，选育出营养缺陷型及氨基酸结构类似物抗性变异株，以解除代谢调节中的反馈抑制与阻遏，达到过量积累某种氨基酸的目的。

目前L-异亮氨酸产生菌大多由谷氨酸产生菌（黄色短杆菌、谷氨酸棒状杆菌、乳糖发酵短杆菌等）诱变选育而来。此外，通过重组DNA技术来增强异亮氨酸生物合成的关键酶——苏氨酸脱氨酶或乙酰羟基酸合酶的埃希氏杆菌属或棒状杆菌属的微生物也可作为L-异亮氨酸生产菌株。

L-异亮氨酸的生物合成途径包括：葡萄糖经糖酵解途径生成磷酸烯醇丙酮酸，磷酸烯醇丙酮酸经二氧化碳固定反应生成四碳二羧酸，后经氨基化反应生成天冬氨酸；天冬氨酸在天冬氨酸激酶的催化作用下生成天冬氨酸半醛；天冬氨酸半醛在高丝氨酸脱氢酶的催化作用下生成高丝氨酸；高丝氨酸在高丝氨酸激酶和苏氨酸合成酶的催化作用下生成苏氨酸；苏氨酸经苏氨酸脱氨酶ilvA或苏氨酸脱水酶tdcB，乙酰化羟基酸合成酶ilvIH、ilvBN、ilvGM、alsS和支链氨基酸谷氨酸转氨酶或脱氢酶的催化作用，生成异亮氨酸。另外，外源苏氨酸也可以经苏氨酸转运蛋白tdcC运进细胞内，用于合成异亮氨酸。而胞内合成的异亮氨酸可以经大肠杆菌外运蛋白ygaZH或来自谷氨酸棒状杆菌的外运蛋白brnEF排出细胞。

（二）缬氨酸的生物制造

L-缬氨酸是一种重要的支链氨基酸，在人和动物的生理机能中扮演着重要角色，因为它是一种必需氨基酸，无法通过自身代谢合成，必须通过外源补充。它在食品、医药和饲料等领域有着广泛的应用。在食品工业中，L-缬氨酸可以作为添加剂，提高产品的营养价值和口感。在功能性饮料中添加L-缬氨酸，有助于增加肌肉质量、缓解疲劳和提升耐力。在医药领域，L-缬氨酸是复合氨基酸药物的重要组成部分，也是抗生素和抗病毒药物的前体，对于治疗肝纤维化等疾病、促进组织修复和能量供给具有重要作用。在饲料工业中，L-缬氨酸作为添加剂，能够改善家禽的肉质和提高产蛋率，增强免疫力，减少氮的排泄。

L-缬氨酸的生产方法主要有直接提取法、化学合成法和微生物发酵法三种。直接提取法虽然分离效率较高，但由于成本较高，目前已较少使用。化学合成法则是通过多步反应得到DL-缬氨酸，再通过手性拆分得到L-缬氨酸，但该方法操作复杂，副反应多，也不常用。目前工业上主要采用微生物发酵法生产L-缬氨酸，该方法具有反应条件温和、原料成本低、可再生、副产物少等优点。

目前利用微生物发酵法生产L-缬氨酸的菌株种类众多，主要包括谷氨酸棒状杆菌（*Corynebacterium glutamicum*）、黄色短杆菌（*Brevibacterium flavum*）、大肠杆菌（*Escherichia coli*）、枯草芽孢杆菌（*Bacillus subtilis*）和肺炎克雷伯菌（*Klebsiella pneumoniae*）等。*C. glutamicum*和*E. coli*是用于生产L-缬氨酸的主要菌株。

在*C. glutamicum*中，L-缬氨酸的合成是一个从葡萄糖开始的多步骤过程。首先，葡萄糖通过糖酵解途径转化为丙酮酸。接着，丙酮酸在乙酰羟酸合酶（AHAS）的作用下转化为2-乙酰乳酸。然后，2-乙酰乳酸在乙酰羟酸还原异构酶（AHAIR）的作用下转变为2, 3-二羟基异戊酸。此中间产物再经过二羟基酸脱水酶（DHAD）的催化，形成2-酮基异戊酸。最后，2-酮基异戊酸在支链氨基酸转氨酶（TA）的作用下转化为L-缬氨酸。

L-缬氨酸在细胞内的积累和外排是由特定的转运蛋白控制的。外排蛋白BrnFE负责将L-缬氨酸从细胞内转运到细胞外，而BrnQ则负责将L-缬氨酸从细胞外转运回细胞内。转录调节因子Lrp对外排蛋白BrnFE的表达具有正向调控作用。

在这个合成路径中，AHAIR和TA是依赖NADPH的酶，它们在催化反应时会消耗NADPH。同时，L-缬氨酸作为合成路径的最终产物，对路径中的限速酶AHAS具有反馈抑制作用，从而调节整个合成过程的平衡。另外，其他支链氨基酸（如L-亮氨酸、L-异亮氨酸）的合成路径、丙酮酸节点形成的有机酸（如乳酸、乙酸和琥珀酸）和氨基酸（如L-丙氨酸）的合成路径会作为L-缬氨酸合成路径的竞争路径，竞争流向L-缬氨酸的碳代谢流。

S. Hasegawa等以谷氨酸棒状杆菌为底盘细胞，通过调节胞内还原力平衡，解除终端产物缬氨酸对途径酶的反馈抑制作用，强化缬氨酸合成途径，最终获得一株高效率重组菌株，该菌株在24h内产生了172 g/L L-缬氨酸，葡萄糖转化率高达63%，具有巨大的工业应用潜力。

（三）亮氨酸的生物制造

L-亮氨酸是组成蛋白质的天然氨基酸，属于脂肪族类氨基酸。L-亮氨酸是哺乳动物体内无法合成的8种必需氨基酸之一，必须依靠日常进食补充。与L-异亮氨酸、L-缬氨酸合称为支链氨基酸（branched-chain amino acid，BCAA）。L-亮氨酸广泛存在于动物蛋白质和乳制品中，如牛奶、鸡蛋、猪肉、牛肉、鸡肉及豆类中。一些植物和真菌也富含L-亮氨酸，包括全谷物、蔬菜、燕麦、小麦胚芽、大蒜和黑真菌。

L-亮氨酸是一种常见的功能性氨基酸，具有多种生理功能，得到了广泛应用。在医药行业方面，L-亮氨酸能对氨基酸和蛋白质代谢进行调控，会刺激产生肌肉蛋白。当肌体处于特殊的生理状态时，L-亮氨酸作为复合型氨基酸注射剂的重要成分，会缓解身体不适。灼伤、外伤手术后的患者使用L-亮氨酸补充剂来促进皮肤与骨骼的愈合。L-亮氨酸可灵敏地感知肌体内胰岛素含量，调控胰岛素的适度分泌，对平稳血糖有重要作用。目前，L-亮氨酸被应用于治疗儿童由体内亮氨酸水平不足造成的糖代谢失衡，以及引发性高血压的研究。L-亮氨酸金属配合物是以L-亮氨酸作为主要原料，作用较温和，抑菌活性较高，被用作抗病毒、抗癌和抗生素等药物。在食品行业方面，L-亮氨酸在食品风味和营养价值中具有重要作用。2014年国家修订的《食品安全国家标准 食品添加剂使用标准》中，明确指出L-亮氨酸可作为食品添加剂。L-亮氨酸添加到乳制、肉制、烘焙、面制、果汁、调味等食品中，可以提鲜，改善食品风味，还能满足营养需求。很多果蔬汁液中都含有亮氨酸、天冬氨酸、异亮氨酸、缬氨酸等天然氨基酸，但果蔬饮料工业化生产会由于氨基酸组分与丰度的不足，常用L-亮氨酸作为复合型氨基酸的重要组成部分，起到营养补充剂和食品添加剂作用。在饲料行业方面，亮氨酸与苏氨酸、异亮氨酸等是仔猪和肉鸡每日粗蛋白饲料中重要的营养补充剂。由于L-亮氨酸具有价格低廉、氧化供能、促进氮潴留、促进蛋白质的合成、可增强抵抗力等特性，逐渐在饲料行业占据重要地位。L-亮氨酸在动物的生长代谢中至关重要，能通过调节肌体器官的性能，达到增强免疫力的作用。因此，L-亮氨酸被添加到日常动物饲料中，既可以提供充分的营养需求，又能降低生产成本压力，对饲料行业的发展具有积极作用。在农业领域方面，较为常见的一种氨基酸农药是以L-亮氨酸与稀土配合物为主要原料，用来增产和防虫，并且可以被微生物直接降解，被称为新型的“绿色农药”。最值得注意的是这种农药可以降解产生微量元素等，能够被田间植物吸收和利用，大大增强农作物的质量，既减轻了环境压力，还达到了增产增收的效果。L-亮氨酸是农用氨基酸肥料的重要组成部分，被极广泛地应用于田间作物生长过程中，能够直接被作物吸收利用，强化植物的生理生化特性与功能，促进植物的早熟，缩短生长周期，达到稳产高产的目的。另外，L-亮氨酸也能很好地起到改善土壤理化特性的作用。在化妆品领域，L-亮氨酸主要起到保湿和补给营养的作用，风险系数低，比较安全。L-亮氨酸具有软化角质层、调节皮肤水分和改善敏感皮肤抗敏抗炎的作用，常被作为重要成分应用于洗面奶、乳液和精华中。同时L-亮氨酸碳链分支具有亲脂性，容易被毛发吸收，而且L-亮氨酸等氨基酸可以维持弹性纤维的生长，保持头发的柔韧性，因此也被较多地用于护发制品中。

L-亮氨酸的合成方法有4种，分别为提取法、化学合成法、酶法和微生物发酵法。由于提取法和化学合成法造成的环境污染严重，而且化学合成法工艺复杂，条件苛刻，收率低及构型不合适等不利因素显著，因此二者都不适合进行大规模产业化推广。酶法的工艺流程相对复杂，总体生产成本比较高的不利因素，也限制了其规模化生产应用。近些年来，国内外科研人员在L-亮氨酸细胞工厂的开发方面不断取得突破，微生物发酵法已经逐步成为L-亮氨酸商业化生产的主流工艺。

随着对L-亮氨酸合成途径和相关反馈机制的深入了解，理性代谢工程技术已被广泛应用于开发高性能的L-亮氨酸生产菌。然而目前开发的L-亮氨酸生产菌被应用到工业化生产的案例鲜有报道，多数停留在实验阶段。实际上，从微生物育种到生产实践应用，存在大量亟待解决的问题。为降低成本并提高L-亮氨酸的工业生产效率，必须解决以下挑战。

（1）消除L-亮氨酸对合成途径的抑制。关键酶异丙基苹果酸合成酶（isopropylmalate synthase，IPMS）在L-亮氨酸合成中受到其反馈抑制。研究显示，添加L-亮氨酸至培养基会减少酶的活性。通过随机诱变获得了一株*E. coli* K-12 No.55，该菌株的*leuA*基因发生了突变，使L-亮氨酸产量在48 h内提高至5.2 g/L。

（2）提升前体物的供应及其代谢流量。L-亮氨酸的合成需要大量的丙酮酸和NADPH。在AHAIR催化的反应中，NADPH直接作为还原剂，而另一分子NADPH则作为谷氨酸脱氢酶的辅酶，参与谷氨酸到L-亮氨酸的转氨反应。糖酵解途径和其他反应产生的NADH过量可能会限制L-亮氨酸的合成。

（3）增强菌株对L-亮氨酸的耐受性及其分泌能力。L-亮氨酸在细胞内积累到一定程度后，快速分泌是关键。*C. glutamicum*具有特殊的细胞壁结构，对氨基酸的分泌构成障碍。通过过表达相关的输出基因和减少输入基因的表达可以提高L-亮氨酸的产量和耐受性。例如，在*E. coli*中过表达*yeaS*基因提高了L-亮氨酸耐受性，*C. glutamicum*中则通过过表达*brnFE*基因和*lrp*调控基因来促进L-亮氨酸的分泌。

（4）调整底物及酶的特异性。*tyrB*编码蛋白特异性地参与L-亮氨酸的合成，而

*aspB*编码的天冬氨酸转氨酶也偏好L-亮氨酸。通过优化这些转氨酶的底物特异性，可以显著提高L-亮氨酸的产量。

（四）丙氨酸的生物制造

传统氨基酸制造主要是通过化学合成或好氧发酵实现的。相对于化学合成，微生物发酵可以实现以可再生资源为原料直接生产氨基酸，减少了对石油基原料的依赖，解决了化学合成高污染、高能耗等问题。

好氧发酵具有生长快、产量高等特点，但好氧发酵中大量碳源用于细胞生长容易造成糖酸转化率低、能耗高等问题。厌氧发酵是近年来新出现的氨基酸生产模式，具有操作简单、无须通氧、糖酸转化率高而容易接近理论最大值等优势。L-丙氨酸是国际上首个实现厌氧发酵产业化生产的氨基酸。

限制氨基酸实现厌氧发酵生产的因素主要有两个：第一个是葡萄糖到氨基酸的代谢途径在厌氧条件下还原力供给不平衡；第二个是厌氧条件下菌种量少、单个细胞合成效率低，导致菌种整体生产性能差。

L-丙氨酸是氨基酸百年发展历史上首个实现厌氧发酵产业化生产的产品。传统的L-丙氨酸制造都是通过石化路线以石油基化合物为原料实现的，由此带来的生产成本居高不下、环保压力大等因素严重限制了L-丙氨酸的下游应用。

通过代谢工程改造可以获得高效生产L-丙氨酸的工程菌，张学礼等通过在大肠杆菌中引入来自嗜热脂肪芽孢杆菌的NADH依赖型L-丙氨酸脱氢酶替代双酶体系成功创建了L-丙氨酸合成的新途径。在该途径中，L-丙氨酸脱氢酶直接利用NADH和铵离子就可以将丙酮酸转化为L-丙氨酸，从而成功解决了还原力平衡的问题。

针对限制实现厌氧发酵生产的另一个瓶颈问题，即厌氧条件下菌种量少、单个细胞合成效率低导致菌种整体生产性能差，张学礼等通过设计代谢进化的技术方案，基于细胞生长和产物合成的偶联来提升单个细胞合成效率，实现了在菌种量少的条件下高效合成目标产物。

利用代谢进化技术通过在厌氧条件下连续传代积累具有优势突变的菌株，从而使细胞生长和L-丙氨酸合成能力逐步提升的菌株得到筛选。最终获得的高效生产L-丙氨酸的工程菌合成效率提高了8倍，比生产速率从最初的0.10 g/（g细胞干重・h）提高到了0.79 g/（g细胞干重・h），菌种生产强度达到3.9 g/（L・h），糖酸转化率高达95%，具有非常好的工业应用潜力。L-丙氨酸厌氧发酵技术的成功颠覆了传统氨基酸必须好氧发酵的模式，打破了氨基酸发酵葡萄糖原料转化率不高于78%的行业瓶颈，为氨基酸行业菌种改造提供了一种新的思路。

2012年，厌氧发酵L-丙氨酸技术在安徽华恒生物科技股份有限公司（华恒生物）

实现了万吨级的商业化生产，其建成了年产3万t国际最大规模的L-丙氨酸发酵生产线并实现了稳定生产，生产成本相比化工路线降低50%，并避免了二氧化碳排放（图3-3）。

图3-3 华恒生物秦皇岛基地的丙氨酸生产车间

华恒生物利用发酵法生产的L-丙氨酸在全球市场占有率超过60%。L-丙氨酸生产成本的大幅下降不仅推动了其在医药和日化等原有领域的广泛应用，同时也有效促进了新型环保剂甲基甘氨酸二乙酸（methylglycine diacetic acid，MGDA）的推广应用。2020年，该技术获得中国轻工业联合会技术发明奖一等奖。华恒生物的L-丙氨酸也被评为工业和信息化部制造业单项冠军产品。

（五）丝氨酸的生物制造

L-丝氨酸是一种在生物体中极为关键的代谢中间物质，对生理功能和代谢活动起着非常关键的作用。在哺乳动物的细胞培养中，L-丝氨酸主要贡献了细胞生长过程中合成嘌呤核苷酸和脱氧胸苷酸所需的一碳单位，因此它被视为一种条件必需的氨基酸。此外，有研究表明，L-丝氨酸对于中枢神经系统的建立和发育也是不可或缺的。因此，这种氨基酸在医药领域如氨基酸输液中有着广泛的应用。L-丝氨酸还因其出色的保湿特性，在化妆品产业中也非常受青睐。

尽管L-丝氨酸和L-半胱氨酸在工业上有着广泛的应用，但国内的生产技术相对较为落后。目前，国内工业生产丝氨酸主要采用的方法包括蛋白质水解法、化学合成法和酶转化法。丝氨酸的生物合成方法，尤其是微生物发酵法，掌握在少数国外公司，如韩国希杰、日本味之素和德国瓦克化工手中。究其原因，是因为丝氨酸在微生物代谢网络中的特殊地位，使得其很难在微生物中过量积累，代谢工程育种十分困难。但随着对微生物代谢机制的研究逐步深入和代谢工程手段的进步，国内也逐渐有公司在丝氨酸微生物发酵技术上有所突破，代表性企业有新和成、华恒生物等。其中新和成所采用的技术是从丹麦科技大学引进的并经持续改造，华恒生物所采用的为自主研发。

目前在生产L-丝氨酸（L-Ser）的微生物种类中，大肠杆菌由于生长快，对丝氨酸耐受性强，已经成为主流。以大肠杆菌为例，L-Ser的生产开始于葡萄糖，它通过糖酵解作用（EMP途径）生成的3-磷酸甘油酸（3-PG）作为起点进入L-Ser的分支途径。在这一过程中，3-PG在磷酸甘油酸脱氢酶（SerA）的作用下转化为3-磷酸羟基丙酮酸（3-PHP），然后经过3-磷酸丝氨酸（Ser-P）这一中间产物，最终转化为L-Ser。此外，合成Ser-P的过程还需要L-谷氨酸（L-Glu）作为氨基的供体。

除了常规的代谢改造手段，如提高前体物质积累、解除关键酶的反馈抑制、减少目标产物的分解和加强外排（这些常规手段前人已经做过，但均未获得足够商业化的丝氨酸高产菌株），要想获得高产丝氨酸菌株，还应该解决以下问题。

（1）提高细菌对丝氨酸的耐受。过量的丝氨酸对细菌生长有毒害作用，目前除了加强细菌的丝氨酸外排系统，提高丝氨酸最有效的手段就是诱变和驯化筛选高耐受丝氨酸的菌株。例如，丹麦科技大学就是用适应性实验室进化（adaptive laboratory evolution，ALE）手段逐步提高底盘菌株对丝氨酸的耐受性，并在此基础上进一步利用代谢工程获得了高产丝氨酸菌株，该菌株已经转给新和成。

（2）减少副产物积累。丝氨酸生物合成会伴生副产物2-羟基戊二酸，一般生产50 g丝氨酸会积累30 g该副产物。该副产物是丝氨酸生产过程还原力不平衡导致，细菌内每生产1 mol丝氨酸会产生1.5 mol NADH，导致NADH过剩。因此，需要降低胞内$NADH/NAD^+$值。

（3）提高糖转运速率。丝氨酸合成的后期，细菌生长和耗糖明显减慢，这也是制约发酵法生产丝氨酸的一大因素，通过改造摄糖途径，可以使生产菌株在中后期维持生产效率，提高丝氨酸产率。

（六）组氨酸的生物制造

目前L-组氨酸的主流生产方法是微生物发酵法。该方法是使用微生物，在适宜的条件下，通过转变代谢途径合成目标产物。因此，L-组氨酸产生菌的选育是关键所在。

常用于生产L-组氨酸的微生物主要包括粘质沙雷氏菌、大肠杆菌、谷氨酸棒状杆菌、黄色短杆菌、鼠伤寒沙门氏菌、结核分枝杆菌、粘质赛氏杆菌和铜绿假单胞菌等。不少研究者通过诱变与L-组氨酸类似物筛选法相结合来选育具有结构类似物抗性、分支酶缺陷型或营养缺陷型突变株。利用化学、物理诱变等非理性设计方法能筛选得到高产菌株，但该方法的随机性、盲目性较大，通常难以获得稳定的高产工程菌。理性改造手段由于具有效果显著、菌株稳定性好、劳动强度低、目的性强等优势，目前已经被广泛应用。通过遗传学或生物化学手段，在DNA分子水平上改变并调控微生物代谢，使目的产物大量积累。可采用控制旁路代谢、消除终产物的反馈抑制与反馈阻遏、降低反馈作用物的浓度、控制细胞渗透性和控制发酵环境条件等措施控制代谢。

在大肠杆菌中，L-组氨酸的合成以葡萄糖为原料，以腺苷三磷酸（ATP）和5-磷酸核糖焦磷酸（PRPP）为前体物，通过10步催化反应合成。*Prs*为前体物质PRPP的合成基因，反式调控基因*PurR*对*Prs*有调控作用。首先通过L-组氨酸合成途径中的第一个酶——ATP转磷酸核糖基酶（hisG）的催化生成磷酸核糖-ATP（PR-ATP）；它的第二个关键酶为磷酸核糖-ATP焦磷酸酶（hisE），可将PR-ATP转化为磷酸核糖-AMP（PR-AMP）；然后在磷酸核糖-AMP环水解酶（hisI）的作用下合成磷酸核糖-亚氨甲基-5-氨基咪唑甲酰胺核苷酸（PR-F-AICAR-P）；之后，磷酸核糖-亚胺甲基-5-氨基咪唑甲酰胺核苷酸异构酶（hisA）将PR-F-AICAR-P转化为磷酸核糖-亚氨甲基-5-氨基咪唑甲酰胺核苷酸（PR-FAR）；PR-FAR再在咪唑甘油磷酸合酶（hisH）和咪唑甘油磷酸脱水酶（hisF）的催化下合成咪唑甘油三磷酸（IGP）；然后组氨醇磷酸氨基转移酶（hisB）将IGP转化为咪唑丙酮醇磷酸（IA-P）；IA-P再在组氨醇磷酸酶（hisC）的催化下生成L-组氨酸醇磷酸（His-ol-P）；之后，hisB将His-ol-P转化为L-组氨醇（His-ol）；最后，再经过组氨醇脱氢酶和组氨醛脱氢酶（hisD）的两步催化反应完成L-组氨酸的合成。*E. coli*中合成的组氨酸操纵子含9个编码基因，其基因依次为*HisL*、*HisG*、*HisD*、*HisC*、*HisB*、*HisH*、*HisA*、*HisF*、*HisI*。

（七）精氨酸的生物制造

L-精氨酸作为一种溶于水的碱性氨基酸，在微生物体内通过三种不同的生物合成路径生成：大肠杆菌的线性路径，棒杆菌属如谷氨酸棒状杆菌和钝齿棒杆菌的循环路径，以及新发现的黄单胞菌的路径。这些途径均包含8个酶促步骤，其主要区别在于第五步：*N*-乙酰鸟氨酸到L-鸟氨酸的转化。尽管大肠杆菌以其快速生长和低培养成本在工业发酵中具有优势，但目前以谷氨酸棒状杆菌的突变株为主要生产菌株。

在大肠杆菌中，*N*-乙酰谷氨酸合成酶（*N*-acetylglutamate synthetase，NAGS）（由*argA*基因编码）将L-谷氨酸转化为*N*-乙酰谷氨酸，作为L-精氨酸合成的首要步骤，同时也是速率限制步骤，因为其受到L-精氨酸浓度的反馈抑制。阻遏蛋白ArgR（由*argR*基因编码）在L-精氨酸的存在下被激活，对合成途径中多个基因进行负调控，是一个关键的代谢调节因子。

精氨酸的转运系统对产量也有限制作用。大肠杆菌中的ArgO转运蛋白的表达受到

ArgP（LysR型转录调控蛋白）的调控，ArgP的活性受到细胞内L-精氨酸和L-赖氨酸浓度的影响，这影响了L-精氨酸的积累。

L-精氨酸的合成前体物质包括L-谷氨酸、L-天冬氨酸和氨甲酰磷酸，其中L-谷氨酸提供了L-精氨酸的主要碳骨架和氮源。前体物质的可用性直接决定了L-精氨酸的合成效率。

在大肠杆菌的L-精氨酸合成路径中，NADPH起着重要作用，参与谷氨酸脱氢酶（由*gdhA*基因编码）和乙酰-谷氨酰磷酸还原酶的催化反应。此外，ATP作为细胞能量的货币，在L-精氨酸的合成中也是不可或缺的。

最后，在大肠杆菌中，L-精氨酸可以通过由*speA*或*adiA*编码的精氨酸脱羧酶催化脱羧生成胍基丁胺，而胍基丁胺则参与生成腐胺和亚精胺。此外，L-鸟氨酸作为中间体，其代谢流向也会影响L-精氨酸的积累。

（八）色氨酸和苯丙氨酸的生物制造

1. 色氨酸

L-色氨酸（L-Trp），又名α-氨基吲哚丙酸。由于其侧链携带吲哚基团，L-色氨酸也可划为芳香族氨基酸或杂环氨基酸的一种。结构复杂的吲哚基是L-色氨酸所特有的化学基团，这使L-色氨酸拥有不同于其他天然氨基酸的独特性质。吲哚基团中含有苯环共轭双键，因此L-色氨酸可吸收波长280 nm附近的紫外光，这也是蛋白质在紫外光280 nm处具有最大吸收峰的关键原因。此外，由于吲哚基团中苯环的非极性较强，L-色氨酸的水溶性较低，溶解度（25℃）仅为1.14%；在乙醇中溶解度更低，不溶于氯仿和乙醚。依据立体构象，色氨酸可划分为L型、D型和消旋体DL型。尽管D-色氨酸对人或动物没有生物毒性，但大多数动物对D-色氨酸的利用率远低于L-色氨酸。因此，相较于D-色氨酸，L-色氨酸可被广泛应用于饲料、食品和医疗等行业，具有更庞大的市场需求及更广阔的应用前景。

L-色氨酸是人体必需的8种氨基酸之一，L-色氨酸无法在哺乳动物体内合成，必须从外界摄取，被广泛应用于食品、医药和饲料等领域。与传统的工业生产方法相比，目前微生物发酵法生产L-色氨酸已逐渐占据市场主流。然而，在复杂的生物合成路径中存在反馈调节机制，导致L-色氨酸的糖酸转化率难以提高。

在食品工业中，L-色氨酸具有广泛功效。作为营养增补剂、食品强化剂或防腐剂，L-色氨酸可以被用于妇幼专用奶粉等营养补品的制作、面包等面食品的发酵或鱼肉类食品的保鲜。此外，L-色氨酸还可作为生物合成前体，用于食用色素靛蓝色素的发酵生产，以提高靛蓝产量。

在医药制造行业中，L-色氨酸通常被用于保健品、生物医药及医药原料等领域。

L-色氨酸能够促进T淋巴细胞的成熟分化，从而提高免疫力。作为神经递质5-羟色胺和褪黑素的前体，L-色氨酸还常被用来合成治疗精神分裂症的药物和安神抗抑郁类药物。

在养殖畜牧行业中，L-色氨酸作为饲料添加剂使用，对家禽和家畜的生长、生产、营养代谢及免疫等诸多方面都有影响。有研究表明，在饲料中添加适量L-色氨酸不仅可以使仔鸡平均日采食量和平均日增重显著提高，还可以使蛋鸡饲料利用率和产蛋率达到最大。此外，向家猪饲粮中补充适量L-色氨酸，可以提高家猪的免疫力，降低发病率和死亡率。

L-色氨酸的发酵方法主要分为化学合成法和蛋白质水解法。但是，这种以化学形式生产L-色氨酸的方法存在诸多弊端，如生产成本高、工艺条件苛刻等。

利用生物法合成氨基酸，反应条件温和易控，反应液组分简单，大幅简化了产品的提纯工艺。并且在生物合成过程中所使用的工业生产原料来源丰富、价格低；反应结束后，反应液成分的毒害性低，易处理。因此，生物合成法逐渐成为工业生产L-色氨酸的最佳选择。

生物合成法主要包括酶促转化法和微生物发酵法。酶促转化法简称酶法或转化法，是利用生物体富集反应所需的生物合成酶系，以工业合成原料为反应底物，通过酶促反应获得目标产物。该方法产物浓度高、易操控，是一种生产成本相对较低的工业化生产方法。但是，利用酶促转化法生产L-色氨酸时，高活力酶的获取对其工业生产带来挑战。微生物发酵法中常用的方法是直接发酵法，通过代谢工程手段改造底盘微生物，将微生物体内的代谢流富集，使其流向目标产物，最终实现产物产量最大化。该方法所使用的原料通常为葡萄糖或甘油等廉价原料，发酵过程中限制因素较少，并且工业自动化程度高，是L-色氨酸生产的主要方式。

L-色氨酸的发酵菌株多以大肠杆菌和谷氨酸棒状杆菌为主，这两种菌株的遗传背景清晰，代谢工程手段丰富。

谷氨酸棒状杆菌发酵生产L-色氨酸的产量尽管略高于大肠杆菌，但其生产周期是大肠杆菌的近2倍，如*C. glutamicum* KY9218 含质粒 pIK9960的发酵周期为80 h，色氨酸产量是58 g/L，限制了其工业化应用。大肠杆菌凭借其生长快、易培养、改造手段丰富等优点，已成为微生物发酵法生产L-色氨酸的首选菌株。国内L-色氨酸的生产水平基本达到40—50 g/L，生产强度平均为0.8—1.0 g/（L・h），发酵周期为36—60 h。

L-色氨酸属于芳香族氨基酸，是生物体内合成路径最长的天然氨基酸之一，受到严格的反馈调控。L-色氨酸的合成路径主要可分为三部分：中心代谢路径、莽草酸途径及终端合成途径。

中心代谢路径主要是指葡萄糖生成磷酸烯醇丙酮酸（phosphoenolpyruvate，PEP）和赤藓糖-4-磷酸（erythrose-4-phosphate，E4P）的过程。莽草酸途径是L-色氨酸合成需要莽草酸途径的参与，延伸至莽草酸的下游分支酸（chorismic acid，CHA）。该部分也被称为芳香族氨基酸合成的共同途径，主要包括3-脱氧-D-阿拉伯-庚酮酸-7-磷酸（DAHP）经6步酶催化反应生成分支酸。终端合成途径是分支酸经邻氨基苯甲酸合酶（anthranilate synthase，AS）催化生成邻氨基苯甲酸（anthranilate，ANTA），随后经L-色氨酸操纵子催化生成L-色氨酸。

L-色氨酸的终端合成途径还受到L-色氨酸操纵子的调控。一方面，当胞内L-色氨酸达到一定阈值时，会与阻遏蛋白结合形成同源二聚体，并特异性地与操纵子结合，阻遏转录。另一方面，在大肠杆菌的L-色氨酸操纵子中，基因*trpE*的上游含有一段前导区，当L-色氨酸浓度高时，前导区会形成终止子结构提前终止转录。

2. 苯丙氨酸

与色氨酸一样，L-苯丙氨酸（L-Phe）也属于芳香族氨基酸。苯丙氨酸在生物体内扮演着多种角色，它不仅是蛋白质合成的重要组成部分，还是多种神经递质和激素的前体，如多巴胺、肾上腺素和去甲肾上腺素等。此外，苯丙氨酸也是许多食品添加剂和药物的原料。

自从1879年Schulze和Barbier首先从羽扁豆中发现L-苯丙氨酸以来，其生产方法经历了从提取、化学合成到微生物发酵的演变。目前，微生物发酵法因其条件温和、原料易得和成本低等优势，成为工业生产L-苯丙氨酸的主要方法。通过代谢工程和基因工程，可以进一步优化微生物菌株，提升产量和效率。

苯丙氨酸的生物合成途径可以分为以下几个关键步骤。

（1）莽草酸途径的初级阶段：从磷酸烯醇丙酮酸（PEP）和赤藓糖-4-磷酸（E4P）开始，通过一系列酶促反应生成莽草酸（chorismic acid，CHA）。这一过程是芳香族氨基酸合成的共同起点。

（2）分支酸的生成：莽草酸在莽草酸激酶（shikimate kinase）的催化下生成3-磷酸莽草酸，3-磷酸莽草酸在5-烯醇丙酮酸莽草酸-3-磷酸合酶（5-enolpyruvylshikimate-3-phosphate synthase）的催化下生成分支酸，进入分支酸代谢途径。

（3）苯丙酮酸的生成：分支酸在分支酸变位酶（chorismate mutase）的作用下转化为预苯酸，再在预苯酸脱水酶（prephenate dehydratase）的作用下脱水脱羧生成苯丙酮酸。

（4）最终合成：苯丙酮酸最后在氨基转移酶（aminotransferase，由*tyrB*基因编码）的作用下转移氨基生成L-苯丙氨酸。

在这个过程中，3-脱氧-D-阿拉伯庚酮糖酸-7-磷酸合酶和分支酸变位酶/预苯酸脱水酶是限制苯丙氨酸合成的关键酶，受到细胞内苯丙氨酸水平的负反馈调控。当细胞内苯丙氨酸浓度达到一定程度时，它会抑制莽草酸途径中的关键酶，如莽草酸互变异构酶和预苯酸脱羧酶，从而减少苯丙氨酸的合成。

天津科技大学的研究团队采用了代谢工程的方法，对大肠杆菌进行了系统的优化，以提高L-苯丙氨酸（L-Phe）的产量。他们分步骤对L-Phe的合成途径、莽草酸的合成途径及前体物的供给途径进行了模块化优化。通过这些策略，该课题组成功构建了一株新的大肠杆菌菌种。在5 L发酵罐中进行的分批补料发酵培养实验中，这一新菌种的L-Phe产量达到了81.8 g/L，生产强度为1.7 g/（L·h），并且糖酸转化率（以葡萄糖为基准）达到了0.24 g/g，具有巨大的工业应用潜力。

四、其他氨基酸

天冬氨酸是苏氨酸、赖氨酸、甲硫氨酸和高丝氨酸的共同前体，QYResearch的调研报告显示，2021年全球天冬氨酸市场规模大约为4.7亿元（人民币），预计2028年将达到6.4亿元，2022—2028年的CAGR为4.5%。而天冬氨酸的合成涉及化学合成和生物催化。化学合成具有一定的优势，包括工艺简单、收率高，但需要在高温高压条件下反应。有研究人员为了克服化学合成的局限性，开发了一种从顺丁烯二酸酐通过双酶偶联催化生物合成L-天冬氨酸的系统，然而在催化过程中观察到这两种酶的利用不平衡，他们通过调节双酶酶活比例来达到系统的最大利用率。

甘氨酸是一种重要的化工中间体，在各领域根据消费量占比由高到低依次为农药、食品、饲料、医药等。在我国，约80%的甘氨酸用于生产除草剂草甘膦，而国内草甘膦产量从2015年的40万t增加至2019年的55万t，CAGR达9.3%。在食品行业，甘氨酸可作为营养增补剂、调味剂、防腐剂；在饲料和医药行业，甘氨酸可作为饲料添加剂和药物中间体。其因为结构简单，目前以化学合成为主要生产方式，国内外研究团队仍在探索更加绿色的生产方式。由中国科学院天津工业生物技术研究所体外合成生物学中心、中国科学院微生物研究所、山东大学组成的研究团队构建了基于还原性甘氨酸途径的体外多酶级联反应，展示了一种酶电催化系统，该系统允许CO_2和NH_3作为唯一的碳源和氮源，同时转化以合成甘氨酸。通过电化学辅因子再生和多酶级联反应的有效耦合和优化，甘氨酸产量达到了0.81 mmol/L，最高反应速率为8.69 mg/（L·h），法拉第效率为96.8%。这些结果暗示了酶促CO_2电还原的潜在替代方案，并将其产物扩展到含氮化合物。

2020年，全球脯氨酸市场规模达到了17亿元，预计2026年将达到25亿元，CAGR为5.2%。目前普遍采用的是谷氨酸途径生产L-脯氨酸，研究者大多选择以葡萄糖为底物从头合成L-脯氨酸，而早期需要外源添加L-谷氨酸；微生物生产L-脯氨酸的工程菌株主要是谷氨酸棒状杆菌，随着对精氨酸途径的了解，研究者也探索了精氨酸途径生产L-脯氨酸的情况，并取得了显著的成果，在5 L发酵罐中在60 h内L-脯氨酸浓度可达38.4 g/L。

L-谷氨酰胺是L-谷氨酸γ-羧基酰胺化产物，是人体液中含量最丰富的一种半必需氨基酸。Market Monitor Global，INC（MMG）的调研报告显示，2023年全球医药级谷氨酰胺市场规模大约为6000万美元，预计未来6年的CAGR为3.8%，到2030年可达到8000万美元。L-谷氨酰胺生产菌种有棒杆菌属和短杆菌属，我国在L-谷氨酰胺发酵研究方面较日本、韩国等国家起步晚，工业生产L-谷氨酰胺仍然存在着发酵用菌株遗传稳定性差、发酵产酸效率低、副产物分离成本高等问题。

The Insight Partners数据显示，天冬酰胺市场预计将从2021年的5.6401亿美元增长到2028年的15.7562亿美元。预计2022年至2028年的CAGR为16.1%。天冬酰胺被广泛应用于食品、医药、化工合成和微生物培养等领域。目前，L-天冬酰胺的制备主要采用提取法和化学合成法。提取法是通过从富含L-天冬酰胺的天然材料如白羽扇豆、草木樨等中分离。该方法受原材料质量因素的影响大，工艺复杂不易控制，且污染严重。化学合成法主要通过L-天冬氨酸与氨水进行酰胺化制得。该方法存在污染大、副反应多等缺陷。有研究利用菌体自身糖酵解功能合成的ATP进行全细胞催化，实现了从富马酸向L-天冬酰胺的双酶催化“一锅法”生物合成，有效节省了生产时间，并解决了L-天冬酰胺生产过程中消耗ATP的高成本问题。

市场研究机构Markets and Markets的最新报告显示，全球L-酪氨酸市场规模从2017年的3.11亿美元，2022年增长至4.01亿美元，CAGR为5.2%。值得一提的是，亚太地区是L-酪氨酸市场的主要推动力，占据了全球市场份额的40%以上。传统发酵法生产酪氨酸的过程容易造成发酵液黏稠浑浊、泡沫丰富、色素问题严重，从而导致发酵生产酪氨酸产率低，不利于后期酪氨酸的分离提取。江南大学的研究团队通过对莽草酸途径的通量增加方面进行优化，包括增加前体供应、增加中间酶表达水平和释放反馈抑制，最后在5 L发酵罐中发酵优化，62 h产出的L-酪氨酸滴度达到92.5 g/L，为目前报道的最高滴度。

五、总结与展望

氨基酸生产主要涉及菌株的改造筛选和下游放大生产纯化，近30年来，代谢工程在中国迅速发展，在氨基酸与其他化学品的生产菌株选育中发挥着与日俱增的作用。在氨基酸的代谢工程育种方面，利用正向代谢工程、反向代谢工程与进化代谢工程都获得了一系列高产优势菌株。传统的氨基酸发酵一般采用好氧发酵，依赖三羧酸循环（TCA循环）提供能量，进行辅酶循环。L-缬氨酸、L-丙氨酸等氨基酸需要以丙酮酸为前体物，在好氧发酵时，大量丙酮酸进入TCA循环，进行细胞代谢，从而导致目标氨基酸的转化率较低。近年来，通过基因改造改变相关酶的辅酶依赖性或者引入异源酶实现厌氧发酵或双阶段发酵，对于氨基酸的转化率有显著的提升作用。新的工艺可以减少能源的消耗，提高原料的利用率，有效降低成本。未来基于工艺革新需求，开发与节能减排、低成本原料利用等相匹配的菌株，是氨基酸代谢工程育种的新趋势。

撰 稿 人：陈　璐　安徽华恒生物研究院
李飞璇　安徽华恒生物研究院
刘勇军　安徽华恒生物研究院
韩　斌　安徽华恒生物研究院
周梦林　安徽华恒生物研究院
郑华宝　安徽华恒生物研究院
通讯作者：郑华宝　zhenghuabao@ehuaheng.com

第六节　有机酸的生物制造

一、概　　况

（一）国际产业发展现状

有机酸作为一类重要的大宗产品，被广泛应用于食品、医药、化工等领域。伴随着社会的日益发展，全球有机酸市场逐步扩张，2021年有机酸的全球市场销售额达到235亿美元，预计2028年将达到261亿美元，复合年均增长率为1.1%。目前，虽然已经实现了柠檬酸、丁二酸、苹果酸、丙酮酸等20多种有机酸的微生物发酵法制备，但是生物基材料合成所需的有机酸大部分仍然依赖化学合成。由于化学法合成有机酸使用的催化剂具有毒性且易产生副产物，从而影响了有机酸的生产效率，因此大力发展有机酸生物制造技术具有重要意义。近年来，欧盟、日本、美国等经济体纷纷对有机酸生物制造提出或更新国家与地区生物经济发展战略，细致制定了有机酸生物制造发展路线图和行动计划。日本于2021年发布了《生物技术驱动的第五次工业革命报告》，将智能细胞和有机酸生物制造列为生物经济领域优先发展方向。世界经济合作与发展组织（OECD）报告预测，至2030年，OECD国家将形成基于可再生资源的生物经济形态，生物制造的经济和环境效益将超过生物农业和生物医药，在生物经济中的贡献率将达到39%。欧盟在《欧洲化学工业路线图：面向生物经济》中强调，可降解塑料的需求日益提高，需要加大有机酸生物制造技术的研发力度。欧盟于2021年2月提出了升级版的《循环生物基欧洲联合企业计划》，明确加大资金投入，通过发展生物基产业推动欧洲绿色协议目标的达成。

（二）我国产业发展现状

有机酸生产作为生物制造的重要组成部分，是建设科技强国的重点发展领域之一。我国在《中国制造2025》中提出了“提升国家制造业创新能力”“全面推行绿色制造”“大力推动重点领域突破发展”的战略任务；提出了“创新驱动、质量为先、绿色发展、结构优化、人才为本”的基本方针，并将“智能制造工程”“绿色制造工程”作为重点方向。《中华人民共和国国民经济和社会发展第十四个五年规划和2035年远景目标纲要》在“构筑产业体系新支柱”部分，进一步提出“推动生物技术和信息技术融合创新，加快发展生物医药、生物育种、生物材料、生物能源等产业，做大做强生物经济”。目前，合成生物学技术的发展提高了有机酸生产细胞工厂的设计、改造和组装的效率，为高效有机酸合成菌种的创制提供了便利条件，极大地推动了我国有机酸生物制造产业的发展。我国有机酸生物制造产业正在向质量效益型转变，包括苹果酸、乙酸、柠檬酸、甲酸、乳酸、丙酸、抗坏血酸、葡萄糖酸、富马酸、丁二酸等多种有机酸产品的系统性产业链也逐步形成。以苹果酸为例，因其具有较高酸度且刺激性更小、口感柔和，在食品和饮料领域的需求占比达80%以上。2022年，苹果酸产量增加至2.2万t，同比增长10.8%，需求量同比增长11.9%；市场规模为5.03亿元，同比增长8.2%。我国苹果酸产业经历了长足的发展，近期我国科研人员通过关键酶改造、新菌种创制、新工艺开发将苹果酸产量提升至232.9 g/L，达到国际领先水平。虽然我国苹果酸、柠檬酸等多种有机酸产业规模庞大，但是仍然存在核心菌种不足的情况，部分技术依赖进口，从而造成巨额资金外流，形成了海外产业链垄断。目前，在国家政策的大力扶持下，我国有机酸生物制造产业迅猛发展，促进了我国在有机酸生物制造产业核心技术的发展，逐步增强了我国在国际市场中的行业竞争力，以期在未来逐步赶超发达国家。

（三）产业未来发展趋势

随着环境意识的提高和可持续发展的要求，微生物发酵法合成有机酸将得到更广泛的应用和推广。微生物发酵法制造的乳酸具有纯天然的产品优势，被广泛应用于食品饮料等领域。近年来，我国食品饮料市场飞速发展，2022年我国食品饮料工业销售收入达11.07万亿元，利润总额达0.74万亿元，在下游食品饮料工业需求增加的拉动下，乳酸市场需求将持续扩大。同时，乳酸在医药卫生、个人护理、工业原料等领域的应用不断拓展，为乳酸行业发展源源不断地注入新动力，因此未来乳酸行业前景持续看好。此外，衣康酸是继柠檬酸、葡萄糖酸、乳酸和苹果酸之后的世界第五大有机酸，具有化学性质活泼、毒性小、安全性高等特性，是化学生产的重要原料。衣康酸的生产方法主要有化学合成法和微生物发酵法，其中微生物发酵法是衣康酸的主流生产方法。目前，我国衣康酸年产能在10万t左右，产能领先全球，伴随着下游市场快速发展，国内衣康酸的需求也不断增加，市场需求空间广阔。同时，国内衣康酸生产技术经过不断研究与发展，已趋于成熟，产能也逐步提升，我国已成为全球主要生产与出口国，行业整体发展趋势向好。未来，随着合成生物学的发展，有机酸生物制造成本可以有效降低，从而促进经济社会可持续发展。

二、主要产品

（一）一元有机酸

常见的一元有机酸主要包括蚁酸、乙酸、乳酸、葡萄糖酸、丙酮酸、曲酸等。其中，乳酸是一种天然有机酸，是自然界最小的手性分子，可以以两种立体异构体的形式存在。乳酸可被用于食品、饲料、医药、化工等领域，也可作为防腐保鲜剂、酸味剂、保湿剂、清洁剂、补钙剂等使用。目前，全球近70%的乳酸生产企业采用微生物发酵法，其中发酵控制与分离提纯是乳酸生产工艺的难点。韩国科学技术研究院的科研人员通过筛选耐酸宿主和代谢工程改造，使得库德里阿兹威毕赤酵母在低pH下的乳酸产量达到了135 g/L，该技术有效简化了下游分离提纯的难度和成本，进一步促进了生物法合成乳酸的产业发展。此外，葡萄糖酸是葡萄糖氧化产物之一，是一种具有生物相容性和可生物降解的化合物，被广泛用作食品添加剂、药物和可生物降解聚合物的原料。目前，葡萄糖酸主要通过曲霉发酵来生产，但发酵过程存在细胞生长缓慢和细胞活力不高等问题，限制了葡萄糖酸的生产效率。为此，巴西圣卡洛斯联邦大学的科研人员利用黑曲霉（*Aspergillus niger*）全细胞催化偶联淀粉酶，最终实现了以淀粉为原料生产葡萄糖酸，产量达到了134.5 g/L，为葡萄糖酸生产提供了一种全新策略。

（二）二元有机酸

二元有机酸主要包括丁二酸、苹果酸、戊二酸、衣康酸、富马酸等，均已经实现了微生物发酵法生产。伴随着合成生物学的发展，新策略与新技术的涌现为工业化二元有机酸菌种的创制和优化提供了便利。为了构建高效二元有机酸微生物细胞工厂，国内科研院所进行了持续研究，表3-10汇总了部分代表性二元有机酸微生物细胞工厂的生产指标。丁二酸作为典型的二元有机酸，是重要的“C4平台化合物”，被广泛应用于材料、化学、医药、食品等领域。江南大学刘立明团队利用合成生物学方法，通过优化代谢途径、调控辅因子供应及优化能量供应等策略，使丁二酸产量达到了154.20 g/L，已在淮北创新生物新材料有限责任公司、湖南新合新生物医药有限公司实现了工业化生产。苹果酸具有独特的酸味和风味，在食品、医药领域具有广泛应用。江南大学的科研人员通过增强黑曲霉（*Aspergillus niger*）辅因子供应提高苹果酸合成路径关键酶活性，有效提升了苹果酸生产效率，缩短了发酵周期，降低了副产物含量，为以霉菌为宿主高效生产苹果酸提供了新的借鉴。戊二酸是一种重要的化工原料，可用于合成聚酯树脂和化工涂料，具有广泛的市场应用。江南大学的科研人员通过设计戊二酸非天然合成途径，简化了戊二酸天然合成途径，在大肠杆菌中应用代谢工程和酶工程改造策略，使戊二酸产量达到88.00 g/L。衣康酸作为一种代表性的不饱和二元有机酸，化学性质活泼易聚合，被美国能源部列为12种最有价值的生物基平台化合物之一，在材料化工领域具有重要用途。天津大学的科研人员通过代谢工程策略改造盐单胞菌（*Halomonas bluephagnesis*），并优化了发酵工艺，衣康酸产量达到了63.60 g/L。江南大学的科研人员通过基因工程改造和发酵工艺优化，使土曲霉发酵生产衣康酸的产量超过80 g/L，具有较好的工业应用潜力。

表3-10　国内代表性二元有机酸细胞工厂的生产指标汇总

种类	生产菌株	底物	产量/（g/L）	生产强度/[g/（L·h）]	产率/（g/g）	来源
丁二酸	大肠杆菌	葡萄糖	154.20	2.14	0.92	江南大学刘立明团队
	解脂耶氏酵母	葡萄糖	111.90	1.80	0.79	山东大学祁庆生团队
苹果酸	米曲霉	葡萄糖	142.50	1.08	0.78	江南大学刘立明团队
	黑曲霉	葡萄糖	201.00	1.20	1.04	天津科技大学刘浩团队
富马酸	酿酒酵母	葡萄糖	33.13	0.34	0.33	江南大学刘立明团队
	大肠杆菌	甘油	41.50	0.51	0.31	天津大学陈涛团队
戊二酸	大肠杆菌	葡萄糖	88.00	2.09	0.41	江南大学刘立明团队
	大肠杆菌	赖氨酸	73.20	1.36	0.79	江南大学刘立明团队
己二酸	大肠杆菌	葡萄糖	22.30	0.31	0.25	江南大学刘立明团队
衣康酸	盐单胞菌	柠檬酸	63.60	1.12	0.63	天津大学陈涛团队
	土曲霉	玉米淀粉	77.60	0.81	—	中国科学院青岛生物能源与过程研究所吕雪峰团队
	土曲霉	葡萄糖	82.00	1.64	0.64	江南大学刘立明团队

（三）多元有机酸

多元有机酸是指三元及其以上的有机酸，主要包括柠檬酸、乌头酸、乙二胺四乙酸和均苯四甲酸等，被广泛应用于食品、农业、医药、生物基材料等领域。其中，柠檬酸是目前世界上需求量最大的有机酸，全球年需求量达43.4万t。在柠檬酸生产中，微生物发酵法具有显著的经济优势和产量优势。天津科技大学的研究人员通过在黑曲霉（*Aspergillus niger*）中引入葡萄糖转运蛋白1（HGT1），有效提升了底物利用效率。在此基础上，通过优化内源代谢途径和调控产物转运过程，柠檬酸产量达到了174.1 g/L。反式乌头酸是柠檬酸循环中柠檬酸脱水生成的中间产物，可以用作抗氧剂、增塑剂、润滑剂等，在农业线虫病害防治方面也具有较好的应用前景。中国科学院青岛生物能源与过程研究所的科研人员以耐受低pH的土曲霉（*Aspergillus terreus*）作为底盘菌株，通过内源合成途径理性设计和人工模块异源重构，构建了高效合成反式乌头酸的*A. terreus*工程菌株，开发了发酵工艺并完成了放大验证，发酵100 h反式乌头酸产量达61.7 g/L，实现了反式乌头酸的高效绿色生物制造。反式乌头酸酯是一种基于反式乌头酸的新型生物基增塑剂，中国科学院青岛生物能源与过程研究所的科研人员提出了以反式乌头酸为原料开发新型生物基增塑剂的设想，筛选出7种醇类化合物作为调控酯基结构的原料，并通过优化绿色催化酯化工艺，开发了C2到C8不同烷基链的一系列反式乌头酸酯增塑剂，该工艺从原料选择到催化合成再到产物处理全流程均具有很好的工业化可行性，实现了反式乌头酸酯的绿色高效合成，有望部分取代传统的石油基邻苯类增塑剂。

三、市场分析

（一）一元有机酸市场分析

生物制造一元有机酸市场主要以乳酸和丙酮酸为主。目前，全球丙酮酸市场需求量约2.4万t，市场总值约12亿元。我国有近10家企业生产丙酮酸及其衍生物，年产丙酮酸1000—1500 t，其中80%以上用于出口。中国丙酮酸市场的复合年均增长率达到了8%—10%。随着工业应用领域的不断拓宽，丙酮酸用量也会急剧上升。在国际市场上，80%的丙酮酸用于制药工业，20%用于食品保健品及其他行业。因此，丙酮酸产品的国内外市场缺口较大，加之中国市场需求量逐年增大，特别是高质量的丙酮酸尤其缺乏，因此丙酮酸市场已进入高速成长期，销售前景广阔。乳酸具有良好的生物降解性与生物相容性，被广泛应用于聚乳酸（PLA）生产，被认为是石油基塑料的替代品。作为PLA的前体，乳酸在2022年的全球市场价值为31亿美元，预计2023—2030年的复合年均增长率为8.0%。目前，全球乳酸海外公司的产能占比较大，我国产能占全球的37%左右。全球有三家产能超过10万t规模的企业，分别为荷兰科碧恩-普拉克公司、美国Nature Works公司和中国河南金丹乳酸科技股份有限公司。其中，河南金丹乳酸科技股份有限公司是我国乳酸行业的龙头企业，拥有18.3万t的乳酸产能，其他乳酸生产企业产能相对较小，如百盛科技有限公司、河南星汉生物科技有限公司及武汉三江航天固德生物科技有限公司等。

（二）二元有机酸市场分析

生物制造二元有机酸市场主要以苹果酸和丁二酸为主。2023年，全球苹果酸市场规模达到2.2亿美元。IMARC Group预计到2032年市场规模将达到3.3亿美元，2024—2032年复合年均增长率为4.4%。目前，越来越多的行业采用苹果酸，如食品和饮料行业用其来增强风味，化妆品行业用其来提高护肤效果，健康和健身行业用其来提高运动表现，正在推动着苹果酸市场快速增长。全球苹果酸的核心厂商包括Fuso Chemical、安徽雪郎生物科技股份有限公司、Polynt、Bartek、Isegen等，核心厂商占据了全球约73%的市场份额。中国是苹果酸最大的生产地区，份额约为29%，其次是日本和欧洲，份额分别为17%和16%。欧洲是最大的苹果酸市场，份额约为25%，其次是北美和中国，份额分别为22%和17%。目前，食品饮料是最主要的苹果酸需求来源，占据大约75.7%的份额，其次是制药、化工市场，分别占据大约7%、15%的份额。2022年丁二酸的全球市场规模为2.5亿美元，预计2024—2031年的复合年均增长率为8.0%，从2023年的2.7亿美元增至2031年的5.0亿美元。目前，丁二酸在药品制造和基础设施开发中的使用量迅速增加，与丁烷化合物相比，丁二酸酐、塑胶瓶和聚合物的化学生产越来越青睐丁二酸，这必将刺激市场扩张。尽管全球市场竞争激烈，跨国公司通过产品增强和产能扩张等多种策略来争夺霸主地位，但新型冠状病毒感染大流行扰乱了全球各行业，导致暂时停工和供应链中断，尤其影响了法国、意大利、西班牙、英国和英国等主要市场的需求。目前，随着经济逐步复苏、产业重启，丁二酸需求预计将稳定增长。全球主要的生物基丁二酸供应商，包括BioAmber、GC Innovation America、Reverdia和Suciity GmbH。从国内企业产能情况来看，国内丁二酸生产以化学合成法为主，受限于反应条件、生产成本和环境污染等问题，多数为千吨级中试装置。然而，山东兰典生物科技股份有限公司依托中国科学院天津工业生物技术研究所的生物发酵技术，已成功实现了万吨级生物发酵法生产丁二酸。

（三）多元有机酸市场分析

生物制造多元有机酸市场主要以柠檬酸为主。我国作为柠檬酸生产大国，同时也是柠檬酸出口大国。2022年中国柠檬酸产量和需求量分别达150万t和43.4万t，市场均价达6616元/吨，其中，柠檬酸钠占23.34%，柠檬酸钙占15.12%，柠檬酸钾占19.51%。2023年1—5月中国柠檬酸出口量已完成49.30万t，出口额完成4.56亿美元，进口数量为0.06万t，进口金额为366.33万美元，进口均价为0.65万美元/吨，出口均价为0.09万美元/吨。按照省市来看，2023年1—5月山东柠檬酸出口额已完成3.73亿美元，占全国柠檬酸出口总额的81.80%，其次为江苏和安徽，出口额分别为4479.5万美元和1161.7万美元。从出口目的地来看，2023年1—5月中国柠檬酸主要出口至印度、日本、墨西哥、俄罗斯、德国、土耳其、荷兰、波兰、巴基斯坦和比利时等地，出口额分别为4619.37万美元、2555.81万美元、2437.09万美元、2202.67万美元、2173.95万美元、2147.94万美元、1959.02万美元、1703.08万美元、1420.1万美元和1277.53万美元。目前，柠檬酸产业产能和市场份额持续向头部企业集中。中国国内的柠檬酸生产企业主要包括：山东英轩实业股份有限公司、山东柠檬生化有限公司、日照金禾生化集团股份有限公司、江苏国信协联能源有限公司、中粮生化能源（榆树）有限公司、莱芜泰禾生化有限公司、七星柠檬科技有限公司。国外柠檬酸产区及生产商主要包括：欧盟地区的JBL和Citrique Belge，美洲的Cargill、ADM和Tate & Lyle，东南亚的阳光国际生物有限公司（泰国）和中粮生化（泰国）有限公司。

四、研发动向

（一）推进智能制造

全球新一轮科技革命和产业变革深入发展，新技术不断突破并与先进制造技术加速融合，为有机酸生物制造业高端化、智能化、绿色化发展提供了历史机遇。国际环境日趋复杂，全球科技和产业竞争更趋激烈，大国战略博弈进一步聚焦制造业。美国、德国、日本等工业发达国家均将智能制造作为抢占全球制造业新一轮竞争制高点的重要抓手。有机酸智能制造通过建立从原料到产品的自动化技术体系及装备，提高有机酸生物制造过程的集成与工程化能力，解决有机酸生物制造过程效率低下、能力不足等问题。目前，多学科交叉和人工智能的快速发展正在推动生命科学研究范式加速向智能化、通量化、工程化演进。未来研究中要更加注重建设“机器学习、模拟设计、DNA合成装配、高通量测试、工艺构建”为闭环的有机酸生产自动化工程生物设计，创建基础设施平台，形成工程生物自动化、智能化设计构建技术体系，大幅度提升有机酸合成设计精准度、降低有机酸菌种构建成本、提高有机酸高产菌种的应用评价能力，为有机酸工业菌种开发和生物产业发展提供核心技术支撑。我国要坚定不移地以智能制造为主攻方向，推动产业技术变革和优化升级，促进制造业产业模式和企业形态根本性转变。

（二）升级优化菌种

《中华人民共和国国民经济和社会发展第十四个五年规划和2035年远景目标纲要》在“推动制造业优化升级”部分中提出，“深入实施智能制造和绿色制造工程，发展服务型制造新模式，推动制造业高端化智能化绿色化”。菌种作为有机酸生物制造产业的核心，菌株的创制及优化是实现有机酸制造产业高端化、智能化、绿色化的重要组成部分。在下一步研究过程中，要大力围绕提升生产菌种性能、原料利用率、目标产品合成效率等展开攻关。基于合成生物学技术及策略，开发微生物功能的定量解析方法，建立多维度、多目标函数的数字化细胞模拟设计工具，形成高性能有机酸生产菌种的理性设计能力；结合新兴技术提升非理性育种创制及筛选效率，通过搭建高通量自动化DNA合成装配平台、基因编辑平台，开发微生物物质流、能量流、信息流调控技术体系，实现高性能有机酸生物制造工厂的重组与再造；构建高通量微型发酵平台、定性与定量分析测试平台，快速解析菌种发酵性能、生理特征及代谢瓶颈，用于指导菌种的下一轮设计与改造；开发高效的复杂环境适应性进化技术，优化菌株与环境的契合度，持续提升菌种水平。升级优化菌种作为实现有机酸绿色制造工程的重要方式，是生物制造从原料源头降低碳排放的重要手段，是传统产业转型升级的绿色动力，也是绿色发展的重要突破口。目前，我国的有机酸生物制造产业正处于技术攻坚和商业化应用开拓的关键阶段，因此抓住生物制造战略发展和机遇期，加快有机酸生物制造战略性布局和前瞻性技术创新，促进从基因组到工业合成技术和装备的突破，支撑生物基化学品、生物基材料、生物基能源等重大产品的绿色生产，带动数万亿元规模的新兴生物产业，对于我国走新型工业化道路、实现经济绿色增长和社会经济可持续发展具有重大战略意义。

（三）发展绿色制造

绿色制造是推动工业绿色发展的重要抓手。全国两会期间，习近平总书记在参加江苏代表团审议时强调，推动制造业高端化、智能化、绿色化发展。2023年度绿色制造名单公布，包括1488家绿色工厂、104家绿色工业园区、205家绿色供应链管理企业，这意味着我国绿色制造体系建设再次取得新进展。在未来的研究中，生物酶和工业微生物菌株将成为推动有机酸绿色生物制造产业前沿的关键技术。例如，利用高通量筛选技术来识别和开发高效的生物催化剂，促进底物向有机酸产品的高效转化；大力研发高性能的工程菌株和绿色工艺，实现有机酸的微生物绿色制造；设计和制造能够适应多样化生物过程的反应器，开发高效的分离膜和层析介质，以提升有机酸产品的分离纯化效率；优化在线分析技术和电极，以实现对生物过程的实时监控和控制，确保有机酸生产效率和产品质量；鼓励生物技术、化工、材料科学、信息技术等领域的交叉融合，推动有机酸生产技术创新；促进产学研合作，将实验室研究成果转化为工业应用；最后，政府应当制定相关政策，为有机酸绿色生物制造的研究和商业化提供支持。

五、自主创新情况

（一）一元有机酸自主创新情况

在微生物发酵有机酸的生产过程中，随着有机酸的积累，发酵液pH会不断下降，严重影响了细胞代谢活性和生产效率。目前，解决此类问题的主要办法是在生产过程中添加大量中和剂用于控制pH，但是在发酵过程中添加中和剂不仅会增加下游分离纯化的难度，提高生产成本，还会造成严重的环境污染。中国科学院微生物研究所的研究人员通过筛选耐酸的非常规酵母，在完全不添加中和剂的情况下生产乳酸，产量达到了74.57 g/L，这为乳酸高效生产提供了一种绿色环保的方法。江南大学刘立明教授团队以东方伊萨酵母为出发菌株，通过实验室适应性进化及代谢工程改造，实现了低pH下高效生产D-乳酸，产量达160 g/L。该技术可以在无中和剂条件下实现乳酸规模化生产，节约生产用水量，降低环保风险；同时，缩短乳酸生产过程链，降低乳酸生产成本。目前已经与河南金丹乳酸科技股份有限公司合作并开展规模化生产，该技术的顺利实施能够在很大程度上促进我国乳酸生物制造产业的发展。

（二）二元有机酸自主创新情况

目前，传统发酵法生产L-苹果酸存在杂酸多、分离成本高等问题，导致产业化困难，因此全生物基L-苹果酸市场供应严重不足。针对上述问题，西南大学联合安徽雪郎生物科技股份有限公司创建了苹果酸及其衍生物的系列绿色关键制造及应用新技术，发明了DL-苹果酸微波诱导反应强化和连续化合成装置与技术，相比传统间歇式合成方法，生产速率提高了3倍以上，能耗降低了70%以上；发明了聚苹果酸发酵及酸水解制备生物基L-苹果酸新工艺，苹果酸发酵产量达到180 g/L以上，具有无杂酸、低成本、易分离等优势，实现了L-苹果酸的低成本发酵法生产，生产成本降低15%以上。此外，该项目还引入了电渗析、臭氧氧化等关键单元制备提取工艺，构建高纯度苹果酸及衍生物绿色高效分离技术，实现了产品收率从原工艺90%提高到98%以上，产品品质优于国际JECFA标准，大幅度降低了废水、废渣排放，是一种节能微排的清洁生产工艺。该项目形成了DL-苹果酸、L-苹果酸、聚苹果酸盐、富马酸等系列产品的绿色制造技术，已在安徽雪郎生物科技股份有限公司推广应用，使企业成为国内最大的苹果酸专业生产商和全球主要出口供应商。项目推广三年以来，累计新增产值近5.22亿元，新增毛利9673万元，上缴税金983万元，实现出口创汇3360万美元，产生了显著的经济效益。苹果酸系列产品品质优良，已通过国际上英国零售商协会（BRC）等多家机构认证，并获得了安徽省名牌产品称号。该项目得到国家863计划、国家自然科学基金等科技计划资助，共申请发明专利25项，授权发明专利13项，形成了覆盖苹果酸制造新工艺、装备、衍生物应用等关键技术的核心专利群；已在多个国内外重要刊物发表论文18篇。该项目发明的技术和方法，对有机酸行业技术进步、节能减排起到了重要的推动作用。

（三）多元有机酸自主创新情况

中国科学院青岛生物能源与过程研究所承担的中国科学院科技服务网络计划（STS计划）专项研发项目“反式乌头酸杀线虫新型生物农药创制和开发”，以具有低pH耐受能力的土曲霉（*Aspergillus terreus*）工业菌株作为底盘细胞，通过异源重构乌头酸异构化模块，获得了*A. terreus*工程菌株，经工艺优化后进行规模化生产，产量达到60 g/L。在此基础上，基于发酵生产的反式乌头酸开展了黄瓜线虫防治田间试验，结果显示使用反式乌头酸后显著降低了根结线虫病的危害。目前，该项目与山东鲁抗医药股份有限公司达成技术转让合作，建立了全球反式乌头酸微生物发酵生产首条示范线。

撰 稿 人：杨　硕　江南大学生物工程学院
刘　源　江南大学生物工程学院
仇　棠　江南大学生物工程学院
陈修来　江南大学生物工程学院
刘立明　江南大学生物工程学院
通讯作者：刘立明　mingll@jiangnan.edu.cn

第七节　维生素的生物制造

一、概　　况

维生素是一类人体生长发育和健康所需的微量营养素之一，通常存在于食物中，机体无法自行合成，对于维持生命、促进人体健康起着至关重要的作用。维生素分为脂溶性和水溶性两类，4种脂溶性维生素包括维生素A、维生素D、维生素E、维生素K，9种水溶性维生素包括8种B族维生素和维生素C。每种维生素都具有独特的生理功能和作用。例如，维生素A有助于维持视力和免疫系统健康；B族维生素参与能量代谢和神经系统功能；维生素C对于抗氧化、促进结缔组织合成等具有重要作用；维生素D则有助于钙的吸收和骨骼健康；而维生素E和维生素K也各自在抗氧化、凝血等方面发挥作用。维生素的缺乏或过量摄入都可能导致人体健康问题，人体需要保持适当的维生素摄入。

维生素产业在全球范围内呈现出不断发展的态势，以满足人类对健康营养的需求。维生素的商业生产主要通过化学合成和生物制造两种方法实现。化学合成是利用有机合成的方法，经过一系列的化学反应制得维生素。而生物制造则是利用微生物、真菌等生物体，通过基因工程技术，使其在发酵过程中产生目标维生素。随着生物制造技术的不断发展，生物合成维生素的成本逐渐降低，生产效率也不断提高。生物制造不仅能够减少对于天然资源的依赖，还能够生产更纯净、附加值更高的维生素产品。未来，随着生物技术和智能生物制造技术的进一步突破，生物制造有望成为维生素产业的主流生产方法，推动维生素产业迈向更加健康、可持续的发展方向。维生素产业作为健康营养产业的重要组成部分，拥有巨大的市场潜力和发展前景。

二、主要产品

（一）脂溶性维生素

脂溶性维生素可溶于脂肪和脂肪剂，在进入人体后需要脂肪作为载体才能被有效吸收，主要包括维生素A、维生素D、维生素E和维生素K。这些维生素在机体内可以储存一段时间，因此即使在短期内不摄入也不会立即出现维生素缺乏症状。然而，长期过量摄入脂溶性维生素可能导致其在体内积聚，从而引发中毒现象。

维生素A的工业生产方式主要还是化学合成，而天然的维生素A主要来自一些高等植物、真菌和细菌合成的维生素A原，包括α-胡萝卜素、β-胡萝卜素，以及β-隐黄质等类胡萝卜素。目前，通过合成生物学技术改造菌株，获得的β-胡萝卜素产量最高可以达到39.5 g/L（表3-11）。虽然产量大幅提高，但是与化学合成法相比仍然不具有经济性，生物合成维生素A仍然面临较高的技术壁垒。维生素D具有维生素D_2、维生素D_3、维生素D_4、维生素D_5、维生素D_6和维生素D_7等多种形式，其中维生素D_2（麦角钙化醇）和维生素D_3（胆钙化醇）是主要的形式。维生素D_2和维生素D_3分别由麦角固醇和7-脱氢胆固醇经紫外光照射形成，后者主要通过甾醇途径合成。麦角固醇和7-脱氢胆固醇的生物合成法已经建立，所用菌株均为酵母，最高产量分别达到1.16 g/L和2.87 g/L（表3-11）。由于甾醇合成途径较长、调控复杂、途径酶活性差，提高其产量还面临较大的挑战。维生素E具有生育三烯醇和生育酚8种自然形式，α-生育酚是最普遍且活性最高的形式。刘天罡教授团队通过微生物发酵合成法尼烯，然后以法尼烯为前体，通过化学反应合成维生素E。目前，使用酿酒酵母作为底盘菌株，进行中心碳代谢重排和发酵优化，法尼烯产量最高可以达到130 g/L（表3-11）。但是，对于维生素E的全过程生物合成研究还比较少，产量也相对较低。维生素K有维生素K_1、维生素K_2、维生素

K_3、维生素K_4等几种形式，维生素K_1和维生素K_2是天然存在的脂溶性维生素，从结构上看，均是2-甲基-1, 4-萘醌的衍生物。目前，通过微生物发酵法合成的维生素K主要是MK-7，是生物活性最高的维生素K_2。江南大学的研究团队构建了高产MK-7的大肠杆菌，产量达到1.35 g/L（表3-11）。

表3-11　脂溶性维生素的功能和生物合成情况

维生素名称	生物合成形式	功能	宿主	产量/（g/L）	报道时间
维生素A	β-胡萝卜素	维持正常视觉功能，提高免疫力，促进生长发育和生殖功能	酵母	39.5	2022年
维生素D_3	麦角固醇	调节钙、磷代谢，促进骨骼生长，维持血液柠檬酸盐水平	酵母	1.16	2003年
维生素D_2	7-脱氢胆固醇	调节钙、磷代谢，促进骨骼生长，维持血液柠檬酸盐水平	酵母	2.87	2022年
维生素E	法尼烯	抗氧化，促进激素分泌，提高细胞保护功能，调节免疫力	酵母	130	2016年
维生素K_2	MK-7	维持机体骨骼健康和心血管功能，预防心血管钙化	大肠杆菌	1.35	2021年

（二）水溶性维生素

水溶性维生素是指能够溶解在水中的维生素，主要包括B族维生素和维生素C，B族维生素包括维生素B_1、维生素B_2、维生素B_3、维生素B_6、维生素B_7、维生素B_8、维生素B_9和维生素B_{12}。与脂溶性维生素不同，水溶性维生素在机体内不能被储存，因此需要经常通过饮食摄入。这些维生素参与多种重要的生化反应和代谢过程，如能量代谢、神经传导、红细胞形成等。由于它们不能被储存，摄入过量的水溶性维生素会被机体排出，因此一般不会出现中毒现象。常见的水溶性维生素食物来源包括新鲜水果、蔬菜、全谷类食物、肉类、豆类和坚果等。

维生素C全球需求量在15万t左右，市值超过80亿元，是需求量最大的维生素。莱氏法是最经典的维生素C工业生产方式，但是存在工序复杂、难以连续操作、劳动强度大、需要使用有毒化学药品等缺点。目前，国内采用二步发酵法生产维生素C，简化了工艺流程，避免了有毒药品的使用，同时产品总收率得到了大幅提升。B族维生素生物合成能力见表3-12，维生素B_2和维生素B_{12}的工业生产主要通过微生物发酵实现。维生素B_2主要生产菌株为枯草芽孢杆菌，产量达到34.7 g/L，主要以玉米淀粉为原料，占发酵成本的50%以上，提高糖原料到产物的转化率是降低生产成本的有效方法。维生素B_{12}是含钴的咕啉类化合物，由于其结构复杂，化学合成困难，成本高，主要通过丙酸杆菌和脱氮假单胞菌发酵来大规模生产。全球维生素B_{12}主要在我国国内生产，已经报道的发酵水平达到300 mg/L，河北玉星生物工程股份有限公司是最大的维生素B_{12}生产厂商，销售额占总量的60%左右。维生素B_5和维生素B_8的生物合成研究已经取得了较大进展，最高产量分别达到了85 g/L和106 g/L，已在国内建立生物合成的生产线。其他B族维生素已报道的生物合成产量仍然维持在较低水平，处于工业化应用的早期阶段。维生素B_6微生物合成存在天然酶催化效率低及代谢途径受到严格调控的问题，中国科学院天津工业生物技术研究所张大伟团队通过限速酶的理性设计和代谢模块迭代优化，以大肠杆菌为底盘细胞生产维生素B_6，最高产量达到1.4 g/L。维生素B_7的生物合成研究在2000年左右主要通过结构类似物结合化学诱变进行高产菌株筛选，最高产量达到15 g/L，但是没有后续报道。浙江圣达生物药业股份有限公司和浙江大学徐志南团队以易变假单胞菌为底盘细胞，通过多种代谢改造策略和发酵工艺优化，使维生素B_7产量最高达到0.75 g/L。维生素B_1、维生素B_3和维生素B_9的生物合成产量均维持在毫克级水平，处于研发的起步阶段。

表3-12 B族维生素的功能和生物合成情况

维生素名称	功能	宿主	产量/(g/L)	报道时间
维生素B_1	参与碳水化合物和能量代谢，抗神经炎	大肠杆菌	0.0008	2017年
维生素B_2	促进细胞发育和再生，促使皮肤和毛发正常生长，增进视力	枯草芽孢杆菌	34.7	2006年
维生素B_3	促进皮肤和神经中枢正常发育，维持机体正常代谢，降低血胆固醇	酵母	0.008	2011年
维生素B_5	参与能量代谢和脂肪酸合成，维持细胞完整性，增强免疫力	—	85	2022年
维生素B_6	保持皮肤和神经健康，抗感染，维持血糖水平	大肠杆菌	1.4	2023年
维生素B_7	促进葡萄糖和脂肪酸代谢，调节血糖，保护头发健康，提高免疫力	易变假单胞菌	0.75	2022年
维生素B_8	维持细胞正常功能，抗氧化，营养和保护神经	大肠杆菌	106	2022年
维生素B_9	促进胎儿神经管正常发育,保护心血管系统,降低心脏病风险	枯草芽孢杆菌	0.0009	2013年
维生素B_{12}	促进红细胞发育，维持机体造血功能，促进叶酸利用	脱氮假单胞菌	0.3	2014年

三、市场分析

我国维生素产业起源于20世纪50年代末，目前已成为重要的维生素生产中心，可以生产全部维生素种类，取得了突出的国际竞争优势。我国维生素的市场规模从2015年的产量25.6万t增长到2023年的44.4万t（图3-4），呈现稳步增长的态势。维生素对应的下游产业主要是饲料行业，占总维生素产量的80%，饲料行业的稳定需求决定了维生素产业的持续需求。由于维生素化学生产过程存在的环保和安全问题，部分厂商生产收紧，维生素供应紧张，价格上涨，刺激了新的市场参与者，并且更多的公司转向维生素生物合成的研发方向。

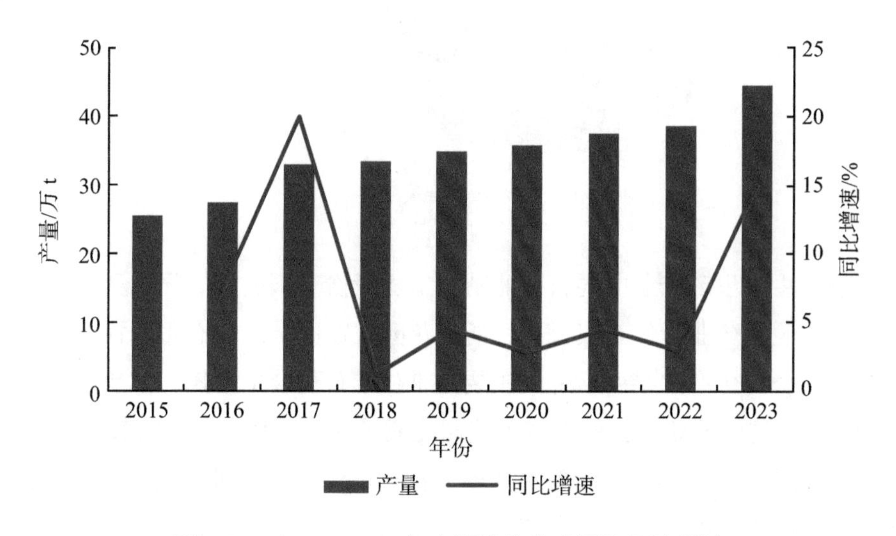

图3-4　2015—2023年中国维生素产量和同比增速

维生素产业经过多次调整和转移，最终形成了荷兰帝斯曼公司、德国巴斯夫公司和中国企业三足鼎立的局面。同时，维生素产业的进入壁垒比较高，难有新的竞争者进入，所以呈现出稳定的寡头垄断局面。帝斯曼公司是全球维生素领域的主导者，是维生素A、维生素B_2、维生素C和维生素E等的主要供应商。巴斯夫公司是全球领先的化工巨头，在多个单体维生素合成领域具有优势，是全球主要的维生素A制造商。中国企业拥有所有单体维生素的生产能力，凭借技术和成本上的优势，多家企业在各自品种上建立了全球领先地位。中国企业在降低维生素产品的生产成本和提高产能规模方面具有显著的全球竞争力，随着新技术的发展和新产能的增加，中国企业在维生素行业的竞争优势将进一步增强。

在市场占比方面，B族维生素、维生素E、维生素C和维生素A市场份额占比分别为33%、30%、21%和13%，其他维生素占比加和只有3%（图3-5）。自2019年起，受新冠疫情影响，多数维生素产能受到影响，但由于维生素C可提高机体免疫力，其市场需求量呈现明显增加的趋势。B族维生素产能高度集中，产能前三的企业，其产能占比超过整体市场的一半，尤其是维生素B_7，前三企业产能超过总体的90%。

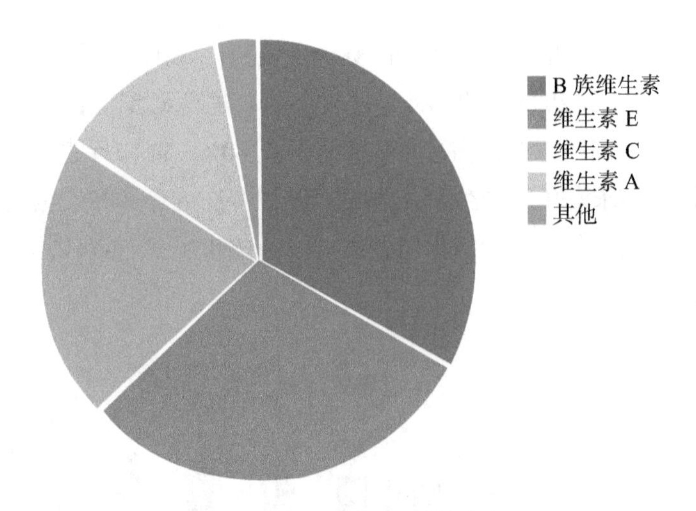

图3-5 维生素市场结构占比

中国的维生素生产企业主要有东北制药集团股份有限公司、兄弟科技股份有限公司、浙江圣达生物药业股份有限公司、浙江花园生物医药股份有限公司等。东北制药集团股份有限公司生产的维生素种类主要是维生素C和维生素B_1，其年度营业收入呈现稳步增长的趋势。兄弟科技股份有限公司建成了维生素B_1、维生素B_3、维生素B_5和维生素K_3的生产平台，为全球饲料和医药等行业提供安全、可靠的维生素产品。浙江圣达生物药业股份有限公司主要生产维生素和生物保鲜剂，主要产品有维生素B_7、维生素B_9和维生素B_2，是全球这几种维生素的主要供应商。浙江花园生物医药股份有限公司主要的产品是维生素D_3及其上下游产品，包括羊毛脂胆固醇和25-羟基维生素D_3，具有维生素D_3及其相关产品完整的产业链，成为可生产维生素D_3系列产品的全球知名企业。

目前，我国的维生素市场需求与发达国家相比差距较大，人均消费量显著低于欧美国家。由于我国人口基数大，人口老龄化严重，随着经济的快速发展和人民健康意识的增强，我国维生素需求还有很大的上升空间，为我国维生素市场的发展提供了契机。同时，我国作为维生素出口大国，国际市场巨大的维生素需求也对我国维生素产业的发展具有重要的推动作用。通过绿色生物制造，合成纯度更高的维生素产品用于医疗、食品行业，达到国际领先水平，将成为维生素产业的核心竞争力。

四、研发动向

在维生素产品的工业生产中，除维生素B_2和维生素B_{12}外，多采用化学合成法，其具有效率高、工艺成熟的优势，但也存在着对环境影响大、成本降低困难、过程烦琐等瓶颈问题。近年，生物合成法作为一种可持续发展的替代方案，利用微生物生产维生素具有环境友好、资源可再生、生产过程简单等优点，正处于渐进式成长期，未来有望成为维生素工业的重要发展方向。由于天然菌株对维生素的需求量很小，因此多数天然菌株的产量都很低，需要对菌株进行改造以提升产量，达到工业应用的目的。

（一）限速酶的设计与改造

维生素合成步骤复杂，合成途径大多存在限速步骤，主要是因为酶的催化效率低。酶的设计与改造是指利用生物工程技术对酶进行有目的的改造，以增强其活性、稳定性、选择性或特定环境条件的适应性。解脂耶氏酵母的β-胡萝卜素环化酶活性受底物抑制，通过结构引导的蛋白质工程产生突变体Y27R，可以完全解除底物抑制，同时不降低酶的催化活性，经过进一步代谢流调控，获得了可生产39.5 g/L β-胡萝卜素的菌株，提供了一种通过关键酶设计解除底物抑制的改造策略。在维生素B_6的合成中，天然酶的催化效率低是限制产量提高的关键因素，通过理性设计维生素B_6合成途径低效酶PdxA、PdxJ、Epd和Dxs以提高单个酶的催化活性，并对酶表达进行迭代优化，最终得到高产维生素B_6菌株，为生产其他维生素产品的菌株构建工作提供了有效的改造策略。

（二）代谢网络的调控

通过调节维生素代谢通路中不同反应的速率，使得代谢通路整体达到动态平衡的状态，确保细胞内各种代谢产物的稳定性和适应性，从而维持产物代谢通路的稳定和产物的持续合成。江南大学刘龙团队使用CRISPR干扰系统和动态激活系统调控7-脱氢胆固醇合成途径的基因表达，增强了细胞成活率，构建的酵母工程菌在5 L发酵罐中产物产量达到2.87 g/L，是目前报道的利用微生物细胞工厂代谢合成7-脱氢胆固醇的最高产量。美国Amyris团队在酿酒酵母中引入4种非天然代谢反应，重新调整了中心碳代谢途径，减少了乙酰辅酶A生物合成所需的ATP，改善了代谢通路的氧化还原平衡，降低了氧气需要量，进一步通过发酵过程控制，维生素E前体法尼烯产量达到130 g/L。通过组合代谢工程策略构建高产MK-7大肠杆菌，将MK-7合成途径分为三个模块，即甲羟戊酸（MVA）途径、1,4-二羟基-2-萘甲酸（DHNA）途径和MK-7途径，并系统地优化每个途径以实现代谢途径的平衡表达，经发酵罐培养MK-7的产量达到1.35 g/L。

（三）前体物质的供给

维生素产品的生物合成途径较长，通常会涉及关键的前体物质供给不足导致产量低的问题，增加前体物质供给和利用是提高维生素代谢通量的关键，在提高维生素产量中被广泛应用。β-丙氨酸与D-泛解酸是合成维生素B_5的两个前体物质，β-丙氨酸合成效率非常低，限制了维生素B_5的高效合成，在工程菌株构建中，过表达β-丙氨酸合成酶编码基因*panD*，或者外源添加β-丙氨酸并通过β-丙氨酸吸收系统提高其利用率，是提高维生素B_5产量有效的方法。在维生素B_7合成中，两个前体物质分别是庚二酰-酰基载体蛋白（ACP）和庚二酰-辅酶A（CoA），易变假单胞菌天然的前体物质是庚二酰-ACP，通过引入庚二酰-CoA合成酶BioW并外源添加BioW的催化底物庚二酸，结合途径强化和发酵工艺优化，维生素B_7产量从10 μg/L提高到750 mg/L，引入外源前体物质合成途径是提高维生素B_7产量的有效方法。

（四）微生物底盘的改造与外源途径组装

一些维生素天然生产菌株存在某些方面的缺陷，如发酵周期过长、菌株不稳定、缺乏高效的基因编辑手段等，一个典型的代表是生产维生素B_{12}的脱氮假单胞菌，其在发酵过程中容易发生突变，导致产物产量降低。将维生素B_{12}的合成途径导入已知的模式菌株底盘是克服天然菌株缺陷行之有效的方法。中国科学院天津工业生物技术研究所张大伟团队通过解析维生素B_{12}合成机制，将合成途径的28个基因划分为5个模块，成功实现了维生素B_{12}在大肠杆菌的从头合成，证明了复杂天然产物在模式菌株中合成的巨大潜力，具有重大的科学价值。在后续研究中，构建了从5-氨基乙酰丙酸到维生素B_{12}的体外合成体系，包括36个酶催化的32个反应，对构建长途径、复杂的无细胞合成体系具有重要的指导意义。

五、自主创新情况

我国的维生素产业在全球市场中具有重要地位，具备较高的生产技术水平和市场竞争力，维生素产量占据全球市场很大比例，并且在一些特定类型的维生素上具有较高的市场份额。同时，我国的维生素产业在不断进行技术创新和研发投入，致力于提高产品质量、降低生产成本、提高产能和节能减排等方面的工作，在维生素产品的绿色合成方面也取得了许多创新性成果。

早在1983年，中国科学院微生物研究所和北京制药厂就合作开发了“二步发酵法”生产维生素C，大大减少了化学合成法存在的化工原料成本和污染问题，使中国一跃成为最大的维生素C生产国，产生了巨大的经济和社会效益，获得国家技术发明奖二等奖。武汉大学刘天罡团队开发了以生物基法尼烯为前体合成维生素E的创新工艺，为维生素E的生产提供了全新的思路，结束了巴斯夫公司和帝斯曼公司在维生素E全化学合成领域长期垄断的局面。该路线与国外化学合成路线相比具有巨大的成本优势，并且生产过程更加绿色、安全，可以减少60%的碳排放，在湖北建成维生素E的生产装置，占领了全球1/5的维生素E市场，产生了重要的经济、社会和生态效益，被评为2018年湖北十大科技事件之一。中国科学院天津工业生物技术研究所张以恒团队建立了以淀粉为原料，通过四步酶催化合成维生素B_8的反应体系，降低了原料和操作成本，基于该技术路线，四川博浩达生物科技有限公司建立了年产10 000 t的肌醇生产线。中国科学院微生物研究所温廷益团队构建了以葡萄糖为唯一碳源高产维生素B_5的工业菌株，产量超过85 g/L，已建设工业生产线，是一项具有前瞻性、引领性和变革性的生物创新技术。

我国在维生素生物合成领域已经取得显著的进展，随着合成生物学和人工智能生物设计技术的发展，可以开发出更高效、更可控的维生素生产过程，未来有望在自主创新方面取得更大的成果。

撰 稿 人：杜广庆 中国科学院天津工业生物技术研究所
张大伟 中国科学院天津工业生物技术研究所
通讯作者：张大伟 zhangdawei@tib.cas.cn

第八节 微生物菌剂

一、产业发展概况

微生物菌剂也称为土壤接种剂或生物接种剂，是利用有益的根际或内生微生物来改善植物营养或促进植物健康的农业微生物活菌制剂产品。广义上，以活体微生物作为主要功能成分的生物农药、生物肥料及生物刺激素都属于微生物菌剂。狭义上，我国国家标准《农用微生物菌剂》中将微生物菌剂定义为目标微生物（有效菌）经过工业化生产扩繁后加工制成的活菌制剂，它与复合微生物肥料及生物有机肥统称为微生物肥料。相比化学肥料和农药，微生物菌剂来源天然、绿色安全，施用的微生物菌剂通常与目标作物形成互惠的共生关系，在改善植物营养的同时，还可以通过刺激植物激素的产生来促进植物生长，改善植物健康，增加养分和水分的吸收，提高抗逆性等；或与病原微生物形成拮抗、竞争关系，通过分泌抗生素等有效成分抑制病害发生发展；或通过直接寄生于害虫、病原菌、线虫等，实现对有害生物的杀灭和控制。

2024年中央一号文件继续高度重视农业农村科技发展，将“抓好粮食和重要农产品生产”“严格落实耕地保护制度”以专节的形式，纳入确保国家粮食安全政策体系，同时提出“坚持产业兴农、质量兴农、绿色兴农”。近年来，在绿色、低碳、可持续的高质量发展背景下，伴随生物技术的快速发展，全球农业微生物菌剂市场规模实现高速增长，一系列创新技术包括微生物组学、基因组学、人工智能筛选、合成生物学、新材料学等，已被广泛应用于功能微生物菌株及菌群的筛选、改造、产品开发中，农业微生物菌剂产品不断推陈出新。随着技术不断成熟和产业化进程的推进，微生物技术有望引领农资产业的变革浪潮，成为推动生物经济的重要力量。

二、国内行业现状

中国微生物菌剂行业与国际领先企业的差距进一步缩小，在个别领域实现了技术的领跑。其中研发技术领先、具有自主生产菌剂原料能力、产品质量有保障、市场品牌形象好的企业盈利能力强，处于行业竞争中的第一梯队；而大部分企业处于行业第二梯队，主要表现出规模较小、实力偏弱、缺乏核心技术等特点，在研发、工艺、产品、服务等方面与第一梯队存在较大差距。从长期来看，行业内具有核心菌株资源、技术能力可靠和具有规模化生产能力的企业将赢得更大的竞争优势。国内初具规模的农业微生物制剂企业包括慕恩生物（MoonBiotech）科技有限公司、北京航天恒丰科技股份有限公司、河北根力多生物科技股份有限公司、天津坤禾生物科技集团股份有限公司、武汉科诺生物科技股份有限公司、青岛蔚蓝生物股份有限公司、海南金雨丰生物工程有限公司、渭南木美土里生态农业有限公司等。在微生物菌剂细分领域，慕恩生物科技有限公司在2023年度市场占有率/销量继续保持领先优势。其在研发上继续加大投入，拥有微生物菌剂相关专利64件，已经建成全球最大的商业化微生物菌种库之一，保存了超过26万株高度多样性的微生物菌株；基于培养组学技术、生物信息学算法、代谢组学分析、高密度发酵和微囊包衣技术等，开发新型微生物菌剂。慕恩生物科技有限公司的代表性产品包括：防治土传病害的木霉（*Trichoderma* spp.）系列产品与创新型芽孢杆菌（*Bacillus* spp.）系列产品；防治植物线虫病害的伯克霍尔德菌（*Burkholderia* spp.）系列产品，以及激活植物免疫、抗逆促生的甲基杆菌（*Methylobacterium* spp.）系列产品。2023年正式启用位于常德津市的50亩一期生产基地，实现固体液体全发酵生产，其业务已部署至美国和拉美地区。武汉科诺生物科技股份有限公司拥有微生物菌剂相关专利52件，其核心竞争力为发酵及提取工艺，2023年武汉科诺生物科技股份有限公司正式启动仙桃生产基地二期项目建设，扩大产品制剂线生产产能，年发酵能力可达30万t，具有自主进出口经营权。微生物菌剂/农药产品以芽孢杆菌类（苏云金芽孢杆菌、枯草芽孢杆菌、地衣芽孢杆菌、多粘类芽孢杆菌、胶冻样类芽孢杆菌）为主，应用于国内外农业、畜牧业、水产养殖、水体防治等领域。北京航天恒丰科技股份有限公司拥有微生物菌剂相关专利31件，主要聚焦在农业微生物肥料领域，产品划分为微生物菌剂、生物有机肥等系列产品，包含营养型微生物菌剂、抗病型微生物菌剂、土壤面源污染修复菌剂、单质元素改性菌剂、矿产资源生态修复菌剂、工业固废处理循环利用菌剂、有机废弃物处理菌剂、污水和油田处理菌剂等产品的研制与开发，打造了“微生物+”生态系统，通过微生物与物联网结合，再塑产业新业态。青岛蔚蓝生物股份有限公司拥有微生物菌剂相关专利29件，主营业务为酶制剂、微生态制剂、动物保健品、海洋水产生物的研发、生产和销售。近年来，青岛蔚蓝生物股份有限公司将微生态制剂的应用扩展到种植业中，产品以芽孢杆菌类为主，定位在减少农药、化肥施用量，提高农产品质量，以及农业有机废弃物的无害化处理和资源化利用上。天津坤禾生物科技集团股份有限公司拥有微生物菌剂相关专利9件，主营业务为植物保护、动物保护、环境保护等功能菌菌粉，以及微生物菌剂、复合微生物肥等产品，具备年产5万t产品能力。

截至2023年12月底，农业农村部微生物肥料和食用菌菌种质量监督检验测试中心已登记微生物菌剂证件共5562个，按照剂型分为液体、粉剂、颗粒剂，数量分别为液体微生物菌剂1853个、粉剂2566个、颗粒剂1143个。在产品登记方面，存在明显的同质化现象，菌种类型单一、组合重复等问题较为显著，针对不同地区、不同作物的功能性产品缺乏。其中登记较多的菌株是细菌类，数量排名前三的菌种分别为枯草芽孢杆菌（相关证件3660个）、地衣芽孢杆菌（相关证件1194个）、解淀粉芽孢杆菌（相关证件895个）。相比而言，真菌类微生物菌剂证件较少，数量排名靠前的菌种分别为哈茨木霉（相关证件354个）、淡紫紫孢菌（相关证件256个）。近年来，农业农村部相关部门围绕微生物菌剂产品的登记管理、质量监测、标准完善等方面开展了大量工作，2023年5月1日，国家标准《微生物肥料质量安全评价通用准则》和《农用微生物菌剂功能评价技术规程》正式实施，从政府层面引导生态环保优质产品的研发，为微生物菌剂市场的发展创造了良好的环境和契机。但在产品端依然存在创新力缺乏、菌株与产品同质化严重、产品功能不稳定、货架期短、片面夸大产品效果、知识产权意识薄弱等诸多问题。在产业化的维度，如何实现新功能菌种的开发，突破从高性能菌株到高性能产品所需的关键技术，如解决功能菌株的规模级高密度发酵，优化功能菌株组合，攻克活菌剂型的稳定性，在产品功能、质量、货架期及成本间找到平衡，是我国微生物菌剂企业面临的巨大挑战。此外，在市场化的维度上，受到试验示范展示不足、技术培训不到位、宣传引导不充分等因素影响，应用端存在认知度低、使用意愿不强等问题。

三、国外行业现状

全球生物制剂使用的三大市场调研报告均显示出该领域保持着快速而持续的发展势头。美国主流媒体CropLife对美国排名前100（CropLife 100）的农资零售商调查结果显示，在各类农资细分市场中，2023年，美国全国75%的顶级农资零售商在最新上榜的生物制剂这一细分市场的销售额提高了1%以上，居榜首。根据欧盟统计局的数据，2012—2018年，欧盟有机耕地总面积增加了34%，达到1340万hm^2，种植者越来越愿意尝试生物解决方案。2020年5月，巴西政府启动了生物农资国家计划（PNB），旨在鼓励和支持生物制品的利用，同时促进巴西农业的可持续发展。2020年，巴西利用生物制品处理过的耕地面积达到2000万hm^2，与2019年相比增加了23%。据巴西农业研究公司（Embrapa）的信息，预计到2025年，巴西将成为全球第二大农业生物投入品消费市场。

伴随着消费市场的快速发展，全球农业综合企业纷纷通过并购、战略合作等渗透生物制剂领域，补足生物制剂方面的研发能力，加速产品管线的布局。其中植物保护、抗逆促生、生物固氮领域的合作与布局尤为突出。全球农化领导者之一的安道麦（ADAMA）公司和慕恩生物（MoonBiotech）科技有限公司合作推出创新的微生物菌剂——达梦喜®，由此全面进入作物保护领域新赛道，达梦喜®是由全新植物共生菌扭托甲基杆菌（PPFM）结合新型生防微生物因子贝莱斯芽孢杆菌搭配而成，具有强根系、促活棵、提高土壤健康度、耐盐抗旱御低温和提质增产五大功效。艾葛百奥（AgBiome）公司和合成生物学独角兽公司银杏生物工厂（Ginkgo BioWorks）宣布合作，利用其超高通量封装筛选技术，优化艾葛百奥公司农业生物制剂管线中产品的性能。美国先锋公司（AMVAC）和粉红色兼性甲基营养菌产品开发商新叶共生（NewLeaf Symbiotics）公司宣布建立新的合作关系，利用双方的互补营销和运营优势，扩大现有产品的应用范围。这一合作关系将扩大并加速美国先锋公司不断增长的GreenSolutions™生物产品组合，并促进新叶共生公司更广泛的市场渗透。先正达集团（Syngenta）旗下生物制剂部门和友联生物（Unium Bioscience）公司近日宣布建立合作，为欧洲西北部农民带来突破性的生物种子处理方案Nuello®iN，其工作原理是将微生物菌株与益生元刺激素相结合，在植物内将环境中自由可用的氮转化为作物可利用的形式。该合作是先正达集团向用于种子的生物肥料领域迈出的第一步，旨在开发可持续种植方式，并帮助种植者在提高产量的同时减少碳足迹。科迪华农业科技（Corteva Agriscience）公司收购位于西班牙穆尔西亚的微生物技术领域专家企业——兴播（Symborg）公司后，在多个国家主推固氮生物制剂Utrisha™ N，不久后将向中国市场投放该产品。

四、产业前景与展望

微生物产业利用微生物技术以实现农作物生长提升、土壤改良和植保功能，在全球农业中扮演着越来越重要的角色。未来微生物菌剂产业发展的趋势反映了技术进步和市场需求两个方面的影响，主要表现在以下4点：①微生物组学技术引领研发。微生物组学是指对微生物群落的遗传物质进行全面分析的科学领域。通过高通量测序等先进技术，研究人员可以鉴定并研究那些传统方法无法培养的微生物（又被称为“暗物质微生物”），从而开辟新的用于农业的微生物资源。未来，微生物组学技术的更多应用将扩展可用于农业的微生物种类和应用范围，为土壤健康、作物生长和病害防治提供新的解决方案。②合成生物学加速创新。合成生物学通过设计和构建新的生物系统与生物组件来创新。在微生物菌剂产业，这意味着开发改造后的微生物可以在特定环境中表现出更优的活性和效果。这些微生物菌剂可提升氮固定能力、帮助植物吸取营养、提高抗病能力或是增加耐受环境胁迫的能力。这将大幅度提高农作物的产量和品质，同时减少化学肥料和农药的使用。③发酵工艺优化。微生物菌剂的生产成本是决定其市场竞争力和普及化的重要因素之一。创新发酵工艺可以有效降低生产成本，提高产量和质量，通过发酵工艺参数优化，以增强菌株的生长和代谢活性，从而提高产量并减少不必要的能源消耗。通过规模化生产可以降低单位产品成本，实现规模经济。使用现代传感器和控制系统确保发酵过程的稳定性，减少人力需求并提高整个系统的效率。简化微生物菌剂的提取和纯化流程，降低能耗和材料消耗等措施可有效降低微生物菌剂的生产成本，在保证产品质量与效果的同时，增加市场竞争力，推动产品的广泛应用。④创新剂型工艺开发。为了满足现代化农业的需求，农业微生物菌剂需要在保质期、稳定性及田间效果方面有进一步提升。创新的剂型工艺，如针对滴灌、喷洒等现代灌溉方式的产品形态创新，是确保微生物制剂便利性和有效性的关键。开发出适用于不同种植和施用条件的微生物菌剂，将促使产品更易被接受和推广使用。

撰 稿 人：陈　娟　慕恩（广州）生物科技有限公司
蒋先芝　慕恩（广州）生物科技有限公司
通讯作者：蒋先芝　jxz@moonbio.com

第九节　抗生素的生物制造

一、抗生素在生物医药经济中的地位

（一）抗生素的定义

抗生素是由微生物（包括细菌、真菌、放线菌）或高等动植物代谢过程产生的抗病原体或具有其他活性的一类刺激代谢产物，是能干扰其他生活细胞发育功能的化学

物质。临床常用的抗生素主要为微生物培养发酵提取物，以及用合成法或半合成法生产的化合物。

自1928年英国细菌学家Fleming发明青霉素以来，抗生素为维护人类健康立下了不朽的功勋。20世纪抗生素的发现是人类医学史上的重大突破，随着抗生素在临床上的广泛应用，人类传染病如肺炎、结核等致死率有了大幅度下降，挽救了千百万人的生命。随着抗生素研究的不断深入，其作用不断扩大，人们在“抗菌”之外的抗生素中又发现了抗肿瘤、抗原虫、抗寄生虫等用于人、畜及农业的抗生素。

（二）产业分类

抗生素主要根据其来源和化学结构进行以下分类。

1. 发酵类抗生素

（1）β-内酰胺类抗生素：是分子中含有4个原子组成的β-内酰胺环的抗生素，其中以青霉素类（青霉素钠等）和头孢菌素类（头孢菌素C等）两类抗生素为主，还有一些β-内酰胺酶抑制剂（克拉维酸钾）和非经典的β-内酰胺类抗生素等。

（2）大环内酯类抗生素：是由链霉菌产生的一类显弱碱性的抗生素，分子结构特征为含有一个内酯结构的十四元或十六元大环，如红霉素、柱晶白霉素、泰勒霉素、麦白霉素等。

（3）四环素类抗生素：是由放线菌产生的以并四苯为基本骨架的一类广谱抗生素，如盐酸土霉素、盐酸四环素、强力霉素、盐酸金霉素等。

（4）氨基糖苷类抗生素：是由氨基糖（单糖或双糖）与氨基醇形成的苷，如硫酸链霉素、硫酸双氢链霉素、硫酸庆大霉素、卡那霉素、妥布霉素、小诺霉素、大观霉素、巴龙霉素、核黄霉素、鲍曼不动杆菌素、松动霉素等。

（5）多肽类抗生素：是由10个以上氨基酸组成的抗生素。此类抗生素主要有万古霉素、去甲基万古霉素、杆菌肽、杆菌肽锌、环孢素、卷曲霉素、维吉尼亚霉素、恩拉霉素、硫肽霉素、多黏菌素B、米加霉素、灰霉素、阿伏霉素、比考扎霉素等。

（6）其他：氯霉素类（氯霉素、甲砜霉素等）、利福霉素（利福霉素B二乙酰胺、利福平等抗结核药物）、蒽环类抗肿瘤药物（阿柔比星、柔红霉素、阿霉素等），以及抗真菌类药物、抗病毒类药物、洁霉素、丝裂霉素等。

2. 合成类抗菌药

（1）磺胺类抗菌药：如新诺明、甲氧苄胺嘧啶（TMP）、磺胺二甲嘧啶、磺胺嘧啶、磺胺异噁唑、磺胺甲氧嘧啶、磺胺二甲氧嘧啶、甲磺灭脓等。

（2）氟喹诺酮类抗菌药：如诺氟沙星、环丙沙星、左氧氟沙星、氧氟沙星、洛美沙星、吉米沙星等。

（3）硝基咪唑类、硝基呋喃类抗菌药：如甲硝唑、替硝唑、呋喃妥因等。

（三）在医药行业的地位

1. 重要的临床用药

包括抗生素在内的抗细菌药物、抗病毒药物、抗真菌药物等抗感染药物为基础性用药，具有杀灭或抑制各种病原微生物的作用，通过口服、肌内注射、静脉注射等方式在临床应用，在细菌感染、真菌感染、衣原体感染、病毒感染等各类感染性病症、各种流行性感染性疾病及其他疾病带来的感染性并发症治疗中被广泛应用，主要适用于革兰氏阳性球菌、革兰氏阴性杆菌所引起的各种感染的治疗；同时对于衣原体感染、厌氧菌感染，非典型的病原体、支原体、衣原体、诺卡氏菌属等都有比较好的抑制作用。其为临床用药中最主要的分支类别之一。其中抗生素占比最大，占整个抗感染药物的90%左右。

2. 在农用和养殖业的应用

农用抗生素是在20世纪40年代医用抗生素发展的基础上研究开发的。我国从20世纪50年代开始研究发展农用抗生素，70年代尤其进入21世纪后得到了较快发展。目前，农用抗生素的应用涵盖了杀虫剂、杀螨剂、杀菌剂、杀病毒剂、除草剂及植物生长调节剂等农药所有领域。随着农业农村部“到2020年实现化肥、农药使用量零增长”政策的实施，特别是一批高毒农药品种被逐步淘汰，高效低毒品种市场占有率不断提高，农药总产量稳步下降，杀菌剂比例升高。

兽药大致可归纳为4类，包括一般疾病防治药，传染病防治药，体内、体外寄生虫病防治药及其他药。其中，除防治传染病的生化免疫制品（菌苗、疫苗、血清、抗毒素和类毒素等），以及畜禽特殊寄生虫病药和促生长药等专用兽药外，其余均与人用药相同，只是剂量、剂型和规格有所区别，早就被广泛用于防治畜禽疾病。在兽药中，常用的有安乃近、阿莫西林、氟苯尼考、头孢噻呋、土霉素、硫酸黏菌素等20多种。在抗寄生虫药物中，除人、畜共用的抗蠕虫药（甲苯咪唑、左旋咪唑等）、抗血吸虫病药（吡喹酮等）、驱绦药（氯硝柳胺等）外，畜禽专用的有抗肝片吸虫病药（硝氯酚）。生化免疫制品主要用于预防动物炭疽病、布氏杆菌病、鼻疽病、沙门氏杆菌病，以及多种病毒传染病。随着抗生素和生化免疫制品的发展，许多危害动物的传染病已基本得到控制。

二、产业发展情况

（一）发展历程与产业格局

1. 抗生素产业发展历程

20世纪40年代，抗生素的历史揭开划时代的一页，可以说是科学抗生素时代的开始。新抗生素的筛选方法、理性化新方法的应用，推动了六七十年代各国科学家智慧的积累，使抗生素研究工作飞跃前进。在这30年间，世界几乎每个国家都有人在进行抗生素的研发和生产，每年都有新抗生素的发现。起初人们发现某些微生物对另外一些微生物的生长繁殖有抑制作用并称其为抗生，把这种具有抗生作用的物质称为抗菌素，随着抗菌素研究的不断深入，作用不断扩大，人们在“抗菌”之外又发现了抗肿瘤、抗原虫、抗寄生虫等用于人、畜及农业的抗生素。

到20世纪七八十年代，国内外发现并报道的生物活性物质如酶抑制剂、免疫调节剂、受体结合抑制剂等的数量逐渐增多，并已有数十种被用于临床、畜兽医或农作物中。抗生素是20世纪最伟大的医学发现。自抗生素问世以来，它使人类寿命至少延长了20年，曾经严重危害人类生存和健康的微生物感染疾病如结核病、败血症、肺炎、脑膜炎、心内膜炎、伤寒、梅毒、淋病、菌痢等得到了有效治疗和控制，在人类与病魔做斗争的历史中，抗生素立下了不可磨灭的功勋。近几十年，随着抗生素耐药问题的出现，各国政府部门对抗生素的监管力度不断加大，全球抗生素规模增速开始放缓。

2. 抗生素产业发展格局

在抗生素生产过程中，原材料投入量大，产品/原材料产出比小，环保成本高昂。随着药品专利保护期优势的过去，20世纪90年代初，美国等发达国家选择将大部分传统的原料药、医药中间体市场让出，将传统原料药产业（包括抗生素菌渣在内的环保问题）转移到国外，对后续专利产品制造所需的化学原料药及中间体通过外购或合同契约生产，逐步形成当前的世界医药产业格局：美国以专利药开发优势占据了医药产业市场，原料药主要以进口为主；欧盟从事高端原料药、高仿药和专利药生产。传统抗生素原料药主要在中国、印度等国家制造生产，中国目前是全球最大的原料药生产与出口国。

3. 我国抗生素产业分布时空变迁

早期的医药产业是新中国成立初期在老解放区和东北民主联军总后勤部原有的基础上组建的山东新华药厂、北京制药厂、上海制药三厂等几家化学制药企业。20世纪

50年代，华北制药厂大型发酵类抗生素生产基地、太原制药厂大型合成类制药项目的建成投产，摆脱了我国抗生素长期依赖进口的局面。

计划经济时期，我国医药产业总体来说，体量较小，制药企业主要分布在一些工业城市中，1978年以前，抗生素制药企业主要分布在河北石家庄、辽宁沈阳、上海、江苏、山东淄博、山西太原、湖南长沙、广东广州等工业基础较好的城市中。20世纪90年代，随着医药产业的快速发展，企业数量及规模体量的快速增长，这些城市内的制药企业逐渐迁移到一些化工医药园区集中发展。

近年来，随着城市化发展加快，在高环境规制倒逼、技术创新驱动和市场化竞争多重因素的作用下，我国抗生素原料药企业从传统的中东部原料药生产集聚区向内蒙古、新疆、东北等发酵生产所需的资源（如玉米、大豆等）与能源（电力、蒸汽等）等生产要素禀赋相对优越的地区迁移聚集；化学合成类大宗原料药逐渐向山东、河南、辽宁、山西、安徽、广西、湖南等精细化工等产业链较为齐全的地区聚集；特色创新、定制（专利）原料药主要向京津冀、长三角、珠三角、成渝、长江经济带等化工产业发达、人才优势明显、出口外向型企业聚集的地区迁移发展。

目前，我国是全球最大的抗生素原料药生产国与出口国，可生产的抗生素类药物品种齐全，经过多年的生产工艺与装备的提升改造和技术进步，抗生素生产的技术经济指标已全面提高，一些主要的技术指标已达到世界先进水平。

（二）当前抗生素市场情况

20世纪90年代后，全球抗生素产业逐渐进入成熟期，由于研发及上市的新药数量减少，部分国家对抗感染药使用进行规范，以及市场竞争加剧，随着抗生素的长期和大量使用，耐药问题日益突出，政府对抗生素的监管力度也在不断加大，全球抗感染药增长速度在放缓。根据英国Visiongain商业信息研究所发布的《抗菌药物：全球市场预测2012—2022》报告预测，2010—2022年，全球抗菌药物市场复合年均增长率约为2.2%，抗生素行业中的供给端已趋于稳定。

目前，在全球抗生素产业进入慢节奏和中国抗生素使用规范化的情况下，随着社会老龄化程度的加大，就诊率及用药金额的提高，居民生活水平的提升，加上我国医疗保障制度的不断完善及新医改和新农合政策的全面推进，对抗生素等药品的需求不断增加。同时，畜牧业、水产养殖等行业的快速发展也推动了抗生素市场的增长。随着政府对抗生素药物分级管理等限抗措施的推行，近年抗感染药物市场的规模增速有所放缓，但包括抗生素在内的抗感染药品作为基础性药物，其市场规模依然庞大。

从全球市场规模来看，据统计，2022年全球抗生素行业市场规模约为861.1亿美元，同比增长2.08%，其中我国已成为全球最大消费市场，其次为欧洲地区和美国市场（图3-6）。目前，抗生素产品和市场相对成熟，但由于临床治疗对抗生素存在刚性需求，行业仍呈现低增长趋势。

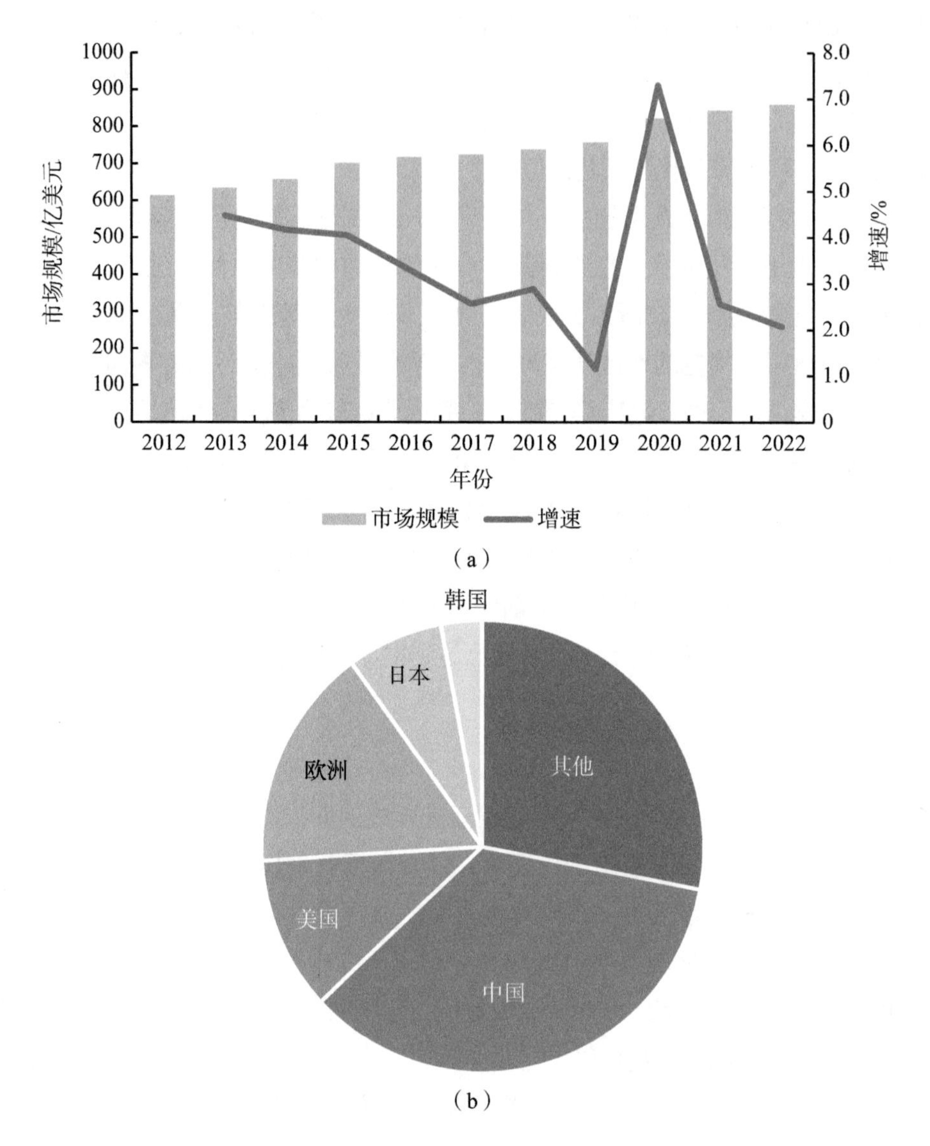

图3-6　2012—2022年全球抗生素行业市场规模［（a）］及区域分布［（b）］

随着政府对抗生素药物分级管理等限抗措施的推行，我国抗生素市场增速在2017年出现明显下滑，但仍保持增长趋势。

2020年以来，国内抗生素市场增速提升，数据显示，2022年我国抗生素行业市场规模约为2013.6亿元，同比增长2.7%。在产品结构方面，头孢菌素类、青霉素类抗生素为最重要的品种，占到抗生素市场的70%以上（图3-7）。

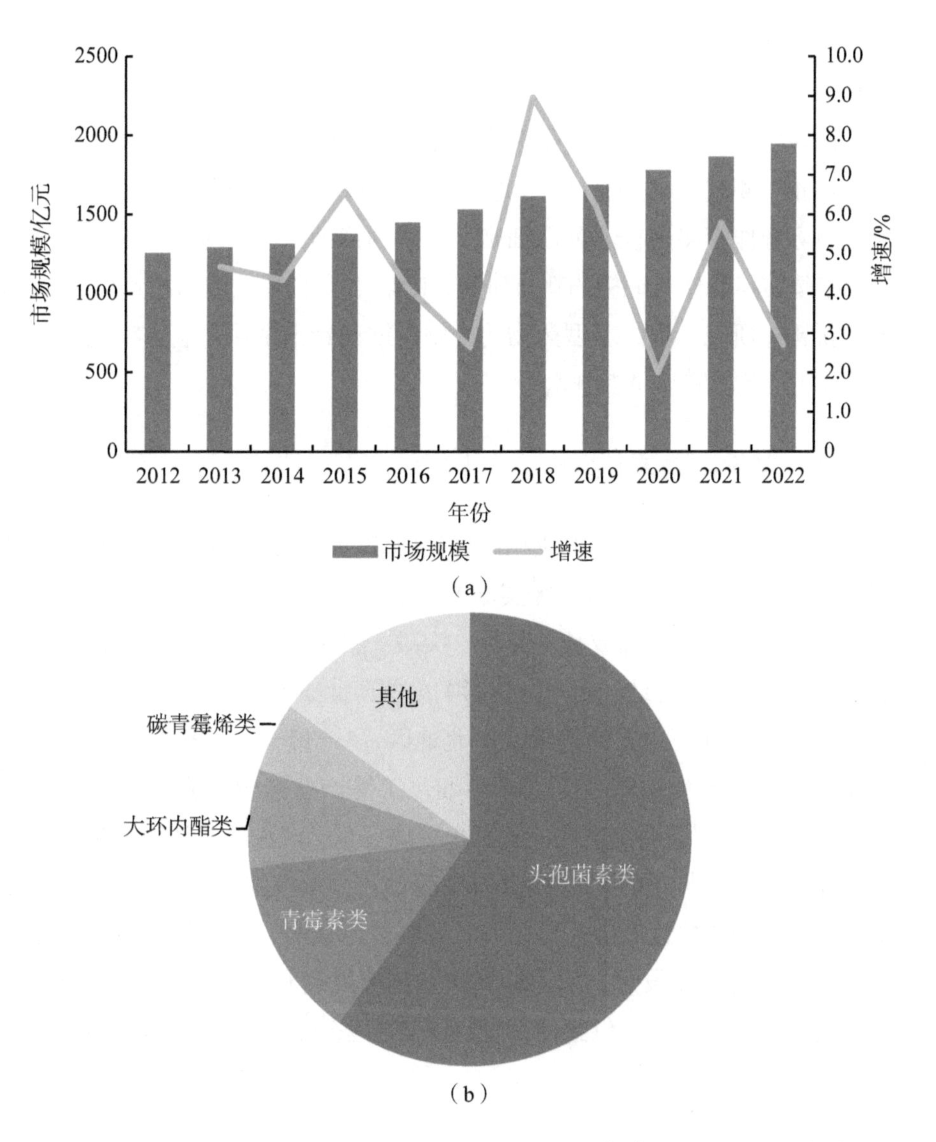

图3-7　2012—2022年中国抗生素行业市场规模［（a）］及结构细分［（b）］

三、产业发展趋势

随着政府部门对抗生素药物生产管理和抗菌药临床使用规范管理力度的加大，新医改政策的不断推进，人民生活与健康水平的逐年提高，抗生素作为临床主要的抗感染用药，对其需求仍在不断增加。此外，农业、畜牧业、水产养殖等行业的需求也推动了抗生素市场的增长。因此，抗生素市场规模仍保持相当大的体量。

产业的未来发展重点应包括以下几个方面。

（一）创新引领高质量发展

顺应原料药技术推新趋势，发展合成生物技术及酶催化剂，推进高效工业生物催化剂的设计-构建-测试-大数据分析，机器学习循环智能化新型抗生素研究；通过自主研发、开展国际合作等多途径开展以细胞壁合成的抑制剂、靶向假单胞菌外膜蛋白的肽模拟物、糖基转移酶作为靶标的新抗研究，RNA和蛋白质合成抑制剂研究，DNA复制抑制剂、新靶标研究，促进新型药物的开发。推动骨干企业开展数字化、智能化改造升级，提升生产效率和质量控制水平。

（二）产业聚集绿色发展

2021年，国家发展改革委、工业和信息化部联合下发的《关于推动原料药产业高质量发展的实施方案》（以下简称“《实施方案》”），提出了原料药产业发展目标：到2025年，开发一批高附加值高成长性品种，突破一批绿色低碳技术装备，培育一批有国际竞争力的领军企业，打造一批有全球影响力的产业集聚区和生产基地。

结合目前发酵类制药企业向西部、东北地区、“一带一路”和中蒙俄经济走廊等聚集，化学合成类企业向医药老工业区精细化工等产业链较为齐全的地区聚集，特色、创新（专利）、定制原料药主要向长三角、珠三角、成渝、长江经济带等化工产业发达、人才优势明显、出口外向型地区聚集，形成不同的区位优势。以科学引导资本投向，带动周边相关产业快速发展与贸易增长，转技术优势、资源优势为经济优势，推进原料药产业的绿色健康发展。使原料药产业创新发展和先进制造水平大幅度提升，绿色低碳发展能力明显提高，供给体系韧性显著增强，为产业发展提供坚强支撑，锻造特色长板。

（三）合成生物学助力传统抗生素生产降本增效

在发酵类抗生素的大规模生产方面，野生型菌株往往效价较低，传统改造是通过发酵优化及诱变筛选的方式来提高产量的，但对于工业菌株产量提升较为困难。随着合成生物学的兴起，为进一步提高菌株的发酵性能注入了强大动力。通过合成生物学的策略对底盘菌株进行优化和代谢途径的重构，实现了抗生素生产水平的大幅度提高。

红霉素作为一种大环内酯类抗生素，在生物合成过程中需要多种酰基辅酶A作为起始底物和延伸单元。通过强化前体供应，可以大大提高红霉素的产量，如过表达丙酰辅酶A合成酶、敲除丙酰基转移酶acuA等；NADPH作为聚酮类抗生素合成必需的辅因子，主要由磷酸戊糖途径提供，而平衡糖酵解和磷酸戊糖途径在一定程度上也促进了聚酮类抗生素的合成。此外，优化红霉素合成转录调控网络也是提高产量的有效手段。

另一类被广泛使用的抗生素青霉素和头孢菌素属于β-内酰胺类抗生素，由非核糖体肽合成酶及一系列后修饰酶合成。主要通过增加前体物质L-α-氨基己二酸的供应、增加限速基因*pcbAB*和*pcbC*的拷贝数、过表达产物转运蛋白等策略改造其生产菌株。此外，也有报道通过增强氧气利用速率，即引入外源血红蛋白基因*VHb*来改善菌株后期发酵水平降低的问题，进而提高产量。

随着科技的发展，合成生物学技术将持续对发酵类抗生素进行赋能，在降低能耗及碳排放的同时，大力提高目标产物的产量。

（四）规范抗生素使用

加强对抗生素生产和使用的监管，推动抗生素产业健康发展，进行抗生素专项整治，包括药品质量监管、抗生素使用规范等方面，对抗菌药物进行分级管理，对抗菌药物的使用品种、处方比例、使用强度进行严格控制等，保障患者的用药安全。规范农用抗生素和畜牧业、水产养殖抗生素的使用及抗生素医用、畜禽、水产养殖废弃物的处置、利用，控制废弃物中残留抗生素向环境的迁移扩散，阻控残留抗生素引起的环境耐药菌的产生，保证抗生素产业的有序发展。

（五）建立抗生素生产与使用过程污染控制体系

抗生素生产与产品医用、畜禽、水产养殖产生的含抗生素残留废弃物，是环境耐药菌主要产生源之一。2022年5月4日，国务院办公厅印发的《新污染物治理行动方案》(国办发〔2022〕15号)，提出了环境持久性有机物、内分泌干扰物、抗生素等新污染物治理总体要求、行动举措和保证措施。推进包括抗生素在内的制药工业新污染物治理，首先要研究制药工业废水、废气污染控制与废物处置利用体系，阐明抗生素/耐药基因等不同新污染物的赋存形式、环境行为及风险，探索其污染影响阻控机制，构建风险评估体系和数据库，提出重点管控新污染物清单；研究开发抗生素生产和使用过程废水、废气、固体废物中残留抗生素深度消解技术、过程环境风险评估体系及相关分析检测方法；在此基础上，建立工程示范及相关标准体系。

制药工业新污染物治理工作的推进，将有利于控制和减缓环境中残留抗生素引起的耐药问题，并有利于抗生素产业的健康持续发展。

（六）抗生素菌渣安全资源化利用方案开发

针对不同抗生素菌渣资源特征、残留药物的结构特征和资源化利用过程的环境行为，研究解决抗生素菌渣残留药物深度消解、无害资源化处置利用技术，建立抗生素菌渣处置肥料化利用过程，以及污染控制技术体系、菌渣处置利用产物环境风险评估体系与标准。建立“抗生素菌渣生产有机肥—有机肥与秸秆还田，定向玉米、大豆种植—玉米、大豆返回抗生素发酵生产”全循环绿色产业链，形成发酵类抗生素产业技术优势。

撰 稿 人：任立人　国家环境保护抗生素菌渣无害化处理与资源化利用工程技术中心
沈云鹏　伊犁川宁生物技术股份有限公司
通讯作者：任立人　rlr2070@163.com

第十节　植物天然产物的微生物制造

一、引　言

植物天然产物是指植物为适应环境和生存需要，通过其新陈代谢过程产生的一系列化学物质。这些化合物具有多样的化学结构和生物活性，包括聚酮类、萜类、生物碱、苯丙素类等。这些化合物在植物的生长、发育、竞争、抵御病虫害以及与其他生物的相互作用中发挥着重要作用。植物天然产物不仅是植物维持自身生存的一部分，也因其独特的生物活性，而在医药、化妆品、食品添加剂、农业等领域被广泛应用，对社会和经济发展具有重要意义。著名的抗癌药物紫杉醇已被广泛用于治疗多种癌症，利用特定的微生物发酵技术，研究人员能够从红豆杉的针叶中提取紫杉醇，大大提高了其产量和可获取性。此外，β-胡萝卜素作为一种重要的天然色素，同时也是维生素A的前体，已被广泛用于食品和饮料行业。

尽管植物天然产物对人类健康和生产生活起到了不可替代的作用，但高附加值化合物（如药物、香料和色素）在植物内的含量往往极为有限，因而从植物体中高效提取这些目标化合物仍旧是一个具有挑战性的任务。高附加值植物代谢产物往往只在植物生长的特定阶段少量累积，同时某些植物的大规模种植也存在困难。此外，气候变化、生长周期的不确定性以及自然灾害等因素，常常引起原料供应短缺，进而推高了生产成本。为了获取高附加值的植物代谢产物，研究人员探索了植物细胞培养的方法。然而，在研究过程中，研究人员面临着维护无菌环境、确保充足的光照、防止有毒物质积累、减少褐变反应以及控制定向分化等挑战。此外，由于大多数高附加值植物代谢产物的结构复杂性，难以通过化学全合成方法实现工业化生产。得益于科研人员在酶工程、微生物育种、合成生物学和发酵工程等领域的深入研究和积累，通过微生物细胞工厂异源合成天然产物，已经成为一种有效补充，为生产高附加值化学品开辟了新途径（图3-8）。

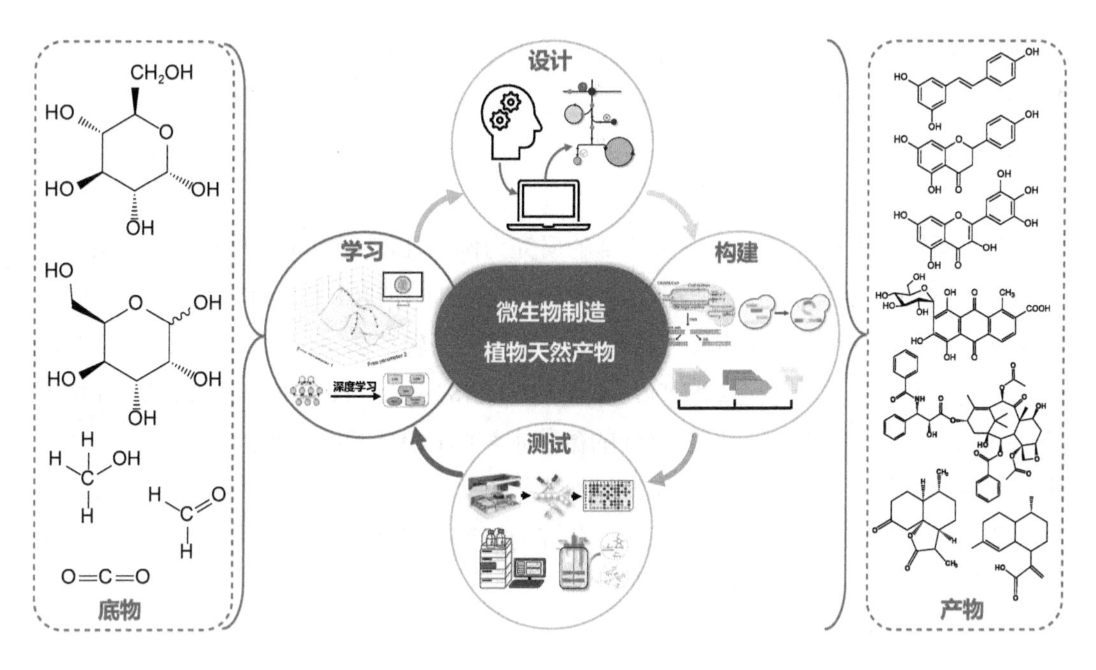

图3-8　微生物制造植物天然产物

二、植物天然产物微生物制造中的挑战及策略

异源途径与内源途径之间代谢通量的不平衡以及细胞生长与生产之间的冲突，已经成为植物天然产物微生物制造中面临的两个主要挑战。虽然已深入解析了一些植物天然产物的生物合成途径，并成功构建了多个微生物细胞工程以合成这些产物，但在工业生产和应用方面仍面临着诸多挑战。随着合成生物学的快速发展，在植物天然产物代谢途径精确解析的基础上，利用微生物低成本、高效、异源合成目标植物天然产物被寄予厚望。为了解决代谢途径间代谢通量不平衡及细胞生长与产物生产的冲突，研究人员通过途径挖掘、代谢网络调控和宿主细胞优选等多项策略来提升目标化合物的产量。

（一）植物天然产物合成途径关键酶的挖掘

代谢途径的解析是利用微生物细胞工厂异源合成天然产物的关键。目前，已报道的天然产物数量超过30万种，利用微生物细胞工厂已经实现了部分植物天然产物的合成，如青蒿酸、紫杉醇、积雪草苷和水飞蓟宾等已知生物合成途径的植物天然产物。但是，完全解析其生物合成途径的天然产物不足3万种，说明还有大量天然产物的生物合成途径待解析。植物组学研究为揭示天然产物的生物合成机制提供了基础。随着基因测序技术的进步和成本大幅下降，基于功能的基因组学挖掘现已成为探索植物天然产物合成路径的强有力手段。以RNA测序（RNA-seq）技术为例，该技术在植物天然产物挖掘领域的应用主要表现在基因表达差异分析、新变体和转录本的发现、功能基因的挖掘以及应对逆境胁迫的研究上。它能够在全转录组水平上分析差异基因表达，揭示与天然产物合成相关的关键基因或途径，从而为理解植物基因组功能多样性和天然产物的生物合成提供新的视角。

以最新的微生物异源合成积雪草苷的研究为例，江南大学科研人员通过对积雪草不同部位进行转录组分析，确定CaUGT73C7与CaUGT73C8是催化积雪草酸单糖苷C-28位糖基化的关键酶。同时，挖掘到5个鼠李糖基转移酶可以将积雪草酸二糖苷转化为积雪草苷。进一步表达CADDS、CaCYP716A83、CaCYP716C11和CaCYP714E19酶的编码基因以及敲除降解积雪草苷的糖苷水解酶EGH1的编码基因在酿酒酵母中实现了积雪草苷从头生物合成。经5 L生物反应器发酵，积雪草苷产量达到772.3 μg/L。这是此前唯一利用微生物异源合成积雪草苷的报道，该研究为其他未知途径的植物天然产物的微生物合成提供了必要的参考。

（二）合成生物学技术在微生物制造中的应用

基因工程和合成生物学是推动微生物制造技术发展的两大关键科学领域。研究人员利用基因工程技术精确地改造微生物的遗传背景，以便细胞能够表达特定的基因，从而生产出所需的植物天然产物。通过这种方式，可以实现对微生物代谢途径的精确控制和优化，使得生产过程更加高效和可控。合成生物学则进一步扩展了这种能力，它不仅涉及单个基因的操作，还涉及重新设计和构建新的生物系统，包括开发新的代谢途径，甚至是完全人工化的细胞机器，以实现对复杂天然产物的高效合成。应用微生物制造技术将微生物作为高效的生产工厂，不仅显著提高了产品的产量和提取效率，还有效降低了生产成本。此外，这一技术还可以对天然产物的结构进行修饰和优化，开发出具有更佳药效、更好溶解性或更少副作用的新型化合物。微生物制造技术的进步为微生物制造提供了更大的灵活性和可能性，即使是那些在自然条件下只能由特定植物稀缺产出（如紫杉醇需要从红豆杉树皮中直接提取）的复杂化合物也能通过微生物方式大规模生产。

（三）关键基因编辑技术在微生物制造中的应用

随着基因编辑技术的飞速发展，传统的编辑系统逐步被新兴技术取代。这些先进技术主要基于核酸内切酶，包括锌指核酸酶（zinc-finger nuclease，ZFN）、转录激活因子样效应物核酸酶（transcription activator-like effector nuclease，TALEN）和CRISPR相关的CRISPR-Cas系统。这些技术通过在目标基因序列上造成基因组双链断裂，实现精确的基因组编辑。由于基因组双链断裂在微生物中可能造成细胞凋亡，因此这些技术理论上能够实现无须筛选标记的精确定点基因编辑。在上述基因编辑工具中，CRISPR-Cas系统已经突显为一种用于实现目标基因的精确编辑的更简单高效的方法（图3-9）。其在微生物制造中的应用已经变得越来越重要。该技术通过RNA引导的Cas核酸酶，识别并特异性地清除外源遗传物质，从而达到保护原核生物宿主细胞的目的。此外，基于CRISPR-Cas9技术的一系列衍生技术，如基因转录调控工具、碱基编辑器、Prime编辑器以及CRISPR相关转座系统，也展现出了巨大的应用潜力。

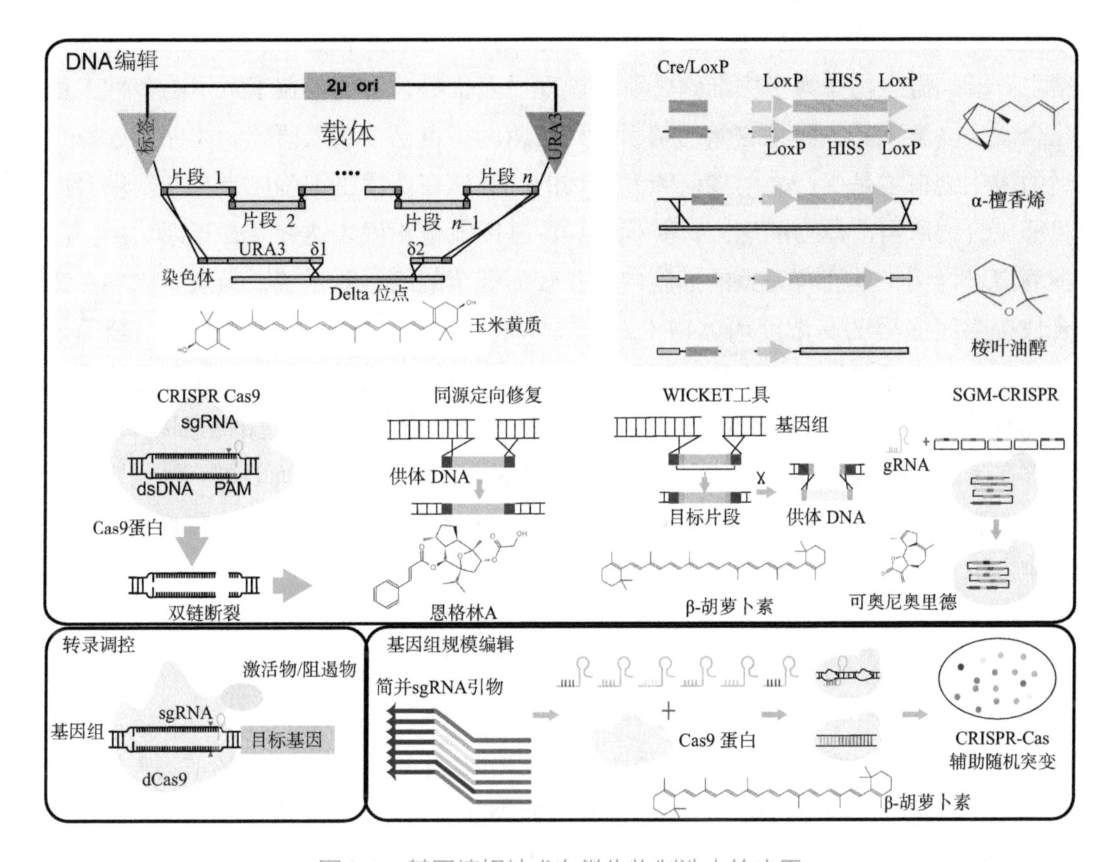

图3-9 基因编辑技术在微生物制造中的应用

这些技术的应用加速了微生物细胞工厂的构建，为微生物制造提供了强大的工具，同时也为未来的研究和应用开辟了新的可能性。基于该系统介导的多位点基因整合策略，已经实现了酿酒酵母中的β-胡萝卜素合成途径的高效整合。基于Cas9的工具包的高效基因整合策略，将紫杉二烯的产量提高了25倍。除了用于基因编辑，CRISPR-Cas系统也被广泛应用于基因转录的干扰和激活领域。利用CRISPR干扰（CRISPR interference，CRISPRi）系统抑制竞争路径中的7个基因，成功促进了β-香树脂醇的生物合成。开发的正交三功能CRISPR-AID系统集成了基因敲除、转录抑制及转录激活三种功能，通过精确调控代谢网络，使β-胡萝卜素的产量提升了3倍。目前，基于

CRISPR-Cas系统已经开发出多种无标记和多位点整合技术，有效地推动了微生物细胞工厂的发展。

（四）异源生产天然产物底盘宿主的优选

随着系统生物学和合成生物学技术在植物天然产物合成途径的预测、鉴定和重构方面的发展，若干模式微生物（大肠杆菌、酿酒酵母、解脂酵母、油脂酵母、谷氨酸棒状杆菌、枯草杆菌和链霉菌）被确定为天然产物异源表达和大规模生产的理想宿主。模式微生物作为宿主细胞之所以展现显著优势，主要得益于可用的多种工程化合成生物学工具，而且它们的基因组和代谢网络也已被深入研究。此外，选择合适的微生物宿主是生产高附加值天然产物的关键所在。宿主细胞应当具备提供合成目标化合物所需前体物的能力，并确保异源基因能被正确表达并发挥预期功能。以酿酒酵母为例，其拥有完整的细胞内膜及较为健全的细胞器系统，为众多化学品的合成提供了必要的高浓度前体物（如线粒体中的乙酰辅酶A）、丰富的酶、辅因子等，同时表现出与植物更为相似的微环境和代谢特征，这种相似性可能促进植物基因的有效表达。此外，酿酒酵母还具备高效的基因整合能力和先进的基因编辑工具，能够在基因和基因组的特定位置进行精确且高效的编辑与修饰，而且被广泛认定为一般认为安全（generally regarded as safe，GRAS）的微生物，这使其可在食品发酵行业中应用。

三、微生物制造植物天然产物的主要产品

目前，植物天然产物的市场供应主要依赖于植物提取。国内大量的植物天然产物依然通过开发特有的中药和植物资源获得，如青蒿素从黄花蒿中提取、茶碱从绿茶中提取、柚皮素从柚子皮中提取、人参皂苷从人参中提取等。代谢工程和合成生物学的技术进步，加速了利用微生物生产植物天然产物技术工艺的发展。微生物细胞工厂能够利用单一廉价碳源或特定前体物直接生产高浓度目标植物天然产物，简化了生产流程并减少了有机化学品消耗。此外，微生物细胞工厂还能稳定提供所需化学品，有效缓解了市场供应波动和生产成本不稳定的问题。目前，微生物细胞工厂经过系统代谢工程、蛋白质工程、动态调控系统和中心碳通量重定向策略等改造，已经实现了一些高附加值植物次生代谢产物的合成，如抗疟药青蒿素、抗氧化剂白藜芦醇、保肝成分水飞蓟宾和香料成分香兰素等。这些成功的例子进一步证明了利用微生物细胞工厂作为高附加值植物次生代谢产物生产平台的可行性。

（一）黄酮类化合物

黄酮类化合物是植物性食品中普遍存在的一类化合物（图3-10）。得益于其独特的结构，黄酮类化合物在抵抗自由基、防病毒、抗肿瘤、治疗糖尿病和保护肝脏等方面扮演着关键角色。黄酮类化合物因其抗氧化性质，而在化妆品、保健品、膳食补充剂和食品配料等多个领域得到了广泛应用。这些化合物是总价值400亿美元的香精香料市场的一部分，自身市场价值大约达到15亿美元。这些化合物不仅可以从微生物中获得，也能从高等植物中提取。

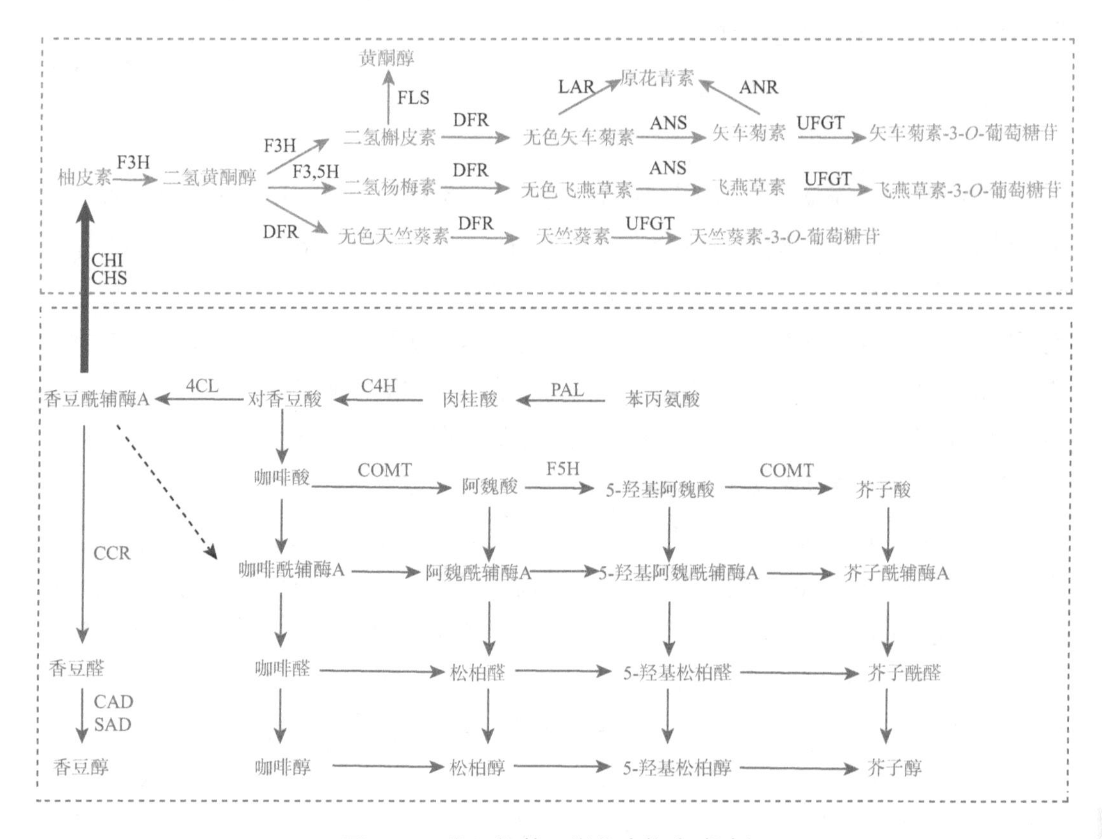

图3-10　常见的黄酮类化合物合成途径

F3H. 黄烷酮-3-羟化酶；CHS. 查耳酮合酶；CHI. 查耳酮异构酶；F3, 5H. 黄酮类3, 5-羟化酶；FLS. 黄酮醇合成酶；DFR. 二氢黄烷醇-4-还原酶；ANS. 花色苷合成酶；LAR. 无色花青素还原酶；ANR. 花青素还原酶；UFGT. 类黄酮糖基转移酶；4CL. 4-香豆酸辅酶A；C4H. 肉桂酸-4-羟化酶；PAL. 苯丙氨酸酶；COMT. 儿茶酚-*O*-甲基转移酶；F5H. 阿魏酸-5-羟基化酶；CCR. 肉桂酰辅酶A还原酶；CAD. 肉桂醇脱氢酶；SAD. 芥子醇脱氢酶

目前，一些重要黄酮类化合物已经在微生物中实现高水平异源合成，如黄酮类化合物重要骨架之一柚皮素。江南大学研究团队通过多途径协同工程策略，在酿酒酵母中成功实现了柚皮素的高效合成。该团队优化了莽草酸和芳香氨基酸合成途径的基因

表达，并通过引入异源途径重定向碳通量以提高柚皮素的产量。通过替换植物同源酶减少副产物、过表达关键合成途径基因，并利用亚细胞器碳通量调控策略，最终将柚皮素产量提高到986.2 mg/L。在5 L生物反应器中的发酵使产量进一步提升至3420.6 mg/L，创下微生物合成柚皮素产量的新高，为微生物合成高附加值黄酮类化合物提供了重要参考。鉴于黄酮类化合物的合成均来源于对香豆酸，因此开发专门用于高效生产对香豆酸的工程菌株，可以作为一个有效的生产平台，用于制造包括商业价值较高的异黄酮在内的各类黄酮和多酚化合物。这个概念可以进一步扩展，通过对微生物细胞工厂的改造，实现乙酰辅酶A的高效生产，其是脂肪酸、萜烯（包括倍半萜烯）和黄酮类化合物等多种化合物的关键前体。

（二）萜类化合物

萜类化合物种类繁多，目前发现的不同结构萜类化合物已超过70 000种。根据所包含碳原子数的不同，萜类可以分为单萜（C10）、倍半萜（C15）、二萜（C20）和三萜（C30）等（图3-11）。在生物体中萜类发挥多种功能，如参与细胞壁生物合成、稳定细胞膜等。萜类还可作为电子传递载体、化学信息素和防御分子等。萜类化合物因其丰富的功能性而被开发成多样产品，包括农业中用作植物激素控制病虫害、工业中用于食品色素和香料，以及作为药物和保健品的应用。目前，通过微生物细胞工厂技术，已成功实现了多种萜类化合物的异源合成。除青蒿素已实现工业化生产外，红没药烯、石竹烯、佛术烯等的产量也已达到克每升级别。麻省理工学院研究团队成功建立了一个高效合成萜类化合物的酵母底盘，通过引入一种新的异戊烯醇利用途径，有效地将异戊二醇和丙烯醇转化为萜类化合物的关键前体异戊烯焦磷酸（IPP）和二甲基烯丙基焦磷酸（DMAPP），显著提高了细胞内IPP/DMAPP的产量。此外，通过调整异戊二醇与丙烯醇的供应比例和表达特定的合成酶，还实现了对不同萜类途径前体[如牻牛儿基焦磷酸（GPP）、法尼基焦磷酸（FPP）和牻牛儿基牻牛儿基焦磷酸（GGPP）]的特异性重定向，从而有效提升了单萜、倍半萜、二萜和四萜等多种萜类化合物的生产效率。该研究不仅揭示了利用生物工程手段高效合成萜类化合物的潜力，也为未来在微生物中生产复杂天然产物提供了重要的技术平台和策略。

（三）生物碱类化合物

生物碱是一类含氮的有机化合物，广泛存在于植物中，具有多样的生理活性和药理作用。近年来，随着合成生物学和微生物工程技术的发展，利用微生物异源合成生物碱成为一个研究热点。以秋水仙碱前体秋丽碱[（*S*）-autumnaline]的生物合成为例，江南大学的研究人员通过逆向合成分析，设计了一种新的多酶级联反应途径，成功实现

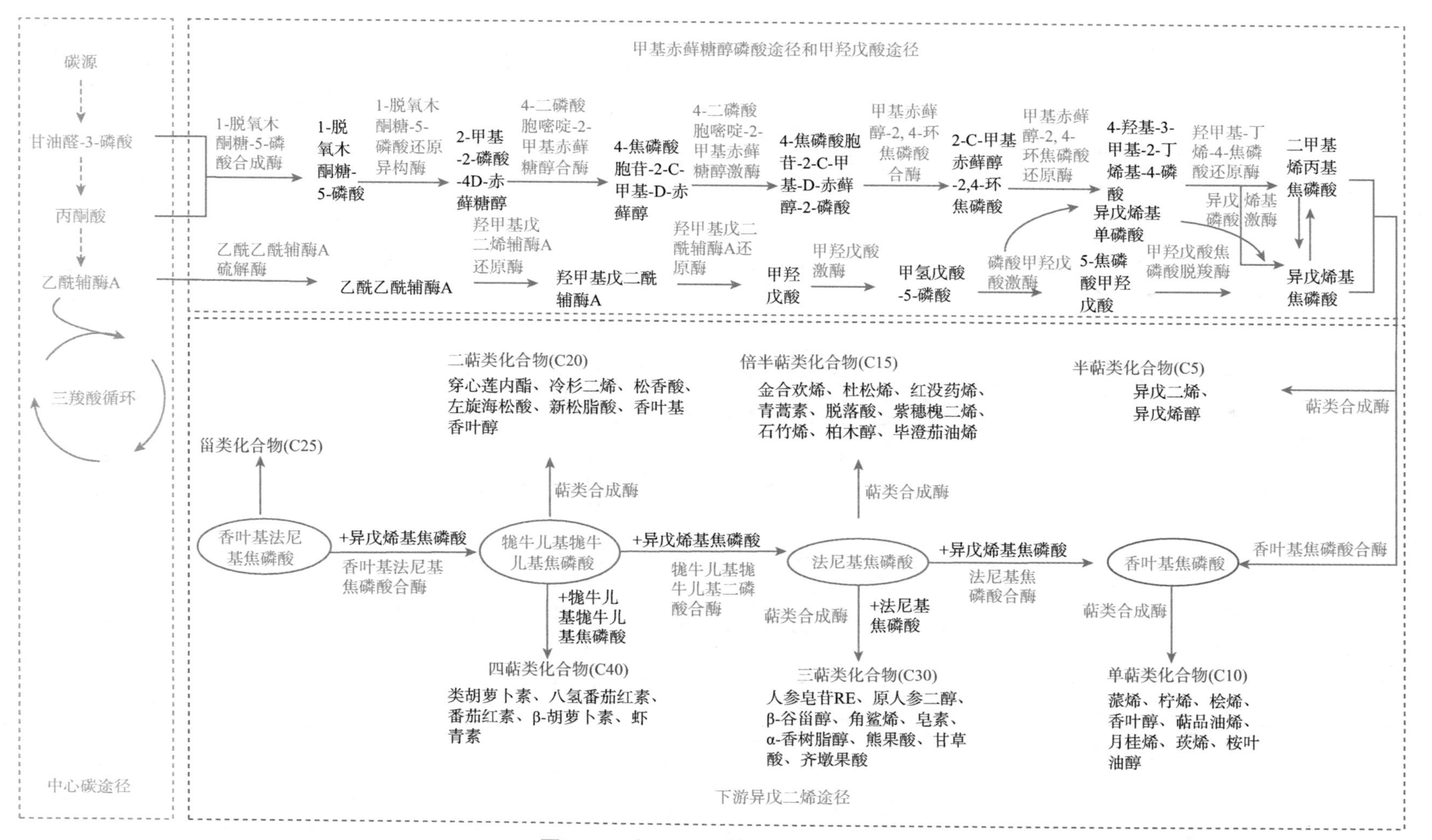

图3-11 常见的萜类化合物合成途径

了秋水仙碱前体秋丽碱及其衍生物的合成。这个过程包含两个主要模块：PEIA骨架模块和甲基转移模块，通过引入羧酸还原酶来提高反应稳定性，并避免了复杂的羟化步骤。此外，该研究团队还通过酶筛选和工程改造，优化了这一合成路径，并在大肠杆菌*E. coli* BL21（DE3）中实现了高效的生产，最终产量达到709 mg/L。这项工作不仅展示了人工酶级联反应系统在合成天然产物前体方面的潜力，还为未来生物合成路径的设计和优化提供了有价值的策略。尽管合成生物学技术的进步为在微生物中合成异喹啉类生物碱提供了可能，但目前在商业规模生产上仍面临挑战，主要是因为初始产量较低。通过合成途径和酶的解析及鉴定，研究者正在探索提高产量的代谢工程策略，并对合成途径进行优化。

（四）植物天然产物微生物制造的市场与前景

由于商品化学品需求量大，建立能够大规模生产的高效的细胞工厂本身就是一项巨大的科学和技术挑战，而且这一领域的工程学还不够成熟。其次，由于商品化学品价格低廉（通常1—2美元/kg），即便是高效的细胞工厂也难以与成熟的石油生产过程竞争。此外，多数发酵工厂无法直接适用于微生物发酵过程，而建立新的发酵设施既耗时又成本高昂。同时，对于一些极其复杂的植物天然产物，阐明高效的微生物合成途径也是一个难题。尽管存在这些挑战，但代谢工程和合成生物学在植物天然产物微生物制造方面仍展现出巨大潜力。微生物制造的重点并不在于生产能与石油基化学品直接竞争的产品，而在于开发具有特定优势和应用的植物天然产物。

近几年，微生物制造产业在全球范围内得到了快速发展，特别是在合成植物天然产物的领域。据前瞻产业研究院测算，全球合成生物学市场规模至2020年已达到68亿美元，预计到2025年将达到208亿美元，年复合增长率为25.1%。其中，医疗领域的合成生物学2024年市场规模将达到50.22亿美元，年复合增长率为18.9%；食品和农业领域的年复合增长率在64%左右。全球香精香料行业巨头已开始布局合成生物学技术。例如，2019年，巴斯夫收购了荷兰生物技术企业Isobionics，同年与生物科技公司Conagen签署了合作协议，生产天然发酵香兰素。2021年，帝斯曼收购了美国生物技术公司Amyris的香精和香水业务。

食品应用、医疗保健和农业原料等领域的迅猛扩张正在发生，推动了对生物技术创新需求的增加，以及对可持续和环境友好型生产方法的追求。行业巨头如巴斯夫、诺维信、帝斯曼、科碧恩和赢创工业集团正积极提升其生物制造技术水平和基础设施。这些公司逐渐将焦点从传统的化学品转移到食品、饲料、医疗保健及农业原料等领域。特别是诺维信宣布投资3.15亿美元扩展其位于美国的工厂发酵产能。2021年，Genomatica公司成功完成了1.18亿美元的C轮融资。此次融资成功的关键因素在于该公司运用了强大的技术平台，专注于开发针对新兴市场需求的微生物细胞工厂，并通过与合作伙伴的紧密合作，确保了大规模生产流程的建立。同时，该公司注意到合成大麻素生产领域投资增长的趋势后，迅速创建了Creo公司。Creo获得了Genomatica提供的核心知识产权，致力于生产高价值植物天然产物大麻素。当前微生物制造已成为连接现代生物技术与传统植物资源的桥梁，为医药、农业和化妆品等行业提供了一条可持续发展的新途径。利用微生物制造植物天然产物，不仅避免了对稀有植物资源的过度开采，而且有助于保护生物多样性。此外，该方式还促进了绿色化学和环境友好型生产流程的发展，展现出巨大的经济价值和社会意义。

尽管我国微生物制造产业发展迅速，但仍面临着核心菌种自主率低、前沿科研技术垄断、关键生产设备依赖进口等挑战。未来，我国微生物制造产业应提高自主研发能力，增强产业间的交叉创新，开发智能化工业生产设备，加速科研成果转化和工业化生产，实现我国微生物制造产业的跨越式发展。总的来说，微生物制造产业，特别是合成植物天然产物的领域，正处于一个快速发展的阶段，市场规模预计将持续扩大，技术创新和行业巨头的布局也将进一步推动这个领域的发展。同时，政策的推动和市场的需求也为这个领域的发展提供了广阔的空间。然而，这个领域也面临着一些挑战，需要通过提高自主研发能力、增强产业间的交叉创新、开发智能化工业生产设备等来解决。

撰 稿 人：李宏彪　江南大学
曾伟主　江南大学
周景文　江南大学
通讯作者：周景文　zhoujw1982@jiangnan.edu.cn

第十一节　生物基材料的生物制造

一、生物基材料介绍

人类社会的材料科学和材料制造已有数千年的历史，基于石化工业的化工生产也历经一百多年的发展。基于石化工业发展出的高分子材料，包括塑料、橡胶、纤维等，具有轻、强、耐热、耐腐蚀、耐磨等特点，在生产制造、建筑、能源、交通、电子等领域广泛应用，是目前工业和生活中不可或缺的重要材料之一。

生物基材料，是指以谷物、豆科、秸秆、竹木等可再生生物质为原料，通过生物、化学、物理等手段转化获得生物高分子材料或单体，然后进一步聚合形成的高分子材料。按产品属性分类，生物基材料可分为生物基聚合物、生物基塑料、生物基化学纤维、生物基橡胶、生物基涂料、生物基材料助剂、生物基复合材料及各类生物基材料制得的制品等。

生物基材料区别于以煤、石油等不可再生石化资源为原料生产的传统化工材料产品，具有原料可再生、减少碳排放、节约能源等特性，部分品类还具有良好的生物可降解性，是国际新材料产业发展的重要方向。随着全球气候变化、环境危机、能源资源短缺等问题的日益凸显，以化石资源为基础的传统工业制造产业链条正在进行着一场绿色变革。再加之“碳达峰”和“碳中和”目标的提出，生物基材料这一绿色、环境友好、资源节约的新材料成为当前和未来产业发展的新宠，正逐步成为引领当代世界科技创新和经济发展的又一个新的主导产业，产业前景十分广阔。

二、中国生物基材料发展现状

生物基材料，特别是生物基塑料，其产业链的构成经过一段时间的发展日渐清晰。产业链由上游生物质原料、中游生物基中间体（生物基单体、生物基平台化合物）、下游生物基材料产品制造及终端应用构成。上游，生物质原料包括粮食作物（如谷类作物、薯类作物、豆类作物）、非粮生物质（如农作物秸秆、林业废弃物），经加工后形成植物油、木质素、纤维素、淀粉、多糖等原料。中游，将上游原料通过生物合成、生物加工、生物炼制过程获得有机醇、有机酸、烃、烯烃等生物基单体，以及乳酸、丁二酸、糠醛等生物基平台化合物。下游，通过聚合反应和加工过程获得生物基塑料、生物基化学纤维、生物基橡胶、生物基涂料等生物基材料产品。终端应用则是针对于开发生物基材料的改性加工技术，拓展生物基材料终端产品的应用领域，如生物基塑料产品在包装、消费品、纺织品领域的应用，生物基化学纤维产品在时装、家居、户外及工业领域的应用。

生物基材料是我国战略性新兴产业，国家发展和改革委员会印发《“十四五”生物经济发展规划》，将生物基材料替代传统化学原料列入发展目标。近些年，生物基材料发展迅猛，关键技术不断突破，产品种类迅速增加，产品经济性增强，显示出强劲的发展势头，部分企业在某个生物基材料产品细分领域甚至已成为全球行业龙头。部分生物基材料发展情况如下。

（一）聚乳酸

聚乳酸是以丙交酯（乳酸二聚体）为主要原料聚合得到的聚合物，原料来源充分而且可以再生，主要以玉米、木薯等为原料。聚乳酸的生产过程无污染，而且产品可以生物降解，实现在自然界中的循环，因此是理想的绿色高分子材料。聚乳酸的热稳定性好，加工温度170—230 ℃，有好的抗溶剂性，可用多种方式进行加工，如挤压、纺丝、双轴拉伸，注射吹塑。由聚乳酸制成的产品除能生物降解外，生物相容性、光泽度、透明性、手感和耐热性好，还具有一定的耐菌性、阻燃性和抗紫外性，因此用途十分广泛，可用作包装材料、纤维和非织造物等，目前主要用于服装（内衣、外衣）、产业（建筑、农业、林业、造纸）和医疗卫生等领域。

在密歇根州立大学研究团队技术突破后，聚乳酸于美国首次实现了规模化生产。美国NatureWorks公司是全球最大的聚乳酸生产企业，年产能达18万t，占据了全球30%以上的聚乳酸产能。高纯度丙交酯高效制备技术是聚乳酸产业链中的核心技术，只有纯度高的丙交酯才能用于合成分子量高、物理性能好的聚乳酸。

金丹科技丙交酯技术来源于南京大学张全兴院士团队，他们深耕多年终有突破，2016年丙交酯项目启动，2020年底1万t/a丙交酯生产线正式投料试车，成功打通工艺路线。浙江海正通过与中国科学院长春应用化学研究所合作，2008年建立了第一条聚乳酸中试生产线，目前具备6万t/a聚乳酸产能。随着丙交酯技术的攻克，当前大部分国内聚乳酸生产企业均为从乳酸到丙交酯再到聚乳酸的一体化生产模式。中国已有多家企业建设了聚乳酸树脂的生产装置并进行了试生产。表3-13列出了中国主要聚乳酸树脂厂商，2023年国内总产能为26.55万t/a。2021年到2022年是聚乳酸产业投资的疯狂之年，拟建产能近百万吨，但是随着聚乳酸市场增长远低于预期，多个项目终止。据悉，目前海正生材、吉林中粮、上海同杰良、江西科院、普立思、朗净新材等企业均有后续增产的计划，但均持谨慎态度。

表3-13　中国聚乳酸树脂合成产能分布

企业	2023年已建成产能/（万t/a）
丰原生物	10.30
海正生材	4.50
金丹科技	1.00
吉林中粮	1.00
苏州易生	1.00
光华伟业	1.00
上海同杰良	1.00
金发科技	3.00
江西科院	0.10
普立思	3.00

续表

企业	2023年已建成产能/(万t/a)
无锡南大	0.50
朗净新材	0.10
万华化学	0.05

注：2023年12月，恒天长江生物被光华伟业收购，更名为苏州易生

同时，聚乳酸的加工应用技术发展迅速得益于国家政策的推动和国内环保概念的全面普及，不同领域的许多厂家希望采用生物基材料提升其产品的环保概念性，聚乳酸成为当前形势下的首选。产品的推广促进了新应用下的技术进步，在吸管材料厂家和以南京迈欧为代表的吸管机设备厂家的共同努力下，对聚乳酸吸管进行二次加温再冷却的方法提高了聚乳酸吸管的耐温性和刚性。聚乳酸吸管经过二次结晶后，耐温性能从原来的50—60 ℃提高到80—90 ℃。聚乳酸吸管的市场单价相较最初时期下降了35%以上。对于聚乳酸的双轴拉伸技术，厦门长塑实业从母粒和材料组合上进行了优化，调整了双轴拉伸工艺，使之与聚乳酸材料相匹配，制得了性能优良的双向拉伸聚乳酸薄膜BOPLA。恒天长江生物深耕聚乳酸纤维行业十余年，其全球首创的"连续聚合熔体直纺聚乳酸纤维"被科学技术部评为"国家重点新产品"。其参与完成的"聚乳酸高效生物合成及纤维制备与应用技术"项目还获得了2023年度中国纺织工业联合会科学技术奖一等奖。在产能配置上，恒天长江生物此前已建成首条万吨级连续聚合熔体直纺双组分聚乳酸纤维生产线和千吨级聚乳酸短纤非织造布生产线，同时这也是全球第一个实现聚乳酸热黏合无纺布产业化的生产线。丰原生物与多家纺纱、面料、服装企业合作，2022年6月正式联合特步集团推出100%聚乳酸含量的环保风衣产品。中国科学院宁波材料技术与工程研究所在聚乳酸发泡领域颇有建树，通过其高分子发泡加工实验平台，利用微孔注塑发泡技术、连续挤出发泡技术等，制备了纤维素纳米纤维增强聚乳酸发泡材料、立构复合晶增强聚乳酸发泡材料、聚乳酸珠粒发泡材料等基于聚乳酸的发泡材料。随着聚乳酸应用的进一步扩展，将会有越来越多的新技术新工艺出现。

（二）PTT

PTT是聚对苯二甲酸丙二醇酯（polytrimethylene terephthalate）的简称，是荷兰壳牌公司最先研发的一种性能优异的聚酯类新型纺丝聚合物，由对苯二甲酸（或对苯二甲酸二甲酯）与1, 3-丙二醇经酯化（酯交换）、缩聚反应得到聚酯，再经熔融纺丝制得纤维。PTT纤维兼有涤纶、锦纶、腈纶的特性，除防污性能好外，还有易于染色、手

感柔软、富有弹性，伸长性同氨纶纤维一样好，与弹性纤维氨纶相比更易于加工等特点，非常适合用作纺织服装面料；除此以外PTT还具有干爽、挺括等特点。PTT 1998年在美国被评为六大化工新产品之一，被誉为聚酯之王。

生物基PTT的关键在于生物基1,3-丙二醇生产技术。杜邦公司与Genencor公司合作，2000年率先突破了生物基1,3-丙二醇的生产方法，以葡萄糖为底物在基因工程菌的作用下转化为1,3-丙二醇，实现商业化。2022年，华峰集团收购了杜邦的1,3-丙二醇及PPT业务。

国内各企业和高校对生物基1,3-丙二醇的技术研发起步较晚，其产业化情况如表3-14所示。清华大学提出了以甘油为底料，葡萄糖为辅助底物的生产工艺，葡萄糖在耐高渗酵母的作用下转化为甘油，再由克雷伯氏肺炎杆菌将其转化为1,3-丙二醇。2011年，江苏苏震生物与清华大学合作，以生物柴油副产物甘油为原料生产1,3-丙二醇，开发出具有完全自主知识产权的生物基丙二醇及PTT纤维成套生产技术，建成了丙二醇生产装置并用于3万t/a PTT生产中。2013年，张家港华美的生物法年产1万t/a 1,3-丙二醇项目投产。2017年3月，清大智兴在山东省济宁市成立梁山分公司，打造了万吨级生物基丙二醇生产基地。2018年3月，万吨级丙二醇生产线正式投产。2022年5月，清大智兴与长清生物共同出资组建了山西清大长兴，并推出了年产2万t糖法发酵生产丙二醇项目。2022年6月，该项目生产装置一次开车成功，这是清大智兴继2018年成功将甘油法发酵生产1,3-丙二醇技术实现商业化后，再一次成功将新一代糖法1,3-丙二醇生产技术应用到万吨级生产线上。近年来国内也有诸多企业投入生物基丙二醇的研究，更有一些企业开始新建项目。2022年12月，华恒生物宣布启动年产5万t/a的丙二醇建设项目，2024年3月于赤峰建成生产装置，并试车成功。

表3-14　中国生物基1,3-丙二醇技术及产能情况

企业	产能/（万t/a）	技术路径
苏震生物	2	生物法（甘油路径）
清大智兴	1.2	生物法（甘油路径）
山西清大长兴	2	生物法（葡萄糖路径）
张家港美景荣化学	1.2	生物法（甘油路径）
广东国宏新材料	10	生物法（甘油路径）
华恒生物	5	生物法

（三）PBAT/PBS材料

聚对苯二甲酸己二酸丁二醇酯（PBAT）是继淀粉基塑料和聚乳酸之后的第三大

可生物降解塑料，以1,4-丁二醇、己二酸（AA）、对苯二甲酸（PTA）为原料聚合而成，是全世界“消除白色污染”的重要拳头产品，也是其他全生物降解材料在材料改性时的“最佳拍档”，被列入了西部地区鼓励类产业目录，可广泛应用于包装材料、餐饮用具、卫生用品、地膜等一次性塑料用品，通过改性还可用于医用材料、光电子化学、精细化工等领域。PBS的化学名称为聚丁二酸丁二醇酯，作为生物降解塑料脂肪族二元酸二元醇聚酯的一种，其材料性能完全达到通用塑料水平。PBAT/PBS合成流程相似，石油基路线有成熟、成套的技术装备工业化项目，技术成熟度相对较高。

生物基PBAT/PBS的生产，依赖于生物基丁二酸和1,4-丁二醇的供应，此前生物基1,4-丁二醇的生产技术一直被外国公司垄断，近几年国内研究者在生物基1,4-丁二醇生产技术方面已经有了较大突破。2019年山东兰典生物科技股份有限公司依托于中国科学院天津工业生物技术研究所的技术，推出生物基丁二酸，年产能2万t；元利化学集团股份有限公司以生物基丁二酸为原料，成功研发并于2021年正式生产出生物基1,4-丁二醇，实现了国内乃至亚洲在生物基丁二酸、生物基1,4-丁二醇上零的突破。2022年，华恒生物启动年产5万t生物基丁二酸项目，2024年初该生产线于赤峰顺利实现高品质连续生产。2022年，作为全球领先的生物降解塑料生产厂商，金发科技及其子公司珠海金发生物材料在辽宁盘锦建设了万吨级生物基1,4-丁二醇生产装置，预计2024年正式投产。2024年初，金发科技公布了年产10万t的生物基丁二酸的规划，建成后也将成为世界上最大的生物基丁二酸生产线。基于生物基1,4-丁二醇、生物基丁二酸产品，金发科技开发了生物基PBAT、生物基PBS、生物基PBT等多种生物基材料，其目标是打造生物基材料全产业链一体化。

（四）PHA

PHA是一种生物基降解材料，其以可再生的生物质为原料，由微生物全生物合成而来，是目前一种完全无毒甚至可食用的降解塑料。它具有类似于合成塑料的物化特性及合成塑料所不具备的生物可降解性、生物相容性、光学活性、压电性、气体相隔性等许多优秀性能。正是由于其天然的可降解性和细胞相容性能，PHA在医疗行业和日用品领域拥有许多潜在的应用场景，医疗领域的应用包括组织工程及植入材料、药物缓释、止血材料、医疗保健、医美材料等；日用品领域的应用包括一次性环保餐具、纸杯涂层、吸管、3D打印、保鲜膜、农膜等。

PHA材料潜在应用场景及市场规模如表3-15所示。

表3-15　PHA材料潜在应用场景及市场规模

应用方向	产品类型	市场规模/亿元
日用品	包装材料、餐具等	> 5000
可注射再生医美	童颜针/少女针	> 100
缝合、止血、封闭	缝线	> 80
	组织结扎夹	> 20
外科及其他	导管	> 70
	补片	> 50
	敷料	> 50
	防粘连膜等	> 50
骨科/运动医学	骨钉/骨板	> 70
	带线锚钉	> 20
	颅骨锁等	> 30
管腔支架类	血管/胆管/食道/鼻窦等支架	> 15

根据Nova Institute测算，2023年全球PHA产能在10万t左右，预计到2028年全球PHA产能将达到100万t。虽然国外布局PHA产业时间较早，但是中国已成为全球PHA技术研发和产业化应用最活跃的国家，特别是在PHA关键生产菌株上，拥有技术领先优势。北京蓝晶微生物选取了油田土壤中的耐油细菌，在利用合成生物技术对该细菌进行工程化改造后，能稳定合成产出高性能的PHA材料。2022年，北京蓝晶微生物在江苏省盐城市举办了年产25 000 t的PHA生产基地奠基仪式，项目分为两期建设。目前，第一期5000 t/a生产线已建成。清华大学自主开发了基于嗜盐菌的“下一代工业生物技术”（next generation industrial biotechnology，NGIB），用于PHA的生产。NGIB的核心是利用生长在特殊环境中的极端微生物盐单胞菌为细胞工厂，以来源于淀粉、秸秆糖、餐厨处理物等的糖类为原料，发酵周期30—40 h，合成了包括PHB、PHBV、PHBHHX、P34HB在内的30多种不同的PHA材料。由于NGIB，我国的PHA材料合成技术处于世界领先水平，并合成了全球类型最多的PHA材料，该技术在2023年国际代谢工程大会上荣获“代谢工程奖”。NGIB被北京微构工场生物技术有限公司、中粮生物科技股份有限公司、湖北微琪生物科技有限公司以及珠海麦得发有限公司采用。2021年底，北京微构工场生物技术有限公司在北京建设了NGIB千吨级PHA生产基地，重点生产医疗、医美级别的PHA新材料。2022年7月，北京微构工场生物技术有限公司联手安琪酵母股份有限公司在湖北宜昌共建年产3万t的PHA生产基地。该项目是国内拟建产能中规模最大的PHA生产线，也是继日本Kaneka和美国Danimer Scientific

之后的世界第三大PHA生产线，预计一期1万t/a生产线将于2025年一季度完工。珠海麦得发生物科技股份有限公司，在千吨级生产装置的基础上，开发绿色提纯工艺，稳定生产50 k—300 kDa医用PHA材料，分散系数可控，已通过ISO（International Organization for Standardization，国际标准化组织）质量体系认证，为全国首家以医用PHA获得此认证的公司。

（五）生物基尼龙

尼龙由二元酸和二元胺聚合而成，是现代化学工业的重要组成部分，在塑料、涂料、橡胶、玻璃纤维等领域有着广泛的应用。2022年全球尼龙市场规模达到2455.06亿元，预计到2028年全球尼龙市场规模将达到3274.61亿元。区别于石化法尼龙，生物基尼龙的生产工艺可分为油路线和糖路线两种。油路线常采用蓖麻油、油酸、亚油酸等可再生的天然油脂，经过酯交换、高温裂解等一系列的化学反应，制备出尼龙单体。通过油脂制备的尼龙单体主要有ω-十一氨基酸、癸二酸、壬二酸等。糖路线主要是通过微生物技术或化学方法将葡萄糖、纤维素、淀粉等可再生的糖类物质转化为尼龙单体的路线。常见的生物基尼龙材料包括PA66、PA56、PA10T、PA11、PA1010、PA610、PA510、PA410、PA1012等，只有部分在国内成功实现商业化。合成PA10T的单体癸二胺来源于蓖麻油，是目前合成的唯一的生物基半芳香族聚酰胺（生物碳含量达40%—60%）。金发科技在全球率先实现了生物基耐高温尼龙PA10T产业化，牌号Vicny，目前其产能接近2万t，是国内最早实现生物基尼龙商业化的产品。2021年6月凯赛生物乌苏生产基地年产5万t的生物基戊二胺及年产10万t的生物基尼龙生产线开始投料生产；2022年9月底，凯赛生物位于山西合成生物产业生态园区的年产4万t生物法癸二酸项目完成调试，实现了癸二酸全球首次生物法大规模生产，同时也标志着凯赛生物实现了全部生物法长链二元酸（DC10—DC18）的规模化制造，其长链二元酸市场主导地位进一步增强。2022年11月，江苏太极实业“子午线轮胎冠带用生物基聚酰胺56工业丝和浸胶帘线的开发与应用”项目顺利通过江苏省级科技成果鉴定，该项目在全球首次实现了PA56工业丝和浸胶帘线的量产，整体技术达到国际领先水平。2022年10月，黑龙江伊品生物成功实现玉米—赖氨酸—生物基戊二胺的试生产，延伸了玉米深加工产业链，使玉米附加值提高了3倍，预计该生产线可年产1万t戊二胺和1万t PA56，实现产值5.7亿元，项目规划分两期建设，二期规划建设10万t/a生物基尼龙盐。

（六）呋喃基材料

呋喃二甲酸（FDCA）含有两个羧基，是具有环状共轭体系的芳香性化合物，与对苯二甲酸结构相似，被学术界和产业界认为是一种新型的基于可再生资源的二酸单体和对苯二甲酸的替代品；FDCA的含碳数目与天然己糖相同，可以容易地由其转化而来；FDCA的呋喃环是杂环结构，在自然界中易于苯环降解。因此，FDCA被美国能源部认为是建立绿色化学工业的12种重要的化学品之一，被杜邦和帝曼斯誉为“沉睡的巨人”之一。

FDCA基聚酯是一类新型的性能优异的生物基高分子材料，具有广阔的应用前景、潜在的巨大市场及可观的经济价值，被认为是来源于石油资源的对苯二甲酸基聚酯的理想替代品。例如，聚2, 5-呋喃二甲酸乙二醇酯（PEF），其结构与PET相似，被认为是PET的替代品。PEF的玻璃化转变温度是90℃左右，比PET（70℃）的高，更耐温；PEF熔点在210℃左右，比PET（240℃）的低，PEF更易加工；PEF结晶速率非常小，淬火时PEF相对PET更容易形成无定形形态；PEF力学性能比PET好，拉伸强度可达100 MPa，拉伸模量可达3.3 GPa，但断裂伸长率非常小，在3%—7%；PEF耐溶剂性好，不溶于大多数有机溶剂，如氯仿、苯、甲苯、二氯甲烷和四氢呋喃等；PEF气体阻隔性好，氧气透过率为PET的1/11，二氧化碳透过率为PET的1/19，水蒸气透过率为PET的1/2.8；生物基PEF以植物为原料，碳足迹降低了50%—70%。

随着绿色环保理念深入人心，聚酯产品原料的绿色化成为产业发展的新方向。生物基原料FDCA及由其合成的聚酯材料逐渐崛起。与来自传统化石原料的同类产品精对苯二甲酸相比，FDCA具备初始原料为生物质原料、绿色环保低碳的特性；以FDCA为原料聚合得到的PEF具备更为优异的耐热性、力学强度、阻隔性等物理性能；FDCA其下游产品的安全性更高，以FDCA为原料生产的增塑剂，相比当前市面上的主流产品邻苯二甲酸二辛酯，不会对人体产生危害，可避免给人带来遗传性疾病。FDCA越来越多地被下游用户认可，FDCA在工业领域有着广泛的用途，在聚合物方面的应用主要是合成聚酯和聚酰胺，这也是最为主要的用途。由FDCA制备的PEF聚酯可用于包装材料、工程塑料、涂料和纤维中。

有市场研究预测，2024年全球FDCA的需求量为百吨级，应用领域主要是高值消耗品，如新能源电池隔膜及高端芳纶纤维等，售价在15万—20万元/t，市场规模为千万元级别。到2030年，FDCA需求量将达到千吨级，到2045年，FDCA需求量将达到数百万吨，并扩展到中低端市场，如塑料包装瓶及纤维市场，同时在聚酰胺和增塑剂中得到广泛应用，市场规模可达千亿元级别。以PEF为例，2023年PEF市场销售量达到了840 kg。到2027年，全球PEF生产规模将达到百吨级别，2029年将达到984 t，复合年均增长率超过220%（2023—2029年）。从地区层面来看，北美是全球最大的消费市场，2023年的市场规模为350 kg，占比为41.49%，其次是欧洲地区，占比为33.33%。亚太市场在过去几年变化较快，2023年市场规模为170 kg，约占全球的20.24%，预计2029年将达到274 t，届时全球占比将达到27.85%。从产品类型和应用方面来看，食品级占有重要地位，在2023年的市场规模为560 kg，占比为66.67%，预计2029年份额将达到72.72%。

国外在FDCA领域的研究起步较早，但仍未实现商业化生产。部分国内企业已率先实现商业化生产，国内外FDCA企业处于同一起跑线。FDCA国内代表企业有合肥利夫生物科技有限公司、浙江糖能科技有限公司、中科国生（杭州）科技有限公司等。FDCA国内代表企业的战略选择略有不同。合肥利夫生物科技有限公司侧重于FDCA规模化生产及下游应用开发，2022年其在蚌埠建成世界首条千吨级FDCA生产线，并已于2023年底启动万吨级产线建设；同时亦规划在2026年开始建立10万t级别FDCA产线，其HMF产品主要用于合成PEF及其中间体FDCA。中科国生（杭州）科技有限公司重点关注中间体HMF生产工艺，从HMF出发拓展FDCA及其他HMF衍生物，2022年9月，中科国生（杭州）科技有限公司对外宣称已形成千吨级HMF连续化产线以及百吨级衍生物产线，预计2025年实现万吨级HMF工业化量产。2023年中科国生（杭州）科技有限公司PEF聚酯新材料吨级产业化生产投产成功，生物基呋喃聚酯纤维中试试车成功。浙江糖能科技有限公司则主要聚焦于HMF和FDCA的双产品拓展，已于2023年完成千吨HMF线验证工作。目前国内PEF处于项目大规模产业化前阶段。PEF主要供应企业有合肥利夫生物科技有限公司、中科国生（杭州）科技有限公司。

虽然我国在FDCA和FDCA基聚酯如PEF的开发技术上不比国外差，但目前国内还是以科研单位为主导，国外更多的是以企业行为进行开发和验证。在FDCA和FDCA基聚酯的开发上，欧洲聚酯龙头企业通过整合产业链上下游的资源，同时引进先进工艺、吸引雄厚资本、加快产业化进程、占领高端生物基材料市场，这种合作在国外企业间是非常普遍的，值得在中国大力推广。

（七）生物基增塑剂

增塑剂是能够有效改善高分子材料加工应用性能的一类重要改性剂，通过增塑剂的添加，能够有效增加其可塑性和韧性。在聚氯乙烯（PVC）材料加工领域中应用广泛，对于年需求量高达5000万t的成熟PVC塑料制品工业体系，增塑剂产业的高质量发展有着举足轻重的作用。2023年增塑剂全球消费量约996万t，市场规模约200亿美元，其中我国占比近50%。

目前，应用最为广泛的增塑剂是来源于石化下游的产品邻苯二甲酸酯类（邻苯类）增塑剂，市场占有率高达50%。但是其含有的邻苯二甲酸酯结构已经被证实在环保和健康风险方面存在着严重缺陷，尤其是对青少年生殖系统有严重的负面影响，威胁着公众健康。随着国民环保和安全意识的提高，我国陆续出台了一系列针对邻苯类增塑剂的使用禁令，更是在2020年优先控制化学品名录意见稿中添加了邻苯类增塑剂，但受限于市场体量大、替代品少等现状，最终取消了对其除儿童用品和食品包装等行业以外的限制。因此，在邻苯类增塑剂严重的生理毒性和政策限制影响下，探索环保安全且性能优良的环保型增塑剂，成为替代石油基邻苯类增塑剂的优选方案。

生物基增塑剂是一种新兴的环保型增塑剂，它来源于生物基产品，兼具生物安全性和高效增塑性等优势。目前，我国常用的环保型生物基增塑剂由环氧植物油脂类和柠檬酸酯类组成。环氧植物油脂类产品主要为环氧大豆油，我国环氧大豆油年产能35万t，受益于生物基、安全无毒和成本低廉等特点，环氧大豆油市场年均增速超10%。但国内大豆油生产受进口限制，具有较大的粮食安全隐患，且其自身增塑效率较低无法在产品中大量使用，因此环氧大豆油市场占有率（8%）仍然较低。柠檬酸酯类增塑剂的合成原料来自生物发酵法生产的柠檬酸，具有良好的增塑性能和生物降解性，安全无毒。我国年产能约20万t，主要应用于对欧美出口的绿色制品中。但由于柠檬酸的化学结构中含有羟基，对塑料制品稳定性有较强的负面影响，需要通过石油类产品对羟基进行乙酰化改性，除了增加工艺复杂性和生产成本外，乙酰化改性还降低了柠檬酸酯产品的生物碳含量，降低了其环保优势和发展潜力。中国科学院青岛生物能源与过程研究所在全球首次实现了反式乌头酸的微生物发酵生产，开发出新一代生物基反式乌头酸酯增塑剂，目前已开始千吨级中试，这为我国生物基增塑剂生产迭代奠定了良好的基础。

生物基增塑剂虽具有诸多优势，但现有的生物基增塑剂难以满足广泛的国内需求，在推广应用过程中仍面临一些挑战。新兴的生物基增塑剂既要在原料上围绕我国整体资源布局，不受国外资源限制，实现稳定的规模化生产；又要掌握具有自主知识产权的技术，不被国外工艺“卡脖子”。生物基增塑剂生产技术要有效结合我国增塑剂行业产能现状，在产品性能上具有颠覆性创新的同时，能够有效利用既有产能，避免造成“尾大不掉”的局面。

三、结　　语

基于微生物细胞工厂的高效构建，众多生物基产品已成功实现产业化。理论上，所有的有机化学品都可以通过合成生物制造来生产。目前，包括生物基丁二酸、长链二元酸、乙醇、1,4-丁二醇、异丁醇、1,3-丙二醇、异丁烯、L-丙氨酸、戊二胺等在内的众多合成生物化学品已经成功实现技术突破，陆续向产业化、商业化推进。随着生物制造技术的进一步发展，通过低成本可再生原料利用、新型基因编辑、高效细胞工厂、酶催化改造、化学催化转化等技术的有机结合，更多的生物基产品有望通过生物制造生产，实现对石油基材料的替代，促进生物经济形成，更好地服务于人类社会的可持续发展。基于合成生物学的生物制造给分子材料的创新需求带来了新的机遇：生物材料的单体种类繁多，多样性远超于石油化工，天然生物中有超过300万种的新分子和新材料尚待发掘应用；借助合成生物学的工具，对生物系统进行有目标的理性设计，有助于人们利用生物创造新材料，极大地发挥新材料的创新潜力。

撰 稿 人：曾祥斌 珠海金发生物材料有限公司
张佳龙 金发科技股份有限公司
张 豪 金发科技股份有限公司
刘 勤 珠海金发生物材料有限公司
姜 敏 中国科学院大连化学物理研究所
侯鸿斌 中国科学院青岛生物能源与过程研究所
吴赴清 清华大学，北京微构工场生物技术有限公司
宋春艳 珠海麦得发生物科技股份有限公司
通讯作者：曾祥斌 zengxb@kingfa.com.cn

第十二节　我国生物制造装备的发展

一、合成生物时代下的生物制造装备发展概况

近年来，合成生物学相关研究发展迅速，其在科研、商业应用上具有极大的潜力，专家认为其将催生下一次生物技术革命。目前合成生物学技术在医药、食品、农业、能源、化工和材料等领域应用广泛，涉及生物信息学技术、基因（组）编辑技术、基因合成与组装技术、细胞培养技术、微生物发酵技术等方面。这些技术为合成生物学提供了强大的工具，使得科学家能够更好地研究和改造生物系统，为人类创造更多的价值，而这些技术的实施都是以装备作为基础的。

从高效生产细胞株的构建，到实验规模工艺开发，再到工业规模放大生产，高效的菌种性能验证装备、工艺开发装备、生产装备和先进的过程监测装备贯穿其中。过程装备和监测技术的应用使得生命代谢过程数据得到大量积累，包括在线过程数据、代谢组学数据、转录组学数据和蛋白质组学数据等，由此产生合成生物大数据。这些数据信息的爆炸性增长，迫切需要高性能计算及有效的技术与方法对这些信息进行处理，以提取有效数据，为合成生物学发展提供支撑。生物制造产业的快速发展在很大程度上依赖于数据库和计算工具的使用，在合成生物学研究中，数据处理、计算建模和人工智能在实验设计、数据分析和生产过程控制中发挥着重要作用。

二、高通量生物反应器与装备开发

合成生物学技术的发展使得细胞在基因和代谢水平上的改造更便捷，大量的菌种和细胞能够通过这种方式获得，配备多种传感器和自动控制系统的微型生物反应器可被应用于高通量筛选中，在微生物筛选、培养基和工艺开发上有了广泛应用。同传统的台式生物反应器相比，微型生物反应器具有体积小、反应通量高、操作简单、可放大等优点。根据微型生物反应器的工作原理可以将其分为气泡/气体穿透系统、搅拌式系统及摇床式系统，常见的微型生物反应器系统有SimCell、Ambr-15、Ambr-250、Micro-24、Micro-Matrix等。SimCell属于气泡/气体穿透系统，是一种卡式微型反应系统，该系统最多能够同时进行1260个培养。SimCell系统拥有超微体积和较高通量，但是小体积的培养体系无法支持培养过程中相关目标的离线检测，同时由于无搅拌桨配置无法较好地拟合大规模反应器。在使用该系统过程中经常需要进行一致性评估以确定其有效性。SimCell系统已经被用于单克隆的筛选和工艺优化中，能够对不同工艺设置进行工艺结果验证和检验。

Ambr-15、Ambr-250是Sartorius公司开发的高通量搅拌式微型生物反应器系统，两种系统均由反应器罐体、自动操作系统和操作软件三部分组成。Ambr-15能够同时运行24个或48个微型搅拌反应器，工作体积为10—15 ml，且每个反应器都有独立的搅拌和通气装置。Ambr-250系统是Ambr-15的升级产品，其工作体积扩大到200—250 ml，结构上和传统的实验室搅拌生物反应器更相似，采用双层斜三叶桨嵌合4个挡板促进液体混合，在旁侧新增4条管路可用于试剂流加。两个系统中如pH、溶解氧量（dissolved oxygen，DO）等参数都可以独立控制，而温度和转速等参数由操作站集中控制。相较于Ambr-250系统，Ambr-15的工作体积较小，取样的体积被限制，同时频繁取样也会导致系统内DO、pH等参数产生波动。在Ambr-15系统中，对不同种类的大肠杆菌表达不同抗体进行了检测，证明了该系统能够成功地被作为高通量发酵系统用于分子和微生物菌种的筛选。在Ambr-250的基础上，一种专门用于改善微载体和微珠的悬浮设计被开发从而改善了此类细胞系统的培养，在后期验证中也证明该系统能够支持用于细胞或基因治疗的T细胞或人类间充质干细胞的培养。

Pall公司开发的Micro-24系统和Applikon公司推出的Micro-Matrix系统属于摇床式系统。Micro-24基于24孔微孔板，每个孔板的工作体积为5—7 ml，系统能够对每个孔板的pH、温度和DO等参数进行独立检测与控制，该系统的结果具有较好的放大性，但由于没有自动化系统需要人工取样和补料。在Micro-24的基础上，Applikon公司增加了液体补加系统，进而开发出Micro-Matrix系统，能够支持不同类型的工艺开发。Micro-24系统被用于研究不同培养方式对培养性能的影响，Micro-Matrix系统能够用于确定缩放策略并利用补料系统对补料策略进行筛选和优化。

微型生物反应器技术快速推进了筛选和工艺优化方面的工作，高通量的特点极大地缩短了工作时间，能够在相同的时间内开展大量实验，进而探索了更多的实验工艺，使用微型生物反应器技术可以更好地进行高通量筛选，从而推进相关研究的进行。同时，不同类型的微型生物反应器具有不同的优缺点，在选择时应充分了解装备性质，根据不同需求选择合适的微型生物反应器。

三、平行生物反应器装备开发

摇瓶是最经典的平行生物反应器，实验时使用相同规格的摇瓶放在温度控制的培养箱中培养。摇瓶经底部托盘带动以特定的旋转速度进行圆周运动，使介质充分混匀和气体交换，在一定程度上去除了培养条件的误差，可以专一性地比较菌种差异性。摇瓶和旋转瓶的培养系统已用于筛选实验，但是这种培养模式存在很多缺陷。例如，其无法监测和控制环境参数，无法进行补料分批培养，使得这些模型不太适合生物过程优化。虽然研究出了可以提供控制pH的能力，使用多通道泵进行补料分批培养的摇瓶，但其依然由于限制因素太多而未被广泛使用。

振动微量滴定板是继摇瓶后出现的新型平行培养装置，其主要有塑料制板或者是带有冲压圆柱形孔的玻璃板。微量滴定板与微量滴定板光谱仪用于微生物生长的测量，微生物的平行培养能够在振动微量滴定板中对菌株或反应条件进行时效筛选。为了批量培养微生物，微量滴定板可以进行类似于摇瓶的振荡运动，以便通过表面曝气产生充分的混合和充分的氧转移率。振动微量滴定板有多种规格，其中最常用的为24孔、48孔和96孔。它们最初用于分析应用，现在广泛用于生物转化、微生物发酵和细胞培养应用。为了解决振动微量滴定板缺乏在线监测能力的问题，非侵入式荧光传感器被用于监测溶解氧和pH。

为了实现更大体积的平行生物反应实验，研究人员开发了微型搅拌式反应器。多个小型搅拌式反应器合并在一起，所有重要的工艺变量如温度、搅拌器速度、pH和DO都可以在并行运行的每个反应器中单独控制。通常使用磁力搅拌体来供给功率，在大多数情况下氧气传质系数与单独操作的搅拌罐反应器一样低。小型生物反应器可以降低生物过程开发所需的成本，当用于工艺开发时，可以依赖这些设备来精确模拟实验室和中试规模的生物反应器，从而可以在微型规模上优化生长动力学和产物表达量。

四、生物制造过程传感装备开发

生物制造过程是以活体细胞代谢为核心的生命过程，存在复杂性和不确定性。为了实现对生物制造过程的稳定控制，实现生产过程的最优化，必须加强对生物制造过程数据的监测，生物过程先进传感装备的开发对于生产过程的控制至关重要。按照不同的测量原理可以将生物制造过程传感器分为电化学、酶学、光学和生物传感器等，根据测量位点的不同又可以分为胞内传感器和胞外传感器。

胞外传感器主要是测量细胞外的一些环境参数，如溶解氧量（DO）、pH、温度、细胞浓度等可以很好地反映菌体的生长状态，因此人们研发了一系列胞外传感器以达到对生物反应过程的检测和控制，包括溶解氧传感器、压力传感器、温度传感器、溶解二氧化碳传感器、pH传感器、氧化还原电位（oxidation-reduction potential，ORP）传感器、浊度电极、活细胞量传感器、尾气质谱仪、拉曼光谱仪、红外光谱仪等。目前温度、溶氧、pH、压力等常规传感器已基本实现国产化，部分传感器的性能如溶氧和pH与进口产品在稳定性及准确性等方面还存在一定的差距。高端的过程传感器，如活细胞传感器、浊度电极、尾气质谱仪、拉曼光谱仪、红外光谱仪等基本被国外垄断，国内无类似的替代产品。目前相关高端传感装备价格较高，在现代生物医药领域有所应用，而在以成本为核心的大宗生物制造产品生产领域较难推广。

胞内传感器主要用于表征细胞内的物质浓度信息，如胞内能荷类物质、基因表达、转录、代谢物浓度等。荧光探针技术可以识别含有特定基团的生物大分子如蛋白质、抗原抗体、核酸、酶蛋白及聚合物。荧光探针可分为化学荧光探针和基因荧光探针。按荧光波长可分为发射在紫外可见区的荧光探针和近红外区的荧光探针。按照荧光探针功能来分，可分为细胞活性探针、细胞器探针、膜荧光探针、核酸探针、免疫荧光探针。常用的荧光探针包括DNA荧光探针、钙离子荧光探针、活性氧荧光探针、代谢物荧光探针等。胞内传感器因为需要大量的分子生物学操作，且导入的探针可能对细胞代谢产生影响，所以主要用于实验研究过程中，工业化场景的应用还面临较大的挑战。

五、生物过程大数据集成与分析系统

鉴于细胞代谢研究和反应器过程中获得的各种传感器数据所产生的海量数据，以及生物过程有生命系统的复杂性、时变性、全局性等特点，生物过程研究在解决实际生产问题时面临重大挑战。由于生物过程的高度复杂性，很难把这种复杂系统的每一个因果关系都搞清楚，因此在“数据超载”的情况下，将因果关系的追求变为数据相关性分析，能够更好地解决生物过程中的优化问题。

大数据时代为生物过程相关分析提供了新的思维方向，在过程信息获得的基础上，通过实验耗资和费时少的大数据相关分析，发现正在发生的事件，精确检测过程，满足关键指标参数的监控，合理调控细胞代谢，实现过程最优化调控。首先对生物过程大数据进行采集，通过在线或离线的手段获得细胞培养过程中的代谢参数信息，以及生物反应器操作参数等。在获取数据后，整理数据，通过相关分析发现问题、解决问题，实现生物过程优化与放大。通过相关分析可以更加清楚地看到一些细节信息，反映出生物过程不同尺度的真实本体特性，进而实现计划外的目标。目前，合成生物研究方法逐渐被运用到生物过程中，具有大量数据的生物过程如何快速分析处理，如何有效挖掘这些数据是大数据时代亟待解决的问题。人工智能的快速发展，使得利用计算机和机器学习对生物过程大数据进行整合，并进行快速提取、处理和分析成为可能，因而生物过程将逐渐进入智能化、数字化时代。

面向“数字化、信息化、智能化”时代，智能生物制造是未来技术的主要发展方向。技术进步使得生物制造在微生物细胞代谢调控规律、生物加工过程的在线数据等方面形成了海量数据，但传统数据分析理论的缺陷严重限制了海量数据的挖掘分析。在数据处理过程中使用人工智能，通过机器学习对数据进行深度挖掘，是实现生物制造智能化的重要方向。活细胞的生物过程具有复杂的生理代谢特性，分析生物反应器中细胞培养过程的多种相关参数，就需要进一步开发适用于细胞培养过程的先进在线生物过程传感技术，实现准确检测细胞代谢过程生理特性参数与环境状态参数，生物过程参数的在线检测与在线参数的获取是实现生物过程大数据的前提。

对于实际生产过程，进行各种参数分析时产生的大量数据，以及反应过程中获取的各种传感数据存在数据在线检测技术不足、生物过程数据分析技术不深、工业生物过程控制技术不精等关键技术水平问题。围绕以上问题，我们可以开发智能感知在线仪器，如在线拉曼传感器、合成生物传感器等，对营养物和代谢参数进行在线检测，智能实时感知。然后对生物过程信息数据进行挖掘，基于多变量分析的过程大数据分析方法，对过程大数据进行研究，通过试验设计（design of experiment，DOE）、多变量数据分析（multivariate data analysis，MVDA）、过程分析技术（process analytical technology，PAT）与多元分析（multivariate analysis，MVA）的结合，建立关键营养物和代谢组分的生物过程多元变量数据分析方法，实时智能分析、诊断与优化控制技术，建立基于诊断及优化结果的智能控制系统，更好地调控生物过程生产。

在大数据时代背景下，利用计算机使用软件建立生物反应器系统模型来模拟和评估生物过程生产，开展人工智能设计元件的核心算法与策略研究，对生物制造数据进行集成和预处理，进行相关分析，得到制造系统性能指标的关键因素，开发不同类型的机器学习模型以实现准确预测。在智能传感、物联网、分布式存储计算、机器学习等技术的驱动下，大数据驱动的智能制造应用开始涌现。数据将在智能制造中发挥核心作用，关键技术涉及数据收集、数据驱动的预测性维护、自动化和人机协作、数字化质量系统、过程控制和智能规划等，从收集、传输、管理、处理到学习，每个阶段都强调了数据的数量、速度、多样性和准确性。

大数据的前景正在迅速扩大，新的数据分析方法也越来越多地出现，尤其是智能化、数字化、集成化技术的应用，利用这些新技术来提高对生物制造过程的理解，使研究人员能够从大量数据类型嵌入的丰富信息中受益，实现生物过程的智能生物制造。在海量数据库的数据处理和数据分析中，可以利用数据形成知识图谱，并通过机器深度学习，指导生物过程。通过大数据实时计算系统，调用复杂的深度学习、数据挖掘、智能分析等算法，利用生物过程异源异质海量数据的标准化，实现数据清洗、特征提取、参数关联分析，建立生物过程标准化动态数据库，在生物过程海量标准化数据基础上实现生物过程云计算技术，开发生物过程软测量仪表、故障诊断、精确智能控制等关键技术，进而实现实时生物过程智能分析、诊断与精确控制，实现智能化制造。

六、总结及相关建议

随着合成生物学技术的高速发展，我国高性能发酵菌株自主构建能力不断提升，发酵过程精准优化与高效放大技术及相关装备成为制约生物制造产业快速发展的重要瓶颈。工业生物过程的高效理性放大一直是一个科学难题，而大规模反应器内波动的环境正是导致放大困难的根源。当在小试规模优化的菌株或者工艺转移到大规模反应器内进行实际工业生产时，如果对细胞和所处流场环境之间的复杂关系理解不够深入，可能会导致放大效果不好甚至失败。针对市场多变、产品特性差异大，以及生物过程运行特性时变等诸多难点，如何从生物过程中细胞代谢复杂机制出发，形成高效的生物过程优化调控、理性的生物过程放大及相关装备体系，提高生物制造产品生产效率、降低能耗是目前生物制造产业发展的重点与关键，也是国家对绿色、可持续性好的生物制造产业重点领域实现“转型升级、提升核心竞争力”的内涵所在。

目前，生物制造过程中普遍面临以下几个难题，包括：过程检测手段缺乏，难以满足关键指标参数的监控；细胞代谢认知匮乏，无法理性实现过程最优化调控；不同规模反应器环境差异大，导致逐级放大效率低下。针对以上亟待解决的关键问题，华东理工大学庄英萍教授团队在生物过程实时检测—动态调控—理性放大全链条关键技术及装备方面进行了理论和方法创新，建议未来围绕以下几点进行重点突破。

1. 先进传感分析下代谢参数实时在线检测新体系

当前，在大规模工业生产中，宏观环境参数如pH、温度、DO等参数的监测方法已成熟，但仍然缺乏对生物过程中关键代谢性能指标参数表征、过程实时在线参数分析、细胞代谢调控过程机制及其相互关联关系的深入研究，不能有效刻画生物过程在线检测参数与细胞代谢性能的相关联系、代谢调控机制对细胞外部流场环境的响应的关联等，无法保证生物过程高效运行是长期以来生物制造产业面临的挑战和难题。因此，针对生物过程实时代谢信息缺失，亟须整合硬件先进传感器和软测量技术，创建代谢全方位在线检测大数据体系，为开发大数据驱动的过程优化策略提供坚实的基础。

2. 细胞代谢模型指导生物过程动态调控新技术

生物过程精细调控的难点在于生物过程的可预测模型严重缺失。近年来随着组学技术的快速发展，生物过程的多组学技术形成了大量的细胞微观代谢数据。然而，生物过程中以在线传感技术为基础获取的表征细胞代谢特性的在线参数数据与多组学微观代谢数据的关联分析缺乏技术突破，严重制约着生物过程优化技术的突破。因此，在过程在线传感平台的基础上，亟待结合比较基因组学、代谢物组学、^{13}C代谢通量分析等组学技术，以生物过程大数据为导向，构建不同规模细胞代谢模型，包括小规模细胞动力学模型、中等规模细胞中心代谢网络模型、大规模基因组代谢网络模型，系统解析工业生产过程中细胞代谢作用机制，并理性、高效地应用于生物过程的系统优化，以及潜在生产靶点的挖掘和改造，实现生物学模型指导下环境扰动与工程学的最优适配。

3. 模型化视角下工业生物过程理性放大新方法

实验室获得的高产菌种实现产业化必须经历生物过程放大，而传统的生物过程放大方法采用的是逐级放大的方式，导致放大效率低下、放大周期长，严重制约着高产菌种的产业化应用。除此之外，生物过程放大的不可预测性也是导致放大效率低下的主要原因。因此，为了解决此难题，庄英萍教授研究团队在早期放大理论的基础上，探索工业规模反应器内非均匀流场条件下细胞的生理学响应，基于此提出工业规模反应器限制性条件“情景再现”的scale-down和scale-up新方法，通过在实验室规模反应器内再现工业规模非均匀的流场环境，进而优化过程工艺实现大规模应用，提出了模型化视角下工业生物过程理性放大的新方法。

目前，亟须开展以数据驱动的大数据相关分析研究，形成新的数据处理理念与研究程序。从生物学与工程学最适匹配的角度，利用智能软仪表分析生物过程大数据，智能诊断实时过程限制瓶颈，精确实现过程智能控制与优化，建成基于生物过程大数据的微观和宏观代谢相结合，以及细胞生理特性和反应器流场特性相结合的智能绿色生物制造优化和放大技术体系。在未来，生物过程放大设计将以集成细胞生理学（时空多尺度细胞代谢模型）和流体动力学[计算流体动力学（computational fluid dynamic，CFD）模型]的全生命周期模型为指导，推进计算机辅助设计与开发，加速生物过程实现大规模智能化生产，开启合成生物产业新时代。

撰 稿 人：庄英萍　华东理工大学
田锡炜　华东理工大学
王　冠　华东理工大学
李　超　华东理工大学
通讯作者：庄英萍　ypzhuang@ecust.edu.cn

第四章　生物环保产业发展现状与趋势

生物环保产业是指利用生物技术和生态学原理，开发生产环保产品和提供环保相关服务，达到保护生态环境目的的产业。目前，这个产业涵盖了生物技术、环境保护和可持续发展等领域，旨在通过生物资源的利用和生物技术的创新来解决环境问题，并推动经济可持续发展。因此，生物环保产业在减少污染、节约资源、保护生态环境等方面发挥着重要作用，是推动绿色发展的重要支柱之一。

目前，生物技术在“三废”治理、清洁能源开发、环境监测、环境修复和清洁生产等环境保护的各个方面发挥着重要作用。环境生物技术最显著的优势包括处理污染物实现最终产物的无毒无害化、稳定化，生成二氧化碳、水和氮气；生物法处理污染物通常是一步到位，可避免产生二次污染。因此，它是一种安全且可彻底消除污染的方法。随着现代生物技术的发展，特别是基因工程、细胞工程和酶工程等生物高新技术的飞速发展与应用，上述环境生物处理过程得到了显著强化，使生物处理具有更高的效率、更低的成本和更好的专一性，为生物技术在环境保护中的应用提供了更为广阔的前景。

一、生物环保产业发展概况

（一）全球生物环保产业发展概况

生物产业作为21世纪创新最为活跃的新兴产业，在全球环境污染问题愈发突出的背景下，生物技术具备效率高、反应条件温和、无二次污染等显著优势，正逐渐成为清除工业废物、修复生态系统、推动生态文明建设的重要力量。其在环保产业的广泛应用，使得全球生物环保产业快速发展，促使生物环保产业的范畴不断扩大。目前，国内外学者普遍认为凡是直接或间接利用生物体或生物体的某些组成部分或机能，进行生物净化、生物修复、生物转化和生物催化过程，实现污染治理、清洁生产、能源开发、可再生资源利用，以及多层面、全方位地为解决工业和生活污染、农业和农村面源污染、荒漠化和海水污染等提供相关产品和服务的行业，均属于生物环保产业的研究和应用范畴，也是其发展的趋势和方向。

据统计，未来生物经济产业规模将达40万亿元。然而，目前全球生物环保行业规模仍处于发展初期，环保生物技术企业的营业额仅占整体生物技术产业的2%左右。但是，环保生物技术产业在企业数量、规模、资金、人员、产品等方面快速扩张，发展环保生物技术受到了各国的空前重视。根据湖北循环经济发展研究中心发布的报告，全球环保市场以美国、欧洲及日本市场最具规模。美国的生物技术环保产业起步较早、较发达，其全球主导地位已基本确立。

（二）我国生物环保产业发展概况

目前，由于在生物经济领域的长期持续投入不足、创新力量分布重复分散等原因，我国尚未培育形成具有国际领先水平的科研机构和具有引领带动作用的行业领军企业。生物环保产业依赖于生物经济赋能，我国生物经济发展的现状也决定了我国生物环保产业的原始创新能力不强和关键核心技术受限的问题。然而，我国作为全球生物资源最丰富的国家之一，生物产业门类和体系齐全，具备发展生物经济赋能各行各业的有利条件。

随着“绿水青山就是金山银山”理念的深入普及，以及为了实现“碳达峰、碳中和”的既定目标，国务院、国家发展和改革委员会、生态环境部等多部门发布各项政策和意见。其中，《“十三五”生物产业发展规划》将“促进生物环保技术应用取得突破”列为生物产业发展的七大重要领域之一。《中共中央 国务院关于深入打好污染防治攻坚战的意见》也提出“加快发展节能环保产业”。国家发展和改革委员会印发的《“十四五”生物经济发展规划》明确指出，顺应“追求产能产效”转向“坚持生态优先”的新趋势，发展面向绿色低碳的生物质替代应用。这些政策的出台，为我国生物环保产业的快速发展提供了强有力的支撑，也指导了生物环保行业发展的重点方向。

据统计，2020年，我国环保产业规模突破2万亿元大关，预测到2025年将突破4万亿元，成为我国绿色经济的重要组成，并为拉动国民经济发展和就业做出重要贡献。生物环保技术作为应用前景巨大的前沿技术，在我国环保领域已相对成熟应用的领域如下：①环境修复领域。如工业污染土壤修复、黑臭水修复、矿山环境修复、油田污染治理与修复、养殖水体调节等。②污染治理领域。环保微生物技术在“三废”治理中均有深度应用。在污水处理方面的应用，如工业废水的微生物吸附、农业废水的微生物絮凝处理；在空气污染治理方面的应用，如生物除臭、工业废气的生物降解处理；在固废处理方面的应用，如污泥生物降解处理等。③资源化利用领域。主要是食品、农业等相关有机废弃物的资源化利用，如堆肥发酵、沼气利用等。④清洁生产领域。生物环保技术在清洁生产应用中也已经取得一定程度的突破，如造纸中的生物制浆与漂白、生物制革等。除此之外，一些新兴污水处理技术，如厌氧氨氧化技术、好氧颗粒污泥（aerobic granular sludge，AGS）技术、硫自养反硝化技术等已经取得中试规模的突破，有望在不久的将来迎来产业化应用。这将为进一步扩大生物环保市场做出重要贡献。

国家发展和改革委员会印发《"十四五"生物经济发展规划》，明确指出"生物经济总量规模迈上新台阶"，并提出2035年"我国生物经济综合实力稳居国际前列"的远景目标。具体到生物环保产业来说，要聚焦新一代生物技术、生物质能、生物材料、绿色环保等战略性新兴产业，加速关键核心技术创新应用，增强要素保障能力，培育壮大产业发展新动能，通过基因与生物技术赋能生态领域发展。相信在国家政策的大力支持下，我国生物环保产业一定会在生物技术取得突破的基础上迎来快速的发展。

二、生物环保产业现状及市场分析

（一）废水生物处理

自20世纪中叶以来，逐年增长的人口和粗放型生产方式导致我国的水质变化越来越严重，因此污水处理已刻不容缓。污水生物处理技术主要分为好氧生物处理和厌氧生物处理。好氧生物处理常用方法包括活性污泥法、生物滤池和生物转盘等。基于新型反应器的厌氧生物处理技术种类繁多，包括完全混合式厌氧反应器、厌氧膜生物反应器、升流式厌氧污泥床、厌氧折流板反应器和膨胀颗粒污泥床五种典型工艺，除此之外，还包括厌氧流化床、接触式厌氧反应器、厌氧生物滤池、推流式厌氧反应器等常见工艺。

从产业方面来看，水污染治理行业作为环保产业最为成熟的板块，市场规模巨大。2020年，我国环保行业市场中的水污染治理行业市场规模为10 691.3 亿元，占比超过50%。其中，水环境治理领域市场规模为1203.5亿元，城市污水治理领域市场规模为3969.5亿元，农村污水处理领域市场规模为3206.5亿元，工业废水处理领域市场规模为2311.8亿元。城镇污水治理占据了大部分污水治理市场。未来，预计我国水污染治理行业市场规模2025年将达到24 486.7亿元，复合年均增长率达18%。

（二）有机固体废弃物的处理

有机固体废弃物（简称有机固废）管理与大气、水和土壤污染防治密切相关，是环境保护工作中的重要一环。生物法，包括好氧、厌氧和兼性厌氧处理等，可以实现废弃物的无害化。然而，处理过程时间较长，处理效率有待提高。近年来，有机固废处理行业整体进入相对稳定的发展期。2024年我国固体废物环境管理工作应严格对标建设美丽中国要求，全面落实2024年全国生态环境保护工作会议要求，高标准推进

“无废城市”建设，大力推进大宗固废利用处置，发展循环经济新质生产力，积极推进新污染物治理。

随着我国“双碳”政策的推动、垃圾分类工作的铺开，以及城镇化的快速发展，餐厨垃圾分出量大幅增长，使得餐厨垃圾处理逐渐成为“刚需”。我国餐厨垃圾处理项目以政府为主导，社会资本方重点参与。在餐厨垃圾收运及处置环节，政府相关部门进行监督管理，保障项目安全、稳定、有效运行。经过十余年的发展，我国餐厨垃圾处理行业已初步成熟，逐步形成定点收集、统一运输、集中处置的模式。我国餐厨垃圾处理价格平均约为238元/t，收运价格约为172元/t，收运处理一体价格约为293元/t，集约化优势明显，中标价格逐渐上涨。餐厨垃圾的处理方法主要分为填埋、焚烧和资源化处理等。资源化处理是未来餐厨垃圾处置行业的必然选择，主要有厌氧发酵、好氧堆肥、饲料化三种模式，其中厌氧发酵技术是主流工艺。据估算，到2026年，我国整体餐厨垃圾的产生总量预计将达到1.81亿t。

为加快实现秸秆的资源化、商品化，在环境保护的同时为农民增收，国家连续出台了关于推进农作物秸秆综合利用的相关政策，以加快秸秆生物质能开发利用，促进秸秆高质量还田，构建秸秆零碳排放模式，全面实现乡村振兴，提升秸秆利用产业化水平。生物质发电在“十四五”时期或将迎来系统性改革，国家连续出台关于推进生物质发电的相关政策，加快生物质发电行业发展，预计到2025年我国秸秆资源化处理行业市场空间可达700亿元。

畜牧业的快速发展对农民的增收、农村经济的发展作出了重大贡献。随着社会对肉蛋奶需求量的增加以及畜牧业投资比重的上升，畜牧养殖业主要副产物——畜禽粪便的产量逐年增加。根据E20环境平台（北京易二零环境股份有限公司）公开数据推算，我国禽畜养殖业主要类别禽畜产粪量将在10亿t左右，产尿量逾7亿t。目前，禽畜粪便处理根据主要资源化产品的不同，按照好氧堆肥、厌氧制沼及堆肥进行处理。其中堆肥工艺用于生产有机肥产品。据E20研究院预测，2025年，禽畜粪污处理市场空间可达1390亿元。

（三）生物环保产品

《国务院办公厅关于限制生产销售使用塑料购物袋的通知》（国办发〔2007〕72号）的印发，正式揭开了我国禁限塑工作的序幕。目前，研究较多的生物环保产品——生物可降解材料是一类可在土壤微生物和酶的作用下被降解的材料，该材料不仅有优良的使用性能，且废弃后能被完全分解，最终转化为二氧化碳和水，继续参与自然界的碳循环，因而有“绿色生态材料”之称。常见的几种生物可降解材料包括聚乳酸、PHA、聚丁二酸丁二醇酯（PBS）和聚己内酯等。

近年来生物可降解材料被越来越多地应用于日用塑料制品、包装、纺织纤维、农林渔牧用制品、汽车工业、电子电器、医用生物可降解材料等领域。其中，淀粉基聚合物由于其易得性，被广泛应用于食品包装领域。聚乳酸可用于预防黏合剂、药物输送系统和外科缝合线等医疗领域中。此外，生物可降解的聚合物还可用于农业覆盖、淀粉基包装、基于纤维素的包装等。随着支持推广可降解材料的政策出台，对传统塑料最具替代优势的生物可降解塑料的产能快速增长，有关数据表明，2019年国内生物可降解塑料产能约为52万t，同比增长15.6%，到2024年生物可降解塑料产能可实现翻番，产业迎来了新的发展契机。生物可降解聚合物是当今世界新型材料发展的主题之一，具有对环境无毒无害、降解率可控且降解前可保持完整性等优点。但是由于生物可降解材料成本高、应用市场低端等因素的影响，国内生物可降解材料市场短期内依赖于政策导向、政府的鼓励和扶持。

（四）生物环保新技术

在水处理方面，一些新兴生物环保技术，如好氧颗粒污泥技术作为一种污水生物处理新技术由于颗粒密实、沉降性能好、抗冲击、抗有毒污染物能力强和脱氮除磷能力较强，目前已在市政污水处理中发挥了无可比拟的优势。目前，好氧颗粒污泥技术以北京建筑大学为代表的研究团队已经在小试、中试基础上将项目升级为工程应用的示范项目，诸多高校、企业研发团队也相继取得了中试规模的突破。

在固废处理方面，目前的研究主要聚焦于有机固废的资源化利用。城市污泥厌氧发酵定向产挥发性脂肪酸（volatile fatty acid，VFA）技术，可通过将高含固的城市污泥进行厌氧发酵产生具有高附加值的化学品挥发性脂肪酸。挥发性脂肪酸可以满足污水脱氮除磷过程中对碳源的需求，使城市污泥在得到减量化处置的同时实现资源化利用。目前，江南大学研发的“城市污泥发酵产酸强化生活污水脱氮除磷的新工艺”已经在无锡某污水处理厂应用，并被评为污泥产酸示范工程。

近年来，能够利用细胞外电子转移路径与电极发生电化学作用的微生物——电化学活性细菌，因其在微生物燃料电池（microbial fuel cell，MFC）和微生物电合成系统（microbial electrosynthesis，MES）等生物电化学系统中的应用而备受关注。MFC是一种能够利用具有电化学活性的微生物的新陈代谢将有机物的化学能直接转换成电能的装置。使反应器在产电的同时，实现污水处理、清洁能源生产、脱氮脱硝、化学品合成等，显现出广阔的应用前景。此外，MES可以利用电力驱动微生物固定二氧化碳、合成化学品，具有一定推进低碳经济的潜力。目前，以福建农林大学、江南大学、中国科学院等为代表的诸多研究团队已经在实验室研究规模上取得了一定的突破，通过电催化结合生物合成的方式将二氧化碳高效还原合成高浓度乙酸，进一步利用微生物可以合成葡萄糖和脂肪酸。

三、生物环保产业未来展望

面对资源日益短缺的现象，达标排放的环境治理理念已经不再符合当今社会发展的需求。以微生物技术为核心的生物处理方法由于具备资源化的潜力，在未来的环境治理中必将发挥重要作用。“十四五”时期是我国生物经济由大转强、实现高质量发展的关键时期，生物经济赋能的生物环保产业也将顺势而为，前景广阔。在“碳达峰、碳中和”的目标下，我国正在加快生物制造技术赋能生物环保产业，这对于缓解农林废弃物、生活垃圾、工业废弃物等对生态环境的破坏，满足人民群众对生产方式更可持续的新期待大有裨益。目前，生物技术在水环境治理、大气环境治理、土壤修复、有机固废资源化等领域得到了广泛的应用。此外，新兴的生物环境材料，如酶制剂、微生物菌剂等，也为产业规模的增长作出了重要贡献。生物技术在国家相关政策的大力支持下得到快速发展，其市场规模及产能也在逐步扩大。但是当前生物环保产业的发展仍存在一些问题，如面临“从处理到回用，从能源消耗到能源自给”的转型、部分生物材料及反应器依赖进口的现象严重，缺乏专注于环保业务的国际龙头企业等。

因此，未来生物环保产业的发展要注重前沿关键技术的研发，努力通过技术创新占领产业的制高点，全面提升我国生物环保产业的国际竞争力。此外，生物环保产业从业人员应从国家战略需求出发，切合人民发展实际需要，开发适应于我国国情的新技术、装备、成套工艺，如功能微生物制剂、酶制剂、新型生物质能源，从资源化与能源化的角度强化环境污染生物治理的重要性，顺应“追求产能产效”转向“坚持生态优先的”新趋势。在完善的市场监管制度及健全的市场反馈机制下，进一步扩大生物环保产业规模，鼓励和加强产学研合作，发挥我国科研机构和高校的技术研发特长以及企业在资金及市场把控方面的优势，孵化我国生物环保产业，形成具有国际话语权、主导国际标准制定、具有核心技术竞争力的龙头企业。

撰 稿 人：刘　和　江南大学环境与生态学院
通讯作者：刘　和　liuhe@jiangnan.edu.cn

第五章　生物能源产业发展现状与趋势

一、主要生物能源产业发展现状

低碳能源是经济社会可持续发展的基础，涉及能源供给、气候、环境、发展等因素。生物能源因具有优良的减碳属性，已成为全球应对气候变化及温室气体减排方面的重要手段。目前使用最广泛的生物燃料主要包括燃料乙醇、生物柴油和生物航煤，全球约70个国家颁布了生物燃料的混合授权政策。2022年全球生物燃料总产量为6.99×10^8桶油当量，折合约13 491万t，比上年增加5.8%，产销地区基本一致，主要集中在美洲的美国和巴西，亚洲的印度尼西亚、中国和印度，以及欧洲的德国、法国等地。

（一）生物燃料乙醇

燃料乙醇是糖经过发酵、精馏、脱水等工艺制备的。若糖源自蔗糖或玉米、薯类等淀粉原料则为一代乙醇，若糖源自木质纤维素原料则为二代乙醇。燃料乙醇是世界上使用量最大的生物液体燃料，2023年世界燃料乙醇产量已达8837万t，比2022年增长4.9%，混配出约6亿t乙醇汽油，超过同期全球车用汽油消费总量的60%。全球有66个国家推广使用乙醇汽油，其中大多数指令要求在汽油中加入5%—15%的乙醇。全球各国及地区燃料乙醇历年产量情况如图5-1所示。

美国和巴西的燃料乙醇产量稳居世界前两位，2023年美国的燃料乙醇产量达4665万t，约占全球总产量的53%，主要以玉米为原料，美国每年生产玉米约3.8亿t，其中约1/3用于生产燃料乙醇。巴西的燃料乙醇产量达2467万t，约占全球总产量的28%，主要以甘蔗为原料。巴西每年生产甘蔗约6.5亿t，其中约50%用于生产燃料乙醇。美国基本实现了E10乙醇汽油全境覆盖，并在推广使用E15和E85乙醇汽油。巴西广泛使用灵活燃料汽车，可使用不同比例的乙醇汽油、含水乙醇或纯乙醇，根据国内乙醇和糖的价格关系，乙醇汽油中乙醇掺混比例在18%—27%变动。近几年印度的燃料乙醇产量增加较快，2022年达到367万t，反超中国成为全球第三大燃料乙醇生产国，2023年产量更是达到427万t，与欧盟地区产量持平。印度的燃料乙醇生产原料中70%为甘蔗，

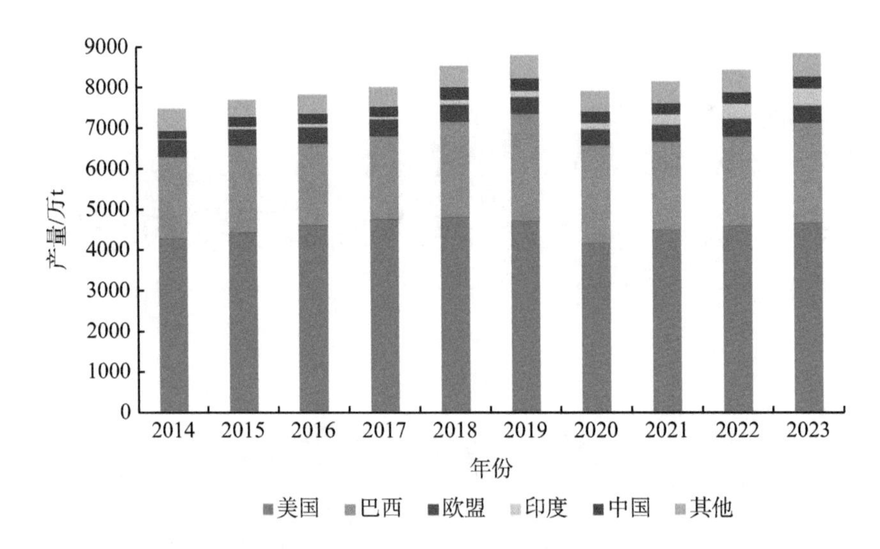

图5-1 2014—2023年全球燃料乙醇产量情况

资料来源：美国可再生燃料协会（Renewable Fuels Association）

30%为稻谷和玉米，目前主要推广使用E10，计划2030年提高至E20。

我国历年燃料乙醇产量情况如图5-2所示，产量总体保持缓慢增长。截至2023年12月底，我国燃料乙醇产能572.5万t/a，主要生产商为国投生物科技投资有限公司（运营产能148万t/a）及中粮生物科技股份有限公司（运营产能125万t/a），两家企业产能占全国总产能的47.7%。受国内新冠疫情基本结束及油价影响，2023年我国燃料乙醇产量由2022年的291万t增至350万t，装置开工率达到61.1%。国内燃料乙醇主要以玉米、木薯及部分陈化粮为原料，已在13个省实现推广使用E10乙醇汽油，乙醇汽油使用量约占汽油消费量的20%。

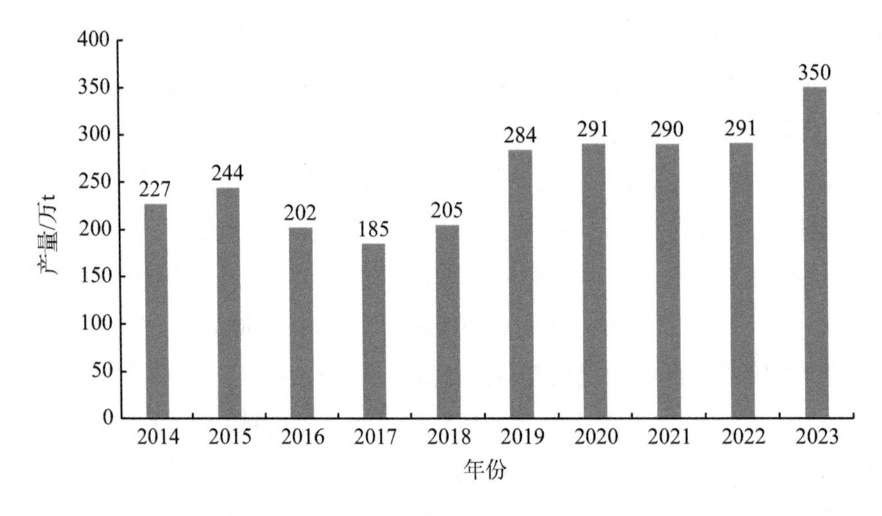

图5-2 2014—2023年我国燃料乙醇产量情况

二代乙醇技术历经30多年研发，已逐步进入工业示范阶段。目前二代乙醇产品主要有两个来源。一是美国玉米乙醇厂将玉米籽粒中纤维组分进一步转化为乙醇，作为D3类生物燃料（即纤维素乙醇）纳入可再生燃料识别码（Renewable Identification Numbers，RINs）体系，产能约180万t/a，约占美国燃料乙醇总产量的4%。二是源自巴西Raizen 3.3万t/a示范装置的蔗渣纤维素乙醇产品，出口销售至欧盟和美国，2023年产量达到2.39万t；2022年国投生物科技投资有限公司3万t/a纤维素乙醇示范装置竣工投产，装置以玉米秸秆为原料，2023年装置实现了稳定运行，2024年装置将达到预期生产负荷目标。

（二）生物柴油

生物柴油生产原料主要为动植物油脂和工业皂角，通过酯交换工艺生产的生物燃料称为一代生物柴油，通过加氢脱氧生产的生物燃料称为二代生物柴油。全球生物柴油产量情况如图5-3所示，可以看出2012—2022年生物柴油产量稳步增长，2022年全球生物柴油产量为5129万t，比2021年增长6.6%。亚太地区已成为世界上生物柴油产量最大的地区，2022年产量达到1744万t。其中印度尼西亚产量达到906万t，该国以棕榈油为原料，全国强制执行掺混30%生物柴油的燃料（B30），2025年将强制执行B35生物燃料计划。其次是欧盟地区，2022年产量达到1453万t，按消费量排列，法国、德国、西班牙、瑞典、意大利和波兰位居前六位，占欧盟27国消费总量的72%。该地区主要以菜籽油生产生物柴油，生物柴油的掺混比例依国家不同在5%—10%变动。美国是全球生物柴油第二大生产国，2022年产量达到1054万t，主要以大豆油为原

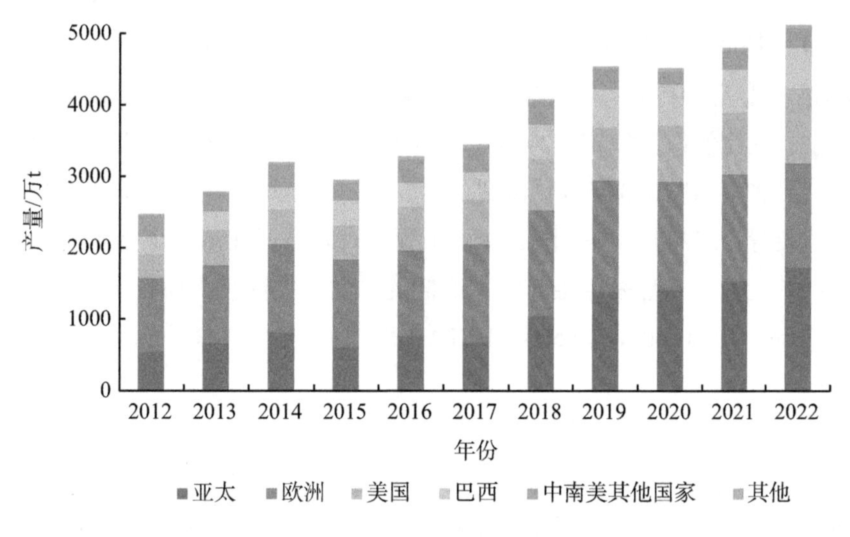

图5-3　2012—2022年全球生物柴油产量情况

资料来源：《世界能源统计年鉴》

料，美国的生物柴油有多种不同混配比例的产品，包括B2、B5及B20，也有一些车队使用B100。美国在售的大多数柴油会添加约1%的生物柴油作为润滑剂。

我国主要以废弃油脂生产生物柴油，2022年生物柴油产量达到211.4万t，同比增长32.42%。我国生物柴油行业产能约414万t，行业整体产能利用率仅为50%，由于国内原料及政策等原因，市场需求量少，生物柴油出口价格高，产品主要以出口为主，国内使用量不到1/4，国内生物柴油的掺混比例为5%（B5）。

鉴于二代生物柴油的优异性能，其所占比例逐年攀升，2021年产量超过100亿L（折合约840万t），约占到当年生物柴油总产量的18%。一代生物柴油由于成分与石化柴油差异较大，添加比例一般不超过20%。二代生物柴油的结构和性能更加接近石化柴油，冷凝点更低、氧化安定性更好，可以与柴油任意比例调和，因此新建生产装置多采用加氢脱氧工艺路线，这也代表着未来生物柴油产业发展的主要方向。

（三）生物航煤

生物航煤主要由动植物油脂、木质纤维素、生物质糖等原料经过加氢脱氧、临氢异构工艺生产的C_7—C_{17}的碳氢化合物，目前已有7种技术路线生产的生物航煤通过了美国材料与试验协会（American Society for Testing and Materials，ASTM）起草的ASTM D7566（含合成烃类的航空涡轮燃料的规格标准）认证且完成了燃料试飞。鉴于生物航煤生产成本高昂，全球生物航煤消费量仍然较少，在用航煤中允许的生物航煤添加比例仅为1%。2021年全球生物航煤消费量为7.8万t，2022年生物航煤全球总产量约为13.2万t，占到全球航煤消费量的0.03%。为应对全球气候变化，国际民用航空组织已于2019年1月1日实施国际航空碳抵消和减排计划，要求以2019—2020年航空碳排放量为基准，在2021—2035年保持零增长。2010—2020年，生物航煤的产量增加了66倍。截至2019年，生物航煤订单量累计已达635万t。欧盟地区已对航空燃料中的生物航煤比例做出规定，2025年降落到欧盟地区的飞机，其燃料中生物航煤的比例需要达到2%，到2050年需要达到63%。目前，全球已建成10余套生物航煤生产装置或示范装置，2020年8月中国石油化工股份有限公司在镇海炼化建设10万t/a的生物航煤生产装置，主要都采用生产成本最低的以动植物油脂为原料的酯和脂肪酸加氢（hydroprocessed esters and fatty acids，HEFA）路线。

二、发展趋势

目前全球生物燃料生产原料主要是谷物、蔗糖及动植物油脂等食用资源，为进一步发展生物燃料，原料向木质纤维素等非粮原料延伸成为必然。其次二代先进生物燃料具有更低的碳排放，但生产成本较高，需要相关的减碳补贴才能维持小规模的生产供应，因此通过工艺低碳升级，结合联产品提升产品经济性，已成为发展生物燃料的趋势。

（一）原料低碳多元化拓展

1. 燃料乙醇

全球淀粉与蔗糖资源有限，燃料乙醇在扩大生产规模时，原料由粮食向非粮原料拓展已成为必然。尤其是以木质纤维素为原料的二代乙醇在预处理、酶解及戊糖/己糖共发酵方面取得技术突破，进入工业示范阶段，典型示范装置如表5-1所示。

表5-1　全球典型商业规模纤维素乙醇示范装置

公司	规模与投资	原料与产品	技术方案	建成时间	试车及情况
Raizen（巴西）	3.16万t/a，2.37亿雷亚尔	蔗渣、蔗叶，乙醇	Iogen稀酸汽爆预处理+酶水解+C_5/C_6共发酵	2014年	2014年11月试车，2017年产量突破1万t，2022年产量达到2.39万t，产品通过壳牌公司外销美国及欧盟地区。2022年宣布投资3.95亿美元新建2套纤维素乙醇装置，纤维素乙醇总产能达到22万t/a
SDIC（中国）	3.0万t/a，5亿元	玉米秸秆，乙醇+热、电	微酸/中性汽爆预处理+酶水解+C_5/C_6共发酵	2022年	2022年5月试车运行，8月产出合格纤维素乙醇产品。2023年实现连续稳定运行
Granbiao（巴西）	6.5万t/a，2.65亿美元	蔗渣、蔗叶，乙醇	SO_2汽爆预处理技术+酶水解+C_5/C_6共发酵	2014年	2014年9月试车，一直维持较低负荷生产
Clariant（罗马尼亚）	5万t/a，1.5亿美元	小麦秸秆，乙醇+热、电	中性汽爆预处理+在线产酶+C_5/C_6共发酵	2022年	2022年3月试车运行，6月生产出商用纤维素乙醇产品。2023年3月由于产能与财务业绩未达预期，该示范装置减值约2.25亿瑞士法郎。2023年12月宣布关停工厂
POET-DSM（美国）	6.5万t/a，2.5亿美元	玉米秸秆、芯，乙醇+沼气	稀酸汽爆预处理++酶水解+C_5/C_6共发酵	2014年	2014年9月试车，2017年2月达到50%—60%负荷，11月达到80%负荷。2019年11月宣布停产而转向研发和技术许可

由表5-1可以看出纤维素乙醇示范装置中有未达到目标而停产或转向继续研发的，有正在试车运行考察工艺的技术经济性的，这体现出来纤维素乙醇工程化进展的难度。巴西Raizen公司的持续生产并扩大生产规模至22万t/a，为整个产业发展提供了成功样板，增强了行业信心。综合纤维素乙醇产业发展的问题，为进一步提升纤维素乙醇技术经济性，应重点关注以下方面：①兼顾木质素利用的新型预处理技术开发与应用；②低成本纤维素降解酶系开发及在线生产技术；③基于真菌底盘的一体化生物加工（consolidated bioprocessing，CBP）技术，即基于高效真菌底盘，将产酶、生物质酶解和产品发酵过程集中在一个反应器中完成，实现纤维素边降解、边发酵。通过以上技术开发与集成，纤维素乙醇成本范围可控制在6500—10 000元/t，成本主要取决于规模、工艺及联产品冲减等情况。

2. 生物柴油及生物航煤

生物柴油主要使用棕榈油、菜籽油及大豆油等食用植物油生产，原料成本占生物柴油生产成本的70%—80%。原料短缺一直困扰着产业发展，近十年来美国玉米酒糟油和国内餐饮业废油由于有较好的经济性和减碳属性，成为生物柴油的原料，并均形成了百万吨级规模。美国从玉米燃料乙醇的发酵废醪液中提取玉米酒糟油用作生物柴油原料，2022年美国燃料乙醇装置联产了约190万t玉米酒糟油，约有50%用于生物柴油的生产。国内生物柴油行业收集餐饮业废油，经过提纯、分离、脱酸、脱盐等一系列前处理，用于生物柴油的生产。我国“地沟油”资源约400万—500万t/a，实际能收集用于生产的折合约290万t。餐饮业废油由于具有更低的减碳属性，能满足欧盟生物柴油/生物航煤产业对低碳原料的需求，因此一部分“地沟油”被直接出口欧盟以获取更高的“溢价”。

（二）工艺低碳升级，联产品提升经济性

1. 联产品提升燃料乙醇经济性

燃料乙醇生产过程中的联产品一直是提高装置经济性的有效手段。美国ICM、FQPT等公司开发系列玉米乙醇酒糟最大化利用技术，通过机械分离及发酵手段，将传统单一干酒糟及其可溶物（distillers dried grains with solubles，DDGS）饲料产品中的纤维、蛋白质和脂肪进行分离并重新分配或转化，衍生出多样化的系列高附加值产品，如高纤维饲料、高蛋白DDGS饲料（蛋白质含量＞50%）、玉米纤维素乙醇、玉米酒糟油等，使现有玉米燃料乙醇企业释放出新的潜能。二代燃料乙醇的联产品开发聚焦于木质素高值化利用。木质素复杂的组成和结构使木质素的降解与利用充满了挑战，生产中的木质素残渣通常作为生物质锅炉的燃料来产汽发电供装置使用，或绿电上网，

但其效益有限。也有的尝试将木质素进行进一步降解来生产染料分散剂、纳米材料、紫外线吸收剂、酚醛树脂等，但在产品性能上和经济性上都缺乏竞争性。制浆造纸行业中产生的木质素常用作絮凝剂、吸附剂、分散剂和表面活性剂，但也仅占制浆行业木质素总产量的4%。近几年来，通过预处理技术集成创新，木质素可降解为可溶性小分子物质，作为高附加值黄腐酸肥料使用，有机肥市场容量大，高端产品附加值高，可以较好地匹配纤维素乙醇产业规模，是木质素利用较有潜力的发展方向。

2. 生物柴油由酯化工艺向加氢工艺过渡

二代生物柴油是由动植物油脂或脂肪酸通过加氢脱氧和加氢异构化反应制备的，因此高效加氢催化剂是生物柴油加氢脱氧过程的关键，加氢脱氧催化剂多为载体负载贵金属铂（Pt）及钯（Pd）以及过渡金属等活性组分。加氢异构主要是提高支链烷烃在柴油中的含量，以降低生物柴油冷凝点，进一步提高其低温性能。选择性使用的加氢异构催化剂多为分子筛负载贵金属，少部分使用酸性载体负载非贵金属。经测算脂肪酸甲酯（FAME）对精制油脂的质量收率约为96%，二代生物柴油和生物航煤质量收率分别为68%—80%和50%，耗氢量均为3%—4%。一代生物柴油根据原料不同，生产成本在480—857美元/t变动，二代生物柴油成本约为一代生物柴油的2倍，达到1350美元/t。随着工艺改进及更高效催化剂的开发，氢耗及催化剂成本可进一步降低，二代生物柴油将逐步替代一代生物柴油。

3. 生物航煤多种技术路线竞争，进一步提升经济性

通过ASTM D7566认证的7种生物航煤技术路线都可归纳为前脱氧、后改质两道工序。具体情况如表5-2所示。

表5-2 ASTM D7566认证的生物航煤技术路线

技术路线	技术特点	原料	对比同期石油基航煤价格	掺混上限	认证时间
FT-SPK（Fischer-Tropsch hydroprocessed synthesized paraffinic kerosine，费托合成石蜡煤油）	原料丰富，气化流程长、能耗高、设备投资大，操作稳定性有待提升	木质纤维素	1.8—2.2倍	50%	2009年
HEFA-SPK（synthesized paraffinic kerosine from hydroprocessed esters and fatty acids，油脂和脂肪酸加氢合成石蜡煤油）	技术稳定，原料有限，对原料预处理要求较高	动植物油脂、脂肪酸	约2倍	50%	2011年

续表

技术路线	技术特点	原料	对比同期石油基航煤价格	掺混上限	认证时间
SIP（synthesized iso-paraffins from hydroprocessed fermented sugars，糖发酵加氢合成异构烷烃）	原料为可发酵糖，成本高，法尼烯更适合生产高附加值产品	各种来源可发酵糖	约 8.5 倍	10%	2014 年
FT-SPK/A（Fischer-Tropsch hydroprocessed synthesized paraffinic kerosine plus aromatics）费托合成石蜡煤油与芳烃	产品增加了芳烃含量	木质纤维素	2—3 倍	50%	2015 年
ATJ-SPK（alcohol-to-jet synthetic paraffinic kerosene，乙醇 / 异丁醇合成石蜡煤油）	最大限度利用现有乙醇发酵装置及工艺，掺混比例更高	各种来源可发酵糖	约 2 倍	50%	2016 年
CHJ（catalytic hydrothermolysis jet，油脂和脂肪酸水热转化合成煤油）	流程短、可将任何可再生的脂肪和油脂原料转化为喷气燃料	油脂、脂肪	—	50%	2020 年
HC-HEFAs（synthesized paraffinic kerosene produced from hydroprocessed hydrocarbons，esters and fatty acids，碳氢化合物、油脂与脂肪酸加氢合成石蜡煤油）	原料受限，成本高	藻油	—	50%	2020 年

目前HEFA-SPK路线是成本较低、应用较广泛的生物航煤生产技术，将二代生物柴油通过裂解/异构加氢可进一步增加生物航煤产量，但该工艺受油脂原料资源限制，全球已将15%的植物油脂资源用于生物燃料的生产。FT-SPK系列路线有木质纤维素的原料优势，但设备投资巨大，反应过程需要先高温裂解，将原料中的C—C键和C—H键全部断裂，之后再在FT合成中重新合成目标产物，因此，能耗很高。ATJ-SPK路线可利用现有的生物乙醇规模和成熟的醇类低聚合成烷烃工艺，并且原料丰富，可通过温和的生物酶催化及发酵过程，将大分子链切断，保留了大部分C—C键和C—H键，所以能耗低，投资也较少。根据不同来源的生物乙醇，ATJ-SPK生物航煤盈亏平衡点价格在0.96—1.38美元/L变动（折合约8747—12 574元/t），不断降低的ATJ-SPK生物航煤生产成本使ATJ-SPK工艺有望成为另一条可行的生物航煤生产途径。

撰 稿 人：武国庆　国投生物科技投资有限公司
林海龙　国投生物科技投资有限公司
通讯作者：林海龙　linhailong@sdic.com.cn

第六章　生物信息产业发展现状与趋势

第一节　人工智能发展推动生命科学进入“大模型”时代

当前，全球新一轮科技和产业革命加速发展，人工智能等新技术正在改变科学研究模式，形成新的科学研究范式。基于大数据和深度学习技术的人工智能大语言模型（大模型）技术正在生命科学领域广泛使用，为科学家提供前所未有的洞察力。从蛋白质结构预测到生成全新的蛋白质，从DNA、RNA结构和功能预测到DNA、RNA生成，从细胞类型识别和细胞聚类到基因间的相互作用预测，从基因水平的疾病精确诊断到疾病靶点识别，从个体水平的疾病诊疗到赋能药物研发的全流程，人工智能对生命科学的影响力愈发深远。人工智能就像一个促进学科交叉融合的催化剂，将计算机科学、生命科学、数学、医学等各个学科的专家汇聚起来，共同推动生命科学的前沿进展。这种融合正在拓展我们对生命的理解，也在加快生命科学研究的进程。

一、发展现状与趋势

人工智能与生命科学不断融合，成为驱动生命科学发展的新动能。1956年，在著名的达特茅斯会议上，人工智能的概念首次被提出，人工智能开始成为一个专门的科学研究领域。历经近70年的发展演变，人工智能的技术不断进化突破，给人类未知的科学领域带来无穷可能性。人工智能技术与科学研究的持续融合也在不同科学领域不断迸发出令人惊叹的火花。利用人工智能强大的数据分析和归纳能力去学习庞大的科学数据中的规律和原理，辅助科学家在假设条件下进行大量实验模拟和试错，将大大加速科学发展的进程，这一过程被称为人工智能驱动的科学研究（AI for Science，简称AI4S）。

当前，人工智能驱动的科学研究是当下正在全球发生的科学革命。2019年开始，美国的多所知名高校和科研机构，如加州理工大学、阿贡国家实验室、阿兰图灵实验室、MIT、谷歌DeepMind等纷纷成立了AI for Science方向的研究实验室，提前布局这一科技前沿领域。2021年，我国在北京成立了北京科学智能研究院（AI for Science

Institute），力图在新一轮科技革命的趋势下，通过人工智能技术提高科学研究效率。2022年，阿里巴巴达摩院将AI for Science列入未来十大科技趋势，预测人工智能将催生新的科学研究范式。2023年3月，科技部会同国家自然科学基金委员会启动“人工智能驱动的科学研究（AI for Science）”专项部署，以促进基因治疗、生物育种、药物研发等重点领域的创新能力，布局我国AI for Science科技研发体系。

近年来，人工智能辅助的科学研究已经在数学、物理、化学和生物医学等前沿科学领域取得令人瞩目的成果。伴随着人工智能算法的不断进步和深化，人工智能已经从辅助科学研究的配角，逐渐走向舞台中心成为主角，人工智能不再单单扮演数据收集、整合和分析的角色。从人工智能技术入手，针对特定的科学问题，量身定做人工智能模型和算法正在不断拓展科学研究的边界。

在过去的20年里，人工智能技术飞速发展，人工智能语言建模技术经历了持续的演进，从最初的统计语言模型逐渐演变为神经语言模型。2017年，Vaswani等提出了一种基于自注意力（self-attention）机制的深度学习神经语言模型——Transformer，这类模型无须像传统的循环神经网络那样依赖于顺序的信息传递。这种并行化的特性使得Transformer在处理长序列数据时具有更高的效率和更好的性能。研究者开始在大规模语料库上对Transformer模型进行预训练，从而引入了预训练语言模型的概念。当预训练数据集的规模达到一定程度后，这类模型展现出了卓越的自然语言处理能力，如上下文理解、指令遵循、逐步推理和文本生成等，这类预训练语言模型被称为大语言模型（大模型）。在大规模、高质量的语料库上进行预训练是大模型发挥能力的基础。这些用于训练大模型的数据涵盖了网页、对话和书籍等通用文本，以及科学数据和代码等专业文本。专业文本数据集的训练赋予了大模型解决专业领域问题的能力。

2022年11月，美国OpenAI公司发布了ChatGPT大模型之后，全球对大模型技术的关注达到了顶峰。近两年，以ChatGPT为代表的大模型技术正在引领人类社会进入更加智能化的新时代。当前，世界范围内对大模型的研究呈井喷式发展，各个领域的大模型层出不穷，大量科技公司、学术团体、研究机构都在发布各自的大模型。谷歌发布的PaLM、Meta公司发布的LLaMA、OpenAI公司发布的GPT系列模型、百度发布的文心大模型、智源研究院发布的悟道大模型、华为发布的盘古大模型、腾讯发布的混元大模型等基础模型在各个垂直领域的应用正不断被拓宽。

人工智能和生命科学融合后形成了计算生物学，以计算机技术驱动的生命科学研究已成生命科学研究新范式。人工智能大模型也在与生命科学不断融合，推动生命科学进入“大模型”时代。生命科学是以生物的结构、功能、发生和发展规律为研究对象，探索生命的现象和生命活动规律的科学。就研究层次而言，生命科学的研究层面涉及分子、细胞以及完整生物个体，其间的相互作用错综复杂，往往是多种因素共同调控的结果，各因素之间的相互作用极端复杂；就研究尺度而言，生物研究的对象包括生物分子、细胞器、细胞、组织、器官、系统、个体、种群及整个生态系统，同尺度内和跨尺度间的信息交互，错综复杂，并且信息与时间和空间密切相关。因此，生命科学领域，特别是分子生物学和生物化学等领域，积累了海量的数据，以人脑逻辑分析为基础的传统分析、整合并发现科学规律的分析方式难以满足生命科学领域极端复杂的数据分析需求，这使得近年来生命科学研究逐渐陷入瓶颈。利用人工智能强大的数据分析和机器学习能力，克服人类智能的局限性，整合生命科学领域巨大的数据量，有望推动生命科学加速发展。

（一）生命科学领域分子水平人工智能大模型研究进展

蛋白质、DNA和RNA的构成方式和功能类似于自然语言中单词的组合，其中构成蛋白质的氨基酸和构成核酸的碱基可被视作句子中的单词。因此，在生命科学领域的分子水平，大模型技术有着广泛的应用和落地场景。

近年来，蛋白质大模型备受瞩目，其已在蛋白质结构与功能预测以及蛋白质生成方向取得多个突破。其中，蛋白质结构预测和生成是蛋白质大模型的核心应用。2020年，谷歌DeepMind发布的AlphaFold模型解决了困扰生命科学界长达50年的蛋白质折叠难题，被视为AI for Science的里程碑。然而，AlphaFold仍存在一些局限性，如它依赖多重序列比对技术对蛋白质结构进行预测，对孤儿蛋白和抗体等偏离训练集的样本预测准确度不高。针对这一问题，柏林工业大学的团队提出了在预训练大模型中嵌入蛋白质氨基酸序列模型的方法，克服了AlphaFold对进化上无同源信息的蛋白质结构预测不准的缺点。腾讯团队也利用类似技术实现了对抗体结构的准确预测。2022年底，Meta AI团队和纽约大学团队打造了迄今为止最大的蛋白质大模型——ESM-2。该模型可预测6亿种宏基因组蛋白，并且其对孤儿蛋白结构的预测准确度高于AlphaFold。为进一步提高ESM-2模型的蛋白质结构预测准确性，西湖大学团队提出了“结构感知词汇”概念，将氨基酸残基与蛋白质3D结构信息结合，训练出了SaProt模型。浙江大学团队则开发了PromptProtein模型，其可根据不同需求预测蛋白质不同层级结构和功能，打破了现有的蛋白质大模型只能进行单一层级结构预测的局限。这一系列的蛋白质大模型已成为生命科学研究的重要工具。

在蛋白质生成方面，蛋白质大模型已实现全新蛋白质和功能蛋白质的从头生成。这一功能有望加速医疗、能源和环境等领域的新蛋白质的开发。Salesforce Research的Ali Madani团队开发的ProGen2模型可生成具有功能的全长氨基酸序列和酶。美国Meta AI团队则利用ESM-2模型实现了从头设计蛋白质序列的功能。字节跳动人工智能实验室与威斯康星大学麦迪逊分校合作开发了LM-Design模型，在蛋白质序列设计上也取得了优异成果。百图生科与清华大学团队合作训练了xTrimoPGLM模型，其在蛋白质嵌入、提取和生成等任务中表现出色。

基因大模型在基因组分析和预测领域也取得了突破。与蛋白质大模型相比，基因大模型研究起步较晚，数量也远少于蛋白质大模型。目前发表的基因大模型中，DNA大模型占绝大部分，RNA大模型仍然较少。英国的人工智能公司InstaDeep和英伟达（NVIDIA）合作训练了核苷酸Transformer模型，该模型在18个基因组预测任务中表现出色。斯坦福大学和哈佛大学的团队合作开发了一个名叫HyenaDNA的DNA语言模型，实现了对DNA序列的预测。除了进行DNA序列预测，DNA大模型在DNA功能预测和生成领域也取得了重要突破。腾讯AI Lab联合南方科技大学和香港中文大学团队推出了DNAGPT模型，该模型在来自9个不同物种的超100亿个碱基对上进行预训练，随后可通过微调适应各种DNA分析任务，实现了对DNA结构和功能的预测，以及DNA生成。RNA大模型也实现了对RNA结构和功能的预测，有望助力疾病诊断和药物研发。英伟达和哈佛大学团队合作在1.1亿个原核基因组上训练了RNA大模型GenSLMs，在SARS-CoV-2的基因组序列上微调后，该模型可快速识别SARS-CoV-2的新变体。深圳湾实验室开发了一种无监督的RNA语言模型RNA-MSM，实现了对RNA结构和功能的预测。制药巨头赛诺菲团队在来自哺乳动物、细菌和病毒的超1000万条mRNA序列数据集上训练了mRNA大模型CodonBERT，该模型在mRNA设计、降解预测和蛋白质表达预测等多种下游任务中表现出色，有望助力mRNA相关的新型疗法开发。

（二）生命科学领域细胞水平人工智能大模型研究进展

单细胞大模型已实现细胞类型注释、细胞聚类、细胞类型识别和基因相互作用预测等功能。基于单细胞转录组训练的细胞水平的大模型在罕见病诊断和致病基因预测上实现了巨大突破。随着全球单细胞测序技术的推广，单细胞测序的数据量呈指数级增加。在某种程度上，细胞内的内在生物学信息也可用这些遗传信息来表征。近年来，科学家在单细胞测序的数据集上训练了很多细胞水平大模型。腾讯AI Lab和上海交通大学团队合作在单细胞RNA测序数据集上训练了单细胞大模型scBERT，该模型可预测基因与基因之间的相互作用，在特定细胞的RNA测序数据中微调后还可进行跨群体和器官的细胞类型注释和新细胞识别。百图生科团队使用1亿单细胞测序参数训练的xTrimoGene模型在预测速度上较scBERT提升了3倍，进一步训练后，xTrimoGene除了能进行细胞类型注释、细胞聚类和基因表达预测，还可进行药物反应预测、药物敏感性分类等更多下游任务。由于单细胞测序能够在更精细的水平上获得细胞的遗传信息，对研究组织和器官的发育和功能、疾病的诊断和进展判断等意义重大。哈佛大学和麻省理工学院的研究团队在约3000万个单细胞转录组的语料库上训练了Geneformer

模型，该模型在数据规模较小的情况下也可实现对生物信息网络的准确推断，从而对罕见病进行精确诊断，有望推动罕见病靶点发现和罕见病药物研发。

（三）生命科学领域组织/器官水平人工智能大模型研究进展

大模型在器官水平的应用主要是辅助疾病诊断。例如，根据组织病理切片照片和肺、心脏、肝、肾、眼睛等器官影像学数据训练大模型，可辅助医生进行疾病诊断。大模型已经被用于分析磁共振成像（MRI）、超声检查、计算机断层扫描（CT）、正电子发射体层成像（PET）、X射线检查以及数字病理成像系统扫描等多种成像技术得到的医学影像。比较具有代表性的是谷歌DeepMind发布的Med-PaLM系列模型和华为云联合中国科学院上海药物研究所发布的盘古医学大模型等通用医疗大模型。

人工智能大模型也有望推动器官芯片技术的发展和应用。器官芯片技术是近年来诞生的一项变革性新技术，在2016年被达沃斯世界经济论坛评为“世界十大新兴技术”之一。该技术可在体外模拟组织和器官的遗传特征和表观特征，在药物筛选和评价方面潜力巨大。科学家也在探索人工智能大模型和类器官芯片技术这两大前沿技术是否会碰撞出新的火花。东南大学顾忠泽教授与华为云盘古大模型研发团队合作，在华为云盘古药物分子大模型中融合了器官芯片专业数据，通过大模型技术分析和设计器官芯片，旨在促进新药研发和疾病精准治疗。

（四）生命科学领域个体水平人工智能大模型研究进展

借助上文提到的大模型赋能在生命科学各个层级的应用，大模型为个体水平的生命科学研究提供了新的思路。个体水平大模型应用最广的领域是医疗领域，如Geneformer模型可为罕见病的诊断、致病基因确定和靶点发现提供重要支撑。近年来，国内外学术界和产业界的医疗大模型争相爆发，如谷歌发布了Med-PaLM系列医疗大模型、斯坦福基础模型研究中心发布了生物医学大模型BioMedLM、美国的生物医学数据公司John Snow Labs开发了CLINICAL QA BIOGPT（JSL）模型；我国科研人员发布了扁鹊大模型、华佗大模型、京东京医千询大模型、腾讯混元医疗大模型、医联MedGPT、商汤“大医”大模型、华为云盘古药物分子大模型、科大讯飞星火认知大模型、中国科学院自动化研究所紫东太初大模型等一系列生物医疗大模型。这些大模型的应用场景主要包括医学影像分析、疾病辅助诊断、治疗方案推荐和药物改进研发等方面。

大量医疗领域大模型中，比较有代表性的是OpenAI的GPT-4和谷歌发布的Med-PaLM 2等规模较大的通用模型。ChatGPT在美国执业医师资格考试中获得了及格的成绩。当在ChatGPT-3.5上输入乳腺癌患者的临床信息后，输出的诊断建议与人类乳腺癌专家的诊断治疗建议非常接近。Med-PaLM系列模型是专业医用大模型，其在6个医疗数据集和一个包括3173个在线搜索医学问题的全新的数据集Health Search QA上进行了训练后，解答医学相关问题的正确率高达92.6%，在理解、检索和推理方面的能力几乎达到了人类临床医生水平。2023年5月，谷歌在最新发布的新版本Med-PaLM 2上进行了大量医学领域知识微调和提示改进，实现了更多模态化的人机交互。当给Med-PaLM 2输入患者实验室诊断图表数据或X线影像数据后，其即可对患者进行有针对性的病情分析，给出相应的诊断建议。

二、前景展望

人工智能通过整合生物分子、细胞、组织、器官、个体等不同层级的生命科学数据，提高了人类对生命的认识水平。大模型已经实现了对分子水平的蛋白质、DNA、RNA和细胞水平的细胞建模，正在实现对组织建模和完整生命体建模，将给新一代的生命科学研究带来创新能力的指数级增加。

当前，生命科学领域低垂的果实已经被摘取，传统研究模式的药物研发困难重重，人工智能大模型赋能的生命科学研究或将开启药物研发新纪元。英矽智能是人工智能大模型驱动的新型药物研发公司，该公司研发团队提出了基于大规模转录组学和蛋白质组学数据提取新生物标志物的方法iPANDA。在此基础上，英矽智能开发了新药靶点发现平台PandaOmics，利用该平台发现了特发性肺纤维化的新靶点TNIK，针对该靶点进一步设计了抗特发性肺纤维化的药物分子。从靶点发现到找到候选化合物，这一过程仅用了18个月。这一药物分子也是全球首款针对全新靶点的人工智能辅助发现的药物，目前这一新药已进入Ⅱ期临床试验，体现了人工智能技术在短时间内高效发现药物的巨大潜力。随着蛋白质大模型、基因大模型的不断发展，科学家已经实现了全新蛋白质的从头设计和RNA设计，并设计出了有功能的蛋白质，这些技术将有望突破传统小分子药物的难成药靶点瓶颈，助力创新大分子蛋白药物、基因药物研发，为生物医疗领域带来新突破。

集成了文本、小分子、蛋白质和基因等多种模态科学语言的多模态大模型可进行多种科学语言之间的交互，将赋予大模型更多潜力。例如，蛋白质和文本交互大模型可对齐人类语言和蛋白质语言，通过双向生成能力弥合了人类语言和蛋白质语言之间的差距。蛋白质-小分子交互多模态大模型侧重于将蛋白质信息转化为小分子信息，并探索两者之间的潜在关联，在新药筛选方向应用潜力巨大。这些整合了文本、小分子、蛋白质、基因和其他科学语言的综合多模态大模型有望加速基础生命科学研究进程。

未来，能够根据不同的应用场景，以自由对话、文本、图表、视频等形式输出结果，用于疾病机制发现、药物靶点筛选、药物分子生成、合成路线设计、成药性预测、不良反应预测、临床试验设计、工业生产工艺设计，以及为用户提供精确诊断、治疗建议和预后管理等任务的通用医学大模型将在全球范围内兴起。

第二节 数字时代生物数据资源及其相关产业蓬勃发展

在迅速发展的数字时代，生物数据资源及其关联产业正在经历一个前所未有的增长浪潮。生物技术的进步结合最新的信息技术，不仅显著推动了生物数据量的急剧扩张，也设定了数据管理的更高标准。这些技术的革新引领了生命科学的重大转型，向以数据为中心的人工智能驱动的科学研究（AI for Science）迈进，确立了与生物资源相关的数据资源作为创新和发展的核心。更重要的是，这些生物数据已转化为关乎人口健康、社会发展和国家安全的战略性资源，成为国家战略资源的重要组成部分，并作为运用人工智能赋能“大健康”产业发展的关键生产要素，在全球生物产业竞争中占据核心位置。

技术的不断革新已将生物数据资源塑造为推动生命科学研究和产业发展的关键力量。从生物制造、药物研发、疾病预防与治疗到精准医疗和农业革新，生物数据的应用跨越了众多领域，显示出巨大的潜力与价值。随着技术的进一步发展和应用范围的扩大，生物数据资源及其相关产业的价值和影响预期将持续上升，成为全球竞争的新焦点。

一、发展现状与趋势

（一）数字时代生物数据爆发性增长

随着新一代测序技术的广泛应用，生物学领域的研究已迈入一个数据量迅猛增长的新时代。这些技术不仅显著降低了基因组DNA测序的成本，而且通过与其他多种生物技术的融合，深入探索生物学的各个层面。

首先，RNA测序技术，通过反转录过程，已成为继基因芯片之后研究转录组的核心技术。该技术为深入理解基因表达模式、基因的选择性剪接以及非编码基因的功能提供了强有力的工具。染色质免疫沉淀测序（ChIP-seq）技术使我们能够以高分辨率探测转录因子及其他DNA结合蛋白在整个基因组上的结合位点，这对于揭示复杂的基因转录调控网络具有重要意义。同时，该技术还允许绘制全基因组的组蛋白修饰图谱，从而深入理解组蛋白修饰如何协同调控基因的转录及组织特异性表达。紫外交联免疫沉淀结合高通量测序（CLIP-seq）技术则专注于RNA结合蛋白，通过抓取这些蛋白在

RNA上的结合位点，为我们提供了揭示RNA转录后调控的精确视角。此外，亚硫酸氢盐测序（BS-seq）技术能够对全基因组范围内的DNA甲基化进行高分辨率检测，这对于理解表观遗传学具有重大意义。而染色体构象捕获技术，如3C和Hi-C，进一步拓展了我们对基因组三维结构及其长程相互作用的认识。在单细胞水平上，单细胞测序技术的发展为研究干细胞的发育与分化、癌症的发生与发展等关键过程提供了前所未有的视角，揭示了细胞异质性的细微差别。第三代测序技术，以其单分子实时测序的特点，不仅能够直接读取长片段的DNA或RNA序列，还能通过实时监测DNA合成过程中的动态数据来推断DNA修饰信息，为同时解析基因组序列及其表观遗传修饰开辟了新途径。

这些技术进步带来的直接结果是各类生物学数据的爆炸性增长。特别是自2008年千人基因组计划启动以来，至2015年项目完成之际，其数据集已经包含了来自26个不同人种的2504个个体的全基因组数据。在全球层面上，众多国家纷纷启动了规模宏大的全基因组测序项目，旨在解码数十万乃至数百万人的基因组信息。美国NCBI的SRA数据库作为全球生物信息学的重要枢纽，其数据存储量的增长更是惊人。2015年，SRA数据库总量约为10 PB，然而仅4年后的2019年，这一数字便激增至超过36 PB，增长了近4倍。同样令人瞩目的还有GenBank数据库的增长。自1982年成立以来，GenBank作为全球最大的公共核酸序列数据库，其收录的碱基数目以大约每18个月翻一番的速度稳步增长。

（二）生物资源大数据体系建设持续加强

随着生命科学数据量的迅猛增长，全球范围内对生物数据库的投资与建设不断加强，这些数据库的数量、规模及其在科学研究中的重要性持续上升。这些生物数据库的建设与扩展为生命科学研究提供了基石，它不仅为科研工作提供了丰富的基础数据资源，而且推动了科学研究模式的革新，促进了基于大数据的科学发现与创新。

生物资源大数据体系的建设已经上升到国家战略层面，其领域不断拓宽。美国国立卫生研究院（NIH）自1988年成立美国国立生物技术信息中心（NCBI）以来，一直致力于整合并共享全球生物医学数据资源，极大地推动了生物医学大数据的发展与应用。2013年，NIH启动了“大数据到知识”（BD2K）计划，旨在支持新方法、软件、工具及培训项目的发展，以加速数据处理与再利用，促进生物医学大数据向知识的转化。2015年，美国启动了为期五年的“精准医学计划”，建立了高质量的生物医学数据库，覆盖了健康调查、体格检查、生物样本、电子健康记录、数字化健康信息等多维数据。2017年，美国国家医学图书馆（NLM）发布了《2017—2027战略计划——生物医学发现和数据驱动健康平台》，随后NIH于2018年6月推出了《数据科学战略计划》，旨在通过科学数据驱动促进生物医学创新。2021年，NIH发布了《NIH拓展战略规划（2021—2025年）》，提出了"全民研究项目"，旨在利用数据科学服务于全体美国人民的健康。至今，美国在生物医学数据的发展与应用方面取得了显著成就，建立了核酸序列数据库GenBank、癌症基因组图谱（TCGA）等具有全球影响力的数据资源库。截至2023年12月，GenBank已收集超过280亿条序列数据和近247万亿条核苷酸数据。TCGA对超过2万例原发性癌症进行了分子特征分析，产生了超过2.5 PB的基因组、表观基因组、转录组和蛋白质组数据。

欧洲生物信息学研究所（EMBL-EBI）已建立了包含跨基因组学、蛋白质组学等在内的大型生物信息公共数据库，数据资源量已超过390 PB，为欧洲地区的健康战略实施与生物医药卫生技术创新提供了宝贵的数据与知识服务。

中国在生物数据资源的建设方面也在不断加强。2011年，国家科技基础条件平台建设启动，旨在整合生物医学数据。2018年，多个国家级生命科学数据中心的组建工作启动。目前，国家微生命科学数据中心已整合微生物资源、微生物组学等数据资源达6 PB，数据记录超过52亿条，数据内容完整覆盖微生物资源，微生物及交叉技术方法，研究过程及工程，微生物组学，微生物技术，以及微生物文献、专利、专家、成果等微生物研究的全生命周期。国家基因组科学数据中心整合了人、动物、植物、微生物基因组数据达39 PB。国家人口健康科学数据中心则整合了生物医学、基础医学、临床医学、公共卫生、药学等专业领域的数据资源量约1.22 PB，数据记录超过182.4亿条。此外，中国还建立了具有国际影响力的生物医学科学数据资源，如中国慢性病前瞻性研究数据（CKB）、泰州队列、精准医学队列等。随着医疗卫生信息化的快速发展，中国已建立了全员人口数据库、居民电子健康档案数据库、电子病历数据库等基础数据库，电子病历、健康档案、公共卫生数据等不同类型的生物医学大数据持续快速积累。数据显示，2022年中国数据产量达到8.1 ZB，据此估算，当前中国生物医学大数据的规模估计可达数百艾字节（EB）。

在过去的20年间，生物信息学领域的数据库建设呈现出显著的增长趋势。2001—2021年，美国、中国、印度和英国在全球生物信息数据库的数量上占据领先地位，分别拥有1432个、1106个、425个和408个数据库，这4个国家的数据库数量合计占全球总量的58%。此外，德国、日本、法国、意大利、加拿大和韩国也在该领域内表现突出。这些数据库涵盖了广泛的研究对象，包括人类、小鼠、拟南芥、果蝇、酿酒酵母、水稻、大肠杆菌、大鼠、线虫和斑马鱼等重要物种，成为科研工作的重要支撑。从机构角度审视，全球1975个拥有数据库的机构中，欧洲生物信息学研究所（EMBL-EBI）、中国国家基因组科学数据中心（NGDC）和美国国立生物技术信息中心（NCBI）位居前列，分别拥有95个、64个和61个数据库。在数据库出版物方面，自2001年的97份增长至2021年的588份，体现了生物信息学数据库在全球科研中的日益重要性。特别值得注意的是，美国、中国和英国在过去20年中始终处于数据库出版物发表的领先地位。中国在这一领域的迅速崛起尤为显著，自2019年起，其发表的数据库相关论文数量开始超过其他国家。在数据库引文方面，生物注释、生物可视化和生物综合数据库（如David），京都生物基因和基因组百科全书（KEGG）以及Pfam等数据库因在科研中的广泛应用和重要性，而被列为被引用最多的数据库。

对于数据库本身而言，按照数据库的自身特点，可以将这些数据库分为三种类型：基础型、整合型和专题型。基础型数据库，如美国NCBI、欧洲EMBL和日本DDBJ等，是最基础也是最重要的数据库类型，因为它们储存了几乎所有生物学研究的基础数据，包括DNA、RNA、蛋白质、基因组、转录组、分子结构、物种分类和科研文献等信息。这类数据库的特点是数据量大而全面，提供了大量科学研究产生的原始数据和文件，但数据通常需要进一步处理和分析才能有效利用。整合型数据库，如IMG（Integrated Microbial Genomes），储存了数千种微生物的基因组数据，包括微生物采样信息、物种分类信息和基因组序列等基础信息，并在此基础上提供基因组上基因的位点和序列信息、蛋白质序列、GC含量等统计信息，以及不同物种之间的比较基因组学信息。专题型数据库，如RDP（Ribosomal Database Project），集合了所有微生物的16S rDNA，并提供基于16S rDNA序列的快速物种鉴定工具，为进行微生物物种分类和鉴定的相关科学家提供服务。专题型数据库内容更为专一，提供更为实际的科研服务，具有较好的灵活性，并能为特定研究方向的科学家提供最为实际的科研服务。基础型数据库在生命科学研究中扮演着核心角色，因为任何科研成果在得到认可之前，都需要将相关数据提交至NCBI、EMBL和DDBJ等基础型数据库。整合型数据库和专题型数据库是生物信息学数据库建设的重要发展方向，它们能够更好地满足实际科研需求，并提供更为个性化的科研服务。

（三）生物数据资源的标准化管理和质量控制成为迫切需求

在数字化时代背景下，生物数据资源的标准化管理和质量控制显得尤为重要。随着生物技术的飞速发展，生物数据正以前所未有的速度和规模产生，这不仅带来了数据生产的巨大潜力，也引发了从数据采集到管理的一系列挑战。为了确保数据的质量和提高全球数据的兼容性与互操作性，制定和执行统一的数据标准成为一个迫切的需求。这不仅有助于实现高效数据共享和大数据分析，而且能够满足科研人员对于标准化数据库格式的需求，优化跨学科研究，并为企业通过共享数据进行深入研究和开发提供合作机会。

全球范围内，对生物数据资源标准化的共识和努力正在不断加强。国际标准化组织生物技术委员会（ISO/TC 276）的成立，标志着国际社会对于生物数据标准化的重视。2020年11月9日，ISO/TC 276发布了ISO 21710：2020《微生物资源中心数据管理和数据发布规范》，这是微生物领域首个ISO级别的数据标准，也是中国在国际标准化组织生物技术委员会主导制定的首个国际标准。该标准为数据发布提供了一套数据字段集，通过应用唯一标识符和统一的数据格式，旨在提高微生物资源中心（MRC）在线目录间的数据交换效率，并促进微生物资源的共享。此外，该标准还规定了数据管理和内部数据质量控制的要求，以确保MRC记录的数据和信息的准确性和可靠性，为高效数据共享和交换奠定了基础。

中国也在生物医学大数据相关标准与规范方面取得了显著进展。例如，《信息技术服务 数据资产 管理要求》(GB/T 40685—2021)的发布，体现了国家对数据资产管理的重视。同时，中国参与制定的国际标准，如ISO 20387：2018，为生物样本库提供了质量管理要求，强调了信息管理系统在样本库质量管理体系中的重要性。这些标准的制定和实施，不仅提升了国内生物数据资源管理的水平，也为国际合作和数据共享提供了坚实的基础。

然而，尽管取得了一定的成就，但在实际应用中，生物医学大数据的标准化管理和质量控制仍面临着诸多挑战。由于生物医学大数据多来自不同的机构、部门和业务系统，这些不同类型的机构间缺乏统一的标准和接口规范，术语代码类标准不健全，内容与格式不统一，数据质量参差不齐。这些问题导致了基础数据的采集、处理和整合困难，数据在各个机构、部门和业务系统中大量沉积，数据利用率极低，数据资源的价值未能得到有效挖掘。此外，生物医学大数据标准的应用管理体制机制尚不健全，国家对地方及行业的标准应用管理缺乏有效的衔接和管理机制，部分数据标准并未真正落实到应用层面。

在生物数据资源的管理与分析领域，数据质量控制扮演着至关重要的角色。随着生物数据量的持续膨胀，数据来源的多样性和复杂性不断增加，这不仅带来了数据处理的挑战，也提高了数据错误出现的可能性。例如，功能注释的不精确可能导致对生物体功能的误解，从而影响研究的最终结论。序列数据污染，即不同生物体的遗传物质的混合，可能严重影响物种鉴定和基因组分析的准确性。此外，样本分类错误还可能会对生物多样性和物种演化关系的研究造成误导。

为了确保数据的准确性和可靠性，执行严格的数据审核流程是至关重要的。这包括在数据提交前进行全面的质量检查，如评估序列质量评分、验证数据格式的一致性，以及确认功能注释的正确性。此外，制定和遵循统一的数据提交标准和指南对于确保数据的一致性和可比性至关重要。应用生物信息学工具，如序列质量控制软件，可以自动化地识别并过滤掉低质量序列，从而提升数据集的整体质量。同时，利用数据之间的相互依赖性进行数据质量的筛选与优化，也是提高数据质量的有效策略。在新增数据库内部及跨库关联的数据资源中构建数据关联网络，为数据质量检测和纠错提供了新的思路和方法。例如，墨尔本大学的Benjamin Goudey在2022年基于这一概念构建的“序列数据库网络”，展示了如何通过网络化分析，利用相关数据库序列记录之间的相互依赖关系，进行关键的数据质量和数量判定。该方法强调了序列记录之间的不一致性往往是数据更新或更正的滞后造成的，而利用序列记录之间的关联连接是改进数据一致性的重要策略。系统的序列注释记录与存储有助于减少数据分发过程中的错误，而数据库之间的网络关联数据资源点能够有效验证数据的准确性。扩大对现有序列记录的持续质量检查，有助于提升整个序列数据库网络生态的质量。

在数据分析之前，生成数据质量评估报告是另一个关键步骤，它提供了序列质量分布、污染情况和重复序列比例等重要信息，为后续分析奠定了坚实的基础。持续监测和评估数据质量，及时发现并纠正问题，是确保数据质量持续改进的有效手段。此外，跨机构的协作也至关重要，通过共享数据质量控制的最佳实践，可以共同提升整个生物信息学领域的数据质量标准。通过这些综合性措施，可以确保生物数据资源的有效管理和高效分析，从而支持科学研究的深入发展。

（四）生物数据的开放与共享成为发展新趋势

在当今的数字时代，开放科学的理念正受到前所未有的关注，这一趋势不仅重塑了科学研究的面貌，也显著提升了科学数据公开共享的重要性。生物数据的公开与共享已经成为推动科学进步的核心力量，它不仅加速了科学知识的积累和创新，而且通过确保研究结果的可验证性和可重复性，显著提高了科学研究的透明度和可信度，有效应对了科学界普遍关注的“可重复性危机”。

数据库的开放共享模式主要分为完全公开和受控共享两种，这与其收录的数据涉及的政策法规及知识产权（包括研究者利益保护）密切相关。在生物大数据领域，人类遗传数据的共享需要遵循各国的相关法律法规，如美国的《健康保险携带和责任法案》（HIPAA）、欧盟的《通用数据保护条例》（GDPR）、中国的《中华人民共和国人类遗传资源管理条例》等。传染性疾病及高生物安全等级病原体数据的共享则需要遵守生物安全法。除这些需受控共享的数据外，其他类型的数据开放共享状态更多地取决于知识产权的考量，倾向于完全公开。然而，在健康医疗数据中，由于涉及大量个人信息和敏感信息，同样需要遵循相关法律法规，在开放前需要进行脱敏及匿名化处理，且大多以受限的方式进行共享。数据安全问题是受限开放数据库必须面对的重要问题，随着数据应用能力的提升，社会各界对数据安全的担忧可能会使数据共享趋向于受控共享的方式。以人类遗传资源为例，数据共享需要由数据提交者、管理者或监管部门进行评估、审核并签订协议后才能实施。在此过程中，如何通过技术手段评估数据安全风险并辅助共享决策将是未来的挑战之一。另外，“完全公开”的数据共享也需要结合数据库的政策来判定。例如，GISAID数据库要求在使用数据时需致谢所有数据贡献者，而NCBI SRA数据库中可能包含极少数带有隐性共享条件的数据（例如，要求在发表基于特定数据的研究成果前与提交者联系）。这要求用户在共享获得的数据时，需要尊重数据提交者、数据库等相关方的约定或要求，尤其是在涉及论文尚未发表但数据已经公开的情况下，应格外谨慎。

在全球化的科研背景下，生物数据的共享已成为国际合作与数据标准化的基石。跨国科研团队依赖于对多样化数据资源的访问与整合，共同应对全球性的科学挑战。数据的标准化和共享不仅促进了国际数据格式和质量控制标准的统一，也为全球科学研究构建了共通的交流平台。此外，众多国家已将生物数据的公开与共享纳入国家战略，以增强其在全球科研舞台上的影响力和竞争力。

在更宏观的层面，生物数据的公开与共享对于应对生物多样性降低、公共卫生挑战具有不可或缺的作用。生物多样性数据的共享对于制定有效的环境保护政策至关重要，而健康相关生物数据的共享则为疾病研究和公共卫生策略的制定提供了坚实的基础，对提升人类福祉产生了积极影响。因此，生物数据的公开与共享不仅是科学研究的内在需求，更是全球可持续发展和人类健康的重要支柱。

在全球范围内，生物数据的公开与共享正逐渐成为科研发展的新趋势。欧美等发达国家在生物数据共享服务体系的建设上起步较早，已经建立了较为完善的管理体系，并形成了良好的生物数据生态环境。美国国立生物技术信息中心（NCBI）、欧洲生物信息学研究所（EMBL-EBI）及其所属的欧洲生命科学基础设施（ELIXIR）、日本的DNA数据中心（DDBJ）以及瑞士生物信息学研究所（SIB）等机构，在国际上具有显著的影响力。这些机构通过集中管理模式或联合协作模式，实现了资源的有效管理和监控，为全球科学界提供了宝贵的生物数据资源。

与此同时，国际组织如联合国教育、科学及文化组织（UNESCO），国际科技数据委员会（CODATA），世界数据系统（WDS）等也在积极推动科学数据的开放共享。它们联合发布的《开放科学促进全球变革》报告强调了科学界向公众开放科学知识和成果的责任，以及推动科学数据普及、使用和有效管理的重要性。在此背景下，美国国家科学基金会（NSF）等机构正在扩充其数据库，纳入科学数据的元数据，以便公众访问和使用，进一步促进了科学数据的开放共享。

科学数据的开放态度虽然得到了广泛认可，但安全与隐私问题也越来越受到重视。欧洲研究理事会（ERC）提出了“尽可能开放，必要时封闭”的原则，而欧盟实施的《通用数据保护条例》（GDPR）为个人数据保护树立了新的标准。这些法规和政策的出台，对科学数据的安全和隐私保护提出了更高的要求，促进了相关讨论、研究与实践的深入。

在政策层面，美国白宫科技政策办公室（OSTP）和国立卫生研究院（NIH）等机构已经发布了多项指导性文件，要求公共财政资助的科研数据在一定时间后向社会免费公开。瑞士国家科学基金会（SNSF）也将数据管理计划作为研究计划的一部分，以推动开放科学的发展。我国国家数据局等17部门联合在2024年1月发布的《“数据要素

×”三年行动计划（2024—2026年）》提出推动科学数据有序开放共享，支持和培育具有国际影响力的科学数据库建设，以强化高质量科学数据资源建设和场景应用。

因此，数据库作为生物医学数据共享的主要载体，基于数据库的开放共享是数据价值释放的有效手段，也正在成为科研领域的新趋势。这一趋势不仅得到了国际社会的广泛支持，而且伴随着数据安全、知识产权、法律法规等问题的解决，既需要数据管理以及数据共享技术的升级，也需要制度保障的完善。只有这样，才能更好地体现数据的价值，促进科学研究和社会进步。

（五）生物数据资源赋能生物产业，发展新质生产力

生物数据资源作为生物信息学的核心，正在成为推动生命科学研究和产业发展的关键驱动力，其在基因组学、蛋白质组学等领域的应用不仅深化了我们对生命现象的理解，而且为生物技术的应用和生物产业的革新提供了新路径，从而促进了生物信息学服务产业、医学遗传学、药物研发和生物制造、生命医学、农业生产等多个领域的新质生产力发展，对提升人类生活质量、保障生命健康、推动可持续发展具有重要意义。

1）生物数据是生物信息学服务产业发展的驱动力

生物数据的爆炸性增长已经成为推动生物信息学服务产业发展的重要驱动力。随着高通量测序技术和其他组学技术的不断进步，生物数据的收集、存储、分析和解释服务需求急剧增加，这不仅促进了生物信息学服务产业的扩张，也为相关人才的培养提供了广阔的舞台。

在基因组学、蛋白质组学、代谢组学等多组学领域，生物信息学服务已经成为科研和商业应用中不可或缺的一部分。这些服务包括但不限于数据的预处理、质量控制、序列比对、变异检测、功能注释、网络和通路分析等。随着大数据技术的发展，生物信息学服务产业也在不断创新。例如，机器学习和人工智能的集成使得数据分析更加高效和精准，能够处理大规模的复杂数据集，并从中提取有价值的生物学信息。此外，云计算平台的应用为数据存储和计算提供了强大的支持，使得跨地域的合作研究成为可能。

生物信息学服务产业的发展也带动了相关人才的培养。为了满足行业对专业技能的需求，许多高等教育机构和在线教育平台开设了生物信息学相关课程，培养了一批既懂生物学又精通数据分析的复合型人才。这些人才不仅在学术研究中发挥着关键作用，也在制药公司、生物技术企业和临床诊断中心等产业界中扮演着重要角色。

2）测序数据推动了医学遗传学发展

测序数据已经成为医学遗传学研究和产业进步的强大推动力。随着测序能力的飞

跃和成本的显著下降，外显子组测序和全基因组测序技术在揭示人类疾病的遗传根源方面变得日益重要。外显子组测序专注于编码蛋白质的基因区域，以较低的成本和高灵敏度检测遗传变异，已成为识别罕见疾病和复杂疾病易感基因的关键策略。而全基因组测序则提供了一种全面的方法，能够检测包括单核苷酸变异、结构变异和拷贝数变异在内的所有类型的遗传变异，为深入理解遗传病的复杂性提供了可能。

这些技术的应用不仅极大地促进了基础科学研究，而且在临床诊断和治疗方面也显示出巨大的潜力。例如，通过外显子组测序，研究人员已经成功识别了导致米-费综合征、儿童孤独症、肌萎缩侧索硬化等疾病的多个致病遗传变异。全基因组测序也在混合性软骨瘤病、腓侧肌萎缩等罕见疾病，以及婴儿癫痫、孤独症等常见疾病的致病机制研究中取得了显著进展。此外，外显子组测序和全基因组测序已经开始在临床实践中得到应用，辅助医生进行更准确的诊断和制定更有效的治疗方案。

3）基因组学数据加速医药研发和生物制造

在医药研发领域，基因组学数据的应用已经成为新药发现和开发的关键。通过分析大量基因组数据，研究人员能够识别与疾病相关的基因变异，从而发现新的药物靶点。例如，药物基因组学的研究揭示了个体对特定药物反应的差异性，这有助于开发出更加个性化的药物治疗方案。此外，基因编辑技术，尤其是CRISPR-Cas系统的应用，使得在细胞和动物模型中模拟人类疾病成为可能，这极大地加快了药物筛选和临床前测试的进程。在生物制造领域，基因组学数据和基因编辑技术的应用同样展现出巨大潜力。通过合成生物学的方法，研究人员可以设计和构建具有特定功能的基因线路，并将其植入微生物或细胞中，从而开发出能够生产药物、生物燃料和其他高价值化学品的生物工厂。例如，通过基因编辑技术改造微生物，可以实现对特定代谢途径的调控，提高目标产物的产量和生产效率。

此外，基因组学数据的积累和分析还促进了对复杂生物系统的定量理解。研究人员利用这些数据构建数学模型，模拟基因网络的调控机制，可揭示细胞行为的底层规律。这种方法不仅有助于理解生物系统的复杂性，也为设计新的生物制造过程提供了理论基础。

4）组学数据引领下的癌症研究与精准医学革新

随着组学技术的不断进步，尤其是基因组学、转录组学、蛋白质组学和代谢组学等多组学分析方法的应用，癌症的分子机制和治疗策略正在经历革命性的变革。

癌症，作为人类健康的重大威胁，其研究正从传统的器官、组织层面深入到细胞和分子层面。组学数据的积累为癌症的分子分型、分子标志物的发现和药物靶点的识别提供了丰富的信息资源。例如，癌症基因组图谱（TCGA）项目通过对多种癌症进行系统的分子变异分析，已经为乳腺癌、大肠癌、肺癌等常见癌症绘制了详尽的分子变异图谱，并有望从分子变异的角度对癌症进行重新分类定义。

泛癌症分析的概念提出了在不同组织来源的癌症中寻找共同的生物学基础，如持续增殖、基因组不稳定和免疫逃逸等。这种方法有助于揭示驱动癌症发生发展的共同机制，并为不同类型的癌症提供更系统的理解。通过整合不同癌症类型的分子数据，可以显著提高样本数量，有利于发现低频但具有重要生物学意义的分子变异。

在临床实践方面，基因组学对癌症治疗的贡献日益显著。癌症靶向药物的快速发展，如针对BRAF-V600E突变的靶向药物，已经在结肠癌、黑色素瘤等多种癌症类型中显示出良好的疗效。免疫检查点抑制剂，如PD1/PD-L1通路的抑制剂，也在多种癌症治疗中显示出显著效果。这些进展表明，基于分子分型的精准治疗策略能够显著扩大潜在受益人群，提高治疗效果。

精准医学，即通过对健康记录和基因组信息的整合分析，实现个性化治疗，已经成为全球医学研究的重点。美国政府在“人类基因组计划”后推出的“精准医学计划”，以及中国政府启动的精准医学研究重点专项，都是旨在通过整合临床表型、生命组学、影像组学等大数据，实现对肿瘤等疾病的个性化预防和诊治。

随着大规模组学数据的积累和分析技术的进步，我们对癌症的认识将更加系统和深入，癌症的精准分型与用药在临床上的应用也将更加广泛。这不仅有望提高癌症患者的生存率和生活质量，也将推动整个医学领域向更加个性化和精准化的方向发展。

5）生物数据推动农业产业创新

生物数据的应用在作物遗传改良方面已取得了显著成效。通过对基因组数据的分析，研究人员能够识别出与重要农艺性状相关的基因和标记，这有助于分子育种和遗传改良，从而培育出抗病、抗旱、高产等性状优良的新品种。例如，通过基因组选择技术，可以加速传统育种过程中的自然选择，提高作物的适应性和生产力。

在农业病虫害管理中，生物数据的应用也日益广泛。通过对病原体和害虫的基因组数据进行分析，可以更好地理解它们的生物学特性和抗药性机制，从而开发出更有效的生物农药和生物防治策略。此外，生物信息学工具还被用于监测和预测病虫害的发生和流行趋势，为农业生产提供及时的预警信息。

生物数据在农业生态系统的管理中也发挥着作用。通过对生物多样性数据的分析，可以评估农业活动对生态系统的影响，指导农业生产活动与生态保护的协调发展。例如，通过分析土壤微生物组数据，可以优化土壤管理和肥料使用策略，提高土壤肥力和作物健康。

二、前景展望

科学数据作为国家科技创新和经济社会发展的基础性战略资源，其持续增长不仅为科学家提供了解决科学问题的工具，而且推动了科学研究方法向数据密集型探索转变。在这一转变中，数据已成为研究的核心对象，催生了材料基因工程、人工智能、生物信息学等高度依赖信息和数据的新兴交叉学科。生物学领域，特别是随着微生物研究的系统性和复杂性增加，其正成为数据科学未来发展的关键领域。

在大规模组学数据与传统研究方法、高通量培养、单细胞分析等新兴技术的深度融合中，对信息化资源的无缝获取、数据存储与分析、高通量计算模型和可视化，以及跨区域协同工作等方面提出了新的要求。数据标准的统一是实现生物数据资源开放科学成功实施的关键。目前，由于不同数据库采用各自的数据形式，这大大影响了数据交换的效率和全球资源共享的能力。科研机构和商业用户在获取生物资源数据信息方面的困难，限制了生物资源的进一步利用，阻碍了学术界和生物产业的发展。

因此，制定和实施国际通用的数据标准对于确保生物资源数据的质量、提高全球生物数据的兼容性和互操作性至关重要。这将为高效的数据共享和大数据分析奠定基础，规范生物资源数据中心和生物技术企业的数据管理程序及外部用户的数据发布，实现全球范围内的高效数据共享和交换，提高生物资源数据的质量和完整性。这不仅满足了生物科研人员使用标准数据库格式进行跨学科研究的需求，也促进了生物技术公司通过共享数据深入研究和开发现有生物资源，寻求合作机会。

完善的数据知识产权政策和数据保护机制是数据开放共享的基石。在加快信息资源共享和完善数据开放共享机制的同时，我们必须明确信息共享的权限边界，建立完善的知识产权保护机制，确保数据提交和共享的质量，同时保护数据提供者的合法权益，并尊重数据加工者的权益。构建信息资源共享交换平台体系，促进信息资源的整合和管理资源的集聚，将提升科研信息服务化水平。

在生物数据安全方面，随着其成为国家生物安全的重要组成部分，数据中心亟需突破生物数据安全的关键技术瓶颈，保护国家的生物数字主权。面对国际环境和我国生物安全保护与生命科学发展的需求，加强生物数据安全技术的研发和应用，将为我国在全球生物数据领域中的地位提供坚实保障。

第三节　生物技术与信息技术融合推动生物产业优化升级

当今时代，新一轮科技革命和产业变革突飞猛进。生物技术与信息技术作为世界科技发展的前沿领域，都处于高速发展时期，近年来一直占据年度科技突破主流。信息技术的融入不仅有助于解决很多生命科学问题，还推动了生物产业的优化升级，尤其加速了医药产业的重大变革。生物技术与信息技术的融合将在新一轮科技发展浪潮中显现出巨大潜能。

一、AI 药物研发

随着大数据技术、深度学习、云计算等技术在生物、化学和医药领域的发展和应用，数据量的不断增长和计算能力的不断提升，人工智能从初期计算机辅助药物设计（CADD），发展到如今的人工智能药物发现与设计（AIDD），不断加速变革药物研发范式。Global Market Insights数据显示，2022年全球AI制药市场规模约为15亿美元，预计2032年市场规模将达到209亿美元，年复合增长率达到30%。本小节主要介绍AI应用于小分子和大分子药物研发方面的研究进展和发展趋势。

（一）AI小分子药物研发

AI药物研发已吸引了众多创新企业的加入，研发速度大幅提升。越来越多的制药公司也选择与AI药物研发公司合作加速推动这一领域的发展。2020年，日本药企Sumitomo Dainippon通过与英国AI制药企业Exscientia合作获得的AI设计的新药候选化合物成为首个AI辅助研发的药物进入临床试验。2022年1月，强生旗下杨森制药公司（Janssen Pharmaceutica NV）与SRI International宣布合作。杨森将利用SRI的人工智能引导自动化合成化学系统，以加速其小分子药物发现与开发。2024年1月，AI药物研发公司英矽智能宣布与意大利制药公司美纳里尼集团及其全资子公司Stemline Therapeutics达成一项总额超过5亿美元的授权合作，美纳里尼将获得英矽智能新型KAT6抑制剂全球独家开发和商业化权益。英矽智能在识别药物化合物可以靶向的分子、生成新的候选药物、评估这些候选药物与目标的结合程度，以及预测临床试验的结果等临床前药物发现过程的每个步骤中都使用了生成式AI技术。由此，该公司也以传统方法1/10的成本和1/3的时间完成了上述步骤，使候选药物可以快速进入临床试验的第一阶段。2023年6月，英矽智能的另一款治疗特发性肺纤维化的小分子候选药物INS018_055宣布进入Ⅱ期临床试验阶段，在中国、美国两地同步开展。这也是该公司目前进度最快的一款候选药物。该药物具有全新靶点和新颖的化学结构，已获得美国食品药品监督管理局（FDA）授予的孤儿药资格认定。2021年成立的美国Biolexis公司开发了独特的人工智能驱动的MolecuLern流程，凭借这个流程，该公司拥有40个活跃的发现项目和10个处于临床研究阶段（IND）的管线，包括针对癌症和各种代谢疾病、炎症和神经退行性疾病的多种口服小分子药物。

（二）AI大分子药物研发

除了一直处于AI药物发现应用前沿的小分子药物以外，大分子药物研发过程也在越来越多地借助AI工具的力量，包括抗体、基因疗法和基于RNA的疗法等在生物制药领域重要性越来越高的药物/疗法。深度学习领域快速迭代更新对蛋白质设计产生了显著影响，为开发新的功能性蛋白和药物靶点提供了新思路，也为新药研发、生物制药、生命科学研究等领域带来了新的机遇。通过对活跃在大分子药物设计领域的AI驱动的生物技术公司分析发现，超过60%的公司都是近5年内成立的，表明这是一个由技术变革推动下的新兴行业。谷歌旗下的人工智能公司DeepMind开发了名为AlphaFold的AI系统，可以预测蛋白质的三维结构，这是AI大分子药物设计和发现领域具有里程碑意义的重大突破。斯微（上海）生物科技股份有限公司（以下简称斯微生物）和百度美国研究院（以下简称百度美研）、俄勒冈州立大学、罗切斯特大学合作在*Nature*发文报道了专门用于设计优化mRNA序列的高效AI算法LinearDesign。经实验验证，在稳定性、蛋白质表达水平以及免疫原性等多个衡量疫苗的重要指标上，通过这种算法设计的新冠病毒疫苗序列优于传统方法设计的基准序列。百图生科团队与西湖大学陈子博实验室合作，利用AI技术探索抗体的“钥匙”，设计出了具有分子逻辑门功能的人造智能蛋白质，为诸多疾病诊疗提供了创新性解决方案。AI+器官芯片领域的新锐企业广州逸芯生命科学有限公司打造了全流程的市场化、标准化和智能化器官芯片研发平台，通过器官芯片技术在体外构建不同的生理结构的屏障类、仿生肿瘤类、血管化和罕见病等器官芯片模型来模拟体内的微生理环境，以更有效地筛选和评估潜在的新药。

此外，生成式AI模型向从头设计全新蛋白质方向发展为挖掘蛋白质的巨大潜力提供了可能。生成式AI制药公司Generate: Biomedicines的研究人员开发了一种名为Chroma的生成式人工智能模型，该模型建立在扩散模型和图神经网络的框架上，能够从头生成高质量、多样化和创新的蛋白质结构。Generate: Biomedicines目前已累计融资近7亿美元。在2023年9月完成的2.73亿美元C轮融资中，投资方还包括制药巨头安进（Amgen）、人工智能计算领导者英伟达（NVIDIA）。此外，2023年初，掌握mRNA核心技术的创新疫苗研发企业德国BioNTech公司以高达5.62亿英镑的价格收购了英国人工智能公司InstaDeep。InstaDeep利用GPU加速计算、深度学习和强化学习方面的知识，构建了人工智能系统，并开发了AI计算的免疫逃逸和健康指标的预警系统。通过此次合作BioNTech将利用机器学习来改善药物研发过程，包括开发针对癌症患者的个性化治疗方法。

二、数字医疗

全球卫生健康行业正在进入数字医疗时代。深度学习、计算机视觉、自然语言处理、区块链、物联网、人机交互等新一代信息技术已广泛渗透于药物研发、医学影像、健康管理、远程医疗等多样化场景中，推动着医疗行业高速发展。数字医疗技术在疾病诊断、临床治疗和患者康复等领域的应用不断增加，例如通过照片准确诊断眼部疾病、实现脑血管疾病的早筛早治，利用可穿戴设备实时监测心脏，执行手术辅助、患者护理、药物配送和医院内导航服务的机器人等，逐渐成为医生行医治病的绝佳助手，同时也使得健康服务更加优质可及。

（一）人工智能技术全面变革医疗模式

目前，人工智能有效参与从早期检测、远程监测到疾病诊断决策和治疗的各个环节，在提高疾病诊断准确率、优化治疗方案、提升患者满意度等方面发挥着关键作用，这不仅有助于提高整体医疗水平，为患者带来更好的治疗效果，也为医疗机构带来了可观的经济效益。根据Statista的报告预测，全球医疗AI市场规模将从2021年的110.6亿美元增长到2030年的1879.5亿美元。随着ChatGPT的问世，大语言模型已向多个领域广泛渗入。我国企业已积极布局AI医疗服务大模型。2023年5月，成都医联科技有限公司发布了自主研发的基于Transformer架构的国内首款医疗大语言模型——MedGPT。与通用型的大语言模型产品不同，MedGPT主要致力于在真实医疗场景中发挥实际诊疗价值，实现从疾病预防、诊断到治疗、康复的全流程智能化诊疗。2023年10月，卫宁健康科技集团股份有限公司发布了医疗领域大模型WiNGPT、基于WiNGPT的医护智能助手WiNEX Copilot，以及WiNEX产品与解决方案迭代升级。WiNGPT是面向医疗垂直领域的大模型，结合高质量医疗数据，针对医疗场景优化和定制，为医疗行业各个场景提供智能知识服务。

（二）互联网使得医疗服务更加便利化和个性化

随着互联网的普及和其他新兴技术的不断进步，互联网医疗的范围和业态都在不断扩展和丰富。我国的互联网医疗行业近年来已形成了一个完整的生态系统。在线预约挂号、诊断、远程咨询、药品配送、康复支持等互联网医疗，正在加速传统医疗服务、管理模式的数字化变革。医疗大数据平台的建设可为医疗机构提供自动化的数据支持，为远程医疗提供互联网解决方案和云服务。数字化形式的电子病历系统在医疗行业的数字化转型中也扮演着重要的角色，为患者提供更高效、更安全、更可靠的医疗服务。未来，通过充分利用互联网、区块链等技术，电子病历系统将实现患者所有相关病历的全量全要素的数据采集及展示的一体化。在远程医疗方面，通过大数据获取和处理患者信息，通过区块链技术妥善保存并且快速获取患者信息，同时运用物联网技术获得患者身体健康状况报告，由此可突破距离瓶颈，使分隔两地的医患可顺畅交换临床信息、专家的诊断意见，极大地改善了偏远地区患者获得护理的机会、增加了便利性、节省了成本、使患者得到了及时护理并减少了等待时间。

（三）医疗设备的数字化和网络化助力疾病管理

可穿戴技术在健康管理和医疗领域的应用占据了主流地位，包括实现生理参数监测、疾病预防和诊断、健康数据管理等功能。未来，可穿戴技术在健康管理和医疗领域的应用将会更加广泛和深入，如医生可以通过设备采集到的患者实时数据进行远程诊断，也便于监测患者在用药阶段病情的变化。这样既可以实现个性化的健康管理和医疗服务，提高健康数据的质量和准确性，也可为人们的健康生活带来更加便捷和高效的管理方式。在健康管理方面，多家企业正在积极尝试通过构建连接医院端和患者端的慢性病管理生态圈，实现慢性病管理路径数字化升级。患者可通过智能设备连接数据平台记录数据，并获取相应的健康指导。连接平台的医院也可以透过可视化医疗健康大数据，为患者提供更高效、精准的病情指导和治疗方案。

医学的数字化转型不仅可以提高患者的医疗保健质量，同时也为创造新治疗技术和开发新设备创造了广阔的应用前景。相信在更多科研学者和临床医生的共同努力下，数字医学领域还有更大的发展空间。

三、生物制造

2024年，《政府工作报告》中首次提到生物制造，并将其列入战略性新兴产业和未来产业。生物制造是利用生物体的机能进行物质规模化生产的先进工业模式，可降低工业过程能耗、物耗，减少废物排放与空气、水及土壤污染，大幅降低生产成本，提升产业竞争力。为了实现生物系统的原料利用能力、产物合成能力、环境适应能力等工业属性的统筹优化，需要以复杂生物系统的预测工程为基础，包括整个活细胞、细胞组分或细胞系统的设计、构建、测试和建模。新兴信息技术的引入，在基因合成、酶的理性设计、细胞制造等多个方面促进了先进生物制造技术的研发，加快推进化工原料和过程的生物技术替代，从而构建一个更绿色低碳、无毒低毒、可持续发展的未来。由信息技术加持的生物智造不仅推动了传统产业向高效、环保、可持续方向转型升级，还催生了新产业、新业态的涌现，为经济社会注入了新的活力。

（一）信息技术助力生物设计

传统的蛋白质工程设计方法，即定向进化，采用的是一种缓慢、无计划的方法，利用人工智能可快速研究海量可能的氨基酸组合，然后有效地识别最有用的序列。人工智能在蛋白质设计领域的无限潜力已在AI辅助药物研发中表现卓越，在生物制造领域同样引人瞩目。英国布里斯托大学研究者创造了一个能够从头设计合成人工酶的人工智能系统。在实验室测试中，其中一些酶与自然界中发现的酶一样有效，即使它们人工生成的氨基酸序列与任何已知的天然蛋白质有很大差异。深度学习语言模型在包括蛋白质设计和工程在内的各种生物技术中展现出广阔的应用前景。中国科学院微生物研究所研究团队利用人工智能辅助聚对苯二甲酸乙二醇酯（PET）解聚酶重设计，获得的变体TurboPETase在8 h内实现了高底物负载量（200 g/kg）PET废弃物的完全解聚，解聚效率显著超越目前国际报道的高效PET解聚酶，显示出其在PET废弃物循环利用中的巨大潜力，为进一步促进其他聚酯类生物降解的工业化发展提供了新方案。

代谢网络建模是将生命体的生化反应转化成数学模型，并在计算机上进行模拟和分析，能够大幅降低研究成本、提升研究效率。随着基因组时代的到来，数以千计物种的基因组尺度代谢网络模型被成功构建。这些模型在基础研究和应用领域发挥着重要作用，例如，在生命健康和生物制造领域用于指导生命体的改造和设计。这些模型的短板主要是预测的准确性不高。中国科学院深圳先进技术研究院研究人员开发了酶约束模型的工具箱GECKO 3.0，相较于经典模型，其在预测效果和应用范围等维度都有较大提升。此类酶约束模型也将是代谢模型发展颇具前景的方向。

（二）打造自动化、智能化生物制造平台

在自动化、智能化生物制造平台设计方面，美国加州大学圣地亚哥分校研究团队开发了新的计算工具来设计代谢指令执行褪黑素生产等特定生物制造任务。该团队还发明了一种自动化自适应的实验室进化机器，可实现高通量进化、改造工程菌株。目前，该团队已与美国合成生物学初创公司Conarium Bioworks合作，首次完成了褪黑素的工业化规模生物制造。厦门大学研究团队开发了一种人工智能系统来自动控制丁酸梭菌的1, 3-丙二醇分批补料发酵过程，该系统包括传感器、预测器、控制器和自动化系统。该系统不仅实现了1, 3-丙二醇全自动生物绿色合成，还有助于提高产物产量和降低成本。2023年9月，广东肇庆星湖生物科技股份有限公司与控股股东广新集团成立了广新生物智造技术创新（深圳）有限公司，并联合中国科学院深圳先进技术研究院等单位，在深圳光明科学城共建了“工业微生物与生物智造重大科技创新平台”，持续围绕生物发酵领域的关键环节或技术，如菌株构建、菌种优势和工程化配套及下游衍生物应用研发，加快研究并推进成果转化。

2023年以来，越来越多的相关产业巨头开始通过孵化、投资并购等方式进行多元布局，构建生物制造相关技术平台。结合人工智能等技术的初创企业尤其受到资本市场的青睐，成立于2021年的上海智峪生物科技有限公司已完成了超亿元A轮融资。该公司专注于通过人工智能和生物计算的方法，从反应路线设计，到相关生物元件的挖掘、设计及改造，再到自动化、高通量、智能化的研发和生产，重构合成生物学全流程来达到降本增效的目的，并驱动产品的生产和快速落地。

四、智慧农业

在加快发展新质生产力的大背景下，通过科技革命和产业变革进行生产要素的创新组合和迭代升级，可催生和发展农业新质生产力推动农业强国建设。当最前沿的技术与最古老的产业相遇，以AI为代表的新一代信息技术正在深刻影响着农业发展。在数字化高速发展的今天，新一代信息技术加速创新，将全面赋能从育种、种植、生产加工、仓储运输到销售等农业的各个环节，并在产业主体、核心要素与机制等方面助推农业全产业链广泛深入的变革，促进农业产业高端化、智能化、绿色化。

（一）信息技术驱动的生物育种

种子作为农业的“芯片”，对产业发展至关重要。目前，我国正在从分子育种的3.0阶段向育种4.0发展。新的育种将实现转基因与全基因组选择、基因编辑、合成生物学技术、信息技术、人工智能技术等有机融合，同时衍生出大幅提高育种效率的各种新技术、新方法。新一代育种技术是世界种业强国抢占全球产业制高点的竞争焦点。

生物技术与信息技术的有机融合是育种4.0时代的核心。应用信息技术对全基因组测序、分子标记和单倍体基因型检测、转基因和基因编辑检测等产生的海量数据进行分析和挖掘，可有效提升生物技术的应用效率，更好地培育育种底盘材料，更快地整合多种基因性状，预测性状、品种和环境之间的互作等，从而更快速、高效、低成本地培育新品种。此外，围绕动物、植物、微生物基因组数据，开展数据资源及数据库体系建设，对于加速作物种质资源创新与利用、作物基因挖掘与机制解析、作物分子设计与基因编辑育种等也十分关键。

（二）精准化、智能化的农业生产管理

在农业智能装备方面，通过融合信息技术，农机装备的自动化和智能化程度更高，无论耕、种、收等智能机器人，还是病虫害管理、土壤墒情监测智能系统，都使得农业生产变得更加轻松、高效且精细。近年来，我国具有自主知识产权的传感器、无人机、农业机器人等日臻成熟，出现在越来越多的农业场景中。例如，借助远程作物生长状况监测系统，计算机可实时收集作物长势、病虫害、营养状况等信息；利用多传感数据融合技术获取果实信息，实施机器人采摘；利用物联网和大数据技术，装备大型喷灌设施，开展精细农药喷洒、节水灌溉作业等。各种农机装备到了田间地头，可通过设备把农业信息传递回来，通过监测和改善生长环境，使农业生产更稳定可控，有效破解了传统农业靠天吃饭的困境。

（三）基于AI的智慧养殖

发展智慧养殖是我国"十四五"时期的重点任务之一。智慧养殖可以协助企业降本增效，推动行业智能化改革，对我国建立现代养殖体系具有重大意义。通过构建现代养殖体系、建设数字化平台、软硬件多技术协同应用，AI养殖技术作为现代农业的创新方向，正在以惊人的速度改变着养殖业的面貌。AI技术在养殖业中应用广泛，包括对大数据进行分析预测市场需求和潜在风险、实施精细养殖、动物疾病预防与监测、自动化饲料管理、环境监测、肉质品质监测等。其中精准饲喂技术是基于牲畜的个体监测、多维数据分析、智能化控制的集成应用，是企业提质、降本、增效的重要手段。信息技术的赋能，提升了养殖业管理决策能力与水平，推动了农业产业高质量发展。

撰 稿 人：周园春　中国科学院计算机网络信息中心
　　　　　陈　方　中国科学院成都文献情报中心
　　　　　汪　洋　中国科学院计算机网络信息中心
通讯作者：周园春　zyc@cnic.cn

第七章　2023年度生物医学工程产业发展现状与趋势

近年来，全球生物医学工程领域在计算机、信息数据、材料科学的技术驱动下快速发展，以人工智能软件、可穿戴设备、个性化诊疗设备、组织工程与干细胞为代表的新技术、新产品正在重塑领域与市场业态。我国在这些新兴技术方向上启动较早，发展较快，一批核心技术自主可控的高质量产品研发上市，高端仪器装备国产化进程持续推进，以补短板、锻长板、造新板为理念的新发展格局正在生物医学工程领域加速形成。2023年，以生物医学工程为基础的医疗器械行业监管制度持续优化，《医疗器械紧急使用管理规定（试行）》《医疗器械经营质量管理规范》等政策文件制修订并发布，国家组织高值医用耗材采购进入常态化阶段，医疗器械唯一标识（Unique Device Identification，UDI）工作有序推进，科技布局瞄准国际前沿和问题导向，资助力度稳中有进。在产学研方面，我国生物医学工程领域科技论文数量已超越美国成为全球第一，基础研究主要集中在医学影像学、工程学和材料科学等方向，其中我国在工程学领域和材料科学领域的发文量较多；我国医疗器械领域专利申请数量接近全球总量的3/4，全球专利申请技术领域分布主要涉及医学诊断、外科器械、植入式设备、医学影像、计算机辅助外科等多个方向，我国专利申请技术领域分布与全球基本一致；全球临床试验数量较上年略有上升，而我国医疗器械领域临床试验数量呈现明显增长趋势；我国上市产品数量较上年基本保持平稳，第二类、第三类高技术含量医疗器械占比有所上升，进口产品数量略有下降。

一、制度建设与科技布局

（一）监管制度持续优化

2023年11月，国家药品监督管理局、国家卫生健康委员会和国家疾病预防控制局联合发布《医疗器械紧急使用管理规定（试行）》，对特别重大突发公共卫生事件和其他严重威胁公众健康的紧急事件应急处置中的医疗器械紧急使用做出指导规范。2021年6月1日起施行的《医疗器械监督管理条例》提出了医疗器械的紧急使用相关内容，这次发布的《医疗器械紧急使用管理规定（试行）》是在此基础上对医疗器械的紧急使用做出的更具体、更全面的指导规范。《医疗器械紧急使用管理规定（试行）》明确在一定范围和期限内可紧急使用的医疗器械为国内没有同类产品注册的医疗器械，或者虽有同类产品注册，但产品供应无法满足特别重大突发公共卫生事件或者其他严重威胁公众健康的紧急事件使用需要的产品，仅针对第二类和第三类医疗器械。该规定与此前发布的《医疗器械应急审批程序》等政策文件共同构成了应对重大公共卫生事件时期医疗器械的保障政策体系，为增强我国紧急事件应急处置能力、保障公众健康提供了有力支撑。

随着《医疗器械监督管理条例》《医疗器械经营监督管理办法》等法律、规章、规范性文件陆续修订发布，《医疗器械经营质量管理规范》也在2023年做出相应的修订，文件以适应上位法新要求和变化，坚持贯彻“四个最严”要求，以准确把握发展与安全关系和严格落实企业主体责任为原则，在2014年版本的基础上对高值医用耗材集中带量采购、医疗器械唯一标识制、互联网销售、第三方物流等经营新政策、新业态的落地实施和科学监管做出优化完善。

2023年，国家组织高值医用耗材采购进入常态化阶段。2023年9月，国家医疗保障局发布《国家组织人工晶体类及运动医学类医用耗材集中带量采购公告（第1号）》，开启了第四轮国家高值医用耗材采购。公告明确，人工晶体类相关耗材的产品范围包括获得中华人民共和国医疗器械注册证的人工晶体耗材（不包括硬性人工晶体、有晶体眼人工晶体）、粘弹剂；运动医学类相关耗材的产品范围包括获得中华人民共和国医疗器械注册证的带线锚钉、免打结锚钉、固定钉、固定板、修复用缝线、软组织重建物、骨类重建物（不包括应用于颅颌面产品）。2023年11月底，国家组织医用耗材联合采购平台发布《国家组织人工晶体类及运动医学类医用耗材集中带量采购拟中选结果公示》，据估算，此次集采拟中选产品平均降价70%左右，其中，人工晶体类相关耗材平均降价60%，每年可节约费用39亿元，运动医学类相关耗材平均降价74%，每年可节约费用67亿元。截至第四批国家组织高值医用耗材集采结束，骨科四大类高值医用耗材基本实现集采全覆盖。

医疗器械唯一标识工作有序开展。第一批和第二批医疗器械唯一标识工作已于2021年和2022年陆续开展，分别将九大类69个品种和其余所有第三类医疗器械（含体外诊断试剂）纳入唯一标识实施范围。2023年2月，《关于做好第三批实施医疗器械唯一标识工作的公告》发布，实施唯一标识的医疗器械范围继续扩容，临床需求量较大的一次性使用产品、集中带量采购中选产品、医疗美容相关产品等103种风险较高的第二类医疗器械被纳入第三批实施范围。

（二）科技布局不断完善

科技投入是国家宏观科技布局的直观体现，可反映政府主导的科技研发活动情况，也是理论研究和技术开发的重要支撑。2023年作为“十四五”科技规划布局全面实施的重要阶段，科技布局持续优化，国家自然科学基金、国家重点研发计划等科技计划体系从基础研究、应用研究和技术开发等角度支持生物医学工程领域的机制与原理研究、前沿共性技术、高性能材料、产品开发与应用评价等研究，为发展生物医学工程领域新质生产力奠定坚实基础。

1. 国家自然科学基金

国家自然科学基金主要从基础研究角度给予生物医学工程领域项目资助，相关项目主要来自医学科学部、生命科学部、信息科学部、工程与材料科学部、交叉科学部等。2023年国家自然科学基金医学科学部相关科学处（五处）共资助面上项目269个，资助金额1.3亿元，资助青年科学基金项目296个，资助金额8790万元，资助地区科学基金项目37个，资助金额1184万元，基本与2022年持平。生命科学部交叉融合科学处共资助生物材料、成像与组织工程研究208个，资助金额9594万元，较2022年略有下降。

2. 国家重点研发计划

2023年，国家重点研发计划继续推进，“诊疗装备与生物医用材料”重点专项部署多个方向与生物医学工程和医疗器械关键技术、产品产业和监管高度相关。此外，“生物与信息融合”“主动健康和人口老龄化科技应对”“常见多发病防治研究”“生育健康及妇女儿童健康保障”“智能传感器”“智能机器人”等专项也从技术与产品研发、共性技术与材料等角度对生物医学工程领域中的部分方向进行布局资助。

具体从项目指南上看，“诊疗装备与生物医用材料”重点专项2023年按照全链条部署、一体化实施的原则/要求，部署包括前沿技术研究及样机研制、重大产品研发、应用解决方案研究、应用评价与示范研究、监管科学与共性技术研究、青年科学家项目、科技型中小企业项目7个任务（表7-1）。其中，前沿技术研究及样机研制、重大产品研发、应用解决方案研究、应用评价与示范研究、监管科学与共性技术研究，拟启动47个研究方向，青年科学家项目、科技型中小企业项目各启动3个研究方向，近16个项目研究。

表7-1 “诊疗装备与生物医用材料”重点专项（2023年）

任务	研究方向
前沿技术研究及样机研制	1. 诊疗装备前沿技术研究及样机研制 （1）高血压非侵入精准超声治疗关键技术研究及样机研制； （2）无线植入式颅内压监测技术研究及样机研制 （3）肌骨系统多模态磁共振或断层超声与运动医学技术研究及样机研制； （4）经颅超声跨尺度脑血管成像技术研究及样机研制； （5）具备 AR 导航与零重力补偿的关节置换机器人技术研究及样机研制； （6）经消化道多波长组织成分成像引导穿刺介入技术研究及样机研制； （7）临床专科化小视野磁共振显微成像技术研究及样机研制； 2. 生物医用材料前沿技术研究及样机研制 （1）全降解功能型女性盆底修复补片关键技术研究； （2）运动系统组织 / 器官跨尺度功能重建的生物制造关键技术研究； （3）高生物相容性基因编辑活性猪源皮肤创面修复材料关键技术研究
重大产品研发	1. 诊疗装备重大产品研发 （1）实体肿瘤介入免疫调控仪研发； （2）球面放射治疗系统研发； （3）实时图像引导的头部 γ 射束立体定向放疗系统研发； （4）光声 / 超声双模态多光谱功能成像系统研发； （5）便携式 CRRT 设备研发； （6）植入式无导线心脏起搏器研发； （7）大功率热等离子体治疗装备研发； （8）术像一体化人工耳蜗精准植入手术机器人系统研发； （9）无线功率传输 CT 滑环研发 2. 生物医用材料重大产品研发 （1）个性化具有引导骨再生功能的颅骨仿生复合修复材料研发； （2）功能性人工血管产品研发； （3）高性能牙体粘接 / 充填树脂基抗菌修复材料研发； （4）急性 / 亚急性中枢神经损伤修复生物材料产品研发； （5）结构功能一体化金属植入体用高品质原材料研发； （6）心源性卒中防治全降解封堵材料及器械产品研发； （7）体腔内肿瘤原位隔离生物材料研发； （8）脑心器官组织修复产品研发； 3. 体外诊断设备和试剂重大产品研发 （1）超多重病原体核酸即时检测系统研发； （2）高性能免疫现场快速检测系统研发； （3）血小板输血相容性快速检测系统研发； （4）循环肿瘤细胞自动化检测分析系统研发； （5）体外诊断设备移液系统核心元器件研发

续表

任务	研究方向
应用解决方案研究	(1) 国产腹腔镜手术机器人系统的临床应用解决方案研究； (2) 基于国产低剂量 DSA 的微创介入诊疗解决方案研究； (3) 基于高诱导成骨活性材料的颌骨修复临床应用解决方案研究； (4) 国产周围神经修复产品临床应用解决方案研究
应用评价与示范研究	(1) 国产创新医用电动吻合器应用示范研究； (2) 超声与共聚焦复合内镜应用示范研究； (3) 国产创新放疗设备应用示范研究； (4) 国产创新肿瘤微创冷热消融医疗器械应用示范研究； (5) 新一代高活性人工骨材料器械应用示范研究； (6) 高端医疗影像装备"一带一路"应用评价示范研究
监管科学与共性技术研究	(1) 射频治疗设备性能评价与质控关键技术研究； (2) 基于风险评估原则的医疗器械生物学评价体系创新和关键技术研究； (3) 心力衰竭管理和治疗国产创新高端诊疗设备和生物材料评价体系的监管科学研究； (4) 柔性穿戴式医疗器械安全有效评价研究； (5) 基于在用 CT 设备临床时序数据的国产球管性能优化共性关键技术研究
青年科学家项目	(1) 诊疗装备青年科学家项目； (2) 生物医用材料青年科学家项目； (3) 体外诊断技术青年科学家项目
科技型中小企业项目	(1) 诊疗装备科技型中小企业项目； (2) 生物医用材料科技型中小企业项目； (3) 体外诊断设备和试剂科技型中小企业项目

资料来源：《"诊疗装备与生物医用材料"重点专项2023年度项目申报指南》

注：AR表示augmented reality（增强现实）；CRRT表示continuous renal replacement therapy（连续性肾脏替代治疗）；CT表示computed tomograph（计算机体层成像）；DSA表示digital subtraction angiography（数字减影血管造影）

二、生物医学工程发展态势

医疗器械科技创新涉及理论研究、技术开发、临床转化、产品注册等多个环节，各环节紧密衔接、互相影响，只有补齐短板、全面提升全链条创新能力，优化制度、激发转化活力，才能真正提高我国医疗器械创新水平，实现产业高质量发展。

（一）理论研究实力

理论研究是创新的第一个环节，是技术研发和临床转化的基础。科技论文是理论研究的重要载体，发文量是量化反映理论研究实力的重要指标。

2023年，Web of Science数据库共收录医疗器械领域科学引文索引（Science Citation Index，SCI）论文74 538篇，2023年医疗器械领域发文量排全球前20位的国家见图7-1。中国和美国处于第一梯队，发文量均超过15 000篇（中国21 274篇，美国18 649篇），德国、英国、意大利、日本、加拿大、印度、法国、荷兰、韩国以2500—6000篇处于第二梯队，西班牙、澳大利亚、瑞士、土耳其、比利时、伊朗、巴西、奥地利、瑞典以1000—2499篇处于第三梯队，其他国家发文量均不足1000篇。

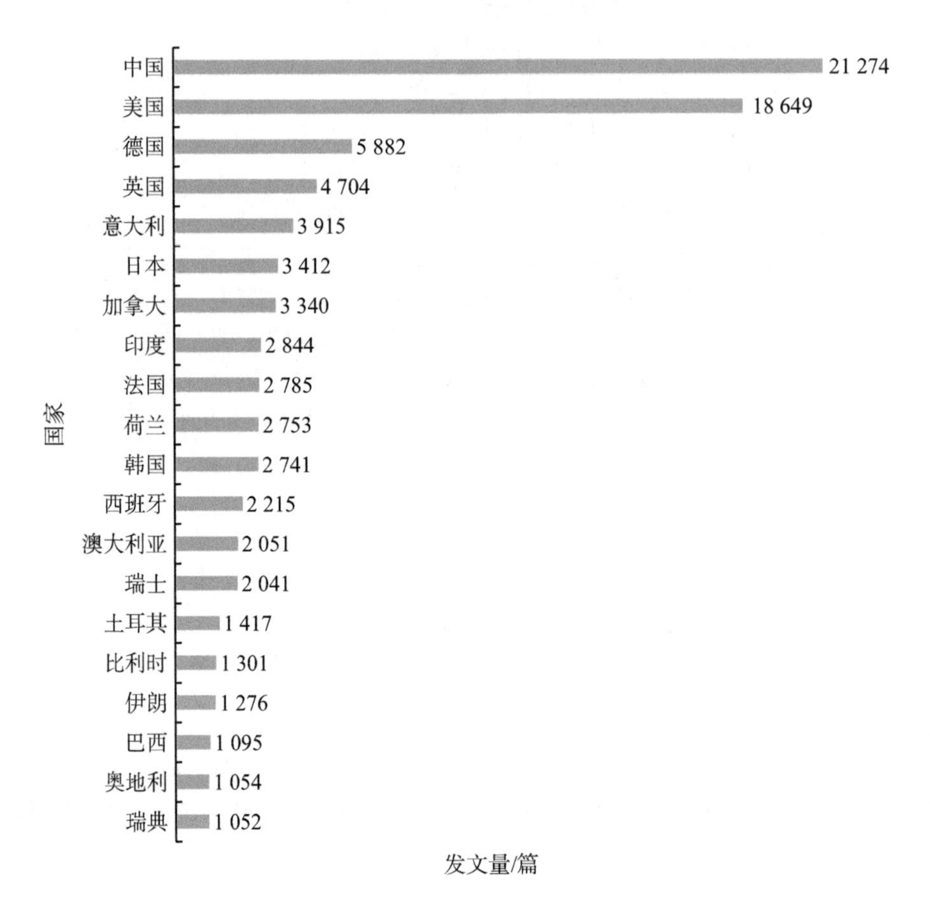

图7-1 2023年医疗器械领域发文量排全球前20位的国家
检索日期是2024年3月18日

全球范围内，2023年医疗器械领域发文量排全球前20位的机构见图7-2。从前20位机构的国别分布来看，美国7家，中国7家，法国2家，英国2家，德国和加拿大各1家。哈佛大学、加利福尼亚大学系统、中国科学院三家机构的发文量均超过1500篇。我国的中国科学院排全球第三位，上海交通大学（第六位）、复旦大学（第八位）、四川大学（第十一位）、中山大学（第十四位）、浙江大学（第十五位）和中国医学科学院北京协和医学院（第十六位）均进入全球前列。

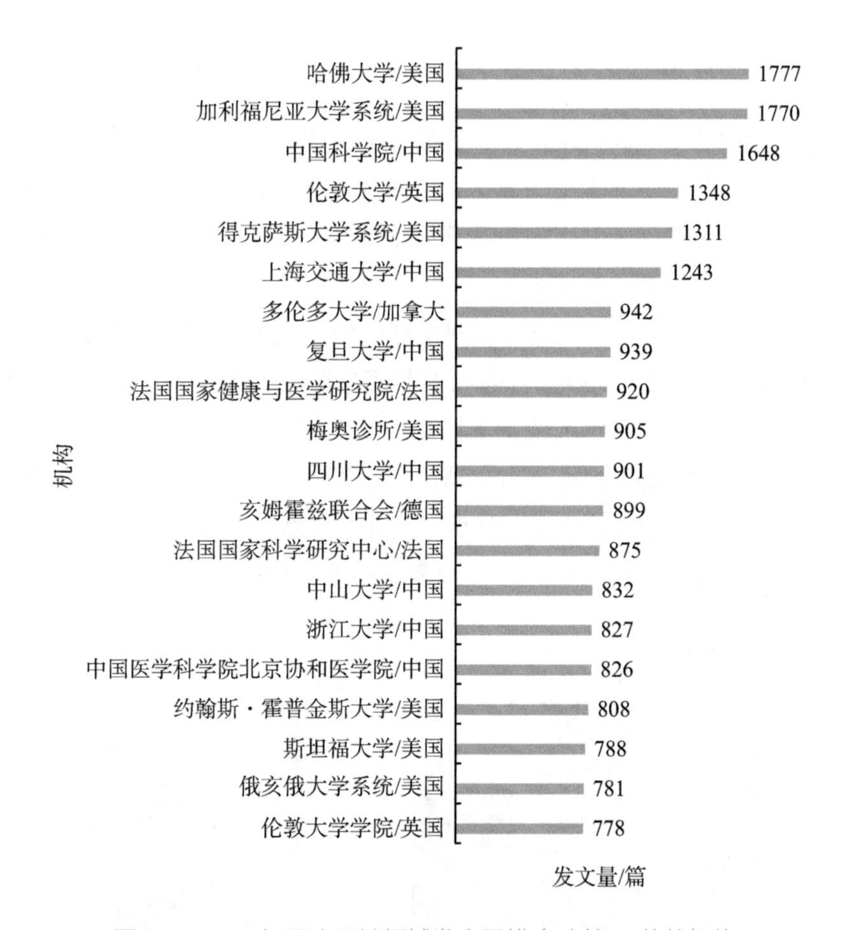

图7-2　2023年医疗器械领域发文量排全球前20位的机构

全球医疗器械领域的基础研究主要集中在医学影像学（41 468篇）、工程学（26 252篇）和材料科学（14 012篇）等方向，中国的主要研究方向同全球基本一致，医学影像学8763篇，工程学9370篇，材料科学5838篇（表7-2）。值得一提的是，中国在工程学领域和材料科学领域的发文量明显高于美国，且占全球比重均超过35%。

表7-2　2023年全球、美国和中国医疗器械领域主要基础研究方向发文情况

基础研究方向	全球/篇	美国发文量/篇	美国占全球比重	中国发文量/篇	中国占全球比重
医学影像学	41 468	12 336	29.75%	8763	21.13%
工程学	26 252	5 362	20.43%	9370	35.69%
材料科学	14 012	2 182	15.57%	5838	41.66%

（二）技术开发实力

1. 专利申请数量

医疗器械行业是一个高技术产业，其研发涵盖了医学、工程学、生物学等多个学科。这一行业的发展离不开大量的知识积累和资金支持，同时也需要不断进行跨学科的研究与创新。专利在这一领域中扮演着重要的角色，不仅是技术创新的产物，也是最有效的技术信息传播和保护手段。

本节基于智慧芽全球专利数据库，对全球医疗器械领域2023年的专利申请情况进行分析（检索时间为2024年3月），揭示当前医疗器械领域技术开发态势，为我国医疗器械创新研发提供基于数据的决策支持。2023年全球医疗器械领域专利申请数量为174 757件，其中我国123 292件，占全球比重超过70%，从专利申请数量来看，我国医疗器械领域技术开发活跃。合并同族后，全球医疗器械领域专利申请数量为160 216组，我国专利申请数量为117 591组，接近全球总量的3/4（图7-3）。

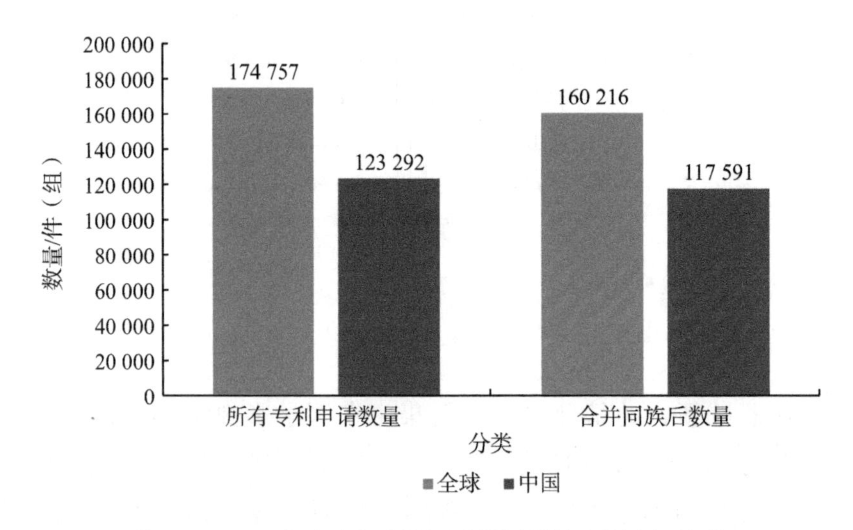

图7-3　2023年全球与中国医疗器械领域专利申请情况

《专利合作条约》（patent cooperation treaty，PCT）专利申请是衡量一个国家/地区的国际专利申请实力和水平的重要指标。全球医疗器械领域共申请PCT专利9615组，我国申请人共申请927组，全球占比不到10%，我国医疗器械领域需要进一步开拓海外市场。我国在医疗器械领域的专利申请数量具有明显优势，但PCT专利申请数量较少，这表明我国医疗器械领域国内市场占据主导，海外市场开拓有待加强。

2. 专利申请主要国家

一组专利即代表一个技术，在开展技术分析时通常基于合并同族后的专利数量。

同族专利是指具有共同优先权的在不同国家或国际专利组织多次申请、多次公布或批准的内容相同或基本相同的一组专利文献。本节基于合并同族后的专利数量开展技术开发态势分析。2023年全球医疗器械领域专利申请数量为160 216组，全球专利申请数量排名前10位的国家如图7-4所示。我国有117 591组，处于全球第一位，全球占比接近3/4，技术创新活跃，领先优势明显。美国处于第二位，专利申请数量16 233组，处于第二梯队。印度（4977组）、日本（4367组）、韩国（3017组）处于第三梯队，专利申请数量在3000—5000组。德国（1760组）、俄罗斯（1557组）、瑞士（1179组）处于第四梯队，专利申请数量在1000—2000组。以色列（907组）和英国（777组）专利申请数量在1000组以下。

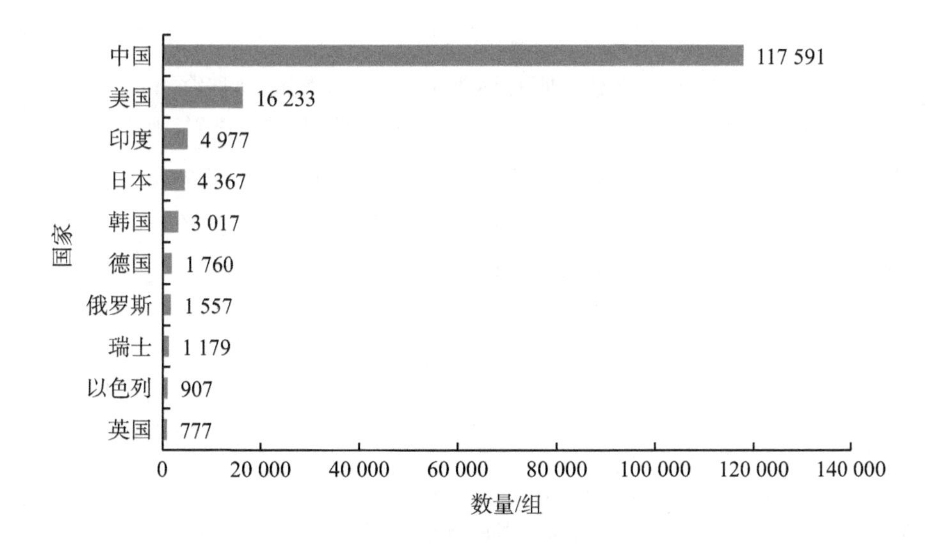

图7-4 2023年全球医疗器械领域专利申请数量排名前10位的国家

3. 专利技术领域分布

国际专利分类号可以在一定程度上反映专利申请的技术领域分布情况。2023年全球和我国专利申请主要技术领域分布分别如表7-3和表7-4所示。全球专利申请技术领域涵盖医学诊断、外科器械、植入式设备、医学影像、计算机辅助外科等多个方向。2023年A61B5（23 679组）和A61B17（15 720组）两个技术领域的专利申请数量最多，分别涵盖医学诊断和外科器械领域的技术热点。我国专利申请技术领域涵盖医学诊断、外科器械、消毒护理、骨骼矫形、呼吸系统等多个医学领域的技术热点。我国与全球技术热点基本一致，也是在A61B5（13 600组）和A61B17（10 699组）两个技术领域专利申请数量最多；但与全球也有一定差异，全球侧重于医学影像、计算机辅助外科等方向，我国更强调护理设备和治疗方法。

表7-3 2023年全球医疗器械领域专利申请主要技术领域分布

国际专利分类号	分类号含义	专利申请数量/组
A61B5	用于诊断目的的测量；人的辨识	23 679
A61B17	外科器械、装置或方法，如止血带	15 720
A61L2	食品或接触透镜以外的材料或物体的灭菌或消毒的方法或装置；其附件	11 208
A61M1	医用吸引或汲送器械；抽取、处理或转移体液的器械；引流系统	6 299
A61M5	以皮下注射、静脉注射或肌内注射的方式将介质引入体内的器械；其附件，例如充填或清洁器、靠手	6 254
A61M25	导管；空心探针	5 691
A61F2	可植入血管中的滤器；假体，即用于人体各部分的人造代用品或取代物；用于假体与人体相连的器械；对人体管状结构提供开口或防止塌陷的装置，如支架	5 625
A61B1	用目视或照相检查人体的腔或管的仪器，例如内窥镜；其照明装置	5 173
A61F5	骨骼或关节非外科处理的矫形方法或器具；护理器材	4 628
A61B34	计算机辅助外科学；专门适用于外科的操纵器或机器人	4 569

表7-4 2023年我国医疗器械领域专利申请主要技术领域分布

国际专利分类号	分类号含义	专利申请数量/组
A61B5	用于诊断目的的测量；人的辨识	13 600
A61B17	外科器械、装置或方法，如止血带	10 699
A61L2	食品或接触透镜以外的材料或物体的灭菌或消毒的方法或装置；其附件	10 155
A61M1	医用吸引或汲送器械；抽取、处理或转移体液的器械；引流系统	5 213
A61G7	专用于护理的床；提升患者或残疾人的装置	4 051
A61M5	以皮下注射、静脉注射或肌内注射的方式将介质引入体内的器械；其附件，例如充填或清洁器、靠手	4 037
A61M25	导管；空心探针	3 960
A61F5	骨骼或关节非外科处理的矫形方法或器具；护理器材	3 750
A61B1	用目视或照相检查人体的腔或管的仪器，例如内窥镜；其照明装置	3 596
A61M16	以气体处理法影响患者呼吸系统的器械，如口对口呼吸；气管用插管	3 448

（三）临床转化能力

医疗器械领域临床试验是评价申请注册的医疗器械是否具有安全性和有效性的重要环节，可在一定程度上体现临床转化的活跃程度。如图7-5所示，2023年，ClinicalTrials.gov数据库共登记医疗器械领域临床试验5729项，中国587项，均高于前5年的年平均数量（分别约为5060项、401项）。

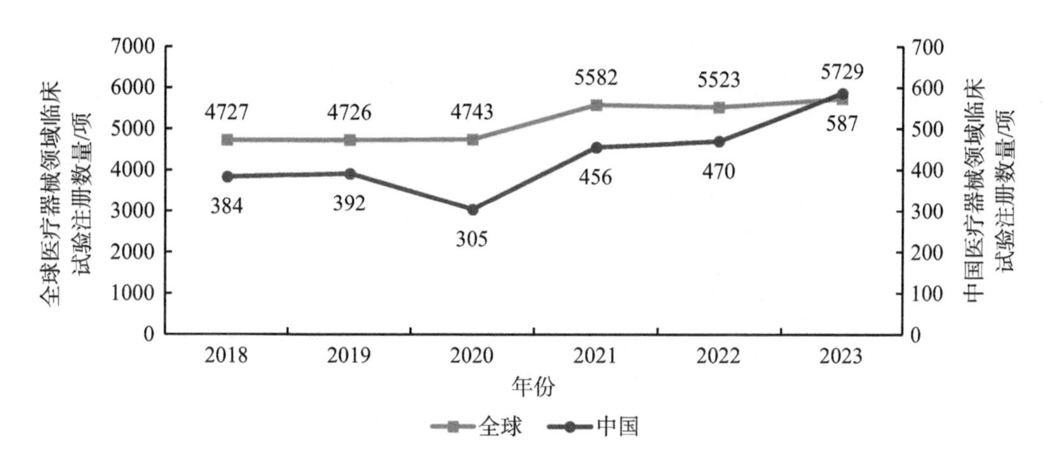

图7-5　全球和中国医疗器械领域临床试验注册数量年度分布（2018—2023年）
检索日期是2024年3月13日

全球范围内，2023年医疗器械领域临床试验主要分布在北美（1934项）和欧洲（1532项），东亚（687项）、中东（339项）和非洲（257项）的医疗器械领域临床试验均超过250项，其他地区分布较少。如图7-6所示，98个开展医疗器械领域临床试验的国家中，根据注册数量排名前10位的国家依次为美国、中国、法国、土耳其、埃及、加拿大、意大利、西班牙、英国和德国。其中，美国有1732项，占全球比重为的30.23%，远超其他国家；中国587项，占全球总数的10.25%，约为美国的1/3，排在第二位。

干预性研究根据研究目标、参与者数量及其他特征的不同划分为0期、Ⅰ期、Ⅱ期、Ⅲ期和Ⅳ期。2023年全球5729项医疗器械领域临床试验中，干预性研究有4629项（占比80.80%），剩余1100项（占比19.20%）为观察性研究。干预性研究中，4221项对应的为“not applicable”（不适用，主要指设备或行为干预，无分期）；33项处于0期，73项处于Ⅰ期，36项处于Ⅰ/Ⅱ期，92项处于Ⅱ期（数量最多），26项处于Ⅱ/Ⅲ期，71项处于Ⅲ期，77项处于Ⅳ期（图7-7）。

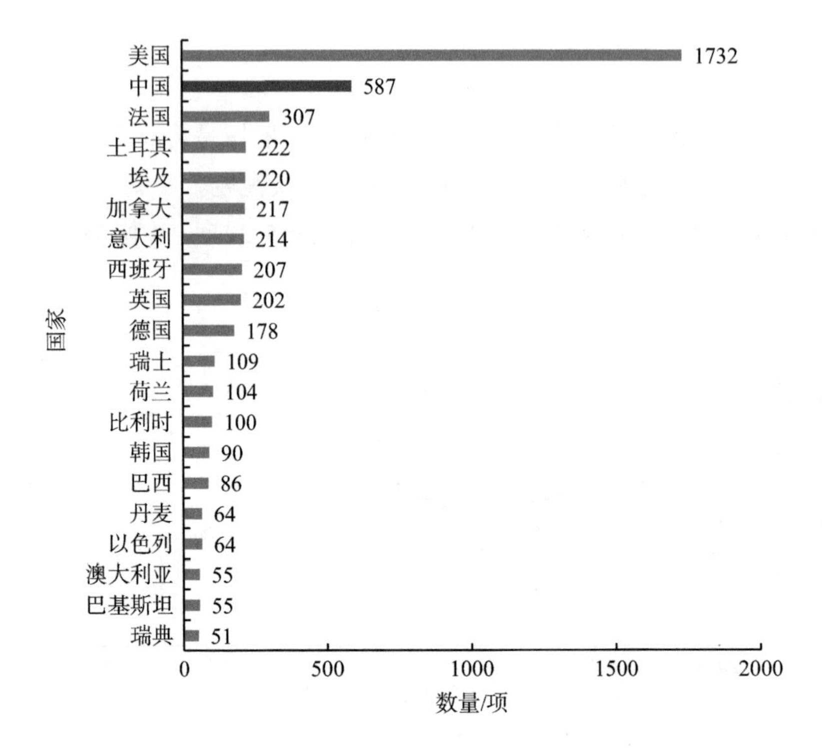

图7-6 2023年全球医疗器械领域临床试验注册数量前20位国家

国家指临床试验机构所在国家；检索日期是2024年3月13日

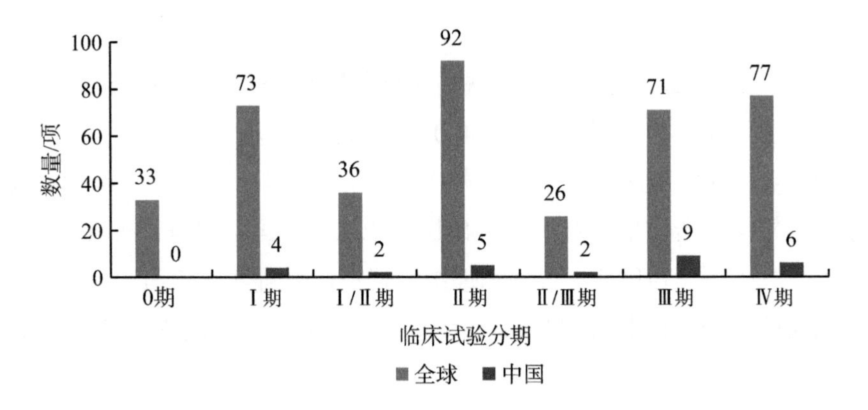

图7-7 2023年全球和中国医疗器械领域临床试验分期分布

2023年中国587项医疗器械领域临床试验中，干预性研究有497项（占比84.67%），剩余90项（占比15.33%）为观察性研究。干预性研究中，469项对应的为“not applicable”，4项处于Ⅰ期，2项处于Ⅰ/Ⅱ期，5项处于Ⅱ期，2项处于Ⅱ/Ⅲ期，9项处于Ⅲ期（数量最多），6项处于Ⅳ期。

2023年，全球和中国医疗器械领域临床试验的主要适应证均包括卒中、抑郁症、疼痛和帕金森病等（表7-5和表7-6）。

表7-5　2023年全球医疗器械领域临床试验的主要适应证

序号	适应证		临床试验注册数量 / 项
	英文名称	中文名称	
1	stroke	卒中	141
2	depression	抑郁症	103
3	pain	疼痛	90
4	Parkinson disease	帕金森病	88
5	breast cancer	乳腺癌	76
6	heart failure	心力衰竭	73
7	atrial fibrillation	心房颤动	68
8	diabetes mellitus	糖尿病	67
9	anxiety	焦虑	62
10	type 2 diabetes	2 型糖尿病	61
11	depressive disorder	抑郁障碍	61
12	type 1 diabetes	1 型糖尿病	58
13	cognitive impairment	认知障碍	57
14	multiple sclerosis	多发性硬化症	49
15	obesity	肥胖症	48
16	myopia	近视	45
17	COVID-19	新型冠状病毒感染	45
18	chronic obstructive pulmonary disease（COPD）	慢性阻塞性肺疾病	44
19	coronary artery disease	冠状动脉疾病	43
20	cerebral palsy	脑性瘫痪	38

表7-6　2023年中国医疗器械领域临床试验的主要适应证

序号	适应证		临床试验注册数量 / 项
	英文名称	中文名称	
1	stroke	卒中	40
2	depression	抑郁症	19
3	myopia	近视	19
4	Parkinson disease	帕金森病	14

续表

序号	适应证		临床试验注册数量 / 项
	英文名称	中文名称	
5	Depressive Disorder	抑郁障碍	13
6	Coronary Artery Disease	冠状动脉疾病	8
7	pain	疼痛	8
8	atrial fibrillation	心房颤动	7
9	heart failure	心力衰竭	7
10	hypertension	高血压	7
11	insomnia	失眠	7
12	peripheral arterial disease	周围动脉疾病	7
13	Alzheimer disease	阿尔茨海默病	6
14	anxiety	焦虑	6
15	aphasia	失语症	6
16	intracranial aneurysm	颅内动脉瘤	6
17	autism spectrum disorder	孤独症谱系障碍	5
18	Chronic Obstructive Pulmonary Disease（COPD）	慢性阻塞性肺疾病	5
19	Cognitive Impairment	认知障碍	5
20	COVID-19	新型冠状病毒感染	5

（四）产品与产业

2023年，中国注册、备案医疗器械产品40 718个，其中境内医疗器械产品39 482个，进口医疗器械产品1236个，比2022年略有下降。从分类数量来看，上市的境内医疗器械产品中，第一类医疗器械产品备案23 485个，第二类医疗器械产品注册13 918个，第三类医疗器械产品注册2079个，第一类备案产品数量下降明显，而第二类和第三类产品数量均有小幅上升。进口医疗器械中，第一类医疗器械产品备案591个，第二类医疗器械产品注册296个，第三类医疗器械产品注册349个，数量和比例相对上年变化较小（图7-8）。

从注册的第三类医疗器械产品类型来看（图7-9），无源植入器械是2023年注册上市最多的第三类器械产品类型，以骨科手术植入物为主，境内和进口均有大量产品上市。此外，神经和心血管手术器械超过体外诊断试剂位列第二，有大量球囊、导管、导丝一类产品上市。从进口的第三类器械来看，有源植入器械和眼科器械产品中进口产品的比例高于其他类型产品，2023年有十余种进口有源植入器械和人工晶体产品在国内获批上市。

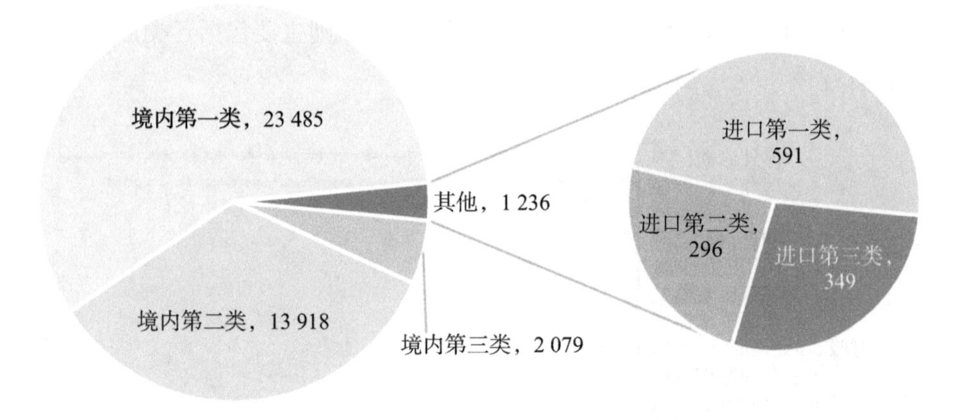

图7-8　2023年中国上市医疗器械产品类型与数量（单位：个）

资料来源：国家药品监督管理局数据库

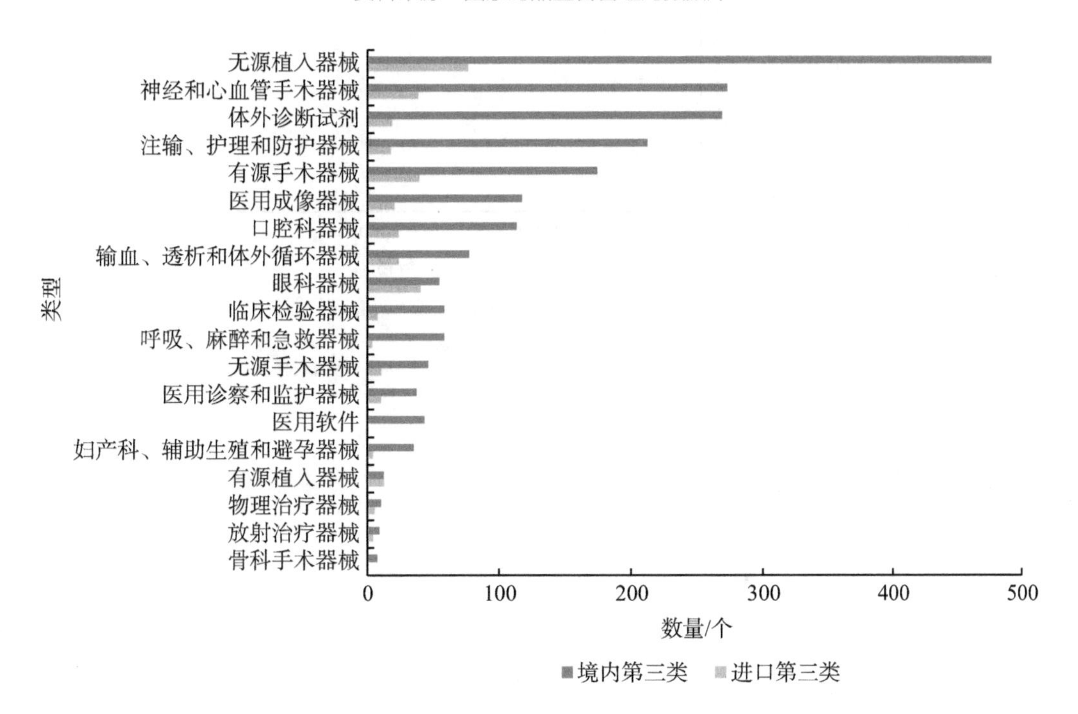

图7-9　2023年注册的第三类医疗器械产品类型

资料来源：国家药品监督管理局数据库

从注册的第二类医疗器械产品类型来看（图7-10），与往年情况相似，体外诊断试剂上市产品数量远高于其他产品类型，主要包括体外诊断试剂盒和医用校准试剂、质控试剂等。注输、护理和防护器械仍是2023年注册数量较多的产品类型，仍有大量的医用口罩产品上市，其他较多的产品还包括各类手术包，以及大量辅料类产品。除以上两个器械类型外，口腔科器械、物理治疗器械和医用成像器械也是注册产品较多的医疗器械类型，口腔科器械的代表性产品除了传统的义齿外，出现了大量的定制式活动矫治器、牙齿种植手机和脱敏凝胶等，物理治疗器械则主要包括各类用途的声、光、电治疗仪等。

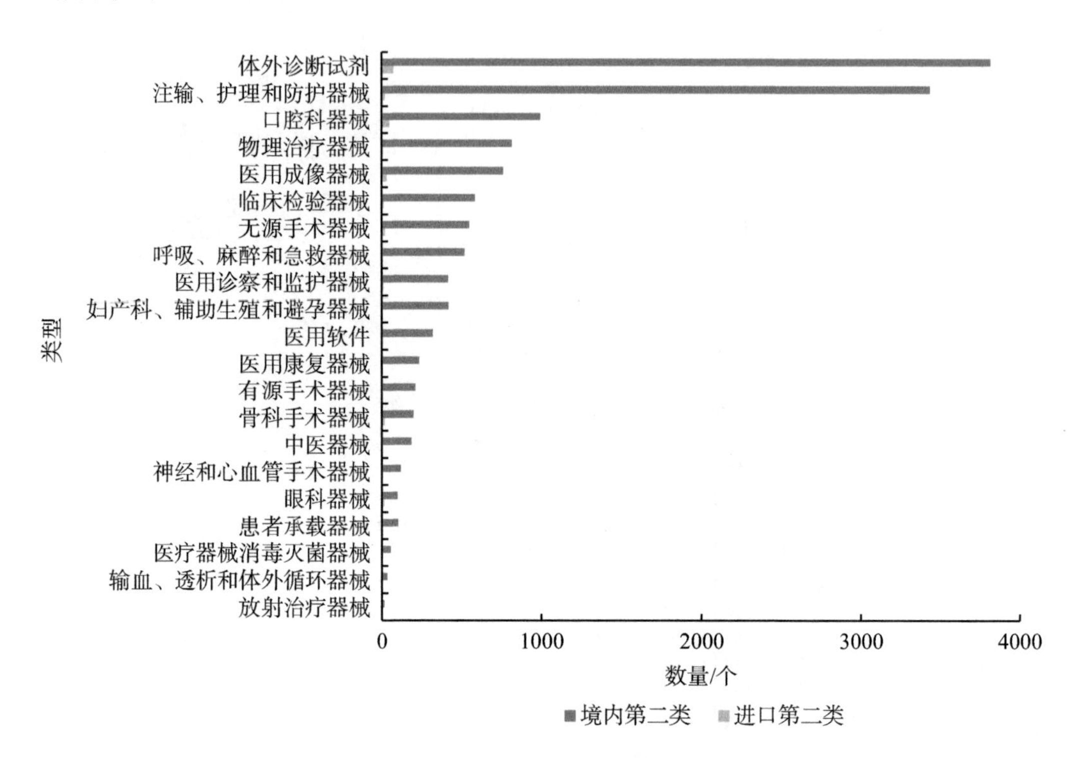

图7-10　2023年注册的第二类医疗器械产品类型

资料来源：国家药品监督管理局数据库

撰 稿 人：池　慧　中国医学科学院医学信息研究所
欧阳昭连　中国医学科学院医学信息研究所
严　舒　中国医学科学院医学信息研究所
张　婷　中国医学科学院医学信息研究所
陈　娟　中国医学科学院医学信息研究所
卢　岩　中国医学科学院医学信息研究所
通讯作者：欧阳昭连　zoeouyang@163.com

第二篇

生物经济未来技术

第八章　人工合成细胞

第一节　概　　述

当代生命科学空前繁荣，原始发现层出不穷，底层创新井喷，生命科学研究逐步从“认识生命、改造生命”走向“合成生命、设计生命”，继而挑战世界级生命科学难题，并迭代升级生物技术，从而促进先进生物制造和未来生物经济。未来生物技术及其生物产业广阔的应用前景和巨大的商业价值，既能造福人类，也体现国家利益。

作为生命科学领域最基本的科学问题，人工生命合成是影响最深远、产业带动最广泛的科学命题，实现生命从无到有的跨越，将是人类科学史上的丰碑，不仅为生命的起源和演化带来启示，而且有望揭示生命本质这一终极命题。当前，人工合成细胞是全球竞相争夺的科技制高点，是推动国家产业变革、引领我国经济创新发展的需要。人工合成细胞的实现不仅有助于我国牢牢掌握生命科技发展的话语权和主动权，还将有助于我国在能源、健康产业及可持续发展等领域赢得先机，提升我国在全球价值链中的竞争力。

第二节　研究现状与趋势

自人类诞生以来，人们从未停止对生命起源及其本质规律的探索，并尝试从不同角度来定义并解析生命，形成了诸如原生细胞（protocell）、最小细胞（minimal cell）及合成细胞（synthetic cell）等多种研究思路和方向。原生细胞是一种具有隔离结构的自组装酶催化系统，能行使ATP捕获合成、RNA复制等细胞的部分功能，可能代表了生命起源极早期或极端条件下的形态，但没有蛋白质的合成，不具有完整的生命功能。近年来，得益于各学科的深度交叉，人们开始尝试构建具有完整生命功能的形式以理解生命，相继发展出了“自上而下”和“自下而上”两条技术路径，相应产生了最小细胞及合成细胞的概念（图8-1）。最小细胞是自上而下地对已有物种细胞的基因组进行精简，获得维持细胞存活的最小基因组，从而解析生命的必需基因和功能。合成细胞是自下而上地将非生命的元件组装涌现出生命所需要的功能，如具有磷脂膜结构，有遗传物质DNA编码的一系列细胞功能，可自主生长、复制和分裂的细胞周期，对于揭示生命功能涌现和运行的本质规律具有重要的意义。

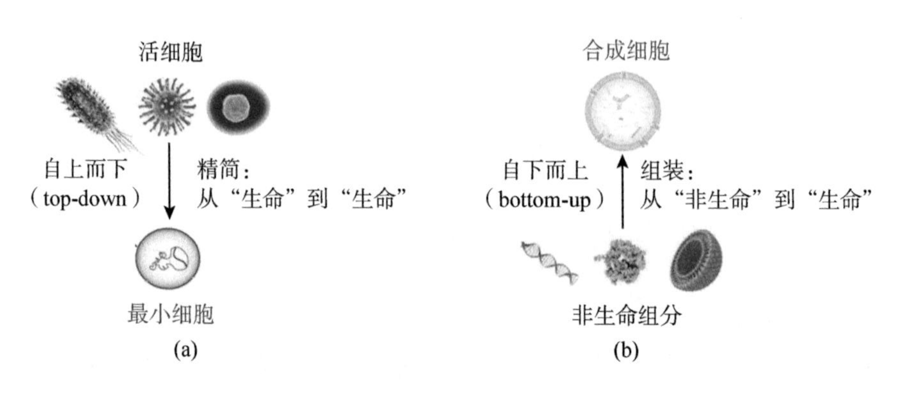

图8-1 最小细胞与合成细胞的差别

欧美国家近年纷纷布局人工合成细胞领域并成立科学联盟，比如美国的Build-a-Cell计划、德国的MaxSynBio计划和荷兰的BaSyC计划。这些科学联盟一方面进行整体设计并研究合成细胞的各功能模块，另一方面制定合成细胞的标准并共享技术方案，推动了人工合成细胞的科学和技术进步。2023年，中国科学院深圳先进技术研究院与亚洲各国合成生物学研究机构共同发起成立了单细胞生命合成亚洲联盟（SynCell Asia Initiative），旨在聚焦世界科技难题，探索各国在人才交流、科研合作等方面的创新体制机制。

迄今，各国科研工作者在各个层次探索了人工合成单细胞应具备的若干功能模块并取得了一定的进展，具体包括以下几个方面。

（1）合成细胞膜与细胞生长。研究者基于不同的材料成分发展了诸多的细胞膜模型，如磷脂囊泡、聚合物囊泡、无机胶体粒子囊泡、基于相分离的凝聚体等，这些细胞膜模型通过材料自组装在体外获得细胞样结构，并能在其中包裹简单的生命反应系统实现部分类细胞功能。由于细胞膜的生长是细胞存活、分裂的基础，为了获得能够自主生长的合成细胞膜模型，研究者发展了一系列通过体外重建磷脂合成酶促反应合成磷脂以实现合成细胞膜模型生长的方法。例如，Rock等在磷脂囊泡中通过整合甘油-3-磷酸酰基转移酶和溶血磷脂酸酰基转移酶，实现了磷脂的酶促合成和细胞膜生长。相较于双酶促反应的低效率，Devaraj等利用单个FadD10蛋白酶催化脂肪酰基腺苷酸与氨基化溶血磷脂酸从头合成了磷脂膜，并实现了磷脂囊泡的生长。针对有些细胞膜形貌结构单一或体积过大，难以模拟天然细胞膜类似的生长和分裂，限制了复杂细胞功能体外重建的问题，Fu等利用二苯丙氨酸的动态组装，调控了磷脂囊泡的形貌，制备了管状、膜管网络和扁平磷脂囊泡，并在体外模拟了细胞骨架对典型细胞膜形变的形貌调控。与此同时，为了让细胞生物量能在合成细胞膜内增长，科研人员利用体外转录-翻译系统的非细胞体系，在磷脂囊泡中实现了以DNA为模板的基因转录和翻译。例如，Umakoshi等研究了带电磷脂对基因体外转录、翻译的影响，发现与中性磷脂相比，带正电磷脂和带负电磷脂均在一定程度上降低了磷脂膜内基因的转录和翻译效率。Uyeda等利用商业化的重组体外转录翻译系统（IVTT）试剂对在磷脂囊泡内的转录、翻译条件进行了优化，得到了可使基因在磷脂囊泡内高效表达的条件参数。目前，对如何在磷脂囊泡内实现多个靶标蛋白的表达控制还鲜有报道，而这对于合成细胞生命功能的有序涌现至关重要。因此，亟须发展合成细胞膜内稳定的转录-翻译系统，以实现多个蛋白质的自主可控合成。

（2）合成细胞物质与能量代谢。近年来，研究者正积极地从天然细胞中挖掘和改造脂肪酸及ATP合成模块。例如，Steen等通过表达硫脂酶TesA，同时敲除FadE以破坏脂肪酸降解途径等代谢工程改造，首次在大肠杆菌中实现了自由脂肪酸及其衍生物脂肪酸乙酯、脂肪醇的生产，脂肪酸的产量达到1 g/L。Zhou等整合了相对全面的代谢途径改造策略，包括增加柠檬酸裂解酶依赖的乙酰辅酶A供应途径，过表达天然产油酵母的脂肪酸合成酶RtFAS系统等，将酿酒酵母的脂肪酸产量提高到10.4 g/L的发酵水平。针对ATP的体外合成，Richard等通过分离叶绿体的ATP合酶，并将其与磷脂膜重组构建了蛋白脂质复合体，实现了ATP的体外合成。Lee等在巨型单层囊泡（GUV）中展示了体外的碳固定和肌动蛋白聚合过程，使用类似光合作用的人工细胞器实现了ATP的合成。Miller等将天然类囊体膜作为光转换模块封装到油包水微滴中，构建了仿生叶绿体，实现了NADPH的光驱动再生。为了在不同负荷下保持ATP的恒定水平，Poolman等在体外构建了一个用于持续生产ATP的囊泡通路，该通路通过控制能量耗散而保持平衡。此外，有学者也尝试用化学方法合成ATP。例如，Xu等利用硼酸酯的化学特性产生质子梯度，驱动ATP合酶产生能量，实现了非氧化还原途径的ATP生成。Landfester等将乳酸脱氢酶、乳酸氧化酶和过氧化氢酶共同包装到硅纳米反应器中，以丙酮酸为底物实现了NADH的长期稳定再生。

（3）合成细胞的DNA复制与分离。目前，研究者在体外搭建的DNA复制系统主要来源于大肠杆菌的复制系统和噬菌体的Phi29复制系统。例如，Lichiber等通过引入多个转录和翻译相关的关键基因，初步实现了复制系统的自我维持。Su'etsugu等利用25个纯化的复制体蛋白，实现了对200 kb环状双链DNA的体外复制。目前，利用体外转录-翻译系统产生的大肠杆菌复制体蛋白，仅能够完成单链环状DNA的体外复制，而带有体外翻译的复制体系统不具有全功能性。相比较而言，Phi29复制系统更加简单，相关研究也相对更多。例如，van Nies等将Phi29复制系统与体外转录-翻译系统偶联，实现了4轮的DNA自持复制。已有研究证明可以在囊泡内实现DNA完整的复制并形成环状，表明可以将DNA复制与人工细胞膜系统有机融合。此外，van Nies等在脂质体中采用线性的DNA分子，通过引入Phi29噬菌体中p3、p5、p6等蛋白相关的基因，测试线性DNA分子的完整复制比例有所提高。针对DNA复制后的分离，科研工作者对大肠杆菌、新月柄杆菌、酵母等模式生物中的染色体或大型质粒DNA分离过程进行了研究，相继发现了parABS、parMRC、TubZ、MinDE等蛋白质复合物系统，与DNA分离相关的调控元件如脚手架蛋白PopZ和小分子三磷酸胞苷等也相继被报道。例如，2007年，Mullins等对parMRC系统进行了体外重构，实现了对质粒DNA的分离；2019年，Bennett等实现了针对parABS系统不对称的质粒DNA分离。

（4）合成细胞的细胞分裂。近年来，合成细胞的细胞分裂研究也取得了一定的进展。例如，Godino等分别对MinCDE体系与FtsZ蛋白体系进行提纯或在体外进行无细胞表达，在磷脂囊泡中重建了大肠杆菌细胞分裂系统。Ramirez-Diaz等进一步发现MinCDE蛋白体系可在磷脂囊泡中产生振荡，可在特定条件下将FtsZ定位在囊泡中部，并自组装为环状结构，诱导磷脂囊泡的形变。Miyazaki等在磷脂囊泡中重组了真核细胞分裂相关蛋白肌动蛋白（actin）和肌球蛋白（myosin），在磷脂囊泡内获得了肌动蛋白的环状结构。但迄今为止，上述的膜内环状结构并未实现磷脂囊泡的分裂。Fonseca等在磷脂膜管结构上重组了调控线粒体分裂的Drp1蛋白，成功地实现了膜管分裂。此外，研究者还利用物理方法尝试使合成细胞分裂。例如，Steinkuhler等通过组氨酸标签（His-tag）将GFP连接到磷脂囊泡的外部，以此控制囊泡膜的自发曲率，获得了哑铃形囊泡，自发曲率在膜颈周围产生收缩力使得颈部分裂和囊泡完全分裂。由于GFP与磷脂膜无特定的相互作用，因此这一研究涉及的囊泡分裂机制可用于指导其他分裂单元的设计。

（5）合成细胞“复制-生长-分裂”协同的理论模型。目前普遍观点认为细菌通过分别控制分裂的时间点与DNA复制的时间点来实现DNA复制或细胞分裂与细胞生长的协同，但对应具体的调控方式，还存在一系列不同的理论模型。近年来的研究指出了细胞周期调控过程中的关键分子［FtsZ、MreB、DnaA、datA、RIDA（DnaA的调控失活因子）等］，为细胞周期协同机制的探索奠定了基础。为了研究DNA复制起始与细胞生长的协同机制，Donachie等于1968年首先提出了恒定复制起始生物量的协同规则，并于2003年给出了该规则的一种可能分子模型，即DnaA-ATP/ADP转化模型（switch model）。Hansen等则提出了另一种可能的分子机制：DnaA滴定模型（titration model）。这两类模型在近期均取得了一些进展。例如，Wolde等通过引入磷脂分子催化DnaA-ADP向DnaA-ATP转化的假设，发展了新的DnaA-ATP/ADP转化模型。为了研究细胞分裂与生长的协同机制，有研究者认为细菌细胞在何时分裂取决于细胞生长带来的生物量积累。例如，Harris和Theriot提出了细菌细胞的体积表面积比决定细胞的大小和细胞在何时分裂的模型。2019年，Suckjoon Jun等提出，细胞分裂取决于以FtsZ为代表的分裂相关蛋白的积累，当其积累达到阈值时，细胞才发生分裂。另有研究者认为，细胞分裂需要同时考虑DNA复制和细胞生长（生物量积累）两方面的因素，细胞具体什么时候分裂取决于DNA复制相关事件和生物量积累两个过程中更慢的那个进程。2020年，刘陈立团队揭示了新的“个体生长分裂方程”，即群体平均细胞大小（$\bar{m}$）正比于生长速率（λ）与DNA复制起始到细胞分裂的时间周期（$C+D$）的乘积，$\bar{m}=m_0\lambda(C+D)$，其中m_0是DNA复制起始的细胞大小。并在此基础上提出了以“分裂许可物”为核心的细菌细胞分裂控制新模型。与经典的生物量积累模型不同的是，该模型要求分裂许可物的积累速率与DNA复制速率相关联，突破了领域内半个世纪以来被认为是法则的定量关系，为研究合成细胞生长与分裂的协同奠定了理论基础。

人工合成细胞领域的关键研究进展如表8-1所示。

表8-1　人工合成细胞领域的关键研究进展

类型	模块功能	关键研究进展
细胞生长	细胞膜生长	日本神奈川大学实现了磷脂囊泡磷脂成分的合成（2011年）
		美国加利福尼亚大学圣迭戈分校成功合成了一种能像活细胞一样不断生长的人造细胞膜（2015年）
		荷兰代尔夫特理工大学利用代谢反馈实现了磷脂的可控合成（2016年）
		日本神奈川大学实现了囊泡的自催化合成（2019年）
		美国加利福尼亚大学实现了磷脂膜的从头合成和细胞生长（2021年）
		韩国科学技术研究院创造了一种可保持稳定超过50天的人造细胞膜（2022年）
	基因组合成	J. Craig Venter研究所（JCVI）成功创造了人类历史上首个人工合成基因组细胞JCVI-syn1.0（2010年）
		J. Craig Venter研究所（JCVI）首次创造出了最简单的人造合成细胞JCVI-syn3.0（2016年）
		国际合作项目“酿酒酵母基因组合成计划”（Sc2.0）成功创建了细胞中一半基因组由人工合成的人造酵母菌株，以及为酵母细胞从头设计合成了一条编码转运RNA（tRNA）的新染色体（2023年）
DNA复制	DNA复制	荷兰代尔夫特理工大学实现了线性DNA的完整自主复制（2018年）
		德国马克斯·普朗克生物化学研究所实现了116 kb DNA体外自主复制（2020年）
		日本东京大学实现了无膜液滴DNA的自主复制（2022年）

续表

类型	模块功能	关键研究进展
DNA 复制	基因线路构建	清华大学与麻省理工学院（MIT）研究出了哺乳动物细胞中利用激活因子样效应转录（TALE）抑制因子模块化拼装合成基因线路的方法（2015 年）
		中国科学院深圳先进技术研究院与北京大学在原核生物（2017 年）及真核细胞底盘完成了正交、鲁棒且可预测的基因回路设计（2023 年）
		中国科学院深圳先进技术研究院与哥本哈根团队合作，在酵母底盘中构建振荡基因线路，与外界信号相耦合，实现了可调振幅、同步周期输出（2023 年）
		中国科学院深圳先进技术研究院团队探索基因线路与底盘细胞生理耦合机制，为波动环境下设计鲁棒、可预测的大规模基因线路提供了理论基础（2023 年）
		中国科学院深圳先进技术研究院与 MIT 团队合作，在酵母底盘中实现了基因线路的自动化设计（2020 年）
	转录翻译机器	德国马克斯・普朗克陆地微生物研究所重建了基于 ParM 的质粒分离系统（2019 年）
		中国深圳寻竹生物科技有限公司和法国国家健康与医学研究院首次在细菌中人工合成了细胞器（2022 年）
		日本东京大学构建了自我繁殖的巨型囊泡系统（2011 年）
细胞分裂	细胞分裂	J. Craig Venter 研究所、美国国家标准与技术研究院、麻省理工学院合作，成功创造出了一个非常简单的可以正常生长和分裂的人工合成细胞 JCVI-syn3A（2021 年）
		美国宾州州立大学实现了囊泡不对称分裂（2011 年）
		荷兰代尔夫特理工大学利用机械力实现了细胞分裂（2018 年）
		德国马克斯・普朗克生物化学研究所实现了 Min 与 FtsZ（Z ring）重建（2021 年）
	染色体分离	荷兰代尔夫特理工大学基于 DNA 纳米结构实现了膜的变形（2022 年）
能量与代谢	物质代谢	纽约大学与芝加哥大学合作，使用人工合成材料成功创建了一种具有主动运输能力的全新细胞模拟物（2021 年）
	能量供给	美国洛克菲勒大学实现了在磷脂囊泡中化学能供给（2004 年）
		美国哈佛大学利用脂质体中视紫红质 /ATP 合酶构建了“叶绿体”（2018 年）
		日本东京大学构建了人工光合细胞系统（2019 年）
		英国剑桥大学构建的最简呼吸链实现了将 NADH 转化为质子梯度（2020 年）
		荷兰代尔夫特理工大学利用 ATP 合酶与氧化酶实现了将还原电势转化为 ATP（2022 年）
		德国马克斯・普朗克研究所使用新型电生物模块实现了从电力中生产 ATP（2023 年）

第三节　前景展望

人工合成单细胞生命是多种合成生物学使能技术的集中体现，旨在实现具有极大挑战性的科学与工程目标——人工合成细胞，其既是大科学问题，也是大工程问题。其科学意义是理解生命体系结构层级提升导致生物学功能涌现的底层原理；其工程学意义是为生物制造所需定制化细胞奠定基础。美国研究联盟Build-a-Cell最新预测，该领域的研究已接近引爆点（tipping point），有望在未来10—20年内实现人工合成单细胞生命。依托合成生物研究重大科技基础设施建立“设计-构建-测试-学习”的高效闭环和快速迭代能力，通过建立知识驱动的“白箱模型”获取关键表型的定量化生物实验数据，利用数据驱动的“黑箱模型”高通量地获取标准化实验数据，辅以机器学习等人工智能手段分析获得笼统的因果关系，指导单细胞生命的设计与合成，有望大大加速人工合成单细胞并维持其生命循环这一重大科学目标的实现。

撰 稿 人：黄　怡　中国科学院深圳先进技术研究院
李玉娟　中国科学院深圳先进技术研究院
祁　飞　中国科学院深圳先进技术研究院
傅雄飞　中国科学院深圳先进技术研究院
通讯作者：傅雄飞　xf.fu@siat.ac.cn

第九章　基因编辑技术

从2020年CRISPR基因编辑技术获得诺贝尔化学奖开始，基因编辑领域不断涌现出新的技术和革命性工具，其精准度、安全性和有效性逐步提升，推动着农业动植物新品种培育、高效精准的疾病模型构建、新型医药和治疗手段，以及生物材料创制等领域的创新发展。2023年12月，英国药品和健康产品管理局（MHRA）、美国食品药品监督管理局（FDA）相继批准全球首款基因编辑疗法上市，CRISPR基因编辑领域迎来了里程碑时刻。与此同时，基因编辑技术进步引发的安全和伦理道德问题仍然受到世界各国的广泛关注与讨论。世界主要国家和诸多国际组织正在制定相关规则和法规，以确保基因编辑的使用符合道德规范并最终造福社会。

一、基因编辑技术发展

基因编辑（gene editing）是在生物体原本的基因组中人为插入、删除或碱基替换，精准修饰基因组序列的一种基因工程技术。作为生命科学的重要研究领域，基因编辑技术的开发及应用推动生物体的遗传改造进入前所未有的深度与广度。近年来，基因编辑技术持续演进，极大扩展了基因编辑工具箱，其在基因功能研究、疾病建模与治疗、粮食生产、新材料等方面的广阔应用前景使其成为全球范围内竞争最激烈的下一代核心生物技术之一。迄今，基因编辑技术发展主要经历了三代：第一代是锌指核酸酶（ZFN）；第二代是转录激活因子样效应物核酸酶（TALEN）；第三代是CRISPR-Cas。与使用蛋白质靶向DNA链的ZFN和TALEN技术不同，CRISPR-Cas技术基于细菌和古生菌等原核生物的免疫系统，通过改变一小段引导RNA（gRNA）的碱基序列，将CRISPR相关蛋白（Cas蛋白）引导到基因组中的特定位置，系统设计更简便，可实现多基因编辑，基因编辑效率和技术适用性得到提升，因此，CRISPR-Cas系统成为当前最热门、应用最广泛的基因编辑工具，并在基因编辑领域占据主导地位。

（一）基因编辑工具的效率与精度持续提升

Cas9蛋白是具有核酸酶活性的最常见的酶形式，CRISPR-Cas9技术允许直接在细胞中修改基因序列，具有高度灵活性和特异性靶向性，为基因编辑领域带来革命性改变，成为干细胞工程、基因治疗、疾病模型及设计抗病植物等广泛应用中的强大基因编辑工具，被视为21世纪最伟大的发现之一。近年来，全球范围内的研究人员持续优化现有基因编辑工具，同时加快探索可替代Cas9用于基因编辑的其他Cas酶，多个具有特定功能的Cas9变异体被鉴定出来，多种高效新型核酸酶的发现使基因编辑技术发生了质的飞跃。2023年2月，上海复旦大学通过对CjCas9同源蛋白进行筛选，开发出了高精准性的Cas9基因编辑工具Hsp1Cas9、Hsp2Cas9和CcuCas9，扩大了基因编辑的应用范围。2023年4月，日本九州大学和名古屋大学通过优化引导RNA开发出更安全的CRISPR-Cas9基因编辑技术，极大减少了编辑过程中产生的突变。中国科学院微生物研究所使用3种农杆菌毒力蛋白和CRISPR-Cas9系统开发出实现水稻内源基因精准编辑的基因编辑技术，在烟草和水稻中得到有效验证。2023年6月，张锋团队首次在真核生物中发现CRISPR样系统，即一种名为Fanzor的蛋白。该蛋白可使用RNA引导机制，精确靶向和切割DNA。经过系统工程改造优化后，Fanzor有望应用于新一代基因编辑器中，且相比CRISPR-Cas系统，Fanzor系统非常紧凑，更容易递送到细胞和组织中，并能实现更精准的基因编辑。2023年4月，美国宾夕法尼亚大学设计出了多肽辅助的纯蛋白基因编辑系统（CRISPR-PAGE）。研究结果显示，该系统在小鼠和人类原代T细胞中能够实现高达98%的编辑效率，在人类原代造血干细胞和祖细胞中能够实现接近100%的编辑效率。

（二）基因编辑技术和工具更加多样化

CRISPR-Cas9开创了基因编辑新时代，被认为是CRISPR 1.0，但其仍存在明显的局限性。随着技术的更新、迭代和研究者对技术安全性的追求，CRISPR-Cas技术衍生出了下一代基因编辑工具。这类更精准、安全性得到提升的CRISPR 2.0技术的问世，将基因编辑提升到了一个新水平。2023年12月，《自然》期刊发表《CRISPR 2.0：新一代基因编辑器将进入临床试验阶段》，预测基因编辑技术将进入2.0时代，提出了3种具有发展前景的基因编辑技术：碱基编辑、先导编辑和表观基因组编辑。

1. 碱基编辑

碱基编辑（base editing，BE）可最大限度地减少基因编辑过程中产生的不需要的副产物和与双链DNA断裂相关的细胞毒性。与CRISPR-Cas9不同，碱基编辑可在不切割DNA双链的情况下实现对单个碱基的精准编辑，编辑方式更安全，已在临床上展示出对人类遗传疾病和癌症的治疗潜力。2023年12月，《自然·医学》（*Nature Medicine*）期刊将美国基因药物公司Verve Therapeutics开发的碱基编辑临床试验VERVE-101评选为2024年改变医学的、最重要的11项临床试验之一。该疗法用于治疗高胆固醇血症，是全球首次人体体内碱基编辑的人类临床试验，意味着碱基编辑可用于直接改变人类DNA。

近一年来，中国在碱基编辑技术领域进展迅猛。中国科学院脑科学与智能技术卓越创新中心和上海脑科学与类脑研究中心开发出了新型DNA碱基编辑器，首次实现了高效的腺嘌呤碱基颠换编辑，对相关疾病模型的建立及基因治疗领域等具有重要意义。中国科学院遗传与发育生物学研究所和北京齐禾生科生物科技有限公司开发出突破CRISPR限制的碱基编辑新系统CyDENT，极大地提高了编辑精准度，为疾病治疗和农作物精准分子育种等提供了具有广泛基因组靶向能力的全新碱基编辑工具。中国科学院天津工业生物技术研究所开发出了不依赖脱氨酶的碱基编辑器DAF-CBE和DAF-TBE，扩展了碱基编辑器的编辑类型，为工业菌株铸造和生物医药等领域相关研究提供了新的技术工具。辉大基因通过将Cas9 nickase（nCas9）与工程化人源尿嘧啶DNA糖基化酶突变体融合，开发出了两种不依赖脱氨酶的新型碱基编辑器gTBE和gCBE，极大地拓宽了碱基编辑器的靶向范围。北京大学魏文胜团队开发出了不依赖DddA系统的全新线粒体单碱基编辑工具mitoBEs，可高效实现A→G或C→T的单碱基编辑，还具备选择性编辑特定链的能力，且未观察到明显的脱靶现象。

2. 先导编辑

先导编辑（prime editing，PE）无需依赖DNA模板，能够实现任意碱基替换、DNA片段插入和删除，较好地解决了脱靶问题，且比碱基编辑更灵活。基因编辑前驱刘如谦（David R. Liu）博士的基因编辑初创公司Prime Medicine计划在2024年向美国食品药品监督管理局申报首个先导编辑临床试验，以治疗X染色体连锁隐性遗传疾病慢性肉芽肿病（chronic granulomatous disease，CGD）。2022年7月，丹麦奥胡斯大学通过对先导编辑进行了一系列改造，构建出了缩短版的先导编辑器，并通过双腺相关病毒（adeno-associated virus，AAV）将其呈递到小鼠体内实现基因编辑，为将来更加广泛的体内研究打下基础。2023年2月，四川大学华西医院以断裂蛋白质内含子和双AAV载体为基础，对先导编辑进行优化，并对先天性黑矇小鼠模型进行治疗，精确且高效（最高编辑效率达16%）地修复了小鼠视网膜细胞的致病基因突变，挽救了视网膜和视觉功能，且没有检测到脱靶编辑。2023年5月，美国麻省理工学院开发出了将特定癌症相关基因突变设计到小鼠模型中的先导编辑方法，将加速癌症相关基因突变和复杂基因组合的功能研究，从而加速相关药物研发。美国马萨诸塞大学医学院率先开发出了在全基因组水平上检测先导编辑脱靶的技术PE-tag，可用潜在患者的gDNA检测先导编辑的全基因组脱靶，以及直接在小鼠体内进行先导编辑的脱靶检测，并能应用于所有类型的先导编辑系统中。2023年8月，美国博德研究所开发出了改进版本的先导编辑系统PE6a至PE6g。其中每个系统都包含一个新的逆转录酶或Cas9变体，效率比以前的编辑器高2—20倍。2024年1月，中国科学院遗传与发育生物学研究所首次利用环状RNA开发出基于Cas12a切口酶的新型先导编辑器CPE，摆脱了先导编辑器对Cas9蛋白的依赖，在人类细胞T-rich基因组区域具有精准、高效的编辑效率，并可实现多个基因靶点同时编辑。美国博德研究所开发出了用于先导编辑的新型递送系统PE-eVLP，以核糖核蛋白的形式在体内递送先导编辑。该系统支持在体内瞬时递送先导编辑，降低了脱靶效应并消除了致癌转基因整合的可能性，同时提高了先导编辑的安全性。

3. 表观基因组编辑

除改变基因本身的序列之外，CRISPR系统还可以通过改变表观基因组调控基因的表达方式，包括对DNA进行的一系列影响基因表达活性的化学修饰。表观基因组编辑疗法不涉及改变DNA，有助于缓解监管机构对CRISPR-Cas9基因编辑疗法安全性的担忧。2022年7月，CRISPR基因编辑先驱亓磊创立的生物技术公司Epic Bio完成了5500万美元的A轮融资，并计划将迷你CRISPR系统（CasMINI）应用于表观遗传工程，开发出更安全的人类遗传疾病疗法。2023年1月，美国唐纳德丹佛斯植物科学中心开发出了表观基因组编辑方法，增加了木薯对细菌性枯萎病的抗性。2023年2月，美国国家癌症研究所癌症研究中心对人类神经元的新研究发现，经过改良的CRISPR工具组合可在不改变基因本身的情况下，调节在雷特综合征中突变的*MECP2*基因的表达，展现了表观基因组工程作为未来基因疗法的潜力。2023年5月，美国表观基因编辑疗法开发公司Tune Therapeutics使用表观基因遗传编辑工具靶向非人类灵长类动物的*PCSK9*基因，增加其DNA甲基化，关闭其表达而不改变DNA序列本身，从而降低低密度脂蛋白胆固醇水平，且效果至少持续了11个月。2023年11月，沙特阿拉伯阿卜杜拉国王科技大学开发出了多靶点基因编辑工具CRISPR-broad，可定义具有多个特定目标的引导RNA，为基因组映射、表观基因组编辑多种生物学应用，以及疾病建模和治疗策略的研究提供了新的可能。

（三）人工智能助力基因编辑工具的改良

人工智能与生物技术深度融合，为基因编辑注入了新活力。人工智能工具可以提升基因编辑的效率和准确性，增强基因编辑功能，同时能够预测脱靶效应并优化靶标选择和传递，以将脱靶效应最小化。一方面，人工智能通过分析大量基因组数据预测潜在的脱靶效应及其可能性，指导研究人员进行更准确、更高效的基因编辑。另一方面，人工智能通过分析基因组背景、功能注释和潜在的脱靶位点，帮助识别CRISPR-Cas9编辑的最佳靶点，使研究人员能够以最小的脱靶风险和更高的编辑效率选择目标靶点。此外，人工智能还可以优化gRNA的设计，预测其结合效率，并为特定靶标提出最佳的gRNA序列，从而最大限度地减少脱靶效应，提高整体基因编辑效率和特异性。2023年2月，英国威康桑格研究所使用先导编辑器评估引入基因组的数千种不同DNA序列，再用这些数据训练机器学习算法，帮助研究人员为遗传缺陷设计最佳的修复方案，有望加速将先导编辑引入临床。2023年5月，韩国延世大学医学院开发出计算模型DeepPrime、DeepPrime-FT和DeepPrime-OFF，可预测8种先导编辑系统在7种细胞类型中的编辑效率和脱靶效率，将极大地促进先导编辑的应用。2023年6月，中国科学院遗传与发育生物学研究所高彩霞团队运用人工智能，通过结构预测和分类发现新的脱氨酶蛋白，用于碱基编辑系统，极大地扩展了碱基编辑器在治疗和农业应用中的实用性。该研究成功研发出具有中国自主知识产权的新型碱基编辑工具，展现出新型碱基编辑系统在医学和农业方面广泛的应用前景。2023年10月，军事科学院军事医学研究院王升启/舒文杰团队和西北农林科技大学王小龙团队合作开发出OPED（optimized prime editing design，优化的先导编辑设计）模型，通过深度学习技术优化pegRNA的设计，提高其准确性和普适性及其在PE2、PE3/PE3b和ePE编辑系统中的效率，编辑效率可提高2.2—82.9倍。2023年11月，张锋团队开发出基于快速局部敏感哈希聚类算法（FLSHclust），并用其对3个包含各种不同寻常的细菌的公共数据库进行挖掘，从中识别出188种新型CRISPR系统，对其中4种进行了表征。这些新系统的脱靶效应小于目前的CRISPR-Cas9系统，可用于编辑哺乳动物细胞、记录细胞内部活动。同月，美国橡树岭国家实验室利用量子生物学、人工智能和生物工程，改进了CRISPR-Cas9基因编辑工具对微生物等生物体的作用，使其适用于更多物种，以生产可再生燃料和化学品。

二、基因编辑技术应用发展

（一）基因编辑技术革新农作物育种

基因编辑技术能够鉴定和快速改造作物性状基因，为其添加新功能或删除其他功能，如使西红柿变辣、生产无麸质小麦或无咖啡因咖啡豆等，大幅提升了精准育种的效率。2023年1月，德国马克斯·普朗克分子植物生理学研究所通过使用移动tRNA和CRISPR工具，开发出新型可移动基因编辑系统，实现植物跨物种基因编辑，为未来分子精准设计育种搭建快速高效的通道，也为农作物重要农艺性状研究及作物遗传改良提供了有力的技术支撑。2023年2月，英国洛桑研究所的大田试验表明，通过CRISPR-Cas9基因编辑敲除小麦天冬酰胺合成酶基因*TaASN2*，其面粉经过烘焙加工后形成的2A类致癌物丙烯酰胺含量显著减少45%，显示出基因编辑在帮助开发更健康食品方面的潜力。2023年3月，美国阿肯色大学利用CRISPR基因编辑技术使水稻的*OsSnRK1*基因发生突变，使水稻可在恶劣环境下发芽生长，甚至在营养物质稀少、存在有毒化学物质高氯酸盐的火星土壤中也能发芽，有望在火星上进行种植。2023年5月，美国健康食品农业公司Pairwise宣布推出首款基因编辑芥菜产品。该产品于2020年获美国农业部批准，其通过基因编辑消除了芥菜的苦味，口感类似生菜，且仅需传统育种时长的四分之一。2023年6月，华中农业大学与美国加利福尼亚大学戴维斯分校通过基因编辑为水稻创制新基因，在稳产前提下显著增强水稻对稻瘟病、白叶枯和稻曲病的抗病能力，在稻瘟病害严重时能挽救约40%的产量损失，对扩大抗病基因来源、推动作物抗病育种、植物病虫害绿色防控具有重要意义。2023年7月，美国北卡罗来纳州立大学使用CRISPR系统培育出木质素含量降低的杨树，可减少纤维生产的碳足迹，有望使从纸张到尿布等各种产品的纤维生产更环保、便宜、高效，为提高森林的复原力、生产力和利用率提供了绝佳机会。2024年1月，以色列初创公司Plantae Bioscience通过CRISPR技术关闭导致黄豌豆苦味的两类主要皂苷的生物合成途径，使黄豌豆中的皂苷含量降低高达99%，且该特性可遗传给下一代，或成为植物蛋白领域的重要突破。该公司计划繁殖更多种子以进行田间试验。

（二）基因编辑技术促进畜牧业可持续发展

基因编辑技术帮助培育抗病动物新品种、优化畜产品生产、改善动物福利，有助于减少家畜对抗生素和其他治疗的需求，助力解决日益严峻的抗生素耐药性问题，还为减轻气候变化对牲畜的威胁提供了潜在解决方案，确保畜牧业可持续发展。2023年1月，美国奥本大学利用CRISPR技术将短吻鳄体内具有抗菌作用的基因植入鲶鱼体内，使鲶鱼对细菌感染更具抵抗力，存活率是普通受感染鲶鱼的2—5倍，且养殖抗病鱼将产生更少的废料。日本基因编辑公司Setsuro Tech利用其专有的基因编辑技术生产出基因编辑鸡，并计划进一步与鸡肉行业的公司合作，加快育种速度，根据客户需求有效创造具有更高价值性状的农业和畜牧业领域的新品种。2023年3月，美国精准育种公司Acceligen培育出具有猪繁殖与呼吸综合征（porcine reproductive and respiratory syndrome，PRRS）抗性的基因编辑猪。养殖具有PRRS天然抗性的猪可提高生产效率，减少猪肉生产对环境的影响，使动物更健康、食品供应更安全，是在追求可持续猪肉生产方面迈出的重要一步。2023年5月，美国农业部农业研究局、内布拉斯加大学林肯分校、肯塔基大学及精准育种公司Acceligen和生物工程公司Recombinetics合作，培育出可抵抗牛病毒性腹泻病的基因编辑小牛，降低其面临继发性细菌性疾病的风险。2023年6月，美国北卡罗来纳州立大学开发出基于CRISPR-Cas9的归巢基因驱动系统，导致破坏北美和欧洲软皮水果的铃木果蝇的雌性群体不孕，无法产卵，从而起到抑制种群繁衍的作用，该方法有望用于抑制农业害虫。2023年10月，英国爱丁堡大学和伦敦帝国理工学院编辑了鸡生殖细胞中的*ANP32A*基因，以限制甲型流感的活性，使鸡获得禽流感抗性且恢复力更强。

（三）基因编辑技术为难治疾病开辟新的治疗路径

基因编辑技术能够基于个体基因组预测疾病易感性，具有开发真正个性化基因疗法和药物的潜力，甚至有望通过改造遗传信息，从遗传水平上控制疾病的发生。当前，大型生物技术公司和制药公司将基因编辑作为药物发现和开发的首选工具，积极布局基因编辑技术研发，并与头部基因编辑公司建立战略合作，为各类遗传疾病设计基因疗法。2023年1月，美国得克萨斯大学西南医学中心使用基于CRISPR-Cas9的腺嘌呤碱基编辑器，在小鼠模型中消除心肌细胞中的钙离子/钙调蛋白依赖性蛋白激酶IIδ（CaMKIIδ）基因的氧化激活位点，促进心脏功能恢复，有望用于开发心脏病防治新方法。2023年4月，美国波士顿儿童医院、哈佛大学医学院和博德研究所利用碱基编辑技术恢复小鼠体内SMN蛋白的自然产生和正常表达，从而改善其再生和运动功能，有效治愈啮齿动物的脊髓性肌肉萎缩症，使患病小鼠的寿命从平均17天增加到100天以上。美国圣犹大儿童研究医院和博德研究所证明，先导编辑可将镰状细胞病患者细胞中突变的血红蛋白基因改回正常形式，再将经过基因编辑的细胞移植到小鼠体内后恢复其正常血液参数，有助于开发镰状细胞病的新疗法。2023年5月，丹麦技术大学与基因编辑疗法公司SNIPR Biome开发出基于CRISPR-Cas的口服候选药物，可选择性靶向并清除大肠杆菌而不影响其他肠道微生物群，该药物已在进行Ⅰ期临床试验。英国埃克塞特大学和德国德累斯顿工业大学水生生物学研究所使用可靶向特定DNA序列的CRISPR-Cas系统设计出质粒IncP1，其可特异性靶向常用抗生素庆大霉素的抗性基因，保护宿主细胞不产生耐药性，有助于阻止抗生素耐药性发展。2023年7月，美国费城儿童医院和宾夕法尼亚大学佩雷尔曼医学院开发出靶向RNA编码的体内血液疾病基因编辑模型，允许直接在体内修改患病血细胞，可扩大血液疾病基因疗法的使用范围并降低成本。美国耶鲁大学使用CRISPR-Cas9基因编辑技术消除癌细胞中的整条染色体，从而防止肿瘤形成。美国加利福尼亚大学欧文分校培育出对疟原虫具有免疫力的新型基因编辑蚊子，将其放飞后有望使野生蚊子种群逐渐获得对抗疟原虫的能力，或将当地人群的疟疾发病率降低90%以上。2023年10月，美国eGenesis公司报道了将基因编辑猪肾脏移植到非人灵长类动物食蟹猴体内，使其在移植后存活了758天，或进一步推动基因修饰的猪器官用于人类临床试验。2023年11月，美国格莱斯顿研究所利用CRISPR基因编辑技术靶向具有高度重复序列的胶质母细胞瘤细胞，实现癌细胞的快速消除，为开发针对高突变胶质瘤的治疗方法提供了创新范式，对其他超突变肿瘤也具应用潜力。2023年12月，美国食品药品监督管理局批准基于CRISPR技术的开创性基因编辑疗法Casgevy上市，用于治疗12岁及以上伴有复发性血管闭塞危象的镰状细胞病患者。该疗法是FDA批准的首款CRISPR基因编辑疗法，也是继2023年11月16日Casgevy获英国药品和健康产品管理局的有条件上市许可后，CRISPR基因编辑疗法的又一个历史性时刻。

（四）基因编辑助力生物制品的开发和生产

基因编辑技术助力开发和生产生物能源、生物塑料等更可持续的生物制品，替代污染材料和化学工艺，是促进工业可持续发展的潜在方案，可推动生物经济高质量发展，同时也为实现联合国可持续发展目标做出重要贡献。2023年1月，美国能源部先进生物能源和生物产品创新中心使用CRISPR-Cas9技术编辑芒草基因组，敲除不需要的基因并将新基因引入精确位置，促进芒草发挥其作为生物燃料、可再生生物产品和碳固存来源的巨大潜力，帮助减少对石油能源的依赖。2023年8月，美国超低碳可再生燃料公司Sustainable Oils宣布与农业化学和种子公司Corteva Agricscience、博德研究所、哈佛大学就CRISPR-Cas9及相关基因编辑工具达成联合许可协议，以使用基因编辑技术进一步开发其专利亚麻荠品种，对亚麻荠DNA进行有针对性的改变，融入高产油量、快速成熟、耐除草剂、耐旱性等理想性状。2023年11月，韩国庆北国立大学使用CRISPR基因编辑技术精确修改酵母基因组，插入生产Rubisco酶的基因，创造出具有固定二氧化碳能力的酵母菌株S.Cerevisiae SJ03，进而减少生物乙醇生产过程中的碳排放并提高生物乙醇产量。2023年11月，中国水稻研究所水稻生物育种全国重点实验室实现淀粉类粮食作物的最高油脂水平，媲美大豆等油料作物。该团队利用基因编辑技术敲除水稻淀粉合成的关键基因，扩大水稻种子中油脂的库容，实现糙米中油脂相对含量由2.33%提升至11.72%，单粒种子油脂含量由0.5 mg提升至1 mg。该研究为水稻、玉米、马铃薯、木薯等高产淀粉类粮食作物转换为油料用途提供了新的技术途径和思路。

（五）基因编辑解决DNA存储技术瓶颈

基因编辑技术的发展使科学家能够以高度灵活性和准确性改变遗传信息。天然和工程DNA靶向酶与修饰酶，包括重组酶、逆转录酶等多功能变体，可用作DNA存储系统中的编写模块。2022年8月，清华大学化学系副教授刘凯、张洪杰院士团队利用CRISPR-Cas基因编辑技术，在活细胞中构建出集存储与改写功能于一体的双质粒信息存储体系。与已有的DNA信息存储方式相比，在降低写入信息冗余度、提高活细胞信息存储能力、简化信息读取流程、提升信息保存安全性方面均有了显著提升，解决了DNA作为存储介质无法对大数据信息进行精准改写的难点。2023年10月，美国北卡罗来纳大学格林斯伯勒分校使用CRISPR碱基编辑器提出“DNA突变覆盖存储”策略，首次展示了在预先存在的空白DNA磁带库的精确位置上，以序列编辑的形式编写数字数据，这些空白DNA磁带可以通过细菌复制大量合成，避免了DNA的化学合成，解决了DNA存储的可扩展性问题。

三、安全风险及防范

（一）基因编辑技术存在安全风险和伦理道德争议

基因编辑技术呈现出技术风险与伦理风险并存的发展态势。其一，基因编辑技术本身仍存在脱靶效应、致癌风险等局限和技术瓶颈，甚至有可能对后代产生难以预测的后果，安全性有待进一步提升。2022年2月，瑞典乌普萨拉大学发现，CRISPR-Cas9基因编辑会导致DNA发生不可预见的结构突变且能被下一代遗传；7月，以色列特拉维夫大学科学家警告，CRISPR基因编辑技术可能导致遗传物质受损，降低基因组稳定性，进而引发癌症。2023年3月，美国俄勒冈健康与科学大学研究表明，用于纠正早期人类胚胎中致病突变的基因编辑可能导致基因组发生意外且潜在有害的变化；5月，美国肌肉萎缩症学会、马萨诸塞大学医学院和耶鲁大学对一名接受CRISPR基因编辑治疗后死亡的杜氏肌肉营养不良症患者进行研究，发现其肺部损伤可能由对高剂量的腺相关病毒载体的强烈免疫反应引起；10月，复旦大学脑科学转化研究院科学家指出，胞嘧啶碱基编辑器除DNA和RNA水平的脱靶风险外，还会导致明显的DNA双链断裂风险和基因组毒性；12月，英国牛津大学在第39届欧洲人类生殖与胚胎学学会（European Society for Human Reproduction and Embryology，ESHRE）年会上警告称，将基因编辑技术应用于人类胚胎可能会导致胚胎出现遗传异常等重大风险。

其二，人工智能、机器学习与基因编辑技术深度融合，推动生物安全风险呈现出复杂化趋势。基因编辑技术的快速发展与扩散，降低了修改病原体、制造工程生物武器的门槛，利用工程病原体制造生物武器造成的威胁持续扩大。鉴于基因编辑具有军民两用性且发展迅速、成本下降，2016年美国情报界全球威胁评估报告将该技术列入“大规模杀伤性武器”清单中。2023年10月，美国智库兰德公司（RAND）发布《机器学习和基因编辑引领社会进化》报告，指出人工智能增强DNA黑客攻击可能出于恶意目的操纵遗传信息等能力，包括改变DNA序列、植入有害基因或破坏自然生物过程。机器学习与基因编辑的融合速度快于现有政策和监督机制的制定速度，二者在带来利益的同时也带来了从伦理道德到国家安全的风险，严重影响农业、医药、经济竞争和国家安全等领域。

其三，基因编辑技术的伦理影响复杂且涉及面广，在“基因编辑婴儿”等人类基因编辑方面尤为突出。一是社会公平。对胚胎进行基因改造或操纵人类生殖系的能力有可能在不同社会阶层或经济群体之间造成基因差异，加剧现有的社会不平等现象。二是知情同意。人类基因编辑涉及人身权益，事关重大，须征得当事人同意方可进行。然而，对于生殖系基因编辑而言，受试对象是尚未发育成人的胚胎，显然不能作为知情同意要求的适格签署主体，只能由其父母为其做出代际同意，引发“代际同意的正当性”争议。三是人权保护。基因编辑存在将人工具化、威胁人类尊严的风险。人体基因编辑可能对后代产生潜在控制问题，将后代的遗传特征视为可塑造的产品，模糊了人与物之间的界限。

（二）各国重视基因编辑技术应用，积极制定相关规范

制定道德准则、法规和监督机制对于确保负责任地使用基因编辑技术至关重要。基因编辑技术影响超越国界，亟须国际合作治理，利用国际共识解决道德困境、协调法规、防止不道德的做法或基因优势竞赛。近年来，为适应基因编辑技术的发展，世界各国重新审视本国基因编辑技术治理，逐渐放宽或规范对该技术的监管。

1. 基因编辑在农业领域的限制放宽

基因编辑育种成为保障全球粮食安全的大势所趋，部分国家已通过相关法规和政策批准基因编辑农产品上市。美国简化了基因编辑作物审批流程，解除了对部分基因编辑作物的管制。2023年6月，美国国家环境保护局发布了基因编辑作物监管最终规则，宣布若通过传统育种方法也可以实现相同变化，则可免除此基因编辑植物的严格评估程序。同年11月，美国农业部动植物卫生检验局（Animal and Plant Health Inspection Service，APHIS）宣布解除7项转基因、15项基因编辑作物管制。英国放开针对基因编辑作物和动物的法规，加速了基因编辑育种商业化进程。2023年3月，英国国会通过《基因技术（精准育种）法案》，允许使用基因编辑等技术有针对性地改变生物体的遗传密码，成为首个批准基因编辑动植物的欧洲国家。根据该法案，英国将引入新的简化监管系统，促进精准育种方面的创新发展。之后，对待基因编辑技术谨慎保守的欧洲其他地区也开始出现转变。2023年7月，欧盟委员会提出一项关于新基因组技术（new genomic techniques，NGT）监管的提案，指出等同于可自然发生或

可通过传统育种方法得到的、由新基因组技术实现的遗传改良作物将受到较少的监管。该提案将监管重点从过程转移到产品本身，表现出欧盟以技术为核心的监管立场的重大转变，对于遗传变异相关风险的理解将更加科学。2023年5月，加拿大政府宣布基因编辑种子和植物材料将不再归为转基因作物，而被视为传统作物，并支持将基因编辑种子引入加拿大市场。中国基因编辑技术也进入了产业化的快车道。2023年4月，中国农业农村部发布《农业用基因编辑植物评审细则（试行）》，进一步明确了基因编辑植物的分类标准和简化评审的细则，增强了《农业用基因编辑植物安全评价指南（试行）》的可操作性。同月，山东舜丰生物高油酸大豆获得了全国首个也是目前唯一一个基因编辑安全证书，加速推进了基因编辑技术产业化进程。

2. 人类基因编辑治理规范随技术进步获得突破

人类基因编辑伦理问题复杂、突出，对基因编辑治理提出独特挑战。随着基因编辑技术及工具的发展和迭代，各国政府和国际组织积极进行了人体基因编辑相关政策和监管框架的制定与完善。2021年世界卫生组织就人类基因编辑技术发布了首份建议《人类基因组编辑治理框架》，涉及人类体细胞、生殖细胞和遗传性基因编辑等问题，强调了人类基因编辑技术应安全、有效、符合伦理。该国际性指导框架有助于推动全球合作和标准化，促进人体基因编辑健康发展。2023年3月，第三届人类基因编辑国际峰会的委员会发表声明，强调需要开发可获得的体细胞基因编辑治疗方法，并对用于研究目的的种系编辑和用于繁殖的可遗传基因编辑进行区分。

美国为基因编辑疗法开辟了快速审批通道，诸多医院和生物技术公司在FDA的监管下积极进行CRISPR药物或疗法的临床试验。截至2023年，FDA共批准了10项基于基因编辑的治疗产品。2022年3月，FDA发布《关于人类基因组编辑的人类基因治疗产品的指导文件草案》，规定任何使用Cas9、碱基编辑或其他基因编辑工具对DNA进行修改均属于人类基因编辑，而编辑RNA不属于该范畴，并建议对基因编辑治疗后的患者进行至少15年的长期跟踪随访，以观察、监测和确定患者可能出现的各种潜在风险。该指导文件进一步明确了美国在基因编辑领域的监管要求和标准。2024年1月，FDA发布了两项最终版指南文件，旨在协助业界开发使用基因编辑的基因疗法和体外制造的CAR-T细胞产品，明确了FDA对使用加速批准通道支持基因编辑疗法开发的立场。

英国人类基因编辑在药品和健康产品管理局（MHRA）、人体组织管理局（Human Tissue Authority，HTA）、健康研究局（Health Research Authority，HRA）的监督下开展，并正在进行数百项临床试验。2016年英国人类受精和胚胎学管理局（Human Fertilisation & Embryology Authority，HFEA）首次批准CRISPR基因编辑研究，但禁止移植胚胎用于妊娠或分娩。2023年3月，英国基因编辑公民评审团发布报告，首次深入研究了患有遗传病的个人对编辑人类胚胎以治疗遗传性疾病的看法，敦促政府考虑修改法律，允许对患有严重遗传疾病的人类胚胎进行基因编辑。同年11月，英国药品和健康产品管理局批准基因编辑疗法Casgevy用于治疗血液病，英国成为全球首个批准基因编辑用于血液病的国家。

欧盟委员会通过了欧洲药品管理局（EMA）和欧洲医学科学院联合会（Federation of European Academies of Medicine，FEAM）及《先进治疗药品法规》和人类使用药品指令监管涉及基因编辑的基因疗法。《欧盟临床试验法规》禁止任何导致种系修改的基因治疗临床试验，但未具体确定是否允许种系基因编辑的非临床研究。

加拿大所有基因编辑治疗的临床试验由其卫生部生物和遗传治疗委员会（Biologics and Genetic Therapies Directorate，BGTD）负责监督，但根据加拿大《辅助性人类生殖法》（Assisted Human Reproduction Act，AHRA），种系基因编辑被严格禁止，包括用于非临床研究的种系基因编辑。2017年加拿大麦吉尔大学基因组学和政策中心的科学家敦促政府对AHRA进行改革，应允许基因编辑用于正常科学研究。目前加拿大卫生部正在修订AHRA。

日本的基因编辑规定比大多数国家宽松，可通过其国内独有的加速系统快速获得批准。2018年发布的指南草案允许出于遗传疾病治疗研究目的的人类胚胎基因编辑，限制生殖目的和临床测试的种系基因编辑，但该指南草案不具法律约束力。日本文部科学省负责规范种系基因编辑，但需获得教育部和进行研究的机构或大学的伦理委员会批准。

中国加强了对人类基因编辑治理的规范。2021年3月，国家卫生健康委员会发布了《涉及人的生命科学和医学研究伦理审查办法（征求意见稿）》，明确了医疗卫生机构、高等学校、科研院所等进行的所有涉及人的生命科学和医学研究活动均应接受伦理审查委员会的审查，强调了人类基因编辑研究的伦理责任和法规遵从，为中国基因编辑行业提供了更明确的道德和法律指导。2022年3月，中共中央办公厅、国务院办公厅印发《关于加强科技伦理治理的意见》，提升了基因编辑技术的伦理治理能力。

四、结　　语

基因编辑技术是生命科学和生物科技领域重要的颠覆性技术之一。随着单碱基基因编辑、先导编辑等技术的不断涌现，基因编辑技术工具箱持续扩大，成为跨学科和转化研究、精准医学研究的重要手段和驱动力，为人类医疗与健康、作物育种、环境与生态修复、工业微生物设计、病毒核酸检测等诸多方面带来了深刻变革，促使各国加大了在基因编辑领域的投资力度，推动了基因编辑技术商业化。根据Reports and Data的预测，到2030年，全球基因编辑市场规模将达到302.3亿美元，预测期内的年均复合增长率为18.2%。

从造福人类和安全性等方面考虑，技术及其应用的战略应优先发展基因编辑农作物育种。其次两个重要领域是疾病治疗药物研发和生物制造。

（1）优先发展基因编辑农作物育种。现阶段人口老龄化加剧，慢性病发病率上升，疾病形势日益复杂化，以及全球变暖速度加快、极端天气事件频发，增加了动植物疾病的传播，威胁着农业和畜牧业生产系统，导致粮食危机和环境问题持续恶化，严重威胁着人类健康和福祉。2023年7月，联合国粮食及农业组织、国际农业发展基金、联合国儿童基金会、世界卫生组织和世界粮食计划署联合发布《2023年世界粮食安全和营养状况》报告，强调气候变化和地缘冲突等多重危机交织，导致全球饥饿问题不断加剧。粮食不安全、营养不良正在发展为新常态，亟须推动农业粮食系统转型，以如期实现到2030年消除饥饿的可持续发展目标。基因编辑是目前重要的农作物育种手段之一，对打造韧性粮食系统和促进可持续农业发展以确保气候变化背景下的粮食安全至关重要，同时增强环境可持续性、保护生物多样性，为加快构建绿色农业和生态系统做出巨大贡献。因此，应优先发展生物育种，加快基因编辑育种技术的应用部署和产业化进程，推进现代种业创新，从而提高粮食系统韧性和重要农产品的生产能力及质量，充分发挥生物育种对农业长期稳定发展和粮食安全的保障作用。

（2）基因编辑疗法和药物研发进入快车道。未来，治疗人类疾病的基因编辑技术仍是全球研究的重点之一。随着基因编辑取得长足进展，精确性、安全性和成本效益将大幅提升，为遗传性疾病、慢性疾病、癌症等长期以来难以治愈的疾病提供更个性化的治疗和预防新思路、新方法。一方面，世界主要经济体积极开展在该领域的战略布局。例如，美国在2023年3月发布的《美国生物技术和生物制造远大目标》中提出，在5年内进一步开发用于临床的基因编辑系统，在最大限度消除不良反应的前提下，治愈10种已知遗传疾病；在20年内加强生物制造生态体系，每年至少生产治疗性基因编辑药物500万剂。另一方面，国际药企巨头通过战略合作推进基因编辑疗法开发。例如，2023年2月，莫德纳（Moderna）与基因疗法公司Life Edit Therapeutics开展战略合作，加速新型体内基因编辑疗法的开发，以治疗或治愈罕见遗传疾病和其他疾病；7月，阿斯利康（AstraZeneca）旗下罕见病公司Alexion与辉瑞（Pfizer）达成协议，收购了一系列临床前罕见病基因疗法，通过添加、改变或灭活致病基因以对抗疾病。

（3）基因编辑成为提高生物制造效率的重要工具。CRISPR可以通过酶工程和途径修饰大幅提高工业生物技术效率，可作为工业微生物生产和化学合成的有效工具，并已投入到改变化学制造的工作中。微生物能够用于合成从食品、药物到化妆品和生物燃料的各种产品，但设计生产用途的新微生物菌株通常耗时且昂贵，减缓了工业微生物的生产、限制的产量。CRISPR-Cas9基因编辑通过操纵细胞中复杂的细胞过程，扩大可有效用于工业生产的微生物菌株的范围和数量；通过删除、敲低或过表达基因优化代谢途径，使其更适合大规模生产，极大降低了工业微生物生产的成本。此外，CRISPR支持更可持续的化学品生产，有助于促进生物制造行业的绿色生产，对于保障人类健康和减少环境污染，助力实现可持续发展目标而言至关重要。

基因编辑技术的安全性极为重要，必须予以高度关注。技术治理需要紧跟技术进步。目前尚无适用于人类基因编辑的国际法，亟须各国政府、国际组织和学术界共同探索有效的制度、法规和治理框架，推进治理体系和治理能力现代化。在推广和应用该技术时需要认真考虑其伦理和法律等方面的问题，并加强对其规范化和监管等方面的研究和实践，以确保其安全、有效、合理地应用于改善人类生活和促进社会发展。

撰 稿 人：张芮晴　国务院发展研究中心国际技术经济研究所
周永春　中国科学技术发展战略研究院
通讯作者：张芮晴　zhangrq@163.com

第十章　生物质生物转化新技术

面向国家战略需求——粮食安全、“双碳”目标、人民健康与乡村振兴，中国科学院天津工业生物技术研究所体外合成生物学中心秉持“以粮为纲，兼顾盈利”的核心理念，持续开发“秸秆制粮”全套颠覆性技术，包括多个原创关键核心技术（纤维素变淀粉、半纤维素木糖变健康糖L-阿拉伯糖，以及木质素生产微生物蛋白），以及诸多辅助技术（如生物质拆分、关键酶生产、微生物发酵、产品分离以及新应用），用于以秸秆等生物质为原料生产人造粮食的主要成分，包括淀粉、蛋白质、健康糖、新材料等，形成引领性的新质生产力，确保用得上、用得起、用得好。

“秸秆制粮”技术将产生三个重大影响：一是保障粮食安全，变革“万年农业”低效开放的种植模式，促进向高效集约化的工业生物制造转变，实现农业工业化，工业反哺农业，端牢中国饭碗；二是推进“双碳”目标，减少传统农业总碳排放，提升边际土地效益，实现藏粮、固碳于山林，种植多年生植物将新增生态固碳潜力20亿t以上；三是优化生物制造的原料配置，利用秸秆等生物质生产饲料用粮，得以置换出优质淀粉原料，用于制备高值生物基材料，可避免以秸秆等生物质为原料导致的糖杂质影响以及高产物纯化成本。

第一节　生物质生物转化新技术的重大意义

一、粮食安全是国家重大战略需求

粮食安全是“国之大者”。中国用7%的耕地养活着世界近20%的人口，2023年我国粮食总产量6.95亿t，进口粮食1.6亿t（包括9941万t大豆），进口粮食占我国粮食需求总量1/3以上，自给率不足70%。近年来，随着生猪存栏量不断增加，大豆、玉米、小麦等饲料用粮需求明显提升，食品、淀粉糖、乙醇汽油、生物基材料等工业用粮需求仍在增长。面对我国庞大的人口基数，面对不稳定性、不确定性增加的国际形势，粮食供给安全存在重大隐患和严峻挑战。

2022年，习近平总书记强调要树立大食物观："发展生物科技、生物产业，向植物动物微生物要热量、要蛋白"。必须增强农业供给能力、产业韧性与稳定性，才能从"吃得饱"到"吃得好"，不断满足人民群众对美好生活的需求。

二、生物质资源丰富性与深度利用的需求

生物质的重要来源之一是秸秆，即成熟农作物的茎、叶、穗，其主要成分为木质纤维素。秸秆通常被视为农业废弃物，收获1 t粮食可产生1—1.5 t秸秆。我国年产秸秆约8亿t，其中肥料化（秸秆还田）51.2%、饲料化20.2%、燃料化13.8%。这些处理方式虽然成本低廉，但存在诸多问题：秸秆还田具有突出的病虫害问题；饲料化处理秸秆虽然有助于有机质循环利用，但空间有限且分解时间长；而秸秆焚烧不仅造成资源浪费，而且会产生大量空气污染物。全球范围内秸秆资源的深度利用需求日益增长，实现秸秆资源的高效利用对生态建设和农业可持续发展具有重大战略意义。

第二节　生物质生物转化的现状与问题

一、第二代生物质生物转化工厂现状

第二代生物质生物转化工厂是指利用生物质资源，通过生物转化、生物催化和生物合成等技术，将其转化为化学品、材料和能源等高附加值产品的工厂。纤维素乙醇产业是典型代表。过去20年，全世界（如帝斯曼、杜邦、诺维信等）大力发展纤维素制燃料乙醇技术，有超过100个中试和示范项目，目前绝大多数项目已停产，主要原因是：①产品单一，难过经济关；②投资大；③运行费用高。中国国投生物在黑龙江海伦建设了第一个3万t级纤维素乙醇工厂，构建了醇-电-汽联产的生物炼制系统，技术水平达到国际先进水平，是国内唯一仍在运行的项目。

国内其他生物质生物转化工厂以生产高值产品为主，可实现盈利生产，产品有木糖醇、糠醛、低聚木糖、L-阿拉伯糖等。但是，这类产品的市场空间有限，完全不能与亿吨秸秆原料相匹配。

二、现有问题

第二代生物质生物转化技术主要包括纤维素酶用量大且成本高、生物质糖质量差、

整体经济性差等三方面问题。

生物质生物转化需要使用纤维素酶来分解纤维素为可发酵糖，但目前纤维素酶成本较高且使用量较大，增加了生产成本。随着第二代生物质生物转化工业化产业建立，纤维素酶将必然成为最大的工业酶品种，市场规模达到约1000万t（蛋白干重），价值5000亿—10 000亿元，是目前工业酶市场之和（63亿美元，2020年）的10—20倍。2011年，美国杜邦公司斥资63亿美元收购了工业酶及食品专用添加剂制造商——丹尼斯克，成为全世界第二大工业酶公司，杜邦公司就是为了获得纤维素酶的工业生产能力。欧美纤维素酶公司的纤维素酶生产水平已超过100 g/L，是目前国内企业最高水平的2—4倍。中国生物质生物转化产业化要成功，必须攻破纤维素酶产业化的瓶颈。

生物质降解产物成分复杂，通常包含葡萄糖、木糖、纤维二糖、半乳糖、阿拉伯糖、甘露糖及一些低聚杂糖等，甚至还含有糠醛、羟甲基糠醛、甲酸、乙酸，以及木质素降解产生的芳香族化合物等。复杂的杂质成分对高附加值糖的分离纯化造成了极大干扰，影响它们的高值转化。同时，糠醛、乙酸等发酵抑制物的存在也会影响后续酶解与微生物发酵，降低终产物得率。

与传统玉米乙醇等生物燃料相比，纤维素乙醇的生产成本较高。这主要是因为纤维素乙醇生产过程中纤维素酶用量大且成本高，产品单一、附加值低等。

我们亟需开发革命性生物质生物转化技术，攻破纤维素酶产业化瓶颈，提高生物质糖的质量和可利用性，生产亿吨级新产品（如人造粮食），实现生物质生物转化工厂的经济可行性，满足中国粮食安全的需求。

第三节 “秸秆制粮”技术的现状、核心挑战与解决方案

一、“秸秆制粮”技术的现状

围绕国家战略需求，“秸秆制粮”技术将利用农业废弃物（玉米秸秆）生产包括人造淀粉、微生物蛋白和健康糖在内的人造粮食（图10-1）。

2013年，张以恒研究员原创性地提出了全新的淀粉合成方法，对秸秆预处理后，利用纤维素生产淀粉，体外多酶分子机器将纤维素的β-1, 4-糖苷键定向重排为淀粉的α-1, 4-糖苷键，这个过程具有无糖损和留存100%糖苷键键能的特性；微生物好氧发酵联产单细胞蛋白（single cell protein，SCP，又称微生物蛋白），可替代进口大豆，作为饲料的新蛋白来源；三酶分子机器将D-木糖转化为大宗高值产品L-阿拉伯糖（蔗糖中和剂）。

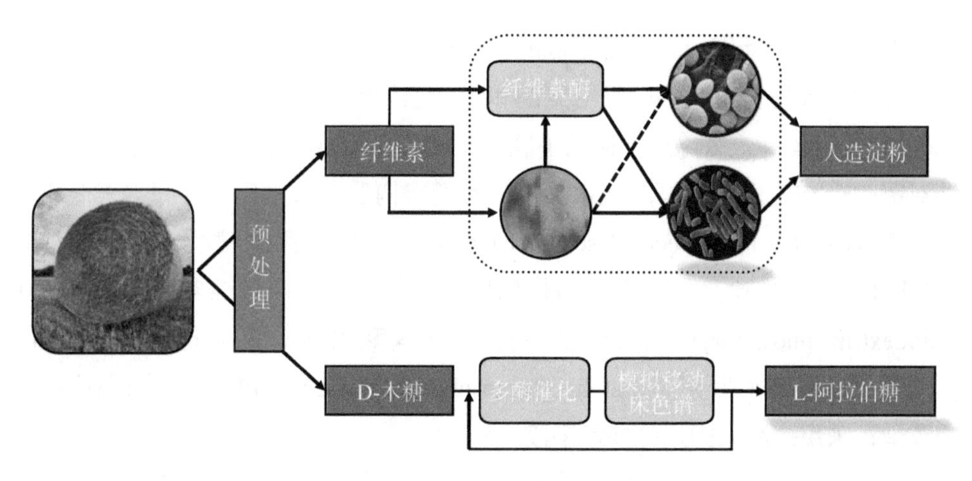

图10-1　生物质生物转化工厂（第二代"秸秆制粮"技术）

人造淀粉与微生物蛋白是确保粮食安全的重要产品，但目前技术水平下人造淀粉的成本约为5000元/t，而市场售价为3000元/t；微生物蛋白的成本约为1.5万元/t，而市场售价为1万元/t。因此人造淀粉和微生物蛋白均为负盈利状态。利用体外多酶分子机器将D-木糖转化为L-阿拉伯糖的生产成本为2万元/t，而L-阿拉伯糖的市场售价为6万元/t。因此当前技术水平下（第二代"秸秆制粮"技术），联产大宗高值健康糖是实现经济可行性的关键技术，将实现整个生物炼制工厂的盈利，每吨秸秆原料的收益大约为6000元，是生产纤维素乙醇的3倍以上。

二、"秸秆制粮"技术的核心挑战与解决方案

当前，第二代"秸秆制粮"技术存在淀粉得率低及生物质水解率低、酶生产与使用成本高、生物质生物转化经济性差等三方面挑战（图10-2）。

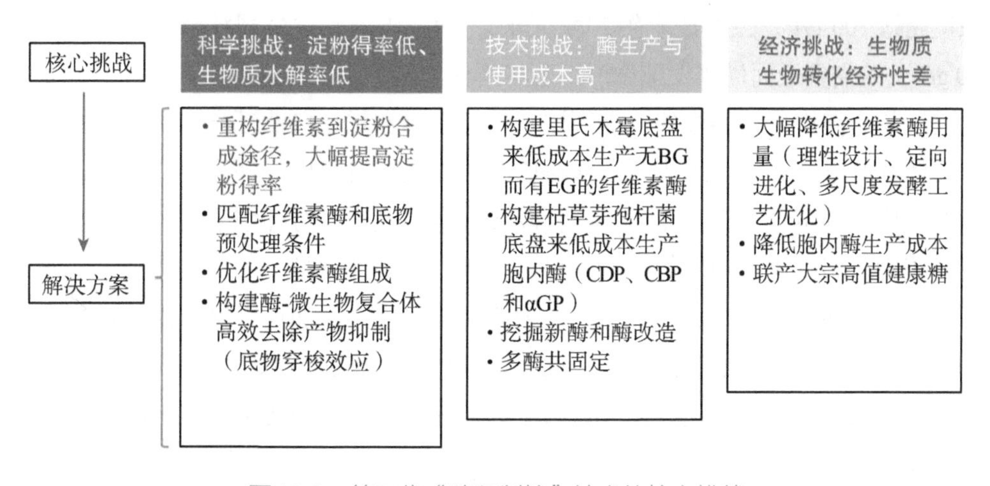

图10-2　第二代"秸秆制粮"技术的核心挑战

针对淀粉得率低及生物质水解率低的科学挑战，我们将重构纤维素到淀粉合成途径，大幅度提高淀粉得率；匹配纤维素酶和底物预处理条件；优化纤维素酶组成；构建酶-微生物复合体高效去除产物抑制（底物穿梭效应），减少纤维素酶用量。

针对酶生产与使用成本高的技术挑战，我们将构建高效里氏木霉底盘来低成本生产无β-葡萄糖苷酶（beta-glucosidase，BG）而有更多内切葡聚糖酶（endoglucanase，EG）的纤维素酶；构建高效枯草芽孢杆菌底盘来低成本生产纤维多（寡）糖磷酸化酶（cellodextrin phosphorylase，CDP）、纤维二糖磷酸化酶（cellobiose phosphorylase，CBP）以及α-葡聚糖磷酸化酶（alpha-glucan phosphorylase，αGP）等胞内酶；挖掘新酶和酶改造；采用多酶共固定等技术手段。

针对生物质生物转化经济性差的经济挑战，我们的策略是低成本生产酶元件大幅降低纤维素酶用量，如多酶分子机器低成本合成槐糖，理性设计和定向进化提高纤维素酶分泌表达水平，结合多尺度发酵工艺学，将分泌纤维素酶提高到100 g/L，生产成本降低到150元/kg；利用枯草芽孢杆菌表达体系生产（胞内）重组酶，使用T7强启动子、低成本发酵培养基、高密度发酵菌株，将胞内酶生产成本降低到250元/kg；联产大宗高值健康糖，最终实现“秸秆制粮”技术产业化成功，保障中国粮食安全的同时，也实现盈利创收。

（一）纤维素变淀粉

当前，纤维素酶用量是淀粉酶用量的100倍左右，纤维素酶（干重）生产成本与淀粉酶相当，使得纤维素酶使用成本高成为“纤维素变淀粉”工艺的“卡脖子”问题，必须降低纤维素酶用量，突破低成本的纤维素酶生产技术。

优化里氏木霉发酵工艺，提高纤维素酶浓度。里氏木霉有着世界上最好的纤维素酶分泌表达系统，诺维信公司和杜邦（杰能科）公司通过30多年的努力，生产纤维素酶浓度超过100 g/L，生产成本约20美元/kg，而我国酶制剂公司纤维素酶生产尚未超过50 g/L，这需要全面优化发酵生产工艺与菌种。

改造和定向进化纤维素酶，提高比活性。里氏木霉在自然环境中生长，它能够高效分解植物纤维素与半纤维素，以获得碳源和能量。自然界中外泌的纤维素酶进化压力相对较低，甚至没有进化压力。尽管以纤维素为底物时对纤维素酶的分泌表达有一定选择压力，但分泌酶的水解产物为可溶性糖，可溶性糖是一种公共物资，不能为自身所独享，故而进化压力低。因此，人为施加进化压力，加速纤维素酶的进化，可能是提高其表达及比活性的有效方式。此外，通过人为施加环境压力，促进酶的进化与选择，也是加速天然酶定向进化的有效手段，在提高酶的催化活性或者改变其底物谱方面有极大潜力。

优化酶的组装与复配，提高比活性。前期张以恒的研究成果多次表明，微生物-酶复合体可显著提高纤维素酶水解能力2—5倍，降低纤维素酶用量；同时，诺维信公司挖掘和添加新酶组分[如裂解多糖单加氧酶（LPMO）]到纤维素酶中，使其整体比活性高于传统纤维素酶。因此，酶与微生物的组装或者与其他组分复配，也是提高酶活性、降低酶用量的重要路径。

高效预处理提高酶解效率。纤维素具有致密结晶结构，其底物可及性差，极大地限制了酶解效率。大量预处理研究表明，有效预处理可降解半纤维素和木质素，增大纤维素的孔隙率、比表面，增大酶与底物的可及性，提高纤维素酶酶解能力几十倍甚至上百倍，减少纤维素酶用量90%以上。

（二）半纤维素变健康糖

半纤维素变健康糖是实现当前第二代“秸秆制粮”技术经济可行性的关键技术之一。半纤维素变健康糖是利用三酶分子机器将D-木糖转化为大宗高值L-阿拉伯糖（图10-3），其关键酶——D-木酮糖4-差向异构酶（D-xylulose 4-epimerase，xu4e）为张以恒前期研发的人工创制酶。这个新酶是第一个能将D型糖（D-木酮糖）直接转变为L型糖（L-核酮糖）的酶，但是比活性较低，是整个反应的限速酶。因此，我们还需对xu4e不断进化，筛选出高活性、高稳定性的酶。

秸秆类木质纤维素原料具有组分复杂、多尺度和非均相的结构特点。现有预处理工艺难以同时实现高效彻底的“三素分离”，导致预处理后的生物质糖质量差、成分复杂、杂质含量高，微生物发酵困难，且发酵产物分离成本高，得率低。为实现半纤维素糖的高效转化利用，研究规模化炼制过程中高效拆分工艺，收获更多的半纤维素糖，并尽可能减少纤维素及木质素损失是未来预处理工艺的优化方向。同时，建立低成本、高效的工业级分离纯化工艺也是健康糖产业的重要环节。

（三）木质素生产微生物蛋白与氨基酸

秸秆中含有15%—30%的木质素，将木质素转化为微生物蛋白和氨基酸，不仅实现了木质素高值转化，更重要的是产品可作为饲用粮食的重要成分，降低我国大豆进口依赖，极大地丰富了“秸秆制粮”产品组成，将不依赖于任何营养添加，实现人造粮食的营养均衡。这在特殊时期和场合将发挥巨大作用。相对于其他微生物发酵生产微生物蛋白，木质素是最便宜的有机碳源，利用来源广泛的木质素生产微生物蛋白非常有吸引力。

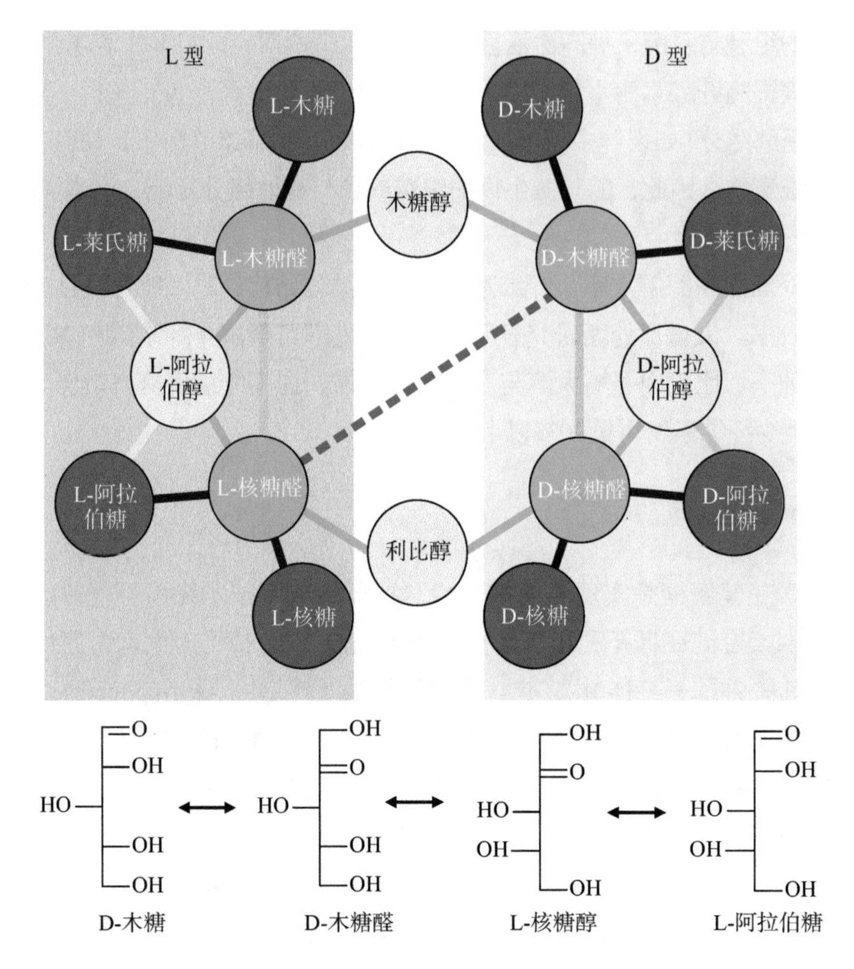

图10-3 三酶以一锅反应将D-木糖的羟基重排合成高值健康糖（L-阿拉伯糖）。三酶分别是木糖异构酶、D-木酮糖4-差向异构酶与阿拉伯糖异构酶

木质素生物利用最大的挑战来自其降解利用速度慢、反应时间长。白腐真菌是目前自然界已知的木质素降解能力最好的微生物，不需要预处理就可以同时实现木质素的降解和利用，但天然白腐真菌以木质素为底物时生长速度缓慢，且高效的基因编辑工具匮乏，极大地限制了其应用。相比之下，一些细菌，如恶臭假单胞菌KT2440，虽然降解木质素的能力有限，但具有较强的木质素类芳香族化合物的利用能力，而且抗逆能力优良。又如枯草芽孢杆菌，虽然其本身不具有降解木质素和利用芳香族化合物的能力，但其培养简易、生长快速、分泌表达能力强，而且有着强大的基因编辑和生化工具，因此具有非常好的改造潜力。

因此，可通过三条路线实现木质素的高效生物利用（图10-4）。第一条是从白腐真菌出发，为其构建高效的基因编辑工具，进一步提高木质素解聚酶的表达和分泌水平，实现木质素的高效生物解聚；第二条是从芳香族化合物利用能力较强的细菌出发，通过异源表达和分泌木质素降解酶来赋予或增强其木质素解聚能力，以期实现木质素的高效生物降解和利用；第三条是依托强大的基因编辑工具赋予枯草芽孢杆菌等模式微生物木质素降解和利用的能力。改造后的微生物底盘可进一步辅以代谢工程来实现木质素（类芳香族化合物）到微生物蛋白和氨基酸等重要产品的转化。在这一过程中，提高关键酶的催化效率、优化秸秆的预处理方法、提高底盘细胞的鲁棒性、维持还原力平衡、提高代谢通路效率以及优化发酵条件等都是需要格外关注的环节。

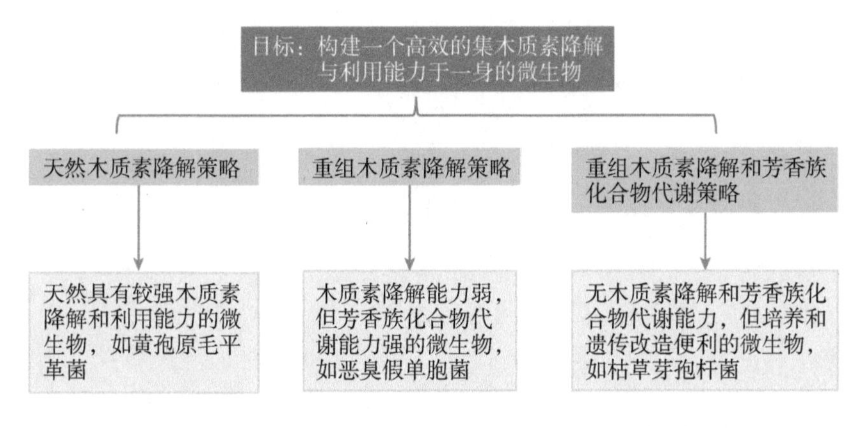

图10-4　构建高效降解和利用木质素的工程菌株

第四节　结　　论

面向国家粮食安全等战略需求，围绕秸秆等农林废弃物利用问题，张以恒研究员提出引领性的“秸秆制粮”全套颠覆性技术。该技术最大创新特色在于采用体外生物合成开放系统（又称多酶分子机器），突破生命体自我复制代谢极限，在体外无能耗、高效实现纤维素的β-1, 4-糖苷键定向重排为淀粉的α-1, 4-糖苷键，具有无糖损和留存100%糖苷键键能的特性。科学创新点是揭示纤维素制淀粉糖苷键定向重排的分子催化机制；同时通过多酶催化重构戊糖分子内C-C键，第一次实现D-木糖到L-阿拉伯糖的生物转化。几年之内，我们的技术目标是将分泌纤维素酶提高到100 g/L，生产成本降低到150 元/kg。现在，我们已经实现将（胞内）重组酶生产成本降低到250元/kg以下。在不断的技术升级突破下，我们期待第三代“秸秆制粮”技术将实现不依赖于健康糖补贴的人造粮食生产的净盈利。

“秸秆制粮”新生物质生物转化工厂秉持“以粮为纲、兼顾盈利”的核心理念，将保证国家粮食安全、变革“万年农业”、推进“双碳”目标、优化生物制造的原料配置、夯实中华民族伟大复兴的物质基础！

撰 稿 人：张玉针 中国科学院天津工业生物技术研究所体外合成生物学中心
陈雪梅 中国科学院天津工业生物技术研究所体外合成生物学中心
石 婷 中国科学院天津工业生物技术研究所体外合成生物学中心，低碳合成工程生物学（全国）重点实验室
刘宽庆 中国科学院天津工业生物技术研究所体外合成生物学中心
张以恒 中国科学院天津工业生物技术研究所体外合成生物学中心，低碳合成工程生物学（全国）重点实验室
通讯作者：张以恒 zhang_xw@tib.cas.cn

第十一章　蛋白质从头设计技术

一、蛋白质从头设计对生物经济的意义

1. 以蛋白质功能为基础的生物技术

蛋白质分子是生命功能的执行者，也是现代生物技术中最主要的一类工具分子：分子生物学技术依赖于能进行核酸分子复制的DNA聚合酶和RNA聚合酶，以及能进行基因定点切割和重组的限制性内切酶和连接酶等蛋白质；在生物制造技术中，几乎每一个物质转化步骤都需要通过催化相应化学反应的蛋白质即酶来实现；基因编辑技术依赖于锌指核酸酶、转录激活因子样效应物核酸酶（TALEN）、CRISPR-Cas等工具蛋白。在生物医药技术中，绝大多数药物作用的靶点是蛋白质；针对大量感染性疾病的疫苗是基于蛋白质抗原设计的；抗体、多肽等蛋白质分子被广泛用于生物诊断试剂或生物技术药物；细胞治疗技术通过调控关键信号通路中蛋白质之间的相互作用得以实现。此外，蛋白质还是源于蚕丝、蜘蛛丝等的生物材料的主要成分。可以说，几乎每一项新的生物技术的出现和发展，都是基于（甚至等同于）对一种或几种关键蛋白质分子功能的发现和工程化开发利用。

2. 传统蛋白质工程难以充分满足生物技术的需求

目前生物技术中使用的蛋白质的初始来源均为天然蛋白质。它们通常通过蛋白质工程技术被改造。天然蛋白质是自然进化的产物，其功能特性是为有机体适应环境而优化的。生物技术应用和有机体适应环境对蛋白质性质的要求有非常大的差别。以将天然酶用于生物制造为例：生物制造中的底物化学结构、反应溶剂、环境温度和pH等可能和天然反应非常不同。这可能导致直接使用天然酶的催化效率不高，最终导致产品制造成本的提高和市场竞争力的降低。因此，对天然蛋白质进行有针对性的改造和优化，是生物技术发展的重要环节。目前，通常涉及对酶底物特异性、环境适应性、催化活性等的改造，或者是对天然抗体、蛋白质药物、疫苗等的稳定性、亲和力和免

疫原性等方面的改造和优化。

对天然蛋白质的功能特性的定向改造，被称作蛋白质工程。蛋白质工程主要通过在蛋白质天然氨基酸序列中引入突变（即对天然序列进行微调）实现对蛋白质功能特性的优化。由于缺乏精准设计蛋白质氨基酸序列的能力，传统的蛋白质工程或者采用猜测（理性设计）加上试错的方式，或者采用实验室定向进化的方式。即使有高通量筛选方法的加持，传统蛋白质工程也只能实现对天然序列的细小改动，如在数百个氨基酸残基中引入几个位置的点突变。这对于改变蛋白质某些方面的特性可能有效，如提高酶催化同类化学反应的底物选择性、在一定范围内提高蛋白质的稳定性或与靶标结合的亲和力等。然而，传统的蛋白质工程技术难以实质性改变天然蛋白质的功能。比如，除个别例外，目前难以通过改造天然蛋白获得具备新催化机制的酶，或者获得识别新的小分子化合物、核酸序列或其他蛋白质的结合蛋白。

基于试错的蛋白质工程的另一主要局限是效率低、成本高、成功率低。尽管近年来用于蛋白质实验室定向进化的高通量筛选技术发展较快，仍有相当多的蛋白质改造优化问题没有合适的高通量技术可用。这进一步加重了传统蛋白质工程的低效率和低成功率问题。基于蛋白质工程的技术开发和优化能否成功、能成功到什么程度，都具有较高不确定性，这构成了目前生物技术发展中遇到的瓶颈问题。

3. 蛋白质从头设计能突破天然蛋白质的限制

蛋白质从头设计是指根据某种事先设定的目标直接确定蛋白质的氨基酸序列，而不需要从某种已知的天然蛋白质氨基酸序列出发获得仅包含少数突变的新序列。根据这一定义，要突破天然氨基酸序列的限制，必然依赖于蛋白质从头设计。

蛋白质氨基酸序列是20种氨基酸侧链类型的排列组合。由于绝大部分随机排列的序列不可能导致有功能意义的蛋白质，从相对比例来讲，真正能实现目标功能的氨基酸序列在可能序列中占比微乎其微。然而，由于“组合爆炸“的原因，蛋白质可能的氨基酸序列近乎无穷，有功能的序列的绝对数会极为庞大，能够蕴含或覆盖巨大的潜在功能空间。蛋白质从头设计的任务，是要找到有一定普适性的方式，建立从功能到氨基酸序列的映射，或者针对特定的功能约束条件，找出一条或多条符合条件的氨基酸序列。目前，以蛋白质三维空间结构为条件的蛋白质从头设计技术已取得重大进展，在此基础上将会逐步发展出以各类功能为约束条件的从头设计技术。一方面，蛋白质从头设计领域已发展的序列和结构设计技术已经可以被应用到当前天然蛋白质的改造优化中，对蛋白质工程产生较大影响；另一方面，未来功能蛋白从头设计方面的突破更将具有在生物医药和生物技术领域产生颠覆性影响的潜力，值得高度关注。

二、蛋白质从头设计概述

1. 蛋白质从头设计的简要发展历程

蛋白质从头设计的输入是作为设计目标的特定结构和（或）功能要求，输出的是确定的氨基酸序列。相较于我们对序列-功能间直接关系的了解，我们对三维结构介导的蛋白质序列-功能关系的了解要更深入。另外，蛋白质序列-结构关系规律对不同类型的功能蛋白有普适性。因此，除少数研究工作，目前蛋白质从头设计主要围绕能折叠成稳定三维结构的蛋白质展开，并基于三维结构来设计有特定功能的蛋白质。

早期基于结构的蛋白质设计是经验性的，设计者主要参考在天然蛋白质中观察到的一些特殊二级结构/超二级结构的氨基酸序列模式，尝试手工设计含有同样模式，从而可能形成同样超二级结构的人工序列。这些早期尝试成功地产生了一些能折叠成由缠绕螺旋（coiled coil）或发夹（卡）结构等超二级结构单元构成的人工序列。尽管这些工作提供了扎实的实验证据支持从天然蛋白质中提炼序列二级结构、序列超二级结构的规律，但总体来看，这类方法可以设计的结构、序列类型极为有限，实验验证成功的设计实例也不多。

蛋白质的自动化设计需要采用基于模型的计算方式而非基于经验规则的手工方式。这种计算所基于的基本假设或原理是：能自发折叠成稳定三维结构的蛋白质氨基酸序列，其折叠后的状态对应于蛋白质的（最）低自由能状态。传统计算蛋白质设计通过建立近似代表自由能的能量函数模型并进行能量极小化计算来实现自动化设计。在进行蛋白质设计时，蛋白质的氨基酸序列和三维结构都是待定的，能量函数同时依赖于序列和结构，变量空间维度非常高，同时改变氨基酸序列和三维结构的优化路线难度高，目前还没有很好地解决。与此同时，我们知道很多相似性非常有限的序列（相同的氨基酸所占比例或序列一致性低至20%—30%）其主链能折叠成高度相似的结构（原子位置均方根偏差低至1—2埃）。因此，我们可以先考虑一部分变量（即主链结构）已经给定、求解另一部分变量（即氨基酸序列）的优化问题。该问题通常被称为氨基酸序列设计或逆折叠。

除氨基酸序列设计外，蛋白质从头设计还包括对主链结构的从头设计。设计得到的主链结构需要是物理上可实现的或可设计的才有意义（可设计的主链结构是指确实存在氨基酸序列能稳定折叠成这样的主链结构）。基于对天然蛋白质的观察，大家对什么样的蛋白质主链结构才具有可设计性已有较为深入的定性认识，但长期以来缺乏可计算的定量模型，导致不能用系统性的方法从头设计蛋白质主链结构。多项涉及结构从头设计的研究采用了一种启发式的流程，即先用来自天然蛋白质结构的片段拼接生成接近设计目标的初始结构，再交替迭代优化氨基酸序列和结构。这些研究主要来自华盛顿大学的Baker团队，并使用了该团队的Rosetta Design程序。2022年，国内研究团队报道了蛋白质主链结构的神经网络能量模型SCUBA，它可以通过连续采样在一定范围内探索主链结构空间，并优化生成可设计的主链结构，克服了需要使用天然片段拼接产生主链的限制。

总体来看，基于能量优化的方法积累了若干首次成功从头设计特定类型蛋白的实例，但受到能量模型不准确、优化算法易陷入局部极小、计算耗时等因素的限制，成功率低，难以推广，在大多数应用中可被近两年新发展的基于人工智能的技术取代。

2. 基于物理原理的设计和数据驱动的设计

早期的蛋白质从头设计主要用基于物理原理的模型来刻画分子相互作用。要严格刻画决定蛋白质结构和功能的分子相互作用，需要借助量子力学第一性原理。但对蛋白质这样的大分子体系，第一性原理计算的代价太高，无法实用。所以，实际都是采用基于物理原理的经验模型：主要是分子力学力场能量函数，加上对重要的疏水和极性溶剂效应等的简化处理。在这些近似下，基于物理原理的模型的精度较为有限，例如不能做出准确的结构预测或复合物亲和力预测。但这类模型能够用于排除能量过高、物理上肯定不合理的结果；另外，它们对氢键、疏水堆积等局部相互作用的结构细节很敏感，也可以用于基于结构细节对蛋白质设计方案进行微调或精修。

结构生物学的实验研究积累了大量天然蛋白质的三维结构数据，这些数据已以标准化形式存放在对公众开放的PDB数据库中。通过对这些数据的统计分析，可以形成半定量、定量的模型，用于驱动蛋白质设计。早期的模型比较简单，主要体现为蛋白质设计的总能量中若干分别依赖于主链和侧链二面角或原子间距离的统计能量项。人工智能设计方法出现之前最成功的Rosetta Design方法就包含了这样的统计能量项，但总体上Rosetta能量还是以基于物理原理的分子力场能量项为主。国内团队发展的ABACUS序列设计模型，则主要考虑的是数据驱动的统计能量项。此外，前述用于主链结构设计的SCUBA，也是数据驱动的模型。后面将要介绍的人工智能方法，则几乎完全依赖于数据驱动。

数据驱动的主要优势在于避免了基于物理原理的模型中不得不考虑的各种近似。其不足是必须有大量可用的高质量数据。另外，要理性化地解释用数据驱动模型获得的结果也比较困难，导致模型难以有保证地推广到训练数据分布以外的场景。

3. 蛋白质从头设计发展过程中一些重要案例

1997年，Mayo团队等设计了第一条能自动折叠成一种给定目标结构（锌指结构）的人工序列，这是首例成功报道的用全自动优化的方法进行氨基酸序列从头设计。

2003年，Baker团队首次设计了一条具有未在自然界见过的拓扑结构的蛋白TOP7。他们采取的主链设计方案是基于天然结构片段拼接的。他们的序列设计路线则与Mayo等的工作相似，但使用的是Rosetta能量函数。该工作实际确定了用Rosetta Design进行蛋白质设计的基本路线，在后来的工作中被持续应用。2008年，Baker团队报道了两项酶从头设计的工作。尽管这两种人工酶的活性与一般的天然酶相比低了3—4个数量级，但它们首次用人工设计的催化活性中心实现了明确的催化功能。2012年，Baker团队进一步扩展了他们的主链设计算法，实现了多种由理想化超二级结构单元组成的蛋白质结构的从头设计。2014年国内团队首次报道可以用主要基于数据的模型实现氨基酸序列从头设计，并达到与Rosetta能量函数优化类似的实验成功率。2014年Thomson等设计了水溶性的α螺旋桶。2018年，卢培龙和Baker等首次实现多重跨膜蛋白的结构和序列从头设计。同年，Baker团队报道了首个从头设计的绿色荧光蛋白。2019年，Kortemme等首次报道了从头设计的感受小分子的蛋白。2021年曹龙兴和Baker等首次通过从头设计获得了能高亲和力结合病毒表面受体的人工小蛋白。2023年Baker等报道了从头设计的荧光素酶。以上绝大部分工作采用了传统能量优化方法（主要是Rosetta Design）完成。这些工作一方面展示了从头设计蛋白质的巨大潜力（Baker因为对蛋白质从头设计的贡献而获得2021年的科学突破奖），另一方面也表明基于传统能量进行蛋白质从头设计技术难度高，成功率有限，难以推广应用。

三、蛋白质从头设计的人工智能方法

1. 用语言模型生成特定功能的氨基酸序列

从计算科学的角度看，蛋白质的氨基酸序列和自然语言在形式上是一致的：都是有限种类的离散单元的一维排列。自然语言处理研究中发展出了一类非常强大的人工智能方法，即通过所谓“自监督学习”的方式，把原始数据投射到一个新的抽象数学空间中（称为“表示”或“representation”）。所谓“自监督学习”，是在训练过程中刻意“缺失”或“遮挡”每条训练数据的一部分信息，让模型学习根据未被“遮挡”的部分恢复被“遮挡”的部分。采用这种方法基于全部训练数据学到的抽象表示，又被称为“预训练”模型，因为对于特定的下游任务，可以用相应的特化数据对模型进行“微调”，得到最终用于推理的模型。

目前，数据库中的天然蛋白质氨基酸序列数据已有数十亿条，已被用于实现了蛋白质序列的多个预训练语言模型，如UniRep、ESM、TAPE（Tasks Assessing Protein Embeddings）和ProtTrans等。已有多项工作尝试通过微调蛋白质语言模型来生成可能有某种功能特性的氨基酸序列。例如，为了让语言模型生成有溶菌酶活性的序列，可以搜集自然界中已知有溶菌酶活性的蛋白质（同源蛋白），用它们作为训练集微调一个预训练的语言模型（微调的目标是让模型生成这些天然溶菌酶序列的概率最大化）。用微调后的模型生成的氨基酸序列，会和天然序列有程度不一的差异，但它们在不同层次上的统计特征可能和天然溶菌酶序列相同，导致其中相当比例的序列会真的具有溶菌酶的催化功能。实验验证的结果也确实如此。这些非天然序列能扩展天然溶菌酶的序列多样性，通过后续筛选，可能从中发现某些方面的性能超过了天然溶菌酶的蛋白质。

用序列语言模型进行功能蛋白设计的优点是整个过程非常简单，不需要依赖于结构信息。但目前这类模型仍然有明显的不足。首先，它们必须以大量（数千到上万）有同样功能的天然序列作为训练数据。如果这样的天然蛋白质序列数据太少，模型成功的可能性会非常低。其次，微调模型产生的功能蛋白只是再现天然蛋白质功能的可能性大，至于活性或其他某些方面功能是否得到改进，还依赖于后续的实验筛选和鉴定。未来，如果能仅仅根据少数几条功能蛋白序列生成大量有同样功能的蛋白，甚至直接获得有新功能的蛋白序列，那么语言模型在蛋白质设计中的应用将能获得极大拓展。

2. 用深度学习网络基于结构设计氨基酸序列

从结构（这里指蛋白质的多肽主链结构）出发确定序列是所谓的“逆折叠“问题。早期的方法采用递归神经网络或卷积神经网络等架构，独立地预测每一个位置出现20种氨基酸类型中每一种的概率。这类方法没有考虑不同位点的侧链类型间的相互影响，不能进行全序列设计（一些对全序列设计进行实验验证的尝试也不成功）。最近的方法多基于图神经网络架构，用深度网络表示与每个残基空间近邻的残基组成三维结构环境，再解码成中心残基的氨基酸类型。2022年，国内团队报道了基于编码-解码的序列设计方法ABACUS-R，在实验验证中首次达到远超过传统能量优化方法的成功率和精度。同年8月，Baker等报道了基于图消息传递网络的模型ProteinMPNN，这是目前应用最广泛的氨基酸序列设计方法。近期，中国科学院计算技术研究所团队报道的Carbon Design与其他方法相比在多项计算指标上取得了最好的结果。

这些深度学习模型既可以用于从头设计蛋白质结构，也可以用于优化天然蛋白质的氨基酸序列。实验结果表明，对天然蛋白质用深度学习模型进行氨基酸序列重设计，所得到的蛋白质的结构稳定性往往大幅提升。然而，值得指出的是，这些模型并没有考虑特定功能对序列的要求，全部重设计的序列一般会丧失原蛋白的催化、结合等功能。如果希望在改善蛋白质稳定性等的同时保留蛋白质功能，必须通过其他方式（如通过进化保守性分析等），找到对功能重要的位点，并据此对序列重设计的范围进行限定以避开这些位点。

3. 用降噪扩散模型生成蛋白质结构

迄今蛋白质从头设计最激动人心的进展是用生成式人工智能方法设计蛋白质的三维结构。目前最成功的模型是降噪扩散概率模型（denoising diffusion probability model，DDPM）。DDPM也是迄今为止在图像、视频生成等领域最成功的模型。其基本原理是：在训练中对训练数据逐步施加扰动噪声，让信噪比越来越低，最后变为白噪声，这一（加噪）过程被称为前向过程。接下来让模型学习对不同信噪比的数据进行降噪，以恢复原有的无噪声数据。在推理中，模型用噪声为输入，通过降噪生成统计分布和真实数据一致的人工数据。

将DDPM用于蛋白质结构生成，可以实现完全从噪声产生结构（无条件生成），也可以给定一部分结构，让模型从噪声产生其余部分结构（motif scaffolding，为创建能支撑局部结构模体的整体结构）。原理上，可以利用motif scaffolding实现多类功能蛋白的设计。例如，我们可以先确定一个小分子结合口袋作为局部结构模体（motif），用DDPM产生其余部分。

由于蛋白质结构高度复杂，DDPM的自由度很高，训练目标中只包含尽可能恢复天然结构，而没有对生成物理上不合理的结构进行惩罚，因此，很多模型生成的结构易于含物理上不合理的元素，实验验证难以成功。目前，已正式报道高分辨结构实验结果的DDPM仅限于RFdiffusion和Chroma。其中，RFdiffusion没有使用直接训练的结构降噪网络，而是通过对RosettaFold结构预测网络进行微调用于结构降噪，因此达到了较高的实验成功率。Chroma使用直接训练的DDPM，实验验证成功率要低一些：对超过300个进入实验表征的蛋白，只获得2个晶体结构，且均为全螺旋蛋白。同期，国内团队也发展了使用直接训练的DDPM的蛋白质结构生成模型SCUBA-D，在训练中引入对抗损失，达到了较高的实验成功率（实验表达60余个设计蛋白，获得了16个高分辨晶体结构）。

四、结　　语

随着人工智能的引入，蛋白质从头设计正处于变革性发展的阶段。可以认为，从头设计具有稳定三级结构的蛋白质这一问题已经通过降噪扩散模型、深度学习序列设计网络等得到解决。就功能蛋白设计而言，目前阶段的工具主要将在相互作用蛋白的设计中发挥重要作用，例如设计能够结合小分子、其他蛋白质、核酸分子等的人工蛋白质。当然，目前模型主要在设计主链结构和给定主链结构设计序列方面达到了非常稳定的表现，在准确设计全原子水平的相互作用界面等方面的表现还不尽如人意，在多数情况下需要和后续筛选实验结合才能得到有实际应用价值的结果。随着模型的快速改进，该问题有望在不久的将来得到解决。

绝大多数天然蛋白质的结构并不是静态的。很多天然蛋白质，其蛋白质结构的柔性、动态性往往是其功能所必需的。目前经实验验证的从头设计蛋白质几乎全部具有非常刚性的结构特征，如二级结构规则性强、环区短、具有单个折叠核心而不是多个结构域等。未来，要通过从头设计实现酶催化、别构调控等功能，需要在如何预测和设计具有动态结构的蛋白质方面突破目前方法的局限。要实现这一目标，还需要理论、计算和实验的密切配合。这一过程将积累越来越多的功能蛋白设计的成功案例，在逐步形成成熟、稳定的技术路线的同时，在应用端产生重要的影响。

撰 稿 人：刘海燕　中国科学技术大学
通讯作者：刘海燕　hyliu@ustc.edu.cn

第十二章　人工智能辅助新酶发掘、改造与设计

酶作为生物体内化学反应的主要催化剂，在生物制造中起着至关重要的作用。传统的宏基因组学、生物信息学分析、结构生物学分析、酶工程、定向进化等方法在新酶发掘、改造及设计上已取得了非常大的成就。然而，随着生物经济的发展，现有的新酶设计方法已经难以满足生物制造对新型高性能酶的大量需求。人工智能的快速发展为解决这一问题带来了新的机遇。利用深度学习等人工智能技术，可以对大量的酶数据进行高效分析和发掘，加速新酶的发现和设计过程。人工智能还能够通过模拟和预测酶的结构和功能，为定制化的酶设计提供指导。以下，我们将分别介绍人工智能技术在新酶发掘、新酶改造及新酶设计三个方向的创新应用和未来展望。

第一节　人工智能与新酶发掘

近年来，已经有大量的新酶通过传统方法被发掘出来，例如，用于基因编辑的CRISPR-Cas9与TALEN，用于天然产物合成的各种合酶、P450酶、糖基转移酶，以及用于降解塑料、纤维素的生物降解酶等。自然界大概有300亿种不同的蛋白质，其中大部分都是酶。尽管随着测序技术发展，我们很容易获得它们的序列信息，但是受限于物种间遗传背景差异，以及分子操作的复杂性，从如此海量的数据中进行新酶发掘仍然是一项巨大的挑战。

人工智能用于新酶发掘的一个核心是发展基于人工智能的酶功能预测技术。近年来，随着生物数据的爆发性增长，以及深度学习在大数据分析上的优势，基于深度学习的酶功能预测技术成为研究热点。表12-1总结了从2020年以来，基于深度学习的蛋白质与酶功能预测的主要方法与技术。其中代表性的主要有两个：一个是来自伊利诺伊大学厄巴纳香槟分校赵惠民团队，其开发了一种机器学习的酶注释算法CLEAN（contrastive learning-enabled enzyme annotation，启用对比学习的酶注释），可以根据酶的氨基酸序列预测酶的功能，即使这些酶尚未被研究或了解甚少。研究人员表示CLEAN在准确性、可靠性和灵敏度方面超过了最先进的工具（Blastp），该研究于2023年发布在

*Science*上。另一个是来自韩国科学技术高等研究院Sang Yup Lee团队，该团队开发的深度学习模型——DeepECtransformer主要利用transformer层作为神经网络架构来预测酶的EC编号，在广泛研究的大肠杆菌K-12MG1655基因组，DeepECtransformer预测了464个未注释基因的EC编号，并通过实验验证了预测的3种蛋白质（YgfF、YciO和YjdM）的酶活性，相关成果于2023年发布在*Nature Communications*上。

表12-1　2020—2023年发表的关于蛋白与酶功能预测的人工智能工具

方法名	类别	发表时间	期刊名称	模型	文章名称
DeEPn	Enzyme	2020/4/22	*Journal of Biomolecular Structure & Dynamics*	CNN	DeEPn: a deep neural network based tool for enzyme functional annotation
SDN2GO	Protein	2020/4/29	*Frontiers in Bioengineering and Biotechnology*	DNN, CNN	SDN2GO: An Integrated Deep Learning Model for Protein Function Prediction
GRAPH2GO	Protein	2020/8/1	*GigaScience*	GNN	GRAPH2GO: a multi-modal attributed network embedding method for inferring protein functions
MultiPredGO	Protein	2020/9/8	*IEEE Journal of Biomedical and Health Informatics*	DNN, CNN	MultiPredGO: Deep Multi-Modal Protein Function Prediction by Amalgamating Protein Structure, Sequence, and Interaction Information
DeepFRI	Protein	2021/5/26	*Nature Communications*	GNN, RNN	Structure-based protein function prediction using graph convolutional networks
HECNet	Enzyme	2021/6/28	*Protein Science*	CNN, RNN	A hierarchical deep learning based approach for multi-functional enzyme classification
NetGO 2.0	Protein	2021/7/2	*Nucleic Acids Research*	RNN	NetGO 2.0: improving large-scale protein function prediction with massive sequence, text, domain, family and network information
DeepGraphGo	Protein	2021/7/12	*Bioinformatics*	GNN	DeepGraphGO: graph neural network for large-scale, multi-species protein function prediction

续表

方法名	类别	发表时间	期刊名称	模型	文章名称
NetQuilt	Protein	2021/8/25	*Bioinformatics*	DNN	NetQuilt: deep multispecies network-based protein function prediction using homology-informed network similarity
TALE	Protein	2021/9/29	*Bioinformatics*	Attention	TALE: transformer-based protein function annotation with joint sequence-Label Embedding
FUTUSA	Protein	2022/1/15	*MethodsX*	CNN	Deep learning program to predict protein functions based on sequence information
GAT-GO	Protein	2022/1/17	*Briefings in Bioinformatics*	CNN，GNN，Attention	Accurate protein function prediction via graph attention networks with predicted structure information
PANDA2	Protein	2022/2/2	*Nar Genomics and Bioinformatics*	GNN，Attention	PANDA2: protein function prediction using graph neural networks
ProTranslator	Protein	2022/5/22	*Research in Computational Molecular Biology*	CNN	ProTranslator: Zero-Shot Protein Function Prediction Using Textual Description
Deep-GOZero	Protein	2022/6/24	*Bioinformatics*	DNN	Deep-GOZero: improving protein function prediction from sequence and zero-shot learning based on ontology axioms
PFmulDL	Protein	2022/6/30	*Computers in Biology and Medicine*	CNN，RNN	PFmulDL: a novel strategy enabling multi-class and multi-label protein function annotation by integrating diverse deep learning methods
ATGO	Protein	2022/12/22	*PLoS Computational Biology*	DNN，Attention	Integrating unsupervised language model with triplet neural networks for protein gene ontology prediction

续表

方法名	类别	发表时间	期刊名称	模型	文章名称
CLEAN	Enzyme	2023/3/30	*Science*	MLP	Enzyme function prediction using contrastive learning
NetGO 3.0	Protein	2023/4/17	*Genomics Proteomics & Bioinformatics*	Attention	NetGO3.0: Protein Language Model Improves Large-scale Functional Annotations
ESP	Enzyme	2023/5/15	*Nature Communications*	gradient-boosting	A general model to predict small molecule substrates of enzymes based on machine and deep learning
SPROF-GO	Protein	2023/5/19	*Briefings in Bioinformatics*	DNN, Attention	Fast and accurate protein function prediction from sequence through pretrained language model and homology-based label diffusion
HDMLF	Enzyme	2023/5/31	*Research*	BGRU	Enzyme Commission Number Prediction and Benchmarking with Hierarchical Dual-core Multitask Learning Framework
TransFun	Protein	2023/6/30	*Bioinformatics*	GNN, Attention	Combining protein sequences and structures with transformers and equivariant graph neural networks to predict protein function
Struct2GO	Protein	2023/10/3	*Bioinformatics*	GNN, Attention	Struct2GO: protein function prediction based on graph pooling algorithm and AlphaFold2 structure information
DeepECtransformer	Enzyme	2023/11/14	*Nature Communications*	Attention	Functional annotation of enzyme-encoding genes using deep learning with transformer layers

利用这些新开发的酶功能预测方法，已取得了部分重要新酶发掘成果。例如，来自中国科学院遗传与发育生物学研究所的高彩霞团队，2023在*Cell*上发表了名为“Discovery of deaminase functions by structure-based protein clustering”的论文。该论文

聚焦于通过基于结构的蛋白质聚类来发现脱氨酶功能，识别脱氨酶家族内的新关系，并揭示出更活跃、脱靶效应最小的脱氨酶。AI辅助的截断技术使得在大豆植物中实现了高效的碱基编辑，为潜在的治疗应用提供了可能性。另一个成果来自中国科学院上海营养与健康研究所胡黔楠团队，该团队利用一种基于正样本未标记深度学习模型，成功发掘出15种针对黄曲霉毒素A和赤霉烯酮的新的降解酶，其中6种在3 h内可以降解90%以上的毒素含量，该成果于2024年发表在*ACS Catalysis*杂志上。

综上，随着生物大数据的不断积累，以及人工智能技术与基于人工智能的新酶发掘技术的不断发展，我们有望发现更多潜在的生物催化剂，从而实现更加可持续和高效的生物合成和生物降解过程，为解决全球性的环境和资源问题做出贡献。这些新的发现和技术进步将为生物科学领域带来新的突破和创新，推动整个生物经济的发展和进步。

第二节　人工智能与新酶改造

近年来，人工智能方法在酶改造方面也取得了显著进展。这些方法主要是利用现有的实验和模拟数据来构建模型，帮助获得有更大应用潜力的新功能酶。目前，不同的数据和模型已经涵盖了诸如催化效率、对映选择性、蛋白质动力学、稳定性、溶解度、聚集等诸多任务。尽管如此，该领域仍在不断发展，需要克服许多挑战和困难。人工智能方法，特别是深度学习技术用于酶的设计和改造领域，其主要手段是直接从可用数据中学习其隐含的模式，并使用学到的模式对新酶的性质进行预测。它与其他传统的计算方法（如量子力学计算、分子动力学模拟等）的主要区别在于，深度学习不依赖于硬编码规则来进行预测。因此，高质量数据的收集对于模型效果的好坏至关重要。此外，选择有信息量和区分度的特征，提供关于数据中潜在模式的相关信息，即如何高效利用现有数据，也是深度学习中的重要一环。

目前基于深度学习的酶改造方法，已在酶工程的多个方面取得了较好的效果，其中一个重要的方面就是预测突变对蛋白质属性的影响。这类模型以参考蛋白质及其变体作为输入，以预测所研究属性的变化作为输出，通过对酶性质的标记数据集进行监督学习来实现。从数据角度来看，通过实验手段获得大量有标记的实验数据是这类方法准确性的关键。例如，蛋白质结构计划衍生的数据集TargetTrack常用于蛋白质溶解度预测；通过液相色谱-串联质谱法获得的蛋白质稳定性Meltome Atlas数据集被用于预测蛋白质溶解温度。鉴于当前此类数据获得难度较高，选择合适的模型结构利用已知实验数据也是这类方法的关键。表12-2整理了一些近期发表的预测突变影响的深度学习工具。

表12-2 深度学习用于酶改造的常用方法

工具名称	预测属性类型	训练数据	模型
ABYSSAL	稳定性	来自 396 个蛋白质的 376 918 个单点突变	ESM 编码的全连接网络
PON-Sol2	溶解性	来自 77 个蛋白质的 6 328 个单点突变	决策树模型
DLKcat	酶活性	BRENDA 数据库中的 16 838 条数据	卷积神经网络
TOMER	最适催化温度	BRENDA 数据库中的 2 917 个酶	随机采样回归
GeoPPI	亲和力	SKEMPI 2.0 数据库	图神经网络，随机森林

尽管对单点突变效果的预测准确性随着新方法的提出不断提升，但其始终受到有标记数据数目和偏倚性的限制。因此，如何利用更容易获得的无标记数据，通过半监督甚至无监督学习提升人工智能辅助酶改造的能力，成为当前研究的一个热点。近年来，大语言模型（large language model，LLM）已成为自然语言处理领域的流行工具。其成功是由于认识到即使是未标记的数据也包含有用信息。类似地，在酶工程领域，我们可以将蛋白质视为基于“生命语言的语法”的序列，利用特定位置上氨基酸的分布提供有价值的信息，从而预测突变对蛋白质功能的影响，减少对外部数据源的依赖。当前，蛋白质语言模型如ESM-1b、ESM-2、ProtT5和ProtTrans等，已成为表示蛋白质序列数据的流行方式。很多模型的知识转移已通过微调预训练权重、仅在学习到的嵌入式表示之上训练模型，以及在训练层之间引入适配器模块进行参数高效的微调来解决。

作为数据驱动的研究范式，人工智能方法在酶改造领域已成为降低改造成本与实验周期的关键工具。然而，如何进一步提升此类方法的准确率和可靠性，需要我们进行更多探索。当前的有监督模型和基于蛋白质语言的无监督模型，仍受限于高质量数据的获得。近期，我们提出了一个DeepEvo框架，通过引入进化思想从而提升了对低分辨率数据的利用程度。这一方法将对酶性质的判别和蛋白质序列生成结合起来，利用蛋白质语言模型构建性质判别器，作为选择压力，通过迭代循环生成候选序列，在蛋白质序列空间中不断富集具有期望性质的生成序列，提高酶设计改造的效率（图12-1）。当前，这一利用迭代优化富集期望性质的思路，降低了对高精度无偏倚的标记数据的需求，但对蛋白质序列设计的要求较高。进一步提升人工智能在蛋白质序列生成领域的效果，对DeepEvo方法的效果进一步提升有重要意义。

目前人工智能辅助酶改造正处于快速发展阶段。各种机器学习模型正在向更高效准确的方向不断发展，人工智能学习高维信息的优势体现得越来越明显。随着蛋白质序列数据库的爆炸式增长，目前蛋白质语言模型的参数量已经超过百亿，为构建具备高泛化能力和快速采样能力的高性能酶改造模型提供了基础。随着新的研究范式和思路的不断融合，人工智能辅助酶改造将进一步降低改造成本与实验周期，助力生物学研究进一步深入。

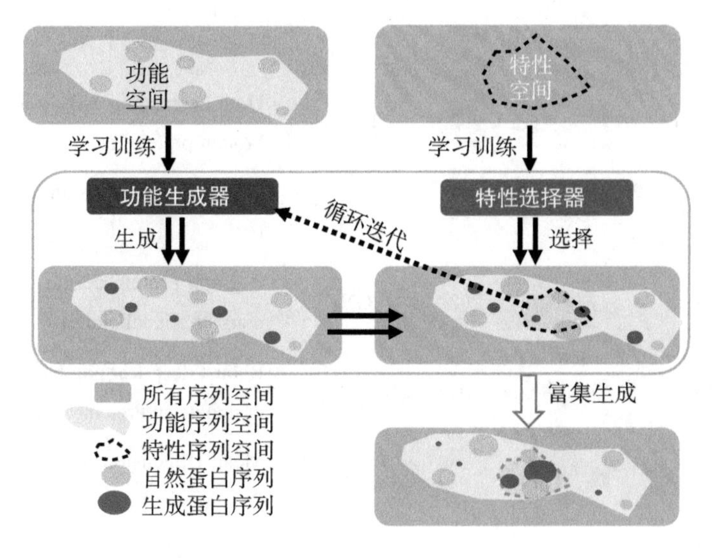

图12-1　DeepEvo概念

第三节　人工智能与新酶设计

基于深度学习方法生成的模型在蛋白质设计领域不断取得突破性进展（表12-3），按照训练数据和生成数据的不同，可以分为蛋白质序列生成模型和蛋白质结构生成模型。

表12-3　人工智能用于新酶设计的方法

方法名	类别	发布时间	模型结构	文章名称
GraphTrans	序列生成	2019	Transformer	Generative models for graph-based protein design
RamaNet	结构生成	2020	GAN	Computational *de novo* helical protein backbone design using a long short-term memory generative neural network
ProteinSolver	序列生成	2020	GNN	Fast and flexible protein design using deep graph neural networks
GVP	序列生成	2021	GNN	Learning from protein structure with geometric vector perceptrons
PepVAE	序列生成	2021	VAE	PepVAE: variational autoencoder framework for antimicrobial peptide generation and activity prediction

续表

方法名	类别	发布时间	模型结构	文章名称
iNNterfaceDesign	序列生成	2022	LSTM	Deep Learning of Protein Sequence Design of Protein-protein Interactions
Protein_seq_des	序列生成	2022	CNN	Protein sequence design with a learned potential
AlphaDesign	序列生成	2022	GNN	A graph protein design method and benchmark on AlphaFoldDB
ProteinMPNN	序列生成	2022	GNN	Robust deep learning based protein sequence design using ProteinMPNN
ProteinMeanDimension	序列生成	2022	VAE	Mean Dimension of Generative Models for Protein Sequences
HelixGen	结构生成	2023	GAN	A Generative Model for Creating Path Delineated Helical Proteins
ProtDiff	结构生成	2023	DDPM	Diffusion probabilistic modeling of protein backbones in 3D for the motif-scaffolding problem
ProteinSGM	结构生成	2023	DDPM	Score-based generative modeling for *de novo* protein design
Genie	结构生成	2023	DDPM	Generating Novel, Designable, and Diverse Protein Structures by Equivariantly Diffusing Oriented Residue Clouds
Se3_diffusion	结构生成	2023	DDPM	SE(3)diffusion model with application to protein backbone generation
SeqPredNN	序列生成	2023	MLP	SeqPredNN: a neural network that generates protein sequences that fold into specified tertiary structures
ProDESIGN-LE	序列生成	2023	Transformer	Accurate and efficient protein sequence design through learning concise local environment of residues
ProteinDT	序列生成	2023	Transformer	A Text-guided Protein Design Framework
PepPrCLIp	序列生成	2023	Transformer	*De Novo* Generation and Prioritization of Target-Binding Peptide Motifs from Sequence Alone

续表

方法名	类别	发布时间	模型结构	文章名称
Foldingdiff	结构生成	2024	DDPM	Protein structure generation via folding diffusion
ForceGen	结构生成	2024	DDPM	End-to-end *de novo* protein generation based on nonlinear mechanical unfolding responses using a protein language diffusion model
Timed-design	序列生成	2024	CNN	Flexible and Accessible Protein Sequence Design with Convolutional Neural Networks
synMinE	序列生成	2024	VAE	Machine learning-aided design and screening of an emergent protein function in synthetic cells

在过去的几十年里，蛋白质的定向进化方法模仿自然进化的过程，从一个已知的蛋白质开始，向序列引入随机的突变，在特定选择压力下筛选具有目标特性的序列进行迭代，实现目标特性的累积增强。但是，这种方法仅能探索初始蛋白质序列所在的小范围序列空间，难以跨过庞大蛋白质序列空间中的无功能区域，同时，随机引入的突变很大可能使突变序列失去功能，使得后续高通量筛选过程效益低下，绝大部分资源用于排除错误突变。机器学习的发展与大量测序数据的累积使得更高效、更广泛的蛋白质序列空间探索成为可能。

无条件的蛋白质序列生成模型通常学习某一家族蛋白质序列的分布特征，通过让模型学习一个映射函数，实现从一个简单的分布（如标准正态分布）映射到一条序列的联合概率分布这样复杂的数据分布。ProteinGAN是采用生成-对抗网络架构进行蛋白质序列无条件生成的深度学习模型，通过对约1.6万条苹果酸脱氢酶（malate dehydrogenase，MDH）的学习，ProteinGAN从复杂的多维氨基酸序列空间中学习MDH序列的进化关系，可以从一个随机向量中生成全新的MDH序列，实验测定显示，24%（13/55）可溶并具有催化活性。ProGen是以超过19 000个家族的2.8亿个蛋白质序列进行训练的蛋白质语言模型，通过学习预测序列中下一个氨基酸的概率分布来进行迭代优化，以这种无监督的方式从大型、多样化的蛋白质序列中进行训练，学习了一种类似于语义和语法规则的通用蛋白质。通过将蛋白质家族的Pfam ID作为标签进行序列分类，ProGen可以通过足够的同源样本进一步微调，从而生成特定的蛋白质家族序列的高质量样本。在以5个不同溶菌酶家族进行微调后生成的全新溶菌酶显示出与天然溶菌酶相似的催化效率，与天然蛋白质的序列同一性低至31.4%。

与无条件的蛋白质序列生成模型相比，蛋白质序列的条件生成模型学习有一个或多个条件的联合概率分布。例如，ProteinMPNN学习以主链结构为条件的条件概率分布，通过将主链的结构特征提取为残基与附近残基主链原子之间的距离信息，模型可以自回归地预测序列氨基酸类型的联合概率分布，从中抽样得到全新的能够折叠成目标3D结构的序列。在实验评估中，使用ProteinMPNN生成的序列76%（73/96）可以可溶性表达，并且部分呈现与天然蛋白质不同的热稳定性。LigandMPNN是在ProteinMPNN基础上增加了配体作为条件的多条件序列生成模型，当给定主链结构和结合的特定配体分子信息后，模型生成的序列不仅可以折叠到目标的3D结构，还具备结合特定配体的能力。在对一种胆酸结合蛋白的序列重新设计中，以原有的胆酸-蛋白复合体的共晶结构信息作为输入，LigandMPNN重新设计的蛋白质对胆酸的亲和力提高了约100倍。

基于结构的蛋白质设计的理想情况，是能够设计出折叠到任意指定结构的蛋白质序列，然而，20种氨基酸构成的蛋白质并不能覆盖整个结构空间，结构空间的大部分区域是蛋白质不可能折叠到的，这意味着蛋白质的结构设计并不能随心所欲，设计的蛋白质结构必须在蛋白质可折叠的结构空间中。在过去，蛋白质的结构设计通过对已知结构蛋白质片段的组合或统计能量函数实现，如Rosetta和SCUBA，两者均需要不断地迭代，最终得到低能量的主链结构。去噪概率扩散模型在图像生成领域取得了令人惊讶的进展，其能够生成在训练数据中从未出现并且合理的图像，这一特性使得扩散模型被应用到蛋白质结构生成领域中。

相比于片段的重组或统计能量函数，生成模型在蛋白质结构设计工作中可以考虑全局的协同，保证设计蛋白质结构的整体协调性，同时，由于不需要连续的迭代搜索，生成模型在结构的生成上更加高效。RFdiffusion是在蛋白质结构预测的深度学习模型RoseTTAFold的基础上微调训练的蛋白质主链结构的去噪概率扩散模型。在对甲型流感病毒H1血凝素（HA）结合配体的设计中，冷冻电镜证实了蛋白质结构和设计结构的一致性。最近，Baker团队在RoseTTAFold的全原子版本RoseTTAFold All-Atom基础上，获得了RFdiffusion All-Atom模型，该模型可以根据特定配体生成结合该配体的主链结构。在血红素结合蛋白的设计中，晶体结构证实了RFdiffusion All-Atom设计的结构与实际结构的一致性。

目前，由大量序列数据训练的无条件序列生成模型跨越结构的信息，直接生成序列，这种生成与蛋白质的结构信息显式解耦，难以进行细微的最终落实到结构的调整，本质上是对蛋白质功能序列空间的拓展。基于结构的新酶设计将新酶设计的问题拆分为两个子问题，也就是蛋白质主链结构的设计和以蛋白质主链结构为条件的序列设计。蛋白质结构生成模型可以围绕一个已知的活性中心或配体结合位点，生成多样性的其余部分结构，随后，在存在显式的结构信息的情况下，基于结构的序列生成模型生成折叠到该结构的序列，相比于直接的序列生成，这种两步走的策略更适合进行精细的高度可控的蛋白质设计。

基于深度学习的蛋白质设计的发展日新月异，例如，近期流匹配模型在结构生成方面表现出优于扩散模型的性能，表12-3列出了近年来进行序列生成和结构生成的部分深度学习方法，所有列举的方法均公开了代码。

撰 稿 人：江会锋 中国科学院天津工业生物技术研究所
程 健 中国科学院天津工业生物技术研究所
初环宇 中国科学院天津工业生物技术研究所
白 杰 中国科学院天津工业生物技术研究所
通讯作者：江会锋 jiang_hf@tib.cas.cn

第十三章　人工智能辅助药物设计

一、引　言

随着新型冠状病毒感染大流行的结束，全球医药市场正在摆脱近年来的低迷，迈向新的发展阶段，全球新药批准数量迎来了爆发式增长。2023年，FDA批准了71种新的治疗药物（NTD），远超2014—2023年平均每年53种NTD的数量。国内方面，2022年受到新型冠状病毒感染疫情的影响，NMPA批准上市国产1类创新药数量从2021年的47款骤然下降到21款；NMPA发布的《2023年度药品审评报告》显示，2023年国内创新药发展重归增长，批准上市了40款1类创新药，新药临床试验（IND）和新药申请（NDA）受理数量达到近五年来的新高。根据国家药品监督管理局药品审评中心（CDE）统计，2023年IND受理数量达到1629个品种，同比增长29.08%；NDA上市申请数量为299个品种，同比增长39.07%。随着研发投入的高速增长，我国生物医药创新取得了显著成就，每年获批的创新药数量整体呈现上升趋势。

创新药物快速发展的背后是高强度的研发投入。药物研发领域面临“三高一长”问题：高技术、高投入、高风险和长周期。从首次发现到上市批准，将一种新药推向市场的平均时间约为15年，资本化成本平均达到26亿美元，临床成功率仅为11.8%。为了加速药物发现并降低成本，20世纪末出现了计算机辅助药物设计（computer aided drug design，CADD），通过模拟、计算和预测药物与受体的关系来设计和优化化合物。然而，传统的CADD方法虽然已发展多年，却未能逆转新药研发成功率逐渐下降的趋势。近十年来，第二代高通量测序技术、冷冻电镜等各类组学技术的飞速发展，使研究人员能以更低的成本获得化学和生物学“大数据”。基于此，传统CADD方法正在利用深度学习技术快速迭代更新，更高效地探索化学和生物学空间，加深对新药研发多学科复杂性大数据的理解。通过在多个药物研发场景中应用人工智能（AI），预计新药研发成功率可以提升至14%，并为制药企业节省数十亿美元的研发费用。2023年6月，波士顿咨询集团（Boston Consulting Group，BCG）与全球性慈善基金会惠康（Wellcome）合作的报告中指出，AI可以在药物发现阶段节省至少25%—50%的时间和成本。

可以看出，AI正在从根本上改变分子生物学和药物设计的研究模式。随着GPT-4、Sora等大模型的持续推出，AI将作为“新质生产力”，推动新药研发摆脱传统的增长方式和发展路径，进入高科技、高效能、高质量的时代。

二、国内外研发现状与趋势

根据中商产业研究院的报告，2022年和2023年全球AI制药市场规模分别为10.4亿美元和12.93亿美元，2031年预计增长到85.02亿美元；中国AI制药行业市场也在迅速扩大，从2021年的1.63亿元增长至2022年的约2.92亿元，2023年及2024年中国AI制药市场规模将达到4.14亿元和5.62亿元。AI为药物发现带来了更高的生产力、更广泛的分子多样性以及更高的临床成功机会，特别是在辅助小分子药物发现方面已经发展出了成熟的研发管线。

BCG在2022年2月发布的报告显示，在2010年至2021年期间，全球20家以AI为主要驱动力的药物发现公司有约15种候选药物已进入临床试验阶段，其中8种候选药物在发现后不到10年就进入了临床试验阶段，5种候选药物的临床试验时间短于历史平均时间。尽管资本规模远小于传统制药巨头，但这20家AI药物发现公司凭借AI带来的显著的降本增效优势，已有158种候选药物处于发现和临床前开发阶段，接近全球20家最大的制药公司所拥有的333种候选药物的一半，展现出巨大的发展潜力。动脉网发布的一项更广泛的统计表明，截至2023年10月31日，全球至少有116项AI生物技术（AI Biotech）参与的药物管线进入临床阶段。尽管这些药物并非都是由AI设计，但也表明AI在药物研发领域取得了显著进展。

自2014年第一批AI制药企业成立以来，中国AI制药行业快速发展，并形成了SaaS、AI+CRO和AI Biotech三种主要商业模式。早期，企业主要通过提供AI计算工具辅助药物开发，利用提供算法平台的软件服务（software as a service，SaaS，软件即服务）的模式成为主流。随着技术积累和成果验证，AI+CRO（药物研发外包服务）模式兴起，企业开始提供更全面的端到端AI技术服务。近年来，AI制药企业与传统药企合作不断深化，部分企业开始布局自研候选创新药物管线，AI Biotech模式逐渐成为新的发展趋势。在政策的支持下，中国AI制药产业正迎来高速发展的初期阶段。2022年2月发布的《“十四五”医药工业发展规划》提出“把创新作为推动医药工业高质量发展的核心任务”，并明确了“支持企业立足本土资源和优势，面向全球市场，紧盯新靶点、新机制药物开展研发布局”，标志着我国医药行业向更高水平原始创新的转变。2023年3月，科学技术部和国家自然科学基金委员会启动“人工智能驱动的科学研究”专项部署工作，将围绕药物研发等重点领域科研需求展开，布局“人工智能驱动的科学研究”前沿科技研发体系，这将进一步推动中国AI制药行业的发展。

三、AI赋能的药物研发进程

从药物发现到临床阶段，将AI方法布局到其药物开发管线中，助力新机制和新靶点发现、鉴定新型药物分子、药物重定向和加速临床试验等，AI辅助药物设计已对药物开发展现出巨大的降本增效潜力。目前，尽管尚未有完全由AI驱动的原创新药获得监管批准上市，但已有AI赋能的重定向药物推进至临床Ⅲ期甚至获批；同时，一系列AI赋能的原创全新候选药物进入临床Ⅰ、Ⅱ期。

首个由AI辅助老药新用推进至临床Ⅲ期的药物是BioXcel Therapeutics公司开发的BXCL501，这款选择性α-2a受体激动剂用于治疗阿尔茨海默病并发的急性躁动。另一款由AI发现的老药新用是Baricitinib，其本是礼来开发的用于治疗类风湿关节炎的药物，新冠疫情期间BenevolentAI利用知识图谱方法将其重定向为潜在的COVID-19治疗药物。该药物在短短几天内便获得了FDA的紧急使用授权，并迅速投入临床应用。

英矽智能（Insilico Medicine）开发的INS018-055是全球首款进入Ⅱ期临床试验的AI驱动原创全新候选药物，于2023年6月宣布在中国、美国两地同步开展Ⅱ期临床试验。英矽智能在2021年2月从头设计了靶向治疗特发性肺纤维化（idiopathic pulmonary fibrosis，IPF）的新靶点候选新药INS018-055，并在2021年11月推动该药物首次进入临床试验。INS018-055项目中利用了新药靶点发现平台PandaOmics，对比肺纤维化患者和健康人的转录组学数据来获得两者差异，通过分析其中信号通路的变化，确定了治疗特发性肺纤维化的全新靶点TNIK。从AI驱动的靶点发现，到随后进行AI赋能的候选药物开发，将INS018-055推至临床前的整个过程只用了不足18个月，显著降低了研发成本。INS018-055在澳大利亚的首次人体微剂量试验中完成首批健康受试者给药。该试验结果超出预期，表明该药物具有良好的药代动力学和安全性特征。在新西兰和中国进行的Ⅰ期试验中，INS018-055进一步验证了其安全性、耐受性和药代动力学特征。使用INS018-055治疗IPF的两项随机、双盲、安慰剂对照Ⅱa期临床试验将进一步评估其针对IPF患者肺功能的初步疗效。

我国AI Biotech企业也已将自研管线从候选药发现阶段推进到了临床试验阶段。冰洲石生物共拥有8条管线，其中4条（乳腺癌、前列腺癌和血液肿瘤学适应证）进入临床阶段。2023年2月23日，冰洲石生物宣布完成AC0176的Ⅰ期临床中的首例患者给药。除了AC0176，冰洲石生物的雌激素受体嵌合降解剂AC0682及BTK降解剂AC0676也在美国获批临床试验申请。2024年1月，NMPA批准了AI Biotech广州费米子科技疼痛管线FZ008-145的IND申请。在非成瘾性镇痛领域，广州费米子科技目前共有2条候选管线，除FZ008-145外，首发管线FZ002-037已经完成临床Ⅰ期。在与希格生科（Signet Therapeutics）合作的弥漫性胃癌项目中，晶泰科技利用自主研发的AI药物发现平台ID4生成百万量级的化合物分子，并对活性和成药性进行分析，从中挑选出10—20个候选化合物分子进行生物学和功能学的实验验证，并反馈实验结果给ID4平台进行新一轮的迭代，目前已获得临床前候选化合物。

然而，在将全新化学实体推向市场面临研发时间和成本的“绝对悬崖”面前，AI药物研发也并非一帆风顺。截至2023年10月31日，已有超过16项AI药物管线停止研发或从官网撤下，表明AI药物研发仍面临着巨大挑战。Exscientia与住友制药合作开发的DSP-1181，是全球首个进入临床阶段的AI设计药物。该药物在临床Ⅰ期并未达到预期标准，最终停止开发。此外，Exscientia旗下的5-HT_{2A}拮抗剂DSP-0038和DSP-1181及A2A受体拮抗剂EXS-21546也被撤下，取而代之的是PKC-θ抑制剂EXS-4318和CDK7抑制剂GTAEXS617。分析人士指出，停止研发的药物都面临新颖性不足的问题，DSP-1181分子结构与已上市药物氟哌啶醇相似。Benevolent AI发现的治疗特应性皮炎的局部泛TRK抑制剂BEN-229则在临床Ⅱ期试验中未能达到次要疗效终点。该药物主要用于治疗特应性皮炎，尽管在安全性方面表现良好，但并未显示出对患者症状的显著改善。

四、AI辅助药物设计的前景与挑战

随着人工智能技术的快速发展和商业模式的不断演化，AI赋能药物研发已成为全球范围内的新兴趋势。以非结构化数据为基础、以AI技术为分析手段的新范式正在改变药物研发的传统模式，为药物研发早期阶段的降本增效带来了显著成效。然而，AI在药物研发中的应用仍处于早期阶段，其在临床试验阶段的赋能能力尚显不足。如何实现AI制药从靶点发现到临床试验的全流程闭环，是当前行业发展面临的关键挑战。从行业竞争要素来看，算法、数据和算力是制约AI制药发展的关键因素；此外，AI制药的监管也需要跟上技术发展的步伐。

（一）算法：短期壁垒，不断突破

借助大规模高质量数据的训练，以DALL-E 2和Midjourney为代表的扩散模型（diffusion model）和GPT-4为代表的大语言模型（large language model，LLM）在多个领域展现出了令人惊叹的性能和潜力。AI正在经历一个划时代的转变时刻，这表明算法可能是短期壁垒，不断突破和创新的AI算法正在加速AI制药的研究进展。

扩散模型和LLM都属于生成式AI，为药物发现创造了新的机会。生成模型旨在从数据集（如图像、文本、音乐或分子）中学习以创建新样本。通过分析大量示例，模型可以识别常见特征，从而理解数据集中不同模式的分布。一旦生成模型掌握了数据分布，它就可以通过从该学习到的分布中进行采样来生成新样本。这使得生成模型能够产生以前从未见过的新样本，这些新样本表现出与原始数据类似的特征和品质。

1. 扩散模型用于药物分子设计

扩散模型是一种生成模型，它建立了一个渐进式噪声（“扩散”步骤）的马尔可夫链。在此过程中，会向真实数据添加随机高斯噪声，直到原始样本无法识别。下一步是训练模型（通常是神经网络）来逆转这个过程。训练完成后，模型可以通过从正态分布（随机噪声）中提取数据并对这些数据进行去噪，直到生成高质量的新样本。

扩散模型可以用于药物分子设计，生成全新的分子结构。例如，著名的等变扩散模型（equivariant diffusion model，EDM）是一个由类药分子的数据集上训练的3D扩散模型，利用等变几何图神经网络确保分子在三维空间中移动或旋转时的不变性，并生成新的3D药物分子。研究人员还提出了多种基于扩散模型的药物设计方法，如DiffSBDD可以根据蛋白质的结构来生成与其匹配的药物分子，DiffLinker可以设计连接到蛋白质特定位置的小分子片段，DiffDock将对接问题重新定义为一个生成问题，可以模拟蛋白质和小分子结合的过程，帮助预测药物与靶标的结合方式。

2. 大语言模型用于药物发现

在利用LLM研究小分子或蛋白质时，主要有两类预训练模型：BERT 和 GPT。这两类模型都基于Transformer架构，但训练目标和处理输入数据的方式有所不同。

BERT由 Google 开发，是一种深度双向模型，旨在从未标记的文本中预训练语言表征。BERT 在所有层中同时考虑左右语境，以更好地理解语言。预训练过程中，BERT 会掩盖部分输入文本（称为掩码语言模型），然后根据上下文预测原始文本。在药物发现领域，掩码功能尤其重要，可以用蛋白质的 FASTA 序列作为输入，模型会推断缺失的结构，从而生成新的蛋白质序列。

GPT是由OpenAI开发的另一款基于 Transformer的语言模型。与BERT不同，GPT是单向模型，只能考虑单词前面的上下文。训练GPT时，会使用大量文本数据进行语言建模任务，模型根据之前的单词预测下一个单词。在药物发现领域，这些模型通常使用非常大的化学数据集进行训练，以分子SMILES字符串或蛋白质的FASTA字符串作为表征快速生成具有潜在用途的新结构。

针对蛋白质生成，ProtGPT2可以根据自然蛋白质的规律，生成全新的蛋白质序列；ProtBert则通过分析大量蛋白质序列数据，学习蛋白质结构的基本原理。针对药物分子生成，大语言模型的一大优势在于可以通过微调来学习完成特定任务。就像学习大量文本数据可以让模型理解语言一样，训练模型处理大量的分子结构数据，可以让它理解分子的特性；再进行微调使模型学习如何基于较少的标记数据来解决特定的任务。

例如，ChemBERT基于分子SMILES字符串的掩码语言建模，可以预测分子的毒性、溶解性等属性，即使数据量较少也能取得不错的效果。基于LLM的聊天功能，微软公司的BioGPT和Insilico Medicine公司的ChatPandaGPT，可以将疾病、基因和生物过程联系起来，从而快速识别疾病发生和发展的生物机制，并确定潜在的药物靶点和生物标志物。

（二）数据：稀缺资源，价值凸显

高质量的生物医学数据是稀缺资源，其价值在AI制药领域愈发凸显。丰富、多元、真实世界的数据将成为AI制药发展的关键。

1. 化学文库

过去十年间，组合化学方法推动了高通量筛选（high throughput screening，HTS）技术的发展。HTS结合机器人系统使用，可筛选数百万种化合物，显著降低实验测试成本。利用 HTS 和组合药物合成，与药物对特定靶标反应相关的海量数据快速增长，各种数据共享项目也应运而生，如 PubChem（化学结构及其相关生物活性公共数据库）和 ChEMBL（包含化合物结合、功能、毒性、吸收、分布、代谢和排泄信息的数据库）。其他数据共享来源则专门针对药物和候选药物，如DrugBank、DrugMatrix和BindingDB等。

这些数据集通常包含数千到数百万种化合物，传统的定量构效关系（quantitative structure-activity relationship，QSAR）模型和机器学习方法并不适合处理这类大型数据集。此外，随着研究从体外转向体内，数据稀疏性、多样性和药物反应等复杂生理机制问题会显著增多。为了预测药物在体内模型及人体中的疗效和安全性，我们需要开发创新的AI算法来处理这些包含多维度、大容量和稀疏数据的复杂场景。

2. 蛋白质晶体结构

蛋白质晶体结构数据是AI药物发现的重要基础。它可以帮助AI模型理解蛋白质结构和功能，辅助AI模型设计新型药物。磁共振、X射线晶体学、冷冻电镜等实验方法被广泛用于蛋白质的结构解析，已经提供了大量有关蛋白质和药物受体结构的信息，但这些方法仍受限于极高的设备成本和实验周期。2023年AlphaFold 2的主要作者John Jumper和Demis Hassabis获得了被誉为“诺奖风向标”的拉斯克医学奖，肯定了AlphaFold 2在解决蛋白质结构预测这一生物医药领域内公认的长期性难题上取得的划时代的突破。DeepMind还开放了36.5万个、涵盖了98.5%的人类蛋白质结构的预测数据集，极大地激励了人工智能和药物化学、结构生物学等学科的交叉发展，包括更好的分子表征方式、更好的对接方式、更好的评分函数等。2022年初，英矽智能利用AlphaFold 2预测的蛋白质结构，结合AI分子生成和设计技术，开发出了靶向周期蛋白依赖性激酶20（CDK20）的first-in-class的药物苗头化合物。在此之前，因缺乏CDK20的蛋白质结构，业界尚无靶向CDK20的小分子化合物的报道。

3. 多组学数据库

近年来，基因组测序成本大幅下降。全球单细胞多组学市场（单细胞水平的组学数据）预计将从2022年的14.3亿美元飙升至2033年的77.2亿美元。理想的多组学数据库应包含超过 10 000 个数据点，涵盖基因组、蛋白质组、表型等各个方面的指标，并涵盖不同时间点的测量数据。这些相互独立的多维数据集能够帮助人工智能发现传统方法难以识别的新模式或相关性，揭示疾病与潜在药物靶点的关联，重塑药物发现的方式。

例如，阿斯利康与AI生物技术公司BERG合作，利用Interrogative Biology平台，基于阿斯利康自有的中枢神经系统优化分子片段库，确定和评估治疗帕金森病等神经系统疾病的新靶点和疗法。该平台基于系统生物学，联合自然语言处理技术，将多组学数据与临床健康信息相结合生成因果推理网络。通过分析“健康”和“疾病”网络图之间的差异，可识别疾病的驱动因素。该方法已被用于新型肿瘤靶标BPM 42522、其先导分子及其抗癌作用机制的发现研究中。

此外，Owkin正在投资5000万美元建造MOSAIC（Multi Omic Spatial Atlas in Cancer，癌症空间组学图谱）。首次使用空间组学技术以接近单细胞的分辨率检查肿瘤。它将使用7000个患者的肿瘤样本，构成比现有的空间组学数据集大100倍以上的数据资源，用于发现免疫肿瘤学疾病亚型的生物标志物和新疗法。

（三）算力：资本门槛，亟待突破

算力是人工智能制药的基石。过去十年，AI算法的算力需求呈指数级增长，从最初的小模型到大模型，需求提升了40万倍。模型体积的不断膨胀，使得算力资源的获取和利用能力成为AI制药的关键门槛。算力制约AI制药主要体现在以下几个方面。①数据量增长：AI制药需要处理大量生物数据，包括基因组数据、蛋白质组数据、表型数据等。这些数据的规模不断增长，对算力的需求也随之增加。②模型复杂度提升：为了提高AI制药的准确性和效率，模型的复杂度也不断提升，这也导致了算力需求的增加。③算法迭代速度加快：AI制药领域的技术更新迭代速度快，需要不断开发新的算法和模型，这也需要大量的算力支持。

为了满足日益增长的算力需求，越来越多的企业开始加码算力投入。例如，

Recursion近期宣布斥资购入500多个NVIDIA H100 Tensor Core GPU，将其内部超级计算机BioHive-1的计算能力提升四倍。加上此前拥有的300个A100 Tensor Core GPU，BioHive-1 将成为世界上最强大的超级计算机之一。通过使用NVIDIA的DGX云超级计算平台和BioHive-1，Recursion利用从Cyclica收购的机器学习模型MatchMaker预测了Enamine REAL SPACE中约360亿种化合物的蛋白质靶标，超过2.8万亿个小分子-靶标对的预测在蛋白质宇宙和化学宇宙之间架起桥梁。

面对算力的掣肘，作为加速计算领域的先驱，NVIDIA为药物研发提供了开发、定制和部署基础模型所需的服务，还通过对创新型科技生物公司的投资来推动计算机辅助药物发现生态系统的发展。NVIDIA提供了AI加速计算软件平台NVIDIA Clara Discovery，最新推出的大型生物分子语言模型NVIDIA BioNeMo则可为药物研发提供用于训练和部署超算规模的基础模型。NVIDIA提供的解决方案降低了AI制药的准入门槛，使更多企业和研究机构能够参与到AI制药的浪潮中，加速药物研发的进程。

（四）监管：规范发展，护航未来

近年来，随着AI技术在药物研发和生物制品中的应用不断深入，AI制药已成为全球监管机构关注的焦点。2023年，FDA和EMA两大监管机构均发布了相关文件，对AI制药的监管问题进行了探讨。2023年5月，FDA发布了“在药品和生物制品研发中使用人工智能和机器学习”的讨论文件。该文件展示了AI在药物开发各个环节的应用潜力，同时也表达了对AI技术潜在风险的担忧，如模型偏差、数据隐私和算法解释性等问题。FDA希望通过这份文件，征求业界对AI制药监管的意见和建议。2023年7月，EMA发布了一份关于使用人工智能支持安全有效的药物开发、监管和使用的反思文件草案。该文件主要聚焦于AI制药的监管框架，探讨了如何在确保安全性和有效性的前提下，促进AI技术在药物研发和制造领域的应用。从FDA和EMA发布的文件可以看出，两大监管机构对于AI制药的态度积极且审慎。他们已经从最初的“什么是AI+药物研发与制造”转向了“如何监管AI+药物研发与制造”。基于AI技术在医药领域的安全性、数据隐私等考量，预计AI制药的监管框架将进一步完善，各国相关的法规和引导政策将逐步落地。这将为AI制药的规范化发展提供良好的环境，并最终推动药物研发效率的提升和新药上市速度的加快。

中国医药产业迎来继往开来的关键时期，AI制药是推动中国生物医药经济发展的重要引擎。只有积极应对挑战，加快技术创新和产业化应用，才能推动AI制药技术在中国的健康发展，为中国生物医药经济发展贡献力量。

撰 稿 人：李叙潼　中国科学院上海药物研究所
通讯作者：郑明月　myzheng@simm.ac.cn

第十四章　纳米脂质体递送系统

在过去 30 年里，药剂学与分子生物学、纳米医学、药用材料、先进制造等科学与技术领域发生交叉与融合，研究领域不断拓展，构建了以靶向纳米递送药物新技术和新方法为代表的现代药剂研究领域。多种纳米材料作为主、辅材料的纳米制剂应用于重大疾病的治疗及诊断，给药途径涵盖了口服、静脉注射、鼻腔滴注等多种形式，实现了更加高效、智能且低毒的治疗效果。利用纳米技术将药物负载到脂质体、磁性或复合纳米颗粒等载体形成的纳米药物制剂，其极大的比表面积提高了药物分子的载药量，其小尺寸和表面功能化修饰提高了药物的特异性递送、靶向功能和缓释能力。同时，借助纳米药物的工程化组装能力，还可实现主动靶向药物递送和诊疗一体化平台，实现药物在体内的时空可控释放和监督性智能给药，进一步提升疗效和安全性。纳米生物医学研究和转化对推动疾病的预防、诊断和治疗等生物医学发展起到重要作用，展现出其广阔的应用前景。火热的基础研究（新型药物递送体系构建、新材料的开发和纳米药物体内命运研究）同样促进了纳米药物临床转化快速发展，纳米药物工业转化对有效性和安全性的评价和预测需求同样呼唤更多阐明递药系统的体内行为、与机体的相互作用、递药机制的基础研究。

自1995年FDA批准了第一例纳米药物（脂质体Doxil®，图14-1）以来，全球相继有60多种纳米药物被FDA及EMA批准上市。2019年全球新型冠状病毒感染疫情暴发，德国的BioNTech公司联合辉瑞公司研制的基于脂质纳米粒的新型冠状病毒疫苗于2020年投入临床使用，成功实现了基于脂质纳米粒封装生物大分子实现体内递送在全球范围实现了有效性和安全性验证，见证了以微流控为代表的先进纳米制造技术为生物医药研究和治疗领域带来的革命性的变化。

在这一历史机遇下我国纳米递送研发企业得到快速发展，当前，我国纳米生物医药研究已从最初的“跟跑”时代进入了全球“领跑”时代，无论是纳米类科技论文的发表，还是相关标准的制定乃至产品研发的热度，均处于世界先进水平，实现了我国纳米药物工业化发展的弯道超车。

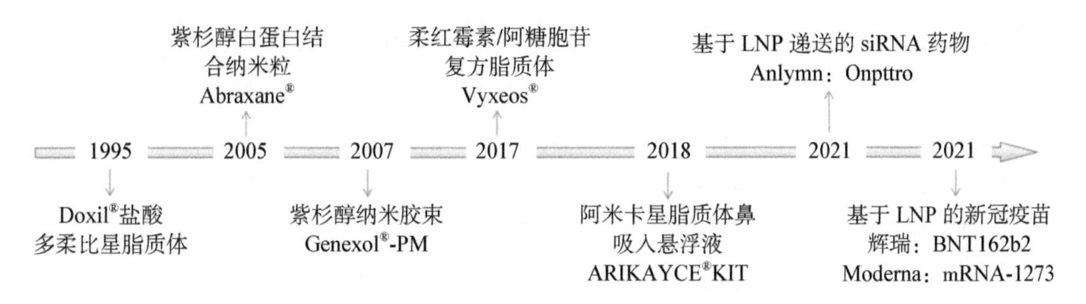

图14-1　纳米药物的发展历程及标志性上市药物

一、纳米药物的分类与进展

纳米药物通常是指采用纳米技术制备的用于疾病治疗、诊断、监测各种疾病以及生物系统控制的药物产品。FDA将纳米药物定义为：在纳米尺度范围内（即至少有一个维度的尺寸范围为1—100 nm），可表现出不同于大尺度同类产品的化学或物理特性或生物效应的产品；或在1—100 nm的纳米尺度范围之外，也可表现出因某一维度而导致的类似特性或现象的产品，设计关键在于是否在药效等药物性能上得到很大提升，能更加适合相关应用的需求。纳米诊疗制剂通常由适当的纳米载体和活性药物成分（active pharmaceutical ingredient，API）组合而成，其因纳米尺度、特定结构和特殊的表面特性而具有特殊的生物效应。这些特性赋予了纳米药物许多优势，如提高药物溶解度和稳定性、增加药物选择性、以持续或响应的方式调节可控药物释放、多种药物协同给药、提高生物利用度、增强治疗效果和减少不良反应。纳米药物因其显著特点而被广泛应用于癌症和炎症疾病治疗，如改变封装活性物质的体内分布、促进特定肿瘤积聚、具有被动或主动靶向能力、以固定比例递送多种治疗药物或减少所负载药物的不良反应。纳米药物的被动靶向主要取决于肿瘤和健康组织的病理生理特征差异，如病灶血管的异常结构。相比之下，纳米药物的主动靶向可通过优先识别或结合病灶微环境中过度表达或特异表达的受体来实现主动靶向，提升药物进入细胞的效率。在疾病精准诊断方面，基于纳米材料本身的光、磁、热等特殊性质或通过纳米靶向载体递送核磁/CT/放射性造影剂至病灶处实现精准疾病诊断，提高诊断的灵敏度和特异性，提升显影效果，延长显影时长。目前，纳米诊疗制剂在癌症、感染、血液疾病、心血管疾病、免疫疾病、神经系统疾病、眼部疾病、皮肤疾病等领域均有应用优势。

纳米药物的研究可追溯到1964年脂质体的出现，随后迅速发展。纳米药物又可分为依赖纳米载体药物递送系统和非载体依赖的纳米药物粒子（纳米晶体等）两类。根据纳米载体的类型和结构又主要分为脂质体、聚合物纳米粒子、树枝状分子、胶束、纳米晶体、蛋白结合纳米粒子。纳米药物设计实现了利用纳米技术改善传统药物溶解性和传递效率，延长药物半衰期，提高其生物利用度及降低不良反应的目的，改善临床治疗中出现的耐药性和依从性，实现对疾病的精确治疗。目前纳米药物治疗策略主要包括三类：被动靶向、主动靶向和物理化学靶向。被动靶向主要依靠单核吞噬细胞系统或肿瘤部位增强的渗透和滞留效应（enhanced permeability and retention effect，EPR）来实现纳米药物在肿瘤或炎症部位的蓄积。主动靶向主要通过对纳米药物的表面进行靶向特异性修饰，或直接采用具有靶向作用的材料研制而实现靶向功能。目前研究常用的靶向配体主要包括小分子的叶酸和糖类，大分子的多肽、蛋白、抗体、适配体和寡链核苷酸等。靶向纳米药物在治疗方面表现出巨大的优势，如减少对正常组织的损伤、提高治疗效果和克服耐药等。主动靶向提高了纳米药物靶向肿瘤的效率，但易于被体内免疫系统清除，如何平衡两者之间的关系是目前主动靶向研究的重点。

通过Cortellis Drug Discovery Intelligence（CDDI）数据库检索已批准上市或临床试验的纳米药物，并在 Microsoft Excel 中对搜索结果进行合并、去重和排序，统计已有 53 种纳米药物上市，231 种处于临床过程或其他阶段。这些纳米药物大多处于临床 Ⅰ 期（33%）和Ⅱ期（21%），主要集中在癌症（53%）、感染（14%）治疗领域（图14-2）。心血管疾病如血栓、心血管损伤、动脉粥样硬化等一直是威胁人类身体健康与生命的首要因素。纳米技术现已成为治疗心血管疾病的又一有效选择。纳米药物可以显著克服小分子抗心血管药物血液循环时间短、药效差的问题。通过进一步利用血栓靶向、炎症靶向等纳米技术实现纳米药物在心血管疾病病灶部位的选择性蓄积，从而更加有效地溶解血栓、修复受损血管，弥补小分子药物治疗心血管疾病的固有缺陷。神经系统疾病治疗目前也在纳米技术的推动下得到了长足的进步与发展。通过纳米技术有效调控血管屏障很好地解决了某些药物无法到达脑部病灶的问题，从而显著缓解或治愈阿尔茨海默病、癫痫、精神分裂、抑郁症及躁狂症等神经系统疾病。此外，纳米药物还被开发用于血液疾病、内分泌和代谢疾病、免疫疾病、炎症、眼部疾病、皮肤疾病及疫苗开发和成像诊断。在所有已上市或处于不同临床试验阶段的纳米药物中，脂质体或脂质纳米粒是最常见的类别（33%）。

纳米生物材料从基础科研走向医药产品，面临的主要挑战包括：复杂体系对纳米材料性质影响较大，表征指标较多，纳米检测技术的标准化研究不足，很多已有标准方法的适用性还需进一步验证，标准化体系不完备；纳米尺度上测量方法的准确性要求较高，相应的检测技术和设备相对滞后，基础科研相对薄弱。此外，纳米知识体系依然处于发展过程中，特别是纳米生物安全性知识体系相对匮乏，纳米生物材料因其特性，其生物安全性评价困难，应用风险较高。

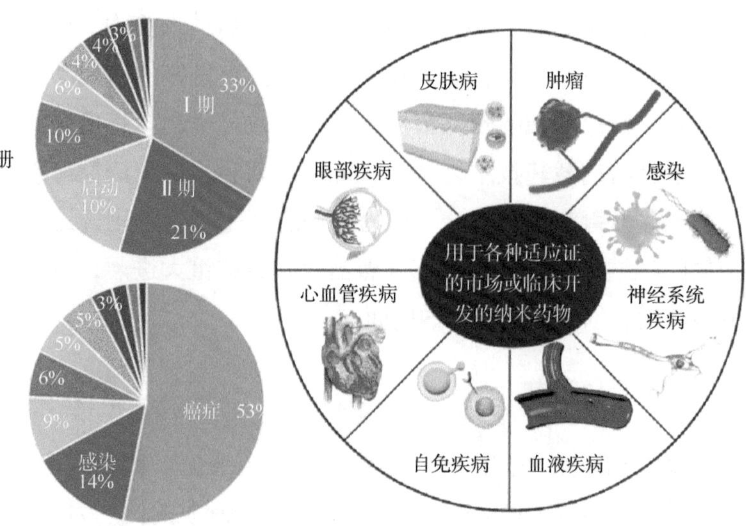

图14-2　已上市或进行临床转化的纳米药物概览

1. 脂质体药物

脂质体是由磷脂组成的球形囊泡，具有两性性质：既可输送亲水性药物，也可输送疏水性药物。可采用反相蒸发、薄膜水合、微流控技术、喷雾干燥和超临界流体技术等多种方法制备脂质体。脂质体作为给药载体具有独特的优势，因为磷脂具有生物降解性和生物相容性，结构与细胞膜中的脂质相似。已获批的脂质体主要基于被动靶向机制，如Vyxeos（2017年）、Onivyde（2015年）、DoceAqualip（2014年）和Doxil（1995年）。值得注意的是，一些基于主动靶向的脂质体已进入临床阶段，如C225-ILS-DOX、SGT-94和YN001。其中，负载的药物包括多功能化疗药物（如多柔比星、紫杉醇和顺铂）或核酸类药物（如mRNA、miRNA、反义寡核苷酸、siRNA和shRNA）。Doxil是FDA批准的首个脂质体制剂，由Sequus于1995年推出，用于治疗对联合化疗难治性或不耐受的艾滋病相关卡波西肉瘤患者。Doxil的制备方法是将细胞毒性蒽环类抗生素盐酸多柔比星装入长循环脂质体中。脂质体的配方中含有表面结合的聚乙二醇（PEG），以保护脂质体不被单核吞噬细胞系统清除。Doxil的靶向机制主要归因于其体积小和在血液中长循环。此外，脂质体表面还可修饰多功能配体（如抗体）实现靶向肿瘤中过度表达的因子，进一步提升药物在肿瘤中的富集和入胞效率。例如，C225-ILS-DOX是一种针对肿瘤中过度表达的内皮生长因子受体（EGFR）的免疫脂质体，由西妥昔单抗（一种抗EGFR的单克隆人源化抗体）的Fab片段与多柔比星的PEG化脂质体共价偶联而成。在晚期实体瘤患者中进行的第一阶段试验已经完成（NCT01702129）。

2022年1月，石药集团多恩达（盐酸米托蒽醌脂质体注射液，PLM60）获得注册许可，PLM60为石药集团自主研发的抗肿瘤纳米药物，也是全球首个上市的米托蒽醌纳米药物。该产品具有完全知识产权，具有良好的药代动力学特性，在既往接受至少三线系统治疗的铂耐药卵巢癌患者中疗效显著，具有良好的应用前景。该产品的设计采用了独特的载药技术，从而保证了给药后，纳米药物可以有效地在肿瘤中富集和释药，显著改善疗效和安全性，为肿瘤患者带来新的用药选择。该产品的获批标志着石药集团在纳米药物研发和抗肿瘤治疗领域的重大进展，打破了我国在纳米药物研发领域多年没有创新药物上市的局面。

2. 聚合物胶束

聚合物胶束是指由天然聚合物（如壳聚糖）或合成聚合物［如聚乳酸、聚乳酸-羟基乙酸共聚物（PLGA）和聚乙烯亚胺等制成的粒径为20 nm的胶体粒子。聚合物胶束由两亲性嵌段共聚物组成，可在高于临界胶束浓度的水溶液中自发形成胶体纳米载体。药物可以通过物理作用掺入胶束核心，也可以通过环境敏感键与共聚物骨架结合，在特定条件下可被裂解。通过受控聚合合成的树枝状聚合物是一种具有超支化树状结构的聚合物体系，主要由中心核分子、内部分支和功能表面组成。一些聚合物胶束已获准上市，但大多数产品还处于临床阶段，而树枝状聚合物目前全部处于临床阶段。CALAA01 是第一种用于癌症患者小干扰 RNA（siRNA）治疗的靶向聚合物，已由 Calando 制药公司进行了Ⅰ期临床试验。CALAA01 是一种靶向人类 RRM2 的 siRNA，通过纳米颗粒递送，其中包括环糊精聚合物、转铁蛋白（Tf）靶向配体和PEG。含有环糊精的聚阳离子与阴离子 siRNA 结合，使其成为直径小于 100 nm 的纳米颗粒，从而保护 siRNA 不被血清中的核酸酶降解。

2020年4月，中国科学院国家纳米科学中心研究团队已完成纳米技术的重大转化，“盐酸伊立替康（纳米）胶束”获批进入临床试验。该技术利用相容性好的生物材料实现了盐酸伊立替康纳米化，有效提高了药物包封率，成为我国首个名称冠以“纳米”的药物。2022年6月，上海谊众与青岛百洋共同宣布，上市国内首个自主研发的创新药注射用紫杉醇聚合物胶束。我国研发的紫杉醇聚合物胶束作为紫杉醇创新剂型，拥有通过核心壁垒技术合成，与天然紫杉醇药物活性成分精准匹配的、分子量分布系数极窄的高分子药用辅料，并由纳米技术打造。相较于白蛋白结合型紫杉醇（粒径130 nm），紫杉醇聚合物胶束（粒径18—20 nm）具有高渗透、长滞留效应，可通过被动靶向的作用进入到血管紊乱的肿瘤微环境中，并在肿瘤组织中形成更高的浓度，而正常组织的低浓度保持不变，在提高疗效的同时，毒副作用发生率进一步降低。紫杉醇胶束具有四大特点：高效、低毒、肿瘤靶向性和使用方便性。Ⅲ期临床研究结论显示，注射用紫杉醇胶束联合顺铂一线治疗晚期NSCLC经确认的客观缓解率（objective response rate，ORR）达到54.55%，对鳞癌的ORR达到66.1%，其ORR是目前NSCLC一线化疗公开数据中最高的。紫杉醇胶束能够显著改善肿瘤治疗的ORR，可以作为晚期NSCLC化疗标准方案的新选择。

3. 白蛋白纳米粒

最常见的蛋白质纳米药物是白蛋白结合纳米颗粒，如 Abraxane（2005 年批准）、Nabpaclitaxel/Rituximab（Ⅰ 期）、Nab-docetaxel（Ⅱ 期）和 Fyarro（预注册）。白蛋白是人体血液中含量最高的蛋白质，可延长化合物的循环半衰期。此外，由于肿瘤细胞需要大量营养物质才能快速生长，因此白蛋白容易在肿瘤中积聚，是选择性向肿瘤给药的绝佳载体。基于蛋白质的纳米颗粒可以通过脱溶法、纳米颗粒白蛋白结合（Nab™）技术和自组装技术制备，在临床上非常实用。Abraxane 是 FDA 批准的首个基于蛋白质纳米技术的制剂。Abraxane 是采用 Abraxis BioScience 公司的 Nab™ 技术制备的紫杉醇纳米颗粒制剂，由人血白蛋白维持稳定，粒径为 130 nm。在 Nab™ 技术中，疏水性紫杉醇溶解在有机溶剂中，然后与水性白蛋白乳化，粒度由高压均质机控制。在均质过程中，白蛋白的巯基被氧化形成二硫键，而无须使用任何交联剂或使白蛋白变性，药物被包裹在纳米粒子内。Abraxane 于 2005 年获得 FDA 批准，用于治疗联合化疗失败或辅助化疗后 6 个月内复发的乳腺癌。Abraxane 通过与白蛋白结合，增加了不溶于水的紫杉醇的水溶性，并降低了由紫杉醇引起的严重毒性和过敏性。

4. 纳米晶

为了实现更高的疗效，无载体纳米药物的概念被提出。这种策略是基于药物分子的自组装作用形成的纳米结构，理论载药量可高达100%。相比于传统纳米药物递送系统，无载体纳米药物递送系统还具有如下独特的优势：制备方法简单灵活，药物负载能力和传递效率高，血液循环半衰期长，避免载体带来的相关毒性及免疫原等副作用。近年来，无载体纳米药物广泛应用于抗肿瘤、抗菌、抗炎和抗氧化等生物医学领域，越来越受到国内外学者的广泛关注，并成为当前研究的热点。药物纳米晶是指选取适宜稳定剂制备的胶体药物微粒分散体系，除稳定剂外无其他药用载体，尺寸通常小于1000 nm。药物纳米晶通常以纳米混悬液的形式制备，并通过旋蒸或离心的方法除去有机溶剂，冷冻干燥后得到可重新分散的药物微粒，可获得较高的载药量和口服生物利用度，且易于工业化生产。目前有多种纳米晶药物被批准上市，部分上市产品如表14-1所示。纳米晶在生物医学领域不断展示其潜在的应用价值，得到了国内外研究学者的广泛关注。

表14-1 部分被批准上市的纳米晶药物

商品名	药物化合物	适应证	制备工艺	研发公司	上市国家	上市年份
Verelan PM®	维拉帕米	心律失常	湿法介质研磨	Schwarz 制药	美国	1998
Rapamune®	雷帕霉素（西罗莫司）	用于器官移植的抗排斥反应和自身免疫性疾病	湿法介质研磨	惠氏	美国	2000
Zanaflex™	替扎尼定	疼痛性肌痉挛	湿法介质研磨	Acorda 制药	美国	2002
Herbesser®	地尔硫䓬	心绞痛和高血压	湿法介质研磨	田边三菱制药	日本	2002
Naprelan®	萘普生	轻至中度疼痛	湿法介质研磨	惠氏	美国	2006
Theodur®	茶碱	支气管哮喘	湿法介质研磨	田边三菱制药	日本	2008
Aristada Initio™	阿立哌唑	精神分裂症	高压均质研磨	Acorda 制药	美国	2015

5. 纳米诊断试剂

目前临床应用的纳米诊断制剂（如肠道造影剂Lumiren®）、显像剂（如肝脾显像剂FeridexⅣ®）和指示剂（如降钙素原试剂）等成像及检测试剂，用于磁共振成像（MRI）等医学无创成像。此外，纳米技术还可以通过纳米传感器监测生物标志物的变化，实现早期诊断和预测治疗效果，从过敏症状到病原体感染，再到阿尔茨海默病和循环肿瘤细胞检测，纳米技术正在帮助医疗人员减少疾病检测的时间和成本，极大地降低疾病预防的成本，更好地保障人类身体健康。纳米材料作为新型影像学探针为疾病的早期筛查、病情诊断和治疗管理提供了超灵敏、高分辨率、高精准度的诊断工具。根据不同纳米材料独特的理化性质，纳米探针能够对病灶部位进行不同模式的成像，如光学成像、MRI、CT等。在诸多纳米探针中，氧化铁纳米探针由于其良好的生物安全性得到了深入研究和开发，用于疾病的MRI 诊断。目前已有多种不同类型的氧化铁纳米探针被批准进入临床应用，如铁羧葡胺（Resovist）、菲立磁（Feridex）、葡聚糖氧化铁（Combidex）等。

二、纳米药物开发的主要挑战

1. 安全性

随着纳米技术的蓬勃发展，纳米材料的安全性问题也引起了广泛关注，各国政府先后启动了对纳米生物效应的专项研究。纳米材料生物效应和安全性的研究既是其在生物医药应用中必不可少的部分，也为纳米生物医药应用提出了巨大的挑战。当物质细分到纳米尺度时，会出现一些特殊的理化性质和生物学效应，如尺寸效应、表面效应及生物代谢问题等。即使化学组成相同，纳米物质的生物效应也可能不同于微米尺寸以上的常规物质。纳米毒理学基础研究作为保护人类健康免受纳米材料潜在危害的第一道防线，依然存在很多问题亟待解决。除了具有核心功能的纳米材料自身的安全性评价之外，用于纳米材料表面改性的材料的安全性同样重要，而目前批准用于制备注射用纳米药物制剂的药用辅料很少，仅有磷脂及其衍生物和人血清白蛋白等。纳米药物特殊的纳米尺度效应虽然具有治疗优势，但同时也存在着与机体组织、细胞之间相互作用所带来的安全隐患。由于纳米药物制剂改变了原有药物的体内分布行为，可能会引起新的不良反应。这些都需要进行全面、深入的纳米药物制剂的毒理学研究。

2. CMC开发

虽然近年来主动靶向纳米药物发展迅猛，但仍存在临床转化率低的问题。目前尚未有上市的靶向纳米药物，其瓶颈问题可能主要包括以下几个方面：①靶向纳米药物结构组成复杂，合成方法一般为多步反应，致使纳米药物制备的可重复性较差，影响其在生物体内的生物学效应；②靶向纳米药物的体内外生物学评价与筛选模型无法完全模拟人体内复杂的肿瘤微环境，导致临床治疗效果低于预期值；③靶向纳米药物常采用先进的纳米技术，而相应规模化生产设备的无法满足导致纳米药物工业化生产受限；④靶向纳米药物的研制多采用一些新型的材料，其安全性和生物相容性研究数据不足，限制了纳米药物在临床上的应用，管理部门缺少详细、明确地对纳米药物进行质量控制和表征的指导方针和标准。

三、纳米药物研发最新趋势

1. 主动靶向

巧妙设计精准、高效的靶向药物传递系统是纳米药物研发的重要方向。目前，仿生材料在开发新型药物载体材料领域受到各国研究者的重点关注。将体内正常细胞（如白细胞、红细胞、血小板）的细胞膜包覆于纳米药物表面，能够实现纳米药物在体内的完美隐形，提高循环时间，实现靶部位的富集。将免疫细胞或间充质干细胞直接作为药物的载体，有利于药物在体内的转运，提高药物的治疗效果。此外，还可以将同源肿瘤细胞的细胞膜包覆于纳米药物表面，以提高对肿瘤组织的高效靶向性，为肿瘤靶向传递系统的开发提供了一种新思路。开发抗肿瘤新分子实体，研究纳米药物与生物内部的相互作用及其在体内的靶向转运过程，对抗肿瘤靶向纳米药物的研究和临床转化亦具有强烈的推动作用。

2. 工艺开发

纳米药物制备方面，一些新技术和新方法正在迅速发展。微流控技术能够实现纳米药物的快速组装，并且具有良好的单分散性、可控的物理和化学特性及较好批次间重复性，得到了研究者的高度关注。非浸润模板微印制技术（particle replication in non-wetting template，PRINT）能够精确控制纳米药物的尺寸、形貌、化学组成、载药量及表面特性，类似于高通量筛选小分子药物，能够促进纳米药物的开发。此外，同轴湍流喷射混合器技术（coaxial turbulent jet mixer technology）亦可获得具有均匀性、重现性和可控性的纳米药物。

3. 药效评价

纳米药物体内外评价方面，仿生“器官/肿瘤芯片”工具的开发在一定程度上可以避免当前体外评价模型的局限性。将肿瘤样的细胞球掺入微流体通道可用以研究间隙流、细胞黏附及尺寸大小对纳米药物积聚与扩散的影响。构建能够真实模拟人类肿瘤的异质性和解剖组织结构的动物模型，对纳米药物的体内评价至关重要，如高仿真的PDXs模型、人源化小鼠模型等。

四、我国纳米药物开发的突破性进展

1. 药物开发突破

近5年是我国高端制剂快速发展的重要历史阶段，在代表高端制剂工业化的“圣杯”主动靶向纳米药物研发方面，出现了本土孕育的成功企业。2022年12月，FDA批准全球首个心脑血管靶向药YN001的IND申请，该药物已在澳大利亚和中国完成Ⅰa期临床试验，成为世界首例进入临床的主动靶向动脉粥样硬化的纳米药物。2023年10月，YN001获得NMPA的临床试验批准，并顺利完成国内临床首次受试者给药，用于动脉粥样硬化患者降低急性心血管事件发生风险。经过超过1500批次制剂工艺探索，累计完成动物实验150项。临床前数据表明，YN001通过将药物精准递送至动脉粥样硬化斑块，实现药物富集，提高局部药物浓度，斑块药物浓度是同剂量口服药物的159倍，可有效缩小斑块，预防和治疗冠心病和缺血性脑卒中，可缩小斑块体积高达50%以上。具备颠覆并替代现有治疗药物、支架植入和冠脉搭桥等治疗手段的潜力，让更多患者在疾病早期得到无创治疗。同时，由于纳米脂质体的包裹，对药物安全性也有所改善，在已完成的长期毒性实验中，比原研药更高的无可见有害作用剂量

（no observed adverse effect level，NOAEL）也说明YN001的安全性更佳。

YN001 是基于主动靶向脂质体递送技术平台自主开发的全球首个进入临床试验阶段的动脉粥样硬化特效药。目前，YN001 正在中国进行Ⅰb/Ⅱa期多中心临床试验，旨在进一步验证其安全性和有效性。YN001在Ⅰ期临床展示出良好的安全性，Ⅰb/Ⅱa阶段的人体有效性已经初步观察到剂量依赖性的斑块缩小，有望成为史上第一个通过加速审批通道获得FDA上市的心脑血管药物和世界首例主动靶向纳米药物，并成为该领域的颠覆性治疗方法，为治愈动脉粥样硬化疾病和延长人类寿命提供有效药物，具有提升人类健康的重大意义。YN001通过自主研发的纳米脂质体复杂制剂生产工艺，解决了行业内纳米脂质体制剂产能放大难题，突破行业单批量60 L产能瓶颈，成功做到单批量300 L的稳定生产，目前正在进行600 L放大工作。工艺开发中结合前期筛选得到的稳定处方，创新开发了可制备得到初始粒径就和最终粒径接近的初始脂质体，商业化生产可实现比常规脂质体制备工艺更大的批量，脂质体的粒径和粒径分布控制更为精确。首次创新性地开发了主动载药的工艺，筛选得到了安全性良好的主动载药驱动梯度剂，通过工艺过程的优化实现了远超行业水平稳定包封率，显著提高了药物分子的利用率，同时，通过自主研发的内源性配体，实现了特殊靶点的靶向递送。

2. 公共技术服务平台

茵诺医药顺应全球创新药研发的需求和趋势，抓住递送技术在推动药物研发革新方面的价值和机遇，依托8年来积累的主动靶向脂质体递送技术和产品开发经验，打造了国际创新的一体化主动靶向脂质体药物递送技术创新平台。茵诺医药开发的脂质体主动载药技术实现了载药量和包封率的突破，粒径均一，批间稳定。此外，茵诺医药通过在载体表面插入配体，实现药物的靶向递送和局部富集。主动靶向脂质体递送技术获批了15项PCT专利，覆盖美国、欧洲、日本、韩国、加拿大和澳大利亚等国家和地区，是全球唯一拥有此类脂质体递送技术的机构。依托技术平台已成功孵化出三款产品，平台服务于国内外医药研发企业，加速科研成果转化为实际应用，推动医药行业进步，进一步加强了我国在全球医药科技舞台上的竞争力。

纳米递送药物的成功开发是多领域沟通合作的体现，离不开脂质体、小分子、合成和非临床等多功能团队的集体努力。而具备经验丰富的研发平台，则可以让纳米药物在整个合成—开发—生产过程中实现畅通无阻。鉴于纳米药物从研发到生产的复杂性，建议研发的不同阶段选择合适外包实验辅助快速推进开发。茵诺医药纳米药物研发平台具有从药物的发现、开发到生产的全过程的“一体化、端到端”的研发服务商业合作模式，覆盖支持纳米药物特别是脂质体开发的全流程，多团队平行工作和无缝衔接是脂质体最终成功的基石。由于其开发的复杂程度，任何环节的“失误”都将会影响药物是否可以被成功递送的可能。所以，无论是药物化学和CMC团队的经验丰富程度，还是其知识覆盖范围和专业程度，亦或是设备的先进程度，三者相辅相成才能最直接、最高效地摘得高端制剂“明珠”。

主动靶向脂质体药物递送技术创新平台服务内容包括以下几项。

（1）早期脂质体制剂开发策略：茵诺医药已经建立针对不同理化性质化合物递送策略的技术储备，在定制化载体设计方面有丰富的经验，可针对客户提出的特定化合物提供合理的递送方案，满足客户前提概念验证阶段快速灵活的设计需求。

（2）制剂开发：茵诺医药已将多通道、微混合系统及复杂制备系统能力融为一体，形成了业界独特的核心技术平台。该平台对粒度分布、载药率、包封率等关键参数的控制有显著优势，通过灵活的模块化平台技术，更能实现不同生产规模的灵活切换，满足合作伙伴的多样化需求。

（3）非临床药效评价：茵诺医药针对纳米药物在体内可能存在多种不同形态（如游离型药物、负载型药物、纳米粒子、载体材料等）开发了一系列区别小分子药物的药代动力学评价方法。针对各种不同形态建立合适的分析方法，真实、准确地反映游离和包裹状态的纳米药物在血浆及组织中的浓度，有助于纳米药物的靶向性研究，且对于评估其有效性和安全性、提高临床转化成功率，以及促进纳米药物递送系统的发展均具有重要意义。

（4）中试：大部分脂质体制剂是以注射剂的形式被开发，在CMC过程中的法规考量需遵循ICH Q8 R2。脂质体制剂在工艺研发和生产过程中仍有许多特殊之处，茵诺医药中试平台对无菌和内毒素水平的严格控制不仅反映了其CMC过程的整体质量，保证了脂质体制剂的安全性和适用性等，在中试阶段的关键质量属性或质量控制步骤为客户提供专业服务。

（5）分析方法开发：除了对脂质组分和粒径的相关研究，开发出完美的主动靶向脂质体制剂还需要关注更多。考虑到LNP可能具有pH敏感性，因此需进行可浸出物研究，以确保制剂的安全性和稳定性。总体来说，药物最终满足临床需求并达到商业化标准，离不开高质量的CMC的分析支持。

（6）生产工艺转移：参考ISPE-Technology Transfer，PDA TR65 Technology Transfer，ICH Q9，药品生产质量管理规范，组成生产工艺转移项目组，确保产品工艺转移符合国内外法规的要求，保证能够按时、有效地完成和记录生产工艺，最终达到成功技术转移产品的处方、工艺、标准、方法，以及相关的所有文件、资料的单位，并且能够生产出符合预期的产品。

（7）商业化生产：茵诺医药在上海外高桥保税区内建立了符合NMPA/FDA/EMA要求的商业化生产基地，生产基地目前设有一条最大批量为600 L的生产线，实验室配备了纳米脂质体药物常用分析仪器和稳定性试验设备，可以按照平台工艺单批量生产300—600 L的纳米脂质体药品。

五、总结与展望

发展具有生物医药应用前景的纳米药物递送系统，是全球各国战略性和前沿性领域，具有广阔应用前景。但是，目前成功应用于临床的纳米药物仅限于简单体系的脂质体、胶束、纳米晶等，少数主动靶向纳米药物仍处于临床研究阶段，这与基础科学研究广泛研究的时空可控智能化纳米药物研究目标仍存在较大差距。分析在研纳米药物应用转化困境的根本原因后发现，除体内纳米尺度生物效应与纳米药物相互作用机制等关键科学问题尚未完全阐明外，还包括通过动物实验模型等得出的临床前研究结果与临床试验结果之间存在差异、多体相纳米复合体系的系统稳定性较差、规模化和可重复生产存在困难等工程技术问题，以及纳米材料从临床前研究到临床开发和商业化过程中的监管要求不够明确等诸多因素。因此，如何合理化设计纳米体系以增加其体内外的系统稳定性，如何突破体内的各种生物屏障提高靶向性和生物功能，如何进行大规模可重复制备和筛选等一系列关键科学和技术问题亟须解决。而如何保障所设计纳米产品生物安全性评价的准确性是串联这一系列关键问题的桥梁，也是决定其是否能成功走向临床最重要的一道门槛，无论是科研人员、企业还是监管部门都必须给予最大程度的重视。尽管我国纳米科学基础研究已跻身世界前列，但是纳米材料/技术的发展要满足国家“从科技前沿向产品应用转化”的需求，还需研究机构、企业和政府部门共同努力。

撰 稿 人：马 茜 首都医科大学附属北京安贞医院
汲逢源 北京茵诺医药科技有限公司
孙洁芳 北京市疾病预防控制中心
通讯作者：马 茜 qianma@innovmed.co

第十五章　环状RNA技术

一、概　　述

自2012年以来，在前期零星研究的基础上，科学家重新开始了环状RNA（circular RNA，circRNA）的探索之旅，不断有重大发现并在技术转化方面取得重大进展。环状RNA具有无首无尾的环形单链结构，既有体内天然形成的，也包括通过人工手段在细胞内（*in vivo*）或细胞外（*in vitro*）制造的。2023年全世界共发表环状RNA相关的科研论文3000余篇（较2022年增加20%左右），其中在引用率较高的杂志上（影响因子大于10）有250余篇；申请专利超过300项（其中，美国142项，中国121项），自2020年以来，继续维持高研发热度并有进一步增加。对于一个新兴领域，如此多的论文发表及专利申请反映了大家对环状RNA有着浓厚的兴趣，并希望能在相关技术方面取得突破且具有竞争力。Karikó和Weissman教授因在核苷碱基修饰（重新构建尿苷上的化学键）方面的发现，获得了2023年诺贝尔生理学或医学奖。这一发现使针对新冠病毒感染的信使核糖核酸（mRNA）疫苗得以实现并广泛应用，也更让核酸药物领域对环状RNA在体内发挥作用充满了期待。

从公开的数据看，2023年新增环状RNA相关的投资达7亿美元左右，自2021年以来已累计达15亿美元以上。越来越多企业加入到环状RNA领域，2023年新成立了两家开展环状RNA相关业务的公司：中国的优环（苏州）生物医药科技有限公司（简称为优环生物，Exclcirc）和美国的Sail Biomedicines（由Senda Biosciences和Laronde合并成立）。国内外在环状RNA研发方面并驾齐驱，加上国家相关利好政策的支持，国内企业加速发展；投融资持续升温，国内外新锐公司相继完成了融资。另外，合作成为环状RNA行业的主要趋势，科研机构与公司、公司与公司之间一起探索新的环状RNA疗法，加速了相关技术的转化和应用。

2023年，研究主要集中在circRNA新型测序方法的开发、circRNA同基因组DNA的作用（如形成R-loop）、circRNA高效翻译载体的优化，以及作为gRNA等招募机体内源性编辑酶ADARI或编码各种编辑酶来进行RNA编辑等几个方面。相关研究还包括

circRNA的出核机制、降解机制等基础科学问题；挖掘可翻译为“隐肽”的circRNA，开发新型抗肿瘤疗法；探索circRNA的m^6A等修饰方式与肿瘤免疫之间的关系，以及circRNA对基因组稳定性的影响。环状RNA的体外制备趋向于开发或改进精准、高效、可产业化的技术。

二、国内外研发现状与趋势

2023年，国内外继续维持着环状RNA研究的热度，这里只能举几个例子说明一下环状RNA的主要研究方向，包括功能、作用机制及开发药物的潜力等。天然的circRNA可在体内进行翻译一直是大家关注的焦点之一。例如，circMIB2（一种环状RNA，下略）能翻译出MIB2-134aa蛋白，并显著增强先天免疫应答，可有效抑制鳗弧菌（*Vibrio anguillarum*）在斑马鱼体内的定殖。环状RNA还被发现在肿瘤调控中发挥作用，如circASH2能通过重塑肿瘤细胞骨架来抑制肝细胞癌的转移。环状RNA_0006420能依赖p53调节细胞周期阻滞和电离辐射诱导的上皮-间充质转化，从而影响细胞对电离辐射的敏感性，其机制是通过阻止PTBP1 mRNA的核输出而抑制其表达。研究发现，在氧化和炎症应激条件下，软骨细胞中circGNB1的表达水平上升，进而促进关节炎的发展。其机制是，circGNB1通过结合miR-152-3p（海绵吸附）抑制其功能，从而增强分解代谢和氧化应激，并抑制合成代谢基因的表达。环状RNA也可通过参与m^6A这种碱基修饰发挥作用，如EV-circSCMH1可降低Plpp3 mRNA的m^6A修饰，通过抑制其降解而提高表达量，进而促进缺血性中风模型小鼠和恒河猕猴脑血管的修复。

研究发现，天然的circRNA也可被修饰。例如，在IVDD（一种椎间盘病）患者的髓核组织中，发现circGPATCH2L可通过甲基化修饰（形成m^6A）招募相关蛋白质，帮助维持髓核细胞的正常生理状态。这为IVDD的治疗提供了新的潜在靶点。

环状RNA的体外制备（主要包括酶法和核酶法）是决定其能否成为核酸药物的重要技术之一。两种环化方法的基本原理已经比较清楚，而且近几年技术改进也基本完成，如RNA连接酶Ⅱ直接环化RNA及对内含子-外显子重排（permuted intron-extron，PIE）法的改进。根据环状RNA的序列特点重新设计线性RNA原料的策略（命名为PPC法，即permuted precursor for circularization）为不引入多余序列的精准环化提供了保障，既适用于酶法又适用于核酶法。目前的研究主要集中于针对不同的序列要求如何提高环化效率，而对于体内存在的天然circRNA，使用者还希望不引入任何多余序列。

环状RNA药物的临床试验也取得了重大进展。据统计，已披露的正在研发的环状RNA药物已超30种，大部分处于临床前期。圆因（北京）生物科技有限公司（简称为圆因生物）的TI-0010药物已获许可进行临床试验。另外，几种环状RNA药物分别在美国、加拿大、巴西、法国、中国、比利时等国进入临床试验，主要针对HIV、结核分枝杆菌、乙肝、抑郁症等疾病的治疗。

环状RNA作为疫苗已经显示出巨大潜力。肿瘤细胞特异性的circFAM53B能够翻译产生隐性抗原肽，这些抗原肽以抗原特异性的方式有效诱导初始$CD4^+$和$CD8^+$ T细胞。实验证明，在小鼠体内注射含有肿瘤特异性circFAM53B或其编码肽的疫苗后，可以诱导肿瘤抗原特异性细胞毒性T细胞的增强浸润，从而有效抑制肿瘤生长。这一发现表明，环状RNA的非经典翻译机制能够驱动有效的抗肿瘤免疫反应，利用肿瘤特异性环状RNA进行疫苗接种可能成为一种针对恶性肿瘤的创新免疫治疗策略。此外，基于环状RNA技术的cm-pp65-TCR-T细胞在小鼠体内的杀伤功能测试表明，其能有效清除表达CMV-pp65抗原的靶细胞，且性能优于线性mRNA，可更高效地激活和扩增CMV-pp65特异性T细胞。这些研究均表明基于环状RNA技术的抗原递呈策略在提高T细胞受体筛选效率、开发抗原特异性T细胞方面具有显著优势。

环状RNA应用的进一步拓展仍需深入开展以下研究。①人体内环状RNA功能的发现。有研究者认为，大部分的circRNA可能只是RNA剪接过程中产生的副产物，只有极少部分在进化过程中逐渐发挥作用，因此需要深入研究以发现那些有重要功能的circRNA。可以预见，应该有相当数量的circRNA的功能尚未被发现。另外，环状RNA之间及与其他生物分子相互作用的调控网络有待深入研究。②表达谱和互作蛋白的鉴定。目前对环状RNA的表达谱和互作蛋白的了解还很欠缺，特别是在细胞核内如何发挥作用的研究开展比较困难。未来需鉴定更多物种、组织和细胞类型中的环状RNA表达谱，以及可能与其发挥作用的蛋白质，并研究互作关系，从而揭示在不同生物学过程中的调控作用。相关的数据库正在不断建立和完善过程中。③环状RNA与疾病的关联研究。已知环状RNA与多种疾病密切相关，但未知关系及对其在疾病中的具体作用机制和调控网络了解不足。今后需加强环状RNA与疾病的关联研究，以揭示其在疾病过程中的作用方式和调控机制，为疾病的诊断和治疗提供新思路和方法。值得指出的是，在拓扑限制下，circRNA同基因组DNA结合必然形成含有左螺旋DNA/RNA杂合体（一种Z型核酸），其功能及机制的研究可能会对生命科学领域产生巨大影响。

三、环状RNA行业现状与趋势

（一）环状RNA的行业现状

在环状RNA领域已有多家公司在开展相应的研发，且有越来越多的企业正在考虑进入环状RNA行业（表15-1）。由于mRNA疫苗的巨大成功，大部分公司目前以开发环状RNA药物及疫苗为主，但也有部分公司定位于环状RNA相关疾病的诊断、核酸药物开发或开展环状RNA相关的科研服务。从全球视角看，目前国内外在此领域均处于早期阶段，在同一起跑线上。对于国内企业而言，在环状RNA领域仍存在难得的引领国际环状RNA产业发展的机会。在相关利好政策的支持下，国内企业如能继续加快步伐，不怕困难，相信在环状RNA赛道上，我国能显示出强大的国际竞争力。

表15-1　各企业环状RNA相关管线及业务方向

企业名称	成立时间	国家	部分管线开发和业务板块
吉赛生物（Geneseed）	2010年	中国·广州	circRNA 创新疗法 CRO 服务
环码生物（CirCode）	2021年	中国·上海	传染病疫苗、个性化肿瘤疫苗、蛋白质替代疗法与免疫疗法
圆因生物（Therorna）	2021年	中国·北京	预防性和治疗性新药产品管线
科锐迈德（CureMed）	2021年	中国·苏州	传染病疫苗、肿瘤免疫、蛋白质替代/基因治疗、细胞治疗等领域
转录本生物（RiboX）	2021年	中国·上海	发现、开发环状 RNA 治疗药物
优环生物（Exclcirc）	2023年	中国·苏州	心脏衰竭、男性不育、胃癌等，细胞疗法包括关节软骨再生、CAR-T 及动物疫苗
Rznomics	2017年	韩国	肝细胞癌、胶质母细胞瘤、阿尔茨海默病、视网膜色素变性的药物
Orna Therapeutics	2019年	美国	原位 CAR-T 细胞疗法、杜氏肌营养不良症基因替代疗法、传染病及肿瘤学领域的疫苗和治疗药物
Circio	2019年	挪威	开发癌症、疫苗、罕见病、蛋白质替代疗法和细胞疗法的 circRNA 药物
NuclixBio	2020年	韩国	基于自主研发的环状 RNA 平台“ringRNA™”研发抗癌药物
Circular Genomics	2021年	美国	开发环状 RNA 技术治疗重度抑郁症和阿尔茨海默病等神经系统疾病
Levatio Therapeutics	2021年	韩国	CAR-NKT 细胞治疗癌症和自身免疫性疾病药物、免疫调节药物、蛋白替代疗法等
Orbital Therapeutics	2022年	美国	基于 LNP 筛选平台开发疫苗、免疫调节药物、蛋白替代疗法等
Sail Biomedicines[1)]	2023年	美国	结合“Endless RNA™（eRNA™）”，开发分泌型单克隆抗体（mAbs）和疟疾疫苗等

资料来源：根据公开资料整理

1）Sail Biomedicines 由 Laronde 和 Senda Biosciences 合并成立

（二）环状RNA的行业大事件

2021年以来，国内外多家专注于环状RNA研究的新锐公司陆续完成融资，通过技术创新和合作，推动环状RNA产业化发展的进程。2023年以来在投融资和产业发展方面的行业大事件总结如下。

1. 投融资

2023年4月，诺贝尔生理学或医学奖得主Drew Weissman与张元豪等创立的Orbital Therapeutics公司完成了由ARCH Venture Partners领投的2.7亿美元A轮融资，用于公司平台开发、项目加速和团队建设。

2023年4月，国际制药巨头赛诺菲（Sanofi）资助麻省理工学院（MIT）的Daniel Anderson实验室2500万美元，以支持其开发circRNA递送技术。

2023年5月，ReNAgade Therapeutics获得3亿美元A轮融资。并将ReNAgade的递送平台与Orna的环状RNA技术结合，支持Orna与默克公司的重大合作项目。

2023年8月，环码生物，一家基于环状RNA技术平台开发核酸药物的创新生物医药公司，完成数千万美元的A轮融资。

2023年8月，吉赛生物，完成数千万元Pre-A轮融资，在广州科学城建立GMP中试生产基地，致力于为环状RNA创新疗法提供CRO服务。

2024年1月，Sail Biomedicines获得比尔和梅林达·盖茨基金会的两笔赞助，推进其首创的“Endless RNA™（eRNA™ ）”平台，开发治疗疟疾的分泌型单克隆抗体（mAbs）和疫苗。

2024年1月，Circular Genomics完成830万美元的A轮融资，扩大商业规模，为推出全球首个基于环状RNA的临床检测做准备。

2024年1月，全球卫生非营利组织流行病防范创新联盟（Coalition for Epidemic Preparedness Innovations，CEPI）与美国休斯顿卫理公会研究所（Houston Methodist Research Institute，HMRI）合作，共同开发更稳定、更持久、更具成本效益的新型环状RNA疫苗。

2. 产业发展

2023年1月，上海先博生物科技有限公司（简称为先博生物，Simnova）与Orna公司合作，共同推动肿瘤领域潜在疗法的发现、开发和商业化。先博生物负责在大中华区推广Orna公司利用环状mRNA技术（oRNA）开发的体内细胞治疗产品，包括抗CD19原位嵌合体抗原受体T细胞技术（isCAR）项目“ORN-101”。

2023年1月，创新型口服mRNA生物制剂开发商Esperovax和合成生物学巨头

Ginkgo Bioworks宣布合作开发治疗结肠癌的环状RNA疗法。

2023年5月，微创神经外科领域的领导者NICO公司向俄亥俄州立大学综合癌症中心的Daniel Prevedello博士提供了40 000美元的资助，用于支持脑膜瘤侵袭的环状RNA分析，为脑膜瘤的遗传和生物学组成提供新见解，提出新的治疗方案。

2023年5月，博雅辑因在第26届美国基因与细胞治疗学会（American Society of Gene & Cell Therapy，ASGCT）年会上发布其体内RNA编辑疗法在非人灵长类动物（non-human primates，NHP）模型中的临床前概念验证数据。该疗法基于“LEAPER™ 2.0”技术，无须引入外源蛋白，通过特殊设计的环状RNA实现RNA编辑。

2023年5月，美国制药巨头默沙东（Merck）和英国Wellcome Trust联合成立的合资公司Hilleman Laboratories和A*STAR宣布合作，探索使用环状RNA技术开发和生产疫苗。

2023年6月，挪威生物技术公司Targovax更名为Circio，专注于加速开发其环状RNA平台，其研发重点从免疫肿瘤学的临床研究转变为环状RNA疗法开发。

2023年7月，斯微生物与中国药科大学张亮教授和Coderna.AI创始人黄亮教授合作，基于“LinearDesign”算法推出了用于环状RNA结构预测与序列设计的“circDesign”算法平台，旨在提高环状RNA的环化效率、稳定性和翻译效率，简化序列优化设计。

2023年7月，Circular Genomics发布研究结果：环状RNA可用于高精度预测抑郁症患者对SSRI①（舍曲林）的反应，有望简化抑郁症的治疗过程。

2023年7月，环码生物与辉瑞达成合作协议，共同深入探索环状RNA疗法。将充分利用环码生物的环状RNA技术平台，结合辉瑞在制药领域的专长，共同推进环状RNA技术向药物候选转化。

2023年7月，Jaffrey Lab的Jacob开发了一种名为“Tornado”的细胞内环状RNA适配体生产系统。该系统优化后能在多种类型的细胞中表达可翻译的环状RNA，并可环化较长的RNA片段。

2023年8月，韩国生物制药公司Rznomics开发了一种名为“自环化RNA结构”（self-circularized RNA structure）的新型技术平台，能够高效生成环状RNA并克服现有技术的局限性。

2023年9月，美国环状RNA检测公司Circular Genomics与华盛顿大学医学院研究员Carlos Cruchaga博士合作，研发基于环状RNA的阿尔茨海默病检测方法，探索其在早期诊断和治疗中的作用。

2023年10月，韩国科学技术院生命科学系的金允基教授研究组发现了真核细胞内环状RNA蛋白质合成的新机制。

---

① SSRI即selective serotonin reuptake inhibitor，选择性5-羟色胺再摄取抑制剂。

2023年10月，Circio和Neoregen宣布开始研究基于Circio专利“circVec”技术的新型环状RNA疗法，并研究Neoregen的NICT（Neoregen细胞内递送技术）在增强circVec载体的细胞摄取和核转移方面的能力。

2023年10月，先博生物和Orna宣布达成更广泛的战略合作，整合各自在研发领域的优势资源。先博生物利用其在抗体发现和细胞治疗方面的技术优势，结合Orna公司在环状RNA和定制化脂质纳米粒（LNP）领域的经验，共同研发下一代体内CAR-T产品。Orna公司将获得先博生物一系列CAR结构序列的使用权，推进其isCAR平台管线的开发工作。部分项目可能通过IIT在中国加速临床验证。

2023年10月，Laronde和Senda Biosciences合并为Sail Biomedicines，将“eRNA”技术与可编程纳米颗粒人工智能工具相结合，致力于新药研发。

2023年11月，由吉赛生物发起并主办的“第七届circRNA研究与产业论坛”在广州举行，有300多位来自科研院校、药物研发企业、CRO/CMO/CDMO等的参会代表，共同探讨环状RNA“产、学、研、医”一体发展的可能，推动环状RNA在生物医药产业中的发展和应用。

2023年11月，上海交通大学医学院附属第一人民医院/上海市第一人民医院张岩与宋献民研究团队联合苏州科锐迈德生物医药科技公司左炽健团队，首次报道了基于环状RNA技术的TCR-T细胞疗法，为造血干细胞移植后的人巨细胞病毒（cytomegalovirus，CMV）感染的免疫治疗提供新的、更安全有效的策略。

2023年11月，辉瑞介绍了合成生物学如何通过优化疫苗抗原、治疗构建体、治疗活性和递送载体来增强RNA疗法的效果，认为mRNA技术最有前景的发展之一是circRNA的开发。

2024年1月，Sail Biomedicines公布了由囊性纤维化基金会（CF Foundation）资助的研究进展，显示“Endless RNA™（eRNA™ ）”平台可能为那些不适用现有治疗的10%—15%囊性纤维化（cystic fibrosis，CF）患者提供治疗选择。

2024年2月，合成生物学公司Ginkgo Bioworks收购用于序列设计的人工智能平台Patch Biosciences，以加强其研发管线，强化环状RNA和启动子筛选平台技术。

2024年2月，环码生物与国际知名制药公司百时美施贵宝（Bristol Myers Squibb）达成合作，共同研究环状RNA技术在某治疗领域的应用。

四、结　　语

无论是产生及发挥作用的机制等基础研究、开发新的治疗策略等应用基础研究，还是核酸药物及疫苗的研发，环状RNA都是一个生机勃勃的处于少年时期的高科技新领域。一方面，人们可以直接将mRNA转变为环状RNA，以得到更好的疫苗和治疗效果；另一方面，内源的环状RNA可作为药物新靶点或疾病诊断的标志物。显然，环状RNA的设计、制备及应用已经成为全球生物经济未来的关键技术。可喜的是，我国在环状RNA领域并不落后，在基础研究和产业化方面都有望走在世界前列。由于环状RNA的功能和调控机制尚不完全清楚，难以进行准确的定量检测，仍需加大投入，开展包括基础、技术及产业化等各个层次的研究。期待不断加强跨学科合作和交流，整合不同领域的研究资源和成果，共同推动我国环状RNA研究和应用事业的发展。

撰 稿 人：杜　艺　广州吉赛生物科技股份有限公司
张　雪　广州吉赛生物科技股份有限公司
陈　辉　中山大学附属第三医院
张歆移　广州吉赛生物科技股份有限公司
张茂雷　广州吉赛生物科技股份有限公司
梁兴国　中国海洋大学食品科学与工程学院
通讯作者：梁兴国　liangxg@ouc.edu.cn

第十六章　空间组学技术

一、概　述

*Nature Methods*年度技术见证了单细胞组学技术的发展历程，从2013年的“单细胞测序”到2019年的“单细胞多模态组学”，体现了科学技术的进步对生命科学领域的深刻推动作用。单细胞测序技术的问世为在单个细胞水平上探讨功能状态、识别细胞间差异及其内部复杂性开辟了新途径。而单细胞多模态组学进一步深化了对细胞功能状态和调控机制的理解，通过综合多种组学数据，提供了更深入的生物学见解。尽管如此，这些技术由于将细胞从其原生环境中分离，忽视了关键的空间位置信息。空间组学技术应时而生，补足了这一缺陷，使研究人员得以在组织结构中精确定位和解析基因及蛋白质的表达和变化，从而更深入地理解细胞在微环境中的行为与相互作用。

近年来，空间组学技术飞速发展。2020年，*Nature Methods*将“空间转录组学”评为年度技术。2022年，“空间组学”已被*Nature*杂志评为当年最值得关注的七大年度技术之一。2023年，该技术入列达沃斯世界经济论坛评选的十大新兴技术第七位，可见该技术在学术和产业界举足轻重。

空间组学技术包括空间转录组学、空间基因组学、空间蛋白质组学、空间表观组学等，其中空间转录组学是最典型的代表。正如前些年单细胞测序彻底改变了生物学的许多领域一样，空间组学技术也正在迅速地推动新一代的科学发现。现在，大量新技术可以对组织内基因和蛋白质表达、基因突变、表观遗传标记、染色质结构和基因组进行空间分析。这些方法大多数可以追溯到免疫组化和原位杂交等传统技术，或者通过将空间坐标转换为条形码序列来利用下一代测序的高通量优势，并在逐步升级后被广泛应用于发育生物学、肿瘤生物学和神经生物学等领域。人类细胞图谱计划的目标是在生理和病理条件下识别组织内的新细胞类型和状态，随着空间组学技术的发展，该项目正在转向对空间组学技术的大量应用。空间组学技术不仅可以揭示传统细胞类型定义未解释的基因或蛋白质表达的残余异质性，并将其与空间位置相关联；还可以研究不同细胞类型的共定位是否影响它们的表达谱或与组织功能或疾病结果相关。

空间组学技术的飞速发展不仅推动了科学研究的边界，也催生了一个新兴的经济领域，即空间组学经济。据BCC Research在2023年4月的预测，空间基因组学和转录组学市场的价值将从2022年的15亿美元增长至2027年的25亿美元，年均复合增长率达到10.8%。到了2023年11月，生物医药领域的权威媒体GEN揭晓了空间生物学行业的十大领军企业，其中不乏上市巨头、行业翘楚及崭露头角的新星公司。报道中指出，空间生物学领域前五大公司的财务业绩正稳步上升：2021—2022年，这些公司的总收入相较于2021年增长了3%，从32.39亿美元增加至33.47亿美元。更为显著的是，2023年上半年，这些上市巨头公司的收入同比大增17%，从15.56亿美元跃升至18.26亿美元。空间生物组学已成为这些企业的关键业务领域。例如，上市公司Bruker近年通过收购Canopy并投资Acuity Spatial Genomics建立了空间生物学滩头阵地，Canopy Biosciences子公司转型为空间生物学领域的业绩领导者；同时，10x Genomics推出了基于测序的10x Visium技术和基于成像的Xenium技术，这些技术支持对同一组织切片的多模态数据进行分析。作为顶尖私营企业的代表，Vizgen在2022年完成了由Blue Water Life Science Advisors和ARCH Venture Partners领投的8520万美元C轮融资，累计融资额达到1.362亿美元。

二、国内外研发现状与趋势

在2016年，瑞典皇家理工学院的Joakim Lundeberg领导的研究团队开创性地使用带有条形码的寡核苷酸的载玻片，成功从完整的组织切片中捕获mRNA，从而能够根据各自的条形码将每个转录本准确地定位到样本中的特定区域。这一突破性工作催生了空间转录组学领域的迅速发展。目前市面上已有多种商业化的系统供选择，包括10x Genomics的Visium和Xenium平台；华大基因开发的Stereo-seq技术，该技术的分辨率达到亚细胞水平的500 nm；百迈客的S1000空间转录组技术平台，其分辨率高达4.8 μm；北京寻因生物科技有限公司的SeekSpace空间转录组技术，该技术通过使用可断裂的位置探针实现单细胞级的精确度。无论是学术界还是工业界，都在不懈努力，开发创新方法，以提高基因表达图谱的绘制深度和空间分辨率。

空间转录组学技术主要分为基于测序（sequencing-based）的方法和基于成像（imaging-based）的方法两大类。这两种技术都在阐明细胞在组织中的空间分布及其功能方面扮演着至关重要的角色，但在技术实施和应用层面上，它们各有特点。基于测序的技术依赖于NGS技术来定位细胞和其基因表达，而基于成像的技术则利用高分辨率显微成像来直观展示细胞及其分子组成。

（一）基于测序的空间转录组学技术

基于测序的方法通常被认为是“无偏”的，因为这种技术通常能捕获所有带有poly（A）尾巴的转录本。这些方法的核心在于，利用带有空间定位信息的特异性序列来捕获组织中的转录本。代表性的基于测序的空间转录组学技术包括原位测序（*in situ* sequencing，ISS）、Geo-seq、10x Visium和Stereo-seq等。根据其原理和实现方式，基于测序的空间转录组学方法进一步分为三大类。

1. 基于显微切割的空间转录组学方法

Geo-seq是一种以显微切割为基础的代表性方法。它结合了激光捕获显微切割（laser capture microdissection，LCM）与RNA测序技术。在该方法的操作流程中，首先利用LCM技术从冷冻组织切片中准确切割特定区域的细胞，接着对这些细胞进行RNA测序。

2. 基于原位测序的空间转录组学方法

基于原位测序的空间转录组学技术主要依赖于先对细胞内RNA进行原位标记的步骤，通常是通过使用专门设计的探针来实现。这些标记的RNA经过一定的放大流程后，转化成稳定的DNA扩增子，这些扩增子含有独特的核苷酸序列条形码。随后，研究者利用原位测序技术对这些条形码进行读取，从而分析特定基因在细胞内的表达和具体位置。此类技术代表性的方法有ISS、STARmap和STARmap PLUS等。ISS是这一系列技术中较早发展起来的技术，与STARmap及STARmap PLUS相比，ISS在目标检测的数量和准确性方面都存在一些局限。

3. 基于原位空间条形码的空间转录组学方法

该类技术通过与空间探针相连的载体实现原位RNA的捕获。这项技术的关键之处在于对探针密度的调整，从而实现从多细胞到单细胞甚至亚细胞级别的空间分辨率。在此基础上，通过逆转录和cDNA扩增等步骤，捕获的RNA被转换成带有空间条形码的cDNA。接下来，经过文库构建、测序及数据分析等一系列过程实现对组织中基因表达模式和细胞空间分布的详细解析。该类代表性的技术包括10x Visium和Stereo-seq，是目前应用非常广泛的两个商业技术。10x Visium技术能够在完整的组织切片中测量整个转录组的基因表达情况，spot的直径为55 μm，spot中心距为100 μm。华大时空组学技术Stereo-seq是一种采用DNA纳米球（DNA nanoball，DNB）模式化阵列和原位RNA捕获技术的空间转录组学方法，它能够在单细胞分辨率下实现大视野空间转录组学。Stereo-seq技术基于DNB芯片进行原位测序，标准DNB芯片具有直径约220 nm的spot，中心间距为500 nm，每100 mm^2可提供高达400个用于组织RNA捕获的spot。

（二）基于成像的空间转录组学技术

基于成像的技术主要通过与目标序列互补的荧光探针杂交来检测特定的基因序列（原位杂交，*in situ* hybridization，ISH）。这类方法最初在区分不同转录本的能力上受到限制，但随后的技术创新，特别是引入了多轮杂交和成像及条形码技术后，显著增强了其多路复用能力。该类别的技术代表性的方法有SeqFISH、SeqFISH+和MERFISH技术。

SeqFISH（顺序荧光原位杂交）以荧光原位杂交技术为基础，通过在固定细胞中的mRNA上进行连续探针杂交，赋予了每个mRNA一个独特的预定义的时间序列颜色，从而在原位生成mRNA条码。这种多重杂交的能力随着杂交轮次的增加而呈指数级增长。SeqFISH能够高效准确地在组织中的单个细胞内定量mRNA水平，比起单细胞RNA测序和原位测序的方法，其检测效率显著提高。通过这种方法，可以实现对单个细胞内大约100个目标基因的准确量化。SeqFISH+是SeqFISH的进阶版本，它可以在单细胞水平上实现高达10 000个基因的超分辨率成像和多重杂交。与SeqFISH相比，SeqFISH+不仅增强了检测效率，还通过扩展色谱范围加快了成像速度和提升了准确性，同时减少了误差累积。

庄小威课题组开发的MERFISH技术显著提高了对单细胞内mRNA的检测能力，能够测量数千个mRNA分子，检测效率达到80%。与设计特异探针的传统方法不同，MERFISH通过一个N位的二进制编码策略为每种RNA分配一个唯一的编码，使其能够高效地识别目标基因集。通过N轮的杂交与成像，理论上可以检测2^{N-1}种RNA。不过，随着编码长度N的增加，错误率也会上升，限制了实际可检测的RNA数量。MERFISH的改进版本能在单细胞水平上成像约10 000个基因，检测效率约80%，误识别率大约4%，这一成就依赖于一个包含23轮杂交的69位编码方案。

2022年，10x Genomics推出了基于成像的空间转录组学方法Xenium。Xenium技术的特点是采用了一种双探针系统，每个探针设计有两个臂部，这两个臂部需要稳定地与它们特定的目标基因序列进行杂交。在这个杂交过程中，如果仅有一个探针臂成功与目标序列杂交，该探针会处于不稳定状态，并在随后的清洗步骤中被洗去。关键的一点是，这些探针中还包含了基因特异性的条形码序列，这些条形码用于为每个转录物生成独特的光学标识。在成功稳定杂交的探针之后，接下来的关键步骤是探针的连接。这一过程仅在两个探针臂都与目标序列完美匹配并稳定结合时发生。那些不完全匹配或仅部分结合的探针将不会进行连接，因此无法被进一步扩增。这样的选择性连接机制显著提高了方法的特异性。随后进行的滚环扩增（rolling circle amplification，RCA）是一个专门用于扩增那些已经成功连接的探针的步骤，这一步骤进一步提升了信号的特异性和信号与噪声比，从而增强了检测结果的准确性。

（三）空间多组学技术

随着技术的发展，空间组学不再仅限于研究转录组。现在，空间多组学技术也逐渐发展起来，能够提供更全面的维度信息，涵盖DNA、蛋白质、免疫组库及染色质可及性等。在这一领域，耶鲁大学樊荣团队取得了显著成就。2020年，樊荣团队开发了DBiT-seq技术，这项技术基于微流体条码标记，能将mRNA和蛋白质分析与高达10 μm的空间分辨率结合起来。2023年，该团队又推出了空间分辨率为10—50 μm的spatial-ATAC-RNA-seq技术，该技术能同时分析细胞的基因表达和染色质开放性，为全基因组层面的空间基因表达调控研究开辟了新途径。同年，樊荣团队还实现了在同一组织切片上同时测量基因表达和组蛋白修饰（如H3K27me3、H3K27ac、H3K4me3），在单细胞空间分辨率下联合分析表观基因组和转录组。此外，Broad Institute的陈飞团队在2022年开发了Slide-TCR-seq技术，这项技术的空间分辨率达到10 μm，可以在组织样本中同时检测转录组和TCR信号。虽然空间多组学技术在学术界的发展迅速，但当前商业化的空间多组学技术主要局限于同时检测RNA和少量蛋白质的方法，例如10x Genomics的Visium和Xenium技术。因此，将空间多组学技术商业化，尤其是能同时检测更多类型生物分子的技术，可能是未来几年内的一大挑战与机遇所在。

三、空间组学技术发展的前景与挑战

在理想情况下，空间组学技术应能以亚细胞分辨率迅速而可靠地提供整个细胞接近完整、无偏的分子数据，同时，价格要足够便宜，且能兼容各种类型的样本，包括医院（机构）归档样本。但是，目前所有技术均需在细胞分辨率、基因通量、成本效益及样本兼容性等方面做出一定妥协。与基于成像的空间组学技术相比，基于测序的技术在检测效率上通常较低。在这一领域，non-barcoded smFISH几乎达到了100%的灵敏度，被视为金标准。以ST技术（即10x Visium的前身）为例，其检测效率仅为sm-FISH的6.9%，而10x Visium的效率则应略有提高。基于测序的技术面临的另一大挑战是空间分辨率。目前广泛使用的10x Visium技术提供的是多细胞级别的精度（55 μm），其在小鼠嗅球数据中的测序效率为15 377 UMI（55 μm×55 μm）。而广泛采用的Stereo-seq技术已实现亚细胞级的精度，同样在小鼠嗅球数据中，其测序效率为1450 UMI（10 μm×10 μm）。另外，基于成像的空间组学技术主要面临两大限制：分子信号强度和检测基因的范围。就信号强度而言，MERFISH技术通过减少成像轮次和采用多探针策略来提高信号强度，检测效率可达80%。总的来看，尽管基于成像的方法对设备和操作要求更高，但提供了更高的分辨率，并且样本成本随样品量增加而降低，因而具有高精度和低成本的优点。这使得基于成像的方法特别适合临床应用，尤其是在需要检测数个至数十个基因进行伴随诊断时。

2024年1月，NanoString公司在旧金山举行的第42届摩根大通医疗健康大会上宣布，他们成功获得了包含人类基因组内所有蛋白质编码基因的单细胞分辨率空间转录组数据，这一成就是通过其CosMx™ SMI平台实现的。该平台为研究者提供了在原位直观观察人类基因组中每个蛋白质编码基因表达的能力，极大地推动了单细胞空间生物学的研究。NanoString计划于2025年将CosMx全转录组panel商业化。目前，市场上的基于成像的空间转录组技术主要包括10x Genomics推出的Xenium技术，以及Vizgen基于MERFISH开发的MERSCOPE技术。这两种技术已实现商业化，但尚未有公司或研究团队在基于成像的空间转录组学技术领域实现国产化的突破。这意味着，国内市场在这一高科技领域尚未完全自立，依赖于国外成熟技术的引进和应用。来自中国科学技术大学的研究团队结合MERFISH方法的编码策略与原位测序技术中的RNA特征序列扩增和标记方法，开发了“编码扩增特征序列荧光原位杂交”（BASSFISH）技术，实现了大组织样本中基因通量大于1000的高效率转录组成像和分析。在技术层面，BASSFISH方法有效整合了目前国际上前沿的MERFISH技术的编码成像策略和Ex-seq原位测序技术的信号扩增方法，取长补短，具有错误率低、样品稳定和成像效率高等独特优势。此外，BASSFISH采用一次性合成探针池的方式来获得足够种类的DNA探针，再通过体外转录和反转录方式对探针池进行线性扩增以获得足够实验所需的探针量。这种方式大幅降低了单个基因探针的平均合成成本，获得最佳的总体效益。研究团队自主搭建完成一套全自动多轮次空间转录组成像系统，并针对成像效率、系统稳定性和关键配件进行了国产替代优化，有望成为国内第一个商业化的基于成像的空间组学技术。

撰 稿 人：瞿　昆　中国科学技术大学
　　　　　刘年平　中国科学技术大学
通讯作者：瞿　昆　qukun@ustc.edu.cn

第十七章　噬菌体生物技术与噬菌体疗法技术

噬菌体（bacteriophage，phage）是专一感染细菌的病毒，分布于各类生态环境中。噬菌体可分为裂解性噬菌体和非裂解性噬菌体。裂解性噬菌体侵入宿主细菌内部后，控制宿主菌让其成为制造噬菌体的工厂，以产生大量新的噬菌体子代，并通过指导合成穿孔素和裂解酶破坏宿主细胞的完整性从而释放出这些新的噬菌体，进而感染更多的宿主菌。

噬菌体一般通过识别细菌表面的特定受体，从而实现特异性地靶向识别一类或几类宿主细菌，并对其进行侵染和杀伤。随着抗生素滥用导致的临床耐药细菌感染越来越严重，噬菌体在应对耐药性细菌感染中的作用也更加显著。本章概述了在细菌感染类疾病治疗中，抗生素使用的兴衰和面临的困境，梳理了噬菌体疗法的研究与应用历史、技术前沿和行业市场情况，以及各国监管政策与解决方案，概括了噬菌体疗法在耐药性细菌感染疾病治疗领域的应用潜力。噬菌体合成生物学的赋能使得噬菌体疗法有望突破瓶颈，充满希望。期待通过本章内容，加深行业内外对噬菌体疗法这一未来具备广阔发展前景的治疗手段的认识。

第一节　抗生素耐药细菌的威胁

近年来，细菌耐药性的威胁日益严峻，耐药性细菌感染给人体健康和经济发展带来了巨大压力。耐药性细菌具有强传播性，可以随着人、动物和商品的流动传播到各个国家和大洲，最终导致耐药菌在世界范围内的流行。

耐药性细菌感染严重威胁全人类健康。联合国抗生素耐药性问题机构间特设协调小组截至2019年发布的报告显示，全球每年至少有70万人死于耐药菌感染。美国疾病控制与预防中心（CDC）的数据显示，在美国至少有23 000人死于抗生素耐药细菌的感染，欧洲约有33 000人死于耐药细菌的感染。近日，《柳叶刀》（*The Lancet*）发表的一项研究分析显示，2019年超过120万人死于抗生素耐药性感染，高于艾滋病病毒（HIV）/艾滋病（AIDS）或疟疾造成的死亡。

耐药性细菌的蔓延影响了经济发展。世界卫生组织估计，这一问题每年在欧洲造成的损失高达70亿欧元（合83亿美元），而在美国为65亿欧元（合55亿美元）。据统计，到2030年，致病菌的抗生素耐药性可能迫使多达2400万人陷入极端贫困，预计到2050年，耐药菌感染每年可能造成1000万人死亡，对经济的破坏可与2008—2009年的全球金融危机相提并论。

第二节　耐药细菌与抗生素治疗的发展和困境

一、抗生素和耐药细菌的发展史

20世纪20年代，噬菌体在抗生素发现之前就已被科学家所发现和用来防治细菌感染。对于噬菌体的研究极大地促进了生物技术和分子生物学领域的发展。当时，许多研究人员意识到并探索了噬菌体作为细菌感染潜在治疗剂的可能性。然而，第二次世界大战前后，抗生素的发现改变了这一局面，抗生素因具有广谱的抗菌活性和有效的杀菌能力而迅速成为细菌感染的首选治疗手段，导致噬菌体作为天然抗菌剂的潜力逐渐被忽视。近年来，随着超级细菌的出现——这些细菌可以耐受所有已知抗生素，噬菌体疗法再次受到重视，正逐渐被视为一种应对这种紧急公共卫生威胁强有力的解决方案。

图17-1概括了抗生素和耐药细菌的简要发展阶段。

二、抗生素治疗耐药性细菌的困境

由于耐药菌的不断产生，抗生素越来越难以有效治疗细菌感染，其中包括了抗生素治疗耐药菌疾病的医疗费用的增加，以及由于治疗效果不佳而导致的死亡人数的增加。根据美国疾病控制与预防中心2019年的报告和耐药菌威胁的严重程度，表17-1整理了2017年每种耐药菌的感染病例数、死亡人数及所花费的医疗成本。这些数据凸显了耐药菌对人类健康威胁的严峻程度，强调了开发抗生素之外的新疗法的紧迫性。

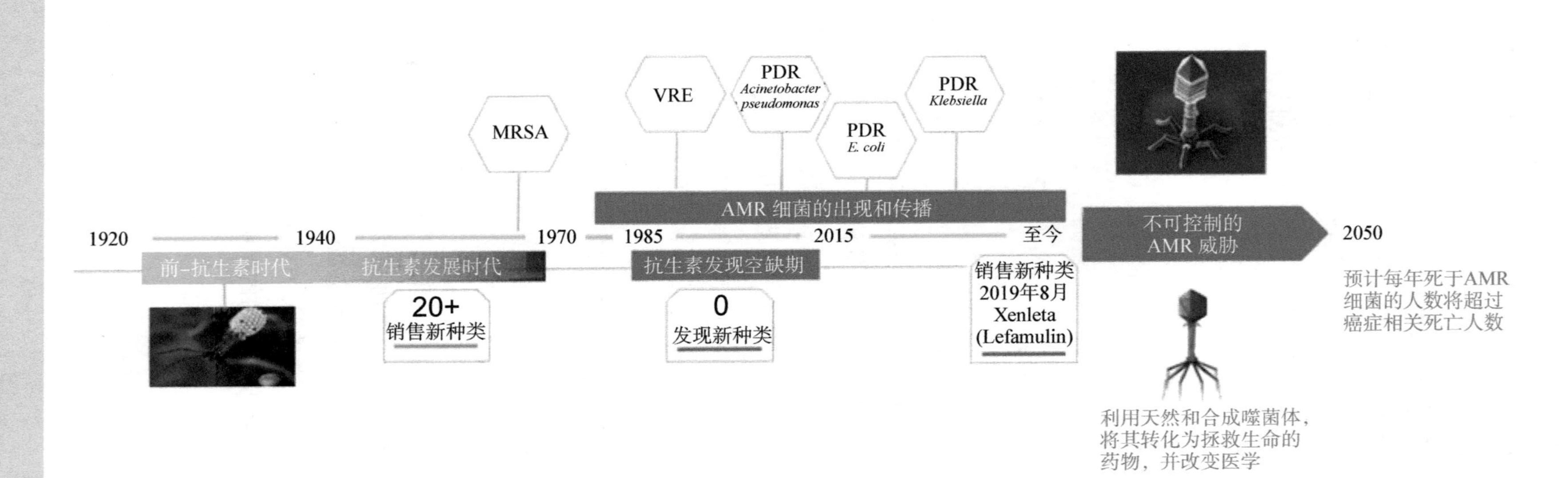

图 17-1　抗生素和耐药细菌的简要发展阶段

MRSA. 耐甲氧西林金黄色葡萄球菌；VRE. 耐万古霉素肠球菌；PDR. 全耐药；AMR. 抗生素耐药性；Xenleta. 醋酸来法莫林；Lefamulin. 来法莫林

表17-1 每种耐药菌在2017年的感染病例数、死亡人数及所花费的医疗成本

紧急程度	耐药菌名称	医疗成本	耐药性病例数	死亡人数
紧急威胁	耐碳青霉烯不动杆菌	2.81 亿美元	8 500	700
	艰难梭菌	10 亿美元	223 900	12 800
	耐碳青霉烯类肠杆菌	1.3 亿美元	13 100	1 100
严重威胁	耐药弯曲杆菌	8071.2 万美元*	448 400	70
	耐药念珠菌	2900 万美元*	34 800	1 700
	产广谱 β-内酰胺酶（ESBL）肠杆菌科	12 亿美元	197 400	9 100
	耐万古霉素肠球菌	5.39 亿美元	54 500	5 400
	耐多药铜绿假单胞菌	7.67 亿美元	32 600	2 700
	耐药非伤寒沙门氏菌	629.6 万美元*	212 500	70
	耐药志贺氏菌	1591.3 万美元	77 000	<5
	耐甲氧西林金黄色葡萄球菌	17 亿美元	323 700	10 600
	耐药肺炎链球菌	12 亿美元*	900 000	3 600
	耐药结核分枝杆菌	1.389 亿—4.455 亿美元	847	62

*标记的数据由病菌总医疗成本乘以耐药菌/该类病菌病例的百分比计算得出

第三节 噬菌体疗法的技术发展进程

针对耐药菌的感染，由于抗生素疗法需要承担高额医疗成本和低效率的特性，噬菌体疗法重新受到重视。噬菌体疗法（phage therapy）是指利用细菌的噬菌体来治疗致病细菌感染。其作为一种抗生素补充方法，在耐药细菌感染治疗中具有的专一性和有效性，使得该方法越来越被认为在防治耐药细菌感染上有巨大的应用潜力。

一、噬菌体疗法相较于抗生素的优势

当前，噬菌体疗法被认为是一种创新的耐药细菌感染治疗方法，其利用自然界中的噬菌体来精准杀灭病原菌。与传统抗生素相比，噬菌体疗法具有以下优势。首先，噬菌体具有高度的专一性。噬菌体只能感染特定的细菌，因此可以针对特定的耐药菌进行精准治疗；而抗生素则可以杀死多种不同细菌，包括有益的细菌和病原菌。其次，噬菌体对人体的副作用小。作为一种天然存在的微生物，噬菌体对人体的副作用极小，

不会引起抗生素常见的不良反应，如过敏反应、肝肾功能损害等。最后，噬菌体在细菌感染的治疗中可以预防细菌抗生素耐药性的产生。噬菌体疗法可以直接杀死细菌，避免了细菌产生耐药性，而长期使用抗生素可能会导致细菌对抗生素产生耐药性，使治疗效果减弱。另外，噬菌体对细菌的侵染和抑制机制为新型抗生素的研发提供了新的视角和潜在靶点信息，有助于开发更有效的抗菌药物。

尽管噬菌体疗法在治疗细菌感染方面展现出巨大潜力，但其临床应用仍面临一些挑战和局限性。例如，噬菌体疗法的疗效可能受到多种因素的制约，包括噬菌体的种类、数量、感染途径等。虽然噬菌体疗法有助于减少细菌耐药性的发展，但长期单一使用也可能导致细菌对噬菌体产生抗性。因此，如何合理使用噬菌体疗法，避免耐药性问题，也是未来研究的重要方向。此外，噬菌体疗法作为一种新兴的治疗手段，对其在临床实践中的安全性、有效性及长期影响等方面还需要进行更深入的研究和探索。目前，噬菌体疗法的监管框架和治疗标准尚未完全建立，这需要相关领域的专家、监管机构和临床医生共同努力，制定出科学、合理的指导原则。

二、噬菌体疗法的研究与应用发展

噬菌体疗法经历了抗生素发现前的兴起，第二次世界大战后被抗生素替代的隐匿期，以及近期用于耐药菌治疗的再发展期。2014年，噬菌体疗法被美国国家过敏与传染病研究所列为应对抗生素抗药性的重要武器之一。随着合成生物学技术的发展，针对天然噬菌体在应对耐药菌感染时存在的瓶颈问题，可以通过对噬菌体的基因组进行设计、编辑和改造构建工程噬菌体，进而有效提高噬菌体疗法的安全性和有效性来解决。2023年，达沃斯世界经济论坛将工程噬菌体列为十大新兴技术。Aswani等在《临床医学&研究》（*Clinical Medicine& Research*）杂志发文“噬菌体疗法在美国的早期历史：是时候重新考虑了吗？”，系统地总结了噬菌体疗法发展的时间脉络和重要节点，如图17-2所示。

三、合成生物学助力噬菌体疗法的技术前沿

（一）利用基因组工程技术扩大噬菌体杀菌谱

噬菌体针对宿主的专一性是一把双刃剑。这种专一性依赖于噬菌体吸附装置末端或尾纤末端的受体结合蛋白（RBP）与细胞表面受体的特异性结合，以识别其宿主并启动感染，这允许其在复杂的微生物群落中选择性地感染和杀死宿主细菌；但专一性也意味着单一噬菌体无法感染所有的临床致病株，并且迫使细菌通过受体突变产生对

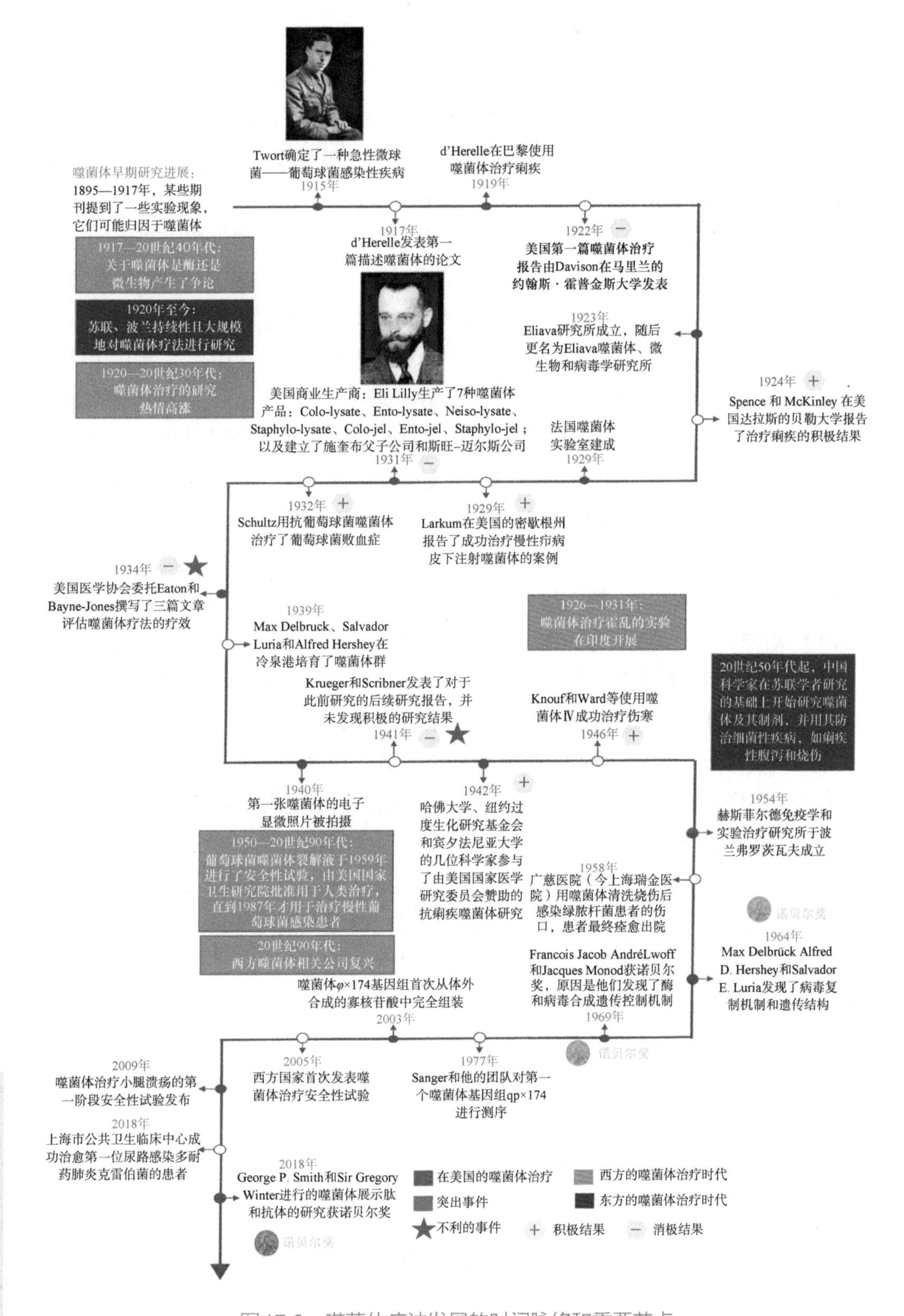

图17-2　噬菌体疗法发展的时间脉络和重要节点

噬菌体的抗性，且细菌对噬菌体耐药性的发生速度比抗生素耐药性快得多。多重噬菌体鸡尾酒疗法通过使用多株不同的噬菌体，共同靶向同一种细菌的一系列不同受体而扩大了宿主范围，同时也将选择压力从任何单个噬菌体受体上分散开以防止抗噬菌体突变体的扩散。但是，分离噬菌体和检测噬菌体组成十分耗时，随着病原菌种群在感染过程中不断进化，噬菌体组成也需要不断更新。

为了克服这些限制，研究者以先验的噬菌体支架为模板，通过CRISPR编辑技术及体外全合成技术等基因组工程技术，编辑噬菌体受体结合蛋白及其相关结构域基因，设计拓展宿主范围的广谱人工噬菌体，以改变噬菌体的特异性并减缓抗性的产生。这些策略包括：①RBP的等位基因与结构域交换。代表案例是于2015年实现的T7样噬菌体家族宿主谱拓展及2017年实现的T4样噬菌体宿主谱拓展，分别使用基于酵母同源重组平台的体外全基因组合成技术及体内特异性同源重组进行噬菌体基因组工程改造。这些工作证明了通过交换整个尾纤蛋白或只交换噬菌体尾纤C端结构域（CTD）中的球状受体结合域以建立嵌合RBP而拓展噬菌体宿主谱的可行性。其中，前者不仅实现了大肠杆菌噬菌体T7与耶尔森氏菌噬菌体R的宿主谱互换；还提出对于同源性较远且细菌受体未知的噬菌体可以替换整个噬菌体尾部而改变宿主范围的理论方法，如克雷伯氏菌噬菌体K11与大肠杆菌噬菌体T7。②多价RBP噬菌体。这种方法并不改变噬菌体本身的RBP，而是在噬菌体基因组中插入了针对另一个细菌受体的RBP，使噬菌体可以识别含有两种受体的细菌而扩大宿主范围。该方法开发于李斯特氏菌噬菌体PSA上，通过体外全合成整合两个相邻的不同RBP拷贝于噬菌体基因组上，使其识别并感染不同磷壁酸修饰的宿主细菌。随后，2023年一项使用工程化噬菌体治疗耐药大肠杆菌的Ⅰ期临床试验研究也采用了同样的方法扩展工程噬菌体的宿主范围，向噬菌体α15基因组中额外引入噬菌体α17的*RBP*基因，使其同时识别细菌脂多糖受体及Tsx受体蛋白。③靶向RBP的定向诱变。经过结构解析发现，T3噬菌体尾纤蛋白中4个暴露的远端环是宿主范围决定区，其特定的序列组成直接决定了噬菌体识别的特异性。这些序列相对较短，长度为4—9个氨基酸。通过实施定向诱变技术，可以有效地增加潜在的序列空间，进而构建出一个功能多样且规模庞大的噬菌体文库。这个文库能够覆盖更广泛的宿主范围。随着越来越多噬菌体结构解析结果的发表，该方法有望被应用于针对各种临床致病株快速改造与筛选相应的广谱噬菌体。

（二）设计并产生异源蛋白以增强噬菌体抗菌活性

由于噬菌体对细菌天然的捕食关系，裂解性噬菌体的抗菌能力受到细菌受体突变、细菌免疫系统等多重因素的限制，由于噬菌体的长期存活最终取决于易感宿主细菌的可用性，噬菌体往往被自然选择出“平庸的杀手”以与其宿主共存，但这种共存现象并不是噬菌体疗法所期待的。在治疗场景中，细菌往往通过产生生物膜对抗噬菌体点入侵、细菌血清型迅速转变、细菌休眠等多种策略限制噬菌体的治疗效果。

因此，近十几年来提出了各种噬菌体工程改造策略以提高其抗菌活性。其中主流的方法是重新编程噬菌体基因组，使其整合具有抗菌活性的外源蛋白基因，也被称为"有效载荷"，与噬菌体裂解性感染发挥协同抗菌作用。2007年，第一例以胞外多糖降解酶DspB为工程载荷的工程噬菌体T7被用于靶向大肠杆菌生物膜，噬菌体侵染细菌后，其基因组上整合的DspB蛋白伴随噬菌体基因组的转录、翻译而大量合成，在噬菌体裂解宿主释放子代后，DspB蛋白也被释放作用于生物膜多糖。与天然噬菌体相比抗菌效果提高了两个数量级。在噬菌体感染期间表达，在宿主裂解时释放，随后作用于相邻靶标的载荷被称为细胞外有效载荷，包括内溶素、肽聚糖水解酶、群感信号分子酰基高丝氨酸内酯酶等。与之相对，通过噬菌体递送，在噬菌体感染时干扰被感染宿主基因组转录、翻译、免疫等生理过程的有效载荷被称为细胞内有效载荷，如由噬菌体递送的CRISPR-Cas系统作为核苷酸序列特异性抗菌剂。2013年，CRISPR-Cas9系统被率先应用于抗菌有效载荷，由丝状噬菌体ΦRGN递送，特异性识别肠出血性大肠杆菌基因组黏附性毒力因子*eae*基因，造成细菌载量减少为原来的1/20。2020年，有研究将艰难梭菌温和噬菌体CD24-2进行改造使其携带靶向染色体的CRISPR结构，通过劫持宿主内源的CRISPR-Cas3系统，导致宿主染色体大片段缺失而发挥抗菌活性。

由于噬菌体衣壳蛋白包装容量有限，有效载荷面临大小限制。而噬菌体基因组上编码许多未知功能蛋白与毒力因子，在治疗用途的噬菌体工程改造中，这些基因可以被有条件地删除，删除的基因片段为有效载荷的整合提供了足够的"容量"。例如，中国科学家对沙门氏菌和大肠杆菌的野生噬菌体进行了基因组精简化，在保证裂解活性的同时大幅度压缩了噬菌体基因组大小，提高了噬菌体的工程化潜力。类似的策略也被应用于前述工程化噬菌体治疗耐药大肠杆菌的Ⅰ期临床试验研究中，研究者删除了噬菌体约7 kb的序列，以将I-E型CRISPR-Cas系统整合至噬菌体基因组上，显著提高了其抗菌活性。

（三）大数据和人工智能指导噬菌体设计

大数据和新型机器学习（ML）方法的出现，为生物学和医学研究带来了重大的技术进步，能够实现指导未来工程噬菌体的改良和设计。Bojar等最近的两项研究利用自然语言处理创建了一个包含随时可得的噬菌体结合信息的糖链结构综合数据库，并推断了细菌种类的进化关系。由于噬菌体对宿主的入侵分为吸附、与宿主免疫系统互作及宿主接管三个生物学过程，有研究者认为可以以现有的海量基因组数据及大量已鉴定的宿主-噬菌体相互作用对作为训练数据，针对上述生物学过程分别训练子模型，并组合为多层模型预测噬菌体与宿主的相互作用。例如，Keith等通过测量获得了一个包含31种噬菌体与374种宿主的相互作用数据集，根据细菌基因组特征为每种噬菌体构建随机森林模型，利用该模型鉴定出F1 分数超过0.6的广谱噬菌体，由此预测的噬菌体鸡尾酒对病原菌有更强的侵染力。此外，自动化基因线路设计软件Cello已被用于拟杆菌、酵母等物种上，其具有应用于噬菌体基因线路设计的可能性。

第四节 噬菌体疗法的市场行业概况

耐药性细菌感染的流行率上升促进了噬菌体疗法市场增长。市场整体规模的增长促使市场参与者不断加大并购规模，强化战略联盟，以拓展增强其噬菌体候选疗法的管线，提高研发能力。同时，制造商、研究机构和医院加强合作，进行临床试验，以评估噬菌体疗法候选品，又推动了治疗需求和市场整体良性发展。

根据数据桥市场研究（Data Bridge Market Research）分析，2021年噬菌体治疗市场的价值为3980万美元，预计到2029年将达到6400万美元（图17-3），2022～2029年的复合年均增长率为6.12%。此外，在2022—2029年的预测期间，医疗保健行业技术的进步、现代化程度的提高及医疗保健部门研发的增加将进一步为噬菌体疗法市场创造新的机遇。

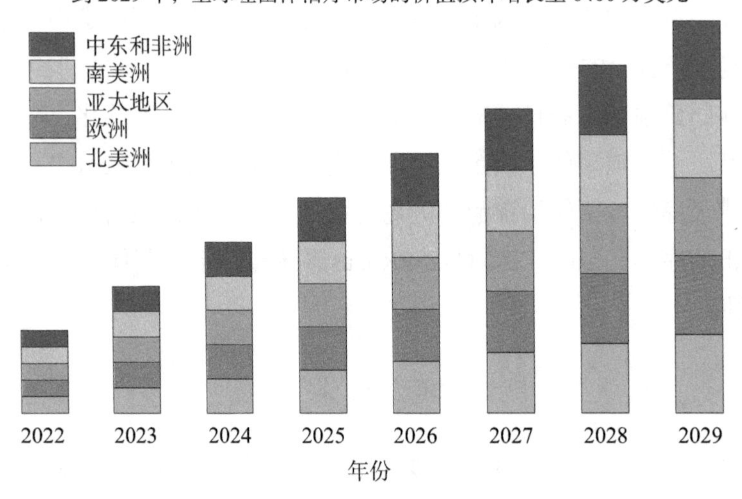

图17-3 全球噬菌体治疗市场地域图
资料来源：Data Bridge Market Research

一、支持噬菌体疗法的政府项目

为了将噬菌体疗法真正用于人体临床耐药菌感染疾病治疗，各国纷纷支持开展基于噬菌体疗法的研究项目（表17-2）。

表17-2 近期各国（地区）开展的基于噬菌体疗法的研究项目

项目	起始时间	国家（地区）	金额	概述
新南威尔士州政府资助项目	2024年1月	澳大利亚	350万澳元	新南威尔士州政府宣布在两年内向韦斯特米德医学研究所（Westmead Institute for Medical Research）拨款350万澳元，以解决全球噬菌体疗法的生产瓶颈问题
法国国家投资银行（Bpifrance）	2022年1月	法国	200万欧元	Pherecydes Pharma公司与法国原子能和替代能源委员会（CEA）共同申请的PhagECOLI项目获得法国国家投资银行（Bpifrance）给予的200万欧元资助
美国国家过敏与传染病研究所（NIAID）资助项目	2021年3月	美国	250万美元	美国国家过敏与传染病研究所（NIAID）向世界各地的12个研究所提供了250万美元的拨款，以支持噬菌体疗法的研究
美国生物医学高级研究与发展局（BARDA）	2020年9月	美国	8500万美元	5年期定向资助Locus Biosciences公司的基因编辑噬菌体管线LBP-EC01
美国国防部（DoD）	2020年1月	美国	1020万美元	用于支持Adaptive Phage Therapeutics公司的Phage Bank个性化噬菌体疗法管线临床试验
欧盟中小企业创新计划“地平线2020”	2019年11月	欧盟	250万欧元	欧盟资助荷兰公司Micreos，用于加速其针对痤疮和湿疹等皮肤问题的噬菌体裂解酶创新产品的上市
创新兽药解决方案应对抗生素耐药性（InnoVetr-AMR）	2018年8月	加拿大	2790万美元	该项目将从肯尼亚的家禽养殖场和屠宰场收集沙门氏菌及抗生素耐药菌株。然后他们将测试已知的噬菌体对选定的沙门氏菌株的裂解能力，并从中分离出对沙门氏菌株具有裂解活性的新噬菌体
人工改造噬菌体治疗超级耐药菌新技术创新团队项目	2017年11月	中国	2000万元	该项目受深圳市政府支持，通过建立噬菌体资源库和进行噬菌体合成生物学研究，以开发针对超级耐药菌的噬菌体制剂

续表

项目	起始时间	国家（地区）	金额	概述
Phage4Cure	2017 年 9 月	德国	400 万欧元	其目的是生产一种可吸入产品，其中含有噬菌体，可以对抗医院内感染的铜绿假单胞菌
CARB-X（抗击抗生素耐药细菌生物制药促进计划 / 助力战胜耐药细菌计划）	2016 年 7 月	美国	3.426 亿美元	CARB-X 正在加速全球抗菌创新，投资开发新的抗生素和其他拯救生命的产品（包括噬菌体相关产品），以对抗最危险的耐药细菌
欧盟和法国国防部特别合作项目 Specific Programme “Cooperation”：Health	2013 年 6 月	欧盟	492 万欧元	由欧盟和法国国防部共同资助噬菌体治疗烧伤铜绿假单胞菌感染跨国临床试验

二、噬菌体疗法市场的主要先行者

噬菌体疗法是一个正在快速发展的领域，吸引了来自全球的多家市场参与者。这些参与者包括生物技术公司、研究机构、大学、政府机构及一些非营利组织。表 17-3 总结了过去近十年来部分企业的信息情况和代表性企业介绍。

表 17-3　部分企业信息情况总结和代表性企业介绍

公司	国家	成立时间	总计融资额（截至 2024 年）	平台	治疗方向	试验阶段
Adaptive Phage Therapeutics	美国	2016 年	1.31 亿美元	个体化噬菌体疗法，噬菌体库，宿主范围快速检测	慢性假体关节感染，尿路感染，糖尿病足感染，囊性纤维化肺部感染	临床Ⅰ/Ⅱ期
BiomX（Ness Ziona，Israel）	以色列	2015 年	1.31 亿美元	定制噬菌体鸡尾酒	肠易激性疾病	临床Ⅰ/Ⅱ期
Eligo Bioscience（Paris）	法国	2014 年	6970 万美元	CRISPR 工程噬菌体	传染病	临床前

续表

公司	国家	成立时间	总计融资额（截至2024年）	平台	治疗方向	试验阶段
EnBiotix	美国	2012年	1760万美元	工程噬菌体	关节、皮肤和伤口感染，囊性纤维化，假体关节感染	临床前
Locus Biosciences	美国	2015年	1.18亿美元	CRISPR工程噬菌体	尿路感染	临床Ⅲ期
SNIPR Biome	丹麦	2017年	5390万美元	CRISPR引导病毒载体（CGV）平台	癌症患者和尿路感染多重耐药大肠杆菌	临床Ⅰ期
Nemesis Biosciences（Cambridge，UK）	英国	2014年	100万英镑	TransMID平台	超广谱产β-内酰胺酶细菌	临床前
ContraFect Corporation	美国	2008年	3.87亿美元	细菌噬菌体赖氨酸类	金黄色葡萄球菌感染引起的菌血症	临床前（美国FDA快速通道指定）
Phagelux，Inc.	中国	2013年	1000万美元	天然噬菌体鸡尾酒	金黄色葡萄球菌感染的局部治疗	临床前
PhagoMed	澳大利亚	2017年	550万欧元	天然噬菌体鸡尾酒	金黄色葡萄球菌和大肠杆菌假体周围感染和尿路感染	临床前
SynPhage［中科鑫飞（深圳）生物科技有限公司］	中国	2022年	未透露	人工噬菌体	临床耐药菌感染，养殖动物细菌感染疾病防治	—
CreatiPhage［创噬纪（上海）生物技术有限公司］	中国	2022年	2100万元	噬菌体创新药和医疗技术	临床耐药菌感染，环境细菌传播防控，养殖动物细菌感染疾病防治	合作研究者发起临床试验

第五节　噬菌体疗法的监管

目前世界范围内的监管框架尚未允许商业化使用噬菌体疗法。当下对噬菌体疗法的大部分临床数据来自格鲁吉亚的Eliava噬菌体研究所及波兰的Ludwik Hirszfeld免疫学和实验治疗研究所。在这两个研究所里，噬菌体疗法通常被用作抗菌治疗方案。相比之下，在西欧和美国，由于美国食品药品监督管理局（FDA）或欧洲药品管理局（EMA）的监管，噬菌体疗法的研究十分有限，由于缺乏临床试验，大多数研究都是同情性使用的临床报告。

一、噬菌体疗法监管的困境

过去的一个多世纪，噬菌体被大量用于治疗临床细菌感染，并且获得了积极的治疗效果。尤其是在慢性细菌感染病例中，噬菌体的作用越来越受到重视，噬菌体疗法在临床实践中具有巨大潜力。

东欧对于噬菌体疗法的研究历史悠久，噬菌体疗法在俄罗斯和格鲁吉亚等一些国家获得批准，这些地方的药店出售商业噬菌体制剂。但噬菌体疗法目前在其他地方并未被授权用于临床常规治疗。究其原因，首先是由于西方知名制药公司对噬菌体药物的兴趣不足，噬菌体疗法市场长期未打开。其次，噬菌体制剂的多变性导致监管和审批存在困难。噬菌体通过不断进化来感染进化中的细菌，并且在感染部位具有自我复制和自我限制的治疗特征（这是噬菌体相对于抗生素的一个主要优势），这与任何其他已知化学药物产品都大不相同。当前几乎所有的药物监管框架都是对显示出固定定性和定量成分的工业制备医药产品实施许可。最后，噬菌体产品的商业化需要重新定义医疗产品的生产与销售监管方式。这一困难与噬菌体疗法药品（PTMP）制造的规则和要求有关，目前适用于标准工业药品的良好生产规范（GMP）对于潜在的PTMP制造商来说通常难度过高，若按先行GMP全面实施PTMP生产将意味着需要大量资金的投入。

因此，主管医疗当局需要及时制定针对噬菌体治疗药物的生产规则和专门质量标准，以同时确保产品质量和患者安全，最终实现以可承受的价格在本地规模化量产。

二、噬菌体疗法监管的解决方案

（一）世界卫生组织

有学者认为在全球范围内，世界卫生组织（WHO）的参与对于噬菌体疗法的总体发展至关重要，特别是对于在迫切需要的低收入和中等收入国家中推行噬菌体疗法。世界卫生组织拥有应对这一挑战的医学、科学和制度能力，而且通过资格预审（PQ）方案，可以适当地规范这种非正统的治疗方法。因此，有科学家呼吁世界卫生组织在这一进程中发挥关键作用。

（二）欧洲

虽然有实施先进治疗药物（ATMP）监管的先例，已经运行多年的人类使用药品规定（2001/83/EC）限制了欧盟药品使用的法律框架，显然无法解决噬菌体疗法的问题。欧洲立法机构也在逐步采取一些措施应对社会针对噬菌体疗法建立新的专门监管框架的呼吁。

2015年6月8日，欧洲药品管理局（EMA）在伦敦举办了噬菌体治疗研讨会。约60名来自世界卫生组织（WHO）、欧洲疾病预防控制中心（ECDC）、全球抗生素抗性联盟（WAAAR）等公共机构及不同欧洲国家的国家卫生机构、政治家、记者、临床医生、研究人员、多名P.H.A.G.E.（Phages for Human Applications Group Europe）成员及多家私营公司的代表参加了会议，并在EMA网站上播放研讨会。虽然EMA在伦敦研讨会期间表示目前没有任何法规适合噬菌体疗法，法国、比利时和瑞士的药品主管部门还是批准了将在PhagoBurn计划的临床试验中进行测试的噬菌体鸡尾酒。由于这项研究受益于欧盟的资助，管理部门倾向于让步以促进PhagoBurn噬菌体鸡尾酒的批准。然而，这一进步并没有为未来的噬菌体疗法合法化提供可持续的解决方案。

有学者认为如果不迅速调整药品法规以支持噬菌体疗法的可持续发展，这个过程将会非常漫长，因为成熟的西方制药公司不会在缺乏足够规则和知识产权保护的情况下进行投资。2009年，在布鲁塞尔阿斯特里德皇后军事医院同事的倡议下，Merabishvili等发表了一篇关于在医院实验室内制备噬菌体制剂的文章，2015年，该领域的32位专家就噬菌体产品的质量和安全要求达成了更广泛的共识。

2023年4月，欧洲药典委员会（EP）公布了《人用和兽用噬菌体治疗活性物质和药品（征求意见稿）》。如果最终获批，这将是噬菌体治疗活性物质/药品首次写入《欧洲药典》，且适用于人用和兽用药物，将极大地促进欧洲的噬菌体药物研发。

此外，在欧洲一些国家，噬菌体疗法逐渐成为一种临床治疗耐药菌感染的常规解决方案。在波兰，噬菌体疗法被认为是《医师执业法》所涵盖的“实验性治疗”，在波兰科学院卢德维克·赫斯费尔德免疫学和实验治疗研究所，对其他治疗没有反应的患者可以基于同情使用理由接受噬菌体疗法。在俄罗斯，《俄罗斯药典》中包括一部关于噬菌体的专节，将噬菌体用于预防和治疗用途。在法国，医生Alain Dublanchet仍在使用商业噬菌体制剂（购自俄罗斯和格鲁吉亚）来治疗严重感染。在德国，雷根斯堡大学医院创伤外科自2022年10月以来一直在进行噬菌体治疗。

（三）美国

目前，美国FDA和EMA都在积极探索如何监管噬菌体的治疗用途，但到目前为止，还没有噬菌体产品被授权上市。美国的部分患者通过FDA的紧急研究新药（eIND）途径接受噬菌体疗法。2006年，美国FDA批准了一个用于控制食品中李斯特氏菌的噬菌体鸡尾酒复配剂Listex_P100；2014年3月，美国国家过敏与传染病研究所将噬菌体疗法作为对付抗生素耐药的手段之一；2017年和2018年的两项研究均获得美国FDA eIND使用授权，其中2017年研发的个性化噬菌体疗法鸡尾酒，用于治疗播散性耐药鲍曼不动杆菌感染患者，2018年的研究则用噬菌体治疗颅骨切除部位多重耐药鲍曼不动杆菌感染。美国首个静脉注射噬菌体疗法的临床试验于2019年获得FDA批准。加利福尼亚大学圣迭戈分校（UCSD）的医学研究人员将与圣迭戈的一家生物技术公司Ampliphi Biosciences Corp.合作进行试验，拟进行的Ⅰ期和Ⅱ期试验，将评估试验性噬菌体疗法对患有金黄色葡萄球菌感染的心室辅助装置（VAD）患者的安全性、耐受性和疗效，治疗将包括抗生素治疗，大约10名患者将被纳入试验。

（四）中国

目前欧美多个国家已经加大噬菌体疗法的临床研究力度。虽然我国在噬菌体领域的研发起步较晚但发展迅速，已缩短了与发达国家的差距，正处于基础研究和临床转化的关键阶段。2023年8月，中国噬菌体研究联盟、中国生物工程学会噬菌体技术专业委员会、中国微生物学会医学微生物与免疫学专业委员会组织了国内一线噬菌体研究领域研究人员及临床专家、学者及产业界代表共同商讨并撰写了国内首部《噬菌体治疗中国专家共识》，于《中华传染病杂志》优先发表。共识内容包括：适应证与禁忌证、治疗用噬菌体的要求、噬菌体治疗标准操作流程、噬菌体治疗流程技术要求、建议及展望和呼吁。此共识的出台，填补了国内噬菌体治疗规范文件的空白，有助于规范和促进噬菌体的临床应用。

2024年3月，全国政协委员同时也是噬菌体领域专家的朱同玉教授提到：面对日益严重的细菌耐药性问题，建议有关部门增强对新型抗菌药物创新研发的鼓励与扶持，其中噬菌体被视为当前新的抗细菌疗法路径，应积极探索噬菌体疗法的创新、审批及监管路径。

第六节 展 望

综上，噬菌体疗法作为应对全球抗生素耐药性挑战的一种创新抗菌策略，未来发展前景十分广阔。随着对噬菌体生物学特性的深入研究和精准医疗技术的应用，制订个性化和高效的噬菌体治疗方案将逐步实现，临床应用范围也将不断拓展。政府的支持政策和法规环境的优化将为噬菌体疗法的研究、开发和产业化提供有力保障。同时，国际合作的加强和公众教育的推广将进一步提升噬菌体疗法的社会认知度和市场接受度。预计在不久的将来，噬菌体疗法将成为抗菌治疗的重要手段，为全球公共卫生安全做出重要贡献。

撰 稿 人：马迎飞 中国科学院深圳先进技术研究院
张鑫卉 中国科学院深圳先进技术研究院
乐 率 陆军军医大学
李 明 中国科学院微生物研究所
顾敬敏 吉林大学
吴楠楠 上海市公共卫生临床中心
韦 中 南京农业大学
刘 冰 西安交通大学第一附属医院
通讯作者：马迎飞 Yingfei.ma@siat.ac.cn

第十八章　脑机接口技术

当前，脑机接口概念越来越多地进入公众视野，人们也更加深入地接触到各种新产品和新应用。脑机接口技术创新活跃，有望成为促进经济社会发展、改善民生健康的重要力量。我国政府正在积极推动脑机接口产业发展，相关政策和行动方案陆续发布。随着神经科学、计算机、电子、医学等技术的发展，脑机接口产业发展提速，正在形成政策积极引导、社会广泛参与的良好氛围。脑机接口技术主要应用方向是医疗，能给癫痫、帕金森病、抑郁症、多动症、孤独症、截瘫、卒中、阿尔茨海默病、意识障碍、疼痛、耳鸣、听力损失、视力受损和睡眠障碍等神经疾病诊治带来新解决方案。而且脑机接口技术潜力巨大，不限于医疗，还与多种外部设备结合，拥有更为广阔的发展空间。例如，在教育领域，能提升认知能力、协助职业规划；在工业生产领域，能协助检测疲劳，保障作业人员安全；在体育领域，提高运动员训练效果，辅助选拔优秀人才；在消费领域，能客观评估用户体验，协助优化产品方案；在航天航空领域，能辅助驾驶训练，客观反馈驾驶员感受。

第一节　科技发达国家高度重视脑科学发展

大脑的工作机理、神经回路、脑图谱等基础脑科学研究，是支撑脑机接口技术深入发展的基石，也是多国重视发展的首要方向。美国、欧盟、日本、澳大利亚、韩国、中国等全球科技发达国家和地区高度重视脑科学，先后制定相关规划，并投入大量资金支持研究和开发。

美国是启动脑计划最早的国家。1990年，美国总统布什提出“脑的十年”倡议，以提高公众对研究大脑好处的认识；2011年，美国通过研讨会明确了大脑计划的雏形；2013年，美国总统奥巴马正式发布“推进创新神经技术脑研究计划”（简称“脑计划”），旨在提供神经科学研究工具，以推动阿尔茨海默病、精神分裂症、孤独症、癫痫和创伤性脑损伤等脑疾病治疗。美国逐年加大经费投入，2014—2023年投入超过30

亿美元。美国国立卫生研究院（National Institutes of Health，NIH）是主要牵头单位，NIH成立了一个多理事会工作组（Multi-Council Working Group，MCWG），包括10个NIH下属研究所或中心。此外，MCWG还包括国防高级研究计划局、食品药品监督管理局、情报高级研究计划局和美国国家科学基金会。此外，美国还为“脑计划”成立一个由神经伦理学家和神经科学家组成的外部神经伦理工作组，以提供神经伦理学的专家意见。美国“脑计划”资助了1300多个项目，遍及168所院校。“脑计划”也使得大脑研究工具、技术和疗法不断取得新进展。2020年，参与该计划的科学家通过高通量投射电子显微镜绘制出神经元回路。2021年，参与该计划的科学家绘制出小鼠神经回路结构和功能图谱，是有史以来全球最大、最详细的连接组学数据集，还研发出大视场双光子成像显微镜，支持活体大脑中神经元亚细胞分辨率的钙成像。2022年开始，美国“脑计划”的研究方向逐步走向应用和证实疗效。美国国家心理健康研究所的研究证明，深部脑刺激在治疗难治性抑郁症方面存在可行性。2023年的“脑计划”研究成果证实，脊髓电刺激可治疗手臂或手部瘫痪，促进卒中患者康复；科学家甚至利用脑电信号重建了患者所聆听到的歌曲。美国的“脑计划”进程将要过半之际，NIH在2018年4月成了立BRAIN 2.0工作组和神经伦理学小组，梳理“脑计划”实施情况和研判未来发展趋势，得出的结论是需要重视开发电生理学工具、神经化学工具和成像工具，以深入研究大脑，2019年6月，BRAIN 2.0计划发布，时间为2020—2025年，将重点研究大脑活动与行为反应的关系，对非人灵长类和人类皮层下回路开展深入研究，支持开发丰富的行为范式。

欧盟在2013年发起为期10年的“人脑计划”（Human Brain Project），投入近6.07亿欧元，截止到2023年，19个国家的155个研究机构、500余位研究人员参与该计划，形成了2500余项出版物，且“人脑计划”形成了支持公开访问的数字研究基础设施“电子脑”，数字研究基础设施能提供160多种数字工具、模型、数据和服务，服务于脑科学数据和知识、三维图谱、脑模拟、神经形态计算和神经机器人等脑科学研究，实现全球大规模开展神经科学协同研究。欧盟“人脑计划”产出了诸多研究成果，在意识评估方面，意大利和比利时的科学家建立了高灵敏度意识评估方法，能以非侵入式磁刺激和脑电图测评复杂的大脑反应。在全脑水平方面，德国科学家绘制了人类三维大脑图谱，显示了人类大脑的微观结构、连通性和大脑功能，有助于研究人员和临床医生协作解码大脑。法国科学家开发了个性化大脑模型，能够根据解剖结构、结构连接和大脑动力学数据，为每位药物难治性癫痫患者创建计算模型，模拟患者在癫痫发作期间大脑的异常活动，从而协助外科手术精准定位大脑区域。在神经机器人方面，“人脑计划”关注机器人行为控制、认知学习、人机协同等方面的研究。西班牙、荷兰、英国、意大利的科学家将脑科学与机器人技术结合，使机器人能够记住地点和提高自主导航能力。荷兰科学家通过电刺激实现了瘫痪患者的自主行走。在神经形态计算方面，“人脑计划”集成有SpiNNaker和BrainScaleS两套大型神经形态计算系统。

日本于2014年启动了为期10年的“综合神经技术用于疾病研究的脑图谱”（Brain Mapping by Integrated Neurotechnologies for Disease Studies，Brain/MINDS）项目，被称为日本的脑计划。该项目受到日本文部科学省和日本医学研究与发展委员会共400亿日元（约合3.65亿美元）的资助，每年投入经费2700万—3600万美元。同年9月，日本启动了人脑计划（Brain/MINDS Beyond），研究对象从猴大脑拓展到人类大脑，主攻五大方向：发现和干预初期的神经疾病，分析从健康状态到患病状态的大脑图像，开发基于人工智能的脑科学技术，比较研究人类和灵长类动物的神经环路，划分脑结构功能区域并开展同源性研究。在脑机理认知方面，2018年日本理化研究所完成狨猴神经元回路的结构绘制和功能图谱绘制。2019年，东京大学医学研究生院、筑波大学医学院、大阪大学医学研究生院等在分析了2973位个体患者的基础上，发现了精神分裂症、躁郁症、孤独症谱系障碍、重度抑郁症患者的大脑特征，为疾病分类提供了新的理论支持。在脑模拟方面，日本理化研究所和富士通公司建立了超级计算机“富岳”并于2021年正式运行。冲绳科学技术大学院大学建立了一个全脑概率生成模型实现的认知架构，该架构受人脑结构启发，整合多个基本的认知模块实现一体化训练，基于概率生成模型为发育机器人设计了一个不断学习的基于感觉–运动信息的认知系统。日本文部科学省在2024财年启动了“脑与神经科学整合计划”大规模研究项目，预计持续6年，投入100亿日元（约合5.02亿元人民币），旨在通过数字化方式再现人脑结构，寻求痴呆症和抑郁症等脑神经相关疾病的治疗方法。

韩国1998年制定《脑研究促进法》，于1999年和2007年先后两次制定脑研究促进总体规划，2016年制定《脑科学发展战略》，2016年宣布脑研究促进试行计划，该计划由三个研究单位负责，包括韩国脑研究所（Korea Brain Research Institute，KBRI）、韩国科学技术研究院（Korea Institute of Science and Technology，KIST）、脑科学研究所（Brain Science Institute，BSI）以及若干大学。韩国脑计划的重点目标包括：一是在多尺度上构建大脑图谱，揭示脑功能的结构和机制基础，了解神经系统疾病的进展，尤其是与衰老相关的疾病，支持微观、中观和宏观层面的大脑结构与功能测绘技术的开发和应用；二是刺激融合物理、数字和生物世界的技术发展，推动神经产业发展，开发多尺度成像技术和生成大脑类器官；三是加强与人工智能相关的研发，将脑科学视为下一代计算机技术发展的关键基础，推进自然智能和人工智能之间的联动研发，开发先进的人工智能算法和建模；四是开发尖端的精准医疗技术来预防和诊断神经系统疾病，并开发针对脑部疾病的定制疾病预防和治疗策略。已有文献报道了韩国科研人员在脑电图、功能近红外光谱等脑机接口方面取得的成果。

澳大利亚的脑计划（Australian Brain Initiative，ABI）是由2016年2月成立的澳大

利亚脑联盟（Australian Brain Alliance，ABA）提出的，为期5年，投入预算5亿澳元。该联盟包括28个成员组织，其中大多数是澳大利亚主要大学和研究机构。ABI总体目标是破解大脑的密码，深入理解神经回路的发展、信息编码与检索、复杂行为的基础，以及适应内外部变化的机制。重点研究优化和恢复大脑功能、开发神经接口记录和控制大脑活动以恢复功能（即脑机接口）、探究整个生命周期学习的神经基础，并提供有关脑启发式计算的新见解，最终推动形成神经技术相关产业、研发治疗脑部疾病的疗法以及推动跨学科合作，促进对大脑的深入了解。

中国在2016年的《中华人民共和国国民经济和社会发展第十三个五年规划纲要》中将“脑科学与类脑研究”列为“科技创新2030—重大项目”，这标志着“中国脑计划”的全面展开。2021年9月，科学技术部正式发布脑计划，即科技创新2030—“脑科学与类脑研究”重大项目，涉及59个研究领域和方向，国家拨款经费预算近32亿元人民币。该项目聚焦脑疾病诊治、脑认知功能的神经基础、脑机智能技术等方向。不同于其他国家脑计划将“脑疾病”归为项目的长期目标，“中国脑计划”将重大脑疾病诊治纳入项目的重要一环，利用我国庞大的脑疾病人群数据进行大规模的队列研究和建立数据样本库，为探索早期预防、诊断和治疗手段提供数据支撑。“中国脑计划”还侧重发展“类脑计算和脑机智能”，旨在利用脑科学研究成果反哺人工智能等研究领域。其他国家的脑计划多以啮齿类动物为实验模型，“中国脑计划”重点发展猕猴疾病动物模型，以进一步促进对高级认知功能以及脑疾病的病理机制等问题的探究。

第二节　脑机接口若干关键技术的最新进展

一、电极技术

对脑信号的捕获和记录有多种手段，最为常见的是利用电极进行采集，根据电极放置位置不同，可分为非植入式电极和植入式电极两类。非植入式电极较常见的类型有干电极、半干电极、湿电极等，此类电极由于在体外采集脑信号，往往存在采集噪声大、干扰信号来源多等问题。植入式电极由于放置在颅内，采集到高分辨率神经信号的概率更高，是产业攻关的重点方向之一，但植入式电极的长期可植入性是最大的技术挑战之一。目前，较常见的植入式电极根据形态、质地、植入手段不同，主要分为皮质脑电图（electrocorticography，ECoG）电极、刚性电极探针和电极阵列、柔性微丝电极、介入式电极。

（一）非植入式电极

非植入式电极的最新研发进展包括以下方面。一是改进材料以提升导电率，浙江大学在电极的导电层中加入纳米黏土，改变了水凝胶与皮肤的接触特性，实现电极与皮肤紧密耦合。日本电子元器件制造商Murata Manufacturing（村田制作所）利用具有层状结构的二维过渡金属碳或/和氮化物（MXenes）给电极镀薄膜，薄膜中的金属阳离子使得电荷转移现象易于发生，从而使电极具有较低表面阻抗和良好导电率[①]。二是改进结构以促进电极与皮肤充分接触，美国初创公司NIURA CORP将传统的脑电采集耳塞主体材料由硅胶替换为导电丝等导电材料，增加了电极接触耳内结构的表面积。谷歌子公司 X Development LLC设计的入耳式电极放置在具有弓形曲率的“C”形弹性支架上，从而保障电极与皮肤充分接触，并且不影响佩戴者聆听外部声音[②]。苏州意忆计科技有限公司将材料创新与结构创新结合，用多聚糖制成高弹性水凝胶电极，电极的“子弹头”结构适于在有发区使用，用后无须清洗头发和脑电帽，使脑电采集设备广泛应用成为可能。

（二）植入式电极

ECoG电极，由于技术相对成熟、使用普遍，是当前脑机接口临床试验常用对象。当前很多研究团队利用ECoG电极开展脑机接口植入式技术研究。北京华科恒生医疗科技有限公司和德国植入电极供应商CorTec等多家厂商销售ECoG电极。当前研发所聚焦方向如下。一是改进植入方式以减小植入损伤。美国脑机接口初创公司Precision Neuroscience提出狭缝插入法，用振荡刀片在头骨上做出400 μm宽切口（大约四根人类头发的宽度）以插入电极。此电极获得FDA的“突破性设备”认定，已在手术中临时植入人体，未来朝可长期植入目标发展。我国博睿康科技（常州）股份有限公司（以下简称博睿康）联合清华大学也开展了相关探索和科研，已实现自主研发的低损伤植入ECoG脑机接口系统的产品化，目前正在开展人体试验，患者能实现脑控光标玩游戏和恢复部分抓握功能。二是积极研发微型颅内皮层电极μECoG电极以提高空间分辨率。相对ECoG电极，微型颅内皮层电极μECoG能在亚毫米尺度上记录颅内脑电活动。威斯康星大学联合多家单位利用生物微机电系统（bio-MEMS）制造的μECoG电极能在癫痫发作时监测到不同空间位置的病变神经活动。μECoG电极的研发热点在于提升采集质量和丰富功能。例如，西北工业大学用具有超柔软性和高保湿性的细菌纤维素制作蛇形μECoG电极，从而确保电极准确定位。加利福尼亚大学Shadi A. Dayeh团队研

---

① 株式会社村田制作所申请的专利，公开号为 WO2023233783A1。

② X Development LLC 申请的专利，公开号为 WO2021101588A1。

发了带有圆形瓣的μECoG电极，借助可开合的瓣片实现在神经外科手术期间连续记录和实施反馈神经活动。深圳微灵医疗科技有限公司研发的柔性高密度μECoG电极已处于工程样机阶段。

刚性电极探针和电极阵列已在科研领域使用多年。犹他电极是植入式电极阵列的典型代表，自2004年起被FDA批准科研目的的临床使用。此外还有多家厂商面向科研领域供货刚性植入式电极，大多适用于科研用途的短期使用。例如，美国植入式电极供应商Blackrock Neurotech、科斗（苏州）脑机科技有限公司等。从技术发展趋势看，先进制造工艺有助于刚性植入式电极创新。美国植入式电极供应商NeuroNexus利用微纳加工和封装技术保障了电极的机械性能与几何特性可靠。比利时微电子研究中心（Interuniversity Microelectronics Centre，IMEC）用互补式金属氧化物半导体（complementary metal-oxide semiconductor，CMOS）技术将电子元件集成在探针上，使电极探针实现多路复用。我国植入式电极在高密度方面有所突破，武汉衷华脑机融合科技发展有限公司利用硅通孔高密度封装技术和倒焊工艺等技术制造出6万个通道的阵列电极。确保刚性条件下低损伤植入电极成研发热点方向。除了常规的电极植入方法，业界还采用较新颖手段尝试植入刚性电极，如超声降阻法植入电极。上海交通大学的刘景全团队利用超声振动提高微针电极的刚度和抑制震颤，从而降低植入过程阻力，同时提高植入成功率。在长期慢性植入后通过轻微超声振动去除探针前端包裹的星形细胞胶质，缓解由血脑屏障引起的神经信号无法记录的问题。杭州电子科技大学王明浩团队将刚性骨架与柔性衬底结合，以向脑脊液施加超声激励的方式使刚性骨架在脑内部分断裂，探针在脑内部分变为柔性结构，从而减小脑部损伤。另外，还有血管介入式植入电极等。

柔性微丝电极的研发、植入难度均非常大，目前加利福尼亚大学、上海交通大学等科研力量，以及脑机接口初创公司Neuralink、上海阶梯医疗科技有限公司等企业力量都在研发。柔性微丝电极的材料是研发热点也是难点，目前凝胶是柔性材料的热门选择。2021年哈佛大学和麻省理工学院联合提出以碳纳米管作为导电材料的水凝胶粘弹性电极，用冷冻干燥工艺使水凝胶形成多微孔结构，此电极实现了体外星形胶质细胞激活数量减少，局部场电位信噪比高。电极设计和阵列制造方便快捷，从设计到组装只需三天，不需高温、刺激性化学蚀刻或薄膜光刻技术。2023年中国科学院长春应用化学研究所研发的植入式水凝胶电极实现大鼠脑信号长期实时跟踪监测。2023年瑞典林雪平大学研发出无毒可注射的植入材料，将以酶作为“组装分子”的凝胶注入活体组织后，与体内常见代谢物葡萄糖和乳酸发生反应，聚合成坚固但柔软的电极，无须进行基因改造。虽然凝胶在解决生物相容性方面具有独特优势，但长期稳定性仍有待观察，还需要假以时日才有可能用于临床。柔性微丝电极的植入方法也是难点之一，全球未形成共识，当前植入手段包括：临时硬化法，将电极浸没在熔融的聚乙二醇液体中形成复合细丝，聚乙二醇在脑内降解代谢后将电极释放，或者利用蚕丝蛋白暂时硬化电极，电极因掺杂由敏感酶能够在体内再次变柔。也有利于外部辅助法实现电极的植入，如Neuralink和阶梯医疗使用自研的手术机器人植入柔性电极。

介入式电极是通过传统血管介入的方式将电极送至大脑区域附近的血管内，此类技术最为杰出的代表是澳大利亚脑机接口初创公司Synchron，该公司将电极从患者颈静脉植入至大脑运动皮质附近的血管。我国南开大学段峰团队联合上海心玮医疗科技股份有限公司等多家单位，以羊和猴为对象，也完成了介入式脑机接口试验。从技术发展看，日本株式会社EP Medical的Matsumaru Yujl、纽约大学的Rodolfo R. Llinas、知名脑机接口公司Cerebrolytics Inc、麻省理工学院的Kenneth L. Shepard也都有血管电极的相关专利申请和布局。

二、超高场磁共振技术

除了电极可采集脑信号之外，以磁方式采集脑信号也是较常见的技术手段，如使用磁共振成像（magnetic resonance imaging，MRI）技术采集脑信号，原理是使用强磁场，磁场梯度和无线电波来生成大脑的图像。尤其是超高场MRI技术更为重要，能在推动脑机接口基础科研发展方面发挥重要作用，该技术能获取活体大脑组织介电特性的高分辨三维图像，以揭示大脑组织在认知活动与疾病发展过程中的介电特性变化；尤其是在小血管成像、波谱学、功能成像、脑代谢物等方面，超高场MRI比普遍应用的3T MRI更清晰，能在细胞和分子水平上活体成像，以协助脑机理的突破性研究。在科研方面，中国科学院电工研究所王秋良院士团队研制出人用9.4T MRI超导磁体，法国CEA（French Alternative Energies and Atomic Energy Commission，原子能和替代能源委员会）与德国西门子医疗（Siemens Healthineers）共同研发的人用11.7T MRI已进入交付和测试阶段。在产业化方面，上海辰光医疗科技股份有限公司的7.0T MRI可用于小动物；西门子医疗和德国Bruker的7.0T MRI可人用，在软件、磁体、梯度、波谱仪、射频线圈等关键核心技术方面具有一定优势。

三、无创光采集技术

除了电极、磁共振采集脑信号，利用光学原理也能够获得大脑的信号。功能近红外光谱成像（functional near-infrared spectroscopy，fNIRS）法是最为普及的使用手段之一，原因在于fNIRS设备可穿戴且便携，不易出现运动伪影，研究大脑活动不需静坐。国内外研发和生产制造fNIRS的厂商众多，如美国的Kernel、日本的Hitachi、我国的丹阳慧创医疗设备有限公司等。荷兰科研设备供应商Artinis Medical Systems的fNIRS产品遍及40个国家的350所大学、诊所和公司，其产品通过112个 fNIRS 通道和128个脑电图通道可同时测量脑组织中的电位、脑组织氧合和血容量变化，实现高时空分辨率下的大脑监测。此外，以光学原理采集大脑信号的方法还包括单光子计数法、拉曼散射法、双折射或光学活性测量法。其原理是神经活动会导致神经递质分布和神经元体积发生变化，测量从头皮和颅骨发射出的光子强度可推导出由上述变化引发的大脑皮层光谱变化。此类技术的专利已经超前布局。如图18-1所示，美国HI LLC公司从2017年开始，持续对利用光子光学相干断层扫描、近红外脑电采集、单光子计数方法、拉曼散射方法、双折射和光学活性测量方法采集脑信号的技术申请大量专利，总量接近500件。保护的技术包括光子集成电路、光调制和解码方法、光电探测器、信号处理方法、数据压缩方法、降噪屏蔽方法、工艺制造方法、测量方法等，对算法和硬件及系统全面进行知识产权保护。

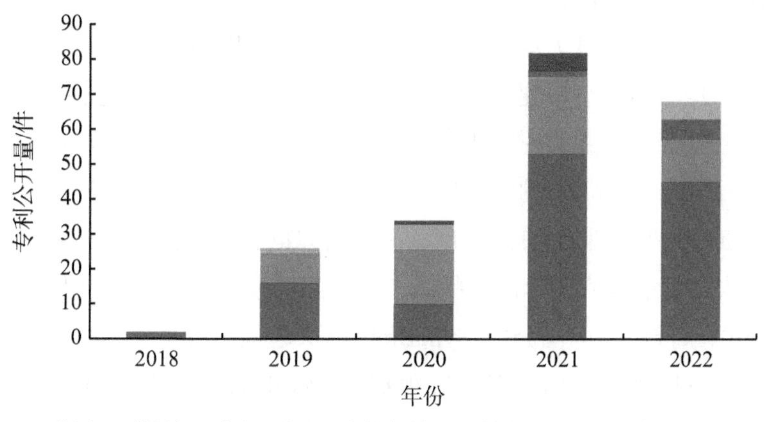

图18-1　HI LLC的光采集专利各受理局申请趋势

资料来源：中国信息通信研究院

四、芯片技术

脑机接口芯片也分为植入式和非植入式两条技术路线，而且伴随对信号的高通量与实时性需求，以及极端条件下的脑电信号处理，高要求的信号链路设计和芯片性能要求，脑机接口芯片从通用型向专用型发展。目前非植入式脑机接口芯片主要供应商来自德州仪器，该芯片在业界和科研界被广为使用，中国科学院自动化研究所等团队也进行了相关研发，并取得阶段性成果。植入式脑机接口芯片朝向一体化发展，具有小型化、高通道、全植入与多模态特点。IMEC公司将硅基植入式探针和IC信号处理电路集成在一根硅针上，完成了一体化流片过程。美国植入式芯片供应商Intan的植入式芯片已经产业化落地，为全球多个研究团队供货，我国海南大学、复旦大学等单位也均开展相关研究。

五、分析技术

在脑数据价值日益凸显的当下，多家脑电分析设备商立足软硬件传统业务的同时，深入挖掘数据价值，开发出了数据分析、数据打标等服务，并将这些服务集中在“云端智能化平台”上提供。即在云端部署数据分析平台，同时结合大数据和人工智能等技术，以PaaS（platform as a service，平台即服务）或者SaaS（software as a service，软件即服务）服务形式为用户提供数据分析的工具和解决方案。对用户来说，“云端智能化平台”一是能降低使用者操作难度，用户可在云上对数据进行实时提取、标记和分析。美国公司Brain Electrophysiology Laboratory利用机器学习、云计算和开源手段建立了模块化云平台，提供高精度大规模脑电图记录、分析和解码服务，降低用户脑电数据采集工作量。二是辅助用户快速开展研究。美国公司Brain Space提供时频分析、连通性分析、地形图分析等在线实时分析工具和标引工具，将设备调试时间由70 min缩至5 min。丹麦公司BrainCapture的云上诊断算法将神经科医生的诊断时间从45 min缩至10 min。三是促进远程诊断等应用推广。患者可以向云平台远程上传神经疾病发作数据，云平台的人工智能技术可诊断脑状态，从而降低诊断成本和专业人才培训需求，利于在中低收入国家推广。韩国公司iSyncBrain提供远程神经重症监护和远程脑电图服务，其费用与住院监测费用比便宜很多，99.1%的成年患者在72 h内的发病可被检测到。对厂商来说，云化平台，一是扩充厂商数据资源。共享数据的云平台在方便用户便捷使用的同时，壮大了厂商的数据资源，形成厂商的无形资产。二是夯实厂商行业地位。云平台与硬件捆绑模式以及开源加深了用户相关品的依赖，厂商制定和主导数据标准形成，从而构筑利于自身发展的生态平台。

第三节　总体趋势分析

一、产业生态发展趋势

截至2023年第一季度，全球脑机接口代表性企业超过500家。其中，上游占8%，包括生产制造和销售电极、芯片、外设、相关核心器件的企业；中游占30%，包括生产制造和销售医用及科研用工具、分析软件和采集设备的企业；下游占62%，其中提供应用解决方案的植入式技术路线企业占9%，非植入式技术路线企业占53%。如图18-2所示，从增长趋势看，企业新增速度下降。美国“脑计划”的启动时间以2013年为分水岭，在此时间节点之后脑机接口技术被业界看好，全球新增企业数量快速增长并持续到2018年。2019年以后受新冠疫情波及，供应链和合作交流一度受限，脑机接口技术应用前景尚不明朗，经济衰退导致投资人投资态度更加谨慎，轻资产特点的脑机接口企业获得资金渠道受限，部分企业倒闭以及新增企业数量放缓。从技术路线看，非植入式技术路线企业居多。全球500余家脑机接口相关企业中，20%从事植入式技术研发，80%从事非植入式技术研发。

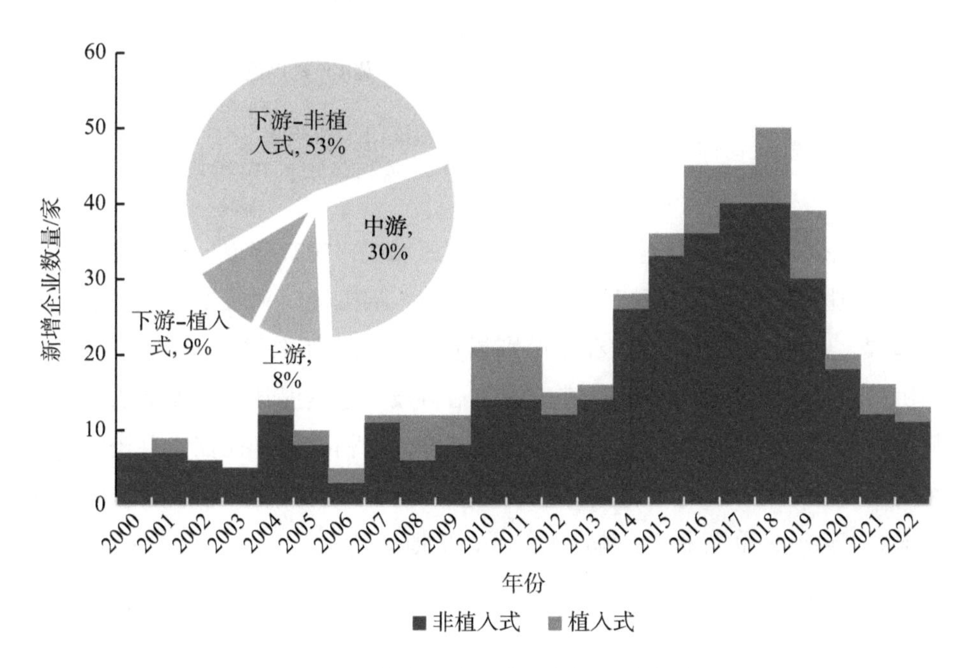

图18-2　各技术路线新增脑机接口企业数量
资料来源：Crunchbase，CB Insights，中国信息通信研究院

从地域看，美国和中国是脑机接口企业重要来源国。全球脑机接口相关企业活跃在多个国家，美国和中国企业数量破百，处于全球第一梯队，加拿大、英国和以色列的企业数量处于第二梯队，均超过20家（图18-3）。

二、金融投资趋势

脑机接口领域投资行为更加谨慎。2013年至2023年第三季度，全球脑机接口领域风险投资累计近800笔，总金额超过100亿美元规模，获投企业300余家，投资阶段包括天使轮、种子轮和A轮等，形式上还有债权和众筹等方式。如图18-4所示，2019年

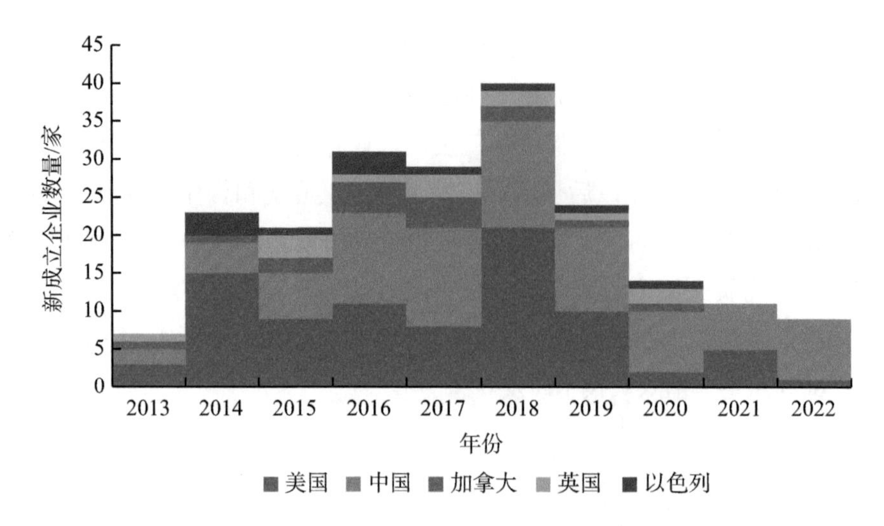

图18-3 重点国家新增脑机接口企业数量
资料来源：Crunchbase，CB Insights，中国信息通信研究院

至2021年脑机接口吸引了大笔投资，投资额增速加快，2021年以后年投资总金额有所回落，部分原因在于受新冠疫情和经济衰退影响，脑机接口领域受全行业市场投资悲观预期拖累。此外也有部分原因在于个别投资交易信息不公开，无法纳入数据统计。不过脑机接口是未来最有可能取得突破的前沿科技，也是提升人类福祉的刚需，投资方对脑机接口技术落地前景总体而言持乐观态度，盈利期望寄托在具有较成熟系统解决方案的下游企业上，因此虽然整体投资额度回落，但此类企业中研发进展较快的企业被资本竞相热投，单笔金额动辄达上亿元，估值飙升。

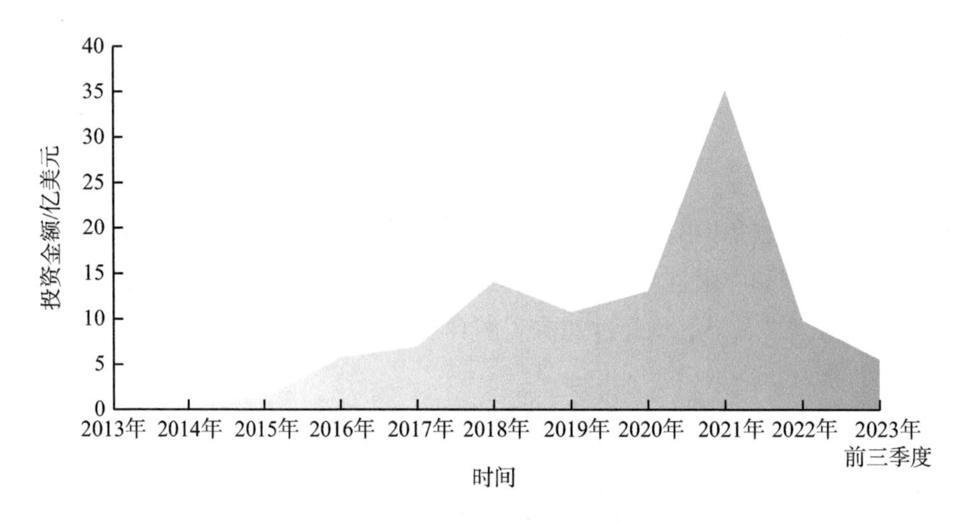

图18-4 脑机接口企业获得投资金额趋势
资料来源：Crunchbase，CB Insights，中国信息通信研究院

植入式技术个别企业融资轮次和规模不断升级。如图18-5所示，2013年至2023年第三季度，植入式领域风险投资超过40亿美元，全球获投企业超过50家。2021年之后创新进展较快的植入式脑机接口公司备受资本关注，获得多轮融资且单笔金额达上亿美元。2023年8月马斯克创立的脑机接口公司Neuralink获得了2.8亿美元的D轮融资，11月再次获投4300万美元。美国脑机接口公司Saluda Medical从2015年至2023年融资6轮，2023年筹得的两笔资金均达上亿美元。我国深圳市应和脑科学有限公司、北京优脑银河科技有限公司融资金额也达上亿美元。丰厚的资金持续注入推动公司创新加速；Neuralink已经启动人体临床试验，患者可用脑控方式持续多个小时操作复杂电子游戏；Saluda Medical的脊髓刺激系统获CE认证（European Conformity certification，欧洲共同体认证）且已商用。

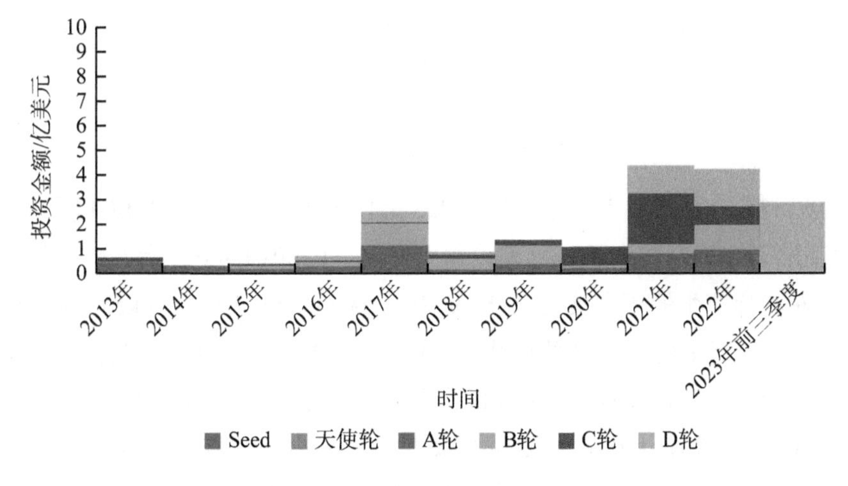

图18-5　植入式技术路线企业获投情况

资料来源：Crunchbase，CB Insight，中国信息通信研究院

大量非植入式技术企业吸引到投资。如图18-6所示，2021年后投资方对非植入式技术信心加强，2013年至2023年第三季度，非植入式技术风险投资超过60亿美元，全球超过200家企业获得投资。2021年非植入式技术融资向好，为企业发展注入“源头活水”。非植入式领域2021年投资额超过23亿美元，相对上一年增加四倍以上，进入A轮、B轮和C轮的资金明显增多，部分企业甚至进入D轮融资。瑞士的MindMaze将数字疗法、人工智能、运动分析、云技术相结合，在VR（virtual reality，虚拟现实）和大脑成像的帮助下帮助卒中患者通过训练来恢复大脑健康，成立以来累计融资超过3亿美元，2022年单笔融资达到1.05亿美元。

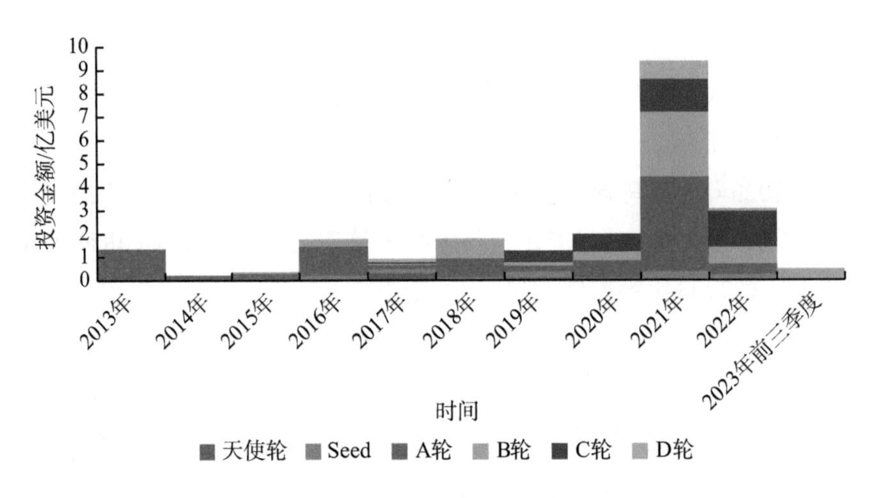

图18-6 非植入式技术路线企业获投情况
资料来源：Crunchbase，CB Insight，中国信息通信研究院

三、技术发展趋势

脑机接口概念距1973年被提出至2023年已满50周年。如表18-1所示，1973—1992年为基础研究期，特点是基础理论得到发展、P300（P300是指人脑受到目标刺激后300毫秒左右会产生的正向波峰）、SSVEP（steady-state visual evoked potential，稳态视觉诱发电位）、运动想象等范式诞生。1993—2012年为实验验证期，特点为上中游逐渐成熟以为科研实验提供技术和设备，实验的广泛开展使得技术不断积累和迭代。2004年美国FDA批准BrainGate可植入人体，为广泛开展临床试验奠定基础。多例知名实验证实人体和动物可通过不同范式实现脑控机械臂、脑控光标等外设。2013—2032年为应用期，分为两个阶段，阶段一是应用萌芽期（2013—2022年），特点为应用解决方案出现和增多，应用范围由医疗扩展到非医疗。在植入式领域，脑机接口治疗特定神经疾病成效显著，医疗应用潜力不断被发掘拓展。在非植入式领域，脑机接口数字处方和康复设备陆续获得上市准许，工业、教育、营销领域已经商用，康养、娱乐、交通领域解决方案日渐增多。阶段二是应用普及期（从2023年开始），预计到2032年结束，有望在2032年前实现“应用解决方案效果良好，多类解决方案走向成熟商用”的目标。在此阶段，伴随神经科学和工程技术巨大进步，生物相容性等传统难题被逐步解决，里程碑式应用成果频出，临床效果不断被验证。脑机接口技术在重建和改善人类运动功能，增强和扩大感知能力，融合虚拟与现实环境多方面发挥巨大潜力。脑机接口系统功能将趋于完备，成本和安全风险也将在可控范围，预计到2032年全球多家厂商的脑机接口系统成熟商用，即便是植入式技术商用也不再遥不可及。随脑机接口的应用前景日益明朗，战略价值凸显，多国政府或将其战略高度不断提升。在应用

普及期的初期，重视和发展脑机接口这一战略性技术是抢占竞争制高点的重要时机。

表18-1　脑机接口发展规律

基础研究期 1973—1992 年	实验验证期 1993—2012 年	应用期 2013—2032 年	
		应用萌芽期 2013—2022 年	应用普及期 2023—2032 年
基础理论得到发展，相关范式被实验验证	上中游逐渐成熟，实验广泛开展，技术得到积累和迭代	应用解决方案出现和增多，应用范围由医疗扩展到非医疗	应用解决方案效果好，开始成熟商用
• 1988 年诞生基于 P300 的范式 • 1991 年诞生基于感觉运动节律的范式 • 1992 年诞生基于视觉诱发电位的范式	植入式：2004 年 BrainGate 系统植入人体代表临床试验开始。多例知名人体和动物实验证实可通过不同范式实现脑控外设、对外交流 非植入式：上中游开始成熟，相关厂商开始供货以提供实验设备和工具	植入式：特定疾病治疗成效显著，脑机治疗诊断潜力不断被发掘 非植入式：医疗领域数字处方、中风康复设备陆续获得上市准许，工业、教育、营销领域已经商用，康养、娱乐、交通领域解决方案日渐增多	植入式：核心技术逐步攻破，里程碑事件频出。多类产品取得医疗器械资质走向商用 非植入式领域：检测脑、作用脑和控制脑的方案成熟且广泛应用，成为人机交互新模式催生更多应用

资料来源：中国信息通信研究院

撰 稿 人：李文宇　中国信息通信研究院
周　洁　中国信息通信研究院
张　倩　中国信息通信研究院
通讯作者：李文宇　liwenyu@caict.ac.cn

第三篇

重点行业协（学）会发展报告

第十九章 2022生物发酵产业分析报告

2022年是全面建设社会主义现代化国家新征程、向第二个百年奋斗目标进军的关键时刻，是我国落实“十四五”规划的重要一年。生物发酵产业按照中央经济工作会议的总体部署和要求，坚持稳中求进的工作总基调，立足新发展阶段，贯彻新发展理念，构建新发展格局，以推动高质量发展为主题，以满足人民日益增长的美好生活需要为根本目的，积极适应国内外复杂多变的新形势，坚定信心、化危机为生机，行业整体稳定运行。

一、2022年行业经济运行状况

（一）经济运行总体情况稳定

2022年，原辅材料、运输成本等压力有所缓解，需求逐步复苏，但新冠疫情反复、国际贸易摩擦仍然对行业造成一定冲击。氨基酸、有机酸、多元醇、酶制剂、酵母、功能发酵制品均实现了产量、产值稳定增长；淀粉糖、食用酵素的产量、产值均有所下降。

氨基酸行业整体依旧呈现以大宗氨基酸产品为主，高附加值医药级、食品级、日化级等小品种氨基酸产品为辅的产业格局。随着海外市场的不断拓展，大宗氨基酸产品产能及产量仍在持续扩增。小品种氨基酸随着应用端的开拓，产品品种、产能及产量均有所增长，并有继续扩张的趋势。食品级氨基酸的生产、应用及开发受到了广泛的关注，将成为今后发展的重点。饲料级氨基酸由于行业门槛较低，国内竞争愈发激烈，海外市场不断拓展。

柠檬酸行业由于新一轮扩产，导致下半年柠檬酸出口价格急剧下滑。随着国内聚乳酸制备技术不断成熟，聚乳酸的主要原料——乳酸掀起了一轮新建、扩建潮，乳酸行业产能增长迅速。葡萄糖酸需求萎缩，受新冠疫情影响基础建设放缓，虽然葡萄糖酸成本下降，但由于产能过剩，产品价格竞争激烈。其他小品种有机酸未来仍有很大发展空间。

淀粉糖产品供过于求，行业企业寻求转型升级。但随着食品工业升级和新产品入市以及人们消费需求的变化，淀粉糖产品及品种日趋多元化，仍会给淀粉糖行业带来发展空间。同时，零糖、低糖产品得到大力推广，并受到广大注重健康的消费者的青睐，功能性淀粉糖的需求量也在不断上升，未来随着需求的增长，淀粉糖产量还将进一步上升。

多元醇行业有部分新增产能，现有市场基本处于过饱和状态。2022年初春玉米开始上市，玉米价格略微下降，对以玉米、淀粉为主要原料的糖醇企业特别是山梨醇企业极大利好。木糖醇产品发展稳定，总量呈增长趋势，发展势头良好。木糖在欧美的宠物饲料、日韩高端桌面糖、香精香料市场中的需求稳定，用量逐年增长，价格随着原材料的变化有所波动。麦芽糖醇应用较为广泛，用量比其他糖醇产品略多，其良好的稳定性和较低的价格体系，使其成为比较受青睐的产品。赤藓糖醇产能急速扩大，市场容量有限，造成价格严重下滑，下半年国内多数企业压缩产量。

酶制剂行业，饲用酶制剂受饲料原料及生产成本大幅上升，养殖业减产等因素影响，产品需求减少。同时，饲料酶市场同质化现象严重，市场竞争愈发激烈，利润空间进一步压缩。随着人们对健康、营养以及安全性要求的提高，食品酶市场前景看好，目前我国食品酶产品品种和生产规模相对较少，结构不合理，产品质量不能够完全满足食品工业实际应用需求。其他工业酶如洗涤酶、造纸酶、纺织酶，受国家绿色、低碳发展要求，以及国家科技专项等的支持，国产化比例显著提高，部分关键核心技术已经得到了一定突破。

我国酵母行业集中度较高，随着龙头企业的持续扩张，全球酵母总产能接近200万t/a。酵母行业受新冠疫情影响较小，行业整体情况稳定向好。但受强势美元和通货膨胀影响，海外市场需求疲软，国内酵母出口业务遇到一定阻力。

食用酵素行业工艺技术水平和科研能力有了较大幅度的提升，企业规模化和现代化程度不断提高。但目前行业内尚无“食品安全标准食用酵素”，无法办理“食用酵素类”生产许可证，导致酵素产品执行标准不统一，产品质量参差不齐。为了进一步提升我国食用酵素行业科技创新能力和产业整体发展水平，同时维护公平有序的市场环境，行业相关科研机构、重点企业、特色园区积极开展食用酵素安全性和功能性评价工作，此项工作也得到国家相关部门认可。

根据中国生物发酵产业协会统计，2022年生物发酵行业主要产品产量约3153万t，较2021年同比下降约0.5%；产值约2867亿元，较2021年同比增长约10.6%。详见表19-1。

表19-1　2022年生物发酵行业主要产品产量

序号	分类	产量/万t	同比增长/%	产值/亿元	同比增长/%
1	氨基酸类	711	11.2	680	13.3
2	有机酸类	271	4.2	260	20.9
3	淀粉糖类	1405	-3.4	534	10.8
4	多元醇类	187	1.6	175	11.5
5	酶制剂	200（标）	2.0	46	12.1
6	酵母	48	1.5	103	6.2
7	功能发酵制品	319	4.0	896	11.2
8	食用酵素	12	-11.5	173	-11.5
合计		3153	-0.5	2867	10.6

资料来源：中国生物发酵产业协会统计数据

（二）进出口情况

1. 进口

根据海关总署2022年进出口数据，生物发酵行业主要产品进口量约133.8万t，较2021年同比下降约2.8%；进口额约22.6亿美元，较2021年同比增长约7.9%。详见表19-2。

表19-2　2022年生物发酵行业主要产品进口情况

序号	分类	进口量/t	同比增长/%	进口额/万美元	同比增长/%
1	氨基酸类	15 343	-18.0	10 650	-11.1
2	柠檬酸类	3 633	21.7	2 409	81.7
3	乳酸类	16 245	9.44	3 345	57.6
4	葡萄糖酸类	964	-3.9	295	12.2
5	淀粉糖类	644 060	-5.0	68 816	5.0
6	多元醇类	642 250	-0.9	97 773	17.0
7	酶制剂	13 143	-9.0	40 757	-6.8
8	酵母	1 997	-24.1	2 065	-14.3
合计		1 337 635	-2.8	226 110	7.9

资料来源：海关总署统计数据

氨基酸类产品进口情况整体较2021年有较大幅下降，其中谷氨酸类产品进口有小幅增加，仍以高品质产品为主，其他产品均体现为下降趋势，国内供应量及产品品质均有所提升。乳酸类产品进口小幅增长，以高品质产品为主，其他产品的进口量均很少。淀粉糖类产品中除葡萄糖及葡萄糖浆进口量大幅上涨外，其余产品均大幅下降，主要原因是价格及需求量下降。由于国产酶制剂的品种和品质有所提升，进口量有所下降。

2. 出口

根据中国海关2022年进出口数据统计，生物发酵行业主要产品出口量约652.5万t，较2021年同比增长15.5%；出口额约105.6亿美元，较2021年同比增长28.6%。详见表19-3。

表19-3 2022年生物发酵行业主要产品出口情况

序号	分类	出口量 / 万 t	同比增长 /%	出口额 / 亿美元	同比增长 /%
1	氨基酸类	219.0	13.3	40.3	22.6
2	柠檬酸类	150.2	13.2	24.7	44.6
3	乳酸类	8.8	7.7	1.5	22.6
4	葡萄糖酸类	21.3	5.1	1.7	0.5
5	淀粉糖类	170.9	29.8	15.2	27.8
6	多元醇类	57.0	3.7	13.1	6.1
7	酶制剂	10.9	23.3	5.5	7.8
8	酵母	14.4	13.1	3.6	3.1
合计		652.5	15.5	105.6	28.6

资料来源：海关总署统计数据

氨基酸类产品出口仍以大宗饲料级产品为主，整体呈现增长态势，但小品种氨基酸出口量有小幅下降。由于国际有机酸企业开工不足，仍然依靠国内企业供货，因此出口增长幅度较大。受东南亚国家糖税调整的影响，淀粉糖类产品出口均有较大幅度的增长。

二、行业发展遇到的问题

（一）部分产品产能结构性过剩

一是部分行业产品受新冠疫情影响出口量增长明显，但从国际市场需求看，并未出现新的应用领域，企业新一轮的产能增长存在较大的市场风险。二是行业低水平重复建设问题一直没有得到很好重视，在产品布局前缺乏专业的咨询，以市场需求热点为依据，从生产线建设开始就已经进入了低门槛的同质化竞争环境，投资预期存在不确定性。

（二）工业用工程菌安全性评估体系尚未建立

农业农村部负责组织开展转基因微生物的安全评价工作，主要为专家审评制。由于应用领域不同、菌种特性不同，无法进行较详细的、统一的审评规定，由此导致审评及获得许可的时间较长。生物发酵产业的主要核心为菌种，新菌种的开发、传统菌种的优化均需开展相应的安全性评价，审评及获得许可的时间会影响菌种的合法使用。

（三）政策法规的认知和应用亟待提高

在食品和饲料领域，申请新原料（添加剂）、产品扩大适用范围、用量的改变、剂型的改变、产品生产工艺及原料的改变等均需要进行相应的申报审批。但目前，国内大部分企业并没有意识到申报审批及行政许可的重要性，依然存在坐等跨国公司申请、授权后申报实质等同的传统思维，这不利于国产新产品的开发、应用以及企业市场竞争力和品牌影响力的提升。

（四）行业“碳达峰、碳中和”体系尚未完整建立

《中共中央　国务院关于完整准确全面贯彻新发展理念做好碳达峰碳中和工作的意见》，把“深度调整产业结构”作为实现“碳达峰、碳中和”的重要途径和重大任务，对产业结构优化升级提出了明确要求。目前生物发酵产业完善了工业绿色低碳标准体系框架，但节能与综合利用领域、绿色制造领域、“碳达峰、碳中和”领域相关标准缺乏，生物发酵行业及企业的绿色产业链分析与碳排放评估尚未覆盖全行业，生物发酵行业低碳发展路径还需要完善和验证。

三、政策建议

（一）国家继续给予财税政策支持

为深入贯彻落实党中央、国务院关于“碳达峰、碳中和”决策部署，建议健全生物发酵企业节能环保奖励机制，进一步扩大节能减排财政政策补贴标准；建议在生物发酵企业品质提升、工艺装备改进、节能降碳和绿色转型等方面给予财税支持；建议

给予民营企业、中小企业金融政策倾斜，适当降低融资成本；在减税降费、社保等方面建议政府继续给予政策支持。

（二）国家持续对生物发酵科技创新给予支持

建议在绿色生物制造产业链、生物制造工业菌种或工业酶的创制、智能生物制造过程与装备以及生物制造产业示范四个环节的前沿和共性技术方面，国家持续在项目、重点实验室、工程中心、工程技术中心等方面给予支持，补齐短板，实现更广泛的技术并跑和某些领域技术领跑。

（三）国家提高生物技术产品评价审批效率

随着基因编辑、合成生物学等前沿生物技术成果实现工业化应用，生物技术型产品不断涌现，将会对经济发展、人民生命健康起到积极的推动和保障作用。但是，目前我国生物技术新品种行政许可时间较长，新产品生产许可和应用严重滞后于美国、欧盟、日本等国家和地区。建议提高生物技术产品评价审批效率，利用国内消费升级的机遇扩展和深化国内市场，进一步降低对世界经济的依赖程度，降低国际局势变化对国内产业链供应链的影响传导，抢占生物技术产品制高地，破解“卡脖子”问题。

（四）加强消费者科普宣传和引导

建议政府、行业协会、企业、大专院校等共同组织，通过新媒体传播、传统展会、科普书籍等方式，推送专业知识、科普知识，宣传生物发酵企业品牌，使生物发酵行业获得更广泛的认知，使消费者从正规的渠道了解国产品牌、国产产品，助力生物发酵产业构建良好的生态环境。

撰 稿 人：王　洁　中国生物发酵产业协会
王　晋　中国生物发酵产业协会
通讯作者：王　洁　wangjie0510@126.com

第二十章　生物医用材料产业分析报告

生物医用材料是用于与生命系统结合，以诊断、治疗、康复和预防，以及替换人体组织、器官或增进其功能的材料，具有良好的生物相容性、生物功能性以及良好的可加工性。结合医疗器械产业，按照应用领域可分为：血管耗材、骨科耗材、口腔科耗材、眼科耗材、医疗美容耗材、血液净化耗材、医用膜材料、组织黏合剂和缝合线材料、临床诊断和生物传感器材料等。目前，中国生物医用材料产业处于快速发展阶段。

一、市场规模分析

中国医疗器械需求强盛，整体市场规模保持稳定高增长态势。据沙利文统计，2021年全球医疗器械市场规模为3.71万亿元，预计2023年市场规模为3.91万亿元。2021年中国医疗器械市场规模为8400亿元，预计2023年市场规模为1.10万亿元。2015—2022年全球医疗器械年均复合增速约为3.8%，同期，中国医疗器械市场年均复合增速为17.5%，增速显著高于全球（图20-1）。

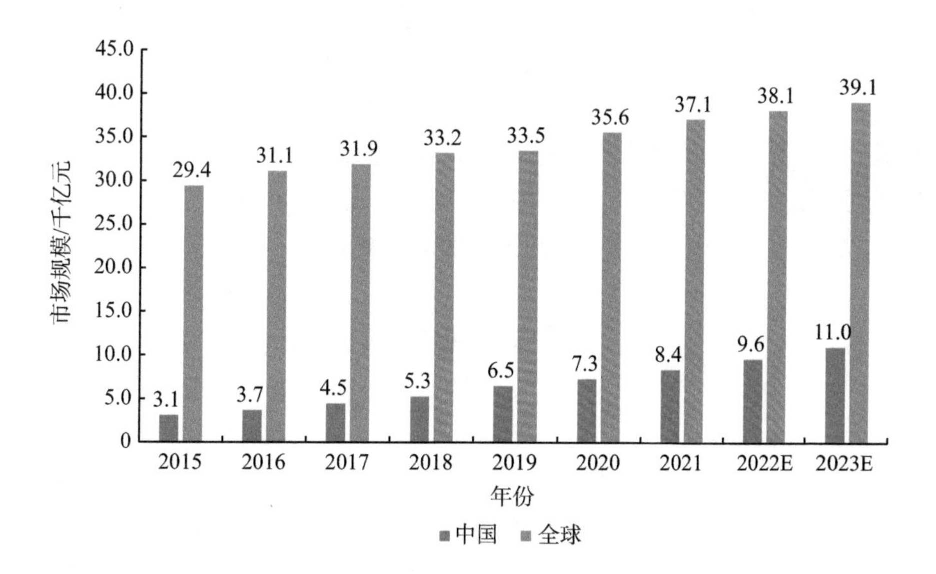

图20-1　全球及中国医疗器械市场规模

资料来源：沙利文

医疗器械行业分为医疗设备、高值医用耗材、低值医用耗材与体外诊断四大细分领域。其中，医疗设备占比中国医疗器械整体市场规模约56.8%，高值医用耗材占比19.7%，低值医用耗材占比12.1%，体外诊断（IVD）产品占比11.4%。据此推算，生物医用材料（含高值医用耗材和低值医用耗材）占比为31.8%，2023年中国生物医用材料市场规模为3498亿元。

另据罗兰贝格数据，在中国高值医用耗材市场规模细分领域中，血管耗材市场规模占比36%，骨科耗材市场规模占比27%，眼科耗材市场规模占比7%，口腔科耗材市场规模占比7%，电生理与起搏器市场规模占比7%（图20-2）。

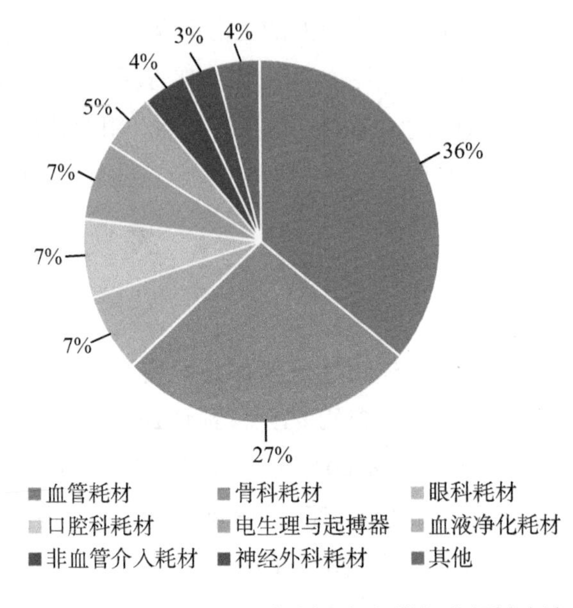

图20-2 中国高值医用耗材市场规模细分领域占比
资料来源：罗兰贝格

未来十年，随着人口老龄化程度逐年加深、国民医疗保健意识持续加强，以及医疗保险制度不断完善，我国医疗需求将持续增长。政策的红利、需求的增长以及供给层面的优化，将推动国内生物医用材料市场的可持续发展。

二、细分行业发展分析

（一）血管耗材

人口老龄化加剧、居民膳食结构改变背景下，国内血管病群体日益庞大，诊疗需求持续增长。同时，人们的健康意识增强，血管疾病的检出率逐渐增加，叠加人均医疗保健支出持续增加，患者临床治疗意愿增强，血管疾病介入治疗手术渗透率不断提升，多重因素共同促进了血管疾病治疗需求释放，进一步推动血管耗材市场扩容。未来随着医疗器械国产化替代的推进以及本土企业自主研发能力不断提高，血管耗材产业将持续向好发展。

1. 带量采购加速推进

现阶段血管耗材带量采购对于产品限价和中标规则较前期更为细化，降幅相对温和。经皮冠脉介入术（percutaneous coronary intervention，PCI）治疗三大高值医用耗材：药物洗脱支架、支架扩张球囊和药物涂层球囊集采已基本实现全国覆盖，采购价格处于低位。其中，药物洗脱支架从1.3万元降至800元，扩张球囊从3000元降至300元，药物球囊从2万元降至6300元。据西南证券预测，集采后2023年国内冠脉介入市场规模预计为64亿元。预计未来可降解支架和药物球囊等高价值新品渗透率将不断提高，2030年冠脉介入治疗市场有望达到167亿元。

冠脉支架是首个进行国家带量采购的高值医用耗材品种。2022年11月，国家组织了冠脉支架集中带量采购协议期满后接续采购，平均中选支架价格在770元左右，相较上一轮带量采购，各厂商产品均有小幅提价。

在其他细分领域，自2019年10月江苏省第二轮公立医疗机构耗材集采首次将冠脉扩张球囊纳入集采范围以来，全国各省已基本完成对冠脉扩张球囊、药物球囊的集采覆盖。2021年6月江苏第五轮公立医疗机构耗材集采中首次开启了冠脉导引导管、导丝的省级集采。此后，内蒙古牵头13省联盟、江西牵头9省联盟、浙皖湘联盟、浙江牵头的16省联盟、京津冀“3+N”联盟等陆续开启集采，目前全国大部分省份已完成对导引导管和导丝的集采。2022年10月，福建省药械联合采购中心发布《心脏介入电生理类医用耗材省际联盟集中带量采购公告（第1号）》，标志着电生理领域进入带量采购范围。2022年12月，河南省医保局发布《关于成立血液透析类等三个医用耗材省际联盟的公告》，其中涉及外周动脉、外周静脉和通路类耗材。2022年12月，吉林牵头完成21省弹簧圈类医用耗材集采，这是弹簧圈首次进入省际联盟集采。在此之前，还有河北、江苏、福建3个省份率先完成弹簧圈集采，平均降幅均在50%左右。2023年3月郑州大学第一附属医院及河南省人民医院牵头的两次河南省外周介入集中采购中，外周介入大部分术式中的90%以上产品已被覆盖，仅部分创新产品仍在集采范围外，本土企业中标产品比例在所有术式内均高于跨国产品。

从企业来看，冠脉支架集中带量采购协议期满后接续采购中，各企业积极参与。微创医疗共有3款产品中标，其中2款既往中标Firebird2®冠脉雷帕霉素洗脱钴基合金支架系统（Firebird2®支架）及Firekingfisher™ 冠脉雷帕霉素洗脱钴基合金支架系统（Firekingfisher™ 支架）的终端价格均于2022年续约中实现一定上涨。相较于2020年的首次集采协议量，微创医疗在本次续约中总协议量大幅提升近80%，进一步夯实了其在心血管介入领域的优势市场地位。微创医疗NUMEN®弹簧圈栓塞系统（NUMEN®弹簧圈）在2022年省际及联盟集采中全线中标。蓝帆医疗旗下吉威医疗的心跃®（EX-CROSSAL®）和心阔®（EXPANSAL®）中标2022年冠脉药物支架中选带量采购，两款支架合计集采报量排名全国第二。

2. 龙头企业营收水平回升

总体上来，2023年，血管耗材各生产企业通过研发创新产品、执行渠道下沉、国际化发展等战略，销售业绩处于增长态势。

整体业务方面，大部分企业2022年和2023年上半年营收水平有不同程度的提升，企业盈利状态差异较大。例如，2022年，微创医疗实现营业收入49.64亿元，同比增长20.00%，净利润亏损30.42亿元。2022年，惠泰医疗实现营业收入12.16亿元，同比增长46.74%，归属于母公司股东的净利润3.58亿元，同比增长72.19%。2022年，先健科技营业收入10.97亿元，同比增长18.59%，归属母公司净利润3.25亿元，同比增长11.24%。2023年上半年，先健科技实现收入约6.40亿元，较上年同期增长约15.2%。

在细分领域方面，神经介入业务、外周血管介入业务等是营收增长率最高的领域。微创医疗神经介入业务、大动脉及外周业务、心脏瓣膜业务均实现收入大幅提升，分别较上年同期增长43.0%、31.0%及25.0%。归创通桥2022年营业收入同比增长87.8%，达到3.34亿元。其中，神经血管介入器械业务收入达到2.33亿元，同比增长107.9%，继续保持高速增长；外周血管介入器械业务收入为1.01亿元，同比增长53.4%（表20-1）。

表20-1 血管耗材部分重点企业业务营业收入情况

企业名称	2022年						2023年上半年	
	营业收入/亿元	同比增长	净利润/亿元	相关细分业务	营业收入/亿元	同比增长	营业收入/亿元	同比增长
乐普医疗	106.09	-0.47%	22.03	医疗器械业务	58.79	35.64%	20.16	-32.58%
微创医疗	49.64	20.00%	-30.42	心血管介入业务	9.34	2.3%	5.51	42.4%
				心律管理业务	14.22	3.5%	7.54	4.7%
				大动脉及外周血管介入业务	9.27	31.0%	6.19	35.5%
				神经介入业务	5.56	43.0%	2.97	45.2%
				心脏瓣膜业务	2.56	25.0%	1.74	41.4%

续表

企业名称	2022年						2023年上半年	
	营业收入/亿元	同比增长	净利润/亿元	相关细分业务	营业收入/亿元	同比增长	营业收入/亿元	同比增长
惠泰医疗	12.16	46.74%	3.58				7.88	48.81%
先健科技	10.97	18.59%	3.25	结构性心脏病业务	3.95	19.2%	2.44	25.1%
				外周血管病业务	6.44	17.5%	3.63	14.6%
				起搏电生理业务	0.58	27.8%	0.33	-24.7%
蓝帆医疗	49.00	-39.56%	-3.72	心脑血管产品	7.64	7.63%	4.99	32.46%
珙泰医疗	5.86	26.08%	1.32	心血管器械	4.83		2.82	
				神经及外周器械	0.20		0.20	
启明医疗	4.06	-2.26%	-10.58				2.56	21.74%
归创通桥	3.34	87.8%	-1.14	神经血管介入器械	2.33	107.9%	1.66	49%
				外周血管介入器械	1.01	53.4%	0.64	56%
佰仁医疗	2.95	17.21%	0.95				1.68	18.95%
沛嘉医疗	2.51	83.7%	-4.08				2.25	89.29%
赛诺医疗	1.93	-0.77%	-1.62				1.61	46.22%
心玮医疗	1.83	100.33%	-2.00				1.10	42.85%
业聚医疗	1.37	17.48%	0.18				0.81	—

资料来源：企业年报

3. 深耕血管耗材领域

针对临床需求，各生产企业深耕血管耗材领域。乐普医疗在冠脉植介入领域目前已基本覆盖PCI手术全流程，包括影像诊断所需的数字减影血管造影（DSA）设备、建立介入手术血管通路所需要的各类配件、PCI手术涉及的功能性球囊、传统金属支架、生物可吸收支架和药物球囊等。在结构性心脏病领域，乐普医疗现有商业化产品主要为封堵器类，包括先心封堵器和预防心源性卒中封堵器。此外，乐普医疗还在瓣膜病领域、外周植介入、心脏节律管理及电生理、心力衰竭、神经调控等领域进一步布局了相应研发管线。微创医疗除了布局心血管介入业务外，还深入开展心律管理业务、大动脉及外周血管介入业务、神经介入业务、心脏瓣膜业务等。

先健科技产品布局覆盖结构性心脏病、外周血管病、心脏节律管理等领域。启明医疗专注于经导管瓣膜置换术治疗领域，已建立了一个全面的结构性心脏病整体解决方案，覆盖主动脉瓣、肺动脉瓣、二尖瓣、三尖瓣等心脏瓣膜疾病，肥厚型心肌病，高血压肾动脉去交感神经消融术以及手术配套产品等完整管线。归创通桥的主营业务为研发、生产、销售神经介入产品及外周血管介入产品。惠泰医疗专注于电生理和介入医疗器械的研发、生产和销售，已形成以完整冠脉通路和电生理医疗器械为主导，外周血管和神经介入医疗器械为重点发展方向的业务布局。

4. 增长得益于创新产品

企业营收快速增长主要得益于近年获批的创新性产品的销售快速增长。伴随着心脏起搏器市场迎来全面复苏，微创医疗自主研发的Rega®起搏器作为当前唯一一款国产MRI兼容起搏产品，量产以来迅速放量，带动国内收入大幅提升达107%，进一步夯实了国产品牌市场份额第一的地位。微创医疗大动脉及外周血管介入业务整体营业收入实现31.0%的同比提升。截至2022年末，Reewarm®PTX药物球囊已经在全国600多家医院获得推广应用；Reewarm®PTX 0.035系列药物球囊于2022年内获得注册批准，拓宽了该产品的临床应用范围，有望进一步驱动该系列产品的放量，使更多外周动脉疾病患者获益。

2022年归创通桥完成5款产品临床入组，包括通桥麒麟™ 血流导向装置、ZynNest™ 可解脱外周弹簧圈等。截至2023年6月，归创通桥已获批颅内取栓支架、颅内支持导管、球囊导引导管等15款神经血管介入器械，药物洗脱球囊扩张导管、PTA球囊扩张导管、PTA高压球囊扩张导管等12款外周血管介入器械。

远大医药心脑血管精准介入诊疗板块引入全球创新内源性组织修复产品aXess，彩鹬®颅内球囊扩张导管和鹈鹕®封堵球囊导管两款创新产品获批上市。

5. 优化调整产品线布局

针对国内带量采购后续效应，部分企业进行了产业结构调整，除了专注于心血管领域医疗器械外，还开拓至其他医疗器械业务。例如，乐普医疗除了以前一直专注的泛心血管领域医疗器械、药品及相应医疗服务外，近年来还开拓了体外诊断、外科、麻醉等非心血管医疗器械业务。微创医疗逐步布局了手术机器人业务、外科医疗器械业务等。

6. 开拓国际业务市场

部分企业在持续深耕成熟市场的同时，通过开展临床试验、收购研发生产基地等方式开拓新兴市场。

微创医疗心血管介入国际业务收入同比大幅提升60.0%，欧洲－中东－非洲地区和南美地区收入增长尤为迅速，分别同比提升143.0%和58.5%。截至2022年末，微创医疗冠脉支架产品的销售已覆盖69个海外市场，其中于摩洛哥、苏丹、沙特阿拉伯等多个海外市场实现首次销售。截至2022年末，微创医疗NUMEN®弹簧圈栓塞系统已于7个海外国家实现商业化植入，APOLLO™ 颅内动脉支架系统亦于巴西实现首批销售。微创医疗心脏瓣膜业务的商业化实现突破性进展，全年营收达100万美元（696万元），同比大幅增长超626%，VitaFlow®和VitaFlow Liberty™ 在阿根廷的手术量快速提升，并于多个国家实现注册准入。

先健科技LAmbre™ Plus左心耳封堵器系统由研究者发起的临床试验已获得美国医保覆盖，全部入组患者将会获得全额医保覆盖。KONAR-MF™ 室间隔缺损封堵器及LAmbre™ 左心耳封堵器系统分别成功地于日本和韩国完成首次植入。先健科技Aegisy™腔静脉滤器、AcuMark™测量球囊、ZoeTrack™超硬导丝及SeQure™管腔抓捕系统已获得欧盟CE认证。

吉威医疗在结构性心脏病介入领域的重磅产品Allegra™ 经导管介入主动脉瓣膜，已在18个国家实现销售。吉威医疗在境内外推进的临床项目有冠脉药物球囊、新一代可回收经导管主动脉瓣膜置换系统、BioFreedom®Ultra长支架、BioMatrix™ Alpha长支架、PTV球囊、特殊球囊等多个项目。

7. 创新产品不断推出

2022年乐普医疗一次性使用微导管（国械注准20223030964）、桡动脉压迫止血器（京械注准20222140502）顺利获国家药品监督管理局（NMPA）批准注册，可同时用于多种介入类手术。乐普医疗重点创新产品MemoSorb®生物可降解封堵器获得NMPA批准的医疗器械注册证，这是全球首款获批上市的生物可降解封堵器。乐普医疗外周切割球囊获得NMPA批准，这是国内首个在周围动脉疾病治疗领域获批上市的内资产品，填补了国产同类产品的空白。

2023年，乐普医疗重要产品一次性使用压力微导管（国械注准20223071559）和血流储备分数测量仪（国械注准20233070007）获得NMPA批准的医疗器械注册证，该产品通过对血管狭窄部位前后两端的压力检测，可计算并获得冠状动脉血流储备分数（fraction flow reservation，FFR）。2023年，乐普医疗一次性桡动脉压迫器（Wris-Band®）、一次性使用导引鞘、冠脉造影图像血流储备分数计算软件Vicor-AngioFFR顺利获NMPA批准上市。

2022年，微创医疗国产磁共振条件安全心脏起搏器Rega®及Platinium™ 植入式心脏复律除颤器获批上市。2023年上半年，微创医疗Q-track®微导管、Tigertriever®颅内取栓支架、神途威龙™ 神经血管导丝及W-track®抽吸导管接连获证上市，其在神经血管疾病三大领域的梯度化布局进一步深化。

2023年6月，深圳核心医疗科技有限公司生产的“植入式左心室辅助系统”获批创新产品注册申请，是我国第四款植入式左心室辅助系统。该产品可为进展期难治性左心衰竭患者血液循环提供机械支持，用于心脏移植前或恢复心脏功能的过渡治疗。该产品为第三代非接触式磁悬浮离心泵，核心技术主要为盘式电机技术，其利用位置传感器检测并控制转子的转速和悬浮高度。

2023年7月，苏州茵络医疗器械有限公司生产的“静脉支架系统”获得创新产品注册证。该产品预期在髂股静脉内使用，用于治疗非血栓性髂静脉压迫综合征和深静脉血栓形成后综合征。该产品带有独特的释放自补偿结构，保证在手术过程中静脉支架释放形态稳定精准；还具有可回收功能，可在静脉支架没有被完全推出输送系统的情况下，将90%支架长度重新回收至输送系统内，并重新定位释放一次，解决释放中的异常问题，提高产品安全性。

2023年8月，上海微创电生理医疗科技股份有限公司生产的冷冻消融设备和球囊型冷冻消融导管获批创新产品注册申请。两个产品配套使用，用于药物难治性、复发性、症状性的阵发性房颤治疗，属国内首创。其采用目标温度控制技术和多路测温技术，在治疗过程中可控制球囊内部温度，并实现球囊表面温度监测，确保手术更加安全。

2023年8月，杰成医疗（健适医疗成员企业）自主研发的“经血管介入生物主动脉瓣膜”获得美国食品药品监督管理局（FDA）授予的“突破性医疗器械认定”。杰成已研发了两款介入瓣膜产品，均可用于治疗主动脉瓣狭窄和反流。第一款产品为“J-Valve经心尖介入瓣膜”，于2017年获得NMPA批准上市；到目前为止，该产品仍然是国内唯一获批的拥有双适应证的介入瓣膜产品。第二款产品即为“杰成经血管介入瓣膜”，在延续经心尖产品的双适应证优势上，采用经股动脉（经血管）入路，为患者提供更多的入路选择，同时具有手术时间更短、手术创伤更小、患者恢复更快等优点。

2023年9月，上海捍宇医疗科技股份有限公司生产的“二尖瓣夹系统”获批创新产品注册申请。使用该产品，在手术中无须心脏停跳和体外循环，创口小，手术入路短，定位直接；且单纯超声引导介入，使得医生和患者不会受到X射线影响。其二尖瓣夹捕获范围较大，有利于操作；采用了闭合环设计，夹臂之间不易分开，保证夹合稳固。该产品采用经心尖手术方式，适用于经专业心脏团队评估后认为存在外科手术高风险，且二尖瓣瓣膜解剖结构适合的退行性二尖瓣反流（MR≥3+）患者。

2023年11月，杭州德晋医疗科技有限公司“经导管二尖瓣夹系统”获批创新产品注册申请。其中，二尖瓣夹系统包含二尖瓣夹和输送系统，其二尖瓣夹的弹性中心封堵网结构，可以增加夹合密封性，降低中心残余反流，降低瓣叶夹合力；同时，二尖瓣夹还具有单独捕获瓣叶、重复定位抓捕等功能设计，可以提高操作精度，减少二尖瓣夹脱落及瓣叶穿孔的风险。该产品适用于经心脏团队评估后，认为存在外科手术高风险，且二尖瓣瓣膜解剖结构适合的退行性二尖瓣反流（MR≥3+）患者。

2023年12月，康沣生物科技（上海）股份有限公司生产的“冷冻消融设备”和“球囊型冷冻消融导管”获得创新产品注册证。两个产品在医疗机构配套使用，用于药物难治性、复发性、症状性、阵发性房颤的治疗。治疗过程中，“冷冻消融设备”可将氮气经热交换器冷却后输送至球囊内腔，使与组织接触的球囊产生低温，并通过导管反馈的温度，动态调控冷冻介质的压力和流量，将球囊表面温度维持在规定范围内。同时，该设备真空泵持续抽取导管外层管路内的空气，使产品外层管路达到高真空的隔热状态，确保非消融区域的安全，提高了手术安全性。

2023年12月，苏州奥芮济医疗科技有限公司“可降解镁金属闭合夹”获得创新产品注册证。可降解镁金属闭合夹由高纯镁材料制成，可避免现有镁合金产品中常用的铝、稀土等元素对人体健康的潜在风险，且植入后不影响术后X线、CT、磁共振等影像学诊断；通过塑性变形和热处理技术调控，增强高纯镁金属的力学性能，提高了闭合夹的稳定性和可靠性。该产品适用于外科手术不需要提供永久闭合力的血管或胆管等管状组织的结扎和闭合，不适用于大动脉和大静脉。

2023年12月，无锡帕母医疗技术有限公司“一次性使用环形肺动脉射频消融导管”获得创新产品注册证。该产品是由中国在全球率先批准的通过破坏交感神经治疗肺动脉高压的产品，为肺动脉高压患者提供了新的治疗方式选择，将使更多肺动脉高压患者受益。该产品采用穿刺介入方式通过血路进入人体，配合该公司生产的肺动脉射频消融仪使用，输送射频能量作用于肺动脉相应靶点，从而破坏交感神经，实现治疗肺动脉高压的效果。

2023年12月，四川锦江电子医疗器械科技股份有限公司“一次性使用心脏脉冲电场消融导管”和“心脏脉冲电场消融仪”获得创新产品注册证，这是国内首个心脏脉冲电场消融类产品。上述两个产品配套使用，通过控制、释放适当强度的脉冲电场能量，有选择性地对需要治疗的病灶部位的心肌细胞产生不可逆的电穿孔损伤，从而达到治疗房颤的目的，为药物难治性、复发性、症状性、阵发性房颤的治疗提供了更多选择。

（二）骨科耗材

近年来，我国人口老龄化趋势不断加剧，骨科疾病发病率与年龄相关性极高，随着年龄的增长，人体发生骨折、脊柱侧弯、脊椎退变、关节炎、关节肿瘤等骨科疾病的概率大幅上升。随着我国经济发展和社会进步，居民生活水平不断提高，健康观念增强、骨科疾病知晓率和就诊率不断提高，我国人口老龄化和骨科疾病患病率升高以及骨科植入物手术普及率提升，在医疗条件及社会保障体系逐步完善的情况下，下游市场需求不断攀升，我国骨科耗材市场未来将保持稳定增长的势头。

1. 带量采购全面推开

自2019年7月国务院办公厅印发《治理高值医用耗材改革方案》以来，骨科耗材带量采购已全面落地执行。目前，骨科高值医用耗材领域已基本实现集采，集采产品价格平均降幅从32%至89%不等。截至2023年底，随着国家及各省市常态化、制度化开展高值医用耗材集中带量采购，骨科关节、创伤、脊柱、运动医学领域均纳入集采范围并陆续落地执行。

2021年5月，河南十二省骨科创伤类联盟带量采购启动，2022年6月全部落地执行。2022年2月9日，京津冀三地联合发布《2022年京津冀“3+N”联盟骨科创伤类医用耗材带量联动采购和使用工作方案》，2022年3月9日，京津冀医药联合采购平台发布《关于公布京津冀“3+N”联盟骨科创伤类医用耗材带量联动采购中选结果的通知》，开展了新一轮骨科创伤类医用耗材集采，平均降价达83.48%。截至目前，骨科创伤类医用耗材集采范围已基本覆盖全国。2023年9月，京津冀联盟进行创伤类骨科耗材续约集采。

2021年9月14日，首次国家组织人工关节集中带量采购在天津启动。人工关节第一次国采中拟中选髋关节平均价格从3.5万元下降至7000元左右，膝关节平均价格从3.2万元下降至5000元左右，平均降价82%。2022年3月31日，国家医疗保障局发布《关于国家组织高值医用耗材（人工关节）集中带量采购和使用配套措施的意见》，4月起甘肃、辽宁、江西、广东等地开始落地执行。2024年2月，国家组织高值医用耗材联合采购办公室发布《人工关节集中带量采购协议期满接续采购公告（第1号）》，人工关节集中带量采购协议期满接续采购需求量填报工作相继启动。

2022年7月11日，国家组织高值医用耗材联合采购办公室印发《国家组织骨科脊柱类耗材集中带量采购公告》，标志着第三批国家组织高值医用耗材正式启动。脊柱类国采于2022年9月发布采购公告2023年2月开始落地实施，采购周期为3年，首年意向采购量109万套，覆盖了绝大部分的脊柱类耗材产品。

2023年9月，国家组织医用耗材联合采购平台发布了《国家组织人工晶体类及运动医学类医用耗材集中带量采购公告（第1号）》，首次将运动医学类耗材产品纳入集采。

2. 龙头企业营收水平下滑

骨科集采范围和力度持续加大，国家集中组织以及地方省际联盟针对骨科高值医用耗材集采政策陆续出台。大部分骨科耗材企业面临营收水平下滑的挑战。2022年，威高骨科营业收入18.48亿元，同比下降14.18%，归母净利润5.44亿元，同比下降21.17%。2023年上半年，威高骨科营业收入8.05亿元，同比减少27.13%，主要原因是受到脊柱类耗材集采落地执行的影响。大博医疗2022年营业总收入14.34亿元，同比下降28.09%；归母净利润9221.90万元，同比下降86.30%。2023年上半年，大博医疗营业收入7.50亿元，同比下降9.47%；实现归属于上市公司股东的净利润0.94亿元，同比下降48.08%。2023年上半年，春立医疗营业收入5.41亿元，较上年同期下降5.37%，主要原因是产品销售受“带量采购”影响，相关产品售价下降（表20-2）。

表20-2　骨科耗材部分重点企业业务营业收入情况

企业名称	2022年						2023年上半年	
	营业收入/亿元	同比增长	净利润/亿元	相关细分业务	营业收入/亿元	同比增长	营业收入/亿元	同比增长
威高骨科	18.48	-14.18%	5.44	脊柱	0.96	-13.10%	8.05	-27.13%
				创伤	0.89	-31.57%		
				关节	2.18	-4.85%		
大博医疗	14.34	-28.09%	0.92	创伤类	5.42	-51.89%	7.50	-9.47%
				脊柱类	4.72	-16.50%		
				微创外科类	1.92	28.05%		
				关节类	0.59	173.25%		
微创医疗（骨科业务）	15.56	9.5%					8.07	10.0%
春立医疗	12.02	8.43%	3.08	关节类假体	10.46	7.68%	5.41	-5.37%
				脊柱类	1.16	24%		
				运动医学类	0.37	450.82%		
凯利泰	11.66	-8.08%	-0.21	椎体成形微创	5.39	-2.22%	5.23	-13.20%
				骨科脊柱或创伤	1.06	-31.08%		
爱康医疗	10.52	38.17%	2.05	髋关节类	6.55	39.50%	6.49	+22.11%
				膝关节类	2.66	59.20%		
				脊柱和创伤类	0.60	-24.30%		
				定制类	0.47	101.30%		
三友医疗	6.49	9.40%	1.91	脊柱类	5.34	4.14%	2.82	-4.86%
				创伤类	0.24	-16.89%		

资料来源：企业年报

3. 完善相关领域战略布局

结合市场、技术发展趋势和临床反馈，骨科耗材企业在新材料、新领域、新技术方面不断探索布局，逐步完善骨科上下游产业布局，不断更新迭代现有产线，并积极扩展新业务线。

2022年，威高骨科基于多品牌优势，完善脊柱、创伤、关节、运动医学各产线不同品牌的注册证，完成多品牌、多产线的全产品布局；丰富了运动医学产品线，使运动医学产线能够为临床提供整体解决方案。在数智化骨科方面，威高骨科术前规划、术后测评系统、3D打印等在研发过程中已经取得临床应用进展。

微创医疗积极推动全球市场对“内轴膝”理念的认可度的快速提升，叠加骨科手术机器人的协同带动，相关产品收入快速提升。为提高对关键原材料及重要零部件供应风险的应对能力，微创医疗积极开发第二供货商，持续提升供应链稳定性。

春立医疗对多孔钽、镁合金、PEEK等新材料研发进行了相应布局，并加大了关节手术机器人、运动医学、富血小板血浆制备设备、口腔等新管线的产品研发。春立医疗在争取关节类产品线稳居国有产品市场占有率上游的同时，积极推进脊柱类产品及运动医学类产品市场占有率进一步提升。

三友医疗除了在传统的脊柱和创伤领域继续丰富公司产品线外，在运动医学、新材料应用、生物材料表面改性和3D打印等骨科相关领域正不断加强研发和战略布局，同时也在密切关注相关新技术发展动向，如新一代智能手术机器人、生物材料和脊柱运动节段假体等。

4. 产业技术发展方向聚焦

骨科耗材产业技术发展将聚焦在3D打印技术、手术机器人、生物材料等几方面。

3D打印技术的发展为骨科医疗器械行业的创新带来众多可能。3D打印技术能够自定义外形和结构，实现个性化骨缺损形态的精准匹配，提升植入物的长期稳定性，缩短研发周期和制造程序，还能减少手术创伤、缩短手术时间、提升手术疗效。

中国在骨科手术机器人研发方面起步较晚，但在新一代骨科手术机器人方面，国内产品已经达到国际同类产品水平。术前通过核心算法以及基于3D数据的AI系统完成全局规划，术中通过核心跨模态配准技术实现精准匹配，提升手术的精确度和安全性。据国家药监局数据，截至2023年11月底国内共审批通过37张骨科类手术导航机器人注册证。

目前市场上的骨科植入器械仍以金属材料为主，未来可吸收及含有生物活性成分的生物材料是骨科主流之一的研究方向。钴铬钼、纯钛、钛合金、多孔钽等多种新型金属材料应用比例逐渐提升，以PEEK高分子材料和碳纤维等为代表的新型材料的基础研究和临床应用也取得较大进展，骨科植入物的机械强度、耐疲劳性、生物相容性等性能不断优化。

5. 创新产品不断推出

2023年上半年，爱康医疗上市了5款新产品，其中包括基于3D打印技术的3D打印胫骨平台、Osteo Match生物力学适配型椎间融合器、Apollo自稳型人工椎体、TCBridge金属增材制造匹配式长段骨缺损修复体等。2023年4月，爱康医疗生产的创新产品“金属增材制造胸腰椎融合匹配式假体系统”获得注册证。该产品创新性采用聚乙烯钉扣作为柔性连接装置，联合后路钉棒系统，实现前后路联合固定的“桁架”结构。对于需进行多节段胸腰椎切除重建的患者人群，该产品采用多孔结构，同时可实现患者匹配设计（基于患者CT数据设计制造）和植入假体固定，可在一定程度上提高患者术后生活质量和患者生存率。

2023年6月，苏州微创关节医疗科技有限公司生产的“锆铌合金股骨头”获得创新产品注册证。锆铌合金股骨头与该企业同系列髋关节假体组件配合使用，适用于全髋关节假体置换。该产品采用符合国际标准（ASTM F2384）的锆铌合金，经表面梯度氧化形成类陶瓷层，可以减少高交联聚乙烯髋臼内衬磨损，降低髋关节假体翻修率。与目前临床常用类似预期用途的钴铬合金股骨头产品相比，该产品可减少金属离子析出、降低关节面磨损；与陶瓷股骨头产品相比，可降低假体碎裂、关节异响等风险。

2023年11月，西安康拓医疗技术股份有限公司生产的创新产品“增材制造聚醚醚酮颅骨缺损修复假体”获得注册证。该产品基于患者颅骨缺损的影像学数据，创新性采用聚醚醚酮医用粉料，经选择性激光烧结增材制造加工而成，能够匹配患者缺损部位，通过三维嵌入方式实现颅骨缺损替代，恢复患者原颅骨曲率，实现缺损区三维重建。该产品适用于颅骨缺损修复重建的外科治疗，其利用增材制造技术可打印更多复杂的颅颌骨形态，同时颅骨缺损修复假体的打印纹理对头皮无机械切削作用，无假体穿出风险。

2023年11月，纳通生物科技（北京）有限公司“增材制造匹配式人工膝关节假体”创新产品注册申请。该产品包含股骨髁假体、胫骨托假体、半月板假体。股骨髁假体和胫骨托假体由钴铬钼粉材经激光增材制造而成，半月板假体由超高分子量聚乙烯材料制成。该产品采用全膝关节假体的个性化设计，其关节曲面仿生设计，能够重建正常股髌关节运动功能。该产品可与骨水泥配合使用，膝关节假体置换、骨关节炎患者和特殊患者均可使用。该产品能够在各截骨面上实现良好覆盖，有效解决了不匹配和过覆盖问题。

（三）口腔科耗材

随着我国人口老龄化进程加快、牙科护理观念普及以及居民可支配收入的上涨，中国口腔行业市场规模还将继续保持快速增长的趋势。据华福证券研究所测算，2030

年国内种植牙市场终端规模最低在1200亿元以上，未来20—30年复合年增长率为11.1%。

1. 带量采购布局牙种植体

2022年，口腔种植体系统集采正式开展，口腔耗材行业进入新篇章。2022年9月22日，口腔种植体系统省际联集中带量采购办公室发布《口腔种植体系统省际联盟集中带量采购公告（第1号）》，成立口腔种植体系统省际联盟集中带量采购办公室实施口腔种植体系统集中带量采购。本次口腔种植体系统集中带量采购产品以种植体、修复基台、配件包各1件组成种植体产品系统，并根据种植体材质，分为四级纯钛种植体产品系统和钛合金种植体产品系统共两个产品系统类别。2023年1月11日，四川省医疗保障局发布消息，“口腔种植体系统集采产生拟中选结果，拟中选产品平均中选价格降至900余元，与集采前中位采购价相比，平均降幅55%。本次集采汇聚全国近1.8万家医疗机构的需求量，达287万套种植体系统，约占国内年种植牙数量（400万颗）的72%”。口腔种植体系统集中带量采购带来的降价成效，将会进一步扩大市场的需求。

2. 重点企业处于成长期

国内口腔科耗材企业主要有时代天使、国瓷材料、正海生物、有研新材、康拓医疗等（表20-3）。

表20-3　口腔科耗材部分重点企业业务营业收入情况

企业名称	2022年			2023年	
	口腔科耗材营业收入/亿元	同比增长	业务占比	口腔科耗材上半年营业收入/亿元	同比增长
时代天使	12.70	-0.15%	100%	6.16	8.0%
国瓷材料	7.54	8.50%	23.81%	4.13	0.23%
正海生物	2.07	8.00%	47.82%	1.06	-3.57%
有研新材	0.58	11.31%			

资料来源：企业年报

时代天使是口腔隐形正畸技术、隐形矫治器生产及销售的服务提供商。2022年，时代天使推出了A7 Speed拔除前磨牙隐形矫治解决方案高速版，该方案基于传统矫治技术理念，利用自适应高分子复合材料MasterControl S的弹性和矫治力控制，在精控附件系统、时代天使智美隐形矫治系统的辅助下，可有效提升矫治效率。A7 Speed解决方案将应用于多条产品线，赋能口腔医生高效处理复杂的错颌畸形案例。

国瓷材料主要从事各类高端陶瓷材料及制品的研发、生产和销售，已形成包括电子材料、催化材料、生物医疗材料、新能源材料、精密陶瓷和其他材料在内的六大业务板块。其生产的生物医疗材料主要有：牙科用纳米级复合氧化锆粉体、氧化锆瓷块、玻璃陶瓷瓷块、复合树脂陶瓷。2022年，国瓷材料战略投资韩国Spident公司，成功将产品管线在牙医临床端进一步延伸。2023年，国瓷材料战略并购全球口腔烧结设备领域头部企业德国Dekema公司。未来国瓷材料将聚焦牙科大修复场景（临床修复+技工修复），在应用场景内最大化丰富产品管线，为口腔修复领域提供系统性解决方案。

有研新材主营业务为高纯金属靶材、先进稀土材料、特种红外光学及光电材料、生物医用材料等多个战略性新材料领域，其中医疗板块包括生物医用材料及口腔医疗器械等业务。2022年，有研新材持续开展二代数字化定制口腔正畸矫治系统的推广及使用，快速推进口腔正畸数字化规划进程；进一步优化镍钛丝材产品性能，销量稳步提升。2022年成立有研数智科技（河北），启动无托槽矫治器的开发，形成数字化“固定+隐形”全面正畸数字化专业服务。

康拓医疗专注于三类植入医疗器械产品研发、生产、销售的高新技术企业，主要产品应用于神经外科颅骨修补固定、口腔种植及心胸外科胸骨固定领域。在口腔种植领域，康拓医疗依靠自身在种植体材料研究、钛网个性化应用、影像数据应用及3D建模定制设计等方面积累的经验及技术优势，针对口腔业务制定了种植体系统+钛网+数字化导板+微创外科工具的多维度产品组合发展规划，围绕口腔业务开展宜植种植体技术和材料改进、高端骨结合种植体及附件产品开发等研发项目，产品覆盖种植体及附件、手术器械等。

（四）眼科耗材

眼科耗材具备医疗和消费双属性，大部分产品在国内处于发展初期，有较大发展空间。眼科耗材国内重点企业主要有欧普康视、昊海生科和爱博医疗等，2023年重点企业营收水平稳步提升（表20-4）。

表20-4　眼科耗材部分重点企业业务营业收入情况

企业名称	2022年					2023年上半年	
	营业收入/亿元	同比增长	相关细分业务	营业收入/亿元	同比增长	营业收入/亿元	同比增长
欧普康视	15.25	17.78%	硬性角膜接触镜	7.63	11.04%	3.83	10.88%
			护理产品	2.99	30.81%	1.22	−7.86%

续表

企业名称	2022年					2023年上半年	
	营业收入/亿元	同比增长	相关细分业务	营业收入/亿元	同比增长	营业收入/亿元	同比增长
昊海生科（眼科业务）	6.74	19.24%	人工晶状体	2.79	-16.27%	2.04	58.15%
			眼科黏弹剂	0.89	-16.85%	0.56	45.36%
			视光材料	1.80	11.22%	1.10	42.21%
			视光终端产品	1.99	259.78%	0.96	-3.81%
			其他眼科产品	0.23	35.78%	0.15	27.70%
爱博医疗	5.79	33.81%	人工晶状体	3.53	15.77%	2.45	37.88%
			其他手术产品	0.15	11.82%	0.09	22.89%
			角膜塑形镜	1.74	62.09%	1.06	38.97%
			其他视光产品	0.34	500.36%	0.45	402.84%

资料来源：企业年报

欧普康视主要业务为角膜塑形镜等硬性接触镜类产品及配套护理产品的生产和销售。2022年，欧普康视实现营业收入15.25亿元，同比增长17.78%；归属于上市公司股东的净利润6.24亿元，同比增长12.44%。其中，硬性角膜接触镜收入同比增长11.04%。2023年上半年，欧普康视实现营业收入7.80亿元，同比增长13.99%。其中，硬性角膜接触镜营业收入3.83亿元，同比增长10.88%。

昊海生科是眼科、医疗美容与创面护理、骨科、防粘连及止血四大治疗领域“原料+研发+制造+销售”的生物医用材料生产企业。昊海生科眼科业务已覆盖白内障治疗、近视防控与屈光矫正及眼表用药，并已在眼底病治疗领域布局多个在研产品。昊海生科积极开展散光矫正、多焦点等功能型高端人工晶状体产品的研发工作，同时掌握有别于传统车铣工艺的一次模注成型工艺，实现人工晶状体高端材料、复杂光学性能、创新加工工艺的全面布局。其中：创新疏水模注非球面人工晶状体产品已于2023年6月在国内获批注册上市；疏水模注散光矫正非球面人工晶状体产品于2021年7月在国内开展临床试验；亲水非球面多焦点人工晶状体于2022年11月在国内开展临床试验；创新疏水模注非球面三焦点人工晶状体于2023年7月获得伦理批件并启动临床试验。在近视防控及管理领域，昊海生科基于Contamac高透氧材料，自行研制的“童享”系列新型角膜塑形镜产品已于2022年12月在国内获批注册上市。在屈光矫正领域，昊海生科下属子公司杭州爱晶伦主要从事有晶体眼屈光晶体产品的研发、生产和销售业务，其自主研发的依镜悬浮型有晶体眼后房屈光晶体（PRL）产品拥有独立知识产权，屈光矫正范围为-30.00— -10.00D，已获得国家药监局批准上市。

爱博医疗是一家创新驱动的眼科医疗器械制造商，产品涵盖眼科手术治疗、近视防控和视力保健三大领域，全力为白内障手术、屈光不正矫正和视光消费提供一站式解决方案。爱博医疗在维持核心产品人工晶状体和角膜塑形镜增长的同时，研发具有增长潜力的创新产品，如非球面三焦散光矫正人工晶状体、有晶体眼人工晶体、硅水凝胶隐形眼镜、医用生物材料等。

（五）医疗美容耗材

在“颜值经济”的推动下，我国不同年龄、性别的消费者对追求美、健康和自信的意识不断觉醒及提升，并促使医美需求不断扩容，产品和技术的持续革新以及现有产品适应证的扩展带来了供给的日益丰富，而我国人均可支配收入的稳步增长则奠定了医美消费的坚实基础。目前，中国已成为全球第二大医疗美容市场，数据显示，2017—2021年，中国医美市场规模从993亿元增长到1892亿元，年均复合增长率为17.5%。预计在2023年中国医美市场规模将超2000亿元人民币。与其他主要医美产业发达国家相比，中国医美市场较低的渗透率将于未来几年持续释放和提升。

国内医疗美容耗材重点企业主要有华熙生物、爱美客、昊海生科等（表20-5）。

表20-5　医疗美容耗材部分重点企业业务营业收入情况

企业名称	2022年					2023年上半年	
	营业收入/亿元	同比增长	相关细分业务	营业收入/亿元	同比增长	营业收入/亿元	同比增长
华熙生物	63.59	28.53%	原料业务	9.80	8.31%	5.67	23.20%
			医疗终端	6.86	−2.00%	4.89	63.11%
爱美客	19.39	33.91%	溶液类注射产品	12.93	23.57%	8.74	35.90%
			凝胶类注射产品	6.38	65.61%	5.66	139.00%
昊海生科（医疗美容与创面护理业务）	7.48	61.45%	玻尿酸	3.08	27.90%	2.56	114.35%

资料来源：企业年报

华熙生物建立了生物活性材料从原料到医疗终端产品、功能性护肤品、功能性食品的全产业链业务体系，华熙生物自主研发生产透明质酸生物医用材料领域的医疗终端产品，主要分成医药和医美两类。医药类包括眼科黏弹剂、医用润滑剂等医疗器械产品，以及骨关节腔注射针剂等药品。在原料方面，华熙生物构建了以功能糖、氨基酸、蛋白质、多肽、核苷酸及天然活性物六大类物质为主的绿色生物制造关键技术体系。截至2023年上半年，华熙生物在研原料及合成生物研发项目121个，其中重组人源胶原蛋白、微交联透明质酸粉末产品HyacrossTL200、Hyatrue®透明质酸钠（MDII-L、MDII-R）、阳离子HA、脂肽、酶法唾液酸、多聚寡核苷酸等已完成试产。在药械方面，华熙生物已布局医美产品管线包括水光类、填充类、再生类、修复类以及有源器械类，截至2023年上半年，华熙生物在研药械研发项目89个。研发进展包括：第一，两款类医疗器械水光产品分别进入注册申报阶段和临床随访阶段；第二，新型眼科用手术黏弹剂进入注册申报阶段，药品玻璃酸钠滴眼液也已经提交上市申请；第三，围绕重组胶原蛋白原料开发的终端产品即将进入临床阶段。

爱美客主要从事生物医用材料及生物医药产品研发与转化，已成功实现基于透明质酸钠的系列皮肤填充剂、基于聚乳酸的皮肤填充剂以及聚对二氧环己酮面部埋植线的产业化，同时正在开展重组蛋白和多肽等生物医药的开发。爱美客目前的主要产品为：基于透明质酸钠的系列皮肤填充剂、基于聚左旋乳酸的皮肤填充剂、面部埋植线产品等。爱美客在研产品储备丰富，包括用于治疗颏部后缩的医用含聚乙烯醇凝胶微球的修饰透明质酸钠凝胶、用于去除动态皱纹的A型肉毒毒素、用于软组织提升的第二代面部埋植线、用于慢性体重管理的司美格鲁肽注射液、用于溶解透明质酸可皮下注射的注射用透明质酸酶等。

三、发展趋势

未来，生物医用材料产品将向着个性化、精准化和智能化方向发展，技术创新突破、高端产品开发和国际化布局将成为我国生物医用材料产业的发展趋势。

（一）市场需求仍持续增长，行业进入重塑期

2022年全国人口出现负增长，其中65周岁及以上老年人口占总人口达14.9%，人口老龄化达到拐点。同时，各类疾病的发病率保持上升趋势，疾病的类型也呈现年轻化和复杂化的特点。多元化的医疗需求时代，对现有医疗服务的改进和增强提出了更高的要求，同时为与医疗服务密切相关的生物医用材料产业提供了更广阔的发展空间。

市场需求持续增长、耗材集中采购、医疗合规化、新产品创新迭代导入等背景下，生物医用材料产业进入行业重塑调整期。在血管耗材领域，2023年下半年受医疗合规化要求影响，手术量略有下降和入院节奏略有延迟，但企业业绩增长仍较为明显，未来这些企业的后续成长持续性仍然值得期待。

在骨科耗材领域，企业在创伤类、脊柱类的营业收入出现了不同程度的下降，但

是在关节领域出现了明显的增强趋势。当前骨科耗材行业发展趋势呈现三大特点：一是行业集中度提升。落后的中小企业将逐渐被淘汰，未来将崛起一批大型有创新能力的企业，从而推动我国医疗器械行业集中度的上升。二是进口替代。通过带量采购的报量与执行情况来看，国产龙头品牌市场份额较带量采购前有大幅提升。根据带量采购招标结果，创伤、脊柱产品协议量份额均由国产品牌占据主导，关节产品进口替代效果较创伤、脊柱产品不明显，主要因为进口品牌拥有原材料成本优势，并且仍具有核心大医院的学术品牌优势。三是进入低毛利时代。集采带来终端价格的大幅下滑，严重压缩了经销渠道的利润空间。集采将倒逼骨科耗材企业的销售模式转型，在新材料、新领域、新技术方面不断探索布局，不断更新迭代现有产线，并积极扩展新业务线，通过提高生产效率、工艺革新、扩大生产规模等方式降低生产成本，也将继续通过压缩人力成本、降低营运费用，继续强化成本管控和费用管控，通过上述等手段来增强原有产品的盈利能力。

在低值耗材领域，由于新冠管控变化、海外需求不振、国内市场竞争激烈等影响，2023年行业业绩出现回落，预计2024年将迎来新一轮成长。

（二）带量采购扩面提质，实现精细化管理

当前耗材集采已经从百亿级产品向十亿级产品渗透，从成熟、高国产化率产品向偏创新、消费产品过渡。目前已经集采的产品分为几类：成熟、国产化率高的产品，国产化率低、有一定创新属性的产品，消费、不占医保、民营为主的产品。

2023年3月国家医疗保障局发布《国家医疗保障局办公室关于做好2023年医药集中采购和价格管理工作的通知》，提出持续扩大药品集采覆盖面，到2023年底国家和省级集采药品数累计达到450种，进一步向2025年达到500种的目标前进。未来耗材带量采购将按照既定节奏持续扩面提质，实现国家和地方上下联动，不断优化招标规则设计，同时规范企业投标行为，加强采购量的执行，实现招采精细化管理。

（三）医疗反腐常态化，净化耗材行业生态

医药领域关系广大人民群众最直接、最现实的健康权益，加强医药领域反腐败工作是推动医药行业高质量发展的重要内容。2023年医疗反腐运动逐步在整个产业链中铺开，不仅仅是医疗机构，包括医疗器械生产、分销、供应等所有环节都将受到严格监控。未来，医疗行业反腐工作预计将继续维持高压态势，不仅仅是一次性或短期的行动，而是转变为一种常态化的管理方式，以促进整个医疗行业的健康发展。短期来看，的确会对医疗行业带来一些不确定性，如部分耗材产品推广和招投标等活动产生的阶段性延迟。但是长期来看，整治医疗腐败有助于规范流通行为、压缩灰色空间、

净化营商环境，间接增加耗材企业在价值链上的分配权重。此外，反腐行动有利于促进价值医疗的实现，让企业有动力研发具备刚性、真实需求的耗材产品，有益于具备持续创新能力的企业发展。

（四）医疗出海趋势突显，参与国际化竞争

随着我国生物医用材料不断进行产品和技术升级，部分细分领域实现了进口替代，由于新冠疫情对全球消费品市场供需关系的重塑，出海已经成为领先生物医用材料生产企业当前和下一阶段的发力重点和增长引擎。集采迫使国产厂商参与国际化市场竞争，除了自身低价思路，也需要提升自身产品的研发能力与核心价值，企业将通过丰富自身产品矩阵、持续投入研发资金等模式，以应对集采“以价换量”带来的潜在风险。与此同时，高值医用耗材产品通常具备研发周期长、技术壁垒高、临床风险大的特点，由于这类产品企业成本敏感度较低，产品临床及技术优势是出海核心。

撰 稿 人：苏文娜　中国医疗器械行业协会
通讯作者：苏文娜　suwn@camdi.org

第二十一章　生物基化学纤维产业分析报告

生物基化学纤维作为新质生产力代表品种，既属于科技行业，也属于绿色发展行业，契合“双碳”发展目标，对缓解能源危机、降低环境污染具有重要意义，该品种有望在部分应用领域逐步替代传统石油基材料，成为引领科技创新和经济发展的新兴产业，并成为绿色低碳发展的主要途径及低碳经济增长的亮点。

一、行业现状概述

（一）整体发展情况

生物基化学纤维或生物源纤维是指利用可再生动植物或其提取物，经物理、生物、化学等方法加工而成的纤维。生物基化学纤维种类较多，一般从原料属性、产业分类和生产过程同维度对其进行分类。其分类见表21-1。

表21-1　我国生物基化学纤维产品序列

分类	产品
生物基原生纤维	天然纤维，包括棉、麻、丝、毛等
生物基再生纤维	再生纤维素纤维：醋酸纤维、麻浆纤维、竹浆纤维、莱赛尔纤维、菌草纤维等
	再生多糖纤维：海藻纤维、壳聚糖纤维、甲壳素纤维等
	再生蛋白改性纤维：大豆蛋白改性纤维、动物胶原蛋白改性纤维等
生物基合成纤维	聚乳酸纤维、生物基聚酯（PTT）纤维、聚羟基烷酸酯（PHA）纤维、生物基呋喃聚酯（PEF）纤维、生物基聚酰胺（PA56）纤维等

2023年，我国生物基化学纤维总产能达到118.26万t/a，较上年同期增长46.09%，总产量达48.86万t，较上年同期增长83.62%，见表21-2。

表21-2 生物基化学纤维产能和产量统计

品种	产能 /（万 t/a）		产量 / 万 t	
	2022 年	2023 年	2022 年	2023 年
莱赛尔纤维	37.60	56.45	14.10	33.60
竹浆纤维	18.50	13.10	7.60	7.00
聚乳酸纤维	9.80	18.60	1.00	1.50
生物基聚酯纤维	10.00	20.00	2.50	5.00
生物基聚酰胺纤维	3.00	8.00	0.50	0.80
麻浆纤维	—	—	—	—
壳聚糖纤维	0.25	0.25	0.02	0.01
海藻纤维	0.58	0.58	0.08	0.10
蛋白改性纤维	1.20	1.20	0.80	0.80
生物基氨纶	0.02	0.08	0.01	0.05
合计	80.95	118.26	26.61	48.86

（二）主要品种发展情况

1. 莱赛尔纤维

莱赛尔纤维生产过程节能环保，兼具化学纤维和纤维素纤维的特点，具有高强耐磨、柔软亲肤、吸湿透气等优点，被广泛应用于服装、家居、医疗、工业等领域。近年来，莱赛尔纤维产量保持快速增长的态势，2023 年我国莱赛尔纤维总产能达到 56.45 万 t/a，总产量 33.60 万 t。莱赛尔纤维主要生产企业情况见表 21-3。

表21-3 莱赛尔纤维主要生产企业情况

序号	企业名称	2023 年产能情况 /（万 t/a）	发展情况
1	赛得利	20.00	赛得利（常州）产能 10 万 t/a，规划产能 40 万 t/a；赛得利（南通）产能 10 万 t/a，规划产能 20 万 t/a；赛得利溧阳工厂二期 15 万 t/a 在建中，预计 2025 年左右建成
2	唐山三友	0.50	2024 年规划 6 万 t/a，未来规划 20 万 t/a
3	中纺绿纤	9.00	2023 年底进行设备升级改造，预计扩产 1 万 t/a
4	南京化纤	4.00	南京化纤 4 万 t/a 产能已经建成，目前在调试中

续表

序号	企业名称	2023年产能情况/（万t/a）	发展情况
5	湖北金环	4.00	规划6万t/a
6	保定天鹅	3.00	规划6万t/a
7	金荣泰	2.50	金荣泰二期3万t/a在建，未来规划30万t/a产能
8	鸿泰鼎	5.00	规划30万t/a，一期10万t/a已建，其中第一条生产线3万t/a已经投产
9	鸿阳新材料	0.25	2024年规划产能5万t/a
10	宁夏恒利	2.00	
11	亚太森博（山东）	2.20	
12	山东英利	3.00	企业资金情况紧张
13	福建宏远	0.50	竹浆莱赛尔纤维
14	华丰龙赛尔	0.50	远期规划产能2万t/a
15	吉林化纤	—	规划产能6万t/a
16	华泰（东营）化工	—	规划产能16万t/a

2. 竹浆纤维

竹浆纤维是以速生竹为原料，经黏胶法或新溶剂法工艺制备的一种再生纤维素纤维，产品具有优异的抗菌性、染色性、可纺性和较强的吸湿性。2023年竹浆纤维产能约为13.10万t/a，产量达7.00万t。竹浆纤维主要生产企业情况见表21-4。

表21-4　竹浆纤维主要生产企业情况

序号	企业名称	2023年产能/（万t/a）	发展情况
1	吉林化纤	6.0	运行1条12万t/a生产线，2024年5月计划增加2万t/a生产竹浆纤维差别化产品的生产线，竹浆纤维产能将达到8万t/a。目标产量达到15万t/a
2	唐山三友	6.6	—
3	其他企业	0.5	—

3. 聚乳酸纤维

聚乳酸纤维来源于玉米、秸秆等生物质原料，属于全生物基可降解纤维。2023年聚乳酸纤维产能约18.60万t/a，在建聚乳酸项目68万t/a（含5.5万t/a聚羟基烷酸酯），未来聚乳酸原料国产化将会带动聚乳酸纤维的快速增长。聚乳酸纤维主要生产企业情况见表21-5。

表21-5 聚乳酸纤维主要生产企业情况

序号	企业名称	2023年产能/（万t/a）	发展情况
1	易生新材料（苏州）	1.0	原恒天长江，2023年12月光华伟业（eSUN易生）完成了对恒天长江生物的控股收购。 连续聚熔体直纺1万t/a长丝，2000t/a短纤无纺布生产线
2	安徽丰原	1.1	2023年聚乳酸产能5000t/a，2024年新建一条线，聚乳酸产能达11000t/a，其中短纤维9800t，长丝1000t/a，丝束200t/a
3	安顺化纤	0.1	切片纺丝，以短纤为主
4	南京禾素	0.1	产品为PHBV/聚乳酸共混纤维
5	河北烨和祥	2.5	目前运行2条生产线，产能2.5万t/a
6	嘉兴昌新	0.1	2022年4月，年产30000t/a智能化生产项目通过能评及项目论证
7	上海德福伦	0.6	2023年聚乳酸短纤产量480t，为切片熔融纺丝
8	龙福环能	1.0	聚乳酸长丝、聚乳酸地毯制品（与丰原合作）
9	新能新高	0.1	台资企业，新能生产聚乳酸短纤、新高长丝
10	安徽同光邦飞	2.0	1万t/a聚乳酸短纤、1万t/a聚乳酸长丝，2021年10月已建成1万t/a短纤生产线
11	扬州东部湾	10.0	聚乳酸双组分复合纤维，规划产能20万t/a

4. 生物基聚酯纤维

生物基聚酯纤维是用来自生物质转化的1,3-丙二醇与对苯二甲酸（或对苯二甲酸二甲酯）经酯化、缩聚反应得到聚酯，再将其熔融纺丝制得的纤维。生物基聚酯纤维综合性能强大，具有良好的尺寸稳定性、高回弹性、柔软性和悬垂性，易于染色，在服装、家纺、产业用纺织品中被广泛应用。2023年我国生物基聚酯纤维产能为20.00万t/a，主要生产企业情况见表21-6。

表21-6 生物基聚酯纤维主要生产企业情况

序号	企业名称	2023年产能/（万t/a）	发展情况
1	苏震生物	3.0	全产链自主创新技术，1,3-丙二醇产能1万t/a，生物基聚酯产能1.5万t/a

续表

序号	企业名称	2023 年产能/（万 t/a）	发展情况
2	张家港美景荣	2.0	2017 年江苏连云港投资建设 30 万 t/a 的生物基聚酯差别化纤维项目（未成功），2021 年启动建设济宁高新招商集团与张家港美景荣签订 1,3- 丙二醇、生物基聚酯一体化项目（未成功），目前处于停产状态
3	华峰集团	10.0	杜邦 Sorona® 品牌被华峰集团收购，拟在瑞安建年产 3 万 t/a 的生物基聚酯聚合项目，由华峰瑞讯公司独立运营
4	江苏三联	5.0	生物基聚酯、对苯二甲酸丁二酯及生物基聚酯 / 聚对苯二甲酸乙二醇酯（PET）复合纤维
5	广东清大智兴生物技术	—	2018 年投产，未打通从原料到纤维的工艺路线
6	华恒生物	—	2024 年 3 月赤峰基地年产 5 万 t/a 生物基 1,3- 丙二醇项目实现连续生产。目前正处于纺丝应用验证阶段
7	京博石化	—	筹备建设 10 万 t/a 生物基聚酯纤维合成生产线

5. 生物基聚酰胺纤维

生物基聚酰胺纤维是由生物基戊二胺和己二酸聚合而成的一种新型聚酰胺材料，具有良好的吸湿快干性、染色性，广泛应用于服装、装饰和产业等领域。目前多家化纤企业已打通生物基聚酰胺纤维纺丝技术，开发出不同规格的纤维产品。生物基聚酰胺纤维主要生产企业情况见表21-7。

表21-7　生物基聚酰胺纤维主要生产企业情况

序号	企业名称	2023 年产能	发展情况
1	凯赛生物	生物基聚酰胺短纤 3 万 t/a	新疆乌苏：已建成 5 万 t/a 戊二胺和 10 万 t/a 生物基聚酰胺产能。山东金乡：千吨级生物法戊二胺和生物基聚酰胺中试。2020 年在山西推动建设百万吨级生物基聚酰胺新材料产业园
2	优纤科技	2 万 t/a 生物基聚酰胺生产线，具备熔体直纺技术储备和差别化生物基聚酰胺的生产能力	与军事科学院系统研究院军需工程技术研究所等一起进行产学研用研究开发。2022 年 3 月，完成“生物基聚酰胺纤维二期建设项目”论证

续表

序号	企业名称	2023年产能	发展情况
3	黑龙江伊品	在建戊二胺1万t/a，做到切片	与中国科学院微生物研究所合作，二期工程2万t/a生物基聚酰胺盐项目。由戊二胺与己二酸中和制得生物基聚酰胺盐液，再通过高温聚合生产生物基聚酰胺切片，并已于2023年底投产
4	寿光金玉米		采用中国科学院天津工业生物技术研究所技术开发出了生物基聚酰胺盐，可直接用于生物基聚酰胺聚合及纤维生产
5	河南电化	在建戊二胺1万t/a	河南化电科技集团与南乐县合作，建设戊二胺1万/a，以秸秆为原料，生产戊二胺，预计2024年底前投产

6. 海洋生物基化学纤维

壳聚糖纤维是以虾、蟹壳为原料，甲壳素经浓碱处理脱除乙酰基后所制成的纤维。壳聚糖纤维正在向高质化发展，应用领域不断拓宽。海斯摩尔生物于2012年建成了2000 t/a的纯壳聚糖纤维生产线，重点发展方向集中在提高品质和推广应用方面。天津中盛拥有100 t/a的壳聚糖纤维产能。2023年我国壳聚糖纤维产量约为120 t左右。

海藻纤维是以海洋中含量巨大的海藻为原料，经精制提炼出海藻多糖后，再经过湿法纺丝深加工技术处理，制备得到的天然生物质再生纤维。极限氧指数≥42%，抑菌率达到99%，回潮率18%，且穿着舒适性优于棉，可与羊绒和丝绸媲美。青岛源海采用自主知识产权和自行设计的产业化生产线，2012年建成了年产800 t的全自动化柔性生产线，2018年建成了年产5000 t的海藻纤维产业化生产线。山东艾文的海藻纤维产能为100 t/a，广东百合的海藻纤维产能为40 t/a，青岛明月的海藻纤维产能为100 t/a，绍兴蓝海的海藻纤维产能为50 t/a。2023年我国海藻纤维的产量为1000 t左右。

7. 蛋白改性纤维

蛋白改性纤维指在化学纤维制备中，根据不同的需求，通过共混或接枝共聚等方法加入大豆、牛奶、动物毛、蚕蛹、牛皮等蛋白质得到的改性化学纤维。浙江启宏新材料利用工业皮革边角料再生利用提取胶原蛋白成分加入到纤维素纤维，制备得到牛皮蛋白改性再生纤维素纤维，产品具有优异的抑菌、防霉、消臭等性能。

8. 生物基氨纶

氨纶的主要原材料有两个，分别是聚四亚甲基醚二醇（PTMEG）、二苯基甲烷二异氰酸酯（MDI）。生产1 t氨纶需单耗0.8 t聚四亚甲基醚二醇和0.2 t的二苯基甲烷二异氰酸酯，因此聚四亚甲基醚二醇价格对于氨纶影响巨大。目前已经基本实现利用来源于玉米芯、马铃薯、蓖麻油、秸秆纤维素等天然可再生资源的1,4-丁二醇（BDO）单体制备聚四亚甲基醚二醇。生物基氨纶主要生产企业发展情况见表21-8。

表21-8　生物基氨纶主要生产企业情况

序号	企业名称	发展情况
1	华峰化学	2022年6月正式收购美国杜邦旗下剥离出的生物基产品（1,3-丙二醇、生物基聚酯纤维）相关业务及技术，就战略上而言，其收购的生物基产品可替代现有的部分原料来生产环保聚氨酯，进一步推动生物基氨纶的研发及应用
2	杜钟氨纶	杜钟氨纶目前已经研发出生物基含量为70%的生物基氨纶，生物基含量100%的氨纶正在持续研发中
3	河北邦泰	河北邦泰已成功研发出生物基熔纺氨纶产品，并顺利通过了美国农业部生物基产品认证
4	韩国晓星	2022年8月，韩国晓星宣称成功开发出生物基氨纶并获得了全球SGS环保产品认证，其产品的生物基含量为30%。与传统氨纶产品相比，可以减少39%的用水量和23%的二氧化碳排放量
5	宏业生物	宏业生物与河南省科学院化学研究所合作，2024年建设2万t/a生物基四氢呋喃和1万t/a生物基氨纶项目

注：SGS（Societe Generale de Surveillance S.A.，通用公证行）是国际公认的检验、鉴定、测试和认证机构

二、行业发展政策

我国一直鼓励生物基材料产业的发展，并陆续出台多项政策，支持生物能源稳步发展，将生物基原料替代传统化学原料、生物工艺替代传统化学工艺等列入发展目标，为行业的发展提供支持和引导，完善生物基材料的标识制度，扩大市场应用空间。

（一）国家级生物基产业政策

我国政府从多个层面出台了一系列政策支持生物基产业的发展，这些政策涵盖了科研、产品开发、产业布局、市场应用、财税支持等多个维度，为中国生物基产业的发展提供了方向和指导。2021—2024年国家出台的部分相关产业政策汇总见表21-9。

表21-9 2021—2024年国家出台的相关产业政策汇总

发布时间	发布单位	政策名称	内容
2021年	工业和信息化部	《"十四五"工业绿色发展规划》	推广低碳胶凝、节能门窗、环保涂料、全铝家具等绿色建材和生活用品，发展聚乳酸、聚丁二酸丁二醇酯、聚羟基烷酸、聚有机酸复合材料、椰油酰氨基酸等生物基材料
2022年	工业和信息化部、国家发展和改革委员会	《关于加快化纤工业高质量发展的指导意见》	加强关键装备、关键原辅料技术攻关，推动生物基化纤原料、煤制化纤原料工艺路线研究和技术储备，增强产业链安全稳定性。鼓励龙头企业在广西、贵州、新疆等中西部地区建设化纤纺织全产业链一体化基地
2022年	生态环境部	《废塑料污染控制技术规范》（HJ 364—2022）	规定了废塑料产生、收集、运输、贮存、预处理、再生利用和处置等过程的污染控制和环境管理要求
2022年	工业和信息化部、国家发展和改革委员会、生态环境部	《工业领域碳达峰实施方案》	"十四五"期间，建成一批绿色工厂和绿色工业园区，研发、示范、推广一批减排效果显著的低碳零碳负碳技术工艺装备产品，筑牢工业领域碳达峰基础
2023年	工业和信息化部、国家发展和改革委员会、财政部、生态环境部、农业农村部、国家市场监督管理总局	《加快非粮生物基材料创新发展三年行动方案》	到2025年，非粮生物基材料产业基本形成自主创新能力强、产品体系不断丰富、绿色循环低碳的创新发展生态，非粮生物质原料利用和应用技术基本成熟，部分非粮生物基产品竞争力与化石基产品相当，高质量、可持续的供给和消费体系初步建立
2023年	国家能源局	《2023年能源工作指导意见》	加快培育能源新模式新业态。支持纤维素等非粮燃料乙醇生产核心技术攻关和试点示范，研究推动生物燃料多元化利用
2023年	工业和信息化部、国家发展和改革委员会、商务部、国家市场监督管理总局	《纺织工业提质升级实施方案（2023—2025年）》	重点涉及七大重点任务，在提及面向重大需求加强关键技术突破中，聚乳酸纤维、莱赛尔纤维、生物基聚酰胺纤维等多种生物基纤维新材料被列为重点技术突破方向
2023年	工业和信息化部	《重点新材料首批次应用示范指导目录（2024年版）》（征求意见稿）	重点推广生物基增塑剂、生物基杜仲胶、生物基聚酰胺树脂、生物基可降解聚酯橡胶聚乳酸，生物基增塑剂等产品

续表

发布时间	发布单位	政策名称	内容
2023年	国家发展和改革委员会	《产业结构调整指导目录（2024年本）》	鼓励采用绿色、环保工艺与装备开发、生产可降解纤维材料［聚丁二酸丁二酯（PBS）聚对苯二甲酸-己二酸丁二醇酯（PBAT）、聚己内酯（PCL）、聚3-羟基烷酸酯（聚羟基烷酸酯）、聚乳酸纤维等］、莱赛尔短纤（单线5万t以上）及莱赛尔纤维长丝生物基纤维材料（以竹、麻等新型可再生资源为原料的再生纤维素纤维、海藻纤维、壳聚糖纤维、动植物蛋白改性纤维、生物基聚酰胺、生物基聚酯等）
2024年	国家发展和改革委员会	《绿色低碳转型产业指导目录（2024年版）》	内容包括节能降碳产业、环境保护产业、资源循环利用产业、能源绿色低碳转型、生态保护修复和利用、基础设施绿色升级以及绿色服务等重点领域

（二）地方性生物基产业政策

除了中央政府的政策支持外，地方政府和相关机构也出台了一系列配套措施，如税收减免、财政补贴、研发资金支持等，对生物基新材料产业的发展给予了全方位的支持。此外，地方政府针对可降解材料的政策呈现积极推行的态势，以响应国家关于加强材料污染治理的号召，对生物基新材料产业的健康快速发展起到了推动作用。2021—2023年各地政府出台的部分相关产业政策汇总见表21-10。

表21-10　2021—2023年部分地方性生物基产业政策

发布时间	发布单位	政策名称	内容
2020年	浙江省发展和改革委员会等九部门	《关于进一步加强塑料污染治理的实施办法》	积极采用新型绿色环保功能材料，增加使用符合质量控制标准和用途管制要求的再生塑料，加强可循环、易回收、可降解替代材料和产品研发，降低应用成本，有效增加绿色产品供给。加强可降解塑料袋等替代产品的检验检测能力建设

续表

发布时间	发布单位	政策名称	内容
2021 年	浙江省发展和改革委员会、浙江省经济和信息化厅	《浙江省新材料产业发展“十四五”规划》	规划中提出，重点发展生物基尼龙、生物基聚酯、聚砜、聚碳酸酯、聚酰胺、聚酰亚胺、聚芳醚酮、聚苯硫醚等工程塑料，聚乳酸（PLA）、聚己二酸对苯二甲酸丁二酯（PBAT）、聚丁二酸丁二醇酯（PBS）、聚羟基脂肪酸酯（PHA）等高性能生物基可降解塑料，氟硅树脂，以及相关的阻燃剂、催化剂等
2021 年	安徽省发展和改革委员会	《支持生物基新材料产业发展若干政策（修订版）》	统筹全省生物基新材料产业基础、资源环境承载、创新能力等条件，研究编制全省生物基新材料产业发展规划，明确重点发展方向、路径、布局、保障措施等，引导推动生物基新材料产业科学有序加快发展
2021 年	山东省人民政府办公厅	《山东省“十四五”海洋经济发展规划》	优化提升海洋传统产业，发展壮大海洋新兴产业，加快发展现代海洋服务业，精准建链补链强链，着力提升产业数字化和数字产业化水平，培育壮大海洋高端产业集群和特色产业基地，构建现代海洋产业体系
2022 年	河南省人民政府办公厅	《河南省加快材料产业优势再造换道领跑行动计划（2022—2025 年）》	大力发展生物基聚合物、塑料、化学纤维、橡胶、涂料、材料助剂、复合材料，重点突破生物质分级转化和生物基二元酸、二元醇等基础材料低成本规模化制备技术，木质素基功能性材料、生物基聚酯材料和生物基聚四氢呋喃等聚合关键技术及工艺
2023 年	浙江省杭州市人民政府办公厅	《支持合成生物产业高质量发展的若干措施》	提升合成生物创新研发能力、促进合成生物产业集聚发展、健全合成生物生态服务体系等三个方面，对合成生物创新研发、产业化、特色园区和公共服务平台建设等方面给予资助，最高达 1 亿元，力争实现合成生物“研发—转化—产业”协同发展
2023 年	上海市人民政府办公厅	《加快合成生物创新策源打造高端生物制造产业集群行动方案（2023—2025 年）》	在先进材料领域，重点发展生物基材料、未来材料等细分赛道。在消费品领域，重点发展高端化妆品原料、功能食品添加剂、新型动物饲料、人造肉和乳制品、特医食品和保健食品等细分赛道。在能源领域，重点发展生物燃料等细分赛道。在环保领域，重点发展环境监测生物传感器、环境污染物生物降解和吸附制剂等细分赛道

续表

发布时间	发布单位	政策名称	内容
2023年	深圳市发展和改革委员会	《深圳市发展和改革委员会关于组织实施深圳市新材料产业2019年第一批扶持计划（产业化信用贷款、担保贷款扶持方式）的通知》	将重点支持电子信息材料、绿色低碳材料、生物材料、新型结构和功能材料、前沿新材料等五大领域。例如，在绿色低碳材料方面，重点支持高性能储能材料、新型太阳能材料、节能环保材料等。在生物材料方面，重点支持生物医学工程材料、生物基材料等

三、行业发展特点

（一）整体产能和产量稳步提升

“十四五”期间，生物基化学纤维仍是行业投资热点，表现为新增产能增速较快，实际总产量也获得提升，多数产品产能和产量还有待突破。2023年，我国生物基化学纤维总产能达118.26万t/a，较2020年提升了77.09%，实际产量约为48.86万t，较2020年增长了229.25%，实现规模化生产（万吨级以上）的品种占比达60%。整体来看，产能和产量增长点集中在莱赛尔纤维品种上，主要原因在于该品种已具备较好的下游应用基础，同时国产莱赛尔产品技术和品质不断提升。生物基聚酯纤维产业化技术日趋成熟，受关键原料1,3-丙二醇的供应影响，下游应用需求量较为稳定。聚乳酸纤维和生物基聚酰胺纤维产品处于快速发展期，待市场应用和技术储备成熟后，有望成为下一个品种增长贡献点。

（二）产品关键技术取得突破

生物基化学纤维及原料关键技术和装备取得较大进步，生物基纤维素纤维绿色制造技术和原料拓展取得突破，生物基合成纤维关键原料生产技术和产品稳定性逐年提升。莱赛尔纤维短纤维高效低能耗国产化技术装备实现突破，形成国产化6万t一体化制造工艺包，关键溶剂4-甲基吗啉-*N*-氧化物（NMMO）国产化生产，实现进口替代；聚乳酸纤维关键原料乳酸、丙交酯随着国内生物技术和纤维纺丝技术的进步已实现较快突破，初步形成秸秆等非粮原料制糖技术路线，部分化纤企业已经逐渐采用了国产丙交酯和聚乳酸切片。海藻纤维突破耐盐、耐洗涤剂洗涤问题，为海藻纤维在纺织服装等领域的大规模应用奠定了基础。

（三）差异化功能性产品开发取得进展

受生物基化学纤维原料成本、纤维价格等因素的影响，常规产品市场竞争力不足。企业不断聚焦差别化、功能性产品开发，创新产品层出不穷，形成新的市场推广突破口和利润增长点。为满足特殊场景需求，开发阻燃、抗菌、凉感等莱赛尔纤维产品，同时，抗原纤化交联型莱赛尔纤维产品开发也取得突破。聚乳酸纤维在保持自身特点优势的前提下，结合后道应用需求，开发出毛纺专用型、原液着色、阻燃等品种。生物基聚酰胺纤维重点开发出阻燃、凉感和弹性复合系列产品。生物基聚酯纤维在原有双组分复合（T400）基础上开发出凉感、抑菌、同质异构混纤弹性复合等纤维产品。

（四）产品品种不断增加

随着国内外先后出台支持新材料产业发展的政策和措施，生物基化学纤维获得了越来越多的企业及终端品牌的客户关注，同时生物基化学纤维产品品种不断增加。锦纶产品以生物基长链二元酸和生物基胺类为基础逐渐衍生出生物基聚酰胺510纤维、生物基聚酰胺512纤维等品种。生物基氨纶产品在“十四五”时期迅速发展，连云港杜钟奥神、华峰化学、河北邦泰分别开发出不同生物基含量（30%—70%）的氨纶。桐昆新材料研究院联合浙江中科国生共同开发生物基呋喃聚酯纤维，并已完成中试生物基呋喃聚酯纤维生产。

（五）企业逐渐注重品牌发展

随着市场对化纤产品的差别化需求，化纤企业在新产品开发的同时开始关注产品品牌的建立，众多企业不仅建立了产品自身的品牌甚至形成品牌体系，还积极参加行业活动，得到了业内特别是下游采购商的一致认可。恒天纤维、中纺院绿纤、安徽丰原生物、唐山三友、上海同杰良、华峰化学、黑龙江伊品、凯赛生物等企业积极参加中国国际纺织纱线展、中国品牌日活动，展示纤维企业的科技实力和品牌影响力。此外，盛虹集团、恒天纤维、凯赛生物、赛得利、杜钟新奥神、唐山三友等一大批有影响力的生物基化学纤维企业推出了自己的新产品发布秀，通过时装走秀发布各自特色产品和纤维品牌形象。

（六）重点聚焦下游终端应用合作

在人们消费方式日趋品质型、环保型、年轻化、时尚化、体验式的今天，纺织产业与新消费模式方式契合度进一步提升，化纤新产品及市场的开发对拉动与引领消费的作用更加突出，通过与市场需求协同，加强多元创新实现增长点。与终端品牌进行联合开发已经成为生物基化学纤维企业市场推广与产品开发的重要方式。青岛大学与国内内衣行业的头部企业——爱慕股份签订战略合作协议，共同开发和推广高端海洋题材的多功能高端针织服装。安徽丰原与特步合作推动聚乳酸纤维在休闲运动服饰领域的应用，共同解决聚乳酸纤维低温着色色牢度问题。此外，安踏、李宁、愉悦家纺、罗莱家纺、七匹狼等国内重点品牌也分别将生物基聚酰胺纤维、生物基聚酯纤维、聚乳酸纤维、莱赛尔纤维、竹浆纤维、蛋白改性纤维素纤维等作为重点应用开发方向。

四、行业发展问题

（一）生物基化学纤维与“非粮原料”

“人粮”社会舆情、部分品牌方供应链原料非粮追溯要求、非粮生物基制造技术不能很好满足当下发展需求等成为当下生物基化学纤维发展面临的重要问题。传统的生物基化学纤维制造中，产业界更加偏好原料的易用性，淀粉成为生物制造中理想的高分子糖，玉米、小麦等淀粉含量较高的粮食作物成为优先选择，可为微生物提供碳源，但这类碳源存在成本高、与人争地、与人争粮等问题。生物基化学纤维制造中，原料成本是限制其规模的重要影响因素，非粮生物质原料的开发成为企业后期重要的选择方案，但非粮生物基制造技术不能很好满足当下发展需求，如国内企业探索生物质秸秆高价值利用仍有秸秆集中收储困难、秸秆质地差异大导致产品收率不稳定，以及秸秆有效成分回收利用技术不足等问题。

（二）多数产品仍处于“技术成熟期”

纤维产品开发趋势主要分为技术研发期、技术成熟期、技术推广期和大规模应用期、新技术研发期，整个周期不断迭代升级。按照原料成熟度、技术成熟度、应用成熟度等维度，生物基化学纤维可分为新工艺纤维素纤维（离子液法、纤维素尿碱法）、生物基呋喃聚酯纤维、聚丁二酸丁二醇酯（PBS）纤维处于产品研发期；壳聚糖纤维、海藻纤维处于产品成熟期；聚乳酸纤维、聚羟基丁酸戊酸酯与聚乳酸复合纤维、生物基聚酰胺纤维处于产品推广期；莱赛尔纤维、生物基聚酯纤维处于规模应用期；竹浆纤维、麻浆纤维、蛋白改性纤维处于产品迭代期，多数品种处于织造、染整等应用技术积累和储备阶段。

（三）关键原料及单体品质和成本亟须优化

关键单体和原料的品质与价格是制约我国生物基化学纤维产业化进程和市场应用推广的重要因素。我国生物基化学纤维关键原料制备技术虽实现快速进步，突破资源约束，形成了中国特有的生物基戊二胺、壳聚糖纤维、海藻纤维、莱赛尔纤维、聚乳酸纤维等制备体系，但依然存在供应体系不完善的问题，如莱赛尔纤维专用浆粕、羟胺、高品质交联剂进口依存度高；纤维用乳酸、丙交酯游离酸较高，化学纯度与国外企业相比依然存在差距，需进一步优化；生物基聚酰胺纤维关键原料1,5-戊二胺需进一步优化品种，纤维级聚合物品质尚需提升；非粮原料处理、转化、提纯技术和多元糖分离技术仍处于工程试验阶段。

（四）关键装备及技术需进一步加强

生物基化学纤维产业具有跨学科交叉明显、关键技术环节多、生产过程工艺流程长等问题，每一个都涉及单体原料制备、提纯以及聚合物合成等工艺的交叉匹配，通用技术装备配套不足，企业需定向开展工艺、装备的自主研发。大容量反应釜及关键核心器件（如大容量高效薄膜蒸发器、高速卷绕机、新型溶剂净化系统、10万孔喷丝成型系统等）、关键技术（关键溶剂浓缩、净化、深度处理、关键单体的精制纯化等）尚需提升。生物基原料副产物（如生产乳酸副产物硫酸钙、硫酸铵等，1,3-丙二醇副产物1,4-丁二醇等）尚未实现高效率、高效益处理；生物基聚酰胺纤维大容量连续聚合和熔体直纺技术及关键装备尚需突破。

（五）标准体系需进一步完善

截止到2023年，生物基化学纤维行业共发布标准31项，其中国家标准1项，行业标准23项，团体标准8项。生物基化学纤维属于战略性新兴产业，但标准体系仍处于起步和发展阶段，多数产品尚未制定标准。例如，生物基聚酰胺纤维、生物基复合弹性纤维、功能性莱赛尔纤维等新兴产品，相关标准亟须落实，可有效规范和提高产品质量，增加产品市场竞争力。此外，还需积极引导企业加快生物基化学纤维及制品的产品质量、检测方法、应用规范等相关标准的建立，使其在生产、销售和检测时有据可循，提高产品的竞争力。生物基化学纤维标准类型体系结构仍需进一步调整，政府主导制定的标准和市场主导制定的标准之间的协同关系仍有待引导与协调。

（六）产品应用端需进一步巩固

生物基化学纤维中每一品类产品都有各自的特色和优势，已经初步形成在不同领域的应用定位。部分下游企业在聚乳酸纤维制品的织造、染整、热定型等环节已经形成一定的技术储备，但纯纺柔软性舒适性、深染色值及色牢度、品种间织造搭配、弹性纤维与聚乳酸低温同浴染色等问题还需要继续解决；生物基聚酰胺纤维细旦化（20D以下）高支高密面料横纹、产品批次间不稳定、染色批次色差等问题在应用端依然存在；莱赛尔纤维已经被下游企业视为未来转型发展的主要途径，而在印染环节控制印染过程的原纤化或让原纤化可控是当下行业重要的课题。生物基聚酯纤维制备的T400双组分复合纤维面料手感舒适、弹性保型性好，而其深黑色印染的色值、色牢度问题还需解决。

五、发展建议及措施

（一）持续加强产业政策引导

生物基化学纤维发展的逻辑总体来说短期看政策，长期看成本。政策导向是当前中国生物基化学纤维发展的主要驱动力，工艺和技术突破带来的成本降低将成为内在驱动力。目前行业正处于政策导入期，政府补贴给予企业降价空间推动产品价格下降，从而使得生物基化学纤维产业整体需求释放，需求放量使企业进一步壮大又增强了研发投入与力度，进而推动技术进步，进而反哺产业，使得价格继续下降，形成良性驱动的生态闭环。建议借鉴早期发展国产碳纤维的“广种薄收”思路，发挥财政专项资金“四两拨千斤”作用，充分调动行业内各类企业积极性，加强上下游产业链关键技术和装备攻关，加快产业发展进程。

（二）推动产品下游应用指导

积极组织产业链上下游及智库资源开展下游应用的指导整理，编制如聚乳酸纤维、生物基聚酰胺纤维、莱赛尔纤维、生物基聚酯纤维等产品在成熟期、产品推广期或产品规模应用期的应用技术指导。从纤维本身优势及物化特性说明，到应用于纱线、面料、染整、服装等不同模块，列出不同环节上遇到的问题及解决办法，让下游企业更准确地了解生物基化学纤维的应用情况，少走弯路。

（三）注重高质化产品开发

从行业竞争格局来看，部分产能、技术相对落后的中小型企业或因无法满足相关政策要求、技术指标而被市场淘汰。低附加值产品将逐渐被高质量、高附加值产品取代。因此要引导企业加大产品创新力度，提高生物基化学纤维附加值，增强产品竞争优势。同时，紧密结合消费端、品牌端需求，加强市场、研发等职能部门与有创新能力的面料和终端品牌对接合作，推动生物基化学纤维在不同领域的应用落地，走高质化纤维联合终端品牌的创新之路。

（四）发挥好行业协会作用

积极发挥好行业协会的桥梁和纽带作用，要加强行业间交流，利用科技学术会议、行业产业链论坛、行业展会等活动，加强生物基化学纤维生产企业间及上下游企业间和科研单位间的联系与合作，提高自主创新能力，促进科技成果转化；组织企业出访，人才培养，加强对话，与国际生物基化学纤维及原料行业组织及知名企业开展良性互动，积极推动国际技术开发与市场开拓，提高国内企业的知名度和认可度。

撰 稿 人：王永生　中国化学纤维工业协会
杨菲菲　中国化学纤维工业协会
靳高岭　中国化学纤维工业协会
窦　娟　中国化学纤维工业协会
李增俊　中国化学纤维工业协会
赵志鹏　中国纺织规划研究会
陈　超　桐昆集团股份有限公司
通讯作者：李增俊　lzj1107@126.com

第四篇

生物资源保护与利用

第二十二章　生物资源保护利用发展现状与趋势

第一节　植物资源利用现状与趋势

一、植物资源概况

《中国植物志》记载了我国301科3408属31 142种植物的科学名称、形态特征、生态环境、地理分布、经济用途和物候期等。《中国迁地栽培植物志名录》收录了我国植物园迁地栽培的植物15 812种及种下分类单元（含亚种181个、变种932个、变型68个），隶属于312科3181属。从上述数据来看，中国植物种类和迁地栽培植物种类数量均约占全球的1/10，可以说中国的植物种类众多，资源植物丰富。特别是，中国的栽培植物种类多，品种资源丰富，中国是世界上栽培作物的三大起源地之一，世界上主要栽培的1500余种作物中，有近1/5起源于中国；中国园林花卉资源丰富，有“世界园林之母”的称号；还有丰富的药用植物资源，且应用历史悠久。

《中国植物志》根据植物的用途和所含有用成分及性质，将中国植物资源分为如下十六类：纤维植物资源（483种）、淀粉植物资源（137种）、油脂植物资源（266种）、蛋白质（氨基酸）植物资源（260种）、维生素类植物资源（80多种）、糖类和非糖类甜味剂植物资源（30多种）、植物色素植物资源（70种以上）、芳香植物资源（1000多种）、药用植物资源（10 000种左右）、园林花卉资源（6000多种）、植物胶和果胶植物资源、鞣质植物资源、树脂类植物资源、橡胶和硬橡胶植物资源，还有蜜源植物和环保植物等其他植物资源。

我国从事植物资源保护和利用的机构主要有农业、林业、药用植物类研发机构、大学和植物园。国家作物种质库和资源圃共保存有种质资源50余万份。我国植物园迁地栽培活植物约2.9万种，其中本土植物约1.5万种、中国特有植物5957种、珍稀濒危植物2095种、国家重点保护野生植物743种，分别占我国本土植物总种数的40%、中国特有植物总种数的37%、珍稀濒危植物总种数的59%、国家重点保护野生植物总种数的72%。既是国家重点保护野生植物、受威胁物种，又是中国特有植物的种类有202

种。中国特有且受威胁的有851种，国家重点保护且受威胁的有306种，国家重点保护且中国特有的有92种。而仅中国特有、仅国家重点保护和仅受威胁的种类分别为4821种、143种和736种。在743种国家重点保护野生植物中，一级保护的有106种，二级保护的有637种，分别占我国国家重点保护野生植物一级、二级总种数的88%和70%。在2095种迁地保护的受威胁植物中，极危（CR）320种，濒危（EN）716种，易危（VU）1059种，分别占我国受威胁维管植物总种数的57%、58%和60%。

二、植物资源主要产品

植物资源是一切植物的总和，其中有商品价值的被称为经济植物，其中经济作物是最为重要的经济植物。经济作物是用于工业生产、服务于人类生活等的农作物，具有经济价值高、效益好、地域性强等特点。现代经济作物育种与产业创新能力已成为衡量一个国家和地区农业现代化水平和综合国力的重要标志之一。我国是经济作物生产大国，世界银行报告显示，全球经济作物产值排名前五的国家分别是中国、美国、印度、巴西和印度尼西亚。这些国家的农业生产非常发达，对全球经济作物产值有着重要的贡献。2023年，我国农作物播种面积约为22.5亿亩，其中以粮食作物为主，占比接近70%，蔬菜播种面积所占比重常年在10%以上，油料作物播种面积所占比重常年在5%以上，果树、糖类作物、橡胶作物、纤维作物和药用作物等其他播种面积占比15%。同时，我国又是经济作物原材料需求大国，经济作物为国内工业和轻工业分别提供了40%和70%的生产原料。

经济作物具有季节性强、周期性强、受自然条件约束、跨国转移困难等特点，且各国刚性需求极大。全球种子市场中以种子为繁殖器官的主要经济作物可分为5类：纤维作物、饲料作物、油料作物、蔬菜作物和其他未分类的可食（蔬果类）植物。

根据经济植物开发利用的对象不同，可以将经济植物的开发利用分为整体植株的开发利用、植物器官和组织的开发利用、植物代谢产物的开发利用、植物基因和植物蛋白酶等的开发利用。整体植株的开发利用包括观赏植物、生态恢复植物、可食用特色果蔬、药用植物、工业用植物（纤维、油料、糖原、橡胶等原料）等的开发利用。植物器官和组织的开发利用包括愈伤组织培养、细胞悬浮培养和毛状根培养，主要用于特殊代谢产物的生产和应用。植物代谢产物的开发利用主要包括从植物、植物内源和植物共生的微生物中发掘新型化合物，用于生物医药、农药、兽药、生物除草剂、生物肥料等。植物基因的发掘和利用包括从特殊类型或极端环境植物中发掘生长发育、逆境适应（抗旱、抗寒、抗热等）、耐生物胁迫（抗病、抗虫等）、生物制造基因等。植物蛋白酶的开发利用主要聚焦在植物中具有特定酶活的蛋白质资源，通过改变植物蛋白酶的编码基因来增强其产量和特定催化性质。这样可以提高蛋白酶的效率和稳定性，使其更具商业潜力。植物蛋白酶的应用领域包括食品工业、医药工业和生物能源领域。例如，在食品工业中，植物蛋白酶可以用于改善面包和面团的质地；在医药工业中，植物蛋白酶可以用于制备药物和生物治疗剂；在生物能源领域，植物蛋白酶可以用于生物质降解和生物燃料生产。

每个国家和每个地理区域的主要商业化经济作物类型不同。例如，英国皇家植物园（邱园）的《世界植物和真菌状况报告（2023）》指出，全球有7039种可食用植物，仅417种驯化为作物，这些食用植物主要分布在世界上8个主要作物分布中心。未来可商业化的植物资源可分为非本地植物资源和本地植物资源。非本地植物资源是指从国外引进的经济作物，包括粮食资源和非粮食资源。本地植物资源是指用于重新造林、生态恢复等的植物物种或种子。本地植物资源的利用涉及多个行业和职业，包括农业领域、公园、高等教育机构、植物爱好者、园林绿化企业、景观修复承包商、植物苗圃、非营利保护组织、保护区、森林公园、城市花园、公路部门、自然资源部门、专业协会、学校、园艺大师、博物学家、本土植物学会、入侵植物控制组织和种子库等。针对本地野生植物资源和珍稀濒危植物资源的开发利用，将是未来植物资源发掘的重要源头资源，具有广阔的发展空间。据统计，自1980年以来，中国植物园培育了植物新品种1352个、申报植物新品种权证494个、获国家授权新品种452个、推广园林观赏/绿化树种17 347种次、开发药品/药物748个、开发功能食品281种、推广果树新品种653个。

三、植物资源市场分析

根据摩多情报（Mordor Intelligence）的数据，2020年全球种子市场的市场规模约为719亿美元。该公司评估2021年欧洲地区经济作物种子市场的市场规模为97亿美元，预计2028年将增至139亿美元。全球种子市场的市场规模预计达到4.21%的年复合增长率（CAGR）。中国是全球第二大种子种苗市场，中国种子市场价值近190亿美元，其中七大主要农作物（玉米、水稻、小麦、大豆、棉花、马铃薯和油菜）种子市场价值135亿美元，其他作物约55亿美元。

根据Mordor Intelligence的种子市场分析，全球种子市场规模正在不断扩大。这一增长趋势主要受益于全球人口增长和粮食需求增加，同时种子品种的不断创新和种植技术的不断进步也促进了市场的发展。其中，粮食和麦片类谷物作为主要的粮食作物，其市场需求持续增长，而根茎类经济作物则因其多功能性，包括食品加工、饲料和生物燃料生产等，展现出较快的增长潜力。随着人口增长和动物蛋白质需求的增加，饲料作物和高蛋白作物的需求确实在急剧增加。

杂交、开放授粉和杂交衍生被归类为农业生产中的主要育种技术，其中杂交种子需求最高，这是由于有机种植者、动物饲料、食品和生物燃料行业对杂交种子的需求不断增长。杂交种子需求的增长受到主要农业国家的影响，因为杂交种子的优点包括更高的生产力、更广泛的适应性及对生物胁迫和非生物胁迫的高度抗性。中国是占全球蔬菜产量51%的主要蔬菜生产国。由于生产力提高，杂交种子市场在预测期内以5.1%的年复合增长率快速增长。中国的蔬菜种子市场中，目前杂交种子使用最多的是茄科蔬菜植物，主要特性有较高的产量、抗病性和非生物胁迫耐受性，目前缺乏优质的杂交种子也是制约我国主要茄科作物产业发展的瓶颈。

饲料作物类型包括谷物（玉米、高粱、其他谷物）、豆类（苜蓿、其他豆类）和牧草。这些作物是动物饲料的主要来源，对于提高动物产品的产量和质量具有重要作用。然而，由于土地、水资源和气候等因素的限制，饲料作物的生产面临着一定的挑战。因此，目前优质饲料作物、牧草、牧草替代作物的开发利用也是我国畜牧业的发展瓶颈之一。为了解决这个问题，我国政府和科研机构正在加大对饲料作物、牧草和牧草替代作物的研究和开发力度，推广先进的种植技术和品种，以提高饲料作物的产量和品质。同时，也在鼓励农民种植饲料作物，提高饲料自给率，减少对进口饲料的依赖。2020—2025年我国牧草种子市场以9%的年复合增长率增长，以提高动物产品产量。

根据《中华人民共和国2023年国民经济和社会发展统计公报》，全年经济作物棉花种植面积279万hm^2，棉花产量562万t。油料种植面积1392万hm^2，产量3864万t。糖料种植面积142万hm^2，糖料产量11 504万t。大豆种植面积1047万hm^2，大豆产量2084万t，种植面积和产量连续5年增加，达到历史最高水平。大豆栽培和产业发展受到国际市场和国际关系影响较大。近几年我国大豆新品种培育的研发工作取得了重要阶段性进展，在高产量、高蛋白、高抗性等领域的基础研究和功能基因的发掘推动了新品种的研发和上市。根据我国农业农村部2023年的统计数据，蔬菜、水果产量分别达7.9亿t和3.1亿t，茶叶产量增加到约335万t。为了提高农村地区居民的经济地位和生活水平，农业农村部强调了这些农业领域的发展，同时对于未来的乡村振兴和农业三产融合、农旅融合提出了重要的规划，通过构建完整的农业市场供应链和旅游景点的发展，可以深入挖掘地方特色植物资源，综合发展乡土特色产品、品牌农业、文化产业。

药用植物作为新药研发和先导化合物发现的重要自然资源，在疾病预防和治疗中发挥着重要作用。药用植物作为调节人体机能、防治疾病、新药研发、创新制剂研究的重要自然资源，含有丰富的生物活性物质，广泛应用于食品、化妆品、药品以及保健品等行业。2021年出版的《中国药用植物志》以现代国内外多数植物志采用的恩格勒植物分类系统为纲目，收载我国药用植物427科2509属，共11 985个类群（包括10 974种、156亚种、952变种、37栽培变种、46变型）。全球药用植物市场规模2021年达6132.97亿元，海南贝哲斯信息咨询有限公司预测，至2027年全球药用植物市场规模将以8.91%的年复合增长率达到10 236.39亿元。中国占全球药用植物市场的份额仍然较低，约20%，随着我国对于中医药的重视和中医药在全球的推广，未来对于药用植物资源的开发需求将急剧增加。2023年全国中药材种植面积为6620万亩，其中，林地种植面积占比为38.5%，达到近2550万亩，是经济作物中增长迅速的产业发展方向。

中国拥有悠久的观赏植物栽培历史，拥有丰富的观赏植物资源，被誉为“世界园林之母”。据估计，中国至少有31 000种维管植物，其中6000多种具有观赏价值。大多数著名观赏植物，如桂花、牡丹、菊花、芍药、玉兰、杜鹃花、玫瑰、山茶和梅都起源于中国。观赏植物在园林绿化、植物造景、生态恢复中发挥着重要作用，虽然我国具有十分丰富的观赏植物资源，但是各地城市园林绿化中运用的植物材料及营造的植物群落显得单调、雷同。随着经济的发展，人们对观赏植物的观赏性状提出了更多的要求。近几十年来，育种家致力于花型、花色、株型等观赏性状的开发和利用。2021年全球观赏植物市场规模达到了3091亿元，预计2026年将达到4715亿元，年复合增长率为6.3%。《2023全国花卉产销形势分析报告》分别从盆栽植物、鲜切花、绿化观赏苗木、花店零售业、花卉物流和市场等5个方面，对全国产销形势进行了分析及预测，并对2023年年宵花市场情况按照蝴蝶兰、大花蕙兰、红掌、凤梨、杜鹃、仙客来、国兰、君子兰及其他种类年宵花分别进行了分析总结。绿化观赏苗木产销形势仍不容乐观，2022年全国育苗面积在105万hm^2左右，苗木市场仍处于低迷状态，销量减少，价格下跌，苗圃经营压力大。2022年我国花卉零售市场总规模达1986.8亿元。值得关注的是，鲜花电商零售一路攀升，市场规模达1086.8亿元，占总规模的54.6%，这也将成为未来花卉市场快速发展的重要方向。新奇特花卉（如卡特兰、兜兰、多肉植物等）在电商渠道中的销售量迅速增加。

四、植物资源研发动向

面向野生植物资源保护、种源安全和资源高效利用的国家重大需求，围绕野生植物资源优异性状形成及快速驯化改良等科技问题，通过植物学、植物化学、中药学和作物遗传育种学等优势学科的深度交叉融合，开展野生植物资源精准评价与高效利用的前沿基础与应用研究，为新型经济作物育种提供源头资源，创新驯化改良理论与技术，创制绿色高值新品种和新产品，发掘植物化学成分、特色基因和特种蛋白酶资源，用于未来的农业、食品、生态、化妆品、工业等行业。

在野生植物资源保护方面，我国已经开展了第四次全国中药资源普查、泛喜马拉雅植物资源普查、青藏高原动植物普查、迁地栽培植物评价等。在国际上主导或参与东南亚、南美、非洲植物资源考察，持续推进国家引种战略，全方位掌握国际生物多样性、地方生物多样性、生态系统功能及生物种群变化规律，完善生物多样性红色名录，新建一批珍稀濒危动植物繁育基地，加大珍稀、特有资源与地方特色品种收集保护力度，抢救性收集保存稀有生物遗传资源。中国已成为世界植物多样性迁地保护的中坚力量。世界植物园迁地保护的受威胁植物约为41%、欧洲为42%、美国为40%、巴西为21.4%。我国植物园已迁地保护59%的受威胁种类，远高于世界平均水平及欧洲、美国和巴西。中国西南野生生物种质资源库中，截至2023年底已保存11 602种94 596份野生植物的种子，2246种野生植物的离体培养材料23 270份，9145种植物的总DNA共71 829份。

在提升植物资源开发利用技术体系方面，建立植物资源科学评价体系和标准规范，推动国家植物园体系建设，加强特种植物资源的发掘和评价。由于植物生长发育、次生代谢产物合成等控制基因和遗传规律多样且复杂，对植物生长发育和次生代谢产物合成的研究一直是一个具有挑战性的领域。近年来，随着高通量测序技术的发展，植物基因组、转录组、蛋白质组、代谢组等多组学信息得到了极大的发展和丰富，采用多组学联用的方式研究也成为未来植物基因发掘和研究的主要策略。未来抗病虫、抗旱、耐寒、耐高温、营养价值高、高产量、独特株型、丰富花色、精准生长调控等优质功能基因资源将成为高效、快速、定向培育优质种质资源的重要保障，也将为植物化合物的异源合成、代谢工程等提供丰富的源头资源，进一步提升我国生物种质国际竞争力。近期植物学家发现了可显著提升高粱、水稻等作物在盐碱地产量的主效耐碱基因*AT1*，控制水稻的复粒稻基因*BRD3*，以及一系列的抗逆、抗病等基因，这些都是未来种业创新不可或缺的重要功能基因。此外，植物设施农业和无人农场的应用也比较广泛，我国近年通过智能化的植物工厂，实现了多种蔬菜的无土规模化生产，并产生了较好的经济效益。

在新型研发创新平台建设方面，建立标准化、模块化的生物元件实体库和数字信息库、开源软件库，建设涵盖“智能化机器学习设计—自动化合成装配—高通量定量分析测试”的生物设计创制工作站将会极大地推动新种质发掘和利用。植物表型是一种新兴的科学技术，它将基因组学与农学联系起来，即在植物生长和发育过程中，通过基因型与环境之间的动态相互作用形成功能性植物体或表型。植物表型研究和相关技术的使用能够使人们获得环境中各种植物的生长发育知识，将这些知识用于作物生产可以提高产量和作物利用的可持续性。例如，美国亚利桑那州的第一个全自动温室于2020年开放，其中包括专有种子芯片、先进标记技术、自动化和数据科学方面的创新和育种应用。中国规划的大科学装置国家作物表型组学研究设施——“神农设施”已在中国科学院武汉植物园光谷园区完成预研。“神农设施”建成后将是国内农业领域首个重大科技基础设施，可实现人工智能可控的全生境模拟，在全球处于领先地位。植物全自动育种平台的应用也将极大地缩短育种周期，促进新型植物资源的开发和利用。

总之，加大植物资源收集和保护力度、健全植物资源开发利用体系、拓展植物资源的应用将从源头解决植物育种资源不足问题。通过植物驯化和进化基础理论创新、育种理论和技术创新可推动重要化合物、基因资源的发掘和研究，通过打通产业链的各环节可推动新型作物的产业化应用并提升综合效益。

五、植物资源自主创新情况

粮食安全和生态安全已成为全球关注的重要趋势。人口的增加推动了种植高产作物以满足粮食安全的需求，这反过来又推动了对创新植物育种技术的需求，以提高作物生产力。极端天气条件和全球变暖的频繁发生也增加了全世界对作物生产力的需求。植物生物多样性的保护和发掘利用将是粮食作物和经济作物的保障。

在植物资源引种保育方面，我国建立了国家公园和国家植物园的植物资源就地保护与迁地保护体系，同时通过各植物园与东南亚、南美、非洲等地区的合作，推动了国内植物资源的保护和国际特色植物资源的引种与研究。国家植物园体系的规划目标是，到2035年力争使正式设立的国家植物园达到10个左右，有机统筹就地保护与迁地保护，生物多样性保护能力显著增强，80%以上的国家重点保护野生植物、70%以上的我国珍稀濒危野生植物得到有效迁地保护，基本覆盖我国生物多样性保护优先区域。

随着基因组学技术的发展，资源植物基因组学研究进展迅速。NCBI数据库中目前已经收录1594个植物基因组。例如，壳斗科植物系统基因组学研究深入分析了自新生代以来全球气候变化导致北半球森林组成发生的剧烈演变，揭示了壳斗科植物的系统发育关系、分化历史以及种间杂交的遗传效应，证实了响应环境变化的性状创新和动植物的协同进化是壳斗科物种多样性产生的重要推动力。另外，极端生境中物种演化的研究也意义非凡，青藏高原拥有独特的极端环境下的丰富生物资源，是全球生物多样性热点地区之一，针对青藏高原及其毗邻地区的物种，研究其适应性进化、物种多样性及物种对第四纪冰期的响应等科学问题，为揭示关键性状创新和种间杂交在物种进化过程中的意义重大、现代种质创新和种业发展奠定了重要的理论依据。

目前已经完成了包括月季、野菊、蝴蝶兰、牡丹在内的近百种观赏植物的基因组测序，以及基因组、代谢组、转录组、蛋白质组等整合分析，加快了观赏植物的花色、花型、株型等基因的发掘和利用。但是在观赏植物分子育种过程中，观赏植物的性状复杂多样，如梅的曲枝和菊花的复杂花型不仅使测量工作极其困难，而且记录的性状数据的有效性很低，导致性状数据与候选基因之间无法很好的对应，很难从大量基因组数据中定位到与关键性状相关的基因，这在很大程度上是由于缺乏合适的表型数据。另外，许多观赏植物（尤其是木本植物）缺乏有效的转化系统，因此新基因不能转化植物以创造新品种。转基因观赏植物是否满足安全和健康需求也是观赏植物育种者面临的问题之一，尽管得到了至少50种观赏植物的转化体，但很少有转基因观赏品种能通过田间试验并获得监管批准。

观赏植物对城市和城郊的生态安全也具有重要的作用。一方面，观赏植物可以起到隔音防风的作用；另一方面，通过植物的蒸腾作用，可以降低城市温度，且植物树冠可以在炎热的夏季创造遮阴区域。植物还有利于改善城市土壤污染和空气污染，不同物种增加了城市和城郊地区的生物多样性，同时对于土壤和生态修复具有重要作用。其中，植物修复（phytoremediation）是一种新兴、经济、环保的土壤重金属修复方法，主要是使用某些植物通过根部吸收将重金属从土壤中转移到植物地上部分。目前已有45个科的450多种植物被鉴定为植物修复物种。

药用植物资源的有效利用在于其植物体内的次生代谢产物的有效利用，也就是说如何让植物产生尽可能多的、化学结构和药效满足人们需求的次生代谢物质。迄今为止，已经有300余种药用植物的全基因组已经被测序，其中包括一些珍贵的中药材，如大麻、人参、灵芝、罂粟、天麻等，还包括一些大宗药材和被国家市场监督管理总局认定为药食同源的药用植物，如枸杞、甘草、决明、穿心莲等。药用植物功能基因挖掘、基因调控网络的构建、次生代谢产物合成调控研究、抗性基因和遗传多样性的研究都是药用植物资源发掘和利用的重要方向。次生代谢产物的产生有赖于一定的生物合成途径，因此利用多种技术解析合成途径、筛选关键功能基因，进而对整个代谢网络进行有目的的调控，以此来提高药用植物次生代谢产物的量，是目前药用植物开发利用研究中最前沿和最基础的问题。目前已经完成了青蒿素、白藜芦醇、丹参酮、丹酚酸、灯盏花素、淫羊藿苷、人参皂苷、紫杉醇、长春碱、长春新碱、罂粟碱、枸杞红素等合成途径解析，多种化合物实现了酵母或大肠杆菌中的全合成或半合成。

特色的区域种质资源的发掘利用，将在我国的某些地区，特别是农村地区经济作物的自主创新中发挥重要作用。例如，安徽省、广东省等强调了对茶叶育种、茶叶新品种创新、茶叶生态栽培和茶叶加工生产升级的研究计划支持，以帮助农村地区增加经济收入，茶叶的基础理论研究、种质创新、产业链的整合发展，为茶叶在农村地区的发展提供了重要的行业技术和产业发展保障。药食同源作物枸杞、沙棘等是宁夏、青海、新疆等省区的特色经济作物，通过种质资源发掘利用、基因组研究、新基因新成分的发掘，推动了新品种的研发及鲜果、果浆、枸杞叶相关产业的创新发展。

总之，物种多样性研究、植物资源引种保育、种质资源发掘利用是未来大生态观、大农业观、大食物观的基础保障，是实现粮食安全和生态安全的重要保障。植物种质资源的表征、评价和分析，生物抗性和非生物抗性的分析，植物资源在极端气候变化中的耐受性分析，植物资源的营养水平分析，是发掘优质植物资源和为高产作物提供进一步的育种基础的核心，同时也将为合成生物学、植物工厂高值农业等新兴产业发展提供重要的资源保障。

撰 稿 人：王　瑛　中国科学院华南植物园
　　　　　任　海　中国科学院华南植物园
通讯作者：任　海　renhai@scbg.ac.cn

第二节　生物标本资源保护利用现状与趋势

一、生物标本概况

生物标本是指保持生物实体或其遗体、遗物的原样，或经特殊加工处理后，用于长期保藏、学习、研究、展示等目的的动物、植物、微生物、古生物的完整个体或部分，是自然界各种生物最真实、最直接的表现形式和实物记录，是生物多样性的载体，被广泛应用于科学研究、科普展示、生物学教学等方面，并在生物多样性保护、进化生物学、有害生物入侵及全球气候变化等生命科学和交叉学科前沿领域发挥着重要作用。

从科学发展的角度来看，生物标本是物种名称的实物载体和参考凭证，是生物系统学乃至整个生物学研究的基础材料，在分类学、系统学、生态学等各个分支学科中都有着十分重要的地位；从资源的角度来看，生物标本是人类认识自然和改造自然的重要基础，是生物多样性最全面的代表，是一类重要的不可再生的战略生物资源；从信息的角度来看，生物标本能够提供物种、空间和时间三个维度的重要信息，在服务于生物多样性的研究与保护等方面有着巨大潜力。

二、生物标本资源国内外研发进展

（一）国外生物标本资源研发进展

生物标本具有重要的战略资源价值，发达国家很早就开始了本国乃至全球生物标本的收集、保藏和研发工作，并拥有一大批藏量丰富、收藏类群齐全、覆盖范围广泛的国家级生物标本馆。目前世界上生物标本馆藏量排名前十的收藏机构见表22-1，这些机构均位于欧美发达国家，且有着悠久的收藏和研究历史，有半数均在美国。其中几个大型的植物标本馆未包括在内，如英国皇家植物园（邱园）标本馆、美国纽约植物园标本馆、美国密苏里植物园标本馆等。排名前几位的超大规模的机构如美国史密森尼国家自然历史博物馆、英国自然历史博物馆、俄罗斯科学院动物博物馆等，其某一单类群的馆藏数量级甚至可达百万、千万以上。例如，英国自然历史博物馆仅昆虫部的标本收藏就达3400余万号，其收藏历史更是达到了300年以上。

表22-1 全球生物标本馆藏量排名前十的机构

排名	国家	机构名称	馆藏总量/万号	资料来源
1	美国	美国史密森尼国家自然历史博物馆	14 800	https：//naturalhistory.si.edu/research
2	英国	英国自然历史博物馆	8 000	https：//www.nhm.ac.uk/
3	法国	法国国家自然历史博物馆	6 800	https：//www.mnhn.fr/en/our-collection-groups
4	俄罗斯	俄罗斯科学院动物博物馆	6 000	https：//www.zin.ru/collections/index_en.html
5	美国	菲尔德自然历史博物馆	4 000	https：//www.fieldmuseum.org/department/research
6	美国	美国自然历史博物馆	3 400	https：//www.amnh.org/research/scientific-collections
7	德国	柏林自然历史博物馆	3 000	https：//www.museumfuernaturkunde.berlin/en/science/infrastructure/collection
8	奥地利	维也纳自然史博物馆	约 2 500	https：//www.nhm-wien.ac.at/en/research
9	美国	哈佛大学比较动物学博物馆	2 100	https：//mcz.harvard.edu/resources
10	美国	卡内基自然历史博物馆	1 500	https：//carnegiemnh.org/

（二）我国生物标本资源研发进展

我国生物标本的收集和保藏始于19世纪，起步于20世纪初，发展于1949年之后。据2016年调查和统计分析，全国正常运转的生物标本馆有250余家，收藏总量为4000万—4500万号（份），主要集中在各科研机构、高等院校和自然博物馆。

中国科学院生物标本馆体系是我国生物标本资源最重要、最集中的保藏场所，由以19个研究所作为依托单位的20家生物标本保藏和科普展示场馆组成，所收藏生物标本的采集地基本覆盖全国各地和几乎所有生境类型（包括海域），收集保藏的生物标本资源涵盖了动物、植物、菌物、化石等。该体系拥有中国乃至亚洲最大的动物、植物和菌物标本馆及馆藏量，还拥有一系列中国最大、最有特色的专类标本馆，是我国生物标本资源保藏、研究和科学教育的重要实体，具有中国最大、在国际上有重要影响力的生物标本资源保藏体系与数字化数据信息网络，也是生物标本资源整合与共享利用的平台，因此在国家战略生物资源的保护与可持续利用中具有不可替代的重要作用。截至2023年底，中国科学院生物标本馆保藏各类生物标本共计2435.3万号（份），占全国标本资源总量的一半以上。

（三）生物标本资源国内外情况对比

与欧美等发达国家相比，我国生物标本资源收藏的差距比较明显，主要体现在藏量和收藏范围上。从藏量上看，我国各收藏机构中还没有达到千万级的，且我国收藏总量在世界各机构中仅能排到第5位。从收藏范围来看，欧美发达国家的博物馆收藏范围非常广泛，采集地点遍及全世界，特别是一些模式标本和已灭绝生物的标本仅在很少的博物馆保藏，其收藏的起始时间也较早。我国因起步较晚，收藏以本国生物为主。

国外对生物标本资源的积累已有多年，但已过了大规模采集的时期，且随着对物种认识的加深和环境问题的凸显，各国均非常重视物种的保护，已难以进行大批量的采集。我国近年来也提高了对生物多样性保护和物种资源及生物和生态安全的重视，陆续支持了一些较大的项目，使得各馆能够有针对性地对国内研究薄弱的地区进行标本采集，且能走出国门与周边国家及其他较不发达国家合作并开展联合考察和标本采集活动。在这些项目的支持下，各馆藏量呈现较快且稳定增长的态势。随着与其他国家合作的不断深入和扩大，未来将逐步缩小我国与发达国家标本藏量间的差距。

三、生物标本资源利用现状

生物资源是一个国家保障和协调生态文明、经济发展、人民健康和生物安全的重要战略资源。早在1992年联合国环境与发展大会上通过的《生物多样性公约》就明确指出：生物资源是指对人类具有实际或潜在用途或价值的遗传资源、生物体或其部分、生物群体或生态系统中任何其他生物组成部分，最好在遗传资源原产国建立和维持异地保护及研究植物、动物和微生物的设施。生物标本作为一种重要的生物资源，其保护与利用也一直得到各国尤其是发达国家的高度重视。标本资源具有研究、服务和教育三大功能，标本资源的共享和利用也主要从这几个方面发挥基础支撑作用。

国外很早就积累了大量标本用于科学研究，近年来更是通过建立各类共享和服务平台以促进标本资源的利用。例如，美国自然历史博物馆于1993年创建生物多样性保护中心，将其科学收藏和技术整合到美国和世界各地的各种项目中，通过提供广泛的科学和教育资源保护全球生物多样性；英国皇家植物园（邱园）近年来加大了对植物的应用研究力度，加快了自主品牌的研发，并于2018年成立了一个商业化的部门，专门负责商业资助的科学研发和认证工作，包括授权邱园产生的知识产权、提供植物国际贸易监管和药用植物名称方面的专业服务，以及通过邱园的品牌认可第三方产品。

我国对生物标本资源的利用虽然起步较晚，但随着资源的积累，大量依赖生物标本的研究正在进行，依托生物标本资源也开展了大量服务和科学普及工作，在资源共享利用和服务方面与发达国家的差距并不太大。生物标本资源为这些项目的实施提供了重要的支撑作用，同时产出了大量科研成果。例如，依托中国科学院生物标本馆体系所保藏的生物标本资源，2023年共支撑发表论文850篇、撰写专著55部，发表2个新目、20个新科、42个新属、500余个新种等新分类单元。为了促进生物标本资源的妥善保藏和合理共享利用，2019年，在科技部和财政部的支持下，中国科学院动物研究所组织院内7家研究所的标本馆和院外6家高校标本馆联合成立了国家科技资源共享服务平台"国家动物标本资源库"，同时中国科学院植物研究所也组织全国16家植物标本馆联合成立了国家科技资源共享服务平台"国家植物标本资源库"，标志着我国生物标本资源的保藏和利用进入了一个新的阶段。

生物标本资源在科学研究方面的功能主要通过支撑生物多样性研究与保护来体现。各标本馆积极牵头或参与国内外生物多样性的研究与保护，加强对未知或研究薄弱区域、研究领域进行探索，通过对资源的收集、保藏和利用来支撑国家重大科研项目与重要决策。例如，南海海洋生物标本馆依托中国科学院南海海洋研究所科学考察船执行2022年度东印度洋综合科学考察共享航次，获得了宝贵数据资料和生物标本，为厘清研究区域生物多样性地理格局、揭示生物群落对物理过程的响应和指示作用，以及认识古气候变化等研究提供了重要观测证据，支撑着我国海洋维权、海洋丝路重要贸易通道沿线的航行安全保障、海洋防灾减灾及可持续发展。在生物多样性编目方面，如依托中国科学院植物研究所标本馆馆藏资源和研究条件，科研人员在国内外期刊发表重要论文19篇，撰写了各类专著8部，发现和发表新类群17个，其中《中国药用植物红皮书》对濒危药用植物的保护和可持续利用具有重要的参考价值和指导意义，正式发布的《中国植物物种名录2022版》为研究植物生物多样性及其保护提供了重要基础数据，有效支撑了我国的植物科学研究和生物多样性保护事业。

生物标本资源可在生物安全和地方发展等方面发挥服务功能。在国家重视生物安全的背景下，各标本馆推动重点地区、重点类群及口岸检疫等生物类群的资源保藏，建立相关资源库，为防范有害生物入侵、评估入侵物种自然分布及其控制提供第一手资料，并坚持为海关等检验检疫一线部门提供专业支撑服务，如帮助海关对进境包裹中查获的活体生物进行标本制作并用于检验检疫违法案例展示，为海关提供标本用于比对鉴定或组织专家对查获物种进行鉴定等工作，并邀请相关海关单位共建截获生物标本专题库等。

生物标本是生物学各学科和理论研究的材料和基础，也是公众认识生物学的窗口。各保藏机构还利用生物标本进行多种多样的科学普及活动来发挥教育功能。例如，中国科学院各生物标本馆持续推进科学普及工作，借助馆藏生物标本资源传播生物多样性知识、讲述科学故事、弘扬科学家精神，展现我国生态文明建设的成果。各馆积极参与国家、中国科学院和地方科普宣传工作，通过“全国科普日”“全国科技活动周”“公众开放日”等举办各类科普活动，提升公众的科学素养和对生态环境的认识，在做好基本科研科普服务的同时，也在积极发掘生物标本资源的科普价值，发挥其教育功能。

四、生物标本发展趋势

生物标本虽然在生物学领域各个学科有重要的基础支撑作用，但其具有某些固有劣势：在收集方面，由于每一份生物标本都蕴含着独一无二的信息，其实体随着时间推移或在使用过程中会不断损耗，是一种不可再生资源，需要保护，同时要不断收集和补充；在保藏方面，实物标本的保存需占据一定空间，并置于专门建立的标本馆中，其运行和维护都需要一定的人力和物力；在利用方面，生物标本支撑着生物学最基础的理论研究，且随着分类学热潮的退去，对生物标本的直接利用有所减少，而相关的应用研究又难以体现其价值，无法利用生物标本直接产生经济效益，其作用的发挥往往通过间接的方式，严重影响了人们对其直接价值和潜在价值的认识。因此，自21世纪以来，各国均加强了生物标本的整合和共享，并站在国家战略资源的高度重新审视生物标本存在的意义，采取一系列措施使其与其他形式的生物资源共同服务于国家和社会发展，以最大限度地发挥生物标本的价值。

（一）通过数字化和共享平台建设促进生物标本的利用

生物标本共享和利用的内容主要包括各类型标本馆内所保藏的实物资源，以及标本数字化后形成的信息资源。实物资源的共享是通过直接将生物标本提供给研究者以进行查阅、检视、测量、拍照或标本交换等方式来实现的；信息资源的共享是将生物标本所蕴含的丰富的物种、时间和空间信息提取出来后建立数据库或专题数据集，以供相关研究者查阅和调用。后者不受时间和空间限制，成本较低且可多次重复使用，因而受到越来越多研究者的青睐，但需要前期投入较多人力、物力以完成生物标本的数字化、数据库和数据集建设等工作。同时各国也通过将这些信息资源集中起来，建立标本数字化中心或信息资源的共享平台，以促进对生物标本的利用。

国际上对生物标本信息资源共享平台的建设有三种类型：一是对全领域资源的集大成，进行全球性或国家级综合性的平台建设，如全球生物多样性信息网络（Global Biodiversity Information Facility，GBIF）、美国生物标本综合数字化平台（Integrated Digitized Biocollections，iDiGBio）、澳大利亚国际生物多样性数据库（Atlas of Living Australia，ALA）；二是以类群为主的全信息平台，如脊椎动物标本信息网VertNet、数字化植物模式标本数据库Global Plants等；三是各博物馆、标本馆自建的数据共享平台。前两种类型共享平台建设均趋向于全类型数据收集、建设和共享服务，而第三种类型则更趋向于数据、图片及其他信息检索功能。

我国开展生物标本数字化和平台建设工作已有多年。自2003年起，在国家科技基础条件平台中心的支持下，由中国科学院植物研究所牵头建立了国家标本资源共享平台（National Specimen Information Infrastructure，NSII），是科技部认定并资助的28个国家科技基础条件平台之一，是汇集了植物、动物、岩矿化石和极地标本数字化信息的在线共享平台。该平台目前已共享近1644.6万条标本信息数据。此外，各子平台也通过相关网站进行资源共享。例如，中国科学院动物研究所牵头组织37个机构开展动物标本资源数字化建设和共享，建成了“国家动物标本资源共享平台”，并通过国家动物标本资源库网站（原名国家数字动物博物馆）进行标本资源共享，目前已累计共享各类群动物标本388万余号，是国内最大的动物标本资源建设及共享服务平台。

（二）从保存生物标本到保存生物资源

随着生物学研究重心的转移、生物信息提取技术的发展及生物标本保存技术的进步，国际上大型的标本馆或博物馆将保存的范围逐渐从生物标本扩展到其他类型的生物资源，如各类遗传资源、种质资源等。例如，邱园目前已从单一从事植物收集和展示的植物园成功转型为集教育、展览、科研、应用为一体的综合性机构，其于2000年建成的“千年种子库”（The Millennium Seed Bank）是世界上最大的野生植物种质资源保存库，不仅储存了英国本土的植物种子，还收集保存了3.9万种共24亿颗全球重要和濒危植物的种子；美国史密森尼国家自然历史博物馆于2011年建成的生物储存库收集了大量的基因组材料，是现存最大的基于博物馆标本的储存库，服务于全世界有关DNA、组织和基因组方面的研究。

我国在对生物资源的保存方面紧跟国际步伐，最具代表性的就是中国西南野生生物种质资源库（The Germplasm Bank of Wild Species）的建立。中国西南野生生物种质资源库是由国家发展和改革委员会于2004年批复建设，并于2007年建成运行的国家重大科技基础设施，是国家重大科学工程项目，由中国科学院和云南省共建，依托中国科学院昆明植物研究所进行管理。中国西南野生生物种质资源库是我国唯一以野生生物种质资源保存为主的综合保藏设施，目前已保存我国本土野生植物种子11 305种90 738份、植物离体培养材料2194种26 200份、DNA分子材料8541种69 144份、微生物菌株2320种23 200份、动物种质资源2253种80 362份，是亚洲最大的野生生物种质资源库，是保障我国生物资源安全的重要基础设施，对我国的生物多样性保护与研究工作起到了重要的推动作用，是我国战略性生物资源保存的重大飞跃，为我国经济社会可持续发展提供了生物资源战略储备。

（三）利用新技术加强生物标本信息的提取

对于标本的形态信息，以往的研究多利用的是标本的一维长度测量数据。近年来借助显微计算机断层扫描术（CT）、激光共聚焦显微成像、激光扫描、连续组织切片、磁共振、透射电镜、结构光照明显微成像等技术，结合计算机三维重建的方法，可建立生物标本真实而直观的空间形态，并被应用于分类学、系统学和仿生学等研究领域。通过标本的三维形态能产生海量数据以用于其他交叉学科的研究。随着深度学习和人工智能的快速发展，生物形态结构的三维可视化和人工智能大数据平台的建立将为物种快速识别和鉴定带来新的契机，对系统发育、个体发育、形态与功能、仿生机制等方面的研究也有重要的指导意义。

在遗传信息的获取方面，随着基因组测序技术的发展，近年来研究开发出的第三代测序技术，即单分子测序技术，实现了对每个DNA分子的单独测序，具有超长读长、运行快、无须模板扩增、可直接检测表观遗传修饰位点等优点，所得数据适于进行生物信息学分析。这使研究人员对生物标本中遗传信息的获取变得越来越有效和便捷，也使标本保藏机构通过大量提取遗传信息建立与标本相对应的信息库成为可能，这将对生物标本资源的保护和可持续利用起到一定的促进作用。此外，作为目前影响较大、应用广泛的DNA鉴定技术之一，DNA条形码技术也将在生物标本的鉴定方面发挥巨大作用，同时结合快速、廉价、小型的测序仪，将为生物大发现开启全新篇章。

未来，来自生物标本数据的规模化整合与深度挖掘、数据类型（如基因组数据、形态数据、可视化数据等）的拓展与应用将成为新的建设内容和发展方向，代表了未来生物标本资源建设与共享的新趋势。

撰 稿 人：贺　鹏　中国科学院动物研究所
陈　军　中国科学院动物研究所
乔格侠　中国科学院动物研究所
通讯作者：乔格侠　qiaogx@ioz.ac.cn

第三节　生物遗传资源保护利用现状与趋势

一、生物遗传资源概况

根据联合国《生物多样性公约》，遗传资源是指具有实际或潜在价值的来自植物、动物、微生物或其他来源的任何含有遗传功能单位的材料。本章所述“生物遗传资源”是指可以在人工设施中长期保存、可以通过一定的技术方法进行繁殖或复制的、具有实际或潜在经济和社会价值的动植物和微生物及其遗传材料（组织、细胞、DNA片段、基因等）。

在各类生物资源中，生物遗传资源作为现代分子生物学诞生的基石，在基因编辑技术、干细胞、合成生物学、绿色智造等前沿科学和技术领域中发挥了不可替代的作用。在当前人类发展迎来“百年未有之大变局”的复杂局面之下，依靠科技创新革命性解决人类发展面临的健康、工业、农业、环境、生物安全等重大问题，其中动植物和微生物及其生物元件等发挥了巨大的作用，并展现出前所未有的广阔前景，为我国形成以新能源和新智造为代表的新质生产力提供了源源不断的不竭动力。同时，经过全球疫情洗礼的三年，生物医药、生物制造和生物经济进入类似摩尔定律的快速发展的阶段，生物遗传资源也成为一个国家抢占科技制高点，保障国家经济发展命脉，保障人类健康、粮食安全、产业供应链安全、生物碳汇等事关人类未来生存发展的关键所在，对于加快实现高水平科技自立自强、加快建设科技强国具有重要战略意义。

二、生物遗传资源国内外研发进展

2023年3月，美国白宫批准了《美国生物技术和生物制造的远大目标：利用研发推进社会目标的实现》（Bold Goals for U.S. Biotechnology and Biomanufacturing: Harnessing Research and Development to Further Societal Goals），其中一个重要目标是利用生命之树的生物多样性为生物经济提供动力，具体目标是在5年内，对100万种微生物的基因组进行测序，并了解至少80%的新发现基因的功能。美国、欧洲、日本、韩国等发达国家和地区长期高度关注生物遗传资源的获取和保护，并通过早期的掠夺性扩张建立了全球性的生物遗传资源保藏机构设施，同时由大学和大型跨国企业主导的研发团队，有针对性地开展了非常广泛的生物遗传资源的收集、保藏、评价挖掘、开发利用等系列工作，使得生物遗传资源成为当今生命科学领域和生物技术领域发展的最重要的发展基石。

美国典型培养物保藏中心（American Type Culture Collection，ATCC）、日本理化研究所筑波研究所是全球重要综合性生物资源提供机构。德国微生物菌种保藏中心（Deutsche Sammlung von Mikroorganismen und Zellkulturen，DSMZ）在微生物菌种保藏领域具有高度权威性。

世界微生物数据中心（WDCM）的统计数据显示，全球在WDCM注册的保藏中心有834个，分布在78个国家和地区，登记保藏了超过330万株微生物菌种和3.8万株细胞株。另外，世界知识产权组织最新统计结果显示，分布在全球25个国家的49个《国际承认用于专利程序的微生物保存布达佩斯条约》国际保藏机构中，共保藏用于专利程序的生物材料13.79万株。2021年，中国首次超过美国，成为全球用于专利程序的生物材料保藏量最多的国家（42 948株），美国居第二位（42 493株）。我国在微生物菌种和细胞株等生物遗传资源保藏方面已经具有一定规模，建立了生物遗传资源保护的基本框架体系。

2003年，科技部启动国家科技基础条件平台建设项目，2019年，科技部、财政部进一步优化调整国家科技资源共享服务平台，形成了30个国家生物种质和实验材料资源库，其中包括了植物种质资源库5个（国家重要野生植物种质资源库、国家作物种质资源库、国家园艺种质资源库、国家热带植物种质资源库、国家林业和草原种质资源库）、动物种质资源库4个（国家家养动物种质资源库、国家水生生物种质资源库、国家海洋水产种质资源库、国家淡水水产种质资源库）、微生物资源库3个（国家菌种资源库、国家病原微生物资源库、国家病毒资源库），以及细胞和干细胞资源库4个（国家干细胞资源库、国家干细胞转化资源库、国家生物医学实验细胞资源库、国家模式与特色实验细胞资源库），为科学研究、技术进步和社会发展提供了高质量的生物资源共享服务。

2013年，国家卫生和计划生育委员会发布了《人间传染的病原微生物菌（毒）种保藏机构规划（2013—2018年）》，明确了由国家级保藏中心、省级保藏中心和专业实验室三级架构组成的国家病原微生物保藏体系，2018年完成了6个国家级病原微生物菌（毒）种保藏中心的机构认定工作。2019年农业部启动了种质资源库体系建设工作，截至2024年3月，我国已公布的国家微生物种质资源库有27个，农作物种质资源库、畜禽种质资源库和海洋渔业种质资源库等一批资源库启动建设。国家级种质资源库（圃、场）达到318个，159个国家级畜禽保护品种活体保护实现全覆盖。2024年教育部也启动了生物库建设的相关工作，体现了国家层面对生物遗传资源保护的高度重视。

2015年，中国科学院生物遗传资源库工作委员会成立，包括了隶属于中国科学院13个研究机构的14个资源库，保藏的生物遗传资源类型涵盖了植物种子和离体材料，人、动物的细胞株和干细胞，微生物，淡水藻种，海藻等，旨在建成国际上具有重要影响的生物遗传资源科学保藏网络体系，引领我国生物遗传资源收集保藏、共享利用工作（表22-2）。

表22-2　中国科学院生物遗传资源库

序号	名称	依托单位	保藏的主要资源类型
1	中国西南野生生物种质资源库	昆明植物研究所	植物种子、植物离体材料

续表

序号	名称	依托单位	保藏的主要资源类型
2	野生动物细胞库	昆明动物研究所	动物细胞
3	国家模式与特色实验细胞资源库	上海生命科学研究院	实验细胞、干细胞
4	中华民族永生细胞库	遗传与发育生物学研究所	细胞
5	国家干细胞资源库（原北京干细胞库）	动物研究所	细胞、干细胞
6	野生动物遗传资源库	动物研究所	野生动物组织、细胞、DNA
7	海藻种质库	海洋研究所	海藻
8	淡水藻种库	水生生物研究所	淡水微藻
9	微生物菌（毒）种保藏中心	武汉病毒研究所	病毒、病毒样本、细胞
10	中国普通微生物菌种保藏管理中心	微生物研究所	微生物、专利生物材料
11	华南干细胞转化库	广州生物医药与健康研究院	细胞、干细胞
12	人类资源样本库	生物物理研究所	血液、尿液、细胞、DNA
13	中国癌症功能细胞库	合肥物质科学研究院	肿瘤原代细胞
14	犬种质资源库	遗传与发育生物研究所	犬科动物血液组织、DNA、RNA、原代细胞等

三、生物遗传资源利用现状

战略生物资源涉及国家资源安全、生物安全、生态安全等问题。国际上陆续发起了一系列生物遗传资源保藏相关的计划、项目，许多国家也都投入了大量的人力和财力对生物遗传资源进行收集与研究，各类基因组研究项目的实施加速了生物遗传资源的开发与利用。

早在1985年，美国率先提出人类基因组计划，带动全球测序技术的革命性变革。1998年，美国国家科学基金会（NSF）启动美国国家植物基因组计划（National Plant Genome Initiative，NPGI），该计划结束后，美国NSF又于2012年启动了新一轮的植物基因组研究项目（Plant Genome Research Program，PGRP）。2008年，美国NSF与美国农业部还启动了微生物基因组测序计划（Microbial Genome Sequencing Program）。

美国能源部于2002年7月正式推出了为期5年、资助额度为1亿美元的后基因组计划——“从基因组到生命”（Genomes to Life，GTL）计划。2022年5月，美国国家安全委员会发布了《美国生物经济：为灵活和竞争性的未来规划路线》（The U.S. Bioeconomy：Charting a Course for a Resilient and Competitive Future）。2022年9月，美国总统拜登签署了启动“国家生物技术和生物制造计划”（National Biotechnology and Biomanufacturing Initiative）的行政命令。2023年3月，美国白宫又紧接着发布了《美国生物技术和生物制造的远大目标：利用研发推进社会目标的实现》（Bold Goals for U.S. Biotechnology and Biomanufacturing: Harnessing Research and Development to Further Societal Goals），美国从国家体系层面加大了对生物资源的开发和利用的支持力度，达到空前的地步。

欧洲、加拿大、日本、韩国等国家和地区也相继启动各国的生物资源开发利用相关的计划。例如，英国2018年发布了《发展生物经济、改善我们的生活、强化我们的经济：2030年国家生物经济战略》，2021年发布了《英国创新战略：创造引领未来》。德国2016年发布了《合成生物学：生物技术和基因工程的新高度》等。日本在2019—2022年连续发布了《生物战略2019》、《生物战略2020》、《综合创新战略2021》和《综合创新战略2022》。

我国对生物遗传资源的本底调查和评估一直保持着高度关注，长期以来，持续开展生物遗传资源的采集与保藏、开发与利用。

2004年全部出版完成的《中国植物志》，标志着我国植物资源家底基本摸清。近20年对我国调查空白或薄弱地区的科考，发现大量新分布记录和新类群（超过4000种），中国维管植物的物种数量平均每年新增200个。已建成的亚洲最大的野生植物种子库收集保存了我国野生植物种子11 602种94 596份，通过技术攻关解决了一批珍稀濒危、极小种群植物的组培快繁，以及引种驯化和野外回归；结合细胞培养技术和超低温保存技术，实现了富民枳、三七等濒危物种及经济植物的细胞系构建和超低温长期保存。

在干细胞资源方面，国家干细胞资源库建立了我国首株临床级人胚干细胞系，成功研发了多巴胺神经前体细胞、视网膜色素上皮细胞、间充质样细胞（M类细胞）等多种临床级干细胞制剂。联合3个国家级资源平台及65个代表性细胞资源库共同组建了中国干细胞与再生医学协同创新平台（原国家干细胞资源库创新联盟），提升了科技资源共享服务水平。2021年，国家干细胞资源库获中国合格评定国家认可委员会（CNAS）颁发的我国第一张生物样本库认可证书，入选本年度“中国科技资源管理领域十大事件”。2022年，在已经主导制定发布多项细胞相关标准的基础上，国家干细胞资源库主导制定的国际标准《人和小鼠多能干细胞通用要求》（Requirements for Human and Mouse Pluripotent Stem Cells）由国际标准化组织（ISO）出版。2023年，我国发布了由国家干细胞资源库主导研制的中国首个人源干细胞国家标准《生物样本库多能干细胞管理技术规范》（GB/T 42466—2023），为多能干细胞资源标准化管理奠定了基石，促进了干细胞的转化研究与应用。国家干细胞资源库已经为全国300多家生物医药企业开展细胞和干细胞资源服务。

在过去30多年间，我国持续开展了特殊环境生物遗传资源的发现和利用工作，在热液区、海山区、深海平原、海沟和深部生物圈等区域开展大洋航次的资源、环境和生物基因资源综合调查，已分离鉴定并保藏了大量深海来源的微生物菌株等生物遗传资源，获得了在新药创制、工业制造、绿色农业、生物环保、生物能源等方面有重要应用价值的菌种、基因、酶和化合物，快速提升了我国深海生物专利的拥有量。

四、生物遗传资源发展趋势

生物遗传资源事关国家核心利益，其保护和利用受到世界各国的高度重视。我国政府高度重视生物遗传资源的保护和利用工作，在《国家中长期科学和技术发展规划纲要（2006—2020年）》《“十四五”生物经济发展规划》《2004—2010年国家科技基础条件平台建设纲要》等多个国家发展规划中明确提出要建立完备的生物遗传资源保护与利用体系，加强生物遗传资源调查和收集保藏，积极推进生物遗传资源保护利用。随着学科的发展和需求驱使，在国家层面上加强生物遗传资源的收集保藏、筛选评价、挖掘利用是长时期内生物遗传资源工作的主题。

1）生物遗传资源保护和开发利用的能力成为国家科技竞争力的体现

目前许多国家将生物遗传资源视为产业竞争的一个重要因素，是支撑生命科学和生物技术发展的关键基础之一。美国高度重视生物遗传资源的保护保藏、评价筛选和应用开发工作，建立了生物遗传资源国家公共保护和研究体系，储备了丰富的生物遗传资源，为未来争取了更多的优势和主动权。美国提出5年内，对100万种微生物的基因组进行测序，并了解至少80%的新发现基因的功能，也是对全球生物资源开发利用的一项最新挑战。资源保藏机构积极对外扩展，建立更加广泛的合作，形成包括高通量采集、评价、应用、开发在内的综合性资源中心，促进生物资源数字化，与人工智能结合，实现资源的人工设计改造和快速转化应用，这将是国家科技竞争能力的重要体现。

2）生物遗传资源评价的智能化、自动化和体系化

随着基因组、宏基因组、合成生物学、基因编辑等生物技术的发展和应用，微生物资源仍然是寻求和发现下一代化学治疗剂和代谢活性物质最大的潜在生物物质基础。以干细胞为基础，旨在替代、再生或修复病变的细胞、组织或器官，从而恢复机体正常功能的再生医学是医学科学发展的重要方向。对微生物与细胞等生物遗传资源结合人工智能，实现智能化、自动化和体系化的精准鉴定评价，快速发掘能够满足现代生物技术需求的新型资源和关键基因，已经成为发展方向；面向合成生物学及生物制造先进技术，基于数据驱动的微生物底盘、元件库、酶库、代谢物库的快速规模化构建能力的建设，需要设立全国性的公益性的重大基础设施平台。

3）生物遗传资源共享利用法规体系和机制日趋健全

随着《生物多样性公约》《〈生物多样性公约〉关于获取遗传资源和公正公平分享其利用所产生惠益的名古屋议定书》等国际公约的实施，各国围绕资源获取、惠益分享、监测利用方面逐步完善国家生物遗传资源法律法规和管理办法，国家间进行生物遗传资源获取与交换，已经形成规范的资源获取和利益分享机制，推动了生物遗传资源的有效保护和合理利用。但是，发达国家长期的全球资源积累，以及在先进生物技术方面的垄断，也加剧了我国生物遗传资源获取和被获取的严重不平衡。

在联合国《生物多样性公约》第15次缔约方大会上通过的《昆明-蒙特利尔全球生物多样性框架》中将遗传资源数字序列信息（digital sequence information，DSI）列入未来十年全球生物多样性行动框架。DSI就是以数字方式存储和转移的遗传资源的基因序列信息，是基于生物多样性的价值链而产生的。遗传资源的获取与惠益分享，已成为近年来发达国家和发展中国家争论的焦点问题，因为世界上绝大多数遗传资源都位于发展中国家境内，而拥有经济和技术实力对遗传资源进行开发的生物技术公司基本上来自发达国家。生物技术公司可以无偿地从发展中国家获取遗传资源并对其进行商业性开发利用，以此获得巨额经济利益，却没有让提供遗传资源的发展中国家公平合理地分享由此产生的各种惠益。下一步要在促进获得遗传资源需要获得资源持有人的事先知情同意和双方同意的获取条款、获得的利益共享等方面建立新机制。

我国自然生物遗传资源极为丰富，科技创新能力也正在接近国际先进水平，结合人工智能、数据库、计算能力和信息网络基础设施等方面的优势，未来以生物资源为基础的高水平开发利用将获得广阔的发展空间。在此过程中，进一步加强科学评价体系和标准化体系建设，强化生物资源保护和综合开发利用能力，推动我国生物资源保藏工作从重保藏轻应用智能化、自动化、工程化地采集、保藏、评价和综合利用转变，高效筛选、评价具有生物技术开发价值的物种、细胞、基因及代谢产物等生物遗传资源，可为医药、农业、能源、环保等领域发展提供基础保障，也必将推动我国生物医药、生物智造和生物能源领域的快速发展，对保障我国国家安全发展、保障人民生命健康、推动构建人类命运共同体具有重要战略意义。

撰 稿 人：喻亚静　中国科学院微生物研究所
郝　捷　中国科学院动物研究所
蔡　杰　中国科学院昆明植物研究所
宋立荣　中国科学院水生生物研究所
通讯作者：喻亚静　yuyj@im.ac.cn

第四节　动物资源利用现状与趋势

一、动物资源概况

动物资源一般包括野生动物、经济动物和实验动物等。野生动物是指从自然界捕获的动物，是重要的国家资源，是生态系统的重要组成部分。经济动物主要包括家畜、家禽和水产动物资源，经济动物养殖吸纳了大量的农民和林业工人，经济收益惠及了约5000万人口，促进了经济发展，维持了社会，特别是农村地区的稳定。实验动物是指经人工饲育，对其携带的病原体实行控制，遗传背景明确或来源清楚，用于生命科学和生物技术研究、食品和药品等质量检验与安全性评价的动物。

保护和合理利用动物资源是可持续发展战略的重要前提。我国动物资源极为丰富，但是应用到生物医学研究中的实验动物种类仅为其中极少一部分，如猴类、鼠类、兔类等，因此潜力极大，值得开发。在科技部、国家发展和改革委员会与中国科学院等相关部门的支持下，经过“九五”到“十四五”的发展，借助于国家各个科技计划的推动，我国实验动物资源工作取得了长足的进步，已经基本建成了包括小鼠、大鼠、鱼类、兔、犬、巴马小型猪、禽类和非人灵长类的国家实验动物资源库、种子中心和种质资源基地。为落实《科学数据管理办法》和《国家科技资源共享服务平台管理办法》的要求，规范管理国家科技资源共享服务平台，完善科技资源共享服务体系，推动科技资源向社会开放共享，科技部、财政部对原有国家平台开展了优化调整工作，通过部门推荐和专家咨询，经研究共形成了包括国家人类疾病动物模型资源库在内的30个国家生物种质与实验材料资源库。

二、动物资源国内外研发进展

野生动物的利用方式主要包括服饰、肉用、药品和保健品、实验动物、工艺品和宠物。

在实验动物方面，国外实验动物发展领先于我国，以美国杰克逊实验室（Jackson Laboratory）为代表的非政府机构和以查尔斯河实验室（Charles River Laboratory）为代表的商业机构，全面实现了“实验动物”和“动物实验”并举，深耕实验动物常规资源和战略资源保存和开发，不断培育应用于精准医疗和个性化治疗的人源肿瘤异种移植（PDX）与人源肿瘤细胞系异种移植（CDX）动物模型、各种人类疾病模型、免疫缺陷鼠、人源化模型等，为新药研发与生命科学、医学研究、疾病预防与防疫挖掘出更多的“生物试剂”。同时，实验动物与新药研发、药物评价、安全性评估深度融合。

根据弗若斯特沙利文（Frost & Sullivan）公司统计，全球动物模型市场从2015年的108亿美元增长至2019年的146亿美元，年复合增长率为7.8%。到2024年，全球动物模型市场预计增长至226亿美元，年复合增长率为9.1%（图22-1）。

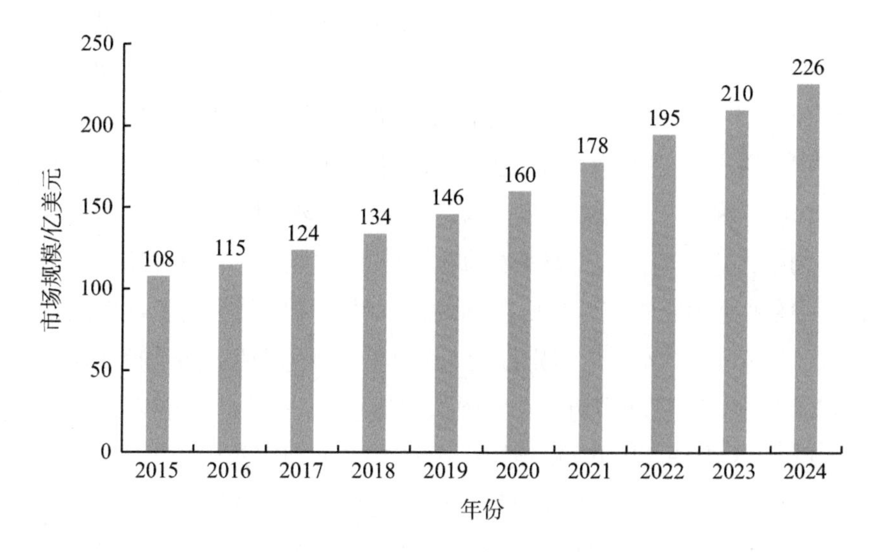

图22-1　2015—2024年全球动物模型市场规模（含预测）
资料来源：中国科学院上海生命科学信息中心

中国实验动物市场仍处于早期发展阶段，但增长潜力巨大。GMI（Global Market Index）乐伯市场管理有限公司的数据显示，2017—2021年，我国实验动物市场规模呈现稳步增长，2020年我国实验动物市场规模约为5.1亿美元，2021年我国实验动物市场规模达到约6亿美元（图22-2）。

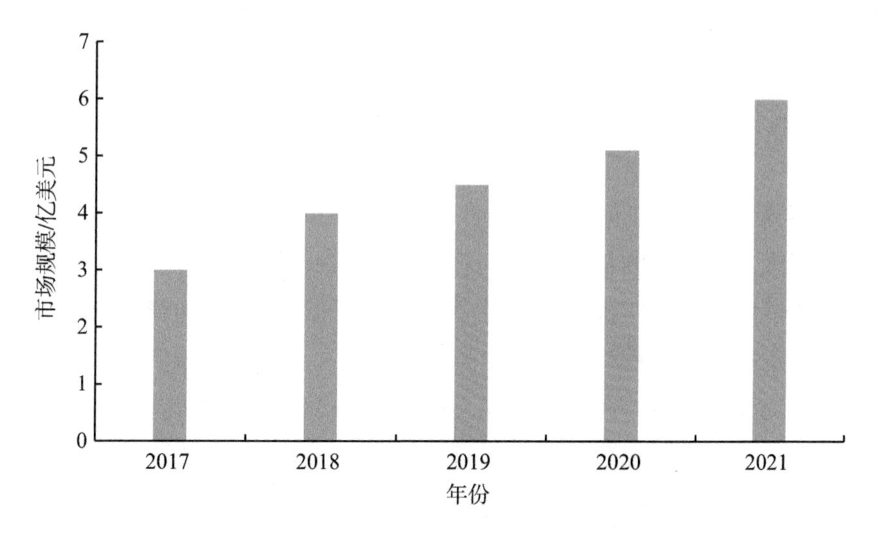

图22-2　2017—2021年中国实验动物市场规模
资料来源：中国科学院上海生命科学信息中心

三、动物资源利用现状

入药或作为保健品是东亚地区包括我国在内对野生动物特殊的利用方式。2016年修订后的《中华人民共和国野生动物保护法》首次以肯定方式将野生动物及其制品作为药品经营和利用写入国家法律，代表着野生动物药用的正式化和常态化。尽管涉及的种类少，但大部分药用的脊椎动物是国家保护动物或濒危动物，如穿山甲、黑熊、高鼻羚羊、林麝、海马、林环蛇、尖吻蝮等。在《中华人民共和国药典》涉及的19种野生脊椎动物中，除了梅花鹿、马鹿2种在繁育目录中，剩余17种均为一般意义的野生动物，其中8种是国家重点保护野生动物，11种在《中国生物多样性红色名录——脊椎动物卷（2020）》中为易危级别以上，6种在《濒危野生动植物种国际贸易公约》附录Ⅰ和附录Ⅱ中。野生动物药用在我国法律体系下是一种特殊的利用形式。其特殊性表现在：第一，《中华人民共和国野生动物保护法》规定药用的第二十九条是单列成款，独立于第二十七条，意味着利用野生动物及其制品生产经营药品的行为未列入法定禁止范围。原则上来说，只要没有被现有的国家禁令（如国务院1993年发布的《关于禁止犀牛角和虎骨贸易的通知》）所禁止，且符合有关药品管理的法律法规，并遵循以人工繁育来源为主的基本要求，野生动物的药用活动便可以进行。第二，濒危动物药的生产、经营和临床使用受到严格的管控。政府指定的药厂、销售门店和医院才有资格生产、销售或临床使用含有国家重点保护野生动物成分的药品。《中华人民共和国野生动物保护法》对野生动物药用的肯定性支持，引发了国内野生动物研究单位和保护机构的担忧，质疑珍稀濒危野生动物合法入药有可能对其野生种源造成负面影响。穿山甲虽然已经从《中华人民共和国药典》的“药材”部分移出，但仍有14个药方、130种药品涉及穿山甲片。2020年，穿山甲片相关的使用审批几乎完全停止了，考虑到穿山甲属大部分物种属于极危或濒危，这种严格的限制措施也许应该进一步延长。玳瑁、鹿角、熊胆、蛤蚧和龟甲也是中药中常见的动物成分。目前，除玳瑁尚未有资料显示有人工养殖外，鹿角、熊胆、蛤蚧和龟甲的来源则可能以养殖个体为主。海马和蛇类也有人工繁育场，但也有相当部分来自野外捕捉或进口，由于对动物药材源头缺乏追踪，尚不清楚养殖和捕获个体占消费总量的状况，难以推测养殖和捕获个体各自在中药中的使用规模。麝香和熊胆在中药中的用量大、使用规模广，由于麝香和熊胆的收集方式会对动物造成持续性的伤害，有悖动物福利，国内研制了人工麝香和合成熊胆酸，其药性接近生物来源的麝香和熊胆。另外，高鼻羚羊的羚羊角作为常见的解热镇静药，也逐渐被其他非珍稀濒危的偶蹄目有角动物的角替代。

随着我国生物工程技术的迅速发展，作为高度跨学科的实验动物科学也进入了发展快车道，由“实验动物”全面转向“动物实验”，由“自发性动物模型定向培育”全面转向“个性化动物模型定制”，并加速研发“人源性疾病动物模型人工制造”。在这个发展过程中，资源保藏机构发挥了积极和巨大的作用，为我国生命科学、人类健康和精准医疗等研究提供了支撑和保障。目前，中国科学院实验动物资源平台保存有20 000余个品系资源，国家遗传工程小鼠资源库保存有近17 000个品系资源，国家啮齿类实验动物资源库保存有200余个品系资源，国家鼠和兔类实验动物资源库保存有500余个品系资源。Global Market Index公司和Frost & Sullivan公司的数据显示，2017—2021年中国基因修饰动物模型市场规模呈现逐年上升态势，从2017年的2.1亿美元上升至2021年的4.1亿美元（图22-3）。然而从市场规模上讲，我国实验非人灵长类动物和实验用鼠仍是最重要的实验动物。数据显示，2021年我国实验动物行业市场规模约为93.21亿元，其中非人灵长类动物（实验猴）市场规模为41.7亿元，占实验动物行业市场规模近45%；实验鼠市场规模为39.42亿元，占实验动物行业市场规模42%有余（图22-4）。

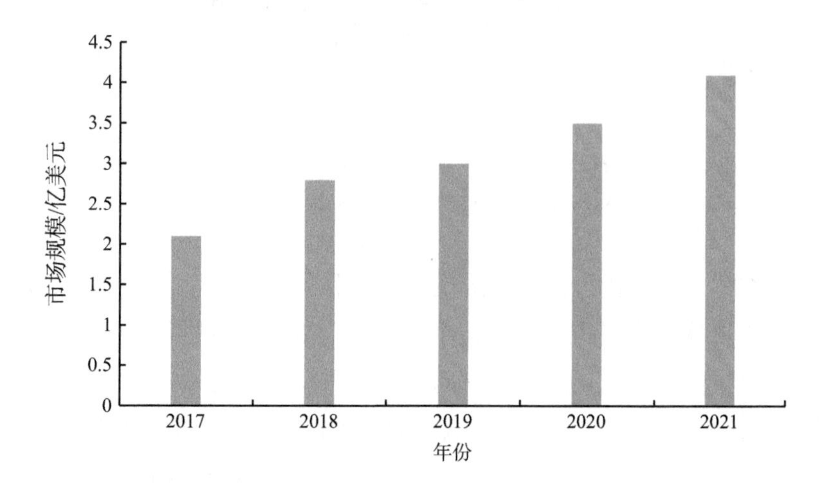

图22-3　2017—2021年中国基因修饰动物模型市场规模

资料来源：中国科学院上海生命科学信息中心

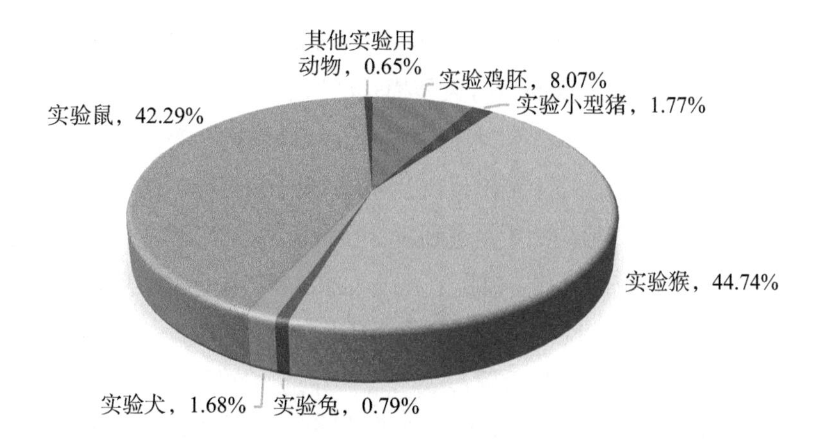

图22-4　2021年中国实验动物市场规模构成

资料来源：中国科学院上海生命科学信息中心

近年来，我国生物医药研发市场规模迅速扩大，极大地推动了实验动物产业的快速发展。2021年我国实验鼠需求量为4982.34万只，实验兔需求量为220.55万只，实验犬需求量为6.41万只，实验猴需求量为12.92万只，实验小型猪需求量为6.6万只，实验鸡胚需求量为7768万枚，其他实验用动物需求量为11 710只（图22-5）。

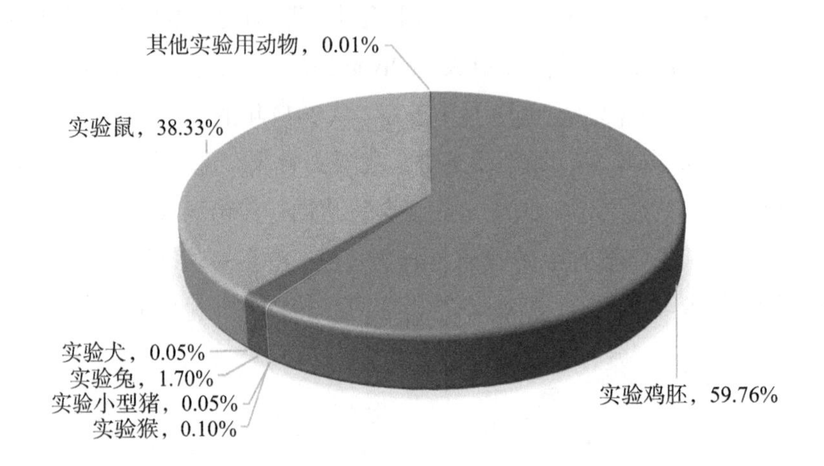

图22-5　2021年中国实验动物需求数量格局

资料来源：中国科学院上海生命科学信息中心

非人灵长类模型在国内外具有较好的基础和良好的发展前景，拥有非人灵长类模型资源或技术将会赢得市场主动权，甚至可以作为战略资源进行配置，相关模型研究必将是医学和生物学未来发展的重要方向，如糖尿病动物模型（1型糖尿病、2型糖尿病）、心血管疾病模型（大动脉硬化、冠状动脉硬化、血管移植、高血压）、肾功能不全模型、关节炎模型、骨质疏松症模型、痴呆模型、眼科疾病模型等，将有力支撑我国重大疾病的研究和药物开发。

由于实验猴与人类具有高度同源性，而且其组织结构、生理和代谢功能等与人类相似，它适用于新药临床前研究的各环节，目前多用于临床前的安全性评价环节，尤其用于毒理学测试。自2020年以来，实验猴等大型模式动物的单价翻了数倍，业内甚至“一猴难求”。2022年，“实验猴价格飙涨”“多家龙头药企疯狂囤猴”等词条登上热搜，以食蟹猴为例，此前单价不足1万元，但当年单价已经暴涨至十余万元。国内也掀起了实验动物军备竞赛，一级市场上，实验动物更是遭到风险投资机构“疯抢”，部分生物企业完成数千万元的融资建立实验猴资源基地。事实上，进入2023年，国内实验用猴的需求回落，使得实验用猴供给紧张的局面走向缓和，也使得价格出现明显回落。数据显示，截至2023年6月底，食蟹猴价格基本稳定在12万元/只左右，恒河猴价格基本稳定在9万元/只左右，分别较2023年初的15万元/只左右、10万元/只左右下降20%左右、10%左右。

根据已掌握的调查数据，2013—2022年我国实验动物使用量呈明显逐年上升趋势，如大鼠、小鼠、猴、犬、兔等几个主要动物品种的产量和使用量在世界上都是名列前茅。动物出口的品种主要有灵长类动物、比格犬、兔、豚鼠、雪貂、小鼠、其他模式动物等。随着国家面向生命科学领域不断给予的政策倾斜与科研经费投入的增加，实验动物市场规模也持续扩大。根据《实验动物许可证管理办法（试行）》规定，实验动物许可证不得转借、转让、出租给其他人使用权，取得实验动物生产许可证的单位也不得代售无许可证单位生产的动物及相关产品，许可证的有效期为五年，到期后重新审查发证。换领许可证的单位需在有效期满前六个月内向所在省、自治区、直辖市科技厅（科委）提出申请。省、自治区、直辖市科技厅（科委）按照对初次申请单位同样的程序进行重新审核办理。并且许可证实行年检管理制度，年检不合格则由省、自治区、直辖市科技厅（科委）吊销其许可证，报科技部及有关部门备案，予以公告。全国实验动物许可证查询管理系统统计显示，截至2024年1月底，全国获得实验动物许可证的单位共2996家，其中获得实验动物使用许可证的单位2435家，获得实验动物生产许可证的单位561家。

四、动物资源发展趋势

随着生命科学的深入发展、科技的不断进步和创新，实验动物科学在疾病研究、药物研发、临床前研究等领域的应用将更加广泛，实验动物的研究手段和方法也将不断更新和完善。然而，面对国际竞争和国内发展的需求，实验动物科学及其产业的发展还面临着一些挑战和问题，包括实验动物资源的保护和合理利用、实验动物福利与伦理的考量、实验动物科学教育的普及和推广等。因此，要全面掌握未来实验动物资源的开发、生产、使用及发展需求，建立资源更为丰富、质量合格稳定、品种品系结构合理的实验动物生产、保种、共享、供应体系，建立健全以资源共享机制为核心的管理制度和运行机制，建成满足国家科技创新需求的实验动物资源与共享服务支撑体系，提升我国在实验动物资源领域的国际竞争力。此外，还需完善实验动物产业的法律法规和标准体系，加强行业监管，为实验动物产业的健康发展提供有力保障。

总之，实验动物作为生命科学研究特别是医学研究领域的重要基础和支撑条件，我们应该继续加强实验动物资源库的建设和管理、推动实验动物科学的科技创新和应用转化、促进实验动物产业的健康发展。同时，也应该关注实验动物福利与伦理问题，加强实验动物科学教育普及和推广，为生命科学的繁荣发展做出更大的贡献。

撰 稿 人：田　勇　中国科学院生物物理研究所
通讯作者：田　勇　ytian@ibp.ac.cn

第五节 激光雷达生物监测现状与趋势

一、激光雷达生物监测概况

新兴遥感技术的快速发展和普及为评估生物资源、开展生物多样性保护和恢复研究提供了新的视角。激光雷达作为一种新兴的主动遥感技术，能够快速、准确地获取地表物体的三维结构信息，被广泛应用于森林资源评估、生物多样性保护、作物/林木育种等研究中。目前，激光雷达技术已经成为获取植物结构信息的重要工具之一，能够在不同时空尺度上对植物进行监测，并形成了中国森林高度、地上生物量等数据产品，为准确评估我国森林碳储量、监测生态恢复、评估生物多样性保护成效提供了重要的数据和技术支撑。

二、激光雷达主要产品

激光雷达能够穿透植被获取完整的植被三维结构信息，解决了传统生物监测研究中难以快速、准确测量结构参数的技术瓶颈。根据搭载的平台，目前应用于植物监测研究的激光雷达系统可划分为两类：固定式和移动式。固定式激光雷达的代表性产品为地基激光雷达，其获取的数据精度最高（毫米级），能够提取器官尺度的植物三维结构信息，如胸径、树高、枝干结构、分枝角度等，被广泛用于森林资源调查、作物/林木育种等研究。

移动式激光雷达主要包括背包、无人机和机载激光雷达。除了机载激光雷达之外，背包和无人机激光雷达是近年来发展最为迅速的产品。它们的特点是能够快速获取大范围的植物三维结构信息，从而极大地提升了监测效率。与固定式激光雷达相比，移动式激光雷达获取的数据精度通常在厘米级到分米级之间，虽然在提取器官尺度的植物三维结构方面存在一定困难，但能够准确提取个体尺度的结构参数，如树高、胸径、冠幅等，为快速、准确地估算大范围森林蓄积量和地上碳储量提供了重要的技术途径。

除上述两类激光雷达外，星载激光雷达也是近五年来发展最为迅速的平台。得益于国外ICESat-2（Ice, Cloud, and Land Elevation Satellite-2）和GEDI（Global Ecosystem Dynamics Investigation）星载激光雷达数据的免费共享，国内外大量学者利用其绘制了全球、区域和国家尺度的森林树高、森林地上生物量分布图。我国也发射了陆地生态系统碳监测卫星“句芒号”，其搭载的星载激光雷达传感器，为评估碳储量、实现“双碳”目标提供了重要技术和数据支持。

三、激光雷达市场分析

近十年来，激光雷达在国内生物监测领域的应用迅速扩张，同时设备的国产化程度也在逐渐提升。然而，不同平台之间存在明显差异。在固定式激光雷达方面，目前常用的设备多来自国外厂商，如Reigl、Faro、Trimble、Optech和Leica等。这些设备具有较高的精度，但价格相对较高。国内虽然有南方测绘、傲视智绘等厂商研制相关产品，但在数据精度和扫描频率上与国外产品存在一定差距，因此实际应用较少。

背包和无人机激光雷达在国内呈现出另一种发展格局。这些系统的研制主要通过采购激光雷达传感器，并集成其他硬件如卫星定位系统、惯性导航系统以及特定的算法，从而形成一套完整的系统。国内多个厂商具有较强的集成能力，其技术水平不逊于国外厂商，如数字绿土、华测导航、大疆等。近年来，背包和无人机激光雷达在国内得到了广泛应用，许多监测台站将其纳入样地的长期观测计划中。这些系统的普及与应用为生物监测领域提供了新的工具和技术手段，加速了相关研究的发展与进步。

2022年，中国激光雷达市场规模约为26.4亿元，但应用于生物监测领域的份额仍然低于10%，这表明仍有很大的提升空间。相较于硬件，生物监测领域的激光雷达软件则相对稀少。目前商用的软件主要包括LiDAR360、LAStools和点云魔方等，但大部分研究在处理数据时更多地采用开源或自研算法。这也反映了激光雷达软件在生物监测领域发展上的一些挑战和机遇，尤其是对于算法开发和数据处理方面的需求。随着激光雷达技术在生物监测领域的进一步普及和应用，软件方面可能会迎来更多的发展与创新，以满足不断增长的市场需求。

四、激光雷达研发动向

激光雷达传感器的研发方向主要集中在小体积、低重量、低功耗等方面，并逐渐从单线扫描发展到多线扫描、脉冲探测到光子计数探测、单波段到多波段转变等。在激光雷达系统的研发方面，移动平台是未来研发和创新的主要突破口。近年来，出现了各种新型激光雷达系统，并在生物监测领域进行了尝试应用，如手持激光雷达系统、机器人/机器狗激光雷达系统等。这些新型平台为解决特定的生物监测问题提供了重要的解决方案。例如，龙门架式激光雷达系统为作物/林木育种中高通量表型信息获取提供了技术途径。

低成本也是激光雷达系统发展的重要方向之一。激光雷达系统的成本主要由激光雷达传感器、惯性导航单元和卫星导航模块三部分组成，因此如何有效降低这些部分的成本也是未来激光雷达在生物监测领域广泛应用的前提。

此外，激光雷达系统只能获取结构信息，缺乏颜色和纹理等信息。因此，未来的研发方向之一是如何与其他传感器集成，如可见光相机、高光谱相机、热红外相机等，以实现多模态数据的获取和融合，从而更全面地了解生物监测领域的信息。

五、激光雷达自主创新情况

无人驾驶行业的迅速发展，极大地促进了国内激光雷达传感器的自主研发。国内的激光雷达制造厂商大量涌现，如禾赛科技、览沃科技（Livox）、北醒光子、北科天绘等，并研制了多款高性能、价格实惠的传感器，如禾赛XT32、Livox Avia等。除了厂商外，国内的科研院所也开展了大量激光雷达传感器研制工作，如中国科学院光电技术研究所、哈尔滨工业大学、浙江大学和武汉大学等。我国研制的激光雷达传感器的性能与国外相比仍存在一定差距，尤其是在复杂森林区域使用时，难以保证林下植被数据的完整性。除了激光雷达传感器的研发，激光雷达系统的自主研发对生物监测更为关键。数字绿土、华测导航、南方测绘、大疆等厂商研发了高性能、低成本的手持、背包和无人机激光雷达系统，如LiAIR系列、大疆L1和L2系列。

激光雷达技术在生物监测领域还处在应用推广阶段，虽然在森林蓄积量估算等领域已有地方标准推出，但是离真正意义的广泛应用仍存在一定的差距。除了设备成本因素外，通用软件和算法的匮乏也是一个重要因素。目前，我国科研人员在激光雷达算法方面发表了大量的论文，但是将其转换成生物领域研究人员使用的软件工具仍需要大量的自研工作。随着激光雷达软硬件系统的不断完善，“器官-个体-群落-区域-国家”尺度的植物三维结构信息的动态获取将成为可能，为生物监测领域带来更多的创新和应用可能性，更好地服务于生态系统质量提升、美丽中国、“双碳”等国家战略和目标的实施。

撰 稿 人：胡天宇　中国科学院植物研究所
苏艳军　中国科学院植物研究所
通讯作者：苏艳军　ysu@ibcas.ac.cn

第六节　生物衍生物发展现状与趋势

一、我国生物衍生物发展概况

生物衍生物是指由动植物、微生物等生物资源以直接或间接的方式衍生而出的相关资源，如药物先导、标准物质等功能活性代谢产物，基因和蛋白质等合成生物学元件库，基因组、转录组、代谢组等可存储大数据资源等。生物衍生物及相关样品制品技术体系服务于科学研究、企业研发、传统工艺及工业改造、政府和行业管理等，直接或间接地带动相关产业提升经济效益，从而服务于社会。

生物衍生物与医药、农业、林业、食品、能源、环保、材料等领域的发展紧密关联，也与生物经济息息相关。2022年5月，我国首次颁布了《"十四五"生物经济发展规划》，提出发展生物医药、生物农业、生物质替代、生物安全四大重点发展领域及生物医药技术惠民工程、现代种业提升等7项重大建设工程，为未来生物经济发展定调。近年来，飞速发展的合成生物学技术使得非自然快速生产高附加值生物衍生物成为可能，诸多企业纷纷布局这一领域，相关产业已达一定规模，但核心技术落后于欧美国家。目前，代谢工程多组学分析、代谢网络模型计算、调控基因回路设计与基因元件设计等多种合成生物学技术已在我国被成功应用于生物衍生物的开发和市场化生产。

天然产物是生物衍生物的重中之重，天然产物产业以动植物及微生物代谢的功能活性小分子为核心，并在此基础上进行纯化、配方、结构修饰等深加工，最终应用于食品、化妆品、医药、能源等下游产业。2023年，我国学者在天然产物领域共发表各类文献报道10 342篇，涉及从动物、植物、微生物等中分离的相关物质共计8387个，以萜类和生物碱类化合物为主。另外，在"天眼查"数据库中，我国有天然产物相关企业1000余家，其中2023年新成立的有9家，其中注册资本1000万元以上的企业有1家，注册资本200万—1000万元的企业有7家。广阔的市场前景、不断增长的下游行业需求及良好的政策环境是我国生物衍生物相关行业发展的有利因素，如国家"十四五"规划明确要打造国家生物技术战略科技力量，加快突破生物经济发展瓶颈，实现科技自立自强；2024年《政府工作报告》也明确指出要"促进中医药传承创新""积极打造生物制造、商业航天、低空经济等新增长引擎"。在良好的政策环境导向下，国家也在科技项目立项中支持开展生物衍生物相关研发工作，如浙江中医药大学牵头联合申报的"重要中药活性成分的合成生物学研究及应用示范"获2023年度国家重点研发计划“中医药现代化”重点专项资助，获批中央财政资金专项资助共计2200万元。

我国生物衍生物相关行业发展的不利因素包括以下几方面。①国际市场影响力小。例如，以天然产物为核心的对照品和标准品产业在我国还处在起步阶段，提取物的出口以原材料和提取物为主。②颠覆式技术创新不足，先进生物制造技术体系不完善。③企业发展规模小，产业化程度低。④缺乏行业标准。⑤科技成果转化体系不完善，生物制造产业法律法规建设滞后，监管力度不足，知识产权保护及监管力度不足。

二、生物衍生物主要产品

2023年，我国在生物衍生物方面的应用集中于医疗健康、工业化学品、农业等类别，主要的生物衍生物产品有以下3类。

（1）2023年，国家药品监督管理局共批准11个中药品种的上市许可，包括5个中药创新药（1.1类参郁宁神片、3.1类枇杷清肺颗粒、1.1类小儿紫贝宣肺糖浆、1.1类通络明目胶囊、1.2类药枳实总黄酮片）、1个中药改良型新药（2.2类小儿豉翘清热糖浆）、3个古代经典名方中药复方制剂（吉林敖东洮南药业的枇杷清肺颗粒、神威药业集团的一贯煎颗粒和江苏康缘药业的济川煎颗粒）、1个4类同名同方药（浙江佐力药业的百令胶囊）和1个原料药（江西青峰药业的枳实总黄酮提取物）。此外，2023年11月国家药品监督管理局附条件批准了1.1类进口天然药物创新药香雷糖足膏的上市许可，该药品由合一生技股份有限公司研发，以到手香和积雪草提取物为主要成分，用于清创后创面截面积小于25 cm^2的Wagner 1级糖尿病足部伤口溃疡。香雷糖足膏是2012年以来国家药品监督管理局唯一批准上市许可的中药、天然药物进口品种。

（2）国家药品监督管理局药品审评中心受理了7个（比2022年减少1个）中药创新药的上市许可申请（含1.1类6个、1.2类1个）、41个中药创新药品种的临床试验默示许可，以及46个中药创新药品种的临床试验申请（含1.1类38个、1.2类7个、1.3类1个）。

（3）江苏创健医疗科技股份有限公司中国科学家团队历经多年钻研探索，成功研发出氨基酸序列与人天然胶原蛋白完全一致且具有天然三螺旋结构的Ⅲ型重组人胶原蛋白并实现了产业化。公开资料显示，这是中国首个自主原研和产业化的Ⅲ型重组人胶原蛋白，填补了重组胶原蛋白自主知识产权和产业化研究空白。

三、生物衍生物市场分析

国民经济的飞速发展、原料供应紧缺与市场需求快速增长的矛盾、国际政治经济格局的风云变幻、日趋加剧的国际竞争等因素，使得我国生物衍生物的开发与利用面临着前所未有的挑战。将生物衍生物开发与制造作为重要发展方向，充分体现了《“十四五”生物经济发展规划》新发展理念的要求，将助力我国加快构建绿色低碳循环经济体系，推动生物经济实现高质量发展。目前，我国生物衍生物研发和发展方向主要有：①基于新型发酵工艺的产能提升；②基因工程及组学技术驱动的菌株改良；③生物反应预测及设计、靶向高通量筛选驱动的新代谢物发现；④综合酶工程、生物催化、结构生物学等多学科技术手段驱动的复杂生物衍生物异源合成；⑤基因编辑驱动的微生物代谢途径精准改造；⑥基于多学科交叉及机器学习的活性生物衍生物的开发。

四、生物衍生物研发动向

在产品研发方面，基于基因组学、代谢组学、蛋白质组学等多组学技术的相关生物衍生物发现、合成机制解析及资源可持续利用将成为研究热点，继续助力医药、食品、农业、能源等多个行业的发展。在技术研发方面，我国已能实现目标产物合成途径的异源构建、表达调控及改造，然而，用于生物衍生物合成的基因编辑技术尤其是CRISPR-Cas9相关的核心专利基本都掌握在欧美等发达国家手中，我国还需开发具有独立自主知识产权的新型核心技术。

五、生物衍生物自主创新情况

就植物基生物衍生物的相关研究而言，2023年，我国学者破解了紫杉醇生物合成的世界性难题，并以最少步骤在烟草中实现了紫杉醇核心前体巴卡亭Ⅲ异源合成；完成了益母草碱、三尖杉碱母核、毛蕊花糖苷、三尖杉烷二萜的生物合成机制解析工作；解析了抗肥胖剂雷公藤红素、药用植物益智中圆柚酮和重楼中胆固醇的生物合成途径，并在酵母中实现了上述化合物的异源生产；在大肠杆菌中实现了玫瑰红景天活性成分络塞维、原儿茶酸、姜黄素的高效生物合成；在酵母中实现了长春质碱、蛇床子素、非天然人参皂苷12β-*O*-Glc-PPD等的异源合成。此外，还从杜鹃花科药用植物马醉木中发现了全新化学骨架纳摩尔级蛋白质二硫异构酶抑制剂，从南牡蒿中发现了一系列作用于血小板源性生长因子受体α多肽（PDGFRA）靶点、影响AKT/STAT信号通路、具有抗肝癌活性的倍半萜二聚体。

就微生物基生物衍生物的相关研究而言，2023 年我国学者从荧光假单胞菌中开发了焦磷酸硫胺素（ThDP）依赖酶，从而将ThDP依赖的苯甲醛裂解酶“重塑”为自由基酰基转移酶（RAT），促成了光催化协同的双催化新体系，实现了一例非天然的高对映选择性的自由基-自由基偶联反应；发现菌源宿主同工酶在肠道中广泛存在，并可通过模拟宿主酶的功能，调控代谢性疾病的发生发展；解析了抗真菌药物开发靶点β-1, 3-葡聚糖合成酶FKS1的分子机制；解析了昆虫病原真菌球孢白僵菌获得细菌来源的水平转移基因合成β-卡波林生物碱及其糖苷的分子机制；此外，还揭示了微生物中氧化偶氮类天然产物关键结构基团的生物合成酶学基础及氮杂三五并环药效基团的生物合成机制。

就动物基生物衍生物的相关研究而言，2023 年我国学者解析了著名海洋天然药物膜海鞘素的前药合成、运输及释放机制。

撰 稿 人：黄胜雄　中国科学院昆明植物研究所
　　　　　王　莉　中国科学院昆明植物研究所
通讯作者：黄胜雄　sxhuang@mail.kib.ac.cn

第五篇

生物安全发展态势分析

第二十三章 人工智能生物技术融合的生物安全风险分析

近年来，人工智能不断融入生物科学技术的研究过程，驱动生物科学技术在人类健康、生物经济和可持续发展等领域持续取得突破性进展。人工智能生物技术融合在造福人类的同时，减少了生物技术和知识获取的障碍，使得生物技术滥用的可能性大幅增长，生物安全威胁新形态应运而生，人工智能生物技术正加速冲出安全界限。

一、人工智能生物技术融合的科学原理

生物系统涵盖从分子、细胞到个体不同层次，以及个体间种群关系、机体与环境相互作用关系，展现出多层次、多尺度、动态互联、相互影响的特点。传统生命科学研究范式往往只能从局部入手，通过有限层次的实验验证和组学分析探究特定情境下的单一线性关联机制，难以全面理解复杂生命系统的运作机制。人工智能技术有着优越的模式识别和特征提取能力，能够超越人类的理性推理边界，从庞大的参数谜团中抽丝剥茧，可以更好地理解生物系统的演变规律。以预测蛋白质结构、解析基因表达调控系统和医学辅助诊断技术为代表，人工智能在生命科学研究领域不断取得颠覆性突破，人工智能驱动的生命科学研究新范式呼之欲出。

二、人工智能生物技术融合的可能风险

人工智能在对生物技术发展产生颠覆性推动作用的同时，使得生物技术滥用的风险骤升，人工智能与生物技术的两用性困境同频共振。大语言模型（large language model，LLM）和生物设计工具（biological design tool，BDT）是当下人工智能生物安全风险的主要来源，LLM可能增加生物武器的可及性，BDT可能提高生物武器的伤害上限，二者分别通过不同的方式加剧生物安全风险。

（一）LLM

LLM是一种生成式人工智能，通过使用深度学习技术和海量数据集理解、总结、生成和预测文本，可提供科学信息、访问相关在线资源和工具以及指导研究。

LLM可能以三种方式增加生物技术滥用的风险。首先，LLM可以增加现有知识的可及性，降低生物技术滥用的门槛。相较于传统的互联网搜索引擎，LLM可以整合不同来源的信息，使晦涩难懂的知识易于理解，也能够主动罗列出用户可能尚未考虑到的信息或变量。其次，LLM可以为无生物学背景的用户量身定制生物武器计划，帮助用户规划如何获取、修改和传播生物制剂。最后，LLM可以作为实验室助手，为生物实验提供逐步指导和故障排查，这可能促成恶意行为体开发、生产生物武器的实验室工作。此外，人工智能实验室助手可能给用户创造出一种错觉，即完成特定生物实验项目是简单易行的，从而“鼓励”更多潜在行为体开展相关尝试，进而增加生物袭击事件发生的风险。

（二）BDT

BDT是一种基于对基因序列、蛋白质结构、生物实验记录等生物数据的预训练，根据用户指令设计、预测、模拟生物分子、生物系统或生物有机体的人工智能模型。与LLM相比，BDT输入、输出的内容都是生物数据和参数，存在专业知识和技能的门槛。如果说LLM可能增加生物武器的可及性，那么BDT可能会提高生物武器的伤害上限。

BDT可能以三种方式加剧生物技术滥用的风险。首先，BDT可以增加生物技术滥用造成的伤害。BDT可以优化病原体的宿主范围、致病性、免疫逃逸能力等，打破自然界病原体存在的传播能力与毒性之间的平衡，设计出兼具更强传播能力和毒性的病原体。其次，BDT可以提高生物设计成功的可能性和生产效率。与传统基于假设的生物工程相比，BDT基于大规模生物模式识别，可以以更短的时间和更高的准确度进行预测、分析和设计，减少“设计一合成一测试一学习”的实验进展固有循环，在提高设计方案成功率的同时缩短实验时间。此外，BDT也可以通过优化DNA序列和实验条件等方式提升单位时间的生物合成量。最后，BDT或可以通过设计全新的合成路径，绕开当前生物制剂的安全审查和出口管制机制。例如，BDT可以设计与受管制生物危险因子在功能上相似但具有不同遗传密码的蛋白质序列来规避现有基于序列的审查和监管机制。

三、人工智能生物技术融合的风险评估

（一）LLM的应用并未显著增加生物武器的扩散风险

首先，LLM的训练数据基于已公开发表的数字化文本信息，而其中绝大部分来自互联网。换言之，LLM的输出信息可以通过搜索引擎获取，更遑论其具有一般性广泛的特点，在特定领域的输出结果甚至不如通过搜索引擎在专业资料或技术库中获取的信息。兰德公司的一份报告也指出，LLM的输出通常反映了互联网上的现成信息。其次，LLM会以令人可信的方式输出虚假内容，而新手很难识别其中的错误。有专家认为LLM所应用的Transformer模型本身缺乏逻辑推理能力，这一点在LLM执行多个连续步骤或逻辑跳跃式应答时尤为明显。

此外，OpenAI关于ChatGPT-4在生物武器扩散方面的研究报告表明，ChatGPT-4可以略微提高人们制造生物武器的能力，但提升程度微小，不具有统计学显著性。

（二）BDT也不能显著增加生物技术滥用的风险

首先，BDT有专业知识门槛，非专业用户难以有效利用。其次，仅仅设计出具有高致病性、高传播能力的病原体还远不够，任何恶意行为体都面临着将数字设计转化为现实生物制剂的一系列挑战，包括病原体的合成、测试、部署等技术环节以及获取合成材料、实验室基础设施、实验室培训等资源的困难。最后，由于BDT训练所需生物数据（蛋白质结构、基因序列、实验记录等）的样本规模及其可获取性远不及自然语言，以及生物序列与功能之间的联系尚不完全明确，因此BDT的技术发展面临根本性挑战。

（三）隐性知识门槛难以跨越

隐性知识，指通常没有很好的文献记录或不易用语言表达的知识；隐性知识是生物实验成功必不可少的因素之一。不同类别的隐性知识可能会受到人工智能实验室助手不同程度的影响，而大多数隐性知识需要从现实的实验室实践中获取，人工智能模型目前尚不能跨越这种物理鸿沟。

（四）现有人工智能生物技术融合的风险评估不充分、不成熟

一方面，现有对于人工智能模型的生物风险威胁评估存在样本量不足、评分标准与任务设计各异、评价群体相对单一等问题。另一方面，鉴于人工智能技术日新月异的快速演进，评估监测人工智能生物技术融合发展的潜在风险是谨慎、保守且难以准

确预测的。

四、总结和展望

伴随着人工智能技术的快速迭代演进，人工智能生物技术融合仍将保持强劲的发展势头。目前，虽然人工智能生物技术融合的生物安全风险有限，但长期来看必将对全球生物安全格局产生深远影响，生物防御必将面临与日俱增的复杂局势。为此，国际社会应通力合作，构建全面、普惠、开放、包容的人工智能与生物技术协同治理框架，坚持敏捷治理、分类治理、多途径全流程治理，平衡收益与风险，避免造成全球性生物灾难。

撰 稿 人：陈博凯　外交学院全球生物安全治理研究中心
通讯作者：陈博凯　bokai.chen@foxmail.com

第六篇

生物领域投融资分析

第二十四章　2024年生物投融资报告

第一节　国　际　篇

一、生物科技再续辉煌

2023年全球经济继续放缓，而与通胀继续奋斗的各国央行终于迎来拐点，停止加息成为主要央行的年度关键词，为了应对已经疲软的经济而不断攀升的降息预期也使市场迎来了一些生机。2023年全球主要资本市场涨多跌少，其中美国市场三大指数均出现一定幅度的上涨，美国标准普尔500指数全年上涨24.23%，纳斯达克综合指数全年上行43.42%，道琼斯工业指数上涨13.70%。其中道琼斯工业指数和标准普尔500指数收盘都创出历史新高，纳斯达克综合指数收盘则相对弱一些，不及2021年创下的收盘高点。

市场整体的转暖提振了生物技术指数的表现，纳斯达克生物技术指数（NASDAQ biotechnology index，NBI）终结两连跌（图24-1），2023年涨幅为3.74%，相比纳斯达克综合指数43.42%的表现，生物技术板块表现相对欠佳。从纳斯达克生物技术指数247家公司的全年市场表现看，总体表现为跌多（144家）涨少（103家），上涨占比为41.7%，比2022年提高了10.2个百分点。涨幅最大的前五家公司分别是ImmunoGen（497.78%）、BridgeBio Pharma（429.79%）、亘喜生物（336.52%）、Cymabay Therapeutics（276.71%）和Marinus Pharmaceuticals（173.12%）；其中前四名的涨幅远超2022年前四名公司的表现。涨幅最大的ImmunoGen是一家注册于马萨诸塞州的生物技术公司，公司利用抗体-药物偶联技术开发产品，并通过抗体-药物偶联药物对HER2阳性转移性乳腺癌进行治疗。公司2023年5月完成公开发售2600万股，发行价为每股12.5美元，募资总额3.51325亿美元；11月30宣布日获得艾伯维约100亿美元的现金收购要约，全年表现为两连跳，因此涨幅跃居2023年榜首。而跌幅最大的五家公司分别是纤维蛋白原（–94.5%）、Aclaris Therapeutics（–93.3%）、Cara Therapeutics（–93.0%）、Ventyx Biosciences（–92.5%）和Cue Health（–92.2%）。跌幅最大的纤维蛋白原公司

2023年初市场最高股价曾到25.69美元，随后一路下行，最低见0.333美元。公司2023年2月底披露的2022年年报显示收入下跌40.19%，随后公布的第一季度报告再次下跌40.55%。业绩下滑加上内部股东的持续减持是公司跌幅巨大的主要原因。跌幅排名第二的Aclaris Therapeutics是一家皮肤病药物开发公司，2023年初股价曾见18.54美元，最低见0.59美元，2023年收盘时股价跌至1.05美元。公司产品依然处于研发期，加之亏损加大导致市场表现欠佳。Cara Therapeutics公司是一家专注于疼痛类解决方案的化学药物开发公司，2023年1月见12.44美元的高点后就持续走低，最低见0.50美元，公司在2023年3月6日年报披露后次日大跌33%，此后就一路跌至年底全年报收0.743美元。这些公司的共同特点是研发性亏损公司，一旦收入不及预期，加之内部减持压力，就出现了持续的下行态势，说明市场的偏好从早期的追捧风险开始进入风险厌恶型。

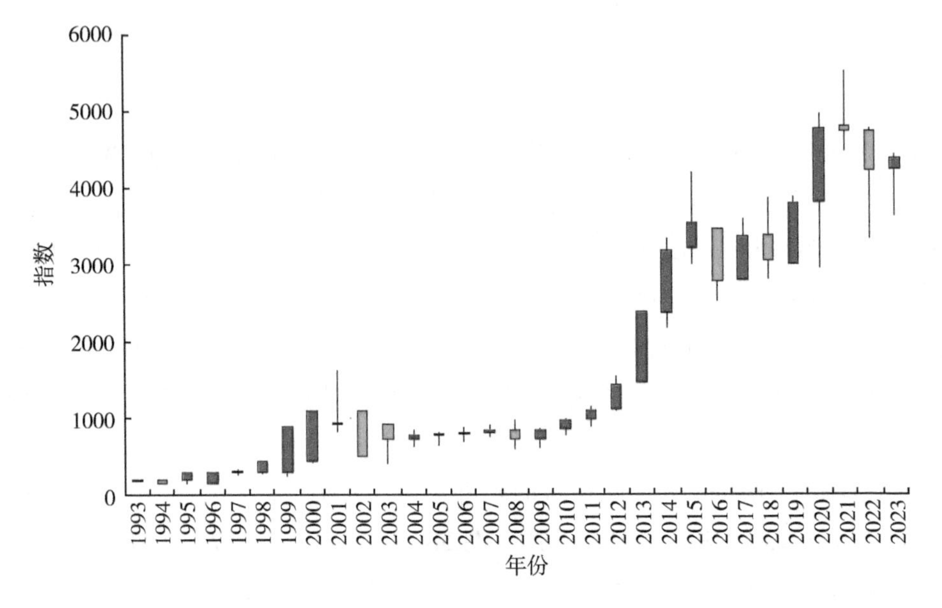

图24-1 纳斯达克生物技术指数年度走势

资料来源：Wind资讯，西南证券整理

在市值最大的十家公司中，前三名的排位依然没有变化（图24-2），阿斯利康（AstraZeneca）（2087.75亿美元）、安进（Amgen）（1541.42亿美元）和赛诺菲（1257.96亿美元）继续保持在前三位，但2023年的市值变化分别是-0.6%、10.0%和2.5%，福泰制药（Vertex Pharmaceuticals）（1048.49亿美元）依靠41.4%的市值涨幅超越吉利德和再生元位居第四，其也是第一次跻身千亿美元市值公司，位居第五的吉利德虽然市值缩水6%，但依然以1009.42亿美元的市值保住了千亿美元市值队列。而位居第六的再生元（956.87亿美元）虽然增长21.8%，但仍然离千亿美元市值有点距离。而市值缩水最大的公司莫德纳（379.19亿美元）回落第七位，生物基因（374.95亿美元）、BioNTech（250.88亿美元）和阿里拉姆制药（240.21亿美元）市值降幅分别为6%、32.3%和

17.8%，而前几年的明星公司Illumina（221.11亿美元）则跌出了前十。

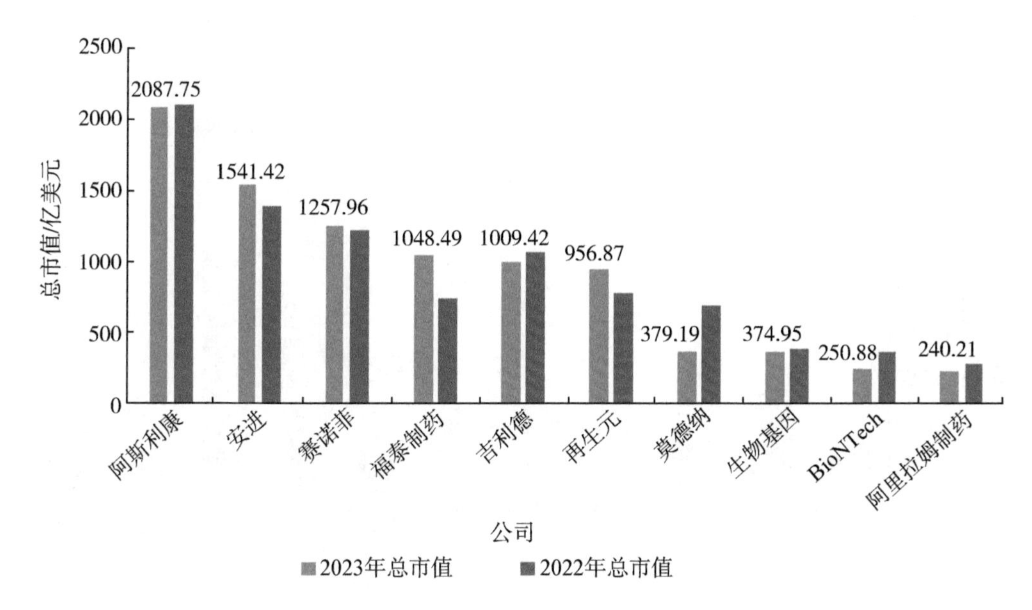

图24-2　纳斯达克生物技术板块市值最大的十家公司
资料来源：Wind资讯，西南证券整理

2023年市值榜单中还有一家表现优异的公司Karuna Therapeutics（119.41亿美元），这是一家神经药物开发公司。2023年9月，Karuna Therapeutics宣布已向美国FDA递交KarXT（呫诺美林-曲司氯铵）用于治疗精神分裂症的新药申请，处方药用户收费申请日期为2024年9月26日。若成功获批，KarXT将成为50多年来首个治疗精神分裂症的新药。除此之外，Karuna Therapeutics正在开展KarXT治疗阿尔茨海默病中精神病的Ⅲ期研究。该药入选Evaluate Pharma最具价值的10款在研新药榜单，2028年预期销售额为28亿美元。2023年公司市值增长76.9%跻身百亿美元市值队伍。

2023年市值超百亿美元的公司相比2022年少了两家，其中Horizon Therapeutics（2022年市值257.9亿美元）被安进公司收购，Seagen（2022年市值238.6亿美元）被辉瑞收购退市，Karuna Therapeutics和传奇生物新晋百亿美元市值队伍，萨雷普塔（Sarepta Therapeutics）和爵士制药（Jazz Pharmaceuticals）跌出百亿美元市值队伍。生物制药领域巨头安进通过收购继续提振公司市值，稳居榜单次席，这也是该公司连续两年保持10%以上的市值增长，公司股价也创出了历史新高。

二、首发融资低位暂稳

2023年医疗保健领域首发融资在经历2022年的断崖式下降后似有所企稳。44家公司完成IPO上市，合计可统计72.74亿美元的融资额，首发融资总额和融资公司数分别较2022年增长135.35%和-16.98%。IPO上市公司数量不及2022年，但融资额还是有不小的增长（图24-3）。

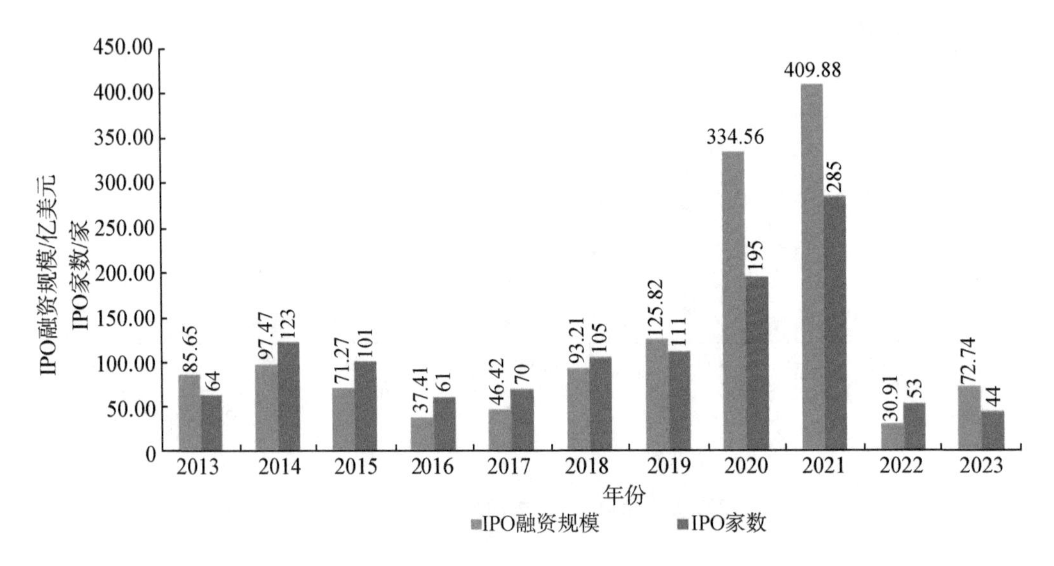

图24-3　美国市场生物医疗首发融资

资料来源：Wind资讯，西南证券整理

有9家公司募资总额超过了1亿美元，融资规模最大的Kenvue是一家总部位于美国特拉华州的医疗保健和消费品交叉领域的全球领导者，2023年5月初公司以每股22美元的价格发行了19 873.44万股，募资总额达43.72亿美元。排名第二的ACELYRIN是一家处于后期临床阶段专注于识别、收购和加速变革药物开发的公司，核心产品izokibep引进自Affibody公司，是一款针对IL-17A的融合蛋白拮抗剂，用于治疗化脓性汗腺炎，处于Ⅲ期临床阶段。2023年5月5日公司以18美元/股的价格发行了3450万股，融资总额达6.21亿美元。排名第三的是一家处于后期临床阶段的垂直整合的放射性药物治疗公司RayzeBio，核心产品RYZ101是一款针对SSTR2偶联α粒子的RDC，用于治疗GEP-NET（胃肠胰神经内分泌肿瘤），处于Ⅲ期临床阶段。公司9月15日以18美元的价格发行了1986.92万股，募集资金总额达3.576亿美元。募资总额同样达3亿美元的还有Apogee Therapeutics和CARGO Therapeutics，前者是一家处于临床前阶段，致力于开发差异化生物制剂用于治疗阿尔茨海默病、COPD及相关免疫炎症的公司。核心产品APG777引进自Paragon Therapeutics公司，是一款延长半衰期的长效IL-13的抗体，用于治疗阿尔茨海默病，处于临床前阶段。后者是一家处于临床阶段致力于推进下一代潜在的治愈性细胞疗法公司，核心产品CRG-022是一款针对CD22的自体CAR-T，用于治疗LBCL（large B-cell lymphoma，大B细胞淋巴瘤），处于Ⅱ期临床阶段。

此外融资总额在1亿—3亿美元的还有四家公司，高于1000万美元但低于10 000

万美元的公司有12家，其余募资总额均在百万美元级。相比2022年的首发融资低迷，2023年IPO数量继续回落但融资规模有所增长，不过融资额的六成来自Kenvue公司的43.72亿美元。

三、增发融资热度回暖

2023年在医疗健康领域的增发融资止跌回暖，363家公司283.84亿美元的增发融资总额，分别较2022年增长60.6%和38.1%（图24-4）。相比IPO融资，数据似乎好了不少，市场的高估值给了许多公司更多的再融资机会。

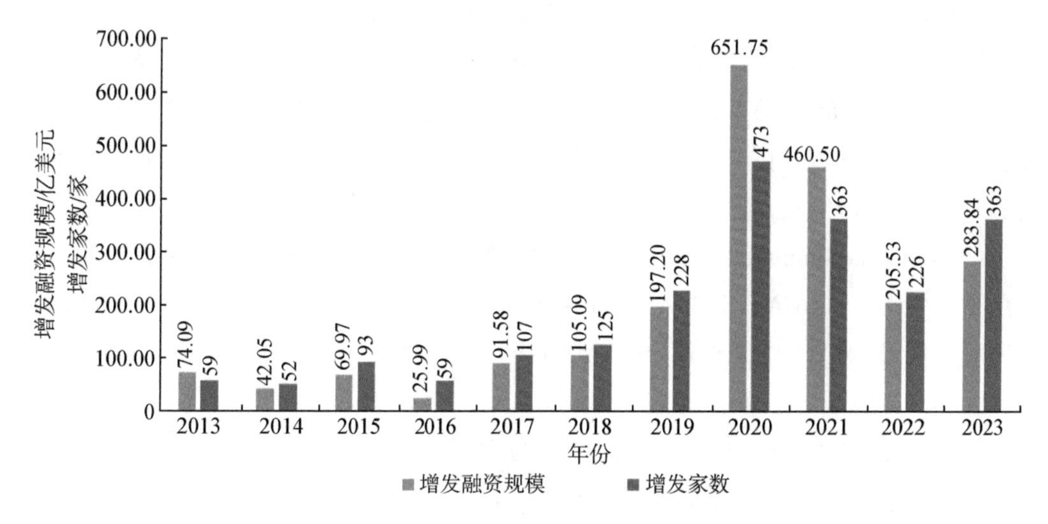

图24-4　美国市场医疗健康增发融资

资料来源：Wind资讯，西南证券整理

医疗健康领域增发融资最大的公司是GE Healthcare Technologies，该公司于2023年6月8日以78美元/股的价格发行了2500万股，融资19.5亿美元。其次是一家社区健康管理公司agilon health，该公司于2023年5月17日以21.5美元/股的价格发行了8688.44万股，融资额达18.68亿美元。公司是2021年新上市的公司，上市的当年完成过一次再融资，此次是第二次增发融资。尽管融资总额不少，但依然亏损的业绩使公司股价承压，已经跌破当初的新发价格和后面的两次增发价格，2023年以12.55美元/股报收。

在生物技术领域增发融资最大募资额由一家开发无细胞合成疫苗的研发型公司Vaxcyte斩获，公司于2023年4月20日以41美元的价格发行了1303万股，融资额达53 423万美元。公司的募投项目受到市场看多的影响，年末以62.8美元/股收盘，相比增发价格，溢价53.2%。

紧随其后的Cerevel Therapeutics Holdings是一家临床阶段的生物制药公司，将大脑生物学和神经回路与高级化学和中枢神经系统（central nervous system，CNS）受体药理学相结合，以发现和开发新的治疗。它致力于改变神经科学疾病患者的生活，包括帕金森病、癫痫和精神分裂症。公司于2023年10月12日以22.81美元/股的价格发行了2268.74万股，募资总额达51 750万美元。

增发融资额超过4亿美元的还有Guardant Health公司，公司主要从事血液学肿瘤检测技术的开发。公司在2023年先后完成两次增发，分别是5月24日以28美元/股的价格发行1437.50万股，融资40 250.00万美元，12月21日又以26.77美元/股的价格发行了338.74万股，融资额为9068.19万美元，两次合计融资达49 318.19万美元，居市场生物技术类第三名。

排名第四的是一家致力于新型毒蕈碱激动剂开发和商业化治疗精神分裂症患者的急性精神病的生物技术公司Karuna Therapeutics，公司于2023年3月22日以161.33美元/股的价格发行了285.13万股，融资额达4.6亿美元。公司于2023年底与百时美施贵宝签订了最终的合并协议，百时美施贵宝同意以每股330美元的价格收购Karuna Therapeutics，交易总价值达140亿美元，预计于2024年上半年完成。同样增发融资达4.6亿美元的公司还有MoonLake Immunotherapeutics，公司开发的纳米化合物Sonelokimab通过独立抑制自然产生的IL-17A/A、IL-17A/F和IL-17F/F二聚体，抑制IL-17A和IL-17F，从而治疗炎症性疾病。6月29日公司以50美元/股的价格发行了920万股，融资总额达4.6亿美元。

此外，还有7家生物技术类公司再融资总额超过3亿美元，22家公司募资总额介于2亿—3亿美元，31家公司募资总额超过1亿美元，但低于2亿美元。两个融资额阶段的公司数量均高于2022年。

四、巨头再次发力并购

受重磅产品落幕的影响，制药巨头纷纷陷入增长的烦恼，如长期雄踞制药榜首的辉瑞在2023年就陷入了衰退。公司2023年一季报营收就报下跌，营业总收入182.82亿美元，同比上年下跌28.76%，前三个季度营收下跌41.81%，全年股价下跌47.37%，公司市值已经从最高位腰斩。为了缓解下行压力，2023年3月13日，辉瑞公布以对价430亿美元收购Seagen，完成交易后将为该公司增加一组有前景的靶向癌症治疗药物。该笔交易也成为2023年生物医药领域最大的一笔交易。

交易额居第二的是百时美施贵宝。百时美施贵宝自2022年年报就开始营收预警，2022年收入461.59亿美元，同比2021年下跌0.49%，此后2023年的前三个季度分别下降2.67%、4.13%和3.52%。2023年10月8日，百时美施贵宝公司同意以48亿美元收购抗癌药物制造商Mirati Therapeutics；12月22日公司又宣布以140亿美元收购Karuna Therapeutics

（KRTX.US）；12月26日又再次宣布以41亿美元收购于2023年9月上市的RayzeBio（RYZB.US）。三单交易额分别居2023年全球并购的第九位、第二位和第十位。

交易额排名第三的是默克，2023年4月16日，默克宣布同意以108亿美元收购Prometheus Biosciences（RXDX.US），以进军利润丰厚的免疫疾病治疗市场。默克公司4月16日表示，将以每股200美元的价格收购Prometheus Biosciences，较4月14日后者114.01美元/股的收盘价溢价约75%。Prometheus Biosciences专注于针对溃疡性结肠炎和克罗恩病以及其他自身免疫性疾病的晚期研究。2022年12月，Prometheus Biosciences宣布，旗下抗TL1A单克隆抗体PRA023在治疗溃疡性结肠炎（ulcerative colitis，UC）和克罗恩病（Crohn’s disease，CD）的两项Ⅱ期临床试验中取得积极结果。

交易额排名第四、第五的是艾伯维。艾伯维公司2023年前三个季度营收分别下降9.7%、7.22%和6.79%，虽然营收降幅呈现缩小趋势，但增长依然无望。2023年11月30日，公司宣布同意以约101亿美元的现金收购新型抗癌疗法抗体偶联药物（ADC）开发商ImmunoGen（IMGN.US）。这一并购不仅挽救了艾伯维自身，ImmunoGen能够为艾伯维提供强大的ADC专业知识，辅助艾伯维ADC研发更为顺利，ImmunoGen的FRα ADC药物Elahere已经获批用于二线治疗卵巢癌患者，并且Elahere未来的想象空间也值得期待。收购行为也提振了市场表现，全年股价基本稳定，仅下跌了0.361美元，跌幅为0.2%，还使被收购对象市场表现稳居第一。此外，紧接着2023年12月6日艾伯维宣布以87亿美元收购了专注于神经科学的Cerevel Therapeutics，公司在研产品tavapadon作为帕金森病的潜在治疗方法，是Cerevel Therapeutics进度最快的药物，正处于Ⅲ期临床阶段。此外还有一款治疗精神分裂症的药物，目前处于Ⅱ期临床阶段。101亿美元和87亿美元的交易额分别居全年并购的第四位、第五位。

排名第六的是渤健。生物技术公司渤健（BIIB.US）于2023年7月28日宣布，同意以包括债务在内的73亿美元收购Reata Pharmaceuticals（RETA.US），以扩大其罕见疾病治疗业务，这是渤健有史以来最大的收购之一。

排名第七的是2023年10月23日瑞士罗氏公司宣布以71亿美元收购美国生物制药公司Roivant Sciences子公司Telavant Holdings。根据这项交易，罗氏将获得在美国和日本开发、生产和商业化RVT-3101抗体的权利，该抗体由Telavant Holdings与辉瑞合作开发，可用于治疗炎症性肠病和其他多种疾病。

排名第八的是日本生物制药公司Astellas Pharma以59亿美元收购美国新泽西州的Iveric Bio，以加强其视力复明的重点开发领域。Astellas Pharma以每股40美元的价格收购Iveric Bio，这是Astellas Pharma最大的一笔收购。该交易涉及多个项目，包括avacincaptad pegol（ACP）治疗年龄相关性黄斑变性的地理萎缩（geographic atrophy，GA，一种不可逆的眼病），并且已经受到FDA的优先审查。

除了对药品管线的收购，2023年全球并购市场也开始卷起了AI风。2023年9月21

日，德国默克与AI公司BenevolentAI和Exscientia分别达成两项独立的AI药物发现合作，并专注于肿瘤学、神经病学和免疫学中的三个靶点。此次合作，BenevolentAI将利用其AI化学设计工具套件，结合其湿实验室设施，将小分子药物开发候选物递送至德国默克管线，以进行临床前和临床开发。根据协议，德国默克将向BenevolentAI支付高达5.94亿美元的款项，包括预付款以及在达成发现、开发和商业等里程碑款项。

除了传统制药巨头，全球时尚界巨人也开始介入AI健康领域，2023年10月，L Catterton（路威凯腾）宣布完成对全球领先的“AI+健康”科技公司Thorne HealthTech的战略收购。L Catterton是全球最大消费私募基金，由知名奢侈品牌LV（Louis Vuitton，路易威登）设立，目前在管资产规模达到340亿美元。L Catterton以每股10.2美元的价格，收购了Thorne HealthTech所有已发行和流通的约合97%的普通股，总计约6.62亿美元（超48亿元人民币）。每股10.2美元的价格，是Thorne HealthTech上市之后的最高价。Thorne HealthTech是一家以科学为驱动的健康公司，为个人提供实现健康老龄化所需的支持、教育和解决方案。

其AI平台Onegevity将专有的多组学平台与AI相结合，为客户提供可操作的见解，提供增强的信息和有效的产品来改善他们的健康状况。Onegevity还将提供软件来支持多方面的评估——高级护理诊所内的3D体形测量、认知测试、力量和平衡等，以及使用AI和机器学习算法进行数据分析和洞察生成。

可以预见，随着AI水平的提升，其在生物医药领域的应用将越来越广泛，成为继合成生物学后又一个生命科学发展工具。

五、生物新药（新疗法）获批创历史新高

2023年FDA共批准了69款新药，数量创5年新高（图24-5）。其中，FDA旗下的药物评估和研究中心（Center for Drug Evaluation and Research，CDER）批准了55款创新药，生物制品评估和研究中心（Center for Biologics Evaluation and Research，CBER）批准了14款生物制品，相比2022年度的37个增长了86.5%，其中包括38款新分子实体药物，31款生物药与生物疗法，生物药与生物疗法数量创下历史新高。生物治疗类产品继续活跃，2023年批准了5款基因治疗产品（其中包含全球首个获批的CRISPR基因编辑疗法Casgevy）、2款细胞治疗产品，以及首款口服粪便微生物群产品Vowst。罕见病药物和抗肿瘤药物依然占据主导地位，2023年是罕见疾病领域收获颇丰的一年，有20款罕见病新药获批上市，高居2023年FDA批准新药疾病领域的首位。肿瘤领域的产品为18款，位列第二。从申报企业看，辉瑞是2023年FDA新药申报的最大赢家，共获批9款新药，其中包括4个新分子实体，1个双抗，1个生长激素，3个疫苗。2023年也有3家中国药企创新药获得FDA批准，分别为亿帆医药的Ryzneuta、和黄医药的

Fruzaqla与君实生物的Loqtorzi。

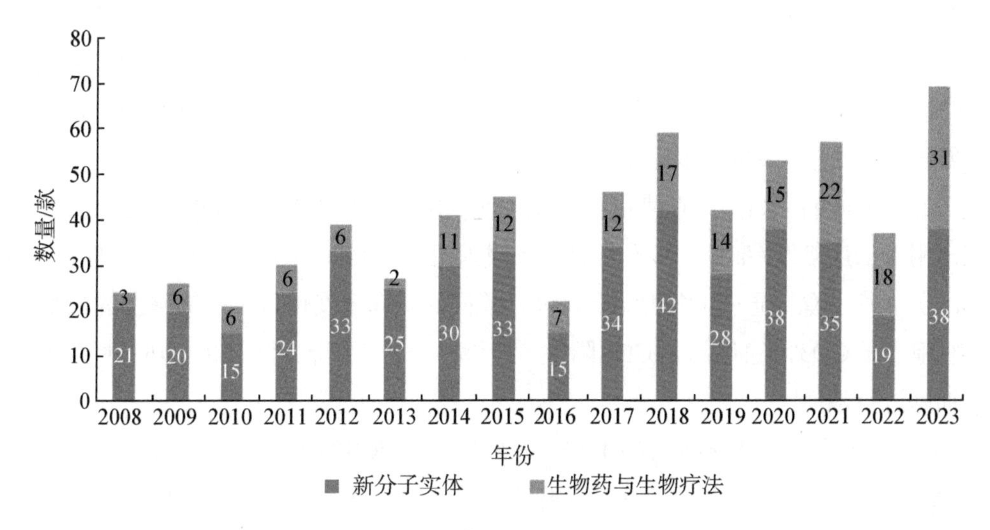

图24-5　FDA批准的新药与生物疗法

资料来源：Wind资讯，西南证券整理

2023年1月6日，渤健/卫材的抗β淀粉样蛋白（Aβ）单抗Leqembi（lecanemab）获FDA加速批准上市，用于治疗阿尔茨海默病。Lecanemab能够选择性结合以中和消除可溶性、有毒的Aβ聚集体（原纤维），而这些聚集体被认为有助于减缓阿尔茨海默病中的神经退行性过程，也可显著改善患者临床痴呆症状。

2023年2月28日，FDA批准Reata Pharmaceuticals的Skyclarys（omaveloxolone）上市，用于治疗16岁及以上青少年和成年人弗里德赖希共济失调症（Friedreich's ataxia，FA）。这是美国首个也是唯一获批治疗FA的药物。公司于2023年7月底被渤健以73亿美元收购。

2023年4月25日，渤健/Ionis联合推出的反义寡核苷酸疗法Qalsody（tofersen）获FDA加速批准上市，tofersen是一种用于治疗SOD1-ALS的反义寡核苷酸药物，可与编码SOD1的mRNA结合，使其被核糖核酸酶降解，从而减少SOD1蛋白的产生。用于治疗超氧化物歧化酶1（superoxide-dimutase-1，SOD1）突变所致的肌萎缩侧索硬化（amyotrophic lateral sclerosis，ALS）患者。这也是FDA批准的首款针对ALS的基因靶向疗法。

2023年4月26日，Seres Therapeutics的口服微生物菌群疗法Vowst（SER-109）获FDA批准上市，用于预防复发性艰难梭菌感染（recurrent clostridium difficile infection，rCDI）。这是FDA批准的首款口服粪便微生物疗法。

2023年5月3日，FDA批准葛兰素史克的呼吸道合胞病毒（respiratory syncytial virus，RSV）疫苗Arexvy上市，用于预防60岁以上成人因RSV感染而造成的下呼吸道疾病。这是全球首款获批上市的RSV疫苗。5月31日，辉瑞旗下用于老年群体的RSV疫苗Abrysvo也获得FDA批准上市。

2023年6月29日，BioMarin的基因疗法Roctavian获FDA批准上市，是FDA批准的首款A型血友病基因疗法。Roctavian是一款使用AAV5病毒载体递送表达凝血因子Ⅷ（FⅧ）转基因的基因疗法。患者可能只需要一次治疗即可获得表达FⅧ的基因，不再需要长期接受预防性凝血因子注射。

2023年8月9日，FDA加速批准了强生的GPRC5D/CD3双抗Talvey（talquetamab）上市，用于治疗复发/难治性多发性骨髓瘤成人患者。Talquetamab是一款原创型（first-in-class）现货型双特异性T细胞结合抗体，能同时靶向多发性骨髓瘤细胞上的GPRC5D和T细胞上的CD3，通过激活CD3阳性T细胞，诱导T细胞对GPRC5D阳性多发性骨髓瘤细胞进行杀伤。

2023年12月8日，Vertex与CRISPR联合开发的CRISPR-Cas9基因编辑疗法Casgevy获FDA批准，用于治疗12岁及以上输血依赖性地中海贫血患者或伴有复发性血管闭塞危象的镰状细胞病患者。这是全球首款获批上市的CRISPR基因编辑药物。一同获批的还有蓝鸟生物的一款基因疗法Lyfgenia，同样用于12岁及以上伴有复发性血管闭塞危象的镰状细胞病患者的治疗。这是蓝鸟生物推出的第3款基因疗法。

2023年创新药物的大量获批，不仅加速了生命科学和人类健康事业的发展，而且为资本市场融资和并购提供了支持。

第二节 国 内 篇

一、国内生物医药投融资跌入低谷

2023年国内生物医疗产业表现低迷，投融资也相继跌入低谷。2023年国内沪深京市场有41家公司完成了306.11亿元的融资，与2022年相比，融资公司数减少了58家，降幅为58.6%，融资总额减少了1088.9亿元，同比下降了78%（图24-6）。其中15家公司首发融资150.66亿元，19家公司完成增发融资123.2亿元，7家公司完成可转债和可交换债融资32.25亿元。均较2022年有大幅度的下降。

2023年的国内医药制造业实现收入继续下降，25 205.70亿元的收入相比2022年同期下降13.4%，实现利润3473.00亿元，同比下降19.0%，依然呈现减收减利的态势。

医药制造业资产合计49 824.80亿元，同比增长3.8%，负债合计19 747.90亿元，同比增长1.9%，行业资产负债率为39.63%，仍然处于低水平，但较2022年提高0.3个百分点（图24-7）。利润的减少和债权融资的增加是行业资产数据出现细微变化的主要因素。不过整个制药行业总体依然保持良好的资产结构。

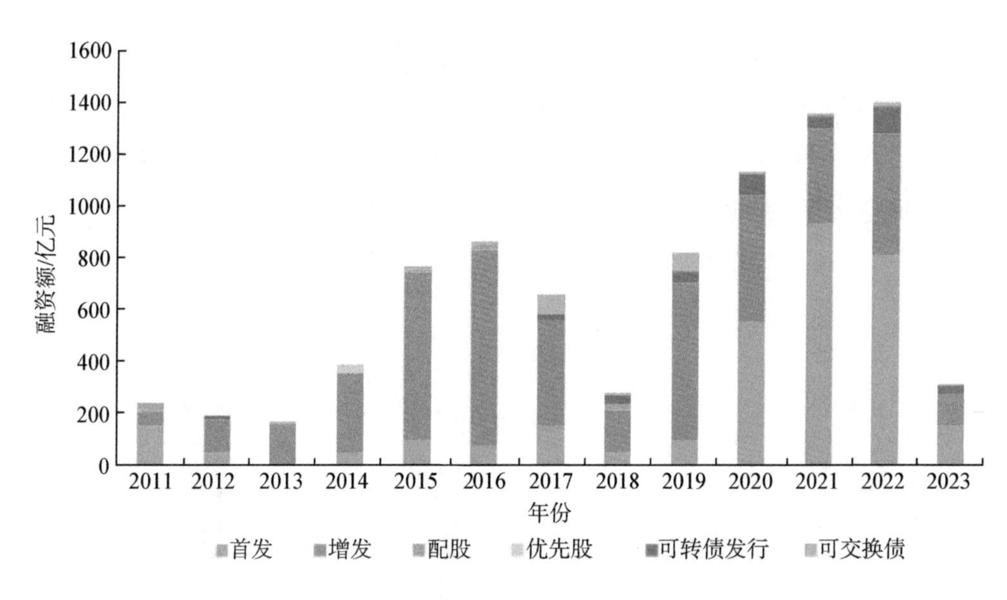

图24-6　国内资本市场生物医疗健康板块直接融资分析

资料来源：Wind资讯，西南证券整理

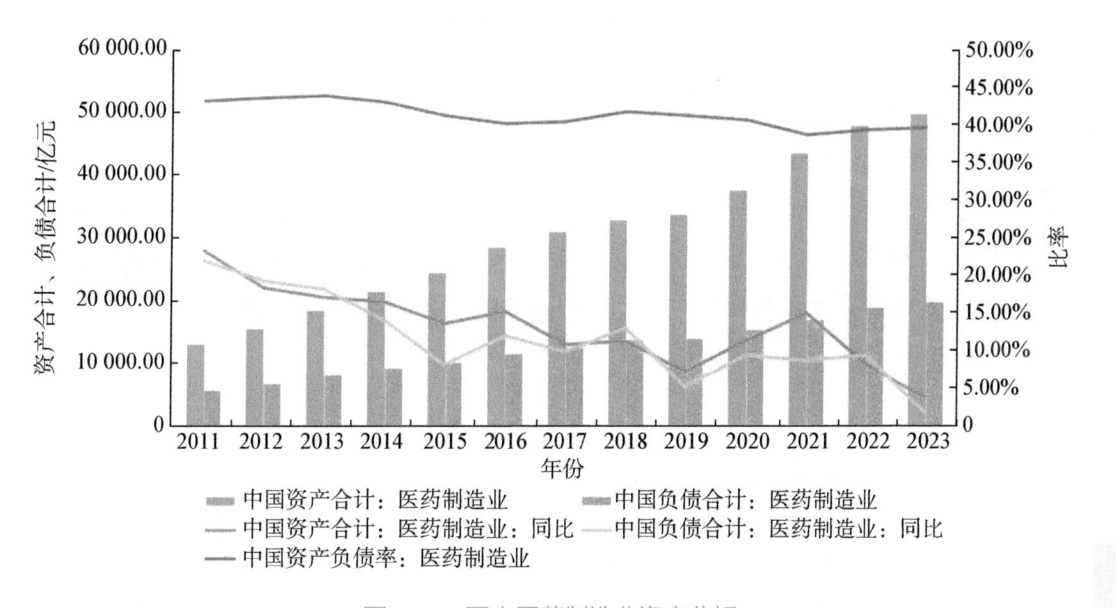

图24-7　国内医药制造业资产分析

资料来源：Wind资讯，西南证券整理

二、市场疲软冲击首发融资

2023年的15家内地市场首发融资创下了近10年的新低。从首发公司板块与市场看，沪深市场大幅减少，15家公司分布在上海证券交易所（简称上证）2家，深圳证券交易所（简称深证）7家，北京证券交易所（简称北证）6家，除北证外沪深市场都是大幅萎缩。从融资额结构看，上证科创板融资44.63亿元，不及2022年的10%，首发融资占比为29.62%，深证首发融资90.40亿元，占比为60%，北证融资额为15.62亿元，占比为10.37%，提升显著（图24-8）。近几年国内生物科技迅猛发展，符合北证上市特征的成长型科技企业越来越多，这也是2023年北证首发融资有所增长的行业基础。

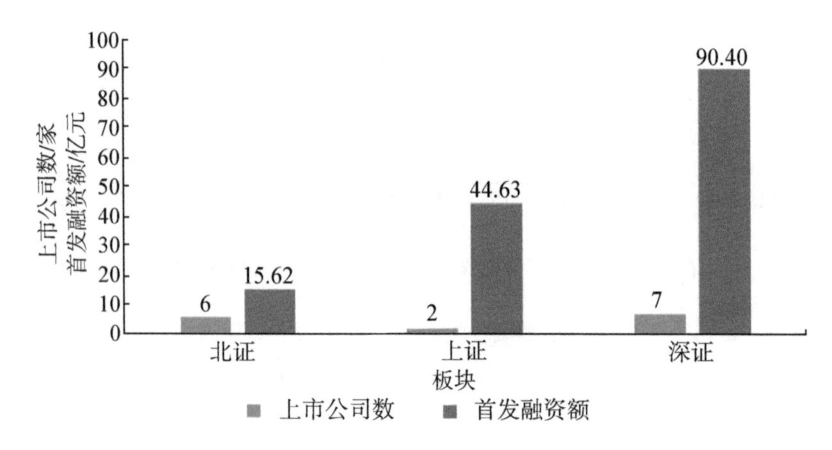

图24-8 国内市场生物医疗健康首发融资板块分布

资料来源：Wind资讯，西南证券整理

2023年国内资本市场医疗健康领域首发融资总额（表24-1）居前的是一家科创板企业和两家创业板企业，即智翔金泰（347 283.84万元）、宏源药业（236 286.00万元）、昊帆生物（182 736.00万元），此外还有两家公司首发融资超过了10亿元，分别是金凯生科（121 651.14万元）和万邦医药（113 133.34万元）两家创业板公司。

表24-1 2023年国内市场IPO融资生物科技公司

发行证券代码	证券简称	发行日期	上市日期	募资总额或发行规模 / 万元
688443.SH	智翔金泰 -U	2023-06-09	2023-06-20	347 283.84
301246.SZ	宏源药业	2023-03-08	2023-03-20	236 286.00
301393.SZ	昊帆生物	2023-07-03	2023-07-12	182 736.00
301509.SZ	金凯生科	2023-07-24	2023-08-03	121 651.14
301520.SZ	万邦医药	2023-09-14	2023-09-25	113 133.34
688506.SH	百利天恒 -U	2022-12-26	2023-01-06	99 047.00
301507.SZ	民生健康	2023-08-22	2023-09-05	89 138.60
301281.SZ	科源制药	2023-03-24	2023-04-04	85 488.30
001367.SZ	海森药业	2023-03-28	2023-04-10	75 616.00

续表

发行证券代码	证券简称	发行日期	上市日期	募资总额或发行规模 / 万元
430017.BJ	星昊医药	2023-05-16	2023-05-31	37 638.00
836547.BJ	无锡晶海	2023-11-30	2023-12-12	29 654.82
833575.BJ	康乐卫士	2023-03-03	2023-03-15	29 400.00
832982.BJ	锦波生物	2023-07-10	2023-07-20	28 175.00
873167.BJ	新赣江	2023-01-31	2023-02-09	18 556.26
430478.BJ	峆一药业	2023-02-13	2023-02-23	12 771.44

资料来源：Wind资讯，西南证券整理

首发融资居首位的智翔金泰是一家总部位于重庆的创新驱动型生物制药企业，公司建立了基于新型噬菌体呈现系统的单抗药物发现技术平台、双特异性抗体药物发现技术平台等多个技术平台；公司正在开发多款单克隆抗体药物和双特异性抗体药物。

首发融资居次席的宏源药业是一家集有机化学原料、医药中间体、原料药及医药制剂研发、生产和销售为一体的高新技术企业，拥有较完善的医药产业链，产品主要包括乙二醇反应链条上的相关有机化学原料、医药中间体、原料药、医药制剂和氰乙酸甲酯、盐酸胍反应链条上的相关医药中间体等产品，产品销往亚洲、欧洲、非洲、美洲等的几十个国家和地区。相比智翔金泰无规模营收且处于亏损，宏源药业年收入超过20亿元，因此算是一家比较传统的医药原药企业。

首发融资排第三的昊帆生物是一家致力于为国内外蛋白质、氨基酸等多肽类产品及药物的研发与生产企业提供优质的产品和完善的配套服务的公司。公司的主营业务是多肽合成试剂、蛋白质交联剂以及分子砌块的研发与销售。公司主要产品覆盖了下游多肽、蛋白质、药物研发与生产领域内所使用的大多数高端化学试剂。2022年公司营收达4.47亿元，净利润达1.29亿元。

从细分行业看，生物科技领域的首发融资依然活跃，而且从行业分布看，紧跟国际行业发展态势的特征非常明显，说明近几年国内生物医药创新发展在多因素共振的背景下，已经开始进入一个良性的发展阶段。

2023年19家增发融资居前的公司（表24-2）分别是九洲药业（25亿元）、国药现代（12亿元）、泽璟制药（12亿元）和美迪西（10亿元）。九洲药业25亿元募投资金主要投向瑞博台州和苏州两个CDMO项目。作为一家聚焦于提供符合cGMP（current good manufacture practices，动态药品生产管理规范）标准的专利原料药及中间体合同定制研发及生产业务（CDMO）、特色原料药及中间体业务（API）的高科技公司，九洲药业80%的收入来自海外，2022年海外收入超过40亿元，募投项目的建设将进一步增强公司的CDMO服务能力。

表24-2 2023年国内市场增发融资生物医药科技公司

发行证券代码	证券简称	发行日期	上市日期	募资总额或发行规模 / 万元
603456.SH	九洲药业	2023-01-10	2023-01-19	250 000.00
600420.SH	国药现代	2022-12-28	2023-01-11	120 000.00
688266.SH	泽璟制药 -U	2023-04-10	2023-04-21	120 000.00
688202.SH	美迪西	2023-07-31	2023-08-16	100 000.00
002653.SZ	海思科	2023-01-09	2023-02-10	80 000.00
300636.SZ	同和药业	2023-07-05	2023-07-27	80 000.00
603087.SH	甘李药业	2023-11-10	2023-11-27	77 315.19
002317.SZ	众生药业	2023-06-09	2023-07-05	59 857.00
300765.SZ	新诺威	2023-02-16	2023-03-10	50 000.00
603222.SH	济民医疗	2022-12-23	2023-01-11	49 000.00
603229.SH	奥翔药业	2022-12-27	2023-02-03	48 490.31
300111.SZ	向日葵	2023-02-28	2023-03-14	37 500.00
688315.SH	诺禾致源	2023-09-28	2023-10-24	33 216.00
002864.SZ	盘龙药业	2023-09-21	2023-10-26	30 200.00
300683.SZ	海特生物	2022-10-24	2023-02-15	29 500.00
002728.SZ	特一药业	2023-07-27	2023-10-11	27 499.99
300583.SZ	赛托生物	2023-02-17	2023-04-20	26 159.04
300404.SZ	博济医药	2023-11-21	2023-12-08	8 267.00
688131.SH	皓元医药	2022-12-28	2023-01-11	5 000.00

资料来源：Wind资讯，西南证券整理

国药现代的12亿元增发募集资金主要用于补充流动资金。泽璟制药的12亿元主要投向新药研制项目，公司信息显示，公司有16个主要在研药品，甲苯磺酸多纳非尼片和重组人凝血酶已获批上市，盐酸杰克替尼片处于上市申请阶段，注射用重组人促甲状腺激素处于临床Ⅲ期阶段，盐酸杰克替尼乳膏、ZG006等9 个药品处于临床Ⅰ期或Ⅱ期阶段，另有3个管线处于临床前阶段，49元/股高价增发融资成功，说明公司获得了机构投资者的认可。

2023年7家公司发行了可转换债券和两只可交换债券，合计融资达32.25亿元，其中发行规模最大的三家公司分别是花园生物（12亿元）、东亚药业（6.9亿元）和东宝生物（4.55亿元）。

三、并购交易大幅回落

2023年的并购交易整体继续回落，全行业统计数据显示，制药、生物科技与生命科学领域2023年并购交易无论是从并购案例数还是交易金额看，都呈现典型回落态势。2023年并购交易金额259.69亿元，相比2022年同比下降71.5%，并购案例数211个，相比2022年度下降36.8%（图24-9）。

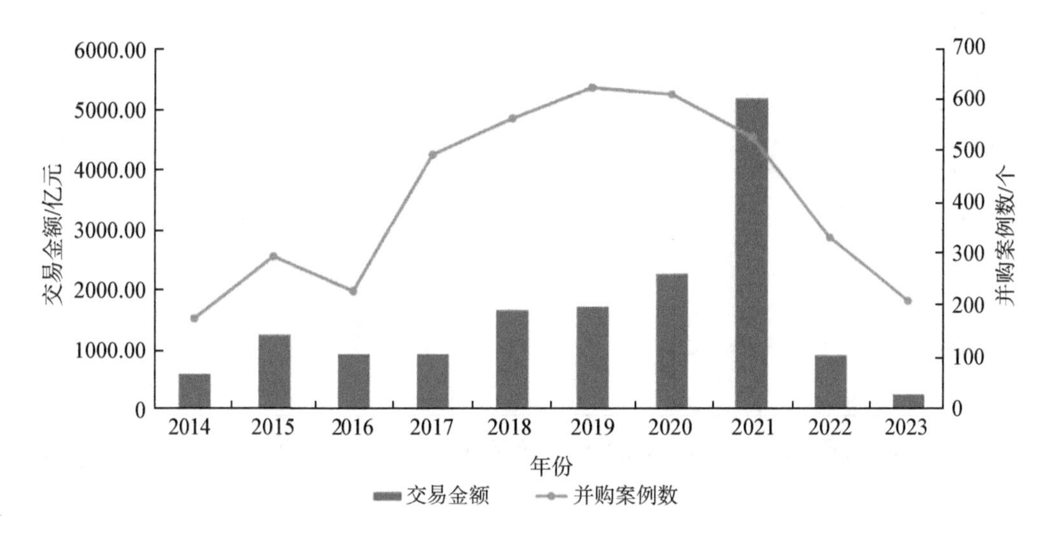

图24-9　国内公司生物科技并购分析

资料来源：Wind资讯，西南证券整理

2023年制药、生物科技与生命科学领域最大的两起并购都集中于血液制品行业，作为一个管制相对严格的细分行业，血液制品一直受到资本的青睐。2023年5月，派林生物20.99%股权被陕煤集团旗下的共青城胜帮英豪投资合伙企业（有限合伙）收购，交易金额38.44亿元人民币。临近年底，又一家血液制品公司被产业资本看上，2023年12月29日，上海莱士（002252）的主要股东Grifols，S. A.（基立福）已与海尔集团公司签署《战略合作及股份购买协议》。根据协议，海尔集团或其指定关联方计划收购基立福持有的上海莱士1 329 096 152股股份，相当于公司总股本的20.00%，转让价款为125.00亿元。而此前一月，上海莱士刚宣布收购广西冠峰95%股权，交易金额4.81亿元。

此外，2023年11月4日，贵州三力收购汉方药业50.26%股权，交易金额为49 957万元，也算比较大的案例。相比美国的制药领域2023年的几大并购案例，2023年国内生物医药领域的并购显得比往年平淡。

四、多因素致市值缩水

2023年的二级市场生物科技公司表现也差强人意。其中既有资本市场自身整体（2023年上证指数-3.70%、深证综指-13.54%）调整的因素，也有行业自身因素（如招标采购），沪深生物医药指数（399441）连续第三个年度收跌，全年跌幅21.14%（图24-10）。

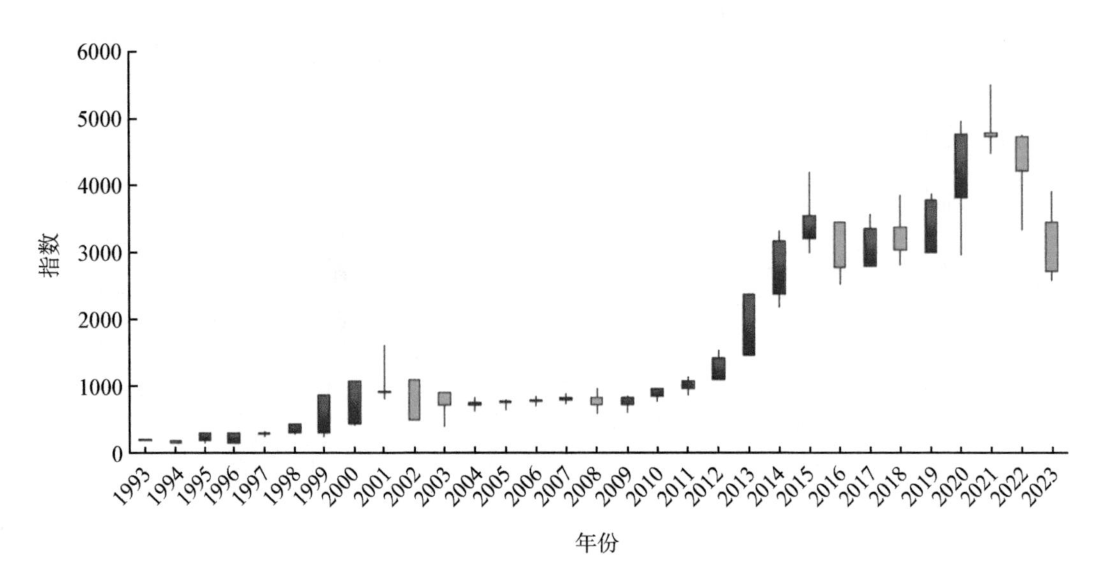

图24-10 沪深生物医药指数年度波动

资料来源：Wind资讯，西南证券整理

行业市值排名冠亚军依然没有变化，药明康德和智飞生物依然位居榜单前列，但两家公司的市值分别缩水8.9%和14.4%（表24-3）。百济神州以1385.64亿元市值超过万泰生物跻身前三，不过其市值也是前四位中跌幅最大的，万泰生物市值缩水12.4%，跌出千亿元市值队伍。这也是连续三年千亿元市值公司榜单缩水。百济神州虽然收入增长了94.5%，但依然处于亏损状态，这也是市值前十榜单中唯一一个处于亏损的公司。

表24-3 2023年市值前20名生物科技公司

证券代码	证券简称	2023 年末市值 / 亿元	市值同比	2022 年期末总收入 / 亿元	收入同比	2022 年期末利润总额 / 亿元
603259.SH	药明康德	2157.01	-8.9%	393.55	71.8%	106.18
300122.SZ	智飞生物	1466.64	-14.4%	382.64	26.1%	87.18

续表

证券代码	证券简称	2023年末市值/亿元	市值同比	2022年期末总收入/亿元	收入同比	2022年期末利润总额/亿元
688235.SH	百济神州-U	1385.64	−17.0%	95.66	94.5%	−134.27
603392.SH	万泰生物	952.80	−12.4%	111.85	17.5%	55.83
000661.SZ	长春高新	589.99	24.4%	126.27	53.2%	49.24
002252.SZ	上海莱士	531.64	30.4%	65.67	3.6%	22.74
600161.SH	天坛生物	509.83	−2.0%	42.61	1.8%	14.26
300759.SZ	康龙化成	473.64	−38.5%	102.66	37.9%	16.66
300347.SZ	泰格医药	451.33	−49.0%	70.85	35.9%	25.85
002007.SZ	华兰生物	404.71	69.7%	45.17	−52.6%	14.28
300142.SZ	沃森生物	377.89	−14.2%	50.86	−13.5%	10.70
688180.SH	君实生物-U	359.22	−23.7%	14.53	−45.9%	−26.77
603087.SH	甘李药业	312.83	−11.1%	17.12	661.3%	−5.82
300601.SZ	康泰生物	303.24	−20.7%	31.57	−10.9%	−3.38
688331.SH	荣昌生物	284.46	18.0%	7.72	−15.0%	−9.99
688520.SH	神州细胞-U	239.90	34.5%	10.23	34.9%	−5.20
688276.SH	百克生物	226.28	19.8%	10.71	22.0%	1.98
600867.SH	通化东宝	215.91	−6.4%	27.78	−20.7%	18.30
688278.SH	特宝生物	212.96	9.4%	15.27	7.5%	3.56
000403.SZ	派林生物	199.67	89.3%	24.05	−45.6%	6.60

资料来源：Wind资讯，西南证券整理

2023年市值排名前20的公司中市值增长的仅有8家，其中三家血液制品公司市值增长超30%，分别是派林生物（89.3%）、华兰生物（69.7%）和上海莱士（30.4%），此外，神州细胞（34.5%）市值增幅也超过了30%。市值跌幅最大的三家公司分别是泰格医药（−49.0%）、康龙化成（−38.5%）和君实生物（−23.7%）。

从排名前20的大市值公司看，有7家公司营业收入表现为下降，而且前十大市值公司中仅有华兰生物的收入大幅下降，其余都有不同幅度的增长，但华兰生物反而是市值增长最大的。这说明市值的变化不是由公司的经营基本面导致的，而是市场系统性风险与投资偏好所致。

2022年营收超过100亿元的公司有5家，分别是药明康德（393.55亿元，

71.8%)、智飞生物(382.64亿元，26.1%)、万泰生物(111.85亿元，17.5%)、长春高新(126.27亿元，53.2%)和康龙化成(102.66亿元，37.9%)，这几家公司的营收数据都表现为快速增长，可见国内生物医药龙头企业的经营依然处于比较健康的状态。

五、PEVC融资创新低

2023年PEVC(private equity and venture capital，私募股权投资与创业投资)有所恢复，生物科技领域全年有157个PEVC投资案例，合计投资金额163.46亿元，分别增长45.4%和66.8%(图24-11)。

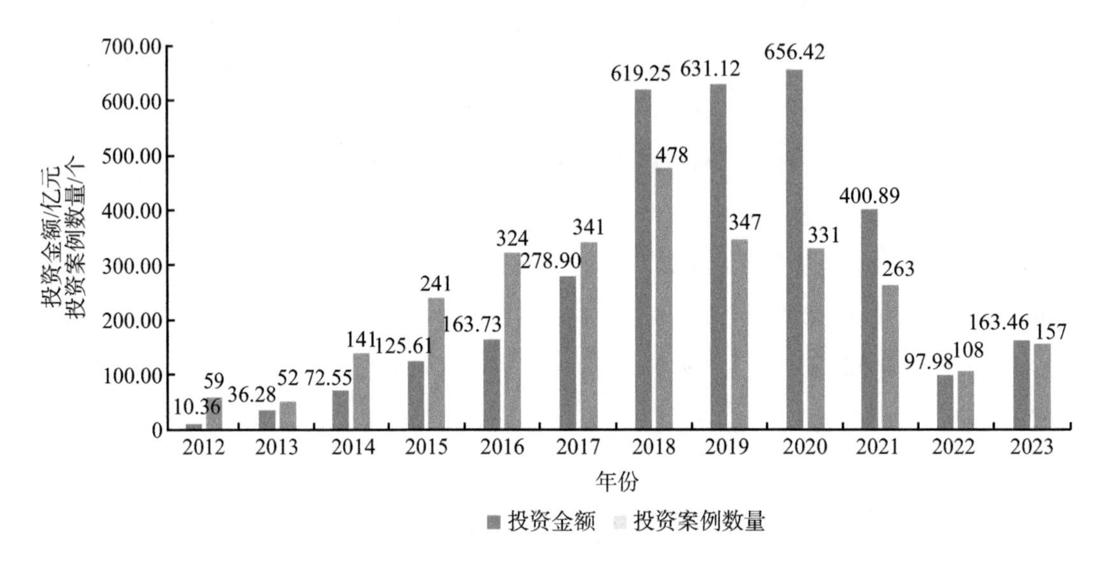

图24-11 国内PEVC投资生物科技年度分析

资料来源：Wind资讯，西南证券整理

从国内医疗健康领域投资案例轮次分布看，A轮、B轮和C轮投资案例居多，分别占投资案例数的17.4%、26.1%和18.8%。天使轮投资占比为5.1%，与稍后期的Pre-A合计占比为21.0%，占比结构与2022年较为接近(图24-12)。

2023年的PEVC投资面临的压力有所释放，但相对低迷的二级市场以及首发上市的政策波动也给投资机构以新的压力。特别是科创板上市第五套标准暂停后，创新型未盈利生物科技公司上市成为投资机构的担忧。

2023年PEVC融资规模最大的生物科技公司是百明信康生物技术(浙江)有限公司，该公司于2023年6月29日获得了见素资本、德同资本、康君资本等机构11.00亿元人民币C轮投资。百明信康生物技术(浙江)有限公司是一家临床阶段的生物制药公司，专注于提供突破性的免疫治疗方案，以有效对抗过敏、自身免疫性疾病和其他严重未满足医疗需求的疾病领域。

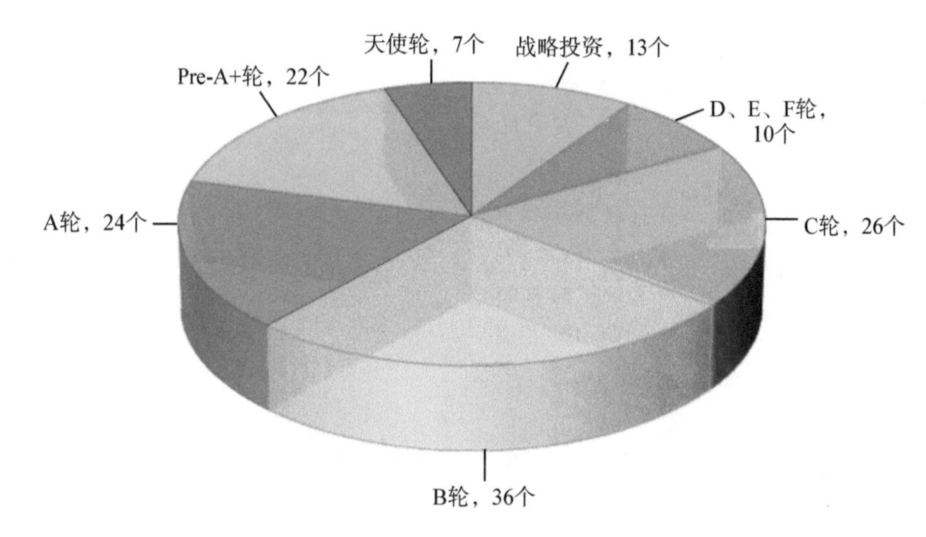

图24-12　国内医疗健康领域投资案例轮次分布

资料来源：Wind资讯，西南证券整理

融资额排名第二的北京先通国际医药科技股份有限公司，获疆亘资本、成铭资本、广发乾和等机构11.00亿元人民币E轮投资。公司始创于2005年，是一家专业从事放射性药物研发、生产、临床学术推广的创新型医药企业。公司依托全球领先的放射性药物和生物抗体药物领域的研发资源，在肿瘤、神经退行性疾病和心血管领域布局了多款靶向治疗和精准诊断放射性药物，通过自主开发加外部合作，打造了仿创结合、风险收益平衡的产品管线。

融资额排名第三的深圳君圣泰生物技术有限公司是一家临床阶段原创新药研发商，专注于慢性肝病、胃肠道疾病及代谢领域亟待满足的重大临床需求，在全球同步开发“first-in-class”创新药。公司获得2项“十三五”重大新药创制国家科技重大专项，并被FDA授予2项FTD（fast track designation，快速审评通道资格认定）、1项ODD（orphan drug designation，孤儿药资格认定），有望加速药物审批。

从投资金额看，2023年合计有12家公司获得了3亿元以上的融资。从投资轮次看，以C轮（6个）居多，其次是B轮。从公司所属地域看，以广东（5家）居多，其次是江苏（3家）（表24-4）。传统的生物医药创新发展优势地区如上海和北京，2023年在榜首不见优势。

表24-4　2023年融资规模居前（≥30 000万元）的投资案例

融资时间	公司全称	事件名称	地区	事件轮次	融资金额
2023-06-29	百明信康生物技术（浙江）有限公司	百明信康获见素资本、德同资本、康君资本等机构 11.00 亿元人民币 C 轮投资	浙江省杭州市	C 轮	11.00 亿元人民币
2023-07-03	北京先通国际医药科技股份有限公司	先通医药获疆亘资本、成铭资本、广发乾和等机构 11.00 亿元人民币 E 轮投资	北京市	E 轮	11.00 亿元人民币
2023-01-05	深圳君圣泰生物技术有限公司	君圣泰获昱烽晟泰 - 德正嘉成、广东中医药大健康基金、国开金融 - 国开开元等机构 1.07 亿美元 C 轮投资	广东省深圳市	C 轮	1.07 亿美元
2023-08-09	武汉纽福斯生物科技有限公司	纽福斯获武汉高科、广州金控、光谷金控等机构 7.00 亿元人民币 C+ 轮投资	湖北省武汉市	C+ 轮	7.00 亿元人民币
2023-10-16	江苏新元素医药科技有限公司	新元素医药获达晨财智、华金投资、新毅控股等机构 6.00 亿元人民币 D 轮投资	江苏省苏州市	D 轮	6.00 亿元人民币
2023-01-18	南京驯鹿生物技术股份有限公司	驯鹿医疗获倚锋资本、厚新健投、南京江北国资等机构 5.00 亿元人民币 C+ 轮投资	江苏省南京市	C+ 轮	5.00 亿元人民币
2023-09-08	深圳沙砾生物科技有限公司	沙砾生物获夏尔巴投资、源禾资本、禾方田等机构 4.00 亿元人民币 B 轮投资	广东省珠海市	B 轮	4.00 亿元人民币
2023-08-02	深圳市真迈生物科技有限公司	真迈生物获深圳高新投、金域医学、国鑫投资等机构 4.00 亿元人民币 C 轮投资	广东省深圳市	C 轮	4.00 亿元人民币

续表

融资时间	公司全称	事件名称	地区	事件轮次	融资金额
2023-10-19	安济盛生物医药技术（广州）有限公司	安济盛获骊宸投资、君联资本、涌铧投资等机构 4600.0000 万元美元 B+ 轮投资	广东省广州市	B+ 轮	0.46 亿美元
2023-06-01	江苏盈科生物制药有限公司	盈科生物获北创投、新尚资本、国寿投资等机构 3.00 亿元人民币 B 轮投资	江苏省泰州市	B 轮	3.00 亿元人民币
2023-09-13	广州汉腾生物科技有限公司	汉腾生物获国投创业、乾银投资、太朴生命科学投资 3.00 亿元人民币 C 轮投资	广东省广州市	C 轮	3.00 亿元人民币
2023-02-08	赣州和美药业股份有限公司	和美药业获发控产投、安信国生微芯基金、泰鲲投资等机构 3.00 亿元人民币 D 轮投资	江西省赣州市	D 轮	3.00 亿元人民币

资料来源：Wind 资讯，西南证券整理

从投资币种看，榜单中还是以人民币基金居多，美元基金仅两家，相比以往有所回落。

六、香港市场融资亮点突出

2023 年有 12 家医疗健康类公司在香港市场首发融资上市（表 24-5），合计募资 94.16 亿港元，相比 2022 年分别下降 50% 和增长 18.7%。虽然上市数量不及 2022 年，但融资总额还是超出了 2022 年的 79.32 亿港元的水平。

表 24-5　2023 年香港市场首发融资生物医疗公司

证券代码	名称	上市日期	发行价格 /（港元 / 股）	发行股本 / 万股	募资总额 / 亿港元	公司属地
6990.HK	科伦博泰生物 -B	2023-07-11	55.63	21 919.55	14.36	四川
2480.HK	绿竹生物 -B	2023-05-08	28.9	20 244.90	3.00	北京
1541.HK	宜明昂科 -B	2023-09-05	17.04	37 415.77	3.08	上海

续表

证券代码	名称	上市日期	发行价格 /（港元 / 股）	发行股本 / 万股	募资总额 / 亿港元	公司属地
2496.HK	友芝友生物 -B	2023-09-25	14.68	19 384.92	1.74	湖北武汉
2373.HK	美丽田园医疗健康	2023-01-16	16.61	23 579.56	7.74	上海
2415.HK	梅斯健康	2023-04-27	8.02	60 717.10	5.36	上海
9885.HK	药师帮	2023-06-28	18.41	64 050.67	3.17	广州
9860.HK	艾迪康控股	2023-06-30	11.36	72 735.48	4.21	浙江杭州
2487.HK	科笛 -B	2023-06-12	19.85	30 473.86	4.23	上海
2105.HK	来凯医药 -B	2023-06-29	11.44	39 010.04	7.29	上海
2268.HK	药明合联	2023-11-17	18.95	119 760.45	37.45	江苏无锡
2511.HK	君圣泰医药 -B	2023-12-22	10.45	51 477.07	2.53	广东深圳

资料来源：Wind资讯，西南证券整理

募资总额最大的是药明合联，它是一家专注于全球ADC及更广泛生物偶联药物市场的领先CRDMO，也是唯一一家致力于提供综合性端到端服务的公司，截至2022年底的项目总数计，公司是全球最大的生物偶联药物CRDMO，凭借优势的市场地位，公司于2023年11月以18.95港元/股的价格在香港市场募集了37.45亿港元。排名第二的是科伦博泰生物，它是一家一体化且创新的生物医药公司，致力于创新药物的研发、制造及商业化，公司是ADC的先行者及领先开发商之一，在ADC开发方面积累了超过十年的经验。公司是中国首批也是全球为数不多的建立一体化ADC平台OptiDC的生物制药公司之一。公司以55.63港元/股的价格发行了21 919.55万股，融资总额达14.36亿港元。两家公司都是ADC领域的领先企业，也折射出了该领域2023年的热度。

撰 稿 人：张仕元　西南证券股份有限公司
通讯作者：张仕元　zsy@swsc.com.cn

第二十五章　合成生物学投融资分析报告

第一节　2023年合成生物学投资回顾

一、合成生物产业震荡上行，产业方逆势争相入局

（一）一级市场投资阶段性回调

合成生物学融资热度从2018年起逐年上升，2021年融资事件数量和融资金额达到历史最高。2022年下半年受资本寒冬影响，一级市场合成生物学投资热度阶段性回调。根据SynBioBeta统计，2022年合成生物学全年投融资金额为103亿美元，相较2021年下降了约52.75%，2023年延续了这一阶段性回调趋势。一方面，短期内可以实现商业化的技术已经在过往几年的投资热潮中得到了充分释放，投资进度与技术发展进程相匹配。另一方面，一些“泡沫项目”迟迟无法完成产品落地以达到投资人预期，从而向资本市场传递出负面信息，这也是引发行业估值回调的因素，投资人逐渐不再轻易为单纯的合成生物概念买单。

从产业链上下游角度，本章将合成生物产业分为基础层、研发层、制造层、产品层。基础层企业负责为行业提供关键的底层技术和设备原料等，如基因测序、基因合成、基因编辑、AI设计工具、核心实验设备等；研发层企业拥有菌株设计、改造以及筛选能力，通过合成生物技术构建产品路径，进行工艺开发；制造层企业负责提供合成生物制造产能，实现技术落地和放大生产；产品层企业主要进行下游各类产品应用与销售。合成生物学投资主要集中在企业价值较高的基础层、研发层和产品层公司。

根据凯莱英统计，2023年全球范围内合成生物学融资事件共有58笔，涉及企业54家，其中中国企业40家，海外企业14家。全球范围内，研发层企业融资占比最多，为70%，其次是基础层企业，占比22%，产品层企业占比7%（表25-1）。另外，海外基础层企业占比明显高于中国。

表25-1 2023年全球合成生物学融资企业统计

产业链层级	全球		中国		海外	
	公司数量 / 家	占比	公司数量 / 家	占比	公司数量 / 家	占比
基础层	12	22%	7	18%	5	36%
研发层	38	70%	30	75%	8	57%
产品层	4	7%	3	8%	1	7%
合计	54		40		14	

1. 合成生物从技术到产业需要演进过程

投资者和创业者都倾向于选择3—5年内可以实现商业化的技术，从被投企业产品方向来看，医药、美妆日化、食品保健品是三大集中热门方向，也是合成生物技术能够优先完成产品落地的方向，并且这些领域的创新创业将继续保持热度。短期来看，合成生物技术暂时很难颠覆大宗化工、能源等化工方法具有绝对优势的行业。

产品方向集中带来的问题是同质化竞争严重，利用技术优势创造突破性应用与成本护城河是企业突出重围、良性发展的必经之路。

2. 融资偏早期，科学家主导创业

从融资轮次来看，2023年的投资仍然延续之前的情况，绝大部分集中在C轮以前。合成生物学产业整体仍处于早期，标的公司大多为从实验室研发到中试的初创期。另外，中国合成生物技术创新聚集于高校及科研院所，合成生物领域创业也主要由对应科学家主导，地域主要集中在北京、上海、天津、深圳等科研密集型地区。

3. 产业投资者快步进场，产业基金陆续设立

自2022年4月，河南投资集团发起设立了全国第一只专注于合成生物产业投资的专项基金之后，越来越多的产业基金陆续设立。2023年，华熙生物、华恒生物、茅台等企业，以及深圳、常州、昌平等地区，出资设立、参与了合成生物产业基金。另外，2023年也有更多的央企、国企、民营上市公司等通过直接投资的方式参与到了合成生物学投资领域。

（二）合成生物学上市公司营收增长放缓，但投资者信心相对稳健

国内已上市的合成生物典型企业如表25-2所示。

表25-2　国内已上市的合成生物典型企业

公司名称	上市时间	主营业务/产品
金斯瑞（1548.HK）	2015-12	四大业务板块：生命科学研究服务（包括基因合成、基因测序、蛋白质表达等）、临床前药物研发服务、生命科学研究目录产品、工业合成生物产品
华熙生物（688363）	2019-11	研发、生产和销售透明质酸等生物活性物质原料产品及生物医用材料终端产品
凯赛生物（688065）	2020-8	新型生物基材料的研发、生产及销售。公司目前主要产品为生物法长链二元酸系列产品、生物基聚酰胺及单体产品等
华恒生物（688639）	2021-4	从事氨基酸产品的技术研发、生产、销售为一体的高新技术企业。公司主要产品为L-丙氨酸、DL-丙氨酸、β-丙氨酸、L-缬氨酸、D-泛酸钙、D-泛醇等
巨子生物（2367.HK）	2022-11	设计、开发和生产以重组胶原蛋白为关键生物活性成分的专业皮肤护理产品。公司也开发和生产基于稀有人参皂苷技术的保健食品
锦波生物（832982）	2023-7	以重组胶原蛋白产品和抗HPV生物蛋白产品为核心的各类医疗器械、功能性护肤品的研发、生产及销售。主要产品和服务为重组人源胶原蛋白产品、抗HPV生物蛋白产品

巨子生物与锦波生物IPO赛跑，争夺“胶原蛋白第一股”，分别于2022年底和2023年中先后实现上市，产品直达终端消费市场，企业毛利率、净利率在合成生物企业中名列前茅，近年来营收增长迅速，未来发展不容小觑。

华熙生物、凯赛生物、华恒生物作为公认的合成生物学典型企业，较早利用合成生物技术成为细分产品的龙头。这三家公司在2023年的表现呈现出如下一些共性。

1. 营收增长放缓，积极寻求新的业绩增长点

从营收方面来看，华熙生物、凯赛生物、华恒生物正在经历快速放量到营收增长放缓的过程。三家公司2020—2022年营收均稳定增长（图25-1），但从已有的2023年前三季度营收数据来看，除华恒生物继续保持增长态势外，华熙生物与凯赛生物较上年同期均有小幅下降。

营收增长放缓的原因在于，三家公司收入贡献产品管线较为单一，过去几年在各自优势单品市场占有率快速提升并发展成为细分龙头，面临增长天花板，优势单品业绩增速放缓。2023年三家公司都在积极向多产品管线或多产业链层级拓展布局，寻找新的业绩增长点。例如，华熙生物2023年发布重组Ⅲ型人源胶原蛋白原料产品，已有

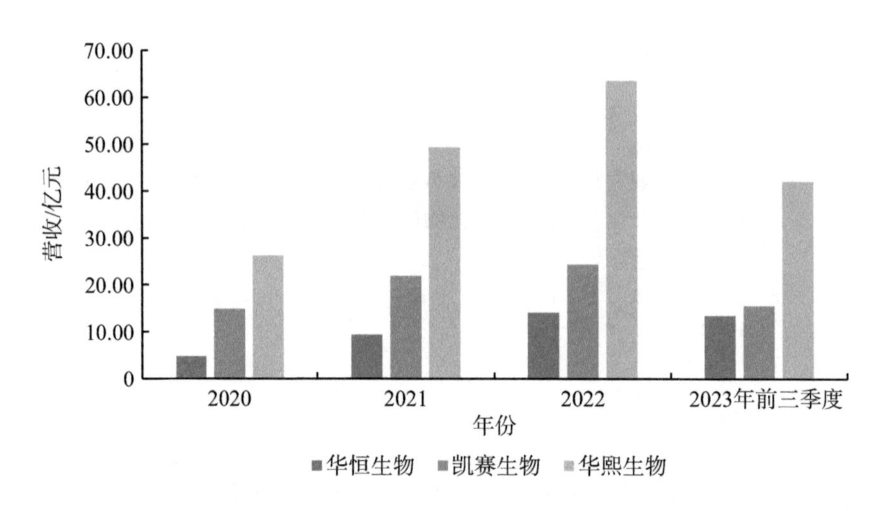

图25-1 A股合成生物学典型企业营收情况

7—8种在研胶原蛋白。凯赛生物年产50万t生物基戊二胺及90万t生物基聚酰胺项目正在建设中。华恒生物在建5万t/a丁二酸、5万t/a 1,3-丙二醇和5万t/a苹果酸产能，同时拓展高丝族氨基酸相关业务。2023年，华熙生物、凯赛生物、华恒生物也通过基金或直接投资形式参与合成生物学投资。

2. 投资者信心相对稳健

从市场信心来看，华熙生物、凯赛生物、华恒生物2022年净利率均明显高于各自所在行业板块平均值（按照同花顺行业分类，见表25-3）。截至2023年底，三家企业的市值与市盈率均在各自行业板块中排名相对靠前，反映出二级市场对合成生物学概念的信心。

表25-3 2023年华熙生物、凯赛生物、华恒生物部分指标表现

公司名称	所属板块	2023年净利率	板块2023年净利率	市值/亿元	市值板块排名	滚动市盈率/倍	市盈率板块排名
华熙生物（688363）	美容护理（共33家）	9.59%	美容护理 -36.4%	322.39	3	39.91	10
凯赛生物（688065）	化学制品（共224家）	19.32%	化学制品 3.97%	320.74	8	84.19	23
华恒生物（688639）		23.04%		198.34	20	46.90	56

（三）相关行业上市公司纷纷布局合成生物学

受合成生物学赛道持续发酵和产业化带来的颠覆性的影响，国内医药、食品、农

牧等领域在内的多家上市公司均在2023年结合自身行业基础积极布局合成生物学，转型较早的企业已逐步进入产能落地阶段，预计2024年起合成生物学产能落地将逐步贡献收入。到目前为止，这些公司合成生物产品管线布局与前文所述的合成生物初创企业的管线布局具有较大重合度。

相关行业上市公司布局合成生物学主要有三种方式：一是内部组建团队开展合成生物自主研发；二是与合成生物研发型公司进行企业间合作优势互补；三是投资孵化创业项目进行技术/产品储备。医药领域上市公司华东医药旗下的美琪健康一期工程已于2023年正式完工，已完成开发及储备的6个产品计划2024年第一季度正式投产，达产后预计年产126 t功能性健康产品，美琪健康布局有维生素K2、PQQ（pyrroloquinoline quinone，吡咯并喹啉醌）、番茄红素、透明质酸钠等产品；川宁生物首个合成生物项目红没药醇已进入销售阶段，预计2024年有望开始销售5-羟基色氨酸，公司合成生物绿色循环产业园一期项目已于2023年底成功试车；安琪酵母与微构工场组建合资公司微琪生物，拟实施年产3万t合成生物PHA绿色智能制造项目（一期），计划2025年完成正式投产；蒙牛集团研发的HMO2023年10月通过国家卫生健康委员会审批。2023年2月，牧原股份与元素驱动设立合资公司，聚焦豆粕减量替代和其他生物基产品，基于合成生物开发新一代“高效、低耗、绿色”的生物智造技术。

相较于合成生物初创企业，其他领域上市公司入局合成生物具有差异化优势。一是制造环节，合成生物产品可以与传统化工、制药、食品等共享部分操作单元，享受大型企业下游加工优势。二是产品层面，成熟企业掌握市场洞察、法规知识、原料供应、分销伙伴和销售渠道等资源优势，有利于产品商业化。这对初创型公司来说机遇与挑战并存。

（四）央企合成生物产业布局拉开序幕发挥示范作用

2023年央企在合成生物产业的布局拉开序幕。2023年7月，国投集团40亿元注册资本成立国投种业，拟斥资近11亿元收购丰乐种业20%的股份成为控股股东，布局生物育种领域（2024年4月收购完成）；2023年6月，招商局集团参与凯赛生物66亿元定增计划，招商局集团成为凯赛生物战略投资者。

二、技术创新如火如荼，保障产业发展持久动能

（一）论文数量持续增长

根据Web of Science合成生物学领域相关论文数量的统计（受限于数据库收录时效

性，截至撰稿时2023年数据不完全，可用性有限），2000年至2022年论文发表量呈稳定增长态势，总量超13万篇，2000年数量为2689篇，2022年达到10 311篇（图25-2）。约40%的论文在近六年（2018—2023年）内发表，合成生物学领域基础研究近几年蓬勃发展。与此同时，2015—2022年中国论文数CAGR为16%，远高于全球同期平均5.9%。

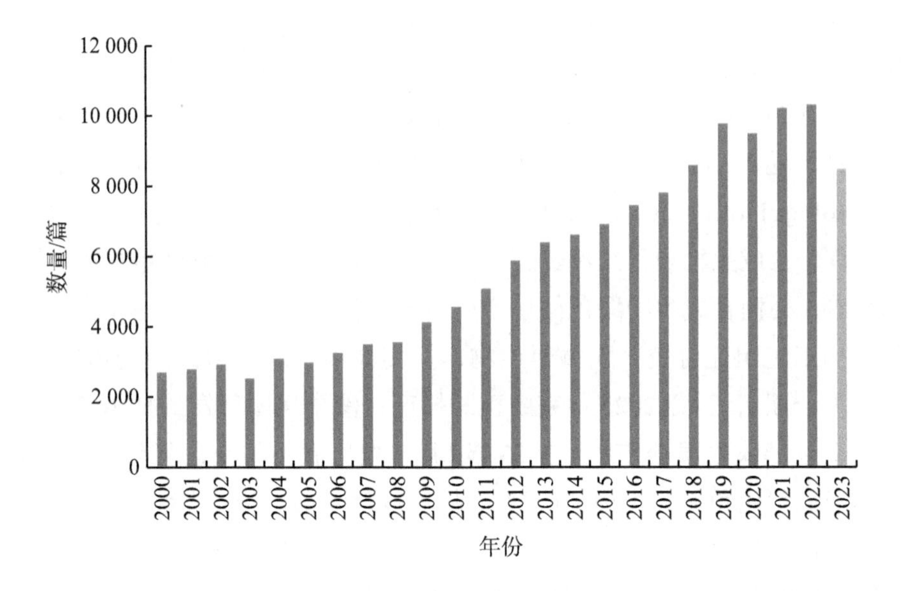

图25-2 2000—2023年Web of Science合成生物学领域相关论文数量

（二）底层技术研究持续创新，应用不断拓展

基因测序、基因合成、基因编辑是为合成生物学提供关键支撑的底层技术。这些技术的效率提升与成本降低能有效推动合成生物学研发进展。

基因测序作为其中发展最早、商业化最成熟的技术，2023年进展主要体现在商业化设备的更新上。2023年1月，Element宣布“即便桌面级的测序仪也能享受200美元基因组的低成本测序解决方案”。华大智造2023年发布超高通量测序仪DNBSEQ-T20×2，刷新了业内通量和单例成本纪录，根据官网描述每年可完成高达5万人的全基因组测序，且单人全基因组测序成本低于100美元。

基因合成方面，新的合成技术仍在不断探索中。2023年3月，Ansa公司宣布采用酶法合成技术成功从头合成出世界上最长的DNA寡核苷酸，长达1005个碱基。国内企业中合基因也在开发桌面式Kb级酶法基因合成仪。2023年11月，Sc2.0项目最新研究成果在*Cell*及其子刊发布，宣布完成了酵母全部16条染色体和1条特殊设计的tRNA全新染色体的设计与合成。该系列成果标志着世界首个真核生物全部染色体的从头设计与合成正式完成，是合成基因组学领域的关键一步。

基因编辑方面，CRISPR技术作为获得诺贝尔奖的21世纪重大科学突破，2023年相关研究持续推进，这些研究进展包括新型CRISPR系统开发、改造、治疗应用、安全性研究等方向。比如，2023年5月，丹麦科技大学、基因编辑疗法公司SNIPR Biome在*Nature Biotechnology*期刊发表研究论文，开发了第一种基于CRISPR-Cas的口服候选药物，旨在减少和预防血液类癌症患者肠道中大肠杆菌易位到血液而导致的致命感染。2023年6月，中国科学院遗传与发育生物学研究所高彩霞研究组在*Cell*期刊发表论文，开发了一系列具有我国自主知识产权的新型碱基编辑工具，突破了现有脱氨酶的应用瓶颈，展现出新型碱基编辑系统在医学和农业方面广泛的应用前景。2023年6月，张锋团队在*Nature*期刊发表论文，首次在真核生物中发现了一种名为Fanzor的蛋白质，它和同属CRISPR系统的Cas12酶拥有共同进化起源，未来Fanzor有望应用于新一代基因编辑器中。

（三）AI赋能合成生物学从非理性设计走向理性设计

人工智能尤其适合合成生物学需要从大量复杂体系中找到最优解这一特点，在基因组设计与优化、蛋白质工程与设计、生物系统模拟与优化等各环节显示出重要应用价值，帮助合成生物学缩短研发周期，降低研发成本。2023年4月，戴维·贝克等在*Science*期刊发表论文，开发了一种基于强化学习的蛋白质设计软件，并证明了它有能力创造有功能的蛋白质，对癌症治疗、再生医学、强效疫苗和可生物降解日用品都有积极影响。2023年8月，《中国临床药理学与治疗学》刊发了一项研究，介绍了一款人工智能临床试验预测引擎inClinico及其准确预测的多项临床试验Ⅱ期至Ⅲ期转化结果。另外，惠利生物、酶赛生物、分子之心、智峪生物、元素驱动等合成生物企业都搭建了基于AI的研发平台。

三、政策支持更具针对性，多产品审批传递积极信号

（一）国家政策大力发展生物制造战略性新兴产业

自2022年5月国家发展和改革委员会印发《“十四五”生物经济发展规划》以来，国家已将生物制造作为提升经济竞争力的着力点和提升新质生产力的重要手段之一。

2023年12月，中央经济工作会议明确提出打造生物制造等若干战略性新兴产业，加快传统产业转型升级；同月，工业和信息化部、国家发展和改革委员会等八部门联合印发《关于加快传统制造业转型升级的指导意见》，指出大力发展生物制造，增强核心菌种、高性能酶制剂等底层技术创新能力，提升分离纯化等先进技术装备水平，推

动生物技术在食品、医药、化工等领域加快融合应用。

（二）区域政策密集出台，真金白银打造产业集群

2023年，全国多个省区市发布支持合成生物学发展政策，其中，打造合成生物产业集群、产业集聚地、产业创新高地等成为各地政策和布局焦点，资金与配套支持也越发深入与完善。

深圳光明区早在2021年就率先推出全国首个合成生物专项扶持政策，并投资数十亿元打造全球最大的合成生物“大设施”，2023年5月，再次印发《深圳市光明区关于支持合成生物创新链产业链融合发展的若干措施》。同月，河北省印发《河北省支持生物制造产业发展若干措施》，加快生物制造企业聚集落地。2023年9月，杭州出台《支持合成生物产业高质量发展的若干措施》，对重点技术攻关项目，最高资助可达1亿元。2023年9月，上海印发《上海市加快合成生物创新策源 打造高端生物制造产业集群行动方案（2023—2025年）》，到2030年建成具有全球影响力的高端生物制造产业集群。2023年11月，常州市发布《关于推进合成生物产业高质量发展的实施意见》及《常州市关于支持合成生物产业高质量发展的若干措施》，常州市于2023年10月至11月先后揭牌三个合成生物产业园区，并设立20亿元的合成生物产业基金。

（三）监管审批政策审慎突破，产业化速度加快

随着合成生物技术日渐成熟，相应监管也在做审慎探索。2023年3月，由中国科学院天津工业生物技术研究所牵头申请建设的“京津冀食品营养健康与安全创新平台”获得国家卫生健康委员会食品安全标准与监测评估司批复，建成新食品原料、食品添加剂新品种和食品相关产品新品种的安全风险评估试点机构，推动设立合成生物制造食品分类备案（清单制）、审批先行和生产示范区。河北北戴河、海南博鳌、广西北海等地区也在探索区域性审批支持政策。

2023年4月，农业农村部发布《2023年农业用基因编辑生物安全证书（生产应用）批准清单》，山东舜丰生物取得全国首个植物基因编辑安全证书，加速了我国生物育种的产业化进程。

2023年10月7日国家卫生健康委员会食品安全标准与监测评估司发布风险监测公告，审查通过了两种HMO的安全性评估材料，标志着HMO首次被中国法规批准，也是首个合成生物学制备的食品添加剂获批。

第二节　2024年及未来合成生物投资展望

一、产业投资人解决技术与产业落地间的脱节

合成生物技术创新与产业落地之间存在脱节，单纯追求投资回报的财务投资人对此能够提供的帮助有限。产业投资人的加入能够在中试验证、产线建设、产业合作、配套设施等方面提供支持，主动推动被投企业增值。更进一步，在获得资本收益的同时，产业投资人也能通过产品落地获取产业端收益。合成生物产业的发展需要产业投资人的长期陪伴。

二、基础层企业是合成生物产业“掘金路上的卖水人”

一方面，基因测序、基因合成、基因编辑、蛋白质预测与设计等技术或服务，作为合成生物学关键的底层技术，为行业发展提供了基础支撑。底层技术的突破性进展能够加速合成生物设计（design）—构建（build）—测试（test）—学习（learn）循环迭代，从而推动行业从实验室向产业化发展。另一方面，产业链中的关键设备、原料、试剂耗材的国产化替代（如小型精密发酵、分析检测设备、细胞培养基、工具酶等），也是支撑我国合成生物产业自主可控发展的重要组分。基础层企业的创新与投资重要性将逐步提升。

三、合成生物技术在各个应用领域逐步释放

除了上述商业化进展较快的技术之外，合成生物在以下几个应用领域值得重点关注。

（1）非粮原料的高值转化：一碳、非粮生物质、油脂等非粮原料生产低附加值产品暂不具备优势，非粮原料相关研究中可能优先实现商业化的几条路线有：秸秆组分分离联产高附加值产品，一碳化合物生产蛋白。长久来看生物制造可持续发展需要实现从粮食原料到非粮原料的转变。

（2）农业：在基因编辑育种、生物固氮、微生物肥料、RNA农药等方面，合成生物学具备了突破传统农业瓶颈的能力，对于增加产量、减少化肥使用、改良作物性状具有重要价值。

（3）先进治疗药物产品：合成生物技术将持续对先进治疗药物（包括基因治疗、体细胞治疗与组织工程等治疗手段）深度赋能，带来创造性的治疗方法。

（4）生物基材料：在个别材料细分领域，合成生物制造已经完全取代了传统化工，但在百万吨级需求的化工产品中尚未有成功替代的案例。在产品性能满足终端需求的基础上，只有未来非粮原料的高效利用技术突破，将产品成本降低至与石油基产品同一区间，才能使生物法制造大宗化学品成为可能。

四、各地区发挥比较优势，合成生物产业百花齐放

合成生物技术创新基于高校和科研院所的集聚已经初步形成北上津深的竞争格局，创新企业倾向于在这些区域进行研发，以及进行小规模高附加值产品生产。然而，受一线城市工业用地紧张、环保要求严苛的制约，创新企业的大规模生产将不断向外探索，北上津深势必要加强与中西部地区在生物制造领域的深度合作，以实现合成生物技术的最终落地。

以山东、河南、河北、山西为代表的中部地区原料丰富，具有良好的传统生物制造产能基础。这些传统产能长久累积的放大生产经验及熟练工人正是技术型初创企业亟须补充的短板，很多情况下，传统的生物制造产线稍加改造即可生产合成生物学高附加值产品，帮助合成生物初创企业快速完成产品落地。未来中部地区应注重技术引入和产能承接，打造完善的中试平台、园区配套设施、资金补贴与政策支持等。

以新疆、内蒙古为代表的能源成本优势省区市已经吸引了一批合成生物制造产能落户，如川宁生物伊犁基地、华恒生物巴彦淖尔基地等。对于生物制造企业而言，能源、原料成本是重要的考量因素，这些地区尤其适合成本敏感度高的合成生物大宗产品生产。

五、合成生物产业是趋势不是风口

合成生物学已经发展到了从技术到产业转化的临界点，是值得长期投入、市场空间极大的战略性新兴产业。在技术、政策等因素的驱动下，合成生物产业的发展是大势所趋。不同于半导体、新能源等行业前期发展需要依赖大量补贴，合成生物产业商业化进程可期，具有自主造血能力。虽然短期内面临震荡，但长期来看，合成生物技术必然会深刻革新医药、食品、化工、材料等领域的传统研发与制造模式，带来源源不断的价值增长点。

撰 稿 人：葛党桥　河南创新投资集团，河南投资集团汇融基金
通讯作者：葛党桥　gedangqiao@hnic.com.cn

第七篇

生物技术新领域专利分析

第二十六章　人鼻用疫苗专利分析

第一节　鼻用疫苗发展现状

一、鼻用疫苗的机制及优势

鼻用疫苗是鼻用生物制剂中的重要组成部分。早在20世纪30年代，国外就开展了鼻用疫苗的临床研究。20世纪70年代流感鼻用疫苗首次用于人体，随后也有多个鼻用疫苗应用于呼吸道疾病预防。

生物体内适应性免疫的经典例子包括体液免疫及细胞免疫。黏膜免疫系统是除了经典细胞免疫与体液免疫之外，存在于机体的另一套结构完整、调节完善的免疫系统。目前广泛应用的注射型疫苗能诱导机体产生特异性的体液免疫及细胞免疫，但刺激黏膜细胞分泌产生免疫球蛋白A的效率不高。与注射型疫苗不同，鼻用疫苗将抗原或偶联修饰后的抗原递送到鼻腔黏膜的表面，诱导机体产生全身的系统性免疫，尤其能在黏膜表面分布特异性IgA（immunoglobulin A，免疫球蛋白A）抗体，预防或减轻病原体经黏膜途径入侵造成的人体损伤。

通过鼻腔喷雾方式接种，可在呼吸道形成预防病原微生物入侵的第一道免疫屏障，能更好地激活鼻黏膜以及支气管黏膜的免疫应答，从而更好地诱导黏膜局部免疫应答和全身特异性免疫反应；具有快速起效、持久保护等特点。同时，鼻用疫苗可以防止或显著减少病毒脱落，从而防止或显著减少人际传播。并且，由于鼻腔喷雾属于无针疫苗，接种方式便捷无痛，降低了针刺事故和处理的风险，因此鼻用疫苗的接受度更高，有助于提高疫苗的接种意愿。当使用安全、友好的给药装置后，鼻用疫苗具有创建零医护人员参与的自我接种模式的潜力，在大规模接种以及医护工作者紧缺的欠发达地区推广方面具有优势。

二、上市现状

截至2022年末已上市的鼻喷流感病毒疫苗有5个，均为减毒病毒疫苗。20世纪70

年代苏联实验医学研究所研制出了第一个人鼻喷疫苗——Ultravac®冷适应减毒流感疫苗（表26-1）。苏联/俄罗斯的减毒疫苗技术经澳大利亚运营公司BioDiem许可，中国长春百克生物科技股份公司及印度血清研究所也分别于2020年、2014年推出各自的流感鼻用疫苗产品。美国FDA 2003年批准了鼻喷流感减毒活疫苗FluMist®上市使用，其也是目前美国境内唯一获批的鼻喷疫苗产品。FluMist®的欧洲版本Fleunz Tetra®于2013年在欧洲获批上市，同时也在日本等多个国家投入使用。已上市的鼻喷新型冠状病毒疫苗有2个，疫苗类型相对多样。俄罗斯境内上市的Salnavak®是联合载体的疫苗。国内市场上，北京万泰生物药业股份有限公司生产的dNS1-RBD是基于双重减毒的流感病毒载体开发出的携带新型冠状病毒RBD（receptor binding domain，受体结合区）基因的疫苗。

表26-1　鼻用疫苗上市药物

<table>
<tr><th>产品名称</th><th>适应证</th><th>上市地区及时间</th><th>研发机构</th></tr>
<tr><td>Ultravac®</td><td rowspan="5">流感病毒感染</td><td>苏联（1987年）</td><td>IEM</td></tr>
<tr><td>Nasovac-S®</td><td>印度（2014年）</td><td>印度血清研究所</td></tr>
<tr><td>感雾®</td><td>中国（2020年）</td><td>长春百克生物科技股份公司</td></tr>
<tr><td>FluMist®</td><td>美国（2003年）</td><td rowspan="2">阿斯利康制药公司</td></tr>
<tr><td>Fleunz Tetra®</td><td>欧洲（2013年）</td></tr>
<tr><td>dNS1-RBD</td><td rowspan="2">新型冠状病毒感染</td><td>中国（2022年）</td><td>北京万泰生物药业股份有限公司</td></tr>
<tr><td>Salnavak®</td><td>俄罗斯（2022年）</td><td>俄罗斯 Gamaleya 研究所</td></tr>
</table>

注：IEM为圣彼得堡实验医学研究所（Institute of Experimental Medicine）

第二节　专利申请态势分析

一、全球与中国的申请量发展趋势

对全球及中国的申请量进行分析可以发现，虽然从1968年即开始了对鼻用疫苗的研究，然而在很长的一段时间内，仅有零星数量的专利申请，1987年后美国、欧洲、俄罗斯陆续加大研发投入，申请量逐步开始增加，这可能与苏联于1987年推出了首个流感鼻用疫苗从而激活了研发热情有关。1998—2019年申请量维持在相对稳定的状态（图26-1），以每年20—30项的数量产出专利技术，其间美国、欧洲、印度陆续上市流感鼻用疫苗。2020年之后，受到新冠病毒疫苗研发需求的影响，以美国和中国为主带动了申请量的快速增加。

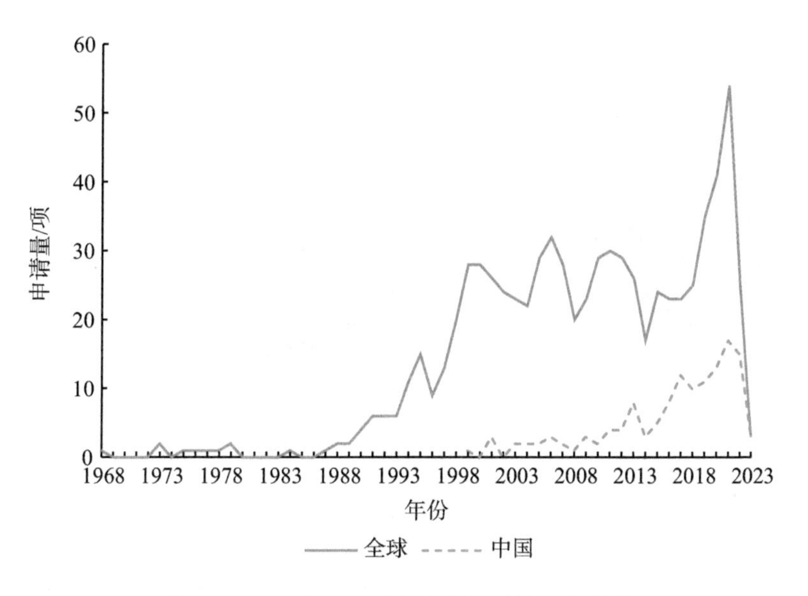

图26-1 全球和中国申请量随时间变化趋势

结合总申请量超过10项的疾病疫苗种类申请时间分布分析，发现20世纪90年代至21世纪10年代，数据的波动主要是由于流感疫苗研发数量的波动，以及广谱的疫苗基础研究的兴起。20世纪90年代末期的波峰中，HIV疫苗、RSV疫苗及肺炎链球菌疫苗的出现也是数据出现波动的原因之一。

二、全球申请量的国家/地区分布

截至2023年8月，申请量排名前五的国家和地区分别是美国、欧洲、中国、俄罗斯及日本。其他国家的申请量较少，总数均在40项以下。美国申请量在全球排名第一，欧洲和中国的申请数量近似，约为美国的一半，但由于人鼻用疫苗已经属于较为细分的领域，因而相差的绝对数量并不多，我国仍有迎头赶上的机会。之后俄罗斯（数据含苏联）以小幅差距排名第四，日本排名第五，但申请量已不足50项（图26-2）。

对申请量排名前五的国家和地区进行进一步分析可以看出，美国、欧洲和俄罗斯（数据含苏联）均起步较早，但后续变化情况各有特点（图26-3）。美国与总体趋势的变化最为接近，同样经历了早期的探索期和中期的稳定期，之后有所回落，随着新冠疫情的暴发，需求带动研发，有了新的快速增长。欧洲在1999年左右略显突出，其他时间则相对稳定，并未明显感受到新冠疫情对研发的促进作用。俄罗斯则长期处在较为稳定的状态，持续地稳步推进，同样未过多受到新冠疫情的影响。日本和中国均起步较晚，日本始终以相对稳定的状态低位运行，新冠疫情暴发后，申请量反而减少，

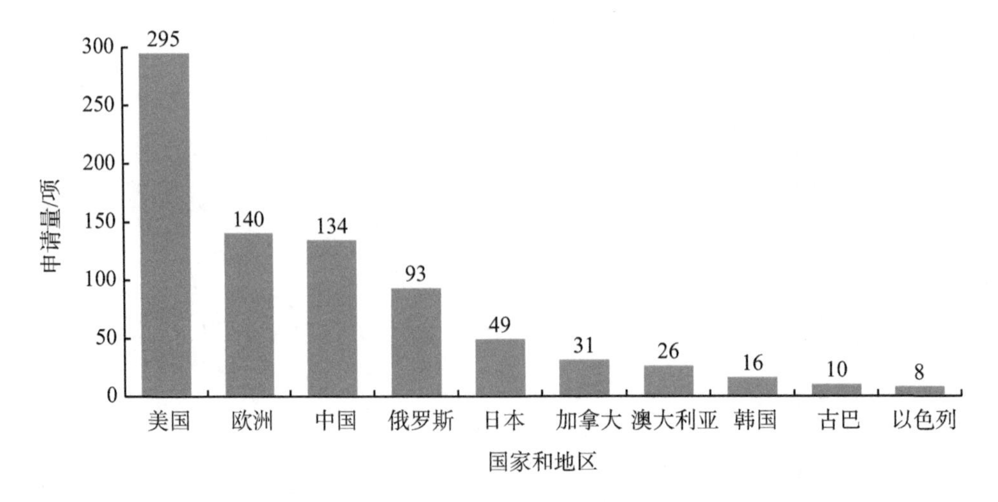

图26-2 主要国家和地区申请量排名

并未在新冠鼻用疫苗方面投入研发力量。中国则分为较缓增长和较快增长两个阶段，前期可能受到了技术研发实力较弱和专利制度建立较晚双重因素的不利影响，导致申请数量较少，但总体处于不断增长和努力追赶的态势，且后期大量投入新冠鼻用疫苗的研发，推动了申请量的快速增长。

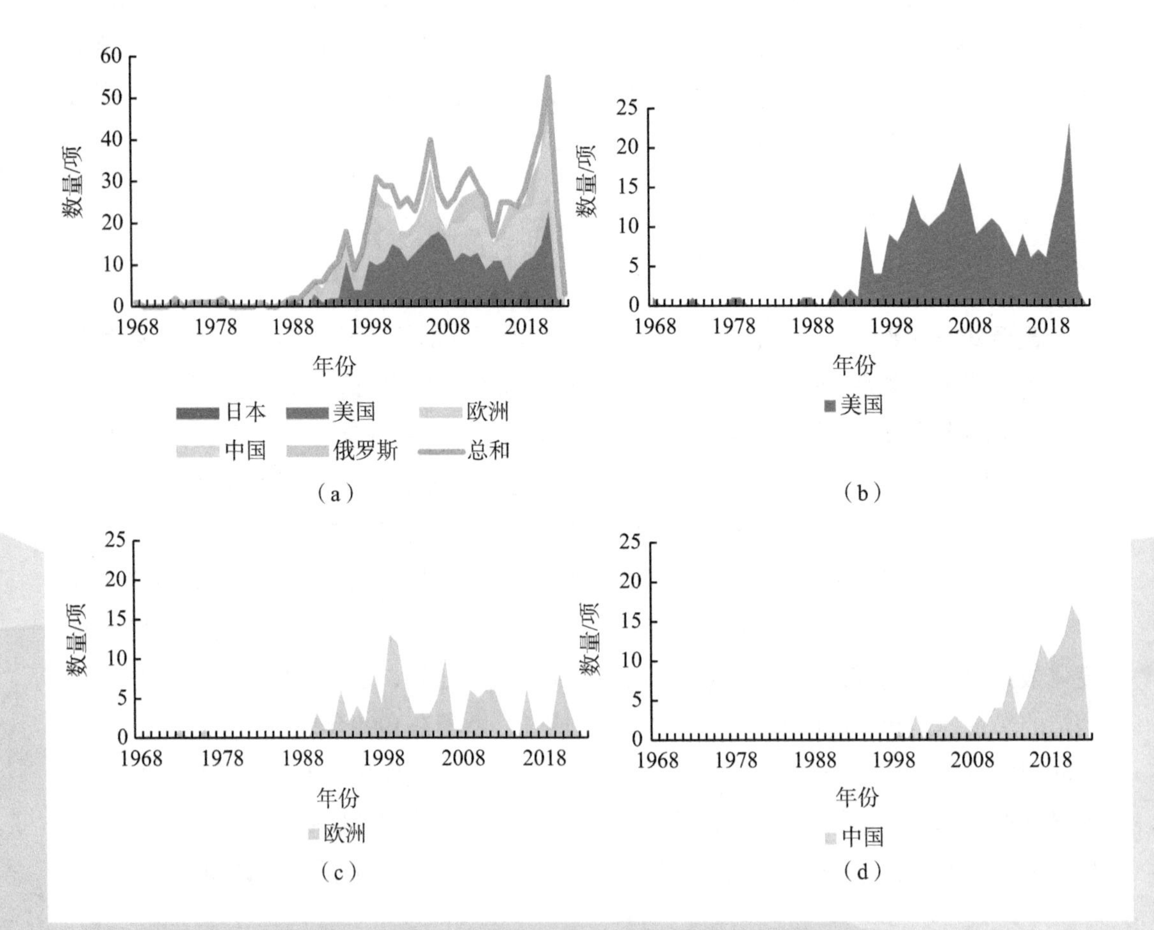

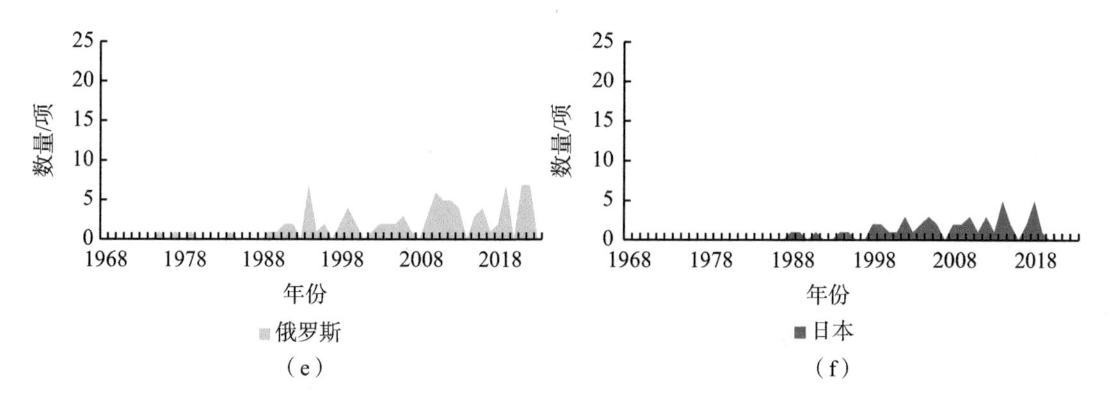

图26-3　主要国家和地区申请量年度分布

三、全球与中国申请人

在全球范围内，排名靠前的申请人以高校、研究所及公司为主。申请量最多的是IEM，其申请量遥遥领先居于首位。第二是美国政府。第三为中国科学院的各个院所，其中中国科学院过程工程研究所3项，中国科学院微生物研究所3项，中国科学院生物物理研究所1项，中国科学院武汉病毒研究所5项。中国人民解放军系统中，中国人民解放军军事医学科学院微生物流行病研究所有6项申请，中国人民解放军第三军医大学2项申请，中国人民解放军军事医学科学院生物工程研究所1项申请。James R. Baker Jr.申请的专利的专利权均已转让，其中4项目前权利人为密西根大学，2项目前权利人为美国生物制药公司BlueWillow Biologics（公司原名NanoBio）。George H. Lowell是位医学博士，从1972年开始投身研究工作，曾于多家学校、研究所、公司任首席科学家。全球申请人排名如图26-4所示。

在中国范围内，排名靠前的申请人以研究院所、高校为主，排名前十中仅有辽宁成大生物股份有限公司一家公司（图26-5）。其中，王健伟、洪涛为中国疾病预防控制中心病毒病预防控制所的职工。

以高校、研究机构等为主要申请人的现象同样反映出人鼻用疫苗领域整体仍处在上游的理论研究阶段，尽管对于个别适应证已经取得了产业上的突破，有相应的药品上市，但对于大多数适应证而言，其仍处在临床前的学术探索阶段，研发成本高、风险大，对于这样的技术，企业更倾向于持谨慎进入、控制投入的态度。

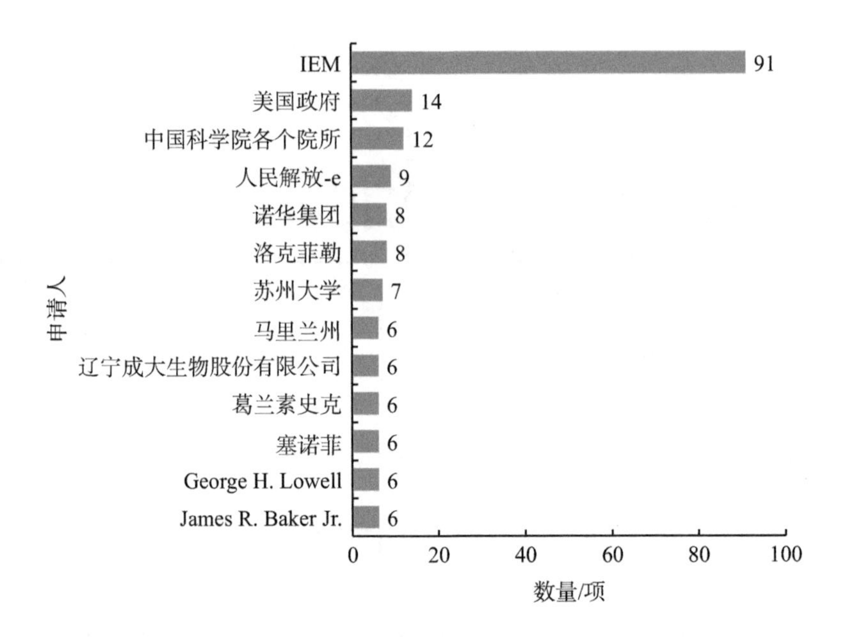

图26-4 全球申请人排名

人民解放-e中包括中国人民解放军第三军医大学、中国人民解放军军事医学科学院微生物流行病研究所、中国人民解放军军事医学科学院生物工程研究所，不包括中国人民解放军第三军医大学和其他学校、医院整合后改名的中国人民解放军陆军军医大学

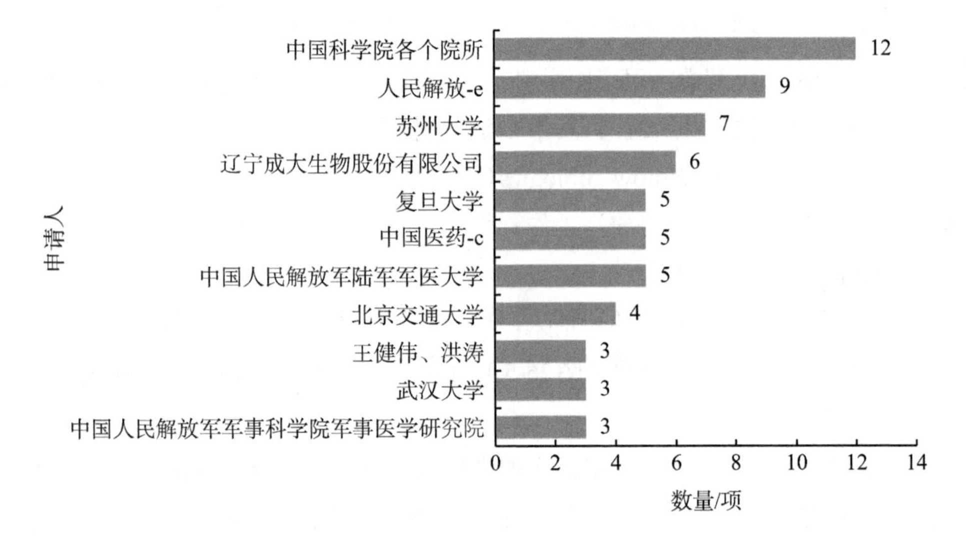

图26-5 中国申请人排名

中国医药-c代表上海医药工业研究院、中国医药工业研究总院、上海现代药物制剂工程研究中心有限公司

第三节 技术构成分析

在整体态势分析的基础上，进一步选取疫苗种类、微生物/适应证、主要技术贡献

点、给药方式、佐剂五个维度对人鼻用疫苗专利申请进行深入的技术构成分析，从中观层面解读各个子领域的技术分布情况和技术特点，以期更加清晰地了解人鼻用疫苗领域的发展现状。

一、疫苗种类构成分析

疫苗通常分为灭活疫苗、减毒疫苗、多肽疫苗（含荚膜多糖结合疫苗）、核酸疫苗（DNA疫苗、mRNA疫苗）、重组载体疫苗（病毒载体疫苗或菌体载体疫苗）、VLP疫苗等。人鼻用疫苗在疫苗种类上，与传统肌注疫苗并无明显区别，科研人员在进行技术研发时，对各种常见疫苗种类均进行了尝试。

图26-6和图26-7分别展示了不同种类人鼻用疫苗的申请量数据及其在各国和地区的分布情况。其中，多肽人鼻用疫苗相关专利申请量在总量中排名第一，且美国、中国、欧洲、日本人鼻用疫苗中申请量排名第一的疫苗种类均是多肽疫苗，表明多肽疫苗是人鼻用疫苗领域主要技术来源国家和地区共同的研发热点。申请量排名第二的疫苗种类是减毒疫苗，其中半数以上的专利申请来自俄罗斯，俄罗斯在该鼻用疫苗种类的技术优势地位与美国在多肽人鼻用疫苗中的地位近似，申请量是排名第二的国家的近两倍，拉开近一个"身位"，而我国和欧洲与排名第二的美国也存在较为明显的差距。病毒载体疫苗和灭活疫苗分别位列第三位和第四位，专利申请数量相当，其中，我国在病毒载体人鼻用疫苗子领域申请量排名第二，在灭活人鼻用疫苗子领域申请量则排第三，位于欧洲之后。这可能与我国起步较晚，欧洲历史积累较多有关。但值得注意的是，对于灭活人鼻用疫苗，欧洲在2017年后以及美国在2019年后，已未见相关专利申请。之后，则是广谱疫苗，本章所称广谱疫苗是指申请文件中验证了三种疾病以上的疫苗，表明其技术具有一定的平台性。可以看出，多数国家或地区均有少量的广谱疫苗相关专利申请，技术贡献点多集中在佐剂和递送系统。

表26-2展示了不同疫苗种类的技术贡献点分布情况。从该表中可以看出，部分疫苗种类受到疫苗本身技术特点的影响，疫苗类型与主要技术贡献点基本一致，例如，减毒疫苗和病毒载体疫苗。多肽疫苗和灭活疫苗更侧重于佐剂的研究，是因为其效果往往强烈地依赖于外加佐剂，而减毒疫苗和病毒载体疫苗则极少关注佐剂，这是由于病毒体本身可以起到佐剂效果。绝大多数疫苗类型都会关注抗原的选择和改造，灭活疫苗和DNA疫苗则较多地关注了递送系统的改进。广谱类专利申请的技术贡献点，主要集中在提供更具普适性的佐剂和递送系统两个方面。

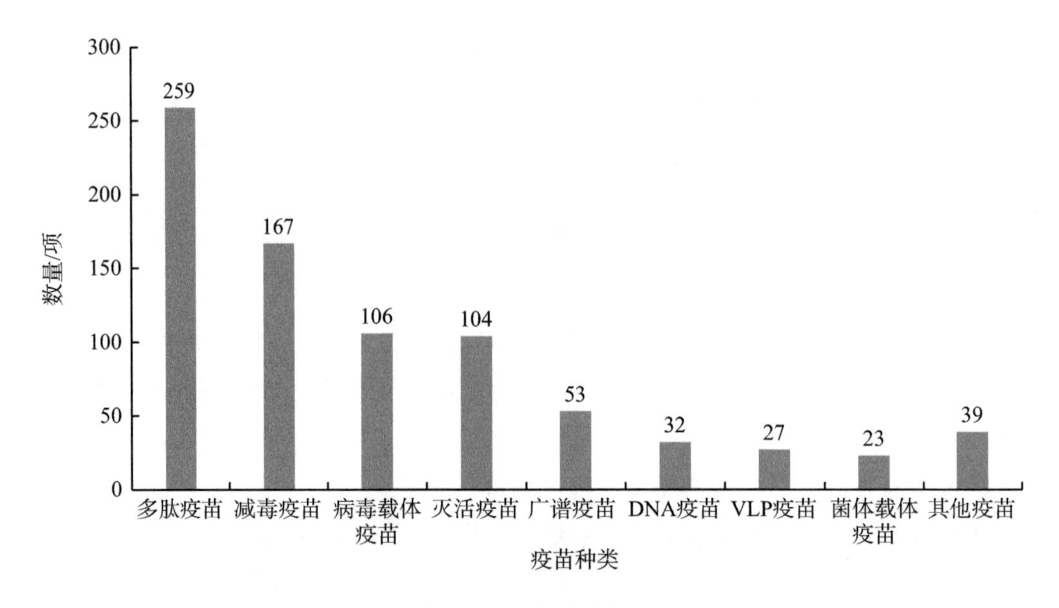

图26-6 疫苗种类排名

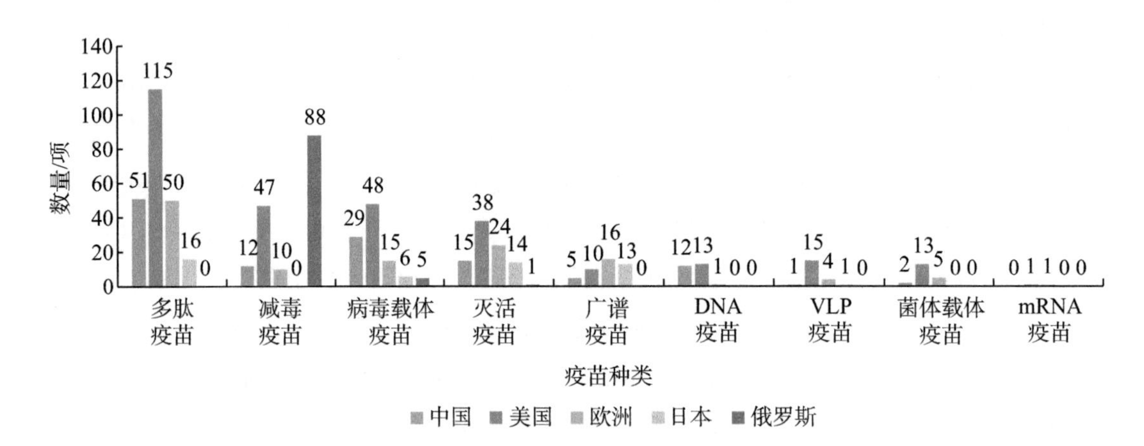

图26-7 疫苗种类的国家和地区分布

表26-2 疫苗种类和主要技术贡献点分析（单位：项）

技术贡献点	多肽疫苗	减毒疫苗	病毒载体疫苗	灭活疫苗	广谱疫苗	DNA疫苗	VLP疫苗	菌体载体疫苗	mRNA疫苗
佐剂	102	3	0	52	33	7	2	0	0
减毒	0	137	0	1	0	0	0	0	0
抗原	77	10	14	15	1	8	3	2	0
递送系统	39	1	2	16	13	14	1	1	3
病毒载体	0	3	61	0	1	0	0	0	0

从技术的角度来看，病毒载体疫苗和菌体载体疫苗往往在递送和提高免疫原性两个方面具有相对较好的优势，因此，课题组对病毒载体疫苗和菌体载体疫苗进一步进行分析，重点聚焦在所用的载体种类上。

图26-8展示了不同病毒载体的申请量排名情况。病毒载体疫苗以腺病毒载体为主，这与腺病毒基因组稳定、宿主广和相对安全，且可在呼吸道繁殖（呼吸道疾病首选）有关，而且目前已上市的基因药物中，不论是否为疫苗，腺病毒载体均是主要病毒载体种类之一，其安全性经过了多种药物的验证。有趣的是，在基因治疗领域应用较多的AAV相对更安全，但是只有3项专利申请（图26-8中因其数量较少而与其他申请量较少的载体合并为其他载体）。另一种基因治疗领域常用的慢病毒载体则仅包括1项涉及非整合慢病毒（non-integrating lentivirus，NILV）载体的专利申请。从研发的角度也可以看出，人鼻用病毒载体疫苗在使用常规基因治疗病毒载体的同时，也在拓展可使用的病毒载体范围，对十余种常见病毒载体进行研发尝试。

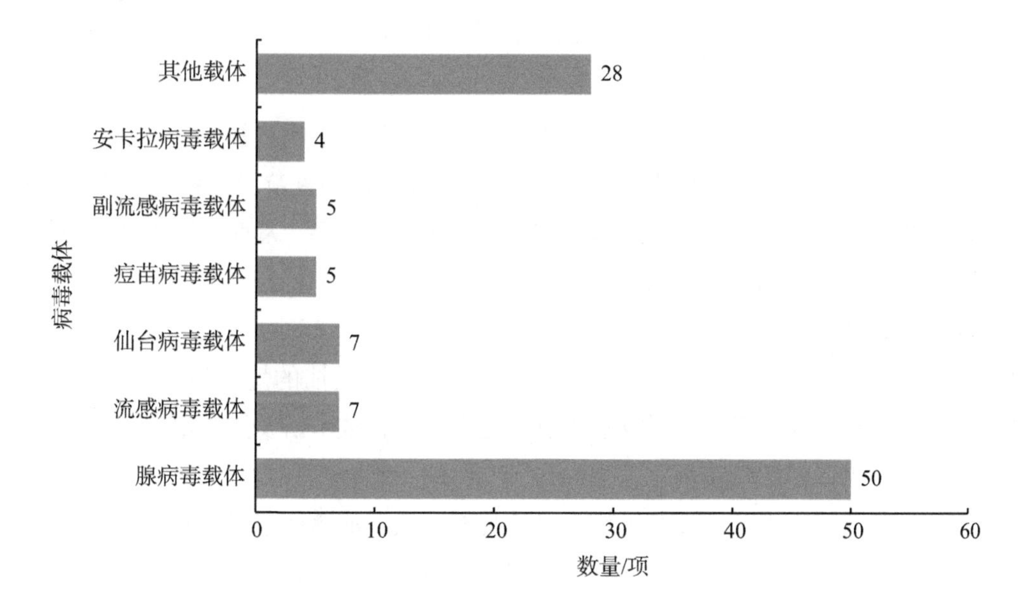

图26-8　病毒载体专利申请数量排名

图26-9展示了不同菌体载体的申请量排名情况。菌体载体疫苗数量整体较少，仍处在早期探索阶段，申请量都仅是个位数，远少于病毒载体，推测可能与菌体载体基因组更为复杂、毒性因子研究尚不完全、安全性有待证实有关。与基因治疗领域常见菌体载体近似，菌体载体人鼻用疫苗相关专利申请也主要围绕大肠杆菌载体、沙门氏菌载体、酵母载体和枯草芽孢杆菌载体等菌体载体。

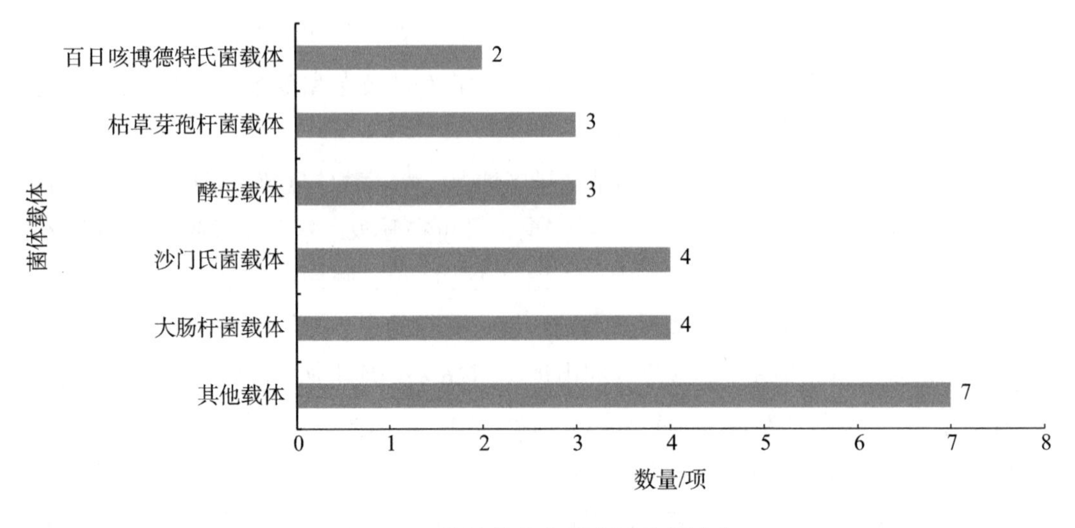

图26-9 菌体载体专利申请数量排名

二、微生物/适应证构成分析

尽管目前上市的人鼻用疫苗仅涉及流感和新冠两种微生物/适应证，但理论上讲，对于经黏膜感染病毒或细菌所导致的适应证而言，其相应的疫苗通过鼻用途径给药时，较传统的肌注途径，都可能额外地提供或增强黏膜免疫效果，从而提高疫苗的防病能力，守住预防的第一道防线。

经统计，人鼻用疫苗共涉及120种微生物/适应证，其中，对于人鼻用疫苗所针对的疾病种类，不论全球层面还是中国层面，最为关注的均为流感（图26-10和图26-11）。人流感鼻用疫苗专利技术的研发起步较早，技术研发推进最为成熟，上市人鼻用疫苗中也以流感疫苗为主，因而，所产出的专利技术数量排名第一。其次的具体适应证为新冠，与人鼻用疫苗上市产品情况相一致。流感属于长期影响较大的呼吸道疾病，而新冠是近年影响较大的呼吸道疾病，这二者占据具体适应证的前两位是科技研发投入和成果产出对基于流行病学造成的市场需求做出的回应。在全球专利申请中排名第二位的是广谱疫苗，其是指申请文件中对三种以上微生物/适应证进行了数据验证，一方面体现了研发者在尝试建立起平台性的疫苗技术，使其技术具有更广阔的市场应用场景，能够更灵活地适用于多种疾病，另一方面也体现出研发者通过对多种疾病进行布局，意图获得更大的专利保护范围，使其专利具有更高的市场价值。中国专利申请中广谱疫苗排名第三，排名第二的是新冠病毒疫苗，这与我国重视新冠病毒疫苗研发有关，但同时也反映出我国在平台性技术研发方面存在不足。

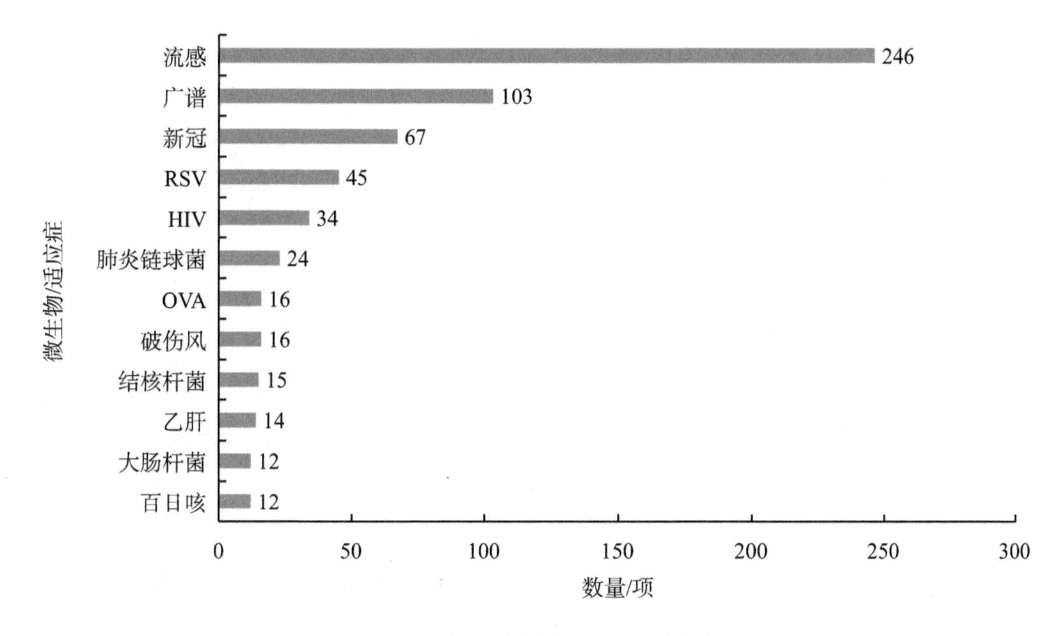

图26-10　主要微生物/适应证排名情况

OVA是卵清蛋白（ovabumin），一种模式抗原

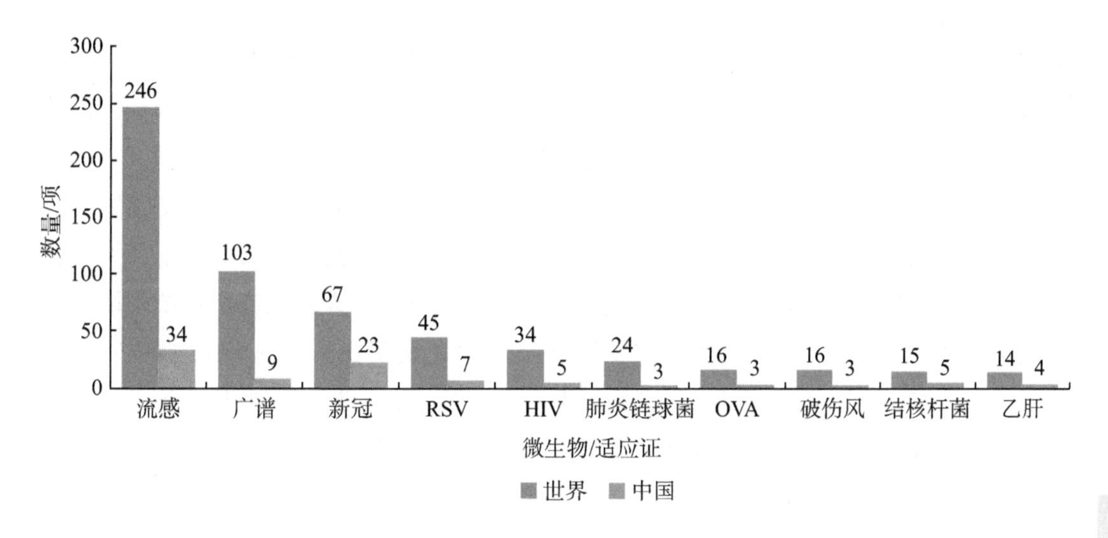

图26-11　微生物/适应证排名情况

此外，RSV、肺炎链球菌、结核杆菌等常见的引起呼吸道疾病的微生物，也受到了较多的关注。而HIV尽管并非呼吸道疾病，但经黏膜感染也是HIV的主要感染途径之一，且研发HIV疫苗一直具有较旺盛的需求，虽然屡战屡败，但也屡败屡战，至今也未曾放弃，特别是对于鼻用疫苗而言，其具有的黏膜免疫性能，使得HIV疫苗的研发仍具有一定希望，因而，可以看到HIV鼻用疫苗相关专利申请量排在所关注到微生物/适应证的前五之内。而“打破伤风针”可能是很多人都经历过的，其市场体量是较为理想的，但破伤风是由破伤风梭状芽孢杆菌（破伤风杆菌）感染引起的，其繁殖通

常依赖于缺氧环境，往往是由小而深的伤口引起，既不属于呼吸道疾病，又不属于有黏膜感染风险的疾病，对这部分专利申请进行阅读可以发现，多是以破伤风抗原作为模式抗原，对佐剂或者递送系统等进行验证，与作为模式抗原的OVA情况近似。

因而，总体而言，人鼻用疫苗所针对的适应证主要集中在呼吸道疾病，同时经黏膜途径感染的疾病也在研发人员的关注范围内。

除了流感疫苗、新冠病毒疫苗和广谱疫苗以外，全球和中国的微生物/适应证排名情况并不完全相同，其中对于RSV、HIV的重视程度，全球和中国是相似的。全球专利申请中排名第6—10位的是肺炎链球菌、OVA、破伤风、结核杆菌、乙肝，而中国则是结核、柯萨奇、轮状病毒、幽门螺杆菌、乙肝（部分数据未展示）。反映了中国对结核病、手足口病、乙肝防治的重视，这可能与我国流行病学情况和患者需求有关。

进一步结合总申请量超过10项的疾病疫苗种类申请时间分布分析可以看出（图26-12），在前期仅有零星专利申请时以流感疫苗为主，之后广谱疫苗、肺炎链球菌、HIV疫苗、RSV疫苗等相关专利申请陆续提出，此外还有乙肝疫苗、结核疫苗、PIV疫苗等相关专利申请，但总体而言除流感疫苗以外的其他疫苗历年产生相关专利申请数量不高，基本维持在个位数。新冠鼻用疫苗走出了完全不同的曲线，以每年20—30项的速度快速铺开专利技术研发，显示出鼻用疫苗领域经过长时间的技术积累，当遇到突发性流行病时，已经具备了快速响应能力。

图26-13展示了主要微生物/适应证的国家和地区分布。人流感鼻用疫苗领域，俄罗斯最为突出，其次是美国，欧洲虽然比我国研发起步早且药品上市时间早，但随着国内生物医药技术的发展，我国在申请量上已经反超欧洲。人新冠鼻用疫苗领域，主要是美国和我国，且我国与美国的申请量相差不大，说明在新出现微生物/适应证领域，我国基本上可以实现与世界强国的同步推进。但对于其他微生物/适应证，包括我国在内的其他国家和地区与美国仍然有相对明显的实力差距，一方面，鼻用疫苗相对于肌注疫苗，属于下一代产品，在研发投入方面，可能受到经济实力的影响，而有选择地优先针对最为常见或最为迫切的微生物/适应证；另一方面，也可能受到各国家和地区之间流行病发展情况的影响，而重视程度不同。但值得注意的是，对于其中所谓的广谱专利申请，我国申请数量明显较少，一方面，可能受限于我国在新型佐剂和新型递送系统这种平台性技术研发投入不足的不良影响；另一方面，也可能是国内申请人在专利布局和撰写技巧方面的问题造成的，由于平台性技术往往需要证实其适用方面的普适性，足够数量的实施例才能够提供相应的支撑，这种验证性实施例数量方面的差距可能会反映到权利要求保护范围大小上，进而会影响专利的价值。

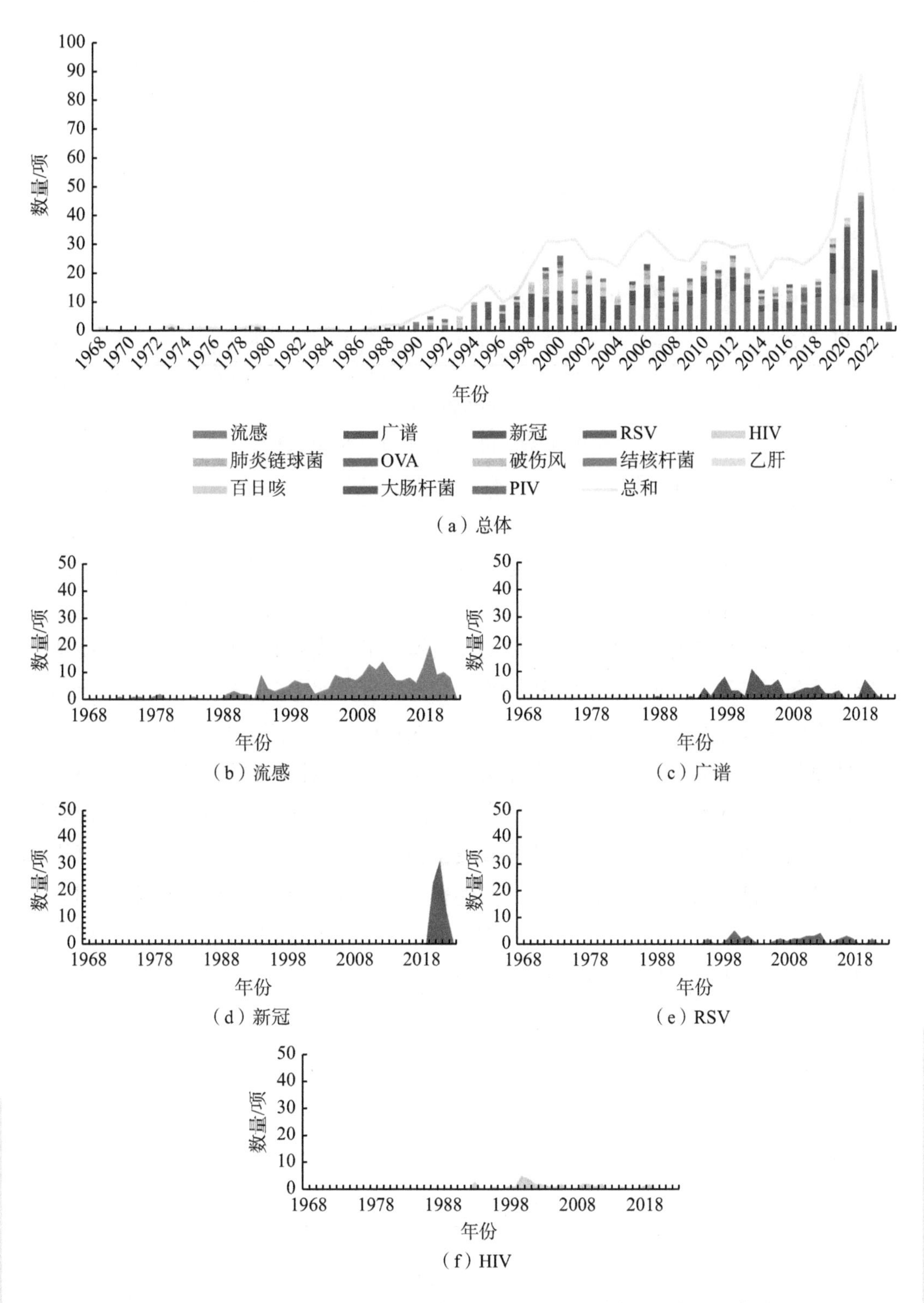

图26-12　微生物/适应证整体年度分布及其重点微生物/适应证年度分布

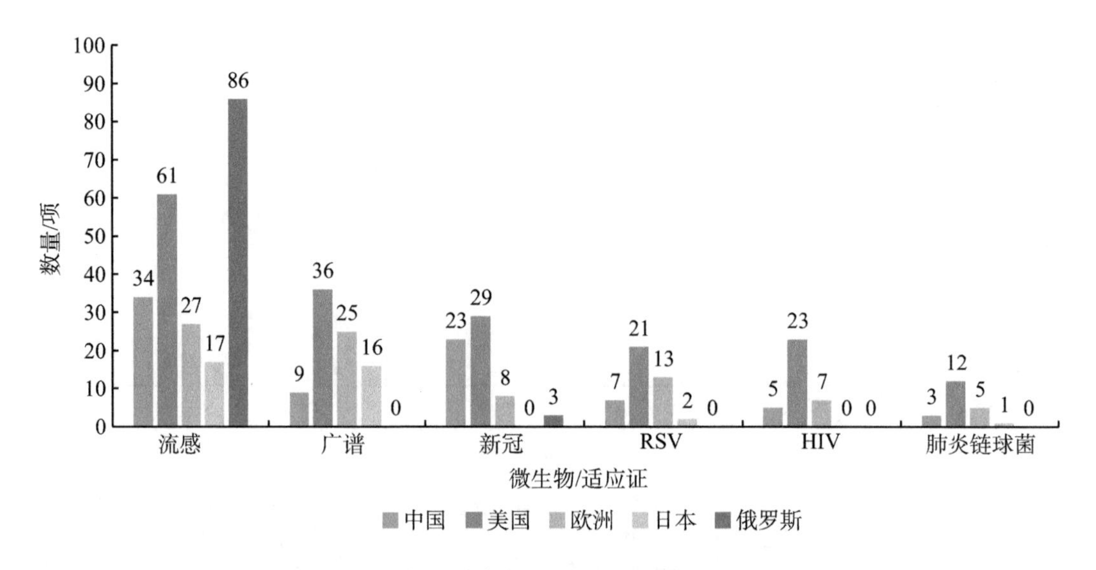

图26-13 主要微生物/适应证的国家和地区分布

图26-14展示了针对不同微生物/适应证的主要疫苗类型。人流感鼻用疫苗中涉及减毒疫苗的专利申请量最多，一方面，俄罗斯在该子领域持续多年深耕，且随病毒株的变异，不断更新；另一方面，俄罗斯的疫苗展现出了优秀的免疫效力，也促使其他国家和地区在该子领域加入竞争。灭活疫苗和多肽疫苗次之，流感病毒载体疫苗也有一定数量的相关专利申请，其他种类则较少。人新冠鼻用疫苗中则是以病毒载体疫苗和多肽疫苗为主，完全没有灭活疫苗相关专利申请，其他种类虽然数量不多，但也均有涉及。对于RSV疫苗、HIV疫苗、肺炎链球菌疫苗，尽管其申请数量不多，但对于主要的疫苗类型基本都有涉及，其中多肽疫苗相对数量较多。对于广谱疫苗，可能是多肽疫苗和灭活疫苗对于佐剂和递送系统的普适性更好，因而这两种疫苗种类相对较多。这提示研发人员，针对不同微生物/适应证时，当减毒株较难以获取时，可以优先考虑多肽疫苗形式，其次是病毒载体疫苗和灭活疫苗。

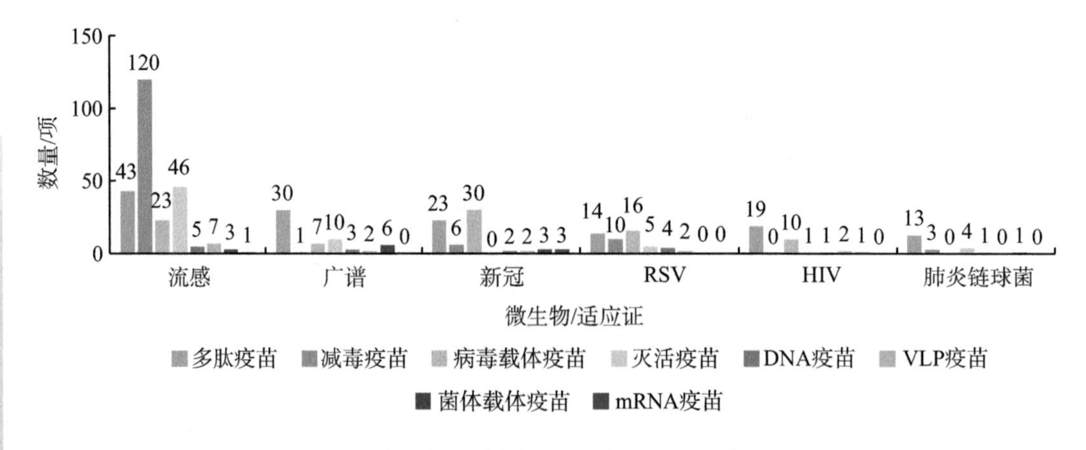

图26-14 针对不同微生物/适应证的主要疫苗类型

图26-15展示了不同微生物/适应证的主要技术贡献点分布情况，对于人流感鼻用疫苗而言，以减毒为主，这与上市产品情况相互呼应，其次是对于多肽疫苗和灭活疫苗较为重要的佐剂和递送系统，以抗原为主要技术贡献点的专利申请数量相对较少，这可能与肌注等给药形式的流感疫苗研发更为成熟，而鼻用疫苗对抗原关注较少、多采用"拿来主义"有关。但对于人新冠鼻用疫苗而言，新冠作为新暴发的疾病种类，抗原为主要技术贡献点的专利申请占比明显较高，且上市的新冠病毒疫苗不论肌注还是鼻用均多为病毒载体疫苗形式，其次为多肽形式，因而相应地，主要技术贡献点集中在病毒载体和抗原。广谱疫苗技术主要集中在具有普适性的佐剂和递送系统。RSV疫苗和HIV疫苗各主要技术贡献点的分布则较为均匀，说明还没有形成主要的技术突破方向，在同步地进行多角度的探索。肺炎链球菌由于血清型较多，较为关注串联抗原或者能提供交叉免疫原性的抗原形式，因而以抗原为主要技术贡献点的专利申请占比更高。总而言之，以减毒和病毒载体为主的适应证相关疫苗，受到疫苗自身结构和研发特点的影响，其主要技术贡献点倾向于疫苗种类特色相关的减毒技术以及病毒载体改造和选择，但对于以多肽疫苗为主的适应证相关疫苗，则基于疾病特点的不同，主要技术贡献点的倾向会有所不同。

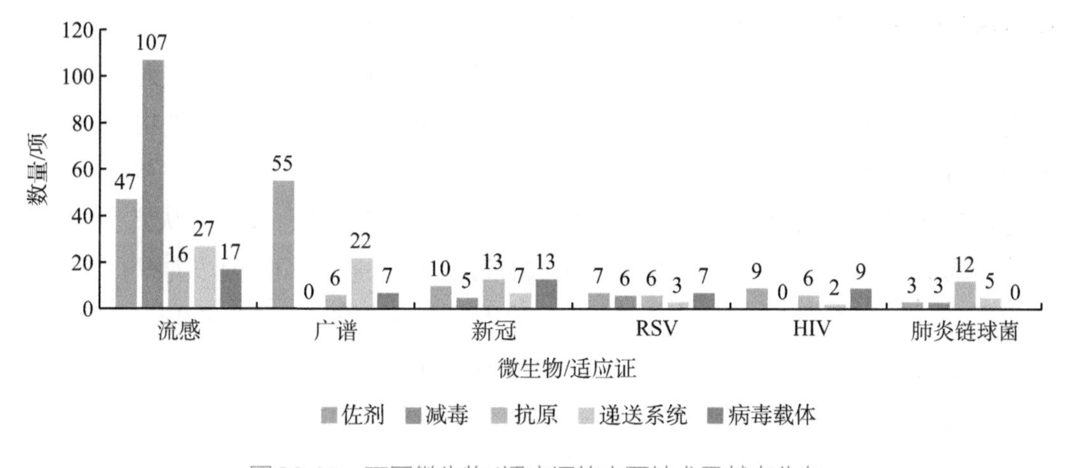

图26-15　不同微生物/适应证的主要技术贡献点分布

三、主要技术贡献点分析

图26-16展示了主要技术贡献点专利申请分布情况。可以看出，人鼻用疫苗专利申请的主要技术贡献点中排名第一的是佐剂的选取，共计197项。除了病毒载体疫苗或菌体载体疫苗等其载体自身兼具佐剂功能的部分疫苗种类以外，大多数疫苗，特别是多肽疫苗，都需要选择合适的佐剂以增强其效果。排名第二的是减毒疫苗的减毒技术，主要包括两种类型：一是通过减毒株与流行株进行6∶2或7∶1重配，该技术以俄罗斯

为主，美国也有个别申请；二是基因工程技术，通过缺失、插入、突变、重排、去优化等方式破坏或削弱毒性因子。之后为抗原的选择和改造，以及递送系统的选择和改进。此外还有病毒载体的选择、抗原或疫苗的组合用药方式、制备工艺、细菌载体的选择，以及治疗的用药方案。

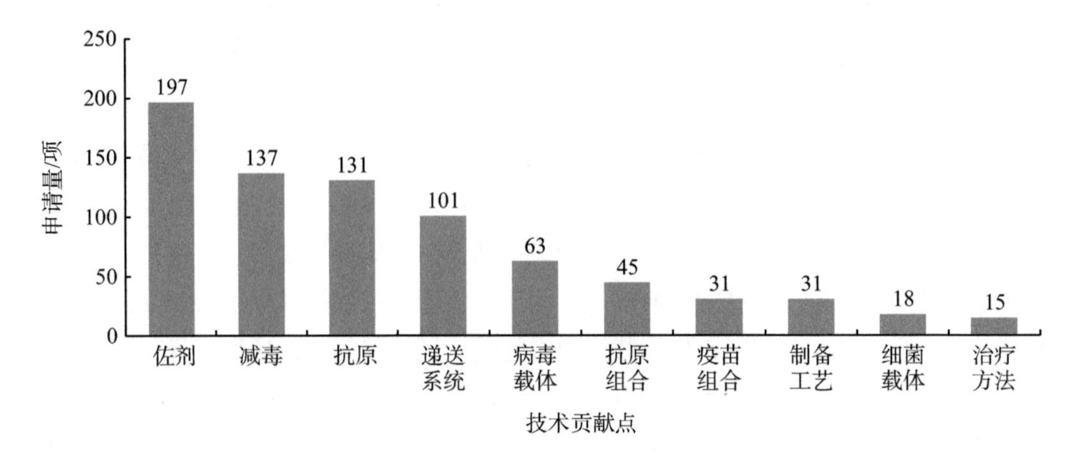

图26-16 主要技术贡献点专利申请量排名

众所周知，目前人鼻用疫苗的研发仍需要克服多重因素的制约，如鼻黏膜纤毛清除导致的疫苗在鼻腔内停留时间短的问题，以及鼻黏膜的黏液层和上皮层对抗原的阻碍等，而解决这些问题往往需要免疫佐剂和递送系统的辅助。专利申请的主要技术贡献点也与这两项技术研发需求相互呼应。

图26-17展示了重点国家和地区专利申请主要技术贡献点分布情况。从该图中可以看出，俄罗斯较为专注于减毒技术以及如何制备新的减毒株。美国对于抗原和佐剂均较为重视，特别是对于作为活性成分的抗原，投入了更多的关注，中国和欧洲与之相比，存在一定的差距。与抗原相比，中国和欧洲更倾向于研究作为辅助成分的佐剂。我国以抗原和递送系统为主要技术贡献点的专利申请数量及其在总量中的占比都相对较弱，这反映出我国技术创新实力仍有待提高，源头创新能力不足，关键技术尚需突破。

四、给药方式分析

鼻用疫苗通常有喷雾剂、滴剂、凝胶剂、气溶胶、干粉等方式。但对专利申请文献进行标引和统计分析后可以看出，绝大多数专利申请（共584项）在说明书实施例描述给药方式时，仅使用“鼻内”、“经鼻”、“点鼻”或“鼻腔定殖”等方式，有148项专利申请明确记载了其方式为滴鼻，使用鼻喷方式的专利申请共143项，而干粉方式的为33项，还有7项使用了气溶胶。

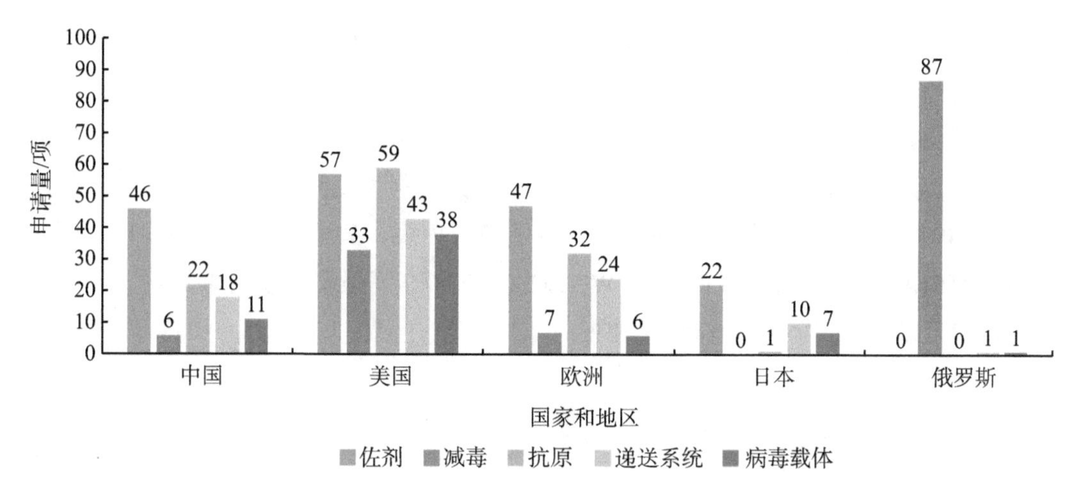

图26-17　重点国家和地区专利申请主要技术贡献点分布情况

对于干粉制剂，WO03043574A2涉及采用冷冻干燥法制备干粉形式的灭活流感疫苗或DNA疫苗，使用带有振动装置和特殊内部构件的装置，允许固体冷冻颗粒在约大气压下的冷干燥空气流中升华干燥时达到流化状态，疫苗原液中加入壳聚糖可以增强免疫效果。CA2698397A1涉及包含诺如病毒VLP、MPL（mono phosphoryl lipid A，单磷酰脂质A）、壳聚糖谷氨酸盐、甘露醇、蔗糖的干粉制剂，使用Bespak UniDose鼻内干粉装置给药。WO2019118393A1涉及使用铝胶、海藻糖、模拟抗原制备液体疫苗，以薄膜冷冻干燥方法转化成干粉。WO2023019194A1涉及AddaVax、D-海藻糖二水合物、模拟抗原制备液体疫苗，以薄膜冷冻干燥方法转化成干粉，相对较低浓度水平的海藻糖可更好地维持疫苗的粒度分布。CA2993242A涉及灭活流感疫苗、破伤风或白喉类毒素、OVA等，与海藻糖、甘露醇或乳糖稳定剂的磷酸缓冲液混合，冷冻干燥后，与微晶纤维素载体和磷酸三钙（tricalcium phosphate，TCP）混合制备成干粉；US20180326039A1进一步研究了使用不同配比的海藻糖和甘露醇作为稳定剂的效果。WO2019021957A1涉及在蔗糖或海藻糖中加入葡聚糖、羟丙基纤维素可有效促进室温下灭活流感疫苗的稳定性，且在蔗糖或海藻糖中加入羟丙基纤维素并通过喷雾干燥法制得粉末，通过以一定的比率混合具有适当的粒径和比容积的载体粉末能够将靶部位递送率提高至30%以上。可见，对于干粉制剂，通过壳聚糖、海藻糖、甘露醇等物质，可调整免疫效果和稳定性；通过调整设备和稳定剂成分，可以改善制备效果，且干粉制剂形式可用于灭活疫苗、VLP疫苗、多肽疫苗、DNA疫苗等。

对于气溶胶，其中有4项专利申请（RU2144955C1、RU2159811C1、RU2183672C1、RU2185437C1）均为俄罗斯的减毒流感疫苗，用RDZH-4M雾化器进行鼻内接种，关注点主要在于毒株的改进，因而并未详细记载制备方式。GB2564901A等也仅记载了使用气溶胶形式的疫苗免疫动物，并未过多关注气溶胶自身的改进。

在给药方式方面，除了制剂形式以外，部分专利申请还关注给药方案。虽然国内已上市的两款黏膜给药的新冠病毒疫苗均是仅作为加强免疫使用的，但对于专利申请文献而言，只有24项专利申请中的鼻用疫苗仅作为加强免疫使用，而绝大多数专利申请（共749项）在进行动物实验时均只采用了鼻内免疫，甚至有部分专利申请，例如WO0121151A1、WO2023044505A2、WO2023091988A1等强调了使用单一剂量鼻用疫苗免疫就可以提供完全保护或有效保护。

五、佐剂分析

（一）佐剂态势分析

通过图26-18和图26-19可以看出，使用最多的是佐剂是霍乱毒素和不耐热肠毒素，二者是研究较早的黏膜佐剂，均具有较强的黏膜佐剂效应，可以看出二者在早期使用量相对较多，但在2012年后，使用量明显下降。CpG在2015年后使用更加频繁；纳米制剂则在2008年有5项专利申请以及2019年后申请量相对较高以外，其余时间申请数量较少。铝剂（含氢氧化铝、明胶等）没有明显的集中使用时间，总体更为平稳。壳聚糖则在2001—2007年使用相对集中，之后申请量明显较少。佐剂的使用存在一定的周期性，近年研究和使用较多的是CpG和纳米制剂。

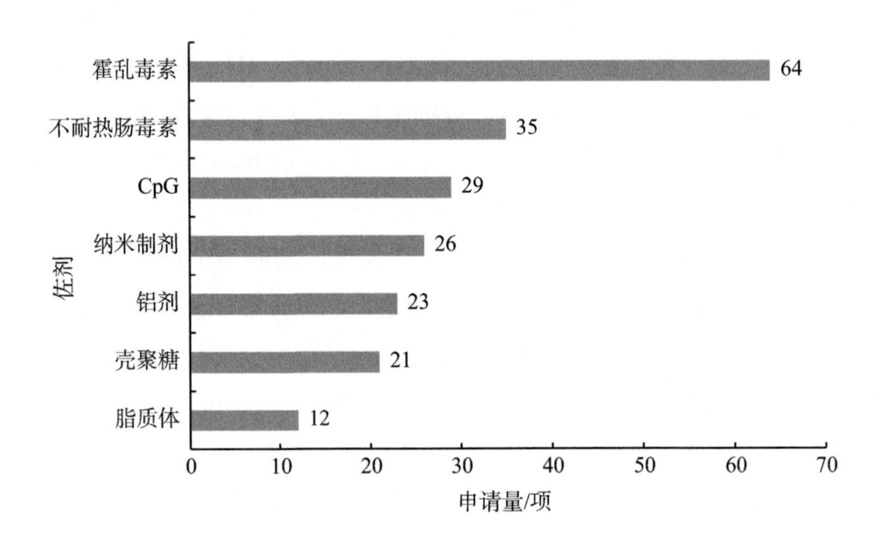

图26-18　主要佐剂申请量排名

CpG为胞嘧啶-磷酸-鸟嘌呤（cytosine-phosphoric acid-guanine）

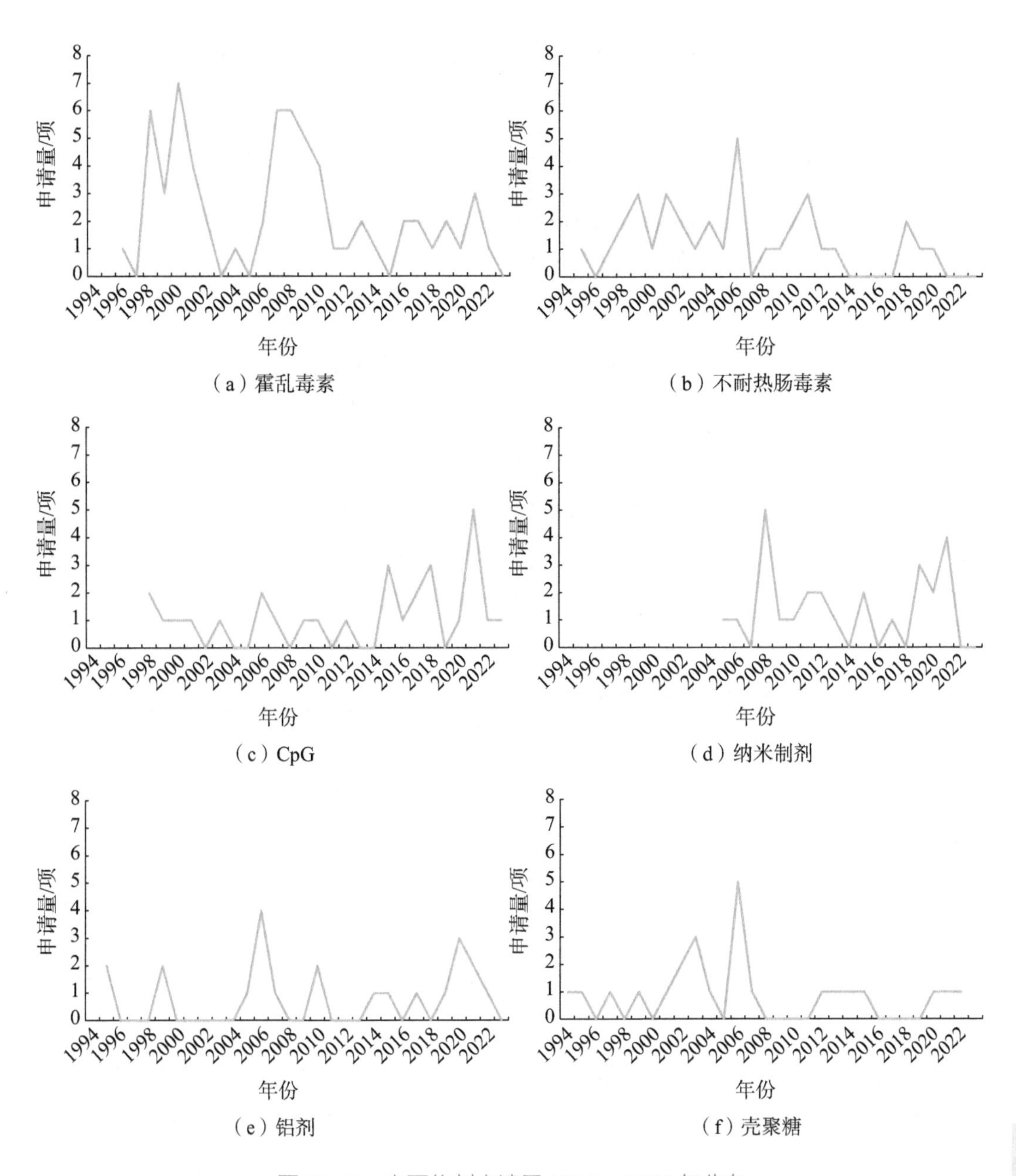

图26-19　主要佐剂申请量1994—2023年分布

图26-20（a）展示了所有使用了佐剂的申请人情况，图26-20（b）展示了发明点是佐剂的专利申请中申请人的排序。

从图26-20中可以看出，所有使用了佐剂的申请人，中国申请人占据了前8名中的3个位置，而佐剂为发明点的申请人中，中国申请人占据了前6名中的4个位置，体现了中国对佐剂的重视。其中中国科学院各个院所申请量最大，其次为人民解放-e。以中国科学院和中国人民解放军军事医学科学院为代表的科研院所目前仍然是佐剂研究的中坚力量。

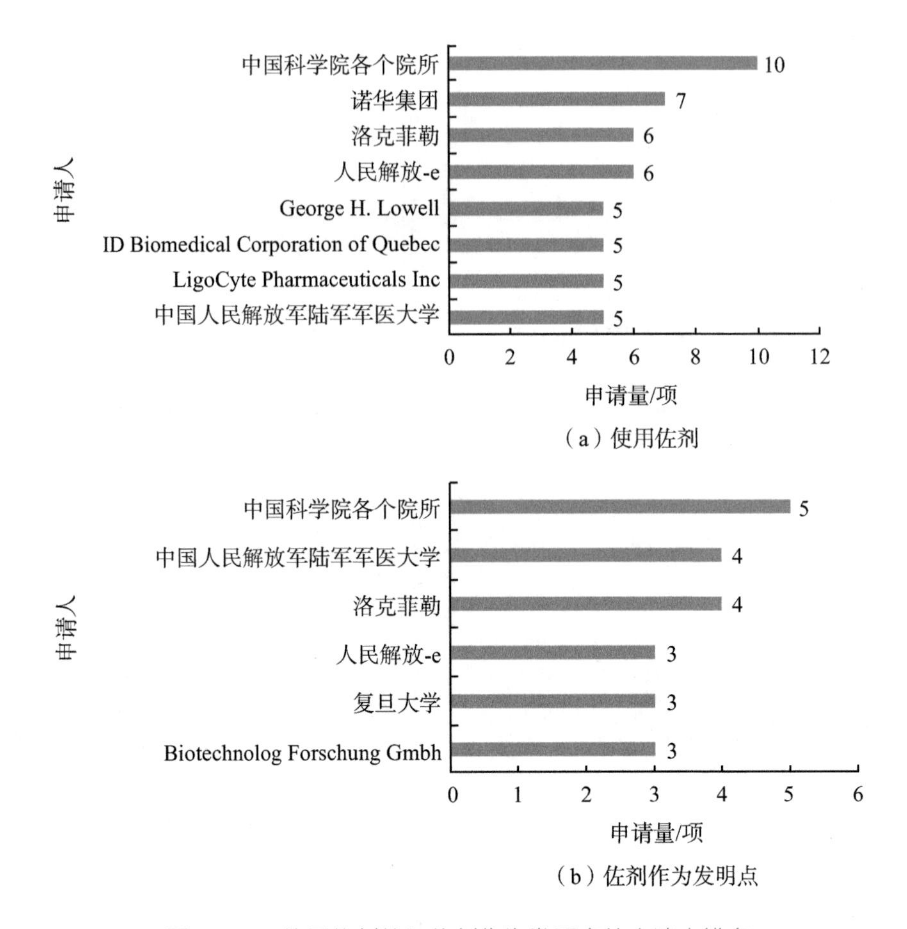

图26-20 使用佐剂的和佐剂作为发明点的申请人排名

（二）重点佐剂分析

1. 霍乱毒素和不耐热肠毒素

霍乱毒素、不耐热肠毒素等是目前已知的研究最深入的强黏膜免疫佐剂，相应地，使用二者的专利申请量也最大。吴梧桐主编的2003年出版的《生物技术药物学》在第255～256页记载了，虽然霍乱毒素和不耐热肠毒素毒性不同，但均由有毒的亚单位A和无毒的亚单位B聚合组成，既能增强黏膜免疫也能增强系统免疫；亚单位均有腺苷二磷酸核糖基化（adenosine diphosphate ribosylation，ADP-ribosylation）作用，亚单位B能与宿主细胞表面受体结合穿透细胞，将亚单位A带入细胞；这类毒素统称为A-B结构毒素或ADP-ribosylation毒素，均有佐剂作用。在专利申请中，亚单位B作为佐剂的使用频率远大于亚单位A，例如WO2007101337A1、WO2008143676A1和CN101496898A等均使用了霍乱毒素亚单位B，WO9926654A1则使用了不耐热肠毒素亚单位B。当然，个别专利会将亚单位A进行突变或构建融合蛋白的方式进行结构改造降低其毒性，例如WO0226255A1将CTA1（霍乱毒素亚单位A的A1片段）与葡萄球菌蛋白A的两个Ig（immunoglobulin，免疫球蛋白）结合结构域连接制备融合蛋白CTA1-DD，无全身毒性且当通过肠胃外途径给予时具有与霍乱毒素相似的佐剂性质。

上述《生物技术药物学》一书中还记载了霍乱毒素、霍乱毒素亚单位B、不耐热肠毒素和不耐热肠毒素亚单位B作为黏膜免疫佐剂时的主要应用有以下几种：霍乱毒素亚单位B与目的抗原按照一定比例直接混合，如流感亚单位疫苗将亚单位抗原与霍乱毒素亚单位B混合接种即可显示良好的免疫效果；通过基因融合构建霍乱毒素或霍乱毒素亚单位B与目的基因融合的蛋白质系统，表达融合蛋白；以化学偶联的方式将抗原和霍乱毒素亚单位B体外偶联。

不耐热肠毒素相比霍乱毒素毒性更低，在哺乳动物中有更广泛的受体，引起的免疫反应更广泛。在专利申请中使用霍乱毒素较多，可能与霍乱毒素早期应用较多有关；据统计，在1999年之前的110项申请中有64项使用了佐剂，其中有18项使用了霍乱毒素相关佐剂。

2023年12月，中国霍乱毒素亚单位B研究又有了新突破，中国科学院过程工程研究所马光辉院士、魏炜研究员团队联合中国人民解放军军事医学科学院生物工程研究所朱力研究员、王恒樑研究员团队，在*Nature*上发表了题为“Inhaled SARS-CoV-2 vaccine for single-dose dry powder aerosol immunization”的研究论文，研发了一种可诱导强大的全身和黏膜免疫反应的可吸入的单剂量干粉气溶胶新冠病毒疫苗，该疫苗将新冠RBD抗原和霍乱毒素亚单位B组装成纳米颗粒封装在微胶囊中，同时含有新冠病毒原始毒株和奥密克戎突变株的抗原，因此对多种毒株具有抵抗效力，为小鼠、仓鼠和非人灵长类动物提供了对抗新冠病毒的有效保护。

2. CpG

CpG DNA也是本领域公认的一种免疫佐剂，例如罗满林主编的2019年出版的《兽医生物制品学》在第81页记载：CpG DNA是含有非甲基化CpG基序的DNA；CpG基序是以非甲基化的CpG为基元构成的回文序列，其碱基排列大多为5’-Pur-Pur-C’PG-Pyr-Pyr-3’具有较强的免疫活性，又称为免疫刺激DNA序列（immunostimulatory DNA sequences，ISS），CpG DNA可同时诱导非特异性免疫及特异性免疫反应，具有佐剂效用；与其他的佐剂相比，CpG可诱导更快速的抗体分泌，并诱出比毒杀性T细胞更强烈的活性；且可远端（如下消化道）黏膜位点诱导显著水平的IgA抗体；人工合成的含有非甲基化CpG基序的CpG ODN（CpG oligodeoxynucleotides，CpG寡聚脱氧核苷酸）与细菌CpG均有免疫刺激效果，且CpG ODN有物种和细胞特异性，应用也非常广泛。

值得注意的是，鉴于霍乱毒素主要诱导抗体的IgG1同种型指示与哮喘有关的Th2型应答，CpG在Th1细胞方面会诱发比弗氏完全佐剂更强烈的免疫反应，Th1型抗体通常具有更好的中和能力；经研究CpG相比霍乱毒素更加安全和有效

（WO9961056A2）。

3. 壳聚糖

壳聚糖，又名几丁聚糖或聚氨基葡萄糖，为脱乙酰基甲壳素，常用作药物制剂的药物载体，同时具备可降解和引起免疫刺激的特性，因此也被用作疫苗佐剂，可见，壳聚糖在疫苗中可同时起到佐剂和递送作用；将其作黏膜接种佐剂也具有增强对许多抗原的全身和黏膜体液应答的潜力，实验证明相比仅使用抗原给药，加入壳聚糖可大大增强IgA的反应（WO9720576A1）。

4. 纳米佐剂

2018—2022年共有7篇人鼻用疫苗相关专利文献使用了纳米佐剂，纳米佐剂应用范围较广，一般指的是使用纳米技术制备的佐剂，常见的有纳米乳或者纳米颗粒等。纳米佐剂的研究起步较早，窦骏主编的2007年出版的《疫苗工程学》一书在第81页记载，早在1982年就在流感疫苗中使用纳米多聚甲基丙烯酸酯作为佐剂的技术，但是直到20世纪90年代纳米技术才得以快速发展；从免疫角度看，纳米佐剂均匀度好，包裹或黏附的抗原颗粒是Mψ的首选吞噬目标，免疫效率高；纳米氢氧化铝、纳米磷酸钙等佐剂粒径小，比表面积大，增强佐剂活性的同时促进了抗原的靶向投递，具有广阔的研究前景。从专利申请上也可发现，近年来纳米佐剂的使用频率逐渐增加，成为佐剂研究的新方向。其中，WO2009131995A1记载了一种纳米乳液佐剂$W_{805}EC$，纳米乳液佐剂通过油、纯化水、非离子洗涤剂、有机溶剂和表面活性剂（如阳离子表面活性剂）的乳化形成，发明人将一种特定比例的纳米乳液佐剂命名为$W_{805}EC$。鼻内给予$W_{805}EC$灭活的A/Wisconsin/7/2004（H3N2）病毒第一次免疫27天后，100%的动物表现出阳性HAI（hemagglutination inhibition test，血凝抑制试验）滴度，滴度在第二次接种21天后增加或保持恒定，其他疫苗单次给药后未观察到类似的稳定性。

第四节　流感鼻用疫苗和新冠鼻用疫苗比较分析

考虑到已上市药品的情况以及申请量排名情况，课题组选取了流感鼻用疫苗和新冠鼻用疫苗进行比较分析，以期通过比较两大热门鼻用疫苗的专利申请情况和技术路线，发掘鼻用疫苗研发思路。

一、申请态势比较分析

疫苗领域的研发往往呈现出与流行病学数据相一致的特点（图26-21）。流感长期困扰西方国家，因此，早在1973年，已经出现流感鼻用疫苗相关的专利申请，度过了早期的技术探索期后，进入持续的产出期。新冠鼻用疫苗则随着2019年末疾病的暴发，专利申请首次出现于2020年，并随着疫情快速蔓延，爆发式地出现申请量高峰。流感鼻用疫苗处在技术研发早期时，专利技术产出量有限，仅有零星申请，之后随着第一支流感鼻用疫苗的上市以及基因工程技术的发展，流感鼻用疫苗相关专利申请量开始缓慢上升，但在2013年后，出现了2013—2018年的低谷，这可能与流感疫苗有效性数据和市场反应不佳有关，2016—2017年和2017—2018年两个流感季，美国儿科学会和美国疾病控制与预防中心均未推荐鼻喷流感疫苗，2017—2019年流感季，美国儿科学会仅将其推荐为备选疫苗，限于不能接种灭活疫苗的儿童使用。但到了2019年2月，更新的数据显示出较好的预防效果，美国疾病控制与预防中心又重新做了推荐，2019—2020年流感季不再作为备选，而是和灭活疫苗并列作为可选疫苗。疫苗的效果得到了数据的支持，市场做出反应的同时，专利申请量也呈现出相应的显著增长，但之后又再次陷入低谷状态。新冠鼻用疫苗由于研发时间较短，后期受到专利申请公开滞后的影响，申请量的显著回落可能并不能真实反映研发情况，但随着新冠常态化管理措施在全球推开，实际申请量也极有可能受市场影响出现明显下滑。

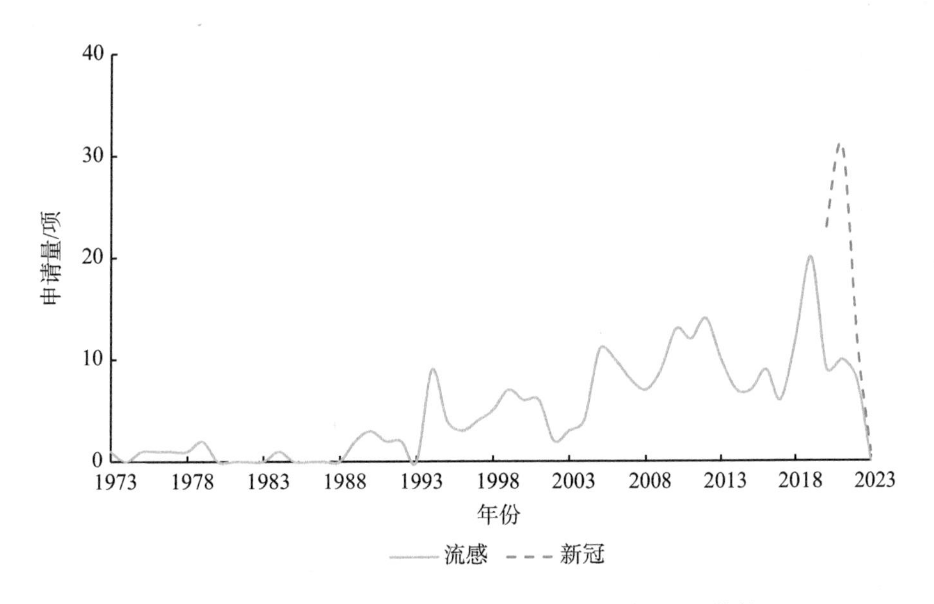

图26-21　流感和新冠鼻用疫苗申请量随时间变化趋势

二、疫苗种类比较分析

流感鼻用疫苗以减毒疫苗为主，也包括灭活疫苗、多肽疫苗、病毒载体疫苗、VLP疫苗等常见疫苗形式，同时还包括新型的mRNA疫苗，尽管其数量非常稀少。这可能是由于通常认为减毒疫苗由其较高的免疫原性和更为全面的抗原组成，更适宜作为鼻用疫苗，然而出于对安全性的担忧，技术研发人员也尝试了灭活疫苗和多肽疫苗等形式，也许是有效性始终不尽如人意，导致这两种疫苗的申请量明显低于减毒疫苗。

新冠鼻用疫苗则以病毒载体疫苗和多肽疫苗为主，减毒疫苗申请量非常低，表明减毒毒株的研发难度较高，尚未获得突破性研发进展，而灭活疫苗可能是由于其明显的低免疫原性缺陷，导致未见该疫苗种类的专利申请。病毒载体疫苗略高于多肽疫苗，这可能是病毒载体作为佐剂之一，往往具有更高的免疫原性，可以提升疫苗的有效性，因而吸引了更多的技术研发投入。同时，新冠鼻用mRNA疫苗相关专利申请数量较流感鼻用疫苗更多，这可能是新冠mRNA注射疫苗的成功上市，为其鼻用mRNA疫苗的发展提供了技术支持和市场刺激。

尽管流感病毒和新冠病毒均为呼吸道病毒，但占据优势的疫苗种类并不相同（图26-22），这表明对于不同的病原体，研发历史不同，技术积累特点不同，以及即使对于常见疫苗种类，根据病原体选择最为适宜的种类也仍然需要摸索和探究。

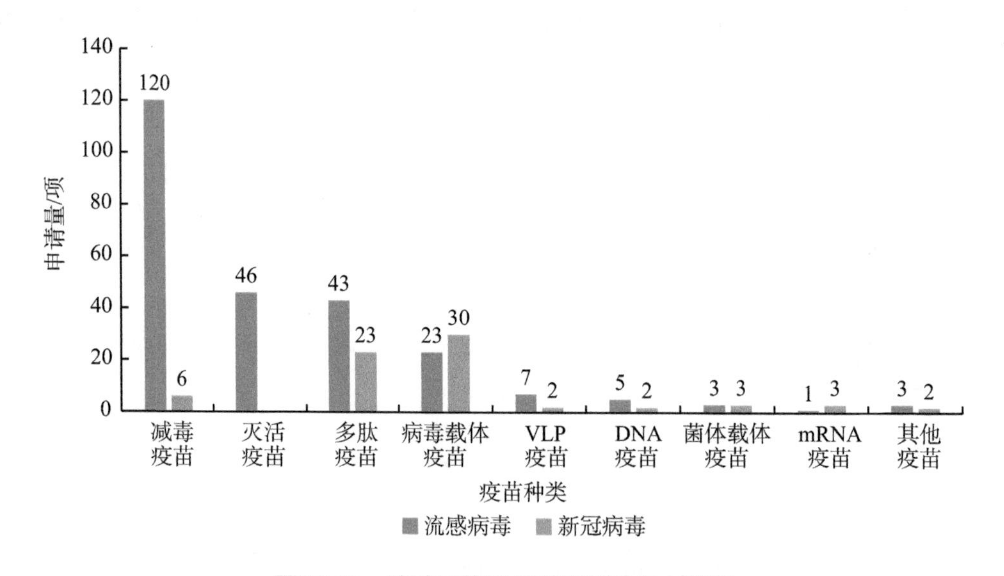

图26-22 流感及新冠病毒疫苗种类申请量

流感鼻用疫苗中减毒疫苗的研究历史悠久，但在1979—1989年的十年间存在相对的研发低谷，1989年申请量显示出微微增长的趋势（图26-23），紧随其后，灭活疫苗和多肽疫苗相关专利申请也开始出现，此后减毒疫苗申请量呈现出小幅震荡的趋势，但年度总申请量最大仅为11项，而多肽疫苗和灭活疫苗总体趋于平缓。DNA疫苗（即质粒载体）和病毒载体疫苗相关专利申请首次出现在1997年和1999年，数年后VLP疫苗专利申请首次出现，2009年后疫苗种类更加丰富，研发人员尝试了菌体载体、与蛋白结合的脂质尾、外膜囊泡等多种递送形式的流感鼻用疫苗，以及最近几年大热门的mRNA疫苗形式。可以看出，流感鼻用疫苗的总体发展思路：由于取得了较为理想的流感疫苗减毒株，使得鼻用疫苗实现首次突破，之后可能是考虑安全性因素，研究向灭活疫苗和多肽疫苗拓展，推测极有可能受到低免疫原性和低疫苗有效性的限制，又促使研究向通过载体提高表达量和免疫原性的方向探索，再之后，则基于VLP可能兼具安全性和有效性的理论，围绕VLP开展相关研究，最终随着生物技术的不断丰富，新思路、新尝试、新类型不断出现。

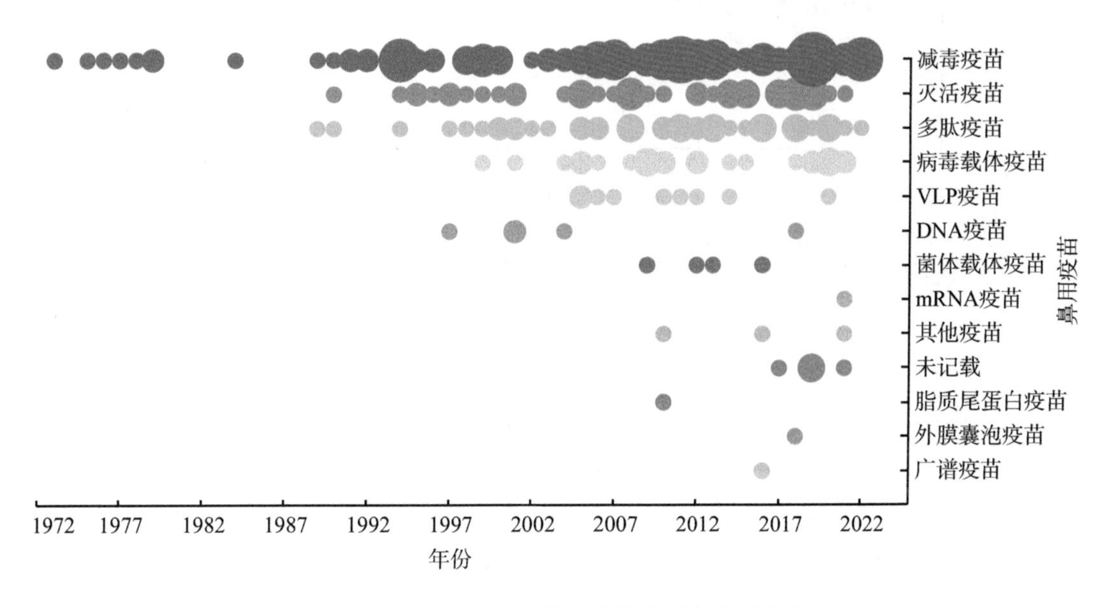

图26-23　流感各种类鼻用疫苗申请量年度变化

新冠鼻用疫苗则是完全不同的发展节奏，在研究初期就呈现多种疫苗形式百花齐放的状态（图26-24），包括病毒载体疫苗、多肽疫苗、减毒疫苗、mRNA疫苗、菌体载体疫苗、DNA疫苗，涵盖了绝大多数流感鼻用疫苗形式，充分体现出其技术研发的后发优势，借鉴和利用了现有的其他病毒疫苗研发过程中积累的经验，此时病毒载体疫苗和多肽疫苗相关专利申请数量只是相对占优，但到了2021年，病毒载体疫苗相关专利申请数量的优势地位急剧提升，在当年总申请量中占比将近60%。2022年多肽疫苗专利申请的数量超过病毒载体疫苗，占据明显优势。考虑到中国专利申请受公开时间影响可能小于其他国家或地区的专利申请，因而进一步考察了中国申请人的申请情况，可以看出2020年中国专利申请数量较少，但也覆盖了病毒载体疫苗、多肽疫苗、DNA疫苗和减毒疫苗多个种类，且数量差异微乎其微。2021年同样以病毒载体疫苗为主，2022年才转向以多肽疫苗为主（数据未显示）。而流感鼻用疫苗则表现出多肽疫苗较病毒载体疫苗起步早、数量多、专利技术产出稳定的趋势，新冠鼻用疫苗的趋势与之不同。这进一步证明了在针对不同的病原体选择适宜的疫苗种类时，根据其自身特点，研发方向会有所不同，且会出现不同的研发方向演变趋势。

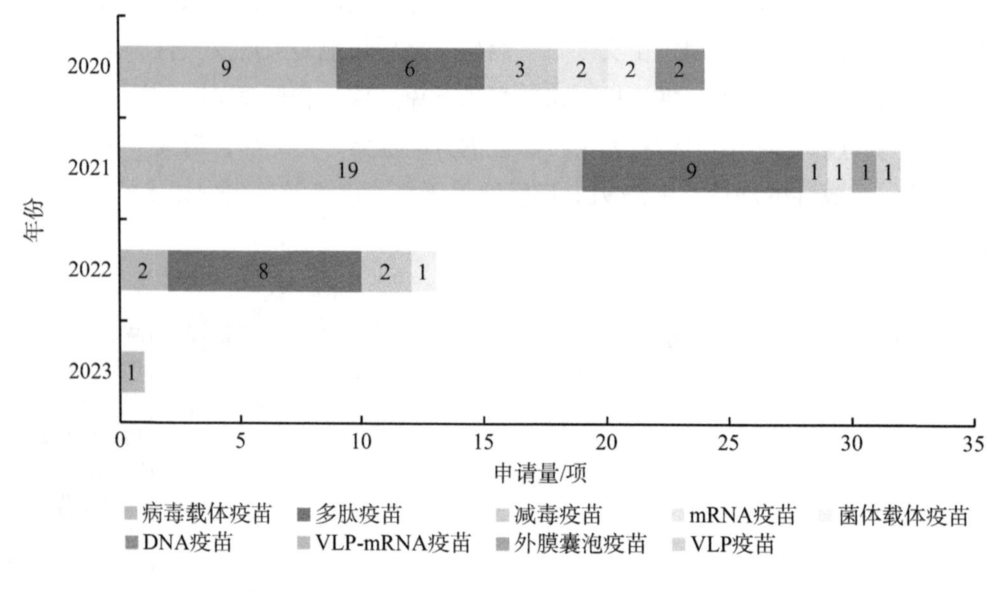

图26-24　新冠各种类鼻用疫苗申请量年度变化

三、抗原比较分析

流感鼻用疫苗以减毒疫苗为主，因而其抗原主要是相应的减毒病毒体（图26-25），其申请量占据总量的55%以上。其次就是以HA蛋白作为抗原（图26-25），申请量占总量将近20%。剩余的25%则是使用了M蛋白、NA蛋白、部分表位肽，以及HA蛋白、NA蛋白、M蛋白、NP蛋白、PA蛋白、PB1蛋白、PB2蛋白的多种组合抗原。采用抗原组合时，多是在HA蛋白或HA蛋白+NA蛋白基础上增加其他抗原。

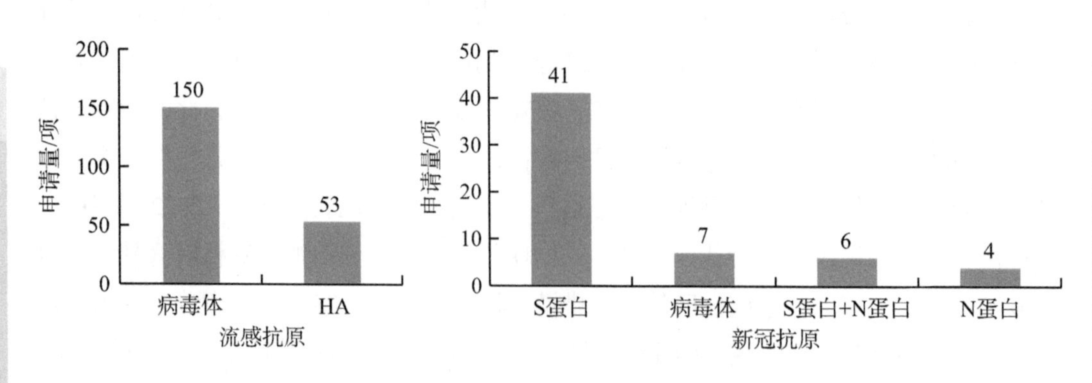

图26-25　流感和新冠鼻用疫苗不同抗原申请量

新冠鼻用疫苗的抗原主要是S蛋白，包括S蛋白的S2P和S6P变体以及S蛋白的RBD等形式，其申请量占据了总申请量的50%以上（图26-25），少量专利申请涉及减毒疫苗，使用了减毒病毒体。还有很少量专利申请仅选用了变异率较低的N蛋白作为单一抗原。与流感鼻用疫苗类似，新冠鼻用疫苗同样尝试了多种抗原组合方式，主要是S蛋白和N蛋白的组合。

两种疫苗在抗原选择时的思路近似，除整个病毒体外，以受体结合蛋白为主，但由于受体结合蛋白的高变异率特点，两种疫苗都在尝试使用相对保守的其他蛋白，或者采用受体结合蛋白与其他抗原组合的思路，来尝试构建具有更广谱的免疫能力或更全面的免疫能力的疫苗。

四、技术来源国/地区比较分析

俄罗斯在流感鼻用疫苗专利技术研发方面具有较为明显的优势，起步早，数量多，总申请量甚至超过美国，成为排名第一的国家（图26-26），但新冠鼻用疫苗专利申请量较少，并未投入过多关注和研发力量，即便如此，俄罗斯也在2022年上市了自主研发的新冠鼻用疫苗，虽然未检索到相关专利申请。尽管日本申请数量较少，仅排在第5位，但同俄罗斯一样，不太关注新冠病毒疫苗研发，更侧重于流感鼻用疫苗的研发。美国、中国、欧洲对于流感和新冠两种鼻用疫苗均有所涉足，美国和欧洲由于起步早，因此，流感鼻用疫苗专利申请量积累明显更多，而中国在流感和新冠两种鼻用疫苗的专利申请数量上相差不大。就流感鼻用疫苗而言，美国虽然申请数量落后于俄罗斯，但与中国和欧洲相比还是拥有较为明显的优势。对于新冠鼻用疫苗，中国与美国申请数量相差不大，说明对于新暴发的流行性疾病，中国的研发速度和研发实力使得专利技术成果的产出量与美国相差不大。欧洲虽然也围绕新冠鼻用疫苗开展了相关研究，但申请数量与美国和中国有一定的差距。

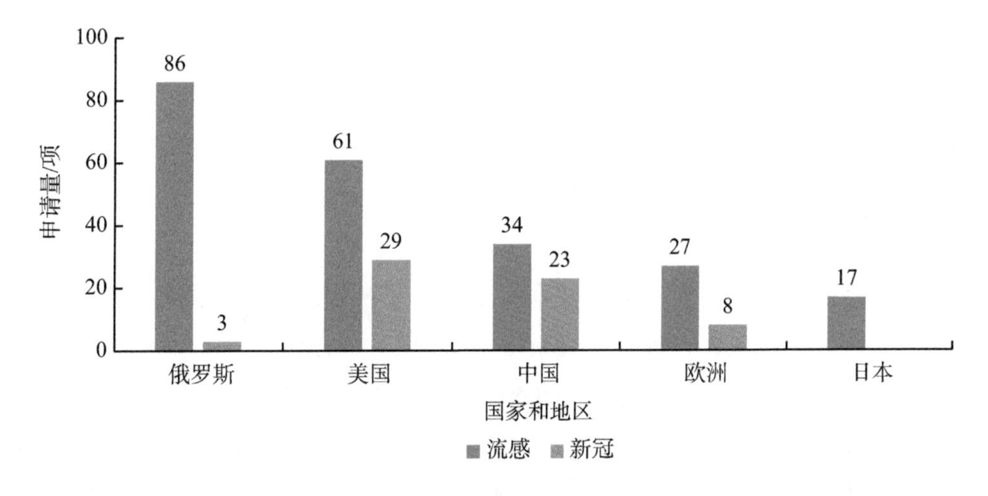

图26-26　流感和新冠鼻用疫苗不同国家和地区专利申请量

不同国家对于流感和新冠两种鼻用疫苗的研发投入和产出具有各自的特点，这可能与各国流行病发展情况和认知态度不同有关。

以最近暴发的新冠疫情为例，进一步分析四个主要国家和地区专利申请数量变化趋势，可以看出，在2020年美国、中国和欧洲均投入了研发力量开展相关研究，美国以其技术优势，在专利申请数量上略微领先，到了2021年，美国申请数量优势进一步扩大，而中国和欧洲专利申请数量与上一年相差无几，同年，俄罗斯也提出了相关专利申请。与另外三个国家和地区不同，俄罗斯在2022年并未提出专利申请，似乎已经放弃了相关技术的研发，美国和欧洲的专利申请数量也明显萎缩，但仍有零星专利申请（图26-27），这种萎缩可能是公开时间尚未满足造成的，也可能是国家政策转向的结果。中国在2022年仍然有相当数量的专利技术产出，一方面可能受到支持政策的影响，另一方面也可能受到了“非典”经验教训的影响，抱着“备而不用”的态度，避免半途而废，完成了相关研究，并就研发成果请求专利申请保护。

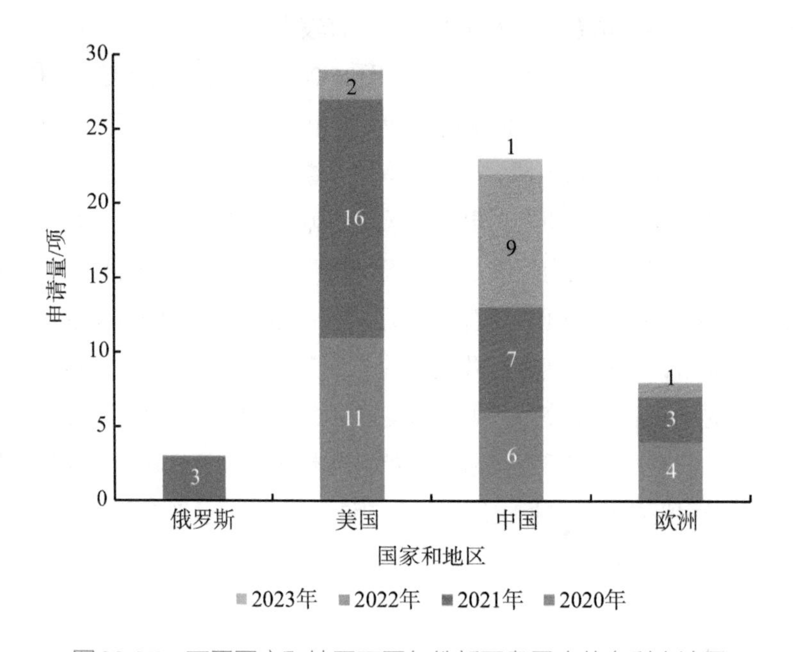

图26-27 不同国家和地区不同年份新冠鼻用疫苗专利申请量

五、技术贡献点比较分析

流感鼻用疫苗相关专利申请的技术贡献点除了减毒以外，最主要的是佐剂，其次为递送系统，病毒载体、抗原、抗原组合和制备工艺相关专利申请数量相差不大（图26-28）。说明鼻用疫苗追求的两大功效——免疫刺激能力和黏膜摄取能力，主要是通过改进佐剂和递送系统加以实现的，但也不乏通过选择病毒载体、改造抗原、调整抗原组合等方式提高免疫效果的相关专利申请量，此外，也有制备工艺和治疗方法等外围技术和下游技术的改进。

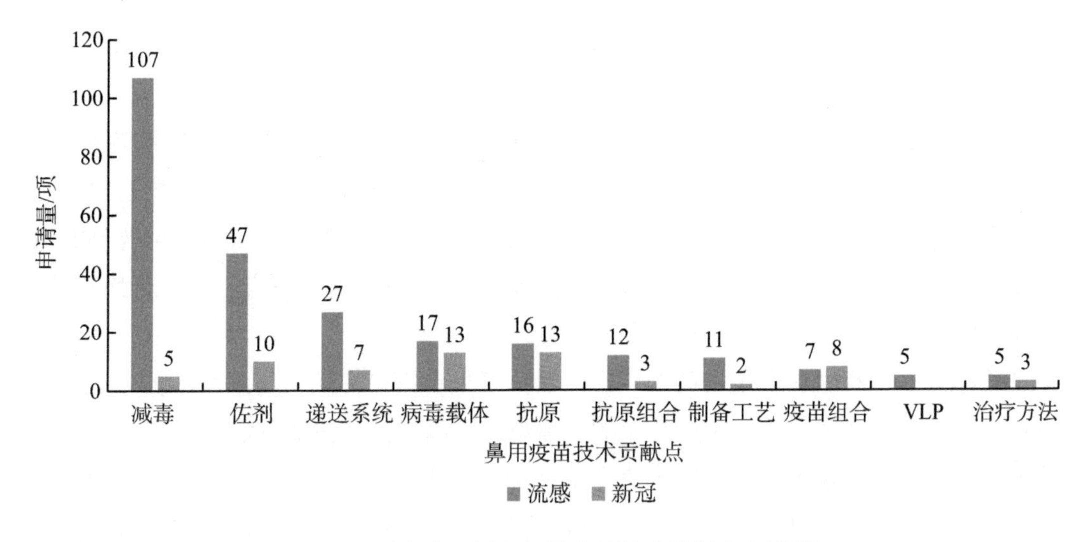

图26-28 流感和新冠鼻用疫苗技术贡献点申请量

新冠鼻用疫苗相关专利申请的技术贡献点主要是病毒载体和抗原，减毒疫苗的数量较少，这可能是因为减毒在技术上实现难度大，安全性也相对较差，少有人选择减毒疫苗研发路线，而基于免疫原性和安全性，有更多人选择研究病毒载体疫苗和多肽疫苗，2020年至2022年这三年时间所提交的以病毒载体或抗原为技术贡献点的新冠鼻用疫苗专利申请的数量与流感的数量已经非常接近。之后才是佐剂和递送系统等，可能是由于佐剂和递送系统有一定的广谱适用性，所以作为新出现的呼吸道病毒，可直接采用或借鉴现有技术，导致申请数量相对较少，特别是递送系统的相关专利申请基本集中在2020年，推测在早期解决基本的递送问题后，已较少关注相关技术的研发。此外值得关注的是疫苗组合，新冠相关专利申请数量甚至超过了流感，这可能归因于新冠多种毒株之间差异以及流行情况所导致的技术研发需求。

总体来看，新冠鼻用疫苗相关专利申请的总量较少，各技术贡献点相关专利申请数量差别不明显，基本处于多种改进思路同步推进的状态，而流感鼻用疫苗则存在具有较明显数量优势的技术贡献点，改进思路相对集中。这可能是由于流感鼻用疫苗研发历史较长，已逐步摸索出更值得关注的改进方向，且部分基础技术已经趋于成熟，因而，更倾向于围绕相对外围的技术进行改进。新冠鼻用疫苗仍处在技术研发早期，同时又具有更多的其他病毒的成功经验可借鉴，使研发人员需要且乐于从多个不同方向进行尝试并提出改进意见。

第五节 结论与建议

人鼻用疫苗领域整体发展不均衡，一方面针对流感和新冠已有多个上市产品，流感鼻用疫苗研发历史悠久，理论和技术基础扎实，新冠鼻用疫苗则凭借生物基因工程和病毒载体技术，后发而先至，成为流感鼻用疫苗之后申请量最高且有上市药品的鼻用疫苗；另一方面，对于呼吸道合胞病毒、肺炎链球菌、轮状病毒、柯萨奇病毒等，仍处在研发积累阶段，等待技术突破的出现。

总体而言，我国在鼻用疫苗领域申请量排名处在第二梯队，与欧洲不相上下，已具备一定的竞争实力，特别是近几年的申请量与美国近似，在新暴发传染病——新冠这一领域，基本实现了与欧美等国家和地区的同步竞争，不再有明显的技术差距。研发方向上，我国与美国、欧洲、日本一样，都选择了以多肽疫苗和病毒载体疫苗为主，但在进一步细分的研发方向上，我国更倾向于研究作为辅助成分的佐剂，但在抗原改造和递送系统方面的研究相对薄弱，且对于佐剂和递送系统的通用性方面重视度不够，仍需要加强活性成分的基础理论和原创研究，以及下游递送系统特别是纳米递送系统和通用递送系统的研发。效果方面，关注以IgA滴度为主的黏膜免疫反应性、与肌注疫苗相比的保护力度、鼻腔停留及递送效果，以及安全性等，专利审查时可以重点考察上述效果及其相应的技术特征。

2024年1月17日，瑞士达沃斯世界经济论坛上，世界卫生组织提出了“为*X*疾病作准备”的议题，探讨了人类该如何应对病原体不确定的潜在“*X*疾病”，提出应更积极地投身于生命科学研究当中，研发广谱或通用的疫苗，为全人类谋取健康福利。人鼻用疫苗因其给药方式和免疫更为便捷，以及快速性和全面性，有利于在疾病突发时迅速建立群体免疫屏障，从而不再受限于接种医护人员人数不足的风险。作为战略性储备技术，应加强更具通用性的佐剂和递送系统以及研发周期更短的mRNA疫苗方面的研发资金和人力投入。

撰 稿 人：张笑乐 国家知识产权局专利局医药生物发明审查部生物制品处
邵旭倩 国家知识产权局专利局医药生物发明审查部基因工程处
张 弛 国家知识产权局专利局复审和无效审理部医药生物申诉二处
通讯作者：张 弛 zhangchi_1@cnipa.gov.cn

第二十七章　工业底盘细胞专利分析

底盘细胞是代谢反应发生的宿主细胞，是将合成的功能化元件、线路和途径等系统置入其中达到理性设计目的的重要合成生物学反应平台。随着系统生物学、合成生物学及基因编辑技术的发展，构建理性、高效的工业底盘细胞对推动物质生产绿色迭代及社会经济可持续发展意义重大。

本章针对4种常见的工业底盘细胞开展全球专利分析。重点关注近20年来4种常见底盘细胞创新发展态势，包括技术总体发展趋势、技术主要来源与市场分布、技术构成与研发重点、重点产业及企业动态等。

第一节　大肠杆菌创新发展态势

一、技术总体发展趋势

1. 全球专利申请趋势

大肠杆菌技术全球专利申请总量达9206项，整体呈上升态势，可分为三个阶段。如图27-1所示，第一阶段是缓慢发展期（2004—2011年），年申请量及年均增长率较低，该时期专利申请寡头较多，主要集中在味之素株式会社、希杰等国外公司。第二阶段是快速发展期（2012—2020年），年申请数量明显提升，整体申请量较上一阶段增长近3倍，该时期大量中国高校及科研院所加入。第三阶段是高速发展期（2021年以后），主要特点表现为中国创新活跃度不断提升，专利申请数量快速增长。

2. 中外专利申请人趋势对比

如图27-2所示，在缓慢发展期，国外申请人与中国申请人相比在该领域研发实力强，专利布局起步早且数量高。2012年，中国申请人专利申请数量首次超过国外申请人且呈井喷式增长，在某种程度上反映了我国在该领域的研发实力不断增强且市场热度不断提升。

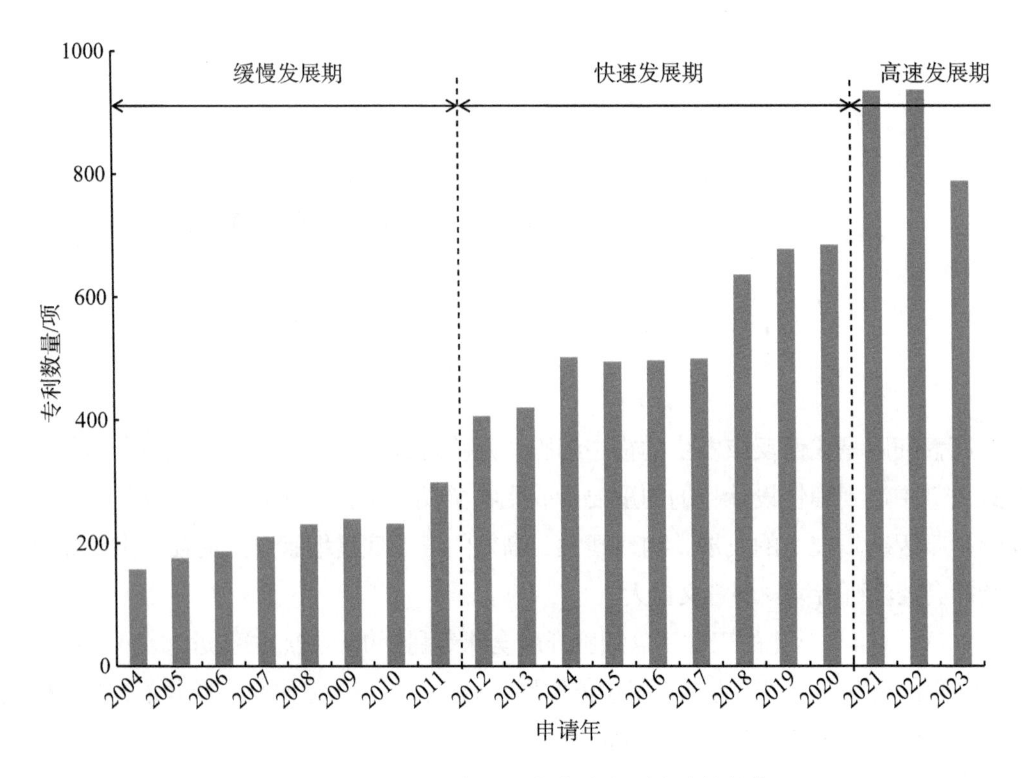

图27-1 近20年大肠杆菌全球专利申请趋势[①]

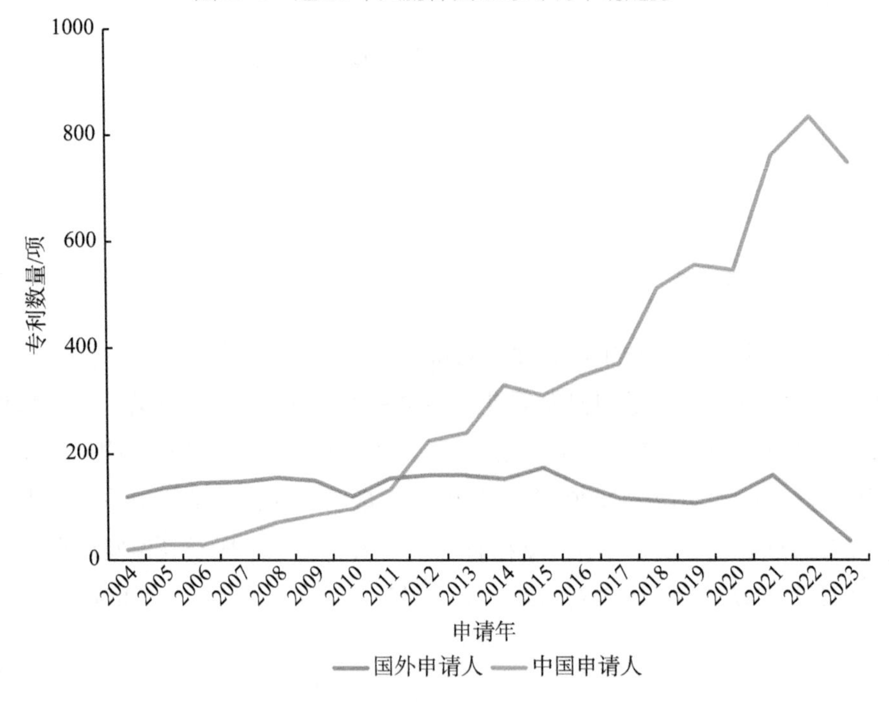

图27-2 近20年中外专利申请人专利申请趋势对比

① 一般专利申请需要18个月后公开，因此本章在专利申请趋势分析中选取的2022年及2023年数据具有不完整性。

二、技术主要来源与市场分布

1. 全球Top10专利申请人

从全球Top10专利申请人来看（图27-3），大肠杆菌技术主要来源于亚洲国家，中国申请人主要为高校及科研机构，国外申请人主要为企业。根据技术不同发展阶段进一步分析，味之素株式会社在该领域研发起步早，专利布局数量较高，但近几年在该领域研发投入显著降低；江南大学在该领域具有较强的实力且在该领域持续开展相关研究。

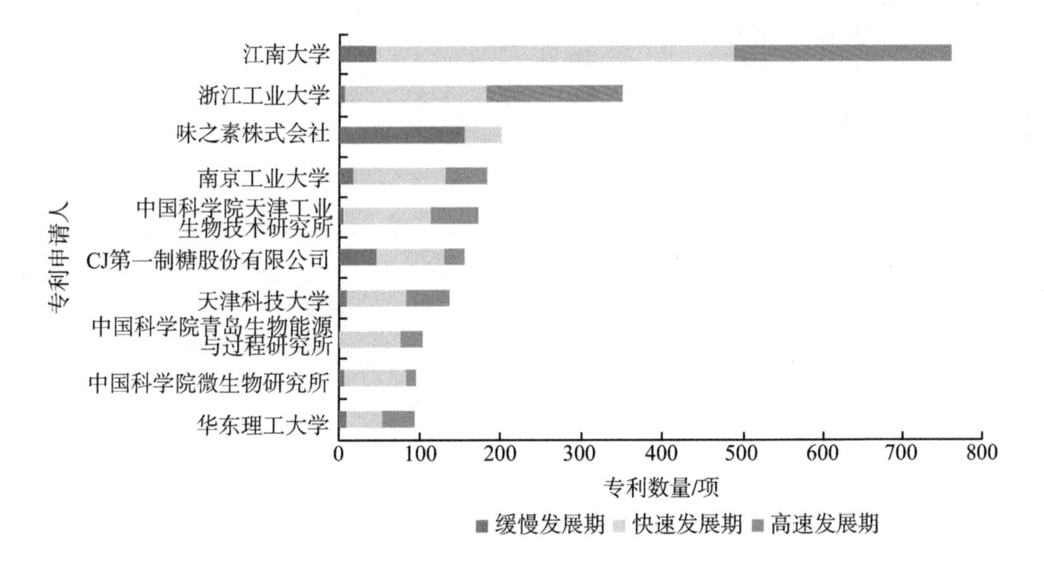

图27-3　全球Top10专利申请人

2. 全球主要技术来源国

从图27-4可以看出，大肠杆菌技术主要来源于中国、美国、韩国、日本及德国。美国的基因组股份有限公司、加利福尼亚大学董事会及德国的赢创德固赛有限公司、巴斯夫公司等在该领域也具有较强的实力。

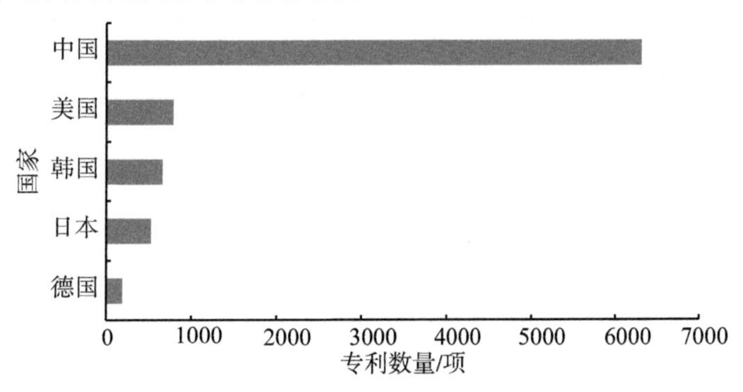

图27-4　全球主要技术来源国

3. 全球主要市场布局

国外Top5申请人普遍注重全球市场布局[图27-5（a）]，值得注意的是，奥地利、巴西、印度也是主要布局国家。国内Top5申请人全球布局范围较窄，值得注意的是中国科学院天津工业生物技术研究所在大肠杆菌技术上全球布局范围相对广泛[图27-5（b）]。

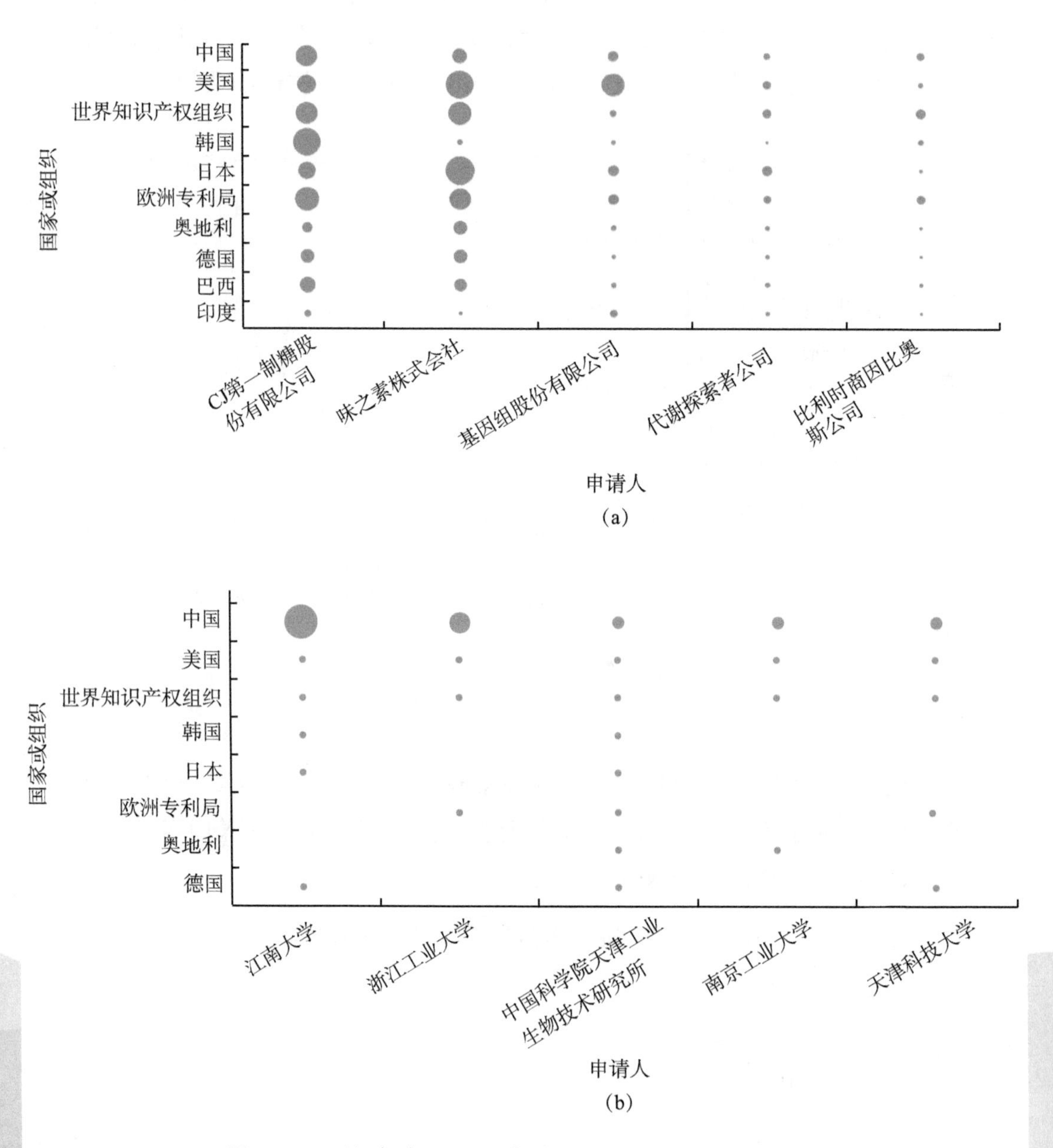

图27-5　国外[（a）]和国内[（b）]Top5专利申请人市场布局

三、技术构成与研发重点

1. 技术研发重点

大肠杆菌研发主要集中于氨基酸、有机酸、酶制剂、糖类、天然产物及医药中间体等产业领域（图27-6）。从历年申请分布来看，大肠杆菌一直以来是氨基酸产业的理想底盘，涉及氨基酸种类广泛，包括赖氨酸、谷氨酸、苏氨酸等18种。此外，在维生素、化工醇产业领域也有相关研究。

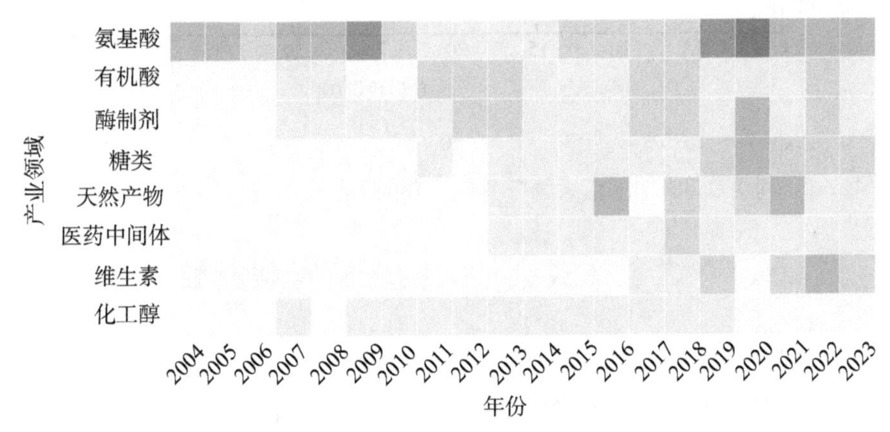

图27-6　大肠杆菌研发重点产业分布

2. 技术构成分析

自2013年麻省理工学院公开了通过CRISPR-Cas基因编辑技术控制原核基因表达系统（EP2014188820）之后，基于CRISPR-Cas基因编辑技术在大肠杆菌上改造，呈现了快速的增长[图27-7（a）]。利用CRISPR技术对大肠杆菌的改造已经在氨基酸、维生素及天然产物等产业领域有广泛的应用[图27-7（b）]。

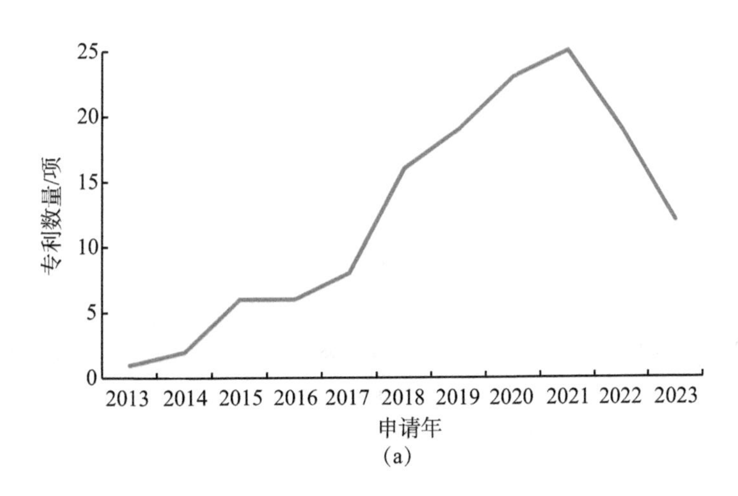

(a)

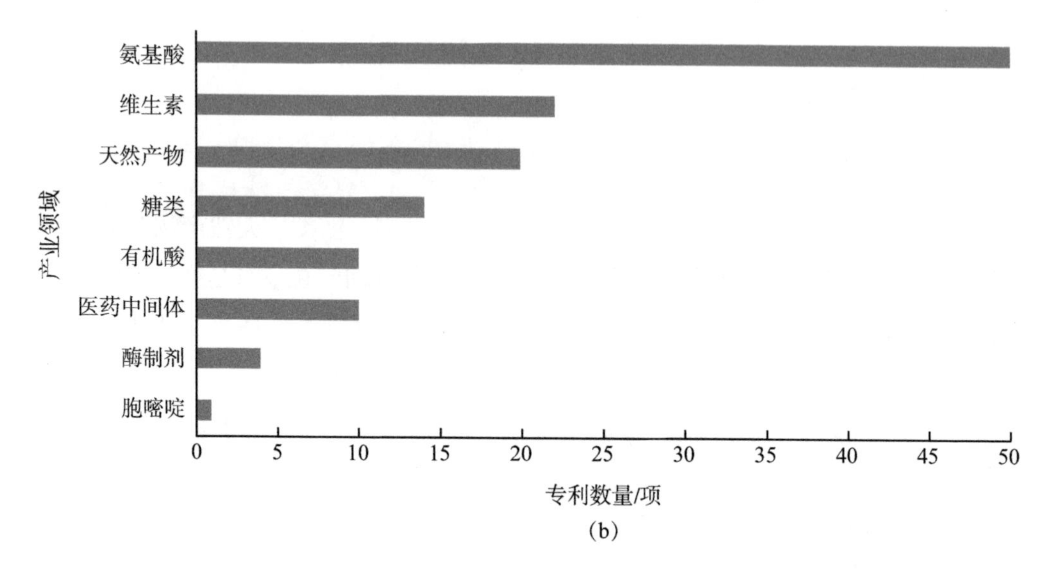

图27-7 利用CRISPR改造大肠杆菌专利申请趋势[(a)]和应用产业分布[(b)]

四、味之素株式会社大肠杆菌专利发展态势

味之素株式会社在大肠杆菌研发上共申请专利204项，研发重点产业以氨基酸为主。2011年以前，氨基酸占比高达91.6%。2011年以后，专利申请数量明显减少且呈下降趋势，氨基酸产业占比下降到68.6%，同时在多肽、异戊二烯产业领域进行了相关专利布局。值得注意的是，该公司在2020年以后没有关于大肠杆菌的专利布局（图27-8）。

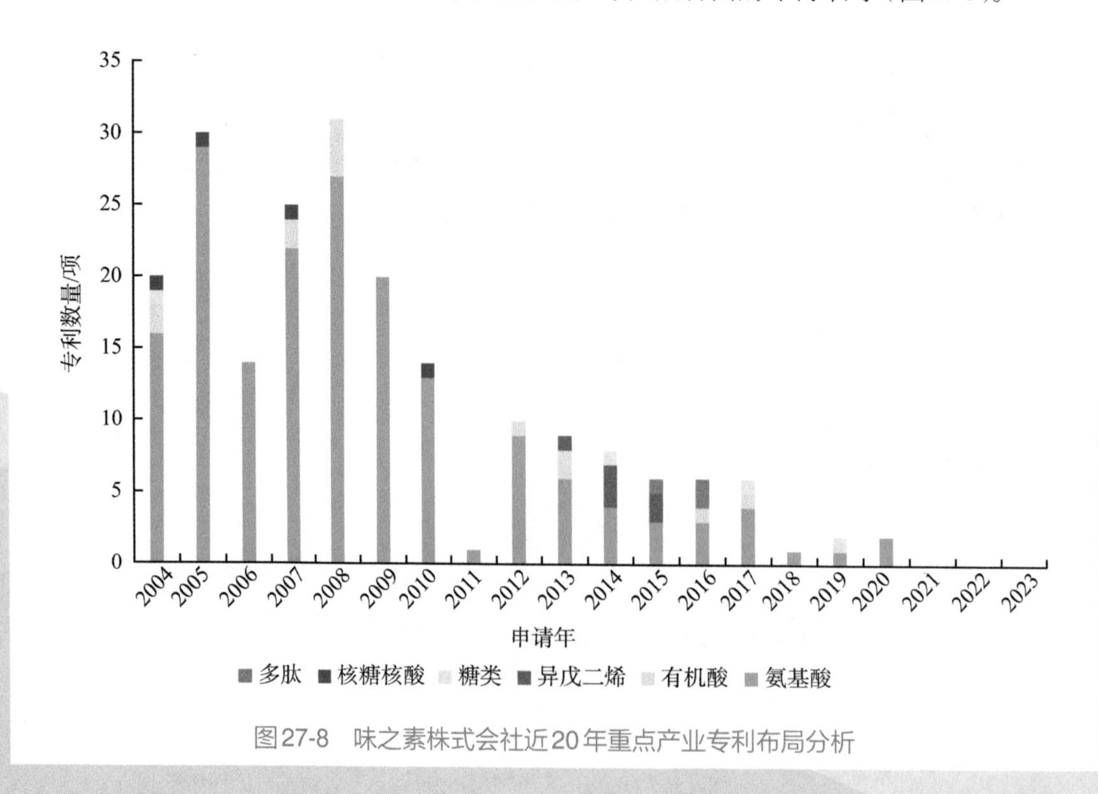

图27-8 味之素株式会社近20年重点产业专利布局分析

从图27-9可以看出，该公司非常重视氨基酸产业全球专利布局，布局国家范围广泛，除主要发达国家外，还包括泰国、印度尼西亚、俄罗斯、巴西及奥地利等国家。同时在有机酸、异戊二烯、糖类、核糖核酸及多肽等领域也进行了海外布局，但主要为美国、中国及欧洲。

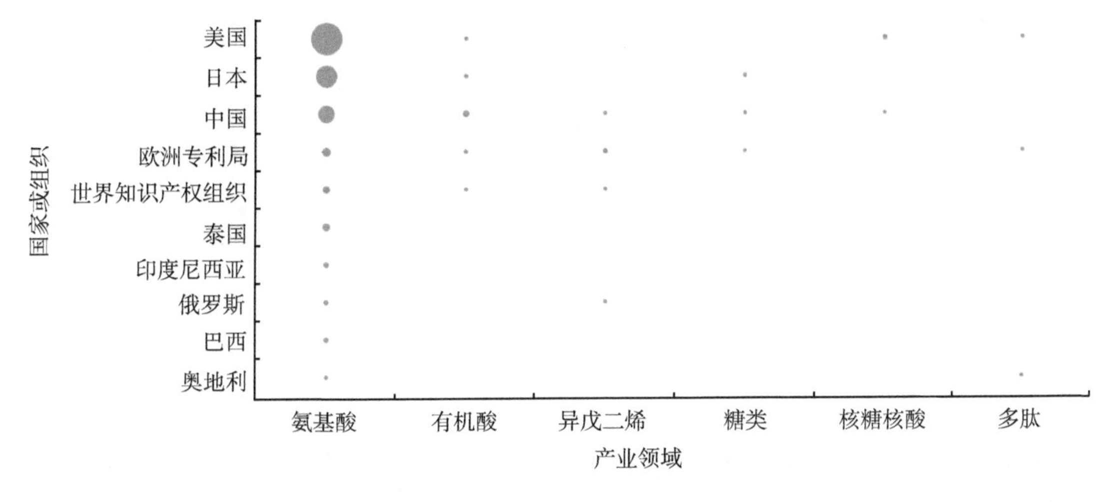

图27-9　味之素株式会社重点产业市场布局

从图27-10可以看出，2014年以前味之素株式会社已完成了大肠杆菌生产氨基酸的关键核心技术布局，涵盖了从基因的克隆和表达系统到特定代谢途径的改造，再到整个菌株的功能优化方面。

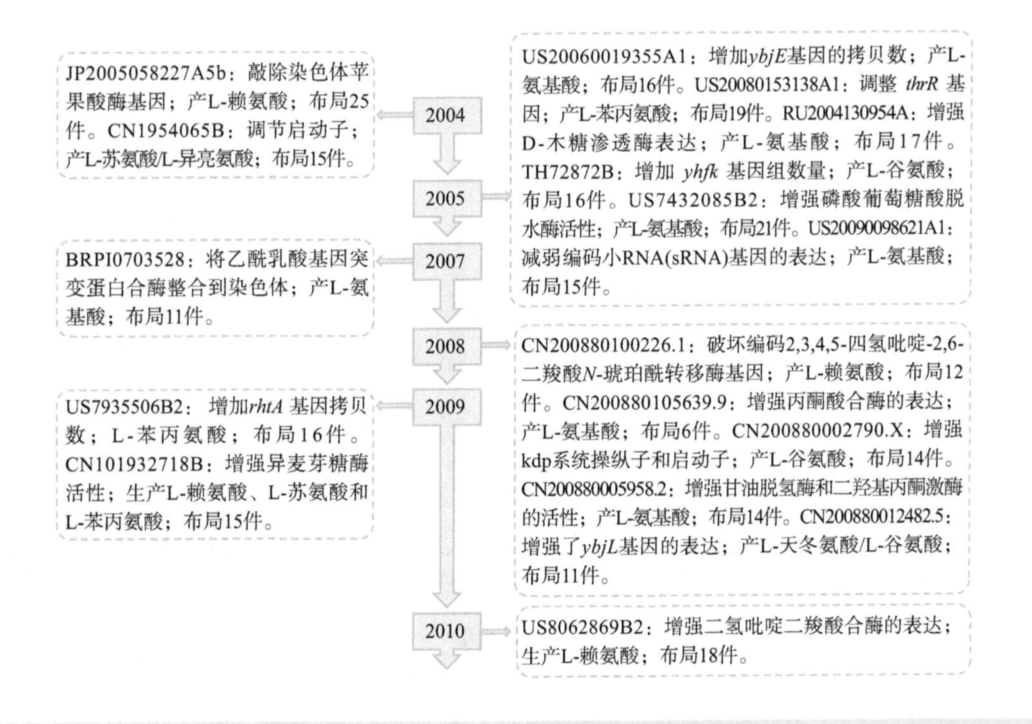

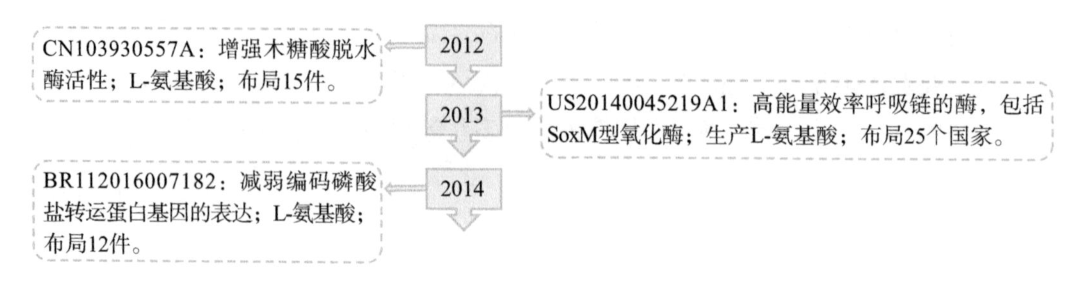

图27-10 大肠杆菌生产氨基酸技术发展路线

第二节 酵母菌创新发展态势

一、技术总体发展趋势

1. 全球专利申请趋势

酵母菌技术全球专利申请总量达7793项，整体呈稳步上升态势，分为三个阶段。如图27-11所示，第一阶段是缓慢发展期（2004—2011年），主要集中在酿酒酵母与毕赤酵母相关研发方面。第二阶段是第一发展期（2012—2017年），中国高校及科研机构在该领域研发投入明显提升。第三阶段是第二发展期（2018年以后），随着酵母改造技术的不断完善及CRISPER技术的应用，可开发的工业产品种类不断增加。

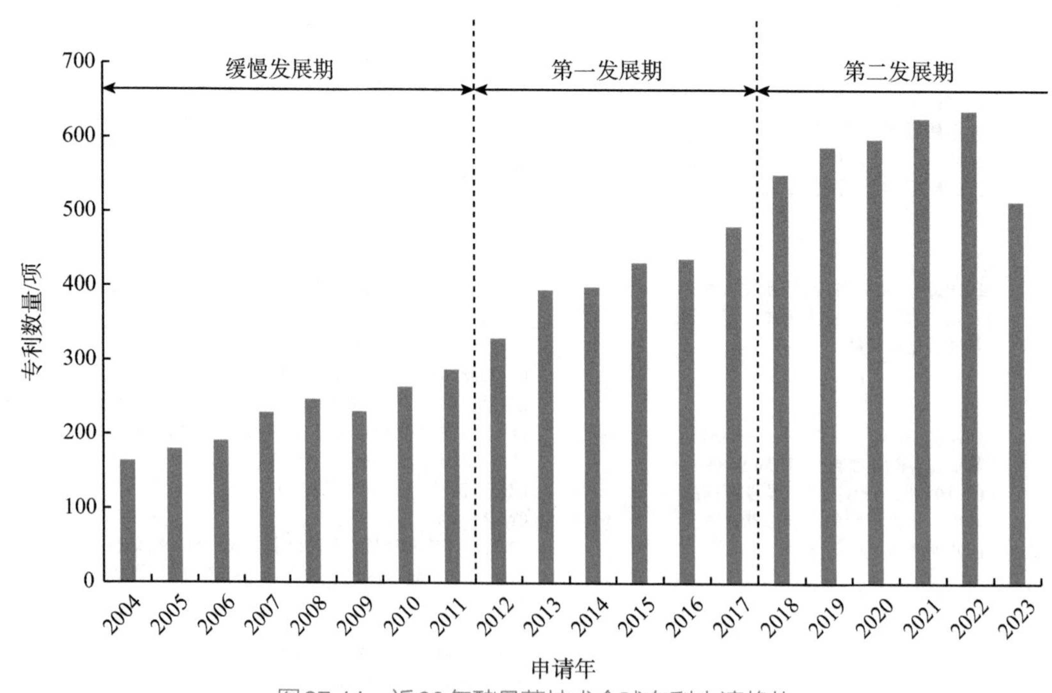

图27-11 近20年酵母菌技术全球专利申请趋势

2. 中外专利申请人趋势对比

如图27-12所示，2012年以前，国外申请人比中国申请人专利布局数量高。2012年，中国专利申请人专利申请数量首次实现反超且呈高速上升态势，国外申请人发展相对缓慢且呈下降态势，在某种程度上反映了我国在酵母菌种技术研发上具有较强实力。

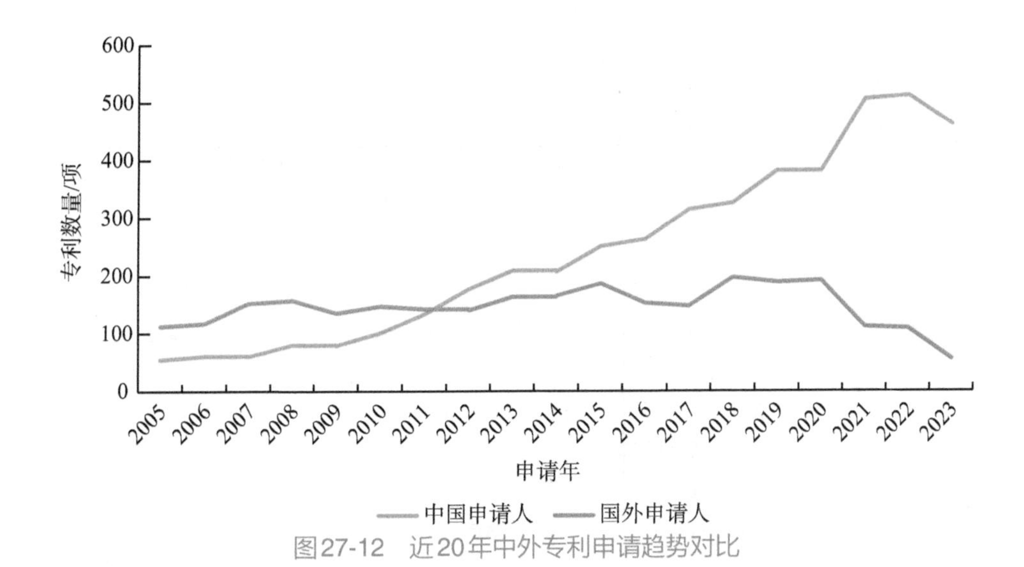

图27-12　近20年中外专利申请趋势对比

二、技术主要来源与市场分布

1. 全球Top10专利申请人

从全球Top10专利申请人来看[图27-13（a）]，国外专利申请人仅一家上榜，我国专利申请人主要是高校及科研机构。进一步从企业的角度分析[图27-13（b）]，我国仅两家企业上榜，主要为国外企业申请人。这在某种程度上反映了我国以企业为主的创新发展态势尚未形成。

2. 全球主要技术来源国

酵母菌技术主要来源于中国、美国、日本、韩国、荷兰（图27-14），在某种程度上反映了酵母菌技术研发具有全球性发展特点，受到各国的广泛关注。

3. 全球主要市场布局

国外Top5专利申请人普遍注重全球市场布局[图27-15（a）]，值得注意的是加拿大、巴西、澳大利亚也是主要布局国家。国内Top5专利申请人全球布局范围较窄，主要在欧洲、美国、日本等国家或地区有布局[图27-15（b）]。

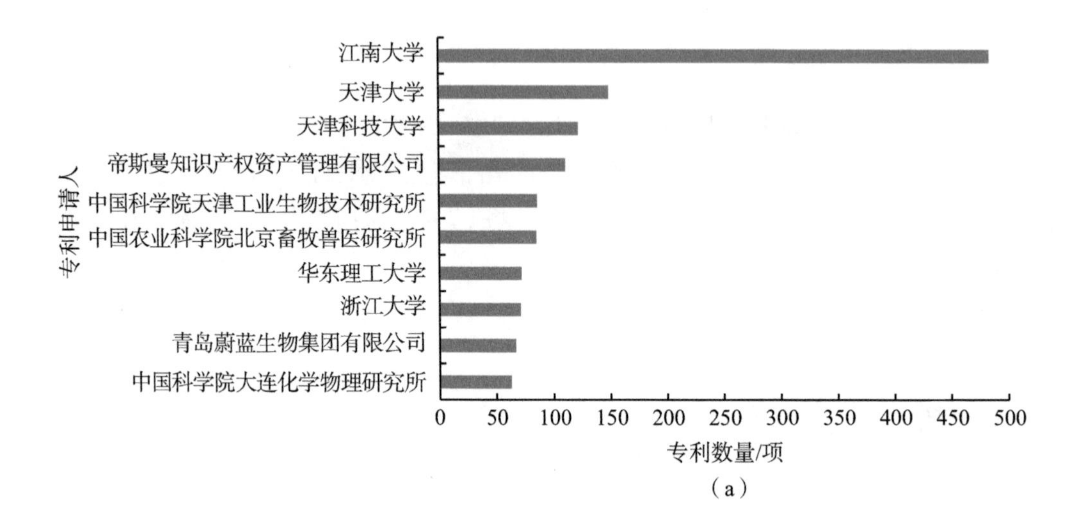

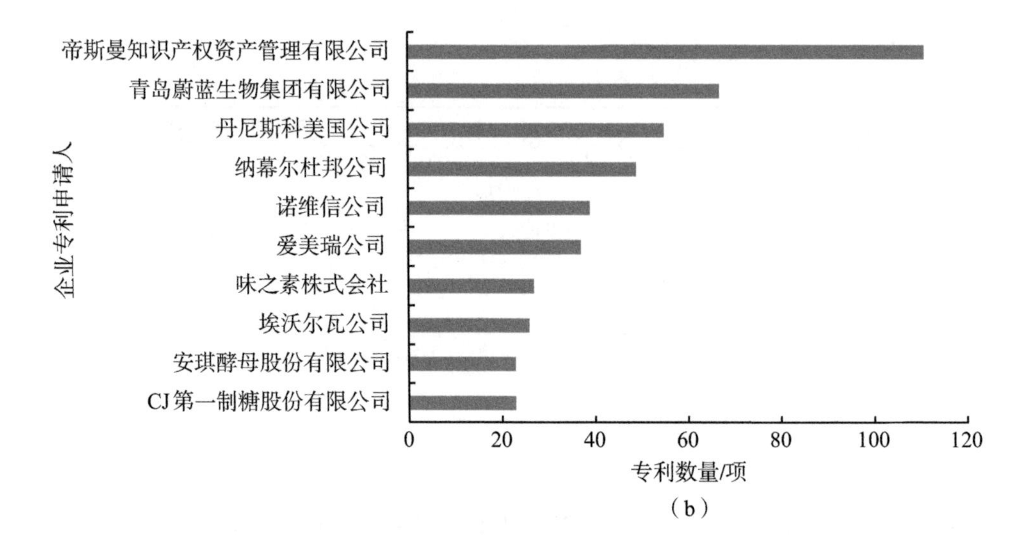

图27-13 全球Top10专利申请人[（a）]和企业专利申请人[（b）]

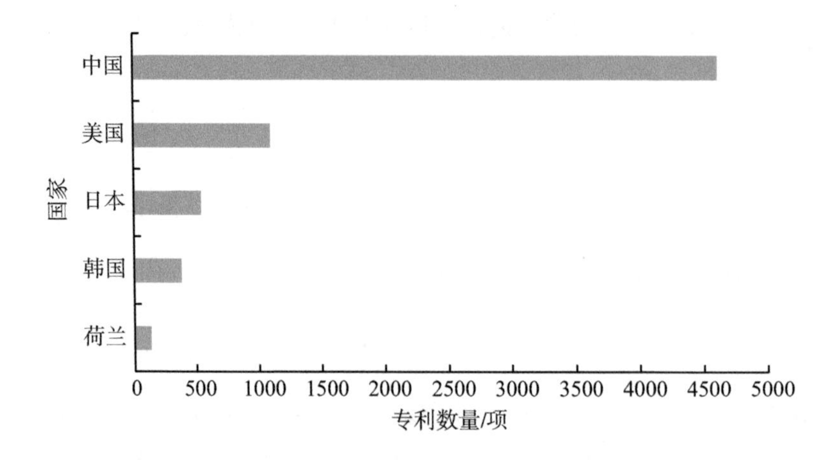

图27-14 全球主要技术来源国

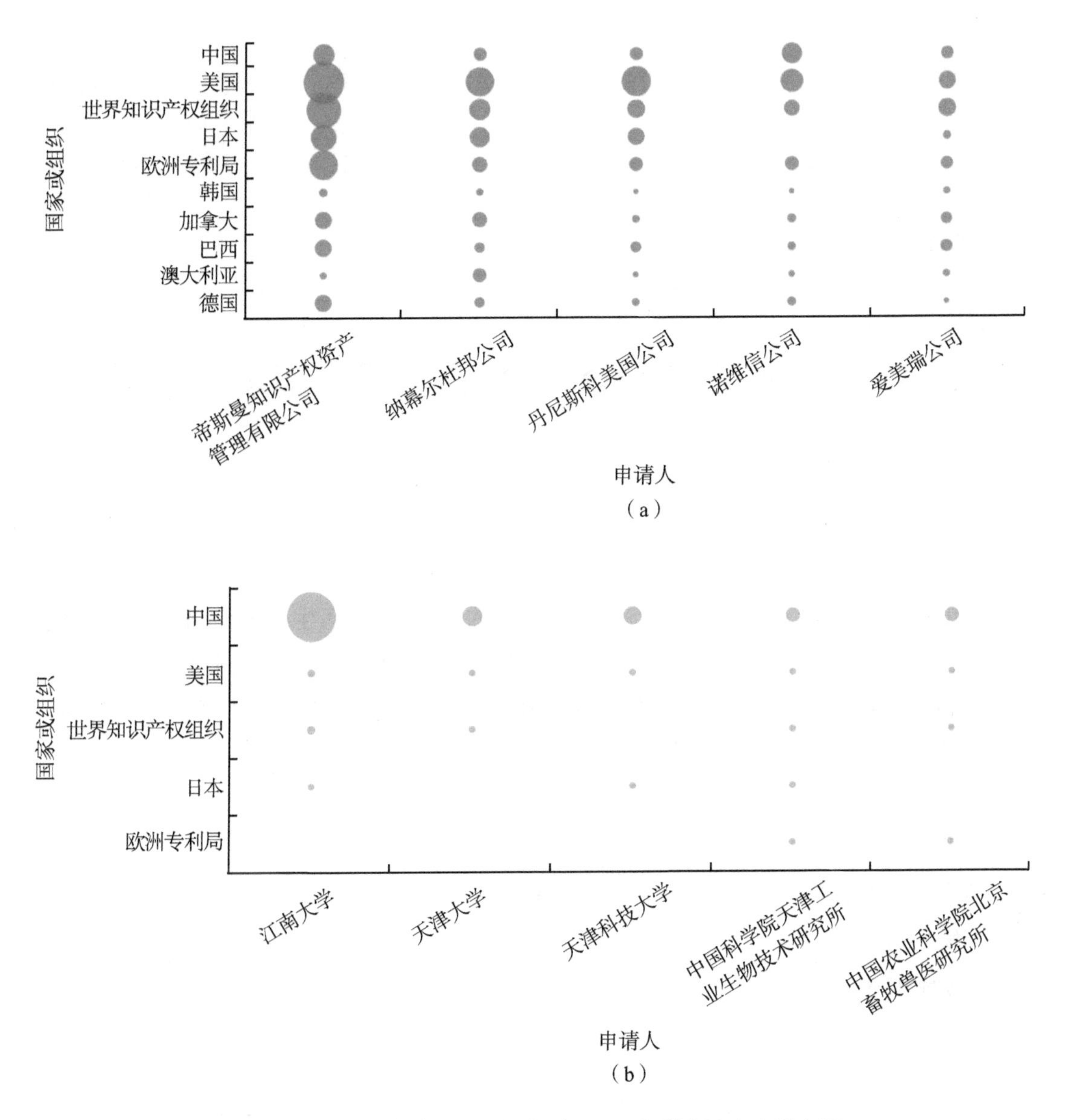

图27-15　国外[（a）]和国内[（b）]Top5专利申请人市场布局

三、技术构成与研发重点

1. 技术研发重点

酵母菌研发主要集中于生产有机酸、化工醇和天然产物等领域（图27-16）。在维生素、酶制剂等领域也有相关研发，在糖类领域的研发相对较少。2016年以后利用酵母菌生产医药中间体的技术停滞，这些空白点有待进一步开发。

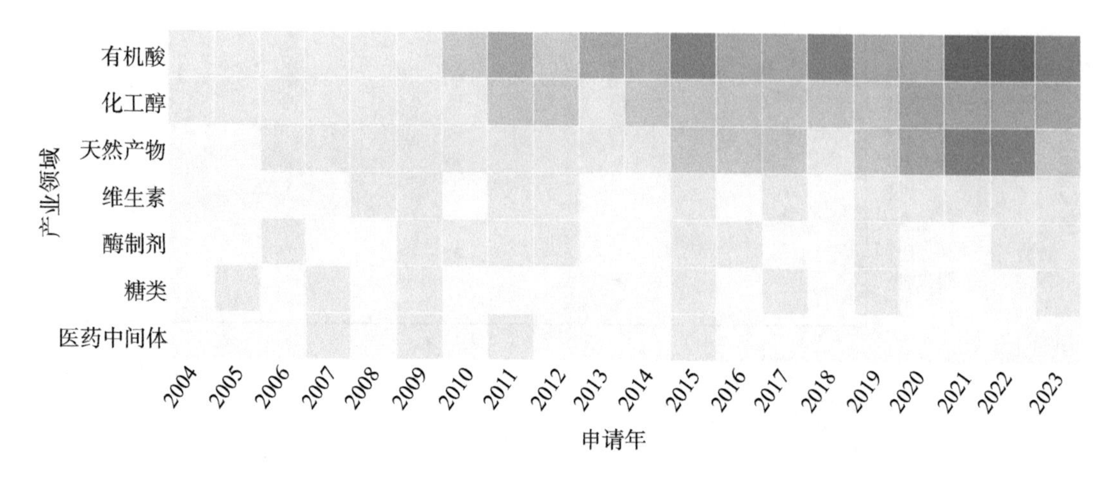

图27-16 研发重点产业分布

2. 菌种类型分析

如图27-17所示，酿酒酵母和毕赤酵母是主要的底盘菌种，可生产的产品种类广泛，包括L-苹果酸、乙醇及萜类等。此外，解脂耶氏酵母、假丝酵母等也可以用于生产相关产品，但产品种类与研发数量相对较少，未来随着CRISPR等工具技术的不断完善，将有更大发展。

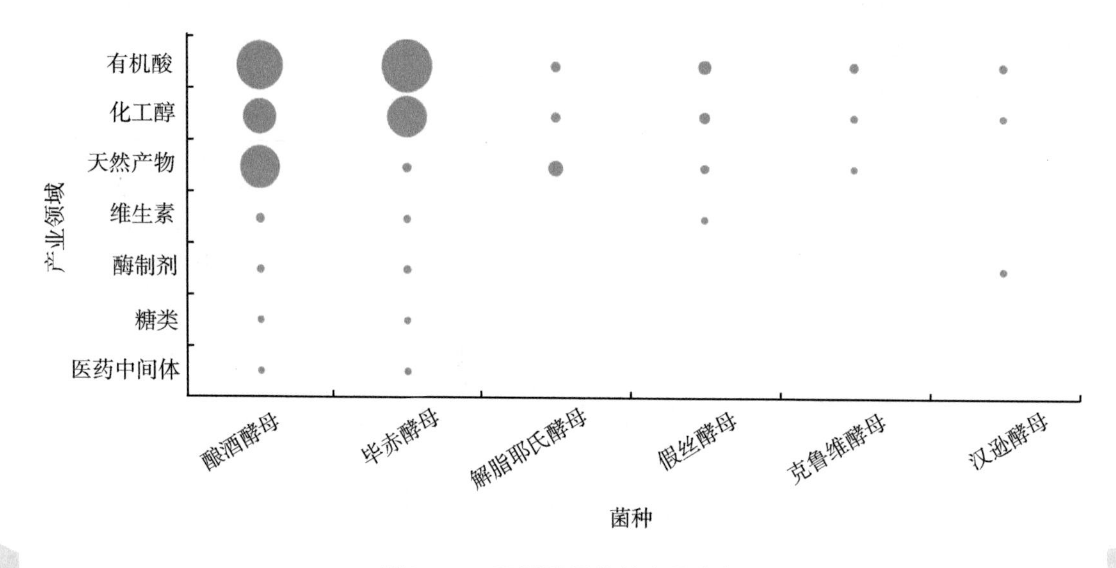

图27-17 不同酵母菌的产业分布

四、Amyris公司酵母菌专利发展态势

2014年以前，Amyris公司主要聚焦在生物燃料领域，以异戊二烯、法尼烯等产品为主。2015年以后开发了角烷鲨、替代甜味剂等糖类产品，战略转型到护肤品、健康保健等领域（图27-18）。

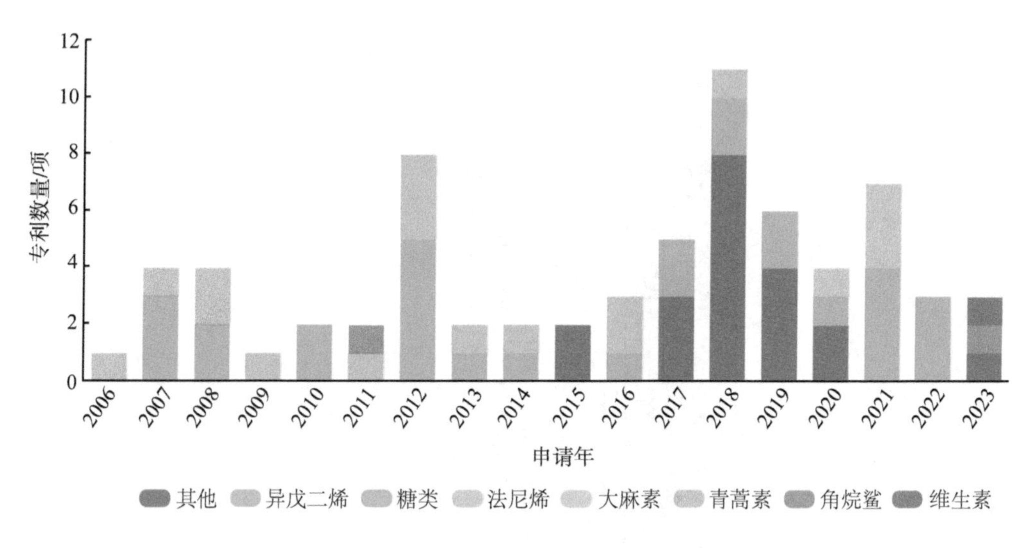

图27-18　Amyris公司芽孢杆菌产品专利申请趋势

如图27-19所示，Amyris公司更加注重在美国本土布局，2007年以后，主要针对异戊二烯、法尼烯、角烷鲨、维生素等产品进行了海外布局。值得注意的是，该公司的海外布局国家主要为巴西、澳大利亚、加拿大及印度尼西亚，这在某种程度上反映了该公司更多看重的是该地区的原料价格与劳动力成本等因素。

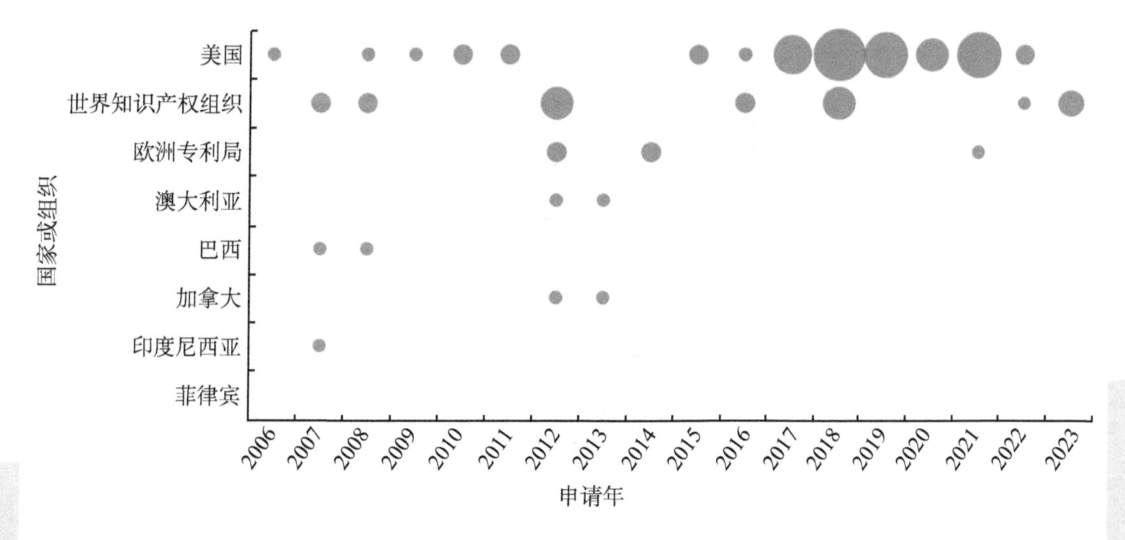

图27-19　Amyris公司专利海外布局趋势

如图27-20所示，该公司利用自主研发的自动化菌株改造平台实现了异戊二烯、法尼烯、角烷鲨等重要产品的合成。值得注意的是，该公司人工合成的一种CBGaS酶实现了大麻的生物制造（WO2022040475A1）；利用酿酒酵母作为底盘，筛选到3个不会产生副产物二岩藻糖基乳糖（DFL）等的岩藻糖基转移酶，再结合代谢工程手段显著提升了细胞发酵性能（WO2023034973A1）。

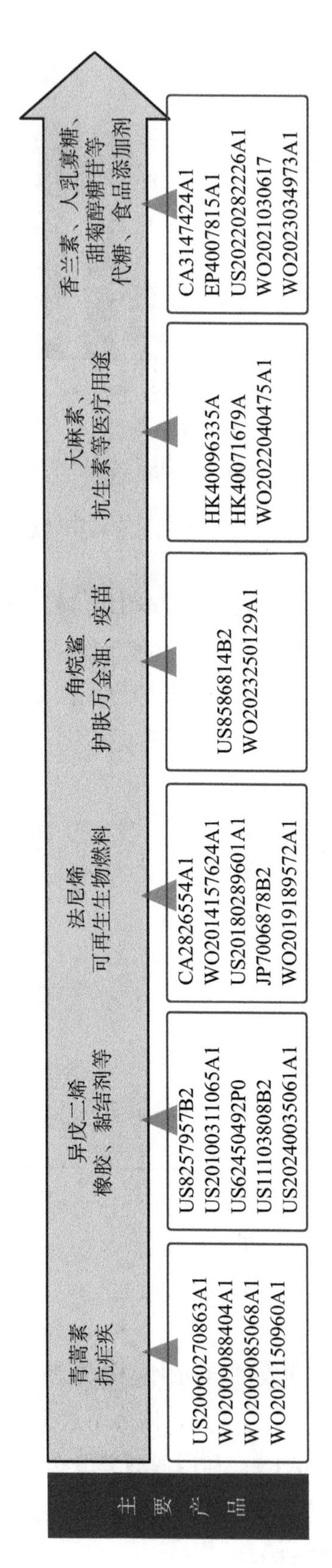

图27-20 Amyris公司主要研发产品

第三节　芽孢杆菌创新发展态势

一、技术总体发展趋势

1. 全球专利申请趋势

芽孢杆菌技术全球专利申请总量达3018项，大致可以分为两个发展阶段。如图27-21所示，2004—2014年处于缓慢发展期，主要集中于蛋白酶、淀粉酶、纤维素酶等工业用酶的开发与应用。2014年之后进入快速发展期，申请人数量显著增加，特别是我国高校与科研机构申请数量增长较快。同时，芽孢杆菌在工业酶以外的领域也有相关研发，如乙酰氨基葡萄糖、几丁寡糖、核黄素等。

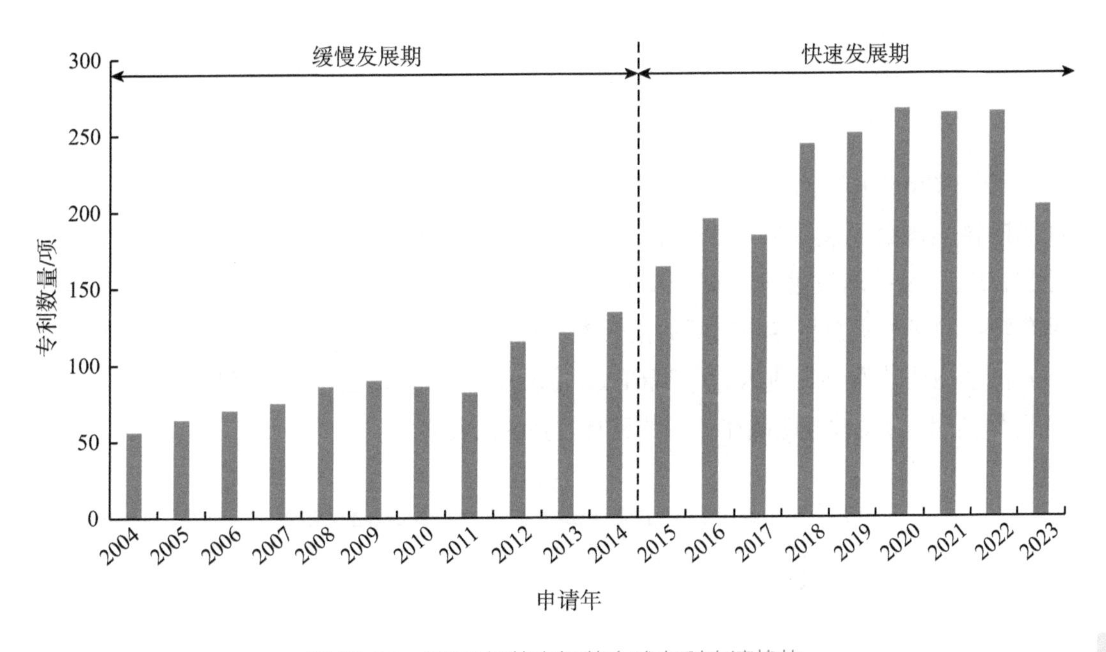

图27-21　近20年芽孢杆菌全球专利申请趋势

2. 技术生命周期分析

如图27-22所示，2004—2014年，专利申请量及申请人数较少，技术发展较为缓慢，该领域的研发热度相对不高。2014年以后，专利申请量和申请人数均呈快速上升态势，至2022年，专利申请量与申请人数较2014年翻一番，这在某种程度上反映了该领域研发热度高涨。

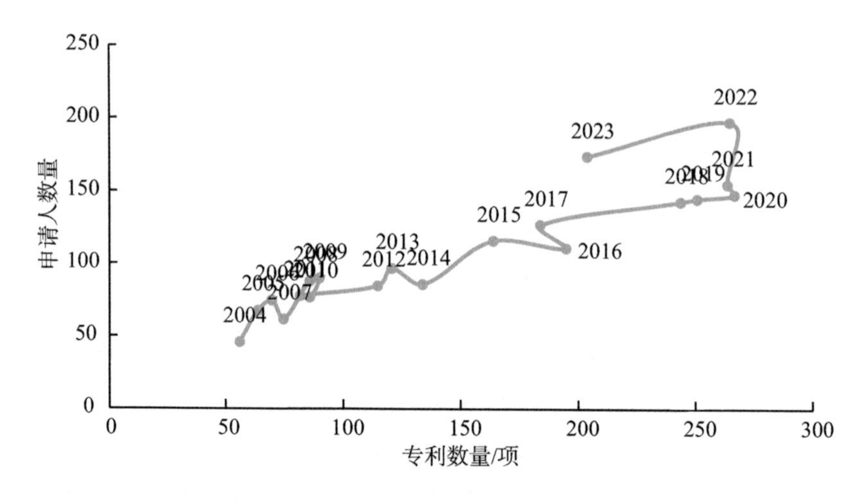

图27-22　芽孢杆菌技术生命周期

二、技术主要来源与市场分布

1. 全球Top10专利申请人

从全球Top10的专利申请人来看，国外共有3家企业入榜，分别为花王株式会社、丹尼斯科美国公司及诺维信公司，我国共有7家机构入榜，全部为高校及科研机构（图27-23）。从技术发展阶段进一步分析，国外3家机构在芽孢杆菌研发领域起步早，具有较强的研发实力且专利布局数量较多；相比较而言，我国申请人普遍起步晚，大部分都是在快速发展期进入该领域研发。值得注意的是，江南大学的陈坚院士团队、湖北大学的陈守文教授团队在该领域具有较强的研发实力。

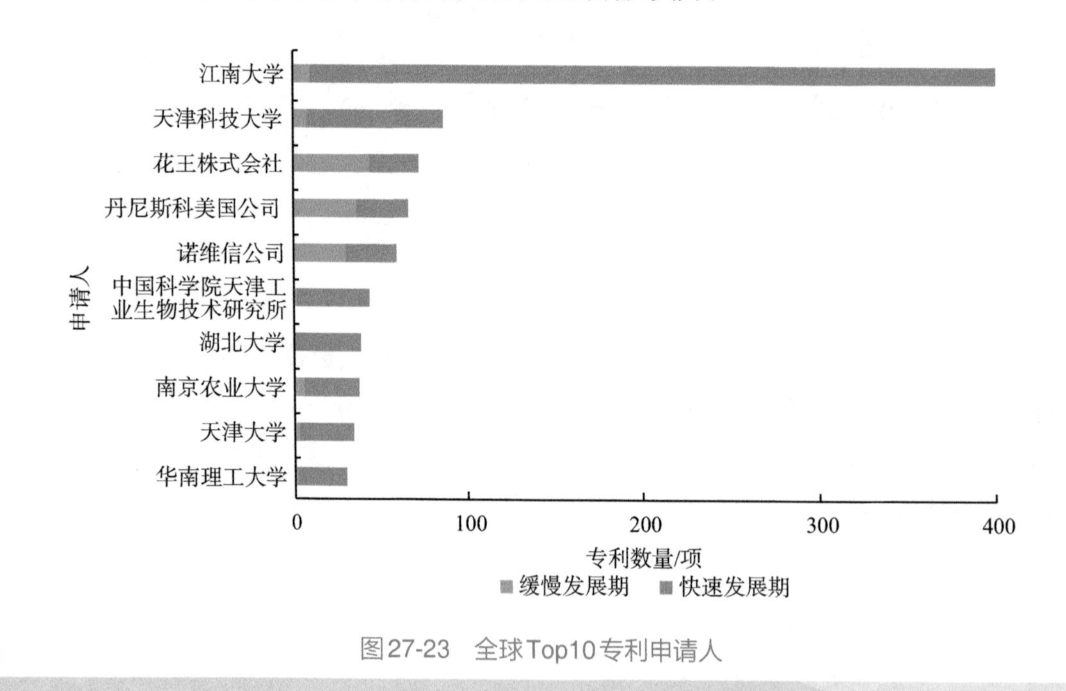

图27-23　全球Top10专利申请人

2. 全球主要技术来源国

如图27-24所示，芽孢杆菌技术主要来源于中国、美国、日本、韩国和丹麦。值得注意的是，韩国生命工学研究院、高丽大学校产学协力团、韩国科学技术院及国防科学研究所等科研机构在该领域也具有较强的研发实力。

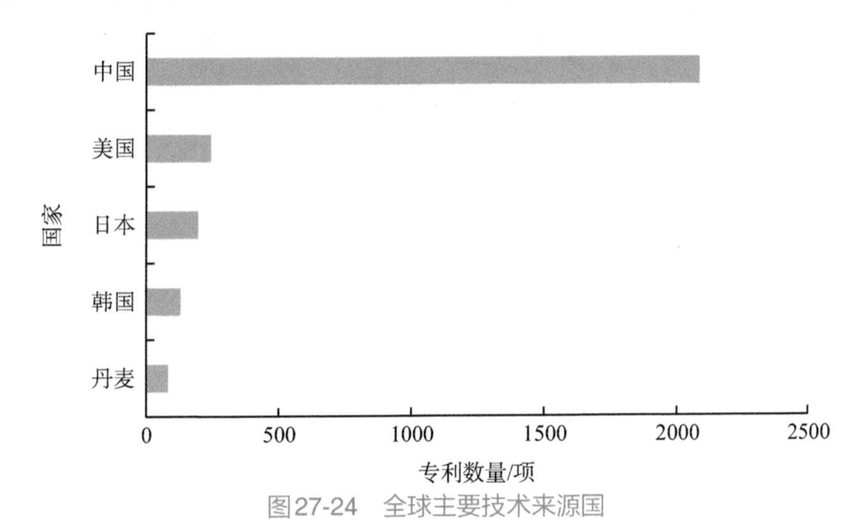

图27-24　全球主要技术来源国

3. 全球主要市场布局

如图27-25（a）所示，国外申请人在该领域普遍注重全球布局，丹尼斯科美国公司和诺维信公司高度重视在中国的布局。相比较而言，中国申请人更加注重在本国市场的布局，全球布局意识及策略相对不足，主要布局在欧洲、美国、日本、韩国等发达国家或地区[图27-25（b）]。

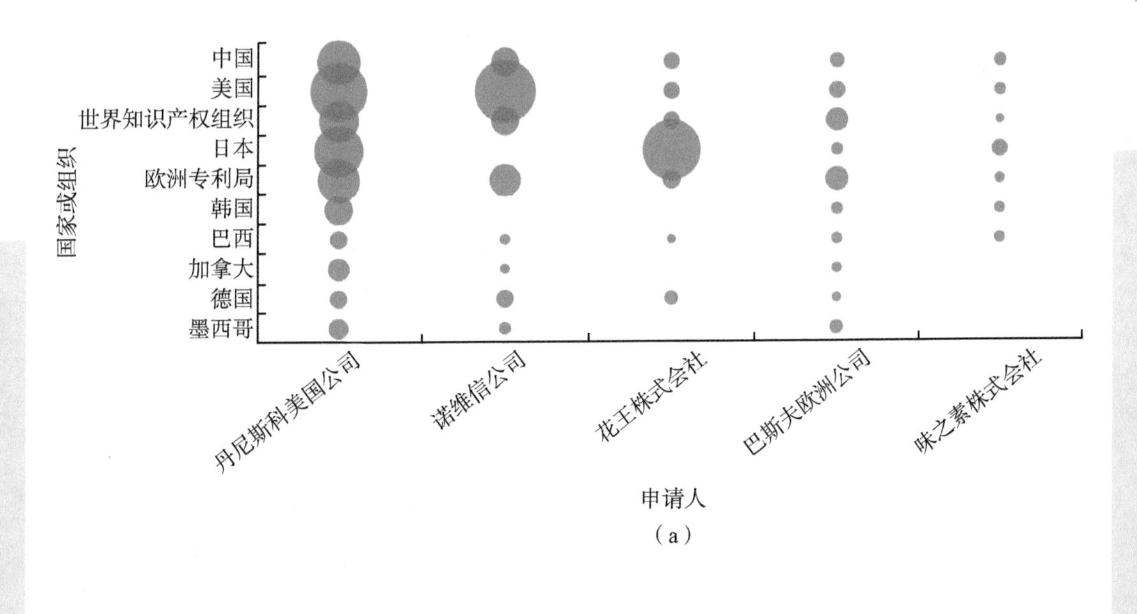

（a）

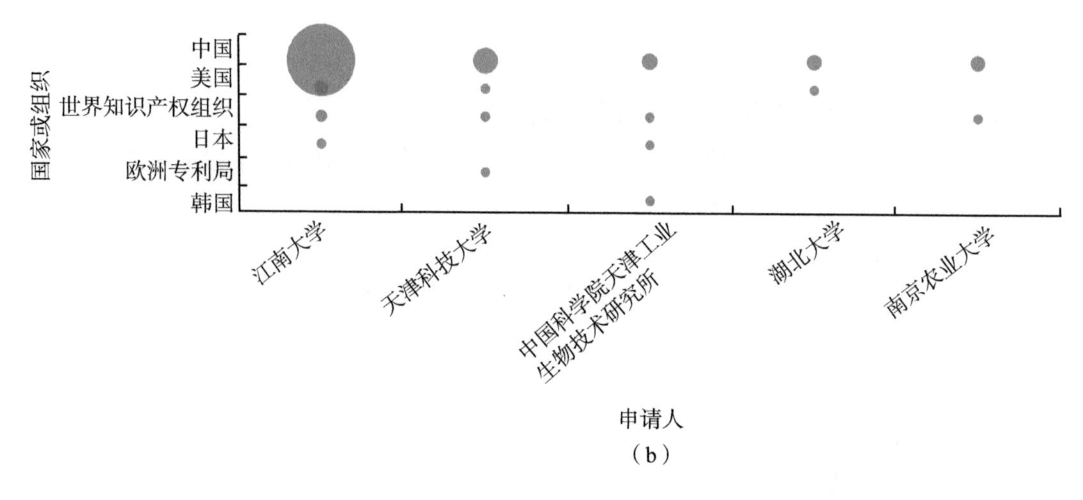

图27-25　国外[(a)]和国内[(b)]Top5专利申请人市场布局

三、技术构成与研发重点

1. 技术研发重点

芽孢杆菌研发主要集中于酶制剂领域，主要产品包括淀粉酶、蛋白酶、纤维素酶等。近些年，在P450羟化酶、氨肽酶、谷氨酸脱羧酶及耐盐谷氨酰胺酶等产品上研发数量不断上升。值得注意的是，芽孢杆菌在有机酸、天然产物等领域也有相应拓展，但研发数量较低（图27-26）。

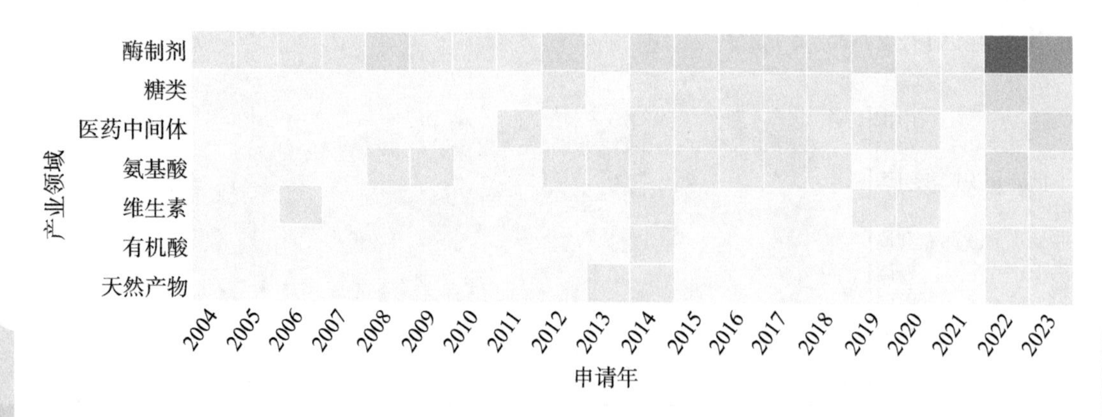

图27-26　重点研发产业布局

利用CRISPR技术对芽孢杆菌细胞进行定向改造，打通目的产物合成限速途径、对整个代谢网络的改造优化已成为提高目标产物产量的有效方法。目前该技术已被应用在丰原素、麦芽糖淀粉酶等领域，但在乙酰氨基葡萄糖、乳果糖、D-阿洛酮糖、塔格糖、透明质酸及硫酸软骨素等产品的合成中应用还比较少，有望成为热点方向（图27-27）。

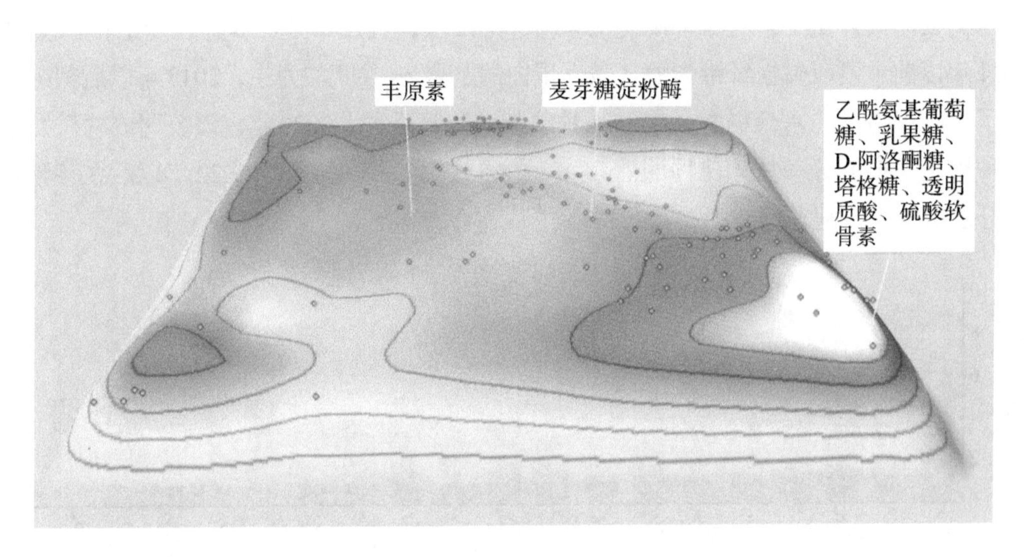

图27-27　CRISPR技术专利地图

2. 菌种类型分析

如图27-28所示，芽孢杆菌是重要的工业底盘细胞，菌株类型较多，其中枯草芽孢杆菌、地衣芽孢杆菌、解淀粉芽孢杆菌可应用的产品种类相对广泛，覆盖了酶制剂、糖类、医药中间体、氨基酸、维生素、有机酸及天然产物等领域。巨大芽孢杆菌、克劳氏芽孢杆菌、梭状芽孢杆菌、短芽孢杆菌、纳豆芽孢杆菌也逐渐被开发为底盘菌种。例如，2019年江南大学首次利用纳豆芽孢杆菌联合生产维生素K_2（MK-7）和聚-γ-谷氨酸。2022年，南京工业大学则通过重构嗜甲基丁酸杆菌（一种梭状芽孢杆菌），显著提升了甲醇同化效率及丁酸的合成产量。

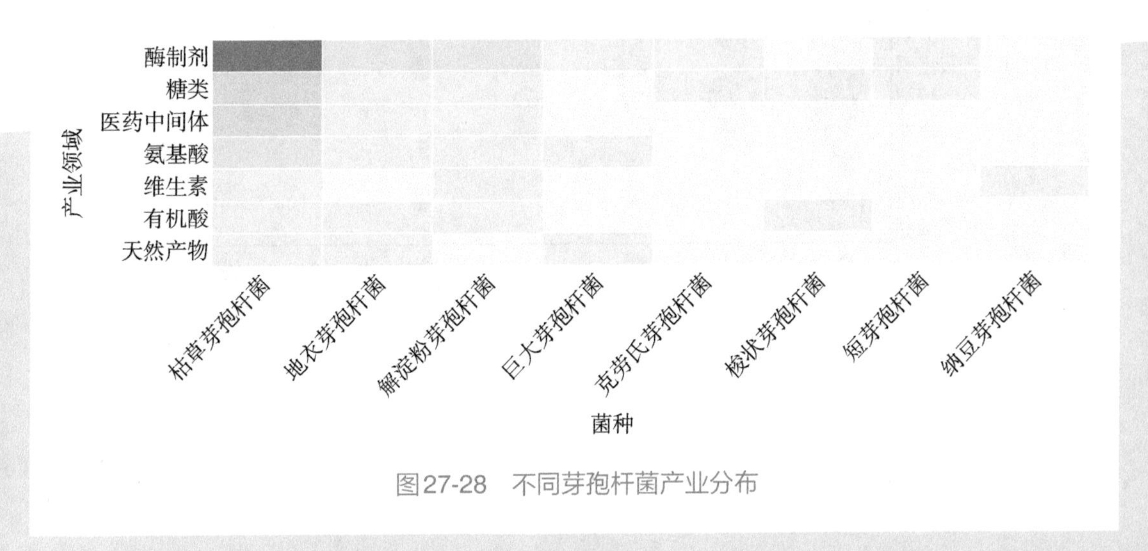

图27-28　不同芽孢杆菌产业分布

四、花王株式会社芽孢杆菌专利发展态势

花王株式会社在芽孢杆菌领域共申请专利72项，近几年呈现申请量缓慢下降趋势。2011年以前主要以碱性纤维素酶、碱性蛋白酶、聚-γ-谷氨酸为主，2012年以后相继开发了砒啶二羧酸、木聚糖酶、单酰基甘油脂肪酶等品种。2020年，该公司成功研发了一种用于生产低分子抗体药物的信号肽。值得注意的是，该公司2022年以后在芽孢杆菌开发上鲜有专利布局（图27-29）。

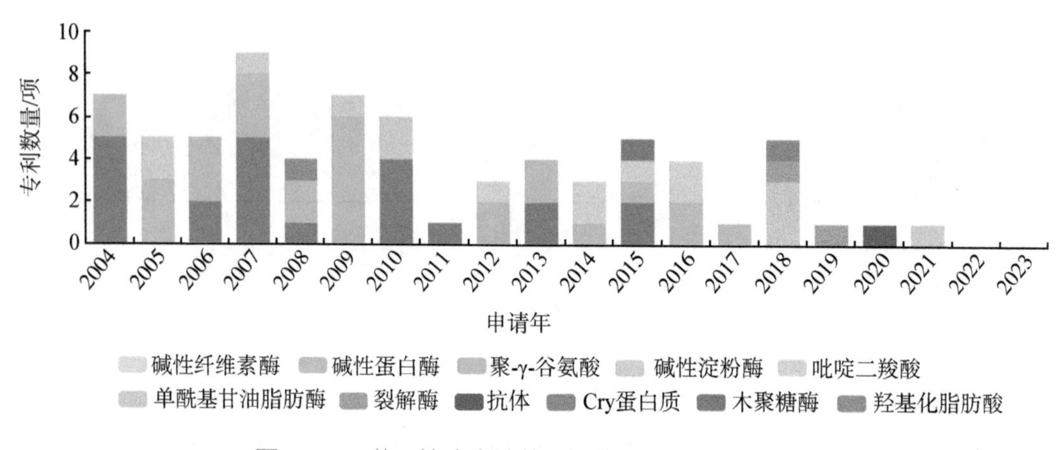

图27-29　花王株式会社芽孢杆菌产品技术发展趋势

如图27-30所示，花王株式会社海外布局产品主要包括碱性纤维素酶、碱性蛋白酶、聚-γ-谷氨酸、碱性淀粉酶、木聚糖酶等。其中碱性纤维素酶海外布局的数量较高，布局市场广泛。

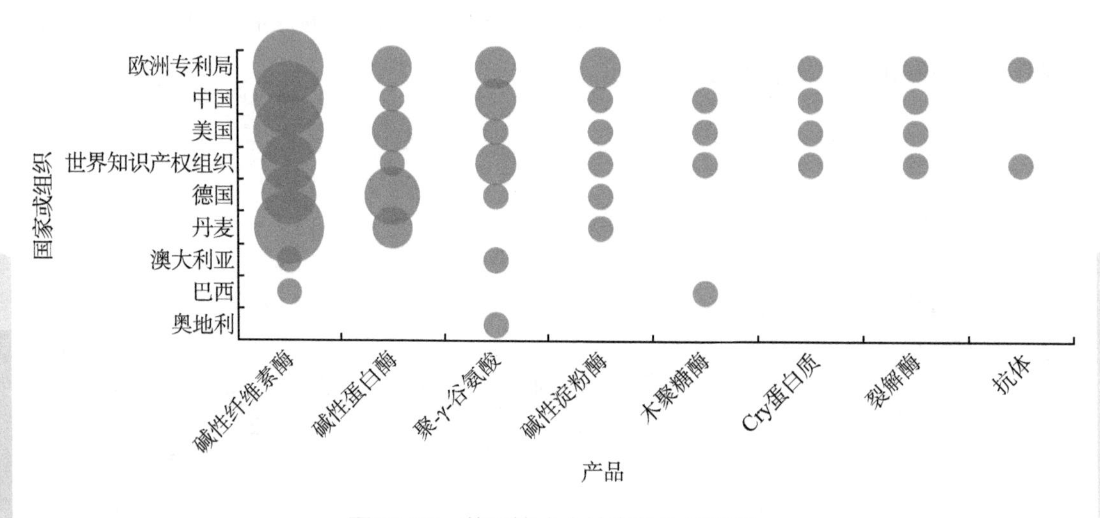

图27-30　花王株式会社海外布局产品

花王株式会社在芽孢杆菌的代谢工程改造方面具有较强的实力。多年来围绕芽孢杆菌作为物质生产的重要工业底盘细胞，挖掘了一系列重要改造靶点，如敲除*aprX*基因、*ywaA*基因、*ybgE*基因等，解决了芽孢杆菌在物质合成过程中对环境的影响、合成效率及产量较低等问题（图27-31）。

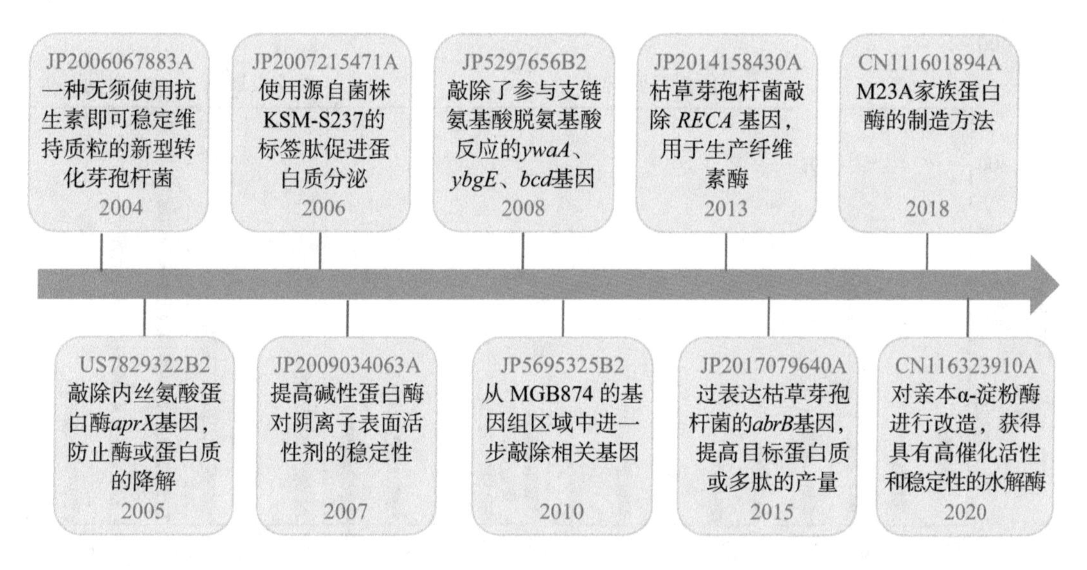

图27-31　花王株式会社主要产品技术路线

第四节　棒状杆菌创新发展态势

一、技术总体发展趋势

1. 全球专利申请趋势

棒状杆菌全球专利申请总量达3290项，大致可分为三个阶段。如图27-32所示，第一阶段是缓慢发展期（2004—2017年），年申请量缓慢增长，研发热度相对较低，研发方向单一，主要集中在利用谷氨酸棒状杆菌生产氨基酸方面。第二阶段是稳定发展期（2018—2020年），多种棒状杆菌被开发，包括停滞棒杆菌、北京棒杆菌等，可生产的产品种类不断增多。第三阶段是快速发展期（2021年以后），主要特点表现为希杰公司成为该领域寡头且实施专利全球扩张战略，在菌种技术上形成了一定的专利壁垒。

2. 中外专利申请人趋势对比

如图27-33所示，国外申请人明显在棒状杆菌领域研发起步早、实力强、专利布局数量较高且长期处于领先地位。相比较而言，国内申请人在该领域起步晚，但近10年崛起迅速，2020年专利申请数量首次超过国外申请人，2022年专利申请数量已是国外申请人的2倍。从中外专利申请人趋势对比来看，在某种程度上反映了我国在该领域的研发实现了从落后、追赶、并跑到反超的跨越。

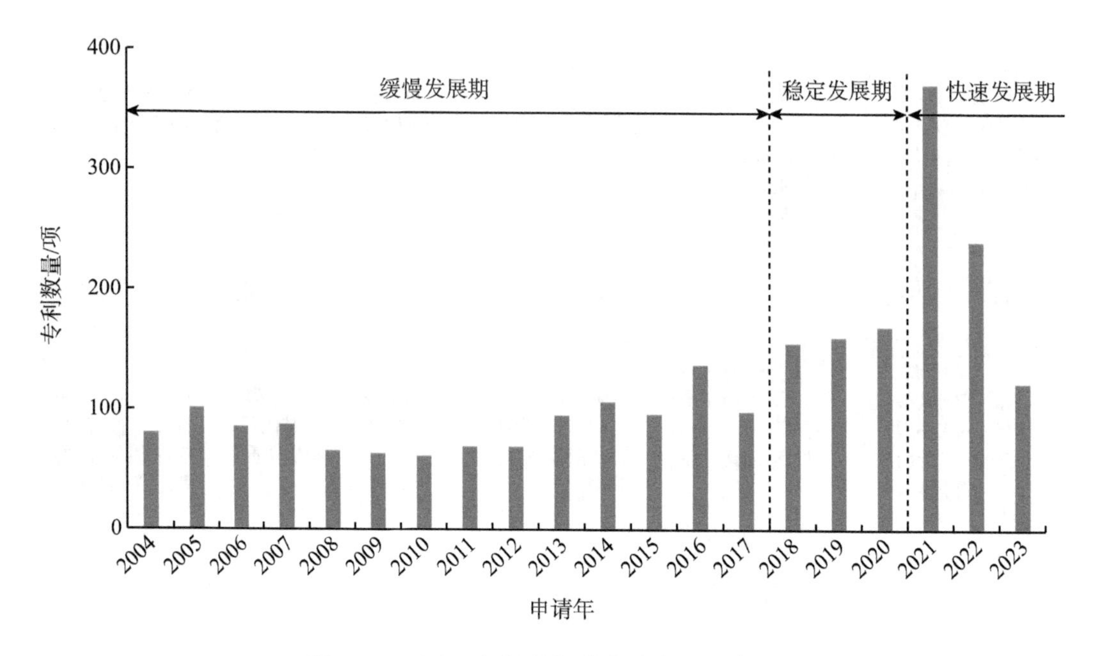

图27-32 近20年棒状杆菌全球专利申请趋势

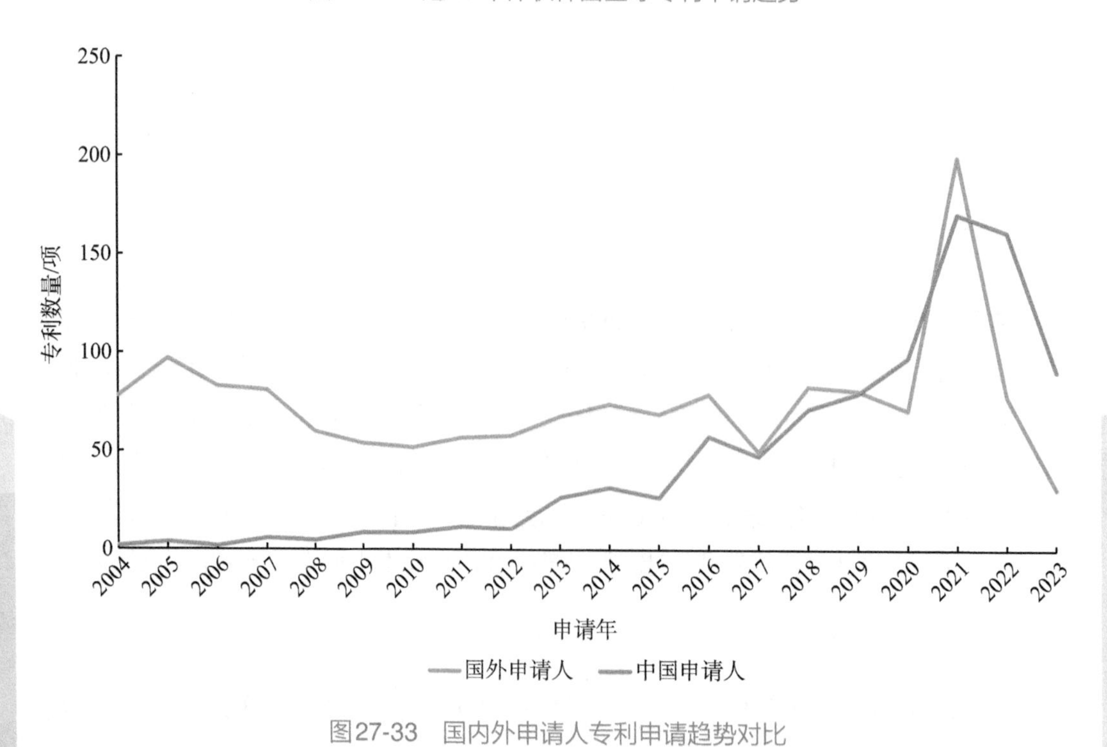

图27-33 国内外申请人专利申请趋势对比

二、技术主要来源与市场分布

1. 全球Top10专利申请人

从全球Top10专利申请人来看，位于前三名的机构分别为希杰公司、江南大学及味之素株式会社（图27-34）。从技术发展阶段进一步分析发现，国外申请人普遍起步早，我国申请人近些年专利布局数量增长较快。值得注意的是，味之素株式会社、赢创公司、巴斯夫公司、韩国科学技术研究院在该领域的研发呈萎缩态势，这在某种程度上反映了这些机构在该领域的研发投入不断降低。

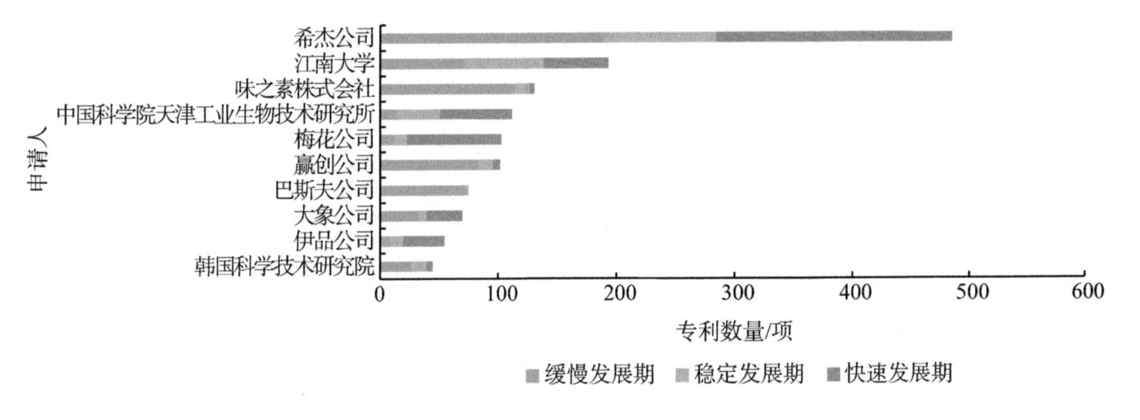

图27-34　全球Top10专利申请人

2. 全球主要技术来源国

棒状杆菌技术主要来源于中国、韩国、日本、德国和美国，这在某种程度上反映了棒状杆菌技术研发具有全球性发展特点，受到各国的广泛关注（图27-35）。

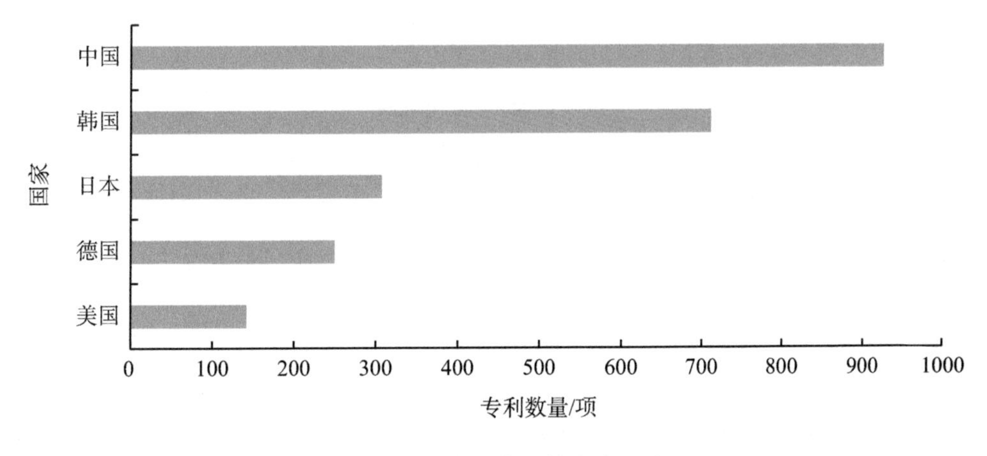

图27-35　全球主要技术来源国

3. 全球主要市场布局

棒状杆菌的主要市场为中国、美国、韩国、日本及欧洲。进一步分析全球Top10专利申请人的市场布局发现，国外专利申请人普遍重视全球布局，值得注意的是，巴西、俄罗斯及印度尼西亚也是主要布局国家。相比较而言，国内专利申请人主要在本土布局，全球布局意识不足（图27-36）。

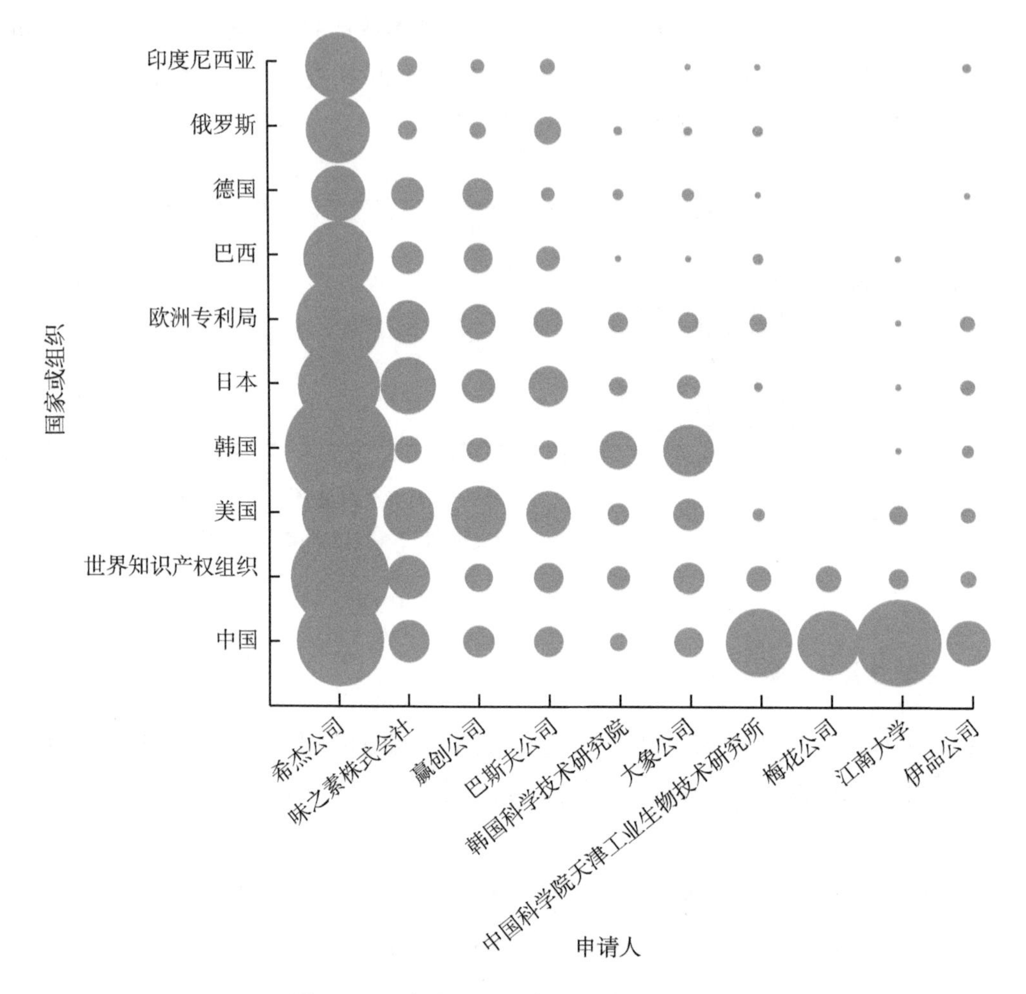

图27-36 全球Top10专利申请人市场布局

三、技术构成与研发重点

1. 技术研发重点

棒状杆菌的研发主要集中在氨基酸及其衍生物领域，2021年呈爆发式增长。同时棒状杆菌在有机酸、糖类、化工醇、蛋白质及酶制剂等领域也是重要的底盘细胞。近10年来，棒状杆菌在天然产物、维生素、色素、萜类化合物等领域也不断拓展（图27-37）。

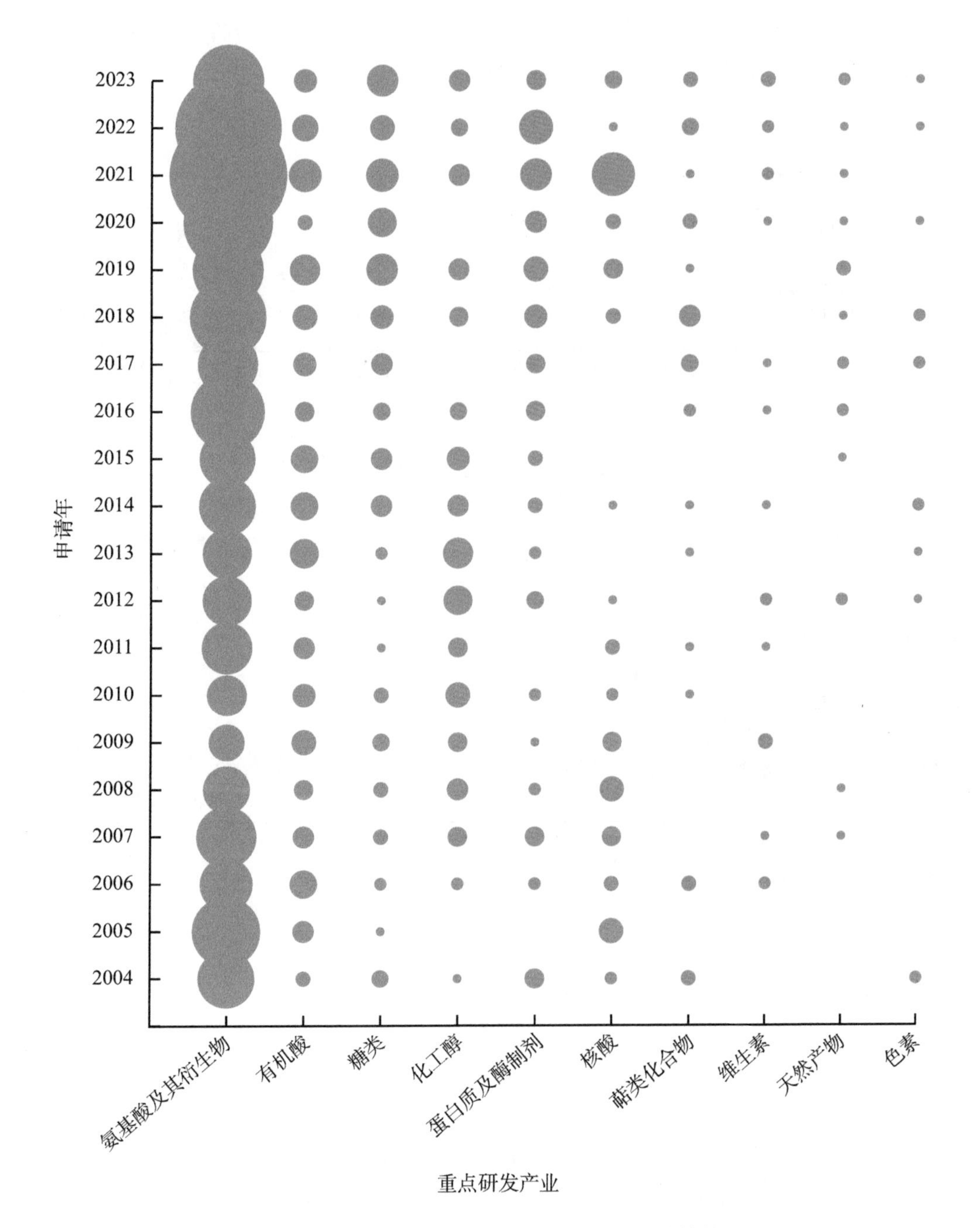

图27-37　棒状杆菌重点研发产业专利申请趋势

2. 菌种类型分析

棒状杆菌作为底盘细胞的菌种类型包括谷氨酸棒状杆菌、产氨棒杆菌、停滞棒杆菌、钝齿棒杆菌等。谷氨酸棒状杆菌应用广泛，是最重要的工业底盘细胞。产氨棒杆菌也是较早开发的工业底盘细胞，但发展相对缓慢（图27-38）。近10年来，我国专利申请人进一步开发了钝齿棒杆菌与北京棒杆菌。值得注意的是，近年来，希杰公司开发了利用停滞棒杆菌生产核酸的技术（图27-39）。

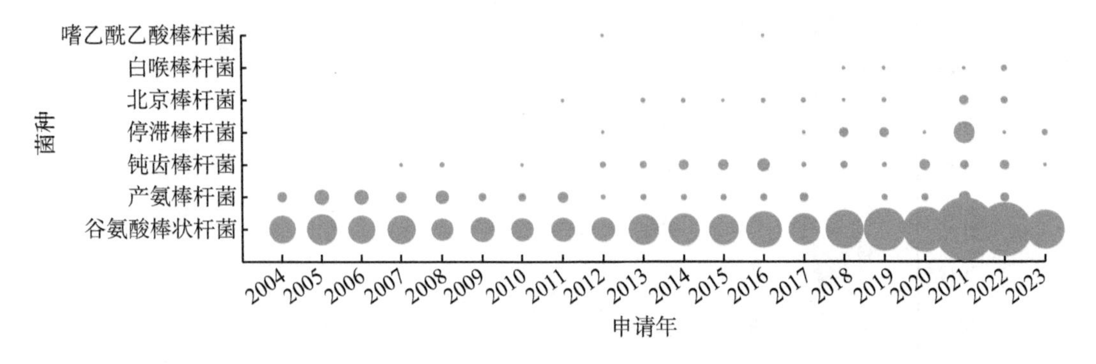

图27-38 棒杆菌属的主要菌种类型

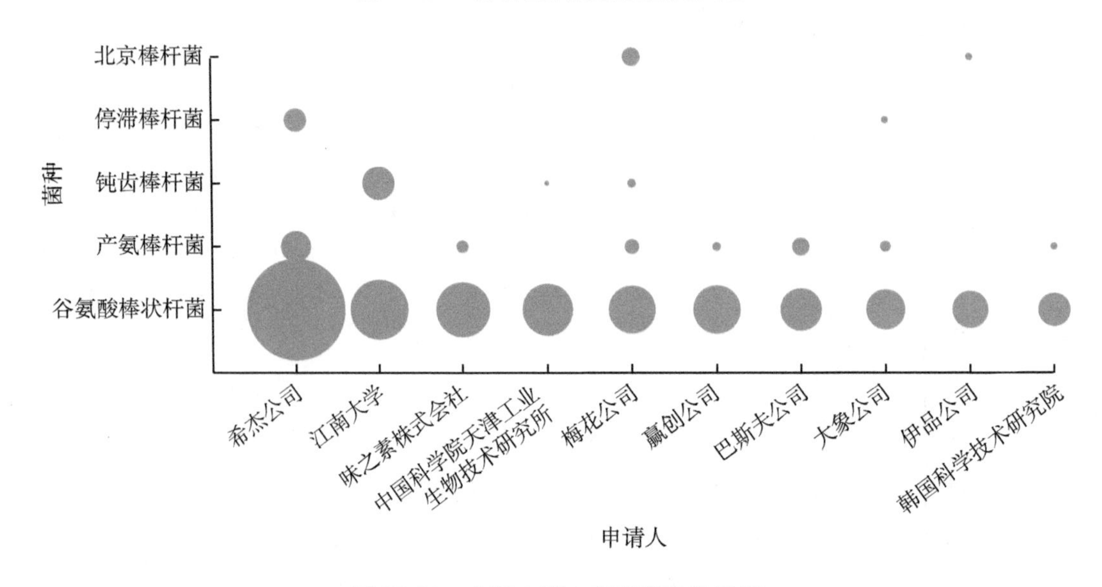

图27-39 主要申请人专利菌种的类型

3. 技术构成分析

棒状杆菌的主要技术构成包括代谢工程改造技术、基因表达调控元件的开发、遗传操作工具的开发、基因编辑技术、高通量筛选与进化技术、抗逆元件的挖掘等。由于棒状杆菌是革兰氏阳性细菌，相比于革兰氏阴性细菌而言具有一定的操作难度，随着CRISPR技术的问世，针对棒状杆菌的基因编辑技术也得到了快速的发展。从近些年发展趋势来看，基因编辑技术、高通量筛选与进化技术、代谢工程改造技术的热度不断上升（图27-40）。

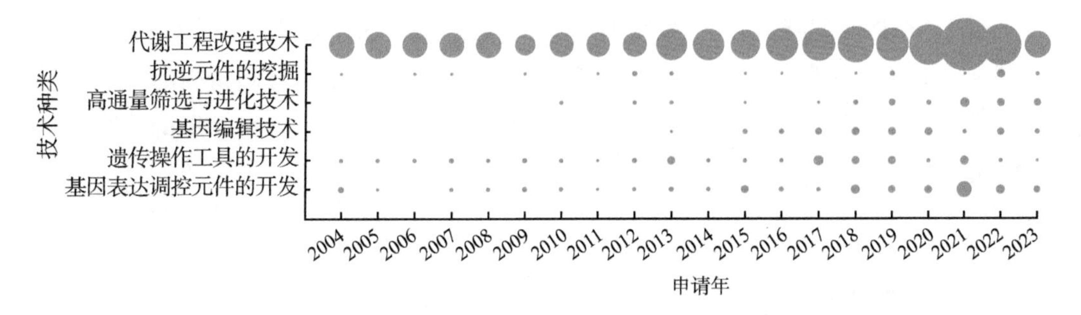

图27-40　技术构成与发展趋势

四、希杰公司棒状杆菌专利发展态势

希杰公司主要致力于开发谷氨酸棒状杆菌生产氨基酸及其衍生物。希杰公司在谷氨酸棒状杆菌的开发利用上具有较强的研发实力，涉及的产品除氨基酸外，还包括糖类、蛋白质、色素、维生素及化工醇等。2005—2012年，希杰公司进一步开发了利用产氨棒杆菌生产核酸技术。2018年起，希杰公司又拓展到利用停滞棒杆菌生产核酸类产品且在2021年进行了大量的专利布局（图27-41）。

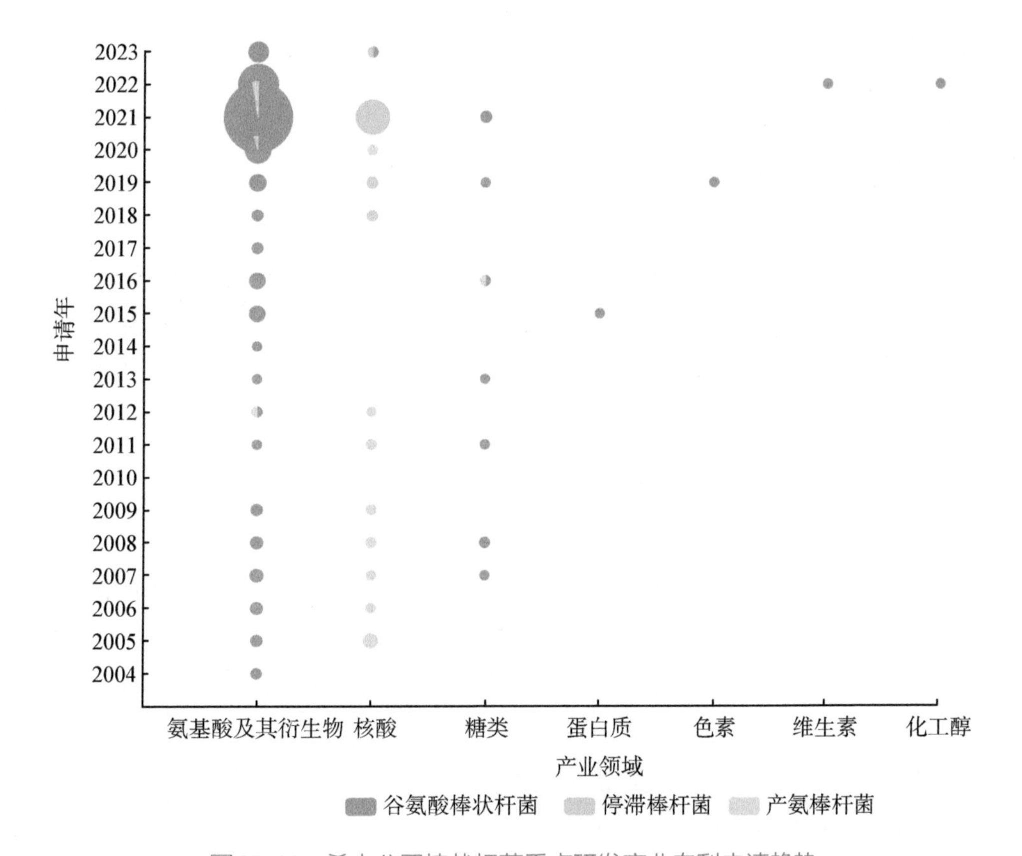

图27-41　希杰公司棒状杆菌重点研发产业专利申请趋势

希杰公司围绕棒状杆菌技术实施专利全球布局战略。布局国家或地区包括中国、欧洲、日本、美国、巴西、印度尼西亚等；受劳动力成本及原料价格的影响，近年来，希杰公司逐步将海外市场拓展到俄罗斯、澳大利亚、印度、墨西哥、加拿大（图27-42）。

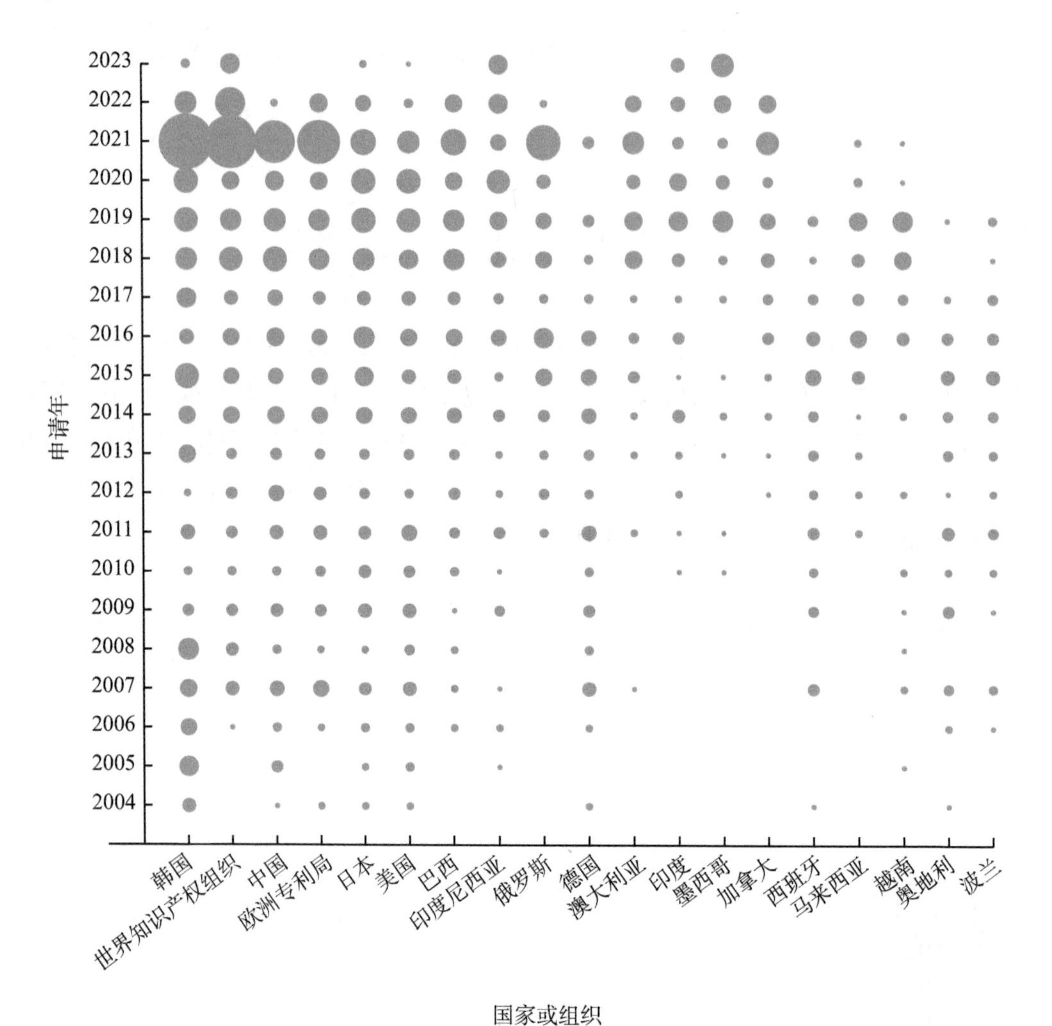

图27-42　希杰公司棒状杆菌主要市场布局及趋势

2004年，希杰公司挖掘了7个来自产氨棒杆菌的强启动子，布局数量达35件。希杰公司利用该技术（CN102010862B）对中国企业频频发起诉讼，最终以我国企业支付大额和解费而告终。近20年来，希杰公司围绕棒状杆菌重要改造靶点、基因调控元件布局了大量专利，同时产品种类不断拓展，包括氨基酸类产品如苏氨酸、异亮氨，维生素类产品如核黄素，化工醇类产品如1, 4-丁二醇，未来这些专利将成为希杰公司参与国际市场竞争的重要武器（图27-43）。

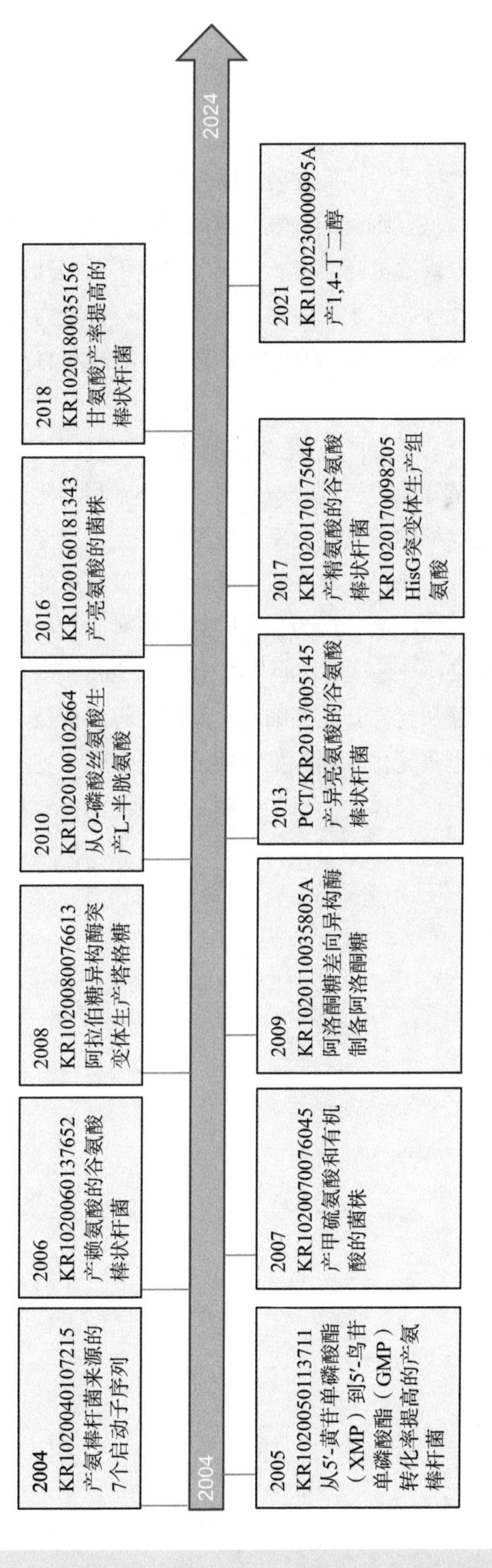

图27-43　希杰公司技术发展路线

第五节　底盘细胞研发启示与建议

随着生命科学与生物技术的迅猛发展，以人工智能、信息技术为代表的多学科交叉融合发展，近20年来，底盘细胞的开发与应用呈现跨越式与颠覆性发展的态势。第一，专利申请与专利申请人数量高速增长，研发热度不断提升；第二，物质合成种类不断创新，人工途径设计等技术发展使物质合成从不可能变为可能；第三，物质合成效率大幅提升，随着CRISPR技术、高通量筛选与进化技术的发展，遗传操作更加精准、高效。

底盘细胞是物质生产的“工厂”，是生物制造的“芯片”，是国际高科技竞争的焦点。而竞争焦点的核心是知识产权的较量。通过中外专利对比分析可以看出，高校及科研院所仍然是我国底盘细胞研发主力军，我国在底盘细胞专利保护方式、布局策略及授权质量上与国外企业相比仍然存在较大差距，这极有可能影响我国生物制造产业的发展安全与国际竞争能力。笔者认为，我国高校及科研院所应高度重视底盘细胞研发的知识产权保护，建议：一是注重核心生物元件的产品专利保护，以产品保护为主，方法保护为辅；二是加强从元件开发到细胞代谢调控等关键技术的专利组合保护，形成专利保护网；三是制定多元化专利保护策略，核心专利、支撑专利与迷惑专利等类型多管齐下；四是以知识产权运营为目的，制定积极的海外布局策略，提升国际市场竞争力。

撰 稿 人：王津晶　中国科学院天津工业生物技术研究所
刘　斌　中国科学院天津工业生物技术研究所
周文娟　中国科学院天津工业生物技术研究所
张媛媛　中国科学院天津工业生物技术研究所
苏文成　中国科学院天津工业生物技术研究所
通讯作者：王津晶　wangjinjing@tib.cas.cn

第八篇

生物经济发展新模式、新业态、新场景案例

第二十八章　地　方　类

第一节　有机废弃物制生物天然气的阜南模式

阜南县委县政府深入学习贯彻习近平生态文明思想，本着节约资源、造福百姓的宗旨，深入践行新发展理念，从2016年12月开始试点，打造县域动物植物有机废弃物全利用、县域利用全覆盖、复合利用全循环模式。

一、阜南模式简介

阜南县农业废弃物沼气与生物天然气开发利用PPP（public-private partnership，公私合作）项目，分三期工程建设，一期项目投资10.44亿元。2020年11月30日，项目公司接管县域城市燃气设施，四站贯通，阜南模式成功运营。阜南模式的核心内容主要有如下三个方面。一是通过多元化的处理技术，促进有机废物全利用。林海生物天然气项目能对全域内畜禽粪污、农作物秸秆、蔬菜藤蔓、病死动物、厨余垃圾等生产和生活有机质物废料全量消纳（图28-1、图28-2）。项目投产后，可处理177万头猪当

图28-1　干粪污卸料

量畜禽粪污、20万t秸秆及其他有机废弃物。同时，大幅降低二氧化碳排放。二是通过全域化的统筹布局，促进县域利用全覆盖。按照“8+1站田式”模式，在全县布局8个生物天然气生产站（图28-3）和1个中心站（图28-4），项目投资10.44亿元，年供应生物天然气4000万m^3。项目一期工程已于2022年12月全部竣工，300多km中压燃气管道实现九站贯通，完成县域燃气供应全覆盖。供应全县燃气各类用户6万余户。三是通过一体化的产业联动，促进复合利用全循环。林海生物天然气项目为全县种植业和养殖业打造出全新的“有机废弃物清洁能源生产新行业”，倒逼种植和养殖大户加快产业结构调整。同时，项目投产后可年产有机肥20万t，有力推进全县有机农业发展。

图28-2 湿粪污卸料

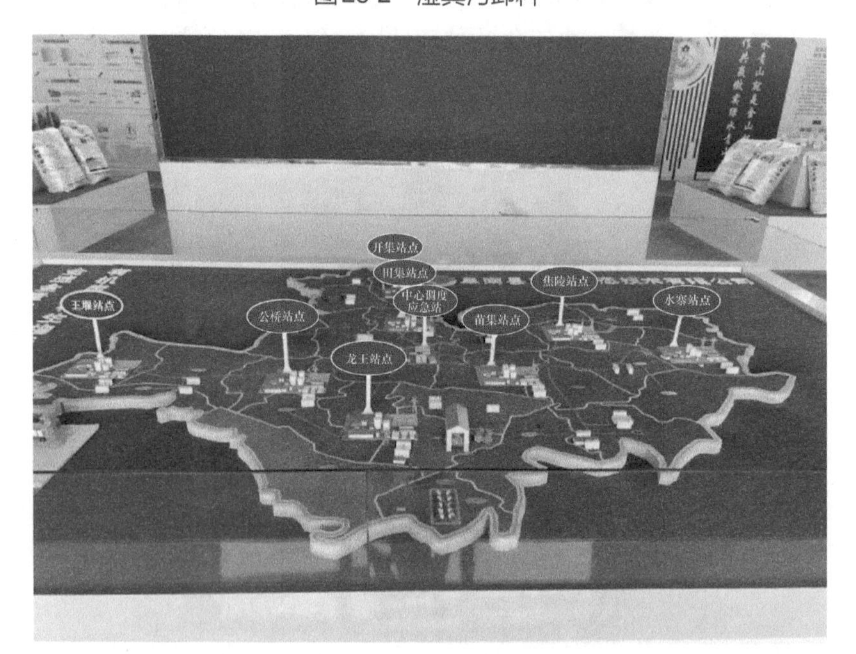

图28-3 八站贯通图

图28-4　中心站点

二、阜南模式价值

一是践行创新发展理念。阜南县通过天然气生产销售等特许经营权的独家授权、项目运营绩效补贴、企业盈利政府不分红、协调秸秆回收以及畜禽粪污收集处理政府补贴等多种创新，积极参与到项目建设和运营过程中，为长期稳定发展探索机制保障。二是践行协调发展理念。全域全量化站田式商业机制，为养殖业、种植业的健康发展提供强力支撑，推动生态宜居、产业兴旺和生活富裕三大目标实现。按照城市环卫治理思路收集利用农业废弃物，推动了城乡协调发展。三是践行绿色发展理念。通过农业废弃物利用，切实解决农牧大县畜禽粪污、秸秆等转化的难题，对水资源保护和改善土壤有较大好处；产生的有机肥推广使用，实现全循环。四是践行开放发展理念。引入社会第三方安徽省能源集团来参与，通过一个开放式平台商业化合作，从而探索种养结合循环利用的路径，创新出全域全量化有机废弃物兜底处理商业和政策模式。五是践行共享发展理念。阜南模式既可推动养殖业快速发展，又可带动种植业品质提升，进而增加农民收入，可以带动农副产品加工和设备制造业。与安徽省能源集团合作建设国家级生物天然气战略性新兴产业发展基地，未来极可能成长为主板上市企业。

信息由安徽省发展和改革委员会提供

第二节　成都温江以医学、医药、医疗“三医+”模式培育创新药产业高地

成都市温江区聚焦医学研发+医药制造+医疗应用“三医融合”和“BT+IT”跨界融合推进产业成链集聚，以生物技术创新药为主导的“三医+”生物经济培育发展取得积极成效。2021年，生物医药战略性新兴产业集群建设获国务院督查激励，成都温江医学城（图28-5）连续三年在中国生物医药产业园区综合竞争力和人才竞争力评价中均位列非国家级园区第1名。

图28-5　成都温江医学城鸟瞰图

一、聚焦融合发展抢占新赛道

坚持以全球视野和国际标准，聘请麦肯锡、波士顿等国际知名咨询机构编制产业发展规划，在全国率先提出医学、医药、医疗“三医融合”发展理念，持续推动“BT+IT”跨界融合，以下一代生物技术产业化应用为引领，加快布局新型抗体、新型疫苗、新型靶点ADC药物等未来赛道，靶向招引价值链高端领域和关键环节项目。截至2023年，已聚集药明康德、科伦博泰、百利天恒等医药健康企业602家。温江区生物技术药产业集群获批2023年国家级中小企业特色产业集群。

二、聚焦创新突破积蓄新动能

围绕生物医药全产业链需求布局建设生命科学、脑科学、微生物领域重点实验室，打造了覆盖“药物发现研究—临床前试验—临床试验—药械注册—生产流通”全链条的一站式公共服务平台体系。截至2023年，建成国家重点实验室2个、国家级研发中心9个、国家级博士后科研工作站4个、省级研发平台192个；汇集魏于全、杨正林、陈晔光等两院院士和国家、省市人才计划专家200余名，生物医药从业人员上万人；拥有在研药械品种1136个，其中，进入临床的Ⅰ类新药34个。科伦博泰、百利天恒相继牵手国际医药巨头实现ADC药物授权许可，“温江造”创新药陆续刷新我国药物出海授权交易新纪录。

三、聚焦企业培育营造新生态

实施创新型领军企业登顶战略、高成长科技企业倍增计划、专精特新企业培育工程，推进“个转企”“小升规”“规做精”“优上市”，2021年至2024年，先后出台“三医融合”产业政策32条、高校协同创新政策10条、人才工作先行区建设政策10条等产业、人才和科技成果转化支持政策，积极构建“财政引导基金+国有经营资本”双轮驱动的产业投资基金体系，形成总规模超180亿元产业投资基金群，推动百利天恒、科伦博泰等创新企业登陆科创板、在香港联交所上市。截至2023年，已培育国家级专精特新“小巨人”企业13家、省级94家，入库科技型中小企业393家，累计培育国家高新技术企业487家。

信息由四川省发展和改革委员会提供

第三节 哈尔滨平房区打造“5G+健康管理”应用示范新场景

哈尔滨市平房区深入践行“健康中国”战略，聚焦后疫情时代群众对精准、快捷医疗服务的需求，将基因检测、智慧医疗等领域技术创新与民生需求深度对接，依托龙头企业大力推进医疗卫生信息化建设，促进“IT+BT”产品与服务融合创新，打造智能医疗服务应用新场景。

一、实施揭榜挂帅，引导企业技术对接社会民生

发挥区内数字经济和生物经济产业集群优势，汇总发布医疗卫生现代化建设需求，通过“揭榜挂帅”方式，引导企业技术成果储备向健康医疗领域落地转化。与星云基因科技有限公司（简称星云基因）合作，研发搭建国际领先的云智一号“高通量基因检测柔性智能交付系统”，创新推出国内首个获得医疗器械注册证的咽拭子智能采样设备“健康自助小屋”5G智能终端载体（图28-6），配合5G+智能物联网控制模式，实现24 h的样本自助检测服务，除可检测上呼吸道病原体外，还可进行“三高”（高血脂、高血压、高血糖）个体化用药指导，以及肿瘤易感基因、心脑血管防护基因、免疫力评估等多项基因检测，有效提升基层便捷医疗服务供给。

图28-6　健康自助小屋

二、打造“5G+健康管理”示范区，提升健康服务供给

加快推进“5G+健康管理”示范区建设，重点向社区卫生机构以及养老院、福利院、医疗机构、托幼机构、中小学五类重点机构布设“健康自助小屋”5G智能终端，形成网络监测哨点。通过“健康自助小屋”5G智能终端设备在各级医疗机构的部署和互联互通，打通健康管理的“最后一公里”，构建以个人为中心的基因组学、健康档

案、电子病历等精准和循证医学全要素生命健康AI大数据平台，全面实现5G+精准化健康管理。在实现快速、便利采样的同时，提供流行病学的疾病传染速度、人群特征、传染途径、疾病属性等分析数据，为政府决策分析、疾病监测和应急指挥提供快速、精准的数据支撑。

三、强化“链式对接”，促进科技成果转化落地

大力推动驻区企业与高校院所开展产学研对接，聚焦产业链、打造创新链，促进生物技术原始创新。面向精准医学临床应用场景，汇聚生物医学数据资源，推动星云基因等驻区企业与哈尔滨工业大学、重庆大学、国家呼吸医学中心等高校院所和机构合作共建精准医学产业技术研究院、精准医学产业技术创新联盟。搭建专家学者、企业院所对接交流平台，举办“院士经开行”暨“生物经济高端对话”活动，特邀中国工程院院士等专家学者与驻区重点企业就生物经济发展进行深入交流，面向肿瘤、呼吸、免疫、心血管、肾脏、代谢、罕见病等广泛疾病领域开展前沿科学战略合作达成共识，共谋“IT+BT”融合创新。

信息由黑龙江省发展和改革委员会提供

第四节 黑龙江省加速先进医疗装备技术转化，提升医学诊疗水平

先进医疗装备是提升医学诊疗水平、更好满足人民群众卫生健康需求的医之重器，也是提升创新能力、推进制造强国建设的重要手段。近年来，黑龙江省积极支持手术机器人、声动力治疗系统等先进医疗装备技术转化，并取得了积极进展。

哈尔滨思哲睿智能医疗设备股份有限公司（简称思哲睿）成立于2013年，是一家致力于手术机器人研发、生产和销售的高新技术企业。十年来，该公司在政府相关部门的大力扶持下，在高端医疗装备的研发方面破茧成蝶，成功研制出国内首台手术机器人，填补了该领域的国内空白，打破了国内腔镜手术机器人长期由美国达芬奇手术机器人独家垄断的局面。有关部门成立服务专班，通过加强帮扶指导、推动产销对接、实施应用示范等措施，帮助企业取得长足发展，形成了“研发+临床+制造+应用”全产业链联合创新体系和手术机器人产品体系（图28-7），“3D高清电子腹腔镜”等4个二类医疗器械已注册上市。核心产品康多机器人成为行业内首个在泌尿外科领域进入国家创新医疗器械特别审批程序的腔镜手术机器人，已于2022年6月获得三类医疗器械注册证，先后实现了世界首例5G远程腔镜、多点协同远程腔镜手术机器人动物实

验，世界首例跨运营商、跨网域（5G+固网专线）多点协同远程临床实时交互手术，首例跨海双控制台超远程机器人辅助前列腺癌根治临床手术，国产手术机器人三控制台三地互联多点远程会诊教学手术，为丰富医疗帮扶形式、实现优质医疗资源下沉、提高医疗服务的可及性提供了有力的技术保障。截至2023年底，公司已获授权专利近300项，入选国家知识产权优势企业，承担和参与了十余项国家重点研发计划项目，参与制定了多项国际和国内标准，并获得工业和信息化部新一代人工智能微创手术机器人技术攻关揭榜优胜单位、工业和信息化部与国家卫生健康委员会官方“5G+医疗健康应用试点”项目揭榜单位、中国机械工业科学技术奖技术发明类一等奖，成为国产手术机器人领域的“独角兽”。

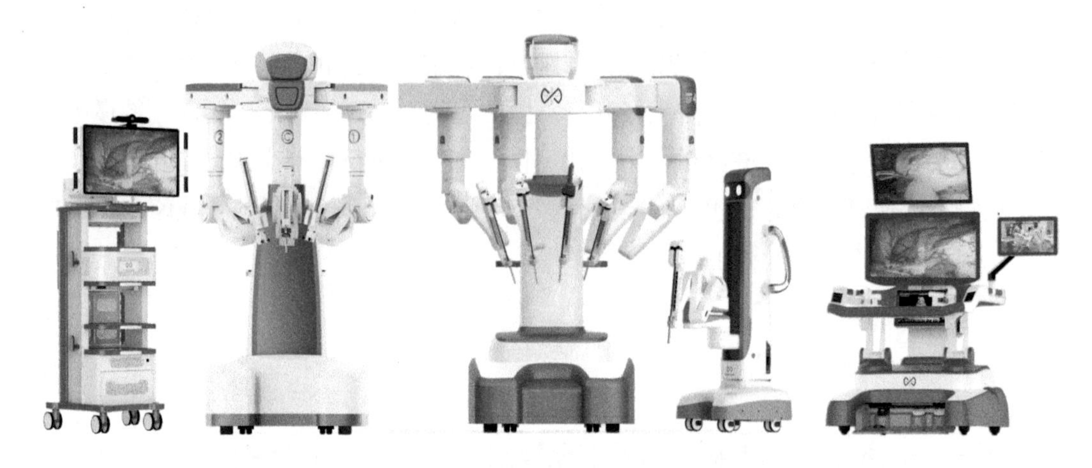

图28-7　思哲睿手术机器人

哈尔滨声诺医疗科技有限公司（简称声诺医疗）于2020年12月注册成立，是一家专注高端医疗装备研发、生产、推广的高新技术企业。该公司依据哈尔滨医科大学田野教授团队在国际上首创的“巨噬细胞靶向声动力疗法快速逆转动脉粥样硬化斑块”的研究成果，研制出用于动脉粥样硬化声动力治疗的专业设备——“动脉斑块声动力治疗系统”。该系统将超声与创新药物相结合，与传统药物治疗、手术治疗相比，具有靶向精准、起效迅速、无创安全等优势。截至2023年底，在有关部门积极帮扶下，声诺医疗已完成该设备的前瞻性随机双盲对照临床研究，并获国家重大科研仪器研制项目等科研资助15项，取得专利18项，获省科学技术奖（进步类）一等奖，目前正在积极申报三类创新医疗器械。

信息由黑龙江省发展和改革委员会提供

第五节 以“新”提效 以“质”创牌
通化市生物医药产业集群驱动新质生产力发展

通化市认真贯彻习近平总书记“加快形成新质生产力”[①]的工作要求，深入实施吉林省“一主六双”[②]高质量发展战略，以“四个创新”（发展创新、科技创新、平台创新、品种创新）为抓手，充分运用“五化工作法”（工作项目化、任务清单化、时序流程化、推进制度化、落实标准化），锻造新质生产力，激活发展新动能，引领千亿级医药产业集群建设，打造具有国际影响力的医药健康产业高地。2023年，全市医药健康产业经营规模达到638.8亿元，成为全市经济发展的重要支撑。

一是深化发展创新，提升产业支撑力。树立“项目为王”理念，以“拼”的精神、“抢”的意识、“争”的劲头，强化资源要素保障，推动重点项目建设。2023年，组织实施医药健康产业增排产、扩产能、强配套、添结算、引人才、重创新的“六个回归”工程，回归经济规模27.5亿元。启动实施医药健康产业冲刺千亿级经营规模三年行动，成立工作专班，坚持高位推动，加快医药大品种、大项目、大企业建设，26个重点医药健康产业项目完成投资77.9亿元，安睿特、安宇生物、百思万可及东宝药业胰岛素类似物注射液生产线等重点项目进展顺利，万通药业贴剂生产线技术改造等项目竣工投产，有力拉动了经济发展。

二是深化科技创新，提升产品竞争力。组织医药创新产品研发，中药大品种二次开发和独家品种技术升级，推动化学仿制药开展质量和疗效一致性评价，东宝药业“门冬胰岛素”获批生产，“利拉鲁肽注射液”上市申请获得受理，2023年完成20个品种的一致性评价。围绕国家高新技术企业、国家科技型中小企业着力构建多层次创新型企业集群，举办通化市高新技术企业认定管理政策培训会，开展高层次人才引进计划，加强医药产业专业技术人才培养、领军企业评选和医药企业家人才队伍建设，全市培育医药类国家高新技术企业46户，2023年新增4户，拥有有效发明专利557件，

---

① 《习近平在黑龙江考察时强调：牢牢把握在国家发展大局中的战略定位 奋力开创黑龙江高质量发展新局面》，https: //www.gov.cn/yaowen/liebiao/202309/content_6903032.htm，2023年9月8日。

② 中共吉林省委十一届九次全会提出，全面实施“一主六双”高质量发展战略，即突出发挥长春辐射主导作用“一主”，构筑环长春四辽吉松工业走廊、长辽梅通白延医药健康产业走廊“双廊”，构建大图们江开发开放经济带、中西部粮食安全产业带“双带”，做精长通白延吉长避暑休闲冰雪旅游大环线和长松大白通长河湖草原湿地旅游大环线“双线”，畅通白松长通至辽宁大通道、长吉珲大通道“双通道”，打造长春国家级创新创业基地、西部国家级清洁能源基地“双基地”，推动长春吉林一体化协同发展、长春四平一体化协同发展“双协同”，加快促进高质量发展。

2023年新增有效发明专利28件。截至2024年4月，安睿特自主研发的重组人白蛋白注射液已获得5项国家专利，完成在俄罗斯注册，成功获得欧亚经济联盟-俄罗斯联邦卫生部批准上市，填补了全球生物医药产业的空白；金马药业的1.1类新药“琥珀八氢氨吖啶片”化学成分构成世界首创，填补了国内自主知识产权的治疗老年痴呆症Ⅰ类化学新药的空白。

三是深化平台创新，提升培育保障力。引进专家院士，搭建研发交流平台，助力医药产业发展。中国工程院院士、天津中医药大学名誉校长张伯礼及中国工程院院士、云南农业大学名誉校长朱有勇携专家团队先后莅临通化市就医药健康产业高质量发展把脉献策，举办医药健康产业发展专家咨询会，对通化市医药健康产业发展提出95条建议。选定企业优质项目联合开展技术攻关，修正药业消糜栓产品和玉圣药业大株红景天注射液产品的年销售收入实现了翻倍增长。举办长白山医药健康产业发展论坛、中医药现代化高质量发展峰会暨中药质量标准技术交流大会，学习各地成功经验和新技术。开展企业技术改造升级，打造上市许可持有人（marketing authorization holder，MAH）生产制造基地，整体提升医药产业生产能力。围绕东北天南星、淫羊藿、穿山龙等道地药材品种创建3个吉林省优质道地药材科技示范基地，建设数量居全省第一。依托全国医药健康技术转移综合服务云平台和服务企业微信群组织线上培训、推介会等活动。

四是深化品种创新，提升核心创造力。以园区建设为载体，以生物制药发展为核心，以化学药品发展为发力点，以中药发展为基础，补短板、强弱项，提升优势品种市场占有率和潜力品种创造。2023年培育了44个产值超5000万元的医药大品种，实现产值93.5亿元，其中重组人胰岛素注射液、复方嗜酸乳杆菌片等25个品种产值超亿元，东宝人胰岛素市场份额跃居全国第一。有效发挥张伯礼院士工作站的技术资源优势，组织开展中药独家品种遴选与评价，推动东宝药业、茂祥制药等企业开展14个古代经典名方研制开发。生物医药集聚区建设加快，东宝生物医药产业园具备德谷胰岛素原料药产能500公斤和注射液产能2000万支；通化化工园区成为全省5个第一批通过复核认定的化工园区之一，可承接化学原料药、中间体企业的产能转移。

信息由吉林省发展和改革委员会提供

第六节　从“优势”到“胜势”　长春新区生物经济创新能力提升为“双城”发力

《促进国家级新区高质量建设行动计划》中提及要增强新区科技和产业竞争力，在这个新机遇的大舞台上，长春新区医药产业正发挥科技创新资源集聚和主导产业竞争优势，成为长春新区向“双城”建设发力的胜势。

一、产业“基础”固本强基

依托长春新区产业基础、资源禀赋和创新优势，长春新区高标准规划建设了“长春药谷”（图28-8）。截至2023年底，长春药谷现已集聚了长春高新、金赛药业、百克生物、迪瑞医疗等一批行业领军企业，规模以上企业24户、2023年规模以上工业产值226.4亿元，产值总量约占全市生物医药产业的80%、占全省的30%，位列省内各地市之首。

图28-8　长春药谷生态圈

（1）产业集群效应凸显。“长春药谷”集聚了长春高新、金赛药业、百克生物、迪瑞医疗等一批行业领军企业，汇聚了生物医药健康相关企业210户，其中高新技术企业79户、专精特新企业45户。2023年金赛药业（图28-9）总量突破110亿元，研发投入占营收的比例17%，连续两年营收突破百亿元。

（2）产业创新势头强劲。长春新区集聚了一批全国知名的高校院所，培育了一批行业一流的科技人才，诞生了一批影响巨大的创新成果。截至2023年底，长春新区拥有生物医药领域两院院士5名、副教授及以上职称超1800名，通过优质的产业生态、浓厚的创新氛围、良好的营商环境吸引了像金赛药业金磊博士、百克生物孔维博士等诸多高层次医药人才在长春新区创新创业（图28-10）。

图28-9 金赛药业

图28-10 百克生物带状疱疹减毒活疫苗实验检验

（3）产业生态蔚然成林。长春药谷享有省、市等支持政策，以及长春新区出台的十七条贴近医药健康企业实际需求的专项政策，全方位满足企业需求。截至2023年底，长春药谷拥有创新医药产业园、吉兴医药产业园、创投高新产业园等7个专业产业园区，可生产化学原料、化学制药的精细化工新材料产业园也陆续开放，可为生物医药健康相关企业提供全领域的发展空间。

二、产业“优势”捷报频传

2023年10月19日中国生物医药界国家级盛会——2023中国生物技术创新大会在成都开幕。开幕式上，《2023年中国生物医药产业园区发展现状分析报告》正式发布，公布2022年国家生物医药产业园区综合竞争力排行榜，长春新区所辖长春高新技术产业开发区生物医药产业综合竞争力排名较上年提升2位，综合竞争力排名全国第14位（图28-11），位列东北之首，连续三年实现新跃升。

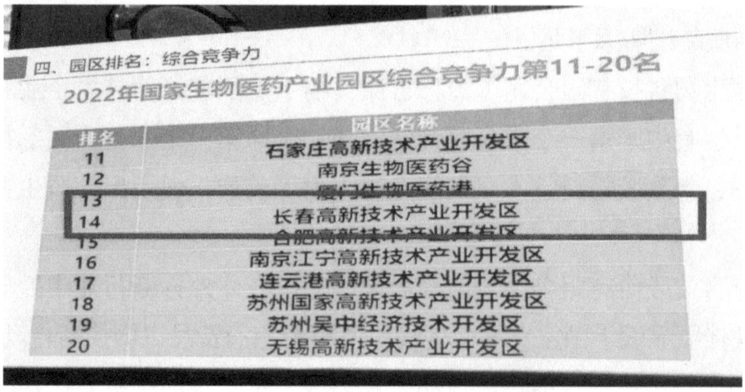

四、园区排名：综合竞争力

2022年国家生物医药产业园区综合竞争力第11-20名

排名	园区名称
11	石家庄高新技术产业开发区
12	南京生物医药谷
13	厦门生物医药港
14	长春高新技术产业开发区
15	合肥高新技术产业开发区
16	南京江宁高新技术产业开发区
17	连云港高新技术产业开发区
18	苏州国家高新技术产业开发区
19	苏州吴中经济技术开发区
20	无锡高新技术产业开发区

图28-11　2022年国家生物医药产业园区综合竞争力第11—20名

2023年11月4日，中国生物工程学会第十五届学术年会暨2023年全国生物技术大会举办，发布了中国生物医药产业发展指数（CBIB 2023），长春高新技术产业开发区连续两年入选“CBIB区域生物医药产业评价二十大重点高新区/开发区”名单（图28-12），是东北唯一入选的开发区。

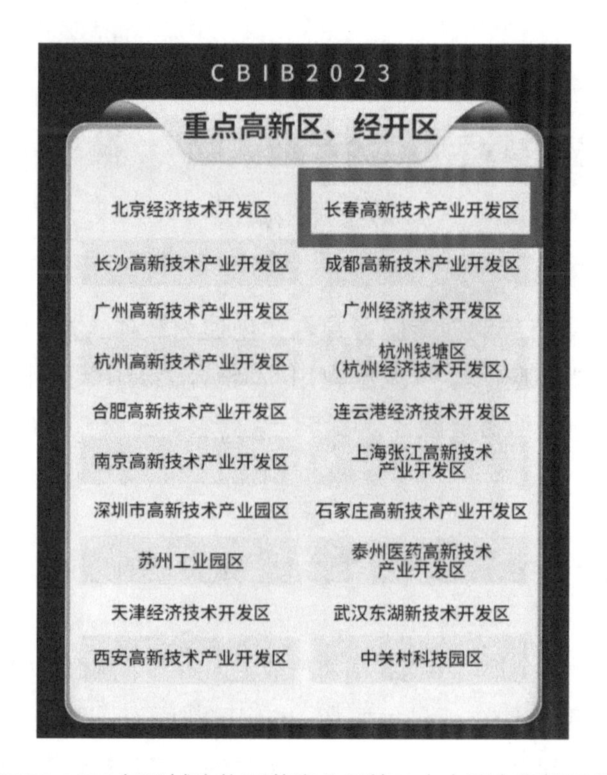

图28-12　CBIB 2023年区域生物医药产业评价二十大重点高新区/开发区名单

三、产业“胜势”未来可期

产业的发展，离不开“龙头”支撑，生机勃勃的医药企业，为长春新区聚焦永春现代生物医药城建设增添了足够的底气。

长春吉原生物科技有限公司（简称吉原生物）是国家高新技术企业和国家知识产权优势企业，拥有中国第一个水凝胶烧伤敷料和全球第一个水凝胶眼部护理辅料，共六十余项专利，水凝胶材料技术研发能力迈入世界前列，展现出吉原生物拔节向上的蓬勃活力。

迪瑞医疗科技股份有限公司（简称迪瑞医疗）在体外诊断行业中处于国内领先地位，市场表现佳绩显著。国家实施大规模设备更新和消费品以旧换新行动的机遇已来，迪瑞医疗将加大数字化、智能化新产品研发力度，进一步增强智慧医疗、智能检测功能，更好满足需求、抢占市场。

其时已至，其势已成，其兴可待！长春新区将充分把握全球及国内医药健康产业发展趋势，构建新赛道环境、塑造新空间格局、优化新产业生态，以“链条优势”推动形成特色鲜明的生物医药发展集群，努力将长春药谷打造成为立足吉林、辐射东北、影响东北亚的医药产业高地。

信息由吉林省发展和改革委员会提供

第七节　磐安打造“中药产业大脑”　推动“未来工厂”数字化赋能

磐安县以省级中药产业创新服务综合体创建为载体，打造“中药产业大脑”，实行“全景融合”“全链管理”“全维应用”，整合集聚中药方面的科技创新资源，促进创新链、产业链、服务链融合，服务广大药农、药商、药企，推动中药产业高质量发展。

一、全景融合，创新产业资源配置机制

一是打通三产融合全景。将全省中药产业上、中、下游根据中药种类、方剂类型等拆分成35条细分赛道和809项特征要素，与全国数据关联融合，截至2023年底累计归集数据3577万条，建立中药产业细分行业数据库。二是构建智能分析模型。基于细

分行业数据库，结合江南药镇中药材价格指数构建产量、价格预测模型，帮助政企研判变化趋势，精准进行资源配置。三是提升产业招引效率。在产业整体招引模块，构建智能匹配模型，从全国企业中精准推荐、自主筛选符合浙江区域中药发展路径的招商标的。自中药产业大脑于2022年2月上线以来，截至2023年底，已获得有效线索20条，并达成招引意向企业4家。

二、全链管理，重塑中药材质量监管模式

一是在种植端精准指导。实现全过程节肥减药监管、病虫害防治和气象预警，引导农户参与建设22 000亩规范化示范基地，建成全国首批浙贝母GAP基地，帮助药农减少60%的肥料投入、80%的农药投入。二是在加工端统一标准。全国首创共享车间，建立统一准入、统一设备、统一工艺的标准体系，开展生产环节关键因素的实时监控，规范化运营18家共享加工点，实现初加工抽检合格率100%，提升有效成分含量约16%。三是在流通端一键追溯。以质量追溯为硬核举措，结合抽检、联办、信用评价等手段，构建“浙八味”诚信市场，绘制经营主体画像。通过“浙中药”监管平台实现全过程监管，真正做到了道地药材“一物一码”的全链条一键追溯。

三、全维应用，拓宽优质优价转换通道

一是打造“浙药通”线上交易平台。打造“优质优价”专栏，开展优质GAP药材线上推介，特供对接知名药企，打通中药材“数字赋能”向价值转换。截至2023年底，已入驻商家232户，实现线上交易2.6亿元，帮助药农整体增收37%以上。二是构建“智慧中药房”应用。实现医院信息系统（hospital information system，HIS）与药房系统无缝对接，实现处方流转对接、原料饮片管理、代煎代配智能管理。截至2023年底已联通省内医院煎药中心2家，对接医疗机构154家，流转处方43万余张。三是开展“数字药博”线上推介。建立云药博、云展馆、云展商、云论坛、云直播、云推介等6个分类场景，开展虚拟全景、3D展示、线上直播、品牌宣传、政策解读、行业分析等服务，线上推介销售中药材、食药同源物质等中医药大健康产品。

信息由浙江省发展和改革委员会提供

第八节 庆元县以食用菌生态价值链促全产业链升级融合发展新模式

庆元县是世界最早的香菇发源地、研发最快的菌类品牌区，有全国最大的菇乡市场、辐射最广的香菇产业圈。“庆元香菇”已列入中国特色农产品优势区，2024年，品牌价值146.28亿元。2023年，全县共有4200余户种植食用菌，种植总量达1.378亿棒，其中香菇8661万棒，灰树花1875万棒，全县食用菌鲜品产量约11.533万t；食用菌第一产业产值约7.09亿元，一二三产业总产值约55亿元。庆元县食用菌全产业链典型县成功入围全国农业全产业链典型县建设名单，庆元香菇、庆元灰树花成功入选2021年第一批全国名特优新农产品名录，双双取得国家地理标志证明商标及农产品地理标志产品证明。庆元香菇获得浙江省首届知识产权奖二等奖，受省政府发文表彰。

庆元县以食用菌规模化种植为基础，以生物科技为突破口，以生态食品、健康食品、保健药品的研发生产为重点，将精深加工、康养旅游、科技人文、采摘体验、教学科研融入食用菌产业发展，推进第一产业往后延、第二产业两头连、第三产业走高端，推动产业全链化、产品终端化和生产低碳化发展，聚焦“生产+O2O[①]市场+消费”“生产+绿色金融”“全产业链+数字化”等重点融合路径，探索生态价值链提升、全产业链升级融合发展新模式，打造中国食用菌产业两业融合（先进制造业与现代服务业融合）创新样板区，全国食用菌生态产品价值转化高地，为山区县产业发展提供了可借鉴的发展模式。

一是着力建设线上、线下双线消费市场。以线下专业市场和线上电商市场为重点，以满足消费升级、促进产品升级为导向，发挥消费端对制造业转型升级的助推作用，积极构建商流、物流、资金流、信息流高效循环的生态闭环。以庆元县香菇市场迁建及物流中心等项目为依托，扶持食用菌加工、物流、仓储和配送体系建设，重点支持食用菌企业开展农产品电子商务冷链体系建设，提高生鲜农产品的存储能力、运输能力和配送能力。庆元香菇市场冷链物流园成功入围首批浙江省冷链物流园区创建名单。

二是创新“生产+绿色金融”模式。通过加强金融产品开发，锚定食用菌生产经营过程中的重要环节，以绿色金融助力庆元县食用菌产业生态产品实现价值转化。面向经营者开展仓单质押融资服务（提供额度在仓单载明价值的60%以内，单笔金额在300万元以下，月利率不超过5.98‰，且手续2—3天即完成放贷的贷款服务），满

① O2O即线上到线下（online to offline）。

足其仓储及融资需求。庆元农商银行每年能为食用菌经营户提供不少于2亿元的仓单质押业务融资，在很大程度上解决了食用菌经营户的资金需求及仓储服务需求。面向生产加工主体，创新与生态产品价值核算挂钩的“生态贷”模式，开展生态资产、生态收益权、环境权益抵（质）押贷款，拓展基于生态信用评价的“两山信用贷”（指在贷款授信审查中运用了生态信用的信用贷款，于2023年8月后改名为“生态信用贷”）金融产品。

三是打造“全产业链+数字化”模式。按照“数字化+产业化”思维，运用大数据、人工智能、物联网等新一代前沿科技，依托庆元县食用菌全产业链数字化项目，智慧赋能食用菌全产业链发展。庆元县已建成全自动数字化菌棒集中生产厂和热泵节能“集中烘干”示范点、食用菌数字化未来农场等一批具有现代化、数字化、智能化的生产、加工、服务等多链条的项目，截至2023年，累计投入资金超过1亿元；建成庆元县食用菌全产业链数字化（香菇云）平台一个，并已投入使用，应用场景入选省农业农村厅种植业产业大脑应用场景推广“先试先行”名单，成功创建省级食用菌产业“机器换人”示范县。

信息由浙江省发展和改革委员会提供

第九节 上海闵行区以“莫德纳速度”创新优化生物医药营商环境

生物医药是上海“集中精锐力量、加快发展突破”的三大先导产业之一。2023年，在上海市委、市政府及闵行区委、区政府主要领导的部署和推动下，以及市区两级相关职能部门的全力支持和指导下，上海闵行区成功引进了全球制药巨头美国莫德纳公司。莫德纳项目占地270亩，总投资36亿元，是截至2023年底我国生物医药领域投资额最大的外资项目。在项目引进过程中，闵行区政府积极优化行政效率，提升政务服务能力，继上海产业界“特斯拉速度”后，创新了重特大项目落地的“莫德纳速度”，包括从企业专访、决策落户的“三日即决策”，到签署协议的“一季即签约”，再到土地开工的“百日即开工”，实现了从莫德纳公司与市经济和信息化委员会、闵行区政府签署战略合作协议，到拿到施工许可证仅用时3个多月。

一、成立工作专班，对接项目需求

闵行区成立了以区委书记、区长为双组长的莫德纳项目工作专班，精准对接市级部门，高效统筹全区资源保障莫德纳项目顺利落地。专班成立以来，区领导多次牵头召开专题会议，研究制订专业化落地方案，专题研究莫德纳公司及其产品进入中国涉及的政策瓶颈。专班先后完成了莫德纳项目负面清单、产品准入审批、规划环保等多方面事项的梳理，为项目方投资决策和落地推进打下了坚实基础。同时，专班还会同14家职能部门就设计方案提前开展预评审，全程指导企业深化方案。

二、建立创新机制，提升审批速度

在莫德纳项目落地过程中，闵行区政府落实“并联推进、容缺后补、跟踪审批、综合验收、闭环管理”的项目推进模式。如在土地出让环节，实现入市交易系统填报和入市审核同步实施；在项目备案环节，通过边建设、边办理生产项目审批手续，将厂房建设和生产项目备案分离，压缩了项目备案审批周期；在建设审批环节，允许在签订出让合同后免于办理桩基工程规划许可，直接凭设计方案办理桩基施工许可手续，实现“桩基先行+拿地即开工”，帮助企业开工时间至少提前2个月。

三、提升服务能力，营造良好形象

一方面，在推动莫德纳项目落地过程中，闵行区政府秉承跨前谋划的工作思路，协助项目方完成了投资布局上海的调研报告，陪同实地考察了闵行区各类载体、关联企业和综合配套情况，突出闵行区生物医药产业优势、区位优势、人才优势以及营商环境，为莫德纳公司投资决策提供“闵行方案”。另一方面，闵行区政府还积极提升服务能力，成立了“零时差”项目专项工作团队，创建“即时对接、2 h内回复、4 h内落实”工作机制，落实项目主体责任，实行“周检查、月调度、季小结、年盘点”工作制度；同时创新代办“企业注册+拿地建设”的“双代办”联动机制，定期召开“双代办”专题会议，了解项目所遇到的难点、堵点。结合招商企服管理平台，对项目全流程进行可视化进度查询，并以亮灯模式提示超期情况，确保项目按流程、按节点推进。

目前，莫德纳中国研发生产总部项目已经正式开工建设。莫德纳项目成功落地闵行区，既符合国家的整体战略部署，也为发展和壮大闵行区生物医药产业集群，以及巩固上海生物医药产业链注入了新的力量。

信息由上海市发展和改革委员会提供

第十节 创新引领，腾笼换鸟，促进沈阳铁西生物医药产业发展

沈阳市铁西区坚持引进和培育相结合的发展路径，采取“招引+孵化+腾笼换鸟”和“市场化”运作模式，瞄准生命健康产业链关键环节，以生物技术为先导，以化学制药为基础，培育医疗器械和智能医疗，通过对外招商引资、对内扶持龙头企业、联合科研院校培育孵化和原化工园逐步“腾笼换鸟”，促进生物产业规模化、高端化、集群化发展。现有东北制药集团股份有限公司、沈阳三生制药有限责任公司、安斯泰来三家全国生物医药百强企业。依托沈阳科研院所聚集优势，拥有沈阳化工大学、沈阳工业大学、沈阳药科大学、中国医科大学、沈阳医学院等多所高校及沈阳感光化工研究院、沈阳化工研究院、沈阳橡胶研究设计院、沈阳有色金属研究院、中国科学院金属研究所、中国科学院沈阳应用生态研究所等多所科研院校，人才资源丰富。产业支撑有力，高端装备制造是铁西区最强的主导产业之一，为发展生物医药产业奠定了坚实基础。

一、医药产业

以生物技术药物制造为核心，在抗体药物、基因工程药物、生物疫苗、细胞制备等方面持续发力；围绕重大疾病需求，重点发展化学创新药、化学仿制药、高端制剂、临床短缺药物和中医药；围绕养生保健需求发展中医药和特殊医学用途配方食品（简称特医食品）。

一是积极推进北方药谷德生生物医药科技产业园建设。北方药谷德生（沈阳）生物科技有限责任公司由沈阳三生制药有限责任公司和中德（沈阳）国际产业投资发展集团有限公司（经开区管委会下属国资企业）共同出资组建，计划总投资约70亿元，规划占地面积约500亩。产业园以生物药国际CDMO基地项目为龙头，聚集区域内近20家知名药企，以“招引+孵化”双轮驱动发展为目标，逐步打造生物医药产业“一核+多点”组团发展格局，图28-13为北方药谷德生（沈阳）生物科技有限责任公司生物药国际CDMO基地项目一期鸟瞰图，一期工程已建设完成，未来将培育一批龙头企业，在生物药品、医用材料等领域研发一批新产品，突破一批关键共性技术，建成产业集聚优势凸显、配套产业齐全、具有全国竞争力的生物医药产业基地。

图28-13 北方药谷德生（沈阳）生物科技有限责任公司生物药国际CDMO基地项目一期鸟瞰图

二是创新发展生物制药。依托现有沈阳三生制药有限责任公司、安斯泰来、沈阳博泰生物制药有限公司等企业在基因工程药物和融合蛋白药物技术方面的先发优势，积极开发新型细胞因子、靶向大分子药物等具有国际先进水平的重组蛋白类药物，推进治疗性单克隆抗体等临床价值突出的新型药物研发和产业化，逐步完善生物医药从研发创新到成果转化再到产业化的整个产业链的服务体系。

三是加快提升化学制药。依托现有东北制药、伟嘉生物等区内企业，对标美国的辉瑞、德国的拜耳、我国的华润三九等国内外制药大厂，围绕恶性肿瘤、心脑血管疾病、糖尿病、精神性疾病、神经退行性疾病、自身免疫性疾病、耐药菌感染、病毒感染等疾病，重点发展化学创新药、化学仿制药、高端制剂、临床短缺药物，以化学创新药为主攻方向，以化学仿制药为重点，实现化学制药规模化发展。

四是着力发展现代中药。积极对接辽宁中医药大学、沈阳药科大学等域内科研院所平台，围绕重大疾病针对中医药临床治疗优势病种的中药新药，开发一批药效机理清晰、质量标准完善、安全高效、稳定可控的现代中成药新品种。推进中药药学、中药活性筛选、安全性评价和药理学研究，促进传统中药的二次开发，重点发展针对心脑血管和自身免疫性疾病等中药新药及其质量控制、现代工艺等关键技术。鼓励探索古代经典名方的中药制剂改造、特殊医学食品及中医养生保健品等新业态。

五是大力发展特医食品。瞄准特医配方食品市场，抢抓特医食品企业发展布局机遇，加快吸引具有行业竞争力和影响力的特医食品企业落户。

二、高端医疗装备及智慧医疗

基于铁西区在医药产业、机械制造和增材制造的比较优势，瞄准沈阳发展高端医疗健康装备、智慧医疗的战略方向，对接沈阳、本溪相关产业链，加大招商引资力度，加强自主创新能力建设。

发展新型医用诊断设备和试剂，数字化医学影像设备，可穿戴医疗设备，移动与远程诊疗设备，人工智能辅助医疗设备，高端放射治疗设备，新型支架、假体等高端植入介入设备与材料及增材制造技术开发与应用，危重病用生命支持设备，疫情疫病检疫处置技术及装备。

支持希姆医疗高端数字医疗设备生产制造基地项目发展高端医疗设备总成，支持荣科科技发展智慧医疗信息系统加快升级改造诊断检验装备，建设全民健康信息化服务平台。支持鼎汉奇辉智慧医疗服务项目，建设医院综合管理解决方案、智慧分诊导诊解决方案、数字化病房解决方案等。进一步加快招引高端医疗装备和智慧医疗企业入驻园区，到2025年打造成国际先进、国内领先的高性能医疗器械和智慧医疗产业基地。

三、“政产学研医”联动的开放性产业生态

探索跨区域合作模式，积极与泰州中国医药城、苏州高新区、上海张江药谷、北京大兴生物医药产业基地等先进园区建立战略合作关系，对接沈阳市周边地区生物医药和智能医疗产业链，依托中关村科技园等运营商科学规划专业化生物医药产业园，构建生命健康产业公共服务平台。

充分整合域内“政产学研医”等资源，打造“人才+项目+资金”联动，引入社会化的产业落地转化团队，帮助解决从技术到产品过程中涉及的工程、市场、融资等问题。通过布局产业学院，吸引生物医药产业的高端、紧缺人才，打造新型人才培养落地模式。成立生物医药产业区域联盟，汇聚区内龙头企业和中国医科大学、沈阳药科大学等院校，通过建立系统化的优惠政策借助企业、高校影响力，建立“人才驿站”，招才引智。建设一批高标准厂房，吸引中小创新企业入驻、加快汇聚科技创新资源，为科技成果转化提供孵化平台，不断引入生物企业，到2025年，初步打造成集研发、孵化、生产、销售全链条，涵盖金融、教育、人才等于一体的生物产业生态。

四、创新开发建设和招商引资模式

一是进一步加快政企联合招商工作。利用北方药谷德生生物医药科技产业园丰富的服务形式和超大产能的核心优势，通过生物技术研究与中试、孵化器等，围绕制药产业上下游企业、新药研发实验企业、药品检测机构、医疗器械研发生产销售企业和医疗研发服务机构等客户类型，培育和吸引优势高端项目、实现一系列新产品的产业化落地，达到产业园区强链目标。

二是进一步发挥龙头企业的牵引作用。发挥头部企业[北方药谷德生（沈阳）生物科技有限责任公司、东北制药集团股份有限公司、沈阳三生制药有限责任公司]创新先导者的示范作用，聚焦国内外生物医药产业发展的新动向，瞄准国外和国内行业领军、骨干、前沿企业，形成产业发展细分目标，深度谋划项目，编制招商专案，靶向施策，利用区位、产业、资源、服务、政策等优势，打造生物制药原辅料等为依托的上下游产业链，带动一批中小企业创新性强、市场潜力大的成果转化项目批量入驻，有效提升铁西区生物产业链的完整性与韧性，达到“延链”“补链”“强链”作用，持续提升产业核心竞争力和整体竞争力，打造出全国有影响力的高质量的生物产业集群。

三是做好产业建设服务工作。研究生物产业专项扶持政策，在资金支持、土地供给、人才引进、项目孵化、金融支持等重点领域，与国家级经济技术开发区政策相叠加，重点研究支持科技含量高的企业和项目，吸引优质项目落地。

信息由辽宁省发展和改革委员会提供

第十一节　陇西县“三分田”跑出乡村振兴“加速度”

种子种苗是中药材质量的基础和源头，更是提高药材产量和质量的先决条件。近年来，为促进群众增产增收、中药材种植产业提质增效，陇西县依托现有资源优势，围绕中药材种子种苗关键核心技术，多措并举积极构建中药材良种“育繁推”体系，持续引导龙头企业、合作社、种植大户积极参与中药材规模化、标准化种植，全力保持中药材道地品质，不断做强做优中药材特色产业。

一、“小”举措“大”产业，加快产业提质扩面

陇西县以解决小农生产方式导致的种源混乱、品种变异、品质降低，质量参差不

齐的难题为出发点，瞄准中药材道地性不突出导致部分药材基原混乱现象为突破口。近年来，按照“三分带动两亩”推广模式和“扩面、提质、增效”总体思路，积极实施“三分田工程”推动中药材标准化、规模化种植，加快优良品种提纯选育和示范推广。发挥组织引领、产业带动、联合推进、群众增收的发展新格局，锚定具有优势和新增产区的福星、权家湾、渭阳、和平、宏伟等5个重点乡镇，每年遴选农户800余户，为其无偿投放近万斤提纯选育出的优质中药材种子，采取“户均育三分苗，来年种两亩药”（即每户当年育苗0.3亩，第二年所产种苗可种植2亩药材）的模式进行投放和推广。通过3—4年的推广示范种植，以点带面，辐射周边农户标准化繁育技术，2023年建设优质黄芪良种田达到9600亩，累计示范推广超过2000户，通过示范推广和辐射带动，逐步破解了道地中药材良种生产“从少到多”的问题。九层之台、起于垒土，在全县中药材产业提质扩面的关键时刻，“三分田工程”应运而生，并将迎着产业的高质量发展不断创新、不断提升，带动中药材产业朝新的希望蓬勃发展。

二、“小”田地“大”作为，助力科技成果转换

为积极响应农业农村部对做好中药材产业发展的号召，陇西县中医药研究院整合技术力量，组建技术攻关团队。以“品种–品质–效用”为原则，采用集团选育的方法，从根色、根型、总株型、根大小、整齐度、含量、产量等7个方面的研究和丰产性、适应性、抗逆性、品质以及其特异性、一致性、稳定性等特征、特性选育出的一批优质道地黄芪种子，经过风选、色选、磁选等方式加工处理，发芽率达90%以上。将良种投放给遴选农户，创新性地开展中药材种植“六个统一”，即地块统一规划→统一配方施肥→统一供种→统一药剂拌种→统一播种→统一病虫害防治。通过无数个“点”的示范带动和推广，集成增施生物菌肥和绿色防控等技术，构建全过程的技术服务体系。从原先的零星试验到现在每年2000亩左右道地良种扩繁田，累计收获道地良种超过1万斤，将分散的资源集中连成片，逐步聚合福星、和平、渭阳、宏伟、权家湾等北部山区育苗片带，形成强强联合发展局面，做到以点带面、辐射带动、全员发展，着力打造讲得响、有规模、效应强的特色种植体系，实现了道地中药材良种生产“从少到多”的良性循环，2023年优良品种供应率达40%以上，已成为道地中药材高质量发展的“新动能”。

三、“小”种苗“大”收益，促进农民增收致富

在2022—2023年连续旱情严重的情况下，为更好地提高药材产量，陇西县切合时机推行出“三分田工程”，优质的种子和技术培训在各乡镇好评如潮，取得了可喜的成

绩。以往老百姓大多自己育籽留种或到市场上去买籽种，由于种源不确定、种质混杂、质量不一，育出的种苗产量较低、品质良莠不齐，卖不上好价钱。通过中药材“三分田工程”的实施，引领技术支撑，带动农户建设繁育体系，手把手指导北部山区老百姓进行中药材育苗，从源头控制品质，种植上实现良种、良田、良机、良法深度融合。所产种苗品质大幅提升，经测产，2023年亩产种苗684公斤，一等种苗占47.5%以上，亩收益达1.5万元以上。在北山干旱区亩产种苗500公斤以上，一二等种苗占60%以上，亩收益达9600元以上，现良种覆盖率达50%，实现亩增产20%以上，亩收益增加2000元以上，极大地调动了农户的种植积极性。目前一棵棵小小的中药材种苗，经过科学种植、科学管理，促进经济转型和发展的同时成为激发县域“绿色经济”的新引擎，使中药材种植成为全县乡村振兴和农民增收致富的“新路子”。

下一步，陇西县将大力推广“户均育三分苗，来年种两亩药”的种苗扩繁“三分田工程”，2024年实施“三分田工程”11 010户，带动中药材育苗面积达6万亩以上；继续发挥科技示范带动效用，推动科技供给与农户需求的精准对接，把技术服务作为加快科技推广转化的一条主导路径；将“三分田工程”打造成为带动特色中药材产业规模化、融合化发展的主力军。

信息由甘肃省发展和改革委员会提供

第二十九章　科研院所类

第一节　以协同促创新，打造国家种业科技创新高地

国家生物育种产业创新中心（本节简称中心）是国家发展改革委和河南省重点建设的旨在打造国家战略科技力量的重大创新平台。对标国际一流种业研发机构，组建河南生物育种中心有限公司，承接中心建设与运行工作。自2018年9月启动建设以来，中心在科研条件建设、体制机制创新、关键技术攻关、人才要素集聚等方面取得了积极进展。

一、加强部门协同支持，高位谋划推进建设

河南省委省政府高度重视国家生物育种产业创新中心建设工作，出台了《河南省人民政府关于加快建设国家生物育种产业创新中心的若干意见》（豫政〔2019〕9号），从人才、土地、资金、发展环境等方面提出了23条具体支持措施，为中心建设提供强大的政策保障。成立了以副省长为组长，省发展改革委、省科技厅、省财政厅、省农业农村厅等相关部门、新乡市政府和省农业科学院负责同志为成员的建设领导小组，自2019年4月启动建设以来，先后召开了12次建设领导小组会议，研究解决建设过程中遇到的困难与问题。同时成立了由国内外生物学领域院士、专家和投融资、法律、企业管理等领域专家组成的专家咨询委员会，为中心发展提供咨询指导。

截至2023年底，中心4150亩高标准试验田、7.5万m^2科研设施以及位于海南三亚的795亩海南科研工作站已建成并投入使用。建立了涵盖育种全链条，以模块化、流程化、信息化为特征的专业技术平台，并面向全国开放共享。

二、强化体制机制创新，快速凝聚人才平台

按照《河南省人民政府关于加快建设国家生物育种产业创新中心的若干意见》，积

极探索实施“双跨单聘”“两权分处”等特殊政策，破除现有事业单位人员向中心流动的瓶颈障碍，快速形成创新力量，率先启动了小麦、花生、大豆、蔬菜等优势领域的科技创新工作，组建了研发团队。2024年，中心有固定研发人员97人，其中院士2人，柔性引进国内外知名专家5人。

强化协同创新，与荷兰瓦赫宁根大学合作成立了国家生物育种产业创新中心欧洲研发分中心，已派出科研人员开展联合攻关。与中国种子集团、中农发种业集团、中储粮、益海嘉里、美国玛氏集团等龙头企业合作开展成果转化与产业化工作。

通过参股和技术支持的形式，助推河南秋乐种业于2022年12月7日在北京证券交易所上市，实现了河南省种业企业上市的零突破。为破解我国部分高端设施蔬菜种业的短板，中心分别与河南省投资集团、平顶山农业科学院合作成立了“中育科蔬”和“中育平韭”，聚焦高端设施蔬菜种业产业发展，力争打造特种蔬菜领域的“隐形冠军”。

三、聚焦种业关键领域，培育重大科技成果

启动实施了首批“一流课题”，在基因编辑、重要性状遗传解析与分子标记发掘、特异种质创制、品种选育等方面取得重要进展。目前，小麦、花生育种研究处于国内领先水平，花生远缘杂交育种跨入世界领先行列。自2018年9月批复建设至2023年12月底，共有60个农作物新品种通过国家或河南省审定。获得2项河南省科学技术进步奖（图29-1），其中“花生脂肪含量遗传解析及高油新品种选育与应用”获2022年河南省科学技术进步奖特等奖。

NO: J 000004

河南省科学技术进步奖

证 书

为表彰河南省科学技术进步奖获得者，特颁发此证书。

项目名称：花生脂肪含量遗传解析及高油新品种选育与应用

奖励等级：特等奖

获 奖 者：河南生物育种中心有限公司

河南省人民政府

2023年3月14日

证书号：2022-J-001-D04/05

河南省科学技术进步奖

证 书

为表彰河南省科学技术进步奖获得者，特颁发此证书。

项目名称：优质面包面条兼用小麦新品种郑麦119和郑麦158的选育及应用

奖励等级：贰等奖

获 奖 者：河南生物育种中心有限公司

河南省人民政府

2023年3月14日

证书号：2022-J-034-D02/04

图29-1　获得2项河南省科学技术进步奖

信息由河南省发展和改革委员会提供

第二节 发展原创抗体药物 提升生物医药创新能力

河南大学抗体药物开发技术国家地方联合工程实验室于2016年由国家发展和改革委员会批准建设，主要从事原创抗体药物研发。沈倍奋院士、阎锡蕴院士分别担任实验室学术与技术委员会主任和副主任委员。截至2024年4月，实验室有专职研发人员48人，博士学位者占90%以上，其中双聘院士3人、国家杰出青年科学基金项目获得者和中国科学院“百人计划”等特聘教授6人。具有完善的原创抗体药物靶点筛选、抗体制备和改造及抗体功能评价等技术平台，已研发多个具有自主知识产权的原创治疗抗体药物。心肌梗死治疗性抗体、肿瘤个体化疫苗等研发处于国际领先水平。2020年荣获“全国抗击新冠肺炎疫情先进集体”荣誉称号。

一、具有完善的原创抗体研发平台

实验室建有完善的靶点发现与筛选、抗体制备与改造，抗体功能评价和小试车间等技术平台（图29-2），形成原创抗体药物“发现—评价—开发”的全链条一站式研发体系。具备成熟的单克隆抗体、纳米抗体和单链抗体等的制备和开发技术，心肌梗死大动物模型（猴、猪和犬）、心衰小动物模型等技术处于国际领先地位。与国家生物药技术创新中心、中国科学院上海药物研究所、华北制药集团新药研究开发有限责任公司等签订战略合作协议。

二、代表性原创抗体药物

缺血性心脏病是世界范围内导致人口死亡的首要原因，其中急性心肌梗死是关键致死因素，目前无药可用。针对急性心梗救治的困境，实验室研发出一种新型心梗救治抗体——迪尔辛（抗体融合蛋白sDR5-Fc），通过阻断肿瘤坏死因子相关凋亡诱导配体[tumor necrosis factor(TNF)-related apoptosis-inducing ligand，TRAIL]发挥心脏保护作用。相关成果发表在2020年*Science Translational Medicine*杂志上。迪尔辛可减少大鼠心肌梗死面积41%，减少小型猪心肌梗死面积67%，减少恒河猴心肌梗死面积76%。迪尔辛单次静脉用药可将恒河猴心梗模型黄金救治期延长至300 min（图29-3）。另外，迪尔辛还可显著提高心梗后期心功能，防止心衰的发生。目前该药物已完成临床前研究（CDMO和安评试验完成），正在申报中国、美国新药临床试验批件，预计2024年底开展中国Ⅰ期临床试验。

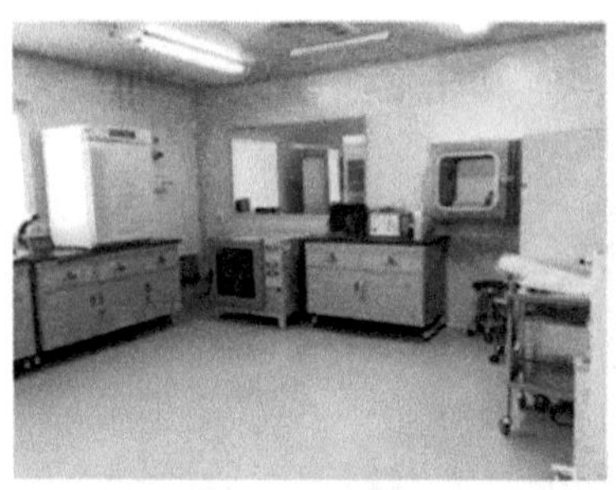
（a）小试车间

（b）applikon生物反应器

（c）Nova细胞培养生化分析仪

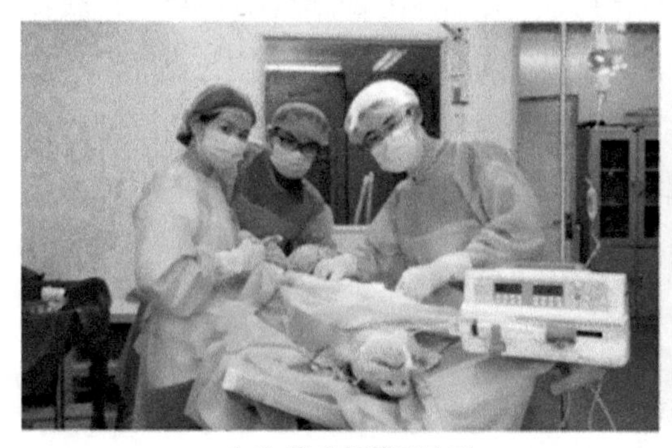
（d）猪心梗模型实验

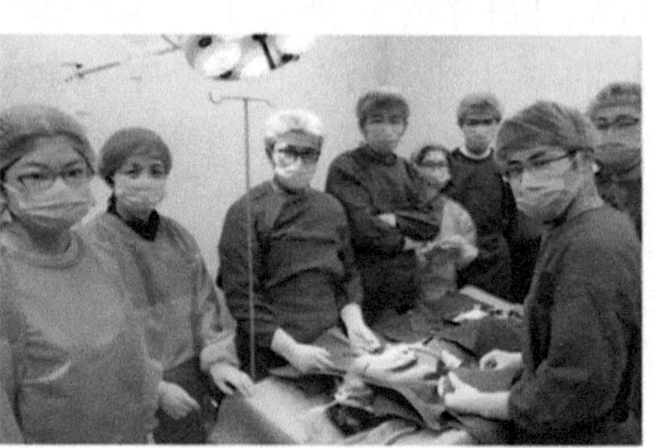
（e）恒河猴心梗模型实验

图29-2 完善的原创抗体药物研发平台

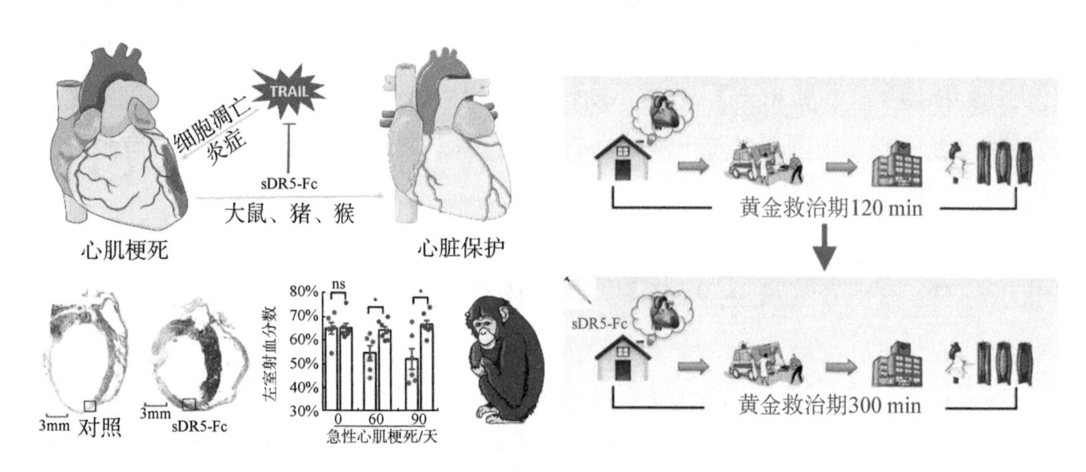

图29-3 原创抗体药物迪尔辛可延长心梗黄金救治期至300 min

三、原创抗体药物研发管线丰富

针对危害人民健康的重大疾病，围绕心血管疾病、眼病、炎性疾病和自身免疫病等方向，实验室有在研的十多个原创抗体药物研发管线，其中肿瘤个体化疫苗在临床志愿者试验中抗肿瘤效果显著（图29-4），脑梗治疗抗体、挤压伤治疗抗体、溃疡性结肠炎治疗抗体、干眼症治疗抗体、牙周炎治疗抗体和龋齿治疗抗体等取得重大进展。

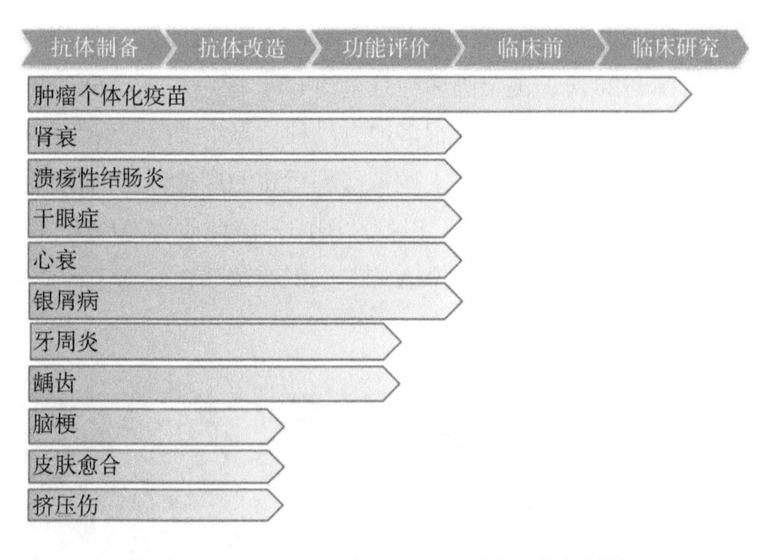

图29-4　实验室在研的部分原创抗体药物管线

信息由河南省发展和改革委员会提供

第三节　加强寒带作物及大豆种质资源保护，为寒地种业发展集聚“火种”

种子是农业的“芯片”，而种质资源是种子的“芯片”。习近平总书记高度重视种质资源工作，在2020年中央经济工作会议上指出，“要加强种质资源保护和利用，加强种子库建设”[①]，在看望参加全国政协十三届五次会议的农业界、社会福利和社会保障界委员，并参加联组会时强调，“加强种质资源收集、保护和开发利用，加快生物育种产业化步伐”[②]。2022年，黑龙江省农业科学院草业研究所国家寒带作物及大豆种质资源中期库（本节简称中期库）（图29-5）入选首批国家农作物种质资源库（圃）名单。近年来，中期库积极加快农作物种质资源收集整理、鉴定评价、创新利用和社会共享（图29-6），为培育更多适应不同生态环境、高产优质的作物新品种提供了种质支撑。

长期坚守，为推进寒地种业发展集聚“火种”。黑龙江农作物种质资源丰富，耐寒、早熟、优质等特点突出。1982年，黑龙江省农业科学院即启动建设了我国最北、最早的寒地作物种质资源库，成为中期库的前身。历经42年积累，截止到2023年底

①《中央经济工作会议举行 习近平李克强作重要讲话》，https://www.gov.cn/xinwen/2020-12/18/content_5571002.htm，2020年12月18日。

②《习近平看望参加政协会议的农业界社会福利和社会保障界委员》，http://www.cppcc.gov.cn/zxww/2022/03/06/ARTI1646577477981140.shtml，2022年3月6日。

在全球范围已收集保存大豆、玉米、水稻等资源7.04万份，其中保存国家二级保护植物——野生大豆资源3728份，占全国库存数量约1/3；引进了来自66个国家的1.3万余份种质资源，占全国引进数量的1/8。很多地方品种、野生种等已经不能在社会上再收集到，是育种家无比珍贵的“金疙瘩”。国家级种质资源库建设启动以来，黑龙江省农业科学院牵头全省种质资源保护单位，以打造国内一流种质资源库为目标，初步建立起“种质库+种质圃+原生境保护点+DNA库”的保存体系，确立了种业创新的“芯中芯”“源中源”地位（图29-7）。

图29-5 国家寒带作物及大豆种质资源中期库

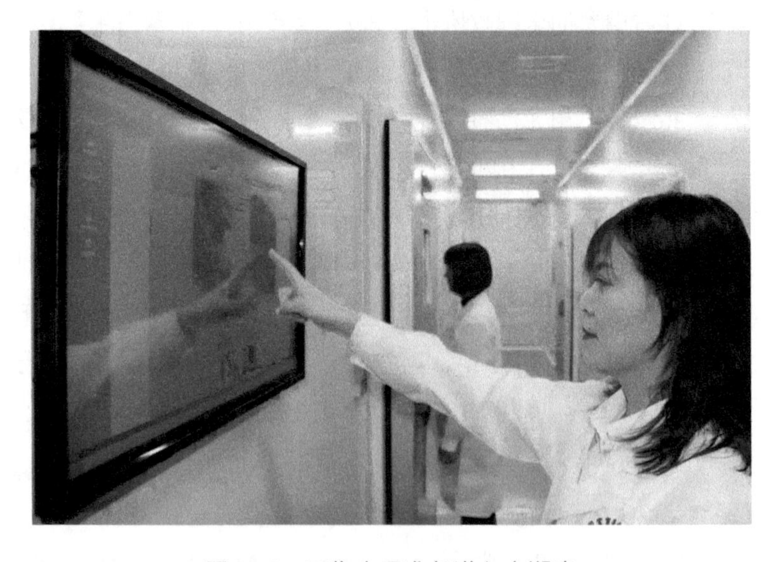

图29-6 工作人员准备进入中期库

图29-7　工作人员在中期库内查看大豆种质情况

精准鉴定，促进作物种质资源“活起来，用起来”。综合运用先进技术，建设种质资源综合管理平台，实现了资源管理的实物、文字、图像三者统一。截至2023年底，累计开展大豆、玉米、水稻等种质资源的精准鉴定评价5778份，综合评价出包括高蛋白野生大豆、多花荚野生大豆、极早熟水稻、耐盐碱水稻和田菁等优异资源；构建种质资源分子身份证2055份，实现了“一物一码”。

开放共享，为新品种不断突破贡献“龙江基因”。累计向社会公益提供利用材料10 000余份，助力我国寒地作物种质创新、新品种培育和综合研究利用，成为确保国家粮食安全“压舱石”战略地位的“国之重器”。

对外开拓，积极助力中国大豆新品种走出国门。2022年，助力“绥农42”和“合农95”两个大豆品种在俄罗斯联邦正式登记，这是我国大豆品种在俄罗斯登记零的突破，为实现我国在俄罗斯农业企业用上中国种迈出了关键一步，提升了我国种业的国际竞争力和影响力。

开创新局，为坚决打好“种业翻身仗”提供保障。中期库将继续开展全球范围内寒带地区优异种质资源的引进收集，提升种质资源保存数量，丰富种质资源遗传多样性。重点开展寒地作物种质资源精准鉴定评价，综合运用表型和基因型鉴定先进技术，完善精准鉴定评价体系，构建种质资源特征库，为全国寒带作物种质保存、种质创新、育种及产业化等方面提供基础保障。

信息由黑龙江省发展和改革委员会提供

第四节　北京研发，河北转化，打造京津冀生物制造成果转化共同体

北京化工大学秦皇岛环渤海生物产业研究院（本节简称研究院）是秦皇岛市人民政府和北京化工大学为贯彻落实国家京津冀协同发展战略、创新驱动发展战略而联合成立的综合性研究机构，于2016年6月取得事业单位独立法人资格。研究院依托北京化工大学，尤其是国家能源生物炼制研发中心，充分挖掘京津高校、科研院所的教育、科技成果优势资源，以搭建创新平台、共享创新资源、实施科技成果的集成转化为主线，加速推动"北京研发、河北转化"，打造京津冀成果转化共同体。

研究院聚焦生物制造产业，抢占新质生产力新赛道。研究院深入落实中央经济工作会议关于发展生物制造等战略性新兴产业的有关精神，发挥北戴河生命健康产业创新示范区政策优势，尤其是国家发展改革委等部门出台《关于支持北戴河生命健康产业创新示范区发展若干政策措施》，依托北京化工大学，尤其是院士专家团队，加快新食品原料、合成生物原料药等技术创新，打造集技术研发、中试熟化、分析检测、成果转化于一体的综合创新平台体系，打通从科技研发到落地转化的创新闭环，加速推动"北京研发、河北转化"，形成新质生产力，抢占未来产业竞争制高点。

研究院发挥北京化工大学优势资源，依托院士专家团队，大力培育发展新质生产力，积极搭建生物制造中试熟化基地和绿色生物制造产业园等承接载体，加速形成"北京研发、河北转化"创新链条，打造合成生物制造产业创新高地。

搭建创新优势平台，助力科技成果转化。围绕绿色生物制造、生命健康、生物医药等产业搭建京津冀优势平台。截至目前，研究院搭建了秦皇岛市生命健康产业研发与检测公共服务平台、生物工程产业中试熟化与产业化基地，获批了河北省绿色生物制造技术创新中心、河北省绿色生物化工产业技术研究院、河北省院士合作重点单位等人才和研发平台。截至2023年，研究院搭建省市级平台10余个，获得3000余万元专项资金支持，初步形成了结构合理、运转高效的平台体系，为推动科技创新、成果转化、产业发展升级提供了强有力的智力支撑。

合作县域经济，助力企业转型升级。研究院依托北京化工大学在科技、人才等方面的资源与优势，主动融入地方、服务地方，重点围绕北戴河新区绿色生物制造产业，开展科技合作与对接，为华恒生物、华北制药、中国－阿拉伯化肥有限公司、微元生物、华熙生物等百余家企业提供科技服务，促进企业转型升级，助力县域经济产业发展。

聚焦生物制造产业，抢占新质生产力新赛道。为深入落实中央经济工作会议关于发展生物制造等战略性新兴产业有关精神，抢抓生物制造产业发展机遇，同时，发挥北戴河生命健康产业创新示范区政策优势，研究院和北京化工大学等拟联合申报生物制造国家技术创新中心。2023年3月，秦皇岛北戴河新区管理委员会和中国工程院院士、北京化工大学校长谭天伟签订“绿色生物制造产业园”项目战略合作协议，在加强京津冀协同发展上持续发力，联动京津等地区加快搭建从创新端到产业端的全产业生态，着力打造合成生物制造产业创新高地。绿色生物制造产业园位于秦皇岛北戴河新区医疗器械产业港7号楼和8号楼，面积8600余m^2，已于2023年6月完成立项。园区与京津高校、中信集团、华恒生物、华熙生物、诚志股份、华北制药、国药集团、益海嘉里等30余家创新单位开展合作对接，重点推动中信集团、华熙生物、华恒生物、诚志股份等落地，助力生物制造产业加快发展。

信息由河北省发展和改革委员会提供

第五节　建设藏医药产业技术创新服务平台推进藏医药传承与高质量发展

青藏高原是藏医药的发祥地和传承发展之地，在党和国家的关心支持下，藏医药产业已经发展为地区特色优势产业，对促进经济社会发展和保障人民健康发挥着越来越重要的作用。在取得快速发展的同时，由于科技资源分散、科技信息闭塞、科技服务体系不健全等原因，藏医药产业科技创新能力和市场竞争能力不足，影响制约了藏医药产业高质量发展。针对藏医药产业发展中存在的问题，2016年10月，经财政部、科技部批准，“面向产业，支撑创新”平台建设试点项目“藏医药产业技术创新服务平台”立项实施。该平台由青海省藏医药研究院联合青海金诃藏医药集团有限公司、中国中医科学院和西藏、青海、甘肃等省区15家科研院所共建，平台于2020年10月建成并实现开放共享。

藏医药产业技术创新服务平台是目前国内唯一面向藏医药产业提供全方位科技信息支撑的基础性、战略性、公益性公共服务平台，拥有国内唯一藏汉双语藏医药产业技术创新服务平台门户和藏医药知识产权信息管理系统，平台建成至今集成了藏医药文献、藏药材、藏药制剂、藏医药标准规范、藏医诊疗技术、学术论文、知识产权等19个科技信息资源数据库，库存藏医药文献1097部、藏药材2524种、藏药制剂5548种、藏医药标准规范7800项、藏医诊疗技术300项、学术论文5580篇、知识产权5266项、培训教材13种，数据总量达到30 000余条，是迄今国内外规模最大、种类最全、水平最高的藏医药科技数据中心，形成了物理上合理分布、逻辑上高度统一的藏医药科技服务支撑体系。

藏医药产业技术创新服务平台的建设运行，打通了影响制约藏医药产业科技创新的信息孤岛和数据壁垒，有力促进了藏医药科技信息资源的有效整合和互联互通，实现了藏医药科技信息资源的高效配置和综合利用。截至2023年12月，平台注册单位用户达到156个，分布于西藏、青海、甘肃、四川、云南等藏医药产业主要集聚区，总访问量达到10 000余人次，开展远程教育200余次，研究制定藏医药产业知识产权战略和预警分析报告5份，协助10家藏药生产企业建立了知识产权管理制度，对完善藏医药产业技术创新公共服务体系、优化藏医药产业技术创新服务环境具有十分重要的现实意义，为提升藏医药科技持续创新能力、推进藏医药传承创新和高质量发展发挥了重要作用。

信息由青海省发展和改革委员会提供

第六节　生物技术与信息技术融合，推动中医辨证论治和智慧中医药服务

党的二十大报告指出，促进中医药传承创新发展，推进健康中国建设[①]。中医药作为中华民族的传统瑰宝，通过不断挖掘和传承中医药的精髓，能够更好地服务国内民众健康需求。在健康中国战略大背景下，中医药传承创新被赋予了新的时代使命。目前中医药市场发展迅速，医疗资源配置不平衡，中医人才极度缺乏，中医药传承创新发展面临重重困难。随着互联网、大数据、人工智能等新一代数字化技术的发展，数字化与传统中医药行业的深度融合将成为智慧中医药行业蓬勃发展的新动力。

北京大学重庆大数据研究院智慧中西医研究中心长期致力于中医药大数据研究，依托于北京大学的先进核心技术与重庆的区位优势，与研究院孵化公司智医存内（重庆）科技有限公司联合攻关，以项目建设目标为导向，以医生需求为着力点，深入临床一线，针对中医辅助诊疗、名医经验挖掘与传承、中医个人健康服务、临床诊断与疗效评价等应用场景，深入融合中医实体抽取、自然语言处理、多标签预测AI算法、大语言模型、因果推断与诊断医学统计方法等人工智能技术，研发出系列中医数智化软件，包括中医辨证论治智能辅助系统（图29-8）、中西医结合知识库（图29-9）、中医证候诊断与疗效

① 引自2022年10月26日《人民日报》第1版的文章：《高举中国特色社会主义伟大旗帜 为全面建设社会主义现代化国家而团结奋斗》。

评价平台（图29-10）、中医治未病系统（图29-11）等，打造面向个人、中医院、中医科研院所等全方位智慧中医药生态，实现用智慧中医药服务每一个人。

图29-8 中医辨证论治智能辅助系统

图29-9 中西医结合知识库

图29-10　中医证候诊断与疗效评价平台

图29-11　中医治未病系统

为打通科技成果应用“最后一公里”，推进项目实施，促进成果高效转化与落地应用，研究团队重点加强与医疗机构紧密合作。截至2024年4月，已与重庆市中医院、云南省第一人民医院等，涵盖重庆、四川、云南、贵州等西南地区的22家医疗机构建立起中医药大数据产学研实践基地。同时，各个系统已在湖北省宜昌市中医医院、重庆市九龙坡区中医院等多所医疗机构进行实地部署，真正辅助临床一线进行数字化中医应用。

为进一步面向市场推广，研究团队多次举办大型会议——中医辨证论治智能辅助系统开发与应用项目建设启动会（图29-12）、数智化中医传承技术助推中医院高质量发展研讨会等，积极与社会各方商讨交流，共同助推中医药产业发展。

图29-12　中医辨证论治智能辅助系统开发与应用项目建设启动会

信息由重庆市发展和改革委员会提供

第七节　数据驱动的智能生物铸造平台，助力生物制造产业跨越发展

生物制造产业：绿色转型驱动力与未来经济增长点。生物制造是一种以工业生物技术为核心的先进生产方式，具有原料可再生、过程清洁高效等特征，大力发展生物制造产业，已成为我国加快构建绿色低碳循环经济体系的一个重要方向。2024年的政府工作报告在部署2024年政府工作任务时指出，加快发展新质生产力，积极打造生物制造等新增长引擎。这是生物制造首次被写入政府工作报告。然而，生物制造的大规模应用正面临着严峻挑战，尚未形成能够有效指导生物制造体系精准设计的理论基础和数据驱动的智能平台，导致研发周期长、失败率高，难以满足生物制造产业发展的迫切需求。

智能生物铸造平台：融合生物技术与智能制造的可持续铸造解决方案。智能生物铸造平台聚焦人工生命与功能分子创制及应用中的工程问题，重点建设合成生物高通量自动化科学装置iBioFoundry。iBioFoundry是科创中心建设的目前全球功能最全、集成度最高，并且融合人工智能的全流程、高通量、自动化装置（图29-13），按样本库、细胞筛选及培养、DNA元件组装和分析检测四大功能模块集成设计，实现生物制造研究中样本智能存取、DNA元件组装、细胞筛选及培养，以及产物检测的全流程自动化操作，实现快速创造数据、智能分析数据及驱动再制造，并将人工细胞构建效率提高两个数量级以上。

图29-13　iBioFoundry装置现场图

截至2024年，iBioFoundry平台已完成大肠杆菌、酵母、谷氨酸棒状杆菌、谷草芽孢杆菌等多种工业微生物“人工细胞”的高效全自动构建，开发分子组装、菌株构建与筛选和检测分析三大系列产品包60余项。iBioFoundry平台已上线科创中心大型科研仪器开放共享平台，面向各高校、科研院所和企业用户开展各类实验服务与科研合作，2023年正式服务机时超过4000 h。未来，iBioFoundry平台将通过进一步深度融合生命科学和信息科学，特别是BT-IT技术，推动生物制造等领域的大规模应用，为我国发展新质生产力提供科技创新力量。

集聚高端人才：截至2024年，智能生物铸造平台汇集了包括浙江省特级专家1人、国家杰出青年科学基金获得者2人、浙江省“鲲鹏行动”计划专家3人、国家级青年人才11人、博士后46人在内的一批生物制造交叉复合型的高水平创新人才。基于平台的科技创新能力，已发表CNS（即*Cell*、*Nature*和*Science*）主刊3篇，获批国家级项目48项，建有浙江省工程研究中心等4个高能级平台，作为理事长单位联合浙江省内合成生物产业链相关企业、科研院所、行业协会等54家单位共同发起成立了浙江省合成生物产业技术联盟（图29-14）；荣获中国石油和化学工业联合会科技进步奖一等奖、浙江省科学技术进步奖二等奖等多项省部级奖励。

图29-14 浙江省合成生物产业技术联盟成立大会

突破关键技术：截至2024年，平台已开发了一系列生物制造关键共性使能技术，包括元件挖掘、智能设计和编辑使能技术、高通量正交内涵肽元件库的开发与应用、蛋白原件组装的新型生物材料等，构建了迄今最大规模的正交断裂内含肽元件库，解决了高重复结构大分子蛋白体外无缝组装难题，实现了基本生物元件库的模块化和标准化构建。国际上率先揭示了Ⅱ型CRISPR系统crRNA与tracrRNA匹配的可编程性机制，开拓了在环境污染物检测和体内外RNA标志物快速鉴定等多领域的应用，为下游生物制造应用奠定了重要基础。

赋能生物产业：依托iBioFoundry装置，结合大数据分析与机器学习，实现绿色化学品的开发和合成。到2024年，平台已实现了长春碱前体、血根碱、檀香醇等天然产物的生物合成，具备产业化应用前景；获得了酶活高、专一性强的脂肪酶和腈水合酶，建成全有机溶剂中化学-酶法高效制备手性菊酯的千吨级生产线；解决了中国最后一个重大维生素品种制造难题，建成年产2万t烟酰胺生产线，2016—2018年新增产值40亿元，新增利润8亿元。与普利制药、吴中美学等共建联合实验室，支撑生物制造成果转移转化。

擘画未来蓝图：智能生物铸造平台的战略发展目标与创新愿景。平台将围绕国家重大战略和经济主战场，创建BT-IT深度融合的学科会聚高地，建设一个特色鲜明、优势明显、具有较高学术影响力、国内领先和国际先进的聚焦人工生命创制和应用的创新型研究平台，突破生物制造的相关基础理论与关键技术，产出一批颠覆性成果，促进一批创新成果转化为实际生产力；孵化具有影响力的生物制造高新技术企业，支撑我国生物经济产业高质量发展。

信息由浙江省发展和改革委员会提供

第八节　探索“非线性互动式”模式，打造国际一流生物制造技术创新平台和产业发展高地

一、基本情况

国家生物制造产业创新中心（以下简称国创中心）由中国科学院深圳先进技术研究院牵头，联合国家开发投资集团有限公司、招商局集团等34家产业链上下游优势单位合作共建，于2023年7月11日由国家发展改革委批复正式成立，是我国生物制造领域唯一的国家级产业创新平台，项目建设总投资为96 666万元，场地选址于大湾区综合性国家科学中心先行启动区光明科学城银星合成生物产业园内，总面积约4.7万m^2。国创中心紧密围绕国家重大战略需求、聚焦生物制造中试放大阶段，探索将原有“从实验室到企业的线性转化”模式转变为“非线性互动式”模式（图29-15），提升生物产业源头创新能力，培育生物领域创新企业集群，构建产业协同创新生态。

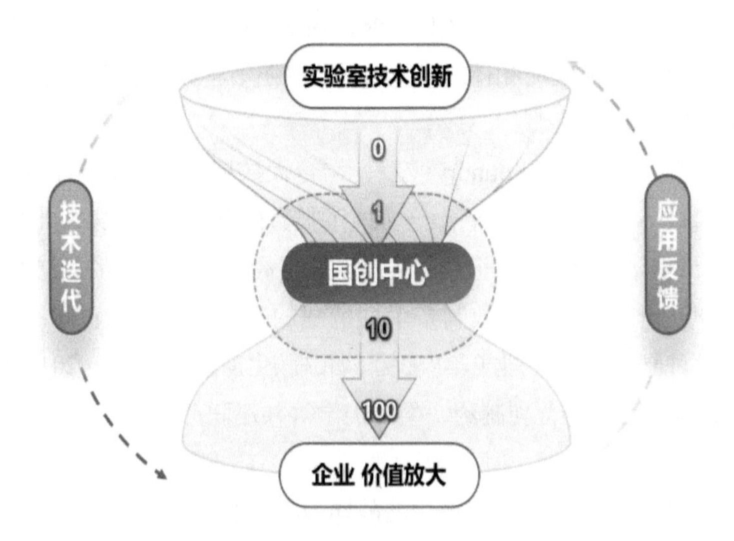

图29-15 “非线性互动式”模式图

二、主要做法

（一）服务国家重大战略需求，突破产业关键核心技术

重点布局“生物农业”、“绿色低碳”和“医疗健康”三大领域，建设自动化生物制造平台、大规模载体制备与质控平台、跨尺度生物多模态验证平台、生产工艺高通量开发平台、中试放大及GMP平台、生物信息计算支撑平台等六大平台，围绕“概念验证—小试优化—中试放大”环节，购置关键核心设备，提升强化分析设计能力、构建组装能力、验证测试能力和深度学习能力，针对产业共性需求开展前沿创新研发，攻克一系列生物制造产业关键共性技术，推动技术能力自主可控。

（二）以市场为导向推动科技成果转化，“非线性互动式”模式疏通堵点

国创中心作为连接高校院所与产业界的中间环节，梳理形成硬件平台、成果、技术的对应关系，通过探索生物制造产业中市场的潜在需求，以“市场嗅觉”带动“市场导向”，以“新需求”牵引“新供给”，建设满足产业发展需求的技术供给体系，同时以技术创新带动产业升级，促进生物制造向多元化原料利用、高效生物转化和高值产品方向发展，减少对自然资源的依赖，实现文章（paper）、专利（patent）、平台（platform）、产品（product）、人才（people）“5P”的非线性互动，将原有实验室到企业的线性转化模式转变为“非线性互动式”模式，疏通科技成果转化与市场需求协同的现实堵点。

此外，布局打造科技金融创新生态，成立产业专项基金、建立金融服务平台，对生物制造领域概念验证、技术熟化等优质科技成果转化项目、创新企业孵化予以支持，赋能产业高质量发展（图29-16）。

（三）坚持人才引领发展战略地位，强化创新人才支撑

国创中心联合依托单位、共建单位在高素质人才培育方面的深厚实力，在产业规划、成果转化、投融资等产业领域开展高等教育与相关培训，同时面向全球引进资深技术和产业专家，发挥资深教授的学术影响力，加快形成生物制造高端人才虹吸效应，建立起根植本系统的源源不断的人才“造血”机制，推动人才规模稳定增长、结构不断优化。

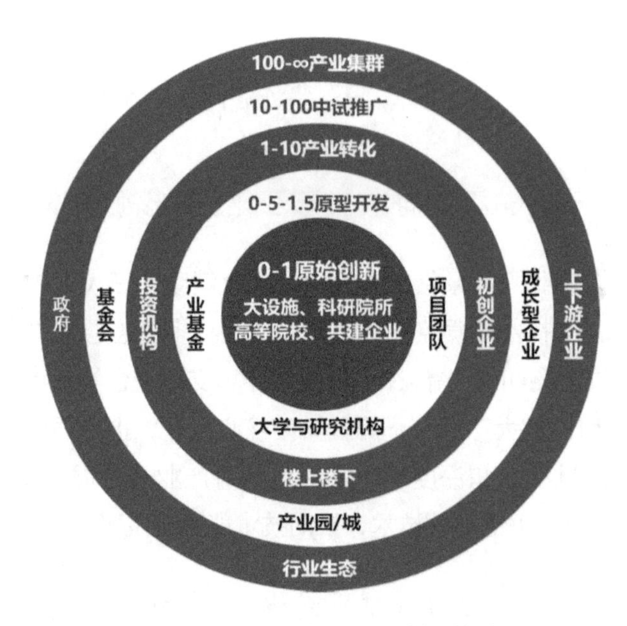

图29-16 中心创新、圈层创业模式图

（四）积极发挥区位优势，拓宽产业发展合作赛道

国创中心持续深化港澳创新资源合作，联合港澳研发机构、药企等，共同开展生物医药标准研究、临床试验等方面的工作，实现研发设备共享、科学家团队共享，探索“港澳研发+深圳转化”创新发展模式，在产业资源、产业链配套、人才培养等方面协同发展，合力推动生物制造产业孵化。

（五）加快构建产业生态，带动产业链协同发展

国创中心整合产学研政投优势创新资源，将促进实现从源头创新到技术转化再到产业应用多个层面的协同融合，打通全过程创新生态链，有望推动生物制造产业在我国能源、化工、食品、医药与健康等领域提升制造能级，助力我国加快构建绿色低碳循环经济体系、实现生物制造产业的高质量创新发展与生物经济未来产业的飞跃。

信息由深圳市发展和改革委员会提供

第九节 智能生物制造助力甾体药物绿色化、数字化发展

甾体药物是仅次于抗生素的第二大类药物，广泛用于治疗炎症、内分泌失调、肿瘤等疾病，市场规模超1000亿美元。传统的甾体药物生产是以黄姜等为起始原料，强

酸分解提取薯蓣皂素后，通过化学裂解的方式制取双烯等甾体药物的基础核心母核原料，并进一步以此生产雄激素、雌激素和皮质激素等各类甾体药物。我国黄姜的种植区位于国家南水北调中线工程，丹江口水库的上游，每年黄姜种植提取排放高浓强酸废水300万t，铬渣1万t，严重威胁南水北调工程的安全，产业发展不可持续。因此，发展以植物甾醇为原料的生物合成甾体药物成为甾体创新发展的重大方向。但生物转化工艺存在转化菌种效能低、技术经济性不高等问题。

甾体激素类药物种类较多，但相关药物均能从雄烯二酮、1,4-雄烯二酮、谷内酯、9α-羟基–雄烯二酮和22-羟基-23,24-双降胆甾-4-烯-3-酮等五种核心原料出发进行合成。中国科学院天津工业生物技术研究所以核心原料生物合成为核心和主线，解析了甾醇生物转化为核心原料关键酶的作用，设计创制了源于同一底盘细胞的五种产物单一和产率高的新一代自主知识产权系列生产菌种，菌种性能稳定，产物粗提纯度达93%以上，达到国际先进水平。建立了一套连续生产工艺包，采用自创的低比例大豆油复配高效乳化剂，使甾醇在转化过程中与生长菌体、培养基形成稳定均匀体系，大大提高了生物转化效率。开发了连续补料和放料的发酵工艺，使菌种长时间（＞30天）处于最大转化活力的阶段，发酵效率提高50%以上。开发了连续萃取工艺，溶剂与发酵液等比例混合，通过连续化操作，降低了溶剂用量和后续浓缩工序的能耗，有机溶剂和浓缩能耗均减少60%。基于产物单一的特点，开发了一套连续结晶工艺，效率大幅优于传统的釜式结晶工艺。相关技术支持与津药药业股份有限公司、浙江仙居君业药业有限公司等企业合作，支撑建设以甾醇生物转化为核心原料的全流程连续化、智能化的柔性千吨级生产线，完成传统产业的数字化转型和升级换代（图29-17）。合作企业智能生产线各项技术指标达到国际一流水平，生产效率提高50%，单位产能条件下，VOC（volatile organic compound，挥发性有机物）排放减少70%，废水排放减少40%，能耗减少40%，人工劳动强度降低70%，社会和环境效益显著，为我国甾体药物产业及医化行业实现绿色、数字化发展起到了示范引领作用。

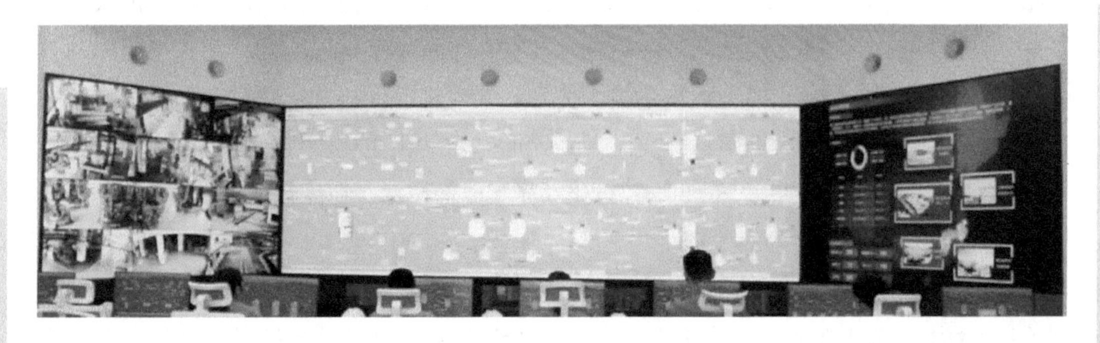

图29-17　甾体药物生产线控制中心

信息由天津市发展和改革委员会提供

第十节 脑图谱绘制与克隆猴模型构建取得系列突破，引导脑科学与智能技术发展

习近平总书记2016年在“科技三会”上指出“脑连接图谱研究是认知脑功能并进而探讨意识本质的科学前沿，这方面探索不仅有重要科学意义，而且对脑疾病防治、智能技术发展也具有引导作用”[①]。中国科学院脑科学与智能技术卓越创新中心（以下简称脑智卓越中心）作为脑科学领域的“国家队”，积极组织科研攻关团队，牵头部署全脑介观神经联接图谱研究工作，先后承担了上海市级科技重大专项“全脑神经联接图谱与克隆猴模型计划”、国家科技创新2030-“脑科学与类脑研究”重大项目（斑马鱼全脑介观神经联接图谱、小鼠介观神经联接图谱、猕猴介观神经联接图谱）。

“十四五”期间，脑智卓越中心在斑马鱼、小鼠、猕猴脑图谱绘制与克隆猴模型构建中取得了一系列国际前沿成果，发表在*Science*、*Nature*、*Cell*、*Nature Neuroscience*、*Nature Biotechnology*、*Nature Methods*等有影响力的国际期刊上，多项成果入选“中国神经科学重大进展”“教育部科技进步奖”“上海市自然科学奖”等。在脑图谱绘制方面，脑智卓越中心完成了斑马鱼全脑介观神经联接图谱，小鼠前额叶皮层、海马、下丘脑三个重要脑区单细胞投射图谱以及世界首套单细胞分辨率的猕猴大脑皮层细胞空间分布图谱的绘制，为进一步理解脑结构、脑功能和脑疾病发生发展机制提供了重要的基础数据库，同时猕猴脑图谱绘制的成果还被国际同行评价为里程碑式进展。在脑联接图谱功能验证方面，阐明了基底前脑神经活动调控睡眠稳态的环路机制，并在群体神经元水平阐释了序列工作记忆的计算和编码原理，为了解感知觉、感知抉择、学习记忆、睡眠等的神经环路机制提供了新证据。在猴模型构建方面，创建了国际领先的模型猴研发技术体系，截至2023年12月，构建了二十余种疾病猴及工具猴模型，包括世界首批生物节律紊乱体细胞克隆猴，并基于该猴模型发展了情感障碍综合评价范式，筛选并开发出有效的抗抑郁候选药。在新技术开发和平台体系建设方面，建立了国际领先的非人灵长类研究平台和模型猴构建技术体系、介观神经联接图谱平台、脑科学数据中心和全球共享的脑图谱数据库；开发了神经元形态自动化重构软件、具有自主知识产权的基因编辑工具技术体系以及透明脑并行化双光子成像技术、在体超分辨成像技术等。

基于上述成果和在脑科学研究中的深厚积累，脑智卓越中心也积极响应国家牵头组织国际大科学计划的要求，积极持续推进全脑介观神经联接图谱国际大科学计划的组织，对内先后组织召开大科学计划国内工作组系列会议，对外积极拓展与欧洲、金

---

① 《习近平：为建设世界科技强国而奋斗》，http: //www.xinhuanet.com//politics/2016-05/31/c_1118965169.htm，2016 年 5 月 31 日。

砖国家、“一带一路”共建国家等国家的科研机构和组织的双边合作并争取多边合作，目前该计划已纳入科技部“十四五”重点培育计划。

信息由上海市发展和改革委员会提供

第十一节　建设高质量产业赋能平台，打造大湾区精准医学产业先导区

粤港澳大湾区精准医学研究院（广州）（本节简称研究院）成立于2020年10月，由广州市人民政府、广州南沙经济技术开发区管理委员会、复旦大学三方共同举办，是在广东省事业单位登记管理局登记管理的事业单位。由中国科学院院士、复旦大学校长金力担任研究院院长。研究院致力于面向精准医学前沿研究和重大成果应用转化，引进国内外顶尖科学家及团队落户粤港澳大湾区，建设精准医学人才高地，以临床应用和产业转化为导向，实施精准医学研究的全创新链协同攻关，形成全球协同创新合作网络，培育和引导创新成果到广州落地和转化。

一、主要做法

一是打造从基础科研到产品研发的集成攻关平台。研究院围绕重大疾病精准防诊治研究，设立遗传疾病、神经疾病、肿瘤防治、老年健康等4个研究所；聚焦重大产业技术方向，设立细胞与基因治疗、原创新药、精准诊断、创新医疗器械等8个研究中心；围绕提供生物医学高端技术服务，建立蛋白质组与糖组学、类器官与细胞治疗、精准医学大数据、实验动物中心等10个高水平公共技术服务平台。

二是加强高层次人才引进。以南沙待遇+复旦学术身份吸引优秀人才团队加盟。一方面，提供国际竞争力的薪酬待遇、充足的科研启动经费、优质的实验办公空间；另一方面，可以通过复旦大学学术评估程序，聘为复旦大学研究员或副研究员，认定为复旦大学研究生导师，按规定配备研究生名额。同时，研究院还特别注重从世界500强企业引进具有成功产业化经验的高层次人才。

三是打造全链条的成果转化体系。构建创新、转化、产业化为一体的完整创新创业闭环生态，打通实验室与产业市场之间成果转化的壁垒，畅通“创新—转化—产业化”的科技成果转化全链条体系。在源头创新方面，加强自主创新研发的同时拓展创新成果来源，奠定成果转化基础；在成果转化方面，做好转化路径设计并提供有力支撑，做好早期前沿技术成果的孵化培育；在产业集聚方面，加强科创空间载体建设，

运用科技金融赋能成果转化，构建具备“孵化—培育—加速”能力的产业服务体系。

二、主要成效

一是建设精准医学人才高地。2021年9月1日，研究院引进了第一位全职课题组长、美国康奈尔大学终身正教授顾正龙博士。截至2024年4月，已从海内外引进23名全职研究组长（其中海外引进18名），包括2020年*Nature*年度十大年度人物1人，国家级海外人才计划1人、海外青年人才计划1人，海外优青1人，“珠江人才计划”引进杰出人才1人，广州南沙高端领军人才9人；从阿斯利康、飞利浦等世界500强企业引进产业化高层次人才2人。

二是原创科研成果开始涌现。2023年9月，张永振团队揭示野生小型哺乳动物中病毒的多样性、进化、生态及播散规律，为建立未来新发传染病的预警预报系统提供了理论基础与技术支撑。该成果在国际顶级期刊*Cell*发表，并获*Nature*专文推荐。这是南沙区科研机构作为第一作者单位和通讯作者单位在国际顶级刊物发表的第一篇论文。

三是高精尖企业孵化初见成效。着力孵化培育一批技术先进的高精尖企业，以原创科技成果培育新质生产力。2023年，在类器官领域孵化启曜生物科技（广州）有限公司。2024年将孵化3家高精尖企业：第一，通过2年的攻关，攻克了“高覆盖度人源蛋白和单克隆抗体的制备及应用”关键技术，3年内可完成国际头部企业20年的产品线布局，将聚焦高端抗体试剂国产替代，解决高端生物试剂“卡脖子”问题。第二，开发了自主知识产权的抗体偶联药物，克服肿瘤对目前药物的耐药性，减轻目前偶联药物的毒副作用。第三，利用复旦大学全流程自主可控的mRNA药物研发技术，合作研发鼻咽癌mRNA疫苗，正在申请发起IIT。

四是搭建合作发展平台。创办“湾区生命健康创新大会”“大湾区医疗器械创新创业大赛”等产业化对接活动，进一步密切与市场的联系；为超过15家企业、事业单位提供技术服务、技术咨询与技术开发服务。加强与高水平医疗机构合作，与中山大学附属第一医院等6家头部医院签署合作协议，针对临床重大需求，开展重大疾病精准防诊治联合攻关。

三、下一步重点工作

一是加强原创科技成果转化。探索“先投后股”模式，支持原创成果快速孵化为高精尖企业；建设概念验证中心，在医疗器械、精准诊断、原创新药等领域建设具备产品化开发、临床试验组织、申报注册证等功能的培育孵化平台，对早期的项目与技术进行验证、开发和产品化。

二是不断提高公共服务水平。以建设高质量产业转化机构为目标，加强与顶尖临床研究机构、链主企业和投资机构的合作，推进信息、新材料、生物等跨学科、跨领域融合创新，定期组织全产业链对接活动。拓展可拎包入住的专业化载体空间，提升孵化服务能力，设立种子基金及天使基金，促进科技成果快速高效转化。

三是打造大湾区精准医学产业先导区。充分发挥南沙区“立足湾区、协同港澳、面向世界”的综合性优势，布点搭建全球协作网络，在重大疾病和罕见病精准防诊治、精准健康管理等领域，建设“小项目铺天盖地，大项目顶天立地”的精准医学产业生态，孵化高精尖初创企业，培育未来领军型科技企业，打造大湾区精准医学产业先导区。

信息由广州市发展和改革委员会提供

第十二节　生物工程和再生医学技术培育人源器官取得突破

一、主要做法

中国科学院广州生物医药与健康研究院研究团队在猪体内再生人源中肾，为利用生物工程和再生医学技术培育人源器官，解决供体器官严重短缺这一世界级难题开辟了新的研究思路。

器官移植已成为多种终末期疾病的唯一有效治疗手段，供体器官严重缺乏却限制了这一疗法在临床上的广泛应用。据不完全统计，我国每年开展器官移植手术的患者有2万多例，而因终末期器官功能衰竭等待移植的患者高达30万，供需缺口巨大。基于干细胞的器官异种动物体内再生将是未来解决这一问题的理想途径。基于胚胎补偿技术实现人源化器官异种体内再生存在诸多障碍，包括人源多能干细胞的分化能力不足，在异种动物胚胎内的生存能力低下、大动物模型提供的器官缺陷生态位难以形成、异种胚胎嵌合补偿技术体系不完善等，导致从猪体内培育人体器官的设想一直没有成功。为了寻求突破点，研究团队围绕人体肾脏的异种再生这一世界难题开展了5年多的探索。

二、工作成效

在该研究中，研究团队首先通过在人原始态诱导多能干细胞中转入促增殖基因（*MYCN*基因）及抗凋亡基因（*BCL-2*基因），提高了其在异种动物体内环境竞争性和抗凋亡能力，再利用团队优化的人干细胞4CL培养体系加以诱导，赋予其高分化潜能，从而获得了在异种动物体内具有高嵌合能力的人源供体细胞；其次，利用基因编辑技术和动物克隆技术，构建了中肾缺陷、后肾完全缺失的肾脏缺陷猪模型，在猪体内创造出可供人源肾脏生长的生态位；最后，对人-猪胚胎补偿技术体系进行了全方位的优化，最终确定了理想的胚胎补偿技术流程，即在桑椹胚到早期囊胚时期注射3—5个人源供体细胞，构建嵌合胚胎，将嵌合胚胎在等比例混合的胚胎培养基和干细胞培养基中培养24 h后，移植入发情周期同步的代孕猪，最终成功实现了人源化中肾的异种体内再生（图29-18）。嵌合中肾内人源细胞占比高达70%。更为重要的是，这些细胞会表达与肾脏发育相关的重要功能性基因，表明其能够分化成为具有肾脏发育功能的细胞类型，具有支持后肾形成的潜能（图29-19）。

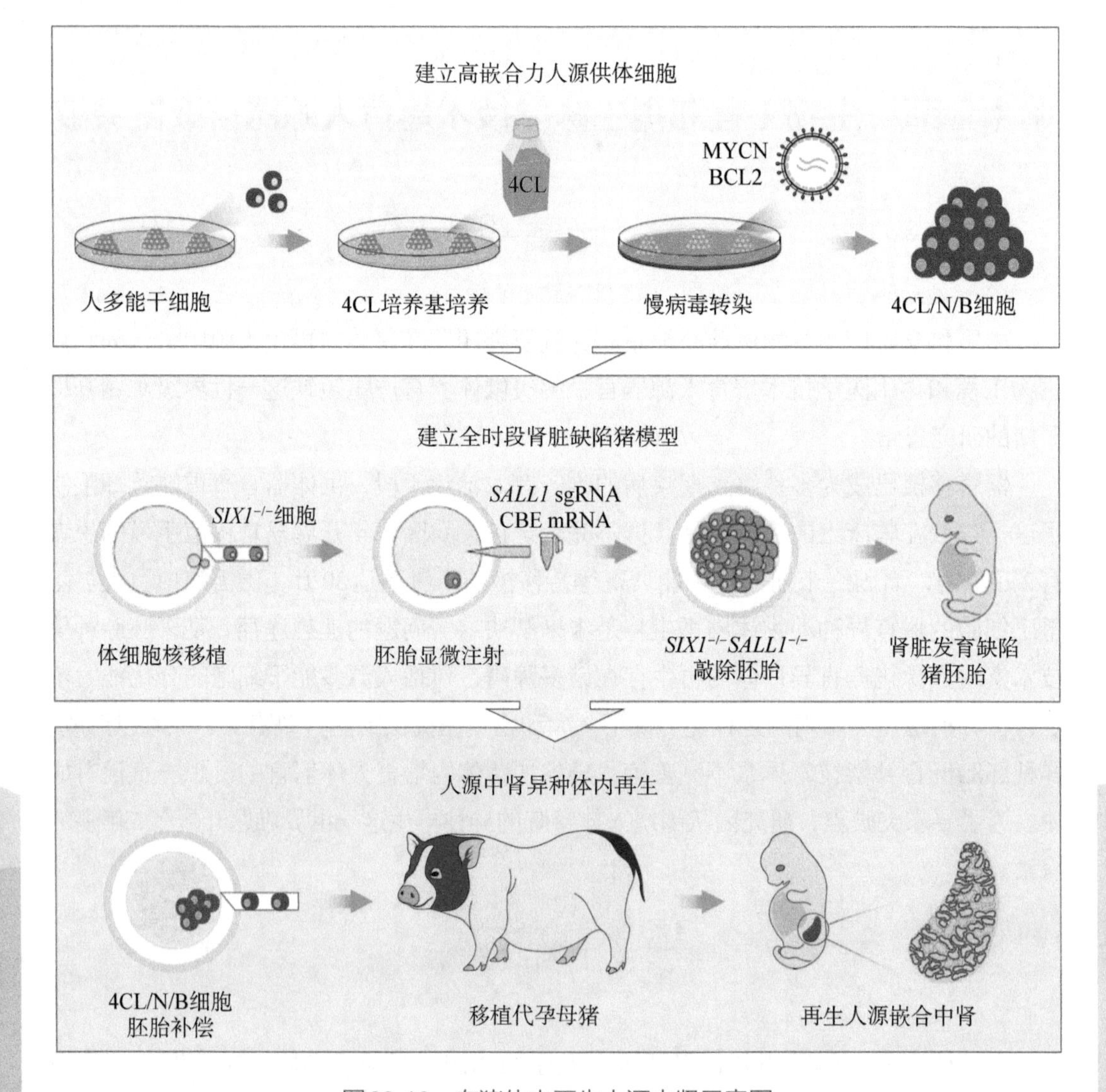

图29-18 在猪体内再生人源中肾示意图

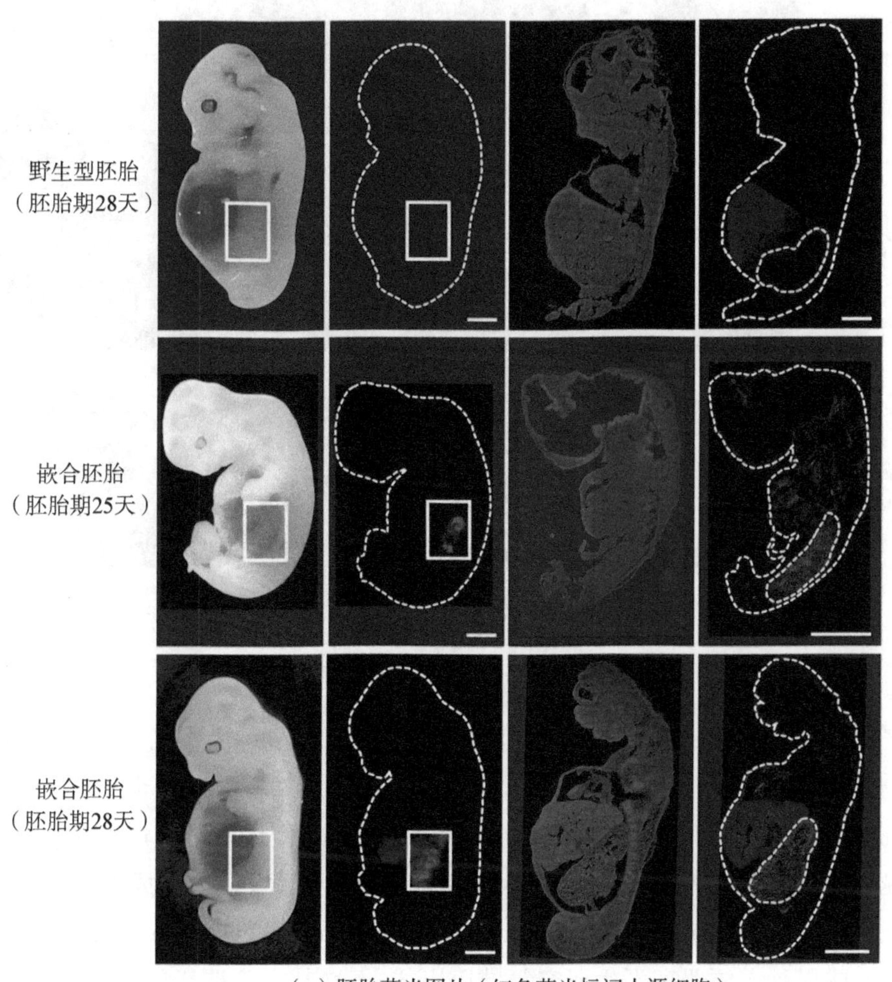

（a）胚胎荧光图片（红色荧光标记人源细胞）

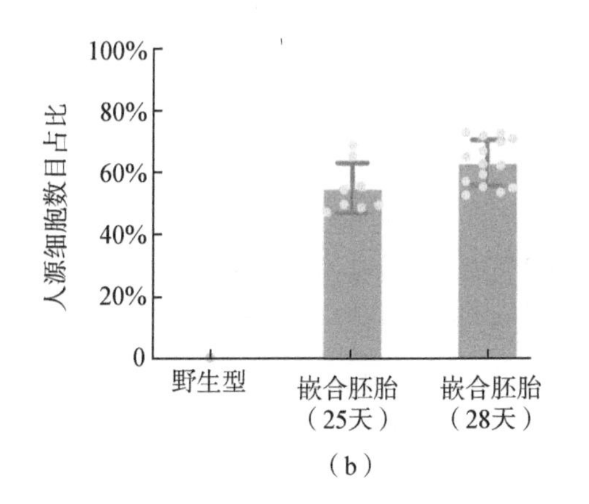

（b）

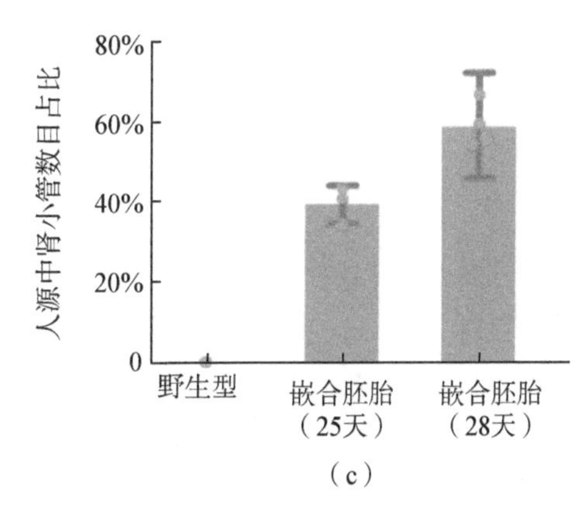

（c）

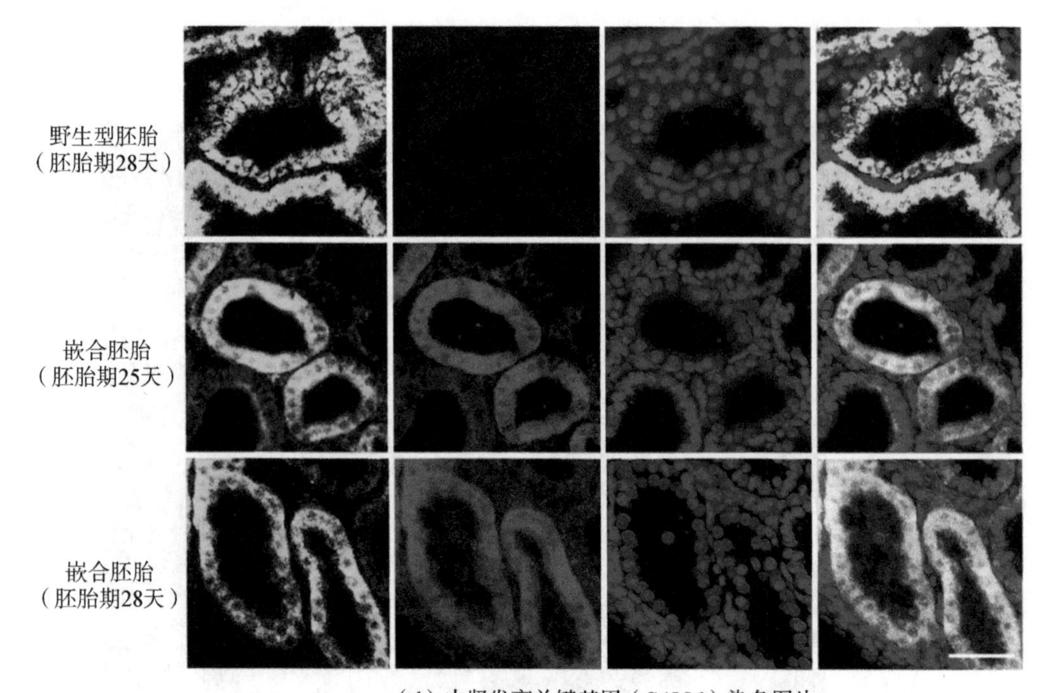

（d）中肾发育关键基因（*SALL1*）染色图片

图29-19　再生人源中肾

该研究严格遵守相关伦理规定以及国际惯例，是世界范围内首次报道的人源化器官异种体内再生案例，证明了基于干细胞及胚胎补偿技术在异种大动物体内再造人源化实质器官的可行性。该研究为利用器官缺陷大动物模型进行器官异种体内再生迈出了关键的一步，对解决供体器官严重短缺难题具有重要意义。研究成果以封面论文形式在线发表于*Cell Stem Cell*，获*Science*、*Nature Reviews Nephrology*、*Cell Research*专评“该项成果是人源器官再生研究领域迈出的一大步”，并被新华社、人民网、《卫报》、《泰晤士报》、《独立报》、《纽约时报》等国内外媒体广泛报道。

三、下一步工作计划

后肾是人体内行使功能的永久性肾脏，生成具有功能的后肾是肾脏异种体内再造的最终目标，未来需要攻克的问题是延长含有人源器官的嵌合胎儿在猪体内的发育时间、克服种间差异以及人体干细胞在异种体内的神经和生殖系统嵌合。下一步，研究团队将继续攻克器官再生研究中存在的各种难题，探索在猪体内再造人源后肾以及其他功能性实质器官。

信息由广州市发展和改革委员会提供

第三十章 企 业 类

第一节 采用嗜盐菌实现无灭菌开放式连续发酵微构工场

一、微构工场技术来源

北京微构工场生物技术有限公司（以下简称微构工场）创始人、清华大学合成与系统生物学中心主任陈国强教授经过近20年的时间，开发了全球领先的“下一代工业生物技术”（next generation industrial biotechnology，NGIB）体系，该体系获得了2023年国际代谢工程奖，实现了中国在该奖项上零的突破。NGIB体系实现了无灭菌、开放式、连续发酵，不需要耐受高温高压的不锈钢发酵罐，可以使用普通玻璃罐（图30-1），同时该技术实现废水重复利用，大幅降低能耗和碳排放，可用于生产生物高分子材料PHA、蛋白质、医药小分子原料、医美原料等产品。

图30-1 微构工场NGIB体系所用无须灭菌的透明玻璃发酵罐

二、微构工场简介

微构工场是清华大学成果转化成立的一家生物制造企业，注册时间是2021年2月，公司专注于中国自主知识产权嗜盐菌细胞工厂开发和工程化应用，公司注册地在北京市顺义区。微构工场通过嗜盐菌的改造和工程化应用，进行“平台+产品”双矩阵发展，建设了“嗜盐菌超级细胞工厂”，进行包括PHB、PHBV、PHBHHX、P34HB在内的超过30种产品的生物制造（图30-2），以满足市场对于绿色可持续产品和高性能稀缺性产品的需求，市场覆盖医疗、医美、服饰、生活用品等领域。截至2024年，微构工场PHA已销售至欧洲、亚洲、北美洲、南美洲的20个国家，30余家海外客户开始产品采购和下游应用开发。通过国内的出口型制品企业，将覆盖更多国家和地区，并与超过30家大型跨国公司建立良好的合作关系。

图30-2 微构工场生产的PHA材料

成立以来，微构工场共完成三轮近7亿元人民币的融资，投资方包括中国石油集团昆仑资本有限公司、中国国有企业混合所有制改革基金有限公司、北京义翘神州科技股份有限公司、红杉中国种子基金、拉萨爱力克投资咨询有限公司、杭州众海云天股权投资合伙企业（有限合伙）、国中私募股权投资基金（西安）合伙企业（有限合伙）、中国农业产业发展基金有限公司、无限启航创业投资（天津）合伙企业（有限合伙）、上海临港生命蓝湾一期私募投资基金合伙企业（有限合伙）、上海临港新片区科创一期产业股权投资基金合伙企业（有限合伙）等机构。

三、产业化历程

近年来，随着双碳、ESG（environmental，social，governance，环境，社会，公司治理）、微塑料、海洋污染等受到越来越多关注，全球市场对PHA需求逐年增加。据欧洲生物塑料协会2023年的预测，到2028年全球PHA产能规模将达到100万t，而2023年只有不到10万t，存在巨大发展空间。同时PHA材料类型多样，应用广泛，材料成本与产能规模也紧密相关。

微构工场于2021年底投资5900多万元，在北京顺义中德产业园建设9000m^{2}的研发中心、中试平台和千吨级PHA生产基地，总设备150台套。搭载全新一代数字孪生引擎的千吨级PHA智能生产示范线于2022年10月正式投产。

2022年7月微构工场联手全球第二大酵母公司、国家重点高新技术企业安琪酵母股份有限公司（以下简称安琪酵母），签署合作协议，双方共同投资10亿元，共建年产3万t的PHA生产基地。该项目是国内拟建产能中规模最大的PHA产线，也是继日本Kaneka和美国Danimer Scientific之后的世界第三大PHA产线，预计一期一万t生产线将于2025年第一季度完工。

2024年初，微构工场宣布与上市公司川宁生物签署合作协议，在新疆共同开拓PHA生产线。

四、获得的荣誉和资质

微构工场是国家高新技术企业、2022年中国潜在独角兽企业、北京市专精特新企业、北京市创新型中小企业、中关村高新技术企业。获评工业和信息化部2022年度智能制造优秀场景、人力资源和社会保障部2022年全国优秀创新创业项目、工业和信息化部创客中国TOP50企业、联合国开发计划署INSPIRO Network成员、《麻省理工科技评论》50家聪明公司、“中国创翼”北京赛区制造业组一等奖、2022年《财富》中国最具社会影响力的创业公司。荣获第八届“创客中国”生物制造中小企业一等奖、2022年创客北京能源材料赛道一等奖、“创青春”碳中和创新创业大赛全国特等奖、第五届“创业北京”暨“中国创翼”创业创新大赛制造业组一等奖、第九届“海科杯”全球华侨华人创新创业大赛一等奖。

五、创新方面的工作

围绕PHAmily-PHAbrary-PHAdustry-PHAlife，配置资源搭建创新链、产业链，促

进公司业务高速协同发展。

PHAmily：利用NGIB体系开发类型丰富、性能各异的PHA材料，解析所有PHA材料特性信息构成的信息系统。

PHAbrary：由PHA衍生出的一系列高分子材料应用解决方案。这套解决方案最终将形成一个数据信息库，为全球客户开发PHA提供依据。

PHAdustry是微构工场打造的以PHAmily新材料为核心的全面产业化体系。围绕PHA的产业化，推动上下游合作，形成“技术开发—造粒—改性—加工—出口—终端”的有效产业闭环。

PHAlife是微构工场首先倡导的一种生活方式，我们期待用PHA这种保护自然、保护海洋的材料，让人类的生活变得更加绿色和可持续。PHAlife也代表着微构工场PHA产品的商业化。

具体开展的工作如下。

（1）打造高水平研发队伍，开展核心技术攻关。组建了一支来自国内外知名大学，拥有博士、硕士学位的高水平研发队伍，部分高级研发人员拥有在知名企业的多年研发经验。这些研究人员有力支撑了清华大学成果的产业化落地和应用开发。

（2）与高校科研院所紧密合作，强化产学研合作。企业与清华大学、北京大学口腔医院、北京工商大学、华南理工大学、中国科学院深圳先进技术研究院等单位签署合作协议，进行联合技术开发和产业化，充分利用高校优势研究资源服务企业技术需求。

（3）与生物制造优质企业合作，共同开发大规模生产工艺，并联合建设生产基地。微构工场拥有新技术、新产品，但缺少产业化经验，安琪酵母、川宁生物在各自擅长的领域深耕数十年，发酵生产经验丰富，二者合作取长补短，极大加速了微构工场产业化进程。

（4）与产业链下游应用方紧密合作，联合攻关。微构工场与产业链下游PHA材料、戊二胺等产品的潜在用户建立了广泛深入的协作，共同开发应用解决方案，加快产品应用落地。与恒鑫生活开发日用品，与光华伟业开发3D打印产品，与北京大学口腔医院开发口腔修复产品，与北京协和医院开发美容应用等。

（5）搭建合成生物与智能生物制造联盟助推产业发展。2023年3月29日，微构工场牵头联合8所高校和40家企业，共同成立合成生物技术与智能生物制造创新联盟。集聚合成生物学与智能生物制造领域产学研用优势资源，面向医疗医药、化学品、生物材料、生物能源、农业和食品等领域，聚焦关键共性“卡脖子”技术，瞄准重大需求，以实现关键核心技术突破、提升产业链供应链安全为目标，以推动产业协同创新、产出重大科技成果、创制高价值专利和技术标准为任务，组织开展协同攻关。最终推动合成生物学与智能生物制造产业升级，实现生物经济高质量发展。

信息由北京市发展和改革委员会提供

第二节 西北地区特色酵母菌抢救性保护及开发

《“十四五”生物经济发展规划》指出，要以坚持创新驱动为基本原则，加快推进生物科技创新和产业化应用。以现代生物技术为基础的生物资源开发将是我国未来全球生物资源竞争的一个战略重点。

随着城市化和工业化的发展，商业酵母制剂的应用范围逐渐扩大，传统发酵食品多样性正急剧减少，不可避免地导致酵母菌资源大量消失。为防止西北传统菌种失传，传承和保护西北地区发酵传统文化，强化生物资源保护和综合开发利用能力，兰州天禾生物催化技术有限公司（以下简称天禾生物）从2017年开始采集西北特色传统发酵食品，对西北特色酵母菌进行抢救性保护，建立了西北特色酵母菌种质资源库及综合性转化平台，积极推进生物资源保藏开发。

一、及时抢救保护，有效预防特色菌种失传

西北地区拥有品类繁多的传统发酵美食，蕴含丰富的微生物资源。天禾生物采集菌种主要来源于未被大规模工业化改造生产、具有西北特色的面团老酵子、酸奶、甜胚子、浆水等民间传统发酵类产品，对西北地区的特色菌种资源进行抢救性保护，有效缓解了西北传统菌种因城镇化、工业化进程而面临失传的压力。

二、长期多地采集，建立西北特色菌种资源库

天禾生物长期多地采集资源，筛选并建立西北特色菌种资源库。2017年至2024年6月已从甘肃、青海、宁夏、新疆、陕西等地采集样品751份，含特色食品面团老酵子240份、浆水200份、甜胚子205份、醋106份，对采集样品进行筛选、分离、鉴定（图30-3），建立了西北地区特色酵母菌种质资源库及综合性转化平台，已入库酵母菌21株。

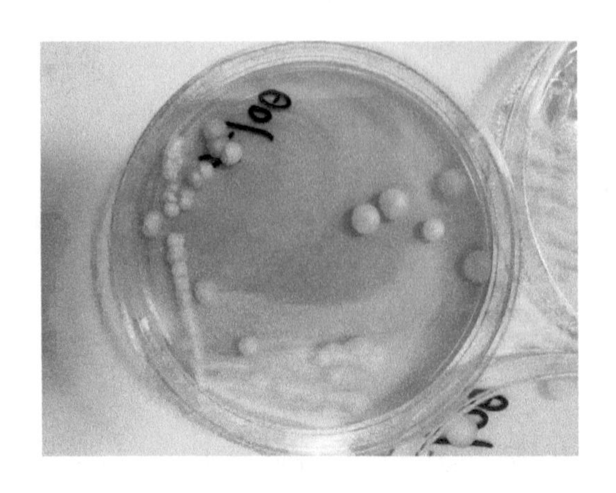

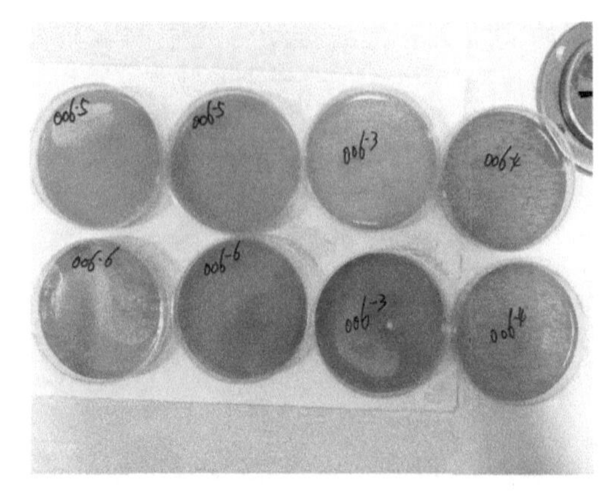

图30-3　筛选后的酵母菌

三、加速研发转化，强化产品应用推广

酵母蛋白于2023年12月被国家卫生健康委员会列入新食品原料目录，是微生物领域第一个获批的蛋白原料。天禾生物依托酵母菌种质资源库及综合转化平台，通过工程菌构建、高通量筛选等高新技术获得高产酵母蛋白的特色酵母菌株TH-8，开发了高效合成酵母蛋白的新路径，加速了酵母菌的转化应用，下一步将在兰州国家高新区建设集研发、生产、检测于一体的生产示范基地（图30-4）。同时，通过重离子诱变、基因工程等手段设计和改造酵母菌，完成了辅酶Q10、纳豆激酶、正丁醇的研发转化，并面向市场进行了推广销售。

图30-4　生产示范基地效果图

四、生物技术创新，开拓未来食品新赛道

西北特色酵母菌种质资源库及综合性转化平台的建立和转化应用，在保护酵母菌生物多样性、开展生物资源保藏和开发的同时，突破传统生产合成方式，推动生物合成技术创新，有效弥补资源不足问题。该研究成果的应用，开拓了未来食品行业新赛道，能满足人民对食品消费更高层次的期待，对于保障国家粮食安全、助力“碳达峰”和“碳中和”也具有重大意义，产品必要时可转为军需产品，为国防安全提供重要保障。

信息由甘肃省发展和改革委员会提供

第三节　生物柴油循环经济实现废油脂资源化利用

唐山金利海生物柴油股份有限公司（以下简称金利海，公司办公楼及厂区图见图30-5）位于河北省唐山市，自2006年就开始专注生物柴油，经过18年的发展壮大，现已发展为国家高新技术企业、国家专精特新“小巨人”企业、全国生物柴油行业龙头企业、全国生物柴油最具影响力企业、全国能源环保领军企业、河北省优秀民营企业、河北省减排工作先进企业、全国生物柴油行业协会常务副理事长单位、全国生物柴油产业联盟主席单位等。

图30-5　公司办公楼及厂区图

金利海拥有69项国际国内生物柴油领域专利技术，可实现安全化、规模化、连续化生产，生产工艺经河北省科学技术厅认定，达到国际先进水平。

金利海高度重视技术创新和研发工作，建立了河北省废油脂转化生物柴油技术创新中心、河北省企业技术中心等多个省级研发平台。公司拥有一支高素质的研发团队，致力于生物柴油炼制工艺的优化和创新。截至2023年底，金利海已拥有2项国际发明专利、9项国家发明专利和57项实用新型专利。2017年2月，国家标准化管理委员会和国家发展改革委联合批准金利海承担“生物柴油生产过程循环经济标准化试点”项目，2024年1月，批准金利海承担“生物柴油生产过程循环利用国家循环经济标准化示范”项目（图30-6）。金利海由试点企业升级为示范企业，示范项目全国6家，金利海获批河北省首家、生物柴油行业第一家示范承担单位，填补了河北省的空白和生物柴油行业的空白。

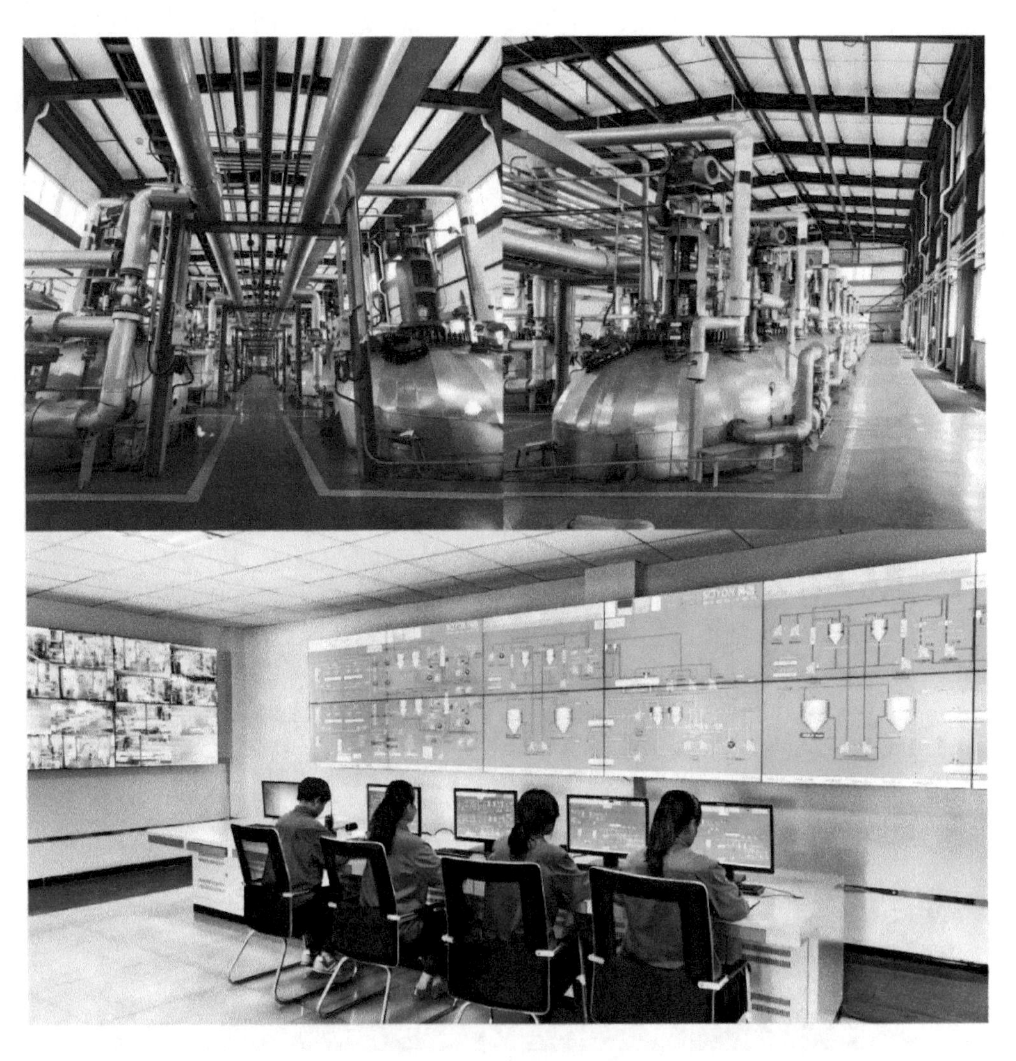

图30-6 生产车间、中控室

生物柴油循环经济优势主要有以下几方面：一是油脂资源化利用。金利海以地沟油等废弃油脂为原料生产生物柴油，实现了废油脂的资源化利用。这不仅减少了废弃油脂对环境的污染，还能有效避免餐厨废弃油脂回流餐桌的问题，从源头保证人民食品安全。二是节能减碳。通过采用先进的炼制工艺和自动化控制系统，金利海在生产过程中实现了节能减排。以餐余垃圾等废弃动植物油脂为主要原料生产的液体可再生燃料，具有高十六烷值、低硫等特点。生物柴油可直接与柴油按一定比例掺混，减排当量为每添加1 t生物柴油可减排3 t二氧化碳；添加10%—20%的生物柴油，重卡的$PM_{2.5}$到PM_{10}污染颗粒物排放减少48%—86%，减排显著。三是循环利用。金利海在生产过程中产生的废水、废气等废弃物，经过处理后实现了循环利用。这不仅减少了废弃物的排放，还为企业节约了生产成本。

通过实施循环经济试点示范工程，金利海在生物柴油领域取得了显著成效。实现了废油脂的资源化利用、节能减排和废弃物循环利用等多重目标。公司的生物柴油产品质量稳定可靠，深受市场欢迎。同时，公司的节能减排和废弃物循环利用等措施也为当地的环境保护做出了积极贡献。不仅展示了生物柴油产业的巨大潜力和发展前景，也为其他企业在循环经济领域提供了有益的参考和启示。

信息由河北省发展和改革委员会提供

第四节　细胞智造实现细胞制剂大规模低成本高质量制造

近几年，在技术、政策、市场等因素的驱动下，我国细胞治疗产业呈现出蓬勃发展的态势。细胞产品原材料人体化、生产过程个性化、终产品活性化的特点，导致其生产非常复杂，需要对细胞培养、细胞转染、分离纯化和制剂工艺等方面进行精细操作和控制，且面临对生产环境的洁净级别要求高等挑战。因此发展至今，细胞产业受制于人工开放操作的局限，依然未能实现“高质量、低成本”的全流程标准化、自动化的规模生产。

2020年12月，细胞产业关键共性技术国家工程研究中心（以下简称细胞产业国家工程中心）先进智造平台（赛动智造）原研生产的首台（套）全自动细胞智造系统（图30-7）及配套首版（次）细胞智造工业软件（图30-8）在细胞药物研发企业北科生物部署完成，经过严格验证环节，已全面投产并完成100+批次合格细胞生产并放行。

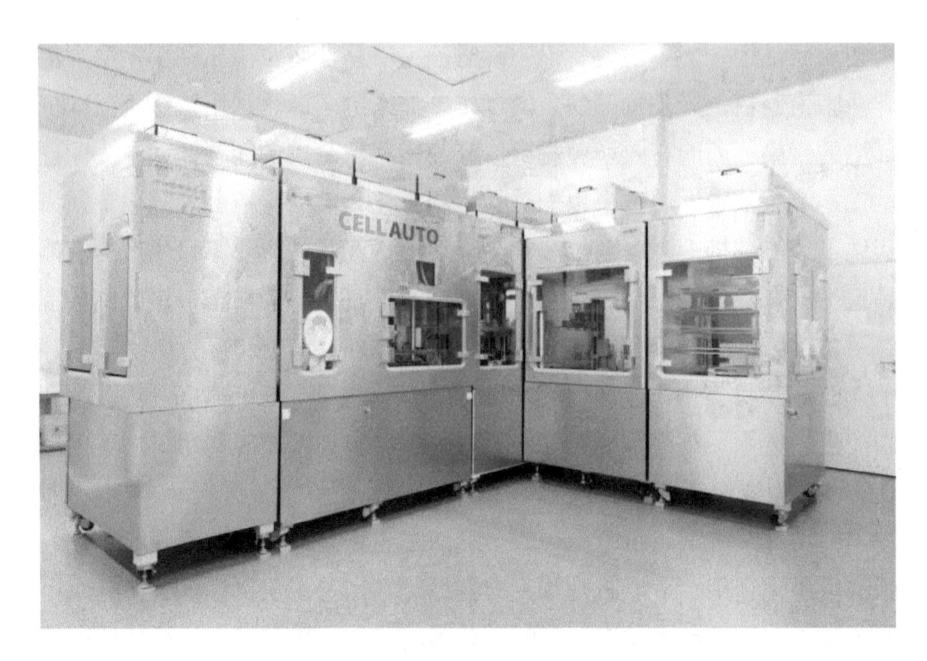

图30-7　CellAuto细胞智造系统2.0

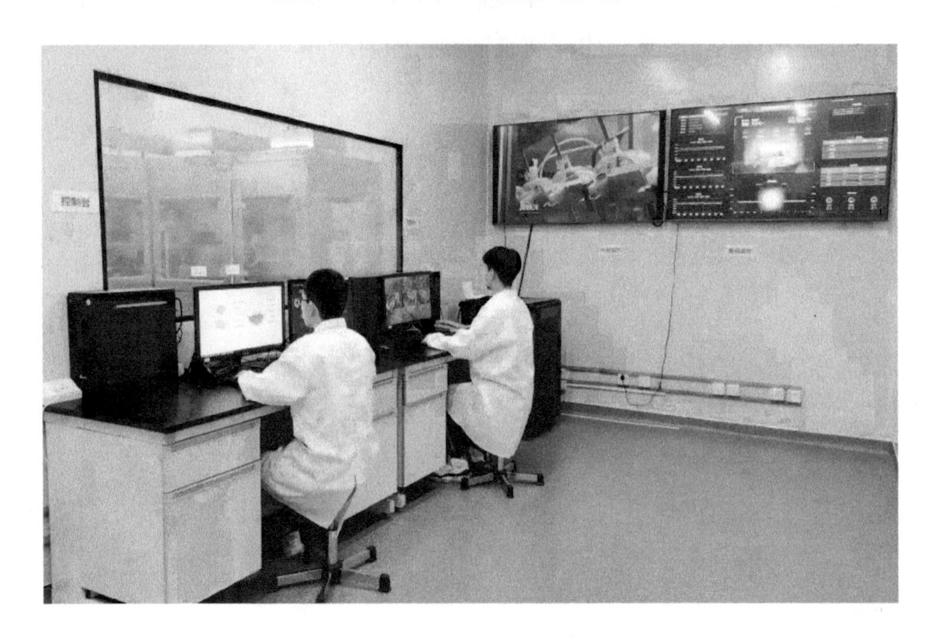

图30-8　深圳细胞智造车间中控室

与传统手工相比，该自动化系统突破细胞制备领域多项关键技术，利用反向传播神经网络（back propagation neural network，BPNN）边缘计算识别分割细胞，应用数字孪生结合轻量深度学习追踪干细胞，实现全自动、智能控制干细胞产品生产，数字化追踪可视生产过程，真正实现了细胞制剂的大规模、高质量、低成本与可重复的生产。

细胞智造系统的产能扩展灵活，因其生产过程的标准化与无人参与，还具有生产效率高、人工成本低、细胞批间质量稳定、污染风险低等优势，能灵活地满足高质量、低成本、大规模生产细胞的行业需求（表30-1）。因此，通过全自动细胞智造系统的推广应用，使细胞智造无人化、智能化生产成为常规生产方案，有望推动我国细胞产业高质量快速发展。

表30-1　细胞智造系统与传统的人工开放产线对比

项目	传统人工开放产线	细胞智造系统
细胞质量	多人参与，依赖人工经验判断，质量差异大	全流程软件控制，自动化操作，标准参数，批间质量差异小
厂房设施	B级环境+生物安全柜A级环境	D级环境部署，利用环境控制技术维持操作环境的动态A级
工艺操作	依赖多人合作、开放操作实现细胞生产	实现细胞全流程自动化、连续生产
人员	多人参与，协同操作，人员薪酬及培训成本高	2人值守，生产全过程无须人员干预，上岗门槛降低，大幅降低人工成本

信息由细胞产业关键共性技术国家工程研究中心提供

第五节　打造新蛋白产业高地　颠覆蛋白生产模式

2023年中央经济工作会议提出，要以科技创新推动产业创新，特别是以颠覆性技术和前沿技术催生新产业、新模式、新动能，发展新质生产力；打造生物制造、商业航天、低空经济等若干战略性新兴产业。

胶州市从优化营商环境入手，加大生物制造等新兴产业招商引资力度，为青岛昌进生物科技有限公司从公司注册登记、项目立项等相关手续到厂房租赁、配套设施，给予大力支持，保障项目快投产、快见效。目前青岛昌进生物产业技术转化中心及生物产业基地项目两条生产线“试车”成功，两条生产线量产后，年可产微生物合成蛋白2000～3000 t。该项目补齐了青岛新蛋白“微生物合成蛋白+生物合成乳蛋白”模式短板，进一步完善了青岛新蛋白产业生态。

以微生物合成蛋白为代表的新蛋白已经成为生物科技产业赛道新蓝海。波士顿咨询公司近期发布的市场数据显示，到2035年，新蛋白市场规模有望达到2900亿美元。2019年以来，随着人造肉“第一股”Beyond Meat上市，新蛋白产业开始受到广泛关注，国外已涌现出Perfect Day、Impossible Foods、Quron等独角兽企业。

创新为帆，科技为船，实现关键核心技术自主可控，是微生物蛋白从实验室摇瓶到生产线量产的必经之路。近年来，青岛昌进生物科技有限公司以可食用微生物合成蛋白及微生物合成乳蛋白为主要开发方向，搭建了高密度发酵、分离纯化、构效关系分析等全流程技术和生产平台，全球首次实现克鲁维底盘异源表达系列乳蛋白，在生物质发酵微生物合成蛋白和精密发酵微生物合成乳蛋白双赛道进行布局。

图30-9清晰展示出，传统食物链获得营养的路径是通过土地、水、空气、光照种植植物，植物提供给动物，从而获得植物蛋白和动物蛋白。创新食物链则是将能源、水、空气、有机/无机物在反应罐中通过生物合成的方式直接转化为人类所需的可食用微生物蛋白。

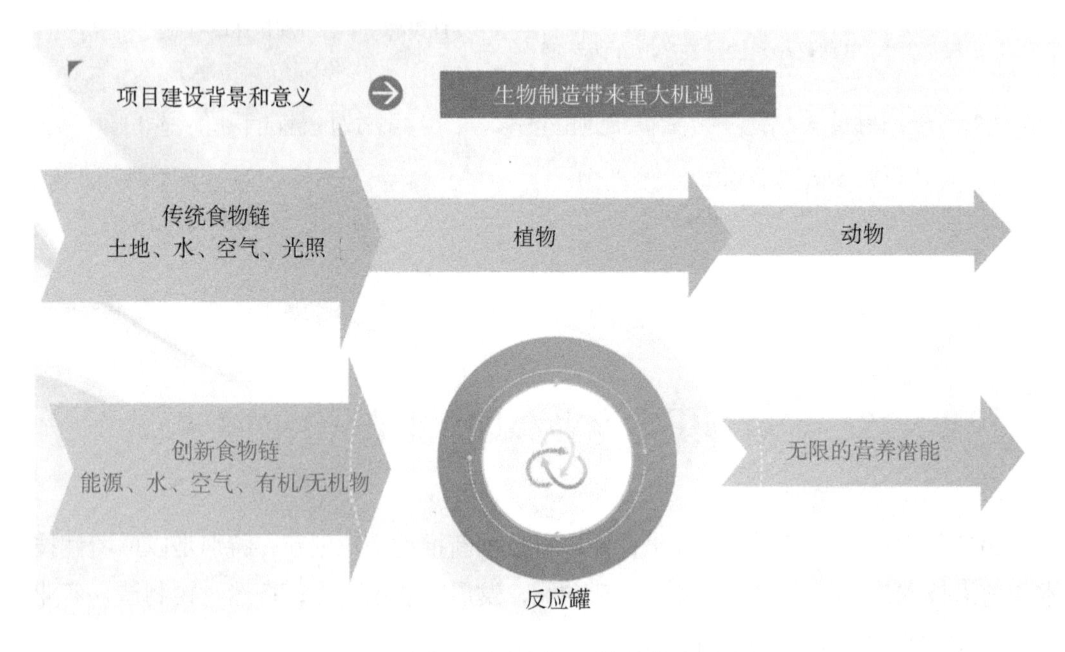

图30-9　生物制造为创新食物链带来重大机遇

2017年，上海昌进生物科技有限公司率先嗅到了“商机”，通过组织多地域、多类型、多环境特征的样品采集，开展可食用微生物菌株分离、筛选和培育研究，建立菌株活体资源库，对菌种进行多维度选育、驯化。2021年10月，上海昌进生物科技有限公司与青岛“牵手”。同年11月，在青岛胶东临空经济示范区注册成立了青岛昌进生物科技有限公司。青岛昌进生物科技有限公司将微生物合成蛋白技术成果在青岛逐级放大，实现了从实验研究到产品中试再到产业规模扩大的产业闭环。此外，还在宿主、基因靶点、代谢途径、遗传操作体系、基因编辑技术、特有生物元器件等几个维度进行深度研究，对不同市场和不同产品有针对性地开发产品矩阵。

图30-10展示的是微生物合成乳蛋白的实施路径，主要是将目标基因植入载体中，在细胞工厂中通过反应罐，利用微生物细胞分泌乳蛋白从而实现乳蛋白的合成。

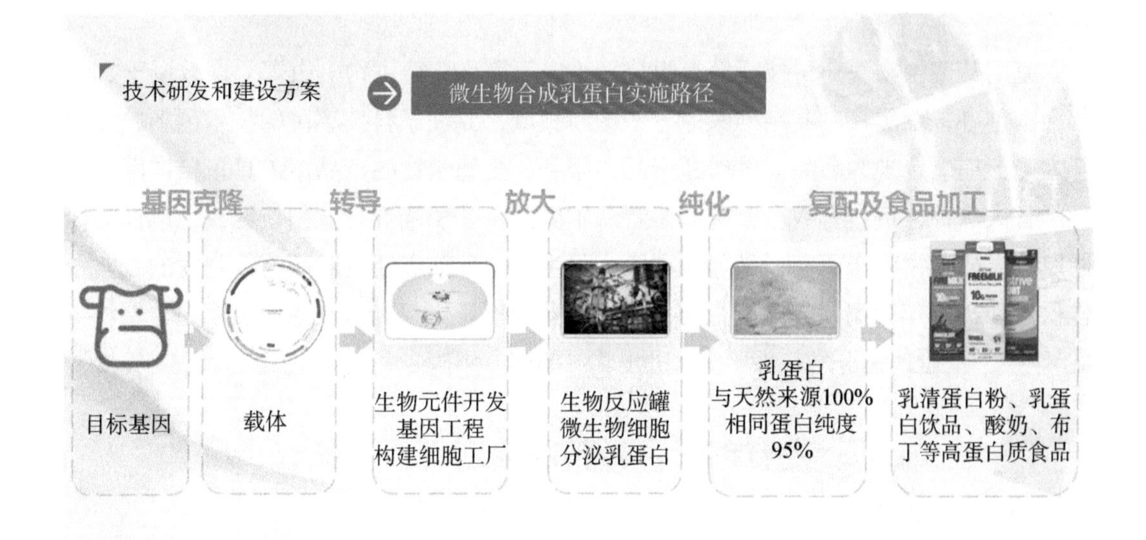

图30-10　微生物合成乳蛋白路径

微生物合成蛋白实施路径主要是将菌种进行微生物育种，然后通过发酵生长，最后再经过分离及纯化工艺获得微生物合成蛋白。

在微生物合成蛋白领域，青岛昌进生物科技有限公司选育的高效量产专有菌株，经过高密度发酵产生的可食用微生物蛋白，其葡萄糖转化蛋白质效率为动物的蛋白的4—50倍，生长周期比传统畜牧业缩短30—300倍。

在微生物合成乳蛋白领域，青岛昌进生物科技有限公司通过基因编辑和生物合成技术，成功实现了微生物精确分泌牛乳蛋白，成为全球首个实现利用可食用微生物合成乳蛋白的企业，生产的乳蛋白与天然乳蛋白完全一致，可用于乳制品替代，摆脱对天然产物的依赖。

剩余4条生产线投产后，该项目将成为国内唯一实现产业化的微生物合成蛋白+微生物合成乳蛋白工厂，为后期规划建设产业基地及配套上下游加工产业提供数据支持和研发支持，形成上下游产业集聚的新蛋白产业高地。同时，与各高校及研究机构搭建产学研一体化平台，充分挖掘生物资源潜力，向植物、微生物要热量、要蛋白，全方位推动新蛋白产业在青岛从“小众”到“出圈”。

信息由青岛市发展和改革委员会提供

第六节　精准诊断助力肿瘤精准检测

厦门艾德生物医药科技股份有限公司（以下简称艾德生物）由郑立谋教授于2008年回国创办，聚焦在肿瘤精准医疗分子诊断领域，专注于科技惠民的技术创新，致力于为患者提供合规、高品质的诊断产品和服务。艾德生物的产品覆盖具备精准医疗条件的各大癌种，每年有数十万肿瘤患者从中受益。公司瞄准行业创新源头，以伴随诊断赋能原研药物临床研究，是阿斯利康、强生等国际顶级药企肿瘤药物开发的战略合作伙伴。2017年公司在创业板上市，获批工业和信息化部制造业单项冠军、专精特新“小巨人”企业，获得国家科学技术进步奖二等奖、中国专利银奖。

一、锐意创新，做精准诊断行业开拓者

2008年之前，国际上已陆续有靶向药物获批上市，临床研究发现，靶向药物使用之前必须进行基因检测，对患者进行分类。通过基因检测指导靶向用药的精准医疗理念在国外也刚起步，我国也还处于传统医疗阶段，精准医疗的概念还没有提出，药厂不愿意检测、技术也不普及，患者因无效医疗遭受巨大的痛苦和损失。郑立谋博士当时看到了这个需求，期望能让我国肿瘤患者用上国际最前沿、最精准的治疗，免受药物误用滥用的痛苦，为此，2008年回国创建了艾德生物，专注于肿瘤精准医疗分子诊断产品的开发。成为我国最早从事肿瘤精准检测的企业之一。

二、心无旁骛，将一项技术做到最精

国内第一个上市EGFR产品指导EGFR酪氨酸激酶抑制剂（EGFR-tyrosine kinase inhibitors，EGFR-TKIs）的临床应用；第一个上市EGFR液体活检产品指导泰瑞沙的临床应用；第一个上市PCR多基因联检产品指导肺癌靶向药物的临床应用；第一个NGS跨癌种的10基因产品指导肺癌和结直肠癌靶向药物的临床应用；第一个上市BRCA产品指导PARP抑制剂的临床应用；第一个在海外发达国家市场获批伴随诊断并进入海外国家医保的国内企业……在为临床伴随诊断提供合规解决方案的各个方面，艾德生物几乎都做到了“第一”。艾德生物自创建以来，目标明确，就是要做国际一流的肿瘤精准医疗分子伴随诊断产品。截至2023年底，艾德生物自主研发并获批了26种单基因及多基因肿瘤诊断产品，是行业内产品种类最齐全、最领先的企业。

三、化繁为简，以服务患者为发展理念

艾德生物的发展理念是服务患者，成为对行业、社会有价值的企业，所有产品在立项之初，都必须充分论证为患者带来的临床价值。在PCR领域，艾德生物突破了DNA和RNA同时检测多重基因的瓶颈，开发出PCR11基因产品，可一次性完成非小细胞肺癌必检基因检测，操作简便快捷、检测成功率高、检测周期短，可快速出检测报告，意味着患者不用等待，可以快速获得有效治疗。

信息由厦门市发展和改革委员会提供

第七节　创新搅拌器助力大型发酵设备节能

依照《“十四五”生物经济发展规划》，江苏浩特隆搅拌设备有限公司（以下简称浩特隆）提前布局，抓住发展机遇。在生物发酵领域深耕近二十年，并与江南大学郑志永教授合作，利用粒子成像技术和计算流体力学（computational fluiddynamics）模拟技术成功研发了创新性第四代扇环形凹面叶片（fan-shape turbine）圆盘涡轮气体处理搅拌器（图30-11）、创新性旋流气体分布器（图30-12）等高效节能搅拌器。

图30-11　创新性第四代扇环形凹面叶片圆盘涡轮气体处理搅拌器

这些搅拌器在生物发酵设备降低能耗方面表现出色，能够将行业平均能耗降低15%—30%，并且应用该设备后一年内可以节省电费[①]高达百万元。这一创新技术不仅体现了产学研结合的力量，也展现了企业通过科技革新实现节能减排、提升经济效益，并为国家节能降碳工作做出了积极贡献。

① 以国内万吨产量以上规模的发酵企业为标准，整条生产线全部更换浩特隆节能搅拌器，单一电耗指标可节约数百万元。

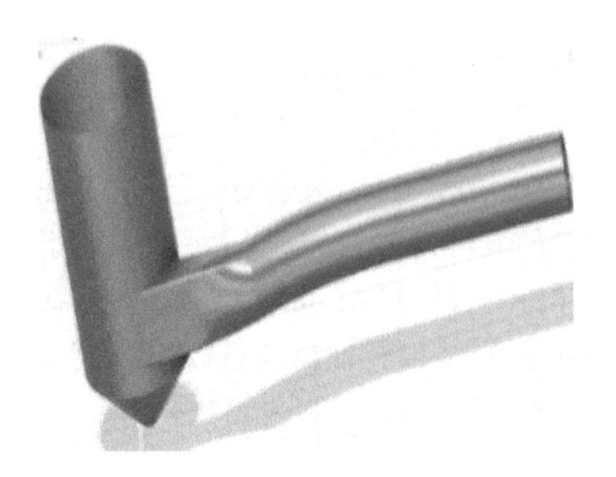

图30-12 创新性旋流气体分布器

通过更换图30-13的节能搅拌器，配合创新型气体旋流分布器，生物量提升了20%；目标产物的生产强度提升了25%；相同功率输入条件下，气体处理能力提升了15%；大型发酵罐的平均能耗可以降低15%—30%。

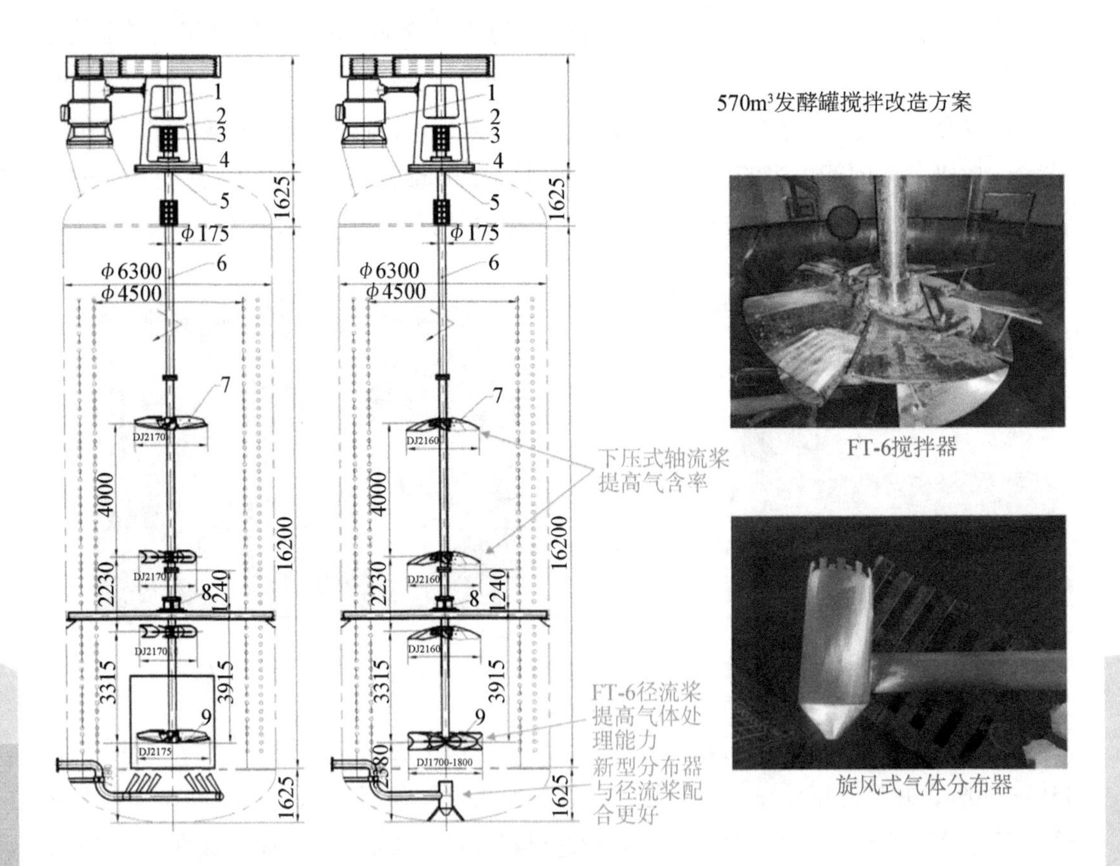

图30-13 发酵罐搅拌系统改造方案图

图30-14为浩特隆专有技术（单一采购）截图，综上所述可以看出第四代扇环形凹面叶片圆盘涡轮气体处理搅拌器和旋风式气体分布器的优势性能得到充分验证！

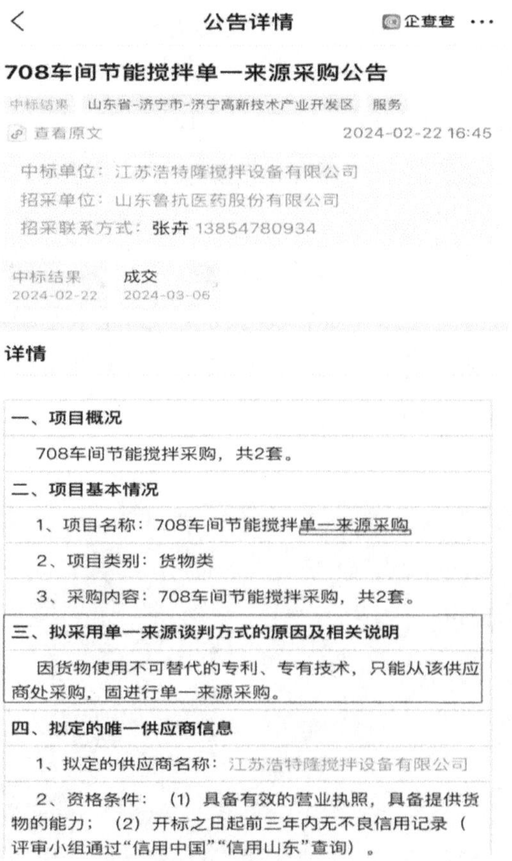

公告详情　　企查查

708车间节能搅拌单一来源采购公告

中标结果　山东省-济宁市-济宁高新技术产业开发区　服务

查看原文　2024-02-22 16:45

中标单位：江苏浩特隆搅拌设备有限公司
招采单位：山东鲁抗医药股份有限公司
招采联系方式：张卉 13854780934

中标结果 2024-02-22　成交 2024-03-06

详情

一、项目概况

708车间节能搅拌采购，共2套。

二、项目基本情况

1、项目名称：708车间节能搅拌单一来源采购

2、项目类别：货物类

3、采购内容：708车间节能搅拌采购，共2套。

三、拟采用单一来源谈判方式的原因及相关说明

因货物使用不可替代的专利、专有技术，只能从该供应商处采购，固进行单一来源采购。

四、拟定的唯一供应商信息

1、拟定的供应商名称：江苏浩特隆搅拌设备有限公司

2、资格条件：（1）具备有效的营业执照，具备提供货物的能力；（2）开标之日起前三年内无不良信用记录（评审小组通过"信用中国""信用山东"查询）。

图30-14　浩特隆专有技术（单一采购）截图

信息由江苏省发展和改革委员会提供

第八节　"变废为宝"，钢铁煤气生物发酵制燃料乙醇

河北首朗新能源科技有限公司（以下简称河北首朗）位于唐山曹妃甸工业区，建有河北省企业技术中心、河北省工业企业研发机构（A级）、河北省工业尾气发酵制乙醇技术创新中心和一碳气体生物发酵技术河北省工程研究中心（筹）。河北首朗采用世界最为先进的气体生物发酵技术，将含有CO、CO_2的工业尾气直接转化为乙醇、蛋白饲料等高附加值产品，实现了工业尾气资源的高效清洁利用，践行绿色低碳、循环经济、高质量发展。

河北首朗拥有多项自主发明及实用新型专利，拥有高效液相色谱、气相色谱、质谱仪、聚合酶链式反应仪、多联发酵罐、冻干设备等国际先进的检验、测试设备。河北首朗4.5万t/a钢铁工业煤气生物发酵法制燃料乙醇项目已于2018年投产，年产燃料乙醇4.5万t，联产菌体蛋白5000 t、天然气600万标准m^3。2024年，正在实施新建含CO_2工业尾气生物合成无水乙醇生产线项目，项目建成后，年产无水乙醇1.5万t，副产蛋白饲料750 t、回收沼气200万m^3，将于2024年底开工建设。

项目利用来自首钢京唐的焦炉煤气和转炉煤气，经净化、脱氧、除尘处理后输送至发酵系统。在发酵罐中将CO、H_2和CO_2转化为乙醇等代谢产物，产出的发酵醪液送入蒸馏系统进行蒸馏提纯。蒸馏采用多塔差压蒸馏工艺，经粗馏、水洗、精馏、脱甲醇得到95.5%以上的酒精，经分子筛塔吸附脱水得到无水乙醇产品。有菌体的蒸馏余馏水经离心浓缩，离心清液送往污水，离心浓液送往一期蛋白干燥车间进行干燥处理得到乙醇梭菌饲料蛋白产品（图30-15）。

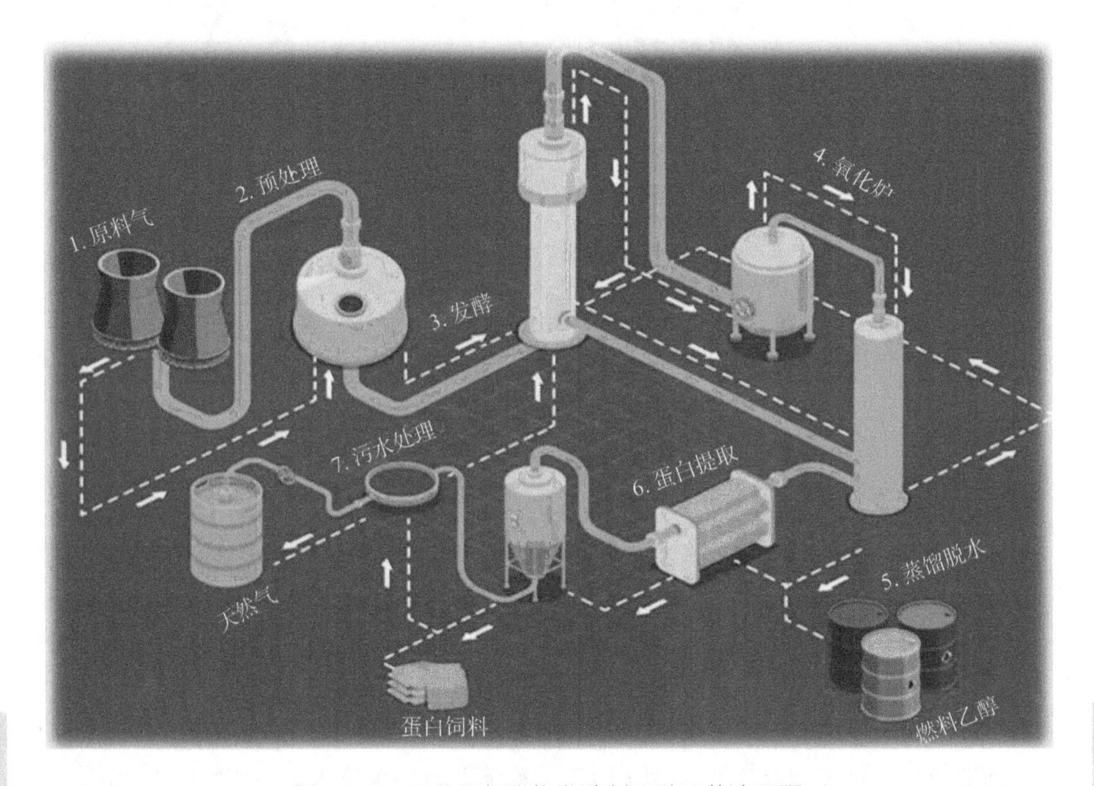

图30-15　工业尾气生物发酵制乙醇工艺流程图

河北首朗研发的生物固碳技术具有四大优势：一是在常温（37 ℃）常压下实现CO、CO_2一步转化为乙醇，工艺流程短，安全可靠性强，突破了传统化工合成的路线，既节能又环保；二是发酵效率高，反应速度快（22 s以内），可实现连续生产，成本较粮食乙醇降低30%以上；三是利用非粮原料生产乙醇和新型饲料蛋白，真正实现了

“不与人争粮、不与粮争地”，生产1 t乙醇可节约粮食4 t，节省耕地8亩；四是减排效果显著，每生产1 t乙醇可降低33%以上的CO_2排放。

河北首朗生产的燃料乙醇产品技术指标优越，2018年9月进入河北省车用乙醇汽油销售系统。2018年11月河北首朗燃料乙醇首批产品顺利发往中国石油保定车用乙醇汽油混配中心，正式进入国家E10销售系统；2019年2月成为中石化燃料乙醇供应商，产品销往唐山、石家庄、沧州、邯郸等地，2021年被认定为唐山市战略性新兴产品，2022年被评为河北省制造业单项冠军产品，产品质量得到客户的高度认可。同时，与美国朗泽科技公司合作，积极开展乙醇精制、航空煤油等乙醇后续产品开发，产品销往日本、印度、马来西亚、美国等。

河北首朗团队转化应用该项技术成果，意义重大，生产的燃料可以替代化石能源，降低我国石油的对外依存；附加产品菌体蛋白可以节约粮食和耕地，替代进口大豆等饲料蛋白原料，保障国家粮食安全；项目对于构建绿色低碳循环经济体系具有重要意义。

目前，以河北首朗为示范基地，在宁夏、贵州先后有三家工业尾气制乙醇工业化装置落地，河北首朗团队在做好自身经营建设的同时，作为人才培养基地支援外部公司建设及运营，加快推进生物固碳技术在全国范围的推广，为实现“碳达峰、碳中和”做出积极贡献。

信息由河北省发展和改革委员会提供

第九节 科技创新推动传统藏医药产业高质量发展

金诃藏药股份有限公司（以下简称金诃藏药）于1992年在青海省藏医院制剂室的基础上改制而成，并创立了“金诃”商标，是一家集藏药研发、生产和营销为一体的创新型企业。公司主要生产经营藏成药、中藏药饮片、保健食品等多种青藏高原特色生物资源产品。经过多年的发展，金诃藏药已成为青海省中藏药产业的领军企业，先后荣获国家创新型企业、国家高技术产业化示范工程企业、全国民族贸易和民族特需商品生产百强企业、全国“守合同重信用”企业、国家级非物质文化遗产生产性保护示范基地、国家优秀民营科技企业、国家知识产权优势企业、中华民族医药优秀品牌企业等荣誉。

三十多年来，公司始终致力于藏医药传承创新和产业化推广工作，对已上市产品在系统整体研发规划的前提下进行二次开发、二次上市，从产品基础研究做起，按产品市场潜力排序，首先从儿科专用药安儿宁颗粒和神经系统营养镇痛药如意珍宝丸着手进行短、中、长期研发规划，循序渐进培育藏药大品种。由金诃藏药牵头，联合中国科学院西北高原生物研究所等五家科研院所，共同承担并实施完成的青海省重大科技专项项目，在科技创新和成果转化方面取得积极进展，在项目验收和成果评价时专家对安儿宁颗粒和如意珍宝丸两个产品安全性评价、作用机制研究、精准临床研究等方面取得的成果给予了充分肯定，成果被评价为“国际领先”水平。

公司拥有业内最齐全的产品品类，包括13个大类共58个品种、65个文号的藏成药产品，其中包括独家品种21个，独家剂型6个，国家医保品种22个，国家基药品种1个，OTC（over-the-counter drug，非处方药）品种10个，独家品种数量在国内5000多家医药企业中排名14位。截至2023年底，产品已经覆盖全国5000多家医院、10 000余家医疗网点和500余家金诃堂，安儿宁颗粒和如意珍宝丸2个拳头产品从1992年公司成立之初的几十万元销售额到2018年实现了过亿元。成绩的取得是金诃藏药不断进行科技创新、不断提升产品力，打造产品专利树、论文文献库、产品研究成果库的结果。通过科技创新，摸索总结出了藏药二次开发科技创新可示范、可复制的模式和技术路径，蹚出了一条藏药这个特色产业高质量发展之路，提升了藏药品牌知名度，提升了藏药生产企业的科技创新能力和水平。

金诃藏药始终认为，藏药新品种、新产品是靠科技创新培育出来的，市场是基于解决藏药“卡脖子”关键技术瓶颈来打开和支撑的。科技创新是企业存续发展的永恒动力，金诃藏药一如既往地以科技创新作为战略要务，持续加大科研投入，加大科技创新软硬件建设力度，不断提升企业科技创新能力和水平，为藏药产业稳定、健康、持续发展提供坚强保障。

信息由青海省发展和改革委员会提供

第十节　碳减排路上的“排头兵”，致力于发展生物能源环保产业

三河市盈盛生物能源科技股份有限公司（以下简称盈盛生物）位于廊坊三河市，主营业务为农作物秸秆处理及加工利用服务、餐厨垃圾处理、生物质燃气生产和供应、有机肥料生产等，被认定为河北省科技型中小企业、河北省创新型中小企、河北省星创天地等，2020年底在雄安股权交易所挂牌。盈盛生物是国内生物天然气细分行业的头部企业之一，建设运营的国家规模化生物天然气试点项目，总投资2亿多元，占地109亩，是“十三五”期间国内单体投资最多、规模最大、技术含量最高的生物天然气示范项目，项目以农作物秸秆、畜禽粪污等农业固废为原料，采用国际先进设备和国际领先的微生物厌氧发酵（图30-16）、纤维素预水解技术（图30-17），通过厌氧发酵

生产生物天然气和生物有机肥沼肥，生产全过程无废气、废渣、废液排放，真正实现了有机废弃物的资源化利用。

（a）

（b）

图30-16 厌氧发酵罐和化学脱硫塔

图30-17 预处理区（纤维素预水解技术）

盈盛生物注重技术创新和研发，与中国农业科学院、农业农村部规划设计研究院、中国农业大学，达成了产、学、研长期战略合作关系，在农业固废能源化利用、有机肥生产应用、微生物菌剂制剂、高端农业种植等多领域开展综合研究和广泛合作。盈盛生物的行业地位和科研创新能力得到了中国农业大学的高度认可，双方共建教授工作站，为公司核心技术的快速形成奠定了坚实的科研基础。盈盛生物现建有廊坊市级高效微生物菌剂研发中心和科普基地，拥有多项自主知识产权的核心技术，并参与了多项行业标准的制定。

生物天然气行业发展前景广阔，未来我国的生物天然气市场规模将达万亿元。国家提出的大力推进现代化产业体系建设、加快发展新质生产力的要求，为生物天然气的持续快速发展奠定了坚实的政策基础。随着碳交易市场体系的完善，未来碳交易将成为生物天然气行业的另一主要收入来源。

盈盛生物还肩负着三河市建设“无废”城市“七大垃圾处置中心”的农业垃圾和餐厨垃圾处理端的任务，承担的畜禽粪污资源化利用和餐厨垃圾应急处理项目已完成建设，将在保证城市运营、污染治理、人居环境改善、乡村振兴和“双碳”工作中做出积极贡献（图30-18、图30-19）。

图30-18 厂区一角

图30-19 花园式工厂

信息由河北省发展和改革委员会提供

第十一节　现代中药领航者：以创新驱动引领现代中药高质量发展

神威药业集团有限公司（以下简称神威药业）是以现代中药产业为主业的大型综合性企业集团，全国医药工业百强企业，香港联合交易所主板上市企业。公司主营业务涵盖中药材种植、中药制剂、中药配方颗粒、中药饮片、保健品、生物制药等上中下游产业链，实现了新中药产业从田间到终端的全覆盖，是大健康产业版图布局较为完整的大型医药企业集团之一。

神威药业专注于中药的传承创新，研发实力雄厚。公司拥有国家认定企业技术中心、国家地方联合重点实验室、中国合格评定国家认可委员会认可实验室、博士后科研工作站、河北省中药注射液技术创新中心等众多国家级、省部级科研创新平台。神威药业获得2项国家科学技术进步奖，截至2023年拥有国家发明专利130件。

神威药业研发创新成果丰硕，主要如下。

（1）4个1.1类在研中药新药：异功散颗粒已获得临床试验批件。此外，塞络通胶囊、芩百清肺浓缩丸、金柴胶囊三个创新中药正在开展Ⅲ期临床试验。

（2）经典名方一贯煎颗粒获批上市，为全国第三个批准上市的经典名方。截至2023年12月神威药业有100余首古代经典名方正在研发中。

（3）中药配方颗粒研发：主持制定国家标准3项，国家标准备案539个。

（4）主要目标市场如图30-20所示。

中老年用药	儿童用药	抗病毒用药	骨科用药

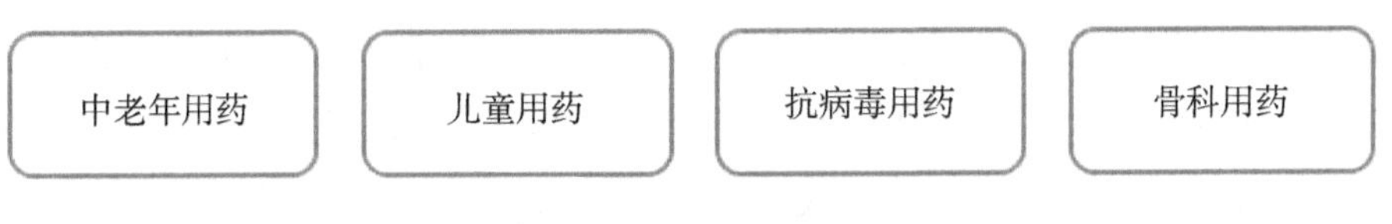

图30-20　主要目标市场

（5）四大特色剂型如图30-21所示。

现代中药注射剂	现代中药软胶囊	现代中药颗粒剂	中药配方颗粒

图30-21　四大特色剂型

中药注射剂是神威药业的主要剂型。神威清开灵注射液、神威参麦注射液、神威舒血宁注射液为“全国百姓放心药”，特别是清开灵注射液为超10亿元的中药大品种，神威药业的市场占有率位居全国第一。

神威藿香正气软胶囊、神威清开灵软胶囊等多个品种被列为国家中药保护品种，神威五福心脑清软胶囊、神威小儿清肺化痰颗粒等知名产品畅销全国。

神威药业为河北省首家获批的中药配方颗粒企业，填补河北省中药配方颗粒产业空白，研究的配方颗粒成果荣获河北省科学技术进步奖一等奖；是唯一一家将现代中药最高技术水平的中药注射剂生产技术与质量控制理念全面应用于中药配方颗粒研发、生产过程的现代中药企业，是中药配方颗粒标准体系的建立者和完善者。截至2023年，市场占有率位居河北省内第一，销售收入突破10亿元。

面对新时代医药行业结构和业态的变革，神威药业将继续紧抓高质量发展的机遇，深耕现代中药，强化心脑血管、妇科等中医药优势领域的研发和市场布局。神威药业将不断增强现代中药、生物药、医药零售连锁和互联网医疗等业务板块的综合实力，推动神威大健康产业高速、可持续发展。

展望未来，神威药业的前景充满希望，神威药业将继续以创新为动力，以市场为导向，以质量为生命线，为推动中医药的现代化和国际化做出应有的贡献。

信息由河北省发展和改革委员会提供

第十二节　以品牌建设引领陇药高质量发展

2023年甘肃陇神戎发药业股份有限公司（以下简称陇神戎发）的主打产品宣肺止嗽合剂入选全国100个药效独特的“国字号”中药品种，产值近7亿元，元胡止痛滴丸位列中国公立医疗机构终端中成药胃药（胃炎、溃疡）TOP品牌第8名，产值达到3亿元。

一、严抓产品质量，夯实品质公信力

产品质量是品牌打造的第一要素。公司严把产品制造过程关，紧盯重点岗位区域、狠抓重点工艺环节，梳理完善各岗位、各工序流程，形成固化成果，仪器校准、偏差处理、留样取样、稳定性考察等一系列药品制造的关键手段方式在实践中提质增效，

在传承中守正创新。严把产品出厂关、售后关，严格执行年度产品质量回顾机制，确保产品工艺稳定可靠。

二、强化科技赋能，增强品牌创新力

通过科技创新深度挖掘新质生产力，大力培育陇药品牌鲜活度，2023年科技研发投入强度达到3%，带动链内企业做精研发、做大品牌、做强产业。深入推进临床研究，探索药品附加效果，将宣肺止嗽合剂的二次开发（图30-22）作为重点工作聚力推进。开展了宣肺止嗽合剂治疗“感冒后遗咳嗽”临床研究、宣肺止嗽合剂治疗细菌性肺炎研究、宣肺止嗽合剂治疗急性支气管炎研究、感染后咳嗽临床研究等一系列扩展性研究。完成了“宣肺止嗽合剂治疗新型冠状病毒感染咳嗽实效性研究”，试验表明，宣肺止嗽合剂治疗新冠病毒咳嗽症状缓解率达98.27%，被纳入21个省区市新冠中医药诊疗防治目录。元胡止痛滴丸二次开发研究（图30-23）获省科技厅立项，该项目获“甘肃省第二届中医药产业创业创新大赛”一等奖，克霉唑药膜药学变更研究项目，完成样品加速稳定性考察，国家药品监督管理局已受理申报。黄芪当归胶囊工业化生产工艺研究获得省政府国有资产监督管理委员会立项。在维护好“隴神”“普安康”中国驰名商标、元胡止痛滴丸甘肃名牌产品品牌效应的基础上，持续打造新的品牌亮点，形成了一批具有创新内涵、市场吸引力、辐射带动作用强的陇药品牌。

图30-22 宣肺止嗽合剂全自动包装生产线

图30-23 元胡止痛滴丸全自动包装生产线

三、开展学术宣传，提高品牌知名度

公司全员当好企业品牌价值观的代言人，激发品牌建设内驱力，持续提高企业品牌知名度。2023年1月，在京举办了“宣肺止嗽合剂治疗新型冠状病毒感染咳嗽实效性研究”发布会，国内多名知名专家对成果进行了评审，高度肯定了宣肺止嗽合剂疗效。与《人民日报》、凤凰网、新华网、《甘肃日报》等权威媒体开展宣传合作，宣肺止嗽合剂治疗咳嗽的品牌效应深入人心，疗效深受信赖。承办第四届国际健康智库论坛暨中医药产业发展论坛，借助国际健康智库力量促进甘肃中医药大健康产业高质量发展，元胡止痛滴丸通过泰国公共卫生部审批，顺利进入泰国医药市场，舒心宁片在马来西亚通过初审，消栓通络片、复方丹参片等中成药品种出口匈牙利、泰国等国家，2023年全年实现外贸收入862万元，海外销售成为新的增长极，陇药品牌走出去步伐提速加力。公司市场营销系统立足医药大市场，承接大客户，在营销各环节植入品牌理念，大力推进品牌价值积累，邀请凤凰网甘肃频道高端访谈《凰家对话》团队打造多期“宣元组合”推介类节目，提升品牌认知度。积极推进甘肃药业品牌走进千家万户，深入人心，在中国兰州投资贸易洽谈会、上海全国药品交易会设立展馆，投入上百万元在兰州市、西宁市、沈阳市等公交车车身，兰州地铁站内，兰州西客站候车厅电子屏幕，中川机场城际列车高铁站候车厅电子屏幕，武威市公交车车尾LED电子屏、候车厅、出租车等媒介精准投放宣肺止嗽合剂广告，持续扩大品牌效应，陇神戎发和所属企业品牌建设实践被省政府国有资产监督管理委员会纳入改革案例。

信息由甘肃省发展和改革委员会提供

第十三节　MAH转化带动医药科创-产业链新质生产力

2023年11月30日，由长江产业投资集团、国药控股、九州通、湖北省药品MAH转化联盟、武汉国家生物产业基地建设服务中心联合，共同发起成立湖北省药品MAH转化平台（图30-24），这是全国第一家由大型国资和上市公司联合发起的省级MAH转化平台。该平台旨在抓住2019年正式立法推行的MAH（marketing authorization holder，上市许可持有人）制度重塑医药产业格局的重大机遇，以“用”为导向，以“需”为牵引，整合湖北省医药产业链资源，销售带动，创新引领，产能释放，资本赋能，推动“研-产-销-投”一体化，构建科技创新供应链，推动产业链、供应链、数据链、资金链、服务链、人才链的深度融合，加快科技创新成果向现实生产力的转化，大力推进湖北省乃至全国生物医药产业的高质量发展。

图30-24　湖北省药品MAH转化平台揭牌仪式现场图

湖北省药品MAH转化平台充分发挥产业聚集、桥梁纽带、引领示范三大功能，促进形成大销售集群做市场火车头、大研发集群做创新引擎、大产业集群做落地放量、大投资集群做润滑加速的平台特色，在药品集采、控价的背景和MAH制度促进创新、优化社会资源配置的机遇下，打造以“用”为导向的科技创新平台，为生物医药产业链各方提供以“需”为牵引的供应链系统解决方案，促进药品MAH转化和多元化发展，形成抱团规模化合作创新示范新质生产力。

一、主要做法

湖北省药品MAH转化平台由长江产业投资集团下属的药品研发+持证平台型公司湖北广济医药科技有限公司（以下简称广济医药科技）负责实体化、市场化、公共性、开放性运营。广济医药科技是由湖北广济药业股份有限公司与来自上海的黄阳滨博士团队共同出资成立的混改公司，基于团队涵盖化药、生物药、中药三大品类，以及仿制药、2类改良型新药、1类创新药全注册类别的丰富研发转化和资源整合经验，打造药品全生命周期管控的省级MAH转化平台。

湖北省药品MAH转化平台设立运营服务、研发管控、持证产业、协同支持四大中心，构建系统的上下游商务合作体系、药政/质量/进度/成本管控体系、仿制药CDMSO（contract development manufacturing and sales organization，合同开发制造与销售机构）合作开发体系、创新药转化医学+投研联动运营体系、eMAH做地网/eMarket做天网的数字化ePlat体系，并设立MAH转化专项基金为平台赋能。

二、资源整合成效显著

该平台揭牌正式运作4个月以来，筛选88家湖北省代表性的研－产－销－投优秀机构进入湖北省药品MAH转化联盟，共建科创供应链；平台上实施的项目25个，包括抗肿瘤1类创新药，大品种抢仿、前瞻性仿制药在内的仿制药项目合作研发；促进下游近20家CRO、CMO等服务机构与平台的商务合作；有9个项目进入产业化转化阶段，其中5个已完成产业化转化；申请发明专利18项；申报省级和东湖高新区课题6项；在促进洽谈、签署CDMSO、CMO合同的项目20余项；通过与科研院所来源的10余个创新合作项目进行对接洽谈，正在努力参与科创+金融供应链双体系构建，以促进形成这类早期高风险创新药物的合作模式，促进“投早、投小、投硬”。

三、平台愿景

平台建成后力争到2028年，实现平台成员单位超500家，促进持证品种超500个，带动生物医药产值超500亿元的战略目标，为湖北打造“51020”（5个万亿级支柱产业、10个五千亿级优势产业、20个千亿级特色产业集群）新质生产力产业集群，实现生命健康产业突破性发展贡献力量。

信息由湖北省发展和改革委员会提供

第十四节 “医+药+险”平台赋能大健康创新

随着《“十四五”生物经济发展规划》的深入实施，生物信息产业成为健康科技发展的关键。武汉本初子午信息科技有限公司积极响应国家号召，依托药品供应链、远程医疗服务的优势，将保险与医药产业链深度融合，精心构建了荷叶健康“医+药+险”大健康创新赋能平台。该平台集在线医疗、药品供应、个性化商保、康养服务于一体，有效整合了医疗机构、医药企业、保险企业、药店及消费者等多方资源。借助大数据与人工智能技术，该平台不仅推动了“互联网+药品流通”的快速发展，还实现了数据的高效共享，显著提升了卫生健康大数据在产品研发、行业治理、医保支付等领域的应用效果，为生物健康产业的蓬勃发展注入了强大动力，助力构建全面健康生态圈。

一、主要做法

一是通过搭建三家互联网医院，并与国内多家医院合作，会聚万余名专业医生，打通线上线下的全渠道医疗服务，实现优质医疗资源下沉。平台为数千万名患者提供“300种常见疾病线上问诊、购药、送药到家”一站式服务。另外，该平台实现了医疗机构与养老机构的互联互通，为老年人提供全方位的医疗和养老服务。二是响应国家“互联网+药品流通”政策，优化药品供应链，降低医疗成本，加速流通。通过互联网连接药企和零售终端，为50多万家药店和诊所供应医药品，实现药品的高效流通。利用物流管理系统，确保药品的安全和及时供应。三是该平台与中国再保、太平洋保险等多家头部保险公司合作，将保险与医药产业链深度融合，创造更多惠及患者人群、非健康体人群的健康保险产品，提高商业保险的触达范围。促进多层次医疗保障体系建设，满足市民多元化保障需求，减轻群众就医负担。同时，为创新药械提供多元支付机制，将创新药、优秀治疗与检测手段纳入商业保险保障范围，帮助华大基因、广济药业等医药企业扩大目标客户群体，提高市场占有率，促进医药产业和保险金融业高质量发展。四是实现医疗数据与商保数据的互通与共享，对健康数据的深度挖掘和分析，形成更精准的商保风险控制机制，并反哺创新药械临床试验落地。

二、实践成效

截至2022年，该平台已集聚3000多家药企、超50万家药店/诊所入驻，覆盖了近50个治疗领域的2000多个品牌的药品。截至2023年，有3家互联网医院，日均超10 000名医生提供7×24 h在线服务，拥有超千万名稳定付费用户、累计服务数亿人次。该平台已与人保财险、泰康在线、众安保险、太平洋保险、太平财险等20余家保险公司建立了合作关系，共同推出了互联网门急诊险、惠民保等一系列保险产品，以商保统筹应用实践为目标进行深度合作，现服务超百万用户，其中长期会员超30万名，覆盖全国200多个地级市。例如，2023年与太平洋保险共同研发上线了“江城安心保”，首创了“惠民保”升级线上门诊险模式，实现武汉核心区域急症药小时达、其他区域当日达。在传统保险中新增CAR-T治疗药品费用保障，0免赔额，提升创新药物可及性，让参保人能享受到前沿、先进的医疗技术，同时促进相关医药企业扩大目标客户群体，获得更好的市场推广。

未来，该平台将联合更多优秀医药产业公司，持续深化“医+药+险”大健康创新赋能战略，推动数据共享和“互联网+药品流通”的深入发展，加强与医疗机构、保险公司、养老机构等各方的合作，密切关注卫生健康大数据在产品研发、行业治理、医保支付等领域的最新进展，不断提升平台的创新能力和服务品质，为推动生物信息产业发展、促进健康科技进步做出更大的贡献。

信息由湖北省发展和改革委员会提供

第十五节 “数字化”赋能中医药产业

广州市香雪制药股份有限公司（以下简称香雪制药）成立于1986年，1997年12月改制为股份有限公司。2010年12月在深圳证券交易所创业板上市。香雪制药把发展中药和实现中药现代化作为长远发展战略，2016年提出“智慧中医・全球共享”战略，开发中医辨证论治智能辅助系统，融合互联网、人工智能、物联网等技术，解决中医药服务行业优质医疗服务资源紧缺且配置不均衡的痛点、难点，赋能中医药现代化产业。

一、主要做法

香雪制药“智慧中医・全球共享”战略布局涵盖中药种植、运输、仓储、加工、煎煮、诊疗全产业链。上游构建“道地、安全、有效、稳定”的中药饮片质量控制体系；中游建立互联网中医大数据分析平台和中药物联网平台；下游建立“症对、方准、药灵”的由医院到社区的新型中医诊疗模式。搭建全程可追溯的精准中医药服务质量控制体系，践行中医药治疗方式由“模糊”到“数字化”再到“精准”转变和发展，建立了“互联网＋智慧中医＋物联网”新模式。

二、工作成效

目前，香雪智慧中医已完成香雪智慧物联中药配置平台、香雪智慧中医诊疗平台、体外辅助诊断平台的搭建，以及香雪互联网医院和5G+智慧医疗应用场景建设，为客户提供一站式药事服务。

（1）香雪智慧物联中药配置平台。香雪制药2016年开始布局智慧物联中药配置平台建设，先后在广州、武汉、济南、亳州以药品生产质量管理规范标准部署了四大“互联网＋物联网”式的中医智慧煎煮中心，截至2024年4月，四大智慧煎煮中心共配置自动数字煎药设备2000多台，日处理处方量可达2万张，可以为广大患者提供接方—审方—调剂—复核—煎药（中药饮片、中药煎剂、膏方、丸剂等）—送药上门—药事咨询等药事服务，业务流程及实际场景如图30-25所示。

图30-25　香雪智慧物联中药配置平台煎煮中心场景图

（2）香雪智慧中医诊疗平台及体外辅助诊断平台。香雪制药完成了香雪智慧中医诊疗平台（包括香雪智慧中医平台和深度定制的香雪智慧中医辅助诊疗知识库系统）的开发及应用，体外辅助诊断平台包括四诊仪、体质辨识机器人等体外辅助诊断设备采购及应用，5G+智慧医疗应用场景建设，并完成了香雪互联网医院医疗机构执业许可证等相关资质办理。

在“互联网+智慧中医+物联网”的基础上，融合人工智能、大数据等信息技术，搭建了集中医体质辨识、智慧中医辅助诊疗、中药处方智能推荐、智慧物联中药配置、健康管理等为一体的香雪智慧中医服务平台，可为患者提供集预约挂号、中医诊疗（自助诊疗、辅助诊疗）、开方、配药、煎药/制丸剂/制膏方、配送、跟踪、反馈于一体的一站式可追溯药事服务。香雪智慧中医服务实施路径如图30-26所示。

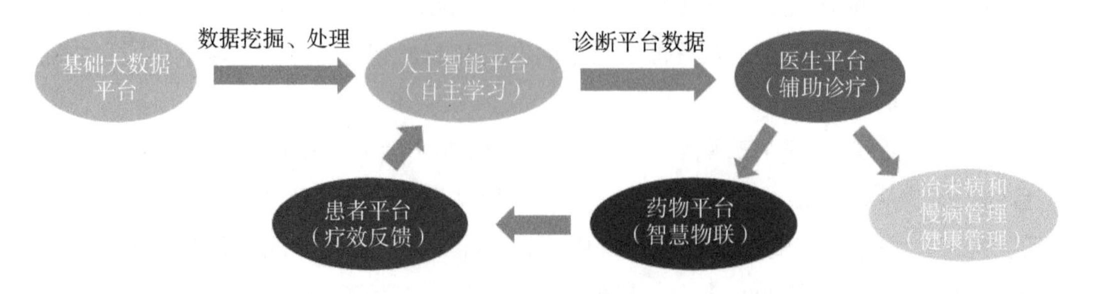

图30-26 香雪智慧中医服务实施路径

截至2023年底，香雪智慧中医服务平台已经集成了包括南方医科大学中西医结合医院等医院、黄埔街社区卫生服务中心等社区医院、十三行国医馆等中医馆各类医疗机构共计62家，累计服务近17万名患者，开展中医诊疗服务约46万人次。

香雪智慧中医服务平台搭建的智慧物联中药配置平台2017年获批工业和信息化部“中药智能制造试点示范项目”（图30-27）；“基于5G的智慧中医诊疗平台项目”2020年获批工业和信息化部“5G+医疗健康”应用试点项目，并于2024年2月通过验收。截至2024年4月，香雪制药获得智慧中医相关发明专利2项，登记软件著作权27项，发表论文3篇，获得省部级科技成果奖、科学技术进步奖共5项，申请注册商标6项。

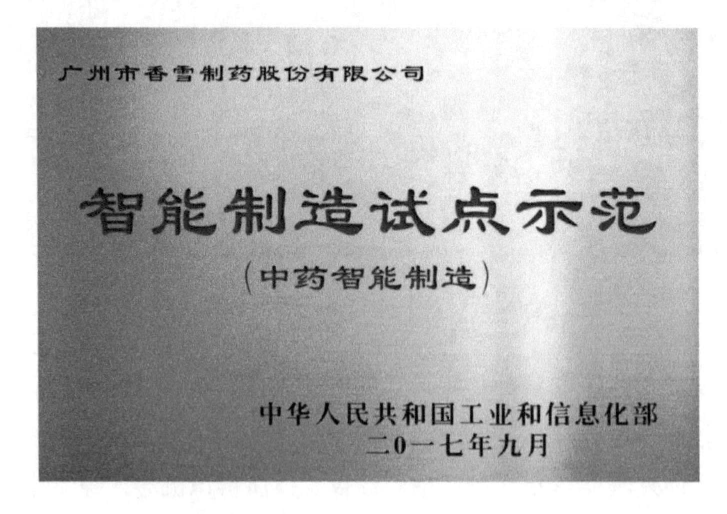

图30-27 香雪智慧物联中药配置平台入选“中药智能制造试点示范项目”

三、下一步重点计划

香雪制药将进一步打造智慧中医服务新技术与新模型，提升平台服务能力：拟利用生物医药大模型，建立数据云对数据进行集成管理，整合香雪中药溯源信息系统、香雪智慧中医平台及辅助诊疗知识库、中医医疗机构互联网医院、智慧物联中药配置平台、智慧云仓，打破信息孤岛，逐步融入更多的人工智能传感器、智能可穿戴设备等，优化智能化的诊疗模型，提供更精准的中医诊断决策，实现患者与医生、医疗机构、医疗设备之间的深度互动，使医疗服务能够适应当前“互联网”背景下的医疗需求。

信息由广州市发展和改革委员会提供

第三十一章　园区区域类

第一节　安徽临泉国家农业科技园区以种业振兴推动发展新质生产力

临泉县农业历史悠久、发展基础深厚，每年粮食产量约占全国的1/500、全省的1/30。安徽临泉国家农业科技园区立足农业资源禀赋、依托科创资源富集优势，建设皖西北农业科技创新的核心载体，通过深化高校院所合作，开展粮食作物与草食牧业种源“卡脖子”技术攻关，探索商业化育种创新体系，扎实推进中药材等种质资源的调查与收集，推动小麦、玉米、大豆、肉牛、肉羊新品种研究与开发、扩繁与保护等工作，让创新要素从“聚合”到“聚变”，强化农业科技支撑力量。

一、依托本土优势，集聚种质资源

加强种质资源保护和创新，充分发挥临泉农业优势，保护地方品种遗传多样性，促进本地品种改良和科学研究开展，种质资源圃（库）初具规模。

重点打造具有区域特色的中药材种质资源圃、甘薯、瓜菜等种质资源基地。其中，中药材资源圃引进保有各类品种30余个，开展半夏新品种区域试验8个，亳菊新品种区域试验10个，引进红薯品种15个，开展22份辣椒育种材料扩繁、160余份种质繁材更新、2个甜瓜品种和8份番茄组合展示与筛选、41份中国南瓜品种和组合的筛选工作。积极开展作物配套有害生物长期定位观测监测试验（图31-1），改良临泉砂姜黑土的结构，增加配套农田土壤肥力。

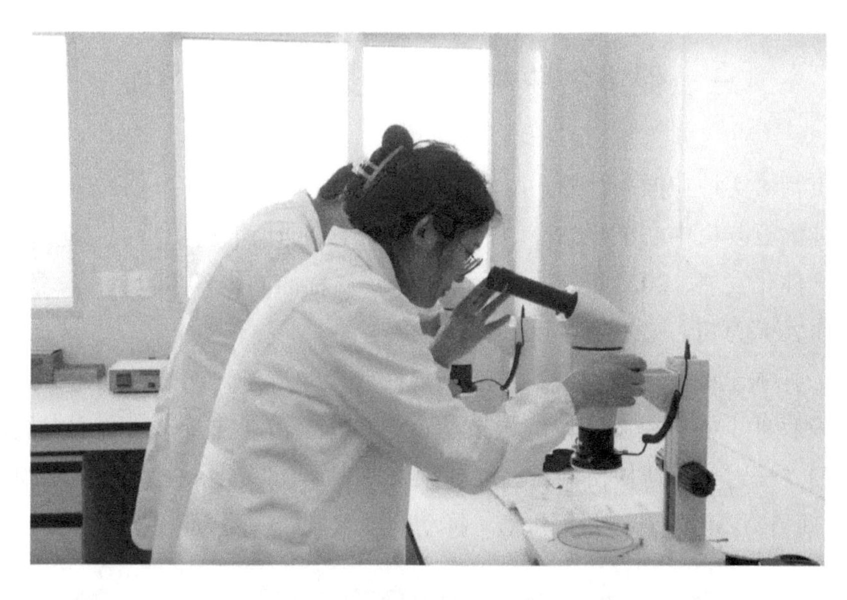

图31-1 科研人员调试体视显微镜

二、产研深度融合，推动育种创新

统筹推进多层次育种创新联合攻关，以推动大面积单产提升为方向，积极打造高产大豆、小麦、玉米新品种研发基地、创新基地、品牌基地。

聚焦育种核心技术，在主要农作物重要性状的遗传解析、分子设计育种、智能化育种等关键共性技术研究方面强力攻关（图31-2），园区自2020年批准创建以来，科研平台围绕小麦、玉米、大豆开展了多项种源试验攻关，研发具有自主知识产权的新品种29个。2023年成功审定肉用山羊新品种1个、小麦新品种2个、玉米新品种1个，完成3个藜麦新品种鉴定登记工作。

图31-2 小麦测土配方施肥示范田

三、促进良种繁育，科技示范持续凸显

园区贯彻落实种业振兴计划，凝聚安徽农业大学皖西北综合试验站、南京农业大学南京农业大豆改良中心试验站、地神农科院临泉科研所等科研资源与企业力量，推动育繁推一体化发展，2023年核心区全年种植优质粮油面积10 000余亩，带动全县种植优质粮油70余万亩。

园区依托本土种业产业发展，不断完善种业产业链条，加强种业龙头企业合作，依托中农发种业、中化集团下设的科技型企业，健全精准扶持优势企业发展的政策，强化产、研“一对一”帮扶机制，因地制宜谋划烘干仓储项目、工厂化脱毒种苗生产（图31-3）项目，不断提升产业链价值，推动实现农业经济高质量快速发展。

图31-3　花境植物组培及脱毒穴盘育苗

信息由安徽省发展和改革委员会提供

第二节　发挥温州优势　建设中国眼谷

中国眼谷作为龙湾区政府与温州医科大学附属眼视光医院联合共建的眼健康新型研发机构和产业平台，截至2024年，是目前全国唯一的眼视光产业创新综合体。2018年9月启动建设，2020年6月30日正式开园，现已投用中央孵化园、中国眼谷博览中心、眼视光装备智造加速园，2021年11月成功创建浙江省特色小镇（图31-4）。

图31-4　中国眼谷发展历程简述

开园以来，中国眼谷深入贯彻落实“一中心四高地”战略发展要求，立足温州国家高新技术产业开发区与自主创新示范区政策优势，依托温州医科大学附属眼视光医院医疗、科研、教育、人才、转化优势和四大国家级科技创新平台[①]资源，建设国内规模最大的Ⅰ—Ⅳ期眼科GCP（good clinical practice，药物临床试验质量管理规范）平台，开展眼科中药、器械真实世界研究试点，打通国家级药械注册审评柔性通道，建立了国内领先的产学研转化体系，推进眼健康产业全链条发展，全面打造具有中国气派、浙江辨识度和温州特质、世界一流的科技研发、产业孵化、创新人才、学术交流和高端医疗集聚区（图31-5）。

图31-5　中国眼谷核心区建筑布局

①　四大国家级科技创新平台包括眼视光学和视觉科学国家重点实验室、国家眼视光工程技术研究中心、国家眼部疾病临床医学研究中心、国家药监局眼科疾病医疗器械和药物临床研究与评价重点实验室。

中国眼谷作为凝练温州优势特色，再把文章做大做足的典型，汇聚创新要素，打造国内领先的眼视光科创服务体系，始终围绕全产链打造的思路，不遗余力地完善集教学、科研、临床、服务、审批、招商、融资、孵化、中试、加速、爆发的全产业链条。科创产业平台形成规模，先后荣获国家药监局眼科疾病医疗器械和药物临床研究与评价重点实验室、海峡两岸（温州）大健康产业园、2022年“科创中国”创新基地、浙江省眼视光产业创新服务综合体、中国眼谷眼视光产教融合创新深化试点、浙江省中国眼谷产教融合示范基地、浙江省青年创新创业实践基地、国家“百城百园”建设项目等22个省级以上荣誉。企业共享平台不断完善，与企业建立生物治疗研发平台、创新制剂研发平台、基因检测平台等六大平台（图31-6）。

图31-6 眼谷国家级、省级荣誉列表及六大共享科创平台

优化创业生态，打造全国唯一的眼视光产业创新综合体。截至2024年4月，中国眼谷与70余家跨国企业、上市公司建立链长制大孵化集群体系，包括16家上市企业在内的216家科技型企业落地发展；南洋理工大学、香港理工大学、中国科学院长春光学精密机械与物理研究所等合作大院名校10余家，建立跨国企业、上市公司联合研究院35个；与81家头部投资金融机构签约合作（图31-7），设立产业引导基金总规模27亿元，孵化企业融资超过7亿元；发挥产业引才优势，自主引育国家级、省级人才14人，引入国家级人才创业项目28个。

下一阶段，中国眼谷将在市区政府、温州医科大学指导下，坚持走“高、精、尖”路线，聚焦“科技、人才、产值、税收、IPO”，一步一个脚印，助力温州高新技术产业创新发展。

图31-7　截至2024年4月眼谷招引数据

信息由浙江省发展和改革委员会提供

第三节　医学科学创新引领生物产业突围，打造“院城产”融合发展典范

中原医学科学城由河南省委省政府谋划、高位推动，是河南省构建“三足鼎立”科技创新大格局的重要组成部分，自2023年7月启动建设以来，按照“院城产”融合发展、医教研产资“五位一体”的建设思路，瞄定打造“中原医学科学创新高峰”和“千亿级生物医药大健康产业集群”的发展目标，半年时间先后落地河南省医学科学院、河南省中医药科学院（图31-8），一体推进医研、医教、医疗、医工、医药“五医”联动基地建设，推进创新链、资金链、人才链、政策链、产业链“五链”深度融合，正加快探索走出中部地区特色的“院城产”融合发展道路。

图31-8　河南省医学科学院、河南省中医药科学院

一、中西医协同布局，建设前沿医学创新高峰

河南省医学科学院、河南省中医药科学院承载和整合全省医学医疗科研力量，共同构成全省中西医协同发展的“一体两翼”，牵引河南省庞大临床资源和丰富医疗应用场景优势就地转化为强劲产业动能。2023年7月至2024年4月不到一年时间，已引入王晓东、阎锡蕴、王宁利等十数位院士专家，建设中原纳米酶实验室，入驻八大临床研究所、五大产业研究院，整合新建八大公共实验平台，推进人体泛蛋白修饰组学、质子重离子医疗中心、智能医学研究等医学科学装置建设，实现高能级平台和全要素生态建设新突破。

二、产业链前瞻布局，蓄势打造千亿产业集群

发挥“集成创新”后发优势，河南省出台“院城产”融合发展系列政策和推进立法保障，支持中原医学科学城在实践中大胆探索、改革创新。为在前沿领域抢占制高点、赢得发展先机，围绕生物医药、先进医疗器械、医学检验检测、中医药、数字健康五大产业，重点在细胞治疗、基因编辑、免疫疗法、合成生物、再生医学、医疗大数据等领域谋篇布局。联动卫健、医保、药监等18家省级单位深化联合招商，以河南大市场资源为突破口带动产业培育，已招引产业链优质企业54家，与13家中国医药工业百强企业建立合作关系，推动标志性项目“两院一中心”[中国医学科学院肿瘤医院河南医院（国家区域医疗中心）、河南省人民医院南院区、河南省红十字血液中心]开工建设、郑州大学医学院新校区落地选址，重大央企项目国药生命科学谷、通用技术集团国际医疗健康园等开工，展现出“院城产”一体发展格局的强大吸引力和广阔前景。中原医学科学城及重点项目和城市配套见图31-9和图31-10。

（a）

（b）

（c）　（d）

图31-9　中原医学科学城及重点项目

（a）　（b）

图31-10　中原医学科学城城市配套

三、人城产融合发展，聚力构建宜居宜业生态

超常规举措完善配套设施和公共服务，全面启动城市更新，建设高端人才公寓8000套、优质中小学校7所，建成“八纵五横”主干路网，绿地覆盖率达36%，让科研和产业工作者“住下来”“留下来”。引进河南省药品监督管理局行政审批服务办公室、河南省药品审评查验分中心、河南省医疗器械检验所等权威机构，为企业提供全流程、一站式行政审批服务。组建50亿元中原医学科学城产业发展基金，签约高瓴投资、张科禾苗基金等10家创投机构，为项目引进、转化、孵化、规模化提供全周期基金支撑。

信息由河南省发展和改革委员会提供

第四节　抢抓生物经济发展新机遇　奋力打造长江流域具有影响力的国际生物城

党的十八大以来，以习近平同志为核心的党中央把保障人民健康放在优先发展的战略位置，大力发展大健康产业。巴南区抢抓国家大力发展七大战略性新兴产业和成渝地区双城经济圈建设机遇，在市委、市政府支持下，聚力发展生物医药产业，举全区之力建设重庆国际生物城，带动重庆在高端生物药领域跻身全国先进行列，为全市乃至全国生物经济发展贡献一隅力量。具体发展成效如下。

一、从“抢先一招”到“领先一步”，全市领跑地位彰显

重庆国际生物城创立之初便着眼全国、放眼全球，拉升标杆、唯实争先，敢与强者比高下、敢与快者拼速度，2019年至2023年，从艰难转型“无中生有”到创新求变“全市领跑”，已成长为全市生物医药产业“领头羊”，为全市加快打造国家生物医药先导区做出突出贡献。四张“国家名片”收入囊中、全市唯一：2019年至2023年，分别获评首批国家战略性新兴产业集群发展工程，被纳入重庆高新区拓展园范围，被认定为国家工业旅游示范基地和国家创新型产业集群，是全市唯一同时拥有四张“国家名片”的生物医药龙头园区。支撑全市战略布局、地位凸显：重庆国际生物城被纳入全市战略，重庆市人民政府量身定制并由市政府办公厅印发《重庆国际生物城建设发展三年行动计划（2022—2024年）》《支持重庆国际生物城建设生物科技成果转移转化示范地若干措施》，重庆市规划和自然资源局高起点编制重庆国际生物城总体规划等释放红利、赋能发展。《重庆市国民经济和社会发展第十四个五年规划和二〇三五年远景目标纲要》明确提出，“建好国家生物医药产业集群和重庆国际生物城”。重庆国际生物城被认定为全市生物医药领域唯一重点关键产业园、全市唯一“BT+IT”创新发展示范区。全市制造业高质量发展大会明确，生物医药产业是全市“33618”[①]现代制造业集群体系的重要组成部分，重庆国际生物城是核心支撑。

---

① 重庆制订实施《深入推进新时代新征程新重庆制造业高质量发展行动方案（2023—2027年）》，部署建设“33618”现代制造业集群体系，提速聚力打造3大万亿级主导产业集群、升级打造3大五千亿级支柱产业集群、创新打造6大千亿级特色优势产业集群、培育壮大18个“新星”产业集群。

二、从"筑巢引凤"到"巢暖凤来"，产业生态日臻成熟

经过多年的潜心耕耘、悉心培育，重庆国际生物城从仅有零星化学药制造基础发展成为以生物药为核心，化学药、现代中药、医疗器械为特色的"1+3+N"全产业链体系，成为全市产业集聚度最高、项目最优、发展最快的生物产业园区（图31-11）。①产业集群走向高端。截至2023年底，引育项目近120个，产业规模超1000亿元，一批国内领先、全市唯一的行业"塔尖"项目相继落地，吸引链上企业加速聚集。其中，智睿生物医药产业园是重庆市目前投资规模最大（投资130亿元）的生物医药项目；智翔金泰是国内抗体药领域新晋的独角兽企业，是全市首个专注生物药领域的科创板上市公司（图31-12）；博唯生物是重庆市目前唯一的疫苗生产企业，九价HPV疫苗研发领跑全国；宸安生物是重庆唯一、西部产能最大的胰岛素龙头企业；美莱德生物是重庆最大、西部领先的动物实验中心。众多细分领域龙头企业落地重庆国际生物城，带动重庆生物医药产业快速形成在西部地区的领先优势。②科技创新持续领跑。西部地区领先的"1院5中心10平台"[①]生物医药创新生态快速成型，初步形成涵盖基础研究、产品研发、中试小试、成果转化的全链条创新能力。创新成果保持全市领跑，在研创新药物达到57个，23个创新药物进入临床，其中10个产品进入Ⅲ期临床，2个进入NDA阶段。2023年治疗银屑病适应证赛立奇单抗（GR1501）国产首家申报上市、司美格鲁肽Ⅲ期临床国内领先、国内首款手足口病基因重组EV71疫苗启动临床试验，众多重磅明星产品填补国内及全市空白，引领重庆在疫苗、抗体类、胰岛素、多肽药物等高端生物药领域进入国内领先行列。③高质发展未来可期。2018年以来，园区投资产值连年高速增长，从2018年的53.3亿元增长至2023年的142.8亿元，增幅167.92%；工业投资从2018年的22.17亿元增长至2023年的65亿元，增长193.19%。2020—2023年三年间，重庆国际生物城已自主培育百亚股份、智翔金泰两家上市公司。随着企业产能逐步形成及释放，园区聚集的千亿产能正蓄势待发，预计到2027年将有40个在研产品上市，形成产值约900亿元。

---

① 1院指重庆国际免疫研究院；5中心指智睿创新孵化中心、智翔金泰抗体药物研发中心、宸安胰岛素药物创新中心、上海交通大学数字医学联合技术中心、仝干生物人工肝研发中心；10平台指宸安生物中试平台、美莱德动物实验中心GLP平台、都创小分子药物CRO平台、植恩MAH持证转化平台、植恩现代化中药CDMO平台、诗健ADC药物MAH持证转化平台、兴泰濠化学药制剂CDMO平台、嘉士腾肿瘤类器官技术平台、柳江化学仿制药CRO平台、国药崇恩CSO平台。

图31-11　重庆国际生物城实景图

图31-12　智翔金泰上交所科创板上市

三、从“颜值改观”到“气质跃升”，城市名片更加闪耀

生物城坚持以产兴城、以人定城、产城景融合发展，从轻纺产业园区蜕变为生物医药产业新城，城市面貌加速蝶变、营商环境加快提升，成为继长嘉汇、广阳岛、科学城、枢纽港、智慧园、艺术湾后的全市第七张功能名片。①生态城市显露颜值。园区内，以高峰湖生态公园为中心，由内向外打造近50万m^2的医药企业聚集区、生物科技创新环、“三生融合”风景轴，将工厂建在森林中、实验室建在花

园里，“在山水间研创、在田园里生活”的高品质生活示范地展露新颜。园区外，依托千年古镇木洞、中国温泉之乡东温泉镇和桃花岛、中坝岛的自然人文风情，加快联动“两江四岸”核心区，建设“三生融合”城市新标杆。②功能配套彰显品质。已建成“30 min直达机场、20 min直达果园港”的交通体系，体育运动公园、智慧餐厅、生物城小学等配套设施建成投用，近10万m^2产业配套地标建筑创新中心启幕在即，法国雅高酒店管理集团打造的五星级高端酒店正拔地而起，创新孵化器、中试中心、模式动物中心、英才湖智慧公园加快呈现，功能复合、职住平衡、服务完善、宜居宜业的生态之城繁荣初现。③优质服务提升价值。建成投用提供GMP认证、药品审批咨询等一站式服务的科技创新服务中心，生物医药知识产权运营中心正式运行，是全市唯一、西部地区重要的生物医药知识产权运营机构。创办长江国际免疫治疗高峰论坛、重庆国际生命科学高峰湖人才峰会等国际性会议，截至2023年底，引进中国工程院院士吴玉章等顶尖团队人才近3000名，加快建设国家重要的新医科卓越人才栖息地。

习近平总书记指出：“路子选对了就要坚持走下去。”[①] 凭着“一棒接着一棒跑、一锤接着一锤敲”的韧劲，重庆国际生物城走出了一条符合自身实际的高质量发展之路。我们将持续抢抓生物经济发展新机遇，坚持“生物、生命、生态”有机统一，以生物医药产业为核心，聚焦“国际”蓄势，加快对接国际标准、汇聚国际要素、打造国际形象；聚焦“生物”蓄能，持续提升产业能级、优化产业结构、完善产业生态；聚焦新“城”蓄力，着力完善基础设施、提升服务配套、优化营商环境，唯实争先、久久为功，以“功成不必在我”的境界和“功成必定有我”的担当，持续推动重庆国际生物城高质量发展，全力扛起全市“1+5+N”医药产业系统“1”的核心使命，奋力打造长江流域具有影响力的国际生物城。

信息由重庆市发展和改革委员会提供

第五节　武汉农创中心产业赋能服务平台

武汉国家现代农业产业科技创新中心（以下简称武汉农创中心）于2020年6月经农业农村部批准建设。武汉农创中心依托武汉科创资源富集优势，立足农业资源禀赋，发展面向农业现代化的生物农业，建立了“武汉农创中心产业赋能服务平台”，着力打造集科研中心、转化中心、研发中心、人才中心、企业中心为一体的“五大中心”，推

---

①《时隔15年，习近平再到安吉县余村考察》，http://www.xinhuanet.com//politics/leaders/ 2020-03/31/c_1125791608.htm，2020年3月31日。

动农业产学研深度融合、打造区域经济增长极。

一、主要做法

一是构建了孵化加速产业化推广链条。武汉农创中心总体布局为“一核两翼一芯两园多基地”，“创业孵化区”南湖农业园是首批国家级农业科技园和国家级科技企业孵化器，承担科技成果孵化与转化功能；“核心功能区”高农生物园是全国首批“苗圃—孵化—加速”科技创新链条建设示范单位，提供产业加速所需的物理承载空间、投融资金融服务、项目申报政策指导等服务；“产业融合区”中华科技园规划占地面积12 000亩，承载中试、展示、示范、交易四大功能；“一芯两园多基地”主要承载科技成果转化和推广现代农业新技术应用示范等功能。武汉农创中心根据区域比较优势，推动各园区合理错位分工，形成农业科技转化“苗圃—孵化—加速—产业化—示范”的全产业服务链。

二是构建链式集群，助力主导产业蓬勃发展。武汉农创中心聚焦生物种业、动物生物制品、饲料添加剂三大主导产业发展，目前已抢占国内种业创新策源地、国内高端动物疫苗市场占有率领先、饲料酶行业在全亚洲有影响的三大制高点。另外，紧跟全球农业产业转型升级，同步开发数字农业、农产品精深加工、农业环境微生物等新兴业态。

三是强化策源能力，服务创新成果转化落地。引导企业成立产业创新联合体，申报农业农村部企业重点实验室和区域共性技术研发平台，夯实技术创新阵地；构建成果转化机制，搭建校企合作通路，加快建设武汉农创中心成果展示交易中心，做好产业成果转化的“超级媒婆”。

四是政策强链补链，强化资本赋能。武汉农创中心申报发行32亿元的政府专项债，2023年底已投入6亿元全力保障武汉农创中心项目建设；出台支持武汉农创中心发展的专项政策、设立规模3亿元的农创基金，助力现代农业企业快速成长。

二、实践成效

截至2023年底，武汉农创中心已集聚院士团队13个，国家及部级重点实验室16家，国家级、省级工程研究技术中心14家。涉农科技型企业近800家，包含世界500强企业5家，上市公司15家，高新技术企业157家，瞪羚企业58家，农业科技发明专利申请量累计达1000余个，2023年审定、登记的新品种数达70余个，涌现出全球首张全基因组育种芯片、基因编辑工具酶EDG-01等百余项高转化性成果，成果转化年度技术合同成交额超60亿元，2023年种业全产业链产值达680亿元，以创新驱动引领现代农业高质量发展。

信息由湖北省发展和改革委员会提供

第六节　打造种质创制大科学中心高能级平台，助推长江上游现代种业持续提升

面向国家种业振兴重大战略，重庆未雨绸缪，顶层谋划，整合资源，由西南大学联合相关高校和科研院所，在西部科学城重庆高新区聚力打造种质创制大科学中心（图31-13）。种质创制大科学中心瞄准生物种质创新与利用国际前沿，聚焦长江上游重要特色种质资源开展收集、保护、创制与利用，塑造种业基础研究到产业应用全链条新模式，着力助推长江上游现代种业持续提升。该中心在2021年揭牌开建，2022年一期投用，2023年二期建成，2024年全资子公司启动运营，实现了长江上游流域规模化、工程化种质创制科学设施的“从无到有”。一个全新打造的，集生物资源保护、生物育种创新、测试评价支撑、良种繁育推广等功能于一体的复合型高能级平台已初见成效。

图31-13　种质创制大科学中心正门

一、将资源保护作为基础任务

种质创制大科学中心基于演化与地域环境适应性规律开展资源保护，建设活体生物库、生物标本库、植物种子库、组织样本库、表型数据库，构建珍稀物种资源保护

技术，推动优异特色种质资源收集、保存和精准鉴定，实现种质资源保存的可持续性、可预见性、可设计性与最大利用化。截至2024年，已建设综合库1个，特色物种分库9个，涵盖油菜、马铃薯、柑橘、家蚕、罗非鱼、杨树、青蒿、茶树以及长江上游水产等物种，为长江上游野生动植物资源以及新创制种质资源的保存提供了基础条件。

二、将育种创新作为核心任务

传统育种是“源于自然”，种质创制是“高于自然”。种质创制大科学中心采用以获得功能和丧失功能为目标的遗传操作、基因编辑、基因调控、诱变技术等核心技术，融合设计育种、基因组育种、合成生物学等相关生物育种技术，自主研发规模化种质创制技术体系，并结合物种特性，按照“一物种一工厂”模式建设种质创制科学设施（图31-14），实现了物种资源的规模化、工程化创制，极大缩短了育种时限，为实现定制化育种提供了硬件设施和技术储备。目前，已建成动物创制平台与繁殖工厂、植物创制平台与室内栽培工厂，多个物种已全面投入规模化创制工作。自主研发Ⅲ型基因编辑技术与控制系统，创制高性能蚕丝、高产量青蒿等种质资源新素材累计达4000余份。

图31-14　罗非鱼规模化创制设施

三、将测试评价作为重点任务

种质创制大科学中心在对标具体物种建设规模化设施的同时，同步建设种质创制公共共享平台。公共共享平台将聚焦种质资源保存、资源数据分析、种质鉴定评价三大主题，一方面实现所有物种创制团队在大型仪器设备方面的共享，另一方面承担起共性的测序及大数据分析任务，最关键的还是落实种质资源测试评价职责，为长江上游流域种业研究及企事业单位提供平台和技术支撑，发挥好全国种业阵型企业专业化平台的使命。目前，种质创制大科学中心已购置了核磁共振波谱仪、扫描电子显微镜、透射电子显微镜、智慧农业种子高通量表型平台、高压液相色谱仪、气相色谱–嗅觉–质谱联用仪、大数据分析机群等，具备了作物、水产、畜牧、经济林木等种质鉴定能力，支撑效应逐步凸显。

四、将良种繁育作为硬性任务

种质创制大科学中心致力于构建种业基础研究到产业化全链条，将革命性新品种培育和推广作为种质创制大科学中心的使命性任务，有序开展生物育种的产业化落地。在加强与国内种业龙头企业合作的基础上，全资举办种质创制（重庆）科技发展有限公司，为研发团队成果落地提供重要平台；重视中试基地建设，在重庆潼南、合川等地建设成规模中试基地，与种业企业制种工作紧密联系，凝练育繁推一体化新模式。中心团队培育出的青蒿“酉青1号”，油菜“渝油55”“康油3号”，薯类“缙云薯3号”“缙云薯5号”“缙云薯7号”“缙云薯11号”，柑橘“长叶香橙”等多个优良品种均已有很好的转化应用。自主研发的马铃薯病原快速检测试剂盒技术填补了国内空白，有效助力种薯质量控制，为良种繁育与推广贡献应有力量。

信息由重庆市发展和改革委员会提供